本书由河南科技大学学术著作出版基金资助出版

动物疾病诊治
彩色图谱经典

奶牛疾病诊治彩色图谱

潘耀谦　吴庭才等　编著

中国农业出版社

图书在版编目（CIP）数据

奶牛疾病诊治彩色图谱／潘耀谦，吴庭才等编著．—北京：中国农业出版社，2007.2
（动物疾病诊治彩色图谱经典）
ISBN 978-7-109-11316-9

Ⅰ．奶… Ⅱ．①潘…②吴… Ⅲ．乳牛－牛病－诊疗－图谱 Ⅳ．S858.23-64

中国版本图书馆 CIP 数据核字（2006）第 162183 号

中国农业出版社出版
（北京市朝阳区农展馆北路 2 号）
（邮政编码 100026）
责任编辑 段丽君 薛允平

中国农业出版社印刷厂印刷 新华书店北京发行所发行
2007 年 6 月第 1 版 2007 年 6 月北京第 1 次印刷

开本：787mm × 1092mm 1/16 印张：25
字数：580 千字 印数：1～4 000 册
定价：146.00 元

《奶牛疾病诊治彩色图谱》
编　著　者

潘耀谦　吴庭才　赵振升　程相朝

白冬英　龙　塔　陈创夫　朱文文

刘志军　张明君　宋德光　柳巨雄

岳占碰　董发明　王天奇　王　婷

王国永　潘　博　刘兴友　李培庆

王选年　成　军　夏志平　杨　举

段　艳　张柳平　乔占西　李爱江

前　言

在现代生活中，奶牛与人的关系密不可分，人走到哪里，奶牛就跟到哪里；哪里人多，哪里饲养奶牛的数量就多；哪里的经济发达，哪里饲养奶牛的基础就好，质量就高。随着我国国民经济的持续发展，人民生活水平的不断提高，人们膳食结构的不断改善，鲜奶及其制品的需求量越来越大。这对提高人民的生活质量，增强人民的身体素质起到了重要的保证。据不完全统计，我国目前饲养的奶牛数量已达500余万头，年人均消费奶量由20世纪80年代不足3千克上升到目前的10千克左右，已有了长足的发展。但这与世界人均牛奶消费量的79千克相比，仍有很大的差距。由此可见，我国奶牛业的发展还有很大的上升空间。

目前，我国奶牛业的发展非常迅速，已由家庭式副业生产的小圈子走出，逐渐形成专业化、企业化、集团化的经营模式，数以百计、千计的奶牛场已在大中城市的近郊或饲养基地相继建立。奶牛的牧草种植、饲料加工、挤奶和奶产品的生产等一系列的作业，大多以科学化、机械化和电脑自动化取代了过去自由放牧或农家作坊式的饲养和加工模式。在这种大规模生产经营中，保障奶牛健康、防止疾病发生，既是发展奶牛业的重要条件，也是提高奶产品质量和数量、并获得丰厚经济效益的根本保证。

当前，国内有关奶牛疾病防治的科普读物比较多，对于普及和提高奶牛疾病防治技术和水平起到了良好的作用，但对奶牛疾病诊治的图文并茂的专著较少，使广大兽医工作者和饲养奶牛的有关人员对奶牛的一些常见病难诊断、难鉴别和难治疗。因此，广大专业兽医工作者，奶牛饲养等从业人员和大专院校兽医专业的教学人员等都迫切希望有一本图文并茂、理论与实践兼顾而以解决实际问题为主的专著。为此，我们在总结30余年的教学、科研和临床实践的基础上，查阅了大量国内外文献，编著了这本《奶牛疾病诊治彩色图谱》。

本书着重介绍奶牛常见病的诊断和防治，在内容的选择方面，力求切合我国当前奶牛业生产的实际需要，重点放在对奶牛业危害最大的传染病和寄生虫病，同时又兼顾奶牛常见多发的内科病、产科病、外科病和中毒病等。在表达方式方面，力求理论结合实际，尽量汲取国内外与奶牛疾病防治有关的新技术、新成果，力求简明扼要，深入浅出，突出实用性、可操作性，做到易懂、易学、易会和易做。在编排形式方面，从［病原特性］、［流行特点］、［发病机理］、［临床症状］、［病理特征］、［诊断要点］、［类症鉴别］、［治疗方法］和［预防措施］等方面深入浅出地介绍了防治奶牛疾病的理论和实践。全书配有近1 000幅彩色图片，从病原的特点、病牛的临床症状、死后病理剖检的宏观病损和微观病变、病原学和细胞学的快速诊断等方面，生动形象地将奶牛患各种疾病后，在不同的发展阶段出现的变化和诊断的方法提供给读者，以便帮助读者能在最短的时间内对奶牛疾病做出诊断，并采取相应的防治措施进行处置。本书是一本理论与实践兼顾、普及与提高并重的科技工具书，既可供基层兽医工作者、广大奶牛从业人员、大专院校学员使用，也可供有关的教学、科研和管理人员提供参考之用。

本书得到河南科技大学人才科学研究基金资助，作者在此表示衷心的感谢。由于本书的编写时间仓促，作者的水平有限，经验不足，书中的缺点、错误和疏漏之处在所难免，诚恳欢迎广大读者批评指正，以便再版时予以修订和完善。

编著者

2007年1月

目 录

第一章

奶牛常见的病毒病

一、口 蹄 疫

（Foot and mouth disease）

口蹄疫是由病毒引起偶蹄动物的一种急性、发热、高度接触性传染病。由于本病的病原体是一种具很强的嗜上皮细胞性病毒，故其临床和病理学特征是在皮肤及皮肤型黏膜上形成大小不同的水泡和烂斑，尤其是在牛的口腔黏膜及蹄部表现得尤为经常与特征，因此称之为口蹄疫，或称“口疮”或“脱靴症”。在呈急性致死性经过的病例，还表现全身败血症变化，并于心肌和骨骼肌形成变性和坏死性病灶。

口蹄疫在全世界绝大多数国家均曾发生流行，危害极大。由于其病毒寄主广泛，传染性极强，如不采取有效的防制措施，传播极快，往往能造成广大地区流行，引起巨大的经济损失。其易感动物也极为广泛，但主要侵害偶蹄动物，特别是奶牛，其次为水牛、牦牛和猪，再次为绵羊、山羊和骆驼；野生偶蹄动物黄羊、羚羊、野牛、野猪、鹿及肉食兽犬和猫也偶可发病，并还可能成为本病毒的贮藏宿主而导致本病流行。人对本病也易感，主要表现发热和在手、脚、口黏膜形成小水泡。因此，本病在公共卫生上亦有重要意义。

【病原特性】 本病的病原体为微核糖核酸病毒科、口蹄疫病毒属的口蹄疫病毒（Foot and mouth disease virus，FMDV）。病毒粒子呈圆形或六角形（图1-1-1），直径约为23～25纳米，含有RNA。病毒由中央的RNA核心和周围的蛋白质壳体所组成，无囊膜。位于细胞内的繁殖型病毒粒子常呈晶格状排列（图1-1-2）。成熟的病毒粒子约含30%RNA，其余70%为蛋白质。其中RNA决定病毒的感染性和遗传性，病毒蛋白质决定其抗原性、免疫血清学的反应能力，并保护中央的RNA不受外界的RNA酶等的破坏。

口蹄疫病毒具有多型和易变的特点。目前已知全世界有7个主型：即A型、O型、C型和南非1、2、3型（SAT1、2、3）与亚洲1型（Asia-1）。各型病毒所致病畜的临床症状基本相似，但各型之间由于抗原性不同，因此，彼此之间不能交互免疫。每一主型又分若干亚型，目前世界口蹄疫中心已公布有7个主型65个亚型，每年还不断有新的亚型出现。同型各亚型之间交叉免疫程度变化幅度也较大，亚型内各毒株之间也有明显的抗原差异。病毒的这种特性，对本病的检疫和防疫造成巨大的困难。

病毒主要存在于病牛的水泡皮和水泡液中，在发热期，病牛的血液及乳汁、口涎、眼泪、尿、粪等分泌物和排泄物中都含有一定量的病毒。病牛排毒以舌面水泡皮为最多。据试验证明，1克病牛新鲜舌皮磨碎后，稀释100万倍，取1毫升接种于健康牛的舌面，即可引起发病。此外，病牛精液中也含有病毒，能使受精母牛发病。

本病毒对外界环境抵抗力较强，在冻肉、饲料、水泡皮、唾液、血、尿、用具、土壤和水中能保持传染性数周至数月；在低温条件下存活时间更长，体外病毒能耐寒冷数月而不死；对干燥的抵抗力也较强，在牛毛上可存活24天，脱落的痂皮中能存活67天，夏季的牧草上能存活14天。但病毒对高温的抵抗力较弱，加热至70℃30分钟、85℃1分钟即死亡，煮沸即死。病毒在碱性和酸性的环境中也很快失活，故常用1%～2%氢氧化钠、10%石灰乳或2%福尔马林和20%～30%草木灰消毒。

【流行特点】 在牛类中，奶牛和黄牛对本病最易感，其次是水牛和毛牛。一般犊牛的易感性较成年牛的为大，死亡率亦较高。新流行地区的发病率可高达100%，疫区的发病率常在50%以上。病畜和带毒者是本病主要的传染源，可通过各种分泌物和排泄物（包括唾液、舌面水泡皮、破溃蹄皮、粪、尿、乳、精液和呼出的气体等）排毒。另外，康复期的病畜亦可带毒、排毒。带毒的时间长短不一，有报道称50%可带毒4～6个月，甚至有人将康复后1年的病牛运到非疫区仍可引起本病的流行。牲畜和畜产品的流动调运，被病畜分泌物、排泄物和畜产品污染的车船、水源、牧地、饲养工具、饲料等以及空气流动、人员来往和非易感动物（犬、马、野生动物、候鸟等）等媒介，都是重要的传播因素。如果传播因素移动快、气温低、病毒毒力强，常可导致远距离的跳跃式传播，即在远离原发点的地区也可暴发，或从一个地区、一个国家传到另一个地区或国家。

本病通常经消化道和呼吸道感染，亦能经损伤甚至没有损伤的黏膜和皮肤感染。过去认为本病主要是通过污染的饲料和饮水等经消化道传播，但近年来的研究表明，呼吸道传染更易发生；病毒不仅可在消化道繁殖，而且能在上呼吸道黏膜上皮中增殖。

总之，本病的流行特点是：传染性强，即病毒较易从一种动物传到另一种动物，一般是牛先发病，而后才有猪、羊的感染；没有严格的季节性，即在不同的地区表现出不同的季节性，如在牧区常从秋末开始，冬季加剧，春季减轻，夏季基本平息，但在农区这种季节性的表现不明显；传播迅速，流行面大，即除一般的传播方式外，空气也是一种重要的传播媒介，病毒能随风扩散到50～100公里以外的地方，引起远距离的跳跃式流行；有一定的周期性，即大量统计资料表明，本病每隔3～5年流行1次。

【临床症状】 本病的潜伏期平均为2～4天，有时可达1周左右。一般根据临床症状和病牛的死亡率不同而将之分为良性与恶性口蹄疫2种。

1.良性口蹄疫　病初体温升高（40～41℃），精神委顿，食欲减退，闭口，流涎，开口时有吸吮声或咀嚼声，奶牛产奶量下降。1～2天后，口腔黏膜发红，在唇内面、齿龈、舌面和颊部黏膜发生水泡，有蚕豆至核桃大（图1-1-3）。此时口角流涎增多，呈白色泡沫状，常常挂满口边（图1-1-4），采食、反刍完全停止。水泡约经一昼夜破裂，当大量水泡破裂后，其中的水泡液及受损的黏膜随唾液流出（图1-1-5），此时，常在病牛的唇部（图1-1-6）、齿龈部（图1-1-7）和舌面（图1-1-8）形成浅表性边缘整齐的红色糜烂和溃疡。水泡破裂后，体温降至正常，糜烂逐渐愈合，全身状况逐渐好转。在口腔发生水泡的同时或稍后，指（趾）间及蹄冠的柔软皮肤也发生水泡（图1-1-9），并很快破溃，出现糜烂和溃疡（图1-1-10）。此时，病牛出现跛行，不愿站立和行走。通常病损可很快愈合，但若病牛衰弱或继发细菌感染时，糜烂部位可能化脓，形成溃疡、坏死，甚至蹄壳脱落。此外，在奶牛的乳头及乳房的皮肤上常可出现水泡（图1-1-11）、糜烂、溃疡和结痂。

本型一般取良性经过。如仅口腔发病，约经1周即可治愈。如果蹄部出现病变时，则病程可延至2～3周或更久。死亡率很低，一般不超过1%～2%。

2.恶性口蹄疫　恶性口蹄疫主要由于病毒侵害心肌所致，多见于犊牛，常为原发型，成龄奶牛发生时多由良性型转移而来。犊牛发病时，多数看不到特征性水泡，主要表现为出血性肠炎和心肌麻痹，病程较短，突然死亡，且死亡率很高。成牛出现典型的口蹄疫症状后，在某些情况下，当水泡病变逐渐痊愈，病牛趋向恢复健康时，病情突然恶化，病牛全身虚弱，肌肉发抖，特别是心跳加快，节律不齐，反刍停止，食欲废绝，行走摇摆，站立不稳，常因心脏麻痹而突然倒地死亡。这是一种继发性恶性口蹄疫，死亡率可高达20%～50%。

【病理特征】 良性口蹄疫和恶性口蹄疫具有不同的病理过程和病变特点，现简述如下。

1.良性口蹄疫　此型病畜很少死亡，并且是最多见的一种病型。其病变分布很有特点，主要在皮肤型黏膜和少毛与无毛部的皮肤上形成水泡、烂斑等口蹄疮病变。其眼观病变与临床基本相似。口蹄疮部的组织学变化，主要表现皮肤和皮肤型黏膜的棘细胞肿大、变性，发生溶解性和小水泡形成，数个小水泡融合而形成肉眼可见的大水泡。水泡内容物内混有坏死的上皮细胞、白细胞和少量红细胞；在变性的上皮细胞内还偶见有折光性很强的嗜酸性类似包涵体的小颗粒。

良性口蹄疫如病变部继发细菌感染，常可导致脓毒败血症而死亡。此时除于感染局部见有化脓性炎外，还可见肺脏的化脓性炎、蹄深层化脓性炎、骨髓炎、化脓性关节炎及乳腺炎等病变。

2.恶性口蹄疫　此型较少发生，主要见于犊牛，或由于机体抵抗力弱或病毒致病力强所致的特急性病例；也有的良性病例因病情恶化而导致急性心力衰竭而突然死亡。

剖检，本型的主要病变见于心肌和骨骼肌。成龄动物的骨骼肌变化严重，而幼畜则心肌变化明显。眼观，心肌表面呈灰白、浑浊，于室中隔、心房与心室面散在有灰黄色条纹状与斑点样病灶，由于它与红褐色心肌相间，状似虎皮斑纹，故称为“虎斑心”。用手触摸时，心肌稍柔软。镜检见心肌纤维肿胀，呈明显的颗粒变性与脂肪变性，严重时呈蜡样坏死并断裂、崩解呈碎片状。病程稍久的病例，在变性肌纤维的间质内可见有不同程度的炎性细胞浸润和成纤维细胞增生，乃至形成局灶性纤维性硬化和钙盐沉着。

骨骼肌变化多见于股部、肩胛部、前臂部和颈部肌肉，病变与心肌变化类似，即在肌肉切面可见有灰白色或灰黄色条纹与斑点，有斑纹状外观。镜检见肌纤维变性、坏死，有时也有钙盐沉着。

【诊断要点】 本病多呈急性经过，流行性传播，多种偶蹄动物同时发病，流行具有一定规律性。因此，根据特征性的临诊症状，一般易于做出诊断。但要进行毒型鉴定时，则必须进行实验室检查。其方法是：以无菌操作采取病牛舌面的水泡皮和水泡液，水泡液用消毒过的注射器抽出，置于消毒试管或小瓶内，加塞用蜡封固；或采取蹄及蹄冠部水泡皮（水泡皮要新鲜，成熟但未破溃的10克左右，每次最好多采几头牛），将采取的水泡皮放入盛有50%甘油生理盐水的消毒瓶中，加塞用蜡封固；也可采取病后20～60天恢复期病牛的血清，迅速送有关单位做毒型鉴定（补体结合反应）。在送检的病料中应加青霉素和链霉素各1 000国际单位进行防腐，送检材料均应用冰瓶保存运输。

确定毒型之所以重要，是因为目前使用的口蹄疫疫苗是单价疫苗，如果毒型和疫苗型不符合，就不能收到预期的防疫效果。

【类症鉴别】 本病在鉴别诊断方面，应与牛传染性水泡性口炎和恶性卡他热相互区别。

1.传染性水泡性口炎　本病的口、蹄部水泡病变与口蹄疫极为相似，但本病毒不仅感染牛、羊等偶蹄动物蹄，也可使马、驴等单蹄动物发病；常发生于夏季和初秋，流行范围小，多呈地方性流行，发病率低，只有百分之几，死亡率更低。剖检时，本病多无“虎斑心”样的心肌病变。

2.牛恶性卡他热　本病亦具高热和在口黏膜形成烂斑等特点，但一般无水泡发生，蹄部无水泡；同时还具有鼻镜和乳头等部发生坏死、眼角膜发生浑浊等特征病变。本病的传播速度和范围也远不如口蹄疫；除发生于牛外，其他动物不易感。

【治疗方法】 牛发生口蹄疫后，一般经10～14天可自愈，但为了促进病牛早日痊愈，缩短病程，特别是为了防止继发感染和死亡的发生，应在严格隔离条件下，及时对病牛进行治疗。

首先应加强护理，给予柔软的饲料，几天不能吃草的病牛，应该喂以稀粥、米汤，防止因饥饿而使机体抵抗力下降，使病情恶化；畜舍应保持干燥、清洁、通风、暖和，多垫软草，多给饮水。

由于治疗本病无特别有效的药物，所以多是采取对症治疗。对口腔病变，可用清水、食醋、明矾水（1%～2%）、高锰酸钾溶液（0.1%）或硼酸水（2%～5%）洗漱口腔，对糜烂或溃疡适当处理后，涂搽碘甘油或冰硼散。蹄部的病变也要用无刺激性的消毒药液（如3%来苏儿等）洗涤，擦干后涂搽碘甘油、紫药水、松馏油、鱼石脂、青霉素软膏或消炎软膏等。蹄部经常接触污物，必要时可用绷带包扎，同时注意地面的清洁干燥。乳房病变可用肥皂水或2%～3%硼酸水清洗，然后涂以青霉素软膏或磺胺软膏。如有恶性口蹄疫出现，要特别注意病畜的心脏活动，凡心跳加快和心律不齐的应绝对休息，尽量避免一切活动和刺激，酌量使用强心剂。

在进行局部对症治疗的同时，还须根据病牛的全身情况及有无并发症而进行补液和注射抗生素等药物。也可采取病后20天以上的牛全血或血清，进行治疗或预防，一般每千克体重用2毫升皮下注射，常有较好的效果。

【预防措施】 搞好群众性防疫组织，协作联防，是防制口蹄疫的基本措施。

1.常规预防　对牛群要加强检疫，常发地区要定期注射疫苗；不从疫区引进种牛或进行贸易。加强牛群的饲养管理，保持环境卫生，使牛群具有良好的抗病能力。

人类可因食病牛乳、与病畜接触或通过外伤而感染。病人表现发热、呕吐，口腔和手可发生水泡，儿童可发生胃肠卡他，严重的亦能因心脏麻痹而死亡。所以在口蹄疫流行时，必须注意人体防护，非工作人员不许与病畜接触。

2.紧急预防　发生疫情时的主要措施是：

（1）及时确诊、上报疫情　当有疑似口蹄疫发生时，除及时进行诊断外，应于当日向上级及有关部门提出疫情报告并通知邻近的牛场和相关单位加强防疫；同时必须迅速向有关单位提供送检病料，鉴定毒型，以便确诊，并针对毒型，注射相应的疫苗。

（2）划定疫区、进行封锁　对疫区严格实施封锁、隔离、消毒和治疗的综合性措施。疫点要求封死，人畜和用具等都不准随意出入；疫区要求封严，出入都须通过检疫、消毒。在最后一头病畜痊愈后15天进行一次大消毒，然后解除封锁。

（3）疫区划定、严格消毒　对疫区进行消毒，常包括粪便和死畜的处理。消毒的方法很多，常用的如粪便堆积发酵进行生物热处理；畜舍地面和用具用1%～2%氢氧化钠溶液喷洒消毒；皮张用环氧乙烷、溴化甲烷或甲醛气体消毒；肉品以自然熟化产酸处理（在10～12℃经12～24小时即可使肉品pH降至5.5以下，病毒很快死亡）后，在疫区内食用，不准运至其他非疫区销售和食用。

（4）受累区域、预防注射　对疫区和受威胁区要普遍进行防疫注射。发生口蹄疫时，应立即用与当地流行的病毒型相同的口蹄疫弱毒疫苗，对病群中的健畜、疫区和受威胁区的健畜进行紧急预防注射。我国目前使用的口蹄疫弱毒疫苗，可以对牛、羊、骆驼和鹿进行注射（但不能用于猪），注射后14天产生免疫力，免疫期4～6个月以上。另外，对疫区的良种牛和犊牛注射痊愈血或血清，常能收到理想的防治效果。

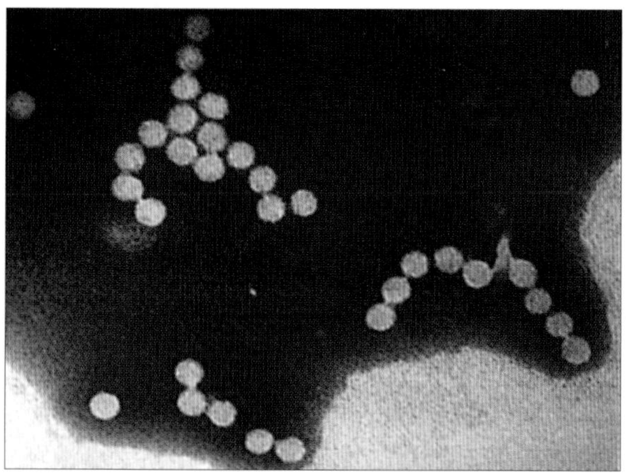

图 1-1-1　负染电镜下的病毒粒子

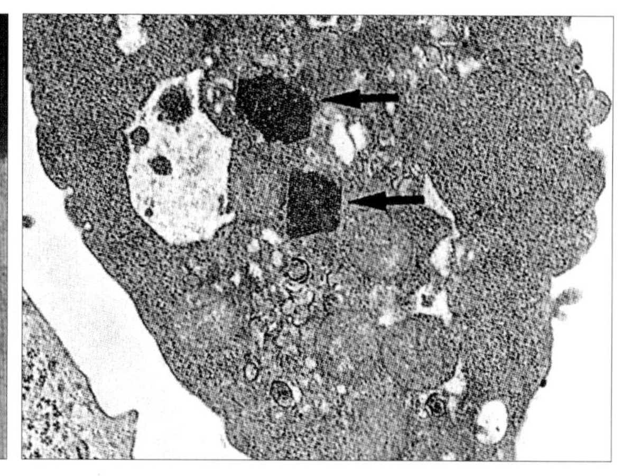

图 1-1-2　细胞质中呈晶格状排列的病毒粒子

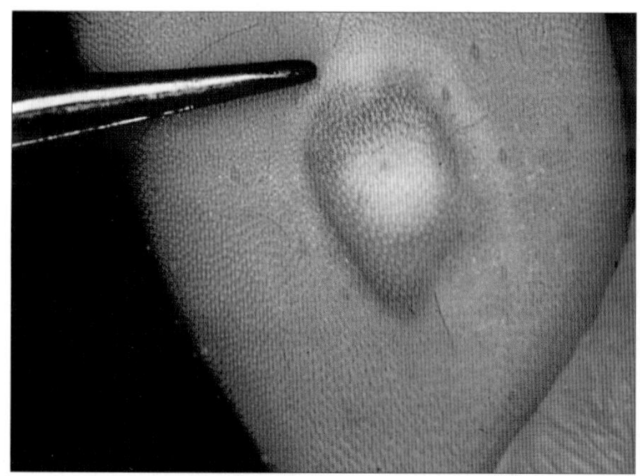

图 1-1-3　舌面上形成的融合性大水泡

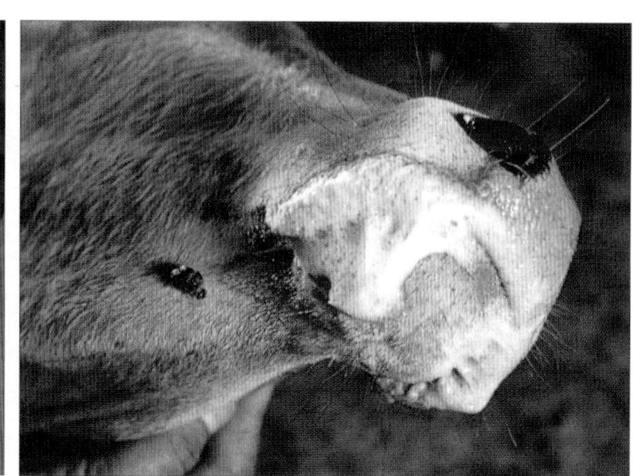

图 1-1-4　感染初期，病牛从口腔流出大量唾液

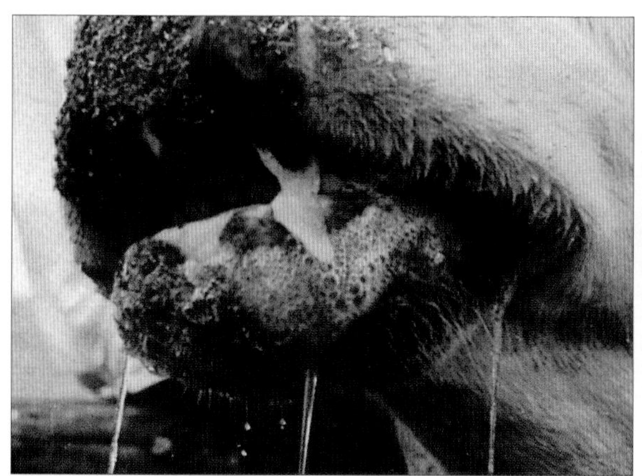

图 1-1-5　大量水泡破裂，水泡液及黏膜随唾液流出

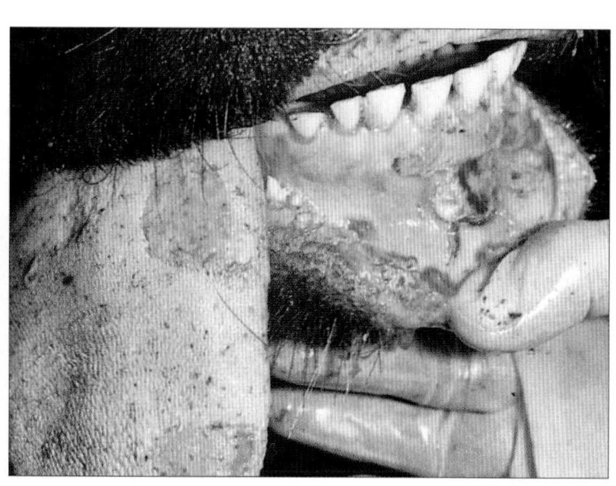

图 1-1-6　唇黏膜及舌面的水泡破裂形成的溃疡

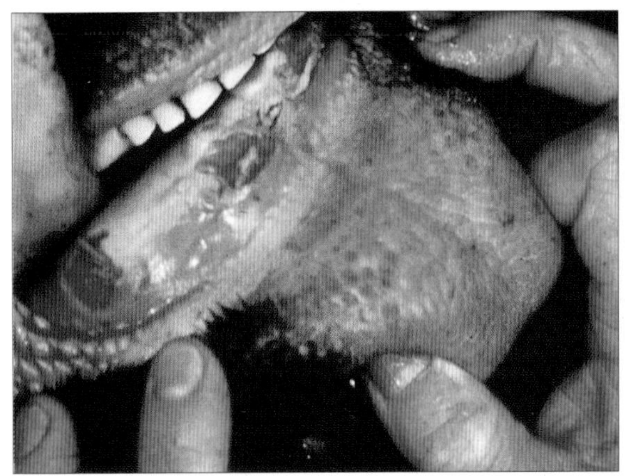

图 1-1-7　齿龈部的水泡破裂后形成的糜烂及溃疡

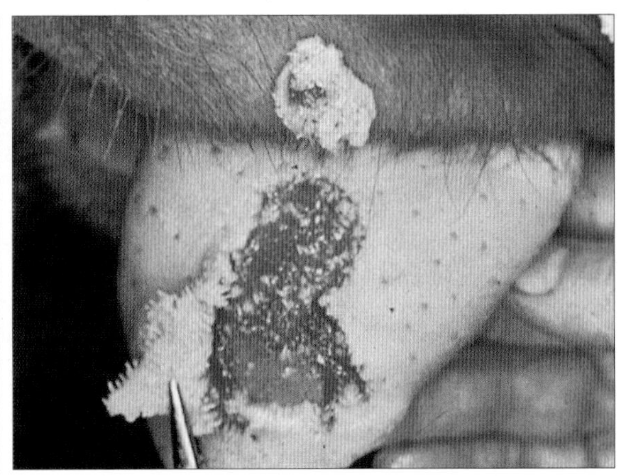

图 1-1-8　舌面水泡破裂后形成的糜烂及溃疡

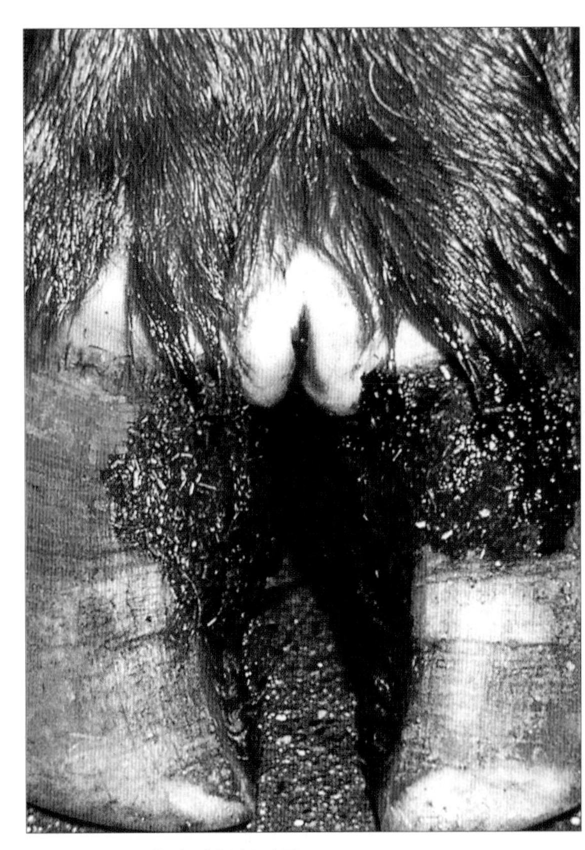

图 1-1-9　病牛趾间的水泡

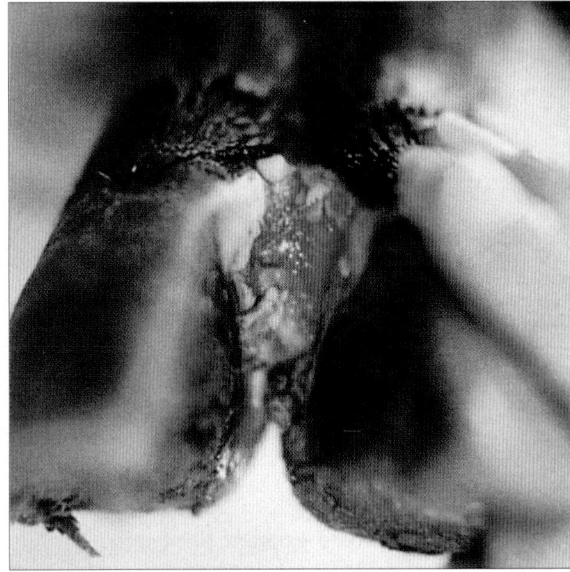

图 1-1-10　病牛趾间的溃疡

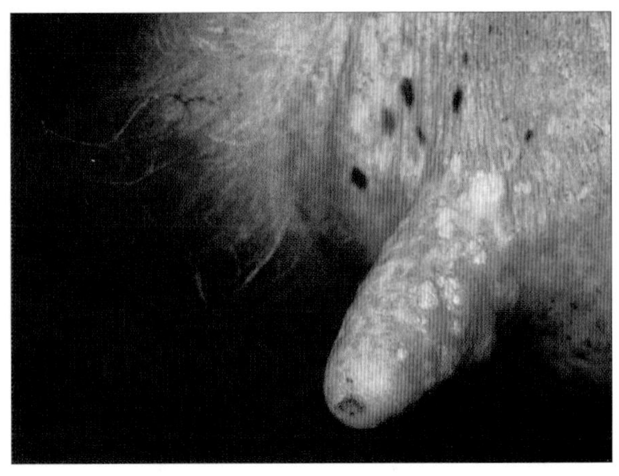

图1-1-11　乳头及乳头基部有大量水泡及溃疡

二、恶性卡他热

(Malignant catarrhal fever, MCF)

恶性卡他热又称恶性头卡他，是牛的一种急性、热性病毒性传染病。其特征是上呼吸道、头窦、口腔及胃肠道黏膜发生急性卡他性纤维素性炎症，伴发角膜浑浊和非化脓性脑膜脑炎。

本病在世界各地均有发生，主要呈散发形式，但死亡率很高（60%～95%）。在自然条件下只有牛（包括奶牛、黄牛和水牛）、鹿、绵羊和山羊易感，而主要以牛感染为主，无性别、品种和年龄的差异，但以1～4岁的牛多发。

【病原特性】 本病的病原体为疱疹病毒科、疱疹病毒属的恶性卡他热病毒（Malignant catarrhal fever virus，MCFV）。病毒粒子主要由核心、衣壳和囊膜组成。核心由双股线状DNA与蛋白质缠绕而成，直径约为30～70纳米，但也有无感染性缺核心的中空衣壳。衣壳由162个相互连接呈放射状排列且具有中空轴孔的壳粒构成；核衣壳的直径约为100纳米、囊膜由2层结构构成，比较宽厚，带囊膜的完整的病毒粒子，其直径约为140～220纳米。病毒存在于病牛的血液、脑、脾、淋巴结等组织中，在血液中病毒牢固地附着于血细胞（特别是白细胞）上，但不存在于病牛的分泌物和排泄物中。病毒能在牛的甲状腺、肾上腺、睾丸和肾细胞上培养生长，并使细胞产生病变，形成嗜酸性核内包涵体和合胞体。

本病毒是疱疹病毒中最为脆弱的一个，对外界环境的抵抗力不强，不能抵抗冷冻和干燥，很难保存。一般将病牛脱纤血保存于5℃环境中最好，可保持病毒的传染性数天，在－60℃或冻干后则很快失去感染性。病毒对乙醚和氯仿很敏感；对一般常用的消毒液也很敏感，通常配制的浓度均可将之杀灭。

【流行特点】 本病虽已发现了一个多世纪，但由于流行病学上的某些特点和恶性卡他热病毒本身非常脆弱等缘故，对本病的认识至今还不够深透。本病在流行病学上的一个显著特点，是很难通过牛与牛之间的传播，即一般不能由病牛直接传染给健康牛。除非洲以外的世界大多数区域，牛的恶性卡他热病多是通过接触无症状带毒的绵羊而感染的。在东非和南非有角马繁殖的地区，因角马带毒率甚高，常使放牧牛群遭受严重威胁，当牛在被角马产犊污染的草原上放牧时易发生本病。此外，有些犊牛在生后第一周即有病毒血症；由患病母牛胎儿的脾脏中也曾分离出病毒，从而证明通过胎盘感染也是可能的。

本病一年四季均可发生，更多见于冬季和早春，一般为散发，有时可呈地方流行；多数地区发病率较低，而病死率可高达60%～95%。病愈的牛在一定时间内具有免疫力。

【临床症状】 自然感染本病的潜伏期差异很大，大约至少要3～8周，人工感染为14～90天以上。根据临诊的表现不同，可将之分为最急性型、头眼型、肠型及皮肤型4种，其中以头眼型最常见。

1.最急性型　病程短，约1～2天，常不出现明显的临床症状就已死亡。病牛突然发病，体温升高到41～42℃，精神沉郁，食欲和反刍减少或废绝，饮欲增加，鼻镜干燥，被毛粗乱，呼吸及心跳加快，眼结膜潮红，皮温不整，额部及角根发热。泌乳停止，体重迅速减轻，明显衰竭。

2.头眼型　为最常发生的病型，几乎每一典型的病例均有头眼的病变。初期，病牛食欲减退至废绝，反刍停止，高热稽留，体温升至40～41℃，精神委顿，眼结膜充血、潮红（图1－2－1）、流泪、畏光。继之，病牛的精神极度沉郁，头下垂无力，时时卧地，肌肉震颤，眼睑水肿，巩膜高度充血，眼角有多量黏液脓性分泌物，一般在高热后1～2天两眼的角膜即出现浑浊（图1–2–2）。一般先从角膜边缘开始，呈环状，以后向中央蔓延，致一片浑浊直至不透明（图1–2–3），最后甚至角膜形成溃疡或引起穿孔。角膜发炎、浑浊是本病的一个特征性病征。鼻黏膜发炎、充血、肿胀，流出大量鼻液（图1–2–4），后者最初呈黏液性，随后变为脓性（图1–2–5）或纤维素性，常带有血液及坏死组织，并伴有腥臭气味。病的后期，由于鼻腔被炎性渗出物和坏死组织堵塞（图1–2–6），病牛呼吸极度困难，发出粗厉鼾声。炎症可以蔓延到鼻窦、额窦、上鄂窦，有时到角窦，两角基发热，严重时角根松动，甚至脱落。鼻镜部的皮肤先充血、发红、糜烂（图1–2–7），随后表皮坏死，形成大片结痂（图1–2–8）。随着病情的发展，病牛严重虚弱，精神十分沉郁，呆立凝视，低头搭耳，头颈伸直，呼吸困难，心跳加快，脉搏细弱，步态不稳，卧地难起。最后，病牛高度脱水，体温下降，衰竭而死。

此外，病牛的口腔黏膜先充血，色红，干燥发热。有的病牛先在颊部、齿龈、唇内侧面与口连合部等处出现灰白色丘疹、糜烂和渗出；继之，形成假膜，后者脱落后形成溃疡。有的病牛体表淋巴结肿大，白细胞总数减少（4 000～6 000/毫米^3），初便秘，后下痢，带血块，偶可出现血尿。病情较重的病例，还见阴唇水肿，阴道黏膜潮红肿胀，孕畜可发生流产。

本病的病程一般为1～2周，有的可达3～4周，发病后大多以死亡而告终。

3.肠型　此型不常见，除体温升高呈稽留热和一般的症状之外，病牛流涎，咀嚼和吞咽困难。口腔黏膜红肿，常在唇内面、舌的背腹面、齿龈、颊部及硬鄂等部出现数量不一的灰白色丘疹及糜烂，上覆黄色假膜。粪便初期干燥，后期稀软，恶臭，混有纤维蛋白及血液。

4.皮肤型　病牛在体温升高的同时，除有一般的症状外，常在颈、背、乳房（图1–2–9）等部的皮肤上出现丘疹、水泡、形成痂皮和龟裂坏死等病变，并见斑块状脱毛区。此外，这种皮肤病变，在角基部、会阴等部也能看到；部分病牛的蹄冠周围和趾间的皮肤发炎、坏死，数日后蹄球部皮肤龟裂（图1–2–10），致使病牛运动困难或出现跛行。

【病理特征】　死于恶性卡他热的病牛，营养不良，被毛蓬乱，脱水。皮肤、眼、鼻和口腔等外部病变与临床所见基本相同。剖检最具特征性的病变主要见于呼吸道和消化道。

1.眼部　眼睑充血，显著水肿，因此眼裂狭窄。结膜苍白，呈脂样色调，常散布小点状出血。眼角膜周边或全部发生浑浊，眼前房含有浑浊液，其中混有灰色絮片。虹膜常与晶状体粘连。

2.皮肤　鼻镜糜烂，覆有干痂。在角基部、颈部、腰部、腹壁、会阴部以及乳头等部皮肤，常见疱疹和丘疹，干后结痂，并形成斑状脱毛区。剥去硬痂，留下糜烂和溃疡。

3.消化道　唇内面（图1–2–11）、齿龈、舌（图1–2–12）、颊、软腭、硬腭黏膜充血和斑点状出血，散布灶状坏死，表面覆盖有黄色斑点状或灰色的坏死性假膜，剥去假膜遗留大小不等、外形各异的糜烂或溃疡（图1–2–13）。咽部、会厌及食管黏膜（图1–2–14）亦见有糜烂或溃疡，充血与出血变化。瘤胃与网胃黏膜可见弥漫性出血或糜烂，少数病例瘤胃乳头则明显出血。瓣胃扩张，充满干燥、坚实的食块。瓣叶肥厚、充血，乳头肿胀。皱胃通常空虚，或含有少量混有黏液的浑浊液体，黏膜充血、水肿，散布斑点状出血，在大弯部常见圆形或卵圆形溃疡，边缘呈堤状隆起，溃疡底呈鲜红色，溃疡面覆有干酪样物。肠管呈急性卡他性炎，有时则为纤维素性出血性炎或纤维素性坏死性炎。小肠黏膜肿胀，被覆多量浑浊黏液，并显示充血、点状出血或糜烂（图1–2–15）等变化。盲肠、结肠及直肠内含少量混有纤维素和血液的液体，黏膜肿胀、充血、点状出血及有小糜烂。

4.呼吸器官　鼻腔黏膜肿胀、充血和散布点状出血，有少量浑浊的黏性液体或卡他性化脓性分泌物（图1–2–16）。偶尔表面覆有污棕色的纤维素假膜。鼻甲骨、鼻中隔及筛骨黏膜均见同样病变。严重病例，炎症可蔓延至上颌窦、额窦及角窦，表现为窦壁黏膜呈弥漫性暗红色（图1-2-17），窦腔蓄积黄白色黏液脓样渗出物。咽和喉头黏膜充血、肿胀，有多发性糜烂或溃疡，表面覆盖灰黄色假膜。气管及大支气管黏膜充血、出血，有时亦见溃疡，偶尔发生纤维素性气管炎。肺充血、水肿及气肿，肺胸膜出血。病程较长时常见支气管肺炎或具坚实的红色肝变区。

5.实质器官　肝脏肿大，呈黄红色，质地脆弱；多数病例，肝被膜散布针头大或粟粒大白色小点，即血管周围单核细胞浸润灶。胆囊胀大，充盈浓稠黑色胆汁，胆囊壁肥厚，黏膜充血、出血和糜烂。肾脏肿大、柔软，呈黄红色，明显充血，被膜散发点状出血，在皮质的表面可见灰白色病灶（图1-2-18），此为非化脓性间质性肾炎病灶，容易误认为梗死灶。心脏，在纵沟、冠状沟、心内膜均见出血斑点，纵沟和冠状沟的脂肪组织显示浆液性萎缩。心肌浑浊呈灰黄红色，有时在心肌切面见有小坏死灶。少数病例的主动脉弓内壁散布多量芝麻大至粟粒大的灰白色、硬性结节状病灶，隆起于内膜表面。全身淋巴结肿大，尤以头颈部、咽部及肺淋巴结最为明显，呈棕红色，其周围显示胶样浸润；切面隆突、多汁和有点状出血，偶见坏死灶。脾脏稍肿大或中度肿大，被膜散布点状出血，切面呈暗红色，结构模糊。

此外，脑组织常因血管炎性反应和坏死，导致非化脓性脑膜脑炎的发生。

镜检，本病除见各组织的实质细胞的变性和轻度的坏死性变化之外，最具特征性的病变是全身性小血管的炎性反应。镜下见，全身各组织的小血管均强度扩张、充血，多发生坏死性动脉炎和静脉炎，即血管外膜有多量淋巴细胞、单核细胞、浆细胞、嗜酸性白细胞浸润；血管壁发生纤维素样变，内皮肿胀、增生，管腔变狭，常见血栓形成。

【诊断要点】 头眼型病例诊断不困难，根据流行病学材料（如曾有接触绵羊病史），临诊特点（如突然发高热，从鼻腔流出黏液脓性分泌物，角膜浑浊，鼻镜及口黏膜糜烂，体表淋巴结肿大，白细胞减少等）和抗生素治疗无反应，可以初步诊断。对其他型的病例，则需结合流行病学、临床症状、病理变化和血清学等进行综合诊断。血清学诊断有病毒－血清中和、补体结合、间接免疫荧光、琼脂扩散、间接酶联免疫吸附试验等。近年有人应用DNA探针和聚合酶链反应诊断本病，取得了较好的效果。

【类症鉴别】 本病在鉴别诊断方面应注意牛瘟、牛传染性角膜炎和口蹄疫等传染病相互区别。

1.牛瘟　牛瘟的病程急剧，传播迅速，多呈流行性，并以消化道的病变为主，无眼部变化和上呼吸道损害，也不见神经症状。

2.牛传染性角膜炎　是由牛嗜血杆菌引起的以眼结膜和角膜发生明显炎症变化、伴发大量流泪并发生角膜浑浊为特征的地方流行性传染病。该病多无全身性症状和病理变化，故不难与本病相区别。

3.口蹄疫　口蹄疫的鼻镜部常见水泡、糜烂和结痂，易与本病相混淆；但本病常没有蹄部变化，口腔、鼻镜虽见有糜烂、溃疡和假膜形成，但无水泡形成，故可与之区别。

【治疗方法】 治疗本病目前尚无特效药物，但恰当的对症治疗，可缩短病程，减少死亡。如用0.1%高锰酸钾溶液冲洗口腔；用2%硼酸水溶液洗眼，然后滴入氯霉素或土霉素眼膏等；有下痢症状时，可内服痢特灵、磺胺类等抗菌药物；强心剂、氯化钙溶液及葡萄糖生理盐水等，也可酌情使用。

【预防措施】 由于本病的发生规律还不十分清楚，因此，对其预防的措施也是有限的。其中最重要的是将绵羊等反刍动物从牛群中清除出去，分开隔离饲养是预防本病的重要措施。加强饲养管理，注意牛舍卫生；发现病牛立即隔离，及时消毒牛舍及用具等，也是预防本病的好方法。

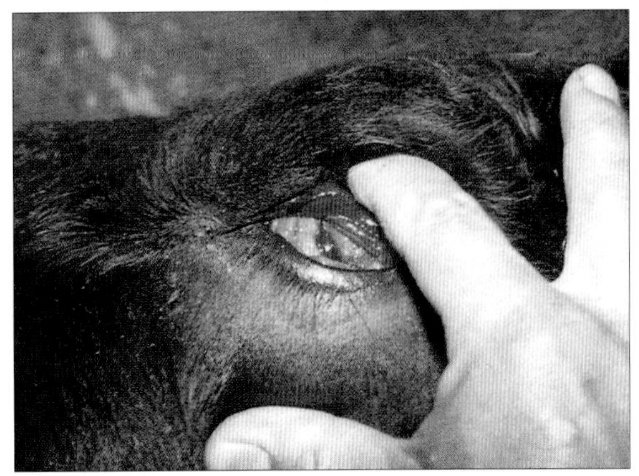

图 1–2–1　病牛呼吸困难，眼结膜充血、潮红

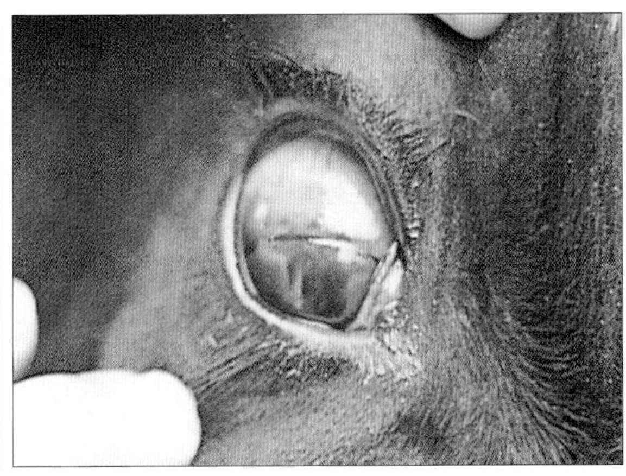

图 1–2–2　病牛流泪，角膜发炎并浑浊

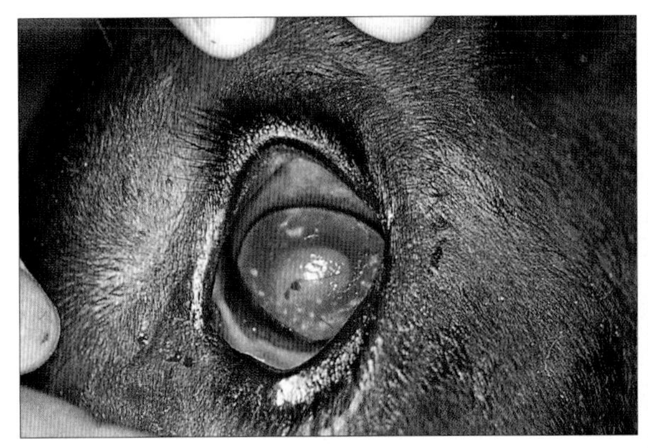

图 1–2–3　病牛的眼角膜浑浊

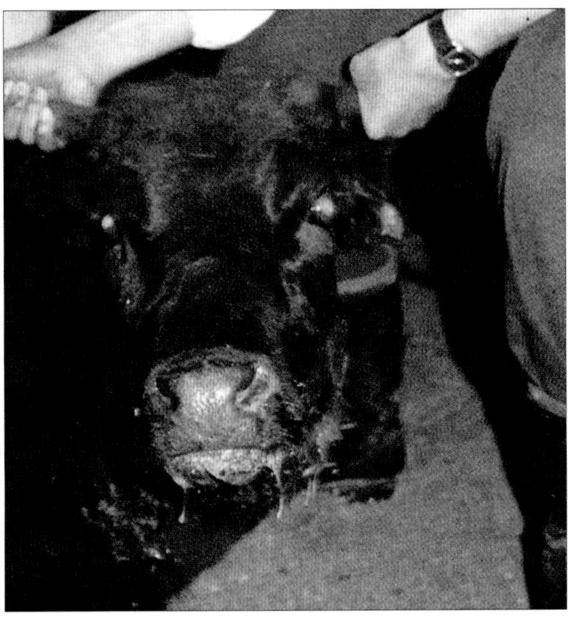

图 1–2–4　病牛眼角膜浑浊，鼻黏膜发炎，流出大量鼻液

图 1–2–5　病牛从鼻孔中流出化脓性鼻液，两眼发生角膜炎

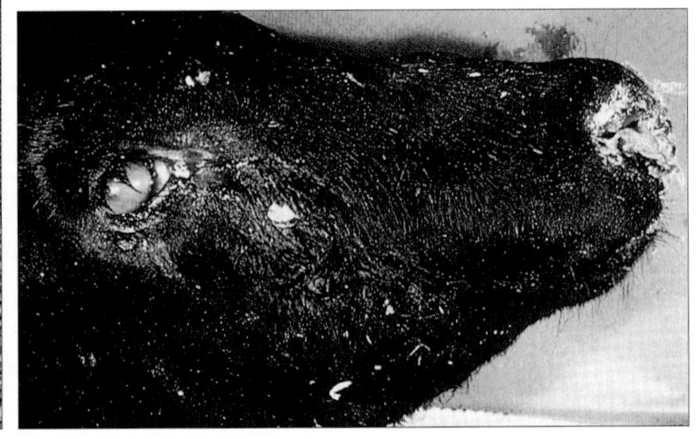

图 1–2–6　发病数日后病牛的鼻孔有干涸的鼻痂

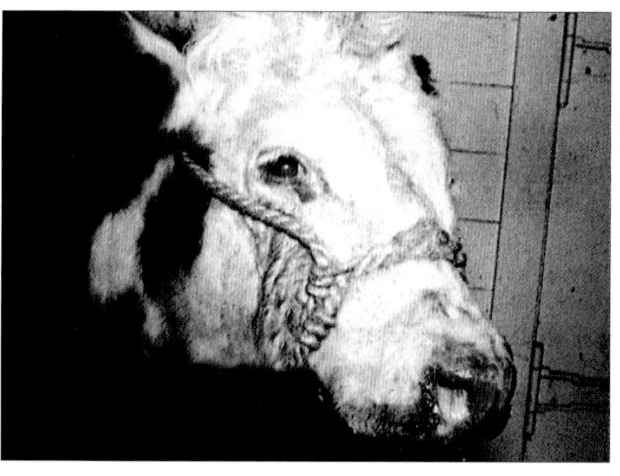
图1-2-7　结膜浑浊，流泪，鼻镜发红和糜烂，流鼻液

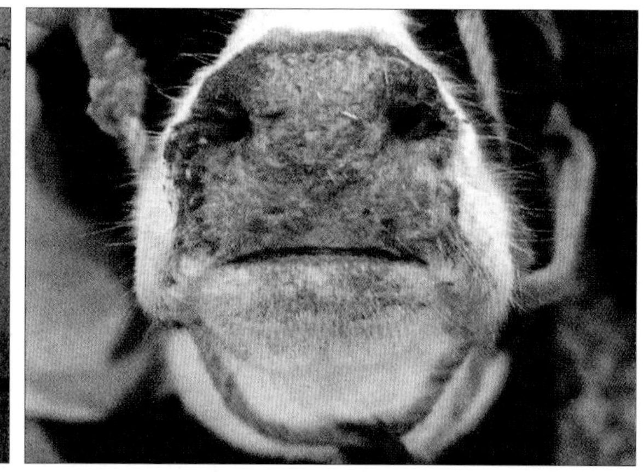
图1-2-8　鼻镜有大片痂皮形成，并有大量脓性鼻液粘附

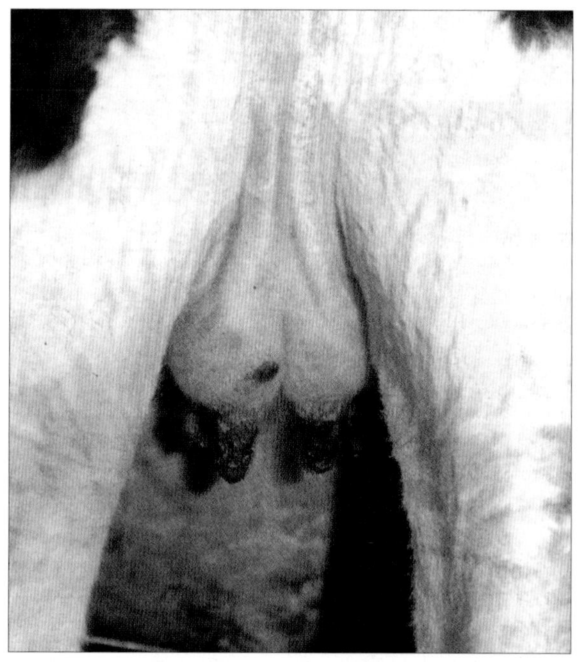
图1-2-9　病牛的乳头上有痂皮形成，触之有疼痛反应

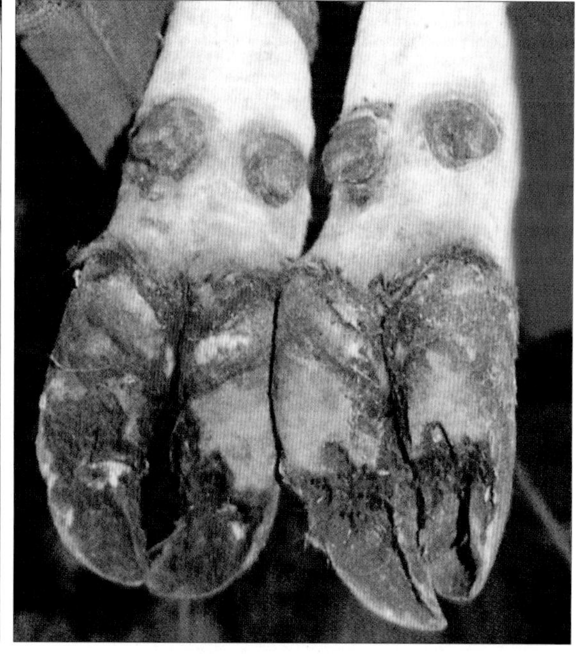
图1-2-10　病牛蹄部发炎，蹄壁龟裂，运步困难

图1-2-11　唇乳头尖端组织坏死，呈暗红色

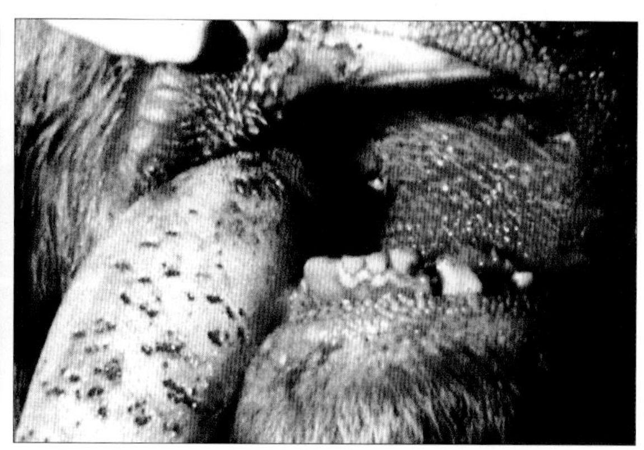
图1-2-12　舌头及口腔黏膜有糜烂及溃疡

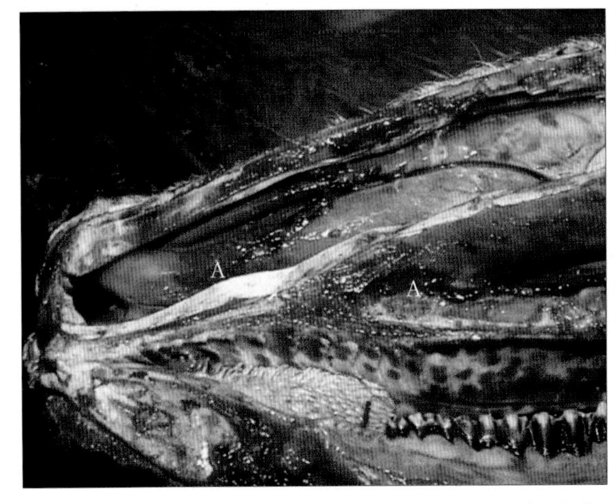

图 1-2-13　口腔和鼻腔中有明显的出血性坏死性溃疡（A 处所示）

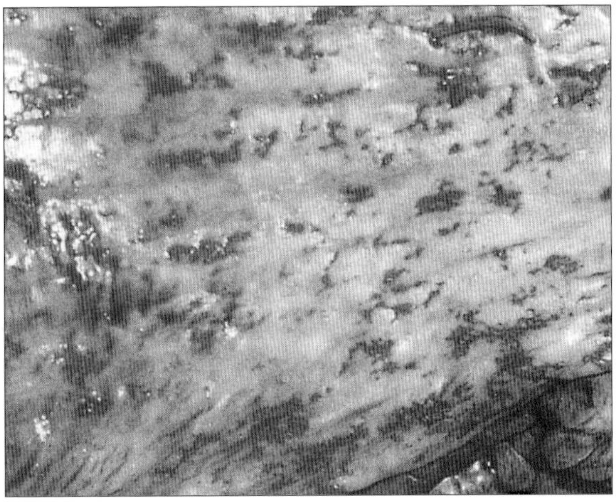

图 1-2-14　食管黏膜发生糜烂

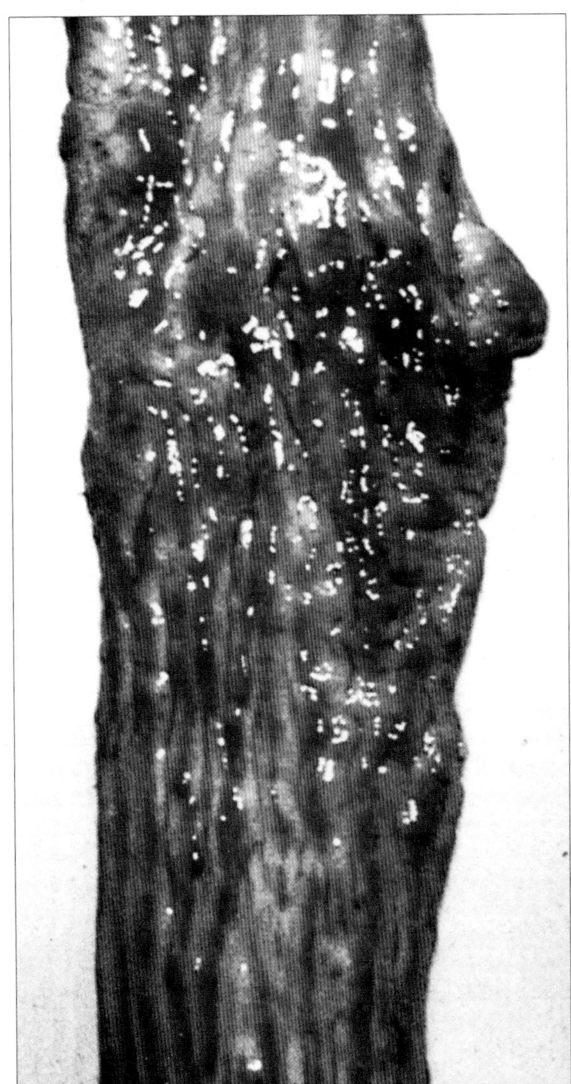

图 1-2-15　小肠黏膜出血和糜烂

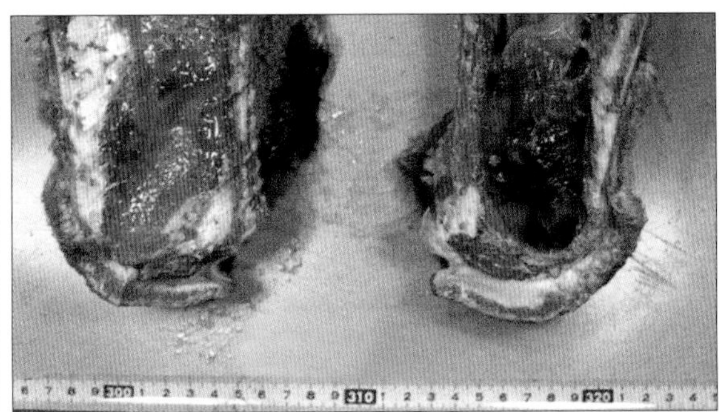

图 1-2-16　鼻黏膜淤血呈暗红色，表面覆有脓性假膜

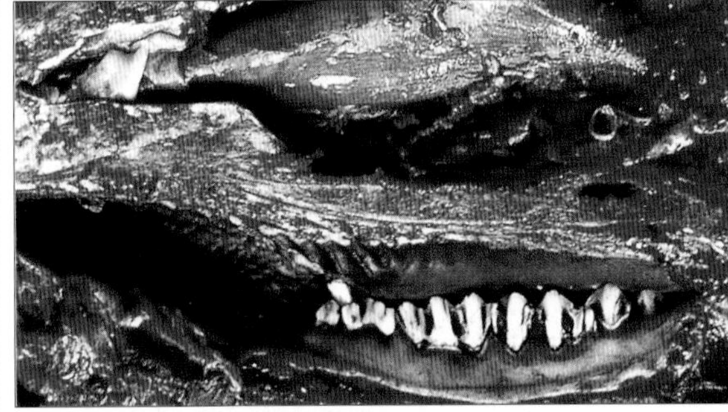

图 1-2-17　病牛的鼻甲黏膜出血

图 1-2-18　肾被膜下见灰白色间质性肾炎病灶

三、牛　　瘟

（Rinderpest, Cattle plague）

牛瘟又称“烂肠瘟”、“胆胀瘟”等，为牛的一种急性、热性、病毒性传染病，其特征为体温升高，全身呈败血症变化、消化道黏膜发生卡他性、出血性、纤维素性坏死性炎症。

本病是世界上古老的家畜疾病之一，最早发生于亚洲，随后传到非洲和欧洲。本病在澳大利亚、日本、巴西等国流行过。1949年前本病在我国几乎遍及全国，1949年后由于党和政府采取了一系列的扑灭措施，于1956年基本上消灭了本病。但本病目前仍流行于印度等亚非的10多个国家和地区，20世纪80年代初期曾有一次大暴发。因此，应引起警惕，防止本病再次传入我国。

【病原特性】 本病的病原体为副黏病毒科、麻疹病毒属的牛瘟病毒（Rinderpest virus）。病毒颗粒通常呈圆形和杆状（图1－3－1），平均直径为120～300纳米，内部有RNA组成的螺旋状结构，外部是由脂蛋白构成的囊膜，其上饰有放射状的短突起或钉状物。本病毒在结构上与麻疹病毒、犬瘟热病毒、鸡新城疫病毒以及其他一些副黏病毒很相似，在电镜下难以区分；而它与麻疹和犬瘟热病毒有共同的抗原，如果将麻疹病毒或牛瘟病毒注射于犬，则有抗犬瘟热的作用。本病毒在宿主细胞的胞浆中繁殖，可产生中和抗体、补体结合抗体和沉淀抗体。本病毒可在牛羊等动物的肾细胞培养物中繁殖，引起细胞病变和巨细胞形成（图1－3－2）。

本病毒对理化因素的抵抗力不强。干燥易使病毒失去活力，病牛皮经日光暴晒48小时即可无害，但在盐腌和低温下则相当稳定。腐败极易消灭病毒，普通消毒药均易将病毒杀死，尤其是碱性消毒药，如1%氢氧化钠溶液在15分钟内即可将病毒杀死。

【流行特点】 本病最易感的动物是牛，但因种类不同易感性也有差异。一般来说，牦牛易感性最大，奶牛和黄牛也易感染。除牛以外的偶蹄动物（如山羊、绵羊、骆驼、鹿、野牛、黄羊等）也有程度不同的易感性。病牛是本病的主要的传染源。病毒由病牛的分泌物和排泄物排出，特别是尿液（在病畜体温升高的第2天，尿中就存有大量病毒）。自然感染的途径多是消化道，也可经鼻腔和结膜感染。传播的最主要方式是与病畜接触，或通过病畜的皮、肉及被污染的饲料、饮水、用具、动物以至人类而传播。患病的妊娠母牛，可能使胎儿在子宫内感染。此外，蚊、蝇、蜱等吸血昆虫的机械性传播也是可能的。

本病的流行无明显的季节性，在老疫区呈地方性流行，在新疫区通常呈暴发式流行，发病率和死亡率都非常高。

【临床症状】 潜伏期一般不超过10天，通常为4～6天。病初，体温高达41～42℃以上，一般持续3～5天。病牛精神委顿，厌食，反刍迟缓以至停止，大便干而少，呼吸、脉搏增快，常有咳嗽，有时伴随意识障碍。奶牛的产乳量明显减少。继之，各部的黏膜出现炎性变化和程度不同的出血。眼流泪，眼睑肿胀，结膜潮红（图1－3－3）。接着，眼结膜发炎，流出大量浆液性和黏液性分泌物，严重时发生化脓性眼结膜炎（图1－3－4）。鼻镜干燥、皲裂，多覆有黄褐色痂皮。鼻黏膜发炎，分泌物初为浆液性，渐变为黏液性和黏液脓性（图1－3－5），有时在黏膜表面有微薄的假膜，或在红色的鼻黏膜面上散布有深红色的出血点。口腔黏膜的变化具有特征性，初流涎增加（图1－3－6），混有气泡甚至血丝，黏膜呈鲜红色，尤以口角、舌、齿龈、颊内面和硬腭最为明显；随后充血的黏膜面上见有水泡、糜烂和小溃疡形成（图1－3－7）；病情严重时，口腔黏膜出血，有大面积糜烂和溃疡（图1－3－8）。舌黏膜表面最初有灰色或灰白色小点，大小如粟粒，初期坚硬，后渐变软，相互融合成大小不等的斑块（图1-3-9）；最后，这些病变再相互融合而成片状病灶，其表面被覆灰色或灰黄色假膜，以手抹之易于脱落，留下红色易出血的表面，糜烂区边缘不整齐，进而发展为溃疡或烂斑（图1-3-10）。

当体温下降时，病牛发生腹泻，粪稀如水（图1-3-11），异常腥臭，有时排泄物内含有条状黏膜或长达10～30厘米的管状假膜。病情特别严重时，病牛腹泻加剧，常排出大量血样粪便（图1-3-12），末期排粪失禁。病牛迅速消瘦，两眼深陷，极度脱水，卧地不起，衰竭死亡（图1-3-13）。母牛可伴发阴道炎，孕畜常流产；有时在乳头和乳房部也见有出血和坏死灶，并由此而引起糜烂（图1-3-14）。

本病的病程一般为7～10天，病重者甚至2～3天即死亡；死亡率一般在50%以上。

【病理特征】 死于牛瘟的病牛显著消瘦，严重脱水，眼球凹陷，眼、鼻孔和唇部的附近皮肤附有浆液黏液性乃至脓性分泌物。肛门附近及尾根部皮肤污染粪便。直肠黏膜发红、肿胀。口腔内流出带泡沫的液体，其中混有血液。皮下组织淤血，胸部皮下有时见到气肿（间质性肺气肿所引起）。体表淋巴结肿大，呈暗红色，切面多汁。在有些病例的胸、腹腔内含有带黄色或暗褐色液体。

特征而重要的病变见于消化道黏膜。口腔的唇内面、齿龈、颊、舌的腹面甚至硬腭和咽部，可见有灰黄色、坚硬且突起于黏膜面的粟粒状小结节或污秽色碎屑状或薄片状假膜。剥去假膜，遗留大小不同、分界鲜明的鲜红色糜烂和溃疡。如果糜烂处有细菌侵入，则可转变为纤维素性坏死性病变。食管的上1/3也有明显的出血、糜烂和纤维素性坏死性病变（图1-3-15）。瓣胃通常积聚大量干燥食块。有些病例，在瓣胃叶的黏膜上可见糜烂。皱胃的最严重而经常的病变出现在幽门部，该部黏膜肿胀，充血和出血，并形成局灶性黑褐色血肿（图1-3-16），或有淡红色到暗褐色不规则的出血性条纹。病情严重时，胃黏膜弥漫性出血，呈红色或暗红色出血性浸润（图1-3-17）；有的胃黏膜坏死，遗留大小不一的烂斑与溃疡，溃疡底部因出血而呈红色，溃疡边缘隆起。胃壁水肿，横切面呈胶冻样外观。小肠的病变以十二指肠的起始部和回肠的后段最显著，黏膜皱襞的顶部见有出血性条纹，偶见糜烂（图1-3-18）。空肠含有污秽色液体，或因混合血液而变为暗褐色，或因腐败变为黄绿色，其中混有纤维素性碎片而带恶臭。肠壁的集合淋巴小结肿胀，常常坏死而呈黑色，结痂脱落后，即形成深陷的溃疡。大肠的损害通常比小肠严重，肠黏膜充血、出血、水肿，多被覆大量纤维素性坏死性假膜，除去假膜后可见大片的糜烂和溃疡。直肠严重出血，肠腔内含有暗红色血液和部分血凝块（图1-3-19）。肠系膜淋巴结显著肿胀，暗红色，呈出血性淋巴结炎。

呼吸道黏膜肿胀、充血，散发点状或线状出血。鼻腔和喉部黏膜常见小点状出血，伴发糜烂与溃疡，其表面覆有纤维素性假膜。气管（尤其是上1/3）黏膜上有线状出血，糜烂较少见。临床上出现呼吸困难者，常因支气管内积有胶样纤维素性块状物，致使通气发生障碍，而出现肺泡性和间质性肺气肿，并发不同程度的充血与出血，有时还见支气管肺炎病灶。

其他实质器官如肝脏、脾脏和肾脏等多呈现出不同程度的退行性病变。脑膜和脑实质充血，散发小点状出血。镜检表现为急性非化脓性脑炎变化。母畜生殖器的黏膜常有炎症变化，尤以阴道部明显。流产胎儿主要呈现全身败血症变化。

【诊断要点】 在疫区，本病可根据流行特点、临床症状和病理特征（特别是消化道的病变）等进行诊断。但在非疫区，除了上述依据外，还需分离和鉴定病毒，并通过血清学反应，如中和试验、补体结合反应、琼脂扩散试验、酶联免疫吸附试验等进行确诊。实践证明，血清学试验以中和试验的准确性较高。

【鉴别诊断】 牛瘟在鉴别诊断方面应与以下几种牛病相区别。

1. **牛口蹄疫** 病牛的齿龈、舌面和颊部的内面常发生大小不一的水泡，破溃后往往呈红色、圆形烂斑，无假膜覆盖；大量流涎，呈线状，蹄部和乳房有水泡和烂斑；传播速度较牛瘟快，多为良性经过。以口腔水泡皮给豚鼠皮内接种，在接种部位发生水泡，牛瘟则否。

2. **牛巴氏杆菌病** 常呈急性经过，有出血性败血症变化，特别是喉部皮下有胶冻样出血性水肿，血液和内脏以细菌学方法检查时可发现两极着染的巴氏杆菌。若将病料接种于小白鼠（对牛瘟无感受性），可短期致死。剖检时可见其浆膜、黏膜和内脏广泛出血，皮下有明显的出血性水肿，于尸体内可分离出巴氏杆菌。

3. **牛恶性卡他热** 常为散发，并与绵羊有密切的接触关系。主要病变在鼻腔、头窦，特别是弥漫性角膜炎及纤维素性虹膜炎，表现为角膜浑浊，间有溃疡，眼前房积有淡黄色浑浊的液体。

4. **牛水泡性口炎** 病牛舌面发生蚕豆大至核桃大的水泡，常迅速破溃，形成烂斑，大量流泡沫样口涎，体温仅短时升高，多发生于夏季。

此外，本病还应与黏膜病、传染性牛鼻气管炎和血孢子虫病等病相鉴别。

【治疗方法】 目前尚无有效的化学药物来治疗本病，但对一些贵重的品种牛可在病初注射抗牛瘟高免血清200～300毫升，有较好疗效。同时还可用一些抗生素及磺胺类药物，防止继发性感染；用活性炭或饮用一些稀薄的消毒水清理和保护胃肠。

【预防措施】 预防本病必须严格贯彻执行兽医检疫措施，不从有牛瘟的国家和地区引进反刍动物。一旦发现可疑病例时，必须迅速上报，并在确诊后，严格执行封锁、检疫、隔离、消毒及毁尸等措施。与此同时，对疫区或临近疫区的牛，应普遍注射牛瘟疫苗（如牛瘟兔化疫苗、牛瘟山羊化兔化弱毒疫苗和牛瘟绵羊化兔化弱毒苗等）进行预防，建立被动免疫防护带。在无上述疫苗的情况下注射麻疹疫苗，也有较好的预防效果。

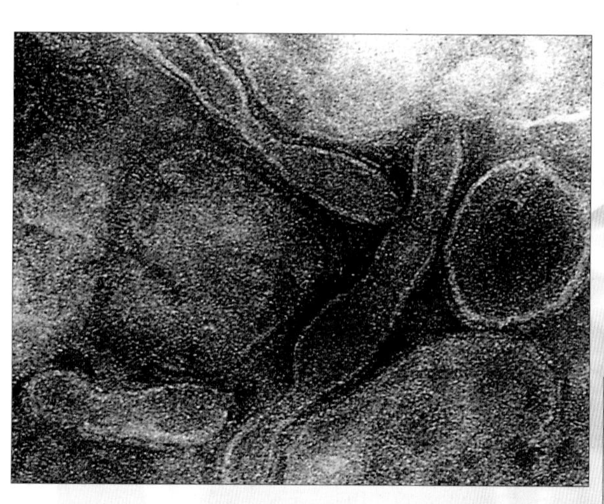

图1-3-1 牛瘟的病毒粒子

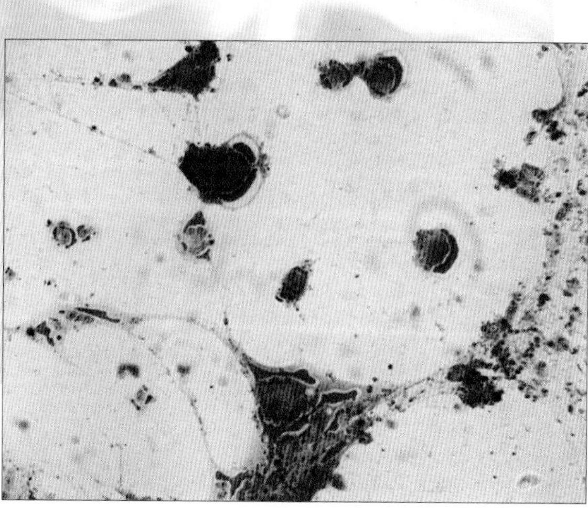

图1-3-2 牛胎肾培养出现的巨细胞

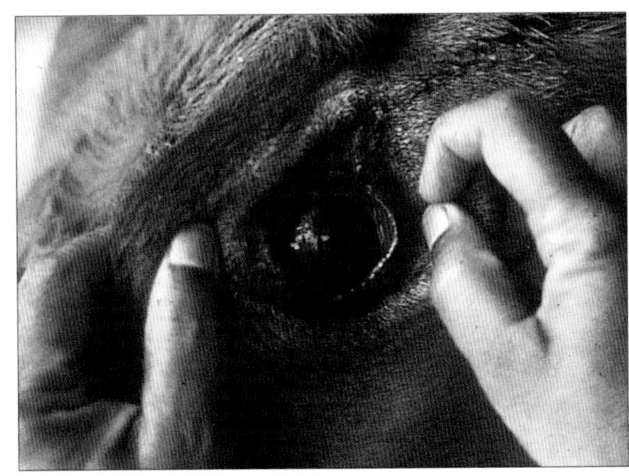
图 1-3-3　病牛黏膜潮红、充血和出血

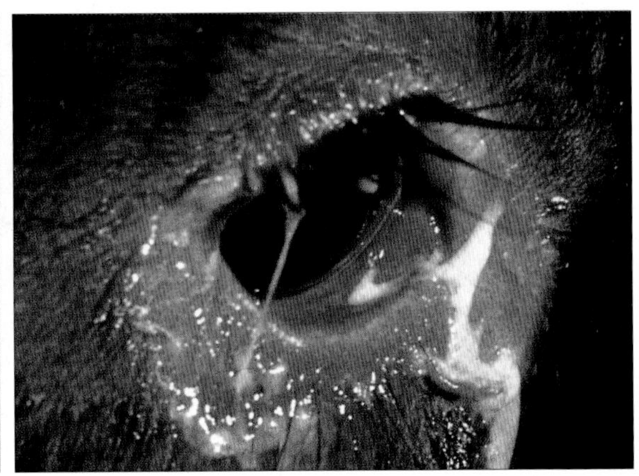
图 1-3-4　病牛伴发严重的化脓性眼结膜炎

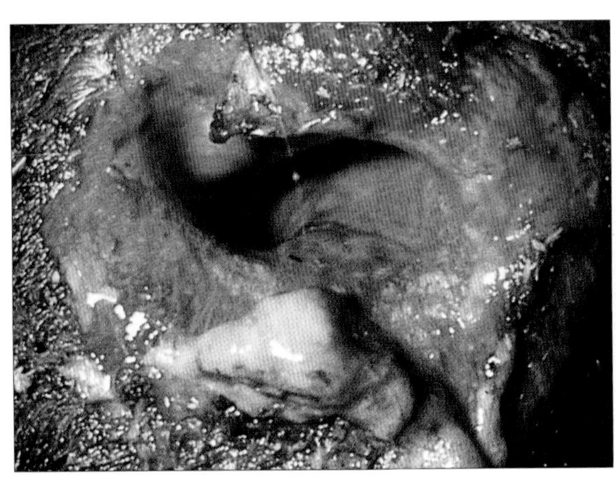
图 1-3-5　病牛出现严重的化脓性鼻炎

图 1-3-6　患病初期，病牛流泪、流涎和鼻液

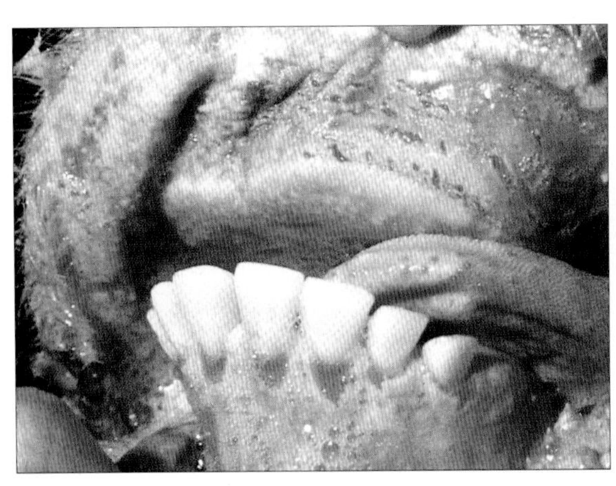
图 1-3-7　唇内侧的黏膜面和齿龈上的水泡、坏死和溃疡

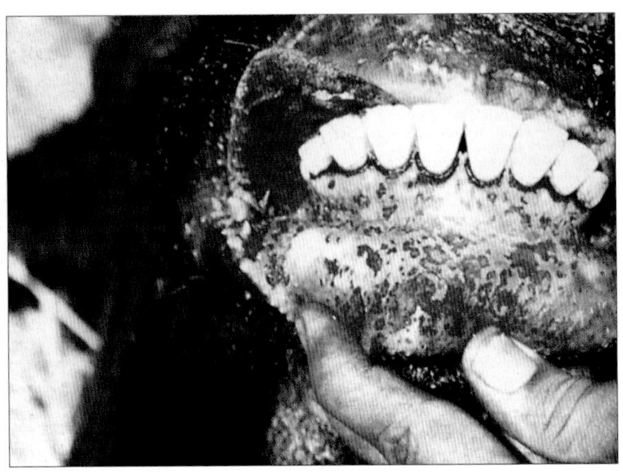
图 1-3-8　口腔黏膜出血、糜烂和溃疡

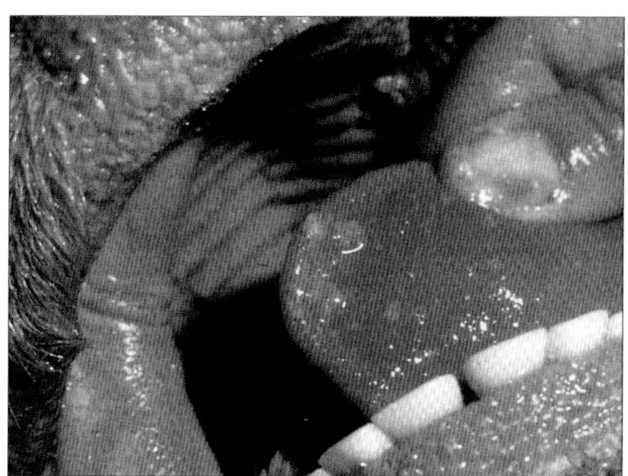

图1-3-9　舌的背面和腹面出现灰白色病灶

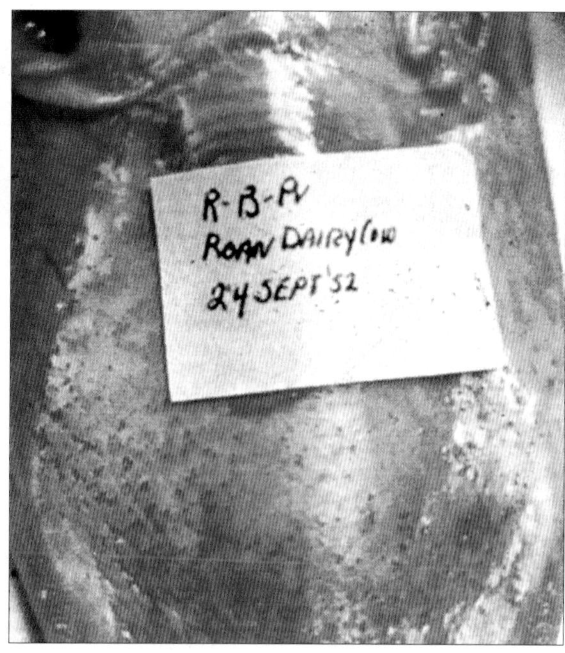

图1-3-10　舌下有点状出血、糜烂和假膜

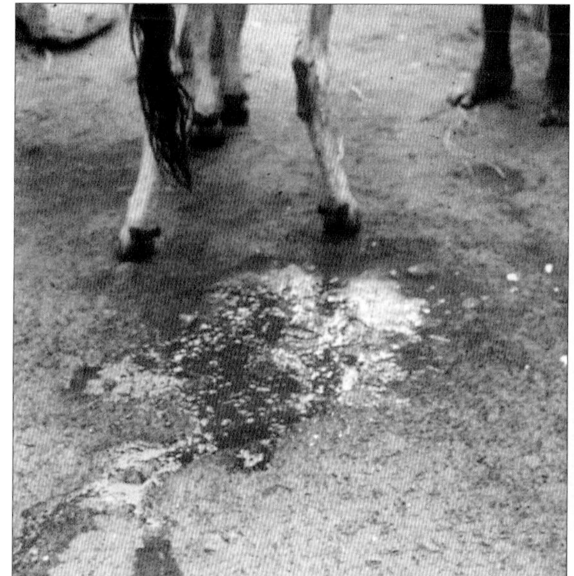

图1-3-11　病牛水样下痢

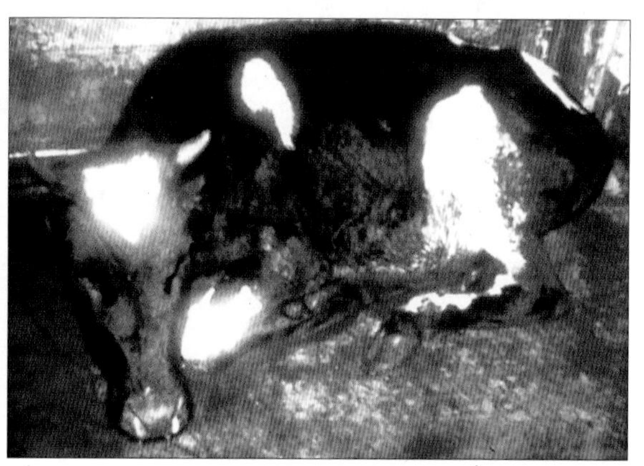

图1-3-12　病牛发生血样下痢，周围被污染

图1-3-13　牛瘟的死亡率可达100%，我国曾因本病而死亡几十万头牛

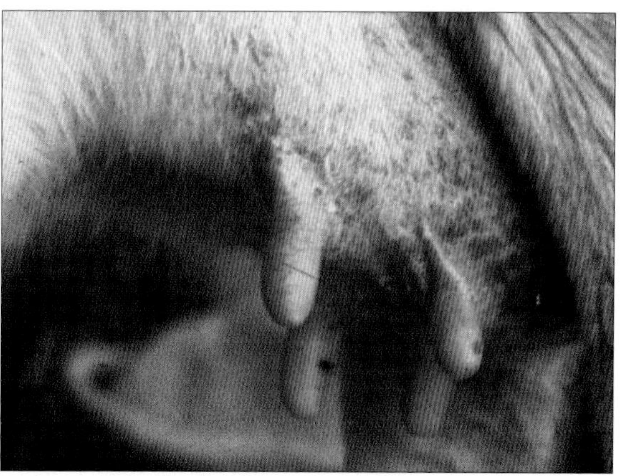

图1-3-14　病牛乳头及乳房上的糜烂

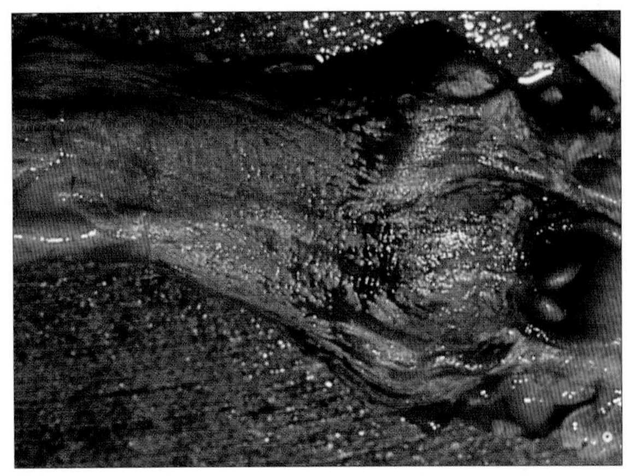
图 1-3-15　食道黏膜覆有纤维素样坏死性假膜

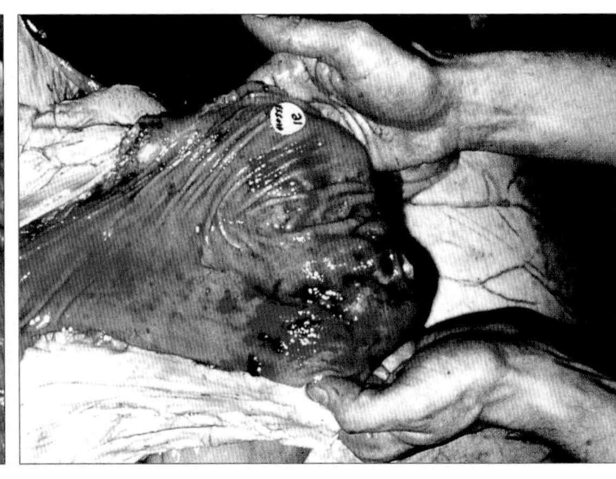
图 1-3-16　皱胃黏膜有出血斑点和血肿

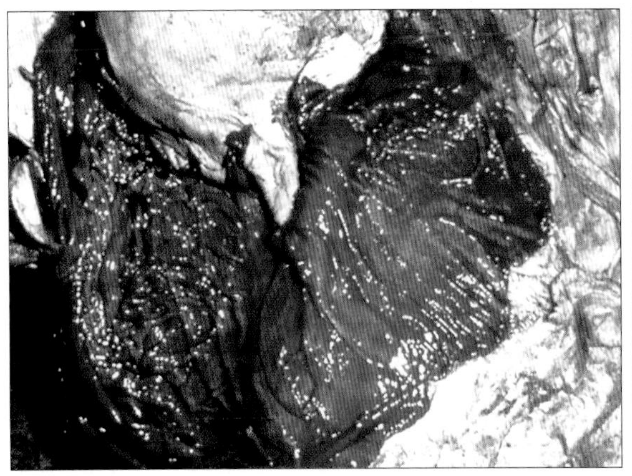
图 1-3-17　皱胃黏膜弥漫性出血、红染

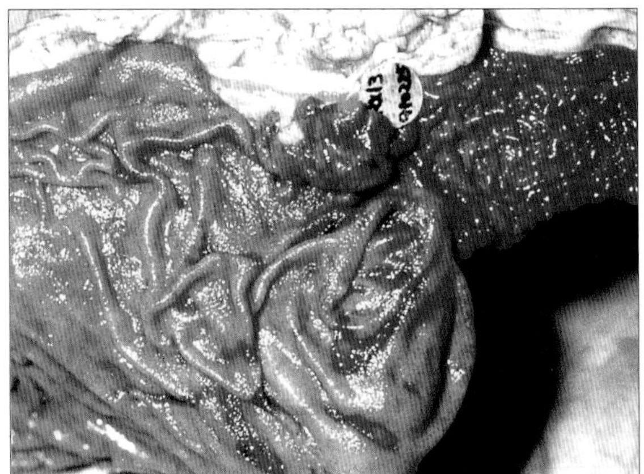
图 1-3-18　幽门部和十二指肠黏膜充血和出血

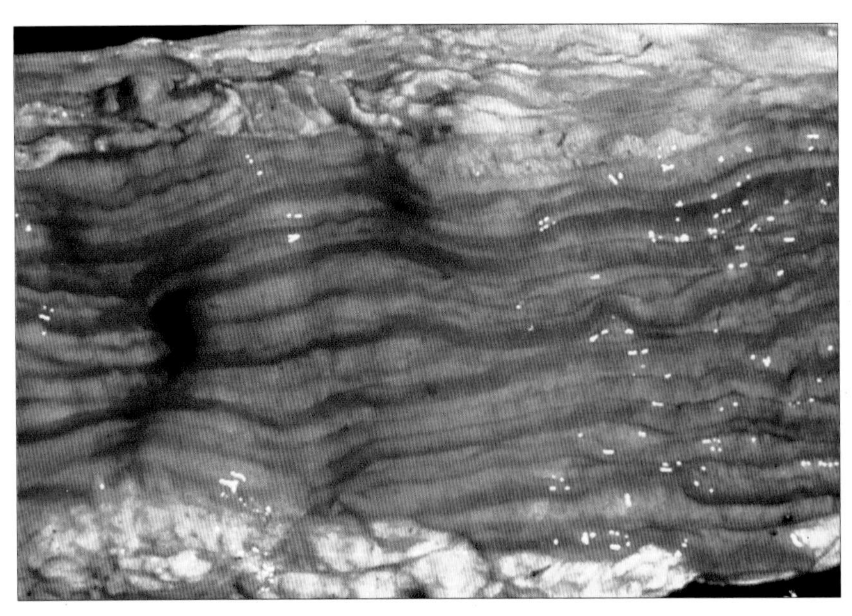
图1-3-19　直肠黏膜的纵纹有出血

四、牛病毒性腹泻－黏膜病

（Bovine viral diarrhea－mucosal disease，BVD－MD）

牛病毒性腹泻－黏膜病又简称牛病毒性腹泻或牛黏膜病，是由病毒引起的一种多呈亚临床经过、间或呈严重致死性病程的传染病。临床表现以发热、咳嗽、流涎、严重腹泻、消瘦及白细胞减少为特征；剖检以消化道黏膜发炎、糜烂及肠壁淋巴组织坏死为特点。

据报道，Olafson于1946年首先发现了一种以腹泻为主的牛传染病，称之为病毒性腹泻；继之，Ramsey等（1953）又观察到牛的一种与病毒性腹泻相似的传染病，以消化道黏膜发生糜烂和溃疡为特征，命名为牛黏膜病；1961年，Gillespie从一头患黏膜病的病牛体内分离出的病毒与病毒性腹泻的病毒相同，从而把病毒性腹泻和黏膜病视为同一种病毒所致感染的2种不同表现形式。目前，本病广泛发生于欧美等许多养牛发达的国家。我国以前没有本病，1980年以来从原联邦德国、丹麦、美国、加拿大、新西兰等10多个国家引进奶牛和种牛，将本病带入我国，使本病在一些奶牛场不断发生，成为影响奶牛业发展的一种重要的传染病。

【病原特性】 本病的病原体属披膜病毒科、瘟病毒属的牛病毒性腹泻－黏膜病病毒（Bovine viral diarrhea－mucosal disease virus，BVD－MDV）。本病毒呈圆形，大小为50～80纳米，为一种有囊膜的RNA病毒（图1－4－1）。它能在胎牛肾、睾丸、肺、皮肤、肌肉、鼻甲、气管、胎羊睾丸、猪肾等细胞培养物中增殖传代，也适应于牛胎肾传代细胞系。本病毒与猪瘟病毒、边界病毒为同属病毒，有密切的抗原关系。

本病毒对乙醚、氯仿、胰酶等敏感，pH 3以下易被破坏；在50℃氯化镁中不稳定；56℃很快被灭活；血液和组织中的病毒在冰冻状态下（－70℃）可存活多年。

【流行特点】 本病的易感动物主要是牛，特别是奶牛和肉用牛，其次为黄牛、水牛和牦牛等；虽然各种年龄的牛都有易感性，但以幼龄犊牛的易感性最高。人工接种可以使绵羊、山羊、鹿、羚羊、仔猪、家兔等动物感染。病牛和隐性感染动物是本病的主要传染来源，其分泌物和排泄物中含有大量病毒。消化道和呼吸道传播是本病感染的主要途径，直接或间接接触是本病传播的主要方式。病毒侵入易感牛的消化道和呼吸道后，首先在入侵部位的黏膜上皮细胞内复制，然后进入血液，引起病毒血症并将病毒散播全身。现已确定，本病毒能通过胎盘屏障而使其胎儿感染，因此，妊娠牛感染本病后可导致其后代产生高滴度抗体并出现本病的特征性损害。

据报道，近年来欧美一些国家猪的感染率很高，一般不表现临床症状，多为亚临床感染。这可能成为奶牛感染本病的主要传染来源，应引起高度重视。

本病的流行特点是，新疫区急性病例多，不论放牧牛或舍饲牛，大牛或犊牛均可感染发病。其发病率虽然不高，约为5%，但病死率高，可达90%～100%。发病牛以6～18个月者居多。老疫区的急性病例很少，发病率和病死率很低，而隐性感染率在50%以上。本病一年四季均可发生，但多发生于冬季和春季。

【临床症状】 本病的潜伏期一般为7～14天，人工感染2～3天，根据临床表现不同而有急、慢性之分。

1.急性型　病牛突然发病，体温升高至40～42℃，稽留高热，常可持续4～7天；有的病牛降温后，体温还有可能第2次升高。随着体温的升高，病牛白细胞减少，通常可持续1～6天，继而白细胞又微量增多，有的可发生第2次白细胞减少。病牛精神沉郁，厌食，鼻眼有黏液性分泌物（图1−4−2），2～3天内可能在鼻镜（图1−4−3）、口腔和齿龈黏膜形成糜烂及溃疡（图1−4−4），舌面上皮坏死，流涎增多，呼气恶臭。通常在口腔见有损害之后，病牛发生严重腹泻，开始水泻，以后带有黏液和血（图1 4−5）。严重的腹泻常导致病牛明显脱水，皮肤的弹性减退，眼球塌陷（图1−4−6）。有些病牛常伴发蹄叶炎及趾间皮肤糜烂坏死，从而导致跛行。

急性病例常常不易恢复，多于发病后1～2周死亡，少数病牛的病程可拖延1个月以上而转为慢性。

2.慢性型　病牛很少有明显的发热症状，但体温可能高于正常。本型最引人注意的症状是鼻镜糜烂，此种糜烂可在全鼻镜上连成一片。在口腔内很少有糜烂，但门齿部的齿龈通常发红、糜烂和溃疡（图1−4−7）。眼角先有浆液分泌物，继之变为黏液性或黏液脓性，久者可形成泪斑。病牛的跛行明显，这是由于蹄叶炎及趾间皮肤糜烂坏死而引起的。皮肤变厚、粗糙，表面常见大量皮屑，在鬐甲、颈部及耳后最明显。腹泻和便秘交替出现。

慢性病例虽然可以恢复，但大多数患牛常因抵抗力下降而继发感染，并于2～6个月内死亡，也有个别病例可拖延到1年以上。母牛在妊娠期感染本病时常发生流产，或产下有先天性缺陷的犊牛。最常见的缺陷是小脑发育不全，患病犊牛可呈现共济失调，运动障碍（图1−4−8）或难以站立等症状，也可完全缺乏协调和站立的能力（图1−4−9）。

【病理特征】　剖检时除见尸体消瘦和脱水外，最明显的病变见于消化道黏膜。整个口腔黏膜，包括唇、颊、舌、齿龈、软腭和硬腭可见有糜烂病灶（图1−4−10），咽部黏膜也有类似病变（图1−4−11）。食管黏膜的糜烂较严重，常见大部分黏膜上皮脱落，但最有特征性的病变是在黏膜面上有纵行排列的糜烂或小溃疡灶（图1−4−12）。偶尔可见瘤胃黏膜出血和肉柱的糜烂，瓣胃的瓣叶黏膜亦见糜烂和溃疡（图1−4−13）。皱胃黏膜炎性水肿，在胃底部的皱壁中有多发性圆形糜烂区，边缘隆起，有时糜烂灶中有一红色出血小孔（图1−4−14）。小肠黏膜潮红、肿胀和出血，呈急性出血性卡他性炎变化（图1−4−15），尤以空肠和回肠较为严重。集合淋巴小结出血、坏死，形成局灶性糜烂和溃疡，有时其表面覆有黏稠的血色黏液（图1−4−16）。盲肠、结肠和直肠黏膜常受侵害，病变从黏膜的卡他性炎、出血性炎以至发展为溃疡性和坏死性炎。镜检，从口腔到前胃的黏膜均为复层鳞状上皮，其特点是：上皮细胞呈空泡变性或气球样变乃至坏死，固有层充血、出血和水肿，有数量不等的淋巴细胞、浆细胞及嗜中性白细胞浸润（图1−4−17）。皱胃除溃疡部黏膜缺损外，还见胃腺萎缩和囊肿样扩张。肠管病变以下段比上段严重，表现肠黏膜上皮细胞坏死、脱落，伴有纤维素渗出乃至溃疡形成；固有层毛细血管充血、出血、水肿和有白细胞浸润；肠壁淋巴小结的生发中心有坏死变化。

发生流产时，在流产胎儿的口腔、食道、皱胃及气管内可能有出血斑及溃疡；运动失调的新生犊牛，有严重的小脑发育不全，表现小脑体积小（图1−4−18），或缺（图1−4−19）。在皮质见有白色的或盐类沉积的小病灶，或发生两侧性脑室积水。镜检发育不全的小脑呈现蒲肯野细胞和颗粒层细胞减少，小脑皮质有钙盐沉着及血管周围见有胶质细胞增生。

【诊断要点】　在本病严重暴发流行时，可根据其发生病史、典型的临床症状及病理变化，特别是口腔和食管黏膜的特征性变化，做出初步诊断。但最后确诊则须依赖病毒的分离鉴定及血清学检查。

分离病毒的病料以急性发热期的血液、尿、鼻液或眼分泌物，剖检时的脾、骨髓、肠系膜淋巴结等为最好；通过人工感染易感犊牛或乳兔的方法，或用牛胎肾细胞、牛睾丸细胞等继代细胞来分离病毒。血清学检查可用补体结合试验、免疫荧光抗体技术、琼脂扩散试验等，但目前应用最广的是血清中和试验，试验时采取双份血清（间隔3～4周），滴度升高4倍以上者可判定为阳性。本法既可用来定性，也可用来定量。

【类症鉴别】 在进行诊断时，本病应注意与牛瘟、口蹄疫、牛传染性鼻气管炎、恶性卡他热及牛蓝舌病等相区别。

【治疗方法】 本病目前尚无有效疗法，一般可采取对症治疗，借以增强机体的抵抗力，减少继发性感染，促进病牛康复。通常应用收敛剂和补液疗法可缩短恢复期，减少损失；用抗生素和磺胺类药物，可减少继发性细菌感染。

【预防措施】 平时预防要加强口岸检疫，从国外引进种牛、种羊、种猪时必须进行血清学检查，防止引入带毒牛、羊和猪。国内在进行牛只调拨或交易时，要加强检疫，防止本病的扩大或蔓延。

近年来，猪对本病病毒的感染率日趋上升，不但增加了猪作为本病传染来源的重要性，而且由于本病病毒与猪瘟病毒在分类上同属于瘟病毒属，有共同的抗原关系，使猪瘟的防制工作变得复杂化，因此在本病的防制计划中对猪的检疫也不容忽视。

一旦发生本病，对病牛要隔离治疗或急宰。目前可应用弱毒疫苗或灭活疫苗来预防和控制本病。

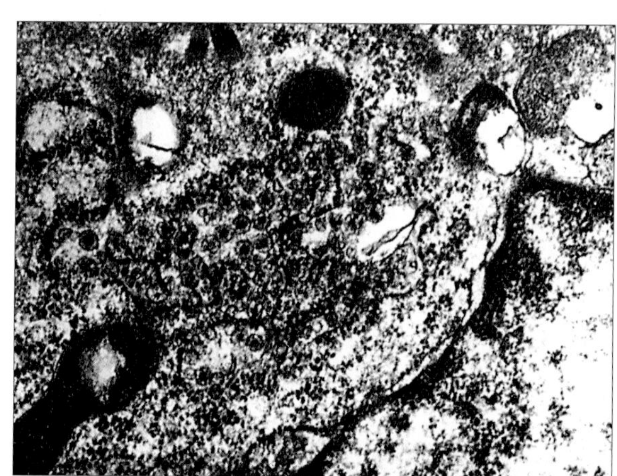
图1-4-1　位于粗面内质网中的病毒粒子

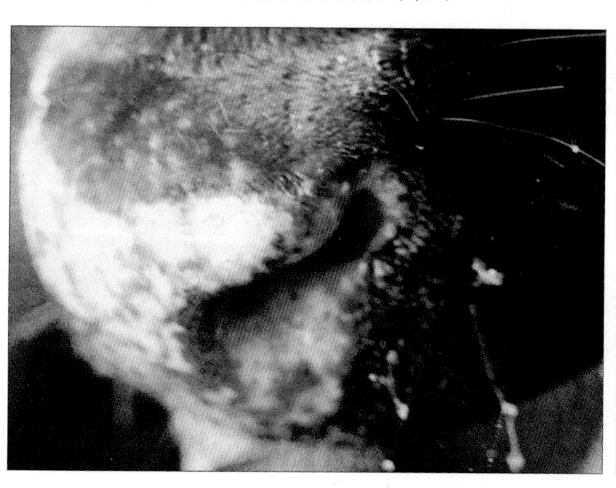
图1-4-3　病牛的鼻镜糜烂、溃疡，鼻黏膜潮红、肿胀

图1-4-2　从病牛的鼻孔中流出大量的黏液性鼻液

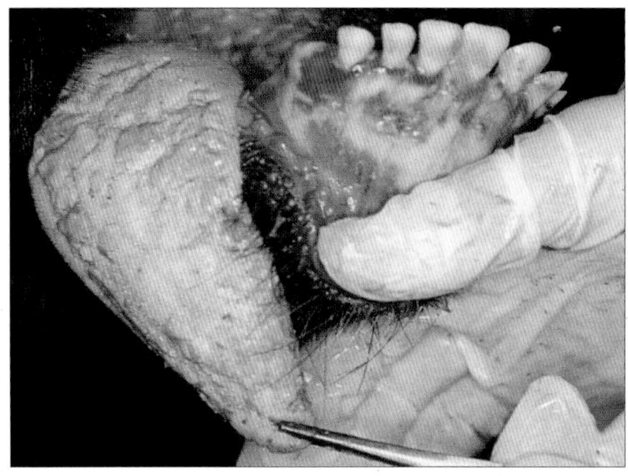

图 1–4–4　齿龈糜烂，表面有黄白色隆起的病灶

图 1–4–5　混有血液的黏液性下痢

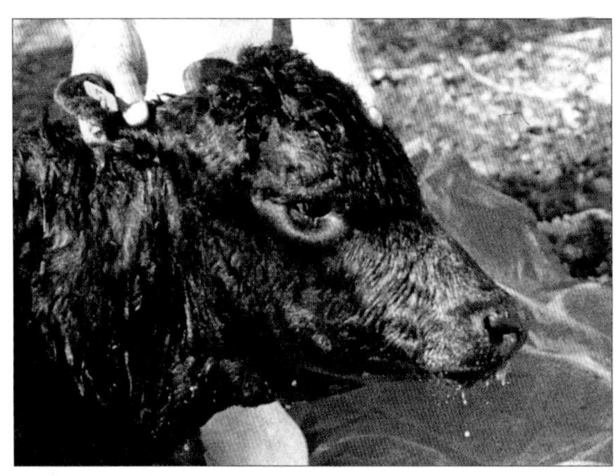

图 1–4–6　病犊严重脱水，眼球塌陷

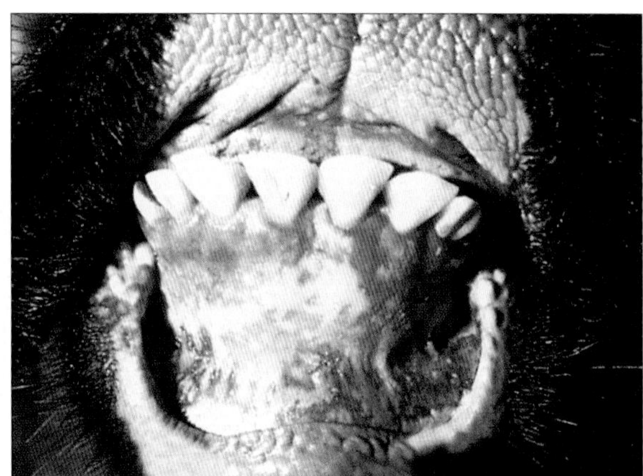

图 1–4–7　病牛的齿龈和硬腭有糜烂和溃疡

图 1–4–8　先天性感染的犊牛精神沉郁、站立困难

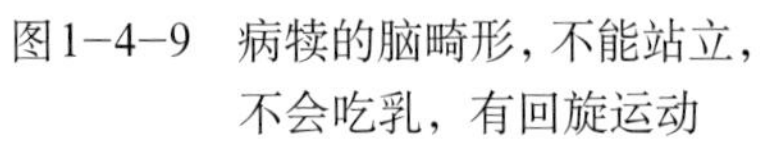

图1–4–9　病犊的脑畸形，不能站立，不会吃乳，有回旋运动

图 1-4-10　病牛的硬腭有大面积的溃疡

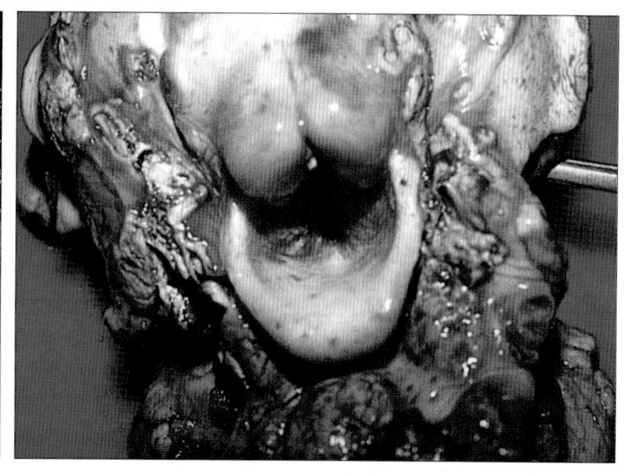

图 1-4-11　感染波及喉头，喉黏膜有出血、坏死和溃疡

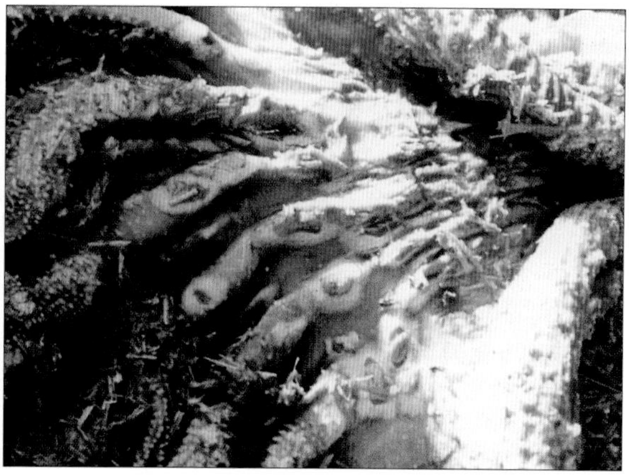

图 1-4-13　发生于瓣胃黏膜的糜烂和溃疡

图 1-4-12　食管有点状、线状出血，糜烂和小溃疡

图 1-4-14　皱胃黏膜出血，形成黑色斑块

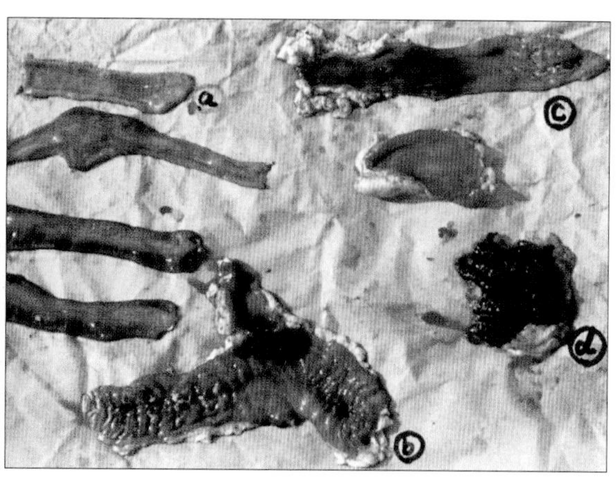

图 1-4-15　消化道各肠段有不同程度的出血和出血块形成

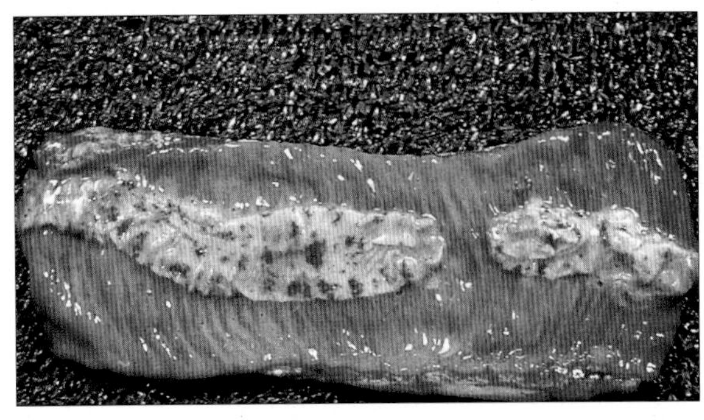
图 1-4-16　病牛回肠黏膜的出血和溃疡

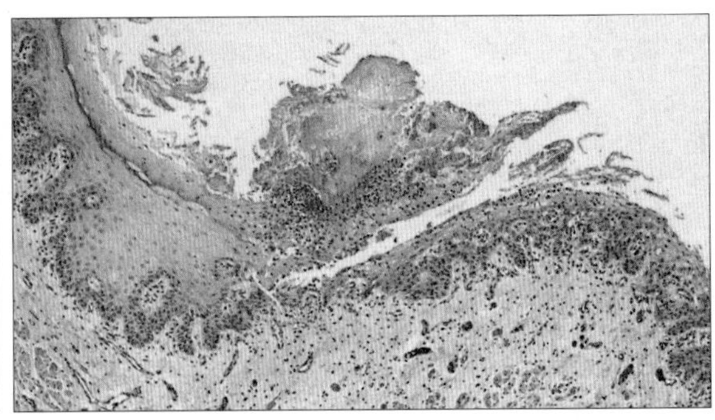
图 1-4-17　食道黏膜上皮坏死，黏膜下层有明显的炎性反应

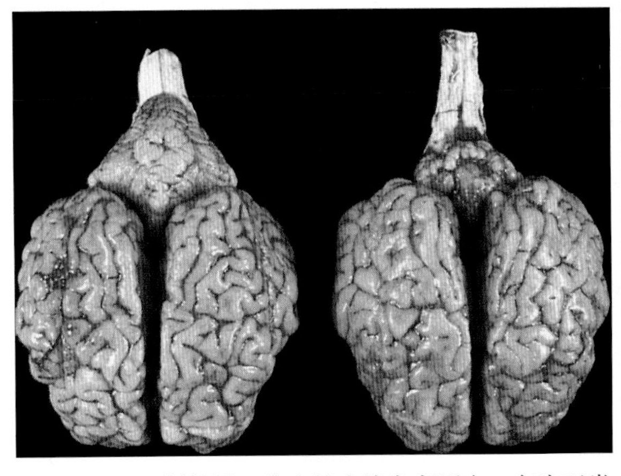
图 1-4-18　剖检见，犊牛的小脑发育不全，左为正常牛的脑，右为病牛的脑

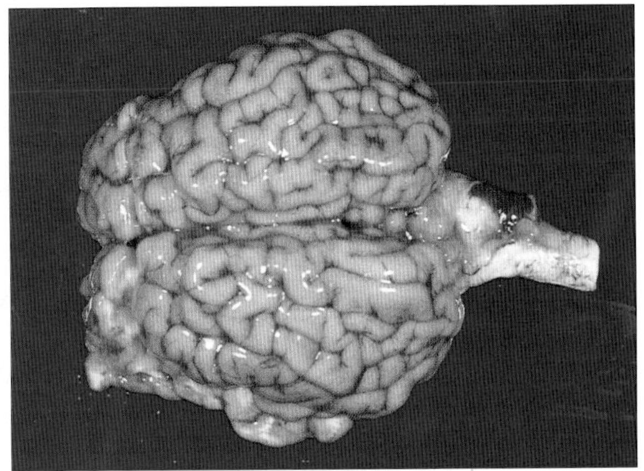
图 1-4-19　新生犊牛的小脑发育不良

五、牛传染性鼻气管炎

（Infectious bovine rhinotracheitis，IBR）

牛传染性鼻气管炎又称“坏死性鼻炎”、“红鼻病”，是仅发生于牛的一种急性病毒性传染病。临床上以发热、咳嗽、呼吸困难和流鼻液为特点；病理学上以呼吸道黏膜发炎、水肿、出血、坏死和形成糜烂为特征；同时还可以引起脓疱性阴道炎、结膜角膜炎、脑膜脑炎、流产等病变。因此，它是一种同一病原引起多种病状的传染病。

本病最初发现于美国的科罗拉多州（1955），并被命名为牛传染性鼻气管炎。其后在澳大利亚、新西兰、日本和许多欧洲国家均有发生，成为一种威胁世界养牛业的传染病。我国自1980年从新西兰进口奶牛时发现本病以来，现已从奶牛、水牛、黄牛和牦牛等牛体内分离出病毒。

【病原特性】　本病的病原体为疱疹病毒科、水痘病毒属的牛传染性鼻气管炎病毒（Infectious bovine rhinotracheitis virus，IBRV），又称牛疱疹病毒Ⅰ型（Bovine herpesvirus Ⅰ，BHV-Ⅰ）；具有疱疹病毒科成员所共有的形态特征。虽然牛是其天然宿主，但野鹿体内也常有很高的中和抗体。本病毒呈球形，有双股DNA核心，外有囊膜（图1-5-1），直径为130～180纳米。病毒可于牛肾，牛睾丸，肾上腺，胸腺，以及猪、羊、马、兔肾，牛胎肾细胞上生长，并可产生病变，使细胞聚集，出现巨核合胞体。研究证明，本病毒的DNA生物合成是在核内进行的，病毒粒子装配的部位也是在核内。因此，无论在体内还是体外被感染细胞用HE染色时均可见到嗜酸性核内包涵体（图1-5-2）。

据报道，本病只有一个血清型，但与马鼻肺炎病毒、鸡马立克氏病病毒和伪狂犬病病毒有部分相同的抗原成分。病毒可潜伏在三叉神经节和腰、荐神经节内，中和抗体对于潜伏于神经节内的病毒无作用。据研究，病毒的这种能在神经组织中持续性感染的特性，与病毒所含的TK基因有关。

本病毒是疱疹病毒科成员中抵抗力较强的一种。病毒对热较敏感，37℃中的半衰期约为10小时，加热到50℃21分钟则死亡；在22℃和37℃下贮存，病毒能分别保持活力50天和20天；在pH 4.5～5环境中不稳定，在pH 6～9环境中则非常稳定。病毒对寒冷有很强的耐受力，-60℃可保存至少9个月；-70℃保存的病毒，可存活数年。病毒对化学消毒药的抵抗力较低，乙醚、丙酮、酒精及紫外线均能很快使之灭活；许多常用的消毒药也可使其灭活，如在0.5%氢氧化钠溶液中半分钟、5%福尔马林中溶液1分钟、1%石炭酸溶液中5分钟均可使之灭活。

【流行特点】 本病一般只发生于牛，以20～60日龄的犊牛、奶牛和肥育牛的易感性最高。本病的分布范围很广，多数呈隐性感染，暴发时与牛群的易感性和抵抗力有关。有的零星发病，一般的发病率为20%～30%，有时可达80%以上，有的甚至高达100%。死亡率也有很大的差别，一般为1%～5%，但犊牛的死亡率可能更高些。

病牛及带毒牛是本病的主要传染来源，病牛临床康复3～4个月后还可从呼吸道排毒。病毒多随鼻、眼、阴道分泌物而排出，污染周围环境，主要通过直接接触由飞沫而传染。精液中也含有病毒，故也可通过交配传染。

本病主要在秋、冬寒冷季节流行；舍饲和大群密集的饲养可促进本病的传播。本病一旦发生，可在牛群中长期存在，不易彻底清除。据报道，美国是发现本病的第一个国家，对本病的预防工作也开展得最早，但到目前为止，美国牛群的抗体检出率仍为10%～35%，而新西兰北岛牛的血清抗体则高达31%～81.2%。

【临床症状】 本病的潜伏期一般为4～6天，有时可长达20天以上。由于病毒侵害的部位不同以及病牛的抵抗力有异，故在临床上常出现不同的症状，一般可将之分为以下5种类型：

1.呼吸型　这是最常见和最主要的一种类型。病牛突然精神沉郁，吃食减少，出现上呼吸道症状，呼吸节律加快，发热（40～41.6℃），咳嗽，流鼻液（图1-5-3），流涎，流泪（图1-5-4），体重减轻，鼻黏膜强烈充血而呈鲜红色，俗称“红鼻病”（图1-5-5），散在有灰黄色粟粒大的颗粒；继之，发生糜烂和溃疡，常伴有鼻翼及鼻镜的坏死，俗称“坏死性鼻炎”（图1-5-6）。由于病牛的上呼吸道积有多量渗出物，使呼吸道变窄，引起呼吸困难，鼻孔强烈扩张，甚至张口呼吸。由于鼻黏膜坏死，所以病牛呼出的气体中常带有臭味。此时奶牛的泌乳量锐减，甚至完全停止；病程如不延长（5～6天）则可逐渐恢复泌乳量。犊牛发病时病状更急，但发病率差异很大，这可能与不同的个体所存在的母源抗体水平不同有关。

本型的病程约为7～10天，严重流行时，发病率可高达75%～100%，但死亡率一般在10%以下。妊娠奶牛在恢复后3～6周内可发生流产。

2.生殖型　本型又称传染性化脓性外阴阴道炎、交媾疹、水泡性性病、水泡性阴道炎、交媾性水泡性阴道炎或交媾性水泡疹；主要侵及雌性动物生殖器，但雄性动物生殖器也可能出现病变。母牛在与感染或带毒公牛交配后经24～72小时突然发病。病初，病牛的体温轻度升高，精神沉郁，食欲减退，尾巴竖起并挥动，频频排尿，排尿时有疼痛感。阴门红肿，黏膜充血，有灰白色病灶（图1-5-7），或有黏性或出血性分泌物流出，阴毛染有血样渗出物。检查阴道时，见黏膜红肿，有灰白色粟粒大或融合性小脓疱，大量小脓疱使阴门前庭及阴道壁呈现一种特征的颗粒样外观（图1-5-8）。小脓疱可互相融合，在前庭和阴道壁形成广泛的坏死膜，除去坏死膜可见到大量糜烂与小溃疡。

本型的病程一般为2周左右，急性期过后，可逐渐痊愈；如果没有并发症，母牛一般不发生流产，但产乳量则随着病情的加重而明显减少，以后则伴随疾病的康复而增到正常。

3.结膜型　一般无明显的全身性反应，有时伴发呼吸型；主要表现是眼结膜角膜炎。病牛畏光、流泪，眼结膜充血、水肿（图1-5-9），结膜隆起部形成灰色的坏死膜，呈颗粒状外观；角膜可变成轻度的云状浑浊，但一般不出现溃疡。眼鼻常流出浆液性分泌物（图1-5-10），严重时可出现浆液性化脓性分泌物（图1-5-11）。

4.流产型　一般认为此型是某些病毒株经呼吸道感染后，从血液循环进入胎膜、胎儿所致。因此，本病多半是在呼吸型后1～2个月内出现。尽管在怀胎的任何时间都可能流产，但常发生的时间是在妊娠后1/3阶段，最严重的时期是妊娠后4.5～6.5个月之间。妊娠不足5个月接触病毒，很少发生流产。胎儿感染多为一种急性过程，感染7～10天后，常以死亡而告终；再经24～48小时而排出体外。流产的胎儿多为死胎，可以暂时性胎衣不下，但很少发生子宫炎。

流产通常见于第1胎青年奶牛妊娠的任何阶段，经产奶牛较少发生，流产率一般为2%～20%，但有时可高达一群妊娠奶牛的60%。

5.脑炎型　主要发生于犊牛。病初，病犊的体温升高，可达40℃以上，精神沉郁，不吃，流泪，鼻黏膜潮红，流出浆液性或黏液脓性鼻液（图1-5-12）；继之出现神经症状，病犊共济失调，肌肉震颤，随后出现疯狂运动，口吐泡沫，惊厥；最后倒地，角弓反张，四肢抽搐，磨齿，多以死亡而告终。有时兴奋与沉郁交替发生。

本型的病程较短，约5～7天后死亡；发病率虽然较低，通常为1%～2%，但死亡率较高，可高达50%以上。

【病理特征】　与临床所见相同，因病毒感染部位的不同，所呈现出的病理变化也不相同，在病理学上也可将本病分为呼吸型、生殖型、结膜型、流产型和脑膜炎型。

1.呼吸型　典型无并发症的病例，剖检仅呈现浆液性鼻炎，伴发鼻腔黏膜充血、水肿。但大多数病例，因并发细菌感染，病变则较严重，且常扩展到副鼻窦、咽喉、气管和大支气管。鼻腔黏膜红肿，有明显的点状出血（图1-5-13），继之，发生明显的卡他性和化脓性炎，并伴有鼻黏膜的坏死与出血（图1-5-14），鼻翼和鼻镜部坏死；鼻窦黏膜高度充血，散布点状出血，窦内积留多量卡他性脓性渗出物；有些病例，在窦腔内尚见纤维素性假膜，拭去假膜遗留糜烂区。假膜性炎或化脓性炎还常蔓延到咽喉（图1-5-15）、气管，伴发咽喉部水肿、气管黏膜高度充血与出血，被覆黏液脓性渗出物（图1-5-16）。在气管黏膜与软骨环之间因蓄积水肿液，有时气管壁增厚达2厘米以上，使管腔变窄。气管壁的严重水肿也可蔓延到大支气管壁。病牛常因鼻腔、副鼻窦贮有炎性渗出物以及气管与大支气管壁水肿而发生呼吸困难，严重时发生窒息死亡。肺脏如有并发感染时，则可出现化脓性支气管炎或纤维素性肺炎。

镜检，在受损的上皮细胞核内可见嗜酸性包涵体。包涵体最初呈颗粒状，后期变成均质性的圆形斑块。包涵体通常只出现在感染后2～3天左右。因此在自然死亡病例的尸体难以见到。此外，在支气管黏膜上皮细胞和肺泡上皮细胞核内也可发现包涵体。

2.结膜型　此型的特点是眼结膜下有水肿，眼结膜有灰色坏死膜形成，外观呈颗粒状，角膜则呈轻度云雾状。眼鼻部有浆液脓性分泌物。

3.生殖型　眼观病变与临床所见基本相同。镜检，生殖器受损的黏膜上皮细胞坏死，黏膜固有层内有炎症反应，在黏膜上皮核内可见核内包涵体。

4.流产型　死胎一般是在胎儿死后的24～36小时排出来。严重的死后自溶是最重要的肉眼变化。流产胎儿的胎衣通常正常。胎犊的皮肤水肿，浆膜腔积有浆液性渗出液，浆膜下出血；肝脏、肾脏、脾脏和淋巴结散布坏死性病灶与白细胞浸润，于各组织病灶边缘的细胞中可发现核内包涵体，但由于广泛的死后自溶，包涵体较难发现。

5.脑炎型　病牛脑部无明显特征性眼观病变，镜下则呈现脑膜炎和非化脓性淋巴细胞性脑炎，特点是神经元坏死和星状胶质细胞与变性神经元核内出现包涵体，淋巴细胞在血管周围形成袖套和单核细胞在脑膜浸润。

【诊断要点】　根据本病的临床症状和病理变化，可做出初步诊断。在牛群突然发生上呼吸道传染时应怀疑为牛传染性鼻气管炎。尸体剖检时在鼻道和气管中有纤维蛋白性渗出物，镜检在上皮细胞中能检出核内包涵体，也为本病的特征。结膜型则以眼结膜的颗粒状外观、黏膜纤维蛋白性坏死、结膜水肿和眼、鼻有浆液脓性分泌物为牛传染性鼻气管炎的指征。若同时具有呼吸道症状时更有助于诊断。生殖器型主要发生于性成熟的牛，根据病变不难诊断。对流产型的病例需做病毒分离或抗体测定。传染性鼻气管炎引起流产后产生大量的抗体，通常在病后2～3周，血清抗体能增加4倍。对脑炎型更需进行分离病毒及脑组织学检查，以便发现脑炎变化和核内包涵体。

分离病毒的材料可采自发热期病畜鼻腔洗涤物，或流产胎儿的胸腔液或胎盘子叶，用牛肾细胞或猪肾细胞等组织培养分离，再用中和试验及荧光抗体来鉴定病毒。

【治疗方法】　目前，对本病尚无特效的治疗药物；若无继发性细菌感染，本病一般预后良好，7～10天即可康复，但在临床实践中，常因继发性感染而使病情复杂化。因此，为了预防继发性感染，减少病牛的死亡，常需用广谱抗生素和磺胺类药物进行对症治疗。对生殖型病牛，可局部使用抗生素软膏，以减少后遗症。另据报道，康复牛可获得终生免疫，因此，皮下或肌肉注射病愈牛的血清，具有良好的保护作用。

【预防措施】　本病的病毒可引起长期持续性感染，因此，预防本病的重要措施中必须实行严格的检疫，防止引入传染源或带入病毒（如带毒精液等）。据报道，抗体阳性牛实际上就是本病的带毒者，因此，有抗本病病毒抗体的任何动物都应视为危险的传染源，应采取有力的措施对之实施有效的管理。欧美一些国家预防本病的方法是对抗体阳性的牛进行扑杀，其顺序是先种用牛，其次是肉牛和奶牛。这样做虽然付出了较高的代价，但防制本病的效果明显而确实。

当暴发本病时应立即隔离封锁，同时对所有牛只（除怀孕牛以外）接种弱毒疫苗。老疫区只对5～7月龄的犊牛接种疫苗，因为初乳中的母源抗体可维持4个月之久，在这4个月内母源抗体可阻止疫苗的免疫原性。

关于本病的疫苗，目前主要有弱毒疫苗、灭活疫苗和亚单位苗3类。研究表明，用疫苗免疫过的牛并不能阻止野毒株的感染，也不能阻止潜伏期病毒的持续性感染，只能起到防御临床发病的效果。因此，对检出抗体阳性病牛的扑杀可能是根除本病的有效措施。

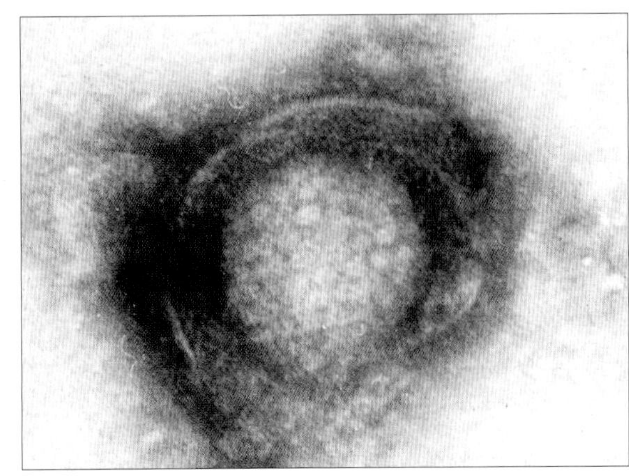
图 1-5-1　传染性鼻气管炎的病毒粒子

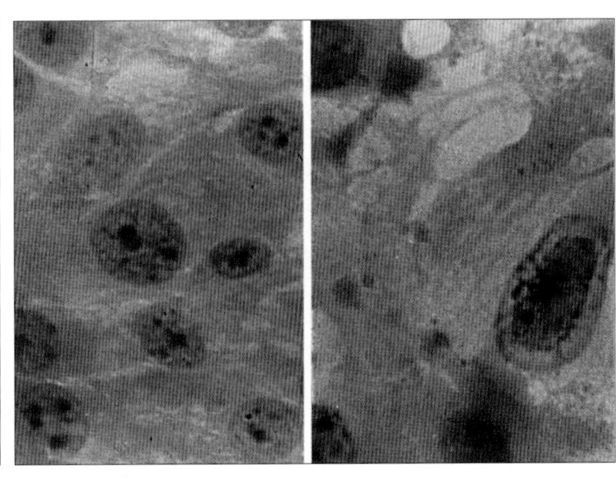
图 1-5-2　细胞内形成的核内包涵体

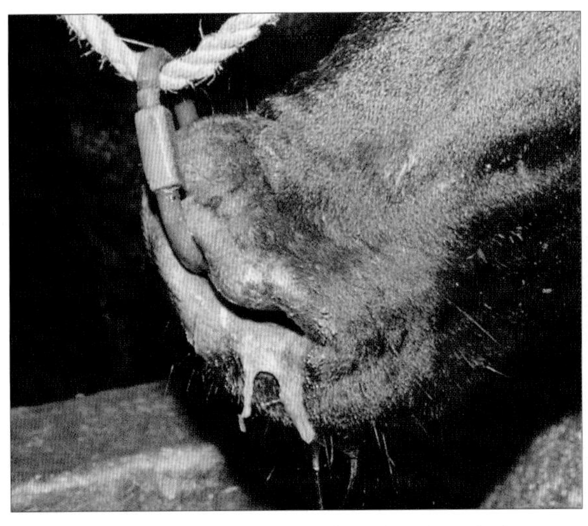
图 1-5-3　病牛发热、呼吸促迫，流出大量鼻液

图 1-5-4　病牛眼睑浮肿和流泪

图 1-5-5　眼结膜充血、流泪，鼻部充血呈鲜红色

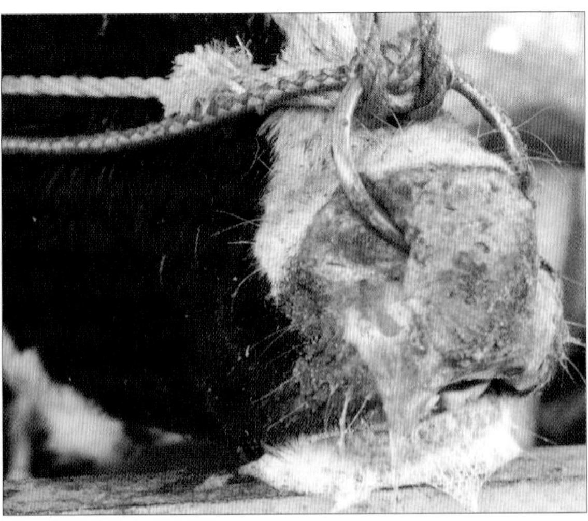
图 1-5-6　鼻镜干燥有糜烂、溃疡和痂皮

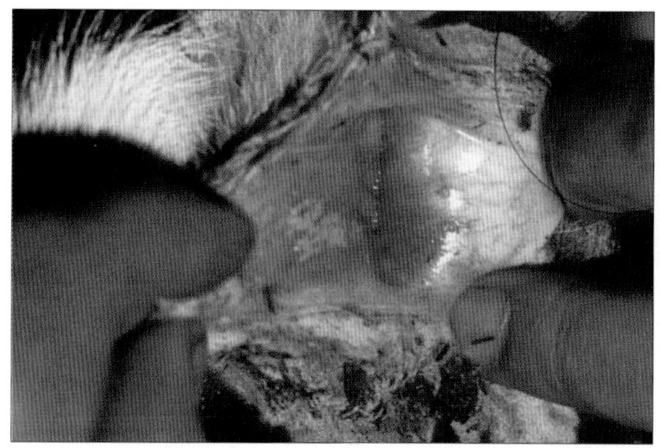
图1-5-7　阴唇黏膜充血，有灰白色病灶

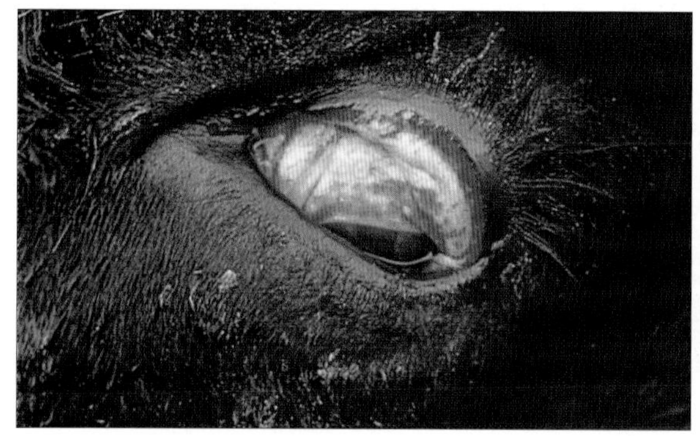
图1-5-9　眼结膜高度充血或淤血，眼角附近有小红色斑点

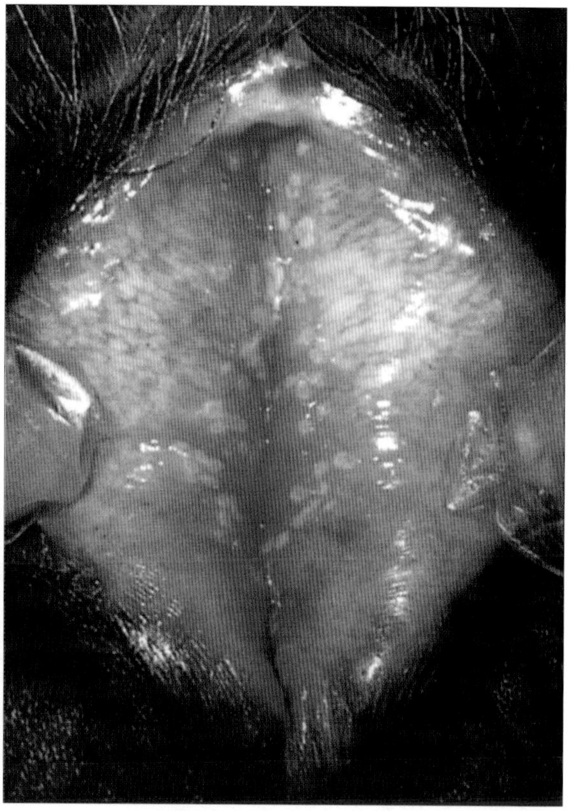

图1-5-8　阴唇黏膜有大量小脓疱，形成传染性脓疱性阴门炎

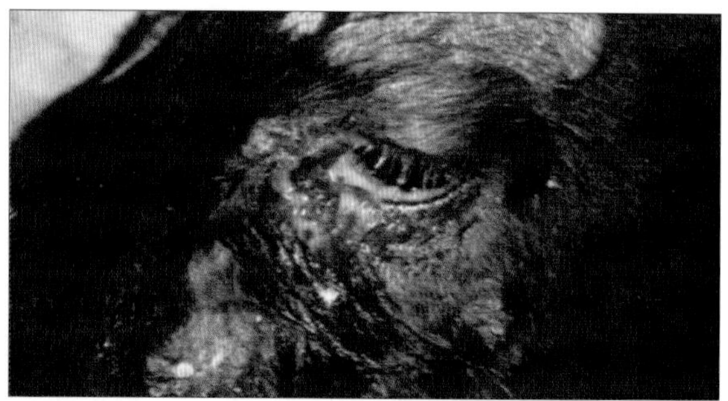
图1-5-10　病牛的眼内有大量分泌物，眼周被毛污染

图1-5-11　眼睑痉挛，伴发化脓性结膜炎

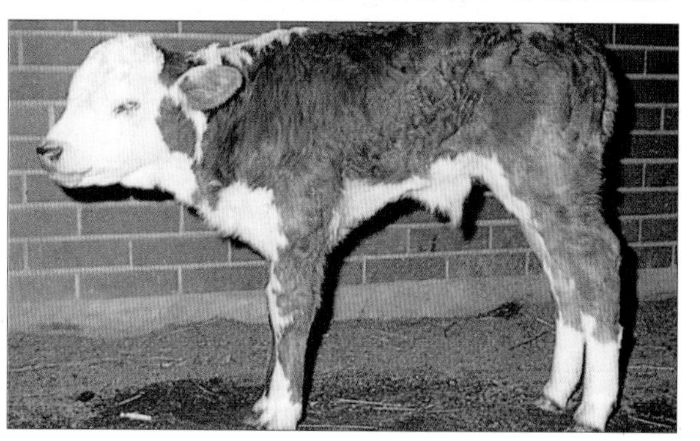
图1-5-12　病犊沉郁、昏睡，腹部蜷缩，流黏液脓性鼻液

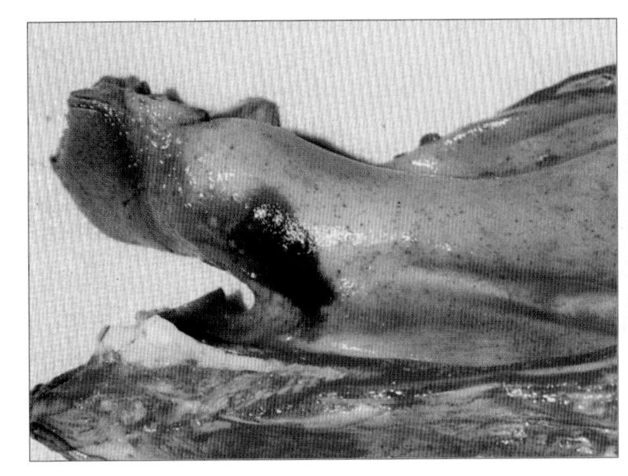
图1-5-13　鼻甲黏膜充血和点状出血

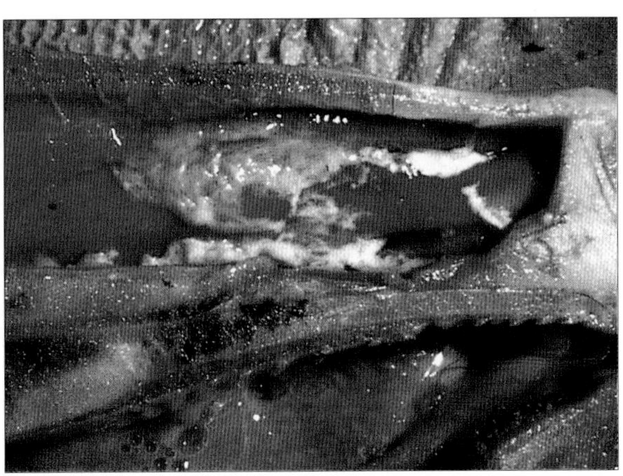
图1-5-14　鼻中隔黏膜坏死，易剥离，黏膜出血

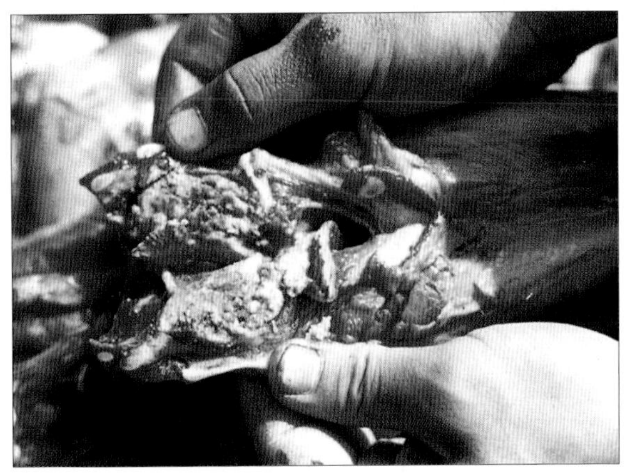
图1-5-15　被覆于喉部黏膜的化脓性假膜

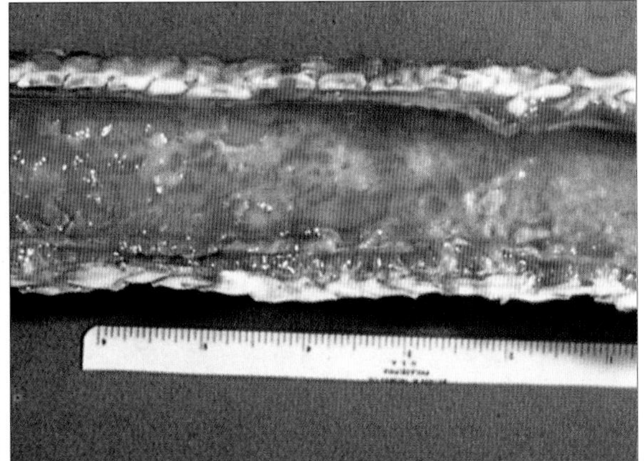
图1-5-16　气管黏膜充血，被覆有黏液脓性假膜

六、牛流行热

（Bovine epizootic fever）

牛流行热又称牛暂时热（Ephemeral fever）或三日热（Three day fever），是牛的一种急性热性病毒性传染病。其特点是发病率高，死亡率低，大部分病牛经过2～3天发热停止，逐渐恢复。但大群发病时，对奶牛的产奶量有相当大的影响，而且病牛中有一部分常因瘫痪而被淘汰，使养牛业受到一定程度的损失。

病牛在临床上突然高热、流泪、有泡沫样流涎、鼻漏、呼吸促迫；后躯僵硬，并有跛行和麻痹、瘫痪等特征，故又有僵硬病（Stiff sickness）之称。本病在非洲、亚洲和澳大利亚常有周期性的发生，最初曾被误诊为牛流行性感冒。

【病原特性】　本病的病原为弹状病毒科、暂时热病毒属的牛流行热病毒，也称为牛暂时热病毒（Bovine ephemeral virus）。成熟的病毒粒子像子弹形或圆锥形（图1-6-1），含单股RNA，病毒的粒子长约130～220纳米，宽约60～70纳米，有囊膜，除典型的子弹形病毒粒子外，还常见到T形粒子，像截短的窝窝头样的病毒粒子（图1-6-2）。此外，在病毒中已确定的基因有11组，其中N、M_1、M_2、L和G为编码本病毒的结构蛋白基因。N基因编码核蛋白（N），是转录－复制复合物的基本组成蛋白，能刺激机体产生细胞和体液免疫；M_1、M_2基因编码基质蛋白1、2（M_1、M_2）、L基因编码RNA聚合酶大蛋白（L），对基因的转录、复制都具有调控作用，N、M_1和L蛋白是病毒核衣壳的重要组成部分，M_2是核衣壳外脂类膜的重要组成部分；G基因编码糖蛋白（G）是病毒的主要免疫原性蛋白，位于病毒粒子囊膜表面，形成突起，表面含有5个糖基化位点。用G蛋白做成的亚单位制剂免疫牛，可使牛产生中和抗体，对强毒的攻击具有较好的抵抗力。

本病毒主要存在于病牛的血液中，而鼻液、粪便及其他分泌物及排泄物中未证实有病毒的存在。例如，用高热期病牛血液1～5毫升静脉接种于易感牛，3～7后天即可发病；有人将自然感染牛发热极期的血液1毫升经1 000倍稀释后仍有感染性；病牛退热后2周内血液中仍有病毒。分离本病毒可用发热期的病牛血液，脑内接种3日龄以内金黄鼠或小白鼠乳鼠，待其发病后，从其脑组织中易分离出病毒。

本病毒对高温和化学药品较为敏感，如加热25℃ 120小时，37℃ 8小时，56℃ 20分钟即可将之杀死，煮沸则立即死亡；酸性或碱性消毒药对病毒也有较好的杀灭作用；病毒对紫外线照射、氯仿和乙醚也很敏感。但病毒在低温下能长时间存活，例如病牛的枸橼酸全血在2～4℃的条件下，可保持传染性8天；病毒冻干后于－40℃保存条件下，于958天后仍有致病力。

【流行特点】 本病可感染不同性别、年龄和品种的牛，其中3～5岁的奶牛和黄牛的易感性大，水牛和犊牛发病较少；感染后，重胎牛和高产奶牛的症状较严重，而6月龄以下的犊牛则不显临床症状。

病牛是本病的主要传染来源，而吸血昆虫（蚊、蠓、蝇）叮咬病牛后再叮咬易感染的健康牛是本病的主要传播途经。业已证明，该病毒是与血液中的白细胞及血小板等组分相结合，只有通过吸血昆虫的间接传染才有流行病学上的意义。由此可见，本病具有明显的季节性，即在蚊蝇多的夏季和初秋，北方地区常于8～10月流行，南方地区多在6～9月流行。实验证明，病毒能在蚊子和库蠓体内繁殖。因此，这些吸血昆虫既是重要的传播媒介，又是一种危险的传染来源。另外，多雨潮湿容易诱发本病，劳役过度，营养不良，卫生状况不良也是本病发生的诱因。

本病流行的特点是：传染力强，传播迅速，短期内可使很多牛发病，常于开始发病后到10余天，呈流行性或大流行性发生，引起大面积流行；有时疫区与非疫区交错相嵌，呈跳跃式流行。另外，本病的发生具有明显的周期性，一般3～4年或6～8年流行一次，一次大流行后，常接着发生一次小流行。

【临床症状】 本病的潜伏期一般为3～7天。病初，病牛的体温突然升高，可达40～42℃，维持2～3天。在发热期间，病牛精神极度委顿，体表温度不均（特别是角根、耳、肢端有冷感），被毛粗乱，有的突然倒地，不能站立（图1－6－3），产奶量明显下降，甚至停止。眼结膜充血、眼睑水肿，表现轻度流泪和畏光。鼻镜干而热，鼻腔有浆液性分泌物流出，其量不定；呼吸快，每分钟可达40～80次；呼吸困难时，表现为头颈伸直，口张开，舌外伸，气喘如同拉风箱样，不时发出呻吟声（图1－6－4）。听诊时，肺泡音高亢，支气管音粗历。病牛常可因间质性肺气肿、肺水肿而窒息。脉搏细弱而快，每分钟约为70～110次。厌食和反刍停止，口边有泡沫，口腔大量流涎，呈线状（图1－6－5），但口腔没有病变。病初便秘，排泄物干而少，并发肠炎时则排泄物含有大量黏液，甚至带血。尿量减少，呈深黄色而浑浊。病牛肌肉疼痛而震颤，四肢关节肿胀，僵硬，有疼痛感，喜卧地上，不愿走动，强迫行走，步态不稳，甚至倒地不能起立（图1－6－6）；有的病牛一肢或两肢出现跛行。妊娠母牛可能发生流产或产出死胎。

本病的病程约为1周左右，待体温下降到正常后，才逐渐恢复。大多数病牛呈良性经过，死亡率一般在1%以下。急性病牛多见于流行初期，可在发病后20小时死亡；有的病牛虽然没有死亡，但因运动障碍或瘫痪而被淘汰。

【病理特征】 因本病而急性死亡的直接原因主要是缺氧，剖检时主要的病变是各种程度不同的肺病、心包积液和胸腔、腹腔积水。病程较长（1～2周）而死者，一般呈现败血症变化。

眼观，病牛的鼻腔、咽喉（图1－6－7）、气管（图1－6－8）等上呼吸道黏膜有明显的充血、出血，肺脏有程度不同的气肿、水肿和局灶性肝变。肺气肿时，肺脏高度膨隆，间质增宽，内有大小不等的气泡，触压时可闻及捻发音（图1－6－9）；有的被膜隆起，被膜下有拳头大到皮球大的气囊。切面见肺间质疏松，明显增宽，内有空洞（图1－6－10）；有的大量肺泡被气泡撑破，切面见有许多大空洞（图1－6－11）。肺水肿时，胸腔积有多量暗红色液体，两肺膨满肿胀，间质增宽，内有胶冻样浸润，肺切面流出大量暗红色液体，气管内积有多量泡沫状黏液。当肺叶沉浸于胸水中，可发生膨胀不全（图1－6－12）。肝、脾、肾等实质器官轻度肿大，并见小灶状坏死。消化系统常见黏膜充血和点状出血，特别是第4胃和盲肠黏膜常有渗出性出血。全身淋巴结呈现浆性淋巴结炎变化。

另外一个最为显著的变化是浆液性、纤维素性多发性滑膜炎、腱鞘炎和关节周围炎。表现为关节滑膜水肿，有小出血点，关节囊中含有纤维蛋白凝块（图1－6－13）。骨骼肌呈局灶性坏死。个别病例见脑膜血管充血，脑脊液增加，外周神经的神经外膜有斑状出血。

镜检，肺多呈卡他性肺炎变化，支气管内充满脱落上皮细胞、单核细胞和嗜中性白细胞等（图1－6－14）。滑膜、腱鞘、肌肉、筋膜、皮肤的静脉毛细血管主要表现为血管内皮增生，血管周围有嗜中性白细胞浸润和水肿，血管外膜细胞增生，血管壁坏死、血栓形成、血管周围纤维化。

【诊断要点】 根据流行病学和临床症状，可做出初步诊断。本病的特点是在牛群中突然暴发流行，迅速的传播，有明显的季节性，发病率高而死亡率低，有一定的周期性，数年流行一次。临床上以呼吸系统的病症最明显并伴发运动障碍性变化。进一步确诊需要进行病毒的分离和鉴定，或用中和试验、补体结合试验、琼脂扩散试验、免疫荧光法、酶联免疫吸附试验等进行检验。必要时可采取病牛全血，用易感牛做交叉保护试验。

【鉴别诊断】 本病的诊断常须与牛茨城病、牛病毒性腹泻－黏膜病、牛传染性鼻气管炎和牛副流行性感冒等相互区别。特别是在临床上应注意与牛茨城病的鉴别。

牛患茨城病时，其发病的季节、病的基本经过与临床表现，均与流行热相似，但患茨城病的奶牛，当体温下降到正常后出现明显的咽喉、食道麻痹症状。病牛低头时，第一胃内容物可自口鼻流出，而且诱发咳嗽。茨城病首先发生于日本，当时误认为病牛的咽喉麻痹是牛流行热的后遗症，后来从病牛的体内分离出不同的病毒，才将本病予以确诊。

【治疗方法】 本病尚无特效药物进行治疗，只能采取对症治疗，提高病牛的抵抗力和防止继发感染。一般根据具体情况可酌用退热药、镇痛消炎药、强心利尿药和补充适量生理盐水及葡萄糖液等。

1．*解热镇痛*　复方氨基比林注射液20～40毫升，或安痛定注射液20～40毫升，或30%安乃近注射液20～30毫升，皮下或肌肉注射，每日1～2次。阿司匹林或复方阿司匹林20～30克，每日分2次加水内服；非那西丁10～20克，每日分2次内服。

2．*强心利尿*　用5%葡萄糖盐水2 000～3 000毫升，加入樟脑水20～30毫升，一次缓慢静脉注射。或20%安那加注射液10～30毫升，皮下或肌肉注射。或20%樟脑油10～20毫升，皮下或肌肉注射。

3．*兴奋呼吸中枢*　尼可刹米注射液10～20毫升，皮下或肌肉注射。

4．*消除肺水肿*　肺水肿严重时，常从鼻腔流出大量带有泡沫的清淡的鼻液，此时常须利尿消除肺水肿，其方法是：用20%甘露醇500～1 000毫升，或25%山梨醇500～1 000毫升静脉注射；

或内服双氢克尿噻0.5～2克。

5.调理胃肠　当病牛食欲明显不振时，可用人工盐100～200克，碳酸氢钠20～50克，大黄末15～50克，复方胆酊10～50毫升，加温水5 000～10 000毫升，一次灌服。

6.抗菌防感染　为了防止细菌继发感染，常需使用抗生素或磺胺类药物肌注或静脉注射。

7.祛风补钙　对于跛行或卧地不起的病牛，可静脉注射10%水杨酸钠，每千克体重100～300毫升；地塞米松，每千克体重50～80毫克；10%葡萄糖钙，每千克体重300～500毫升。病程长者可适当加入维生素B_1、维生素C和乌洛托品。亦可用3%盐酸普鲁卡因，每千克体重20～30毫升，加入5%葡萄糖溶液250毫升中缓慢静脉注射。

8.中药治疗　在病初可用柴胡、黄芪、葛根、荆芥、防风、秦痂、羌活各30克，知母24克，甘草24克，大葱3根为引，共为末冲服。亦可用板蓝根60克，紫苏90克，白菊花60克，煎服，疗效尚好。

实践证明，在本病流行盛期，发病的牛或症状较轻者，只要加强护理，常可不药而愈。

【预防措施】　平时做好预防，特别是注意本病的周期性流行；发生后及时采取措施，控制和减少其对易感牛群的感染，是预防本病的关键。

1.平时预防　重点应放在积极免疫和消灭吸血昆虫方面。在本病的常发地区，每年应做好预防免疫，切忌麻痹大意。因为本病在大流行之后，常有3～8年的间歇期（在此期中常发生小规模流行）。研究证明，自然患病的牛，康复后可获得2年以上的坚强免疫力（这可能是本病呈间歇性发生的主要原因），而人工免疫迄今未达到如此的效果。因此，在每年本病流行季节到来之前，及时用能产生一定免疫力的疫苗进行接种，即可达到预防的目的。国内常用的疫苗有鼠脑弱毒疫苗、结晶紫灭活苗、甲醛氢氧化铝灭活苗、丙内酯灭活苗及亚单位疫苗；近年来研制出病毒裂解疫苗，在国内部分地区使用后，效果良好。另外，还要加强消毒、扑灭蚊、蠓、蜱等吸血昆虫，切断传播本病的主要途径。

2.紧急预防　本病发生后，坚持早发现、早隔离和早治疗的原则，是及时控制疫情发展的有效方法。发现本病后，首先要对牛群或牛场隔离、封锁，对病牛进行积极的治疗。在流行初期，对牛群应逐头测温，早晚各1次，并注意观察牛群的精神、食欲及产奶情况等。对周围环境进行严格的消毒，采取有力的措施消灭蚊、蠓、蜱等吸血昆虫，减少本病在牛中相互传播的机会。与此同时，还要加强饲养管理，增强牛群的体质，提高抗病能力。

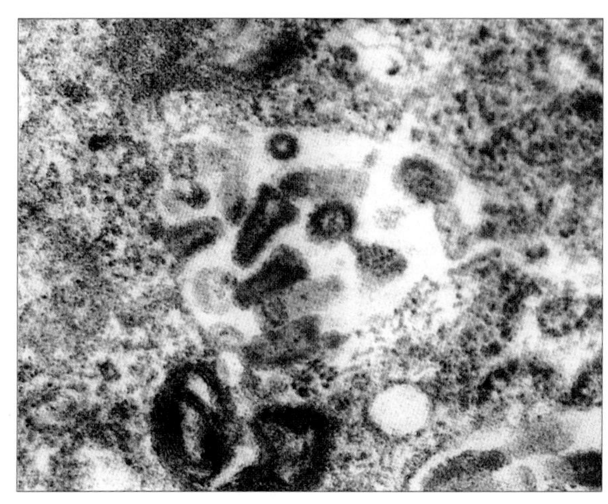

图1-6-1　从肺组织中检出的病毒粒子

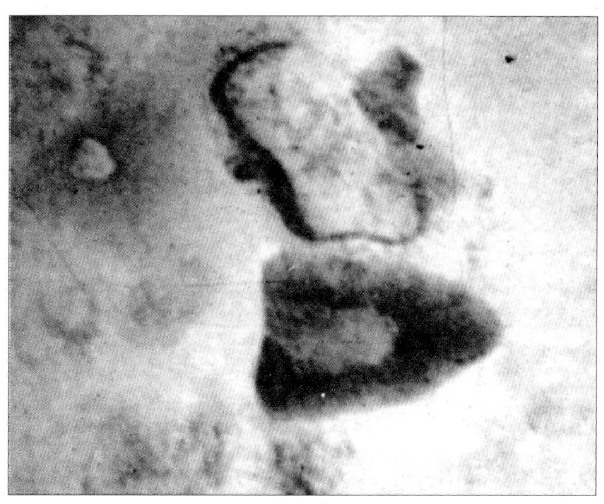

图1-6-2　电镜下检出的呈子弹状的病毒粒子

图 1-6-3　病牛突然发热、沉郁、委顿，不能站立

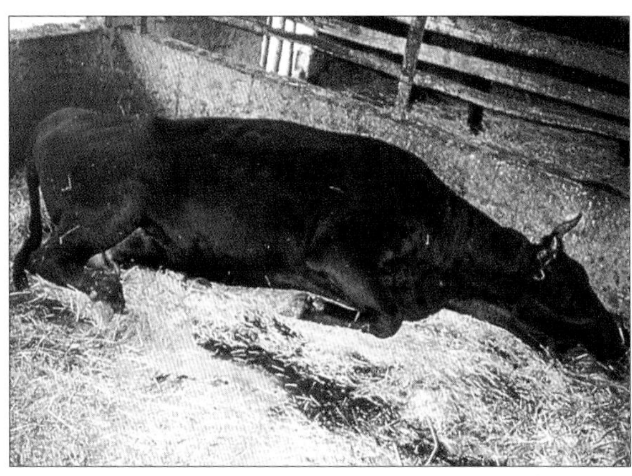

图 1-6-4　病牛呼吸困难，头颈伸直，不时呻吟

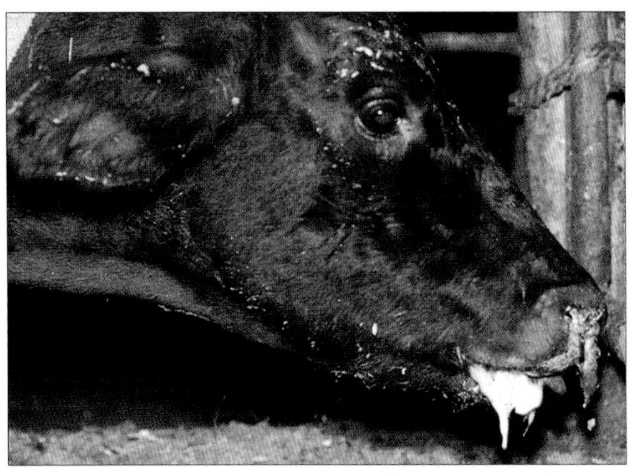

图 1-6-5　病牛流泪，口内含有大量泡沫性分泌物

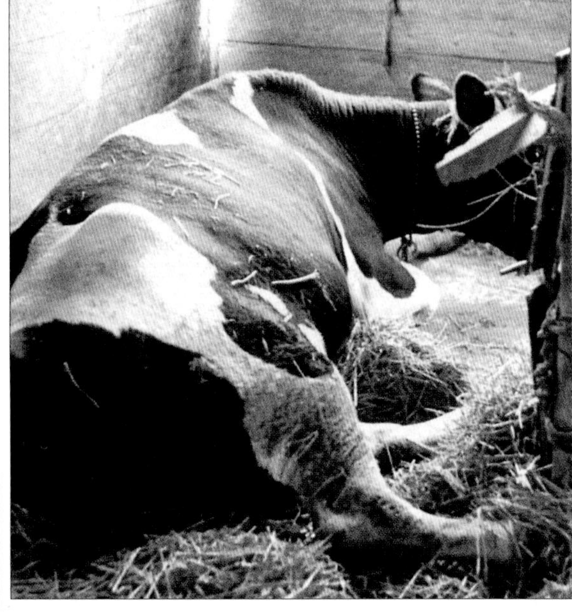

图 1-6-6　并发关节炎的重症病牛，不能站立而伴发褥疮

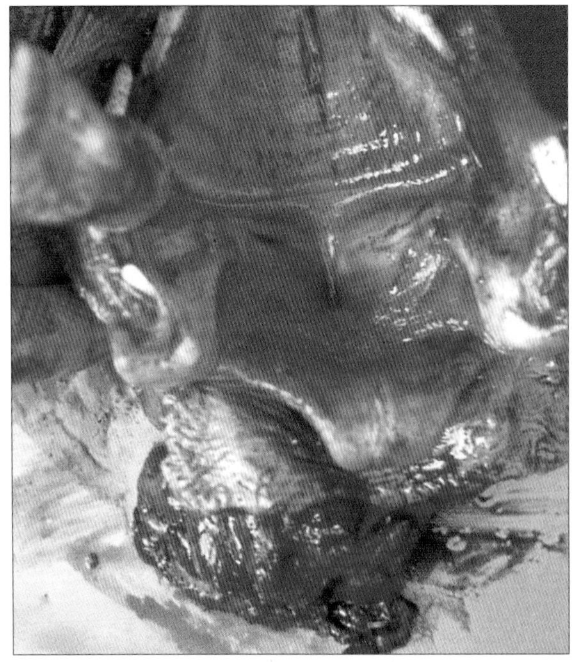

图 1-6-7　喉头及气管黏膜充血和出血

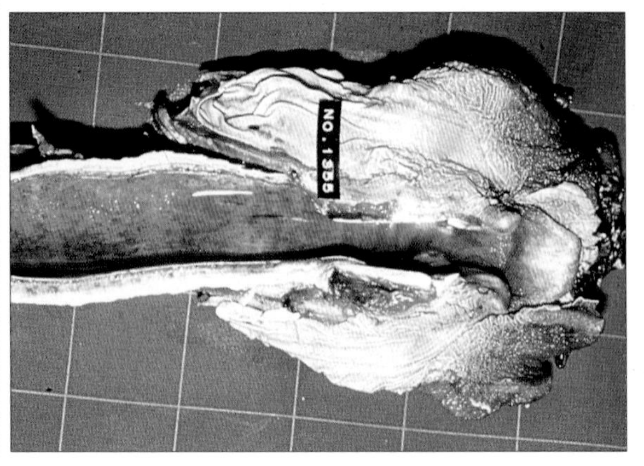

图 1-6-8　气管充血、淤血和弥漫性出血

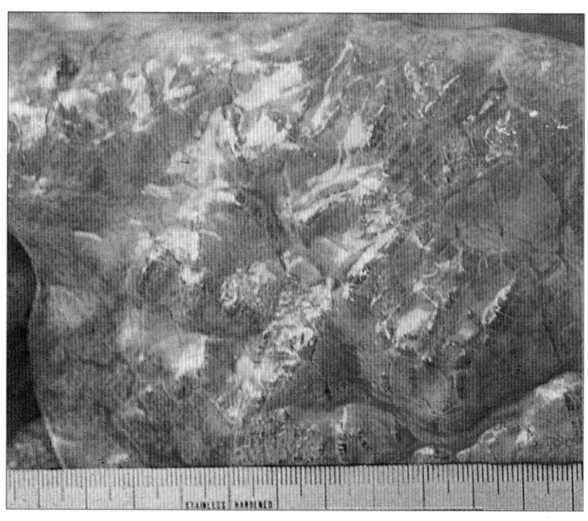

图 1-6-9　肺充、淤血，间质中有大量气泡

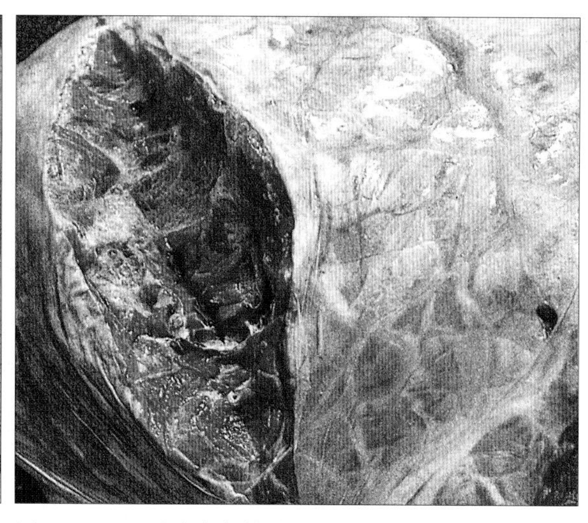

图 1-6-10　肺小支气管破裂而形成间质性肺气肿

图 1-6-11　肺膨胀不全，发生严重的间质性肺气肿

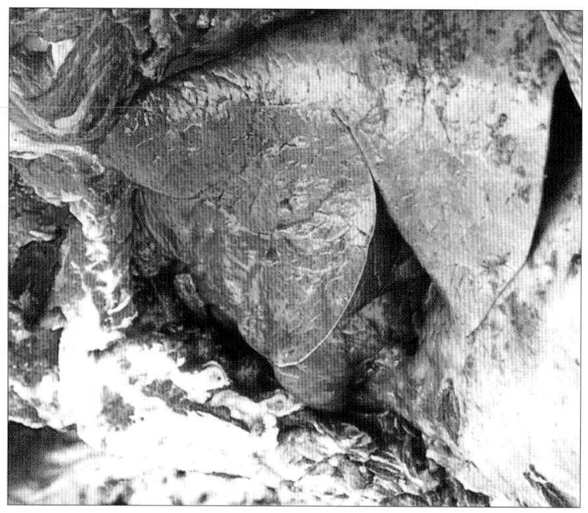

图 1-6-12　肺膨胀不全和出现充血斑

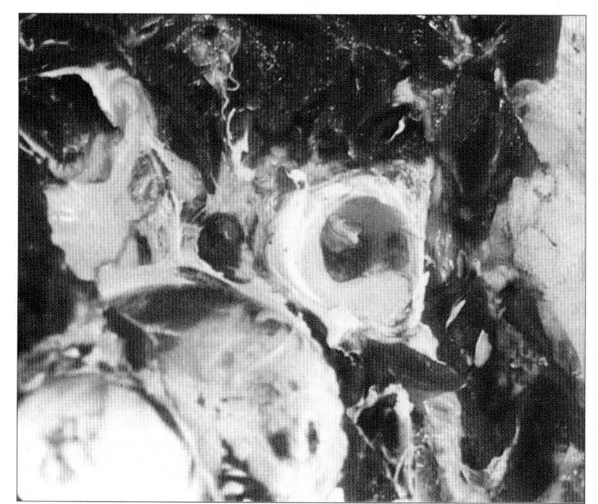

图 1-6-13　股关节发生关节炎

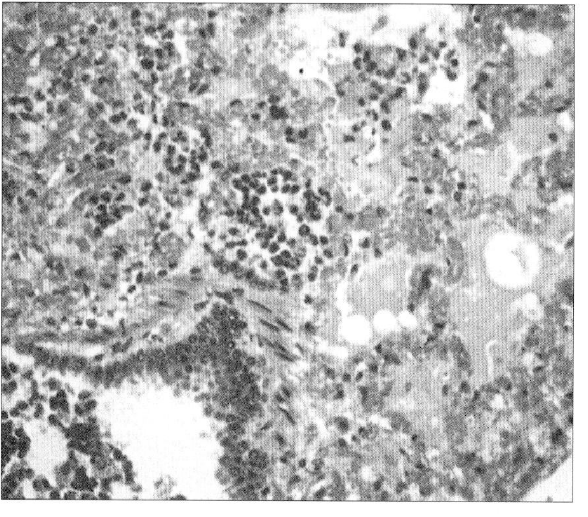

图 1-6-14　肺泡内含大量浆液、脱落上皮及嗜中性白细胞

七、牛副流行性感冒

（Parainfluenza bovum）

牛副流行性感冒简称牛副流感，临床上又称之为运输热（Shipping fever）、运输性肺炎（Shipping pneumonia）、牲畜围场热（Stockyard fever）等，是一种急性接触性病毒性传染病。本病以呼吸器官受侵害为主征，通常只引起轻微的呼吸道疾病或血清转阳的亚临床性感染。

本病目前主要发生于许多国家的奶牛场或经过长途运输后集中的肥育牛群。其发生多与一些病毒或细菌的继发性感染，或环境和气候改变、饲养管理不当、机体抵抗力下降和应激因素的诱发有关。因此，目前认为牛副流感是病毒、细菌、诱因三者联合作用的结果，如缺少其中一种因素，常不能发生典型的疾病。

【病原特性】 本病的病原体为副黏病毒科、呼吸道病毒属的副流感病毒3型（Parainfluenza virus 3，PIV3）。完整的病毒粒子大小为140～250纳米，呈圆形或卵圆形，有囊膜，含单股RNA，含神经氨酸酶和血凝素。该病毒可凝集鸟、牛、猪、绵羊、豚鼠、人的红细胞，尤以豚鼠红细胞最为敏感。感染的培养细胞具有血细胞吸附性。在胎牛肾细胞培养中能产生干扰素。现已证明，从不同地方分得的病毒，其抗原性是一致的，而且人、牛、绵羊的副流感病毒3型之间有密切的相关性，但并不完全相同。用豚鼠抗血清所做的中和、血凝抑制、补体结合试验可鉴定人、牛、绵羊的病毒株。病毒可在牛、羊、猪、马、兔的肾细胞培养中生长、增殖，形成合胞体与胞浆和核内包涵体（图1–7–1）。

本病毒对牛的致病力不强，单独用此病毒感染牛，只产生轻微的症状，甚至呈亚临床反应，但在其他继发细菌（特别是多杀性巴氏杆菌或溶血性巴氏杆菌）以及外界诱因（特别是长途运输中受寒、饥饿、拥挤、气候恶劣等）的联合作用下，则可产生严重的呼吸道症状，无并发症的感染罕见。

本病毒的抵抗力不太强，对乙醚、氯仿敏感，pH 3时不稳定，一般常规的化学消毒药均可将之杀灭。

【流行特点】 在自然条件下，本病仅感染牛，多见于舍饲的奶牛和肥育牛，放牧牛较少发生。病牛及带毒牛是本病的主要传染源；呼吸道与接触感染是本病的主要传播途径，同时也可发生子宫内感染。敏感动物接触病畜排出的病毒后，7～8天可在鼻分泌物中、17天可在肺组织中分离到病毒。此时的动物又可作为新的传染源进一步扩散感染。经气溶胶感染，潜伏期约为2天，随后出现6～10天的发热期。呼吸道黏膜上皮细胞是病毒最初侵犯的靶细胞。此后病毒在肺泡巨噬细胞、肺泡Ⅱ型上皮细胞、基底膜定位与增殖，引起细胞和组织损伤，为继发感染创造有利条件。副流感病毒3型与多杀性巴氏杆菌混合实验感染时，由于病毒损伤了呼吸道黏膜上皮细胞和肺巨噬细胞，从而抑制了肺巨噬细胞对巴氏杆菌的清除率。在这2种病原或其代谢产物的协同作用下，导致肺组织严重损伤。

本病虽可一年四季发生，但常见于晚秋和冬季。

【临床症状】 本病的潜伏期一般约为2～5天，通常根据病毒感染犊牛和成牛所表现的临床症候的不同，而将之分为犊牛型和成牛型。

1.犊牛型　又称犊牛地方性肺炎，是侵犯2周至数月龄犊牛的一种急性接触传染性疾病。原发病因为副流感病毒3型，常并发多杀性巴氏杆菌感染。临床特征为低热或中度发热，沉郁，流泪，具轻度浆液、黏液至脓性鼻漏（图1–7–2）。病犊常因出汗而被毛潮湿，粗乱，无光泽（图1–7–3）。这些症状在感染2～4天时最为明显。严重的病例出现咳嗽、呼吸困难、头颈伸直，张口呼吸并发出呼噜声。这种病牛一般在数小时内死亡，或在出现症状后3～4天内死亡。

2.成牛型 多见于奶牛和育肥的成年牛，通常为一种或多种病毒与巴氏杆菌属细菌、霉形体混合感染（霉形体、巴氏杆菌、腺病毒、黏膜病病毒、鼻支气管炎病毒、呼吸合胞病毒等是本病常见的继发或并发病原）引起的纤维素性肺炎。病牛咳嗽，高热（41℃以上），鼻镜干燥，继而流出黏脓性鼻液（图1–7–4）；眼睛最初流出大量浆液性分泌物，眼角的被毛潮湿（图1–7–5），继之变为黏液性分泌物，或伴发黏液–脓性结膜炎；很快出现严重的呼吸障碍。病牛前肢外展式站立，颈部伸直，张口呼吸并伴发鼾音，流泡沫状唾液。听诊，常可闻及水泡音、捻发音，甚至支气管呼吸音和胸膜摩擦音。叩诊可听到鼓音和浊音等变化。通常在第1个症状出现后3～4天或严重呼吸障碍出现后几小时内死亡。

本病在牛群中的发病率一般不超过20%，病死率一般为1%～2%。

【病理特征】 死于本病的犊牛和成年牛，其病理变化类似，病变主要局限于呼吸道，其他器官的病变均为继发性。眼观，鼻腔和副鼻窦积聚大量黏脓性渗出物，呼吸道黏膜上有黏液–化脓性渗出物被覆。肺脏明显淤血，呈暗红色，间质水肿而增宽，实质中有灰白色岛屿状或融合性病灶（图1–7–6），充满整个胸腔，肺胸膜表面被覆易剥脱的纤维素性渗出物。肺尖叶、膈叶出现暗红色实变区（图1–7–7）。切面见病变累及肺脏深部，呈暗红色和灰白色，小叶间质因有渗出物浸润而极度增宽，呈现大理石样外观。严重的病例有时侵犯整个肺叶或肺叶的大部分，出现较多融合性大面积病灶。继发巴氏杆菌时，肺内常见淡黄色化脓性病灶，胸膜表面有纤维素附着。肺支气管淋巴结、纵隔淋巴结肿大、出血。另外，心内外膜下、胸膜、胃肠道黏膜有出血斑点，有些病例，其骨骼肌可对称地发生5～10厘米大小的灰黄色病灶。

镜检，本病的特点是在支气管肺炎的基础上由于病情恶化而发生纤维素性肺炎。支气管、细支气管黏膜上皮细胞呈不同程度增生和形成空泡与坏死。细支气管和肺泡内的渗出物以细胞碎屑、巨噬细胞、红细胞、浆液－纤维素性渗出为主。空泡化的细支气管黏膜上皮和肺泡巨噬细胞内出现嗜酸性胞浆包涵体。鼻、支气管、肺泡上皮细胞内的包涵体数量较少，核内包涵体罕见。随着病程的延长，由渗出变化而变为以细支气管黏膜上皮和肺泡Ⅱ型上皮细胞增生占优势，许多肺泡上皮细胞化生，偶见双核或多核细胞。当上皮增生达到峰值时，胞浆内包涵体便很难发现了。2周以后渗出物开始被机化，细支气管黏膜上皮与肺泡上皮开始增生被覆管壁与肺泡壁。

【诊断要点】 依据本病的病史以及特征的临床症状和剖检病变，可以做出初步诊断，但确诊必须借助分离、鉴定病原或进行血清中和及血凝抑制等实验室诊断。

实验室检查，多以呼吸道渗出物和病肺组织作为细胞培养物，从中分离牛副流感病毒3型；也可在病的急性期以及恢复后3～6周采取双份血清做副流感病毒的中和试验或血凝抑制试验，如抗体滴度增加到4倍以上，则证明有副流感病毒感染。此外，免疫荧光法可作本病的快速诊断，而且可以区别混合感染时病原体的种类。

【治疗方法】 治疗本病可在早期应用四环素族抗生素及磺胺类药。其方法是发病之初即可大量用药，若发病2～3天后才开始用药，则效果较差，治疗应持续3～4天。这种治疗虽对病毒无效，但对细菌则有抑制作用，防止继发性感染。

【预防措施】 本病多是在病毒、细菌和各种诱因的相互作用下才发生的。因此，在国内还没有特异性预防疫苗的情况下，预防本病的最好方法是控制好诱发因素，如严禁连续长途运输、避免奶牛受寒、饥饿和牛群过度拥挤等；定期严格地消毒，防止感染等。

目前，国外多用副流感病毒3型及巴氏杆菌制成的混合疫苗，以及其他各种多价疫苗、血清预防本病。

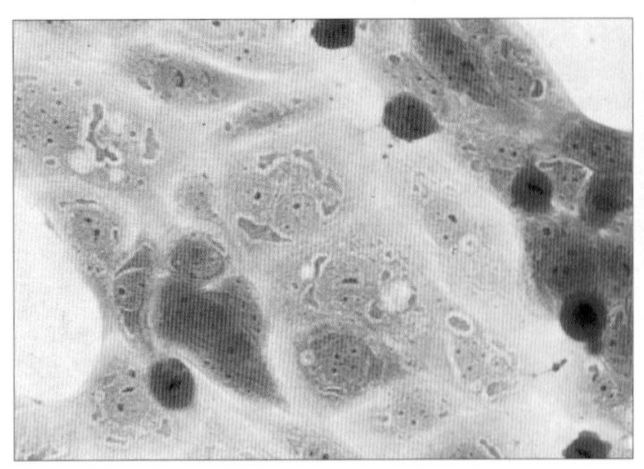

图1-7-1　从牛肾培养细胞中检出的胞浆和核内包涵体

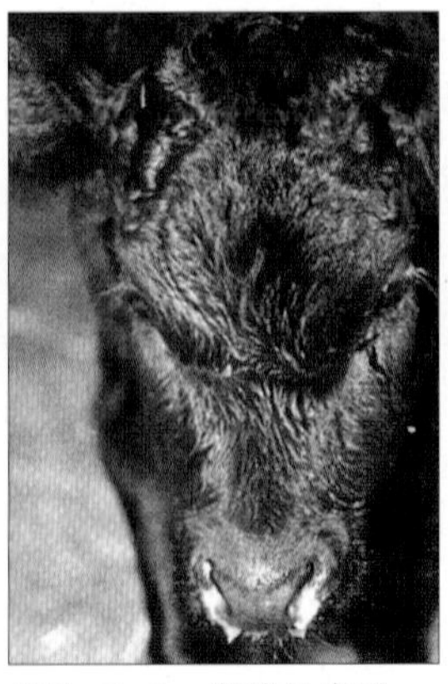

图1-7-2　病犊的鼻孔中有脓性鼻液流出

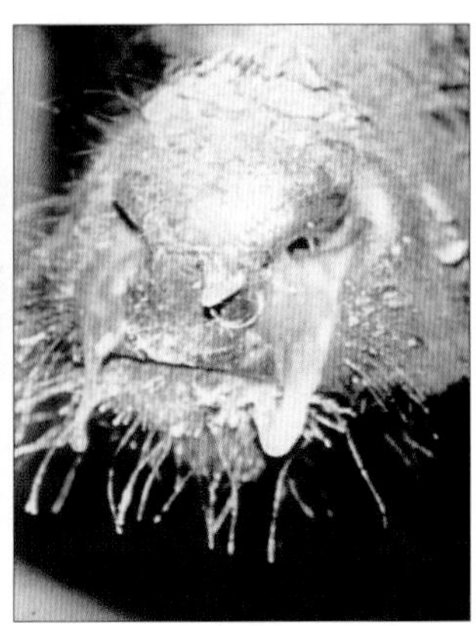

图1-7-4　大量黏脓性鼻液从鼻孔流出

图1-7-3　病犊消瘦，被毛粗乱无光泽

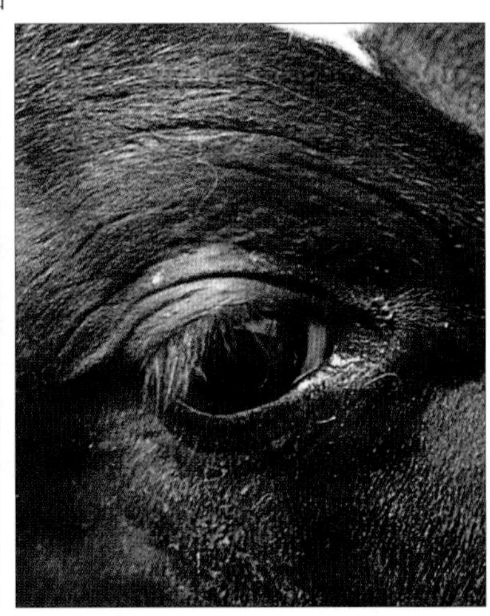

图1-7-5　眼结膜潮红，流出大量浆液性分泌物

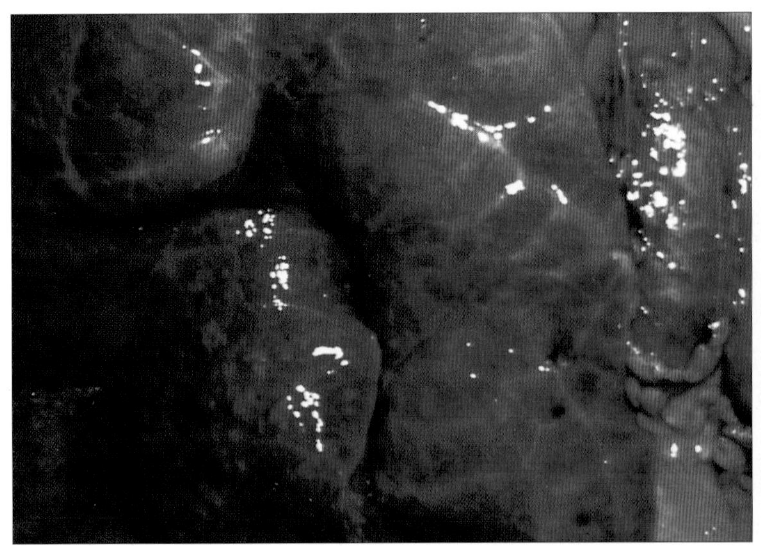

图1-7-6　肺淤血、水肿，有岛屿状与融合性病灶

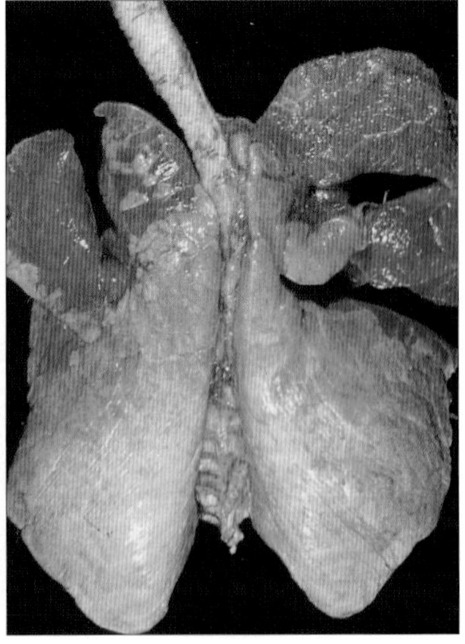

图1-7-7　肺前叶淤血呈暗红色，有硬结性病灶

八、茨城病

(Ibaraki disease)

茨城病是牛的一种急性、热性、病毒性传染病，其特征是突发高热、咽喉麻痹、关节疼痛性肿胀。本病曾被称为类蓝舌病（Bluetongue like disease)、咽喉头麻痹、非典型流感等。

本病于1946—1951年曾在日本全国的牛群中发生过流行，当时误认为异型流行性感冒，发病牛的总头数高达70万头以上。1955—1960年又在日本发生流行，虽然临床表现与前次流行略有不同，但最终病牛均出现咽喉头麻痹症状。1961年在日本的茨城从病牛体内分离出病毒，故命名为茨城病病毒。本病除在日本最先发生流行外，以后在朝鲜半岛、美国、加拿大、印度尼西亚、澳大利亚、菲律宾等国也有发生。我国目前尚未见发生本病的报道，但与我国接壤的周边国家不断发生，应引起高度重视。

【病原特性】 本病的病原体为呼肠孤病毒科、环状病毒属的茨城病病毒（Ibaraki virus)。病毒粒子呈球形，直径50～55纳米，内含双股RNA，分10个节段，有32个壳粒，无囊膜（图1-8-1)。病毒结构的基因产物含群特异抗原和型特异抗原。将病毒经卵黄囊接种鸡胚(在33.5℃孵化)，易生长繁殖并致鸡胚死亡；脑内接种乳鼠，可使其发生致死性脑炎。

本病毒对脂溶剂如氯仿、乙醚等有一定的抵抗力，但对酸性环境和温热较敏感。病毒在pH 5.15以下的环境中即失去活力；56℃加热30分钟或60℃加热5分钟，感染力明显下降；在4℃放置稳定，但在－20℃条件下冰冻时则迅速丧失感染力。

【流行特点】 本病自然源性感染的动物主要是牛，特别是奶牛和肉牛；在美国也有绵羊和鹿发生感染的报道；实验动物中哺乳小鼠较易感，日龄越小其感受性越高。

病牛和带毒牛是本病的主要传染来源。传播的主要途径是吸血昆虫吸血而引起。现已证明是库蠓属中的蠓。蠓从感染动物体内吸血后，病毒在其体内繁殖，7～10天后，蠓就能传播疾病。因此，本病的发生与蠓的生长发育有密切的关系，在一些国家有季节性，而在另一些国家则无明显的季节性。在日本，本病有季节性，流行多在8～11月；有地区性，大体上只在北纬38度以南发生，在相同地区内，低温地区比高寒地区多发。而在菲律宾和印度尼西亚等热带地区的国家，本病一年四季均可发生，因为全年大部分时间有雨，温度和湿度均适宜于蠓的繁殖。

【临床症状】 本病的潜伏期较短，一般为3～7天；发病率一般为20%～30%；病情轻微时，2～3天可完全恢复，但约20%～30%病牛常因病情加重而出现咽喉麻痹，吞咽困难。

本病发生突然，病牛发高热，体温可达40℃以上，持续2～3天，少数可达7～10天。发热时病牛精神沉郁，厌食，反刍停止。结膜充血，水肿，流泪，病初为浆液性泪液，随后变为脓样眼屎，重症病例，结膜向外翻出。流涎具有特征性，带有泡沫（图1-8-2)。鼻液初期呈浆液性，随后变为脓性。鼻镜、鼻腔内和口腔内黏膜充血、淤血，其后陷于坏死。口腔黏膜的坏死见于齿龈、牙床，坏死的痂皮脱落后变成溃疡。

上述常见的症状大体消退后，病牛出现特征性的吞咽困难。这是因为与咽下有关的肌肉变性、坏死的结果。其临床表现因损伤累及的肌肉不同而有差异。当舌肌损伤时，则引起舌麻痹，轻者病牛舌尖突出（图1-8-3)，运动不灵活；重者病牛的舌垂伸于口外，不能回缩（图1-8-4)；食管的肌肉损伤引起食管麻痹，即食管失去紧张和括约力而变成胶皮管状。病牛饮水正常，但饮入的水可从口和鼻孔返流（图1-8-5)。食管保留一定程度括约力的病牛，饮水后经数分钟低下头颈时，水从瘤胃返流（图1-8-6）。病牛由于不能摄取水而陷于脱水。吞咽困难的病牛在自由饮水时，常因误咽而发生化脓性、坏疽性肺炎。

另外，病牛腿部常有疼痛性的关节肿胀。蹄冠部、乳房、外阴部可见浅表性溃疡。

【病理特征】 死于本病的牛多因机体脱水而显消瘦，皮下组织干燥，胸腔、腹腔和心包腔等体液减少。临床出现吞咽困难和饮水返流的病例，可发现其上部食管壁弛缓，有时下部紧缩，在食管腔中充满水样的内容物，食管黏膜出血和水肿，食管的肌层出血、变性和坏死（图1-8-7）。瘤胃与瓣胃内容物干燥呈粪块状（图1-8-8）。皱胃黏膜充血、出血、水肿、糜烂、溃疡（图1-8-9）。所有脏器出血，水肿明显。发生误咽的病牛，在肺的支气管中常能见到阻塞的食物，由此而导致的支气管肺炎（图1-8-10），严重时可发生误咽性化脓性或坏疽性肺炎（图1-8-11）。此外，还可见躯干肌肉出血、水肿并伴有肌肉坏死。

病理组织学检查，出现吞咽困难的牛，其食管从浆膜层到肌层均可见出血、水肿，特别是横纹肌变成透明蜡样坏死和钙化（图1-8-12），伴发成纤维细胞增生，随后组织细胞、淋巴细胞增数。肺病灶的支气管或细支气管中常能检出异物和炎性渗出物，肺泡腔充满渗出物和脱落的肺上皮（图1-8-13）。

【诊断要点】 根据本病的流行季节、特殊的临床症状和病理变化，一般不难做出初步诊断，但确诊仍需进行病毒分离和血清学诊断。

分离病毒的材料，多以发病初期的血液为宜；剖检病料，以脾、淋巴结最为适宜。细胞培养可用牛肾细胞、牛胎儿肾、HmLu-1等细胞培养，观察CPE的出现。乳小鼠或仓鼠的脑内接种，也是分离病毒的好方法，对发病的小鼠，再根据中和抗体试验或CF试验等，进行病毒的鉴定。

血清学诊断可用已知阳性血清做中和试验来鉴定；或用已知病毒与急性期及恢复期血清做双份血清中和试验进行鉴定；也可用补体结合试验、琼脂扩散试验、酶联免疫吸附试验等进行诊断。

【类症鉴别】 本病的流行季节、临床表现与牛蓝舌病、牛流行热、牛传染性鼻气管炎、口蹄疫、牛病毒性腹泻-黏膜病等有很多相似之处，应注意区别。

本病与牛疱疹病毒I型感染、口蹄疫、牛病毒性腹泻-黏膜病等的口炎、鼻镜的部分临床症状和病变虽然相类似，但这些疾病的发生没有地区性、季节性，从流行病学上不难区别。

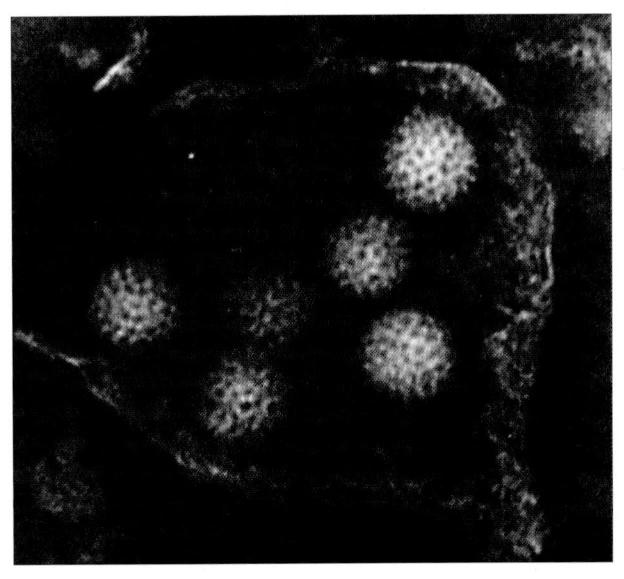

图1-8-1　位于内质网中的病毒粒子

本病与蓝舌病的临床症状很相似，鉴别比较困难，常需用荧光抗体法予以鉴别。

本病与牛流行热的初期症状很相似，但流行热的呼吸困难更明显，发病率高，死亡率低，病重的牛无咽喉头和食道麻痹症状，但有的出现后躯僵硬、跛行、后肢麻痹和瘫痪等表现。

【治疗方法】 患牛只要没有发生吞咽障碍，预后一般良好。发生吞咽障碍的，由于严重缺水和误咽性肺炎，可造成死亡，这是淘汰的主要原因。因此，补充水分和防止误咽是治疗的重点。为此，可使用胃导管或左肷部插入套管针的方法补充水分，也可经此注入生理盐水或林格氏液（可加入葡萄糖、维生素、强心剂等）。

【防制措施】 在日本采用鸡胚化弱毒冻干疫苗来预防本病的发生。在无本病发生的我国，重点是加强进口检疫，防止引入病牛和带毒牛。

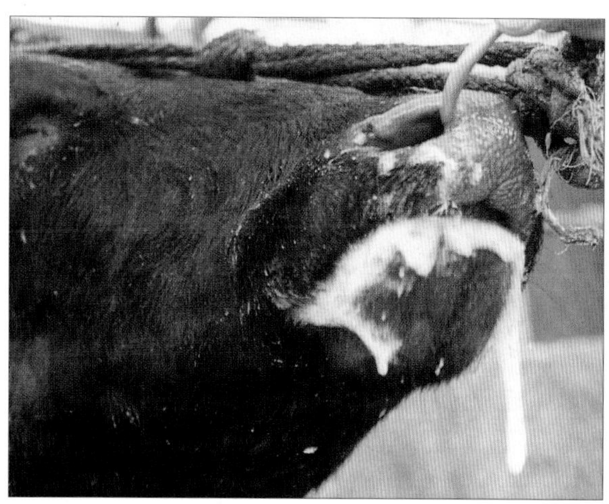
图 1-8-2 病牛轻度发热，口含黏稠的泡沫样涎液

图 1-8-3 舌尖因舌麻痹而伸出口腔

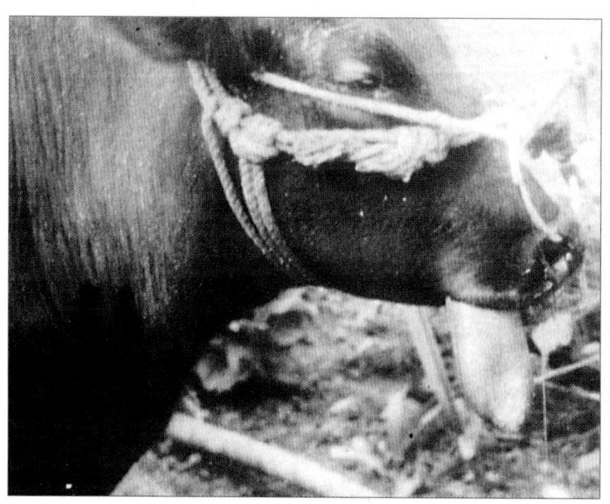
图 1-8-4 病牛舌麻痹而不能回缩

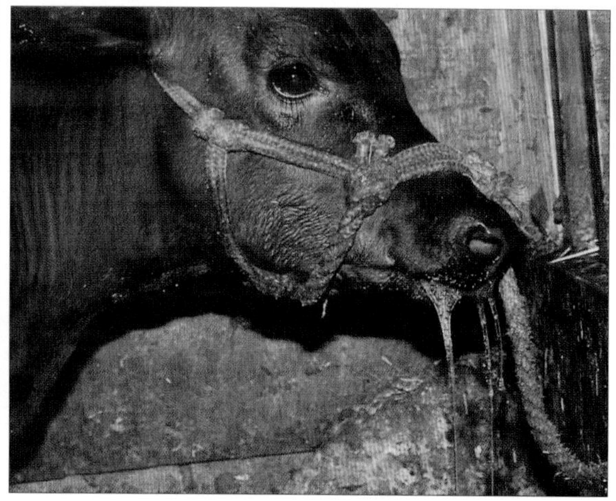
图 1-8-5 饮水时因咽下障碍而逆行流出

图 1-8-6 食道麻痹而出现的饮水逆流症状

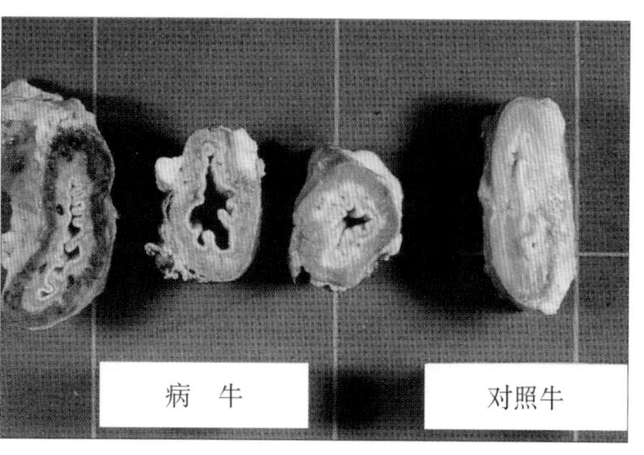

图 1-8-7 上部食道弛缓，肌层出血呈暗红色

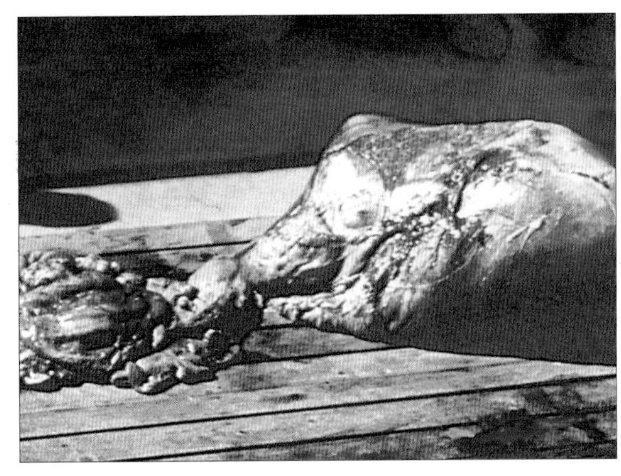

图1-8-8　瘤胃内充满干涸的食物，瘤胃体表高低不平

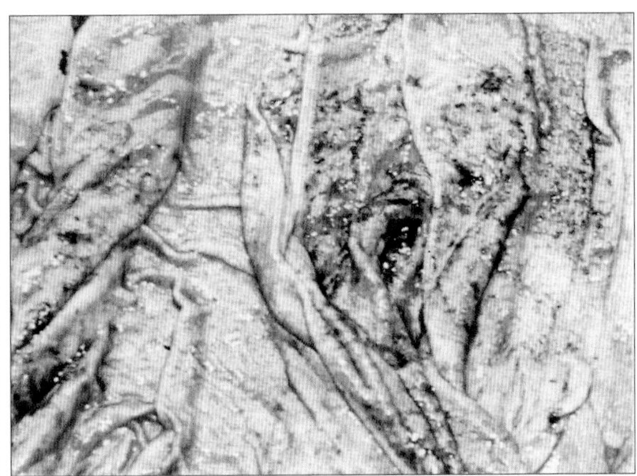

图1-8-9　皱胃黏膜充血、出血，伴发糜烂

图1-8-10　大支气管被食物堵塞，肺组织发炎呈暗红色

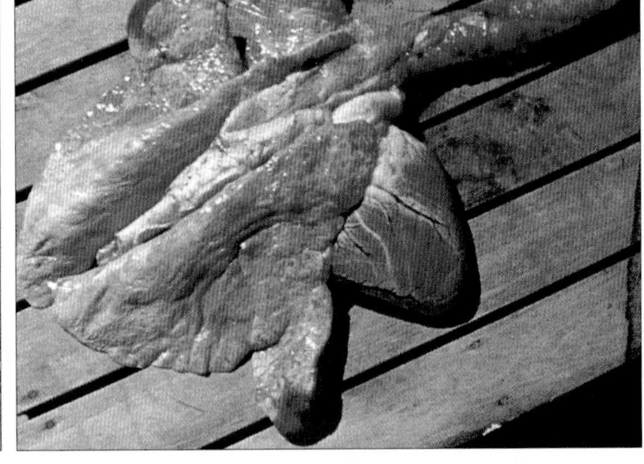

图1-8-11　肺脏因误咽而发生化脓性或坏疽性肺炎

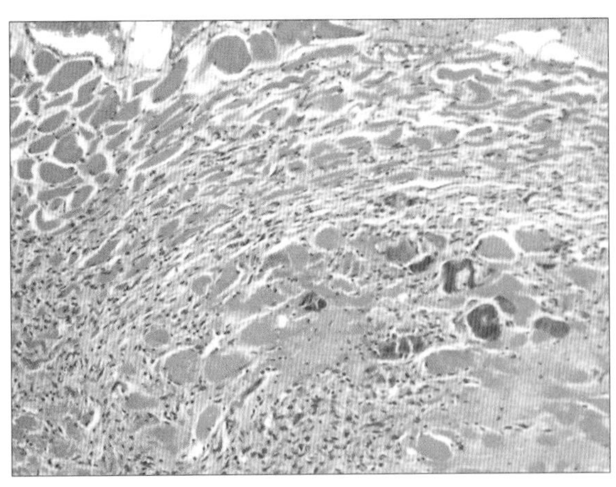

图1-8-12　食管的肌层发生透明变性、坏死和钙化

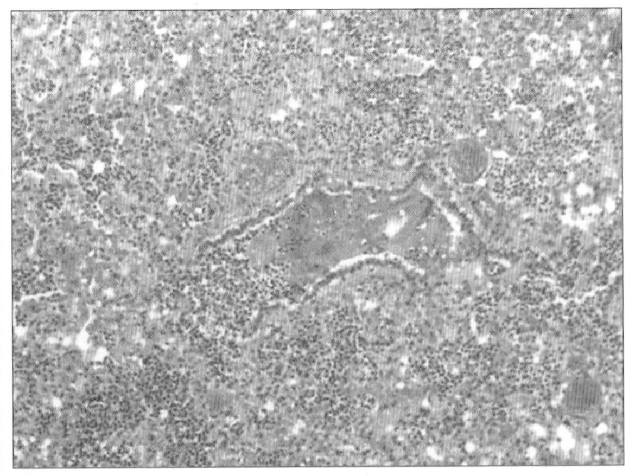

图1-8-13　细支气管被渗出物和脱落的上皮堵塞，肺泡内有炎性渗出物

九、流行性牛白血病

(Enzootic bovine leukemia)

流行性牛白血病是由病毒引起的一种慢性肿瘤性疾病,其临床病理学特征为淋巴细胞恶性增生,全身淋巴结肿大,进行性恶病质和高度病死率。

本病于1878年首先发现于德国,但病因不清;直到1969年才由美国的Miller从病牛外周血液淋巴细胞中分离到病毒。目前本病几乎遍及世界各养牛国家。我国于1974年首次发现本病,以后在许多省市相继发生,对养牛业的发展构成严重的威胁。

【病原特性】 本病的病原体为反转录病毒科、致瘤病毒亚科,C型反转录病毒属的牛白血病病毒(Bovine leukemia virus,简称BLV)。病毒粒子呈球形,直径80~120纳米,心髓直径60~90纳米,外包双层囊膜,膜上有11纳米长的纤突(图1-9-1)。囊膜下为二十立体对称的衣壳,衣壳内有一个细丝样螺旋对称的核蛋白结构,病毒基因组由单股RNA构成。病毒粒子内含有反转录酶,BLV的反转录酶与其他C型致瘤病毒的酶不同,需要镁而不是锰离子才能发挥最理想活性。反转录酶以病毒RNA为模板合成DNA前病毒,前病毒能整合到宿主细胞的染色体上。据观察发现,本病毒是一种外源性反转录病毒,存在于感染动物的淋巴细胞DNA中。现在的研究表明,BLV仅感染B淋巴细胞,而不感染T淋巴细胞。

病毒有多种蛋白质,囊膜上的糖基化蛋白,主要有gp_{35}、gp_{45}、gp_{51}、gp_{55}、gp_{60}、gp_{69}等;心髓内的非糖基化蛋白主要有P_{10}、P_{12}、P_{15}、P_{19}、P_{24}、P_{80},其中以gp_{51}和P_{24}的抗原活性最高,用这2种蛋白作为抗原进行血清学试验,可以检出特异性抗体。

BLV对外环境和化学消毒药的抵抗力均弱,对乙醚、胆盐和温度较敏感,60℃以上迅速失去感染力;紫外线照射和反复冻融对病毒有较强的灭活作用;1%石炭酸和0.5%甲醛也能使其失活。

【流行特点】 本病主要发生于奶牛,尤以4~8岁的成年牛最易感,其次是黄牛和水牛等。病牛和带毒牛是本病的主经传染来源,而乳、尿、粪和各种分泌物则是病毒扩散的主要方式。健康牛群发病,往往是由引进了感染的病牛,但一般要经过数年(平均4年)才出现肿瘤病例。血清流行病学调查结果表明,牛白血病病毒可通过垂直和水平途径传播。垂直传播主要是感染牛白血病病毒的母牛通过胎盘或经初乳传播给犊牛。水平传播主要是同群牛之间的接触感染或者说通过中间媒介在牛群之间传播。近年来证明吸血昆虫在本病传播上具有重要作用。病毒存在于淋巴细胞内,吸血昆虫吸吮带毒牛血液后,再去刺吸健康牛就可引起疾病传播。此外,被污染的医疗器械(如注射器、针头)、输血、疫苗接种、外科手术时所用器械等均可以传播本病。

有人指出,本病的发生似与遗传因素有关。感染的母牛在使本病由一个世代传给另一个世代上起着重要作用,从血统谱系上追查母牛及其后代与白血病发生的关系,可以看出本病呈明显的垂直传播。目前尚无证据证明BLV可以感染人,但要做出BLV对人完全没有危险性的诊断还需进一步研究。

【临床症状】 本病有亚临床型和临床型2种表现。

1.亚临床型 此型较为常见,其特点是无肿瘤形成,主要为淋巴细胞增生,可持续多年或终身,但对病牛没有明显的影响。病牛虽然没有明显的临床表现,但部分病牛则可进一步发展为临床型；血液学检查时，白细胞总数虽在正常的范围内，但出现前淋巴细胞或不典型的淋巴细胞等异常的淋巴细胞（图1 9 2）。

2.临床型　病初，病牛体温一般正常，有时略为升高，生长缓慢，体重减轻。继之精神渐差，食欲减退，可视黏膜苍白，产奶量下降，易疲劳，喜卧地，不愿运动并呈现出进行性消瘦。体表的淋巴结如颌下淋巴结（图1−9−3）、肩前淋巴结、膝上淋巴结和乳腺上淋巴结（图1−9−4）等一侧或对称性肿大，触摸时光滑、能移动，无热、无痛。

病牛也常因病变发生的部位不同，而表现出不同的临床症状。当眼眶内的肿瘤增生时，可引起眼球突出（图1−9−5）；当受侵的眼睛继发感染时，可发生化脓性眼炎，角膜溃烂，眼球突出而失明（图1−9−6）。腹腔受侵害时，病牛的腹围逐渐增大，表现为消化不良、慢性胃肠臌胀，顽固性下痢，甚至排出带有血液的黑色粪便，直肠检查时可发现骨盆腔和腹腔有肿胀的淋巴结及肿块。若胸腔器官受累时，则呼吸困难，心跳加快，心音异常，心律不齐，病牛十分衰弱。当脊髓或脊神经受侵时，病牛运动出现障碍，严重时共济失调，不全麻痹或全麻痹。骨髓受累时，病牛明显贫血，可视黏膜苍白。肾、膀胱或尿道受侵时，病牛排尿量减少，排尿异常，甚至排尿困难，无尿排出，严重时可继发尿毒症。

血液学检查，淋巴细胞的比例明显增高，白细胞总数每立方毫米从正常可增高达3 000 000，淋巴细胞可占98%之多，其中未成熟的淋巴细胞占绝大部分（图1−9−7）。

病牛的产奶量明显降低，一般在发病的第1～2年，产奶量降低15%～20%，第3～4年中降低40%左右，甚至完全停止。奶的质量也明显下降，主要表现为奶中的非必需氨基酸含量增高，而必需氨基酸的含量减少；胡萝卜素和维生素A的含量也降低。

出现临床症状的牛，通常取死亡转归，但其病程可因肿瘤病变发生的部位、程度不同而异。一般当病情发展快时，病牛常在数周即可死亡；反之，病情发展慢时，病牛可存活数年。

【病理特征】 尸体消瘦，表面的骨形标志明显，贫血，可视黏膜苍白。具有特征性的变化是部分或周身淋巴结肿大，并在各个内脏器官、组织形成大小不等的结节灶或弥漫性肿瘤病灶。肿大的淋巴结多呈不整球形，由鸡蛋大到小儿头大，甚至更大（图1−9−8）。肿大的淋巴结表面常有增生的结缔组织包膜，切面呈鱼肉样，常伴有出血或坏死，质地柔韧或稍硬（图1−9−9）。全身大部分器官、组织均可见有肿瘤生长，但其多发部位是淋巴结（98%）、第4胃（90%）（图1−9−10）和心脏（77%）（图1−9−11）；其次是肾脏（53%）（图1−9−12）、脾脏（48%）、子宫（45%）（图1−9−13）、肝脏（38%）、肠管（31%）、眼眶（31%）和肺脏（21%）；还可见于膀胱、乳房、肾上腺、第1～3胃，以及齿龈、横隔、骨骼肌等处，但脑的病变少见。肿瘤组织多形成结节，突起于器官表面，切面亦呈鱼肉样，有些在表面见不到肿瘤结节的器官，切开后可见肿瘤组织呈浸润性生长。

镜检，肿瘤细胞可分为2类。一类体积大于正常淋巴细胞，称为成淋巴细胞（图1−9−14）。其胞浆丰富，呈强嗜派洛宁性，核呈多形性，一般呈圆形或椭圆形，多见核分裂像；另一类的体积较小，与小淋巴细胞相似，胞浆匮乏，细胞形态比较一致，呈弱嗜派洛宁性，核浓染，分裂像少。网状细胞突起互相交织成网，但分布疏密不等，肿瘤细胞散布于网状细胞构成的网眼内。上述2类肿瘤细胞可呈区域性分布，也可混合存在。眼观未见肿瘤病变的器官组织，镜下观察也常见到肿瘤细胞的浸润和增殖。由于肿瘤细胞的侵害和压迫，常导致被侵害器官、组织的细胞变性、坏死（图1−9−15）。

通过运用抗表面膜免疫球蛋白（SmIg）单克隆抗体对肿瘤细胞检测表明，肿瘤细胞为SmIg阳性，因而认为流行型牛白血病的肿瘤细胞起源于B淋巴细胞；通过笔者对B细胞亚群的研究，发现肿瘤细胞主要来源于B1a淋巴细胞（图1-9-16）；分子病理学研究表明，肿瘤细胞在一定条件下可发生凋亡。

【诊断要点】 诊断本病不能单纯依靠一种方法在生前进行确诊，而必须根据临床症状、病理变化、血液学检查和血清学检查等进行综合判定，其中被公认的血液学检查仍是一种较为普遍而常用的方法。

1.临床检查 如发现4～8岁的奶牛不明原因的渐进性消瘦，体表淋巴（腮、肩前、股前淋巴结等）肿大，直肠检查发现骨盆腔和腹腔的器官及淋巴结有增生变化，即可初诊为本病。

2.血液学检查 淋巴细胞增多症经常是发生肿瘤的先驱变化，它的发生率远远超过肿瘤的形成。因此，检查血象变化是诊断本病的重要依据，其特征是：白细胞总数明显增加，淋巴细胞增加（超过75%以上），出现成淋巴细胞（即所谓瘤细胞）。Goetze氏提出的判定标准是：白细胞总数在10 000～18 000之间，淋巴细胞占60%～70%者为疑似；白细胞总数在18 000以上，淋巴细胞的比例高于75%者为阳性。但也有认为每立方毫米淋巴细胞达9 000者即可诊断为白血病。

3.病理学诊断 尸体剖检时可发现各器官的特征性肿瘤病变；并采取病变组织进行病理组织学检查，常能检出成淋巴细胞及大量核分裂像，据此可做出诊断。活体组织检查时，如发现有成淋巴细胞，就可间接地证明机体内有肿瘤的存在。

4.血清学检查 根据牛白血病病毒能激发特异抗体反应的观察，已创立了用gp_{51}和P_{24}作为抗原的许多血清学试验，包括琼脂扩散、补体结合、中和试验、间接免疫荧光技术、酶联免疫吸附试验等，一般认为这些试验都比较特异，可用于本病的诊断。

据报道，应用聚合酶链反应（PCR）检测外周血液单核细胞中的病毒核酸，只需1～2个感染细胞即可做出诊断。

【治疗方法】 本病尚无特效疗法，一般只能根据病牛的临床反应而进行对症治疗。有人试验观察证明，给奶牛服用一定量的镁（氯化亚镁）或硒（亚硒酸钠）有预防白血病的作用。在日本曾有人用环磷酰胺、长春新碱、环胞苷和醋酸强的松龙等对患白血病的病牛进行治疗，结果证明，此种治疗可延缓肿瘤的恶化，延长病牛的利用年限。

【预防措施】 本病的发生特点是潜伏期长，发病缓慢，持续性感染，不易清除。因此，防制本病应以严格检疫、淘汰阳性牛为中心，包括定期消毒，驱除吸血昆虫，杜绝因手术、注射可能引起的交互传染等在内的综合性措施。

1.平时预防 无病地区应严格防止引入病牛和带毒牛。从国外引进或国内购入种牛时，必须进行白血病检疫，发现阳性牛后必须立即淘汰，不得出售；阴性牛也必须隔离观察3～6个月以上，确认无病时方能混群。严格消毒和卫生管理制度，定时定点饲养，借以提高牛群的抵抗力。

2.紧急预防 当发现牛群中有本病发生时，应立即将病牛剔除，坚决淘汰。对发病牛群的其余奶牛，要加强监督，进行必要的诊断检查，一旦有新的病例发现，也应及时屠宰处理；对检出的阳性牛，如因其他原因暂时不能扑杀时，应隔离饲养，控制利用。如果感染奶牛的数目较多（超过25%）或长期感染的牛群，也应采取果断的措施予以全部淘汰，防止白血病的传播。

疫场每年应进行3～4次临床、血液和血清学检查，不断剔除阳性牛；对感染不严重的牛群，可借此净化牛群。病公牛和病母牛所繁殖的犊牛不能留作种用，应隔离饲养，育肥后屠宰。病牛乳需经充分煮沸后方可食用，禁止用白血病病牛或疑似白血病病牛的血液或内分泌腺制造治疗用药或食品。

兽医人员对常用的治疗器械如注射器、针头和剪毛剪等，应彻底消毒，严防交叉感染。在夏秋季节对牛舍及牛身可用1%敌百虫喷洒，借以消灭或减少吸血昆虫对本病的传播。

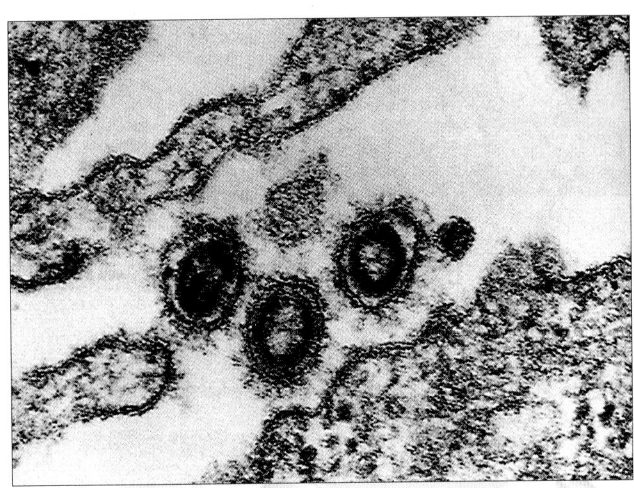

图1-9-1　牛白血病的病毒粒子

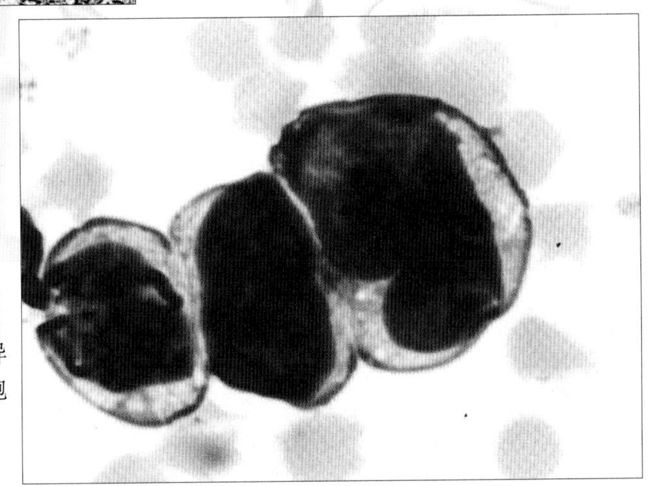

图1-9-2　血液中出现异形的淋巴细胞

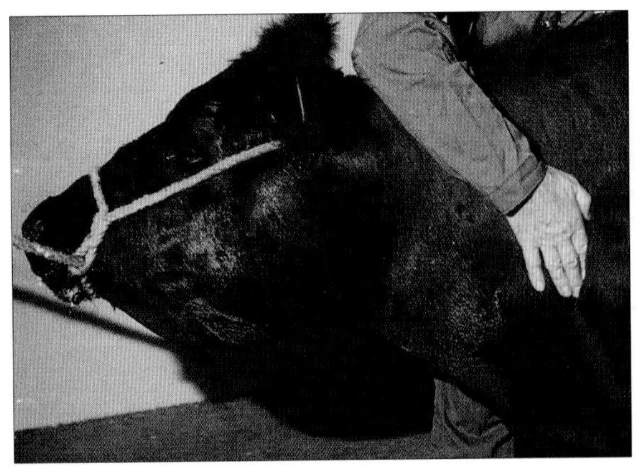

图1-9-3　病牛的颌下淋巴结和肩前淋巴结肿大

图1-9-4　病牛消瘦，体表淋巴结肿大，肉垂和腹下浮肿

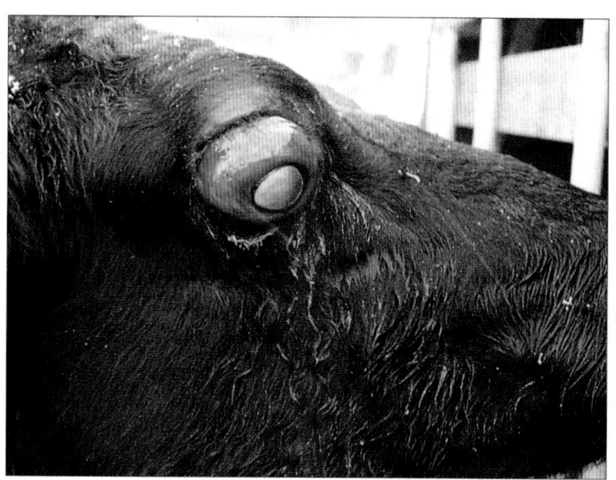

图 1-9-5　眼眶内的肿瘤增生，使眼球突出，角膜浑浊、干燥

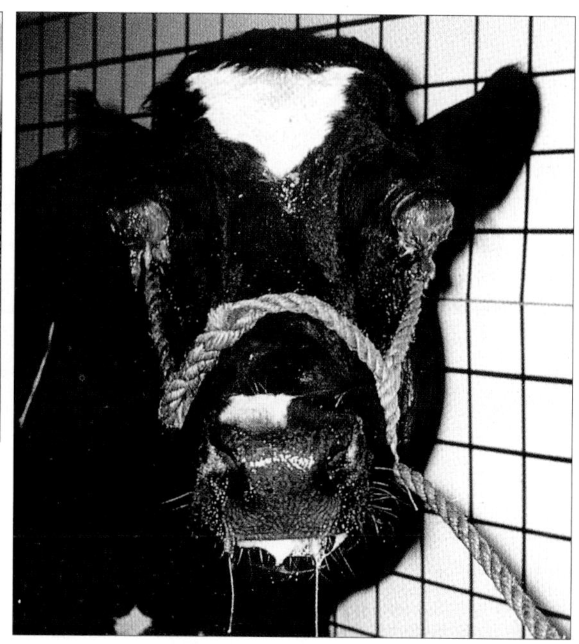

图 1-9-6　眼球全部脱出，感染、溃烂而失明

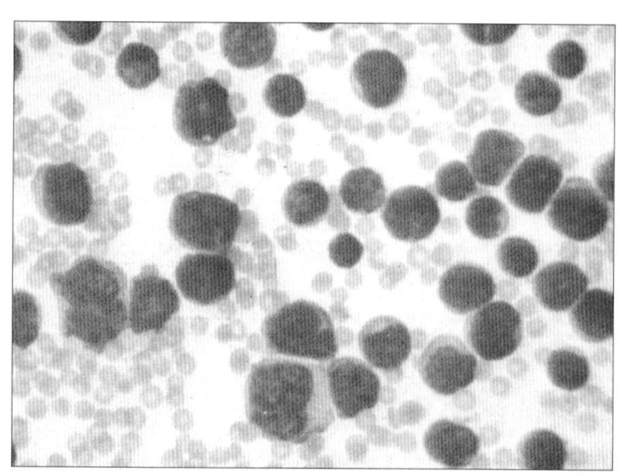

图1-9-7　多数白细胞为体积较大、核型不整的淋巴细胞

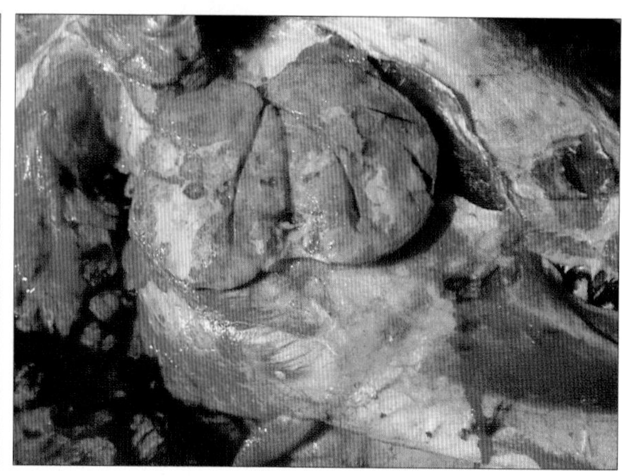

图 1-9-8　体表淋巴结因肿瘤增生而明显肿大

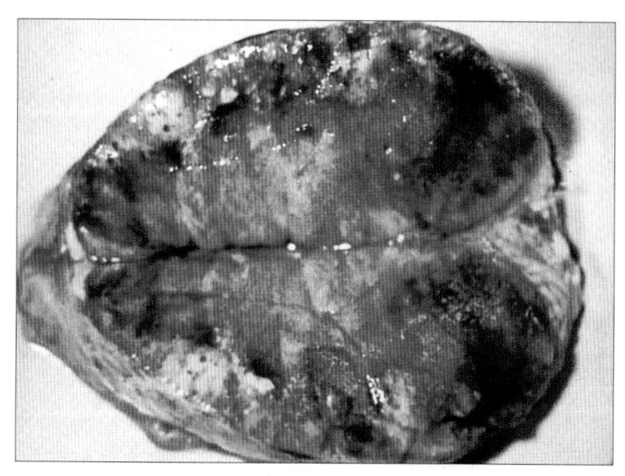

图 1-9-9　淋巴结肿大，切面呈鱼肉样

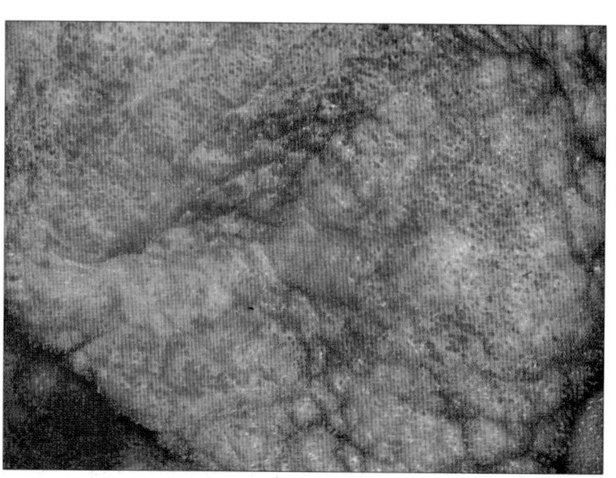

图 1-9-10　皱胃黏膜有大小不等的肿瘤结节，切面呈黄白色

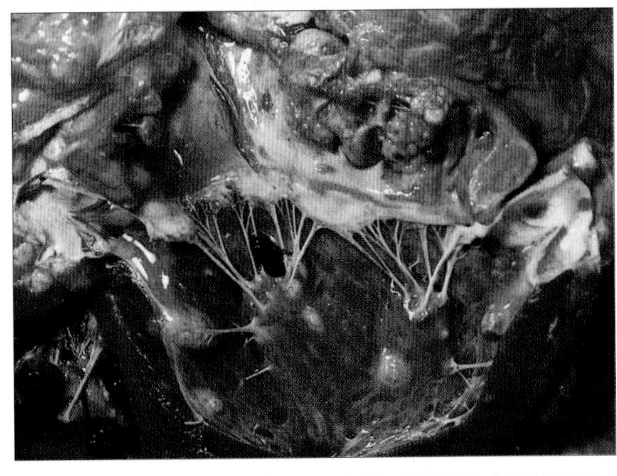

图 1-9-11　切开右心室，心内膜下有粟粒大至黄豆粒大的肿瘤结节

图 1-9-12　肾组织中有榛子至核桃大灰白色肿瘤结节

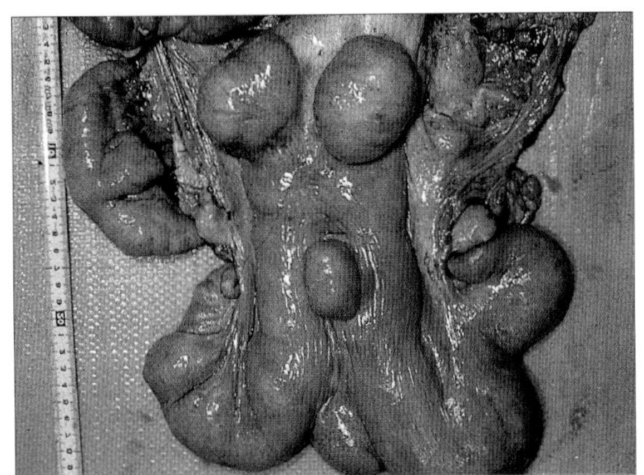

图 1-9-13　子宫壁淋巴结肿大

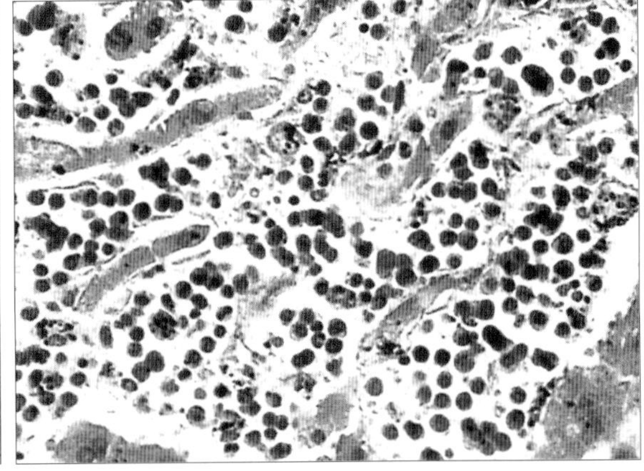

图 1-9-14　肝组织内积聚许多体积大、分裂像多的成淋巴细胞

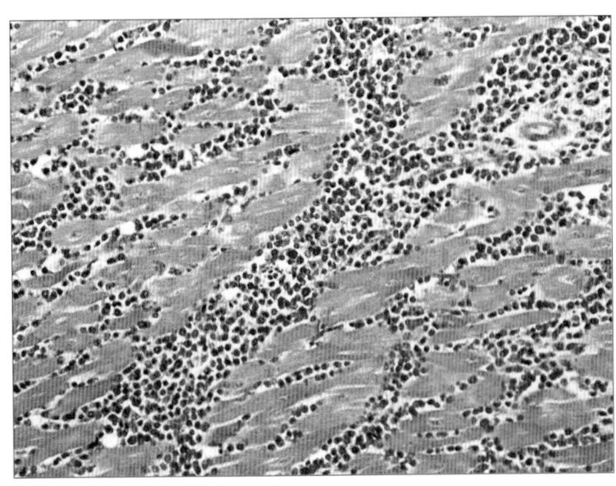

图 1-9-15　心肌纤维间有大量肿瘤细胞浸润

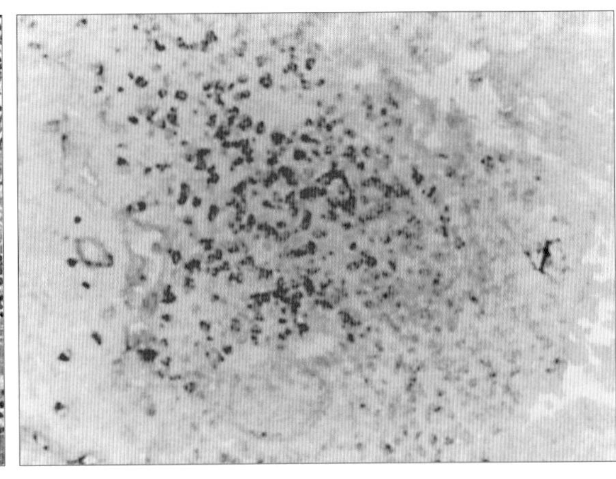

图 1-9-16　肿瘤细胞来源于 B1a 淋巴细胞

十、赤羽病

(Akabane disease)

赤羽病又称阿卡班病，是牛、羊的一种虫媒病毒病。本病以流产、早产、死胎、胎儿畸形、木乃伊、新生胎儿发生关节弯曲－水脑畸形综合征（Arthrogryposis-hydranencephaly syndrome，简称AH综合征）为特征。

AH综合征于20世纪20年代首先在日本关东以西的奶牛群中暴发，以后在澳大利亚和以色列也有类似的报道，但其病原长期不明。直到1961年从日本群马县赤羽村的牛舍内采集的骚扰伊蚊和三带喙库蚊体内分离出病毒，乃命名为赤羽病病毒。随后证实，澳大利亚、非洲和中东地区流行的AH综合征的病原也是这种病毒。本病现已遍及亚洲大多数养牛国家，1990年证实，在我国的上海、北京、天津、山东、河北、陕西、甘肃、吉林、内蒙古、安徽、湖南等地也存有本病。本病的流行对养牛业的发展构成巨大威胁，已引起普遍重视。

【病原特性】 本病的病原体是布尼安病毒科、布尼病毒属、辛波病毒群的赤羽病病毒（Akabane disease virus），也称为阿卡斑病毒。病毒颗粒呈球形（图1-10-1），直径90～100纳米，有时可见130纳米的大病毒；有囊膜，表面有糖蛋白纤突（图1-10-2）。病毒含单股RNA，由大、中、小3种分子组成，分别与核衣壳蛋白构成螺旋状核衣壳，核衣壳的直径为2～3纳米。病毒含4种蛋白，G_1蛋白、G_2蛋白、N蛋白和L蛋白。G_1和G_2蛋白为糖蛋白，具有血凝素活性和中和抗原位点，并决定病毒的毒力；N蛋白为核蛋白，具有补体结合抗原位点；L蛋白为脂蛋白，具有复制和转录活性。从感染细胞的超薄切片观察，已证明病毒是靠近高尔基体由出芽而增殖。

本病毒适于多种细胞培养，易增殖并产生细胞病变。病毒在动物体内主要存在于血液、肺、肝、脾、胎儿和胎盘中，以胎儿和胎盘的毒价为最高并能较长期分出病毒。将病毒接种鸡胚卵黄囊内，能引起鸡胚发生积水性无脑综合征、大脑缺损、发育不全和关节弯曲等畸形。

病毒不耐乙醚和氯仿，20%乙醚可在5分钟内使其灭活；对热（56℃可使之失活）、低pH和0.1%脱氧胆酸敏感。近来发现赤羽病毒对鸽红细胞具有溶血作用，溶血活性在37℃时最高，0℃时几乎不发生；而这种溶血作用，可以特异性地被免疫血清所抑制。

【流行特点】 怀孕的奶牛、黄牛、绵羊和山羊对本病最易感，围产期的胎儿常受到感染。有病牛羊和带毒动物是本病的主要传染来源。病毒主要由吸血昆虫传播，在澳大利亚是短跗库蠓，在日本是三带喙库蚊和骚扰伊蚊，有的国家从按蚊体内分离到病毒，由于在牛体内检出抗体的时间，恰与短跗库蠓出现的时间相一致，故认为本病具有明显的季节性与地区性。在日本异常分娩发生于8月份，10月份达到高潮，并可一直延续到次年3月，但在同一地区连续2年发生的情况较少见。据报道，虫媒带毒后可借风力到达不同地区，再度叮咬易感动物引起流行。有试验证明，用本病病毒胸腔接种库蠓，病毒可在其体内复制并至少能在体内持续9天。

已证明妊娠仓鼠、牛、绵羊或山羊都能发生垂直感染。妊娠母牛被感染后，病毒可随血流感染胎盘，继而侵害胎儿，出现病毒血症。

【临床症状】 感染本病的孕牛，体温反应和临床症状一般不明显。其特征性的表现是妊娠母牛异常分娩，多发生于怀孕7个月以上或接近妊娠期满的母牛。感染初期，胎龄越大的胎儿越易发生早产，多产出体形异常的胎儿（图1-10-3）。中期因体型异常如胎儿关节弯曲、脊柱弯曲等而发生难产，即使顺产，新生犊也不能站立（图1-10-4）。后期多产出无生活能力的犊牛（图1-

10-5）或瞎眼的犊牛（图1-10-6）。

【病理特征】 赤羽病毒能致胎儿畸形，但母畜本身不受影响。因此，本病的主要特点是病犊体形异常、大脑缺损、肌肉萎缩、非化脓性脑脊髓炎的发生和脊髓腹角神经元减数等。

1.体形异常　病牛的四肢和脊柱等关节异常弯曲，同时多数伴有大脑缺损。关节弯曲的犊牛常死产，腿部肌肉和脊柱发生萎缩或挛缩，一条或多条腿的关节僵硬（图1-10-7），也发现脊柱的外侧面或背腹面变形（图1-10-8），因此，常常需要截胎助产。这一病变除见于流行初期的流产胎儿外，几乎在整个流行过程中都可见到。关于其形成的原因，有人认为是由于正常的神经组织退行性变性所引起；有人认为是因为受侵害的肌肉的长度和体积缩小，因而造成肌肉萎缩的结果。

2.大脑缺损（脑内积水）　患有脑积水的犊牛，脑形成囊泡状空腔，完全没有大脑或仅有退化的痕迹（图1-10-9），脑膜内充满脑脊液（图1-10-10），病变轻者，常见大脑发育不全（图1-10-11）。这些病变主要发生于流行期的后半期，即从12月末到次年3月之间多发。其程度可因胎龄的不同而有着明显的差别。

关于大脑缺损的形成原因，一般认为，在胚胎发生初期，柔弱的神经组织在病毒的作用下，首先在局部发生坏死崩解，其缺损部分逐渐扩大，脱落块被吸收，在空隙部分充满液体。由于感染的时期和程度不同，可见有脑回部完全消失，只残留脑底的脑干部分和颞叶的一侧或一部分的缺损等各种病变。

3.肌肉萎缩　病牛的骨骼肌变性、萎缩，皮下及肌肉内常见出血和胶样浸润（图1-10-12），镜检，肌纤维不呈连续的纤维状，而出现断裂的小球形或纺铂锤形（图1-10-13）；或者虽然保持其长度，但肌纤维极细，并失去肌肉特有的红色而呈白色或黄色，光泽和弹力亦消失。这些肌肉的病变，有人认为是源于脊髓中枢的病变；有人认为是源于肌肉本身的病毒感染或者是与这两方面都有关系。

4.非化脓性脑脊髓炎　感染后不久导致的流产胎儿，在大脑、脊髓等即可见到病变。因而，在流行初期发生率高。其特点是：血管周围淋巴样细胞浸润，神经细胞变性和神经胶质细胞增生等（图1-10-14）。这些病变和日本脑炎的病变相类似。

5.脊髓腹角神经元减数　主要见于流行中、后期的病例。通常认为是由于病毒感染，使神经细胞发生变性、坏死的结果。由于腹角神经细胞是骨骼肌的运动中枢，因此，认为这些中枢神经细胞的消失，使其控制下的肌肉变性，与人的小儿麻痹的发病机制相类似。

【诊断要点】 根据流行特点、临床表现和病理变化可做出初步诊断。赤羽病具有一定的经过、地区性和季节性，通常从8月末左右开始出现流产，随后产出体型异常的胎儿增多，或者是母牛没有任何变化即开始发生流产，产出大脑缺损、失明、虚弱等体型异常的犊牛等。

确诊必须进行实验室检查，包括病原学鉴定和血清学试验。病原学鉴定时，可将病料接种于小鼠脑内，一般在接种后6天左右发病，传第2代时2～5天死亡，收获鼠脑，分离病毒；或用免疫荧光技术检查病毒抗原。血清学试验，可用未吃初乳的新生犊牛或流产胎儿血清，做中和试验、琼脂扩散试验、补体结合试验、血凝和血凝抑制试验、酶联免疫吸附试验或斑点免疫吸附试验。在上述各种血清学试验中，以中和试验结果较为可靠。

【类症鉴别】 引起奶牛流产的原因很多，有的是非传染性的，也有传染性的，前者如遗传因素、植物、饲料、农药和化肥中毒、营养和激素的不平衡等；后者如霉菌、毛滴虫、钩端螺旋体、弯杆菌、布鲁氏菌、李氏杆菌、边界病病毒、副流感病毒3型、牛传染性鼻气管炎病毒、蓝舌病病毒、细小病毒等。因此，对本病的诊断应注意流产发生的特点并与上述疾病进行鉴别。

【治疗方法】 本病尚无有效的治疗方法，仅能采取对症治疗，即对流产的母牛可根据情况而注射青霉素、链霉素或磺胺等广谱抗生素，借以防止子宫内膜炎或继发性感染；如果病牛的机体虚弱也可注射10%葡萄糖，借以增强机体的能量供给；如果恶露多时还需注射适量的碳酸氢钠以防止酸中毒。

【预防措施】 有计划地定期注射疫苗是预防本病的重要措施。据报道，日本和澳大利亚用甲醛灭活的细胞培养病毒，添加磷酸铝胶作为佐剂而制成的灭活苗，在流行季节到来之前，给妊娠母牛和计划配种牛接种2次，免疫效果良好。我国预防本病的疫苗尚在开发研究过程中，因此，防止引进病牛，加强检验力度，改善环境卫生和彻底消灭吸血昆虫及其滋生地则能有效地预防本病。

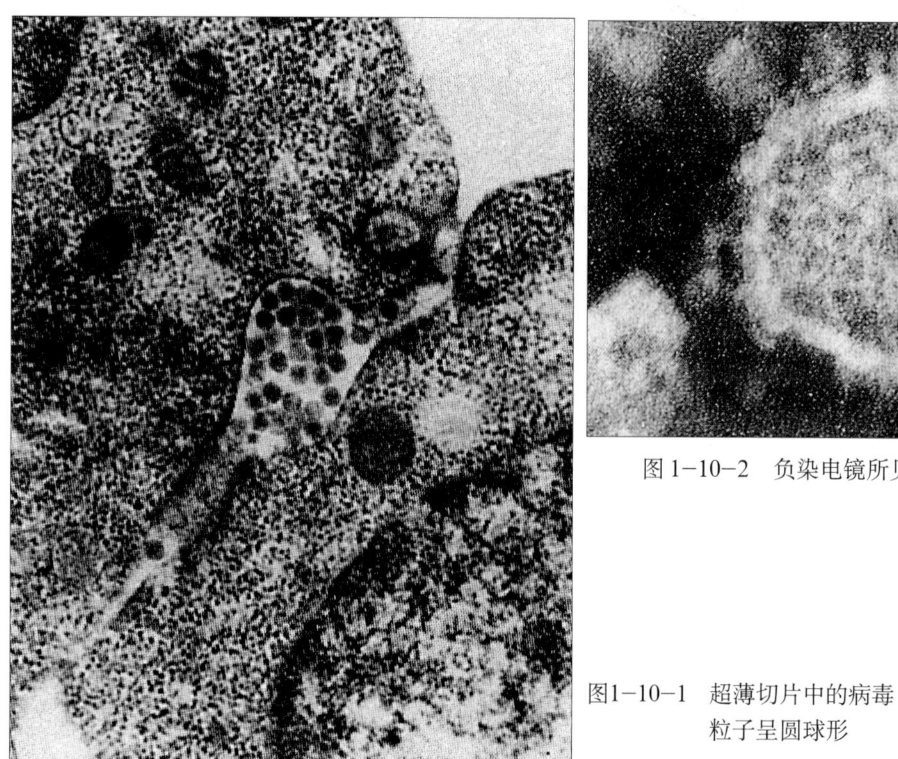

图1-10-1 超薄切片中的病毒粒子呈圆球形

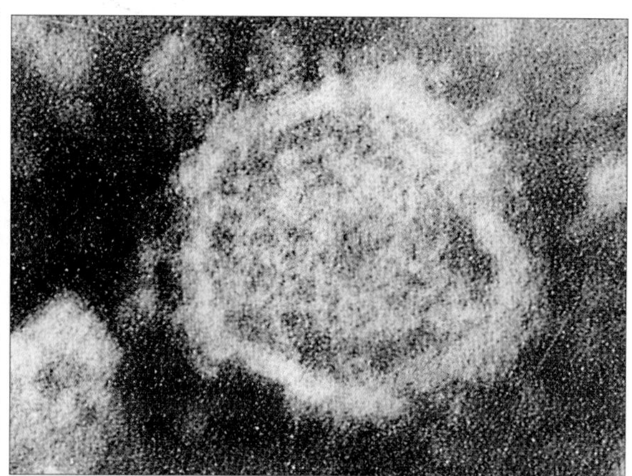

图1-10-2 负染电镜所见到的病毒的囊膜及纤突

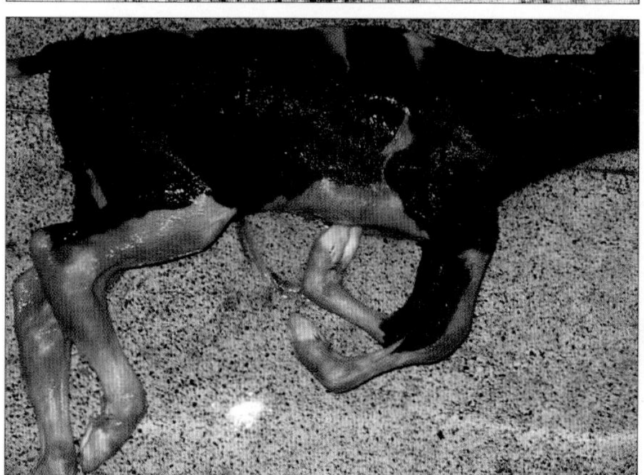

图1-10-3 流产的死胎前肢弯曲，体形异常

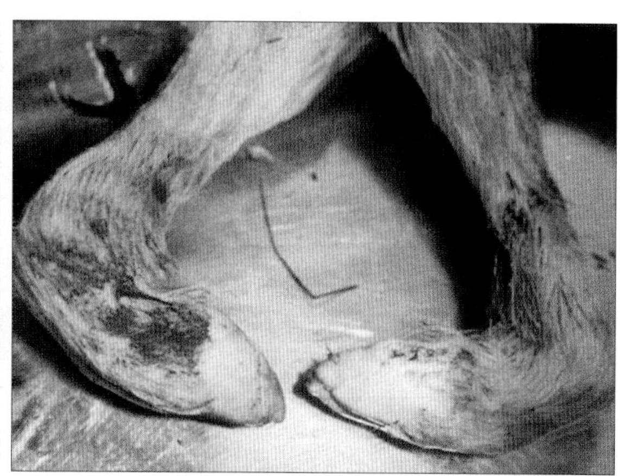

图1-10-4 两前肢腕关节分别向前或后方弯曲，不能站立

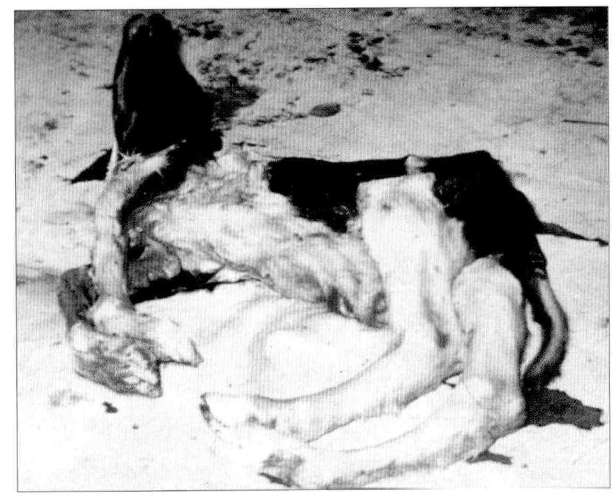

图1-10-5　病犊四肢屈曲，颈向后侧方弯曲，不能站立

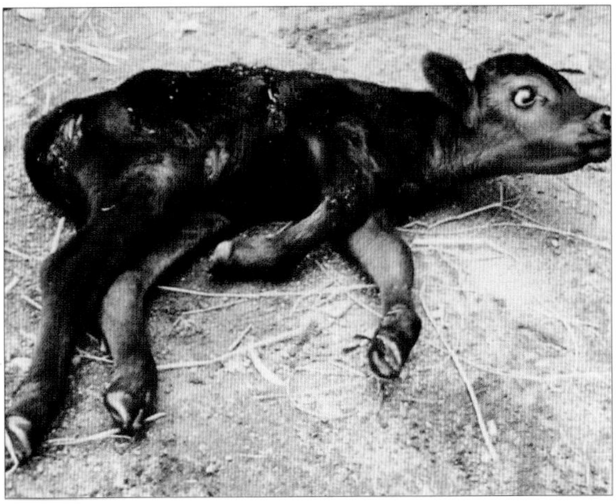

图1-10-6　病犊的眼球震颤、失明，前肢做回转运动

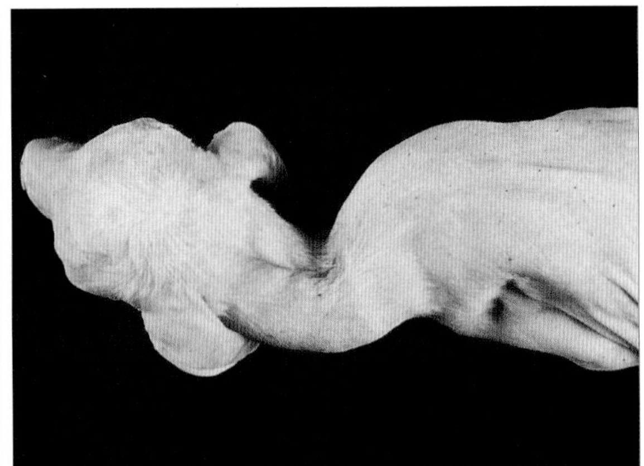

图1-10-7　流产的胎儿四肢异常，关节僵硬

图1-10-8　病犊脊柱弯曲、变形

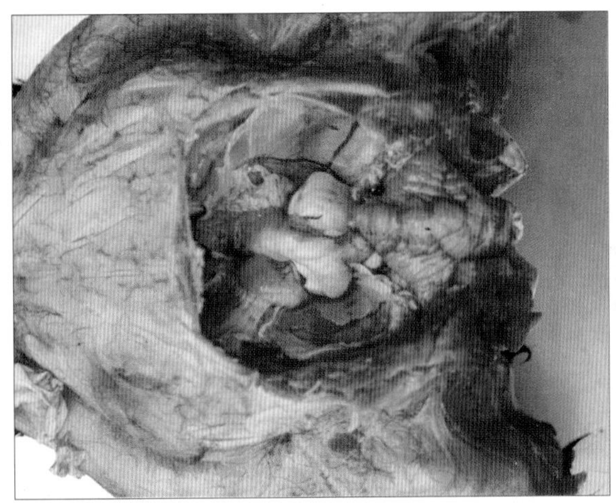

图1-10-9　病犊的大脑发育不良，脑干显露

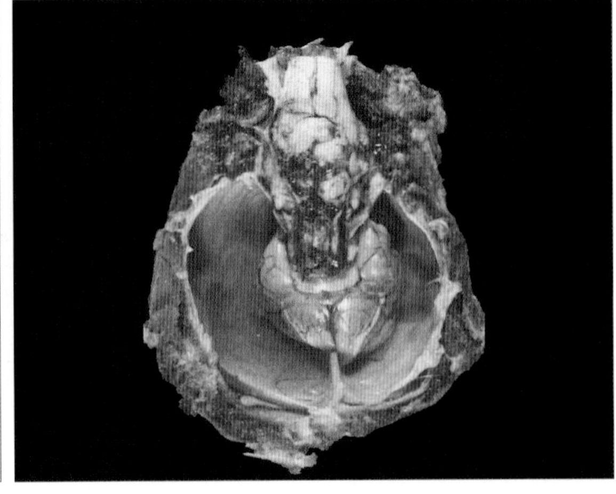

图1-10-10　病犊的大脑发育不全，脑膜内充满脑脊液

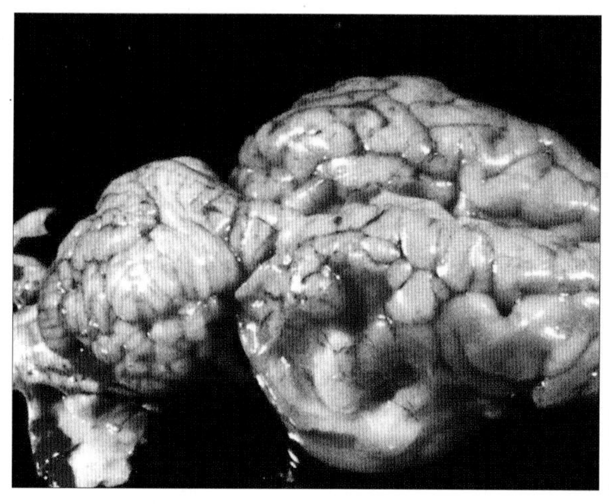
图 1-10-11　病犊的大脑右半球发育不全

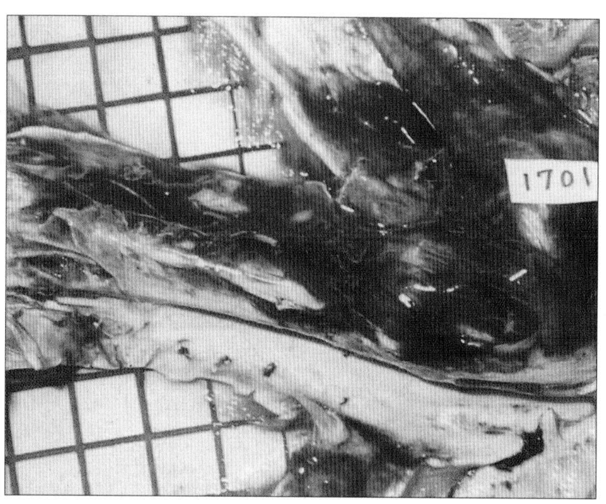

图 1-10-12　肌肉萎缩，皮下及肌肉出血和胶样浸润

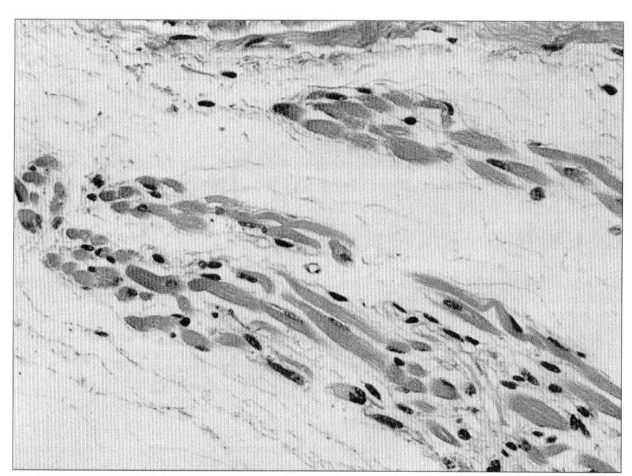
图 1-10-13　躯干肌纤维发育不良

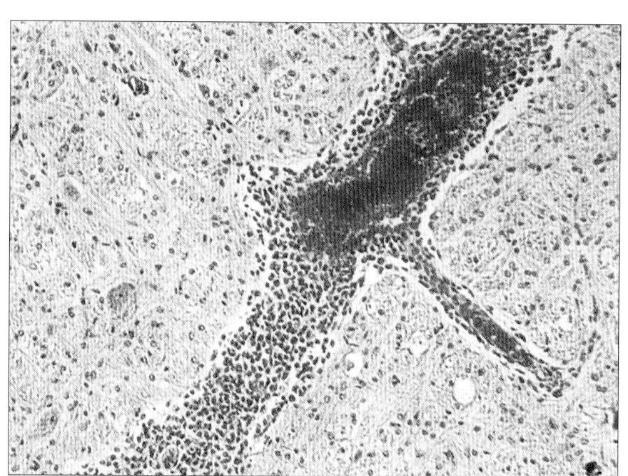
图 1-10-14　大脑出现血管套，呈非化脓性脑炎变化

十一、轮状病毒感染

（Rotavirus infection）

轮状病毒感染主要是发生于犊牛（又称新生犊牛腹泻，Neonatal calf diarrhea）等多种幼龄动物的一种急性肠道传染病，以腹泻和脱水为特征，成龄动物多呈隐性感染。

犊牛轮状病毒是由 Mebus 等（1968 年）在美国内布拉斯加犊牛腹泻病例中发现的。近年来，世界许多国家都有发生本病的报道，我国于1981年首次从患腹泻病的犊牛病例中分离到病毒，此后，又从多种腹泻动物中分离到病毒。本病不仅感染率高，有时发病率也相当高，对养牛业和畜牧业的发展都有较大的危害，因此受到了人们的关注。

【病原特性】 本病的病原体为呼肠孤病毒科、轮状病毒属的轮状病毒（Rotavirus）。人和各种动物的轮状病毒在形态上无法区别，它们的基因组均由 11 个双股 RNA 片段组成，呈圆形，正二十面体对称，直径 65～75 纳米。病毒粒子由内外双层衣壳和心髓组成。其中央为由核酸构成的一个电子致密的六角形心髓，内衣壳由32个呈放射状排列的圆柱形壳粒组成，外衣壳为连接于壳粒末端的光滑薄膜状结构，使该病毒形成特征性的车轮状外观而得名（图1-11-1）。

轮状病毒根据其群特异性抗原不同而分为A、B、C、D、E、F 6个血清群，其中A群和B群可感染牛。轮状病毒很难在细胞培养中生长繁殖，有的即使增殖也不产生或仅产生轻微的细胞病变，但用荧光抗体染色时，可检出病毒感染的细胞（图1-11-2）。引起新生犊牛腹泻的轮状病毒可在恒河猴胎肾传代细胞株（MA-104）单层中产生明显的蚀斑。

本病毒与同科的其他成员无抗原关系。各种动物和人的轮状病毒内衣壳具有共同抗原（群特异抗原），可用补体结合、免疫荧光、免疫扩散和免疫电镜检查出来。由于病毒的外衣壳有型特异抗原，所以从人和各种动物分离的轮状病毒，一般可用中和试验和酶联免疫吸附试验予以区别。值得指出，当血清中抗体浓度高时可能出现交叉中和现象，但同源痊愈血清的中和滴度要比异源者高。

轮状病毒对理化因素有较强的抵抗力，在室温能保存7个月；在pH3～9的范围内稳定；能耐超声波震荡和脂溶剂的作用；加热60℃ 30分钟仍存活，但63℃ 30分钟则被灭活。1%福尔马林在37℃条件下须经3天才能使之灭活，0.01%碘、1%次氯酸钠和70%酒精可使病毒丧失感染力。

【流行特点】 本病可发生于包括牛和羊、猪、马、兔、鹿、叉角羚、猴、犬及家禽等多种动物。其中牛病已见报道的有奶牛、黄牛、水牛和牦牛，以3周龄以下犊牛最易感，严重的疾病出现于生后1周内。患病的人、病畜和隐性患畜是本病的传染源。病毒主要存在于肠道内，随粪便排到外界环境，污染饲料、饮水、垫草及土壤等，经消化道途径传染易感家畜。痊愈动物从粪中持续排毒至少3周。病畜痊愈所获得的免疫主要是细胞免疫，对病毒的持续存在影响时间不长，所以痊愈动物可以再感染。成年家畜可以受到新生病畜的传染。

值得强调指出：轮状病毒可以从人或一种动物传给另一种动物，只要病毒在人或一种动物中持续存在，就有可能造成本病在自然界中长期传播。这可能成为本病普遍存在的重要因素。另外，隐性感染的成龄动物不断排出病毒，畜群一旦发病，随后将每年连续发生。

本病传播迅速，多发生在晚秋、冬季和早春季节。应激因素，特别是寒冷、潮湿、不良的卫生条件和其他疾病的袭击等，均对本病的严重程度和病死率有很大影响。

【临床症状】 本病多发生在1周龄以内的新生犊牛，成龄牛多呈隐性感染。潜伏期一般为15～96小时，病程约为1～8天。病初，病犊精神委顿，体温正常或略有升高，厌食，腹泻，排出黄白色或乳白色黏稠的粪便，肛周常附有大量黄白色稀便（图1-11-3）。继之，腹泻明显，病犊排出大量黄白色或灰白色水样稀便，病犊的肛周、后肢内侧及尾部常被稀便污染（图1-11-4），在病犊的圈舍内也能见到大量灰白色稀便（图1-11-5）；有的病犊还排出带有黏液和血液的稀便；有的病犊肛门括约肌松弛，排粪失禁，不断有稀便从肛门流出（图1-11-6）。严重的腹泻，则引起犊牛明显脱水，眼球塌陷（图1-11-7），严重时，全身皮肤干燥，被毛粗乱，病犊不能站立（图1-11-8）。最后多因心力衰竭和代谢性酸中毒，体温下降到常温以下而死亡。

本病的发病率高达90%～100%，病死率可达50%。恶劣的寒冷气候常使许多病犊在腹泻后暴发严重的肺炎而死亡。又据报道，犊牛轮状病毒在临床上通常不单独起作用，常伴发感染冠状病毒、致病性大肠埃希氏菌、沙门氏菌或隐孢子虫等，从而引起新生犊牛腹泻。单独轮状病毒感染的腹泻，症状较缓和而短暂。

【病理特征】死于轮状病毒肠炎的犊牛常小于3日龄。病犊由于水样腹泻而迅速脱水，从而导致腹部蜷缩及眼球塌陷。病变主要限于消化道。眼观，胃壁弛缓，胃内充满凝乳块和乳汁。小肠肠壁菲薄，半透明，内含大量气体（图1－11－9），内容物呈液状、灰黄或灰黑色，一般不见充血及出血，但有时在小肠伴发广泛性出血（图1－11－10），肠系膜淋巴结肿大。镜检，组织学病变随患病犊牛感染后的时间不同而异。小肠前段绒毛上端2/3的上皮细胞首先受感染，随后感染向小肠中、后段上皮发展。腹泻发生数小时后，全部感染细胞脱落，并被绒毛下部移行来的立方或扁平细胞所取代。绒毛粗短、萎缩而不规则，并可出现融合现象（图1－11－11）。隐窝明显肥大及固有层中常有单核细胞、嗜酸性白细胞或嗜中性白细胞浸润。

【诊断要点】根据本病发生在寒冷季节、多侵害犊牛、发生水样腹泻、发病率高和病变集中在消化道，小肠变薄、内容物水样、镜下见小肠绒毛短缩等特点可做出初步诊断。

实验室确诊首推电镜检查，其次为免疫荧光抗体技术。纯净粪便或小肠后段内容物，应用直接电镜或免疫电镜法，根据病毒的形态特征容易做出诊断。组织培养分离病毒、酶联免疫吸附试验、对流免疫电泳、凝胶免疫扩散试验或补体结合试验也可应用。一般在腹泻开始后的24小时内，采小肠及其内容物或粪便做检查病料。小肠做冰冻切片或涂片进行荧光抗体检查和感染细胞培养物。另外，对组织内或在粪便中的脱落感染细胞应用免疫荧光技术可以证实轮状病毒。

【治疗方法】发现病犊后应立即将其隔离在清洁、消毒、干燥和温暖的牛舍内，加强护理；同时停止哺乳，用葡萄糖盐水或葡萄糖甘氨酸溶液（葡萄糖22.55克，氯化钠4.75克，甘氨酸3.44克，柠檬酸0.27克，枸橼酸钾0.04克，无水磷酸钾2.27克溶于1升水中即成）给病犊自由饮用。实践证明，严重病犊在饮用上述代乳品后可获痊愈，而继续摄乳则是有害的。与此同时，应及时进行对症治疗，如用收敛止泻剂制止腹泻，可用活性炭10～30克，鞣酸蛋白5～10克，次硝酸铋5～10克，磺胺脒10克混合，一次灌服；用抗生素防止继发性感染，用吡哌酸片每次2～4片，或链霉素100万～200万国际单位或新霉素3～4片，加水内服；及时补液防止酸中毒和脱水，用葡萄糖盐水1 000毫升，5%碳酸氢钠100毫升，静脉注射，连用3～5天。全身症状明显时，可用庆大霉素8万～12万国际单位，氯霉素50万～100万国际单位肌肉注射，或红霉素60万～90万国际单位，静脉注射，必要时还可注射葡萄糖钙和安钠咖等。

【防制措施】本病的预防主要依靠加强饲养管理，认真执行一般的兽医防疫措施，增强母牛和犊牛的抵抗力。研究证明，肠道局部免疫作用比全身免疫作用更有效，特别是初乳中的抗体至关重要。因此，在疫区要做到新生犊牛及早吃到初乳，接受母源抗体的保护以减少和减轻发病。应该强调指出：一定量的母源抗体只能防止腹泻的发生，而不能消除感染及其排毒。

据报道，美国已制成了2种预防牛轮状病毒感染的疫苗。一种是弱毒苗，于犊牛出生后吃初乳前经口给予，2～3天就可产生坚强的抗强毒感染；另一种是福尔马林灭活苗，分别在产前60～90天和30天 给妊娠母牛注射2次，使母牛免疫，产生高效价抗体，通过初乳转移给新生犊牛，有效地保护犊牛安全地渡过易感期。

我国已用MA－104细胞系连续传代，研制出牛源弱毒疫苗。用牛源弱毒疫苗免疫母牛，所产犊牛30天内未发生腹泻，而对照组22.5%的犊牛发生腹泻。说明本疫苗具有良好的保护作用。

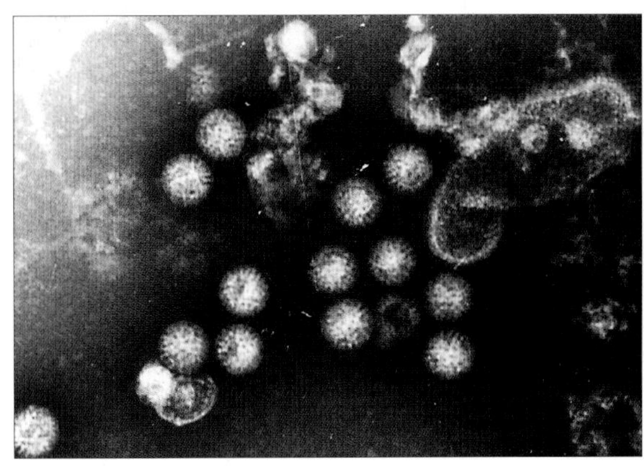

图 1-11-1　轮状病毒粒子

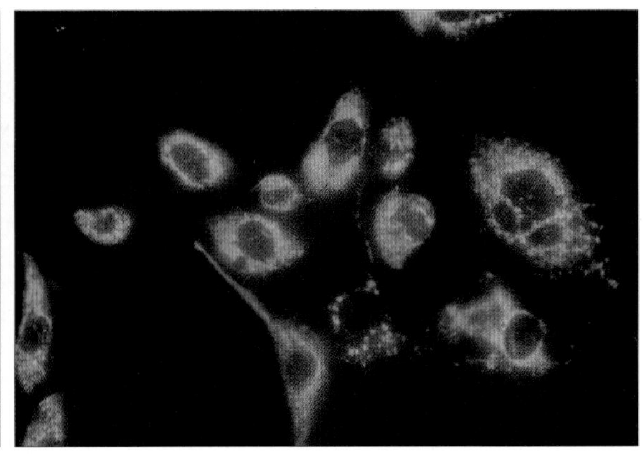

图 1-11-2　用荧光抗体在培养物中检出轮状病毒感染的细胞

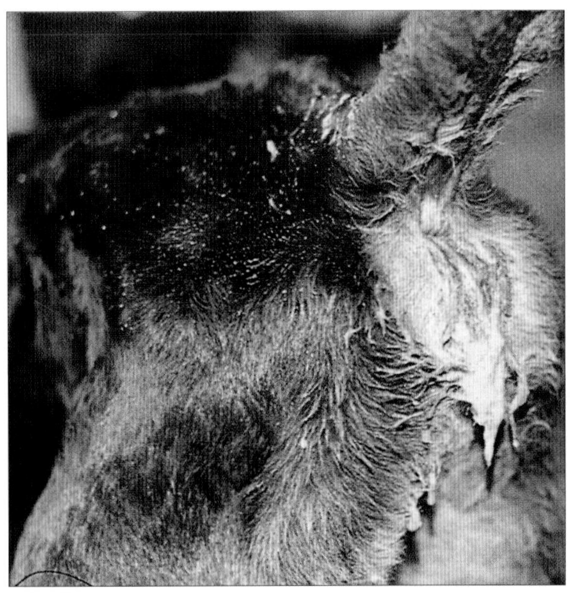

图 1-11-3　犊牛肛周附有大量黄白色稀便

图 1-11-4　病犊肛周、后肢内侧及尾部附有大量稀便

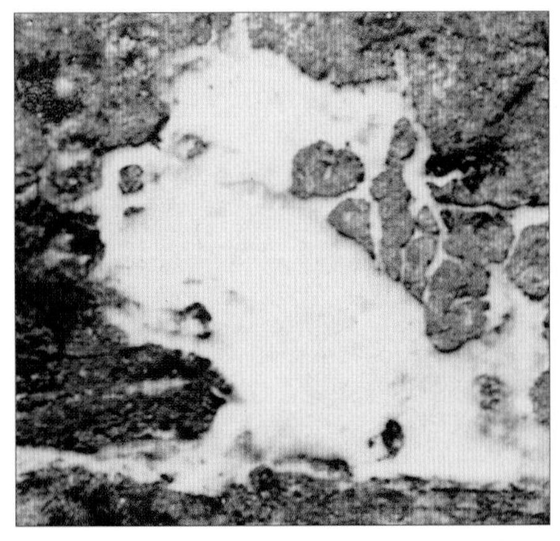

图 1-11-5　牛舍的地面有大量灰白色稀便

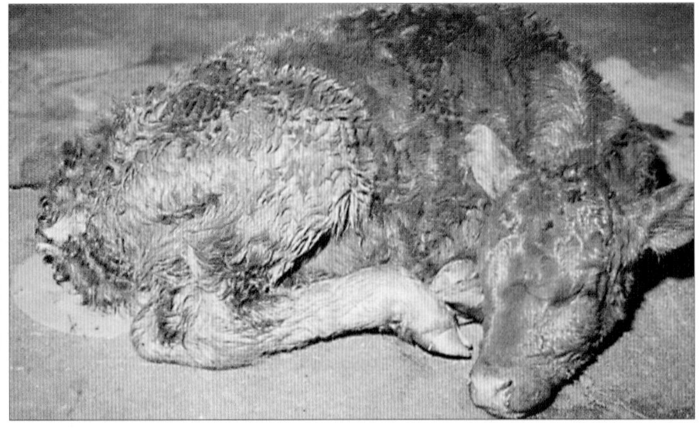

图 1-11-6　病犊全身被稀便污染，并见稀便不断从肛门流出

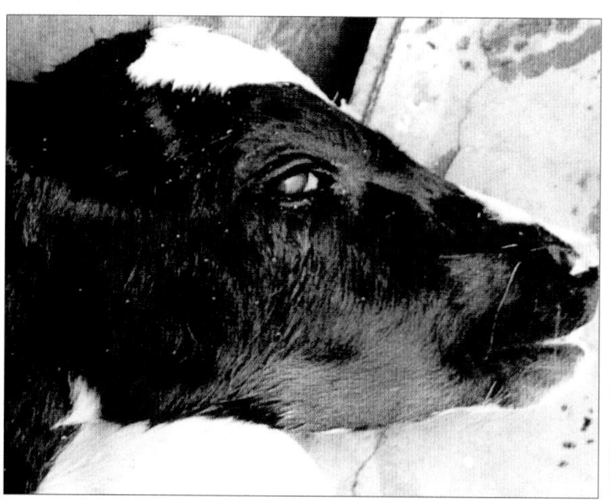

图 1-11-7　病牛明显脱水，眼球塌陷

图 1-11-9　肠内有大量气体，肠壁非薄

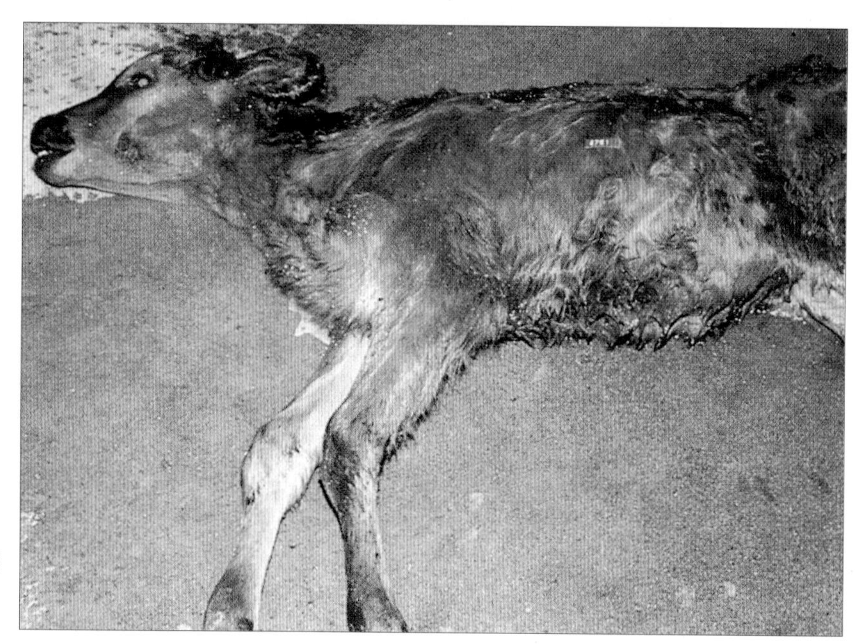

图 1-11-8　病犊严重脱水，全身衰竭，不能站立

图 1-11-10　回肠壁肥厚，有明显的皱壁和出血

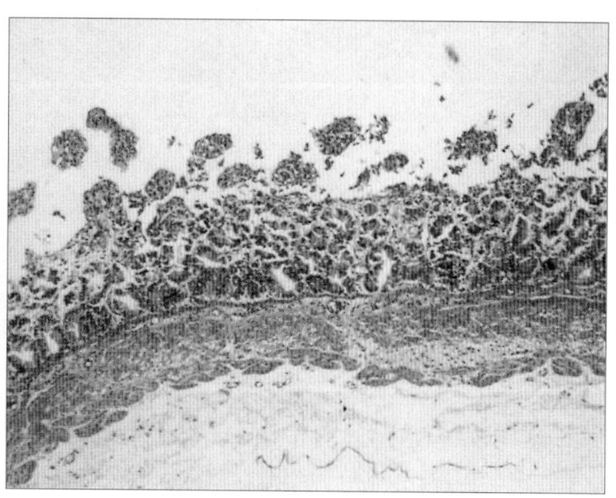

图 1-11-11　空肠黏膜的绒毛明显短缩和融合

十二、牛海绵状脑病

（Bovine spongiform encephalopathy，BSE）

牛海绵状脑病又名“疯牛病”（Mad cow disease），是新发现的发生于牛的进行性病毒性传染病，为传染性海绵状脑病群之一。本病主要临床特点是潜伏期长，发病隐蔽，病程长，患牛行为反常，共济失调，轻瘫，体重减轻；中枢神经系统的病理组织学病变以脑灰质和脑干某些神经核的神经元空泡化及神经纤维的髓鞘脱失为特征。

本病于1985年4月首次发现于英国，1986年11月Wells等对始发病例做了中枢神经系统的病理组织学检查后，定名为牛海绵状脑病，并于1987年首次报道。在英国，本病首先暴发于该国东南部各郡，1987年9月后逐渐扩展，目前几乎蔓延到整个英国。至1997年累计确诊的病牛高达168 578例，涉及33 000多个牛群。据报道，本病以奶牛发病率最高，可达12%，而肉牛群发病率较低，一般仅为1%。

目前的研究初步认为，本病是因奶牛被饲喂了污染绵羊痒病或牛海绵状脑病的骨肉粉（高蛋白补充饲料）而引起的；同时还发现了一些怀疑由于食用了病牛肉及其奶产品而被感染的人，即克－雅氏病患者，因而引发了一场震动世界的轩然大波。欧盟国家以及美、亚、非洲等包括我国在内的30多个国家已先后禁止从英国进口牛及其产品，给英国养牛业造成莫大的经济损失。目前，本病除发生于英国外，瑞士、阿曼、德国、葡萄牙、法国、德国、美国、加拿大和日本等国奶牛也有类似本病发生的报道，故应引起高度重视。

【病原特性】 本病的病原体目前认为与绵羊痒病病毒密切相关，是一种朊病毒（Prion）。一般认为，BSE是因“痒病相似病原” 跨越了“种属屏障”引起牛感染所致。朊病毒是一种不含核酸，有部分蛋白酶抗性和感染性的蛋白粒子，大小约为50～200纳米，核心部分为4～6纳米的细小纤维状物。

1986年Wells首次从BSE病牛脑乳剂中分离出痒病相关纤维（SAF）；次年，Scott等将BSE病牛脑制成新鲜的脑组织匀浆通过电镜负染检出了与绵羊痒病病毒在形态结构上相一致的纤丝（图1-12-1）。经对该纤丝的分子研究发现其氨基酸组成亦与绵羊痒病病毒相似。1988年Fraser将BSE病牛脑组织匀浆接种于小白鼠，结果产生了与绵羊痒病相似的临床症状和中枢神经系统病变。通过以上的调查研究，证明BSE的病原为绵羊痒病的朊病毒，但与感染痒病绵羊无直接接触关系。BSE朊病毒在病牛体内的分布仅局限于病牛脑、颈部脊髓、脊髓末端和视网膜等处。

本病原的抵抗力极强，一般能使病毒灭活的方法对之均无效，如对紫外线不敏感，甲醛对之无灭活作用，在121℃的高温中可耐受30分钟以上，对强酸强碱也有很强的抵抗力，使用2%～5%次氯酸钠或90%的石炭酸经2小时以上才能使之灭活。研究证明，朊病毒对硫氰酸胍较敏感，用之消毒具有较好的效果。

【流行特点】 本病的发生与牛的品种、性别、泌乳期或妊娠期以及管理因素无关，英国的所有品种牛均易感，据调查，感染本病的牛，其品种多达18种。除了牛发生外，其他动物也可感染，还可传染给人。患痒病的绵羊、病牛和带毒牛是本病的传染源。奶牛主要是由于摄入混有痒病病羊或病牛下脚料，特别是用大脑加工成的骨肉粉而经消化道感染的。据近年来英国大量调查研究表明，自1978—1982年间大多数化制厂停止应用有机溶媒（烃化合物）提炼屠宰厂动物尸体和废弃物中的脂肪方法，而改用其他方法进行化制，随后将用肉和骨骼制成肉粉和骨粉作为动物性蛋白质饲料饲喂动物，致使潜入其中的绵羊痒病病毒未能完全灭活，牛摄食此种动物性蛋白质饲料后经过数年潜伏期而发病。

调查结果表明，迄今未发现牛群中的隐性遗传或垂直传播，也未发现由病牛直接传染给人和其他动物的病例。

【临床症状】 BSE的潜伏期很长，约为2～8年，平均为5年。虽然犊牛感染本病的危险性非常高，约为成年奶牛的30倍，但发病牛的年龄为3～11岁，多集中于4～6岁青壮年奶牛，2岁以下和10岁以上的牛很少发生。其多为地方性散发，病程一般为14～180天。

病牛临床所见的一般症状为：食欲正常，粪便坚硬，体温偏高，呼吸频率增加，泌乳量明显减少或停止，血液生化测试无明显异常。病牛虽无明显瘙痒，但却不断摩擦臀部、肩背部，致使该部皮肤被毛脱落或破损。

本病特征性的临诊症状是不尽相同的神经症状，主要表现为：最初，病牛行为反常，反应迟钝，目光呆滞，经常两后肢叉开低头呆立（图1-12-2）。继之，神经过敏，烦躁不安，对声音和触摸过分敏感，常由于恐惧、狂躁而表现出乱踢乱蹬等攻击性行为。运动时，病牛共济失调（图1-12-3），通常以后肢的表现明显，背腰僵硬，运动不灵活（图1-12-4），步态不稳以致摔倒。少数病牛可见头部和肩部肌肉颤抖和抽搐，继而卧地不起，伴发强直性痉挛。耳对称性活动困难，常一只伸向前，另一只向后或保持正常。最后，病牛常因极度消瘦、衰竭而死亡。

【病理特征】 本病剖检时除见病牛消瘦、贫血，偶见体表外伤外，通常不见明显病变。

病理组织学检查主要病变位于中枢神经系统，表现为脑干灰质发生两侧对称性变性。在脑干的神经纤维网（neuropil）中散在中等量卵圆形与圆形空泡或微小空腔，后者的边缘整齐，很少形成不规则的孔隙。脑干的神经核，主要是迷走神经背核、三叉神经脊束核与延髓孤束核、前庭核、红核及网状结构等的神经元核周体（perikarya）和轴突含有大的境界分明的胞浆内空泡。空泡为单个或多个（图1-12-5），有时显著扩大，致使胞体边缘只剩下狭窄的胞浆而呈气球样（图1-12-6）。神经纤维网和神经元的空泡内含物，在石蜡切片进行糖原染色及冰冻切片做脂肪染色，均不着色而呈透明状（图1-12-7）。此外，在一些空泡化和未空泡化的神经元胞浆内尚见类蜡质——脂褐素颗粒沉积，有时还见圆形及单个坏死的神经元，偶见噬神经现象和轻度胶质细胞增生，但脑干实质的血管周围有少数单核细胞浸润。

BSE病牛的脑干神经元和神经纤维网空泡化具有明显的证病意义，与健康牛所见者迥然不同。

【诊断要点】 根据特征的临诊症状和流行病学特点可以做出BSE的初步诊断。由于本病既无炎症反应，又不产生免疫应答，迄今尚难以进行血清学诊断。所以定性诊断目前以大脑组织病理学检查为主。据Well等报道，脑干的空泡变化，特别是三叉神经脊束核和延髓孤束核的空泡变化，对诊断BSE的准确率高达99.6％。

【治疗方法】 本病尚无有效的治疗方法，一旦发现，应立即扑杀，焚毁和深埋。

【防制措施】 为了控制本病，在英国规定扑杀和销毁患牛；禁止在饲料中添加反刍动物蛋白（肉骨粉等）；严禁病牛屠宰后供食用，禁止销售病牛肉。近年来已有不少国家（包括我国）禁止从英国进口牛、牛精液、胚胎和任何肉骨粉等，以防止该病传入。

我国尚未发现疯牛病，但仍有从境外传入的可能，为此，要加强口岸检疫和邮检工作，严禁携带和邮寄牛肉及其产品入境。还应建立疯牛病监测系统，对疯牛病采取强制性检疫和报告制度。一旦发现可疑病例，应立即屠宰，并取大脑各部位组织做神经病理学检查，如符合疯牛病的诊断标准，对其接触牛群亦应全部处理，尸体焚毁或深埋3米以下。

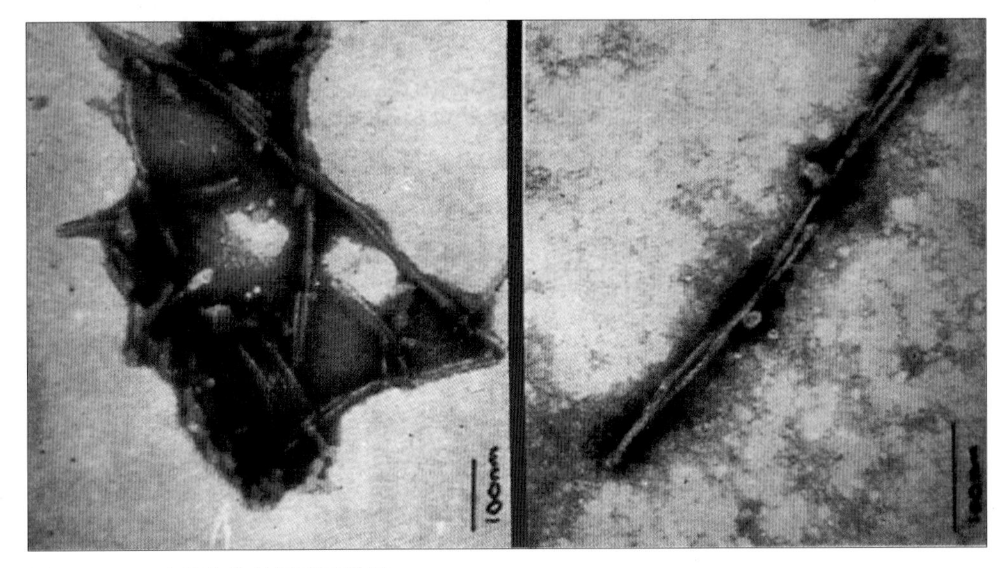

图 1-12-1　电镜负染的朊病毒粒子

图 1-12-2　病牛两后肢叉开，低头呆立

图 1-12-3　病牛体重减轻，不安，后躯运动失调

图 1-12-4　病牛背腰拱起，左旋回时后肢不灵活

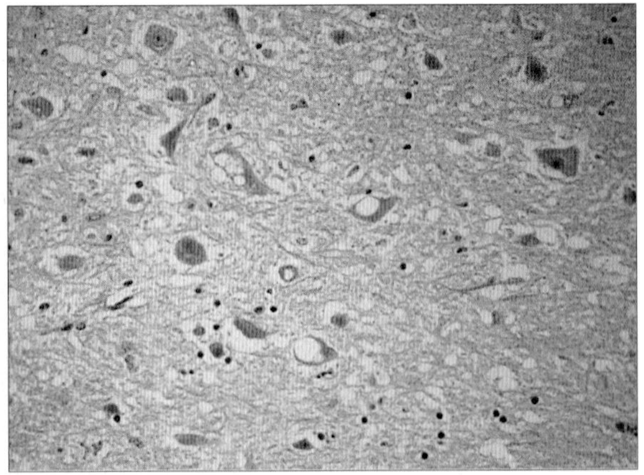

图 1-12-5　神经细胞内有多少不等的空泡

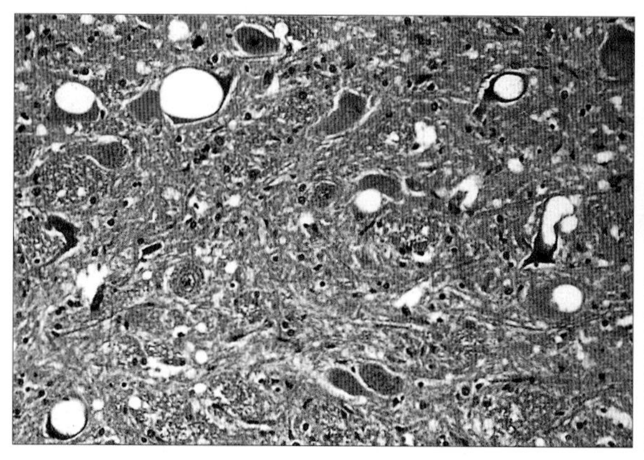

图 1-12-6　神经细胞内有气球样空泡

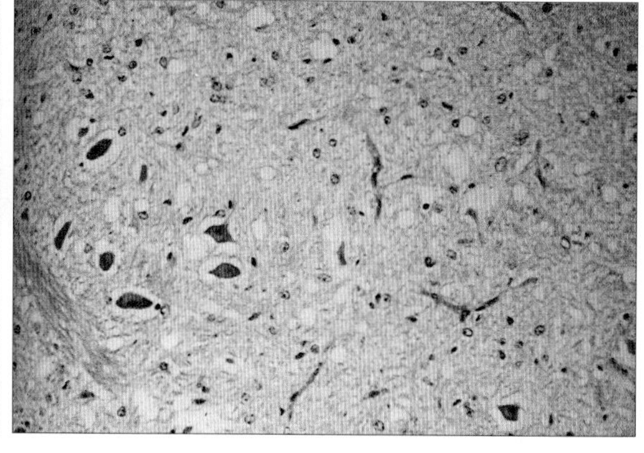

图 1-12-7　脊束核周的神经纤维网中有大量空泡

十三、水泡性口炎

（Vesicular stomatitis）

水泡性口炎曾被称为糜烂性口炎，是由病毒引起的一种急性高度接触性传染病，以在病牛、病马、病猪等动物的舌、齿龈、唇、乳头、冠状带、指（趾）间等处的上皮发生水泡性病变为特征。鹿和人呈隐性感染或短期发热。

本病于 19 世纪初发生于北美，之后又在南非的牛、马、骡中发生。1916 年第一次世界大战期间，本病随美国军马传至欧洲，继之在非洲、南美洲广泛流行，并蔓延到亚洲。

【病原特性】 本病的病原体是弹状病毒科、水泡病毒属的水泡性口炎病毒（Vesicular stomatitis virus）。病毒粒子呈子弹状或圆柱状（图 1-13-1），其大小为 176 纳米 × 96 纳米，含单股RNA，表面囊膜有均匀密布的短突起，其中含有病毒型的特异性抗原成分，粒子内部为密集盘卷的螺旋状结构。病毒含有 3 种蛋白质，囊膜糖蛋白决定中和抗体；核蛋白和基质蛋白能刺激固定补体的抗体，可用免疫琼脂凝胶扩散试验进行检测。应用中和试验和补体结合试验，将水泡性口炎分为 2 个血清型。其代表株分别为印第安纳（Indiana）株和新泽西（New Jersey）株，两株之间没有共同的抗原，不能进行交互免疫。印第安纳株又分 3 个亚型：印第安纳 1 为典型株；印第安纳 2 包括可卡株和阿根廷株；印第安纳 3 为巴西株。

病毒可在 7～13 日龄的鸡胚绒毛尿囊膜上及尿囊内生长，于 24～28 小时内使鸡胚死亡；人工接种马、牛、猪、绵羊、兔、豚鼠的舌面内可发生水泡，但接种于牛肌肉内则不发病；对乳鼠无论经何途径感染，均可发生致死性传染。

病毒对环境因素不稳定，对脂溶剂敏感。2%氢氧化钠或1%福尔马林能在数分钟内杀死病毒。病毒在 4～6℃温度下于含 50%甘油的磷酸盐缓冲液中（pH7.5）可活存 4～6 个月。

【流行特点】 本病能侵害多种动物，牛、马、猪和猴子较易感，绵羊、山羊、犬和家兔一般不易感染；人与病畜接触也易感染。实验证明，易感宿主可因病毒型不同而有所差异，牛、马、猪是新泽西型病毒的主要自然宿主，而印第安纳型病毒曾引起牛和马的水泡性口炎流行，但不引起猪发病。

病畜和患病的野生动物是本病的主要传染源；皮肤和黏膜的损伤以及昆虫叮咬是本病的主要传播途径。实验证明，在牛舌内接种病毒24小时后血液和唾液中含有病毒，并能持续66小时。只有当水泡出现（大约感染后5天）时直接接触传染才获得成功，在这一期，唾液有传染性。病毒随病畜的水泡液和唾液排出，通过与损伤的皮肤和黏膜接触而感染；或通过双翅目的昆虫为媒介由叮咬而感染（曾从白蛉及伊蚊体内分离到病毒）；也可通过污染的饲料和饮水经消化道感染；奶牛群则可通过挤奶进行传播。

本病的发生具有明显的季节性，多见于夏季及秋初，而秋末和冬季则趋平息。本病虽可暴发，但传播较慢，一般不形成广泛的流行。

【临床症状】 本病的潜伏期，自然感染者较长，约为3～5天；人工感染者较短，一般为1～3天。病初，病牛精神沉郁，体温升高达40～41℃，食欲减退，反刍减少，大量饮水，口黏膜及鼻镜干燥，耳根发热，在舌、唇和硬腭黏膜上开始出现特征性小水泡（图1-13-2）。病变开始时出现小的发红斑点或呈扁平的苍白丘疹，后者迅速变成粉红色的丘疹和糜烂（图1-13-3），有时丘疹周围的小水泡大量破溃，于是在唇面及齿龈黏膜（图1-13-4）和舌面上（图1-13-5）形成大面积糜烂和溃疡。在一般情况下，丘疹互相融合，经1～2天形成直径2～3厘米的水泡，水泡内充满清亮或微黄色的浆液。相邻水泡再相互融合，或者在原水泡的基础上进一步形成内含透明黄色液体的大水泡。继之，水泡破裂，水泡液流失（图1-13-6），疱皮脱落后，则遗留浅而边缘不齐的鲜红色糜烂和溃疡（图1-13-7），与此同时病牛流出大量清亮的黏稠唾液，有时呈丝状挂在病牛的口角（图1-13-8）。病牛采食困难，并因口腔疼痛而不时咂唇，有时病牛在乳头及蹄部（图1-13-9）也可能发生水泡和溃疡。如果继发细菌感染，水泡变成脓疱，脓疱破溃愈合时则形成疤痕。

本病的病程一般为1～2周，转归良好，极少死亡。

【病理特征】 水泡性口炎病毒可能通过2种方式侵入细胞：一是病毒以子弹形粒子的平端吸附于细胞表面，病毒囊膜与细胞膜融合，释出核蛋白（核衣壳）于细胞浆内；另一是细胞表面膜凹入，将整个病毒粒子包围吞入胞浆内形成吞饮泡。吞饮泡内的病毒粒子在细胞酶的作用下裂解释出核酸于胞浆内。病毒在表皮的棘细胞中复制，于细胞膜上出芽（也可能在胞浆内空泡膜上出芽），进入到扩张的细胞间隙，感染相毗连细胞。病毒可引起细胞膜损害，使其渗透性改变而导致表皮松解，形成水泡病变。剖检见，水泡常见于口腔黏膜、舌、颊、硬腭、唇、鼻，也见于乳房和蹄部。其眼观病变与临床所见基本相同。

病理组织学检查，病变始于棘细胞层上皮，细胞间桥伸长和细胞间隙扩张形成海绵样腔，棘细胞间水肿，使细胞变小并彼此分离，棘细胞中层细胞坏死，但常常残留基底层，坏死的细胞胞浆呈强嗜酸性，核浓缩；随着细胞的坏死而形成小水泡，其中见有炎性细胞浸润，坏死的细胞碎屑和贮积的细胞内液及组织液；继之，小水泡可融合而形成大水泡。在大水泡中有胞浆破碎的感染细胞、外渗的红细胞和以嗜中性白细胞为主的炎症细胞。病变可累及基底细胞层与真皮上部，呈现水肿和炎性变化。水泡破裂后，存留的基底细胞层再生出上皮并向中心生长，最后修复。

【诊断要点】 根据本病流行有明显的季节性及典型的水泡病变，以及大量流涎的特征性临床症状，一般可做出初步诊断。必要时应进行实验室检验。近来的实践证明，间接酶联免疫吸附法是诊断本病的一种快速、准确和高敏的检测方法。

【类症鉴别】 本病与牛口蹄疫的临床症状和病理变化很相似，诊断时须注意鉴别。

鉴别水泡性口炎病变与口蹄疫时，可用病畜水泡或感染组织乳剂接种鸡胚或组织培养细胞来分离病毒。分离的病毒可用中和试验、补体结合试验和琼脂凝胶扩散试验进行鉴定。另外，口蹄疫病一般不感染马等单蹄动物，而本病则可使之发病。

【治疗方法】 本病无特异性的治疗药物，一般呈良性经过，损害一般不甚严重，只要加强护理，就能很快痊愈。当继发感染或病牛的体质较差时，则需对症治疗，如对水泡性损伤处可用碘酊消毒，涂布龙胆紫或碘甘油等；预防感染可肌肉注射青霉素和链霉素等；当病牛口腔病变严重而影响采食时，可及时静注5%糖盐水、10%葡萄糖或5%碳酸氢钠，防止病牛脱水和酸中毒。

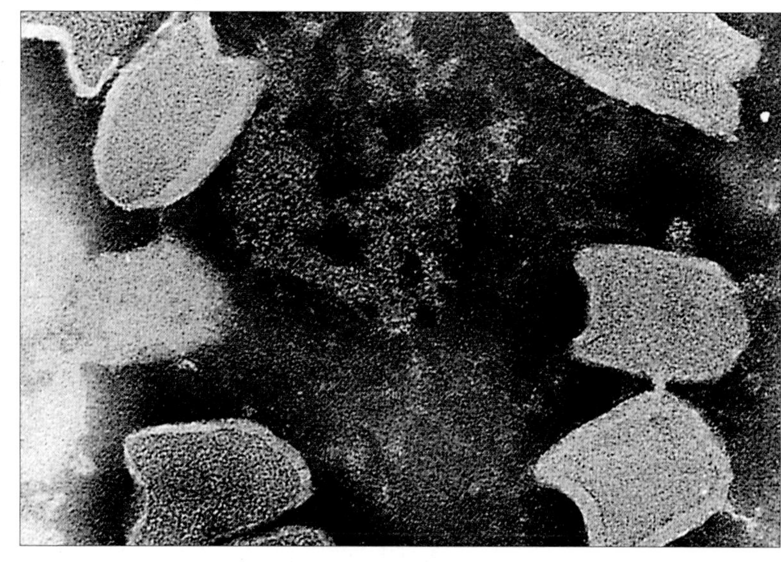

图 1-13-1　水泡性口炎的病毒粒子

【防制措施】 为预防本病的发生，可用当地病畜的组织脏器和血毒制备的结晶紫甘油疫苗或鸡胚结晶紫甘油疫苗进行免疫接种。当发生本病时，应及时隔离病牛及可疑病牛，疫区严格封锁，一切用具和环境必须消毒。加强饲养管理，积极对症治疗。

图 1-13-2　硬腭与齿龈黏膜上有许多小水泡

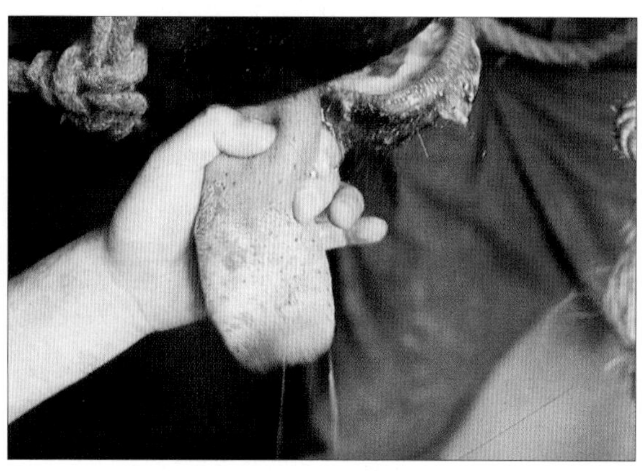

图 1-13-3　病牛舌面有大小不等的丘疹和水泡

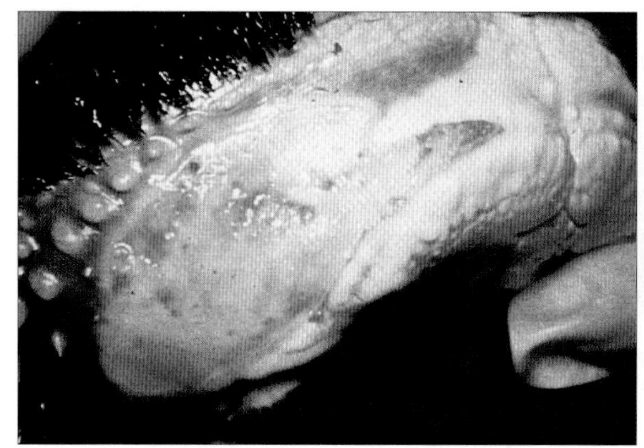

图 1-13-4　唇黏膜面的小水泡破溃形成糜烂与溃疡

图 1-13-5　病牛舌面形成的糜烂及溃疡

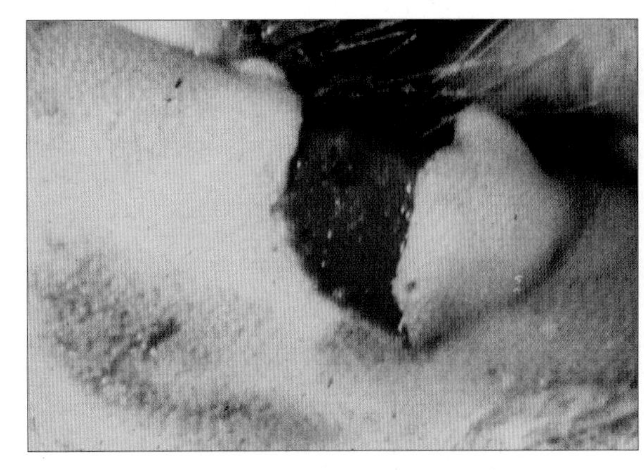
图1-13-6　舌面的大水泡破溃，水泡液流失

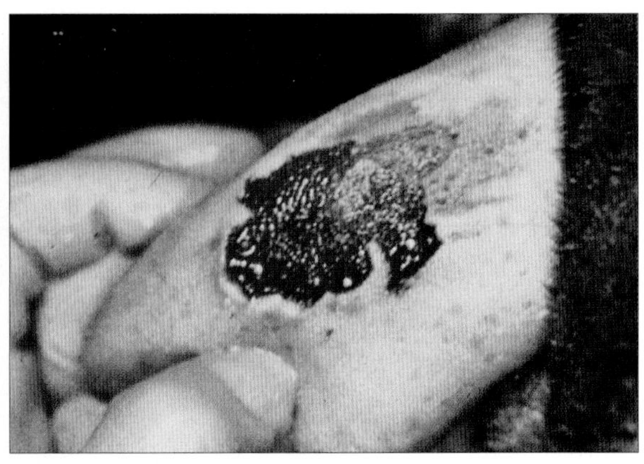
图1-13-7　舌面的大水泡破溃后形成的溃疡

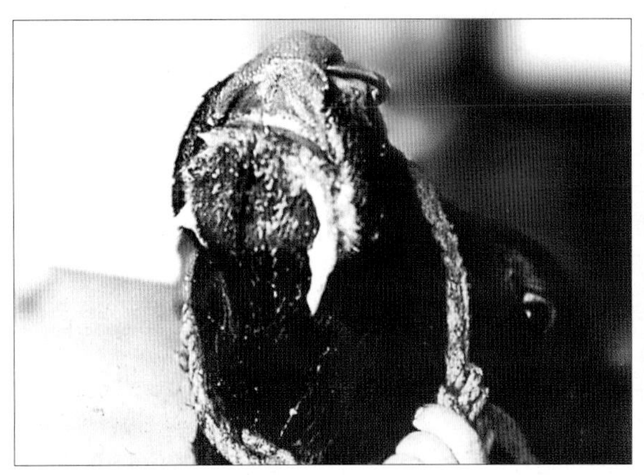
图1-13-8　病牛口腔内有大量黏稠的唾液流出

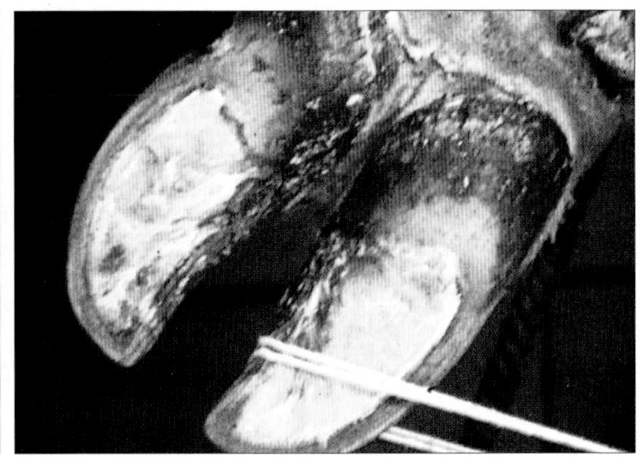
图1-13-9　蹄冠部和趾间的水泡破裂而形成溃疡

十四、狂 犬 病

(Rabies)

狂犬病又称疯狗病或恐水症，是由病毒引起的一种人畜共患传染病，几乎所有的温血动物都能感染发病。本病主要侵害中枢神经系统，病牛的临床特点是兴奋，嚎叫，意识障碍，最后麻痹死亡。病理组织学上，以非化脓性脑炎和神经细胞胞浆内出现包涵体（Negri氏小体）为其特征。狂犬病流行很普遍，近年来的流行趋势有所上升，牛患病以中原地区多见，病死率几乎为100%。

【病原特性】 本病的病原体为弹状病毒科、狂犬病毒属的狂犬病病毒（Rabies virus）。在负染电子显微镜下观察，病毒粒子的直径约为75～80纳米，长140～180纳米，呈一端钝圆，一端扁平的子弹形，有时呈筒状。它是由3层脂蛋白囊膜和核蛋白衣壳所构成。在囊膜上密布有病毒特异性的囊膜突起，即纤突，纤突长6～8纳米。膜下为螺旋体的核衣壳，长丝状核衣壳以右旋方式反复折绕并堆积成一个外观呈子弹状的病毒核心。

在自然情况下分离到的狂犬病流行毒株称为“街毒”（Street virus）。“街毒”经过一系列的家兔脑或脊髓传代，对家兔的潜伏期变短，但对原宿主的毒力下降。这种具有固定特征的狂犬病病毒称为“固定毒”(Fixed virus)。街毒与固定毒的主要区别是，“街毒”接种后引起动物发病所需的潜伏期长，自脑外部位接种容易侵入脑组织和唾液内，在感染的神经组织中易发现包涵体。“固定毒”对兔的潜伏期较短，主要引起麻痹，不侵犯唾液腺，对人和狗的毒力几乎完全消失。

本病毒不耐热，56℃ 15～30分钟即可被杀死；但耐冷，在冷冻或冻干状态下可长期保存。病毒还能抵抗自溶和腐败，在自溶的脑组织中可保持活力达7～10天。病毒对酸性和碱性消毒药均敏感，各种常用的消毒药对其均有作用，1%～2%肥皂水，43%～70%酒精，0.01%碘酊、乙醇和丙酮等均能使之灭活。

【流行特点】 本病的主要传染来源是病犬，其次是猫；但狼、狐和蝙蝠（图1-14-1）等野生动物则是狂犬病毒的自然储存宿主，在一定条件下也可成为危险的传染源。本病最重要的传播途径是咬伤或伤口被含有病毒的唾液直接污染，咬伤部位越靠近头部，发病率越高，症状越重；奶牛有时可被蝙蝠咬伤而发生感染（图1-14-2）。但也可经非咬伤途径传播，如消化道、呼吸道和胎盘等。各种年龄的牛均可感染发病，但以犊牛和奶牛的发病率为高。

本病一般为散发，一年四季均可发生。

【临床症状】 本病的潜伏期变动范围很大，平均约为15～70天，长者可达1年。一般而言，咬伤头面部或伤口大者，潜伏期则短；咬伤肢体或伤口较小者，潜伏期较长。

病初，病牛精神沉郁，食欲减少，呆立不动，瘤胃臌胀，便秘或腹泻，产奶量降低。继之，病牛结膜潮红，起卧不安，有阵发性兴奋和冲击动作，或兴奋乃至狂暴不安（图1-14-3），神态凶恶，具有明显的攻击表现（图1-14-4），或意识紊乱，特别是不断嚎叫（图1-14-5），声音嘶哑，故有些地区将之称为“怪叫病”。病牛磨牙，大量流涎（图1-14-6），反刍停止，瘤胃臌胀，泌乳停止。有的兴奋、沉郁交替出现。有的病牛舐食墙壁，或大口吃土。最后病牛由兴奋转为麻痹，出现吞咽麻痹、伸颈、流涎、里急后重或肛门松弛，流出水样稀便（图1-14-7）等症状，终因衰竭而死。

本病的病程一般为3～4天。

【病理特征】 眼观通常无特征性病变。一般表现尸体消瘦，血液浓稠，凝固不良。口腔黏膜和舌黏膜常见糜烂和溃疡。胃内常有毛发、石块、泥土和玻璃碎片等异物，胃黏膜充血、出血或溃疡。脑水肿，脑膜和脑实质的小血管充血，并常见点状出血。

病理组织学检查呈弥漫性非化脓性脑脊髓炎，表现脑血管扩张充血、出血和轻度水肿，血管周围淋巴间隙有淋巴细胞、单核细胞浸润构成明显的血管“袖套”现象（图1-14-8）。脑神经元细胞变性、坏死和并见嗜神经现象。在变性、坏死的神经元周围主要见有小胶质细胞积聚，并取代神经元，称之为狂犬病结节。对狂犬病具有诊断意义的特殊病变是在大脑海马回的锥体细胞、大脑皮层的锥体细胞、小脑的普倾野氏细胞、基底核、脑神经核、脊神经节以及交感神经节等部位的神经细胞胞浆内出现圆形或椭圆形、嗜酸性均质着染的包涵体（图1-14-9），即内基氏小体(Negri bodies)。一般在含有包涵体而发生变性的神经元周围能发现胶质细胞增生性反应（图1-14-10）。

【诊断要点】 一般根据特殊的临床症状和具有咬伤的病史即可建立初步诊断，但在实际工作中要建立诊断是比较困难的。这与本病的潜伏期长、病牛被咬伤的情况常不被发现有关。

实验室检查常用的方法有以下几种：

1.压印片检查　取新鲜未进行固定的脑等神经组织，制成压印标本用Seller氏染色，内基氏小体呈鲜红色，其中见有嗜碱性小颗粒。

2.病理切片　脑组织常用Mann氏或Lentz氏法染色，内基氏小体染呈红色，内有蓝染的小颗粒，根据这种特异性小体即可确诊。一般而言，内基氏小体最易在海马回、大脑皮层锥体细胞和小脑普倾野氏细胞胞浆内检出，但牛小脑的普倾野氏细胞内检出率较高。

3.动物接种试验　取脑组织病料制成乳剂，给3～5周龄鼠脑内接种，如在接种1～2周内出现四肢麻痹、全身震颤和脑炎症状，死后脑内检出内基氏小体，可做出诊断。

4.荧光抗体试验（AF）　本试验具有灵敏、特异、快速、可靠的优点，是世界卫生组织推广应用的技术。其方法是：取可疑脑组织或唾液腺制成触片或冰冻切片，20℃下在丙酮中固定15分钟，再用荧光抗体染色，然后在荧光显微镜下观察，如胞浆内出现黄绿色荧光颗粒即为阳性。

此外，还可应用活体诊断方法、酶联免疫吸附试验和斑点杂交试验等来确诊。

【治疗方法】 当牛被患狂犬病的病犬或可疑病犬咬伤后，尽快清洗创伤，防止含有病毒的唾液吸收是治疗的关键。其方法是：扩创（当创口小时），用大量肥皂水或0.1%新洁尔灭水或清水反复冲洗创腔，尽量洗出病犬的唾液；之后，创伤部应用75%酒精或2%～3%碘酒消毒。如有条件还可用抗狂犬病的免疫血清围绕创伤做环形注射，借以中和存在于创伤内的病毒。处理被病犬咬伤的创伤，越早越好，可以降低本病的发生率。处理完创伤后，并尽早注射疫苗，一般接种2次，间隔3～5天，每次皮下注射25～50毫升。

当病牛出现了临床症状时，治疗则是徒劳的，应立即将之无痛扑杀和深埋。

【预防措施】 患狂犬病的犬是本病主要的传染源。因此，要预防狂犬病，首先应做好预防犬的狂犬病工作，消灭无主犬，及时扑杀疯犬，严禁犬猫进入牛场，每年定期地给犬接种狂犬病疫苗。

现阶段使用的疫苗主要有弱毒苗和灭活苗2种。弱毒苗主要有Flury株疫苗、Keler株疫苗和Era株疫苗。其中以Flury株疫苗使用最广，因为它的神经毒性较弱，副作用较小。灭活苗有脑组织灭活苗和组织培养灭活苗2种，其中脑组织灭活苗因易引起变态反应而渐被淘汰；而用地鼠胚细胞制备的组织培养苗是一种较理想的疫苗。

图1-14-1　易携带狂犬病病毒的吸血蝙蝠

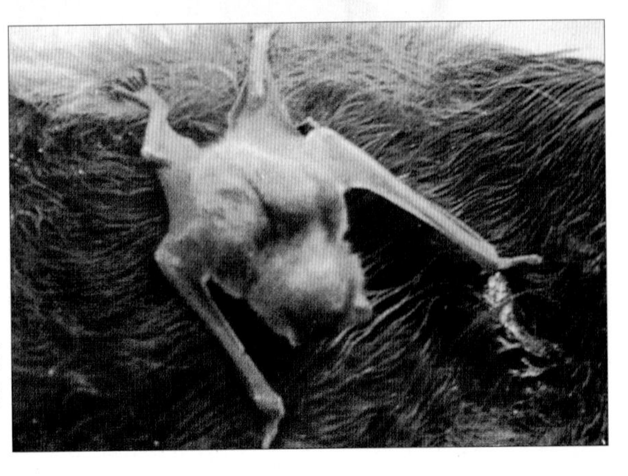

图1-14-2　蝙蝠（从其唾液中分离出病毒）通过吸血使奶牛感染

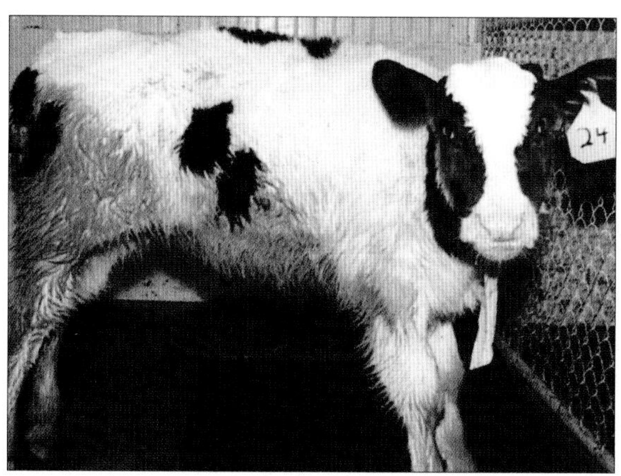

图 1-14-3　病牛流涎、兴奋，敏感性增强

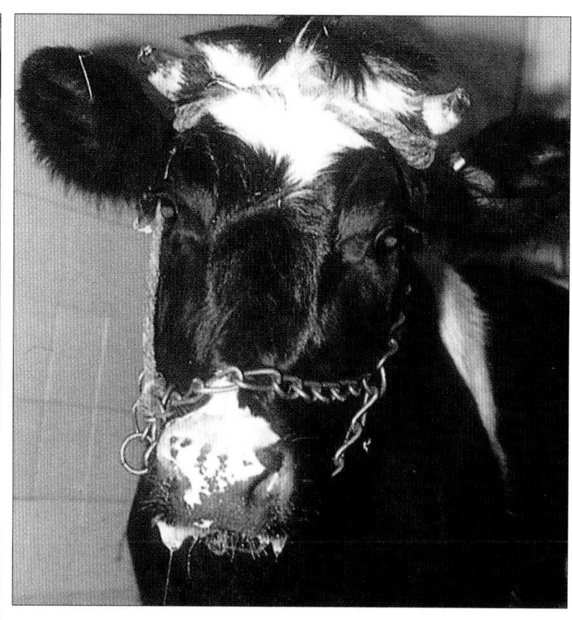

图 1-14-4　病牛的神态凶恶，有攻击行为

图 1-14-5　病牛狂躁不安，嚎叫

图 1-14-6　病牛磨牙，口腔内有大量黏涎

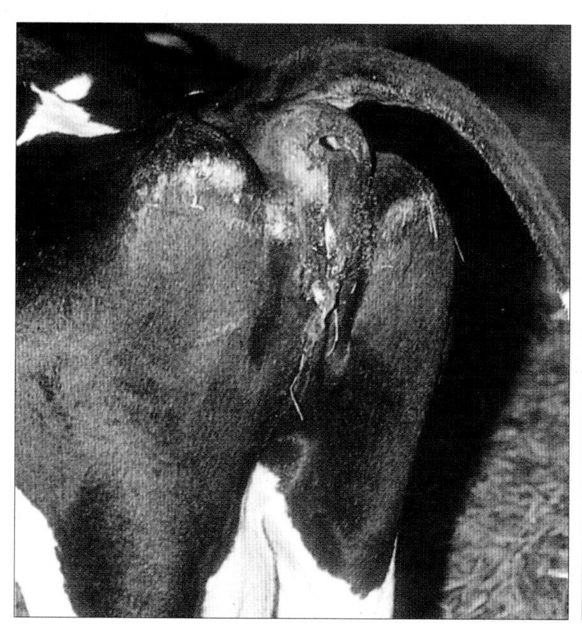

图 1-14-7　肛门松弛，流出水样稀便

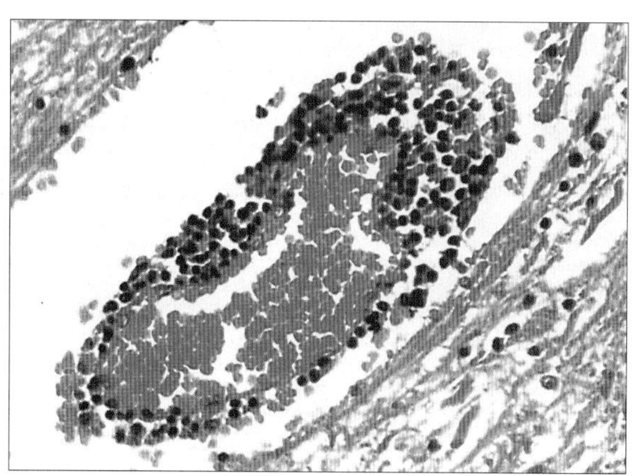

图 1-14-8　延脑的小血管充血，周围有数层淋巴细胞

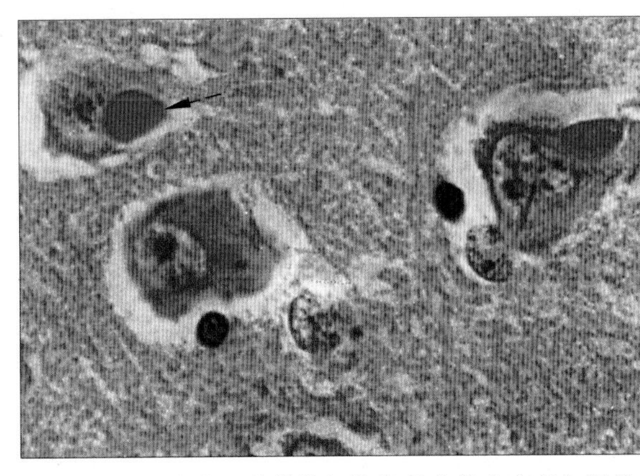
图1-14-9　在海马的锥体细胞胞浆内检出病毒包涵体

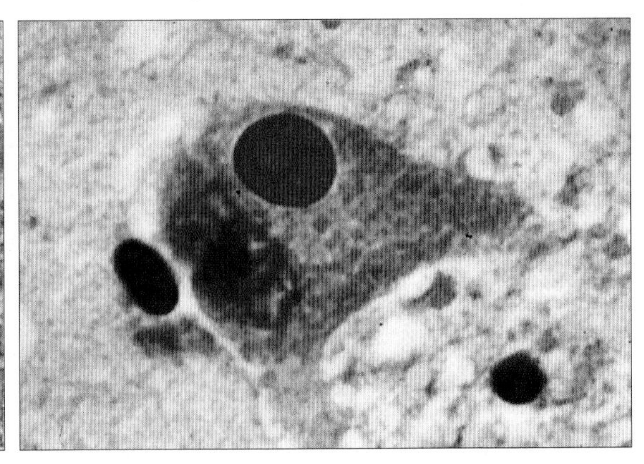
图1-14-10　含包涵体而变性的神经元，周围有胶质细胞增生

十五、皮肤疙瘩病

(Lumpy-skin disease)

皮肤疙瘩病是由病毒引起的一种以在皮肤上形成局限性坚硬结节为特征的传染病。本病于1929年最先发现于赞比亚和马达加斯加，随后迅速传播至非洲南部和东部及世界其他地区。我国于1987年在河南省首次发现有本病，并于1989年正式报道从病牛体内分离出皮肤疙瘩病病毒。

【病原特性】 本病的病原体为痘病毒科、山羊痘病毒属的皮肤疙瘩病病毒(Lumpy skindisease virus)。其形态特征与痘病毒相似，长350纳米，宽300纳米，于负染标本中，表面构造不规则，由复杂交织的网带状结构组成。迄今为止，本病毒株只有1个血清型。

病毒可在鸡胚绒毛尿囊膜上增殖，并引起痘斑，但鸡胚还能存活。病毒还可在犊牛、羔羊肾、睾丸、肾上腺和甲状腺等细胞培养物中生长。另外，牛肾和仓鼠肾等传代细胞也适于病毒增殖。病毒引起的细胞病变产生较慢，通常在接种10天后才能看到细胞变性。其病变特点是感染细胞内出现胞浆内包涵体，用荧光抗体检查，可在包涵体内发现病毒抗原。病毒大多呈细胞结合性，应用超声波破坏细胞，可使病毒释放到细胞外。

皮肤疙瘩病病毒的理化性质与山羊痘病毒相似，可于pH6.6～6.8环境中长期存活，在4℃甘油盐水和组织培养液中可存活4～6个月。干燥病变中的病毒存活1个月以上。本病毒耐冻融，置－20℃以下保存，可保持活力数年，但病毒很容易被氯化剂或对SH—基有作用的物质所破坏，对氯仿和乙醚也很敏感。

【流行特点】 各种年龄的奶牛、黄牛和水牛都对本病易感。据报道，病牛的唾液、血液和结节内都含有病毒，病牛恢复后可带毒3周以上，所以一般认为本病的传播是由于健康牛与病牛直接或间接接触所致。吸血昆虫可能传播病毒，因为在各种蚊虫体内能查出本病的病毒。因此，本病的传播途径和方式，一般认为主要是昆虫叮咬的机械性传播。

在自然感染条件下，病毒多经皮肤进入体内，由病毒血症播散至全身各器官和组织，而皮肤则是其主要侵害的靶器官，在感染后9～12天，皮肤的病毒浓度最高。本病毒感染的细胞范围很广，包括角质形成细胞、黏液和浆液腺上皮细胞、纤维细胞、骨骼肌纤维、巨噬细胞、外膜细胞和内皮细胞。病毒对血管内皮细胞的损伤可引起血管炎，从而有利于皮肤疙瘩病病变的发生和形成。

本病的发病率很不一致，一般为5%～45%；死亡率通常低于1%，犊牛可高达10%，但也有超过50%的报道。

【临床症状】 本病的潜伏期一般为7～14天。最初，病牛多发热，食欲不振、精神委顿，产乳量下降，呼吸异常或呼吸困难，口流清涎，从鼻腔内流出浆液性、黏液性或黏液脓性鼻液。继之，病牛体表淋巴结肿大，胸下部、乳房和四肢常有水肿，妊娠母牛经常发生流产。

本病的特征性病变是在皮肤上形成隆突的结节。病牛通常在发热4～12天后，可在皮肤上发现许多结节。最初，结节硬而隆突于体表，界限清楚，触摸有痛感，大小不等，直径一般为2～3厘米（图1–15–1）；结节的数量多少不一，少者仅有1～2个，很容易被人忽视，多者可达100余个。结节最先出现的部位是头部（图1–15–2）、颈部和胸部，继之波及背部及全身（图1–15–3）。严重病例，不仅在皮肤，而且在齿龈部和颊部黏膜常有肉芽肿性病变。结节可能完全坏死、破溃，但坚硬的皮肤病变可能存在几个月甚至几年之久。

皮肤结节状疹的转归通常是坏死和腐离，其过程不完全一样。坏死过程轻微的可迅速完全地消散；有些坏死过程发生于疹块的中心区，深及真皮，坏死物的形状为平顶的锥体形，坏死物腐离后，局部多留下一个较大的溃疡灶（图1–15–4），它将被肉芽组织逐渐填充而修复。如果坏死并发细菌感染，则将使局部病变、甚至整个疾病加剧，局部可出现大的喷火口状溃疡，并引起淋巴管炎和淋巴结炎；病灶的扩大和蔓延可招致失明、腱鞘炎、关节炎或乳腺炎。

【病理特征】 剖检见，皮肤上的结节界限清楚，多呈平顶状，触之有硬实之感。结节常单个散在，但也可互相融合。切开较硬的结节，其切面呈淡黄灰色，病变可波及整个皮肤的厚度，也可蔓延至皮下，皮下组织有灰红色浆液浸润，偶尔到达相邻的肌肉组织。切开较软的结节，常可发现大小不等的囊腔，有的囊腔内含有干酪样灰白色的坏死组织，有的有脓、血。发生在阴囊、会阴、乳房、外阴、龟头、眼睑和结膜的小结节通常更显扁平，其周围常环绕一个充血带。上呼吸道的病变也很明显，常在鼻甲骨黏膜（图1–15–5）和气管黏膜（图1–15–6）检出不规则的结节。上呼吸道的病变常可能导致严重的呼吸困难，窒息，或吸入炎性产物则可引起肺炎。如果病牛恢复，气管损伤所致的疤痕可使气管狭窄。肺脏常见的病损是支气管肺炎变化，间质水肿，明显增宽，在肺间质及实质中均可发现大小不等的灰白色硬性结节（图1–15–7）。结节性病变偶尔可见于肾、睾丸和肺。

病理组织学检查，结节部的表皮细胞增生和水泡变性，有些细胞的胞浆内出现嗜酸性、均质（偶呈颗粒状）的包涵体。胞浆内嗜酸性包涵体还可发生于内皮细胞、外膜细胞、巨噬细胞和成纤维细胞。在这些有包涵体的细胞内存有不同发育时期的病毒粒子。病变消散后包涵体也消失，但可能出现于邻近的表皮细胞和皮脂腺细胞。

【诊断要点】 根据流行病学资料、特殊的临床症状和病理变化，一般可做出初步诊断。但确诊则需进一步做病原学检查、动物试验和血清学试验等实验室检查。

病原学检查时，可采取新鲜结节制成切片，染色，检测胞浆内嗜酸性包涵体，并用免疫荧光抗体技术检查包涵体内的病毒抗原。动物试验时，可取病牛新鲜结节，研制成乳剂，皮内或皮下接种于易感牛，通常在4～7天内在接种的部位可见有坚硬、疼痛性肿胀、局部淋巴结肿大，此时可在肿胀部及其下层肌肉以及唾液、血液和脾脏中分离病毒，人工感染牛较少发生全身化病变。血清学试验，可用双份血清（至少间隔15天）做中和试验，如第2份血清中抗体效价增加4倍或

4倍以上，即可做出诊断。

【治疗方法】 治疗本病目前尚无特效药物，一般常采用对症治疗等综合性措施。临床处置时，对没有破溃的结节，可用1%明矾溶液、0.1%高锰酸钾溶液反复洗涤，擦干后涂抹紫药水或碘酊等收敛消毒药，防止病变扩展和病原扩散；对已破溃的结节常采用手术的方法彻底切除结节及创面的坏死组织，并用0.1%高锰酸钾溶液或1%新洁尔灭清洗手术创面，之后，创面涂布碘甘油，或氧化锌、磺胺类或抗生素软膏等，促进创伤愈合和防止细菌感染。

当病牛的抵抗力较低时，于局部处置的同时可肌肉或静脉注射抗生素等药物。虽然这些药物对病毒没有直接的杀灭作用，但它能提高机体的抵抗力，防止继发性感染，从而促进了疾病的痊愈。

【预防措施】 平时应加强饲养卫生管理，在有本病发生过的地区，可对奶牛接种疫苗。业已证明，疫苗接种的牛可产生高浓度中和抗体，病后恢复牛也具有较高滴度的中和抗体，并可持续数年，对再感染的免疫力超过半年。据报道，东非地区曾应用绵羊痘病毒给牛接种来预防此病，具有较好的效果。近年来应用鸡胚弱毒疫苗对牛进行接种，也获得良好预防效果。

当发生本病时，应及时隔离和积极治疗病牛；对发病牛舍、运动场、及其用具可用碱性溶液、漂白粉等彻底消毒，粪便堆积经生物热发酵处理后才能利用。

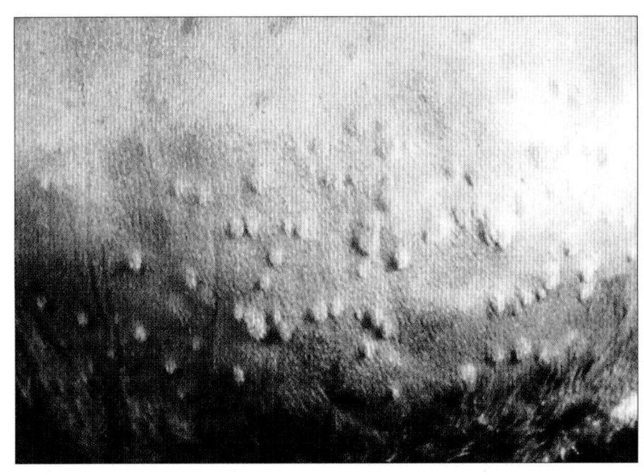

图1-15-1　病牛的胸腹部有大小不一明显隆突的结节

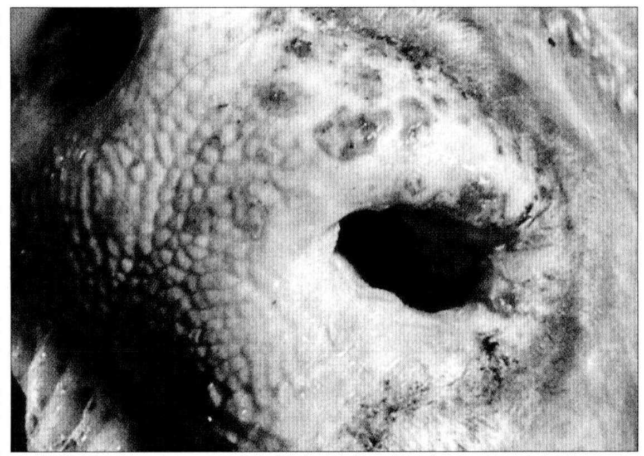

图1-15-2　鼻孔周围和鼻镜上有大小不等的结节

图1-15-3　病牛体表有散在隆起伴发疼痛的结节

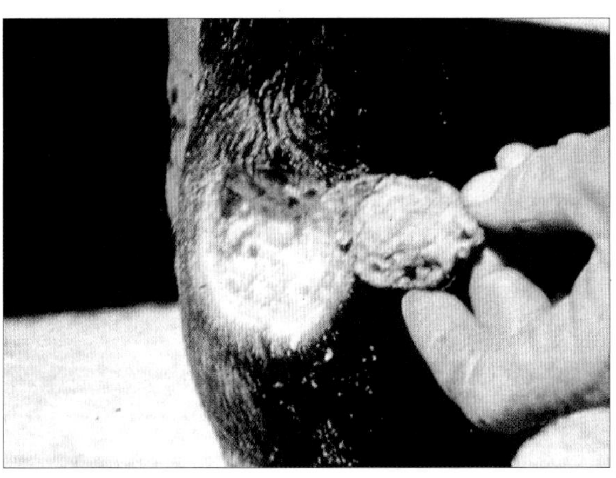
图 1-15-4　结节破溃脱落后形成溃疡

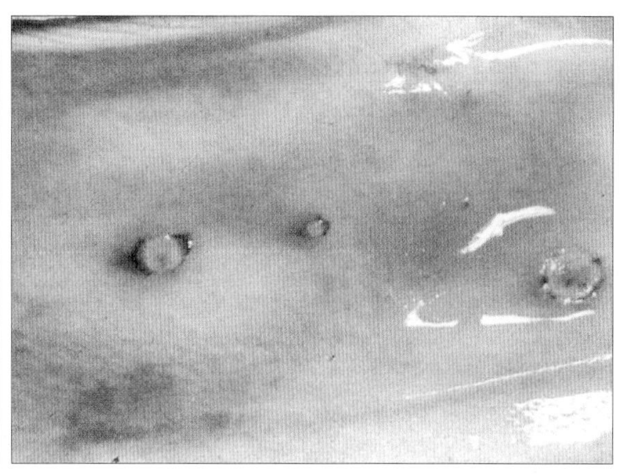
图 1-15-5　鼻甲骨见有大小不一的结节

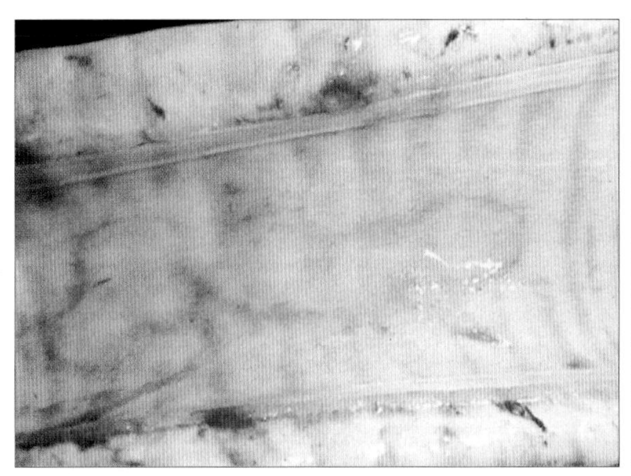
图 1-15-6　气管黏膜见有不定形的结节性病变

图 1-15-7　肺间质水肿，肺实质内见有灰白色硬性结节

第二章

奶牛常见的细菌病

一、炭　　疽

（Anthrax）

炭疽是人畜共患的一种急性、热性、败血性传染病；病理学上以天然孔出血、尸僵不全、血凝不良、脾脏极度肿大、皮下和浆膜下组织呈出血性浆液浸润等为特征。本病对奶牛和黄牛的危害很大，应引起足够的重视。人在接触病畜、剖检或处理病尸以及进行皮、毛等畜产品加工过程中，若防护不周也可感染发病，常于皮肤、肺脏及淋巴结等组织器官形成炭疽痈，也可导致败血症而死亡。

【病原特性】 本病的病原菌是炭疽杆菌（Anthrax bacillus），为一种长而粗的需氧芽孢杆菌，无鞭毛不能运动，革兰氏染色阳性。本菌在病牛体内呈单个散在或由2～3个菌体形成短链，菌体的游离端为钝圆形，两菌连接端稍陷凹，菌体中段也因稍收缩而变细，故使整个菌体呈竹节状的特征形态。菌体的周围，具有黏液样肥厚的荚膜（图2-1-1）。荚膜的主要成分为一种大分子的多肽-D谷氨酰多肽。D谷氨酰多肽对组织腐败具较大抵抗力，故用腐败病料做涂片检查，常常见到无菌体的荚膜阴影，此称“菌影”。现已证实构成荚膜的多肽，是形成炭疽杆菌毒力的主要成分之一，与致病力有密切关系。炭疽杆菌在病牛的尸体内不形成芽孢，但一旦排至体外接触空气中的游离氧，并在气温适宜的情况下就会形成芽孢。芽孢呈卵圆形或圆形，位于菌体的中央或稍偏向一端（图2-1-2）。芽孢在适宜的条件下，又可重新发芽，再发育为繁殖体。

生长型炭疽杆菌抵抗力差，在腐败环境中易死亡。在夏季未解剖的尸体中经48～96小时可因腐败而完全死亡。在阳光照射下能存活6～15小时；加热至60℃经30～60分钟、75℃ 15分钟、煮沸2～5分钟可杀死。在低温条件下能存活较长时间，如-20～-10℃可存活100小时；在-10～-5℃可存活10年。0.1%升汞、20%的漂白粉和5%～10%氢氧化钠热溶液是较为可靠的消毒剂。但炭疽芽孢的抵抗力很强，在直射阳光下可存活100小时；在干燥的环境中可存活12年以上；在污染的土壤、皮革、毛发及病尸掩埋的土壤中能长期存活数年到数十年；在高压蒸汽下（121℃）需10分钟才能被杀死。因此，芽孢是长期播散本病的罪魁。对死于本病的牛，严禁剖检，防止造成本地区的长期污染。

【流行特点】 各种年龄的奶牛和黄牛对本病都有很高的易感性，马、驴、骡、山羊和鹿对本病也易感，而猪和野生动物有一定的抵抗力，可成为本病的传播者。病牛和其他有病动物或被污染的含有炭疽芽孢的土壤等是本病的主要传染来源。本病的传染途径有3种，主要通过消化道传播，常因病牛采食了被炭疽杆菌或芽孢污染的草料、饮水，或在被污染的牧场放牧而感染。其次是通过皮肤传染，常因带有炭疽杆菌的吸血昆虫叮咬或经创伤而感染。再次是通过呼吸道传播，因吸入混有炭疽芽孢的灰尘而感染。

本病的发生有一定的季节性，夏季较多发病。这可能与夏季放牧时间长、气温高、雨量多、吸血昆虫大量活动等因素有关。大雨、山洪暴发、河水泛滥之时可将被污染土壤中的病原菌冲刷出来，污染牧场、饲料、水源等而引起感染。另外，有的地方暴发本病则是因从疫区运入病畜产品，如骨粉、皮革等而引起。

【临床症状】 本病的潜伏期一般为1～5天，最长可达10天。根据临诊症状和病程，一般可将之分为最急性、急性和亚急性3种，牛患本病时多为急性型。

1.最急性型　通常见于暴发。病初，奶牛突然发病，体温升高至40.5～41.5℃，可视黏膜发紫，肌肉震颤，行动摇摆或站立不动；也有的突然倒下，呼吸极度困难，口吐白沫，不断鸣叫，不久呈虚脱状，惊厥而死。本型的病程很短，一般仅为数小时。

2.急性型　是最常见的一种类型。病初，奶牛体温升高至41～42℃，精神沉郁，脉搏加快，每分钟可达80～120次以上，呼吸增数，食欲减退或废绝，常发生臌气。奶牛泌乳量下降，怀孕奶牛可发生流产。严重者兴奋不安，惊慌阵叫，肌肉震颤，步态蹒跚。继则高度沉郁，皮温不均，呼吸困难，可视黏膜发绀，并有出血斑点，口和鼻腔往往有红色泡沫流出。颈、胸、腹部和外生殖器可能发生水肿，有的病牛有腹痛和血样腹泻。后期体温下降，呼吸高度困难，病牛常因膈肌强直性痉挛而死。本型的病程稍长，多为1～2天。

3.亚急性型　症状类似急性，但病程较长、病情缓和，不如急性严重。此外，炭疽杆菌侵入损伤皮肤，如病牛的喉、颈、胸前、腹下、乳房及外阴部等皮肤，可引起皮肤水肿或形成炭疽痈；有时在直肠、口腔黏膜等部位也可发现炭疽痈。本型病程一般为3～5天。

【病理特征】 死于炭疽的病牛常会出现特征性的病变，但为了防止污染和病原扩散，一般严禁剖检。必须剖检时，一定要严格地执行各项消毒和保护措施。

牛炭疽多呈败血而死亡，剖检见尸僵不全或完全缺乏，尸体极易腐败而呈现腹围膨大；从鼻腔和肛门等天然孔内流出红色不凝固的血液（图2-1-3）；可视黏膜呈蓝紫色，并有小出血点。剥皮和切断肢体后，见皮下与肌间结缔组织，特别是在颈部、胸前部、肩胛部、腹下及外生殖器部皮下密布出血点或呈出血性胶样浸润；全身肌肉呈淡黄红色变性状态，从血管断端流出暗红色或紫黑色煤焦油样凝固不良的血液；胸、腹腔的浆膜下和肾脂肪囊也均密布有出血斑点（图2-1-4），胸、腹腔内还积留有一定量红黄色浑浊的液体。

脾脏显著肿大，常达正常的3～5倍，甚至更大，呈紫褐色（图2-1-5），质地柔软，触摸有波动感，有时可自行破裂。断面隆突呈黑红色，切缘外翻，脾髓软化呈污泥状，甚至变为半液状自动向外流淌，脾白髓和脾小梁的结构模糊不清（图2-1-6）。组织学检查见脾静脉窦充盈大量血液，脾正常结构被压挤而破坏，残留的脾白髓呈岛屿状散在，脾窦内有大量炭疽杆菌（图2-1-7）。

全身淋巴结，特别是在炭疽痈附近的淋巴结呈浆液性出血性或出血性坏死性淋巴结炎。眼观淋巴结肿大，呈紫红色或暗红色，切面隆突、湿润呈黑红色。镜检见淋巴组织内的毛细血管极度扩张，呈充血、出血、水肿和有大量白细胞积聚，有时见扩张的淋巴窦内充满红细胞、纤维蛋白、嗜中性白细胞和存有大量炭疽杆菌，淋巴组织结构破坏并伴发坏死。

胃肠道，特别是小肠常呈现弥漫性出血性肠炎或局灶性出血性坏死性肠炎，即形成所谓肠炭疽痈。肠呈弥漫性出血和坏死时，见肠黏膜肿胀，呈红褐色（图2-1-8）。肠壁淋巴小结肿大，隆突于黏膜表面并常伴发出血，有时肿大的淋巴小结坏死并形成灶状溃疡。镜检见肠黏膜充血、出血，肠绒毛坏死和脱落，在黏膜固有层和黏膜下层内存有大量红细胞、白细胞或有纤维蛋白渗出，有时在坏死的黏膜部位见有炭疽杆菌。

此外，肝、肾、心、脑等实质器官常发生变性、肿大，表面和切面常见数量较多的出血点。

【诊断要点】 牛炭疽的经过通常很急，多数病例生前看不到有特征性症状就发生死亡。因此，诊断本病必须结合流行病学分析、微生物学和血清学诊断等。

在死亡前后不久的血液中一般能查到炭疽杆菌。因死于炭疽的病畜规定不得解剖，但可采取末梢血液（如耳部血管）做涂片检查（图2-1-9），必要时，在严格隔离和卫生防护条件下，做局部解剖，取一小块脾脏做组织触片检查，血片（或组织片）用姬姆萨或瑞氏染色法染色后镜检，可见到菌体粗大，两端平截，菌体呈红色，荚膜呈紫红色的炭疽杆菌（图2-1-10）。若用美蓝染色，则菌体呈蓝色，荚膜呈红色。如检查后仍不能确定，可进行人工培养和实验动物（如小白鼠，豚鼠）接种。

在死牛的组织中含有特异的炭疽杆菌沉淀原，能耐热并耐腐败，与炭疽沉淀血清相遇则发生沉淀反应。因此，它为诊断炭疽提供了一种简便而有效的方法。其方法是：将可疑病料（脾、肝或淋巴结）数克剪碎或捣烂，加入5～10倍生理盐水浸渍再隔水煮沸30分钟或103.4千帕高压灭菌15分钟，然后用滤纸过滤或离心沉淀，取其滤液或上清液备用。取沉淀管3支（也可用糖发酵管代替），标上1、2、3标号，用毛细玻璃管吸取高效价炭疽沉淀血清（约0.5毫升或更少些）注入1号和2号沉淀管内，另用一毛细玻璃管吸取同量阴性血清注入第3号管；再用新毛细吸管吸取上述备用抗原，沿试管壁轻轻重叠于第1号及第3号管内（抗原量约同血清量）；再取正常动物的脏器滤液加于第2号管的血清表面上作为抗原对照。在室温中静置3～5分钟后观察结果。如在1号管两液面交界处出现白色沉淀环的即为阳性，而2号和3号管则应无此现象。

【类症鉴别】 诊断牛炭疽时应与梨形虫病、牛巴氏杆菌病和气肿疽等疾病相鉴别，鉴别的主要特点分别简述如下：

1.梨形虫病　牛患梨形虫病时，脾脏虽然肿大、淤血，但色泽较淡，不呈深红色或紫红色，脾髓也不软化；在不同部位的皮下虽然有不同程度的胶样浸润，但通常没有出血性变化，浸润部多呈淡黄色胶样，而不是出血性红褐色胶样；各组织器官的黏膜和浆膜多黄染。采血进行涂片染色，常在红细胞内可检出数量不等的梨形虫。

2.牛巴氏杆菌病　牛出血性巴氏杆菌病虽然多呈败血症过程，但其与炭疽则有明显的不同，主要表现为脾脏不肿大，出血性胶样浸润通常局限于咽喉部与前颈部；肺脏常有较明显的病变，特别是病程较久的病例，常可检出较典型的纤维素性肺胸膜炎的变化。

3.气肿疽　牛气肿疽的肿胀通常发生于肌肉丰满的部位，如臀部，用手触摸时可闻及捻发音，并常能从创口流出带有泡沫样的污秽不洁的液体，具有酸臭的气味。脾脏不肿大，多无明显的病理变化。

【治疗方法】 本病的病程短促，病情急剧，对人也有严重的危害，如有必要进行治疗时，必须及早确诊，及时治疗，同时还必须在严格的隔离和专人负责的情况下进行。治疗本病较有效的方法是血清疗法和大量的抗菌药物的使用。

1.血清疗法　抗炭疽血清是治疗本病的特效药物，病初及时大量的使用可获得较好的疗效。牛一次的用量为100～300毫升，其中一半进行静脉注射；另一半用于皮下注射。这样可使药物有一个较长时间消灭细菌和中和其毒素的时空，必要时可于12或24小时后再注射1次。使用血清疗法，为了避免过敏反应的发生，最好用牛的抗血清；如果没有牛的抗血清而须使用异种动物的抗血清时，最好先皮下注射0.5～1毫升，观察30分钟无不良反应时再注射全量。

2.抗菌药疗法　及时大量应用抗菌药是治疗本病的重要环节。治疗应首选青霉素，使用方法是：每次肌肉注射300万～400万国际单位，每日3～4次，连续2～3天；如同时用10%～20%磺胺嘧啶钠溶液100～150毫升静脉或肌肉注射，每日2次，效果更好。

其次可先用土霉素1～2克，肌肉或静脉注射；金霉素、链霉素及氯霉素对本病也有效。

【预防措施】 平时严格规章制度，加强饲养管理；发病后及时果断地采取措施是预防本病的中心环节。

1.常规预防　加强饲养管理，建立定期消毒制度，搞好环境卫生，增强牛群的抗病能力，是一种最积极有效的防病措施。对疫区、常发地区或受到威胁的奶牛，每年应定期预防注射，以增强奶牛的特别免疫力。现在常用的疫苗有2种：一是无毒炭疽芽孢苗，注射方法是：1岁以上的牛皮下注射1毫升，1岁以下的牛皮下注射0.5毫升；另一是二号炭疽芽孢苗，用法是：皮下注射1毫升。2种疫苗均于注射14天后产生免疫力，免疫期为1年。注射疫苗时须注意：不满1个月的犊牛，怀孕最后2个月的母牛，病弱、发热或有其他疾病的牛不宜注射。

2.紧急预防　发生本病后，应尽快上报疫情，迅速确诊，划定疫点，并采取有力措施尽快扑灭疫情。

(1) 及时隔离　发生本病的牛舍或牛场，应立即禁止牛的流动，并对牛场中的奶牛逐一测温，凡体温升高的可疑奶牛，要尽快隔离，并用大剂量的青霉素或血清进行治疗；对与病牛直接接触的奶牛，应先用抗炭疽血清注射，8～10天后注射无毒炭疽芽孢苗或二号炭疽芽孢苗进行免疫；对体温不高的奶牛，仍需用药物进行预防，并适时注射疫苗。

(2) 封锁疫区　根据发病现场的牛群分布、地理环境情况而划定疫区，进行封锁。疫区内禁止动物随便调群、随便出入，禁止输出畜产品和饲料，禁止食用病牛乳肉。疫区周围的健康牛也应紧急预防接种。在最后一头病牛痊愈或死亡14天后，不再出现新的病牛时，方可解除封锁。

(3) 严格消毒　病牛住过的圈舍、被污染的饲养管理用具、运动场牛栏、车辆等可用10%～20%漂白粉或10%热碱水等消毒；病牛污染或躺过的土地，则应铲除地表土15厘米，混以漂白粉深埋。被污染的饲料、垫草、粪便要烧掉。被炭疽杆菌污染的牛皮可用2%盐酸或10%食盐溶液浸泡2～3天消毒或用福尔马林熏蒸消毒。

(4) 严禁剖检　对确诊死于炭疽的牛，不得进行剖检，尸体及其排泌物应在指定的地点焚烧或深埋。埋尸的土坑不能浅于2米，坑底及尸体表面应撒上一层漂白粉。严禁剥皮吃肉，以免人被感染和散播病原；也不允许将尸体抛于野外或江河之中，以保护土壤、牧场和水源等不受污染。

另外，人可以感染炭疽，因此，在发生炭疽时，兽医、防疫员、饲养人员和有关工作人员，都应加强防护，一旦有可疑症状，应及早到医院诊治。

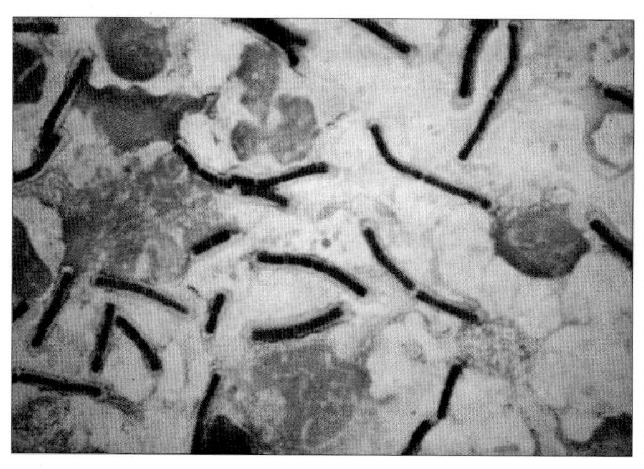

图2-1-1　末梢血片检出的呈竹节状有荚膜的炭疽杆菌

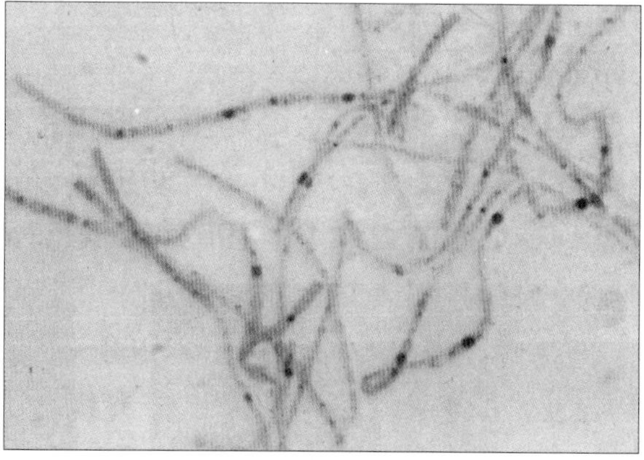

图2-1-2　在体外形成芽孢的炭疽杆菌

图2-1-3　败血型病例的天然孔出血

图2-1-4　皮下呈淡黄色胶样浸润及出血，内脏明显出血呈暗红色

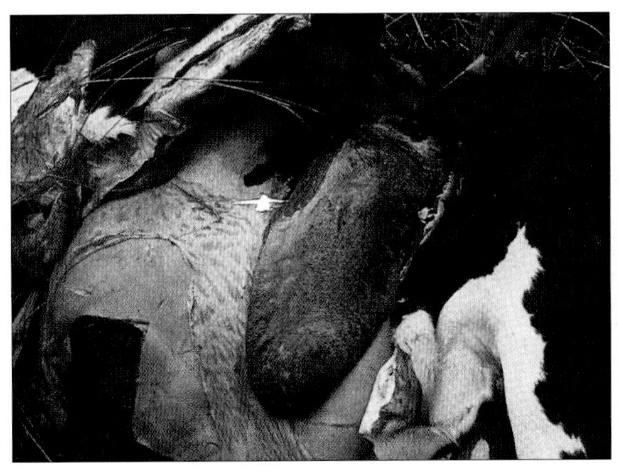

图2-1-5　突然死亡的病牛，脾脏明显肿大，从中分离出炭疽杆菌

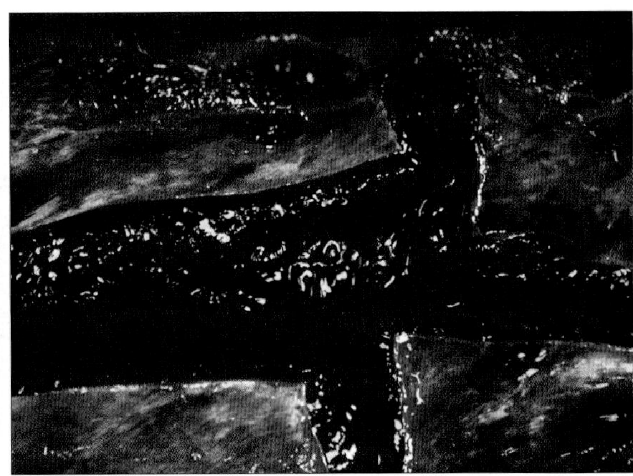

图2-1-6　脾脏极度肿大，切缘外翻，血凝不良呈煤焦油样

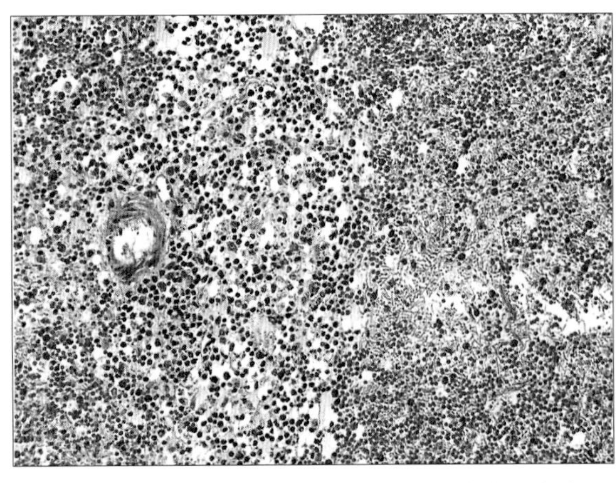

图2-1-7　脾脏出血，脾白髓明显萎缩，脾窦内有大量病菌

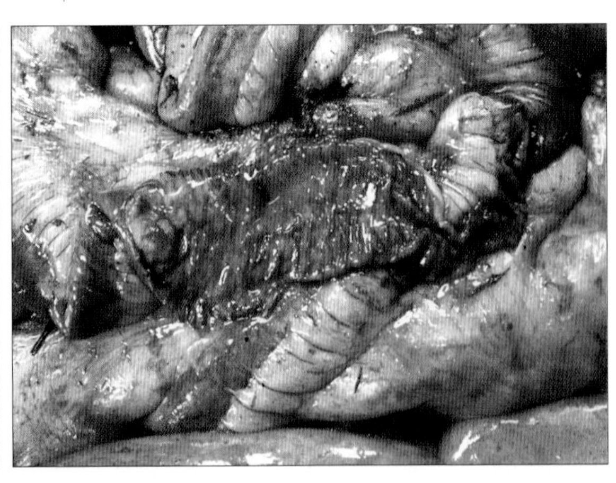

图2-1-8　肠黏膜充血、出血，水肿增厚，系膜淋巴结肿大

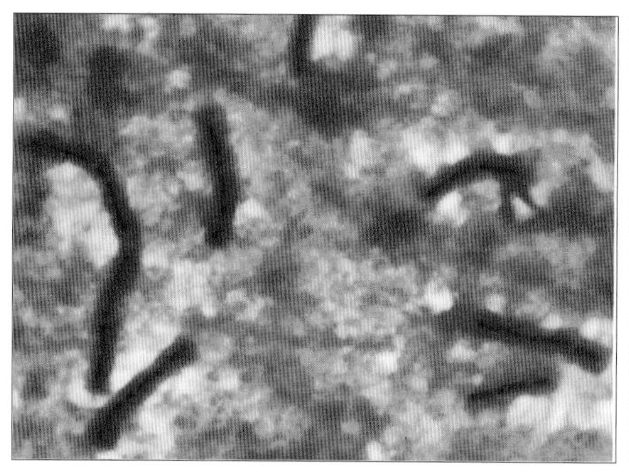

图 2-1-9 病牛死后从血中检出的呈竹节状带有荚膜的大杆菌

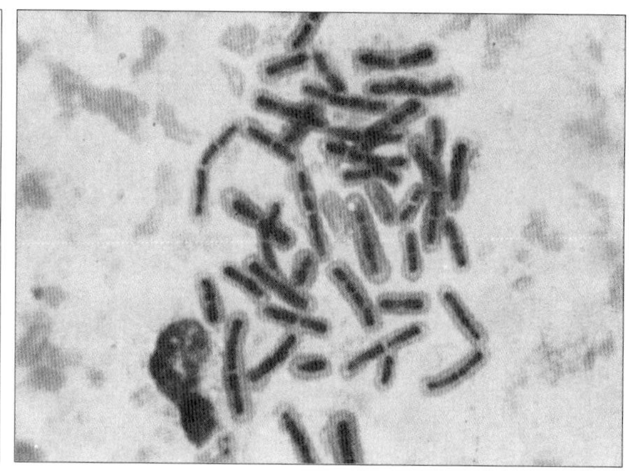

图 2-1-10 从病牛脾脏检出的炭疽杆菌

二、气 肿 疽

(Gas gangrene)

气肿疽俗称“黑腿病”，是由气肿疽梭菌引起的一种急性、败血性传染病。本病的临床特点是高热，肌肉丰厚部位（尤其是股臀部）发生气性肿胀、肌肉发黑，压之有捻发音；病理特征是在肌肉丰满部位发生出血性坏死性肌炎，皮下和肌纤维间的结缔组织呈弥漫性浆液性出血性炎，并于患部皮下与肌间产生气体，触摸患部有明显的捻发音，故又称“鸣疽”。

【病原特性】 本病的病原体为梭状芽孢杆菌属的气肿疽梭菌（Clostridium chauvoei）。气肿疽梭菌又名黑腿病杆菌（Black leg bacillus）、鸣疽杆菌（Rauschbrand bacillus）或费氏梭菌（Clostridium feseri），是一种两端钝圆、有周身鞭毛（图 2-2-1）而无荚膜的专性厌氧的粗大杆菌，在体内、外均可形成芽孢，芽孢一般位于菌体中央或近端，使菌体呈纺锤形（图 2-2-2）。菌体呈单个存在或成对排列，或由 2～5 个菌体形成短链（图 2-2-3），在肝表面压片也不形成长线状（图 2-2-4）。这是本菌与呈长链状排列的腐败梭菌的主要区别。气肿疽梭菌有鞭毛抗原、菌体抗原及芽孢抗原，可产生包括具有溶血性和坏死性 α 毒素，透明质酸酶及脱氧核糖核酸酶的毒素。这些毒素均属外毒素，不耐热，加热 52℃ 持续 30 分钟即可破坏之。

本菌的繁殖体对热和消毒药的抵抗力并不强，但所形成的芽孢有很强的抵抗力。芽孢在腌肉中能存活 2 年以上；在腐败的肌肉中能存活 6 个月；在泥土中可存活 5 年以上；在风干的皮肤和肌肉内可生存 18 年。芽孢在液体和组织内需加热到 100℃ 持续 20 分钟才能使其失活。芽孢对化学消毒液的抵抗力也很强，例如 5% 石炭酸或来苏儿在 4 周内仍不能将皮肉内的芽孢杀死；0.2% 升汞、3% 甲醛溶液于 10～15 分钟才能将芽孢杀死。

【流行特点】 本病主要发生于牛，虽然奶牛常有发生，但以黄牛最为易感。奶牛发生本病的年龄多在 6 个月到 4 岁之间。吃奶的犊牛一般不发病，但在严重流行的地区，断奶前不久或刚断奶的犊牛也可发生。病牛是本病的主要传染来源。病原体由病牛或尸体污染土壤、草地、饲料、饮水等而引起传播；而草地和土壤被病原体污染之后可长期保持病原，成为持久的间接性传染来源。本病的主要传播途径是消化道。奶牛通过摄入含本菌芽孢的饲料或饮水后，病菌经口腔、咽喉和胃肠道损伤部黏膜进入淋巴或血液并到达肌肉组织。在自然条件下，牛体肌肉遭受损伤（如打伤、撞伤或肌肉注射使肌肉受损）在本病的发生、发展上具有重要意义，因它有利于随血液而来的细菌的增生和繁殖。此外，本病还可通过吸血昆虫（蜱、蝇和牛虻等）叮咬而传播。

本病为地方性传染病，多呈地方性流行，在山区、平原或低湿草地均可发生。虽可发生于任何季节，但以夏季放牧时最多发生，舍饲牛发病较少。

【临床症状】 本病的潜伏期不定，最短1～2天即可发病，长者可达7～9天，平均为3～5天。病牛突然发病，体温升高（40～41℃），食欲反刍停止，精神沉郁，呼吸心跳加快。在典型症状出现之前，病牛通常先发生支跛，继之，在身体肌肉丰满的部位，如股、臀、腰、肩、胸、颈部（图2−2−5）等处出现肿胀。肿胀常发生于一处，也可数处同时发生，然后连成一大块。肿胀部位先热而痛，后变冷且中央无感觉，压迫肿胀部、甚至切开都没有明显的疼痛反应。随后，该部皮肤干燥而变黑，甚至坏死，触压肿胀部位可闻及捻发音。若将肿胀部位切开，可见含气泡的黑红色液体流出，并具特殊的酸臭味。肿胀部位附近的淋巴结常常发炎而肿大。如细菌侵入口腔或喉部，则发生急性咽喉炎，舌肿大，伸出口外，舌部有捻发音。

本病的病程一般为2～3天，也有延长达10天。于特殊症状出现时，病牛呼吸逐渐困难，脉搏快而细（90～100次/分），结膜发绀，食欲反刍停止。最后病牛体温下降或稍回升而终归死亡。

【病理特征】 气肿疽梭菌在病牛肌肉组织繁殖过程中，不断产生α毒素、透明质酸酶和DNA酶。毒素可导致受损组织溶血坏死；透明质酸酶有分解间质透明质酸的作用。在毒素和酶类的作用下，全身的组织和器官，特别是受损部位的组织发生严重充血、出血、溶血和大量浆液渗出，继而肌肉发生变性、坏死，肌肉组织的蛋白质和肌糖原被分解，产生有特殊酸臭气味的有机酸和气体，从而形成特有的气性坏疽；再由蛋白质分解产生的硫化氢与游离的血红蛋白中的铁结合，形成硫化铁，从而使患部肌肉呈污黑色。

剖检见，尸体迅速腐败，腹围高度膨胀（图2−2−6），从口、鼻、肛门或阴道等天然孔流出带泡沫的血样液体。典型病变发生于颈、肩、胸、腰，特别是股臀部等肌肉丰满之处，肿胀可以从患部肌肉扩散到邻近的广大范围（图2−2−7）；有时病变也见于咬肌、咽肌和舌肌。病变部肌肉肿胀，皮肤紧张，按压有捻发音。皮肤干燥呈黑褐色，病程较久时则可发生坏死。切开病变部皮肤和肌肉，见有多量暗红色的浆液性液体流出，皮下结缔组织和肌膜呈胶样浸润（图2−2−8），布满黑红色的出血斑点。病情严重时，皮下有大量出血性胶样浸润，呈暗红色，皮下组织及皮肌内有弥漫性出血，或有紫红斑块（图2−2−9）。肌肉肿胀，变性、坏死，明显出血，呈暗红色（图2−2−10），触之易破碎、断裂，肌纤维间充满含气泡的暗红色带酸臭的液体，故肌肉断面呈多孔的海绵状（图2−2−11），具典型的气性坏疽和出血性炎特点。镜检见肌纤维肿胀、崩解和分离，肌浆凝固，均质红染，肌纤维的纵横纹消失，呈典型的蜡样坏死（图2−2−12），肌间间质组织也表现水肿和出血，并有炎性细胞浸润和气肿疽梭菌存在。

除典型的局部性病变之外，全身的一些组织器官的病变也很明显。胸、腹腔和心包腔内积有多量红褐色透明液体，浆膜面密布出血点。淋巴结，特别是受侵肌肉附近的淋巴结高度肿大，周围有浆液性出血性浸润，切面湿润，布满出血点，呈浆液性出血性淋巴结炎的变化。心脏显著扩张，心内、外膜有斑块状出血，心肌柔软、色淡，呈实质变性状。肺淤血、水肿，有时见有出血和坏死灶。肝脏肿大，呈紫红色或淡黄红色，有时肝内有黄豆大至核桃大、干燥而呈黄褐色的坏死灶。切开坏死灶见其切面呈海绵状多孔样。脾脏偶见黑红色干燥、轮廓鲜明的坏死灶。胃肠道一般无明显变化，个别病例可见轻度的出血性胃肠炎变化。

【诊断要点】 根据本病的流行病学特点、临诊症状和特征性的眼观剖检病变，即可进行诊断。

进一步的确诊可取病牛肿胀部的水肿液、肝脏和脾脏等组织做涂片，染色镜检，如见到单个或2个连在一起的无荚膜（有时可检出芽孢）的大杆菌（图2-2-13），即可确诊。如有条件，还可进一步做细菌分离培养和动物（豚鼠）接种试验。其方法是：将病料做成1∶10乳剂，取0.5毫升注射于豚鼠臀部肌肉，于24～48小时内注射部位出现肿胀并死亡，剖检时肌肉呈黑红色，且干燥，从病变的组织中可检出或培养出病菌。

【类症鉴别】 牛气肿疽的生前临床症状和局部病变与炭疽、恶性水肿和巴氏杆菌病有类似之处，故在进行诊断时应注意鉴别。

1.炭疽　本病可发生于各种动物，多散发。局部的肿胀为出血性炎性水肿，触诊多为捏粉样或有硬固感，灼热、疼痛、无捻发音。剖检时见血液呈暗红色或黑红色，凝固不全；脾脏高度肿大；取末梢血液镜检可发现革兰氏阳性、有荚膜而无芽孢的竹节状的炭疽杆菌；做炭疽沉淀反应出现阳性结果。

2.恶性水肿　病牛无年龄区别，老幼都能感染，多散发，主要由伤口感染。发生部位不定，全身各处都可能发生。发病组织厥冷，无痛，气性肿胀不显著，有时可闻及轻微的捻发音，但不如气肿疽明显，后期可因水肿加剧而消失。剖检，病变部一般无明显的出血现象，也无黑红色的肌肉坏死。镜检可发现菌体长短不一，能形成短链，革兰氏染色呈阳性反应的腐败梭菌；用肝表面做涂片可检出微弯曲呈长丝状的腐败梭菌。

3.牛巴氏杆菌病　本病多呈散发，有时呈地方流行性。肿胀部位主要发生于咽喉和颈部，常为炎性水肿。肿胀部硬固，灼热，疼痛，但不产生气体，无捻发音。本病的特征是出现急性纤维素性肺胸膜炎的症状与病变。用血液或实质器官涂片镜检，可检出革兰氏阴性，呈两极染色的多杀性巴氏杆菌。

【治疗方法】 早期如用抗气肿疽梭菌血清静脉或腹腔注射，同时应用大剂量的抗生素（青霉素、四环素）或磺胺类药等治疗，可取得明显的疗效。抗气肿疽梭菌血清的用量为每头牛150～200毫升；青霉素每天肌肉注射3～4次，每次100万～200万国际单位；四环素2～3克溶于5%葡萄糖200毫升中静脉注射，每天1～2次；10%磺胺噻唑钠100～200毫升静脉注射。

局部的气性肿胀不宜过早切开，以防病原菌扩散。早期可用1%～2%高锰酸钾溶液或3%过氧化氢或3%石炭酸溶液在肿胀部位周围分点进行皮下或肌肉注射，或用0.25%～0.5%普鲁卡因溶液10～20毫升溶解青霉素80万～120万国际单位，于肿胀部周围分点注射，可收到较好效果；中、后期可将肿胀部位切开，除去坏死肌组织，并用2%高锰酸钾溶液或3%双氧水充分冲洗或在肿胀部周围分点注射。

在进行局部处理的同时，还须给予强心剂、补液、解毒及其他对症疗法。

【预防措施】 在气肿疽病常发生的地区，一定要坚持预防注射。方法是：每年春、秋两季用气肿疽明矾菌苗或气肿疽甲醛菌苗，大小牛一律皮下注射5毫升，免疫期可达6个月。对6个月以下的犊牛注射后，当其年龄达到6个月时，再进行第2次注射，借以确保免疫效果。

当本病在牛群中流行时，对已确诊的病牛，须立即隔离治疗；同时对未感染的牛用抗气肿疽梭菌血清或抗生素进行预防性注射；对牛舍、用具、饲槽等用5%～10%氢氧化钠溶液或含有效氯5%的漂白粉溶液或0.2%升汞溶液严格消毒；也可用3%甲醛液对污染的牛舍、地面和用具等进行喷洒消毒。

对已确诊的病例，尸体严禁剥皮，应连同被污染的饲料以及粪尿等一起烧毁（图2-2-14）或深埋（图2-2-15），可疑被污染的饮水或饲料应停止使用。

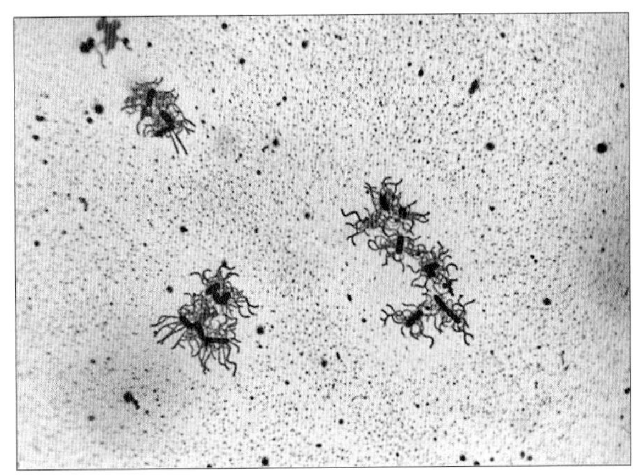

图2 2-1　用鞭毛染色法可检出气肿疽菌的鞭毛

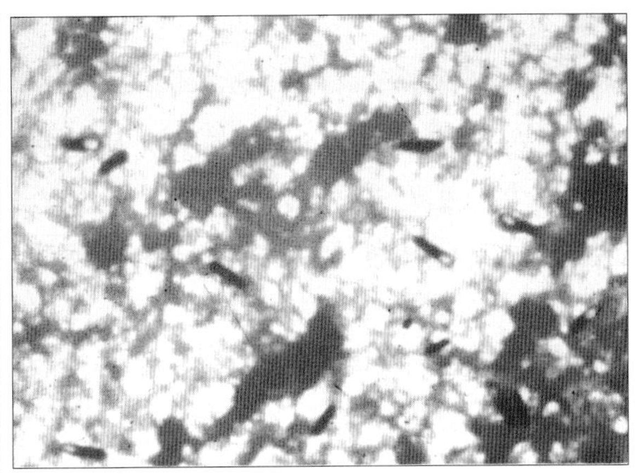

图2-2-2　在病变组织涂片中带有芽孢的病原菌

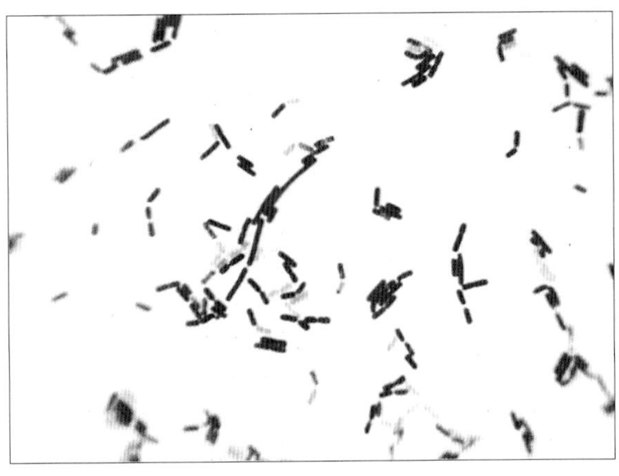

图2-2-3　产气荚膜杆菌的菌体，多呈短链状

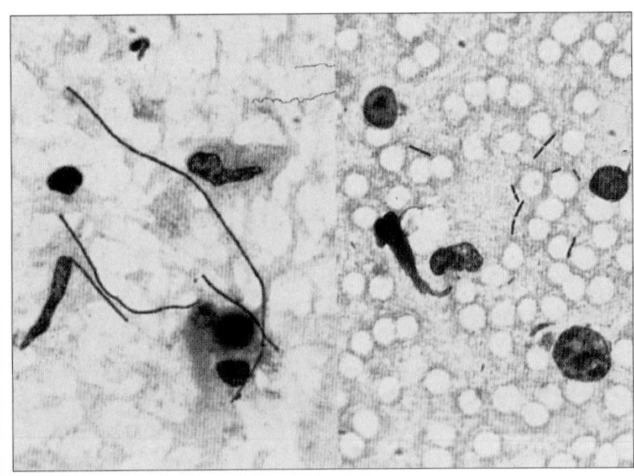

图2-2-4　右为肝涂片中的气肿疽梭菌，左为肝涂片中的腐败梭菌

图2-2-5　病牛颈部皮下发生的气肿疽

图2-2-6　发生气肿疽病牛死后全身肿胀，胸腹膨满

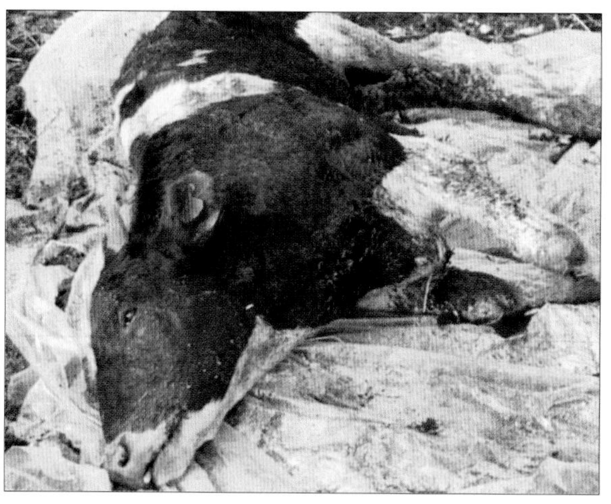

图 2-2-7　肿胀从颈部扩散到肩、胸前部

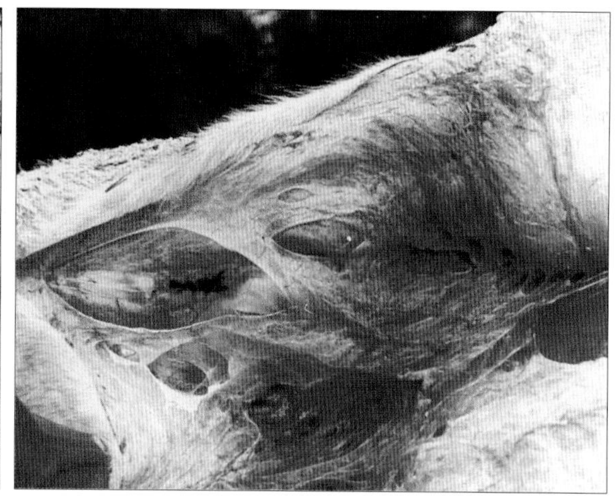

图 2-2-8　发生气肿疽的皮下呈暗红色胶样浸润

图 2-2-9　切开肿胀部，肌肉呈暗红色

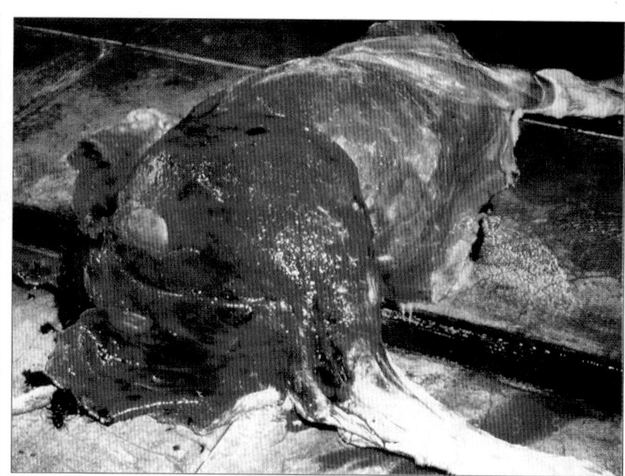

图 2-2-10　肌肉肿胀、变性、坏死呈暗红色

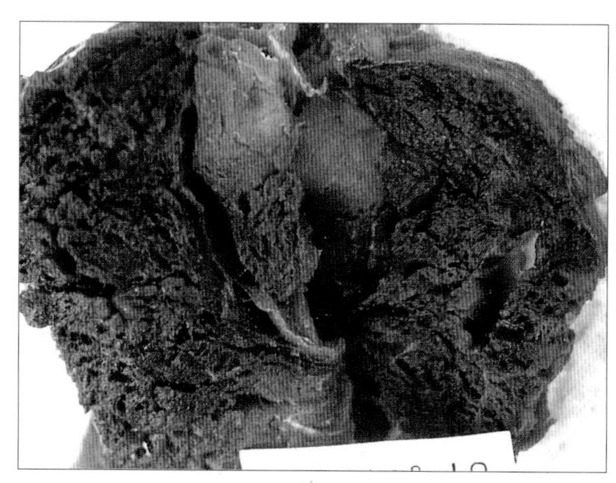

图 2-2-11　病变部的肌肉呈黑褐色、干燥、坏死，纤维间有气泡呈海绵状

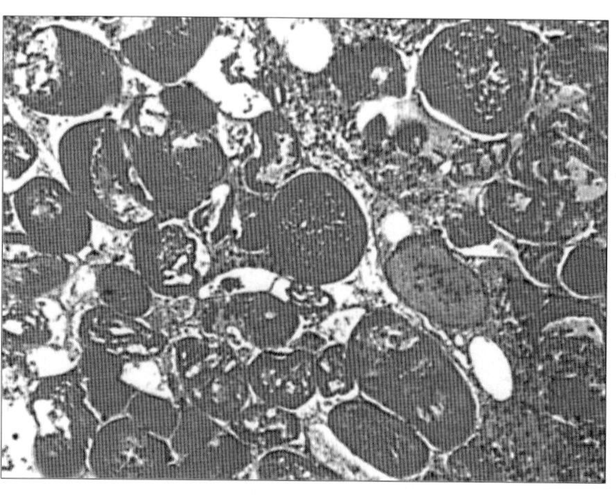

图 2-2-12　肌纤维发生凝固性坏死，肌浆中有多量微细空泡

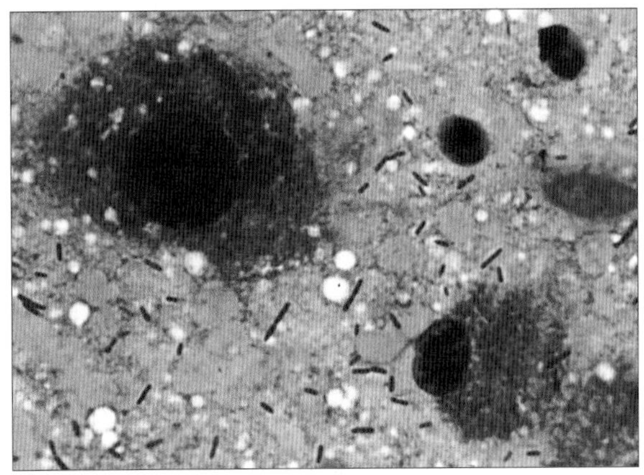

图 2-2-13　从病料涂片检出的气肿疽梭菌

图 2-2-15　将尸体深埋处理

图 2-2-14　将尸体焚烧处理

三、恶性水肿

(Malignant edema)

恶性水肿主要是由腐败梭菌引起的一种经创伤感染的急性传染病，多发生于牛、马和绵羊。本病的特征是在创伤感染局部发生弥漫性炎性水肿，并伴有发热，严重时导致全身性毒血症。本病分布于世界各地，我国时有散发病例。

【病原特性】 本病的主要病原体为梭菌属的腐败梭菌，其次为魏氏梭菌，而诺威氏梭菌和溶组织梭菌仅占5%。腐败梭菌（*Clostridium septicum*）又名恶性水肿杆菌，是两端钝圆的大杆菌（图 2-3-1），在病变部的渗出物内呈长链或长丝状，易形成芽孢，无荚膜，有鞭毛，革兰氏染色阳性。本病在适宜条件下，可产生致死毒素、坏死毒素、溶血毒素和透明质酸酶。病菌芽孢经皮肤、口腔、消化道、阴道、子宫创伤或去势创侵入组织后，于厌氧条件下在组织间隙发芽转变成细菌并不断增殖，产生外毒素，使局部组织发炎、坏死，破坏血管壁致使通透性增强，大量血液成分漏入组织间隙，形成重度水肿。同时病变部肌糖原与蛋白质在细菌酶的作用下发生分解，产生具酸臭气味的有机酸和气体，从而使病变部呈现气性炎性肿胀，故触压患部感有捻发音。当细菌毒素和组织有毒分解产物被吸收进入血液，则可引起全身性毒血症而导致动物死亡。

本菌广泛分布于自然界，如牛的肠道、粪便和表层土壤等，强力消毒药如20%漂白粉，3%～5%硫酸-石炭酸合剂或3%～5%氢氧化钠等可于短时间内杀灭病菌；而本菌的芽孢抵抗力则很强，一般消毒药需长时间作用才能使之失活。

【流行特点】 各种年龄的牛对本病均有易感性。本病的主要传染源是外环境的污染，病牛虽不能通过直接接触将病原传染给健康牛，但病牛的排泄物能加重外环境的污染。本病的主要传播途径是外伤，如分娩、去势、刺伤、咬伤和骨折等；用污染本菌的不洁针头进行注射时也常引起感染。尤其是创伤深部存有坏死组织时，造成局部组织缺氧，更易发生本病。

本病多呈散发，没有明显的季节性；如用不洁或消毒不彻底的针头连续给牛注射时，也可引起牛群中多头牛同时发病。

【临床症状】 恶性水肿发生于创伤之后，潜伏期一般为2～5天。病初，病牛食欲减退，体温升高，产乳量锐减。创伤局部发生炎性水肿，并迅速扩散蔓延。有的病牛颊部感染而迅速使颜面部变形（图2-3-2）；有的病牛颈部感染，肿胀可波及胸前及前肢上部（图2-3-3）；当腹部感染时，炎性反应有时可累及乳房。肿胀的局部最初坚实、灼热、疼痛，后期变为无热，逐渐变软，有轻度捻发音，尤以触诊部上方最为明显；切开肿胀部，有多量红棕色混有气泡液体流出，并有腐臭气味。随着炎性气性水肿的不断加剧，全身性症状明显，主要表现为高热稽留，呼吸困难，脉搏细而快，可视黏膜充血发绀，有时腹泻。由分娩性外伤感染者，病牛的阴户水肿，阴道充血，流出有臭味的褐色液体，性器官相邻部分亦发生气性肿胀，可向会阴、股部及乳房扩散。病牛起立困难，垂头拱背，不断痛苦呻吟，泌乳停止。

【病理特征】 死于败血病的病牛，常见全身肿胀，触之有捻发音和气体流动感。病牛常从鼻孔流出大量血性渗出物（图2-3-4）。剥皮后见皮下湿润，有淡红色胶样渗出，血管断端流出凝固不全的血液（图2-3-5）。本病的特征性病变是在创伤感染局部呈弥漫性的急性炎性水肿，切开患部见皮下和肌肉有多量红黄色或暗红色（图2-3-6）、含气泡并有酸臭味的液体流出，并布满出血点，肌肉呈暗红色或灰黄色，如同浸泡在水肿液之中；肌肉松软易碎，肌纤维间多半含有气泡（图2-3-7）。镜检见含蛋白质少的水肿液将肌纤维与肌膜分开，肌纤维变性，深染伊红。病变深部的肌纤维往往断裂和液化，肌纤维间的水肿液中很少见有嗜中性白细胞，固有的组织细胞多无变化。病尸多半易腐败，血液凝固不良。全身淋巴结特别是感染局部的淋巴结呈急性肿胀，切面充血和出血并表现湿润多汁。肺淤血、水肿；心、肝、肾（图2-3-8）等实质器官呈严重变性，而脾脏一般无显著变化。

如本病继发于产后，则见盆腔浆膜及阴道周围组织出血和水肿，臀、股部肌肉变性、坏死和有气性水肿变化。子宫壁水肿、增厚、肿胀，附有污秽不洁带有恶臭的分泌物。

如本病是由感染诺维氏梭菌（*Cl.novyi*）所致，则其病变与以上所述有所不同。因诺维氏梭菌的外毒素对血管内皮和浆膜具有特异的作用，故感染诺维氏梭菌所致的恶性水肿一般可引起广泛的结缔组织水肿，水肿液呈澄清、胶冻样，但腐败变化不明显，肌肉变化也极为轻微。

【诊断要点】 根据流行病学、临诊症状和病理变化，可做出初步诊断。确诊必须进行实验室诊断。实验室诊断首先可从病牛肝表面或脾脏切面做触片染色镜检，见到腐败梭菌呈微弯曲的长链（图2-3-9），这是与其他梭菌不同的特点。其次，采取病料（病变部分的组织渗出液或小块肌肉）接种于厌氧培养基培养，获得纯培养后，接种于鉴别培养基，观察培养特性和生化特性。此外尚可接种实验动物（豚鼠、小白鼠和家兔），观察不同的致病力，最后综合试验结果做出确诊。

【类症鉴别】 本病易与气肿疽、炭疽和巴氏杆菌病相互混淆，诊断时应注意区别。

1.气肿疽　恶性水肿多经伤口感染，一般无明显出血现象；而气肿疽多侵害肌肉丰满的部位，如臀部等，肿胀部位的捻发音更为明显，多发生于6月龄犊牛至3岁青年牛，常呈地方性流行。用死亡病牛的肝表面触片染色，可见到单个散在或成对排列的菌体。

2.炭疽　主要经消化道感染，可呈流行性发生。全身多处皮下发生的是一种出血性浸润，呈捏粉样肿胀，不产生气泡，无捻发音。死后病尸的天然孔多出血，剖检见血管断端流出煤焦油样凝固不全的血液，脾脏极度肿大，全身淋巴结出血。用病料做触片，常能检出带有荚膜呈竹节样的散在或短链大杆菌。

3.巴氏杆菌病　多散发，有时呈地方性流行。水肿主要发生在头颈部，硬固、灼热、疼痛，但无捻发音。剖检见水肿部为出血性胶样浸润，没有气泡出现，无特异性气味。用病料做涂片染色，可检出两端着色较深的球杆菌。

【治疗方法】 本病经过急，发展快，局部和全身症状重剧，因此，治疗时宜从局部和全身2个方面同时着手。

1.局部处理　应尽快切开肿胀部位，除去创腔内的异物及腐败坏死的组织，吸出水肿部的炎性渗出液，再用0.1%高锰酸钾或3%过氧化氢等氧化剂，充分冲洗损伤部组织，造成不利于腐败梭菌繁殖的条件，最后撒布青霉素粉或磺胺类等各种粉剂进行开放性治疗；或用浸以过氧化氢溶液的纱布填塞切口进行引流，也可将过氧化氢溶液注入肿胀与健康部交界处的皮下，使创腔内有足够的氧气限制细菌繁殖，待创腔内的渗出物减少时再撒布上述抗生素等。在进行创腔处理的同时，若能用青霉素在肿胀周围进行环形封闭，疗效更好。

2.全身疗法　尽早应用大剂量对本菌有明显作用的抗生素，如青霉素、链霉素、土霉素和磺胺类药物，同时兼顾病牛机体的状况，采取对症治疗。如果病牛的心动过速，脉搏快而无力，可用强心剂；病牛饮食不佳，消化不良，有脱水表现或持续发热时，应及时补充葡萄糖液；如病牛继续精神沉郁，尿量减少时，应注意利尿、解毒（主要是代谢性酸中毒），可注射适量的双氢克尿塞和碳酸氢钠等。

【预防措施】 平时注意外伤的处理，助产、去势、注射和其他外科手术时，要注意伤口的消毒，手和用具也要彻底消毒。我国已研制出梭菌多联苗，在本病常发的地区，应每年进行注射，可有效防止本病的发生。

发生本病时，应立即隔离病牛，污染的畜舍和场地用10%漂白粉溶液或3%氢氧化钠溶液消毒，烧毁粪便和垫草。病牛的肉不能食用，尸体必须深埋或焚烧处理。

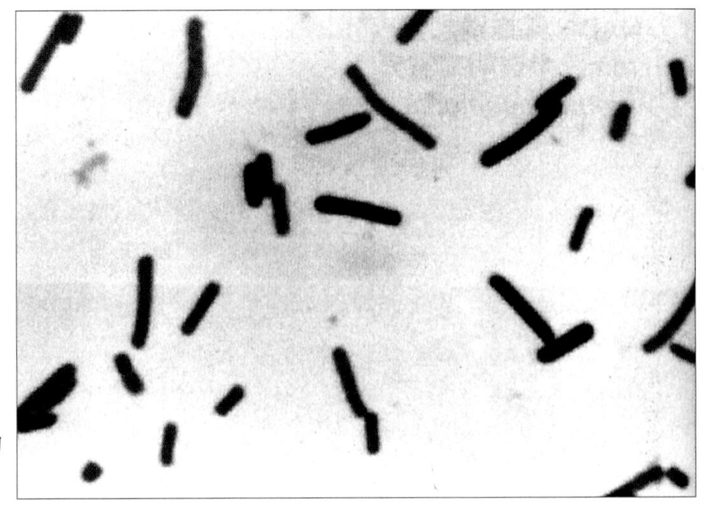

图2-3-1　革兰氏染色的大型杆菌

图 2-3-3　病牛胸前明显水肿，肿胀多波及前肢

图 2-3-2　病牛的右颊部受感染，软组织特别是右鼻孔肿胀，口腔流涎

图 2-3-4　病牛死后从鼻孔流出大量血性渗出物

图 2-3-5　患恶性水肿的病牛，全身肿胀，皮下有淡红色胶样浸润

图 2-3-6　肌肉呈暗红色，含大量血样水肿液

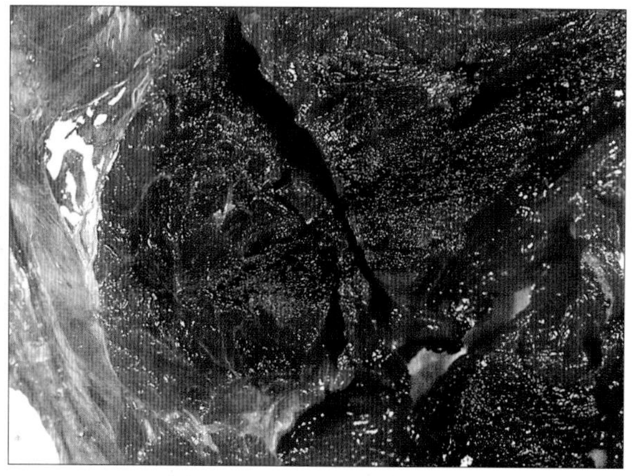

图 2-3-7　病灶湿润，有大量水肿液流出，肌纤维间有少量气泡

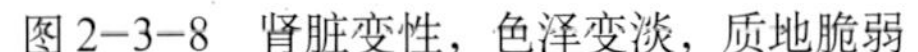

图2-3-8　肾脏变性，色泽变淡，质地脆弱

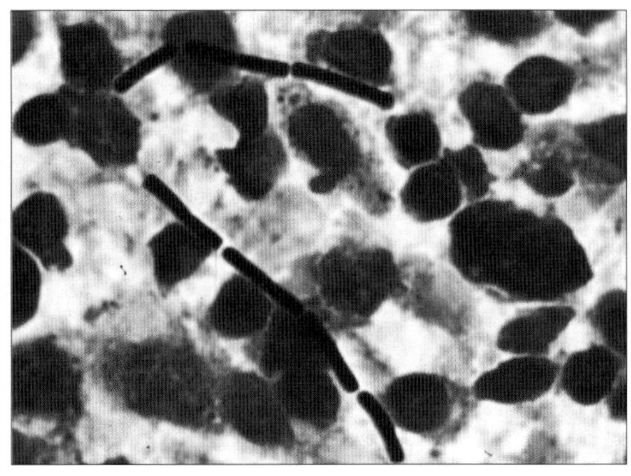

图2-3-9　从脾脏涂片中检出的大型腐败梭菌

四、肉毒梭菌中毒症

（Botulism）

肉毒梭菌中毒症是因奶牛摄入含有肉毒梭菌毒素的饲料而引起的一种中毒性疾病。本病不仅易发生于牛，而且马和禽类也易感。其特征性的临床症状为运动神经麻痹，肌肉软弱无力，共济失调，多因呼吸肌麻痹而死亡，致死率极高。

本病分布于世界各地，我国以西北地区和潮湿多雨的南方较多发生。

【病原特性】 本病的病原菌为梭菌属的肉毒梭菌（*Clostridium botulinum*），但引起奶牛发病的并不是肉毒梭菌本身，而是由其产生的肉毒毒素。肉毒梭菌是革兰氏阳性的大杆菌，长约3～8微米，宽为0.8微米，是严格厌氧性腐生菌，能产生特征性的芽孢，即芽孢多超过菌体宽度，故使菌体呈梭形而有“梭菌”之称。本芽孢广泛分布于自然界（如土壤、蔬菜、水果、饲料、腐肉、腐烂的青贮饲料、野生动物的尸体和人畜粪便），芽孢在厌氧环境中发芽繁殖，产生肉毒毒素。奶牛摄入含毒素的饲料后，即可发生中毒。

肉毒梭菌的分型，一般是根据其毒素性质和抗原性不同而将之分为A、B、Cα、Cβ、D、E、F和G8个型，各型均可产生抗原性不同的特异性毒素，而且各种毒素只能被同型抗毒素所中和，但各型毒素中毒症状基本相似，均以侵害神经－肌肉系统为特点。肉毒梭菌对胃酸和消化酶都有很强的抵抗力，在消化道内不会被破坏。其中C、D、E和F型毒素被蛋白酶激活后才发挥其毒性作用。此外，本毒素能耐酸碱，pH3.6～8.5；对高温也有抵抗力，加热至100℃ 15～30分钟才被破坏；在动物尸体、骨头、腐烂植物、青贮饲料和发霉青干草中能保存数月。

【流行特点】 本病多发生于奶牛、黄牛、马和家禽等家畜；中毒来源主要是存在于被污染肉毒梭菌饲料中所含的肉毒毒素；感染的途径多是消化道。肉毒梭菌毒素中毒一般不具有传染性，即病牛不能将本病传染给健康牛，病牛作为传染源的意义也不大。

本病的发生除有明显的地域分布外，还与土壤类型和季节有关。在温带地区，中毒常可发生于温暖的季节。这是因为在22～37℃范围内饲料中的肉毒梭菌才能大量地产生毒素之故。在机体磷、钙比例失调，缺钙或其他微量元素时，奶牛有异食或舐啃尸骨等不良习惯，更易引起中毒。

值得指出：肉毒梭菌毒素中毒时，由于毒素在饲料中的分布不均，故吃了同批饲料的奶牛，其发病程度和症状也不尽相同。一般是在相同的条件下，以膘肥体壮、食欲好、采食多的奶牛发病最重，临床症状最明显，死亡率最高。

【临床症状】 本病的潜伏期一般为3～7天，但病重者可呈最急性经过，多于数小时内死亡，病轻者可能逐渐康复。本病的特征性症状是运动神经麻痹，麻痹的顺序一般是由头部开始，迅速向后发展，最后累及四肢。

病初，病牛仍有食欲，但可发现咀嚼和吞咽扰乱，继之则完全不能咀嚼和吞咽（图2–4–1）；有时伴有流涎，下颌下垂，舌垂于口外（图2–4–2）。精神极度倦态，上眼睑下垂，眼半闭，似睡眠状态（图2–4–3）；以后瞳孔散大，对光线不起反应。肠道弛缓，便秘，有疝痛症状，排尿减少。可视黏膜充血和黄染，心脏衰弱，节律不齐。当运动障碍波及四肢时，病牛共济失调，运步时两后肢叉开，背腰拱起（图2–4–4），以至卧地不起，头部如产后轻瘫样弯于一侧。

后期病牛衰弱，卧地不起，心跳加快，脉搏不感于手，呼吸极度困难，并常因呼吸和心跳麻痹而死亡。发病后体温无异常变化，意识和反射一直保持到死前。

【病理特征】 肉毒毒素对机体的危害主要是破坏神经–肌肉接头处的生化反应，阻止胆碱能神经末梢释放乙酰胆碱，从而阻断了神经冲动向肌肉的传导，出现肌肉麻痹症状。另外，肉毒毒素还可损伤中枢神经系统的运动中枢，对心血管运动中枢和呼吸运动中枢有明显的损伤作用，最终引起病牛窒息而死。

由于肉毒毒素的特殊性病理作用，故死于本病的牛除见有器官充血，肺淤血、水肿，膀胱内有尿液潴留，胆囊肿大，胆汁淤积等非特异性病变外，其他组织和器官均未检出特殊的病理变化。

【诊断要点】 根据发病经过、临床症状、全身病变和毒素检查的结果进行综合判断，可做出初诊，但确诊必须进行毒素检验。其方法如下：将饲料或肠道内容物按1∶2的比例加入无菌生理盐水或蒸馏水，在灭菌乳钵中研碎，制备成混悬液，在室温下浸泡1～2小时，然后离心（或沉淀后吸取其透明的上清），取上清液或滤液0.1～0.2毫升，注射于鸡眼睑部皮下（另一只眼作对照），经0.5～2小时后，注射侧的眼睑因麻痹而逐渐闭合，十几小时后或经更长时间，鸡因中毒而死亡。此外，还可用小白鼠做试验，即以上述滤液0.2～0.5毫升注射于小白鼠皮下或腹腔内，小白鼠于1～2天内发生麻痹症状而死亡；如用免疫血清做保护试验，则可进一步确诊。

【治疗方法】 早期应用抗毒素治疗，效果较好，一般在摄入12小时内均有良好的中和毒素的作用。使用抗毒素时，早期最好使用多价抗毒素血清，待毒素型确定后，再用特异型抗毒素进行治疗。据报道，应用盐酸胍和单醋酸芽胚碱可促进神经末梢释放乙酰胆碱和增加肌肉的张力，对本病有较好的治疗效果。

此外，在做特殊的治疗同时，还应进行对症治疗。如可给病牛服用大量盐类泻剂，用5%碳酸氢钠或0.1%高锰酸钾洗胃灌肠，借以稀释毒素，阻止毒素吸收，促进毒素的排出。还可进行强心补液，提高机体的抵抗力；适时使用广谱抗生素以防继发性感染等。

【预防措施】 预防本病的主要任务是加强饲养管理，搞好环境卫生，严禁饲喂霉败的草料。在本病多发的地区，应注意积极的预防，每年都应定期给奶牛注射肉毒梭菌C型明矾菌苗（每头牛皮下注射10毫升，免疫期为1年）。

如有奶牛发病后，要尽快查明毒素来源，并及时清除和废弃有毒的饲草。除及时隔离病牛和积极进行治疗外，还要彻底清除病牛粪便及排泄物，并进行无害化处理。因为病牛排出的粪便中常含有大量肉毒梭菌及其毒素。

图 2-4-1　舌运动神经麻痹，饲料残留在嘴内，咽下困难

图 2-4-2　病牛头部肌肉麻痹，舌伸出难以收回

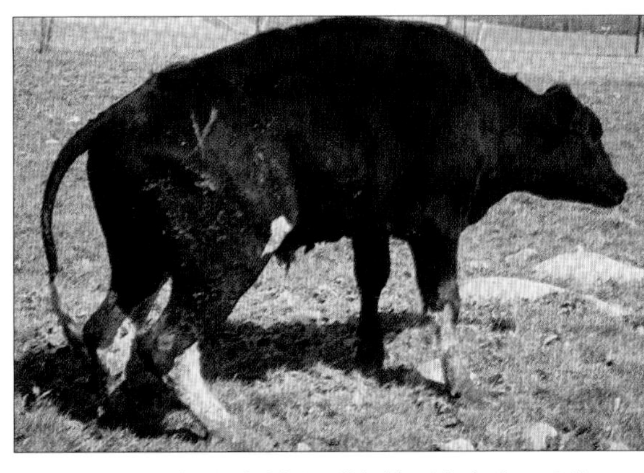

图 2-4-4　后躯运动失调，进行性不全麻痹，后肢叉开，背腰拱起

图 2-4-3　病牛精神不振，眼半闭，呈睡眠状

五、破伤风

(Tetanus)

破伤风又名强直症，俗称“锁口风”，是由破伤风梭菌产生的毒素侵害神经系统所引起的一种创伤性传染病。本病以运动神经中枢对外界刺激的反应性增强，全身或局部肌肉强直性痉挛为特征。其发病率由于目前有效的创伤治疗和破伤风类毒素的广泛应用而比以前大为降低。

【病原特性】 本病的病原体为破伤风梭菌（*Clostridium tetani*）。该菌是细长的厌氧性杆菌，长约2～4微米，宽为0.5～1微米，多单个散在，间有短链，菌体有周身鞭毛，能运动，可形成芽孢，革兰氏染色阳性。芽孢常位于菌体的一端，大于菌体，形似网球拍（图2–5–1）。本菌在动物体内或培养基中可产生毒性很强的外毒素，即引起破伤风症状的痉挛毒素和溶血毒素，其中特别是痉挛毒素，如在8%的甘油冰醋酸肉汤培养中产生的毒素，稀释500～1 250倍后，再用1毫升皮下注射于体重312千克的马骡，即可引起死亡。破伤风外毒素是一种蛋白质，对酸、碱、日光、高温和蛋白分解酶的作用很敏感。经甲醛处理后可形成类毒素，用于预防注射。

破伤风杆菌对一般的理化因素的抵抗力并不强，煮沸5分钟即死亡；一般的消毒药在短时间内均可将之杀死。芽孢的抵抗力很强，在干燥的阴暗处能存活10年以上，在土壤表层能存活数年；煮沸需10～90分钟才被杀灭；5%石炭酸经15分钟，5%来苏儿经5小时，3%福尔马林经24小时才被杀死。本菌对10%碘酊、10%漂白粉和3%双氧水较为敏感，一般约经10分钟即被杀死。

【流行特点】 牛对本病的易感性较大，不论是奶牛、黄牛还是水牛，其中以犊牛（特别是生产接生时易发生）、奶牛（机械挤奶发生深部损伤时）和青年牛易发。破伤风梭菌及其芽孢广泛存在于土壤、尘土和淤泥之中，也见于健康动物的粪便，病原的来源比较广泛。本病的主要感染途径是创伤，狭小而深的创伤（钉伤、刺伤）同时为泥土、粪便或坏死组织封闭而造成厌氧环境时最易引起本病的发生。外科手术、预防注射消毒不严以及母牛分娩时的产道损伤、产后感染、犊牛断脐、使役不当形成的创伤未及时处理时常可导致发病。在临床上一些病例往往不能确定感染门户，这是因为在芽孢侵入后及出现症状之前创伤已愈合之故。侵入组织内的芽孢需经过一定时间，在厌氧条件下才能发芽、生长、繁殖，产生毒素，从而导致本病的发生。

本病没有季节性，一年四季均可发生。由于本病是创伤性感染的中毒性传染病，不能由病牛直接传染给健康牛，故本病多呈散发性。

【临床症状】 本病的潜伏期长短不一，多与病牛的年龄、机体的状态、创伤的部位和性质、病菌侵入的数量和毒力等有关，一般为1～2周。本病的主要特点是全身肌肉强直性痉挛。病初，病牛体温和脉搏无明显变化，一般不易发现损伤部位，但有时可见感染部发生化脓性炎（图2–5–2），同时出现破伤风的临床症状。其主要表现为头部肌肉强直、痉挛，采食、咀嚼和吞咽缓慢，动作不自然，不灵活；反射作用增强，凡声、光、触摸或其他动作都可使症状加剧。呼吸浅而快，较平常增加数倍，可视黏膜呈蓝紫色。肠蠕动缓慢，引起便秘，或只排出少量粪便，间或发生臌气。泌乳量明显减少，甚至停止。症状较轻者，病牛有一定的饮食欲，若无并发症，经及时治疗，常可恢复。

随着病程发展，病牛体温升高，可超过40℃，脉搏细而快。全身强直症状显著，反刍与嗳气停止，口闭锁，流涎呈线状；瞬膜突出（图2–5–3），颈背硬直，静脉沟显露，耳竖立不动（图2–5–4）；腹部蜷缩，尾根高举，稍偏于一侧；脊柱常成直线，间有角弓反张或侧向反张；四肢硬直，关节不易屈曲，呈木马状（图2–5–5）；有的病例举蹄困难，不愿走动，转弯和后退极度困难，一旦倒地后，很难自行起立。重症的病牛，多以死亡而告终。

【病理特征】 当本菌的芽孢侵入深部创伤后，在无氧的条件下，芽孢出芽、生长，成为繁殖型的梭菌，产生特异性破伤风毒素，即痉挛毒素等。后者可通过外周神经纤维间的空隙上行到脊髓腹角的神经元，或通过淋巴、血液途径到达运动神经中枢。实验证明，痉挛毒素与中枢神经有高度的亲和力，能与神经组织中的神经节苷脂结合，封闭脊髓的抑制性突触，使抑制性突触末梢释放的抑制性冲动传递介质（甘氨酸）受阻。如此，上下神经元之间的正常抑制性冲动不能传递，由此引起了神经兴奋性异常增高和骨骼肌痉挛的强直症状。一般而言，下行性破伤风的强直性痉挛起始于病牛的头部、颈部，随后逐渐波及躯干和四肢；上行性破伤风最初在感染周围的肌肉出现强直症状，然后扩延到其他肌群。由于痉挛毒素对中枢神经系统的抑制作用，故导致病牛的呼吸机能紊乱，进而发生循环障碍和血液动力学的改变，出现脱水和酸中毒等症状。

由于破伤风的外毒素主要是作用于神经系统，引起的是肌肉的强直性痉挛，其他器官的病变并不明显，因此，本病在剖检时的特殊表现是病尸全身肌肉僵硬，四肢强直，尾巴直伸（图2-5-6），并表现出程度不同的角弓反张症状（图2-5-7）。没有肉眼可见的特殊变化。

【诊断要点】 根据有创伤病史和特殊的临床症状，一般即可诊断。

【类症鉴别】 诊断本病时须与牛的风湿病相互鉴别。虽然两病均有全身肌肉紧张、腰背僵硬和运动障碍等相似的临床表现。但风湿病是一种与溶血性链球菌有关的全身性变态反应性疾病，是机体遭风、寒、湿的侵袭而抵抗力下降所致。病牛发病时常伴有高热，病痛常呈游走性，易复发。肌肉风湿时，触之皮肤紧张，有坚实感，且肌肉温热疼痛；关节风湿时，关节温热、疼痛、肿大。运动时，病牛步态强拘，步幅短缩，呈现跛行，但跛行可随着病牛运动的持续而明显减轻。另外，本病没有外伤史，且病牛的瞬膜不突出，不流涎，牙关紧闭不显著，吞咽时咽喉无麻痹症状且无惊恐反应。

【治疗方法】 治疗本病应以早发现、早治疗和采取综合措施为基本原则。

1.*中和毒素* 早期应及时应用抗破伤风血清（破伤风抗毒素），一般以一次大剂量注射效果为佳。常用的方法有2种：一种是皮下或肌肉注射法，成龄牛60万～100万国际单位，犊牛20万～30万国际单位；另一种方法是静脉注射法，按上述抗破伤风血清的量与4%碳酸氢钠溶液300毫升混合后静脉注射。抗破伤风血清可在机体内保持2周，具有良好的中和毒素的作用。对重病的牛，必要时可连续注射3天，每天1次。

2.*镇静解痉* 镇静解痉药物的及时应用，对于缓解因毒素引起的肌肉强直性痉挛和反射兴奋性的增高具有良好的作用。一般用氯丙嗪肌肉注射，犊牛150～250毫升，成牛250～500毫升；也可用25%硫酸镁，犊牛20～30毫升，成牛80～100毫升，或与0.5%普鲁卡因溶液20～30毫升，一次肌肉或静脉注射（缓慢注射）；亦可用水合氯醛20～50克，溶于500～1 000毫升淀粉浆中内服。

3.*消灭病原* 处理感染创是消除破伤风梭菌产生外毒素的最重要的措施，是从根本上治疗本病的必需方法。因此，一定要找出病牛的创伤，并要扩创（即使外表已愈合的创伤），除去创内的脓汁、异物、坏死组织等。清创最常用的药物是3%双氧水、1%高锰酸钾或5%～10%碘酊。与此同时，全身可应用青霉素100万～200万国际单位，链霉素1～2克，肌肉注射，每日上下午各1次，连续3～5天，直至创伤愈合。

4.*对症治疗* 这是促进本病迅速康复的不可缺少的方法。当病牛有酸中毒时，应静脉注射5%碳酸氢钠300～500毫升；病牛采食和饮水明显减少时，可每天静脉注射5%葡萄糖生理盐水500～1 000毫升，同时注射维生素制剂；心脏衰弱时可皮下注射20%樟脑油10～20毫升；粪便干燥时可灌服缓泻剂；恢复期可适量内服人工盐或健胃散等。

5.*中药疗法* 中草药治疗破伤风具有悠久的历史，且有良好的治疗效果，常用的是防风散或加减防风散。防风散方剂如下：

处方：防风30～60克，羌活30～60克，天麻15～45 克，胆南星15～30克，炒僵蚕30～60克，川芎24～45克，细辛6～15克，蝉蜕（炒黄研末）15～45克，全蝎12～24克，姜白芷15～45克，红花24～45克，姜半夏24～45克。用法：水煎服。病初、体躯小的牛用小剂量，病重、体躯大的牛用大剂量；初期病轻的连日服2～3剂，中期病重的可连日服3～4剂，以黄酒120克为引，以后则每隔1～2日服1剂，引药改用蜂蜜120克；或猪胆2个，其中红花可换当归18～24克，至病势基本稳定时，即可停药。

6.*加强护理* 精心护理是治疗本病的重要环节。将病牛放入清洁、干燥、黑暗的厩舍。冬天注意保温，地面要多铺垫草。周围环境保持安静，减少各种不良的刺激。对于不能站立的病牛，应用吊带吊起，以防其摔伤。给以充足的饮水，放置饲料和饮水的位置要便于采食。对采食困难者，应给予柔软的干草、青草或多汁易消化的饲料；对牙关紧闭不能采食者，可用胃管投入流汁食物（如麸皮汤、豆浆和稀粥等）。恢复期的病牛可增加适当运动，以促进肌肉功能的恢复。

【预防措施】 破伤风主要是由创伤感染所致，因此，加强饲养管理、防止外伤是预防本病的重要措施。奶牛发生外伤后应及时处置，消毒防腐；如创伤大而深时，要注射抗破伤风血清或抗毒素进行预防；若创口小而创腔大且深时，应及时扩创，清除异物和坏死组织，使创腔内有足够的氧，进行开放性治疗；剖腹、助产等手术时应严格消毒。在本病常发地区，进行手术前、生产后或发生创伤时注射抗毒素1万国际单位可以预防本病的发生。

另外，破伤风类毒素是预防破伤风发生的有效的生物制剂，在本病较多发地区可定期进行预防注射，其用法和用量应根据兽医生物药品厂的说明书实施。

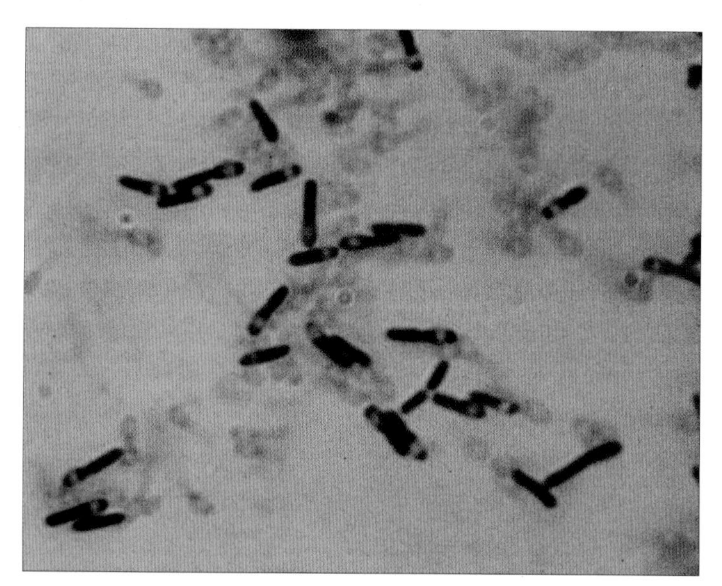

图2-5-1 从病牛体内分离而培养的破伤风杆菌

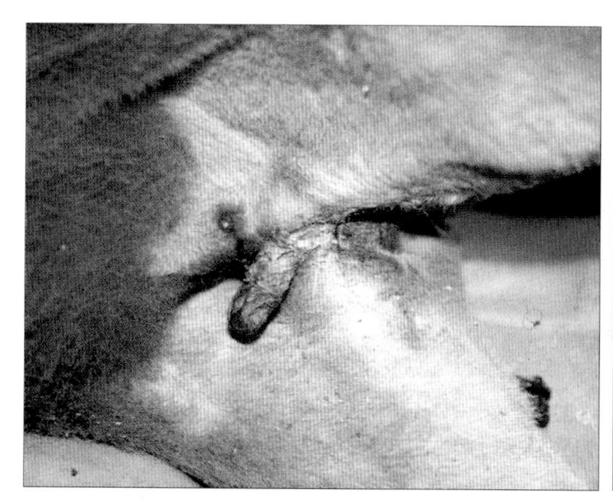

图2-5-2 病牛感染部位有化脓性创伤

图2-5-3 病牛瞬膜露出，遇刺激时更明显

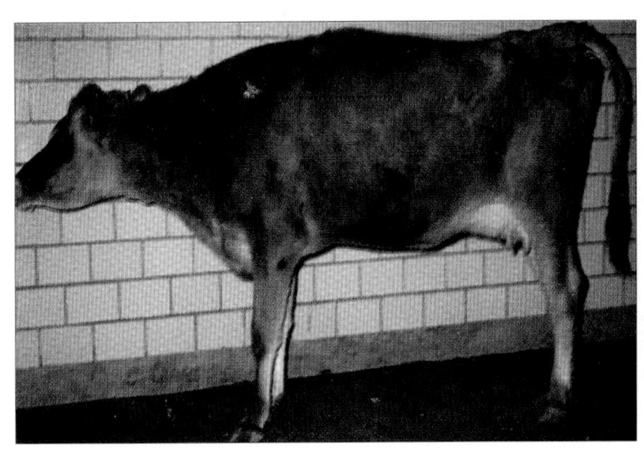
图2-5-4　病牛全身肌肉强直，头颈伸直，两耳竖立，尾根高举

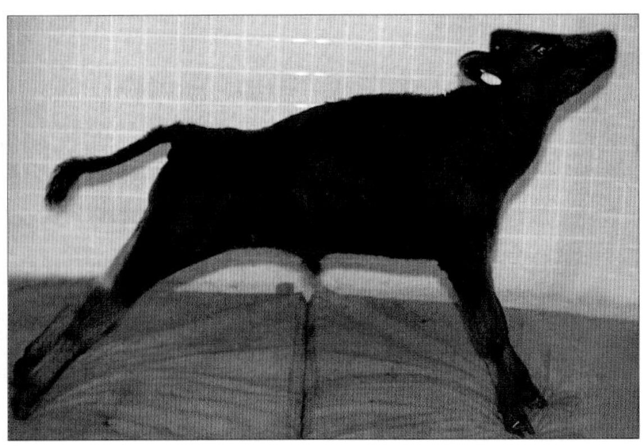
图2-5-5　病牛全身肌肉强直，呈木马状

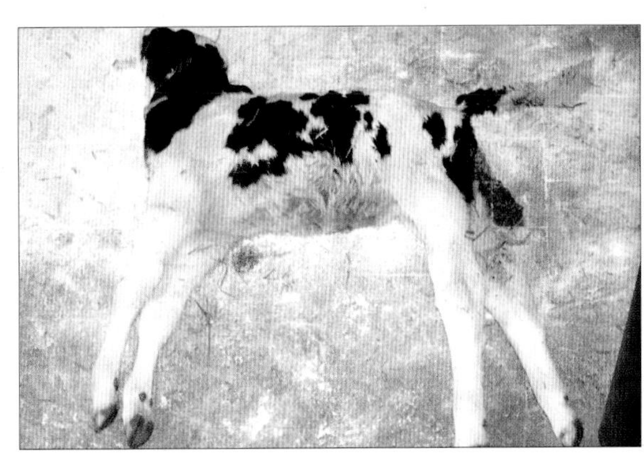
图2-5-6　病牛全身肌肉僵硬，尾巴直伸

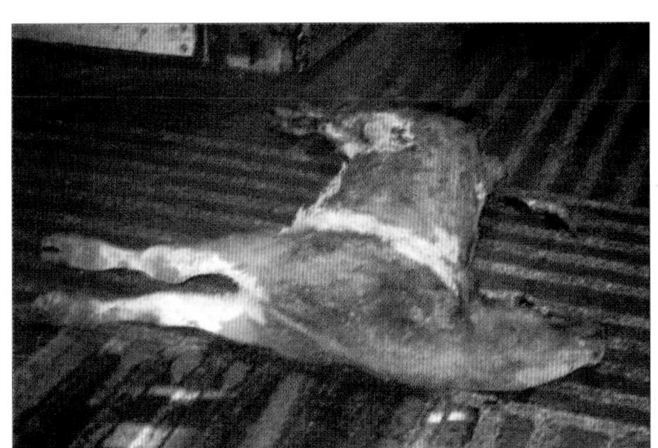
图2-5-7　病尸四肢强直，角弓反张

六、牛沙门氏菌病

（Salmonellosis of cattle）

牛沙门氏菌病是由沙门氏菌属细菌所引起的一种人畜共患传染病。本病虽可发生于各年龄组的牛，但以犊牛常见多发，故又名犊牛副伤寒。犊牛和成年牛的主要病型不同，犊牛急性发生时多呈现败血症和急性胃肠炎症状，慢性者则表现为关节炎与肺炎，并可呈地方性流行；成年牛多为慢性或隐性感染，有时可能引起妊娠母牛流产。

【病原特性】 本病的主要病原菌为沙门氏菌属的肠炎沙门氏菌（*Salmonella enteritidis*）、鼠伤寒沙门氏菌（*S. typhinurium*）、都柏林沙门氏菌（*S. dublin*）和纽波特沙门氏菌（*S. newport*）。它们均革兰氏阴性杆菌，不产生芽孢，无荚膜，能运动，在普通培养基上生长良好。

本菌可产生耐热力很强的内毒素，75℃加热1小时不能使其破坏。研究表明，沙门氏菌所产生的内毒素，实际上就是存在于细胞壁中的脂多糖，该糖中的脂质A成分具有内毒素活性，可引起动物发热、黏膜出血、血小板减少和白细胞减少等症状。过去认为沙门氏菌不产生外毒素，但最近的研究表明，鼠伤寒沙门氏菌或都柏林沙门氏菌等均可产生肠毒素。肠毒素不仅是引起肠炎的毒力因子，而且还能提高细菌的侵袭力。

沙门氏菌对干燥、腐败、日光等因素具有一定的抵抗力，在潮湿温暖的环境中可生存4～5周，在干燥的垫草上可存活8～20周；肠炎沙门氏菌在牛粪中可存活10～11个月，在含食盐12%～19%的腌肉中可存活75天，鼠沙门氏菌在土壤中可生存12个月以上。本菌在低温环境中生存时间更长，如在−25℃中能存活10个月左右；但对热相对较敏感，如加热60℃经1小时，70℃经20分钟，75℃经5分钟即被杀死。

本菌对化学消毒药的抵抗力不强，兽医上常用的消毒剂都有良好的消毒效果，如3%石炭酸、3%来苏儿、5%石灰乳等。

【流行特点】 本病可发生于各种年龄的牛，但以1～2月龄的犊牛最易感。病牛和带菌牛是本病的主要传染源；消化道是本病的重要的传播途径。病牛和带菌牛的肠道和胆囊内长期带有病原菌不断随粪便排出，污染水源、饲料和周围环境；病原菌能在含有大量蛋白质的污水中长期存在，因此，被病畜粪便污染的污水也能传播本病。另外，带菌隐性感染的牛，如继发寄生虫感染、或患子宫炎、产生瘫痪等受不良内外环境的影响及应激因素的作用也可发生内源性感染。

此外，饲料不足、管理不善、卫生不良、牛舍潮湿和拥挤、通风换气不良等均能促进本病的发生。犊牛在初乳不足或没能吸够初乳以及断乳过早时更易发病。

本病在犊牛群中一年四季均可发生，而成龄牛多发生在夏、秋季放牧或气候突变时。

【临床症状】 本病的潜伏期平均为1～2周。临床表现与病牛的年龄、体质、病原菌侵入的数量和毒力、侵入的途径及各种应激因素的影响等而有明显的不同。一般而言，犊牛发生本病时临床症状重剧，而成龄牛发病时临床表现较温和。

1.犊牛的症状　根据病程长短可分急性和慢性2型。

（1）急性型　本型以急性胃肠炎为特点，多见于出生后1个月龄以内的犊牛。病初体温升高达40～41℃，脉搏增加，呼吸快速，呈腹式呼吸，并发生结膜炎和鼻炎。常在发病后第2～3天出现下痢，粪便呈灰黄或黄白色（图2−6−1），或混有黏液的血便，从中可分离出病原菌（图2−6−2），并有恶臭气味。病情严重时，出现肾盂肾炎的症状，即排尿频繁，表现疼痛，尿呈酸性，并含有蛋白质。病犊迅速脱水，体质衰弱，倒卧不起，四肢末梢及耳尖、鼻端发凉（图2−6−3），多于发病后1周左右死亡。

（2）慢性型　本型以肺炎和关节炎为主症，多由急性型转变而来。病犊的下痢逐渐减轻以至停止，排粪不断趋于正常。但病犊的呼吸异常，咳嗽不断加重，初为干咳，后变为湿性痛咳，先从鼻孔流出浆液性鼻液，后变为黏液性或脓性鼻液。呼吸道的炎症不断加重，开始为喉气管炎、支气管炎，以后发展为肺炎。此时，病犊的体温显著升高，精神极度沉郁。与此同时，病犊的四肢关节发炎，特别是腕关节和跗关节肿大明显，关节囊突出，内含多量滑液，触之较软，有热痛感，运动时出现跛行。有的病牛可因血管炎而发生末梢血液循环障碍，引起耳朵发生坏死，并继发干性坏疽而脱落（图2−6−4）。本型的病程较长，一般可拖延1～2个月。

2.成牛的症状　成龄牛以1～3岁者多发，一般为散发。病牛常以发热（40～41℃），精神沉郁，食欲不振，呼吸困难，脉搏增数开始，多数病牛于发病12～24小时后开始腹泻，即粪便稀软，其中带有血块、纤维蛋白性凝块，并有恶臭的气味。病情严重时，病牛排出暗红色血样稀便（图2−6−5）。少数病牛可于发病24小时内体温下降或略高于正常而死亡，多数则于1～5天内死亡。病程延长者则见病牛迅速脱水和消瘦，眼窝下陷，可视黏膜充血黄染。有的病牛腹痛较重，常用后肢踢腹，借以缓解疼痛。怀孕母牛多数发生流产，从流产的胎儿中可检出大量沙门氏菌。

成牛有时可呈顿挫型经过，即病牛发热，食欲废绝，精神不振，产奶量大减，但经过24小时后这些症状即明显减退，并逐渐恢复。还有少数成龄牛取急性感染经过，仅从粪便中排菌，但数天后即可康复，排菌也随之停止。

【病理特征】 由于犊牛和成龄牛发病时所表现出的症状各不相同，故其病理变化也有一定的差异。

1.犊牛的病变　与临床表现相似，也有急性型和慢性型之分。

(1) 急性型　多为败血型，特征病变在肠道、肠系膜淋巴结、脾和肝脏。

胃肠道的急性炎症，通常始于回肠，随后炎症扩展到空肠和结肠。胃肠炎呈卡他性，有时为出血性，表现皱胃黏膜潮红、肿胀，有时出血，被覆多量黏液；小肠壁充血、淤血，呈暗红色，浆膜下见有点状出血。肠系膜淋巴结肿大，呈现浆液性炎症反应（图2–6–6）。肠腔内充满有气泡的淡黄色水样内容物，有时因出血而呈咖啡色，肠黏膜红肿，散布许多出血点或呈弥漫性出血（图2–6–7）；肠壁淋巴小结肿大，呈半球状或堤状隆起，还可能发展为黏膜坏死和脱落。当病程较久时，小肠黏膜可发展为纤维素性、坏死性炎症，此时肠黏膜表面有灰黄色坏死物覆盖，剥离后出现浅表性溃疡。镜检，黏膜呈卡他性出血性炎症反应，免疫组化染色，在肠上皮间呈强阳性反应（图2–6–8）。

肠系膜淋巴结普遍肿大，呈灰红色或灰白色，切面湿润，有时散布出血点。脾脏呈现出急性炎性脾肿变化。眼观，脾脏明显肿大，可达正常体积的几倍，透过被膜可见出血斑点、粟粒大的坏死灶和结节，质度柔软，切面的固有结构不清，有大量脾粥样物。镜检，可在脾组织中发现大小不等的坏死灶和副伤寒结节。肝脏肿大、淤血和变性，肝实质内可见有数量不等的细小灰白色或灰黄色病灶。镜检，可发生较多的坏死性和增生性副伤寒结节（图2–6–9）。

临床有排尿障碍的病例，剖检常见肾变性，被膜下有点状出血（图2–6–10）或化脓灶，并见程度不等的肾盂肾炎变化。

(2) 慢性型　主要病变为肺炎、肝炎和关节炎。肺病变主要是在尖叶、心叶和膈叶前下部散在卡他性支气管肺炎的实变区，有时散布粟粒大至豌豆大的化脓灶；少数病例还伴发浆液纤维素性胸膜炎和心包炎，在胸腔和心包内积留混有纤维素膜的浑浊渗出液。肝脏有许多粟粒性坏死灶和副伤寒结节。腕关节和跗关节肿大，关节腔内积聚大量浆液纤维素性渗出物。有时可见后肢下端的皮肤发生坏死，并继发坏疽（图2–6–11）。

2.成牛的病变　病型比较复杂，有些病例与犊牛急性型相似，表现为急性胃肠炎，但常以肠炎变化为主，多为出血性小肠炎，肠壁淋巴小结明显肿大，肠黏膜有局部性坏死区并被覆纤维素性假膜（图2–6–12）。有的病例发生肺炎、关节炎。隐性病牛常无明显病理变化。

【诊断要点】 根据流行特点、临诊症状和剖检变化，只能做出初诊。其中，肝脏的病理组织学检查发现的小坏死灶、副伤寒结节及其过渡型结节是诊断的重要依据。

对本病的确诊一般须进行细菌学检查。在病初发热期，有时从血液中可分离出沙门氏杆菌，但用粪便进行培养时可能为阴性；当肠道症状出现后，通常粪便培养物为阳性，而血液中却无菌。对病尸，尤其是急性死亡者，可取脾、肠系膜淋巴结等内脏组织和肠内容物做沙门氏杆菌的分离培养和鉴定。

【治疗方法】 对本病有治疗作用的药物很多，有抗生素（氯霉素、合霉素、金霉素或新生霉素等）、呋喃类药物（痢特灵）和磺胺类药物（磺胺二甲嘧啶或磺胺嘧啶等）。由于沙门氏菌中常出现抗药菌株，因此当使用某一种药物无效时，可换另一种再试用；或请有关单位做细菌分离，再以药物敏感试验测知何种药物对其最为有效，就以该药物进行治疗。

病犊牛可口服痢特灵（呋喃唑酮）0.5～1克，连服3～5天；氯霉素0.5～1克内服，或每千克体重10毫克肌肉注射，连用3～5天；土霉素0.5克内服，1日2次，连服3～5天；新霉素每日2～3克，分2～4次内服；合霉素1～2克，每日2～3次。磺胺类药物应用时须注意，在病初，犊牛出现腹泻时可应用，但在病的后期病牛伴发肾功能障碍时则不能使用。

另外，在使用抗生素的同时，内服止泻、收敛及保护肠黏膜的药物；输液调节机体的酸碱平衡，补充各种维生素和糖盐水等也是重要的辅助治疗，有时对病牛的恢复也起到关键性作用。

【预防措施】 本病的预防关键是从平时做起。

1.平时预防　在未发生本病时，要加强对妊娠母牛、犊牛的饲养管理，注意饲料及饮水的清洁、卫生，消除一切发病的诱因，借以增强机体的抵抗力。防止犊牛吃污染的垫草或饮污水，做好犊牛舍和奶具的清洁卫生，并定期进行消毒。有条件时可用抗血清或菌苗进行预防注射。

2.紧急预防　在发生本病后，应对犊牛群进行逐头检查，将病犊牛和可疑病犊隔离，进行治疗。在分娩后2～3小时内对新生犊牛注射抗血清进行紧急预防，并于10～14天后再注射菌苗。据报道，犊牛出生后1～2小时皮下注射母牛脱纤血液100～150毫升具有一定的预防作用。

3.防止中毒　人由于吃了未经消毒的牛乳、烹调不当的肉类和被病牛排泄物污染的食物，均易发生食物性沙门氏菌中毒。人中毒后主要表现为剧烈呕吐、腹泻、发热及胃肠疼痛等症状。因此，做好乳、肉制品的加工卫生、加强食品卫生管理和肉品的卫生检验，对于防止沙门氏菌食物中毒的发生具有十分重要的意义。

图2-6-1　病犊排出的带有恶臭气味的黄白色稀便

图2-6-2　病牛排出的混有黏液的血便

图2-6-3　病犊严重下痢，明显的脱水而消瘦

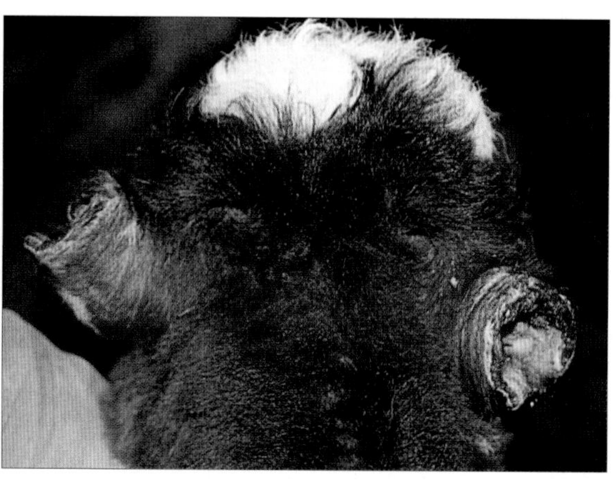

图2-6-4　病牛的耳朵坏死后脱落

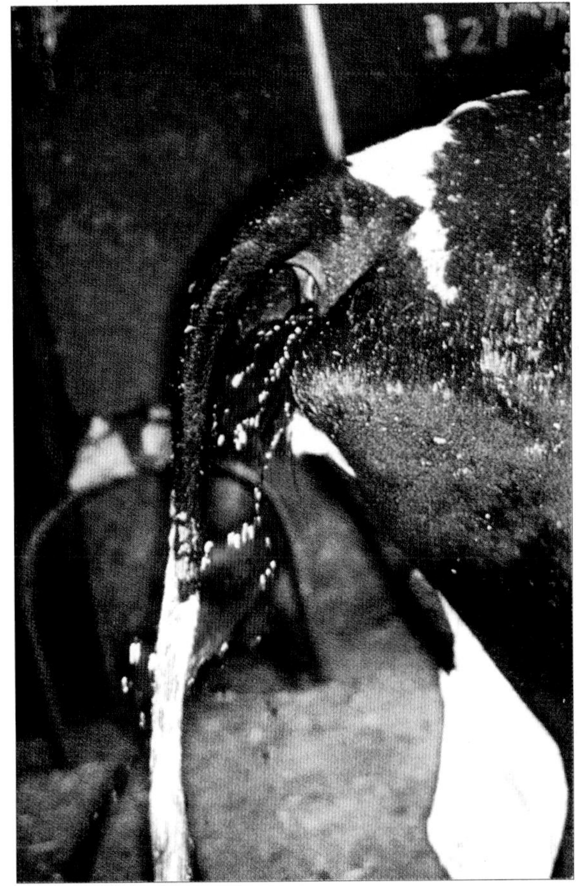

图 2-6-5　病牛排出血样稀便

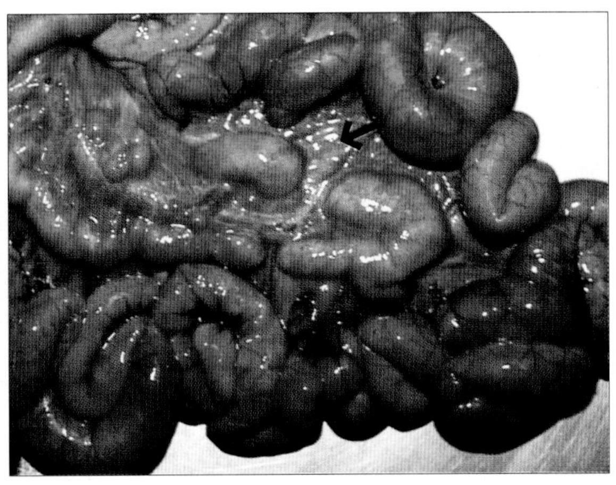

图 2-6-6　小肠明显充血，肠系膜淋巴结肿大，呈浆液性淋巴结炎变化

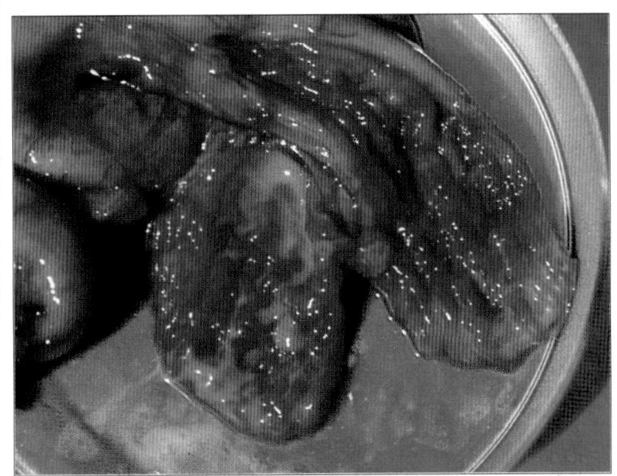

图 2-6-7　小肠黏膜充血、出血，呈暗红色

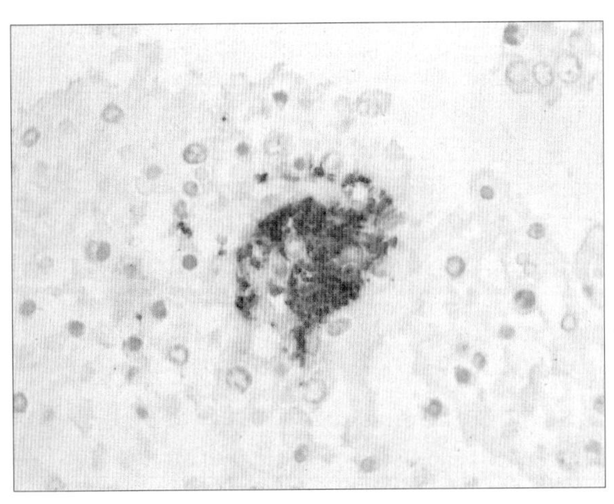

图 2-6-8　小肠黏膜固有层中有抗沙门氏菌阳性反应物（ABC 法）

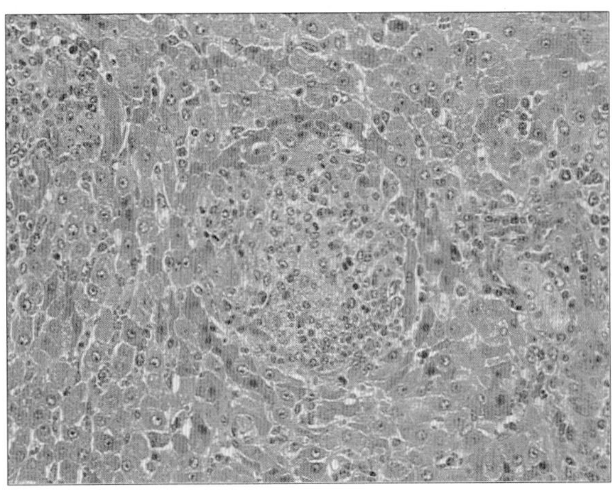

图 2-6-9　肝组织中的增生性沙门氏菌结节

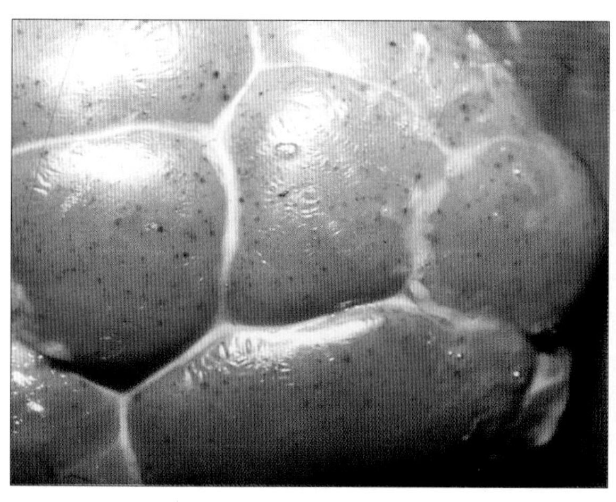

图 2-6-10　因败血症而死亡的肾脏有大量出血点

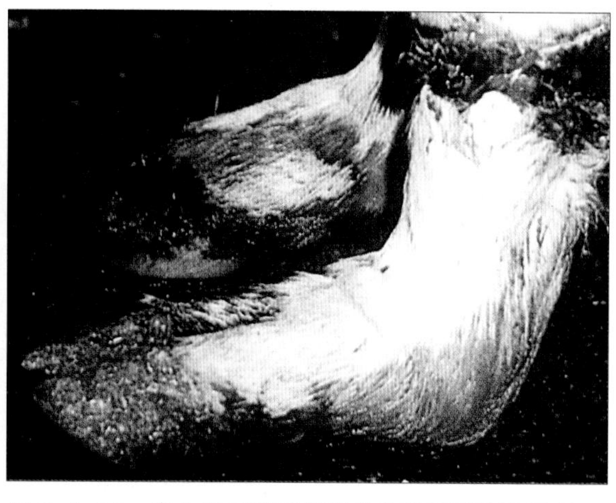

图 2-6-11　病牛的后肢球节部的皮肤坏死并发坏疽

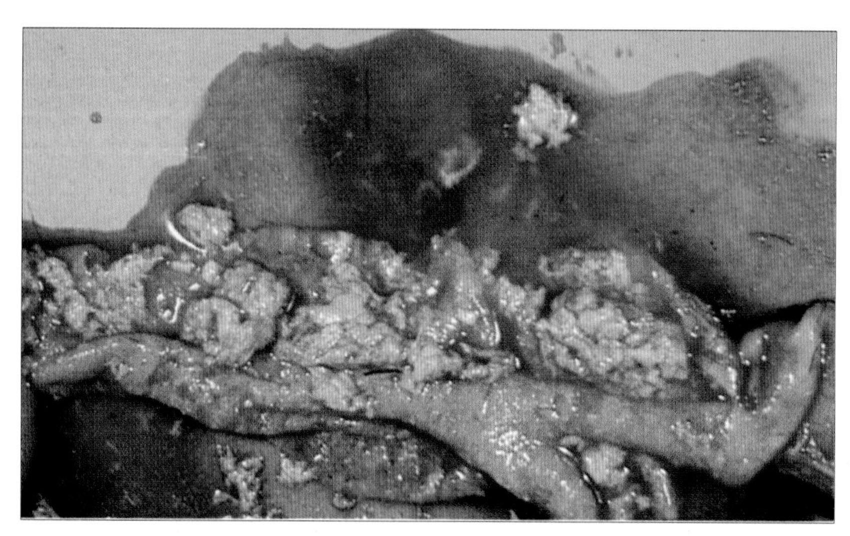

图2-6-12　病牛肠黏膜肥厚，表面被覆假膜

七、牛大肠杆菌病

（Colibacillosis in cattle）

牛大肠杆菌病多是由致病性大肠杆菌引起新生幼犊的一种急性传染病，故又有犊牛大肠杆菌病之称；又因犊牛发病后的主要临床症状是腹泻，排出灰白色稀便，故又称为犊牛白痢（Calf scour，white scour）。本病常发生于出生后几天内的幼犊，病犊多因腹泻、脱水、衰竭和酸中毒而死亡；急性病例多死于败血症。

【病原特性】　本病的病原体为肠道杆菌科、艾希氏菌属的大肠艾希氏杆菌（*Escherichia coli*），简称大肠杆菌。本菌为革兰氏阴性、能运动、无荚膜、不形成芽孢、两端钝圆的短粗杆菌。大肠杆菌有菌体抗原（O，即内毒素）、表面（或荚膜）抗原（K）和鞭毛抗原（H）3种。现已知大肠杆菌有O抗原171种，K抗原103种，H抗原60种。其中，H抗原与细菌的致病性无关，O抗原是区分大肠杆菌血清群的根据，K抗原则是区分血清型或亚型的根据。

牛大肠杆菌病可由多种血清型（主要是O_8、O_{78}、O_{101}，还有O_{26}、O_{86}、O_{137}、O_{115}和O_{117}等）致病性大肠杆菌引起。这些大肠杆菌菌株通常具有K_{99}菌毛黏着素，能产生肠毒素。病原菌在空肠、回肠绒毛上皮细胞表面大量定殖，在细菌定殖部位的绒毛可能缩短和向侧方波曲或中等程度萎缩，有时融合，绒毛上皮细胞可能为立方状，上皮下毛细血管扩张，嗜中性白细胞从固有层游走到肠腔。绒毛萎缩可能与肠上皮细胞变性和脱落有关，绒毛萎缩后可出现腹泻。

牛大肠杆菌主要是通过定植因子、内毒素和外毒素等来引起病变的。定植因子（又称菌毛或黏附素）可与黏膜表面细胞的物异性受体结合而定植于肠黏膜，是引起细胞损伤的先决条件。内毒素是菌体崩解所释放的一种脂多糖，在引起败血症方面扮演重要角色。外毒素可分为两种，一是不耐热肠毒素（LT），可激活肠毛细血管上皮细胞的腺苷环化酶，使肠黏膜上皮细胞内的环腺苷酸含量增多，分泌亢进，引起腹泻和脱水；二是耐热性肠毒素，可激活回肠上皮细胞内的鸟苷环化酶，使细胞内的环鸟苷酸增多，进而引起分泌性腹泻。

本菌对外界不良因素的抵抗力不强，加热能很快将之杀死，兽医临床上常用的消毒药均能将之灭活。

【流行特点】 本病主要发生于10日龄以内的犊牛，特别是出生1～3日龄的犊牛最易感。由于不同日龄犊牛的生理机能状态不同，因此，对本病的易感性也有差异。

大肠杆菌广泛地分布于自然界，但大多为非致病大肠杆菌；而病牛和带菌牛则是致病性大肠杆菌的携带着，是最重要的传染来源。本病的主要传播途径是消化道。致病性大肠杆菌多存在于被病牛或带菌牛粪便所污染的地面、水源、草料和其他物品中，犊牛出生后在很短的时间内，本菌就能随乳汁或其他食物进入胃肠道；当犊牛的抵抗力降低或发生消化障碍时，这些存在于胃肠道的病原菌就会大量繁殖，引起发病。

犊牛大肠杆菌病的发生，与使机体抵抗力降低的各种诱因有关。在这些诱因中以不喂初乳或饲喂过晚，或初乳不足、质量不好最为重要。因初乳中含有丰富的免疫球蛋白，其中有一定量的抗大肠杆菌抗体。其次，哺乳母牛饲养管理不当、环境卫生不良、畜舍拥挤、缺少运动、通风换气不好、气候多变等因素，都可促进本病的发生。

本病一年四季均可发生，但以冬季舍饲时最多见，有时可成为地方流行性发生。

【临床症状】 本病的潜伏期很短，一般仅为数小时。通常根据临床症状与病理变化的不同而将之分为3型：

1.败血型　病犊体温升高，精神委顿，食欲减退或废绝，间有腹泻，常于症状出现后数小时至1天内，病犊急性死亡；有时未发生腹泻即已死亡，从血液和内脏中易分离出致病性大肠杆菌。

2.肠毒血型　较少见，急性者，病犊常无明显的症状就突然死亡。如病程稍长，则可见到典型的中毒性神经症状。病犊先是兴奋不安，随后腹泻、脱水（图2-7-1），沉郁，昏迷而死亡。肠毒血症的发生主要是由于致病性大肠杆菌产生的肠毒素被机体吸收所致，因此，没有菌血症的出现。

3.肠型　病初体温升高达40℃，精神沉郁，食欲减少，数小时后发生腹泻。病初排出的粪便呈淡黄色粥样，有恶臭，继则呈水样、淡灰白色（图2-7-2），混有凝血块、血丝和气泡。腹泻之初，由于肛门扩约肌的反射作用，病犊排粪有些用力，后来因肛门松弛，则排便失控，自动流出（图2-7-3）。病犊的肛门、股部及尾部被稀便污染，被毛拧结（图2-7-4）。病畜常有腹痛，用蹄踢腹壁。病牛常因严重的腹泻而明显脱水，眼球塌陷，眼无神而流出多少不一的分泌物（图2-7-5）。后期多因脱水，电解质平衡破坏，代谢性酸中毒，病犊高度衰弱，卧地不起，有时表现痉挛。一般经1～3天因虚脱而死。本病的死亡率可高达80%～100%。

耐过的病畜，常继发脐炎、关节炎或肺炎等病。此时如及时治疗，常能将之治愈。但治愈后的病犊，恢复很慢，发育迟缓。

【病理特征】 败血型和毒血型的病犊，常因死亡迅速，故无特征性的病理变化。

肠型因腹泻而死的病犊，可因机体明显脱水而尸体极度消瘦，黏膜苍白眼窝下陷，肛门周围被稀粪污染。重要的病理变化为急性胃肠炎。皱胃内有凝乳块，黏膜红肿，皱壁出血，其表面有大量黏液团块；小肠充满气体，肠壁菲薄，充血明显（图2–7–6）。肠内容物常混有血液和气泡而具恶臭，黏膜充血、出血，部分黏膜上皮脱落。镜检，肠绒毛萎缩不严重，但在小肠后段绒毛表面有大量病原菌（图2–7–7）。扫镜电镜下见大量椭圆形病原体镶嵌在破坏的微绒毛及肠上皮间（图2–7–8）。

另外，肠系膜淋巴结肿大、充血，切面多汁。肝脏、肾脏和心脏等实质变性，散在出血点。肾脏常见有间质性肾炎变化（图2–7–9）；胆囊内充满浓稠暗绿色胆汁。病程延缓时，病犊常伴发关节炎和肺炎。继发感染时可检出化脓性脑膜炎变化（图2–7–10）。

【诊断要点】 根据初生犊牛发生腹泻，剖检表现急性胃肠炎，同时在回肠黏膜刮取物的涂片中有大量革兰氏阴性大肠杆菌，可以做出诊断。确诊则需分离出致病性大肠杆菌菌株和证明其产生的肠毒素。进行细菌学检查时，应注意取材的部位。败血型一般多采取血液和内脏组织；肠毒血症多采小肠前部的黏膜；肠型为发炎的肠黏膜。对分离出的大肠杆菌，一般先做生化反应和血清学检查，然后再根据需要做进一步检查。

【治疗方法】 本病一旦发生，就要及时治疗，不能延误，防止败血症的发生。由于本病多以腹泻为特点，常导致机体严重脱水，血中离子平衡失调以及酸中毒等，所以治疗本病应以抗菌消炎、补液补碱和调整胃肠机能为原则。

1.抗菌消炎 抗菌消炎常用的抗生素为氯霉素、土霉素、链霉素或新霉素。其内服的初次剂量为每千克体重用30～50毫克；12小时后剂量可减半，连服3～5日。或以每千克体重10～30毫克的剂量肌肉注射，每日2次。另外，也可用痢特灵0.3～0.5克，每日口服2次，连用3～5天。多黏菌素每千克体重3万国际单位内服，或每千克体重肌肉注射2 500国际单位，均为每日2～3次，连用3～5天。

2.补液补碱 借以预防脱水和酸中毒。方法是：静脉注射5%葡萄糖生理盐水500～1 000毫升，或在其中加入碳酸氢钠或乳酸钠注射液。为了强心和提高机体对糖的利用率，在补液时还应加入安那加和维生素C等药物。如能输适量母牛血液更好（一次200毫升）。

3.调整胃肠 调整胃肠机能，保护胃肠黏膜，减少肠毒素的吸收，是治疗本病的一个关键。一般可内服保护药和吸附剂，如内服次硝酸铋（5～10克）或白陶土（50～100克）或活性炭（10～20克）等；或鱼石脂乳酸溶液（鱼石脂15～20克，乳酸2毫升，蒸馏水90毫升）一茶杯与同量脱脂乳一起灌服。

【预防措施】 预防本病主要是加强对怀孕母牛和初生幼犊的饲养管理。

1.母牛的管理 对妊娠母牛应供给配比合理的日粮，其中应有足够的蛋白质、矿物质和维生素等；牛舍，特别是产房要保持清洁、干燥，保温并能通风换气，室内空气新鲜；及时清除污物及粪尿，并经常进行消毒，勤换垫草，保持牛体清洁，特别是母牛的乳房一定要清洁无污。

2.犊牛的管理 一定要让新生犊牛吃上初乳，要保证适量的母乳供给。当母乳不足时要及时用适宜的代用品补充，使犊牛能获得足够的营养。要保证犊牛圈舍的清洁卫生，防止犊牛舐饮污物或污水。在犊牛大肠杆菌病常发的地区，可内服合霉素0.5克，每日1次，连服3天，能有一定的预防作用。另据报道，若给犊牛皮下注射50～100毫升母牛血液，则可预防本病的发生。

图 2-7-1　严重下痢的病牛呈虚脱状

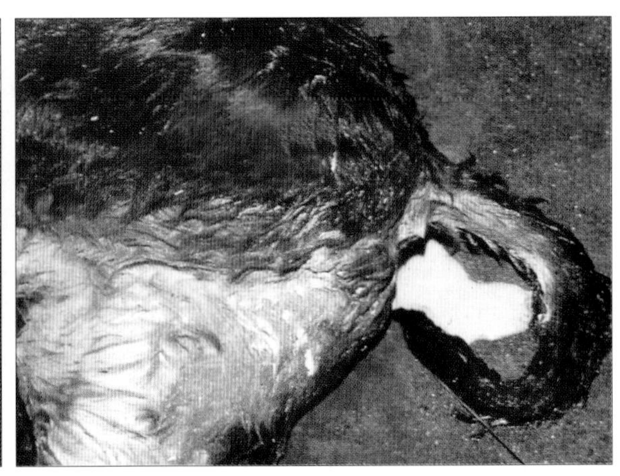

图 2-7-2　病牛的肛周有大量淡灰白色水样痢便附着

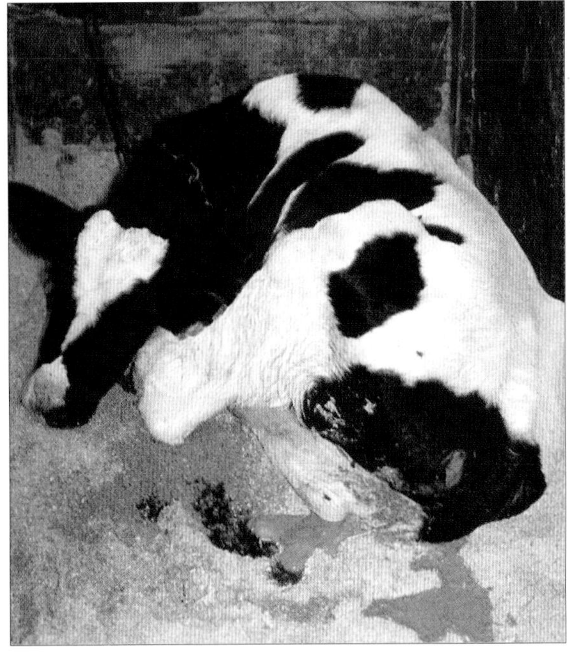

图 2-7-3　病牛不断下痢，肛门失禁，粪便自动流出

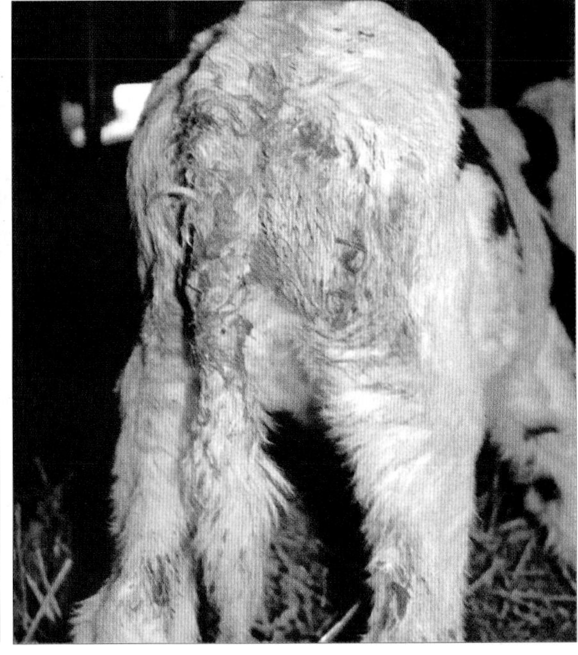

图 2-7-4　病牛的尾根肛周有大量白痢附着，被毛拧结

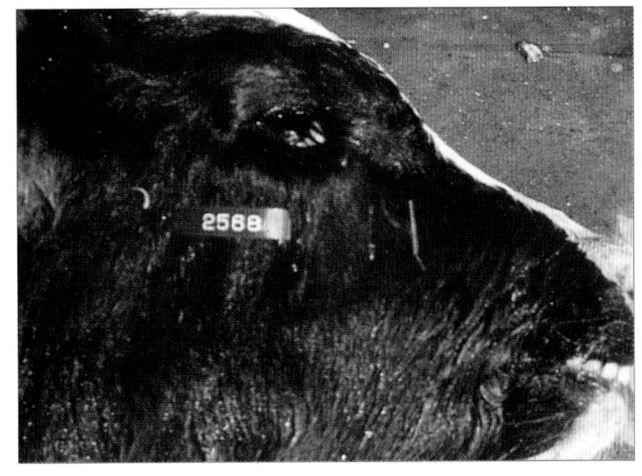

图 2-7-5　病牛严重脱水，眼球塌陷

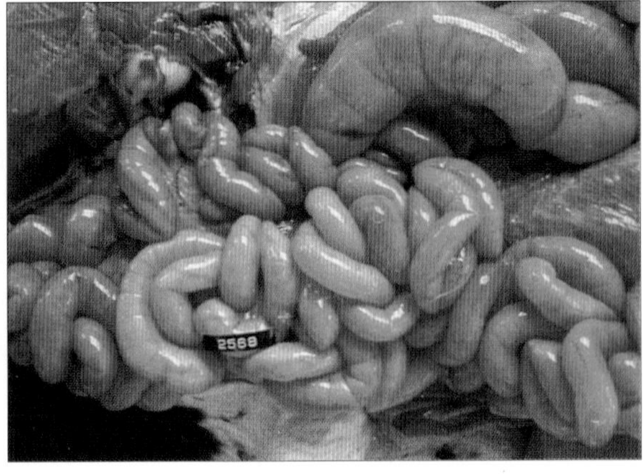

图 2-7-6　肠管弛缓，肠壁菲薄，充满大量气体

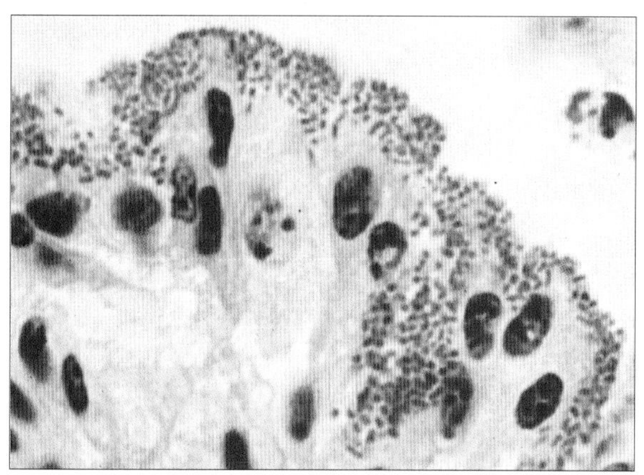
图 2-7-7　回肠黏膜上皮表面有大量大肠杆菌

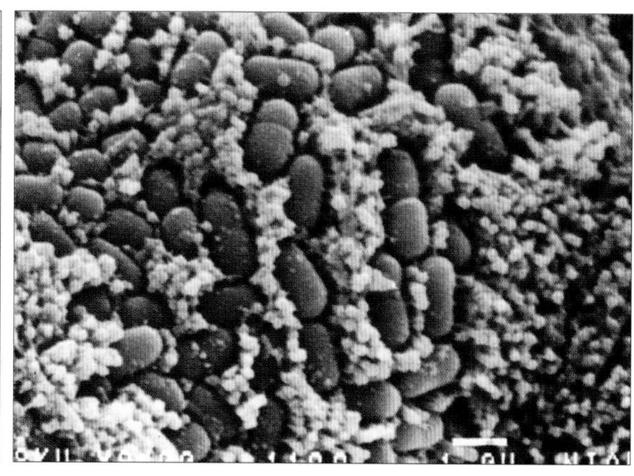
图2-7-8　用扫描电镜在肠黏膜上皮细胞间检出大量大肠杆菌

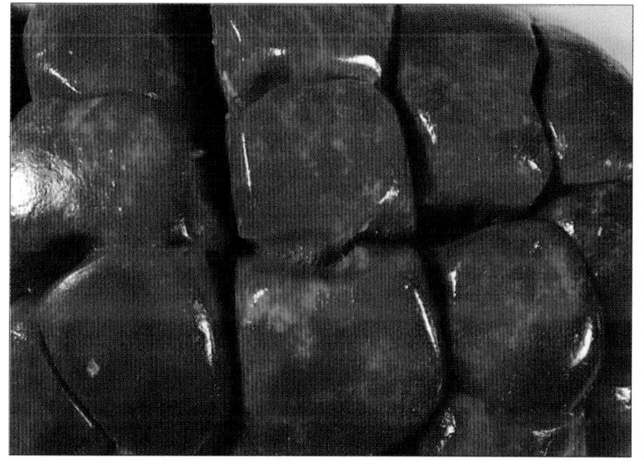
图 2-7-9　肾表面有大量灰白色结缔组织增生灶

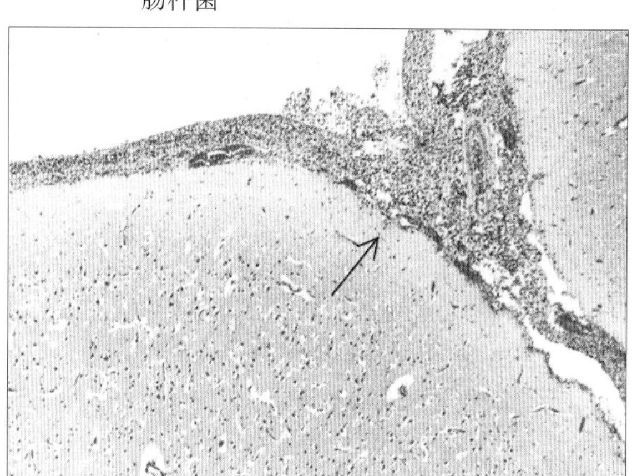
图 2-7-10　发生于大脑的化脓性脑膜炎

八、牛传染性脑膜脑炎

（Bovine infectious encephalomeningitis）

牛传染性脑膜脑炎又名牛传染性血栓栓塞性脑膜炎（Bovine infectious thromboembolism encephalomeningitis），是牛的一种急性败血性传染病，临床及病理学上有多种类型，以血栓栓塞性脑膜脑炎、血管炎、关节炎、胸膜炎和肺炎为其特征。

本病于1956年由Griner等在美国首先做了报道，以后在英国、加拿大、德国和瑞士也发现，现已遍及世界大多数养牛国家。本病主要发生于奶牛和肉牛，特别在秋冬季节，由于牛群受拥挤和寒冷刺激等应激因素作用而诱发。放牧牛较少发生，但经长途运输后有时也可暴发本病。

【病原特性】 本病的病原体为嗜血杆菌属的昏睡嗜血杆菌（*Haemophilus somnus*），为小型球杆菌，在人工培养物中常呈明显的多形性，有球状、小杆状或球杆状、短链排列的线状以及丝状等。本菌没有鞭毛，不形成芽孢和荚膜，不能运动，也没有溶血的功能；革兰氏染色呈阴性，美蓝染色呈两极浓染，但着色不均匀。昏睡嗜血杆菌是严格寄生的需氧菌，生长需要动物组织或细菌提取物中的生长因子。

本菌抵抗力不强，常用的消毒药液在室温条件下一般5～20分钟即可将其杀死。

【流行特点】 昏睡嗜血杆菌是牛的正常寄生菌，一般能从健康牛体中分离山来，当奶牛遭遇应激因素或并发病时即可导致发病，通常呈散发性。病牛的分泌物中常能分离出大量病原，成为本病的传染源。本病的传播方式还未完全清楚，一般认为主要通过飞沫经呼吸道传播；另外，病牛排出的尿液、流出的鼻液和从生殖道流出的分泌物等对饲料及水源严重的污染，也可引起消化道传播。本病的易感染动物多为奶牛和肉牛，尤以6月龄到2岁的牛常见多发。此外，猪、绵羊和马也易感染本菌而发病。

本病无明显季节性，一年四季均可发生，但多见于秋末、初冬或早春寒冷潮湿的季节，一般为散发。

【临床症状】 本病的临床症状有多种病型，以呼吸道型、生殖道型和神经型为多见。

1.呼吸道型　患呼吸道型的病牛，主要表现高热（41～42℃）、呼吸困难、咳嗽、流泪、流鼻液、有纤维素胸膜炎症状。

2.生殖道型　生殖道型可引起母牛阴道炎、子宫内膜炎、流产以及空怀期延长、屡配不孕、感染母牛所产犊牛发育障碍，出生后不久死亡。

3.神经型　患神经型的病牛，早期表现体温升高，精神极度沉郁，厌食，肌肉软弱，以球关节着地，步行僵硬，有的发生跛行，关节和腱鞘肿胀；病的后期，出现明显的神经症状，表现为运动失调，惊厥和感觉过敏，肌肉震颤或虚弱、转圈运动，眼结膜充血，意识障碍，不能站立，头颈伸直而卧在地上（图2–8–1）。有的病牛发生严重的意识障碍，目光呆滞，嘴抵于地（图2–8–2），即便大声呼唤也无反应。有的病牛四肢肌肉麻痹，常卧地不起（图2–8–3）。还有的病牛则全身肌肉，甚至连舌肌也发生麻痹，病牛呈昏睡状，躺卧在地，从口腔流出大量涎液（图2–8–4）。一些病牛则失明、麻痹、昏睡、角弓反张和痉挛等，常于短期死亡，另有少数病牛甚至无先兆症状突然死亡（图2–8–5）。

除以上3种类型外，有的病例还可见到心肌炎、耳炎、乳房炎和多发性关节炎等症状。

【病理特征】 死于本病的病牛多为神经型的病例，剖检的最特征性病变为脑的出血性梗死。脑梗死常为多发性，可发生于脑的任何部位，眼观，脑膜充血，有针尖大到拇指大的出血性坏死灶（图2–8–6），脑切面有大小不等的出血灶和坏死软化灶，其色泽为鲜红色至褐色，直径为0.5～3厘米。脑膜炎为局灶性或弥漫性，脑脊液呈淡黄色、浑浊，常含絮状碎屑物。镜检，脑出血和梗死是在血管炎的基础上发生的，浸润的主要炎性细胞为嗜中性白细胞（图2–8–7），有时在软化的病灶中可检出球杆状的昏睡嗜血杆菌。

此外，剖检本病时还可检出浆液性纤维素性喉炎、气管炎、胸膜炎和肺炎；多关节炎、心包炎和腹膜炎常可见到。喉头黏膜见有灶状溃疡及固膜性假膜，且可扩张到气管。息肉状气管炎亦曾有报道。关节炎表现为关节滑膜水肿，伴发点状出血；关节囊的滑膜液增量、浑浊，内含纤维素凝块，但关节软骨通常不见损害。全身淋巴结肿大，心肌、骨骼肌、肾脏、前胃、皱胃和肠管的浆膜有时见点状或斑状出血。

【诊断要点】 根据本病的流行特点、临床症状和病理变化，一般可做出初步诊断。如从病变组织中分离出病菌并进行发病实验后方能确诊。目前用于本病诊断的血清学方法有微量凝集试验、补体结合试验、酶联免疫吸附试验、对流免疫电泳等，但由于本病原是奶牛的常见菌，故血清中的抗体检测只能作为诊断本病的参考。

【类症鉴别】 诊断本病时应注意与李氏杆菌性脑膜炎和牛维生素A缺乏症相互鉴别。

1.李氏杆菌性脑膜炎　本病在临床上可见单侧性面神经麻痹、头颈偏斜，脑脊液中通常是单核细胞增多。病理变化表现为脑软膜、脑干后部血管充血，血管周围有以单核细胞为主的浸润，脑组织有小的化脓灶。此外，还可见坏死性肝炎与心肌炎，而体腔不见有炎症变化。

2.牛维生素A缺乏症　本病常发生于6～12月龄青年牛，其临床特征是：病牛视力轻度减退，惊恐不安，或突发短期惊厥，晕厥持续10～30秒钟后，偶见病牛死亡，但多数病例可恢复正常。运动可促使本病发作。剖检，脑脊髓液增多，大脑穹窿和椎骨变小，脑神经和脊髓神经根受压迫而损伤。但缺乏牛传染性脑膜脑炎所具有的发热、脑部多发性出血性梗死和其他组织器官的脉管炎变化。

【治疗方法】 病牛在没有出现神经症状之前，尽快用抗生素和磺胺类药物治疗，效果明显，但如出现神经症状，则抗菌药物治疗无效。

【预防措施】 本病是在机体抵抗力降低时在应激因素的作用下发病，病原体多为机体内的正常寄生菌，因此，预防本病必须加强饲养卫生管理，减少应激因素；为了提高机体的特异性免疫力，可用氢氧化铝灭活的嗜血杆菌菌苗进行注射。在本病常发地区，还可定期在奶牛的饲料中添加四环素族抗生素借以降低本病的发病率，但应注意抗生素不能长期使用，否则易产生抗药性而后患无穷。

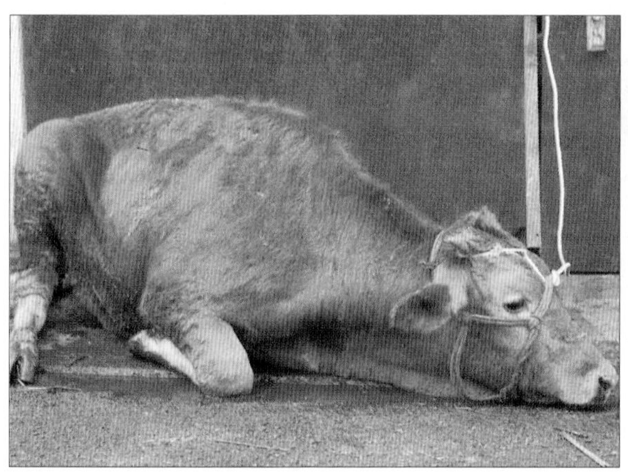

图2-8-1　病牛的眼睑和意识反射消失，头颈伸直，卧地不起

图2-8-2　病牛伴发严重的意识障碍，不能起立，目光呆滞，嘴抵于地

图2-8-3　病犊四肢肌肉麻痹，不能站立

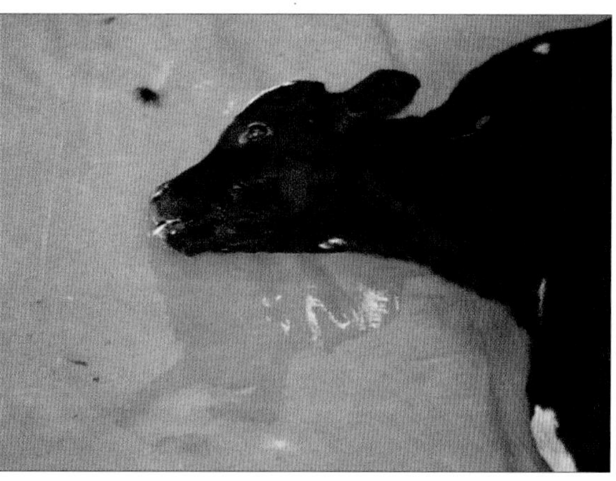

图2-8-4　病牛的舌麻痹而大量流涎

图 2-8-5 发病 12 小时后急性死亡的病例

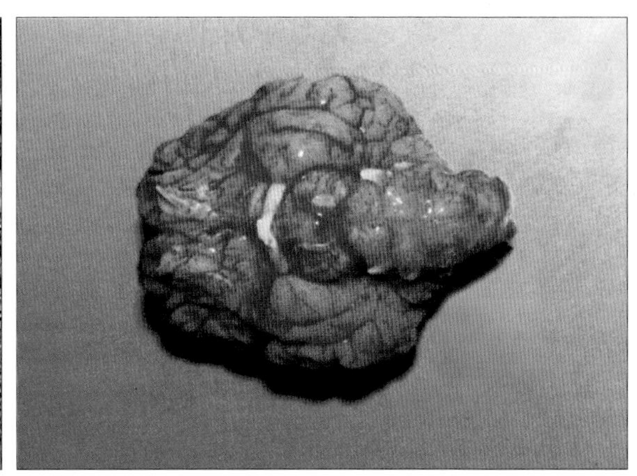

图 2-8-6 脑淤血和出血，并见小的出血性坏死灶

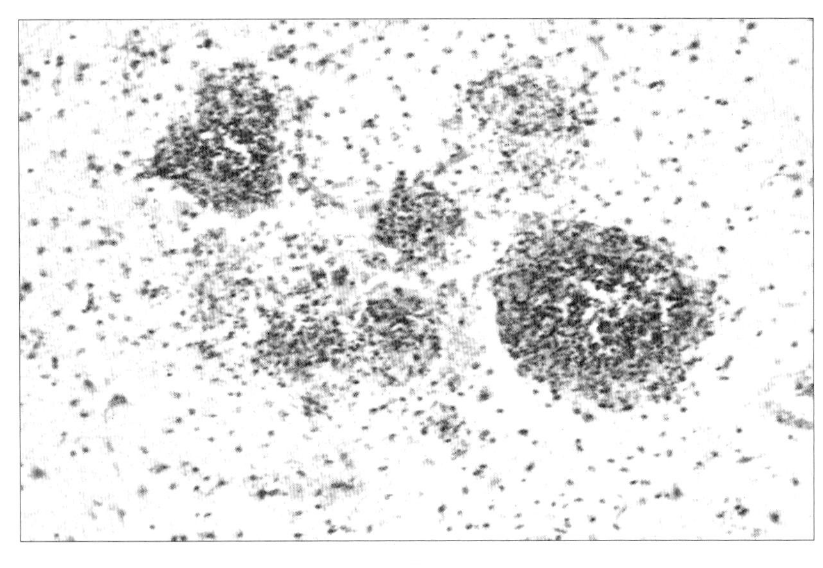

图 2-8-7 小血管发炎，见血栓形成和炎性细胞浸润

九、结 核 病

（Tuberculosis）

结核病是奶牛多发的一种人畜共患的慢性传染病。其临床和病理学特征为病牛渐进性消瘦，在机体许多组织和器官形成结核结节（结核性肉芽肿），继而结节中心发生干酪样坏死和钙化。

本病在世界各地广泛发生，曾是引起人畜死亡最多的重要疾病之一。目前已有不少国家控制了本病，人畜的发病率与死亡率均明显减少，但在防制措施不健全的国家和地区，往往能形成地区性流行。我国的人畜结核病虽然曾得到控制，但近年来的发病率又有所增长，而且奶牛的发病率较高。这不仅影响奶牛业的发展，而且还有通过肉品和乳汁传染给人的可能。因此，本病具有特别重要的公共卫生学意义。

【病原特性】 本病的病原体为结核分枝杆菌（*Mycobacterium tuberculosis*）。结核分枝杆菌（简称结核杆菌）主要有3型：即牛型、人型和禽型。各型结核杆菌的形态、培养特性和对动物的毒力不尽相同。奶牛的结核病主要由牛型结核杆菌所引起。

牛型结核杆菌稍粗短，着色不均，可单独、平行或群集成束排列的需氧性细菌，兼性细胞内寄生。其形态多为棍棒状、弯曲状，间有分枝状。菌体长约1.5～4微米，宽为0.2～0.6微米，没有荚膜，不产生芽孢，也不能运动。结核杆菌用革兰氏染色时呈阴性反应，用一般的染色法较难染色，但用抗酸染色法可使其染成红色。抗酸染色的基本方法是：先用石炭酸复红加温初染，后用3%盐酸酒精脱色，再用美蓝液复染，水洗后用油镜检查。结核杆菌被染成红色（图2-9-1），而其他细菌则被染成蓝色。

结核杆菌不产生毒力因子，未检出有内毒素、外毒素、细胞外酶系、溶血素或杀白细胞素等，但此菌很易被多形核白细胞和巨噬细胞吞噬。这是因为巨噬细胞膜对含类脂质较高的菌体外壁具有亲和力，因而菌体易附着在巨噬细胞表面，并且迅速被吞噬。细菌壁成分中的索状因子（cord factor）和茧蜜糖二霉菌酸酯与本菌的毒力有关，可使菌体彼此粘连呈索状或丛状，而诱发肉芽肿反应。

结核杆菌外面有一层蜡脂样膜，因此，在外界中对干燥和低温的抵抗力很强，在干燥的痰中能生活10个月，在腐败的痰中能存活6个月；在潮湿的地方能存活8～9个月；在粪便、厩肥、土壤中能存活6个月以上；在放牧的青草地上能存活1～5个月；在冷藏的奶油中可存活10个月。但结核杆菌对热的抵抗力较差，在日光直射下数小时死亡，痰中的结核杆菌经煮沸5分钟即被杀死，牛奶中的菌体在60℃经30分钟即可灭活。因此，应用巴氏灭菌法消毒牛乳时，通常应用62～65℃、15～30分钟达到灭菌目的。化学消毒药多用3%～5%来苏儿溶液、5%石炭酸溶液、5%福尔马林或10%漂白粉溶液消毒。

【流行特点】 牛型结核杆菌除奶牛最易感染外，其次为黄牛、水牛和牦牛，猪和人也可感染发病。病牛是本病的主要传染来源，其分泌物和排泄物，特别是于肺部形成结核性空洞病变的奶牛的鼻液中含菌量最多；其次患乳腺结核分泌的乳汁、患肠结核病牛排泄的粪便含菌也很多。当病牛咳嗽时，喷出的飞沫和痰液分散在空气中，或落于饲料、饮水、灰尘或土壤中；排出的唾液、粪、尿、生殖器官的分泌物和乳汁等污染了饲料、饮水、用具、饲槽、畜栏和牧草等，就使这些物体成为散播结核病的媒介物。

本病的传播途径有3条：呼吸道为其主要途径，即病牛喷出的飞沫经呼吸道而感染健康牛；其次为消化道，即通过污染的饲料、饮水和乳汁等的采食而感染；三是生殖道，可以交配感染，母牛患子宫结核时，通过脐静脉能使胎儿感染。

另外，奶牛场环境卫生不良，牛群过于拥挤，场地潮湿，通风不良，光照不足，易于引起发病；饲养管理不良亦能降低机体的抵抗力，促进本病的发生；而长期不检疫，防疫及隔离措施不严，病牛与健康牛同栏饲养所造成的危害更大。

【临床症状】 奶牛结核病具有病程长、治愈慢、易感染、易恶化的特点。其潜伏期长短不一，短者十几天，长者可达数月甚至数年。病初症状不明显，随后逐渐出现。由于病畜发病程度和患病器官的不同，故在临床的表现也各不相同。

1.肺结核　牛结核以肺部居多，初期，病牛的精神、食欲和反刍均无明显变化，主要表现为短促干咳，尤其当病牛起立、运动、吸入冷空气或含尘土的空气时易发生咳嗽。随着病情的发展，病牛的咳嗽次数增多，由干咳逐渐变为湿咳，咳嗽加重并带疼痛；流出黏液性或脓性鼻液，呼吸次数增多，严重时呼吸困难。听诊时可闻及肺泡音粗厉，有干性和湿性罗音；叩诊时能叩出浊音、半浊音和鼓音区。当胸膜发生结核时，胸部可听到摩擦音，触诊时病牛疼痛，有抗拒反应。随着病程的持续，病畜消瘦、贫血、泌乳量明显减少或停止。

当病牛发生全身性粟粒性结核或弥漫性结核性肺炎时，病牛的体温常升至40℃以上，呈弛张热，精神、食欲不振或废绝，呼吸困难，终因急速心肺功能不全和衰竭而死亡。

2.乳房结核　乳房淋巴结肿大，无热无痛；乳房可触摸到局限性或弥散性无热无痛性结节（图2-9-2）；乳汁初期无明显变化，继之泌乳量减少，乳汁稀薄，甚至为水样并混有凝块，最后泌乳停止；病程较长时，常能引起乳腺的萎缩，使两乳房呈不对称状。

3.肠道结核　病初病牛精神不振，食欲不佳，消化不良。继之，病牛腹泻或便秘交替，或持续性下痢，粪便呈稀粥样，混有黏液和脓液。病牛迅速脱水、消瘦（图2-9-3）。直肠检查时，可摸到肠道和肠系膜淋巴结的异常变化。

4.生殖道结核　多数在分娩时受污染，或交配所引起。病牛性机能紊乱，多为性欲增加，频频发情，但屡配不孕；有的病牛性欲亢进而呈慕雄狂状。妊娠母牛经常流产。有的病牛在生殖器官形成结节和溃疡，从阴道流出黄白色分泌物，内混有絮状物。公牛的附睾及睾丸肿大，硬固而有疼痛感。

5.淋巴结结核　通常不是一个独立的病型，而是伴发于各类型结核。最常见的是体表淋巴结，如下颌、咽、颈、肩前及腹股沟等淋巴结肿大，硬变，有结节，无痛，高低不平，不与皮肤粘连。当咽后淋巴结肿大时，常压迫喉部，引起呼吸困难；纵隔淋巴结因结核病变而肿大时，常能压迫食道，造成慢性瘤胃臌胀。

6.中枢神经结核　当全身性粟粒性结核侵及脑膜与脑实质时，常出现神经症状，如运动障碍、精神紧张、应激反应增强，甚至发生癫痫。据报道，一例在临床上有癫痫症状的病牛，剖检时在其延脑膜上发现有结核结节。

【病理特征】　结核病的病理变化由于机体感染细菌的数量、毒力及机体本身抵抗力的不同而表现多种多样，但基本的病变有2种，即形成增生性和渗出性结核结节。增生性结核结节多见于感染细菌量少、菌的毒力低或机体抵抗力强的病牛。其特点是在组织和器官内特别是在肺组织内形成粟粒大至豌豆大、灰白色半透明的坚实结节；有的结节孤立散在，有的密发，也有的几个结节相互融合形成比较大的集合性结核结节。镜检，一个典型的增生性结核结节，通常有以下3层结构（图2-9-4）：即中心为干酪样坏死与钙化，中间层为由上皮样细胞和郎罕氏细胞构成的特异性肉芽组织，外层为由成纤细胞和淋巴细胞构成的普通肉芽组织。病期长或机体抵抗力强时，坏死中常见钙盐沉积（图2-9-5）。渗出性结核结节是在机体感染的细菌多、菌株毒力强而机体抵抗力弱或变态反应较强时所形成的，此时的增生性变化极为微弱。其特点是结节的中央为黄白色、干燥的干酪样坏死物，周边为暗红色的反应带。镜检，结节中央的受侵组织连同渗出的单核细胞及淋巴细胞发生坏死，失去原有结构，抗酸染色时，在坏死组织和郎罕氏细胞的胞浆中可检出阳性结核杆菌（图2-9-6）；坏死灶周边的血管扩张，充血、淤血、出血、水肿，并见薄层特异性肉芽组织及一般结缔组织围绕。

奶牛的结核病多是在机体的原发性结核病变的基础上，当机体的免疫功能受各种因素影响而降低时，病灶内残留存活的细菌又通过淋巴或血液蔓延而扩散至全身各组织器官，形成晚期全身化。此时的病变复杂多样；有的可因结核性败血症或结核性肺炎的形式而死亡；但在多数情况下，于病牛的肺脏、淋巴结、胸腹腔、浆膜、乳腺、子宫和肝、脾等部位形成特异性结核病变。

1.肺结核　是牛结核病的基本表现形式，发病率高达75%～99%。牛肺结核的主要表现形式为结核性支气管肺炎，其病灶分布具有与支气管树分布相一致的规律。小叶性结核具有明显渗出性特征，病变可达榛子大乃至核桃大，切面呈灰白色干酪样，其相应的细支气管也出现结核性支气管炎（图2-9-7）。当小叶性结核病灶进一步扩大而侵及某一肺叶或几个肺叶大部分组织时，则称结核性大叶性肺炎（图2-9-8），它是经支气管源性扩散时最为严重的病理变化。病变多半位于膈叶后部，病变部质地坚实，与周围肺组织境界明显，表面呈淡红褐色。切面具大叶性肺炎肝变期所呈现的类似变化，但多数病灶中心部形成黄白色干酪样坏死或形成黄白色液状脓汁，所以称此为干酪性肺炎。此外，当小叶性结核或大叶性结核坏死、崩解、液化而破坏了病灶内的支气管壁时，则病灶内的坏死物经破损的支气管排出体外，则于病灶部形成肺空洞病变，此称开放性结核。新形成的空洞，其内部表面粗糙不平，腔内蓄积有残留的干酪样坏死物或脓样物质，与空洞壁相邻的肺组织中可见有不同形式的结核性病变。陈旧的空洞壁见有厚层结缔组织增生。有的空洞常以其病灶内破损的较大的支气管壁为其部分周界，并由于支气管腔蓄留有脓性渗出物而扩张，而管壁也由于结核性肉芽组织增生而增厚，此种空洞称为支气管扩张性空洞。

此外，肺脏还可见到因血源性播散而形成的粟粒性结核结节。肺粟粒性结核病变的始发部位为肺泡壁，一般表现分布均匀，大小基本一致。眼观结节呈圆形，稍隆突于肺表面或向切面突出。增生性结节中央呈黄白色干酪样坏死，钙化时呈灰白色坚实结节，外围有结缔组织包绕。渗出性结节中央呈灰黄色坏死，其周边具红褐色炎性反应带（图 2-9-9）。

2.浆膜结核　多见于腹膜、胸膜、心外膜、大网膜和横膈膜等部位，尤以腹膜较为多见。浆膜发生结核的病变主要有 2 种表现形式：一是珍珠病（peal disease），为增生性浆膜结核，多见于腹膜和胸膜。其特点为在浆膜有许多由黄豆大、榛子大、核桃大乃至鸡卵大的结节。有的小结节密集成堆或互相融合成为一个大结节（图2-9-10）。有的结节以一细长根蒂连接于浆膜，结节表面均有一厚层包膜，表现光滑而有光泽，切面呈黄白色干酪样坏死或钙化，因其形似珍珠，故习称为珍珠病。二是干酪样浆膜炎，为渗出性浆膜结核。首先发生急性浆液性、纤维素性浆膜炎，使浆膜急剧水肿、增厚，随后迅速发生干酪样坏死。心外膜和心包发生浆膜结核时，由于有特异性和非特异性肉芽组织大量增生而使两者粘连（图2-9-11），包裹心脏而状似盔甲，称之为盔甲心。

3.淋巴结结核　淋巴结也是结核病过程中最易受侵害的器官，发生率可高达97%～100%。特别是某器官出现结核病变时，其所属淋巴结也必然出现相应的结核病变。肺和肠道是易受结核菌侵害的部位，所以门肺淋巴结、纵隔淋巴结和肠系膜淋巴结也最常发生结核病变。

结核性淋巴结炎主要有2种表现形式：一是增生性结核性淋巴结炎，眼观，淋巴结高度肿大，质地坚硬，切面密布大小不等、中心呈干酪样坏死或钙化和周边有结缔组织包绕的结核病灶（图 2-9-12）。病灶有的单个存在，有的互相融合，往往在一个大结节病灶内存有多个小结节病灶。镜检见病变组织具典型的结核病灶特异结构。二是渗出性干酪性淋巴结炎，其病变特点是淋巴结高度肿大，一般可达核桃大、鹅卵大乃至更大，切面呈大片黄白色或斑块状有间质分隔的坏死灶。严重时整个淋巴结完全发生干酪样变（图 2-9-13）。

4.乳腺及生殖器结核　乳腺结核主要经血源扩播而来，病变特点为形成增生性或渗出性结核病变，也见有形成大片干酪性乳腺炎。眼观，乳房部不仅有大小不等的结节，严重时乳头萎缩，散布糜烂、溃疡和结痂（图 2-9-14）。子宫发生结核病变时常表现子宫角增厚，于黏膜形成结节性坚实肿块，或形成大面积干酪样坏死；此时，输卵管也往往同时受侵害而呈索状，管腔内充积黄色脓液或干酪样团块。

5.肠结核　肠结核的病变多发生于小肠和盲肠，形成大小不同的结核结节或溃疡。溃疡多呈圆形或卵圆形，周围呈堤状，溃疡面底部坚硬，上面覆盖干酪样物（图 2-9-15）。

6.实质器官结核　肾脏偶见形成较大的增生性结核病灶或发生结核性肾盂肾炎。肝脏（图2-9-16）和脾脏发生的结核病变多半为增生性结核结节。犊牛结核早期全身化时，部分病例可发生结核性脑膜脑炎，表现脑底部软脑膜或蛛网膜存有干酪化病灶或有结核结节散在。在大脑和小脑实质内也偶见有干酪化结节。

此外，结核病变还可见于骨骼、软骨、关节、肌肉和眼等部位。

【诊断要点】 患结核病的奶牛在临床上没有特殊的症状，一般根据病牛发生进行性消瘦、咳嗽、慢性乳房炎、顽固性下痢和体表淋巴结的慢性肿大等，可做出初步诊断。病理剖检，发现典型的结核结节，并用病料涂片，进行抗酸染色，若检出染成红色的中等大平直或稍弯曲或带分枝的杆菌，即可确诊。

目前，在临床上诊断结核病的主要方法是用结核菌素皮内注射和点眼。每回检疫做2次，两种方法中任何一种呈阳性反应，即可判定为结核阳性反应牛。

虽然结核性病变有相当的诊断价值，但在临诊实际应用上，目前几乎无例外地使用结核菌素进行诊断，方法有皮内注射和点眼2种。对从未进行检疫的牛群及结核菌素阳性反应检出率在3%以上的牛群，应用皮内注射法结合点眼法；对经过定期检疫、污染率在3%以下的假定健康牛群，应用皮内注射法检疫；对犊牛群以皮内注射法检疫，于生后20～30天进行第1次，100～120天时进行第2次，6个月龄时进行第3次。

1.皮内注射法　注射部位：在左侧颈部上1/3处剪毛（3个月以内的犊牛可在肩胛部），直径约10厘米，或在尾根无毛部；然后用卡尺测量其皮肤皱襞的厚度并做记录。注射剂量：酒精消毒注射部位后，皮内注射结核菌素原液，3个月以内的犊牛注射0.1毫升；3月至1岁犊牛注射0.15毫升；1岁以上的成牛用0.2毫升。观察反应：注射后在72和120小时各进行1次观察，并用卡尺测量注射部皮肤皱襞的厚度及肿胀面积，同时检查局部热、痛、肿胀的性质，做好记录。对奶牛，在72小时观察后为阴性或疑似反应的牛，须在第1次注射的同一部位，以同一剂量进行第2次注射，48小时后再进行观察，所检项目同上。判定标准如下：

（1）阳性反应　局部有热、痛及弥漫性水肿，硬软度如面团或硬片，其肿胀面在35毫米×45毫米以上，或仅皮厚比原来增加8毫米以上，或尾根部出现明显的炎性肿胀（图2-9-17），判定为阳性，其记录符号为“+”。

（2）阴性反应　局部无炎性反应，皮厚差不超过5毫米，或仅有坚硬而无热痛结节，判为阴性反应，其记录符号为“-”。

（3）疑似反应　炎性肿胀面积在35毫米×45毫米以下，皮厚差在5～8毫米之间，判为疑似反应，其记录符号为“±”。

2.点眼法　奶牛结核菌素点眼，通常每次检查进行2次，间隔3～5天。点眼前检查：点眼前必须检查牛的结膜是否正常，一般点左眼，如左眼有病则改点右眼。点眼的方法是：用1%硼酸棉球擦净眼部外周的污物，以左手食指与拇指使瞬膜与眼睑形成凹陷，用玻璃滴管吸取结核菌素，向眼睑结膜囊内滴入结核菌素原液3～5滴（0.2～0.3毫升），并用手轻轻揉动上下眼睑后放开。点眼后的注意事项：点眼后应将牛拴好，防止牛头部与周围物体摩擦，防止风沙侵入和避免阳光直射。观察反应：于点眼后第3、6、9小时各进行1次观察，必要时于第24小时再观察1次。主要观察结膜红肿、眼睑肿胀程度、流泪及分泌物的性质与数量。判为阴性及疑似反应的牛须于72小时后，在同一眼用相同的剂量再次点眼，方法与观察内容与前述相同。判定标准如下：

（1）阳性反应　自眼角流出2个大米粒大或2毫米×10毫米以上的呈黄白色脓性分泌物，其分泌物积聚在结膜囊、眼角内或眼的周围，或有明显的结膜充血、水肿、流泪者，可判定为阳性反应，其记录符号为“+”。

（2）阴性反应　无反应或眼结膜仅轻微充血，流出少量透明的浆液性分泌物者，可判定为阴性，其记录符号为“-”。

（3）疑似反应　眼角流出2个大米粒大或2毫米×10毫米以上灰白色、半透明的黏液性分泌物，眼睑不肿胀，无明显结膜炎，不流泪者，可判定为疑似，其记录符号为“±”。

【治疗方法】　患结核病的奶牛一般不进行治疗，而做淘汰处理；但对一些有利用价值的奶牛可用结核杆菌敏感的药物进行治疗。实验证明：结核杆菌对磺胺类药物、青霉素及其他广谱抗生素均不敏感，但对链霉素、异烟肼、对氨基水杨酸和环丝氨酸等较敏感。

牛群中有表现明显临诊症状的，或呈急性暴发的病牛，可肌注链霉素、对氨基水杨酸、丝氨酸和异烟肼等，其中以异烟肼的疗效较好。异烟肼的用量为每次1克，每日2次，待急性症状消失后，可改用口服，剂量同前，连续内服1周。

结核病牛群最好在易发季节前，采取预防性治疗，对体膘消瘦、多咳、食欲不佳等奶牛，每次口服异烟肼1克，连服5～7天，这样可以大大减少病牛群的急性暴发病例。

【预防措施】　应建立以预防为主的防疫、卫生、消毒、隔离制度；采取综合性防疫措施；防止结核病的传入和扩散；净化病牛群，培育健康牛群。这是防制结核病的主要措施。

1.无结核病牛群的防制　平时加强防疫、检疫和消毒工作，防止本病传入。每年春秋2季各进行1次检疫，发现病牛及时处理。补充牛前，要进行检疫，运回后必须隔离3个月以上，经3次检疫，确实无病方可入群。患结核病的人不能担任饲养人员。

2.假定为健康牛群的防制　每年进行2～3次检疫，发现结核菌素阳性牛，及时送至病牛群隔离饲养，并对牛群应于30、45日后再检疫，直至连续3次检疫不再发现阳性反应牛为止，同时要经常做好防疫卫生工作。

3.结核菌素阳性牛群的防制　将阳性反应奶牛隔离在指定地点，固定专人饲养，并定期进行临床检查。结核菌素阳性奶牛所产的奶必须煮沸消毒后才可以食用。发现开放性病牛，要立即淘汰扑杀，肉以高温处理后方可食用，有病变的器官要销毁或深埋。对新建的奶牛场或阳性反应牛少的奶牛场，应采取果断措施，及时处理阳性牛，借以根除传染源。

4.培育健康奶牛群　培育健康奶牛群，是一种积极的防制措施。其方法是：在犊牛产出后，立即与母牛分开，隔离于犊牛培育场，喂初乳3～5天后，饲喂健康牛乳或消毒牛乳。小牛在生后1个月进行第1次检疫，3～4个月后进行第2次检疫，6个月后进行第3次检疫。3次检疫均为阴性者，且无任何可疑的临床表现，可放入假定健康育成牛群中进行饲养。以后定期进行检疫。

5.加强兽医防疫卫生措施　具体要做好：奶牛的产房要经常进行消毒，保持清洁干燥，及时更换褥草，母牛分娩时要妥善处理胎衣、羊水和污染物；加强对奶品的卫生管理工作；固定饲养管理工具及运输车辆，并保持清洁；加强饲养员及兽医人员的责任感，做好防护和卫生工作；粪便集中发酵、处理和利用；加强消毒工作，每年进行2～3次预防性消毒，每当牛群中出现阳性病牛后，都要进行一次严格的大消毒，常用的消毒药为5%来苏儿、10%漂白粉、3%甲醛或3%苛性钠溶液。

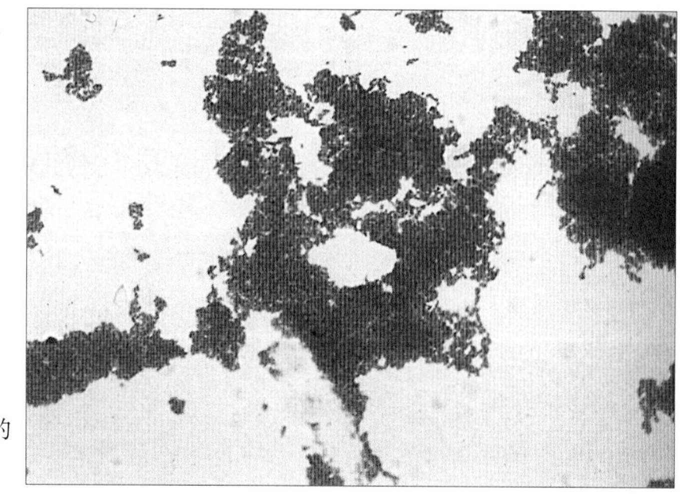

图2-9-1　抗酸染色阳性的结核杆菌

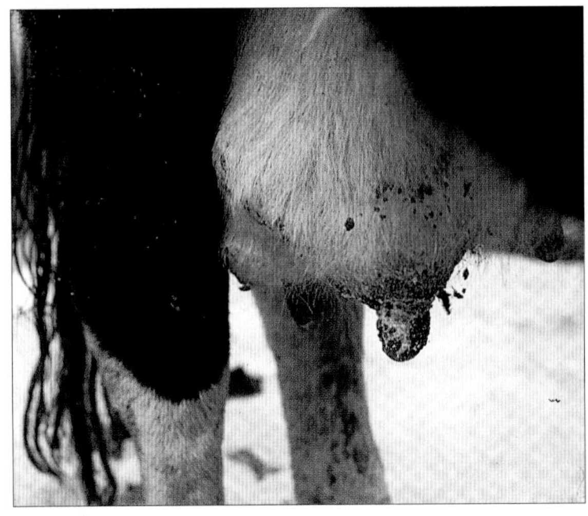

图2-9-2　乳房结核，右侧前后分房有大小不等的结核结节，乳头肿大伴有痂皮形成

图2-9-3　患病犊牛被毛粗乱，明显消瘦

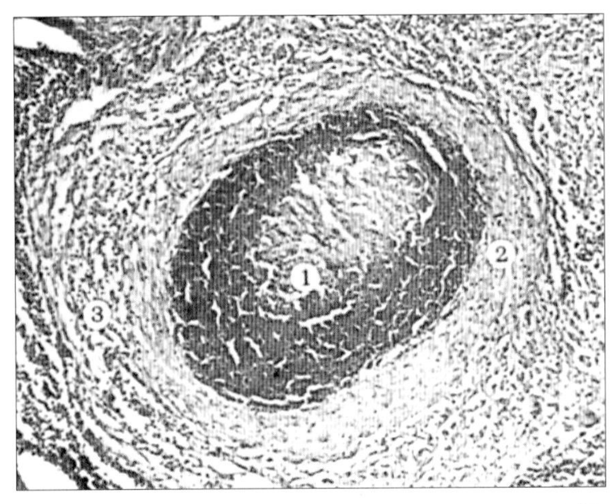

图2-9-4　结核结节的干酪样坏死中心区（1）、上皮样细胞层（2）和普通肉芽组织（3）

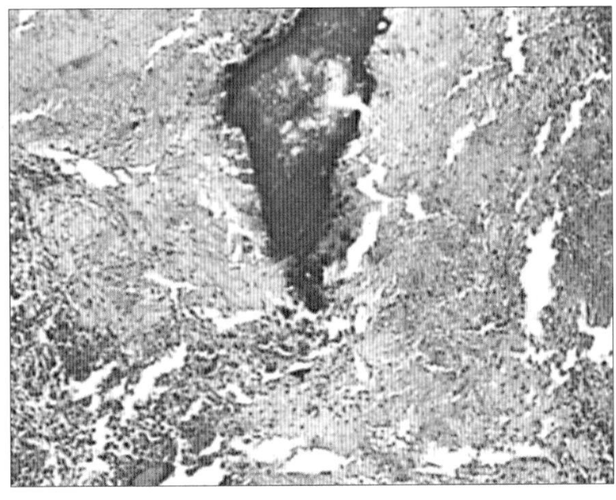

图2-9-5　在肺结核的干酪样坏死灶中心区有蓝紫色钙盐沉积

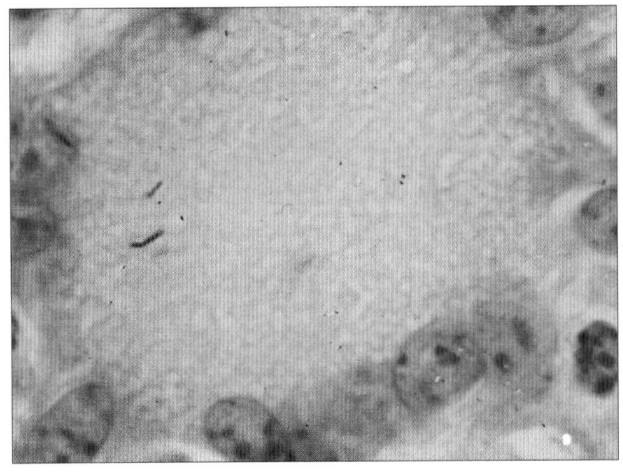

图2-9-6　肺脏郎罕氏细胞的胞浆内抗酸染色的阳性细菌

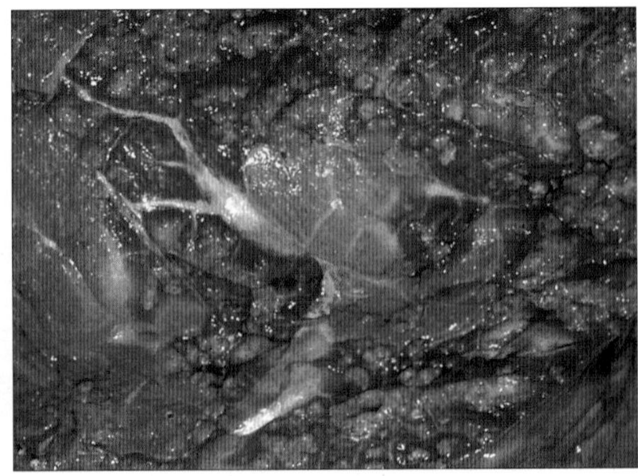

图2-9-7　肺切面有密发的干酪性病灶

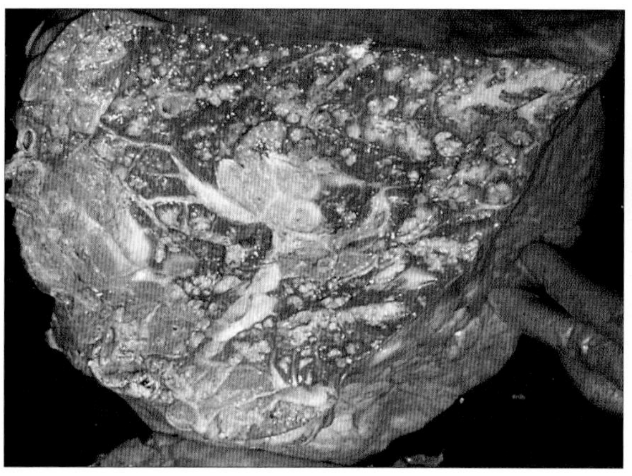

图 2-9-8　结核性大叶性肺炎

图 2-9-9　渗出性肺结核，由急性支气管炎而蔓延，病灶周围呈红褐色，为炎性反应带

图 2-9-10　胸膜形成的结病灶，呈珍珠样外观

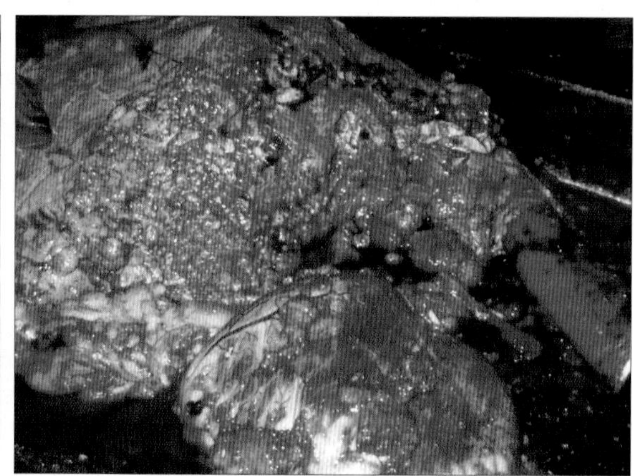

图 2-9-11　心包发生干酪性炎而与心外膜粘连

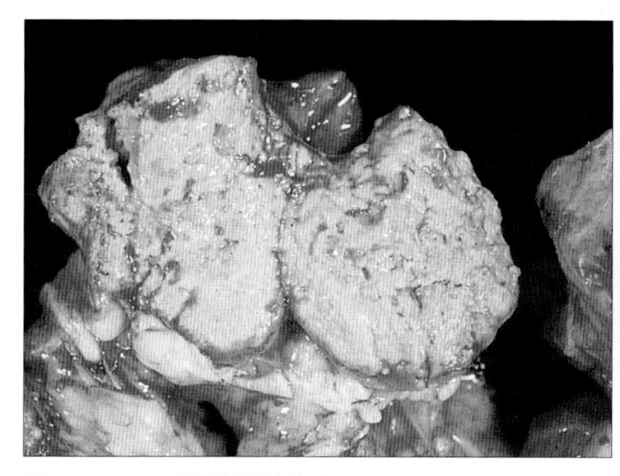

图 2-9-12　干酪性淋巴结炎

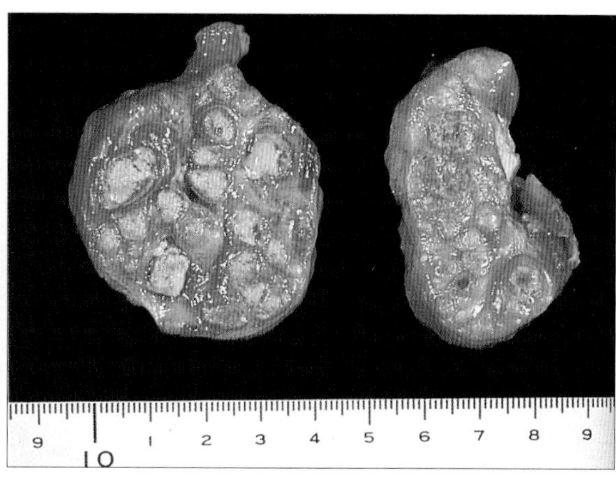

图 2-9-13　支气管淋巴结的切面有大量干酪性坏死灶

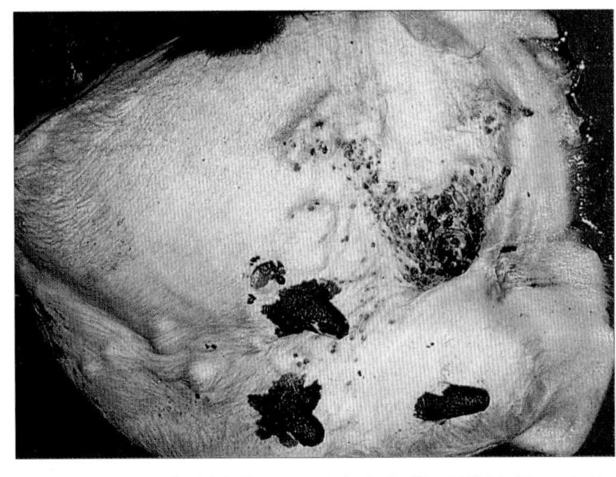

图 2-9-14　乳房结核，皮下有多发性结核结节，皮肤上有痂皮形成

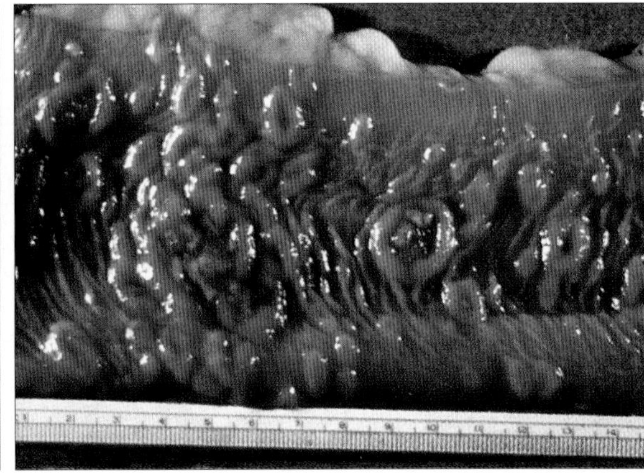

图 2-9-15　小肠黏膜面的结核性溃疡，周边呈堤状

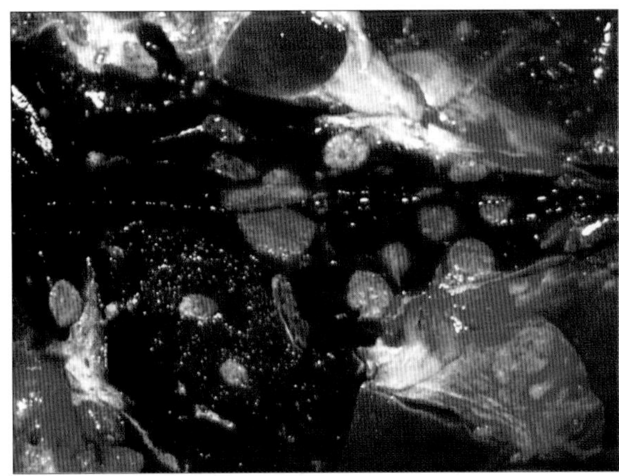

图 2-9-16　切面有黄白色增生性结核病灶

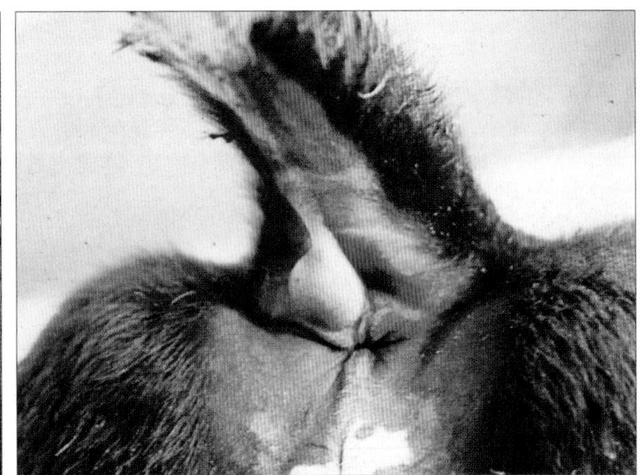

图 2-9-17　结核菌素皮敏试验呈强阳性反应的病牛

十、布氏杆菌病

（Brucellosis）

布氏杆菌病是一种重要的人畜共患传染病，是一种侵害生殖系统和关节的地方流行性慢性传染病，妊娠母牛以流产、胎衣不下、生殖器官及胎膜发炎为特征；公牛以发生睾丸炎为特点。一般先在家畜中发生流行而后由家畜传染给人。本病除了牛感染以外，羊、猪等动物也易感，而且在世界各地均有不同程度的流行。因此，本病不仅对畜牧业造成重大损失，而且严重地危害人类健康。

【病原特性】 本病的病原体是布氏杆菌属的细菌。布氏杆菌属有6个种，其中主要的是羊型（马尔他）布氏杆菌（*Brucella melitensis*）、牛型（流产）布氏杆菌（*Br. abortus*）和猪型布氏杆菌（*Br. suis*）。这3个种布氏杆菌除主要分别感染羊、牛和猪外，还可交叉感染，均可感染人，其中以羊型布氏杆菌给人的致病力最强，猪型布氏杆菌次之，牛型布氏杆菌最弱。近年来新发现的有沙林鼠型布氏杆菌、绵羊型布氏杆菌和犬型布氏杆菌。各型布氏杆菌在形态上没有明显的区别，均为一种短小的杆菌，有时类似球菌，无鞭毛，不能运动，不产生芽孢，革兰氏染色呈阴性反应（图2-10-1）。本菌在病料涂片上常密集成堆、成对或单个散在。

布氏杆菌对消毒剂的抵抗力较弱，如在2%石炭酸中可存活1～2分钟；1%来苏儿、2%福尔马林、0.2%漂白粉溶液中可存活15分钟；对温热较敏感，如在60℃加热30分钟、70℃加热5分钟即可杀死，煮沸后立即死亡；但对寒冷和外环境的抵抗力较强，如在冰冻的环境中能存活几个月，冷乳中最长可存活40天，奶油中可存活27天，在污染的土壤中能存活20～120天，在水中能存活72～150天，牛乳中能存活8天，肉品中能存活2个月，干燥的胎膜肉中能存活4个月，在衣服、皮毛上能存活150天。

【流行特点】 牛布氏杆菌病主要发生在奶牛，各地都有散发。一般情况下，母牛比公牛易感，犊牛有一定的抵抗力，随着年龄的增长，对本病的易感性增高，性成熟后对本病非常敏感。一般第1次妊娠的母牛容易感染发病，多数母牛只发生1次流产，流产2次的较少。本病的主要传染源是病牛或带菌动物，病原菌随其精液、乳汁、脓液，特别是流产胎儿、胎衣、羊水以及子宫渗出物等排出体外，通过污染饮水、饲料、用具和草场等媒介而造成牛群感染。本病的主要感染途径是消化道，其他如自然交配或人工授精，皮肤和黏膜微小损伤，媒介昆虫（蜱、蚊）或啮齿类动物（野兔、野鼠）都可能散布本病。布氏杆菌是寄生在细胞内的细菌，对妊娠的子宫内膜和胎儿胎盘有特殊的亲和性，故可引起明显的病变。

另外，饲养管理不良、牛群拥挤、寒冷潮湿及饲料不足等因素，也能促进本病的发生。

【临床症状】 本病的潜伏期一般为2周到半年左右，最主要的症状是已妊娠5～7个月的母牛发生流产，流产后常伴有胎盘滞留。病牛多为第1胎妊娠的母牛，于流产前体温多不高，主要表现是阴道及阴唇黏膜红肿，流淡褐色或红黄色透明无臭分泌物，乳房肿胀，继而发生流产，但也有时看不出任何前躯症状而突然流产。

流产多见于妊娠的中后期，中期流产的胎牛体表光滑，无被毛形成（图2-10-2）；后期流产的胎牛已发育至分娩时的大小，体表有发育较好的被毛和斑纹（图2-10-3）。流产的胎儿多为死胎，即使产出时存活，也因衰弱而很快死亡。多数病牛流产后常伴发胎衣不下或子宫内膜炎，或从阴道流出红褐色或灰黄色污秽不洁的分泌物（图2-10-4），有时带有恶臭的气味。本病往往持续1～2周，如不伴发慢性子宫内膜炎，常可自愈。一般认为，布氏杆菌性流产，是由胎盘炎引起的。由于布氏杆菌所致的胎盘炎，可逐渐使胎儿胎盘与母体胎盘松离，胎儿营养障碍和发生病变，导致母畜流产。病程缓慢的病例由于胎盘炎症过程中结缔组织增生，使胎儿胎盘与母体胎盘粘连，招致胎衣滞留。胎儿若不被排出，可能木乃伊化，但多发生腐败而被排出，并有恶臭液体流出。

本病的另一个常症状是关节炎，多发生于腕关节、跗关节和膝关节。主要表现为关节肿大、疼痛，关节腔中有大量滑液，关节囊突出，有波动感，较长时间不能消退；当关节内滑液逐渐被吸收后可能发生关节愈着，病牛出现跛行。

【病理特征】 母牛的主要病变在子宫和乳房，公牛的在睾丸。

流产布氏杆菌对妊娠子宫有特殊的亲和性，故可引起明显的病变。感染的妊娠子宫，外观正常，在子宫内膜与绒毛膜的绒毛叶之间有或多或少的无臭、污黄色、稍黏稠的渗出物，其中含有灰黄色软絮状碎屑。胎膜水肿而增厚，可达1厘米或更厚些；脐带中也浸润着清亮的水肿液。胎盘的病变不完全一样，有些呈现广泛的坏死性变化（图2-10-5），另一些坏死性病变稍轻，还有一些没有多少病变。胎盘受侵的区域含淡黄色明胶样液体而增厚、暗晦、质韧，呈淡黄色似鞣皮革样外观（图2-10-6）。镜检，胎盘的基质水肿，含大量的炎性细胞；绒毛膜上皮细胞中充满病原菌，许多含菌的上皮细胞脱入子宫绒毛膜间腔。流产布氏杆菌在完整上皮细胞内呈球菌样，但游离于渗出液中的则为短杆状。

乳腺的病变主要为间质性或兼有实质性乳腺炎，病情严重者可继发乳腺萎缩和硬化。镜检见乳腺间质水肿，腺泡上皮变性、坏死，并伴发结缔组织增生和炎性细胞浸润。

胎儿通常有一定程度的水肿，皮下组织中有血样液体潴留，体腔积液（图2-10-7）。肺炎是布氏杆菌病胎儿的重要病变，可出现于多数妊娠后期流产的病例。肺炎的轻重程度不同，轻者只能在显微镜下见到散在分布的细小的支气管肺炎灶；重症例可见肺脏膨胀、质地坚实而呈灰白色或暗红色的病灶，并有黄白色纤维素附着于胸膜面。镜检，从上述小灶性支气管肺炎到纤维素性肺炎各个阶段的变化。肝脏表面常能发现灰白色结节性病灶，镜下可见到由网状细胞形成的增生性结节（图2-10-8）。

慢性感染的重症病牛还可发生关节炎和腱鞘炎等病变。

【诊断要点】 初步诊断可以根据流行病学、临床症状、检查流产胎儿和胎盘的病理变化。然而并非所有的感染奶牛或流产胎儿都呈现典型症状和病变，因此常需分离和鉴定病原菌。

细菌分离的常用方法是将病料如流产胎儿的皱胃胃液、肺、肝、脾以及病畜的乳汁和关节液，直接接种到培养基上或接种豚鼠、鸡胚，获得纯培养，然后进行细菌鉴定。

病菌的特殊染色也是诊断本病的简便方法。取胎衣、胎儿胃内容物、水肿液、胸腹水等制成涂片，用柯兹罗夫斯基染色法染色后镜检，可检出单个、成对或成堆的红色球杆状细菌，而其他杂菌则被染成绿色或蓝色。

目前实验室常用的诊断本病的方法是血清凝集试验和补体结合试验；对无症状奶牛群还可以用乳汁环状试验进行监视性试验，以确定该牛群是否有本病存在。

【治疗方法】 目前治疗本病还没有特效药物，主要是对症治疗。有报道称，在牛场暴发本病时应用土霉素2克，配成5%溶液肌肉注射，隔日1次，连用3次，可以制止牛流产的继续发生。也可用四环素肌注，每日每千克体重5～10毫克，每日2次，连用3～5天；氯霉素每千克体重10～30毫克，每日肌注2次。

中医常用三仁汤治疗本病，也有较好的效果。方剂为：杏仁15克，通草7克，竹叶10克，半夏15克，厚朴7克，薏仁15克，加水，煎成300毫升，每日一次灌服，连服1周。

【防制措施】 布氏杆菌病是一种慢性传染病，一旦传入奶牛群，要想短期净化是十分困难的。因此，做好预防工作是非常重要的。

1.平时预防　主要任务是保护健康牛群，提高奶牛抵抗力。对从未感染过布氏杆菌病的奶牛群，必须坚持自繁自养的原则，避免从外面引进病牛。若必须引进种牛或补充奶牛时，应从无本病的地区选购。新购入的奶牛，一定要隔离观察1个月，并进行2次检疫，确认为健康牛时才能并入牛群饲养。每年对牛群进行定期检疫，以便及时发现病牛。

当牛群中发生不明原因的流产时，应首先隔离流产母牛，并做好消毒工作，对流产胎儿及胎膜进行病理观察和细菌学检查，同时对流产母牛进行血清学检查，直到查明为非传染性流产时，才能取消对流产牛的隔离。

受本病威胁的牛群，每年应采用血清凝集试验，定期进行2次检疫；对检出的病牛应隔离饲养，成立病牛饲养场。同时，还应定期进行预防注射。目前常用于牛的菌苗有2种：

一是布氏杆菌19号弱毒菌苗，也是各国多年来使用的菌苗。其特点是菌株稳定，病原性低，免疫原性好，在牛群中不会造成传染。使用方法是在牛颈部皮下注射5毫升，注射后1个月产生免疫力，免疫期为1年。奶牛一般在6～8个月龄注射，必要时在18～20月龄再注射1次。注意：5个月龄以下的犊牛和妊娠母牛不能使用本疫苗注射。

二是布氏杆菌羊型5号弱毒菌苗。本菌苗既可注射也可气雾免疫。但不论哪种方法，均以在配种前1～2个月进行为宜，免疫期暂定1年，应每年进行1次免疫。

注射法：先按标签注明的活菌数，用无菌生理盐水将菌苗稀释，使每毫升含活菌100亿，然后注射于牛颈部皮下或臀部肌肉2.5毫升（250亿菌体）。

喷雾吸入法（或称气溶胶吸入法）：用压缩空气通过雾化器将稀释的菌苗喷射出去，使菌苗形成直径在10微米以下的雾化粒子，均匀地悬浮于空气中（这种悬浮着大量雾化粒子的空气又称“气溶胶”），使牛群在这样的环境中通过呼吸运动将菌苗的气雾粒子吸入呼吸道内，从而达到免疫接种的目的。这种方法适用于大群免疫，根据实际情况，可在室内（每立方米空间200亿个菌体计算），也可在露天进行（按每头牛用500亿个菌计算）。用生理盐水将冻干苗稀释为每毫升含菌100亿，然后装入雾化器的瓶中进行喷雾。

2.紧急预防　主要任务是及时采取坚决的措施，净化牛群，消灭本病。当牛群发生本病时，对头数不多或经济价值不大的病牛，以淘汰为宜。若病牛数量较多或有一定利用价值，可进行对症治疗，并建立布氏杆菌病阳性牛群。阳性奶牛应集中于偏僻、便于隔离的地方，采取严格的隔离防疫措施，不让病菌散布。对可疑牛群应定期采用凝集试验检疫，将检出的阳性和可疑反应的奶牛隔离饲养和治疗。病母牛所产的犊牛，应立即隔离于犊牛培育群，喂给初乳3～5天，以后喂健康牛的乳汁或经巴氏灭菌后的牛乳。在6个月龄和9个月龄各检疫1次，2次均为阴性者可送入健康牛群；阳性反应者则送到病牛群。

对被污染的牛舍、运动场、饲槽、水槽、奶具及管理用具等可用10%石灰乳或2%～3%热碱水进行消毒。特别要做好产房的清洁卫生和消毒工作。流产胎儿、胎衣、胎水及母牛阴道的分泌物要消毒后深埋。粪便、垫草等要及时清除，并经生物发热发酵后利用。乳汁煮沸后利用。

病牛群（场）经过采取综合防制措施后，若牛群中没有流产及其他明显症状出现，并且连续3次检疫（每次间隔2～3个月）均为阴性，则可认为该牛群已达净化。若在检疫时仍有新的病牛出现，可隔离到阳性牛群中饲养。对阴性奶牛可考虑接种疫苗。每年定期免疫一次，坚持数年后，常可达到净化的目的。

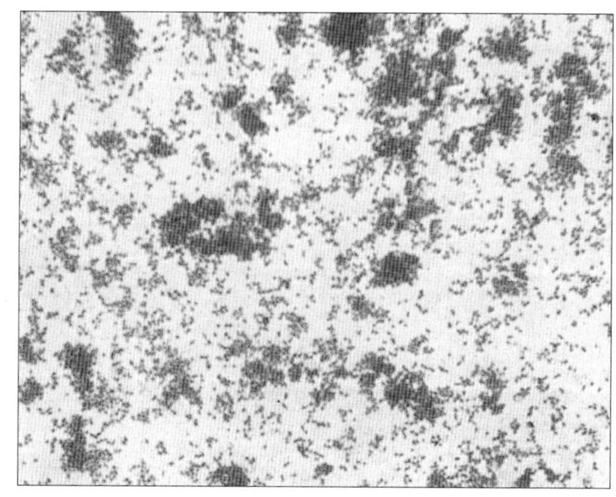

图2-10-1　球杆状的布氏杆菌

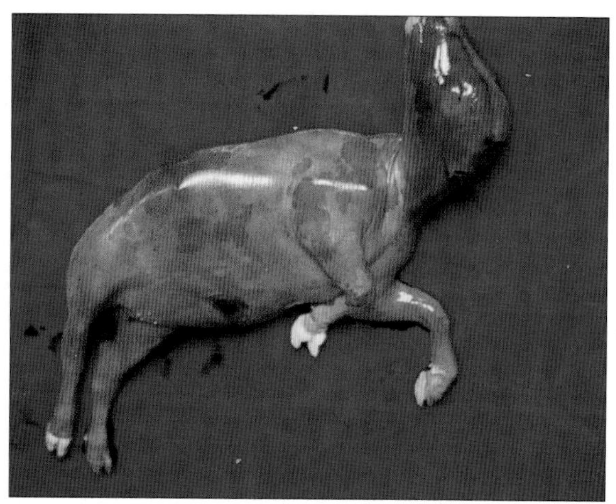

图2-10-2　妊娠中期流产的胎儿

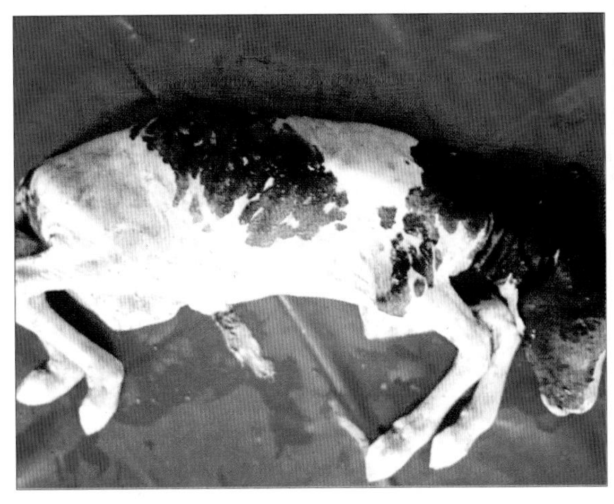

图 2-10-3　妊娠后期流产的胎儿

图 2-10-4　流产母牛从阴门流出污秽不洁的分泌物

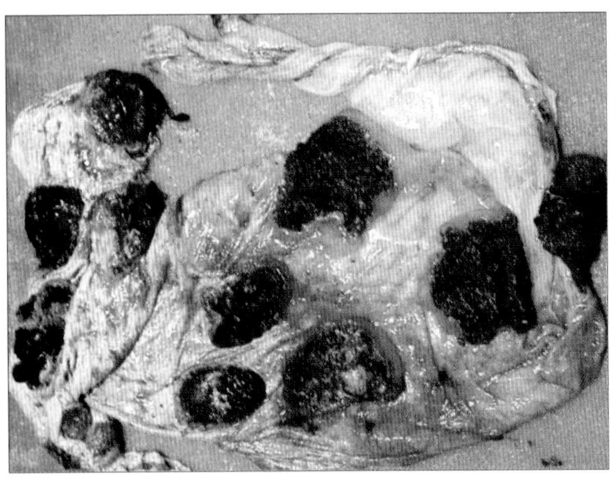

图 2-10-5　胎盘上有灰白色坏死灶，胎盘膜肥厚有明显的炎性反应

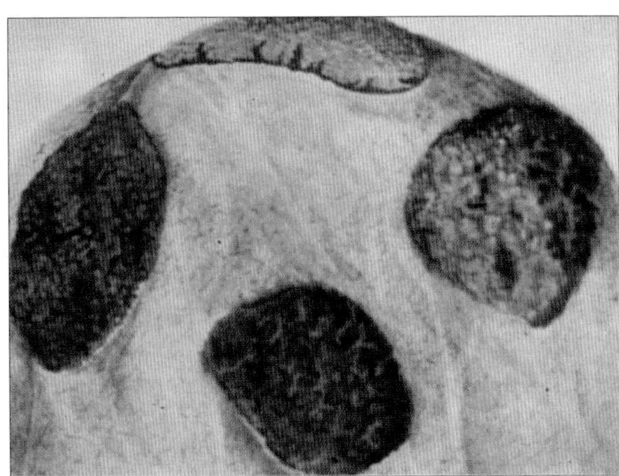

图 2-10-6　流产的胎儿胎盘增厚、暗晦，似皮革样

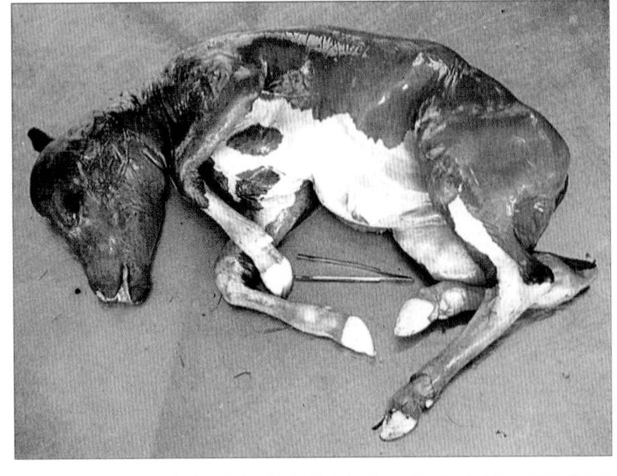

图 2-10-7　胎盘感染引起的流产，胎儿水肿，腹腔积液而膨大

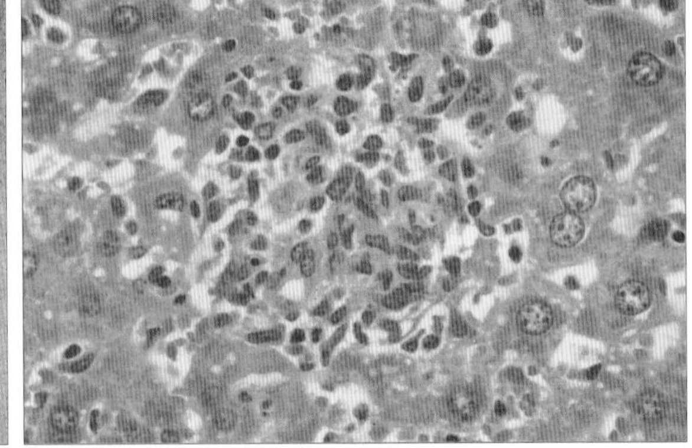

图 2-10-8　肝脏中有增生性布氏杆菌结节

十一、坏死杆菌病

(Necrobacillosis)

坏死杆菌病是多种家畜所患的一种创伤性传染病。其特征为在皮肤、黏膜发生坏死性炎与溃疡形成，病理过程全身化时在内脏可出现转移性病灶，并常以脓毒败血症的形式使病牛死亡。由于坏死杆菌侵害不同的组织可引起不同的病变，故在临床上常有不同的名称，如腐蹄病、坏死性皮炎、坏死性口炎、坏死性肝炎、坏死性乳房炎等。其中奶牛多患腐蹄病，而犊牛多发生坏死性口炎（犊白喉）。

【病原特性】 本病的病原体主要是坏死梭杆菌（*Fusobacterium necrophorum*），为严格厌氧的革兰氏阴性细菌，无鞭毛，不能运动；无荚膜，不能产生芽孢；多呈球状、杆状或长丝状，但在坏死性炎灶内呈长丝状者居多（图2-11-1）。据报道，牛的胃、肠道中都有此菌并随粪便不断排出。病菌在污染的土壤中能长时间存活，因此，坏死梭杆菌广泛存在于牛的周围环境中，特别是粪便污染严重的地区。坏死梭杆菌能产生外毒素，具有溶血和杀白细胞的作用，使吞噬细胞死亡，释放分解酶，致组织溶解；其内毒素可使组织发生凝固性坏死。因此在感染局部由于坏死梭杆菌毒素的作用，局部组织发生坏死，并能引起病畜不同程度的中毒症状。与此同时，往往有其他细菌，特别是化脓菌的感染，则可使病变更加复杂。局部病灶形成后，其中的坏死梭杆菌还可随血流播散至体内各器官形成新的病灶。

研究证明，坏死杆菌病的病灶中除坏死梭杆菌外，还能分离到化脓棒状杆菌、化脓球菌、有结类杆菌等。坏死梭杆菌的致病作用往往与同时感染的细菌的协同作用有关。例如，在腐蹄病中的坏死梭杆菌和化脓棒状杆菌的协同作用，化脓棒状杆菌能产生一种大分子消耗氧物质来激发坏死梭杆菌生长，而坏死梭杆菌通过其外毒素的杀白细胞作用和阻抑吞噬作用为化脓棒状杆菌的生长创造有利条件。有结类杆菌和坏死梭杆菌之间也存在着类似的关系。有结类杆菌产生的蛋白酶使细菌容易穿透表皮基质，它还产生一种对热稳定的可溶性因子，能增强坏死梭杆菌的生长和毒性。坏死梭杆菌的主要作用是破坏组织、产生杀白细胞毒素。此外，生长在坏死组织碎屑中的各种细菌有助于形成厌氧环境使厌氧的病原菌得以存活。

本菌对理化因素的抵抗力不强，常用的消毒药如1%高锰酸钾、1%福尔马林、3%～5%氢氧化钠溶液均可在短时间内将之杀灭。加热60℃30分钟、煮沸1分钟即可将之杀死。在土壤中可存活10～30天，在粪便中可存活50天，尿中可存活15天。

【流行特点】 本病常发生于奶牛，犊牛尤为易感，饲养密集的牛群也易发生。病牛的分泌物和排泄物污染外界环境成为重要的传染源。坏死梭杆菌一般不能侵害正常的上皮组织，因此，本病多通过损伤的皮肤、黏膜、消化道而感染。一些能引起皮肤、黏膜损伤和机体抵抗力降低的因素，在本病发生中起重要的诱因作用。例如，棚圈场地潮湿泥泞，经常行走于荆棘丛生之处，厩舍拥挤、互相践踏和撕咬，饲喂粗硬草料，吸血昆虫叮咬，以及卫生条件恶劣等。钙磷等矿物质缺乏或比例不当、维生素缺乏、营养不良等均可促进本病的发生。奶牛患骨软症时，由于蹄角质疏松，腐蹄病的发病率增高，病情也较严重。

本病多发生于多雨季节和低湿地带，依条件不同可呈散发性或地方性流行。

【临床症状】 本病的潜伏期一般为1～3天，长者可达2周左右。临床上可依病变所在部位出现的特异性症状，常将本病分为以下几种：

1.腐蹄病　通常为成龄牛的坏死杆菌病，以蹄部受侵为特征，所以称之为腐蹄病。发病初期，病牛站立时间变短，喜卧地；继而病肢不敢负重，走路时出现跛行。用器械或用力按压病部有明显的疼痛感，清理蹄底时可见到小孔或创伤，有腐烂的角质及污黑臭水从中流出（图2−11−2）。急性发作时则见蹄部红肿、热痛，如不及时治疗，病情进一步恶化，可在趾（指）间、蹄冠、蹄踵出现蜂窝织炎（图2−11−3），形成脓肿和皮肤坏死。

当病情严重时，坏死可蔓延深达腱部、韧带、关节（图2−11−4）和骨骼，并伴发化脓，致使病牛的蹄壳变形或脱落。此时，病牛行走困难，喜卧地，奶量明显减少，出现全身症状，如发热、精神极度沉郁，食欲锐减等，重者可发生脓毒败血症而死亡。

2.坏死性口炎　本型的潜伏期为3～7日，多发生于犊牛，数日龄的幼犊至2岁左右的牛均可得病，故又称犊白喉。病犊发热，厌食，流泡沫样口涎（图2−11−5），间或流浆液性或脓性鼻液。口腔黏膜红肿，口温增高，在齿龈、舌、上腭、颊部或咽喉等部的黏膜发生坏死，形成污褐色粗糙的假膜。当假膜脱落后，即可遗留界限分明的形态不整的溃疡面（图2−11−6），直径1～5厘米，溃疡底部附有恶臭的坏死物。如病变蔓延至喉头、气管和肺时，则病犊吞咽困难，反刍停止，从鼻孔流出黄色脓样分泌物，呼吸困难，最后可因败血症而告终。

3.坏死性皮炎　奶牛偶尔发生。其特征是在体表及皮下发生坏死和溃烂，多发生于体侧、头及四肢。病初为突起的小结节，局部发痒，结节常盖有干痂，触之较硬（图2−11−7）；进而痂下组织迅速坏死，形成外口小内腔大的坏死灶。灶内组织腐烂，积有大量灰黄色或灰棕色恶臭的液体，最后皮肤也发生溃烂。

此外，皮肤的坏死还可见于奶牛的乳头和乳房皮肤，甚至引起乳腺坏死。

4.瘤胃炎−肝脓肿综合征　各种原因引起的瘤胃黏膜损伤为存在于瘤胃中的坏死梭杆菌提供了感染的侵入门户。瘤胃坏死性炎发生之后，常引起继发性坏死杆菌性肝炎。急性病例可出现精神沉郁，结膜黄染，腹泻物呈淡黄色，肝区疼痛和腹膜炎。慢性病例则患多发性肝脓肿，可无全身症状，但脓肿破溃后发生腹膜炎而导致病牛死亡。

另外，奶牛偶尔可见到坏死性子宫炎。

【病理特征】 本病所见的病理变化与临床症状大致相同，也与发生的部位与组织有关。

牛的腐蹄病通常只见趾间皮肤出现糜烂或溃疡，有时可见深的裂隙，其中含有浆液性渗出物和少量具恶臭气味的灰色脓液（图2−11−8）。有的炎症可蔓延至蹄球部，招致蹄球软角质的分离。有些病例可伴发严重的蜂窝织炎，此时，除趾间隙明显肿胀外，炎性浸润还可波及球节或更高的部位，以致蹄匣易于脱落，并见大量脓汁从球节部流出（图2−11−9）。排出坏死物质的窦道可能开口于趾间隙和蹄冠上方。

犊白喉通常在口腔黏膜损伤的基础上感染坏死梭杆菌而引起的。幼畜在生齿期多因口腔创伤而容易感染发病。眼观，病灶表面为黄白色碎屑状坏死物，隆起于周围黏膜，其下方为干硬的凝固性坏死；坏死不仅波及黏膜和黏膜下层，还可累及肌肉，甚至骨骼。当坏死过程发展迅速时，坏死组织与正常组织紧密邻接，不见明显的反应性炎，且不易分离。当坏死过程进展缓慢时，周围组织的反应性炎逐渐明显，坏死组织与活组织之间出现鲜明的分界，最后坏死物可腐离，局部缺损由肉芽组织增生形成疤痕而修复。镜检在接近活组织的坏死组织中可见稠密交织在一起的长丝状坏死梭杆菌。有时病变可蔓延至喉头，引起坏死杆菌性喉炎（图2−11−10）。

坏死杆菌性子宫炎，通常是由产后创伤感染而引起。眼观，子宫体积增大，子宫壁明显增厚、变硬，子宫腔内蓄积脓样液体或者含有坏死胎盘的残留物；黏膜增厚并形成皱褶，其中有大斑块状坏死，其表面暗晦粗糙，呈碎屑状；切面见子宫壁内层为黄白色凝固性坏死组织，其外侧为一呈锯齿状的红色反应性炎带与活组织分隔开。镜检，细菌染色的组织切片，可见大量坏死梭杆菌出现于坏死灶边缘邻近白细胞浸润的区域；同时见病灶部有明显的血管炎和血栓形成。

坏死杆菌性瘤胃炎多发生在瘤胃腹囊的乳头区，偶见于肉柱。眼观早期病变为黏膜面出现多发性不规则形、直径为2～15厘米的斑块，其中乳头肿胀、色暗，并与纤维素性渗出物缠结在一起。以后乳头发生坏死，局部坏死组织腐离，形成大小不一的溃疡。网胃和瓣胃也可发生坏死性炎，瓣胃的坏死性炎常可招致瓣叶穿孔。

坏死杆菌性肝炎病灶可以是原发性病灶，也可以是继发于体内其他部位坏死杆菌性炎灶的播散。眼观，肝炎灶为多发性、圆球形、干燥、黄色的凝固性坏死灶，其大小不一，小的如帽针头大，直径可达几厘米，其周围有一剧烈充血的反应性炎带环绕（图2-11-11）。镜检，病灶中肝组织的凝固性坏死是很典型的，坏死灶外周区有一呈核破碎的白细胞带，其间见集聚在一起的丝状梭杆菌（图2-11-12）；坏死白细胞带外见明显的充血、出血，并有血栓形成。当病灶转为慢性时，坏死灶周围被增殖的肉芽组织包裹，形成肝脓肿（图2-11-13）。

【诊断要点】 依据本病的流行特点、临床症状、患病的部位、坏死组织的特殊变化和恶臭气味等，一般即可建立诊断。必要时应做细菌学检查，即由坏死组织与健康组织交界部用消毒锐匙刮取病料做涂片，以石炭酸复红染色镜检，如见有呈颗粒状或串珠样长丝状菌（图2-11-14）或细长的杆菌，即可确诊。此外，也可将采取的病料做成混悬液，给家兔耳静脉注射，家兔常在1周内死亡。剖检在其肝脏内常见坏死性脓肿，由此采取病料分离培养或涂片镜检，常能检出坏死杆菌。

【类症鉴别】 牛的坏死杆菌性肝炎、肺炎和子宫炎，在病理剖检时须与牛结核相区别。坏死杆菌性肝炎和肺炎时，病灶中没有结核结节特征性的干酪化和钙化，其周围也多无包囊形成。牛的结核性子宫炎常在坏死层下的肉芽组织中检出特征性的结核结节。

【治疗方法】 及时发现、早期治疗、合理用药、消除病因和加强护理是防止病原转移、提高治愈率的重要措施。

奶牛最常见的坏死杆菌病是腐蹄病，治疗时首先须清除患部的坏死组织，然后用1%高锰酸钾溶液或3%来苏儿溶液清洗患部，之后可向创腔内填入高锰酸钾粉、硫酸铜粉或水杨酸粉，包扎后外面涂些松馏油以防水渗入。也可用消毒水洗涤后向蹄底孔洞灌注10%甲醛酒精或浓碘酊。有的地方用血竭粉填入创腔内，然后用烙铁轻轻烙化封口，也有良好的效果。

犊白喉的治疗方法是小心地除去口腔内的假膜，用0.1%高锰酸钾溶液或鲁戈氏液冲洗，然后局部涂擦碘甘油或10%氯霉素酒精溶液，每日1～2次，直至全愈。

皮肤、乳房部等软组织的损伤，在扩创清除坏死组织和异物后，用双氧水和1%高锰酸钾液冲洗后，可涂布各种抗生素软膏或散布磺胺粉、碘仿磺胺粉或碘仿鱼石脂软膏等药物。

在局部进行治疗的同时，为了防止病菌扩散，常需用氯霉素和青霉素等抗生素进行全身性治疗；有必要时还可进行适当的对症治疗。

【防治措施】 对本病目前尚无特异性疫苗预防，只能采取综合性的防制措施，加强饲养管理，搞好环境卫生，消除发病诱因。

腐蹄病是一种在奶牛中发病率最高、危害也最大的坏死杆菌病。因此，对奶牛腐蹄病的预防特别重要。奶牛的运动场应建立在地势高燥的地方，无条件时，地势低凹处应注意排水，防泥泞，及时清除运动场及牛舍的粪便和污水，以保持牛蹄部的清洁卫生。与此同时，还要注意避免外伤，定期进行检查，发现外伤要及时治疗。

对犊白喉务使畜舍温暖而通风良好，经常用弱消毒液洗拭口腔（但要注意防止误咽），要特别注意幼犊的人工哺乳用具的清洁和消毒。

加强饲养管理，注意饲料配合，补充足够的矿物质，提高奶牛的抗病能力。

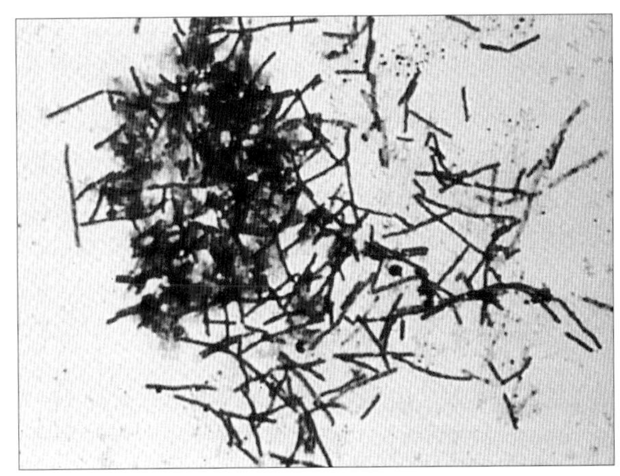

图 2–11–1　培养物中的坏死杆菌

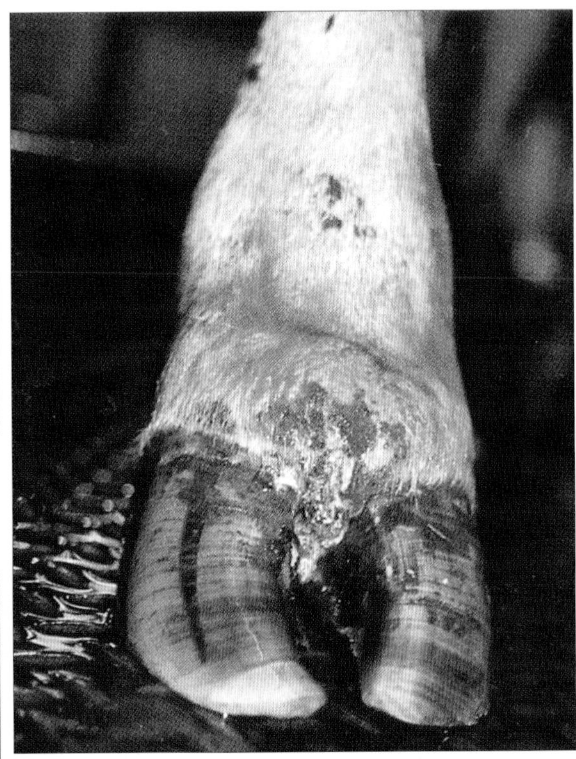

图 2–11–2　两指间的距离增大，患部恶臭，见有腐烂的角质

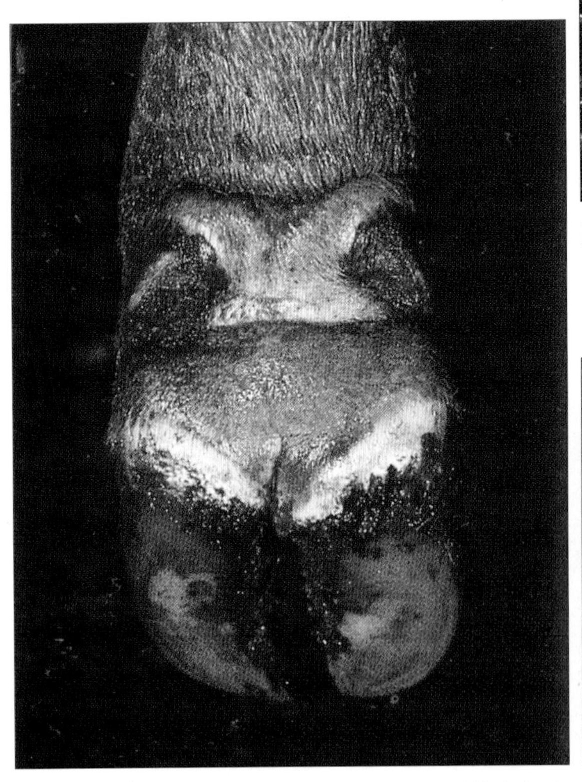

图 2–11–3　两指对称性弥漫性肿胀，呈现蜂窝织炎变化

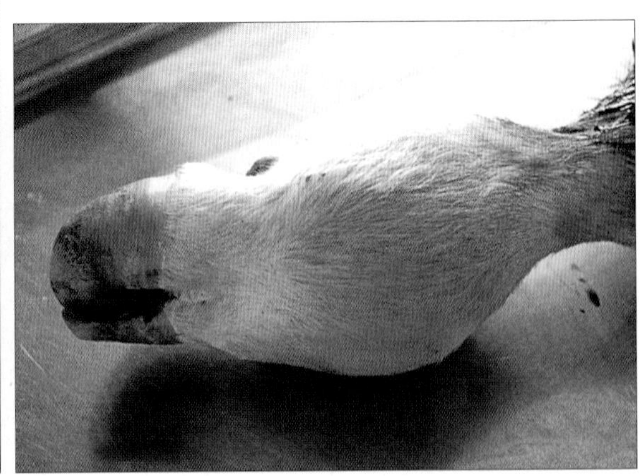

图 2–11–4　趾间腐烂引起的球关节炎

图 2-11-5　病犊厌食，流泡沫样口涎

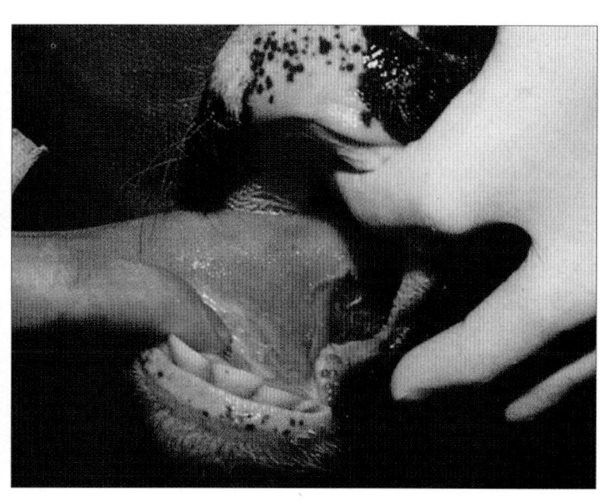

图 2-11-6　从病犊的口腔除去坏死组织，可检出形态不整的溃疡

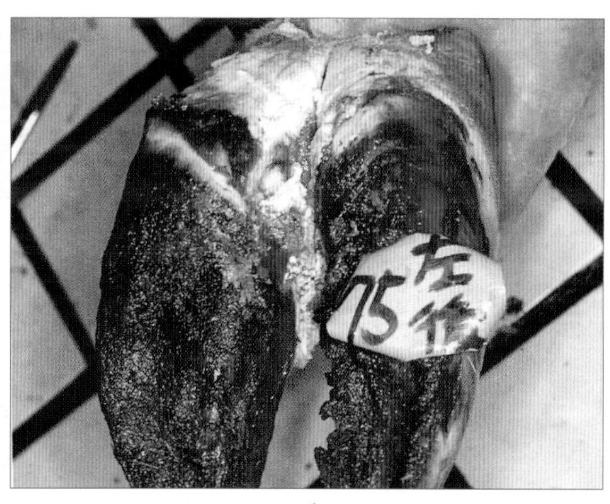

图 2-11-8　右侧的趾蹄肿胀，排出少量具恶臭气味的灰色脓液，左侧趾蹄正常

图 2-11-7　病犊右颊部肿胀，呈结节状，触之较硬

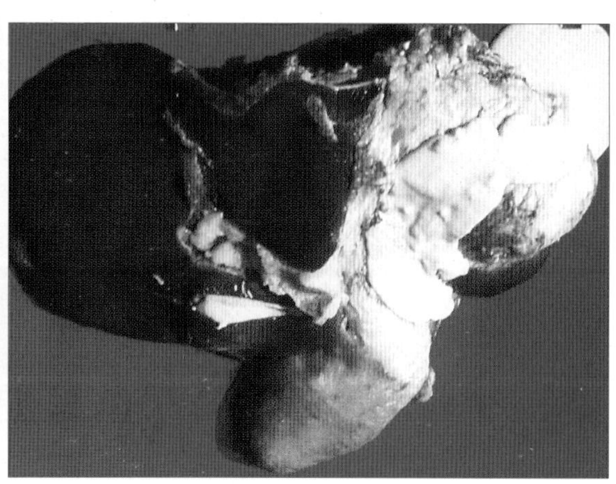

图 2-11-9　蹄匣脱落和化脓性球关节炎

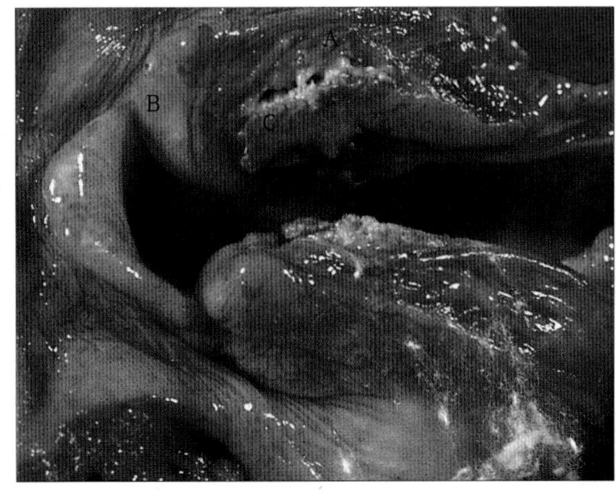

图 2-11-10　病牛的喉头肿胀，切开有干酪样坏死

图 2-11-11　肝表面和切面有大量灰白色坏死灶

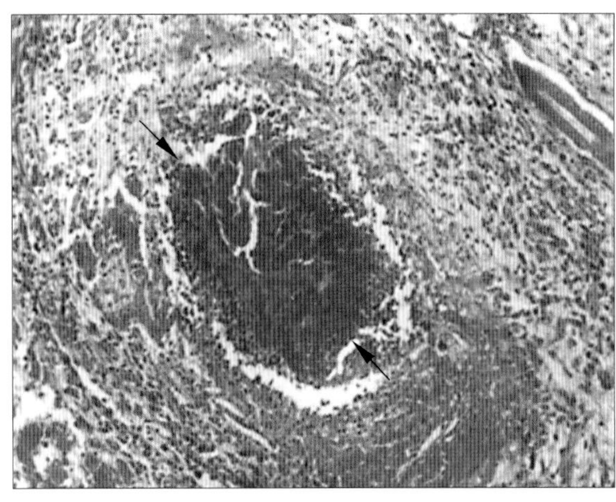

图 2-11-12　坏死灶中心呈凝固性坏死，有丝状坏死杆菌（箭头）和结缔组织包膜

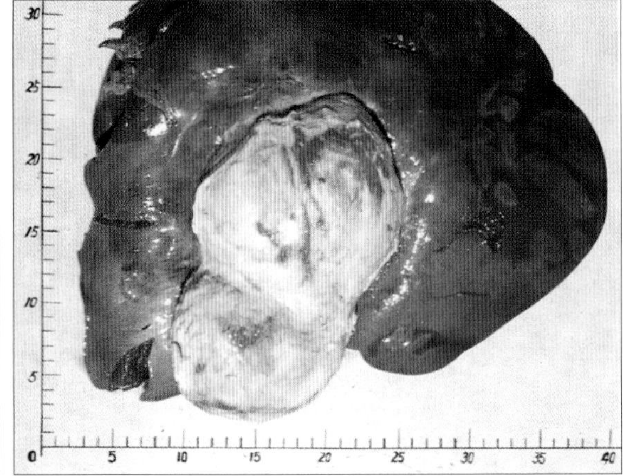

图 2-11-13　坏死杆菌引起的肝脓肿

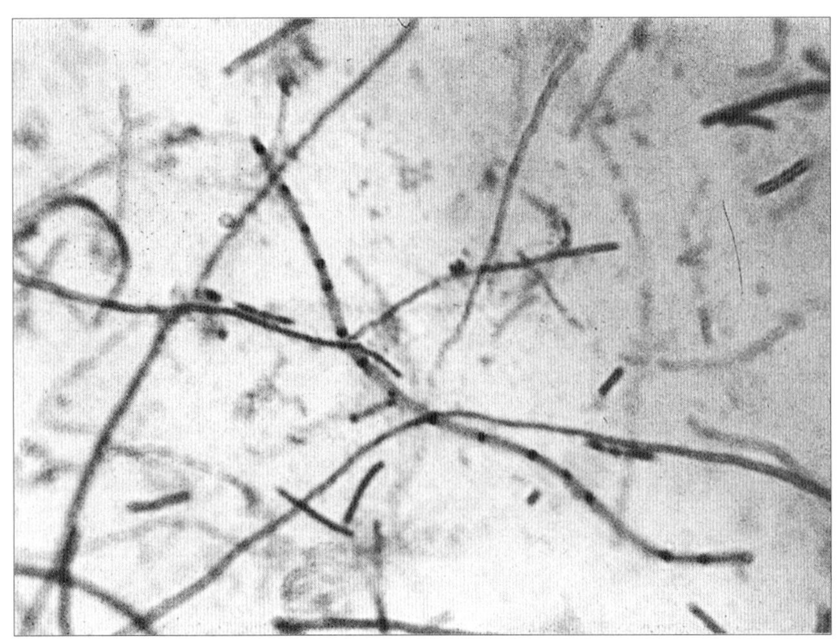

图2-11-14　病料中呈串珠样长丝状坏死杆菌

十二、弯曲菌病

(Campylobacteriosis)

弯曲菌病曾被称为弧菌病(Vibriosis),是由弯曲菌属的病原菌引起的人畜共患的细菌病。本病最易发生于奶牛,主要表现为弯曲菌性流产和弯曲菌性腹泻。近年来,国内外人畜弯曲菌发病的报道日益增多,在许多国家和地区则有很高的发病率,已作为重要的人畜共患病而引起了广泛的关注。

【病原特性】 本病的病原体主要是弯曲菌属的胎儿弯曲菌(*Campylobacter fetus*)和空肠弯曲菌(*C. jejuni*),前者又有2个亚种,即胎儿弯曲菌胎儿亚种和胎儿弯曲菌性病亚种。

弯曲菌为革兰氏阴性的多形态细菌,可呈现出细长弯曲的杆状、逗点状、撇状、S状、弧状和短杆状等(图2-12-1)。用扫描电镜观察,本菌多呈短波浪的弯曲状(图2-12-2)。本菌为微需氧菌,在含10%二氧化碳的环境中生长良好,于培养基中添加血液或血清,有利于初代培养。在陈旧的培养基上弯曲菌呈螺旋状或圆球形,运动活泼。本菌的抗原结构复杂,已知有O、H和K抗原,仅空肠弯曲菌就有60多个血清型。

近年来的研究表明,空肠弯曲菌能产生3种毒素:一是细胞紧张性肠毒素(Cytotonic enterotoxin,CE)。该毒素对热敏感,56℃30分钟即可灭活,可引起病牛发生水样腹泻。二是细胞毒素(Cytotoxin,C)。它不耐热,60℃30分钟或100℃15分钟即被灭活,多与出血性腹泻有关。三是细胞致死性膨胀毒素(Cytolethal distending toxin,CDT)。本毒素对热敏感,胰酶也可使之失活,用大鼠回肠袢试验证明其引起的出血反应不及细胞毒素。

最近,还有人从胎儿弯曲菌中分离出内毒素,可诱导病牛体温升高,以其培养液静脉注射,可引起怀孕母牛发生流产。

【流行特点】 本病多发生于奶牛和黄牛,其他品种的牛也可感染发病。病牛和带菌牛是本病的主要传染来源。胎儿弯曲菌主要是经过交配感染,最终导致怀孕母牛流产;而空肠弯曲菌则多通过消化道传播,而引起牛发生腹泻。

据报道,奶牛感染空肠弯曲菌后,可随粪便排出大量细菌,也可通过牛奶和其他分泌物向体外排菌,污染饲料、饮水、饲草和场舍等,当奶牛采食了病原菌后,在机体抵抗力降低的情况下即可发病。在国外,人由于饮用未经巴氏消毒的牛奶而引起疾病暴发的报道已屡见不鲜。

母牛通过交配感染胎儿弯曲菌1周后,即从子宫颈和阴道黏液中分离到病原菌;感染后3周到3个月,分离到的菌数最多。多数感染牛经过3~6个月后,母牛有自愈趋势,细菌阳性培养数减少。但某些母牛可在整个怀孕期带菌,并可于产犊后再配时将病菌传给公牛,公牛与有病母牛交配后,又可将病菌传给其他母牛,如此反复,可形成恶性循环。感染公牛带菌时间很长,甚至终身带菌。因此,这是一个值得引起人们关注的大问题。

【临床症状】 弯曲菌性流产和弯曲菌性肠炎的临床症状完全不同。

1. 弯曲菌性流产　本病的潜伏期一般为10~14天。病初,病牛的阴道呈卡他性炎,黏膜潮红肿胀,黏液分泌增多,特别是子宫颈部分明显,病情严重时常可继发子宫内膜炎(但须与毛滴虫病区别,因为本病除无子宫积脓外,其他症状与毛滴虫病颇为相似)。继之,妊娠母牛的胚胎早期死亡并吸收,从而不断虚情。有些妊娠母牛的胎儿虽未死,但可发生流产。流产多发生于怀孕的第5~6个月,但其他时间也能发生,流产率一般为5%~10%。早期流产时,胎膜常随之排出,如发生于怀孕第5个月以后，往往有胎衣滞留现象。

胎儿吸收或流产后的母牛，常出现发情周期不规则和特别延长（30～60天）现象。不孕的持续时间因牛体的差异而定，有的牛于感染后第2个发情期即可受孕，有的牛即使经过8～12个月仍不能受孕，但大多数母牛通常于感染后6个月就可受孕。母牛第1次感染痊愈后，可获得较强的免疫力，即便再次与带菌公牛交配时，仍可受孕，并能正常生育。

2.弯曲菌性腹泻 本病的潜伏期一般为2～4天，多发生于秋冬季节，故又有牛“冬痢”之称，大小牛均可发生，常呈地方性流行。病初，病牛的体温、脉搏、呼吸和食欲均无明显的改变，只可闻及小肠音亢进，奶牛的产乳量明显下降，严重时可下降50%～90%。继之，突然出现临床症状，一夜之间牛群中可有20%的牛发生腹泻，仅经2～3天，可累及80%的牛。病牛排出恶臭水样褐色稀便，其中带有血液（图2-12-3）。病情恶化时，病牛的精神沉郁，食欲不佳或废绝，脱水明显，被毛逆立，背腰拱起，肌肉震颤，虚弱甚至不能站立。如治疗不及时常能引起死亡。

另外，病牛还可出现乳房炎，从分泌的乳汁中可分离出空肠弯曲菌。

【病理特征】 弯曲菌性流产的主要病变是急性黏液性化脓性子宫内膜炎。眼观，子宫内膜肿胀、潮红，黏膜上覆有灰白色黏液或黄白色黏液脓性分泌物，除去分泌物可见黏膜有点状出血和糜烂。发生流产时常见胎儿与胎盘的自溶性变化，即胎盘淤血、水肿、出血，胎盘绒毛坏死呈灰红色；胎儿皮下水肿，皮肤似皮革样，体腔有多量积液，实质器官变性，并常见化脓性肺炎和坏死性肝炎等变化。镜检，子宫黏膜上皮轻度坏死脱落，固有层有嗜中性白细胞和淋巴细胞浸润，并可见淋巴细胞形成的结节。胎盘绒毛膜坏死、脱落，在残留的绒毛上可检出大量弯曲菌团块（图2-12-4）。

死于腹泻的病牛，剖解的主要病变是出血性肠炎，尤以小肠和结肠明显。眼观，肠黏膜肿胀，弥漫性出血，呈暗红色（图2-12-5），肠内容物也被血液染成淡红色，甚至红豆水样并有血凝块。镜检，肠黏膜上皮坏死脱落，固有层和黏膜下层有大量红细胞浸润。镀银染色时可在残存的肠绒毛或肠腺的上皮细胞间检出大量病原菌（图2-12-6）。

【诊断要点】 弯曲菌性流产以暂时性不育、发情期异常延长和流产为主要症状，但其他生殖道疾病也有类似的情况。因此，本病的确诊有赖于实验室的细菌学检查。其方法是：直接用流产胎膜涂片染色，镜检时若发现有多形态的胎儿弯曲菌即能做出初步诊断（图2-12-7）；进一步确诊时，可收集子宫颈黏液样品（用无菌吸管吸取，迅速冷藏，保存在冰中，在4～6小时内送检）做实验室检查，样品严防被污染；或以流产胎儿新鲜的皱胃内容物，用特种培养基做细菌分离培养，对典型的菌落进行镜检和生化鉴定。

弯曲菌性腹泻多根据其特殊的病史和腹泻症状进行初诊。确诊可采取粪便作为送检材料，通过高度选择性培养基，如Campu-BAP血琼脂和Butzler血琼脂等进行培养，当出现疑似菌落时，即可进行涂片、革兰氏染色检查和荧光抗体染色进行鉴别（图2-12-8），也可用生化反应进行鉴定。

【治疗方法】 弯曲菌性流产和弯曲菌性腹泻的治疗方法不尽相同。

1.流产的治疗方法 根据本病的性质，局部治疗常较全身治疗有效，子宫内投药可使药物在子宫内形成较高浓度和保持较长时间。治疗常选择的药物是抗生素，其常用的配伍为：链霉素和四环素，或链霉素加青霉素。方法是：按该药物使用的最大剂量混合均匀，植入子宫内，连续用药4～6天。对公牛用抗生素进行局部治疗时，可先行硬膜外腔轻度麻醉，之后，将阴茎拉出，并用含多种抗生素的软膏涂擦于阴茎和包皮的黏膜；也可将药物（1克链霉素和100万国际单位青霉素混合于50毫升油和50毫升水中）做成乳剂，注入尿道20毫升，其余涂搽于阴茎外部和包皮，

连用 4 日。

2. *腹泻的治疗方法* 治疗本病常需进行局部和全身兼顾。肠道可选用呋喃唑酮和磺胺脒等抗生素，并可口服肠道防腐、收敛药；全身可选用四环素、链霉素或氯霉素肌肉注射或静脉注射；同时根据病牛的具体情况进行补水、补碱，以纠正脱水和酸中毒，强心、补糖和维生素，借以提高病牛的抵抗力等。

【预防措施】 预防弯曲菌性流产时根据本病多数是由交配传染，以及胎儿弯杆菌对抗生素敏感的事实，采取淘汰种用有病公牛和使用抗生素治疗母牛的措施来控制本病。平时应注意对牛群的健康检查，特别是母牛的发情周期、妊娠状态、配种后再发情或流产状况。借用别处的公牛无论是自然交配或人工授精都有一定的危险。使用抗生素处理精液的方法目前还不能达到每次都能将所有的弯曲杆菌杀死，因此单凭抗生素控制本病未必有效。

弯曲菌性腹泻多是由于食入被病菌污染草料和饮水经消化道传播而引起的。因此，平时搞好环境卫生，及时清除污染物，定期环境消毒，勤换垫草和垫料等，对于预防本病具有重要的意义。

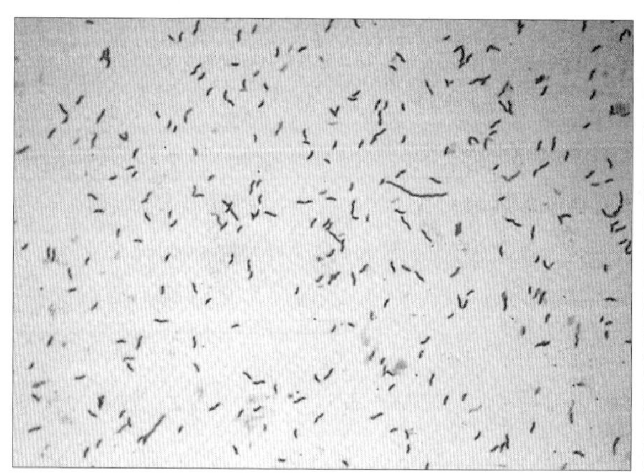

图 2-12-1 以弯曲状为主的多形态菌体

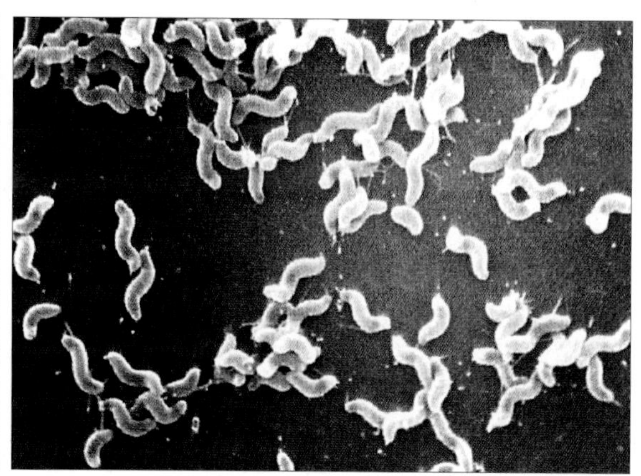

图 2-12-2 电镜下的弯曲菌

图 2-12-3 病牛排出的血便

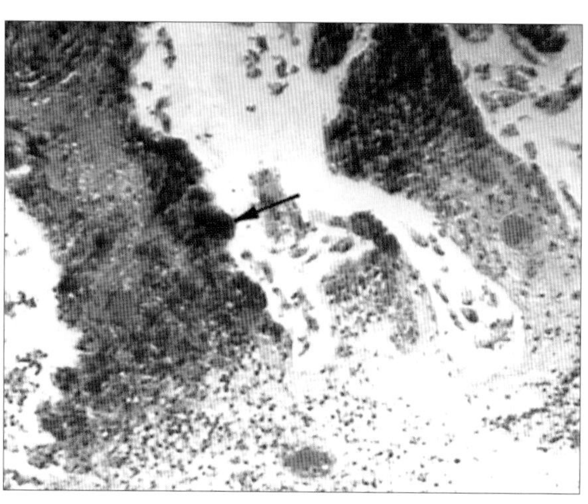

图 2-12-4 母牛弯曲菌病，胎盘绒毛膜坏死并含有紫红色弯曲菌菌落

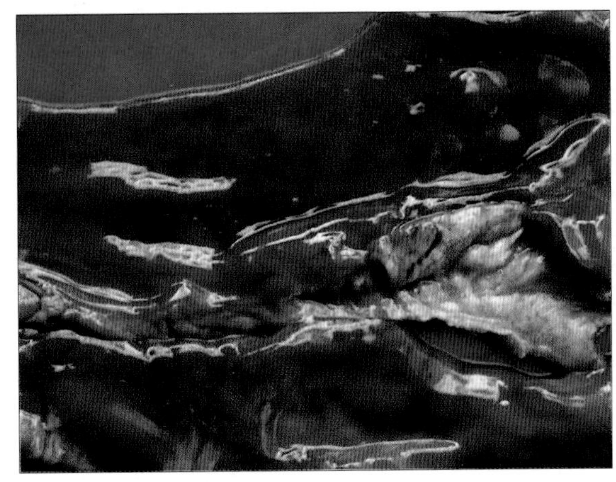

图2-12-5　肠黏膜明显充血、出血，呈弥漫性红染

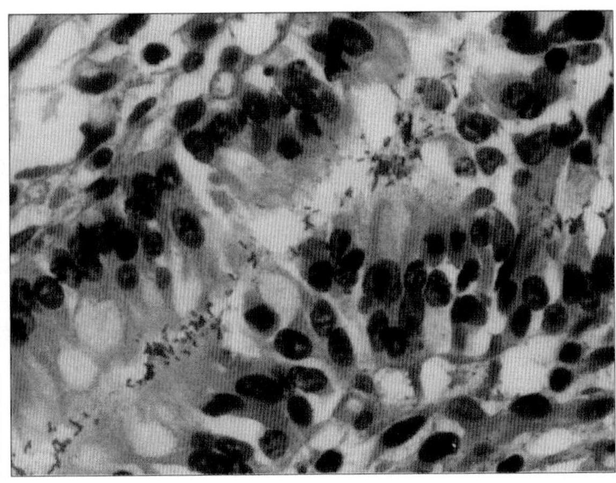

图2-12-6　镀银染色，盲肠黏膜上皮细胞覆有大量弯曲菌

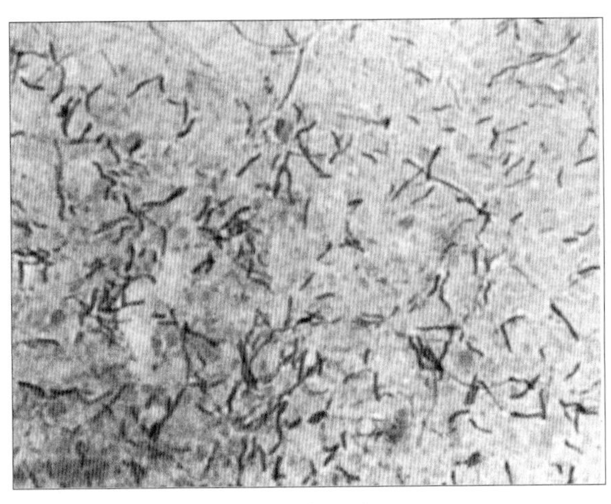

图2-12-7　病料中的胎儿弯曲菌

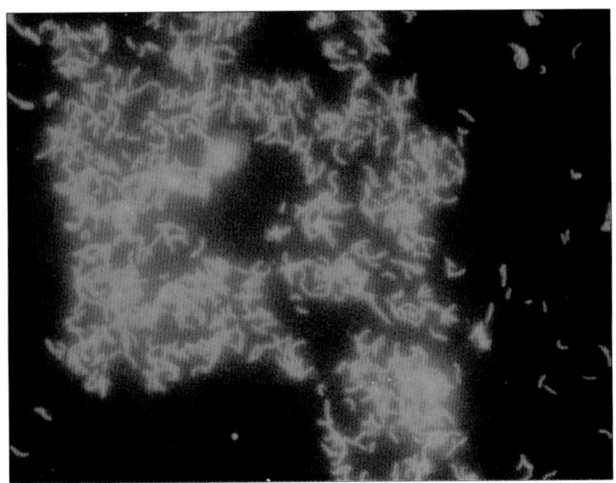

图2-12-8　荧光抗体染色呈阳性反应的胎儿弯曲菌

十三、细菌性肾盂肾炎

（Bacterial pyelonephritis）

奶牛细菌性肾盂肾炎是以膀胱、输尿管、肾盂和肾组织的化脓性或纤维素性坏死性炎为特征的一种细菌性传染病。本病遍布于世界各国，我国的奶牛场也时有发生，但多为散发，主要发生于成龄奶牛，若治疗不及时，则死亡率很高。

【病原特性】 本病的病原体为棒状杆菌属的肾棒状杆菌（*Corynebacterium renal*）。本菌为多形态性细菌，一般有球状、椭圆形、短杆状至长杆状等。由于较长的杆菌在一般情况下均能发现其一端或两端膨大，呈棒状，故将之命名为棒状杆菌。肾棒状杆菌通常单个散在、呈栅栏状或呈丛状排列；无鞭毛，不产生芽孢，不能运动，为需氧性兼性厌氧菌。本菌用革兰氏染色呈阳性反应，用奈氏（Neisser）法或美蓝染色多出现异染颗粒；生长的最适温度为37℃，在有血液或血清的培养基上生长良好。肾棒状杆菌对理化因素的抵抗力不强，从患病牛或带菌牛的尿液中容易分离出本菌。

本病除主要由肾棒状杆菌引起外，有时还可混合感染假结核棒状杆菌、化脓性棒状杆菌、大肠杆菌及金黄色葡萄球菌等。

【流行特点】 患病奶牛和带菌奶牛是本病的主要传染源，母牛阴户是细菌的侵入门户。本病通常是通过直接接触，例如用污染的毛刷刷洗母牛阴户、与受感染或污染的公牛交配以及使用导尿管不慎等都可使之感染；甚至由于病牛的尾部摆动而累及健康奶牛的尿生殖道而发生感染。另据报道，肾棒状杆菌的感染（有时也见于大肠杆菌的感染），甚至可能在犊牛时期，生殖道就存在这种细菌。一般在分娩后由血液或尿道开口（经膀胱、输尿管而达肾盂）进入泌尿系而感染。病原菌经生殖道感染后，由于该菌在尿液中具有特殊的生长能力，从而首先引起尿道炎，并累及膀胱、输尿管进而上行感染至肾脏，导致肾盂肾炎。因肾组织的损坏与排尿阻塞，终于导致尿毒症而死亡。

本病虽然没有明显的季节性，一年四季均可发生，但很多病例，在天气寒冷时有发作或加重的倾向。

【临床症状】 本病多呈慢性经过。病初，病牛的体温一般不增高，但有消化不良症状，呈现食欲不佳，衰弱，消瘦，腹部似乎有疼痛感觉。泌尿系统的变化较明显，尿中带有黏液，排尿次数增加，尿量逐渐减少，每当排尿时，病牛腰背拱起，有用力排尿的感觉（图2−13−1）。以后，随着病程的延长、病情的加重，病牛的全身症状明显，体温升高，可达40℃以上，精神不振，食欲大减，泌乳量明显减少。泌尿系统的刺激症状明显，如尿频、尿少，尿浑浊带血色，或呈淡红色至红褐色（图2−13−2），尿中常有血块或脓块，有恶臭的气味。直肠检查，肾脏感觉过敏，输尿管肿大，膀胱增厚。阴道有黏稠的脓性分泌物，黏膜发红或糜烂。病情严重时，病牛排尿困难或没有尿液排出，终继发尿毒症而死亡。

尿液检查，可见尿液浑浊，有红细胞下沉，病情严重时尿液则呈红褐色血尿（图2−13−3）。尿沉渣检查时，可发现其中含有大量蛋白质、尿路上皮细胞、红细胞、脓细胞等，除能检出化脓性管型外，其他各种管型通常不被检出。这可能是其他管型多被嗜中性白细胞所释出的蛋白水解酶破坏之故。沉渣涂片染色后，从中常可发现大量的呈球形、短杆状或长链状肾棒状杆菌和松针状的尿酸盐结晶（图2−13−4）。

【病理特征】 死于本病的牛，其特征性的病变主要发生于泌尿生殖系统，以肾脏的病变最有代表性。剖检，肾脏一侧（图2−13−5）或两侧（图2−13−6）均肿大，严重的可达正常的2倍。肾脏的被膜初期易剥离，病程较久者则部分粘连于肾表面。病肾由于化脓而形成灰黄色小坏死灶，致肾表面呈斑点状，颇似局灶性间质性肾炎的病灶（图2−13−7）。切面可见灰黄色条纹，呈放射状由溃烂缺损的乳头顶端向髓质和皮质伸展，或呈灰黄色楔状伸向髓质和皮质部。肾盂由于渗出物和组织碎屑的积聚而扩大，肾乳头坏死（图2−13−8）。肾盂扩张，积有灰色无臭的黏性脓性渗出物，并混有纤维素凝块、小凝血块、坏死组织和钙盐颗粒。肾盂黏膜充血或出血，被覆纤维素或纤维素性脓性渗出物。病程长时，可见肾盂部、输尿管及膀胱内有数量不一的结石形成（图2−13−9）。镜检，肾小球和球囊周围有多量嗜中性白细胞浸润，混有多量细菌。肾小管上皮细胞变性、坏死，伴发尿管型，内含大量崩解的嗜中性白细胞（图2−13−10）。肾小管的间质明显充血、出血、水肿及嗜中性白细胞浸润和细胞积聚。病变严重的部位整个肾单位均坏死，在肾实质内形成大小不一的化脓灶。乳头部顶端的肾组织，有的完全坏死，坏死区向皮质伸展，周围环绕充血带。经时较久者，在充血带周围出现肉芽组织，坏死的乳头部脱落，遗留疤痕组织。

另外，一侧或两侧输尿管肿大变粗，内含脓性尿液，黏膜面覆有大量污秽色脓性黏液或假膜

(图2-13-11)。膀胱壁增厚，内含恶臭尿液，其中混有纤维素、脱落坏死组织或脓汁。膀胱黏膜肿胀、出血（图2-13-12）、坏死或形成溃疡。当膀胱发生化脓性炎症时，可见其黏膜上有脓性假膜形成（图2-13-13）。病牛的外阴发炎而红肿，黏膜表面常覆有大量脓性分泌物。

【诊断要点】 根据本病特异性临床症状和特殊的病理变化，一般不难做出诊断，但确诊还有赖于微生物学检查。其方法是：剖检时，可采取肾盂的细胞碎屑或尿道、膀胱黏膜做涂片、培养，如为肾棒状杆菌即可确诊；也可以无菌手续采取尿液，离心沉淀做涂片，做革兰氏染色和奈氏染色，检查细菌的形态和染色反应，同时将病料划线于血琼脂平板上，培养24～36小时后挑取疑似菌落做纯培养，进行鉴定。

值得指出：病情较轻的病例，细菌可能只存在于肾盏的上皮内，肾盂的黏膜，尿道和膀胱的黏膜上，采取检查样品时应注意从这些部位取样。

【治疗方法】 本病如能在早期发现，并及时治疗，治愈就较高。青霉素对本病有较好的治疗效果，多为治疗的首选药物。治疗的方法是：病初，按每千克体重0.5万～1万国际单位肌肉注射，每天2次，连用4～6周，一般可以治愈；病情重者，可按实际情况增大药量。治愈后的病牛仍需隔离观察一年左右，如不复发方可认为彻底治愈。

如用青霉素治疗效果不明显时，可改用卡那霉素（每天2次，每次3～5克，肌肉注射）。治疗本病时尽量不用磺胺类药，因为磺胺可在酸性尿液中析出结晶，有可能使病情加重。但可应用呋喃妥因（口服，或肌肉注射）等进行治疗。在应用呋喃类药物进行治疗时，须注意多给病牛饮水，借以提高尿液中药物的排泄量，增强治疗效果。

【预防措施】 预防本病的重点是要做好奶牛的个体卫生和牛场的环境卫生；注意对母牛的助产卫生及导尿时消毒工作；被病牛尿污染的牛床、垫草及其他物质，都应烧毁，以免造成接触传播；天气寒冷时须注意牛体保温，加强饲养管理，提高牛体的抗病能力。

牛群中如发现本病，要及时隔离，积极治疗，并对奶牛活动的场所进行彻底消毒。

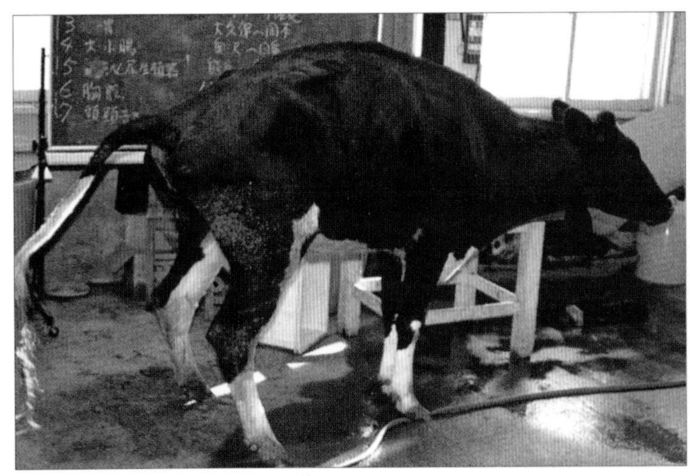

图2-13-1　病牛排尿时腰背拱起，有明显的疼痛反应

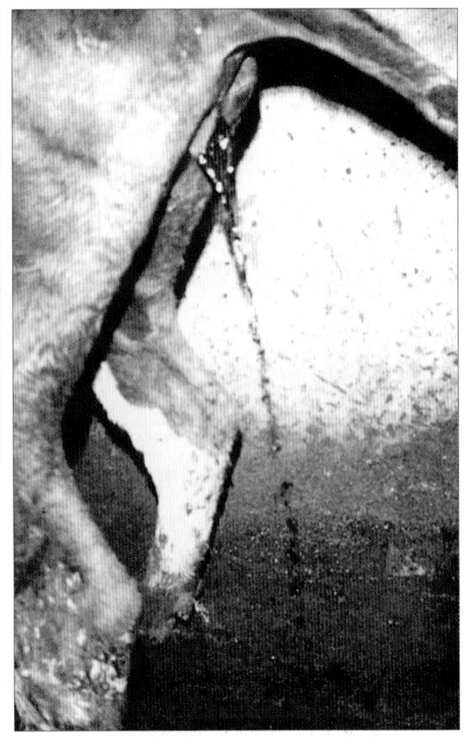

图2-13-2　病牛排出红褐色的尿液

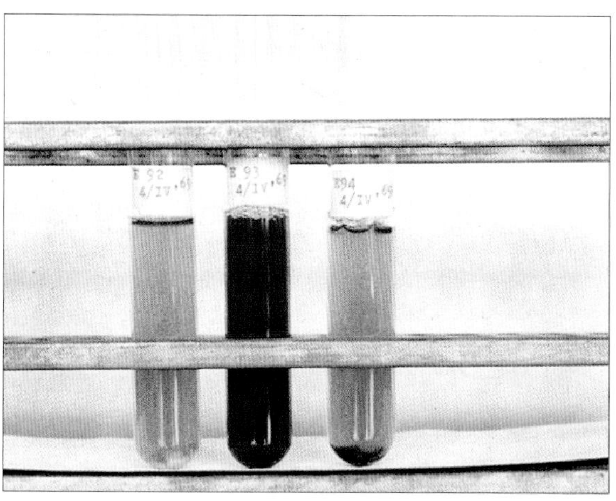

图 2-13-3　肾棒状杆菌感染牛的尿液，左侧和右侧的浑浊，中间的为血尿

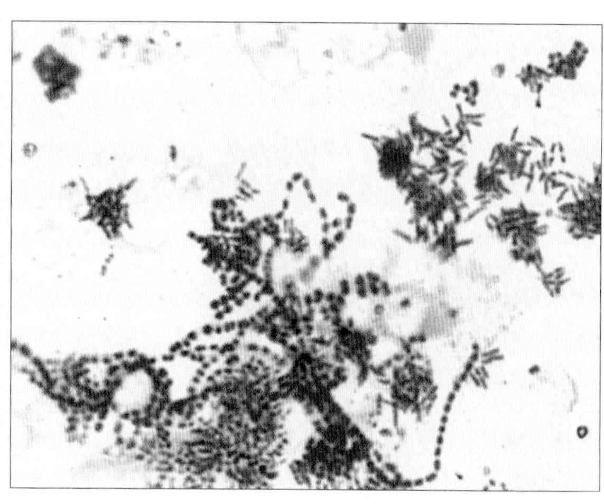

图 2-13-4　尿沉渣内检出的病原菌和松针状的尿酸盐结晶

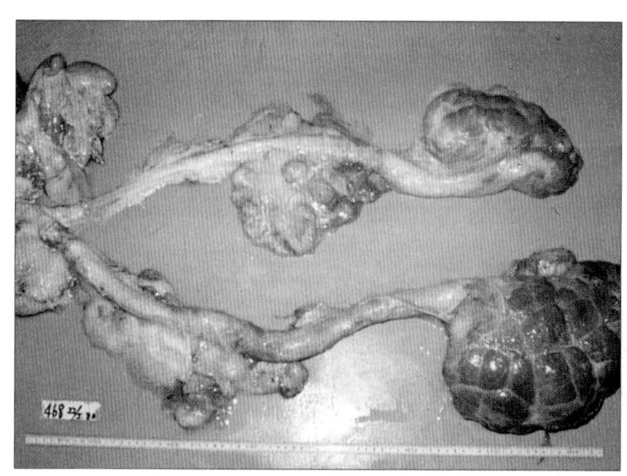

图 2-13-5　病肾（下方）明显肿大，输尿管变粗

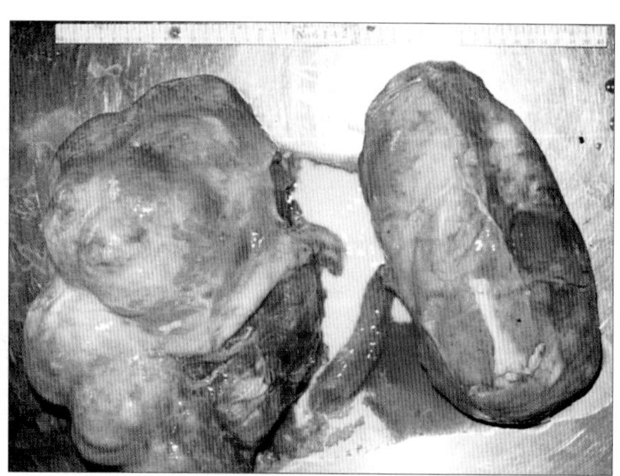

图 2-13-6　两侧肾肿大，表面不光滑，肾盂部贮积多量脓汁而扩张

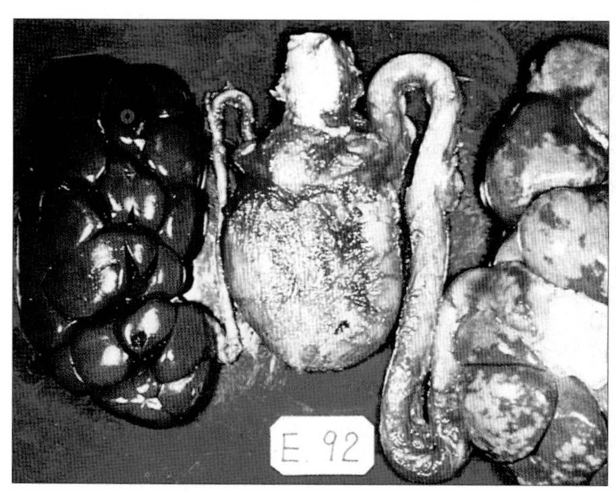

图 2-13-7　肾表面有大量化脓灶，呈斑点状，输尿管扩张变粗，膀胱黏膜有化脓性黏液

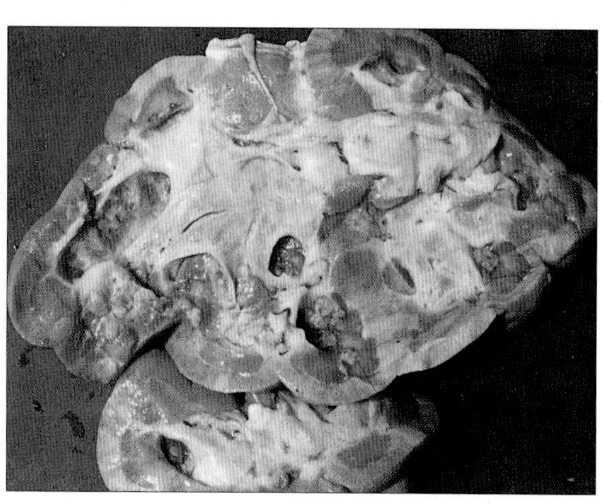

图 2-13-8　肾盂部明显扩张，肾乳头充血、出血和坏死

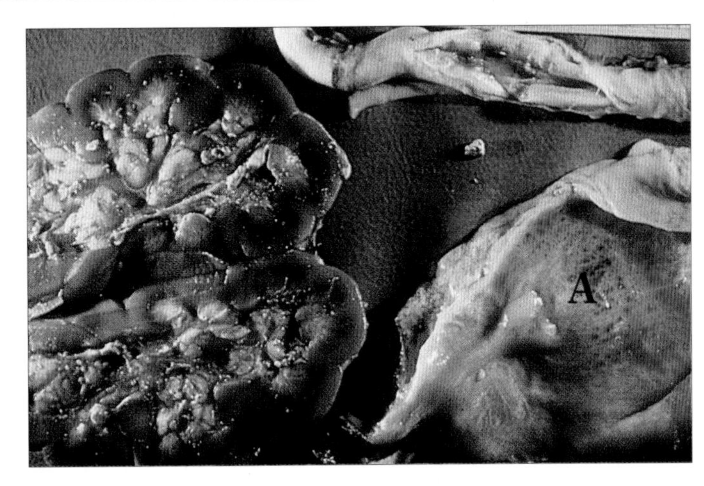

图 2-13-9　肾脏有尿结石形成，输尿管肥厚，内腔有结石，膀胱黏膜有点状出血（A）

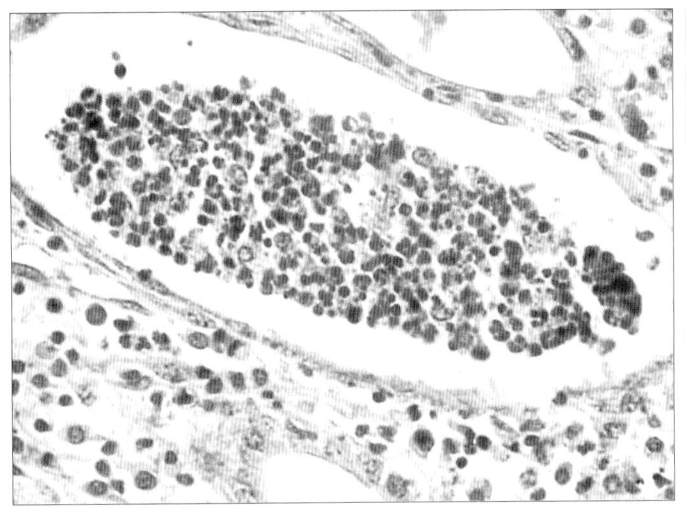

图 2-13-10　肾小管扩张，其腔中充满核浓缩、碎裂的嗜中性白细胞

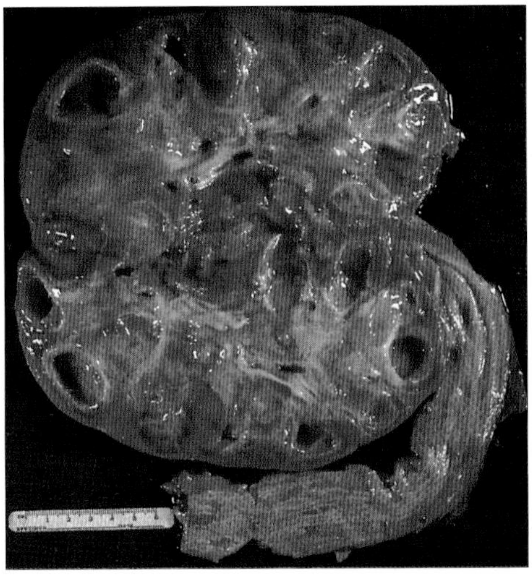

图 2-13-11　肾髓质有多量化脓性病灶，输尿管变粗，黏膜有化脓性假膜

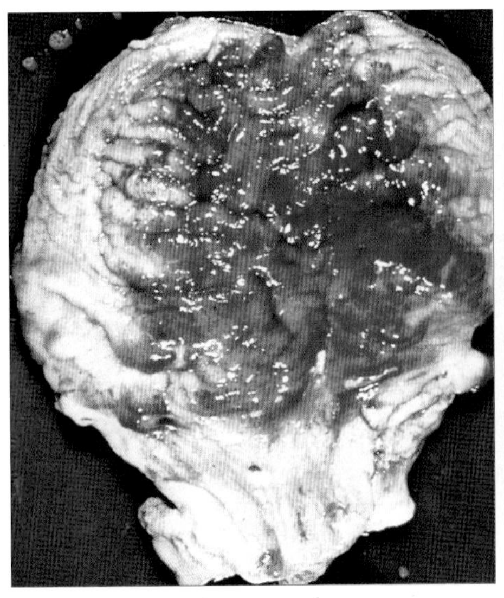

图 2-13-12　膀胱黏膜明显肿胀、出血

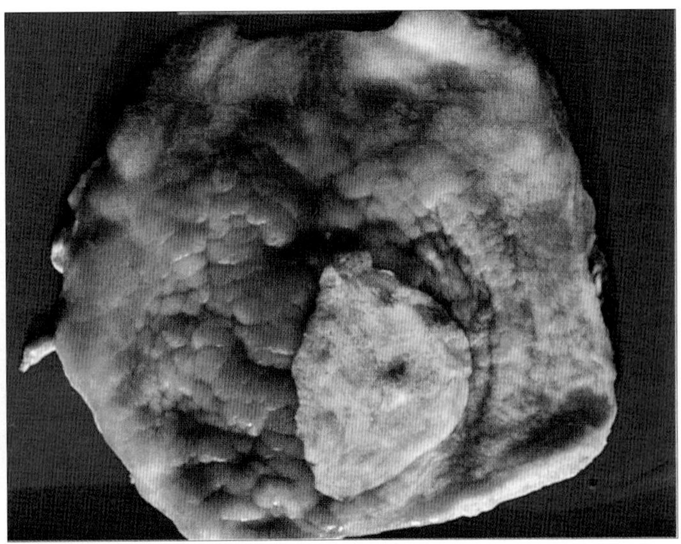

图 2-13-13　膀胱黏膜肥厚，有大量脓汁附着

十四、牛巴氏杆菌病

(Pasteurellosis in cattle)

牛巴氏杆菌病又称牛出血性败血病，是由多杀性巴氏杆菌所引起的一种急性、热性传染病。本病以发热、肺炎、急性胃肠炎及内脏器官广泛性出血为特点；急性型常以败血和各组织器官发生出血性炎症为特征，因此通常称本病为出血性败血病（haemorrhagic septicaemia），简称“出败”。本病除了牛发生以外，还可感染其他多种动物，一般呈散发。

【病原特性】 本病的病原菌主要为Fg型多杀性巴氏杆菌（*Pasteurella multocida*），其形态比较均匀一致。从自然病例中新分离出的菌体，绝大多数为小型短杆菌，两端钝圆，中央微凸，近似于椭圆形或球形（图2-14-1）。宽约0.3～0.6微米，长约0.7～2.5微米。在病畜体液中的菌体稍肥大些，多呈单个存在。但经长期人工培养，菌体变为长杆状，少数呈长链状，长短差异较大。用自然病料涂片染色镜检，病菌多呈杆状，用美蓝或姬姆萨染色，两端着色深，中间部分着色极浅，所以有两极菌的名称。菌体周围隐约可见到为菌体1/3宽的荚膜，无鞭毛，不能运动，不形成芽孢；革兰氏染色呈阴性。本菌存在病牛全身各组织、体液、分泌物及排泄物中；部分健康牛的上呼吸道中也可能带有本菌。

巴氏杆菌对外环境及理化因素的抵抗力不强，加热、低温、日光和干燥很易将其杀死。加热60℃数分钟可将之杀死，在浅层的土壤中可活1周左右，在粪便中可存活2周，在堆积的粪便中可存活1个月。常用消毒药如2%～3%石炭酸、5%石灰乳及1%漂白粉都能在短时间内将其杀死；但克辽林对本菌的作用很小，在实际工作中不宜采用。

【流行特点】 本病可发生于各种牛，如奶牛、黄牛、牦牛和水牛等，一般无年龄、性别区别，但通常以幼龄动物较为多见，且死亡率也高。

传染来源分外源性感染和内源性感染2种。外源性感染是指由病畜的排泄物和分泌物排出的病菌，污染饲料、饮水和周围环境后主要经消化道或由于病畜咳嗽排菌经呼吸道侵入健康奶牛机体。内源性感染是指健康牛的扁桃体和上呼吸道在正常情况下即栖居有本菌，毒力微弱而不致病。一旦奶牛的饲养管理条件不良或气候剧变而致机体抵抗力降低时，寄居于呼吸道的病菌就会毒力增强并乘虚而入，经淋巴入血液而导致发病。病菌一旦侵入机体突破第一道防御屏障后，很快通过淋巴结的阻留进入血液形成菌血症，并可在24小时内发展为败血症而致病牛死亡。病菌可存在于病牛的各组织器官、体液、分泌物和排泄物中。病牛濒死时血液中仅有少量细菌，死亡后经几个小时在机体防御能力完全消失后才迅速大量繁殖，脾脏、胸腹腔体液及颈和下颌肿胀处的渗出液中含菌量最多，便于分离培养和直接涂片镜检。

新近研究表明，不同种类畜禽之间巴氏杆菌病可相互感染。科学家从自然病例分离到的Fg型巴氏杆菌，不管它的地区来源和动物种类，都具有完全相同的抗原，对奶牛等动物均具极大的致病力。因此，在一般情况下，不同动物对不同菌型的巴氏杆菌的感受性虽有所差别，但同种及异种动物之间都可相互感染。

本病的发生虽无明显季节性，但以温热潮湿季节，尤以冬秋和冬春之交气温变动较大的时期发病较多，天气骤变时也容易发病。

【临床症状】 本病的潜伏期一般为2～5天。病牛生前均有程度不同的高热、呼吸迫促、鼻流浆液或脓样鼻漏和咽喉及颈部有炎性肿胀等症状。根据牛体抵抗力及细菌致病力的差异所致的表现不同，临床上一般将之分为败血型、水肿型和肺炎型3型。

1.败血型　病牛体温突然上升至40～41.5℃以上，全身衰弱，精神沉郁，低头拱背，被毛粗乱，皮温不整，肌肉震颤；食欲减退或废绝，反刍停止；鼻镜干燥，呼吸困难，脉搏加快；泌乳量锐减甚至停止。有时还有咳嗽、流鼻液、眼泪和呻吟；病程稍长者还发生腹泻，粪中有时可能混有纤维蛋白甚至血液；有时尿中也可能带血。

本型的病程很短，一般在1昼夜内死亡。

2.肺炎型　此型最为常见，除体温升高及一般的全身症状外，主要表现出肺炎症状。病牛呼吸困难，咳嗽，初期为干性痛咳，此后变成湿咳；流黏性鼻液（图2-14-2），有时带血红色，后期则呈脓性。胸部叩诊出现浊音区并有痛感，听诊有支气管呼吸音或罗音，有时还有胸膜摩擦音或拍水音。奶牛的泌乳量明显减少，最后则停乳。病情严重时，病牛高度呼吸困难，张口伸舌喘气，口腔内含有泡沫样涎液（图2-14-3），可视黏膜发绀；有的病牛还下痢，粪便呈粥样，后期呈水样，并多伴有血液。

本型的病程稍长，病牛多在3天内死亡，也有1周以上的，有的病例可转为慢性。

3.水肿型　病牛除明显的全身症状外，最明显的特点是咽喉、颈部及胸前皮下出现炎性水肿（图2-14-4）。水肿部初期有热痛感，按压时坚实；后期逐渐扩散，变凉，疼痛减轻。有的病牛高度呼吸困难，黏膜紫绀，眼红肿，流泪，流涎，磨牙；咽喉部及周围组织高度肿胀，舌肿大伸出口外，呈暗红色，吞咽和呼吸困难（图2-14-5）；也有少数病牛发生下痢。最后常因窒息或腹泻虚脱而死。

本型的病程多为16～36小时。

【病理特征】 死于不同类型的病牛，有不同的病理变化。

1.败血型　多为一般败血症变化，主要表现尸体稍有胀气，全身可视黏膜充血或淤血而呈紫红色，从鼻孔流黄绿色液体。皮下组织、胸腹膜及呼吸道与消化道黏膜（图2-14-6）、肺及肌肉多半散布有点状或斑块状出血。脾不肿大但被膜密布有点状出血。肝、肾等实质器官发生重度实质变性。心外膜常见出血斑点或弥漫性出血（图2-14-7），心包腔内蓄积有多量混有纤维素絮状物的渗出液。全身各淋巴结充血、水肿，具急性浆液性淋巴结炎变化。

2.肺炎型　患牛除呈现败血型的各种病变外，其最突出的特点表现为纤维素性肺炎和胸膜炎。胸腔内贮积有多量混有纤维素的出血性渗出液（图2-14-8），肺、肋胸膜密布有出血斑点或被覆有纤维素薄膜。整个肺脏存有不同大小的淡黄色化脓性炎性病灶（图2-14-9），或在肺的尖叶、前叶部有较大范围的肝变样肺炎病灶（图2-14-10）。病变部质地坚实，呈暗红色或灰红色；小叶间结缔组织由于发生浆液性水肿而增宽，故其切面呈现大理石样花纹（图2-14-11），但此种变化不如牛肺疫时明显。切面见肺小叶间质增宽，肺组织呈斑驳状，支气管断端见纤维素性化脓性渗出物形成的阻塞物（图2-14-12）。支气管与纵隔淋巴结肿大，呈紫红色，常伴发出血与水肿变化。病程稍长的病例，纤维素性肺炎病灶内可形成数目不等和大小不一的呈污灰色或灰黄色的坏死灶，其周边有时形成结缔组织包囊。镜检见肺脏具典型的纤维素性肺炎的各期变化，尤以红色肝变期和灰白色肝变期的变化更为多见，同时还见局限性小化脓灶的形成（图2-14-13）。

此外，本型病例也常伴发纤维素性心包炎和胸膜炎，常见肺胸膜和肋胸膜粘连（图2-14-14），或与心包膜粘连。胃肠黏膜呈急性卡他性或出血性肠炎，肝、肾、心肌变性和肝内常出现坏死灶等病变。

3.水肿型　主要表现颌下、咽喉部、颈部、胸前及有时两前肢皮下有大量橙黄色浆液浸润，因而上述各部呈程度不同肿胀，切开时流出多量深黄色稍浑浊的液体，结缔组织呈黄色胶冻样，常伴有出血。严重时表现喉部硬肿，颈肿而伸直。舌和舌系带也偶可发生水肿而舌头伸出口外。颌下、咽后、颈部及纵隔淋巴结也呈急性肿胀，切面湿润，显示明显的充血和出血。全身浆膜、黏膜也散布有点状出血。胃肠黏膜呈急性卡他性或出血性炎。各实质器官变性，肺淤血水肿。

【诊断要点】 根据本病的流行特点、临床症状和病理特征，可初步诊断。如将新鲜病料（心血、渗出液、肝、脾、淋巴结等）做成涂片，用碱性美蓝或瑞特氏液染色，镜检可发现两极着染的小杆菌，或将病料乳剂接种小白鼠、家兔时，24～48小时可发生死亡，剖检后在病料中可检出巴氏杆菌。

【类症鉴别】 由于本病的生前临床症状和死后的剖检病变与炭疽、牛肺疫、恶性水肿及气肿疽有某些类同之点，故应注意加以鉴别。

1. *炭疽* 本病与炭疽的鉴别点是：后者虽在胸前、颈部也可发生痈性水肿病变，但范围较局限，在机体的其他部位也可发现水肿变化。死后多出现天然孔出血，死僵不全，迅速腐败，脾脏呈现急性炎性脾肿，血凝不良，呈煤焦油样。用血液或脾脏做涂片染色镜检，可见有典型的炭疽杆菌。

2. *牛肺疫* 牛肺疫临床症状和缓，主要出现呼吸系统症状。死后败血性变化不明显，咽喉和颈部水肿缺乏，但其肺脏具典型的纤维素性肺炎各期变化，肺间质水肿、坏死明显，故具有明显的大理石样花纹。

3. *恶性水肿* 恶性水肿主要经创伤感染，在感染灶局部呈明显的炎性、气性肿胀，触摸肿胀处可闻及捻发音。切开肿胀处，皮下见有大量呈黄红色混有气泡的液体流出。死后虽也见有败血症变化，但无头颈部肿胀及肺脏的特征变化。通过病原检查更可进行鉴别。

4. *气肿疽* 气肿疽主要在臀、股部肌肉丰满处发生出血性气性坏疽，患部肌肉呈蜡样坏死。触诊患部可闻及捻发音。以4岁以下的青年牛多发。

【治疗方法】 青霉素、链霉素、磺胺类及广谱抗生素等药物对巴氏杆菌都有一定的疗效，若能配合使用或根据病情有选择性使用，可收到较好的疗效。

1. *磺胺药疗法* 对于急性病例，以20%磺胺噻唑钠50～100毫升，静脉注射，连用3天；亦可服用磺胺噻唑或磺胺二甲基嘧啶，全日量为每千克体重0.1～0.2克，分4次内服，连服3天；5%磺胺甲基嘧啶钠或磺胺二甲基嘧啶钠，按每100千克体重40～60毫升一次静脉注射，然后按每10千克体重1克的剂量每天分2次内服，连用3～5天有较好的疗效。

2. *青、链霉素疗法* 青霉素按每千克体重4 000～8 000国际单位，肌肉注射，连用3天；链霉素按每千克体重10毫克，肌肉注射，连用3天；在进行青、链霉素肌肉注射的同时，配合磺胺类药物静脉注射或以大剂量四环素溶于葡萄糖生理盐水静脉注射，效果更好。

此外，在应用上述抗生素时，配合强心、补液等对症疗法，再加强护理，饲喂一些易消化、吸收的饲料，方可提高治愈率。

【预防措施】 据研究及临床实践证明，本病的发生常常不是由于外来的传染，而是由于各种应激因素的作用，使奶牛的抵抗力降低而引起发病。所以平时注意饲养管理，增强奶牛的抵抗力，避免牛群过度拥挤、受寒、受热，做好牛舍及周围环境卫生等，是预防本病的重要措施。在经常发生本病的地区，应注射疫苗进行防疫，如牛出血败氢氧化铝菌苗，皮下或肌肉注射，体重100千克以下的奶牛4毫升，100千克以上的奶牛6毫升，免疫期为9个月。

当发生本病时，应将病牛隔离饲养及治疗；其他奶牛注意观察或检查，发现可疑病牛立即隔离治疗。禁止疫区奶牛迁移，以防传播。牛舍、运动场及用具等，可用3%来苏儿、5%漂白粉、或10%石灰乳进行消毒。

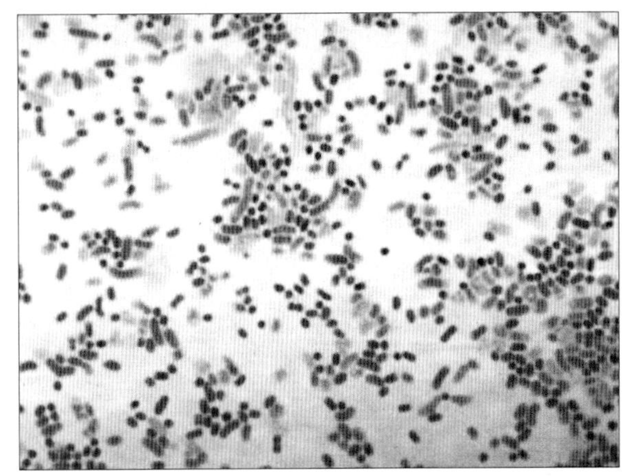

图 2-14-1　多杀性巴氏杆菌

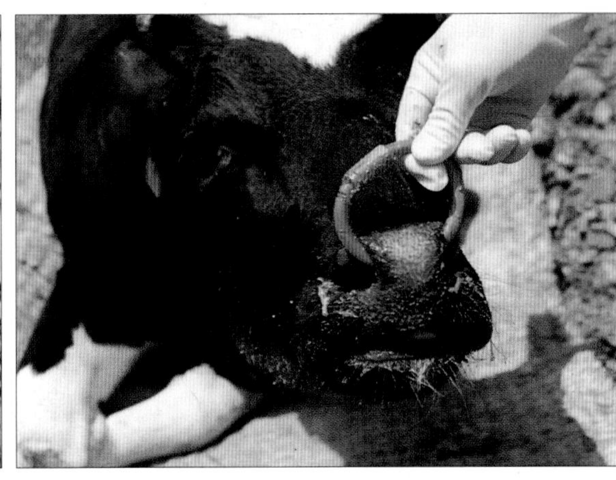

图 2-14-2　病牛精神不振，流出黏性化脓性鼻液

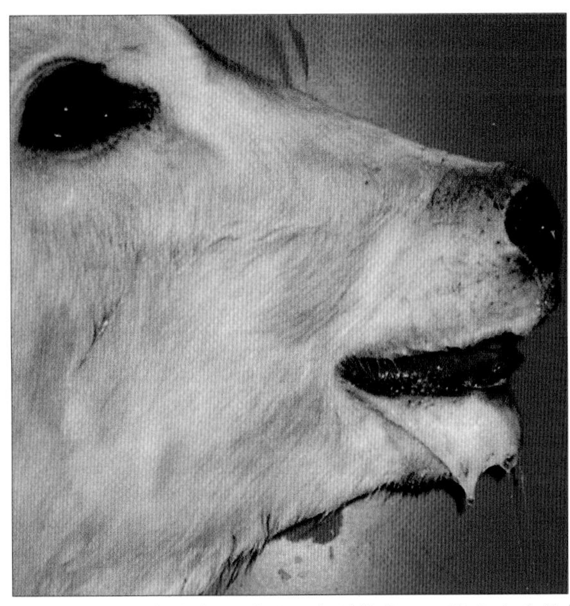

图 2-14-3　病牛张口呼吸，头颈伸直，口腔内含有泡沫样涎液

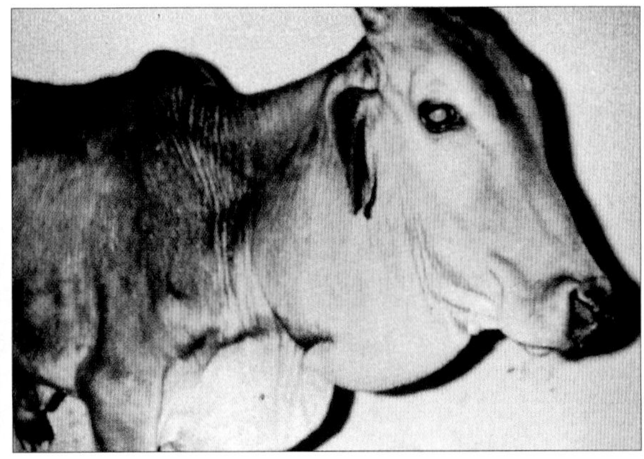

图 2-14-4　下颌部和颈部浮肿

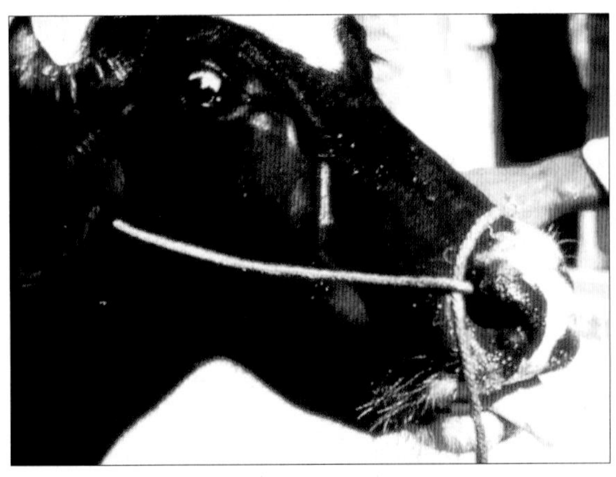

图 2-14-5　下颌间隙浮肿，病牛吞咽和呼吸困难

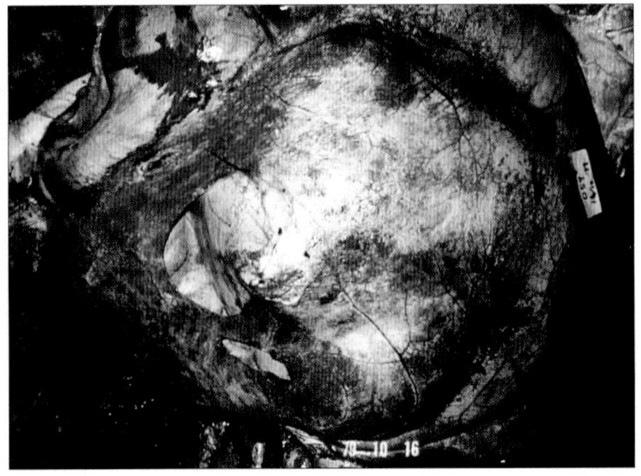

图 2-14-6　胃浆膜面的大范围的点状出血

图2-14-7　心外膜见有弥漫性出血

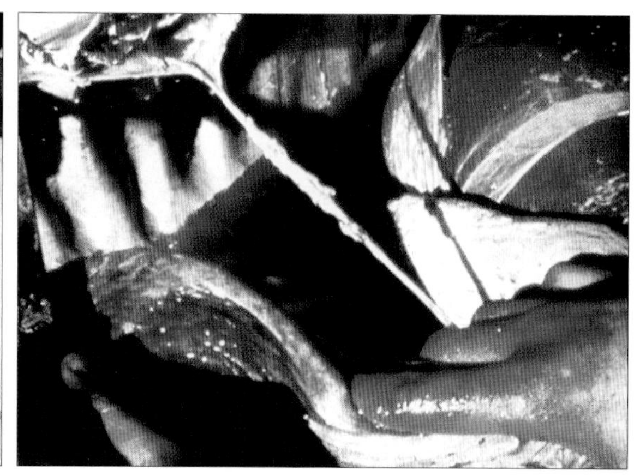

图2-14-8　胸腔内有大量出血性纤维素性渗出液

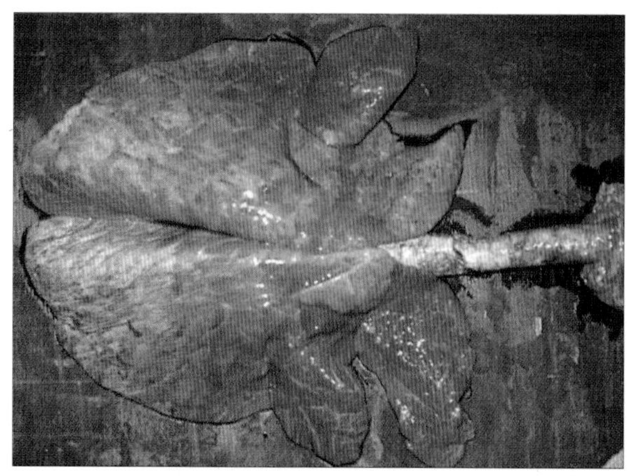

图2-14-9　巴氏杆菌肺炎，肺实质散发淡黄色化脓性炎性病灶

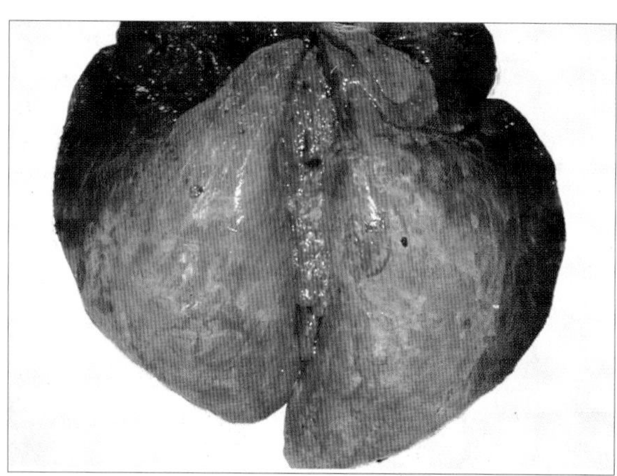

图2-14-10　肺组织中有大量红色肝变样肺炎病灶

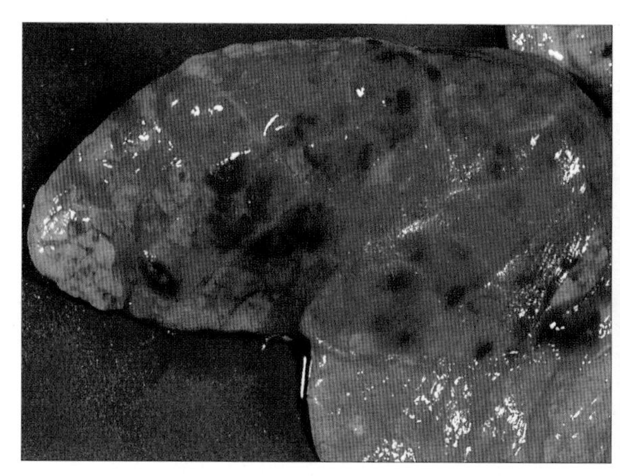

图2-14-11　肺前叶呈现大叶性肺炎的大理石样花纹

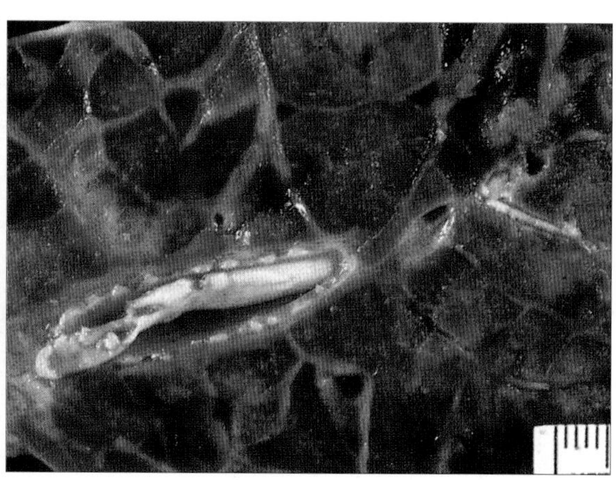

图2-14-12　间质水肿、增宽，支气管内含有纤维素性化脓性渗出物形成的阻塞物

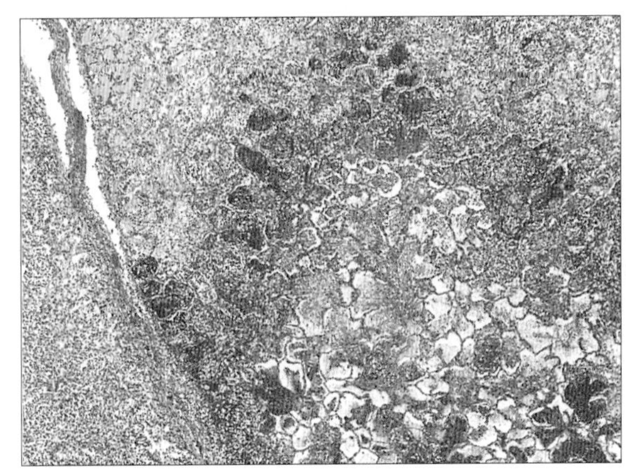

图 2-14-13　肺组织中有明显的局限性化脓灶

图 2-14-14　肺脏与胸壁发生粘连

十五、李氏杆菌病

（Listeriosis）

李氏杆菌病是由单核细胞增多性李氏杆菌所引起的一种人畜共患传染病。奶牛患本病后主要表现为脑膜脑炎、败血症和流产。本病发生于世界各地，我国也时有发生。据报道，由于李氏杆菌可在发酵不完全、pH达5.5以上的青贮饲料中大量繁殖，奶牛摄食后往往在3 周后开始发病，故一些农民将本病称之为青贮饲料病。

【病原特性】 本病的病原体为单核细胞增多性李氏杆菌（*Listeria monocytogenes*），简称李氏杆菌。李氏杆菌为两端钝圆、稍弯曲的革兰氏阳性小球杆菌（图2-15-1）。在涂片标本中，李氏杆菌散在、成对构成V字形、Y字形、并列或几个菌体成堆。本菌不形成芽孢与荚膜，菌体周围有1～4根鞭毛，能活泼运动。据报道，本菌与葡萄球菌、肠球菌、化脓性棒状杆菌及大肠杆菌等有共同抗原。现在已知李氏杆菌有7个血清型、16个血清变种，对奶牛有致病作用的主要是Ⅰ型和4b型。

本菌的抵抗力很强，pH5.0以上能繁殖，pH9.6仍能生长；在含10%食盐的培养基中也能生长，在20%的食盐溶液中能经久不死；对热的耐受性比一般无芽孢杆菌强，常规巴氏消毒法不能将之杀死；在青贮饲料、干草、土壤和粪便中能长期生存。但本菌对一般消毒药抵抗力不强，如3%石炭酸、70%酒精等常用消毒药能很快将其杀死；对四环素、红霉素、磺胺和链霉素敏感，对青霉素有抵抗力。

【流行特点】 病牛或其他患病及带菌动物是本病的主要传染来源，从患病动物的粪、尿、乳汁、精液和眼、鼻、生殖道的分泌液中均能分离出病菌。本病的主要传播途径是消化道，其次为呼吸道、眼结膜以及受损伤的皮肤等。污染的饲料和饮水可能是主要的传播媒介，吸血昆虫也起着媒介的作用。各种年龄的奶牛均可感染发病，但以妊娠母牛和犊牛易感性更高。

本病多发生于冬季和早春，由于缺乏青饲料而大量饲喂青贮饲料，故增加了本病的发生几率。本病多为散发，虽然发病率不高，但病死率却很高，应引起注意。

【临床症状】 本病的潜伏期约为2～3周，但快者仅数天，慢者可达2个月左右。

成年牛发病后主要表现为神经症状。病初，体温升高约1～2℃，不久降至常温。继之，病牛头颈一侧性麻痹，弯向对侧，将病牛保定在树干上，其头仍向右回转（图2-15-2），放开后仍沿该方向做圆圈运动（图2-15-3）。有的病牛则向左侧做转圈运动（图2-15-4），遇到障碍，以头抵撞而不动。病侧的眼半闭，耳下垂（图2-15-5），视力减退（图2-15-6）。有的病牛伴发舌咽神经麻痹而舌尖外伸，采食饮水困难，导致机体脱水而眼球塌陷（图2-15-7）；病情严重时，病牛的舌外伸、耳下垂、眼失明（图2-15-8）。有时吞咽肌麻痹而大量流涎；病情加重时，病牛颈项强硬，有的出现角弓反张症状，最后卧地不起，呈昏迷状（图2-15-9），卧于一侧，强行翻身，又迅速翻转过来，以至死亡。病程长短不一，短者仅1～3天，长者可达3周或更长。妊娠母牛流产，但不伴发脑症状。

犊牛常发生败血症。病犊精神沉郁，呆立不动，低头垂耳，体表轻度发热，流涎，流鼻液和眼泪。不随群行动，不听驱使。咀嚼吞咽缓慢，有时于口颊一侧积聚多量没有嚼碎的饲草。病犊多于1～2天迅速死亡。

【病理特征】 剖检通常缺乏特殊的肉眼病变。有神经症状的病牛，可见脑膜和脑实质充血、发炎和水肿（图2-15-10），脑髓液增量，稍显浑浊，内含较多的细胞成分。脑干，特别是脑桥、延髓和脊髓变软，有小的化脓灶（图2-15-11）。镜检见脑软膜、脑干后部，特别是脑桥、延髓和脊髓的血管充血，血管周围有以单核细胞为主的细胞浸润，还可能发生弥漫性细胞浸润和细微的化脓灶（图2-15-12），用革兰氏染色时，可在延髓或脊髓的病灶中心发现病原菌。脑膜常有多量单核细胞和淋巴细胞浸润，此为特征性伴发病变。

李氏杆菌性流产多发生于妊娠的后期，通常无任何感染症状，但也发生于妊娠的前期，流产排出的胎儿多死亡（图2-15-13）和严重自溶。此时，局灶性肝坏死和肝内病原菌的检查在诊断方面具有重要价值。流产后母牛的子宫内膜充血以至广泛坏死，胎盘常见出血和坏死。

死于败血症的犊牛，剖检时除见一般的败血症病变外，主要的特征性病变是局灶性肝坏死。其次，在脾脏、淋巴结、肺脏、肾上腺、心肌、胃肠道和脑组织中也可发现较小的坏死灶。镜检，坏死灶中细胞破坏并有单核细胞和一些嗜中性白细胞浸润，革兰氏染色时很易在病灶中发现病原菌。

【诊断要点】 依据临床症状、病理变化和细菌学检查即可做出初步诊断。如果临床上患畜表现有脑膜脑炎的神经症状，孕畜流产，血液中单核细胞增多；剖检见脑及脑膜充血、水肿，肝有小坏死灶；脑组织切片可见有以单核细胞浸润为主的血管套和微细的化脓灶等病变；采取病畜的血液、肝脏、脾脏、肾脏、脑脊液、脑组织及流产胎儿的肝组织等做触片和涂片镜检，如发现有呈V字形或Y字形排列或并列的革兰氏阳性小杆菌即可进行确诊（图2-15-14）；必要时可再进行细菌分离培养和动物接种试验。

【治疗方法】 治疗本病以链霉素、红霉素和四环素的效果较好，但易引起抗药性。因此，在大剂量使用这些药物的同时，配合磺胺嘧啶钠等磺胺类药物的使用，可以收到较满意的疗效。治疗本病越早越好，一旦病牛出现神经症状或败血病表现，往往难以奏效。

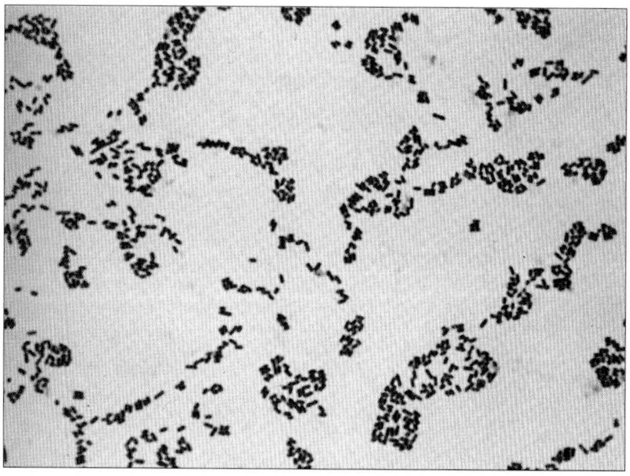

图2-15-1　血液琼脂培养的病菌

【预防措施】 据研究，许多啮齿类动物特别是鼠类常是李氏杆菌的贮存宿主。因此，牛场平时应加强管理，注意驱除鼠类及其他啮齿类动物；不喂给奶牛变质青贮饲料；不从疫区引进奶牛，防止将隐性感染牛引入。发现病牛时应立即隔离、消毒和治疗。

图 2-15-2　将病牛保定在树干上，牛头仍向右回转

图 2-15-3　病牛向右进行回转运动，不能直行

图 2-15-4　病牛向左侧做强迫的转圈运动

图 2-15-5　病牛偏侧性麻痹而引起左耳下垂

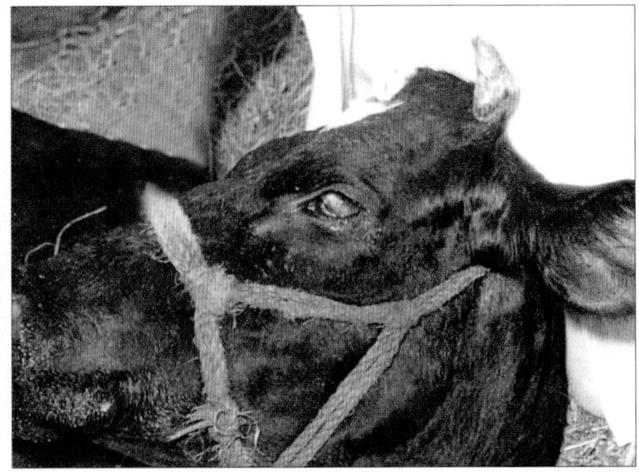

图 2-15-6　病牛左侧眼麻痹引起瞳孔扩张，眼角膜发炎

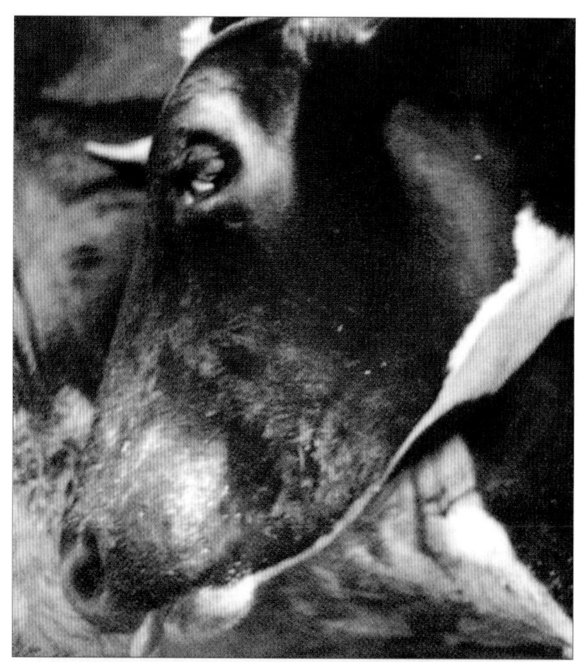

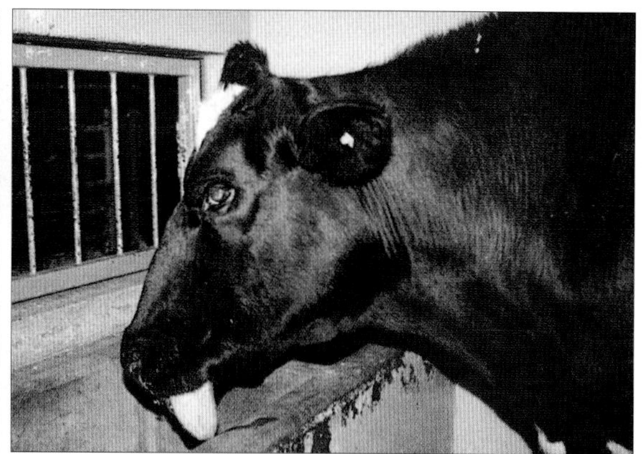

图 2-15-8　病牛失明，偏侧性颜面神经麻痹，舌脱出，耳下垂

图 2-15-7　舌麻痹引起脱水，眼球塌陷

图 2-15-9　病牛项强硬，头颈弯向腹部，呈昏迷状

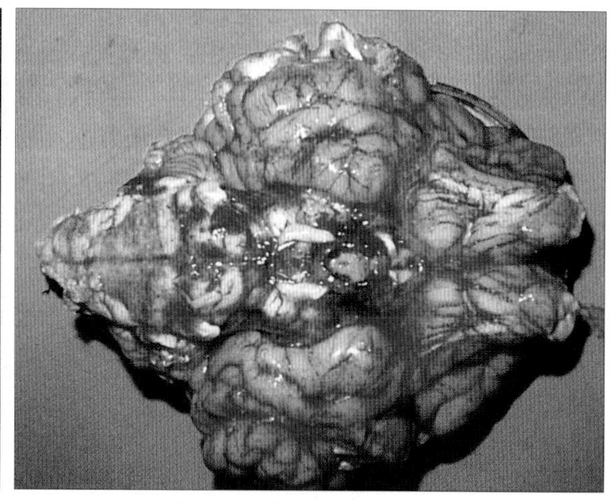

图 2-15-10　病牛的脑膜强烈充血，呈水肿状

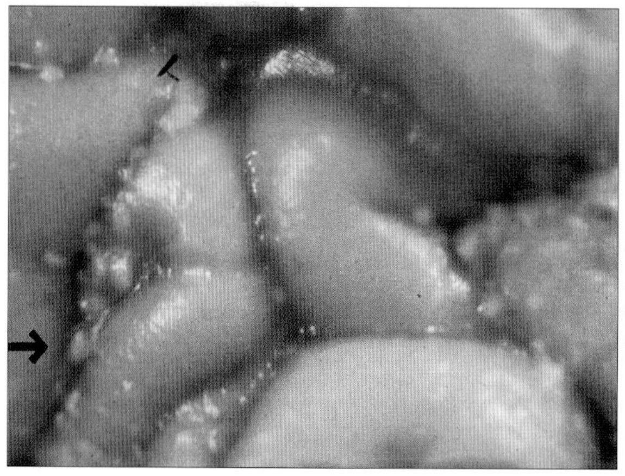

图 2-15-11　败血症病例的脑表面密发粟粒大化脓灶

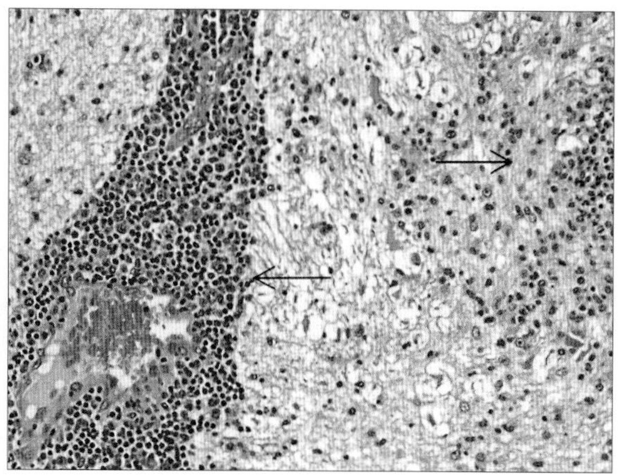

图 2-15-12　延髓部有以单核细胞为主的血管套和微脓肿

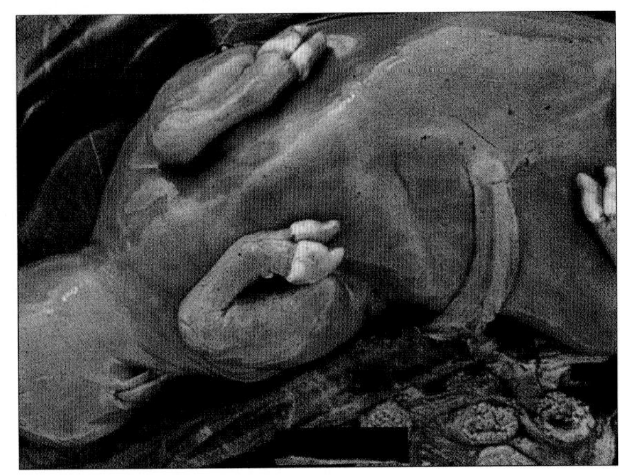
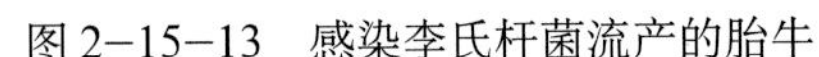

图 2-15-13　感染李氏杆菌流产的胎牛

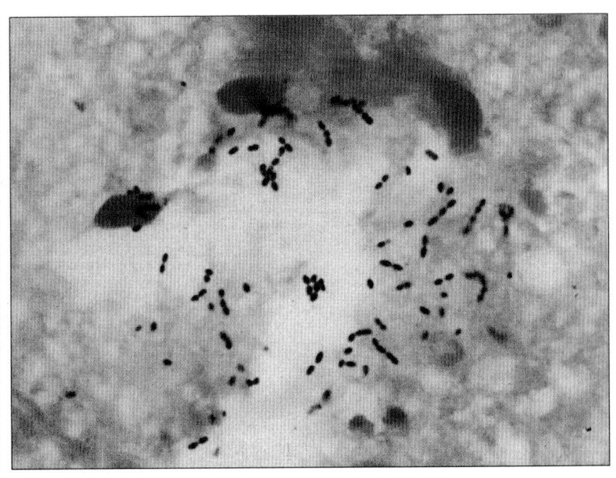

图 2-15-14　从桥脑脓肿涂片中检出的李氏杆菌

十六、传染性角膜结膜炎

（Infectious keratoconjunctivitis）

传染性角膜结膜炎，又名红眼病（Pink eye），是牛的一种急性接触性传染病。其主要的临床及病理特征为眼结膜和角膜发生明显的炎症反应，大量流泪，继之角膜发生浑浊或呈乳白色。

【病原特性】 本病的病原体至今仍未完全搞清，一般认为它是一种多病原性疾病。本病自1888年在美国首次报道以来，曾提出过许多种病原，如细菌、立克次氏体、衣原体和病毒等。近年来，大多研究工作者认为牛摩勒氏杆菌（*Moraxella bovis*），又名牛嗜血杆菌（*Haemophilus bovis*）是本病的主要病原体，因该菌在病牛体内常能检出而在健康牛却很少见到，并用该菌进行人工感染试验获得了成功，只是症状较温和；但在强烈的太阳紫外光照射下可以产生典型的症状。因此，牛摩勒氏杆菌和紫外光具有联合致病作用。另外，有人认为牛传染性鼻气管炎病毒可加重牛摩勒氏杆菌的致病作用。也有些研究工作者曾用不同的传染性鼻气管炎病毒毒株人工接种牛而引起传染性角膜结膜炎的典型病变，故认为本病可能是起因于病毒，而细菌是继发性病原体。

牛摩勒氏杆菌为粗短的革兰氏阴性球杆菌，长1.5～2.0微米，宽0.5～0.7微米，通常成双或短链，有荚膜（图2-16-1），无运动性，需氧，不产生芽孢及毒素，在普通琼脂培养基上能够生长，但在含血琼脂上生长繁盛。菌落圆形、灰色、透明，周围有狭窄的溶血带（图2-16-2）。

一般浓度的消毒剂或加温至59℃经5分钟，均有杀菌作用。

【流行特点】 本病不仅发生于奶牛，而且黄牛、水牛，不分年龄和性别均对本病有易感性，但以青年牛最易感，呈高度接触性传染。本病的传染来源主要是病牛，引进病牛或带菌牛是牛群暴发本病的主要原因；而被病牛的泪液和鼻腔分泌物污染的饲料可能散播本病。本病的传播途径还不很清楚，一般认为是直接接触，即牛可以通过直接或密切接触（例如头部的相互摩擦、打喷嚏和咳嗽等）而传染，蝇类和某种飞蛾可机械性传递本病。另外，气候炎热、刮风和尘土等因素可促使本病的发生和传播。

本病多发生于炎热的夏季和湿度较高的秋季，其他季节的发病率较低。一旦发生，传播迅速，多呈地方流行性或流行性，结膜可能是传染门户。

【临床症状】 本病的潜伏期一般为3～12天。病初，病牛精神沉郁，食欲不振，体温轻度升高或不明显，产奶量和增重都受到影响。一眼或两眼同时发病，两眼发病时也多是一眼发病较重（图2-16-3）。病畜畏光，流泪，先是浆液性（图2-16-4），后变黏液脓性。眼睑红肿、疼痛（图2-16-5），眼不能睁开（图2-16-6）。不少病例2～3天后角膜浑浊，开始在角膜中央出现轻度浑浊，角膜微黄白，周边有新生血管（图2-16-7）。由于角膜浑浊多出现在眼球中央部，因此病眼不能视物（图2-16-8）。继之，眼内压不断增高，角膜则突起，呈锥形（图2-16-9），间有破裂形成溃疡，也有角膜和眼前房形成脓肿（图2-16-10），甚至角膜溃疡（图2-16-11）和穿孔。当角膜穿孔后，则眼前房液流出，晶状体脱位，虹膜脱出，很易继发眼内感染。如果发生视神经上行性感染，病牛常因脑膜炎而死亡。

以上病程并非所有患牛均如此，多数病牛可自然痊愈，或经及时合理的治疗而恢复正常，但康复牛常为带菌者。也有少部分病牛发生角膜云翳、白斑和失明（图2-16-12）。

【病理特征】 患牛表现眼睑发炎肿胀，结膜高度充血和浮肿，眼分泌物增多呈脓液性。角膜变化明显而多样。轻者，角膜从中央开始轻度浑浊，逐渐向外扩展。虹膜和角膜周围的血管扩张、充血和增生，眼周呈淡红色，形成所谓的红眼病（图2-16-13）。严重者表现角膜炎、角膜溃疡、角膜增厚和角膜突出，有的形成角膜疤痕和角膜云翳。有时发生角膜破裂。镜检，结膜内含有多量淋巴细胞及浆细胞，在上皮细胞之间可见嗜中性白细胞。角膜变化多样，所见差异也较大。有时见上皮剥脱，固有层有细胞浸润及坏死；有时表现为固有层呈弥漫性玻璃样变性；当角膜隆起时，则见上皮坏死和伴发细菌浸润，固有层发生纤维化或肉芽组织形成。角膜突出是由于虹膜粘连和细菌浸润、进而形成化脓灶和肉芽组织所致。

【诊断要点】 根据病牛的临床症状、发病季节和病理变化等即可做出初步诊断。必要时可做微生物学检查或用沉淀反应试验、间接血凝试验、补体结合反应和荧光抗体技术等进行确诊。

【类症鉴别】 本病在鉴别诊断上，应注意与外伤性眼病、传染性鼻气管炎、恶性卡他热等相区别。

1.外伤性眼病　常为一侧性，且限于个别动物而无传染性，眼中可见有异物或有物理性损伤的证据。

2.传染性鼻气管炎　本病除有结膜炎性变化外，还必伴有呼吸道病变。病牛常因呼吸道阻塞而发生呼吸困难及张口呼吸；又可因鼻黏膜的坏死而呼出带有臭味的气体。剖检可见呼吸道黏膜高度充血、水肿，呈鲜红或红褐色，表面有糜烂或浅表性溃疡，其上被覆腐臭的黏液脓性渗出物。这种变化多可累及咽喉、气管和大支气管，并常伴发化脓性支气管肺炎。镜检，在呼吸道的上皮细胞的胞核中可发现包涵体。

3.恶性卡他热　本病除眼病变外，伴有高热，由于口鼻黏膜充血、水肿、糜烂及溃疡，并伴发纤维素性坏死性炎性变化，所以病牛鼻孔前端常有浓稠的脓样分泌物，在典型的病例中，形成黄色长线状物直垂地面。这些分泌物干涸后聚集在鼻腔，妨碍气体通过，病牛出现明显的呼吸困难症状。口腔黏膜广泛坏死及糜烂，病牛常流出带有臭味的涎液。病程较长者，常在皮肤上检出红疹和小疱疹等。

【治疗方法】 将病牛隔离至阴暗而清洁的厩舍，消毒牛舍，扑杀各种昆虫，尤其是蝇类，这是控制细菌感染、减轻病牛疼痛和预防角膜进一步损伤的重要措施。

治疗时，通常先用2%～5%硼酸水冲洗患眼，拭干后为了减轻眼睛的疼痛，可用2%盐酸可卡因滴眼；为了控制感染和降低炎性反应，可涂布2%可的松眼膏、5%黄降汞（黄氧化汞）软膏或抗生素软膏（图2-16-14），每日2～3次。对严重者或慢性进行性病牛则可用5%硝酸银液滴眼，每天1次，连用3～5天。角膜浑浊可吹敷甘汞粉或注入1滴“红药水”（应用红溴汞滴眼，还可鉴定角膜有无溃疡)。有些地方应用中药制剂如三砂粉(即硼砂、卤砂和朱砂各等份,研成细末,充分混匀备用)吹入眼内,再内服青箱子散疗效颇佳。经治疗后,病牛眼结膜增生的血管逐渐减少,角膜的云雾状浑浊越来越轻(图 2−16−15)。

在对眼睛进行局部处理的同时,再配合全身治疗,效果更好。如肌肉注射青霉素,或青霉素、链霉素联合使用。有人在眼结膜下注射青霉素加 1 毫克地塞米松获得了满意的疗效。

【预防措施】 目前尚无可靠的疫苗供预防注射,主要的预防措施是注意防蝇、防热、防潮湿,牛舍要定期消毒。在管理方面应避免阳光直射牛眼,并避免灰尘的刺激。有人用染料对白面奶牛进行染色,借以减少反射光对牛眼的刺激。在本病流行的地区,或奶牛场曾发生过本病,可用 1.5% 硝酸银液定期点眼来进行预防。

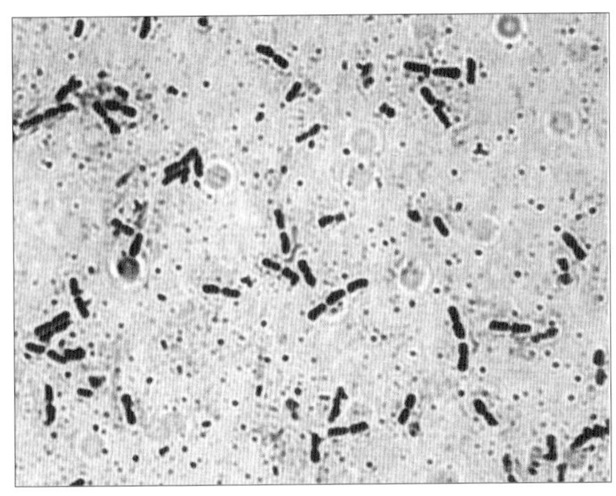

图 2−16−1 成双或短链状排列的病原菌

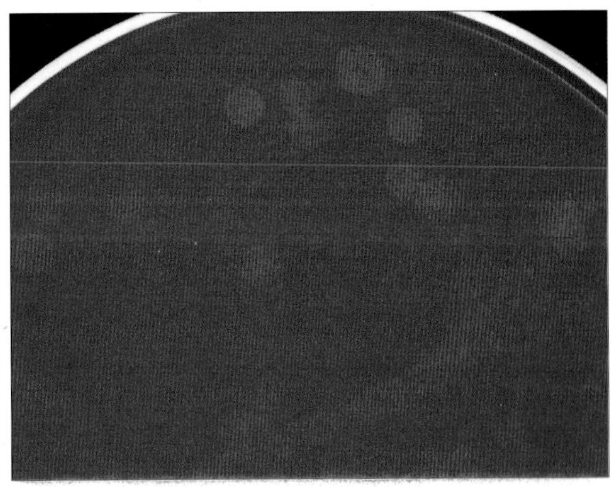

图 2−16−2 血液琼脂板上的菌落

图 2−16−3 角膜浑浊呈白色,眼结膜充血潮红,以左眼为重

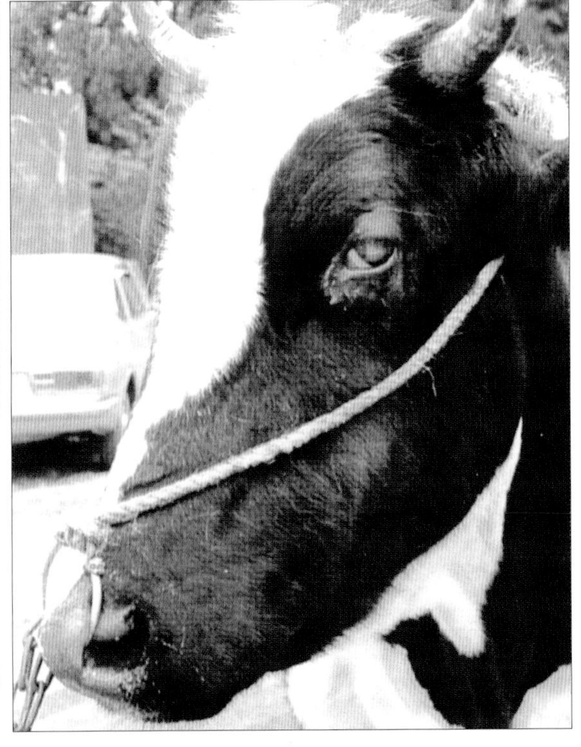

图 2−16−4 病牛的角膜浑浊,流泪

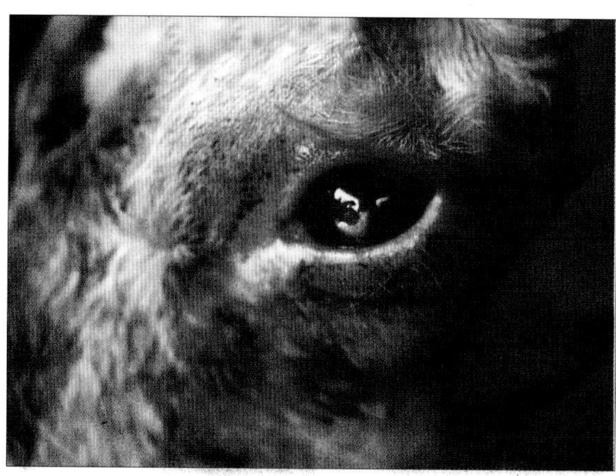

图2-16-5　病牛的眼睑肿胀、疼痛，角膜白斑，中央部发生溃疡

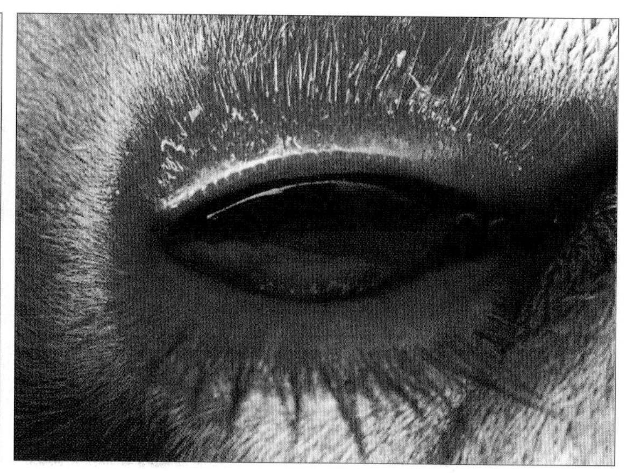

图2-16-6　病牛的眼结膜浮肿和流泪，眼难以睁开

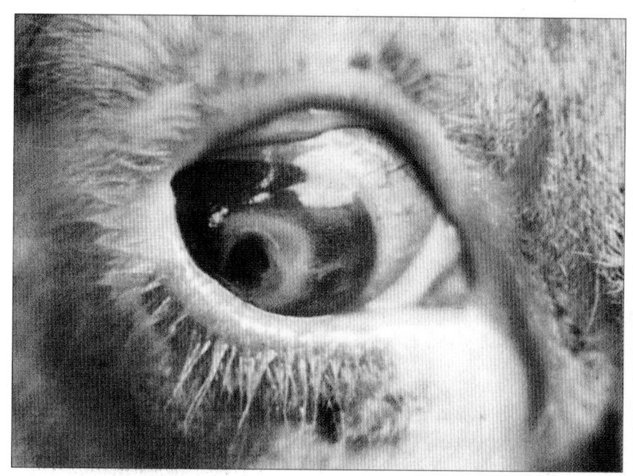

图2-16-7　角膜周围的血管充血、新生，呈轮状红色，中央部呈浊白色

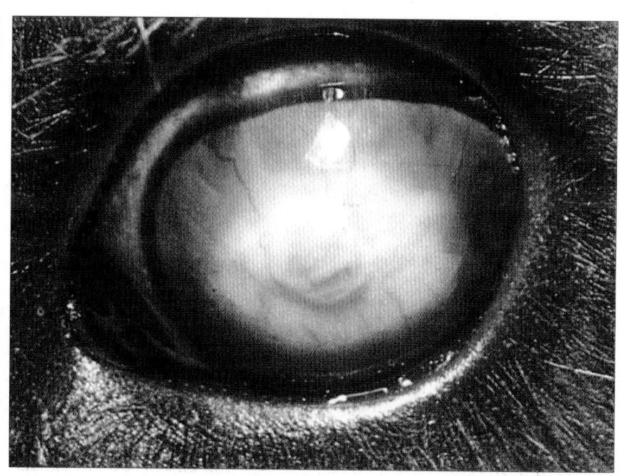

图2-16-8　角膜浑浊多见于中央部，病牛的视力下降或失明

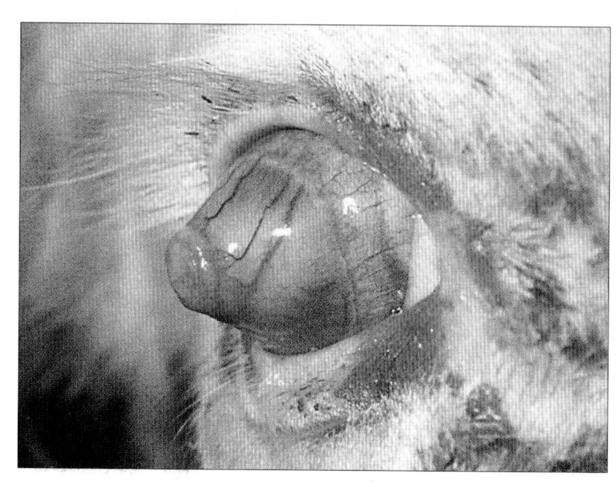

图2-16-9　眼内压增高，角膜向外突出，呈锥形

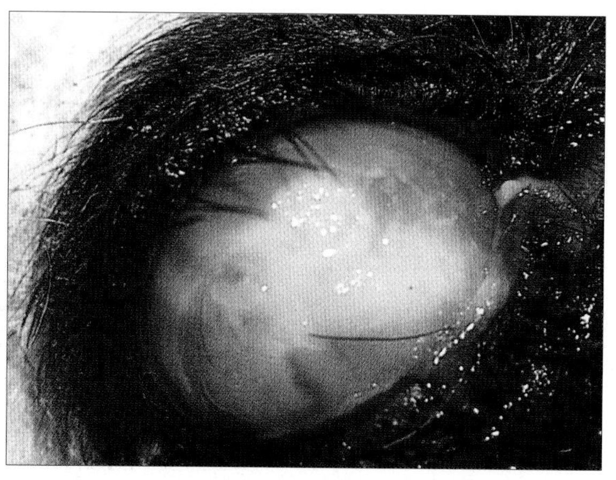

图2-16-10　眼前房内有脓汁贮积，角膜向前突出，呈污灰色

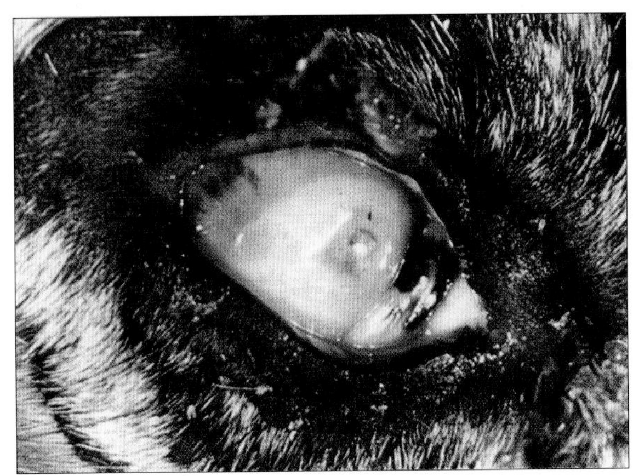

图2-16-11　浑浊的角膜中心部发生溃疡

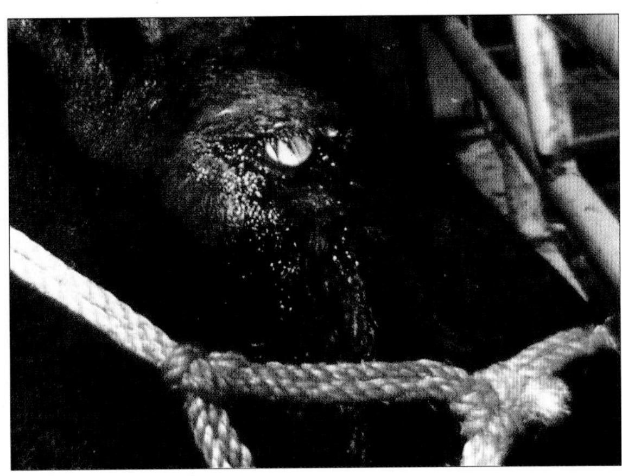

图2-16-12　病牛的角膜浑浊，形成白斑而失明

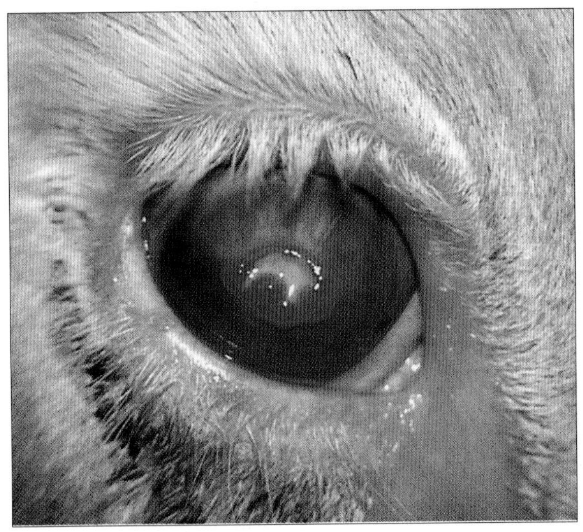

图2-16-13　虹膜和角膜的血管扩张、充血、增生，形成红眼病样外观

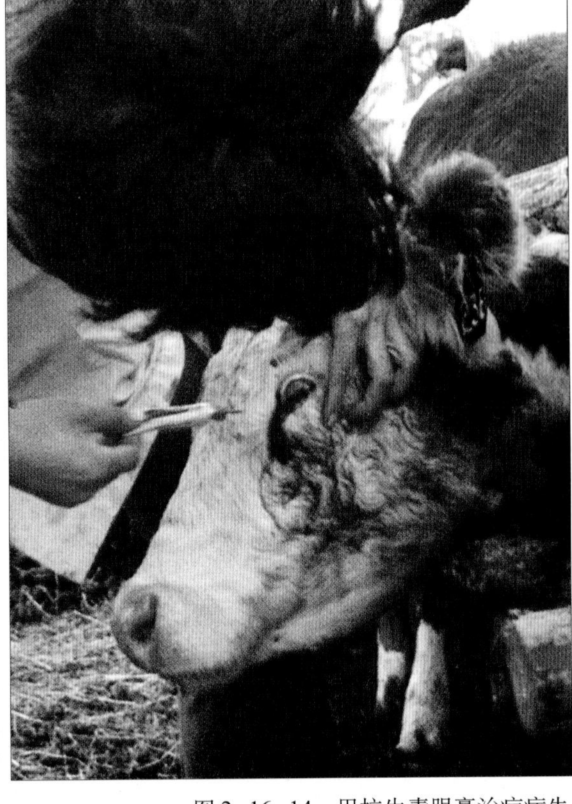

图2-16-14　用抗生素眼膏治疗病牛

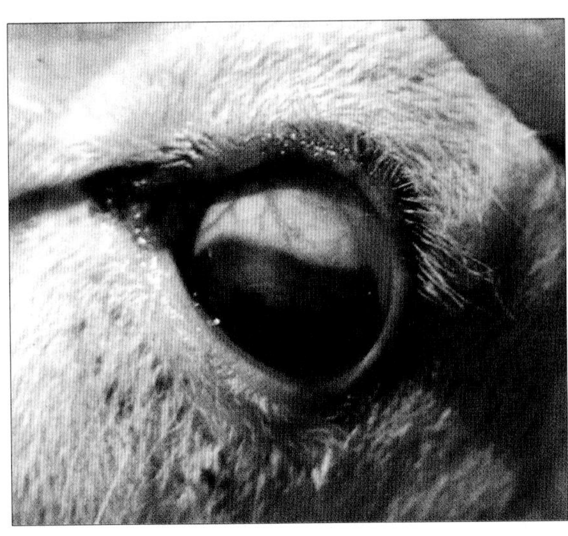

图2-16-15　治疗后，病牛的角膜逐渐明亮，增生的血管减少

十七、牛副结核病

（Paratuberculosis in cattle）

牛副结核病又名牛副结核性肠炎，是主要发生于奶牛的一种慢性传染病。其临床特征是病牛持续性腹泻和逐渐消瘦，病理形态学特征为慢性增生性肠炎，在肠黏膜上形成脑回样皱褶。本病在我国分布广泛，一般养牛地区都有散发，有时呈地方性流行，危害较大。

【病原特性】 本病的病原体为分枝杆菌属的副结核分枝杆菌（*Mycobacterium paratuberculosis*）。本菌系多形性短杆菌，呈球杆状、短杆状或棒状，长约0.5～1.5微米，宽为0.2～0.5微米，不形成芽孢、荚膜和鞭毛，无运动性。用Ziehl-Neelsen氏染色法染色时为阳性反应，与结核杆菌相似，被染成红色；用革兰氏染色也呈阳性反应，被染成紫色。本菌为专性需氧菌，初次培养生长缓慢，一般在固体培养基上培养3周左右可见有粟粒大圆形菌落生长（图2-17-1）。该菌在病变组织的上皮样细胞内或在涂片上呈成团或呈丛排列。这一特点对本病具有证病性意义。

本菌对外界环境的抵抗力相当强大，在被病牛粪便污染的牛舍、运动场、牧地、厩肥和泥土中可存活数个月至1年；在尿中至少可存活7天；冻结状态下能存活一年，干燥则可存活17个月之久；在野外的污水中可存活6个多月。该菌对化学消毒药的抵抗力也较强，如5%克辽林2小时、3%来苏儿30分钟、3%甲醛20分钟、5%工业用苛性钠2小时、10%～20%漂白粉20分钟和3%～5%石炭酸5分钟才能将之杀死。但本病对热较敏感，如65℃30分钟，80℃1～5分钟即可灭活。

【流行特点】 本病主要感染奶牛，其次为黄牛；在同样条件下犊牛和母牛的发病比公牛和阉牛多。除牛易感外，绵羊、山羊、骆驼、鹿和猪等动物也可感染发病。

病牛和隐性感染牛是本病的主要传染源。病畜可随粪便排出大量病原菌，其次是乳、尿也可能含有病原菌。病牛在临床上呈现顽固性腹泻时，其粪便几乎100%能查出病原菌；无症状病牛的粪便检菌率也可达30%～50%。消化道是本病感染的主要途经。健康牛和幼畜因摄入被带菌粪便污染的饲草、乳、饮水等而感染。被感染家畜病程多取慢性经过及长期排菌，因而有本病发生的地区，往往造成广泛的传染。

本病除消化道感染外，有人从感染后期的病畜胎儿中分离到副结核杆菌，证明还可能有胎盘感染。一般认为感染母牛，在机体抵抗力降低时，病原菌就可大量繁殖并释放到血流中流入子宫传给胎儿；子宫内感染主要发生于受胎后3个月，取这种胎儿的内脏就容易分离到菌体。另外，从公、母牛的性腺中也分离到了副结核杆菌，而且经处理后的商品化精液中细菌仍保持活力。

易感动物对本病的抵抗力是随年龄的增长而增强的。30日龄以内的动物最易感，6个月龄以内的犊牛可以自然感染，但1岁以上的成年牛具有一定的抗感染能力。从感染至出现临床症状之间可以经数月乃至数年，虽然犊牛对本病易感性很高，但往往要到2～5岁时才出现临床症状。

本病的散播性比较缓慢，各个病例的出现往往间隔较长的时间。因此，从表面上本病似乎呈散发性，但实际上它是一种地方流行性疾病。本病一年四季均可发生。

【临床症状】 本病的潜伏期很长，可由数个月至1～2年。病初，病牛精神、食欲及体温均正常，虽然无明显的临床症状，但有30%～50%的病牛却能排菌。继之，病牛出现早期的临床症状，即精神不振、食欲减损、逐渐消瘦、泌乳量减少（图2-17-2）；特征性的症状是间歇性腹泻，给予多汁的青饲料可加剧腹泻症状；以后变成顽固性腹泻，粪便稀薄，从肛门流出（图2−17−3）。病情严重时，粪便稀薄如水，常呈喷射状排出（图2 17 4），粪便恶臭，带有气泡和黏液，间或混有血液及其凝块，病牛的尾根、肛门及会阴周围常被粪便污染（图2−17−5）。

随着病程的延长，病牛精神沉郁，食欲大减，逐渐消瘦，喜欢卧地，不愿运动；各部的骨骼显露，被毛粗乱（图2−17−6），贫血，眼窝下陷，泌乳量锐减，甚至停止；严重时下颌、胸垂、腹部等处出现水肿。直肠检查时可触摸到肥厚的小肠肠管。病程较长时，病情时重时轻，有时腹泻可能暂时停止，而后又加重。

本病的病程一般为3～4个月，也有拖至半年或更长时间，最后多因衰竭或并发症而死亡；死亡率一般为10%。

【病理特征】 长期顽固性腹泻的病牛，尸体显著消瘦，肛门附近的被毛沾污粪便。可视黏膜因贫血而苍白，皮下脂肪组织消耗殆尽，多于眼睑、颌下及腹下等部位出现水肿，肌间结缔组织呈胶冻样。血液稀薄、色淡，凝固不全。胸、腹腔和心包腔积有多量淡黄色透明的液体。

本病的特征性变化多局限于肠管，特别是空肠后段与回肠增厚，其所属淋巴结肿大（图2−17−7）。

眼观，小肠的病变多集中于空肠后段和回肠，其次是空肠中段，向十二指肠逐渐减轻。病变肠管苍白变粗，其质度如食管，病变肠段与健康肠段相交错。肠腔极度狭窄，常缺乏内容物，或黏膜表面覆有一层灰白色黏稠的糊状物。拭去糊状物后，黏膜表面光滑，呈苍白色或红黄色，有些部位的表面还散布有小点状或局灶性出血（图2−17−8）。肠黏膜增厚，一般为正常的2～3倍，最严重可达10倍以上。增厚的肠黏膜折叠成脑回状皱襞（图2−17−9），触摸柔软而富有弹性，在皱襞之间的凹陷部，有时见有结节状或疣状增生，偶见其中心部坏死。大肠的变化，多见于回盲瓣、盲肠及结肠近端。回盲瓣黏膜充血、出血、水肿（图2−17−10），瓣口紧缩，呈球形而发亮。盲肠与结肠的变化与小肠相似，直肠、肛门很少见有病变，或仅见点状出血。病变部肠浆膜和肠系膜的淋巴管扩张、变粗，呈弯曲的线绳状，切面溢出灰白色浑浊液体。

镜检，肠绒毛变粗，呈各种弯曲状态，其顶端上皮大量脱落，绒毛固有层的中央乳糜管扩张。肠黏膜固有层、有时累及黏膜肌层稍下方均有多量淋巴细胞、上皮样细胞、少量郎罕氏细胞增生，浆细胞、嗜酸性白细胞和肥大细胞亦增量。在抗酸性染色的切片标本中，见病原菌主要存在于上皮样细胞和郎罕氏细胞胞浆内，呈丛状或积聚成团，染成红色（图2−17−11），但也有少数散在于细胞外（图2−17−12）。肠腺因固有层大量细胞成分增生，被压迫而变性、萎缩乃至消失。盲肠和结肠的组织学变化基本与小肠相同。

肠系膜淋巴结，尤其是病变肠段的相应淋巴结均显著肿胀，排列成串，大的可达鸭蛋大。质度柔软，切面湿润、隆突，呈髓样外观，不见坏死灶，偶见点状出血。肝、肺、肾、脾等淋巴结亦有轻度肿胀。

【诊断要点】 根据病牛长期顽固性腹泻的临床症状和空肠后段、回肠、盲肠或结肠黏膜肥厚特征性病变，即可做出初步诊断。必要时可做细菌检查、变态反应和血清学检测来进一步确诊。

细菌学检查的常用方法是：刮取直肠黏膜、粪便黏液或采取病死牛的肠病变部分直接做成涂片或培养后涂片，经抗菌染色后镜检。副结核杆菌呈红色短杆状或球杆状，呈堆或丛状排列（图2−17−13），其他菌呈蓝色。肠道中其他腐生菌亦呈红色，但较粗大，多单个或成对存在，不呈菌丛状排列。应该强调指出：涂片检查时应多做几张染色的涂片，并多检查几个视野；对间歇性排菌的病牛，如第1次检查为阴性，应间隔一定时间再进行检查，必要时可进行集菌处理，以提高检出率。

变态反应主要用于检查隐性感染或临床症状不明显的病牛。其方法是：第一步，先在病牛颈中部上1/3处剪毛，测量皮肤皱褶厚度，消毒后皮内注射禽型结核菌素原液（因国内目前尚无副结核菌素）。注射剂量：1月龄至1岁的牛注射0.1毫升，1～3岁的牛注射0.2毫升，3岁以上的牛注射0.3毫升。第二步，注射72小时和120小时后检查局部有无热、痛及肿胀等炎性反应，同时用卡尺测量注射部的肿胀面积和皮肤皱褶的厚度。第三步，判定。凡注射局部有热、痛和弥漫性水肿，如面团样，肿胀面积在35毫米×45毫米以下，皮肤增厚5.1～8毫米之间者判为阳性；局部炎性反应不明显，皮肤增厚5毫米以下，或仅有界限明显的冷硬结者可判为疑似；反应不明显或仅有轻度的炎性反应者，可判为阴性。据报道，变态反应法可检出大部分隐性感染牛，这些阳性牛中约有30%～50%是排菌者。

血清学检测的方法较多，常用的有补体结合反应、酶联免疫吸附试验、琼脂扩散试验和免疫斑点试验等。

【治疗方法】 由于本病只在感染的后期，肠管的组织结构发生明显改变后才出现临床症状，所以治疗效果不佳，一般只能根据具体情况而进行对症治疗。

【预防措施】 由于本病无特殊的治疗方法，所以预防就显得格外重要。预防本病目前尚无特异性疫苗，重点是做好平时的饲养管理和卫生防疫工作。

（一）常规防疫　平时要加强饲养管理，特别是要给犊牛足够的营养，以增强其抗病力。引进种牛时应从健康牛群中挑选，防止将病牛或隐性感染牛购入。奶牛购入后需隔离检疫，确认为健康时才能混群饲养。注意牛舍卫生、通风和定期消毒等。本病的常在地区，应注意培养健康奶牛群。其方法是：当犊牛出生后应与母牛隔离，人工饲喂母牛初乳3～5天，后改用健康牛乳或消毒乳饲喂。在犊牛1、3和6个月龄时，分别用禽型结核菌素检疫1次，阴性反应者继续饲养，阳性反应者淘汰。以后可定期检测，使之加以稳定。

（二）紧急防疫　当牛群中发现久治不愈的腹泻时，必须查明原因。一般是采取病牛粪便涂片和培养，检查出阳性病牛，应立即淘汰。对感染严重和经济价值不高的奶牛群，应坚决全部将之淘汰，这是防止本病的最好方法。对被病牛污染的牛舍、饲槽、牛栏、运动场地及饲养管理用具等应彻底消毒，粪尿及残余饲料、垫草等，应及时清除，堆积发酵后利用。牛舍消毒后空闲1年左右才能引进健康奶牛进行饲养。

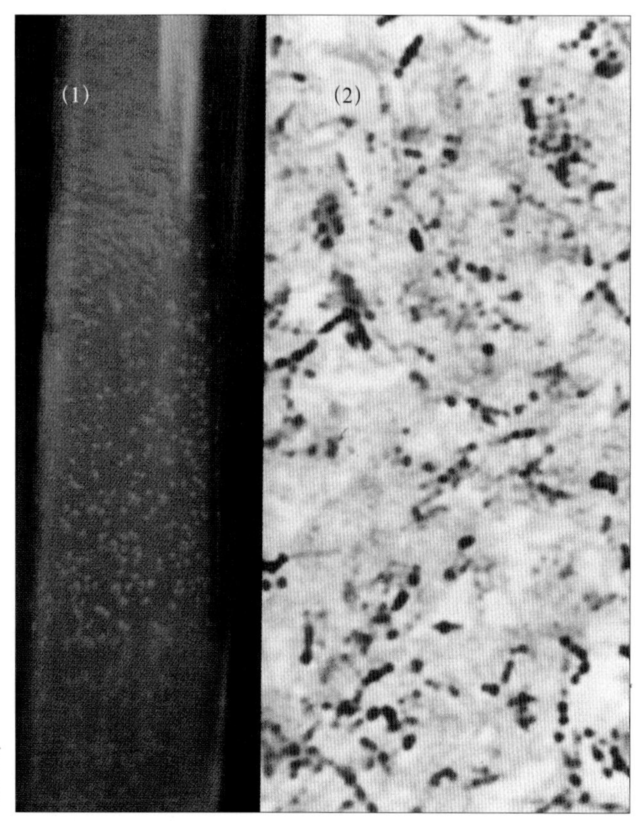

图2-17-1　副结核分支杆菌的菌落（1）及菌体（2）

图 2–17–2　病牛消瘦，精神不振，乳房萎缩

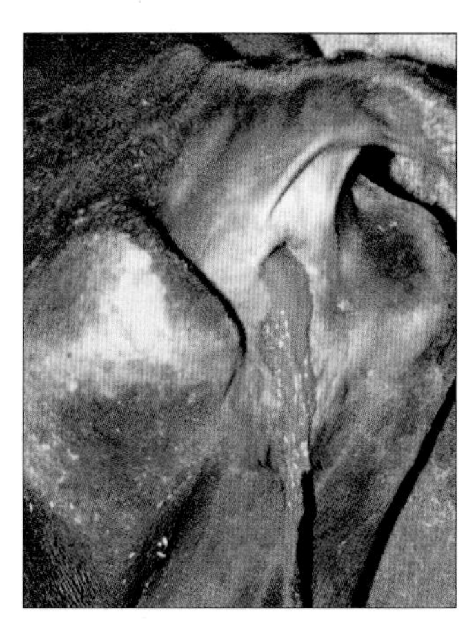

图 2–17–3　慢性顽固性水样下痢

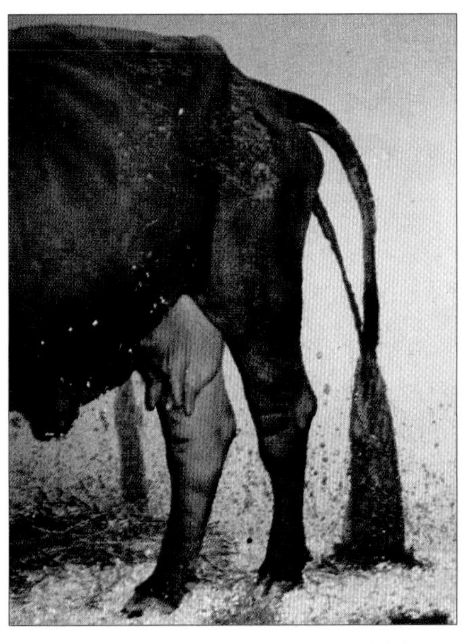

图 2–17–4　病牛全身消瘦，呈水样腹泻

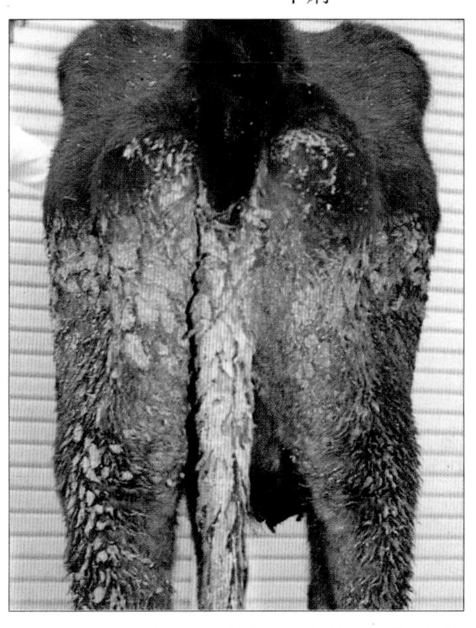

图 2–17–5　病牛的臀部、后肢及尾部有大量稀便附着

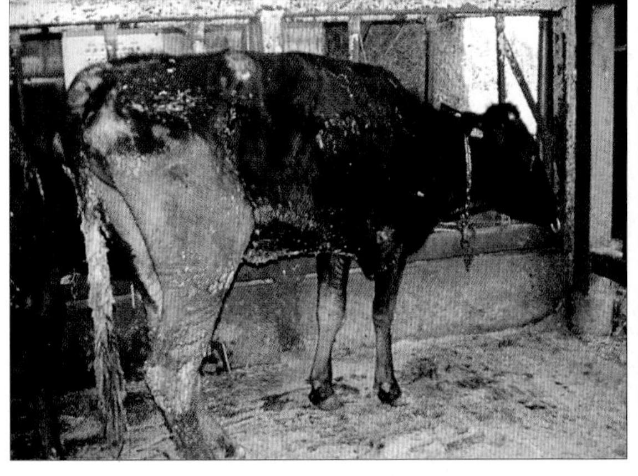

图 2–17–6　病牛明显消瘦，严重下痢，乳房萎缩，泌乳停止

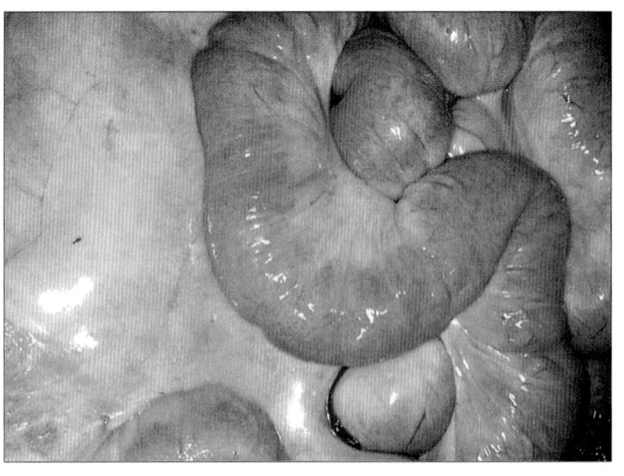

图 2–17–7　回肠壁明显肥厚，肠系膜淋巴结肿大

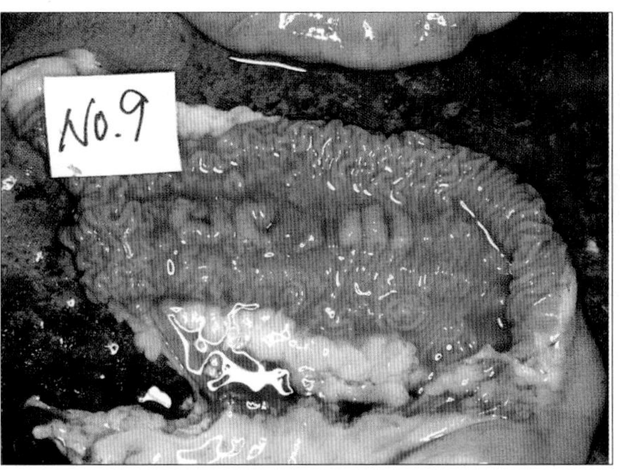

图 2-17-8　肠壁肥厚，黏膜上附有大量黏液

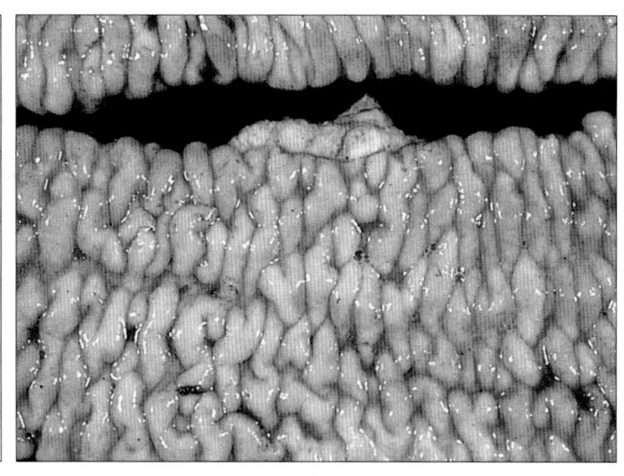

图 2-17-9　小肠黏膜肥厚，呈脑回样

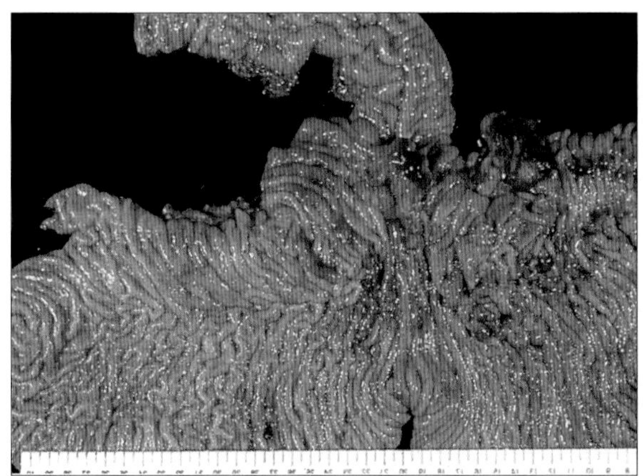

图2-17-10　回盲部肠黏膜明显肥厚，有点状出血和水肿

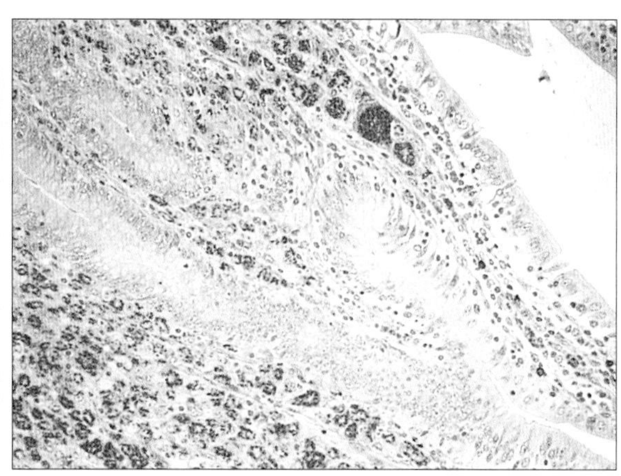

图2-17-11　上皮样的胞浆中有大量嗜酸染色的病原菌

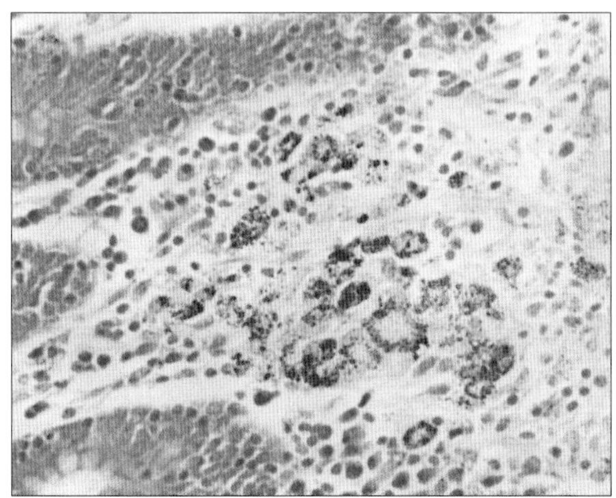

图2-17-12　回肠黏膜固有层中有大量类上皮样细胞，抗酸染色呈阳性

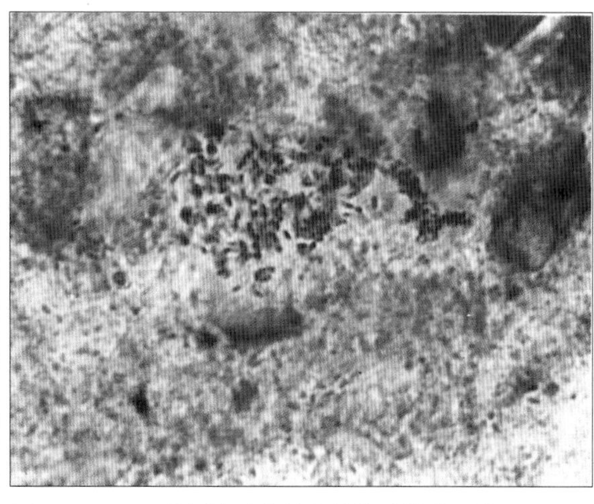

图 2-17-13　稀便涂片中检出的抗酸性病原菌

十八、放线菌病

(Actinomycosis)

放线菌病是牛和多种动物的一种慢性非接触性人畜共患的传染病。本病的特点是形成化脓性肉芽肿并在其脓汁中出现“硫磺颗粒”样放线菌块。在自然条件下，奶牛最易患本病。牛放线菌主要侵犯骨组织，其典型病变发生于牛的下颌或上颌，形成灰白色不规则致密结节状肿块，因而被称为“大颌病”(Lumpy jaw)。

【病原特性】 本病的病原体主要为放线菌属的牛型放线菌（*Actinomyces bovis*)。本菌有细胞壁，无典型的核和核结构，以裂殖方式繁殖。菌体呈细丝状，与真菌相似，菌丝的粗细与普通杆菌相似，菌丝分枝，可分裂为杆状（图2-18-1)。本菌不能运动，不形成芽孢，革兰氏染色阳性、非抗酸性的兼性厌气菌，在病灶的脓汁中形成黄色、灰黄色或微黄色针头大的颗粒样聚集物，称之为菌块或菌芝，因其外观和硬度与硫磺颗粒相似，故又有硫磺样颗粒之称。将此颗粒在两玻片之间压碎或制成切片经革兰氏染色镜检，中央为革兰氏阳性（紫色）的密集菌体，外周有长杆状游离端膨大呈菊花形或玫瑰花形排列的革兰氏阴性（红色）菌丝（图2-18-2)。牛放线菌病除由牛型放线菌所致之外，在病变的颌骨组织中常能检出化脓性棒状杆菌等。

牛型放线菌的抵抗力不很强，常用的消毒药即可将之杀死，加热75～80℃5分钟即死亡，但菌芝干燥后能存活6年之久，对日光的抵抗力亦很强，在自然环境中能长期生存。

【流行特点】 放线菌病在自然条件下可发生于许多动物，但家畜中以奶牛和黄牛较为常见多发。本病一般呈散发性，为一种由组织损伤所致的内源性感染，通常没有传染性。

放线菌在自然界分布甚广，不仅存在于被污染的土壤、饲料和饮水中，而且也是动物及人类口腔、咽喉和消化道的正常或兼性寄生菌。在正常奶牛的口腔黏膜、扁桃体隐窝、牙斑及龋齿等处均能发现包括牛型放线菌在内的各种放线菌。放线菌的致病力不强，大多数病例均需先有创伤、异物刺伤或其他感染而造成的局部组织损伤后，放线菌才能侵入而发生感染，进而病菌通过损伤的血管经血源性播散或由感染灶直接蔓延到相邻器官及组织。

牛型放线菌可以口腔黏膜的损伤或换齿，直接经骨膜侵入骨组织，引起下颌骨膜炎及骨髓炎；也可能由齿周炎经淋巴管蔓延至下颌骨，引起慢性化脓性肉芽肿性炎症。

【临床症状】 牛放线菌常侵害下颌骨（图2-18-3)，上颌骨发病者较少（图2-18-4)，通常发生缓慢，感染后一般经6～18个月才在第3或第4臼齿部出现一个不能移动、压之疼痛、小而坚实硬结。此时常不被察觉，只有当下颌支的骨体已经增厚、病牛采食障碍、咀嚼困难时才被发现。临床的主要表现为下颌骨肿大，界限明显（图2-18-5)，肿胀部初期疼痛，后期多无痛感。当赘生物从外层骨质突破时，可在皮下触摸到分叶的放线菌肿块。有时肿胀发展迅速，常可在1～2个月内蔓延至整个下颌支，使下颌骨畸变，有许多肿块和结节(图2-18-6)；病情严重者，皮肤溃烂，增生的骨组织露出（图2-18-7)。有的可累及大部分面骨，使得硬腭肿大，间有臼齿脱落。若鼻骨肿大，可能引起吸气困难和饮食扰乱。凡骨组织的肿胀发生迅速者，常由于牙齿松动甚至脱落，使病牛的咀嚼和吞咽困难，机体缺乏营养而很快消瘦。

附着于患病部位的皮肤，通常发生破溃，从中流出大量黄白色脓液，并形成经久不愈的瘘管

(图2-18-8)。附近的淋巴结(咽后、颌下淋巴结等)也常肿大，但一般不化脓，通常变得坚韧，难以移动。

【病理特征】 牛放线菌常由齿颈部的齿龈黏膜侵入骨膜或在换齿期经由牙齿脱落后的齿槽侵入，破坏骨膜并蔓延至骨髓，使患骨呈现出特异性骨膜炎及骨髓炎。病变逐渐发展，破坏骨层板及骨小管，骨组织发生坏死、崩解及化脓。随即骨髓腔内肉芽组织显著增生，其中嵌杂有多个小脓肿。与此同时，骨膜过度增生在骨膜上形成新骨质，致下颌骨表面粗糙，呈不规则形坚硬肿大。

剖检可见，发病的颌骨显著膨大(图2-18-9)，呈粗糙海绵样多孔状，局部正常结构破坏(图2-18-10)。当病骨穿孔，病原菌可侵入周围软组织，引起化脓性病变，伴发瘘管形成，在口黏膜、鼻腔或皮肤表面可见蘑菇状突起的排脓孔。增生的组织可引起鼻甲骨变形和鼻道阻塞(图2-18-11)。局部淋巴结虽表现肿大、变硬，但不化脓，病原菌很少播散至局部淋巴结。放线菌性脓肿内的脓液呈浓稠、黏液样、黄绿色和无臭味。脓汁中"硫磺颗粒"为放线菌集落，呈直径1～2毫米、淡黄色的干酪样颗粒，在慢性病例可以发生钙化，形成不透明而坚硬的砂粒样颗粒(图2-18-12)。镜检，放线菌病的慢性化脓性肉芽肿内，可见菊花瓣状或玫瑰花形菌丛，菌丛直径达20微米以上。其周围有多量嗜中性白细胞环绕，外围是胞浆丰富、呈泡沫状的巨噬细胞及淋巴细胞，偶尔可见郎罕氏巨细胞，再外周则为增生的结缔组织形成的包膜(图2-18-13)。此种脓肿性肉芽肿结节可以在周围不断地产生，形成有多个脓肿中心的大球形或分叶状的肉芽肿(图2-18-14)。

上颌骨放线菌病可从颅底部，而侵入脑膜和脑实质，有时经过上颌齿槽达于鼻腔，再扩展到上颌窦。此外，上颌窦偶有原发性病灶，即放线菌性增生物充满于窦内，可在软化骨组织后穿透面部或颞部皮肤或突破硬腭而侵入口腔。

【诊断要点】 放线菌病的症状和病变比较特殊，不易和其他传染病混淆，故易于诊断。必要时可从脓汁中选出"硫磺颗粒"，以灭菌盐水洗涤后置于清洁载玻片上压碎，固定，干燥后，作革兰氏染色，镜下可见菊花状菌块的中心为革兰氏阳性丝体，周围为放射状排列的革兰氏阴性棍棒体(图2-18-15)。未染色的菌块压片，加入1滴10%～15%氢氧化钾溶液，覆盖盖玻片，在低倍弱光下直接镜检，可发现有光泽呈放射状棍棒体的玫瑰形菌块(图2-18-16)。

【治疗方法】 治疗本病的方法较多，一般可使病情减轻，延缓病程，但很难彻底治愈。兹将几种常用的治疗方法简介如下：

1. *手术疗法* 如果主要病变在软组织，体积不大，并与周围组织界限分明，可用外科手术的方法将肿块切除。若有瘘管形成，则应连同瘘管一起切除。切除后的新创腔，用碘酊纱布填塞，1天或2天更换1次。伤口周围注射10%碘仿乙醚或2%碘的水溶液。此法的缺点是易复发和转移，伤口愈合较慢。

另外，也可采用烧烙疗法，即对顽固性病例或肿胀面积较大不易切除，可反复多次烧烙，每次间隔3～5天，一般能收到良好的治疗效果。

2. *碘制剂疗法* 病轻时可内服碘化钾，成龄牛每天5～10克，犊牛2～4克，可连用2～4周。病重时可静注10%碘化钠，每次50～100毫升，隔日1次，共用3～5次。在用药过程中，如发现有碘中毒现象(食欲减损、口流清涎、流泪、皮肤发疹、脱毛等)，应暂停用药5～6天，或减少剂量。

3. *抗生素疗法* 据报道，放线菌对青霉素、氯霉素、四环素和林可霉素比较敏感，可选用这些抗生素有针对性地进行治疗，如可用青霉素100万～200万国际单位，注于患部周围，每天1～2次，5天为1疗程。

4.锥黄素疗法　合理运用锥黄素或与其他药物交替使用，常能获得良好的治疗效果。病轻时，用1%锥黄素1.5～2毫升，注于患部，隔4～5天注射1次，共注2～4次；病重时，可静注1%锥黄素200～400毫升，4～5天后再注射1次。

5.中药疗法　据报道，收敛、防腐、生肌的中药组方，对本病常有良好的疗效。方剂：白砒、明雄、朱砂、苦矾各等份，共研成细粉，加少量白面用水调制成绿豆大小的丸剂备用。用法：将患部切一小口，将白砒丸1～3粒放入，约10余天后肿块脱落，然后局部按外科常规处理。此方对初发性病变或病情较轻者具有良好的治疗作用。

【预防措施】 为了防止本病的发生，应避免在低湿放牧。舍饲的奶牛，最好于饲喂前将干草、谷糠、特别是带芒的麦壳等浸软，避免刺伤口腔黏膜。平时注意防止皮肤、黏膜发生损伤，如发现伤口要及时处理、治疗。

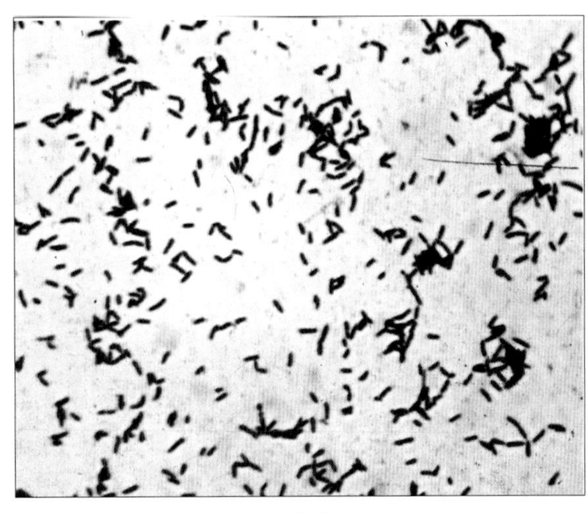

图2-18-1　牛型放线菌的菌体

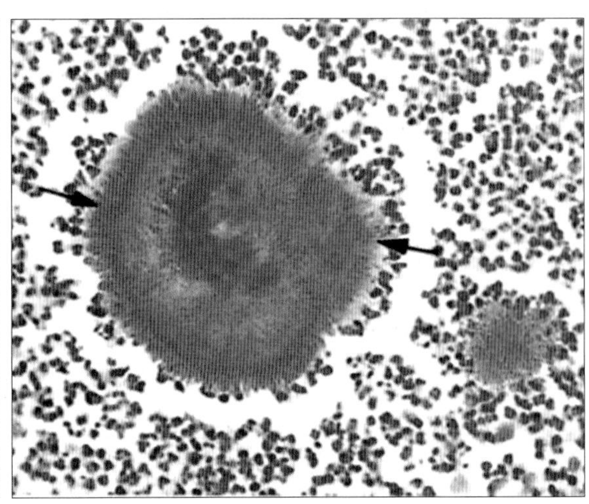

图2-18-2　放线菌集落（箭头）由菌丝团块及其周围的放射棒状结构组成

图2-18-3　病牛下颌部有坚硬的肿瘤样增生物

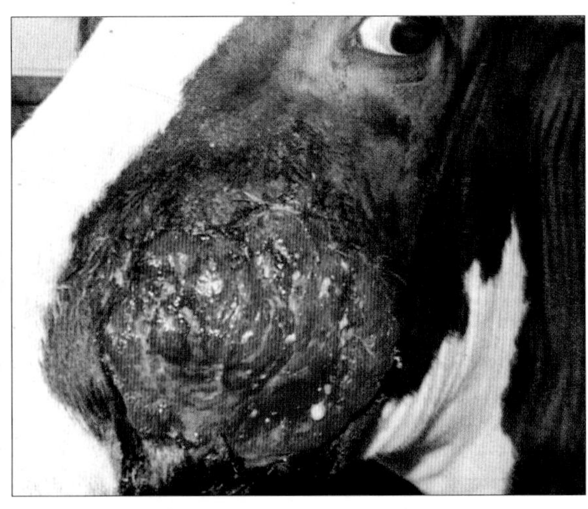

图2-18-4　左上颚放线菌肿，皮肤破坏，肉芽肿异常增生

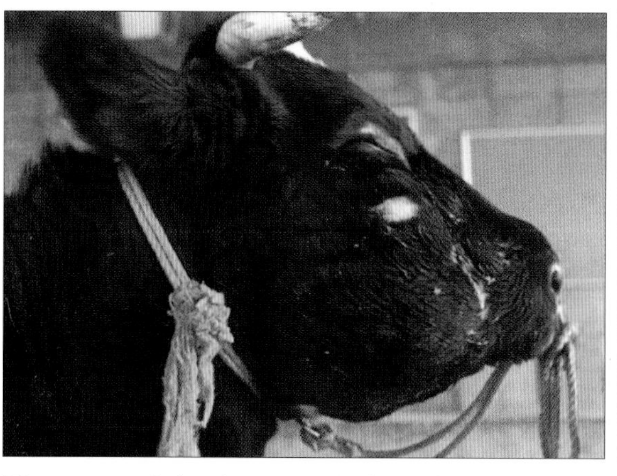

图2-18-5 病牛下颌骨、眼眶至第1臼齿部有骨性肿胀

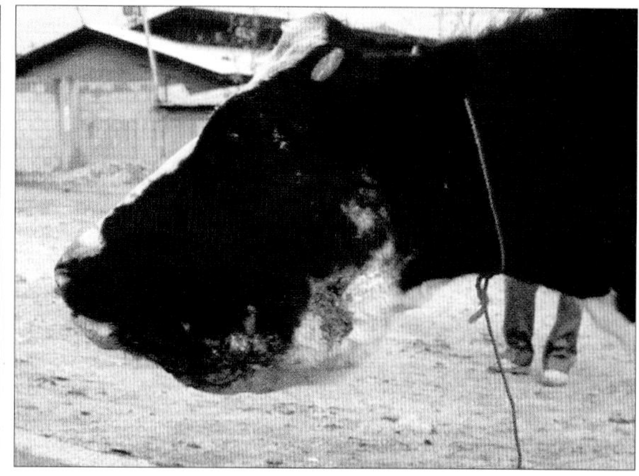

图2-18-6 下颌部明显肿胀、变形

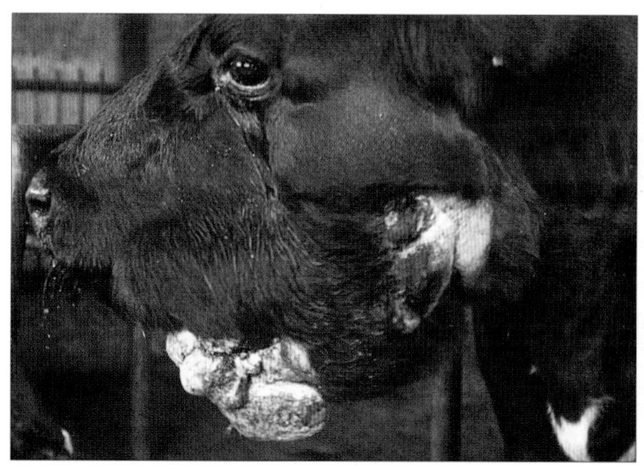

图2-18-7 下颌骨肿胀，皮肤溃烂，增生的骨组织露出

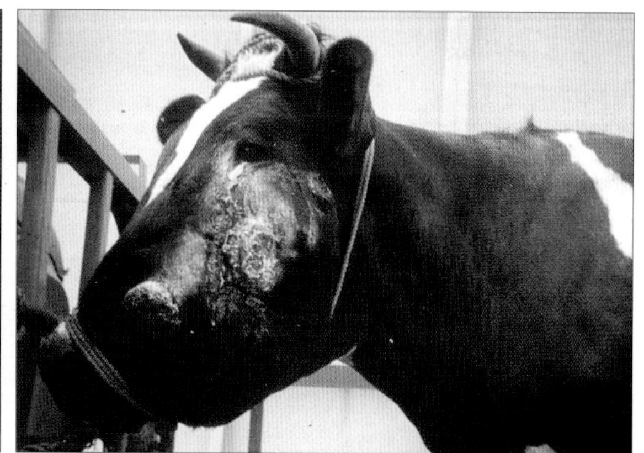

图2-18-8 左上颌肿胀破溃，在颜面部形成瘘管

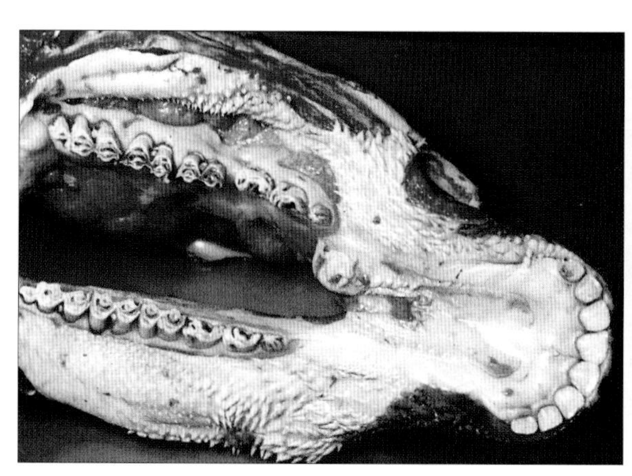

图2-18-9 下颌骨肿大，周围组织增生

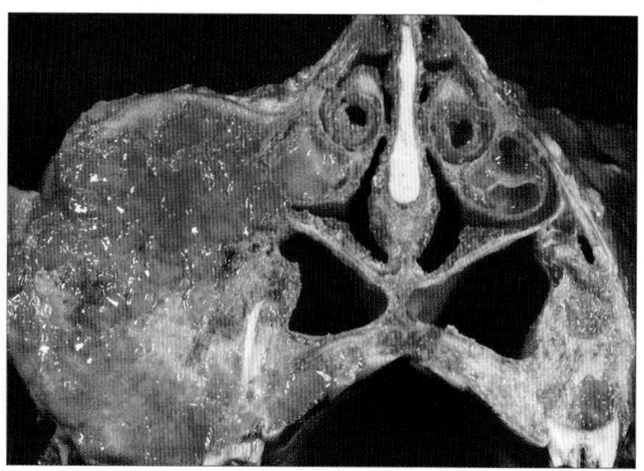

图2-18-10 横断肿胀的上颌骨，切面呈海绵状

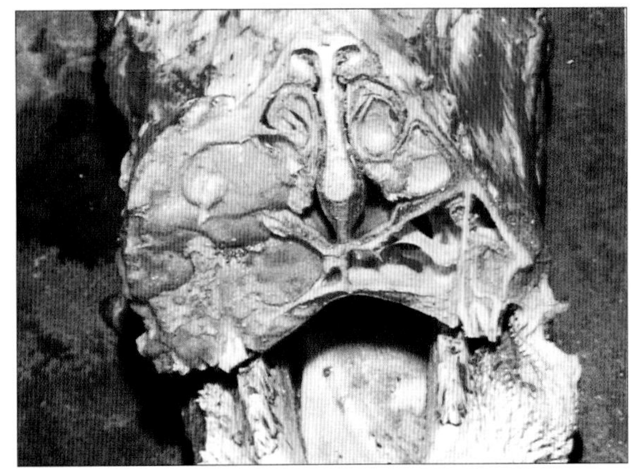

图 2-18-11　大量结缔组织增生，使鼻甲骨发生变形

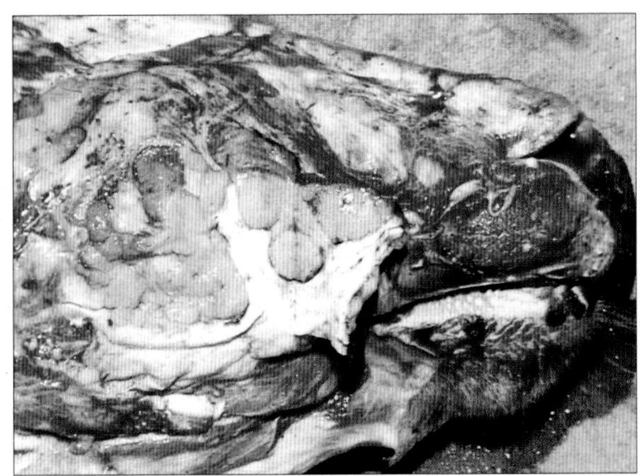

图 2-18-12　剥皮后，上颌部有含硫磺颗粒的肉芽肿

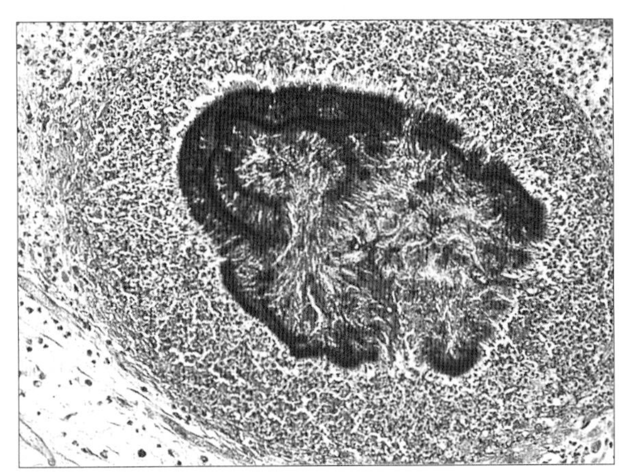

图 2-18-13　放线菌性化脓性肉芽肿，中心为菊花瓣状的菌丛

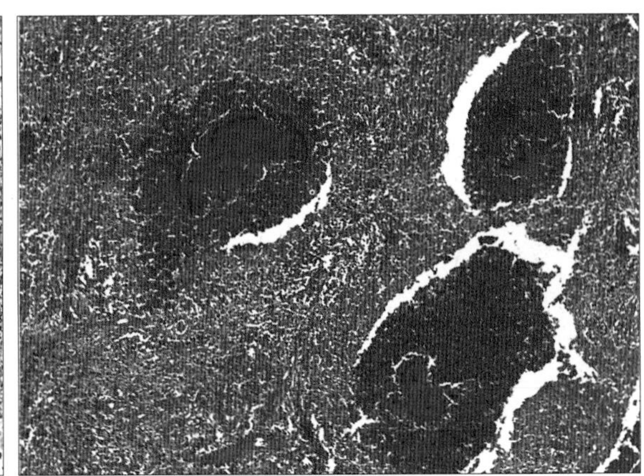

图 2-18-14　多中心性化脓性肉芽肿

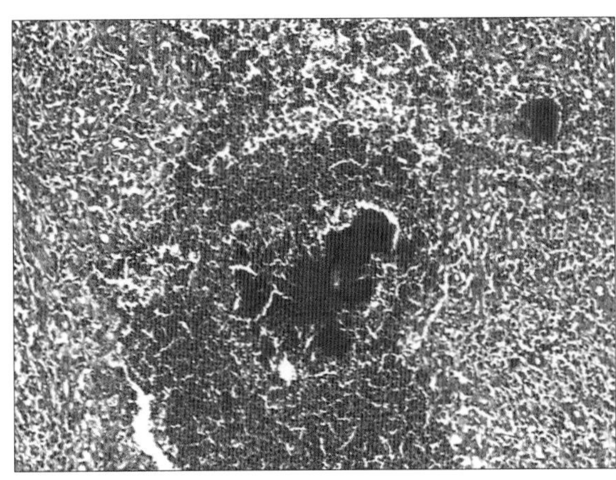

图 2-18-15　化脓性肉芽组织中的菌块

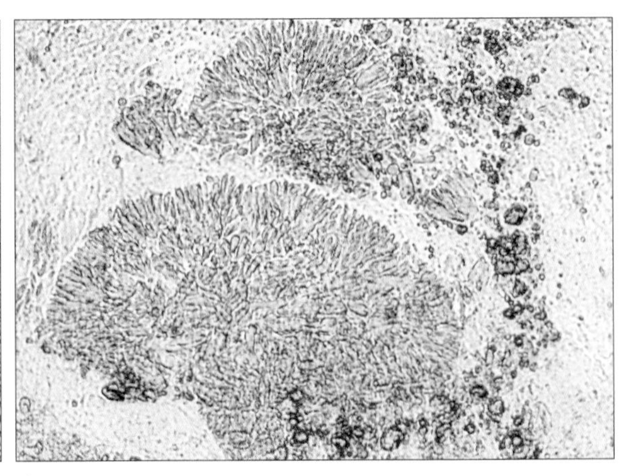

图 2-18-16　下颌化脓性病灶中的硫磺颗粒的压片像

十九、放线杆菌病

(Actinobacillosis)

牛放线杆菌病是由林氏放线杆菌引起的一种慢性人畜共患的传染病。本病的特点是形成化脓性肉芽肿及在其脓汁中出现“硫磺颗粒”样放线菌块。林氏放线杆菌主要侵害舌、颊、头颈部软组织以及各部皮肤、内脏器官，唯独不侵害骨组织。

【病原特性】 本病的病原体主要为放线菌属的林氏放线杆菌（*Actinobacillus lignieresi*），但从一些化脓性肉芽肿中还能分离出金黄色葡萄球菌。林氏放线杆菌为革兰氏阴性、需氧及兼性厌气、多形态的短小杆菌（图2-19-1）。它不能运动，不形成芽孢和荚膜，在软组织病灶中也能形成灰白色的细小颗粒，压片或切片后革兰氏染色镜检，菌芝中央和周围均呈革兰氏阴性反应（红色），周边无明显的辐射状菌丝（图2-19-2）。

林氏放线杆菌的抵抗力不强，常用的消毒药即能将之杀灭。

【流行特点】 本病以奶牛和黄牛较为多发，一般呈散发性，为一种由组织损伤所致的内源性感染，通常没有传染性。林氏放线杆菌为奶牛口腔黏膜的正常共栖菌，可随饲料中芒、刺等异物损伤或穿刺口腔黏膜后侵入，缓慢引起舌及口腔深部组织及附近淋巴结慢性化脓性肉芽肿性炎症。因此，本菌典型的病变位于头颈部软组织，病变经淋巴管蔓延，通常波及局部淋巴结。病原菌常经舌两侧的损伤侵入舌体，持续数周或数月之后在临床上出现舌的畸形及功能异常。

奶牛的皮肤上也常有林氏放线杆菌寄生，特别是乳房部皮肤，常因挤乳性损伤或犊牛吃奶时所引起的破损，均可由此而引起乳房的放线杆菌病。

【临床症状】 林氏放线杆菌常侵害头部、颈部、颌下及四肢皮肤等软组织，病初形成有热、有痛的局部肿块（图2-19-3），有时病牛出现精神不振、食欲不佳、流涎和发热等全身性症状。继之，病变部的炎症逐渐消退，形成局部脓肿，或形成核桃大硬肿块（图2-19-4），硬结不热不痛，并不断增大，最后破溃，形成难以治愈的化脓性肉芽肿或瘘管（图2-19-5）。有的病例则见下颌部呈弥漫性肿胀，富有弹性，下颌淋巴结受累也明显肿大（图2-19-6），仔细触诊可感知病变主要存在于软组织。

舌和咽部组织受感染时，呈现急性炎性肿大，舌质变硬，舌面有许多小结节（图2-19-7），运动不灵活，称为“木舌病”。病牛流涎，咀嚼吞咽和呼吸均感困难；并常伴发咳嗽、气喘、张口伸舌等症状，如不及时治疗，病牛常因窒息而死亡。

四肢皮肤发生的放线菌病时，既可发生于一肢，形成象皮腿，其上有小豆状或蕈状坚硬的结节（图2-19-8）；也可发生于四个肢体，形成经久不愈的溃疡性肉芽肿（图2-19-9）。

乳房患病时，呈弥漫性肿大或有局灶性硬结，病牛的乳汁黏稠，混有脓液。

【病理特征】 林氏放线杆菌常引起唇、舌、皮下淋巴结、乳房和肺脏等软组织的化脓性病损。

1.*唇放线菌病*　在唇的黏膜面组织内发生多数豌豆大或榛子大甚至达鸡蛋大圆形或卵圆形坚硬而能活动的结节，颇似肿瘤，当继发脓性软化时则变为脓肿。有时由于其周围结缔组织高度增生，可使唇部显著肥厚而变形。

2.*舌放线菌病*　病原菌多经舌边缘的损伤侵入，常见于舌背隆起部的前面。常见的病变有2种：一种是结节性病变，初期患部黏膜坏死，形成糜烂与溃疡。继而肉芽组织增生，变为蕈状隆起，舌面见数量不等灰白色结节（图2-19-10），表面被覆褐色或棕褐色假膜。切面散在灰白色斑点，有时可发现包入的植物性碎屑或芒刺，周围分布灰黄色含脓样物的结节（图2-19-11）。脓汁中含有不规则的小的"硫磺颗粒"。另一种是弥漫性增生性病变，即早期在舌黏膜及肌肉内散在许多包含小脓肿的肉芽组织结节。结节可突起于舌面，被覆上皮完好或突破黏膜呈红黄色蕈状增生，穿破黏膜形成溃疡。后期，由于结缔组织增生，结果导致舌体肿大、坚硬如木板状（图2-19-12）。最后常因增生的结缔组织收缩，在舌表面形成疤痕性凹陷，使舌缩短或向外偏转，从口内伸出，不能移动，在临床上将之称为"木舌症"。

3.淋巴结放线菌病　多是病原菌由淋巴管扩散而引起，常见于病灶附近的淋巴结。眼观淋巴结肿大、坚硬，切面为灰白色，粗糙呈颗粒状，并含有灰黄色软化灶和少量硫磺样颗粒，有时变为脓肿，内含黏稠的脓汁（图2-19-13）。

4.乳房放线菌病　病原菌由乳房皮肤的创伤经淋巴管侵入乳房内。在乳房组织内散在黄豆大至蚕豆大化脓性肉芽肿结节（图2-19-14），切面见结节隆突，肉芽组织中含有灰黄色脓汁，其中混有黄色砂粒样菌块。

5.肺放线菌病　病原菌可经呼吸道或血源而引起。经呼吸感染的病灶较大，主要见于肺的膈叶，结节的肉芽肿中散在多数小的化脓灶，其中含有砂粒状菌块。血源性感染的病灶较小，在肺内形成粟粒大或稍大的放线菌病灶，结节呈类白色，放油脂样光泽，不形成干酪性坏死，以此特点可与结核病相互区别。

此外，齿龈、咽和皮肤等软组织也常发生放线杆菌性肉芽肿，而瘤胃、网胃、肝脏、脾脏、肾脏和心脏等器官也偶见放线杆菌性肉芽肿。

【诊断要点】 一般根据病变发生的组织及病原的特点即可做出确诊。林氏放线杆菌主要侵害软组织，常侵犯舌，形成"木舌症"，其他软组织的肉芽肿中充满黏液性无臭脓液，其中含有淡黄色"硫磺颗粒"。这种颗粒虽与放线菌的相似，但小得多，大多不钙化。新鲜材料压片或组织切片中，见菌丛中心及外周均为革兰氏阴性反应。

【治疗方法】 林氏放线杆菌对链霉素、碘制剂和磺胺类药物较敏感，治疗时常将这些药物与其他的抗生素联合使用。如链霉素2～5克，或青霉素和链霉素同时应用，注于患部周围，每日1～2次，5天为1疗程。用抗生素治疗时只有加大剂量，才能收到良效。

据报道，对软组织肿胀和"木舌症"用链霉素与碘化钾合并使用可获得显著的疗效。其方法是：碘化钾10克，链霉素200万国际单位，青霉素80万国际单位，维生素C 10片，凡士林30克，将上述药物充分混匀后，用于肉芽创的填塞或引流。

此外，也可参考放线菌病的手术疗法、碘剂疗法和中药疗法等对本病进行治疗。

【预防措施】 林氏放线杆菌是牛口腔、呼吸道和皮肤的常在菌，主要经过创伤而感染。因此，预防本病最主要的措施是防止口腔黏膜的损伤和皮肤的创伤。如当给奶牛饲喂带刺的饲料，如禾本科植物的芒、大麦穗、谷糠、麦壳等时，应浸泡软化，避免刺伤口腔黏膜；当牛发生口蹄疫、水泡病和恶性卡他热等易引起口腔黏膜损伤性疾病时，应及时对局部病变进行处置，防止继发本病。

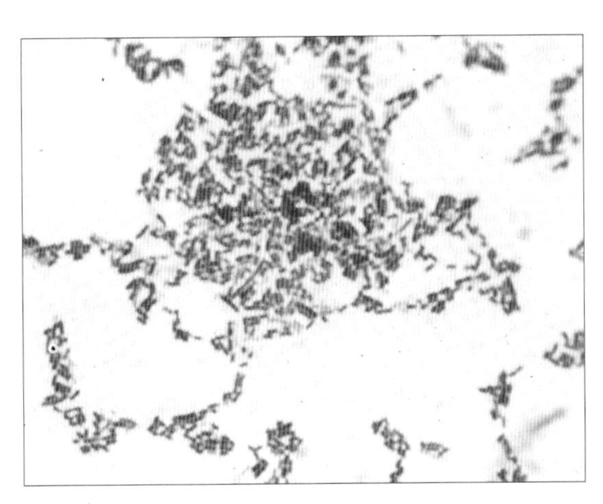

图2-19-1　林氏放线菌的菌体

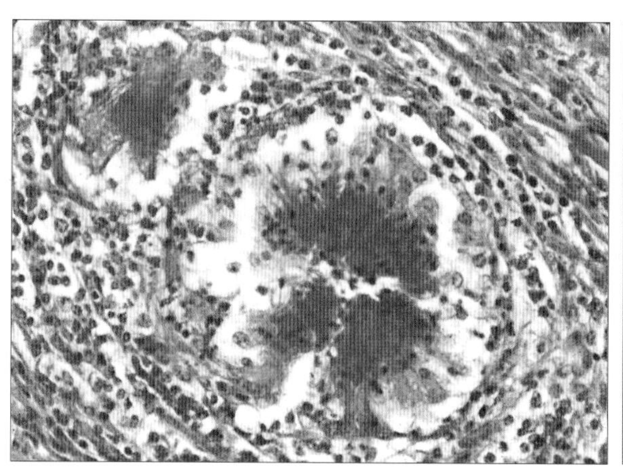

图 2-19-2　舌肉芽肿病灶中有菌芝，周围有大量类上皮细胞浸润

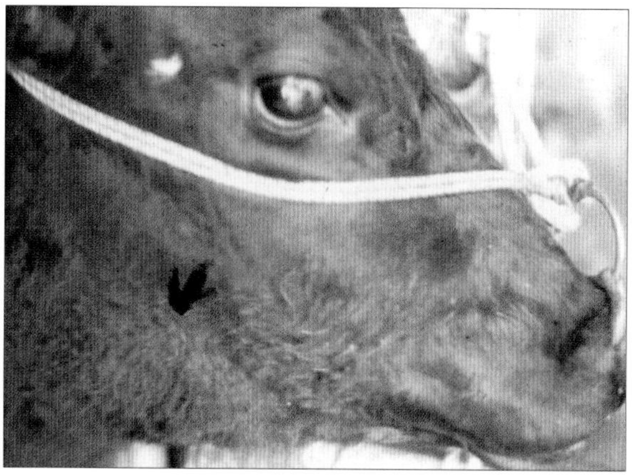

图 2-19-3　右侧颊部肿胀，有热、痛感

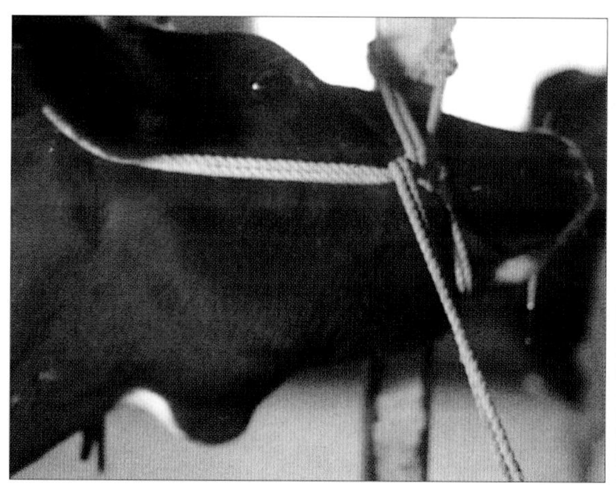

图 2-19-4　病牛的下颌部有肿瘤样结节

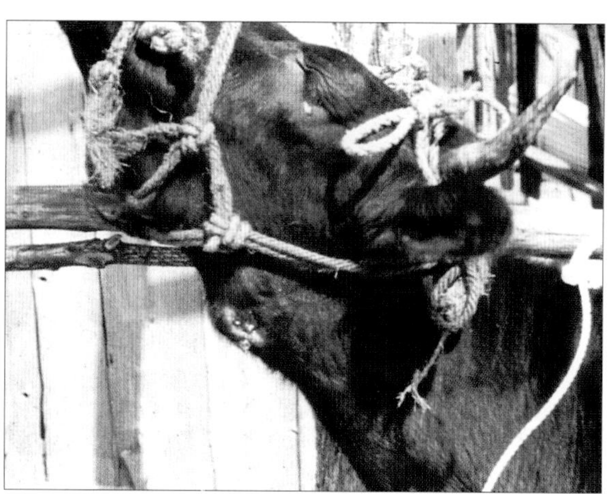

图 2-19-5　病牛下颌的肿块破溃，形成化脓性瘘管

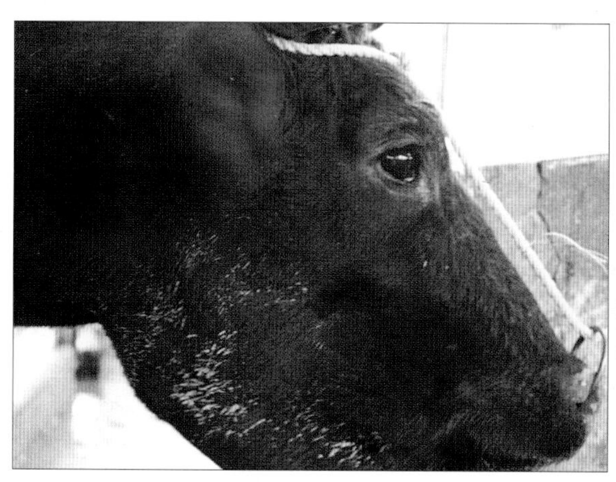

图 2-19-6　下颌部高度肿大，富有弹性，下颌淋巴结也肿大

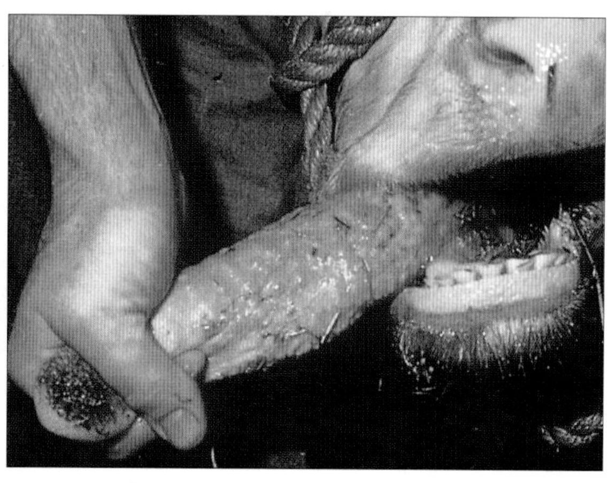

图 2-19-7　除舌尖外，舌的其他部位均有结节形成

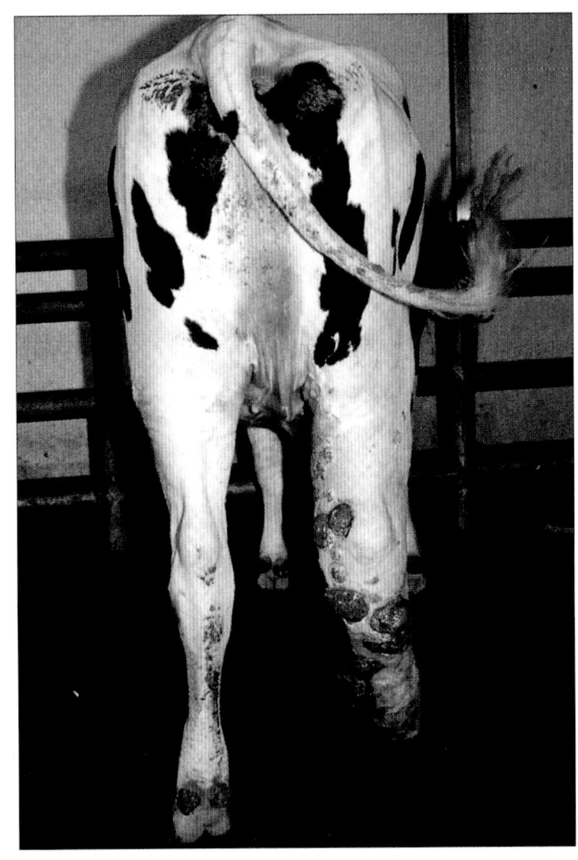

图2-19-8　右后肢有大量小豆状或蕈状坚硬的结节

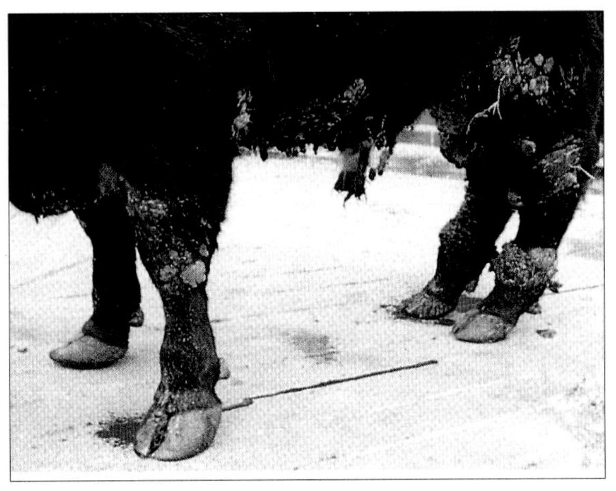

图2-19-9　发生于四肢皮肤上的放线杆菌病，多形成经久不愈的溃疡性肉芽肿

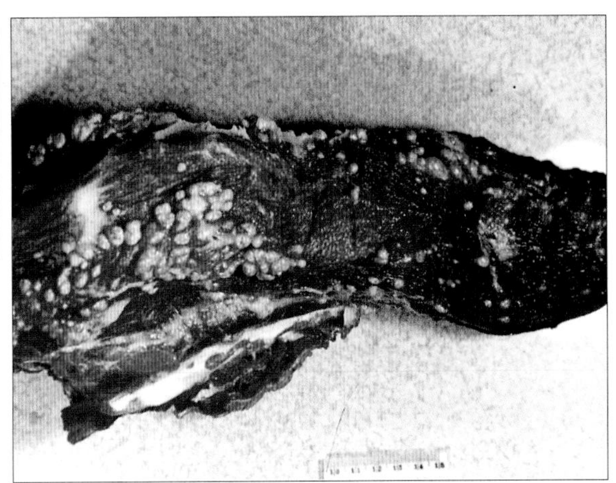

图2-19-10　舌质僵硬，表面有大量灰白色放线菌结节

图2-19-11　舌断面，大量化脓性肉芽肿形成，呈灰白色结节状病灶

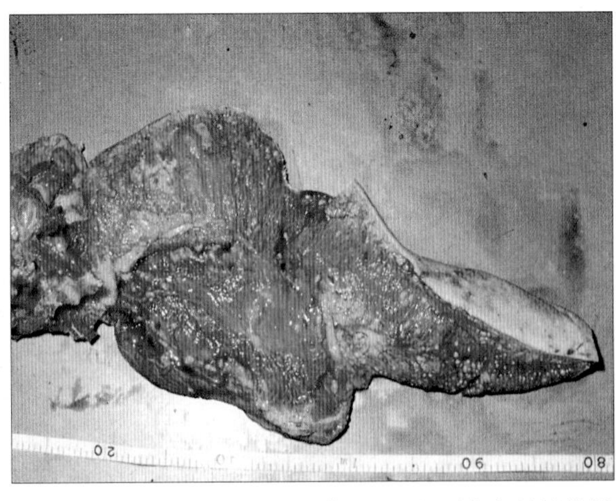

图2-19-12　木舌症，舌黏膜下层、肌层有大量结缔组织增生，舌质坚硬

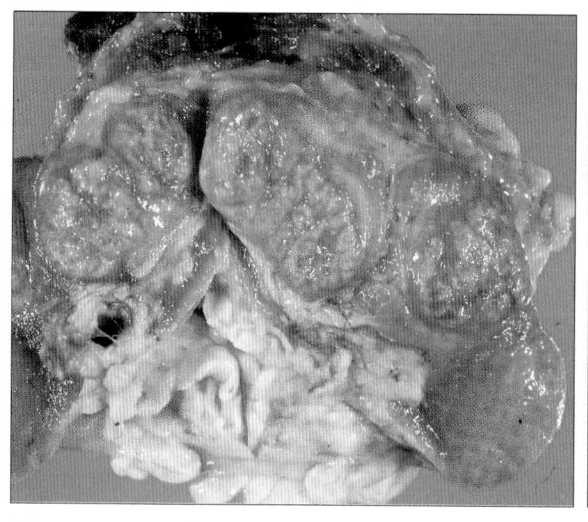

图2-19-13　化脓性淋巴结炎，在灰黄色的软化灶中混有硫磺样颗粒

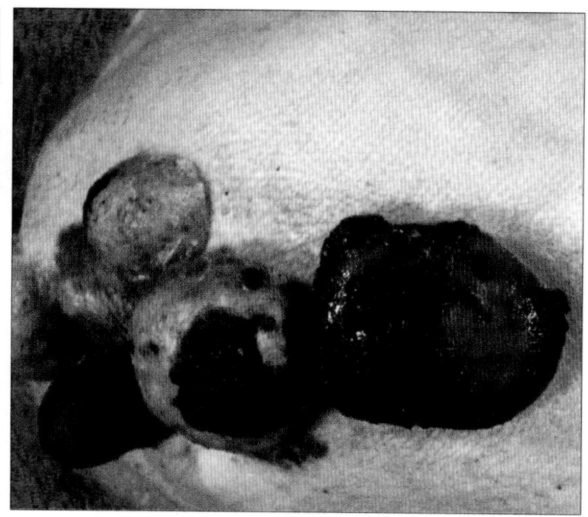

图2-19-14　乳房放线菌病，乳头部有出血性化脓性肉芽肿结节

二十、嗜皮菌病

（Dermatophiliasis）

嗜皮菌病又称牛皮肤链丝菌病、皮肤放线菌病、接触传染性脓疮病和草莓样腐蹄病等，是一种主要侵害奶牛等反刍动物的人畜共患的皮肤性传染病；临床上以形成局限性痂块和脱屑性皮疹为特征。

本病于1915年由Van Saceghem在比属刚果（今扎伊尔）发现和定名以来，现已广泛流行于世界各地。我国甘肃、青海、四川、贵州、云南、广西、内蒙古、吉林、黑龙江、安徽以及河南等省、自治区，也曾有本病的流行。由于本病不仅感染奶牛、黄牛等反刍动物，单胃动物和野生动物，而且也感染人，因此，具有重要的公共卫生意义。

【病原特性】 本病的病原体为嗜皮菌科、嗜皮菌属的刚果嗜皮菌（*Dermatophillus congloersis*）。本菌呈革兰氏阳性、非抗酸的需氧或兼性厌氧菌。菌体有2种形态，即丝状菌丝和能运动的游动孢子（zoospore）。菌丝呈直角分枝状，有中隔，顶端断裂呈球状体。球状体游离后多成团状，似八联菌。成团的球状体被胶状囊膜包裹，囊膜消失后，每个球体即成为有感染力的游动孢子。游动孢子有鞭毛，能运动。刚果嗜皮菌生活于皮肤的表皮层并完成其生活史。

刚果嗜皮菌的自然栖息地尚不完全清楚。它可能以腐生菌性存在于土壤中，在干燥土壤中能分离到本菌，但在潮湿土壤中未能分离到。刚果嗜皮菌的球菌样孢子能在不利条件下（干燥和热）生存。本菌孢子耐热，对干燥也有较强抵抗力，在干涸的组织中可存活42个月。对青霉素、链霉素、土霉素、螺旋霉素等敏感。

【流行特点】 本病的主要传染源是病牛、感染动物，包括健康带菌和已恢复的动物。据报道，在流行区50%健康牛均带菌，病原菌存在于毛囊口。病菌主要通过直接接触经损伤的皮肤感染；或经吸血蝇类及蜱的叮咬而传播；或经污染的厩舍、饲槽、用具而间接接触传播；垂直传播也有可能。各种年龄的奶牛和不同种类的牛对本病均有易感性。

本病多见于气候炎热地区的多雨季节。长期淋雨，被毛潮湿可促进本病发生。幼龄动物发病率较高。动物营养不良或患其他疾病时，易发生本病。本病一般呈散发性或呈地方性流行。

【临床症状】 成年牛潜伏期约为1个月，犊牛的约为2～14天。

成年奶牛感染本病后，最初在病牛体表见到的损害是皮肤上出现小丘疹，并常波及几个毛囊和邻近表皮，分泌浆液性渗出物，使被毛凝结在一起，呈“油漆刷子”状（图2–20–1）。继之，被毛和细胞碎屑凝结在一起，逐渐发展成大小不一的灰色、白色或黄褐色的圆形隆突的厚痂，无脓汁，表面湿润、发红且粗糙。较陈旧的病变，可见由真皮肉芽组织形成半球形、结节状、疣状和平顶状的突起（图2–20–2）。皮肤的损害通常从背部开始，由鬐甲到臀部，并蔓延至胸腔外侧部，有的可波及颈、前躯和乳房后部（图2–20–3），有的则在腋部、肉垂、腹股沟部及阴囊处发病，有的牛仅在四肢弯曲部发病。有的病变结节可互相融合在一起，形成颗粒状或片状融合性病灶（图2–20–4）。随着病程的延长，病牛能产生免疫力，痂块自然脱落，病变可自愈。

犊牛的病变常见于口和眼的周围、鼻镜和耳部皮肤，也可扩散到头和颈部皮肤。病变部被毛脱落，皮肤潮红，如环状且潮湿。1月龄以上犊牛的病损为圆形痂块，隐藏于被毛中，揭开痂块，遗留有渗出的出血面。严重的病例，特别是位于腹股沟的病变，有时可继发感染引起坏死性或坏疽性皮炎；也可因皮肤发生裂纹，导致蜂窝织炎而死亡。

【病理特征】 本病的病理特征与临床所见基本相同，病变多见于蜱好寄生部位，如腋下、垂肉、腹股沟、阴囊和乳房；也可始发于颈部、背部及臀部皮肤。丘疹、结节和结痂为本病的主要病变。结节型病变，表现皮肤隆起呈灰黑色或黄白色的结节，大小如绿豆大至黄豆大，粗糙、易剥离而形成锥形凹面，有少量渗出液和血液。结节孤立散在，界限明显。强行剥离早期结节，其底面形成低凹，有时含血液或脓样物。病变痊愈后结节自行脱落。

【诊断要点】 根据皮肤出现渗出性皮炎和结痂，体温无显著变化，可初步诊断为本病。确诊要依靠病原检查。如能在痂皮、刮屑涂片中或培养物中检出革兰氏阳性的分枝菌丝及成行排列的球菌状孢子时，即可做出确诊。必要时可将病料涂擦接种于家兔剪毛皮肤上，经2～4天后，接种部皮肤红肿，有白色圆形、粟粒大至绿豆大丘疹，并有渗出液，干涸后形成结节，结节融合成黄白色薄痂，取痂皮涂片染色镜检，也可检出本菌。

据报道，用血清学诊断方法，如免疫荧光抗体技术、酶联免疫吸附试验、琼脂扩散试验、凝集试验、间接红细胞凝集试验等，也可对本病进行诊断。

【治疗方法】 本病的治疗多应采用局部治疗和全身治疗相结合的方法。

局部治疗时，先用剪毛剪将病变周围的毛及病灶中的残毛剪去，再用温肥皂水湿润皮肤痂皮，除去病变部全部痂皮和渗出物，然后用1%龙胆紫酒精溶液或水杨酸酒精溶液涂擦。也可用生石灰454克，硫磺粉908克，加水9 092毫升，文火煎3小时，趁温热涂布于患部，每天1次，直到痊愈。在进行局部处理的同时，全身可用青霉素、链霉素、土霉素或螺旋霉素等抗生素肌肉或静脉注射，方能取得较为满意的疗效。

【防治措施】 防制本病的主要措施为严格隔离病牛；尽可能防止奶牛淋雨或被蜱和吸血蝇类的叮咬；加强对集市贸易检疫和奶牛运输检疫；人与病牛接触时应注意个人防护，防止感染本病。

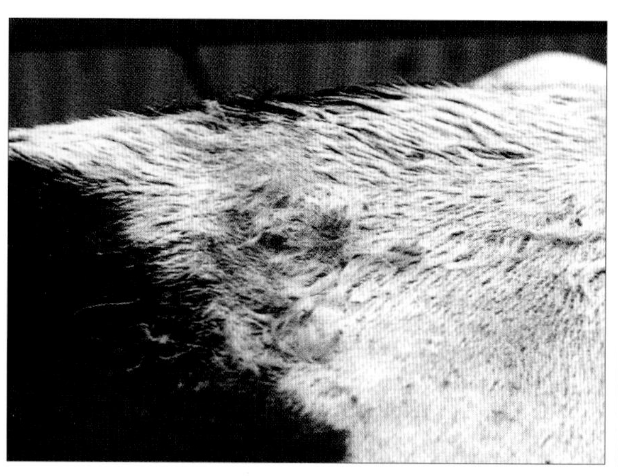

图 2-20-1　皮肤上形成淡褐色蜡样渗出性结节，无痒觉，被毛凝结呈刷子状

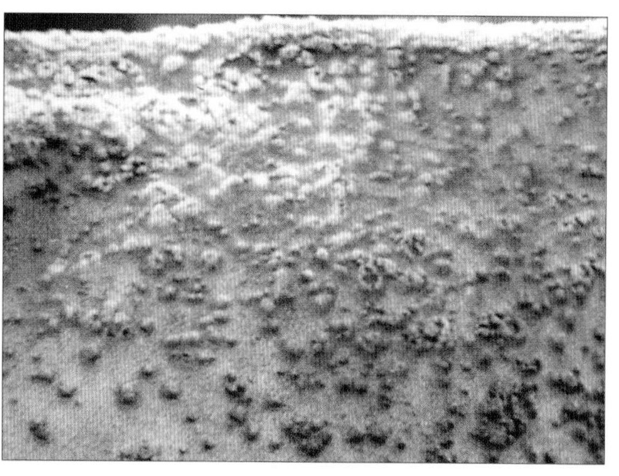

图 2-20-2　结节的形状多样，呈半球形、结节状、疣状和平顶状

图 2-20-3　病牛全身布满结节性病变

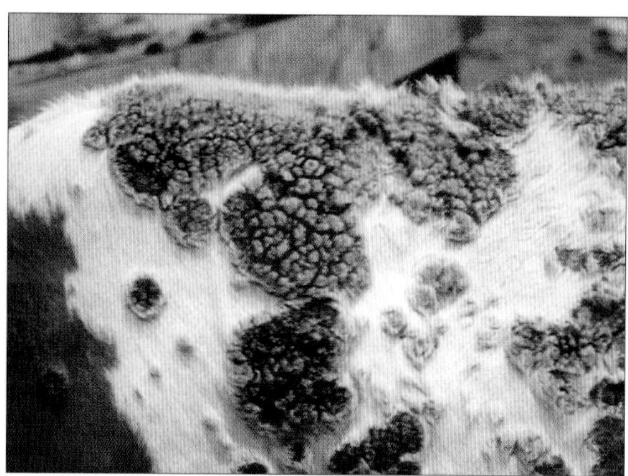

图 2-20-4　局部的病变融合成片状

第三章 奶牛常见的寄生虫病

一、血吸虫病

（Schistosomiasis）

血吸虫病是由血吸虫所引起的一种人畜共患的寄生虫病。我国人畜血吸虫病流行的主要病原是日本血吸虫。其成虫寄生于终宿主门静脉和肠系膜静脉，且由于虫卵聚集于肝脏、肠道等器官组织中可引起特征性虫卵结节。

日本血吸虫主要分布于亚洲东部各国。统计资料表明，在我国，人的血吸虫病流行区域内，牛的流行也很严重，而奶牛和黄牛的感染率一般高于水牛，甚至奶牛和黄牛的年龄越大，感染率则越高。这可能与其接触血吸虫的机会增多有关。

【病原特性】 本病的病原体为裂体科、裂体属血吸虫。可感染动物和人的血吸虫主要有3种：即日本血吸虫、埃及血吸虫和曼氏血吸虫。其中日本血吸虫（*Schistosoma japonicum*）是引起我国人畜血吸虫病的主要病原。

日本血吸虫为雌雄异体。雄虫粗短，乳白色，长10～20毫米，宽0.5～0.55毫米，有口、腹吸盘各1个，口吸盘在体前端，腹吸盘较大，具有粗而短的柄（图3-1-1）。体壁自腹吸盘后方到尾部，两侧向腹面卷起形成抱雌沟，整个虫体，状如镰刀。雌虫较细长，长15～26毫米，宽0.1～0.3毫米，灰褐色（图3-1-2）。日本血吸虫寄生时，多呈雌雄合抱状态。交配受精后，雌虫在肠系膜小静脉末梢产卵。据统计，一条雌虫每天可产卵1 000个左右。虫卵呈短椭圆形，大小约80～60微米，卵壳较薄，无卵盖，淡黄色，内含有发育的毛蚴。

【生活简史】 寄生在血管内的雌虫产卵后，卵随血流进入肝脏和肠壁，形成虫卵肉芽肿，肠壁肉芽肿向肠腔破溃，虫卵进入肠腔随粪便排出，落入水中，在适宜条件下孵出毛蚴。毛蚴周身被有纤毛，借以在水中呈直线运动。当遇到中间宿主钉螺时，即钻入其体内；继而在其体内进行无性生殖，经过母胞蚴和子胞蚴两代发育成为具有感染性的尾蚴。尾蚴成熟后脱离螺体，进入水中，随水漂流。当人、牛等终宿主触及疫水时，尾蚴即可借其头腺分泌的溶组织酶的作用和虫体的机械运动，很快就钻入皮肤或黏膜。当尾蚴侵入终宿主体内后，发育为童虫，随之进入小血管或淋巴管，再经静脉而入右心到肺脏；又通过肺静脉经左心入大循环，从而散布全身，但只有通过毛细血管到达肠系膜静脉的童虫才能发育为成虫。成虫在体内一般可存活3～4年，但从感染后20～25年的人粪中，仍有查出虫卵的报道。

【流行特点】 日本血吸虫病多呈地区性流行，夏秋两季发病较多。在我国，本病主要见于长江流域及南方各省、自治区。放牧于潮湿、沼泽地区或接触疫水的奶牛感染率高，平原地区次之，山区最低。

本病的传染源主要是患病的人畜，主要的传播途径是皮肤，也可通过口腔黏膜和胎盘感染。各种年龄的牛均可感染，虽然成龄牛感染的阳性率较高，但3岁以下的小牛发病率最高，症状最重。

【临床症状】 牛感染血吸虫后可呈现急性发病、慢性发病和无症状带虫3种类型。

1.急性型 较少见，主要发生于3岁以下的小牛。病牛体温升高达40℃以上，呈不规则的间歇热，有的呈稽留热，精神迟钝，离群呆立，减食消瘦。感染20天左右开始腹泻，继而下痢，有里急后重现象。排出物多呈糊状，夹杂有血液和黏液团块，并有腥臭味。随着病情发展，病牛严重营养不良，消瘦，贫血，可视黏膜苍白，虚弱无力，起卧困难，全身虚弱，很快陷于死亡。

2.慢性型 较多见，常发生于成龄牛或由急性型转移而来。病牛的症状不典型，但逐渐消瘦，役用牛使役能力下降，奶牛产乳量下降，母牛不发情、不受孕，妊娠牛流产。犊牛患病后往往发育不良，成为侏儒牛。

3.带虫型 也叫做隐性型，多见于感染轻的成龄牛。病牛没有明显的临床症状，体温、食欲等均无多大改变，但从病牛的粪便中可检出虫卵，成为人畜血吸虫病的传染源。因此，对隐性感染的病牛必须查出，并积极予以治疗。

【病理特征】 本病的特征性病变为虫卵结节（虫卵性肉芽肿）形成。由于其病变发展阶段不同，所以结节也有急性结节和慢性结节之分。

1.急性虫卵结节 眼观，呈灰白色，粟粒大至黄豆大小不等，不甚坚实。光镜下，结节中心可见数量不等的成熟虫卵，有的卵壳周围呈现一层嗜酸性辐射线样物质环绕着。目前研究证实，此等物质是由毛蚴头腺所分泌的一种抗原物质与宿主组织中的抗体结合所形成的抗原抗体复合物。虫卵外围组织呈现变性、坏死，并见崩解的嗜酸性白细胞积聚；结节外层为新生肉芽组织，其中可见以嗜酸性白细胞为主的炎性细胞浸润，可称为嗜酸性脓肿。

2.慢性虫卵结节 继急性虫卵结节形成后10天左右，虫卵内毛蚴死亡。眼观，结节呈灰白色，具硬实感，其中心常呈现钙盐沉着，刀切时，有阻力、沙沙作响。一般认为，此时虫卵的毒性作用逐渐减弱以至消失、坏死物质溶解吸收，残存虫卵破裂而钙化，其周围集结着由上皮样细胞、多核巨细胞及淋巴细胞等组成的肉芽肿组织。光镜下，此等结节类似结核结节，故可称“假性结核结节”，结节中的上皮样细胞演变为成纤维细胞，产生胶原纤维，以致结节发生纤维化，但结节内往往残留着虫卵碎片和钙化灶。

牛患血吸虫病时，肝脏和胃肠道的病变具有诊断意义。

肝脏较常出现虫卵结节，成为本病特征性病变之一。急性病例，肝脏肿大，被膜光滑、表面和切面可见均匀分布的粟粒大至绿豆大小的灰黄色虫卵结节。光镜下，汇管区和小叶间呈现数量不等、不整圆形虫卵结节。慢性病例，则见肝脏体积缩小，质地坚实，不易切开，色泽暗褐或略呈微绿色，被膜增厚。且因门静脉区及门静脉周围纤维性结缔组织显著增生，形成粗细不等、树枝状灰白色纤维性条索，致使肝脏表面和切面上呈现大小不等的斑块或结节状。这是晚期血吸虫性肝硬变的特征。光镜下，多数虫卵结节主要位于汇管区。

皱胃病变也很突出，黏膜潮红、肿胀、被覆多量黏液，可见大小不一的圆形虫卵结节或浅层糜烂、溃疡。有时，局部腺体呈花椰菜样增生，使胃壁增厚。光镜下，黏膜下层常见虫卵结节形成，局部黏膜上皮细胞肿胀、变性、坏死、脱落或溃疡形成。

小肠病变常以犊牛较为明显。一般在肠系膜静脉内有成虫寄生的肠段（图3–1–3），可见其肠壁肿胀、变厚、肠腔狭窄；黏膜充血，黏膜下以至浆膜面可见黄豆大小、灰白色虫卵结节，且以十二指肠更为严重。大肠病变往往较小肠严重，尤以直肠、盲肠显著。回盲瓣显著肿胀，可见花椰菜样增生物形成，使回盲口狭窄。光镜下，黏膜肿胀、充血，上皮细胞变性、坏死、脱落；肠腺萎缩；在固有层和黏膜下层均可见到虫卵结节，其周围呈现多量以嗜酸性白细胞为主的炎性细胞浸润，有时可见溃疡形成。

此外，血吸虫病时，除上述特征性结节性病变外，尚可呈现由尾蚴侵蚀皮肤、童虫在体内移行以至成虫对所在部位组织刺激所引起的一系列病变。例如，当尾蚴侵入皮肤后，由于其头腺所分泌的溶组织酶及部分死亡尾蚴的崩解产物，可引起局部皮肤（多于四肢）红色丘疹（尾蚴性皮炎）；当成虫寄生于门静脉、肠系膜静脉，可常引起不同程度的静脉内膜炎、栓塞性静脉炎以至静脉周围炎。有的病例，血吸虫可在鼻黏膜静脉中寄生而导致肉芽肿形成（图3–1–4）。

【诊断要点】 本病的诊断可根据症状和当地的流行情况进行初诊。对可疑病牛的确诊目前常以水洗沉淀法进行粪便虫卵检查；也可进行毛蚴孵化检查，即取牛粪适量，将经水洗而得到的粪渣倒入三角烧瓶内，加温水孵化（以22～26℃为宜），经1、3、5小时后各观察1次，在光线明亮处，衬以黑色背景，可见尾蚴呈水平或斜向直线运动。

当病牛死亡后，应及时进行病理剖检，如在肠系膜静脉和门静脉内发现大量虫体，在肝脏和胃肠发现典型的病变也可确诊。

【治疗方法】 可用于治疗本病的药物较多，兹将几种常用的治疗药物简介如下。

1.血防846（六氯对二甲苯） 本药对血吸虫的成虫和幼虫均有抑制作用，但对童虫的效果优于成虫，对雌虫的作用又优于雄虫。用法：肌肉注射时用油溶液，每天每千克体重用药40毫克，5天为1疗程；口服时用片剂，每天每千克体重100～200毫克，连用7天为1疗程。注意：本药有蓄积作用，主要损害肝脏，因此不宜大剂量长时间使用。在用药的过程中，如出现副作用应及时对症处理。

2.酒石酸锑钾 本药对血吸虫的成虫具有直接杀灭作用。剂量：按每千克体重6～7毫克计算；用法：静脉注射。计算出总用药量后，将之分成3份，分别于3天进行静脉注射。注意：奶牛的总剂量一般不超过1.7克，每天用药剂量不超过0.5克，余药可延到第4天或第5天注射。静脉注射时应缓慢，防止药液漏入皮下。

3.硝硫氰胺 该药可使虫体收缩，吸盘无力，以致寄居于肠系膜静脉和门静脉的虫体丧失吸附血管壁的能力。剂量：每千克体重2～3毫克；用法：配制成2%的溶液，静脉注射。注意：奶牛限量300千克，超过的体重部分不得计算药量。

4.吡喹酮 本药口服后迅速为肠道吸收，门脉的血药浓度比周围血药浓度高，故本药为目前较为理想的杀血吸虫药，被广泛应用于人、畜血吸虫病的治疗。剂量：每千克体重30毫克；用法：一次口服。

【预防措施】 预防本病主要采取综合性措施。一般而言，除对病牛进行积极的治疗之外，还须对病牛和带虫牛的粪便进行无害化处理；管理好水源，奶牛用水必须是无螺水源或是钉螺已被消灭的池塘；消灭钉螺，切断尾蚴感染奶牛的机会，可用土埋法或药物灭螺；安全放牧，在疫区应尽量减少奶牛的放牧，必要时可建立安全牧场进行放牧等。在疫区，定期给奶牛进行驱虫，也是预防本病的好方法。

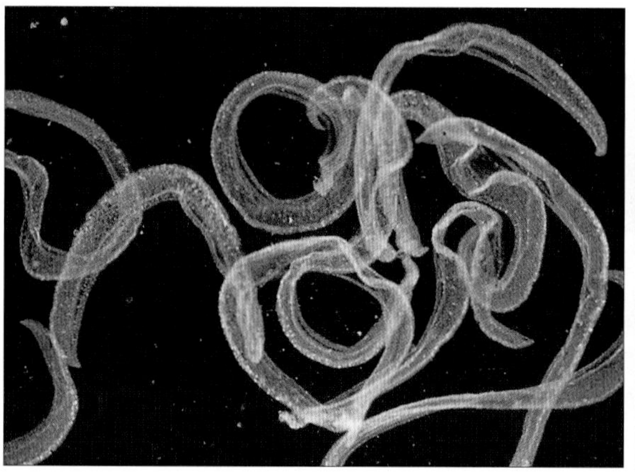

图 3-1-1　日本血吸虫的雄虫

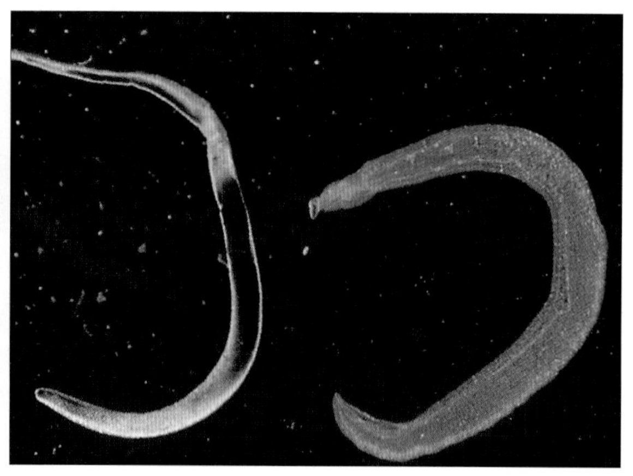

图 3-1-2　日本血吸虫的雌虫（左）和雄虫（右）

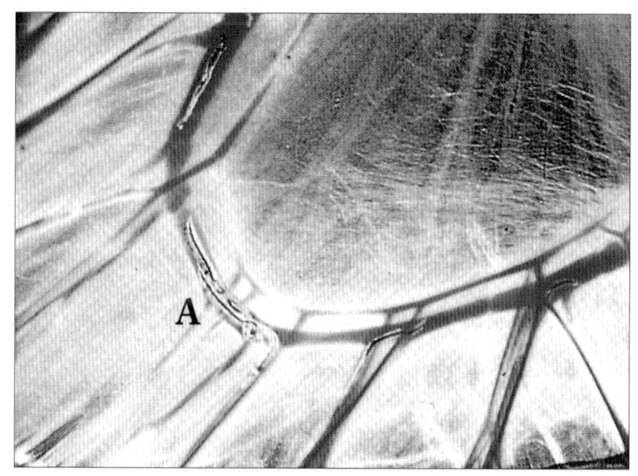

图 3-1-3　扩张的肠系膜血管中有血吸虫（A）寄生

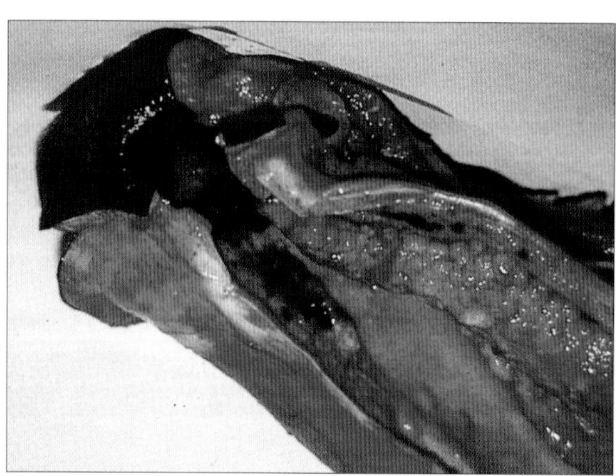

图3-1-4　血吸虫在鼻黏膜静脉中寄生引起肉芽肿形成

二、肝片吸虫病

(Fascioliasis)

肝片吸虫病又称肝蛭，是由于肝片吸虫或大片吸虫所引起的一种寄生虫病。其病原体主要寄生于奶牛、黄牛、水牛、绵羊和骆驼等反刍动物的肝脏胆管内，所以，本病常以急性或慢性肝炎、胆管炎以及中毒和贫血等现象为主要特征。本病在我国广泛流行，对养牛业构成颇为严重的威胁，值得引起重视。

【病原特性】 本病的病原体为片形科、片形属的肝片吸虫（*Fasciola hepatica*）和大片吸虫（*F.gigantica*），且两者的形态与发育方式基本相似，故以肝片吸虫为例，简述于下。

肝片吸虫寄生于肝胆管中，新鲜虫体呈棕红色，柳叶状，虫体扁平（图 3-2-1），体长一般为 20～30 毫米，宽约 8～13 毫米。虫体前端呈圆形锥突，叫头椎，后方变宽，称为肩部，肩部以后逐渐变窄（图 3-2-2）。虫体的体表生有许多小刺，口吸盘位于虫体顶端，腹吸盘在肩的水平线上。肝片吸虫为雌雄同体。虫卵呈长卵圆形，黄褐色，前端较窄，有一个不明显的卵盖，后端较钝。虫卵的大小约为116～132微米×66～82微米，卵壳薄而透明，卵内充满卵黄细胞和一个胚细胞（图3－2－3）。虫卵对干燥很敏感，在干燥的粪便中停止发育，在完全干燥下迅速死亡，在湿润的环境下能生存数月。

【生活简史】 成虫在胆管内产卵，后者随胆汁排入肠管，再随粪便排出体外。卵在适宜温度（15～30℃）、足够的氧气、充足的水分及光线的条件下，开始孵化（图3－2－4），约经10～25天孵出毛蚴。毛蚴呈长形，前端较宽，有一吻突，后端较窄，体表被有纤毛。毛蚴在水中游动，如遇到适宜的中间宿主，通常为椎实螺（图3－2－5），即钻入其体内，在椎实螺体内营无性繁殖，即经胞蚴、母雷蚴和子雷蚴（图3－2－6）几个发育阶段，最后发育成尾蚴。尾蚴由体部和尾部组成，体部呈圆形或椭圆形（图3－2－7）。尾蚴从子雷蚴前部的产孔逸出，离开螺体后游入水中。尾蚴在水中或附着在草上，分泌黏液包裹自己而形成囊蚴（图3－2－8）。囊蚴呈圆形，有3层囊壁，外层最厚，中层为胶质，透明并有弹性，内层为黑色纤维层。因此，囊蚴对寒冷和温热的抵抗能力很强。附有囊蚴的水草和水，被奶牛食入或饮入后而受感染。在消化液作用下，童虫破囊而出，多穿过肠壁进入腹腔，而后经肝被膜进入肝脏（图3－2－9）。在肝实质中的童虫，经若干时间的移行后进入胆管，发育为成虫。另外，童虫也可经十二指肠胆管开口进入肝胆管，或经血流到达肝胆管。成虫在肝胆管中能存活5年之久。

【流行特点】 本病的发生由于受中间宿主椎实螺的限制而有地区性，易在低洼地、湖泊草滩、沼泽地带流行。其流行感染的季节多在每年夏秋两季，春末夏秋各季节的气候适合肝片吸虫卵的发育。干旱年份流行轻，多雨年份流行重。本病的主要传染来源是病牛，消化道为主要的传染途径，各种年龄的牛均可感染，但以犊牛的易感性最高，并可引起大批死亡。

【临床症状】 取决于虫体的寄生数量和牛的营养状况。虫体寄生数量少的牛，往往不表现症状；当虫体超过250个时，即可出现明显临床症状。根据病程和症状，可将本病分为急性和慢性2型。

1.急性型　多见于犊牛，系在短时间内遭受严重感染所致。病牛精神沉郁，体温升高，食欲减退，走路蹒跚，常落伍于牛群之后，并有腹胀、腹泻、贫血和黏膜苍白等症状。病情严重时，病牛明显贫血，血红素显著下降，多在几天内死亡。

2.慢性型　最为常见，是由寄生于胆管内的成虫所引起。病牛逐渐消瘦，黏膜苍白，被毛粗乱（图3－2－10），易脱落，食欲减损，消化功能紊乱，继而出现周期性瘤胃膨胀或前胃弛缓，伴发卡他性肠炎而腹泻，奶牛的产奶量明显降低。随着病情的发展，病牛的颌下、胸前和腹下水肿，触诊有波动感或捏面团样感，但无热痛感。肝片吸虫严重寄生，常可导致肝硬变，病牛有大量腹水生成，腹部明显膨满（图3－2－11）。奶牛完全停产，母牛不孕或流产。此时如不及时治疗，病牛最终多因极度衰弱而死亡。

【病理特征】 本病的病变主要局限于肝胆系统，且其病变程度与感染程度和病程长短具有明显的一致性，一般常见的病变有以下几种。

1.创伤性出血性肝炎　多见于原发性急性病例。肝脏肿大，呈现多量出血性斑点，被膜上被覆一层厚薄不均、灰白色纤维素性薄膜。有时透过肝脏被膜可见到数微米长的暗红色、索状虫道，内含混有幼虫的凝固血块（图3－2－12）；如混有胆汁则虫道内液体呈黏稠的污黄色。肝脏切面上可见到约豌豆大小空洞样病灶，内含混有血液的坏死组织和虫体（图3－2－13）。光镜下，肝组织呈现大小不等局灶性坏死，病灶外围有多量嗜中性白细胞浸润及虫体片段（图3－2－14）。同时，胆管扩张充满黏稠的血样胆汁和虫体。

2.慢性胆管炎　为慢性病例的特征性病变。眼观，肝被膜肥厚呈灰白色，胆管壁明显变厚，呈索状隆出于肝脏表面（图3-2-15），其切面可见内壁粗糙、坚实变厚、内含浓稠黄绿色污浊的胆汁，且常混有虫体（图3-2-16）和黑褐色块状或粒状磷酸盐类结石（图3-2-17），俗称牛黄，刀切时有沙沙声。胆囊显著膨大，充满浓稠胆汁。

3.肝硬变　随着慢性胆管炎延续扩展，炎症可由大胆管逐渐蔓延到各级小胆管以致肝脏间质内（图3-2-18），引起慢性间质性肝炎。此时，肝脏呈弥漫性肿大，硬度增加、肝实质萎缩呈肝硬变倾向，称为吸虫性萎缩性肝硬变。随着病情的发展，肝脏体积缩小，质地坚硬、灰白色、表面呈条索状（图3-2-19）或颗粒状，又可称为颗粒性肝萎缩。镜检，肝小叶间的间质大量增生，伸入肝小叶内将之分为数个假性肝小叶（图3-2-20），胆管壁增生肥厚，周围有嗜酸性白细胞为主的炎性细胞浸润（图3-2-21）。

【诊断要点】病牛生前怀疑患有本病时，可取粪便做虫卵检查。常采用反复水洗沉淀法，在粪便沉渣中发现黄褐色的肝片吸虫虫卵而确诊。病牛死后剖检时，肝脏呈现上述典型病变，并在胆管内发现虫体，也可确诊。

【治疗方法】用于驱除肝片吸虫的药物较多，常用的药物及其使用方法有以下几种。

1.硝氯酚（拜耳9015）　为治疗肝片吸虫病的特效药之一，每千克体重用药3～4毫克，拌入饲料中喂服；针剂按每千克体重0.5～1毫克，深部肌肉注射。

2.碘醚柳胺　本药对肝片吸虫的成虫及在发育中的童虫都有很强的驱杀作用，用量为每千克体重10毫克，口服。

3.丙硫咪唑　对牛肝片吸虫有良好的驱虫作用，对童虫效果差。用量为每千克体重15～25毫克，经口投服，灭虫率可达99%～100%。

4.双乙酰胺苯氧醚　该药对童虫特别有效。使用剂量一般为每千克体重120毫克，一次口服。

5.赞尼尔　本药对寄生在胆管内虫体的有效率可达95%，对肝实质内的虫体也有一定的效果。用量为每千克体重12.5毫克，一次口服。

用药后注意检查病牛排出的粪便，如果发现有黑褐色类柳叶状的虫体即为死亡的肝片吸虫，未死亡的虫体呈黄褐色（图3-2-22）。

【预防措施】为了有效地预防肝片吸虫病，通常根据其流行病学及发育史的特点，采取综合性的防制措施。

1.定期驱虫　病牛和带虫牛是本病的主要传染来源，因此，驱虫不仅是治疗病牛，而且也是一种积极的预防措施。一般而言，驱虫的时间与次数须与流行地区的具体情况相结合。在疫区，对牛每年春秋两季各驱虫1次。一次在冬末春初，由舍饲改为放牧之前，可以减少牛在放牧时散播病原；另一次在秋末冬初，由放牧转为舍饲之后，借以保护牛群过冬。给牛驱虫常用的药物及方法是：六氯乙烷，剂量为每千克体重0.2～0.4毫克，一次口服。此药能引起瘤胃臌胀，因此，在驱虫前1天和驱虫后3天内，不要喂富含蛋白质和易发酵的饲料。硫双二氯酚（别丁），每千克体重给药40～50毫克，做成舔剂经口投服。四氯化碳，按每100千克体重用2.5～5毫升分点肌注，效果良好。

2.消灭中间宿主　灭螺是预防肝片吸虫病的重要措施。在放牧地区消灭椎实螺，最好配合农田水利建设，填平低洼水泡子，消灭椎实螺滋生地；水面可放养鸭子，捕食椎实螺；也可用血防67和硫酸铜等药物灭螺。

3.管好粪便　牛场的粪便，尤其是驱虫后的粪便应收集在一起，堆积发酵，借以杀灭随粪便排出的虫卵。

4.安全放牧　肝片吸虫多流行于低洼而潮湿的地区。因此，应避免在低洼潮湿的牧地放牧和饮水，以减少感染机会。

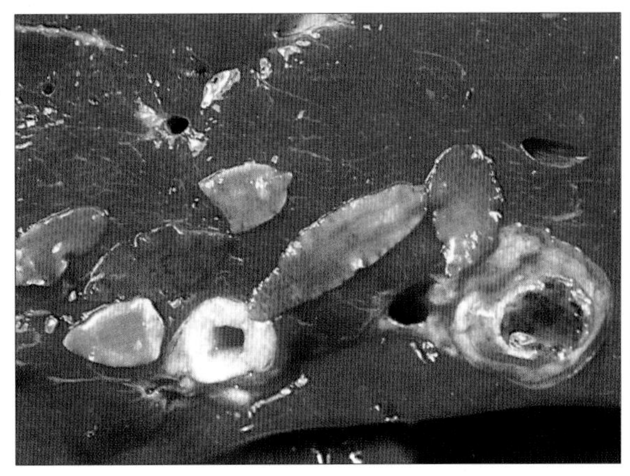

图 3-2-1　胆管壁肥厚，管腔中有肝片吸虫的成虫

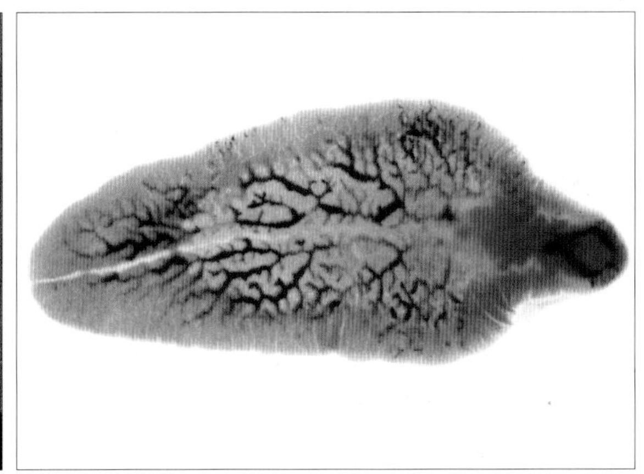

图 3-2-2　肝片吸虫的成虫全貌

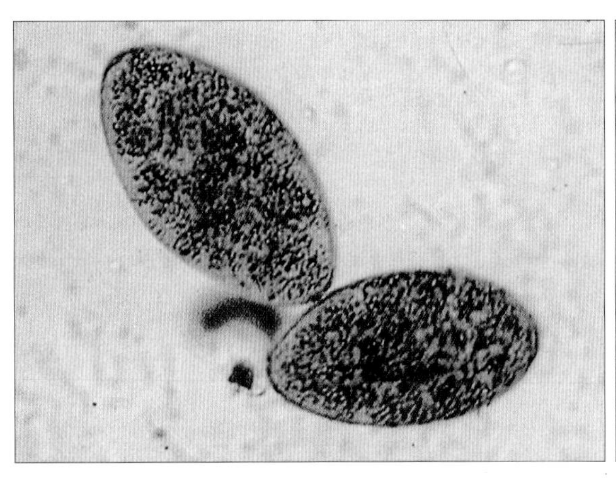

图 3-2-3　肝片吸虫的卵

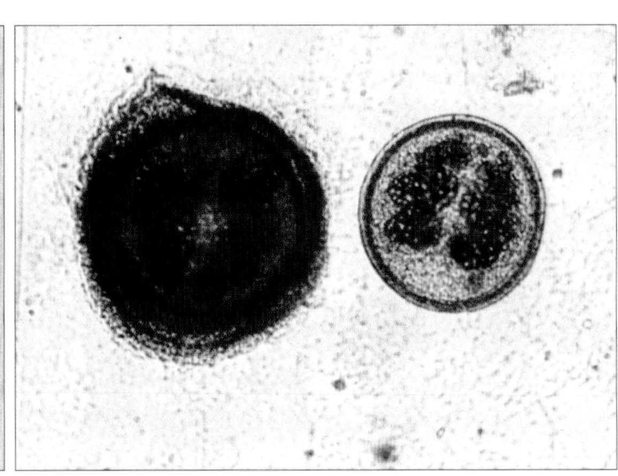

图 3-2-4　发育中的肝片吸虫虫卵

图 3-2-5　寄生于水田内的椎实螺

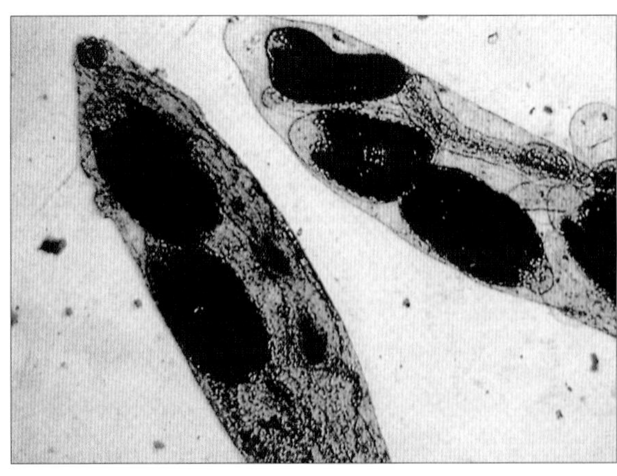

图 3-2-6　含有尾蚴的雷蚴

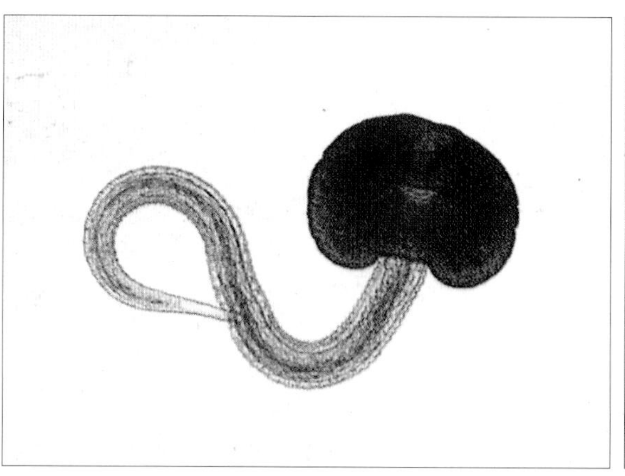

图 3-2-7　在水中游动的尾蚴

图 3-2-8　附着于稻叶上的囊蚴

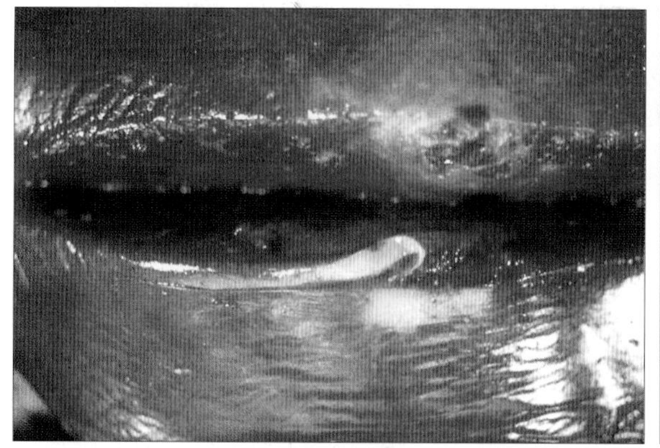

图3-2-9　肝表面有不整的红褐色结节，切面出血并有肝片吸虫的幼虫流出

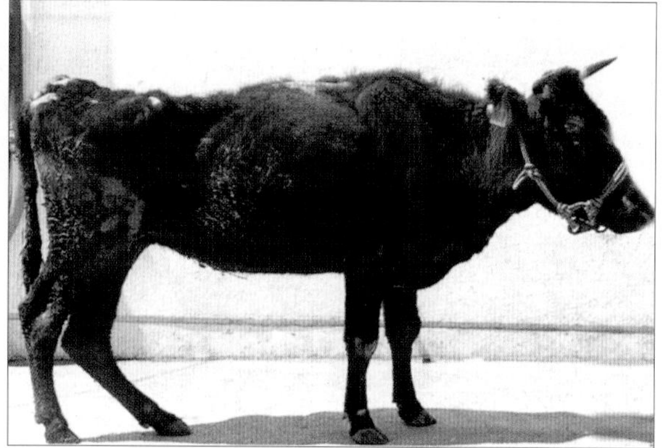

图 3-2-10　肝片吸虫寄生的病牛明显消瘦，被毛粗乱

图3-2-11　肝片吸虫寄生引起的腹水症

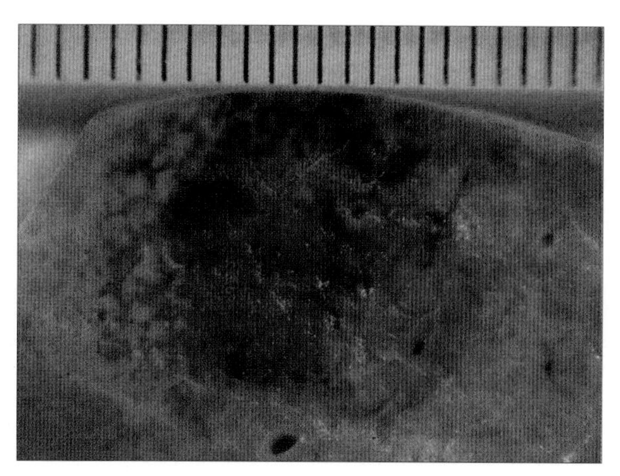

图 3-2-12　肝片吸虫的幼虫在肝组织内移行引起出血

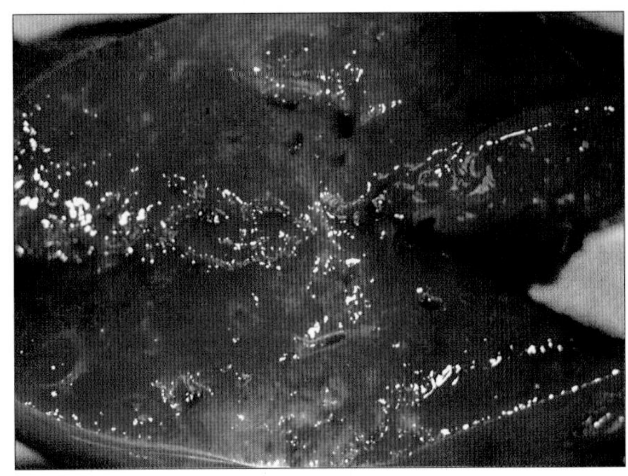

图 3-2-13　切面见大量结缔组织增生，其中含有肝片吸虫的幼虫

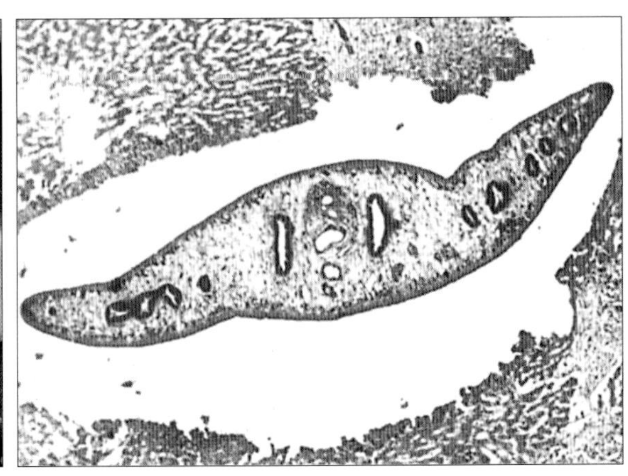

图 3-2-14　在肝的实质内有一个呈柳叶形的肝片吸虫幼虫寄生

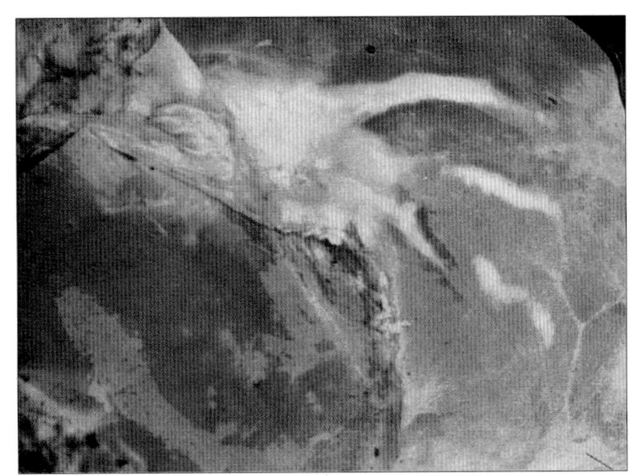

图 3-2-15　肝脏的总胆管呈树枝状粗大

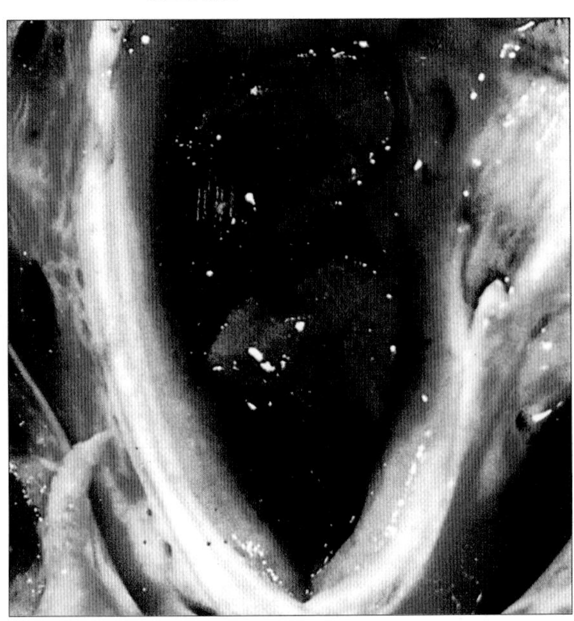

图 3-2-16　在肥厚的胆管中寄生有大量的肝片吸虫

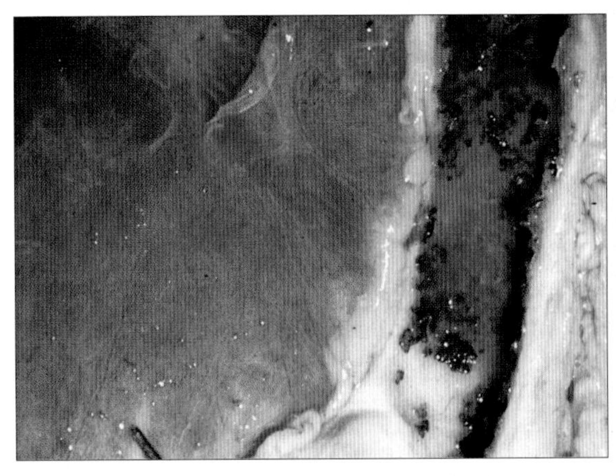

图 3-2-17　肥厚的胆管腔内有大量褐色砂粒状的胆结石

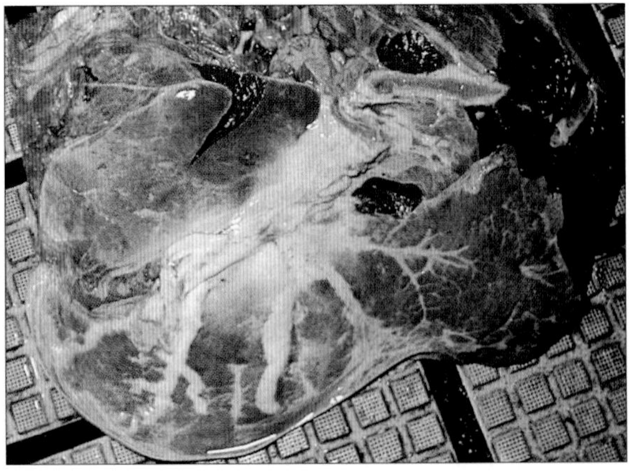

图 3-2-18　肝脏因严重的胆管增生、肥厚而发生硬化

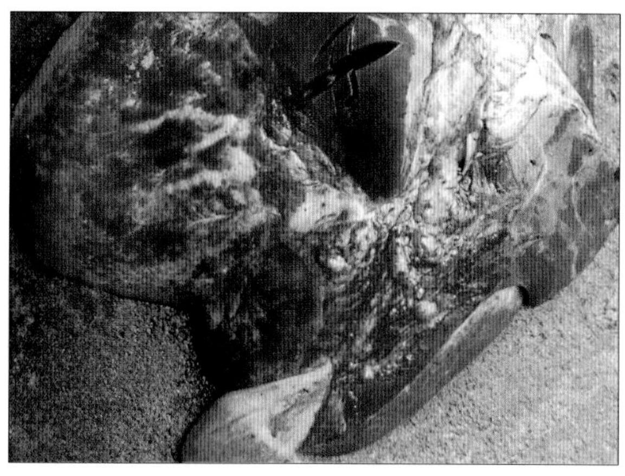

图 3-2-19　萎缩的肝左叶的内脏面，胆管肥厚呈灰白色树枝状

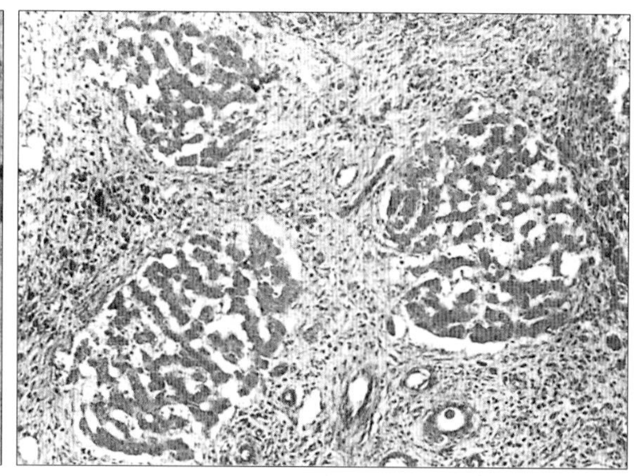

图 3-2-20　肝小叶间的新生结缔组织侵入肝小叶内，形成假性小叶

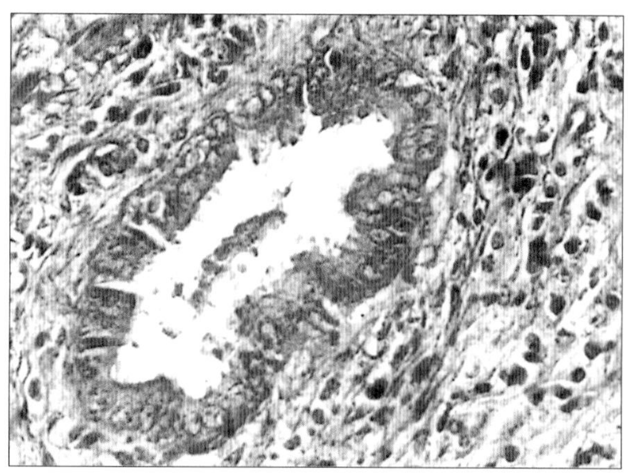

图 3-2-21　胆管周围有多量结缔组织增生，并有嗜酸性白细胞浸润

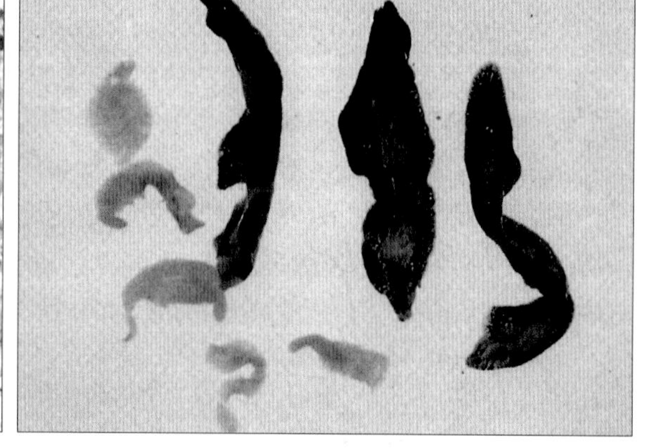

图 3-2-22　用药后死亡的肝片吸虫呈黑褐色，而未死亡的虫体呈黄褐色

三、蛔虫病

（Ascariosis）

蛔虫病是由牛新蛔虫所引起的一种肠道线虫病。由于本病主要发生于犊牛，故又有犊新蛔虫病之称。临床上以下痢、腹部膨大和腹痛等为主要特征。本病分布很广，遍及世界各地，我国南方各地的犊牛多发。初生犊牛感染时可引起死亡，故本病对养牛业具有很大的危害。

【病原特性】 本病的病原体为无饰科的牛新蛔虫（*Neoascaris vitulorum*）。虫体粗大，呈黄白色，体表光滑，表皮半透明，形如蚯蚓（图 3-3-1），状如两端尖细的圆柱。头端有 3 个唇片，食道呈圆柱状，后端有一个胃与肠管相接。雄虫长 11～26 厘米，尾部呈圆形，弯向腹面，有 3～5 对肛后乳突，有许多肛前乳突，交合刺 1 对，等长或不等长，形状相似。雌虫长 14～30 厘米，尾部较直，生殖孔开口于虫体前部。虫卵近似球形，大小为 75～65 微米，卵壳厚，外层呈蜂窝状，内含单细胞期胚胎（图 3-3-2）。

【生活简史】 雌性成虫在牛小肠内产卵，卵随粪便排到外界，在适宜的温度及湿度下7天左右发育为幼虫，再经14天左右，在卵壳内进行第1次蜕化而变为感染性虫卵（图3-3-3）。当牛吃草或饮水时将这种虫卵吞下，幼虫在小肠逸出，穿过肠壁移行至肝脏、肺脏和肾脏等器官，在此进行第2次蜕化，变为第3期幼虫并停留在这些器官中。等母牛怀孕8.5个月左右时，幼虫便移行至子宫，进入胎盘进行第3次蜕化，而成为第4期幼虫。此后，幼虫可经3条途径进入犊牛的小肠：一是随着胎盘的蠕动，幼虫被胎牛吞饮而进入肠道，并在此发育，到小牛出生后幼虫在小肠进行第4次蜕化后而发育为成虫；二是幼虫从胎盘移行到胎儿的肝脏和肺脏，继之沿一般蛔虫的移行途径转入小肠，引起生前感染；三是幼虫从母牛体内移行至乳腺，随乳汁被犊牛吞食，在小肠内寄生，至犊牛生后约4个月，虫体成熟。

【流行特点】 本病主要感染5个月龄的犊牛，成龄牛感染后幼虫多寄生于肝脏、肺脏等组织中，一般不在小肠内发育。本病主要的传染源是病犊牛，传播的途径是母牛的消化道、组织器官、子宫和乳腺等。在自然感染情况下，2～4月龄的犊牛小肠中就有新蛔虫的成虫寄生。消灭虫孵是控制本病的一种好方法。据研究，阳光中的紫外线和直射阳光以及因照射而造成的高温均能杀死虫卵。但虫卵对化学药物的抵抗力较强，如在2%福尔马林中虫卵可正常发育；当温度为29℃时，将其放在2%克辽林或2%来苏儿溶液中，可生存约20小时。

【临床症状】 犊牛感染后精神不振，体温不正常，步态蹒跚，或焦烦不安，消化失调，食欲减退或废绝，胃肠臌胀。幼虫破坏肠黏膜，常引起肠炎，出现腹泻或血便，并有特殊的臭味。消瘦，发育不良（图3-3-4），肌肉弛缓，后肢无力，站立不稳。虫体寄生多时，可造成肠阻塞或肠穿孔，由此导致病牛死亡。

犊牛出生后感染，虫卵在肠管中孵化的幼虫侵入肠壁而到肝脏，这个移行过程可损害消化机能，破坏肝组织，影响脂肪消化而引起食欲不振，口腔内有特殊酸臭味。幼虫移行到肺脏，破坏肺组织，造成点状出血和肺炎，病牛出现咳嗽、呼吸困难和发热等症状（图3-3-5）。有的病牛后肢无力，站立不稳，走路摇摆；有的还伴发眼结膜炎等症状。

另外，蛔虫成虫通常游离在小肠腔中，以小肠内容物为食，夺取宿主的营养。由于饥饿或其他原因，成虫可移行到胃、胆管或胰管，常可引起蛔虫性胆管阻塞而发生持续性腹痛和黄疸。虫体的游动偶见擦伤肠黏膜或穿透犊牛的肠壁而发生腹膜炎。

【病理特征】 新蛔虫所致的病变，与其幼虫期和成虫期的不同发育阶段有关。

1.幼虫移行期　病变主要见于肠、肝和肺呈现以嗜酸性白细胞浸润为主的炎症反应和肉芽肿形成。肺出现细支气管黏膜上皮脱落，甚至出血。大量幼虫在肺内移行和发育时，可引起蛔幼性肺炎，但康复后常不留病变残迹。在肝脏移行时，造成局灶性实质损伤和间质性肝炎。严重感染的陈旧病灶，由于结缔组织大量增生而发生肝硬变。尚可见以幼虫为中心出现肝细胞凝固性坏死，周围环绕上皮样细胞、淋巴细胞和嗜中性白细胞浸润的肉芽肿结节。肝汇管区受害最严重。

2.成虫期　由于蛔虫变应原作用可见宿主发生荨麻疹和血管神经性水肿。成虫在小肠内游动及其唇齿的作用可使空肠黏膜发生卡他性炎。虫体多时可导致小肠阻塞。虫体钻入胆道、胰管时可造成黄疸、胰腺出血和炎症。此外，还由于夺取宿主营养和小肠黏膜绒毛损伤影响吸收，动物表现消瘦、犊牛发育不良。其分泌物和代谢产物也可引起实质器官中毒性变性和神经症状。

【诊断要点】 一般根据临床上的腹泻、血便并有特殊恶臭，病犊发育不良和流行病学方面的资料，可初步诊断。如用连续洗涤法或集虫法在粪便中检出虫卵或虫体，或剖检时在小肠内发现新蛔虫体，或在血管、肺脏里找到移行期幼虫，即可确诊。

【治疗方法】 用于治疗本病的药物较多，常用的有：丙硫咪唑， 又称抗蠕敏，每千克体重5毫克，混入饲料或配成混悬液口服；左咪唑，每千克体重8毫克，将以上药量，分为2剂，混入饲料或饮水中口服，每日1次，连用2日；驱蛔灵，每千克体重200～250毫克，一次口服；敌百虫，每千克体重40～50毫克，一次口服。

【预防措施】 预防本病的主要方法是：定期驱虫，犊牛1月龄和5月龄时各进行1次驱虫；加强粪便管理，及时清除粪尿，保持圈舍卫生，粪便应堆积发酵，彻底杀灭虫卵；加强对孕牛的环境卫生管理，使其不与污染源相接触。

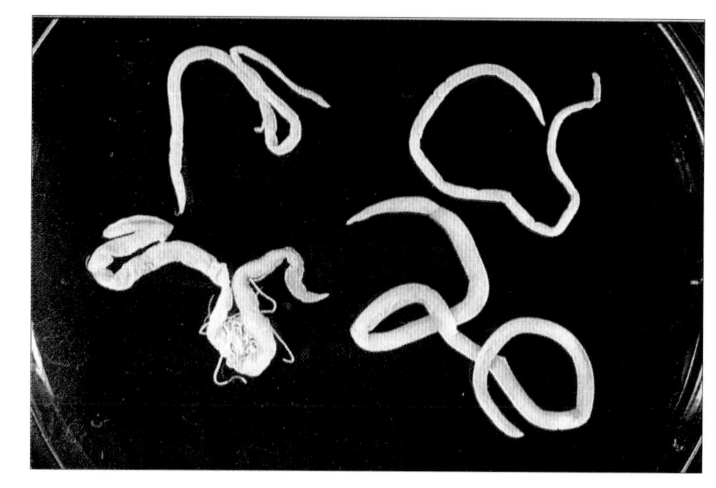

图3–3–1　牛蛔虫的成虫

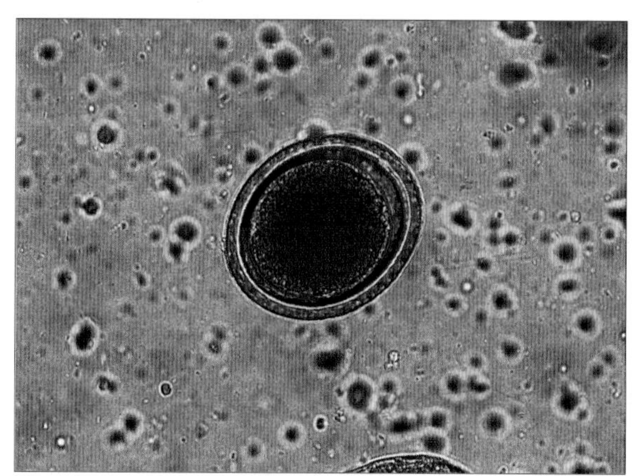

图3–3–2　虫卵近似球形，卵壳厚

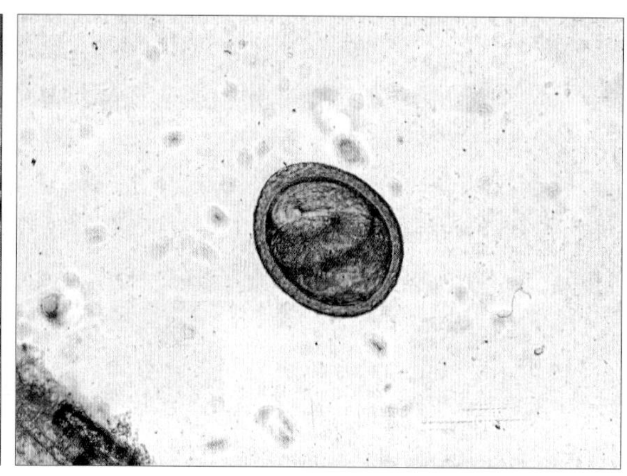

图3–3–3　从土壤中检出的成熟的蛔虫卵

图3–3–4　检出牛蛔虫的感染犊牛，消瘦、发育不良

图3–3–5　病牛咳嗽、呼吸困难和消瘦

四、肺线虫病

（Pulmonary nematodiasis）

肺线虫病又叫网尾线虫病，是由胎生网尾线虫引起的一种寄生性线虫病。临床上以咳嗽、气喘和肺炎为主要症状。本病呈世界性分布，我国各地均有发生，但以西南流行较重。

【病原特性】 本病的主要病原体为网尾科、网尾属的胎生网尾线虫（*Dictyocaulus viviparus*），又称牛肺虫。虫体丝状，黄白色（图3-4-1），口囊很小，口缘有四个小唇片。雄虫长约40～55毫米，交合伞的中侧肋与后侧肋完全并列融合，呈黄褐色，为多孔性构造。雌虫长60～80毫米，阴门位于虫体中央部分，其外面略突起呈唇瓣状。虫卵呈椭圆形，大小约为85微米×51微米，内含幼虫（图3-4-2）。

【生活简史】 网尾线虫是不需中间宿主而直接完成生活周期的线虫。在支气管内发育成熟的肺线虫，雌雄交配后，雄虫逐渐死亡，而雌虫在奶牛的各级支气管内继续生长发育，之后其子宫出现大量含有幼虫的虫卵（图3-4-3），待成熟后开始产卵。卵随黏液咳至口腔并吞入消化道，幼虫多在大肠内孵化，并随粪便排出体外。在外界适宜的温度和湿度条件下，幼虫经2次蜕化后变入第3期幼虫（图3-4-4），即感染性幼虫。当奶牛吃草或饮水时摄食了感染性的幼虫后，幼虫在小肠内脱鞘，钻入肠黏膜并迁移到肠系膜淋巴结内发育为第4期幼虫，然后沿淋巴管和肺动脉抵达肺脏，进入肺泡、终末细支气管和支气管内定居，发育成熟。牛肺虫从感染起到雌虫产卵约需21～25天，有时需要1～4个月。

【流行特点】 本病的主要传染来源是病牛和带虫的反刍动物，主要经消化道感染，特别是在被虫卵及幼虫污染的草地上放牧，常可引起整个牛群的感染（图3-4-5）。各种年龄的牛均可感染，对犊牛危害严重，常呈暴发性流行，造成大批死亡。由于网尾线虫的幼虫必须在外界适宜的湿度和温度（23～27℃）条件下才能发育成感染性幼虫，故本病多发生于潮湿多雨地区和气温比较高的夏秋季节。

【临床症状】 由于网尾线虫的幼虫自毛细血管进入肺泡时，可发生出血，局部肺泡实变。成虫在呼吸道寄生，刺激黏膜造成黏液分泌增多，随同虫体共同阻塞局部支气管。虫体代谢产物被吸收后，可引起宿主中毒。所以本病的特异性症状出现在呼吸系统。

病牛最初出现的症状是咳嗽，开始为干咳，后变为湿咳，且咳嗽的次数逐渐增多，有时发生气喘和阵发性咳嗽，或有吐出异物样咳嗽症状（图3-4-6），并流出淡黄色黏液性鼻液，奶牛的产乳量减少。继之，病牛的体温升高到40.5～42℃，精神不振，食欲减少，咳嗽加重，常出现连续性阵咳，呼吸显困难，头颈伸直（图3-4-7），流黏液性鼻液，消瘦、贫血，可视黏膜发白，奶牛的泌乳量明显减少或停止。肺部听诊时，可闻及干罗音或湿罗音及支气管呼吸音；叩诊时，可在8～9肋间听到浊音。病情严重时，病牛明显消瘦，结膜苍白，严重的呼吸困难，经常吃力地咳嗽，并可因肺泡破裂而导致间质性肺气肿的发生。最后，病牛卧地不起，口吐白沫，窒息而死。

另外，由于幼虫穿过肠壁，破坏了肠黏膜的完整性，有时可引起肠炎性症状；损伤血管、淋巴管，给病原微生物侵入创造了条件，进而引起各种继发性感染。

【病理特征】 本病的主要病变是寄生虫性肺炎。病初，可见肺表面有小点出血，如伴发较强烈的炎症反应时，整个肺小叶充满以嗜酸性白细胞为主的炎性渗出物。随着幼虫成长，迁移到细支气管和支气管内栖息，可刺激黏膜分泌增多。此时，在大量的支气管的炎性渗出物中，可检出大量虫体（图3–4–8）。幼虫在各级支气管中发育成熟，在肺切面的支气管断端中可见有大量成熟的虫体（图3–4–9）。严重感染时，支气管腔中有多量灰白色虫体，造成局部管腔阻塞（图3–4–10），相关的肺泡萎陷，变成无气肺。还由于存留在肺泡内虫卵和发育的胚幼如同外来异物刺激，易引起局部肺组织发生细菌的继发感染，所以常可见化脓性肺炎灶。切开病变部扩张的支气管，其内充满黏液和卷曲的成虫（图3–4–11）。由于部分支气管呈半阻塞状态，使气体交换受阻，在肺的尖叶和膈叶的后缘可见灰白色隆起的气肿小叶和暗红色或灰红色楔状的实变区（图3–4–12）；严重感染时，喉头部和气管内也有大量线虫寄生（图3–4–13）。镜检在肺泡壁、肺泡腔、呼吸性细支气管、细支气管和小支气管等含有大量的黏液和大量网尾线虫的片段（图3–4–14）。

【诊断要点】 一般依据病牛在临床上出现的以咳嗽为主的特异性症状，并结合本病流行的季节和区域特点，即可初诊。如用饱和盐水浮集法检查虫卵（含幼虫）或将粪便反复水洗分离幼虫；亦可将病牛的粪便在25℃条件下培养18～20小时，再进行幼虫的检测（图3–4–15）；或病牛死后剖检发现各级支气管中有大量虫体和相应的病理变化，即可确诊。

【治疗方法】 治疗本病的药物较多，如噻咪唑、左噻咪唑、氰乙酰肼、丙硫咪唑、海群生等，兹介绍几种常用药的使用方法。

1.噻咪唑　又叫驱虫净或四咪唑，是一种广谱、高效、低毒的从肺部驱除网尾线虫的成虫及幼虫的药物，目前广泛应用于临床实践。剂量：每千克体重15毫克；用法：配成2%水溶液一次灌服。皮下注射的剂量为每千克体重6～8毫克，药量在10毫升以下时可一次注完，超过此量时则须分2～3处注射。

2.左噻咪唑　本药为噻咪唑驱虫作用的有效成分，具有剂量小、疗效更高、毒性更低、驱虫迅速和副作用轻微等优点。剂量：每千克体重8毫克；用法：用适量水溶解后灌服，或混料喂服，或饮水服药；亦可配制成5%注射液进行皮下或肌肉注射。注意：本药过量后可出现胆碱能神经兴奋症状，如肌肉抽搐、呼吸肌麻痹等症状，此时，可用阿托品等抗胆碱能神经兴奋的药物进行解毒。

3.氰乙酰肼　本药为防治牛肺线虫病的有效药物。其治疗作用并非杀虫，而是使虫体失去活动能力后，被气管纤毛带到咽喉，然后吞咽在胃肠中将之消灭。剂量：每千克体重17.5毫克；用法：将药溶于少量温水中，一次灌服，或拌入饲料中一次喂服。

【预防措施】 对本病的预防主要是采取综合性措施。

1.定期驱虫　在流行区，于每年放牧前进行2～3次有计划的驱虫。预防性驱虫常用的药有：丙硫咪唑，每千克体重5～10毫克，一次口服；左咪唑，每千克体重8～10毫克，一次口服；海群生，每千克体重50毫克，拌料混饲。这些药物对网尾线虫的预防，均具有较满意的效果。

2.加强饲养管理　避免在低洼潮湿地区放牧，注意饮水卫生。粪便应集中处理，以防病原寄生虫扩散。

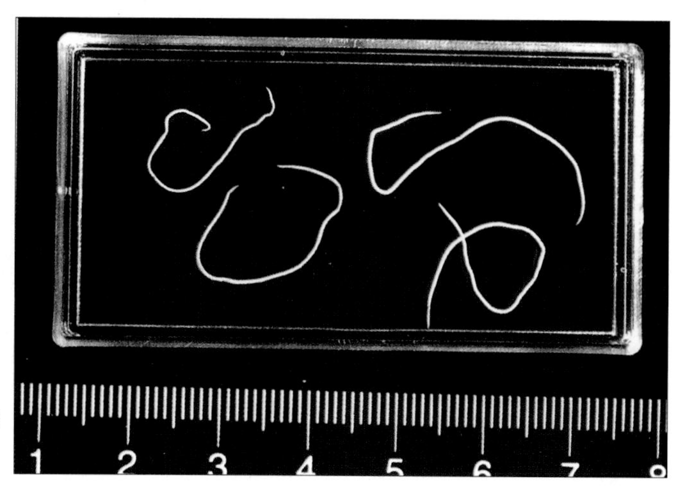

图3–4–1　肺线虫的成虫（左侧的为雄虫，右侧的为雌虫）

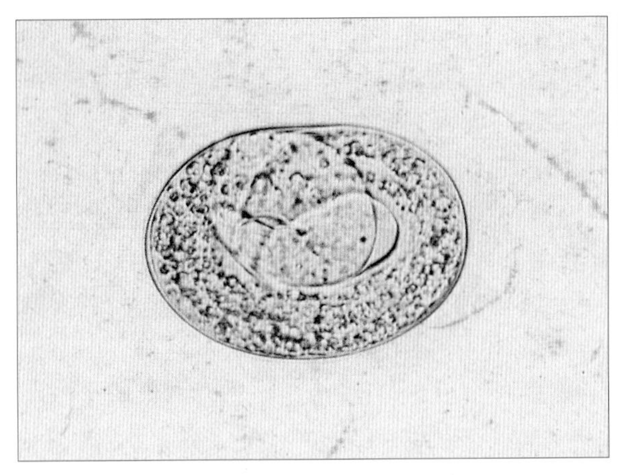

图 3-4-2　从奶牛气管中取出的肺线虫的虫卵

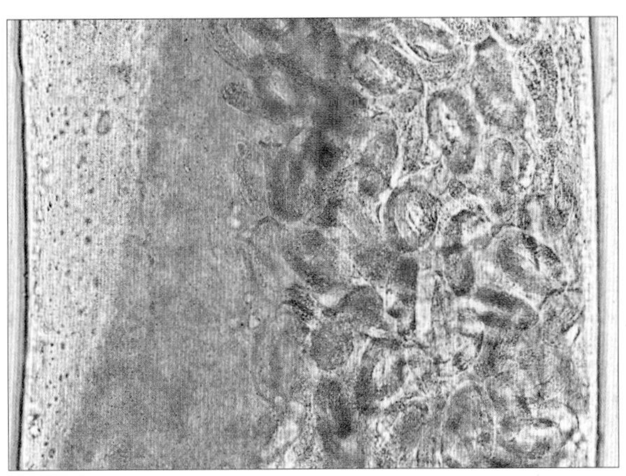

图 3-4-3　位于子宫内含有幼虫的虫卵

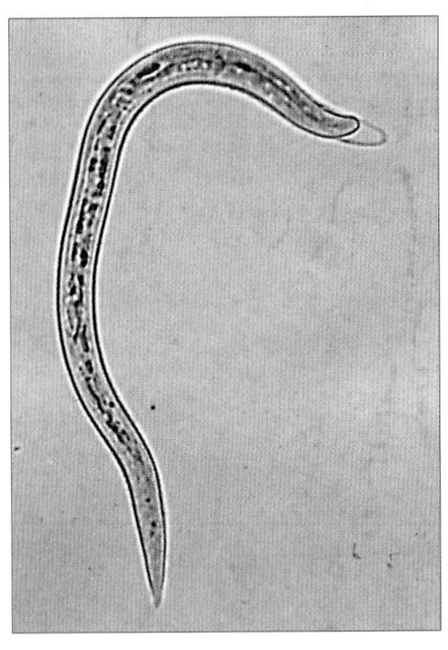

图 3-4-4　第 3 期幼虫（感染型幼虫）

图 3-4-5　放牧于感染草场上的奶牛群被感染发病

图 3-4-6　患肺线虫的病牛，以重度咳嗽为特征

图 3-4-7　病牛消瘦，反复咳嗽，呼吸困难，头颈伸直

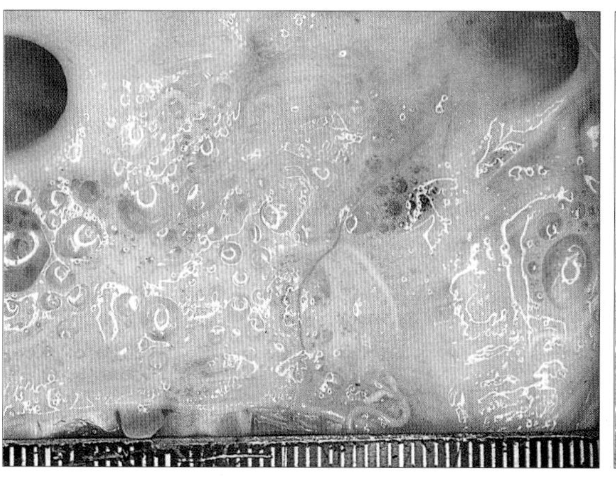
图 3-4-8　支气管内有大量泡沫，其中有许多肺线虫

图 3-4-9　切面见支气管的断端有大量线虫寄生

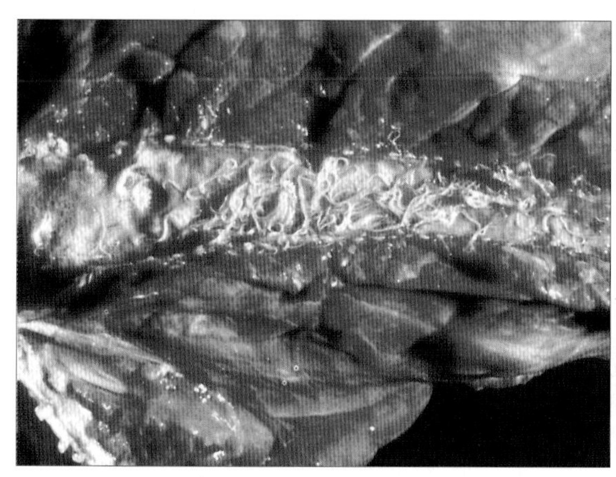
图 3-4-10　在支气管和细支气管中有大量成虫

图 3-4-11　支气管中检出的肺线虫的成虫

图 3-4-12　死于肺线虫的奶牛，其肺脏有大量气肿灶和实变区

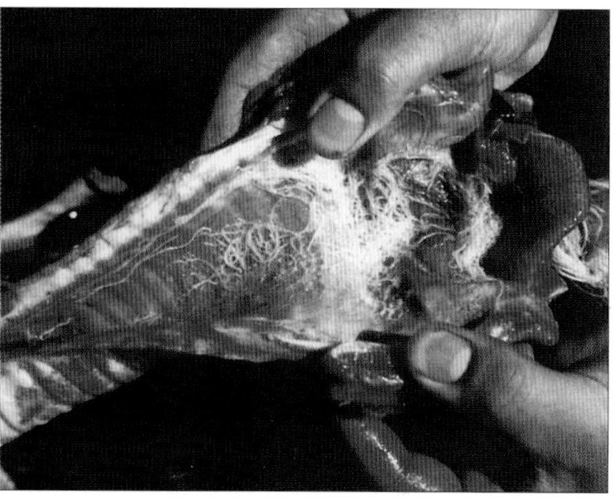
图 3-4-13　气管内见有大量线虫

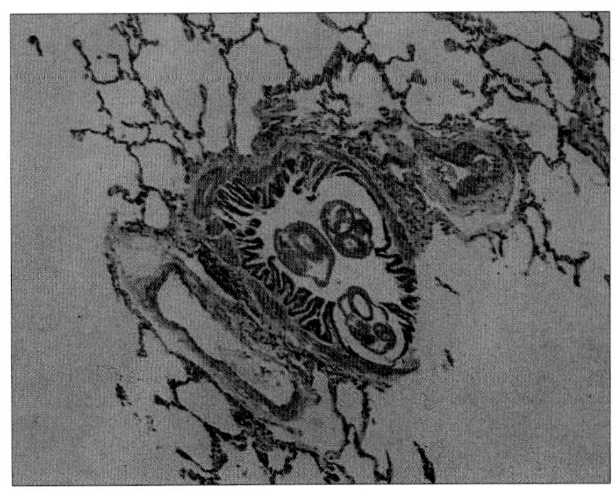
图3-4-14　细支气管中虫体的断面及周围的炎性反应

图3-4-15　诊断时，将病牛粪便在25℃下培养18小时即可检出幼虫

五、胰阔盘吸虫病

（Eurytremasis）

胰阔盘吸虫病也叫胰吸虫病，是由阔盘吸虫引起的一种寄生虫病。阔盘吸虫主要寄生于牛、羊、骆驼等反刍动物的胰管中，有时也见于胆管和十二指肠。临床上以消瘦、下痢、贫血和水肿为特点。本病呈世界性分布，我国东北、西北等牧区以及南方各省（自治区）均有流行报道。

【病原特性】 本病的病原体为双腔科、阔盘属的阔盘吸虫。寄生于牛胰管的阔盘吸虫有3种：即胰阔盘吸虫（*Eurytrema pancreaticum*）、腔阔盘吸虫（*E. coelomaticum*）和枝睾阔盘吸虫（*E. cladorchis*）。该3种吸虫的形态、发育史及其致病作用和病理变化基本一致，现以胰阔盘吸虫为例，简述如下。

胰阔盘吸虫体形较小，长5～16毫米，宽2～6毫米，呈棕红色，俗称小红吸虫（a small red fluke）；虫体扁平、较厚，长椭圆形，稍透明（图3-5-1）；吸盘发达，故名阔盘吸虫，且口吸盘较腹吸盘大，染色后更易观察（图3-5-2）。虫卵椭圆形，两端稍不对称，呈黄棕色或深褐色，一端有卵盖，内含发育成形的毛蚴（图3-5-3），大小约为45微米×30微米。

【生活简史】 在3种阔盘吸虫生长发育的过程中，均需要2个中间宿主：即第1中间宿主蜗牛（图3-5-4），第2中间宿主红脊草螽（图3-5-5）。成虫在胰管产卵，虫卵随胰液进入肠道，然后又随粪排到体外，虫卵被第1中间宿主蜗牛吞食，在其体内经毛蚴、母胞蚴发育成子胞蚴。成熟子胞蚴体内含有尾蚴，并附着于蜗牛的外套膜上。当蜗牛在草地上爬行时，即可排出子胞蚴而附于青草上。然后被红脊草螽吞食，使尾蚴在其体内发育为囊蚴。牛吞食红脊草螽后被感染。囊蚴在牛十二指肠，囊壁崩解，尾蚴脱囊而出，并顺胰管开口进入胰脏，选择性寄生于终宿主胰管内，经3～4个月发育为成虫，从而引起特征性病变。

【流行特点】 胰吸虫病有地区性，多发生在比较低洼潮湿的山间草场上，因为这些地方适于蜗牛及草螽生存，也是奶牛经常放牧与饮水的地方。本病的传染来源是病畜及带虫动物，传播的主要途径是消化道，各种年龄的奶牛均可感染，但以成龄奶牛多见。一般情况下，奶牛的感染季节为 8～9 月份，发病时间为翌年 2～3 月份，即秋季感染，冬季发病。

【临床症状】 少量感染时，一般不出现明显的症状而成为带虫牛；严重感染时，在食欲正常、渴欲增加的情况下，日趋消瘦，精神不振，奶牛的泌乳量明显减少，甚至停止。继之，病牛严重贫血，可视黏膜苍白，非常消瘦（图 3–5–6），颈部和胸部发生水肿，下痢，最后病牛常因恶病质而死亡。

【病理特征】 基于胰阔盘吸虫虫体对胰管黏膜持续刺激和毒素作用，故可引起浅层糜烂与溃疡；慢性病例，则可发生纤维素性胰管炎或肉芽肿形成。

眼观，胰脏被膜粗糙，失去固有光泽，散见少量小出血点。病初，在扩张的胰管中可见呈叶状红褐色虫体（图 3–5–7）；随着胰管的不断扩张，内含的虫体也不断增多（图 3–5–8）；继之，胰管壁增厚，管腔狭窄，黏膜粗糙不平，形成数量不等的乳头状小结节，造成管腔不同程度闭塞，胰管内可见有大量虫体（图 3–5–9）。严重时，胰管中有多量虫体从十二指肠开口部移出（图 3–5–10），胰脏表面有许多结节。最后，胰腺萎缩或硬化，招致胰腺分泌机能紊乱，如病程恶化，可使病畜因恶病质而死亡。

【诊断要点】 根据流行病学特点和临床病状可怀疑本病；若用水洗沉淀法检查粪便可发现胰阔盘吸虫的虫卵或剖检时见胰管病变明显，并检出大量虫体而确诊。

【治疗方法】 国产血防 846 对本病具有良好的治疗作用。剂量：每千克体重 0.3 克；用法：口服，隔日 1 次，3 次为 1 个疗程。

值得指出：奶牛服用本药后 8～24 小时血液中才能检出，3～6 天后达到高峰，停药后 2 周消失，连续服药有蓄积作用，是一种慢性中毒过程。因此，本药不能长期过量服用。另外，有的病例用药后，偶有血尿和兴奋等副作用，此时可用 10% 维生素 C 10～20 毫升皮下或静脉注射治疗血尿；用每千克体重 1 毫克氯丙嗪的剂量肌肉注射治疗兴奋。

【预防措施】 常被采用的预防措施是：定期驱虫，一般在秋末初春对牛群进行 2 次驱虫；加强管理，避免在低洼潮湿的牧场放牧，牛粪集中经无害化处理后再作肥料使用。

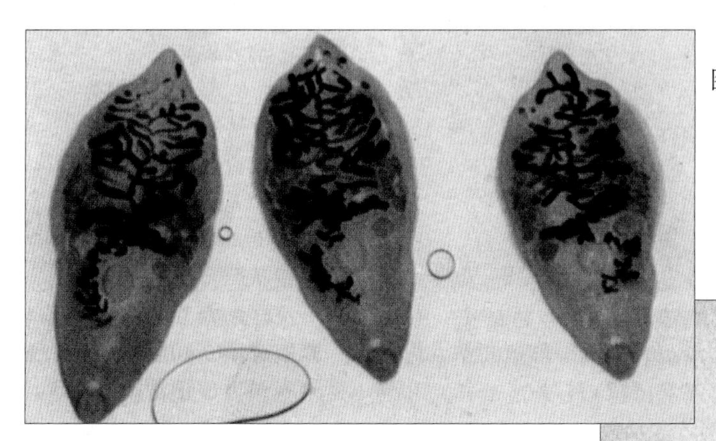

图 3–5–1　胰阔盘吸虫的成虫

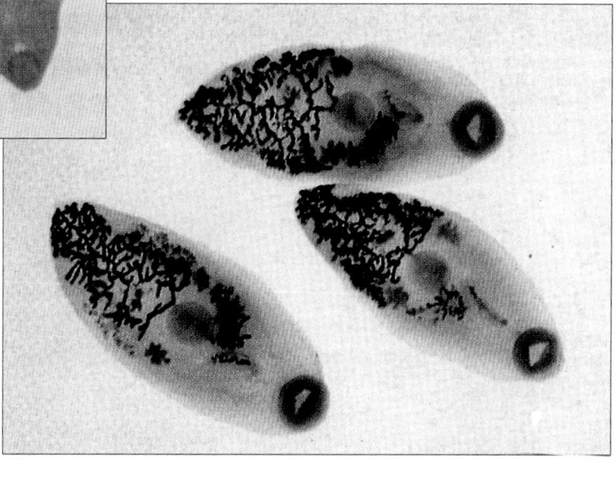

图3–5–2　染色后的胰吸虫，其吸盘更易观察

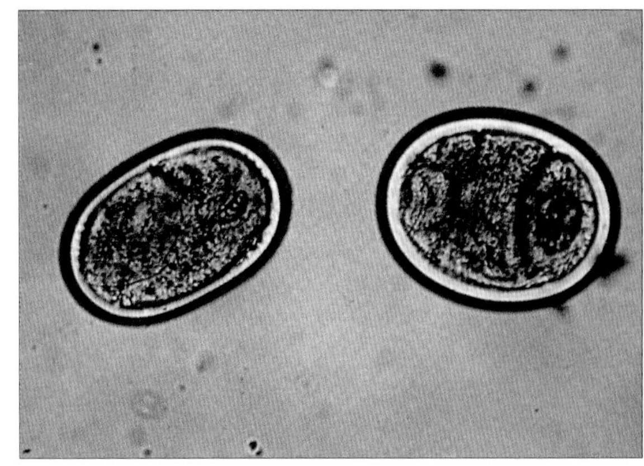
图 3-5-3　含有毛蚴的虫卵

图 3-5-4　胰吸虫的第 1 中间宿主

图 3-5-5　第 2 中间宿主和排出的幼虫

图 3-5-6　病牛被毛粗乱，非常消瘦

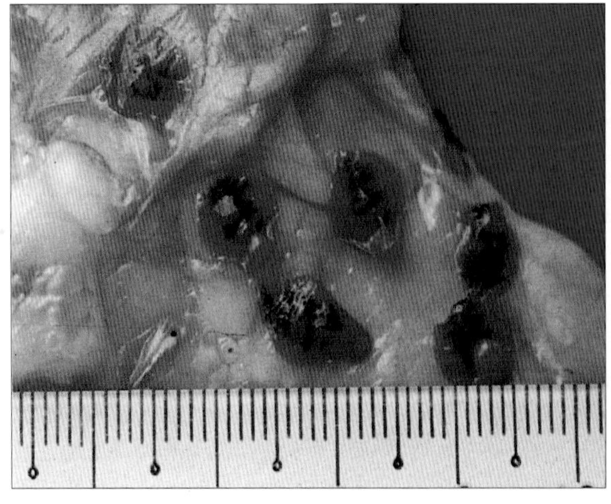
图 3-5-7　受害的胰管肥厚，有叶状红褐色虫体

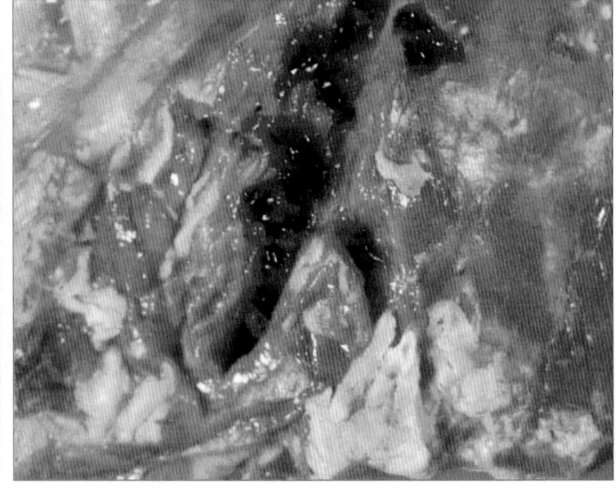
图 3-5-8　胰管的切面有多量虫体寄生

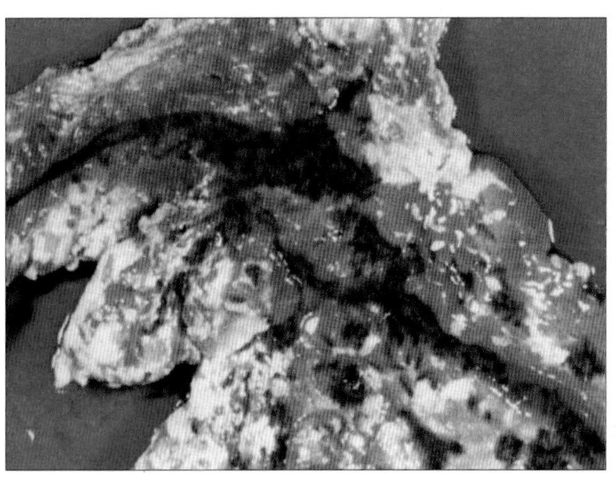

图 3-5-9　胰管扩张，内含有大量虫体

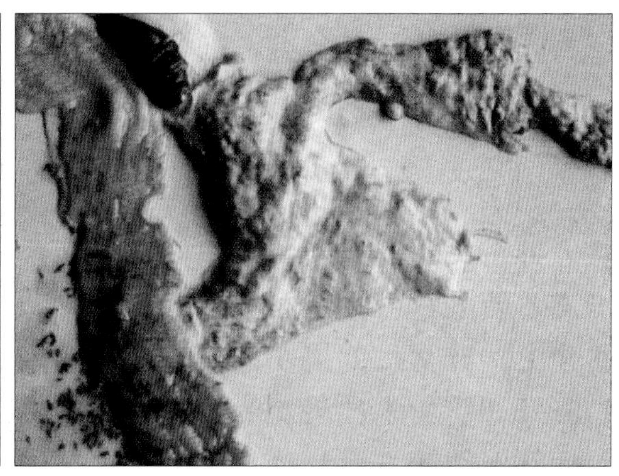

图 3-5-10　胰被膜增厚，胰管中有多量虫体从十二指肠开口部移出

六、牛双芽梨形虫病

(Bovine piroplasmosis bigeminum)

牛双芽梨形虫病亦称牛双芽巴贝斯梨形虫病 (Bovine babesiosis bigeminum)，或大型梨形虫病，是由双芽巴贝斯虫引起的一种红细胞内寄生的原虫病。临床上以高热、贫血、黄疸及血红蛋白尿为主症。故国外称双芽巴贝西虫病为“红尿热”或“得克萨斯热”(Texas fever)，或“血红蛋白尿热”。本病在热带和亚热带地区普遍存在，是一种急性发作的季节性疾病。在我国，主要发生于南方各省（自治区)，奶牛、黄牛和水牛都能感染。

【病原特性】 本病的病原体为梨形虫目、巴贝斯科、巴贝斯属的双芽巴贝斯虫 (*Babesia bigemina*)。它与牛的其他梨形虫相比，平均长度超过 3 微米，大于红细胞半径，故称之为大型巴贝斯虫。该虫有环形、椭圆形、单个或成对的梨籽形（图 3-6-1）和变形虫（图 3-6-2）等不同的形状，在进行出芽生殖的过程中，还可以见到三叶形虫体。用姬氏液染色，虫体的原生质呈浅蓝色，边缘较深，中部淡染或不着色，有空泡状的无色区，染色质多为 2 团，位于虫体边缘部。环形虫体的直径为 1.4～3.2 微米，单梨形虫体长 2.8～6 微米，2 个梨子形虫体以其尖端相连成锐角，是本病原体的典型的特征性虫体。虫体多位于红细胞中央，每个红细胞内寄生 1～2 个，很少有 3 个以上。红细胞的感染率随病期不同，初期可达 5%～15%，高热期感染率更高。

【生活简史】 各种梨形虫均由其固有特定的终宿主——硬蜱进行传播。国外记载有 5 种牛蜱、3 种扇头蜱、1 种血蜱可以传播双芽巴贝斯虫，但在我国，传播牛双芽巴贝斯虫的蜱为微小牛蜱（图 3-6-3)。

双芽巴贝斯虫在牛红细胞内以“成对出芽”生殖法繁殖，在蜱体内是经卵传递的（图 3-6-4)。虽然双芽巴贝斯虫进入蜱体后以什么方式繁殖还未完全搞清，但实验证明，红细胞内的同形配子体在吸饱血的雌蜱的肠管内结合，形成能动的棒状动合子，动合子通过肠壁到达子宫的卵子内，经过孢子生殖过程，形成许多子孢子，后者进入幼蜱的唾液腺内，当幼蜱吸食动物血液时，便将子孢子接种到动物体内，子孢子进入红细胞，开始其“成对出芽”的无性生殖。

【流行特点】 本病的主要传染来源是病牛和带虫牛，只有通过蜱的叮咬才能传播，各种年龄的牛均可感染发病。临床实践证明，2岁以内的犊牛虽然发病率高，但病状较轻，很少死亡，也容易自愈；成年牛的发病率虽然低，但症状重，死亡率也高，特别是老弱以及高产奶牛，病情尤为严重。当地牛的感受性低，种牛和由外地引入的奶牛感受性高、病情重、死亡多。怀孕母牛发病后常发生流产。

本病的发生和蜱在1年之内出现的次数基本是一致的。微小牛蜱多是在野外繁殖的一宿主蜱，主要寄生于牛，故本病多发生在放牧时期。在我国南方，本病多发生在7～9月，有的地区，蜱的活动时间长，在秋冬季还能引起发病。小气候（温度和湿度）对蜱的生存和发育有一定的影响，低温可以延迟病原体和蜱的发育，过于干燥的环境，易致发育中的蜱死亡。

【临床症状】 本病的潜伏期约为8～15天。奶牛突然发病，体温升高，可达40～41.5℃，呈稽留热型，可持续1周或更长。病牛精神沉郁，食欲下降，反刍停止，奶量明显减少或停产。贫血明显，大量红细胞受到破坏，眼结膜（图3−6−5）和阴唇黏膜苍白黄染（图3−6−6），并有点状出血。粪呈黄棕色，有时病牛可因发热、肛门括约肌挛缩而排出细条状粪便（图3−6−7）。通常有血红蛋白尿出现，尿呈红色、暗红色葡萄酒样（图3−6−8）乃至酱油色，尿液落在地面上可出现金黄色泡沫（图3−6−9）。如为慢性发作，病牛的体温并不甚高，常无血红蛋白尿，但有下泻或便秘，逐渐消瘦（图3−6−10），晚期有明显的黄疸。

临床病理学检查，在初期的发热反应中，外周血液中易检出虫体（图3−6−11）。红细胞染虫率一般为10%～15%，个别严重病例可达65%，轻微病例仅为2%～3%，检查时必须仔细，应多观察几个视野，以便发现虫体。

【病理特征】 梨形虫的致病作用是由虫体及其生活过程中的产物——毒素的刺激造成的，常使宿主各器官系统与中枢神经之间的正常生理关系遭受破坏。在机体反应性受到扰乱，机能失调，物质代谢异常和神经感受器的兴奋性不断增高等的影响下，病畜表现出各种临床症候，如体温升高、精神沉郁，脉搏增快、呼吸困难、造血系统受损和胃肠功能失调等。还由于虫体对红细胞的破坏，引起溶血性贫血。红细胞被破坏后，血红蛋白经肝脏变为胆红素，滞留于血液中引起黄疸。如果红细胞遭到严重的破坏，则大部分血红蛋白经肾脏随尿排出，形成血红蛋白尿（图3−6−12）。

死于本病的病尸多半消瘦，结膜苍白、黄染，血液稀薄呈淡红色血水样。皮下组织、浆膜和肌间结缔组织及脂肪均呈现黄色胶样水肿状态，各内脏器官被膜均显黄染。胃肠道黏膜肿胀，皱胃和肠黏膜潮红并有小点状出血和糜烂。肝脏肿大，表面和切面均呈黄褐色，具豆蔻状花纹。胆囊扩张，充盈暗绿色浓稠胆汁（图3−6−13），胆囊黏膜常见有斑点状出血。脾肿大，可为正常脾脏的3～5倍，脾髓软化，呈暗紫红色，脾白髓肿大，往往呈颗粒状隆突于切面。肾脏在急性死亡病例也表现肿大，有时见有点状出血，肾组织被红细胞溶解后释出的血红蛋白浸染而呈红黄色（图3−6−14）。膀胱膨大，存有多量红色尿液（图3−6−15），膀胱黏膜出血。肺淤血、水肿。心肌柔软，呈黄红色变性状态。骨髓在慢性病例可见有红色骨髓增生。

镜检可见典型的溶血性贫血的特征变化。在各内脏器官，特别是在脑和视网膜毛细血管内可见有大量虫体，虫体位于红细胞内或游离于血浆（图3−6−16）。

【诊断要点】 一般根据蜱活动的季节及范围，典型的临床症状和病理变化，即可做出初步诊断。如在病牛体温升高的头1～2天，采取耳静脉血做涂片，染色镜检，如发现有典型虫体（虫体长度大于红细胞半径，有2个染色质团块，成对的梨形虫体尖端相连成锐角），即可确诊。

【治疗方法】 本病的治疗应做到尽快诊断，及时治疗；治疗的基本原则是：先用特效药，再用对症药。治疗本病应用的特效药物有以下几种：

1.台盼蓝　又称锥蓝素，对大型梨形虫的杀灭效力很明显，可改变梨形虫的形态而使之溃解，在体内持续时间长，可达10～20天，具有良好的治疗和预防作用。剂量：每千克体重为0.005克，但成龄牛一般的用量为1.0～1.5克；用法：临用前，先用0.4%氯化钠溶液将之配成1%台盼蓝溶液，过滤后在水浴中消毒30分钟，待药液与体温相同时，缓慢静脉注射。注意：对体弱的病牛，1次的药量可分为2次注射，间隔12小时；本药一般是1次即有明显的效果，如用药后24小时病牛体温还未降低时，可再注射1次。

2.黄色素　亦称锥黄素，对牛双巴贝斯虫的效果也很好，一般治疗后12～24小时病牛体温下降，血液中虫体消失。剂量：每100千克体重用0.3～0.4克，但每头牛不得超2克；用法：常用生理盐水配成1%溶液，置暗色瓶内，通过水浴灭菌30分钟，凉至体温，缓慢静脉注射。注意：静脉注射不得漏入皮下，以免组织发炎、水肿和坏死；可间隔48小时重复用药1次；用药后应将病牛置于阴凉处，防止强烈阳光引起灼伤。

3.贝尼尔　又叫血虫净或三氮咪，对牛的双芽巴贝斯虫也有很好的疗效。剂量：每千克体重5～7毫克；用法：多用注射用水配成5%溶液，做分点深层肌肉注射或皮下注射；还可用1%的水溶液做静脉注射，比肌肉注射见效更快，也较安全，每日或隔日注射1次，连用2～3次。

在用上述特效药物的同时，还要改善饲养，加强护理，并针对病情的不同而进行对症治疗，如注射强心剂，输葡萄糖液，便秘时投以轻泻剂等。

【预防措施】 预防本病的关键在于灭蜱，其主要措施如下：

1.牛体灭蜱　根据流行地区的蜱的种类、出现的季节和活动规律，实施有计划、有组织的灭蜱措施。应用杀蜱药物（喷洒或药浴）消灭牛体上的所有的蜱，做到一头不漏，要定为制度，每年进行。调动牛只，应选择蜱不在牛体上活动的时期进行，调入调出之前，均应做药物灭蜱处理。

2.搞好卫生　厩舍附近应经常保持清洁，并做灭蜱处理；饲养人员有可能通过饲草和用具将蜱带入厩舍，应加防范。

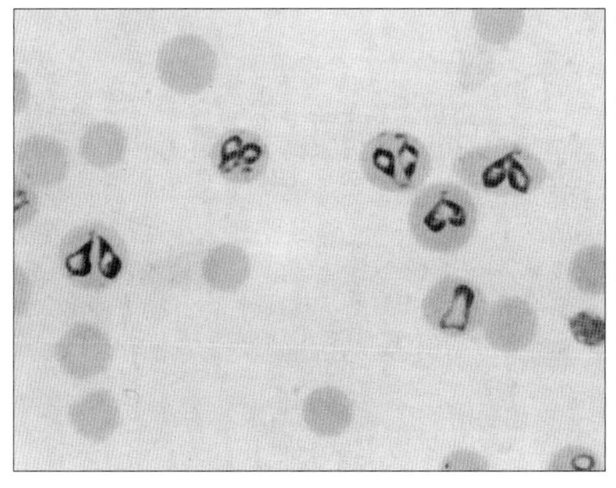

图3-6-1　寄生于红细胞内的双芽巴贝斯虫，呈梨籽形

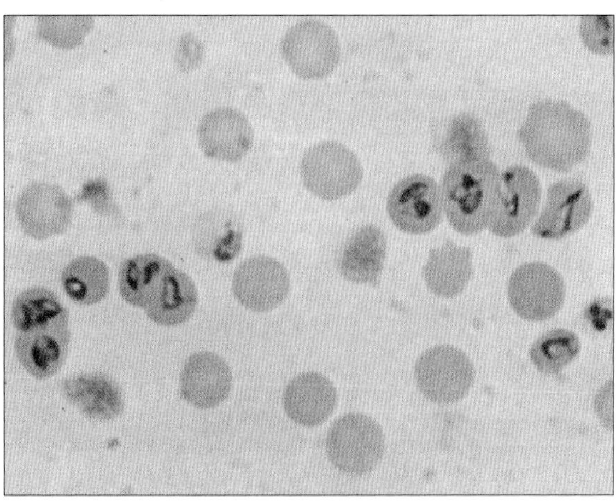

图3-6-2　在红细胞内寄生的变形的双芽巴贝斯虫

图 3-6-3　传播本病的蜱，左为雌虫，右为雄虫

图 3-6-4　成蜱产卵，双芽巴贝斯虫通过卵而感染幼蜱

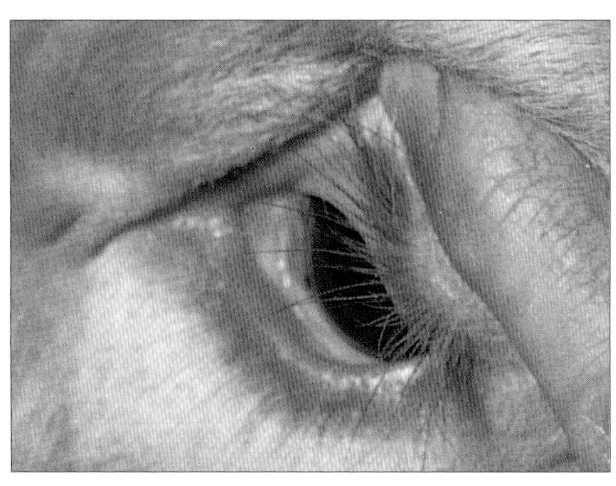

图 3-6-5　眼结膜贫血，苍白而黄染

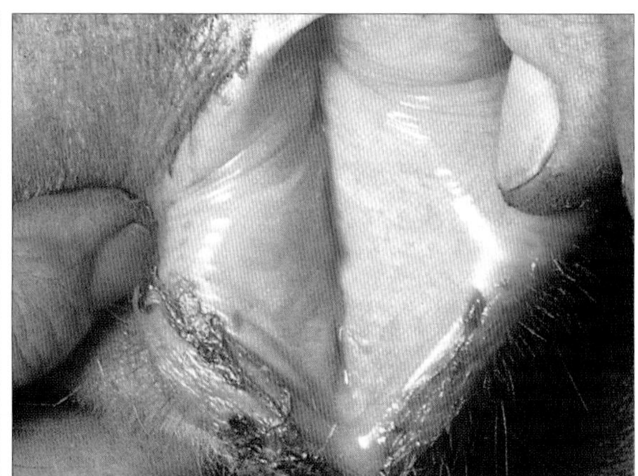

图 3-6-6　病牛的阴唇黏膜极度苍白，贫血

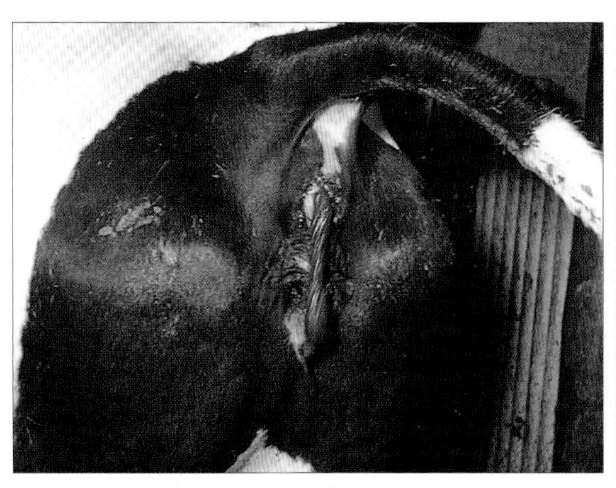

图 3-6-7　病牛发热，肛门括约肌挛缩，排出细条状粪便

图 3-6-8　病牛的尿液呈暗红色葡萄酒样

图 3-6-9　尿液落在地面上出现金黄色泡沫

图 3-6-10　病牛消瘦，后躯运动障碍，排出黄色软便

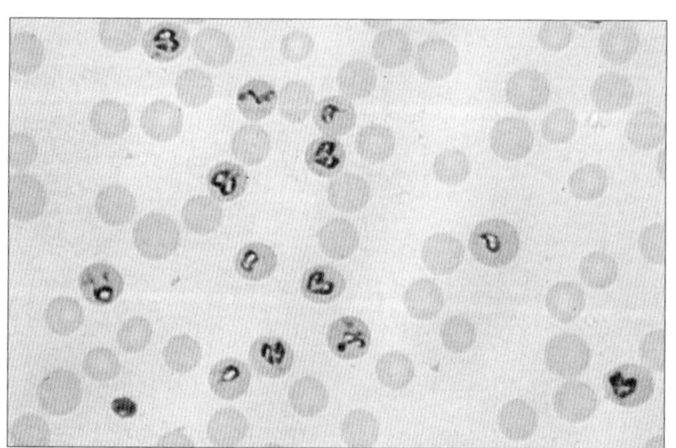

图 3-6-11　呈梨籽状和卵圆形的虫体

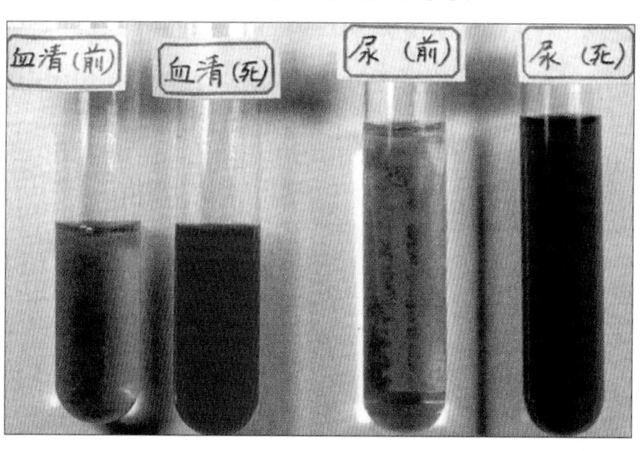

图 3-6-12　感染前后与死后血清及尿液的比较

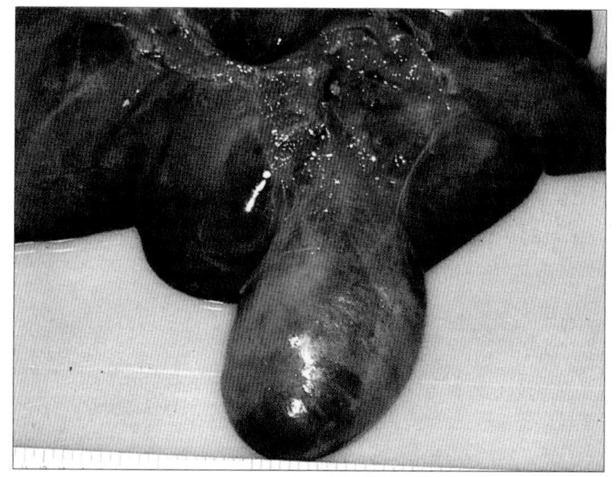

图 3-6-13　肝脏淤血呈暗红色，胆囊膨满

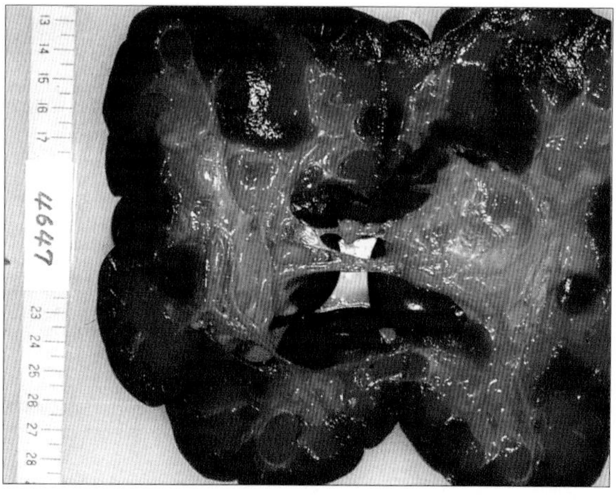

图 3-6-14　重度感染牛的肾脏切面明显充血，呈红黄色

图 3−6−15　膀胱内有多量血尿潴留

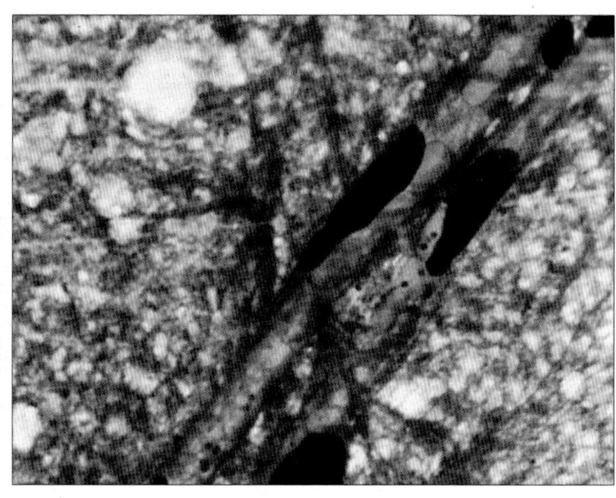

图 3−6−16　感染的红细胞在脑毛细胞血管中轻度聚集

七、牛梨形虫病

（Bovine piroplasmosis）

牛梨形虫病又称牛巴贝斯虫病（Bovine babesiosis），旧称焦虫病，也是一种世界性的血液原虫病。其致病机制和症状均与牛双芽巴贝斯虫病相似。临床上以急性型为多见，病牛的主要症状也是高热、贫血、黄疸及血红蛋白尿。

【病原特性】 本病的病原体为梨形虫目、巴贝斯科、巴贝斯属牛巴贝斯虫（Babesia bovis）。其平均长度小于 2.5 微米，小于红细胞半径，故称之谓小型梨形虫。本虫寄生在红细胞内，形态有环状，椭圆形、单个或成双的梨形，边虫形和阿米巴形等（图 3−7−1），在繁殖过程中也可出现三叶形的虫体。巴贝斯虫最有代表性的特点是大约80%虫体位于红细胞的边缘部，少数位于中央，梨形虫体的长度小于红细胞半径，其大小约为 2 微米 × 0.9 微米，成双的虫体以其尖端相对形成钝角。本虫的形态变化特点是：病初以环形和边虫形为多，继之以梨形虫体为主。

【生活简史】 迄今为止，人们对于牛巴贝斯虫的生活史尚未完全了解，特别是其在蜱体内以何种方式进行发育还不清楚。但一般认为，牛巴贝斯虫在中间宿主牛体内以二分裂或出芽增殖进行无性繁殖，在进入红细胞以前，有一个红细胞外的裂殖生殖阶段；在终末宿主（即传播者）蜱的体内进行有性繁殖。

现在多认为，巴贝斯虫的基本生活史为：子孢子随蜱的唾液（图 3−7−2）进入牛体后，首先侵入血管内皮细胞，在那里发育为裂殖体，经过裂殖生殖产生许多不同形状和大小的个体。裂殖体崩解后，释入内皮细胞，继之破坏内皮细胞而逸出。此后，释入血液中的新个体有 3 种不同的去路：即有的新个体再度侵入血管内皮细胞重复其分裂过程；有的在血液中被白细胞吞噬而死亡；有的则进入红细胞内，以出芽生殖方式再进行新的繁殖过程（这些新个体相当于裂殖子）。

【流行特点】 本病的主要传染来源是病牛和带虫牛，传播的主要媒介物是蜱（图 3−7−3）。已知，传播本病的蜱有篦子硬蜱和全沟硬蜱。这 2 种蜱都是三宿主蜱，病原体可以在它们体内经卵传递。有的三宿主蜱要3年才能完成其1个世代的发育，病原体也可以在它们体内保存3年之久。研究证明，带虫蜱的各个发育阶段（幼蜱、若蜱、成蜱）均可以使牛感染。本病可感染不同年龄的牛，但以1～7个月龄的犊牛最易感，8个月以上的犊牛发病较少，成年牛多系带虫者。成牛的带虫现象可持续2～3年，其时间之久可能与蜱不断侵袭而接种病原有关。由于蜱是本病的传播者，故本病的发生有一定的地区性，多发生在蜱类活动频繁的夏秋季节。

【临床症状】 本病的潜伏期约为5～10天，以急性病例最为常见。病初，病牛精神不振、食欲减少、反刍减退，体温升高，可达41.1℃，多呈稽留热型，病牛的产奶量明显降低。继之，病牛心跳加快，脉搏快而弱，呼吸促迫，吸气时间变短；贫血、黄疸，可视黏膜如眼结膜（图3–7–4）和阴唇黏膜（图3–7–5）等发白而黄染，有的病例还见点状出血。检查病牛稀毛部的皮肤，如股部内侧、肘内侧部或耳壳（图3–7–6）等部常能发现寄生的蜱。病的后期，病牛极度虚弱，食欲废绝，可视黏膜苍白，小便频数，尿呈黄褐色或红色。病牛产奶停止，有的还出现腹泻或便秘。

急性重剧病例，病程可持续1周，如不及时治疗，病牛多以死亡而告终；急性轻型病例，在血红蛋白尿出现3～4天后，体温下降，尿色变清，病情逐渐好转，但血液指标要2～3个月以后才能恢复正常。

【病理特征】 巴贝斯虫的致病作用与牛双芽巴贝斯虫的大体相同，但其毒力较弱，所以病牛的死亡率也较低，一般约为21.1%。

肉眼，病变基本上与双芽梨形虫病相似，黏膜、浆膜、皮下组织、心冠状沟脂肪等处黄染（图3–7–7）。不同的是本病的脾脏病变比较严重，有时出现脾脏破裂、脾脏色暗、脾实质突出。胃及小肠有卡他性炎性反应，黏膜面上常覆有黏稠的黏液，刮去黏液，可见少量点状出血。肝肿大，变性而呈黄褐色，质地变脆，切面结构不清，伴发淤血时可出现槟榔样花纹，胆囊多膨满。伴有血尿时，肾脏也表现肿大，多呈淡红黄色，镜检，常在远曲肾小管中见血红蛋白管型。脑软膜毛细血管扩张充血，呈黄红色（图3–7–8），脑实质的毛细血管中常能检出大量虫体（图3–7–9）。

【诊断要点】 采病牛耳尖血液涂片，自然干燥，甲醇固定后用姬姆萨氏液染色，若在红细胞内见到梨籽形、环状等小于红细胞半径的虫体（图3–7–10），即可确诊。

【治疗方法】 治疗本病用台盼蓝时，其效果不如治疗牛双芽梨形虫病那样有效，但阿卡普灵、硫酸喹啉脲、贝尼尔和黄色素等药均有良效。治疗原则同牛双芽梨形病。

1.阿卡普林　对巴贝斯虫有强力的杀灭作用，是目前较常用的抗梨形虫药。剂量：每千克体重用0.6～1毫克；用法：配成5%溶液皮下注射。注意：有时注射后数分钟出现起卧不安、肌肉震颤、流涎、出汗、呼吸困难等副作用（妊娠牛可能流产），一般于1～4小时后自行消失；若不见消失，可皮下注射阿托品，每千克体重10毫克，能迅速解除副作用。

2.硫酸喹啉脲　本药为防治巴贝斯虫的特效药，用药后6～12小时出现药效，12～30小时病牛的体温可降至正常，血液内不见虫体。剂量：每100千克体重0.75～1.2毫升；用法：配成5%溶液分2次皮下或肌肉注射，每次间隔6小时。

3.贝尼尔　即血虫净，本药对血液中的巴贝斯虫具有良好的杀灭作用，且用途广，使用简便，是目前治疗牛梨形虫病的理想药物。剂量：每千克体重用3.5～3.8毫克；用法：配成5%～7%溶液深部肌肉注射。注意：病牛偶尔出现起卧不安、肌肉震颤等副作用，但很快消失。一般用药1次较安全，连续使用，易出现毒性反应，甚至死亡。

4.黄黄素　即锥色素，可以其阳离子与细胞蛋白质的羧基结合而呈现抗巴贝斯虫的作用，用药后12～24小时病牛的体温下降，血液中虫体消失。剂量：每千克体重3～4毫克；用法：配成0.5%～1%溶液静脉注射，当病牛的症状还未减轻时，可于24小时后再注射1次。病牛在治疗后的数天内，须避免烈日照射。

【预防措施】预防本病可采取以下措施：

1.牛体灭蜱　开春的季节，如发现牛体表有蜱幼虫侵害时，可用0.5%马拉硫磷乳剂喷洒体表，或用1%三氯杀虫酯乳剂喷洒体表；夏秋季应用1%～2%敌百虫溶液喷洒或药浴。在蜱大量活动的季节，应根据具体情况，一般应每周处理1次。

2.避蜱放牧　牛群应避免到大量滋生蜱的牧场放牧，或根据蜱的生活史实行轮牧。

3.药物预防　对在不安全牧场放牧的牛群，于发病季节前，每隔15天用贝尼尔预防注射1次，每千克体重用2毫克配成7%溶液，肌肉注射。

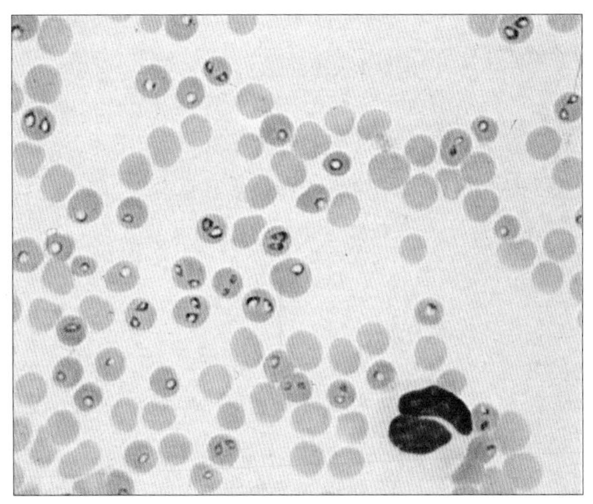
图3-7-1　寄生于红细胞的牛巴贝斯虫

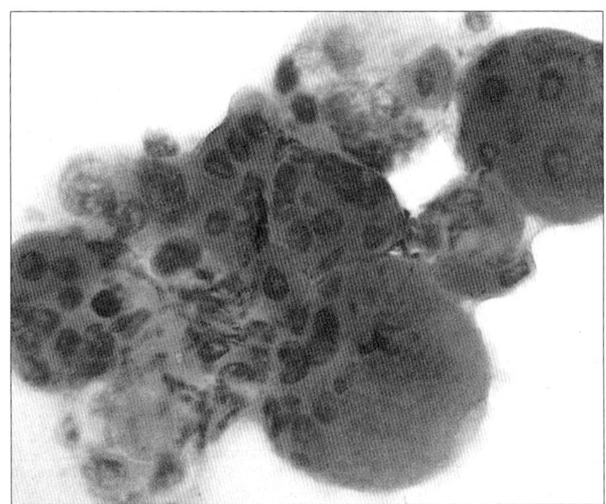
图3-7-2　从蜱唾液腺中分裂的原虫

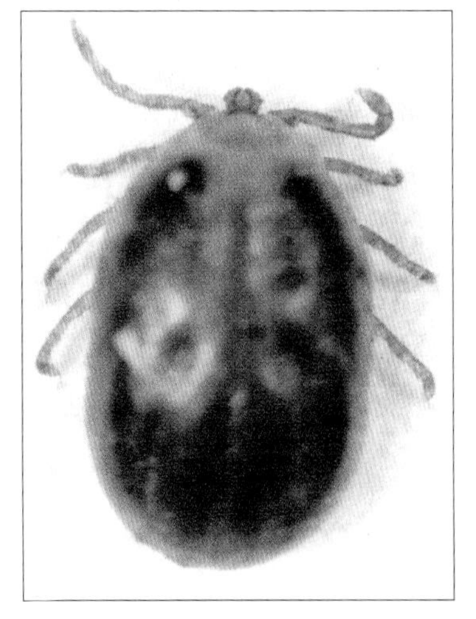
图3-7-3　吸饱血液后的蜱，呈红褐色

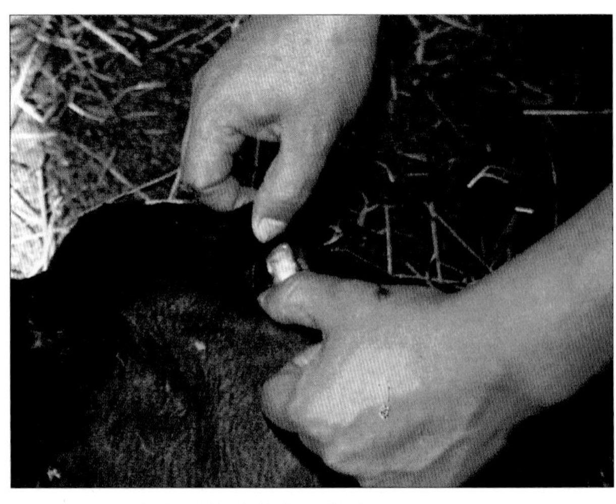
图3-7-4　病牛眼结膜贫血、黄染

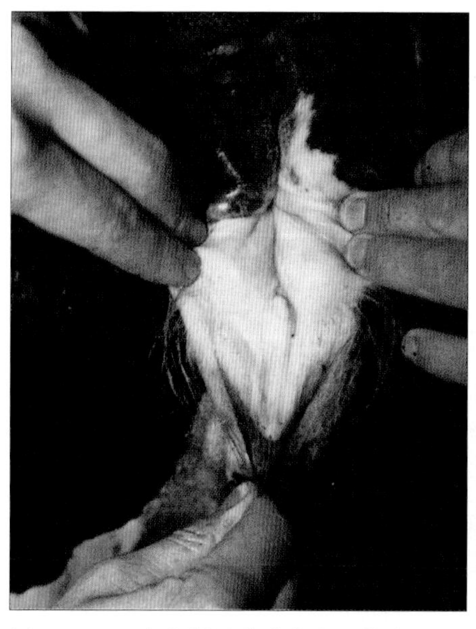

图 3-7-5　病牛阴唇黏膜贫血、黄染

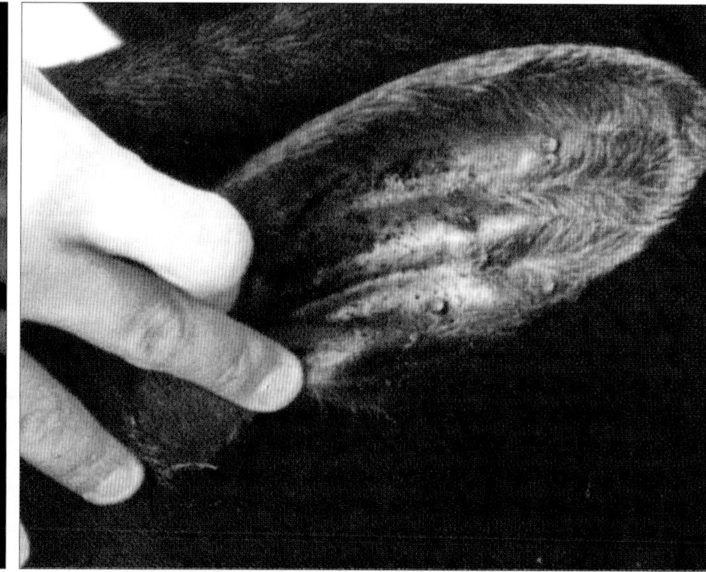

图 3-7-6　病牛耳廓内有吸血蜱寄生

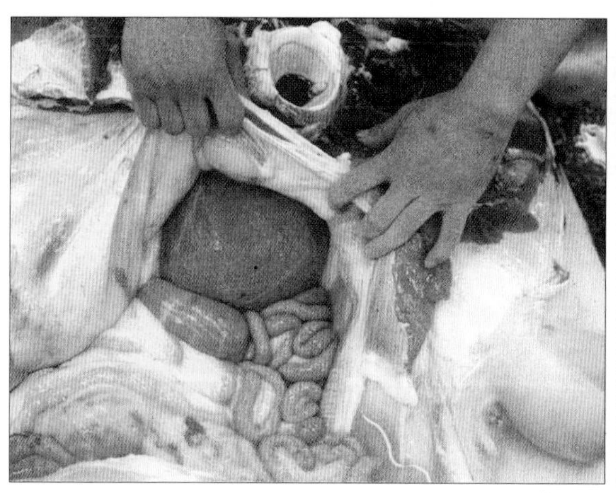

图 3-7-7　皮下、腹腔脂肪组织显著黄染，膀胱中有大量血尿呈红褐色

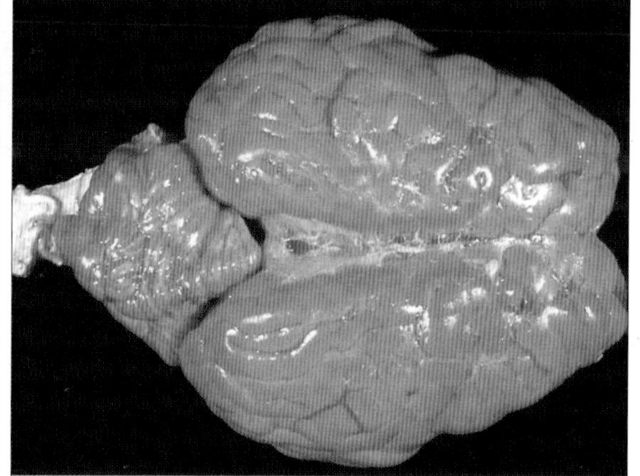

图 3-7-8　脑软膜毛细血管扩张充血，呈黄红色

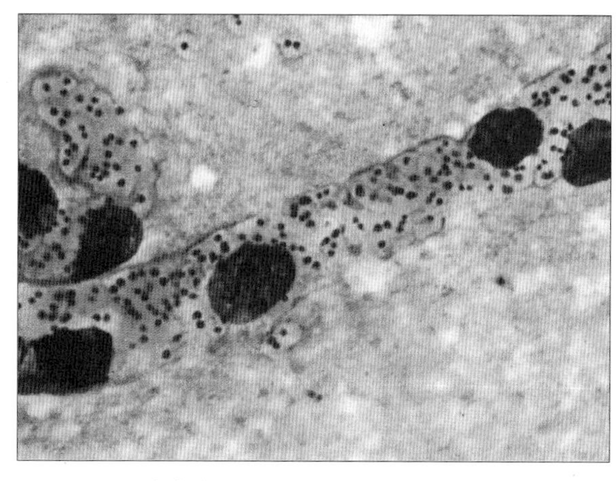

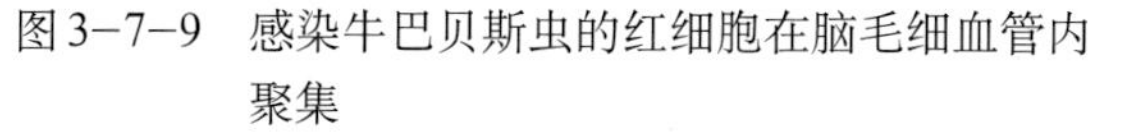

图 3-7-9　感染牛巴贝斯虫的红细胞在脑毛细血管内聚集

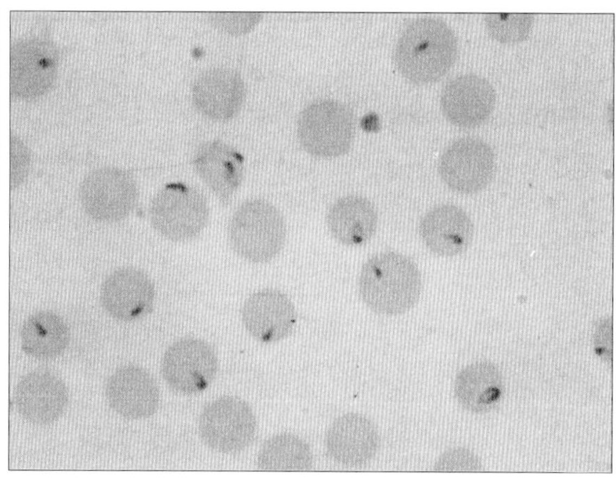

图 3-7-10　病牛红细胞内寄生的巴贝斯虫

八、牛泰勒虫病

（Theileriasis in bovine）

牛泰勒虫病旧称泰氏焦虫病，是一种主要侵害牛红细胞和单核－巨噬细胞系统的原虫病；临床上以高热、贫血、出血、消瘦和体表淋巴结肿胀为特征。本病多流行于我国西北、华北和东北的一些省、自治区、直辖市，是一种季节性很强的地方流行病；常取急性经过，病牛多在全身出血、毒血症和重要器官机能障碍与组织损伤的情况下死亡。

【病原特性】 本病的病原体主要是泰勒科、泰勒属环形泰勒虫（*Theileria annulata*），其次为瑟氏泰勒虫（*T. cergenti*）。

寄生于红细胞内的环形泰勒虫形态多样，常见环形，如戒指状（图3-8-1）、椭圆形、逗点形或杆形；也可见于十字形、钉子形、圆点状或边虫状虫体。一个红细胞内可寄生1～12个虫体，常见2～3个，各种形态的虫体可同时出现于一个红细胞内。一般情况下，红细胞内的染虫率为10%～20%，但病重者可达90%以上。寄生在单核细胞和淋巴细胞内的虫体又叫裂殖体或石榴体（图3-8-2），亦称柯赫氏兰体，是环形泰勒虫进行裂体增殖形成多核虫体的。裂殖体呈圆形、椭圆形或肾形，位于淋巴细胞、单核细胞的胞浆内或细胞外，其大小约为8微米，有的大到15微米，甚至可达27微米。裂殖体可分为2种，即无性生殖的大裂殖体和有性生殖的小裂殖体。一个成熟的大裂殖体可以包含90个相当于核的染色质颗粒；而一个成熟的小裂殖体内含约80个染色质颗粒。

瑟氏泰勒虫与环形泰勒虫的主要区别为杆形虫体（图3-8-3）多于椭圆形虫体。

【生活简史】 环形泰勒虫是二宿主寄生虫，其中间宿主是牛，终宿主是蜱（图3-8-4）。现已证明，环形泰勒虫的传播者是各种璃眼蜱。璃眼蜱的幼虫或若虫吸食了带虫者的血液后，含有配子体的红细胞进入胃内，配子体由红细胞逸出变为大、小配子，二者结合形成合子，进而发育成动合子。当蜱完成其蜕化时，动合子进入唾液腺的腺泡细胞内变为孢子体开始孢子增殖，分裂产生许多子孢子。当这种感染泰勒虫的蜱在牛体表吸血时（图3-8-5），虫体的子孢子随其唾液注入牛体，从而导致牛泰勒虫病的发生和传播。

子孢子进入牛体后首先侵入局部淋巴结的巨噬细胞和淋巴细胞内，并在其中生长繁殖（裂体增殖），形成多核虫体，称为大裂殖体。大裂殖体发育成熟后破裂为许多大裂殖子。大裂殖子又侵入到其他巨噬细胞和淋巴细胞内，重复上述的裂体增殖过程。当虫体无性繁殖发展到一定时期以后，可形成有性生殖体（小裂殖体），后者发育成熟后破裂，形成许多小裂殖子并进入红细胞内变为配子体（血液型虫体）。此时在外周血液涂片检查中可见红细胞内多为环形、椭圆形、圆点形虫体，也有少数杆状或十字形虫体。

【流行特点】 本病的主要传染源是病牛和带虫牛，璃眼蜱是主要的传播者。业已证明，璃眼蜱的种类很多，但在我国东北和内蒙古的主要传播蜱为残缘璃眼蜱。残缘璃眼蜱为二宿主蜱，成蜱每年4～5月开始出现，7月最多，8月显著减少。因此，本病的发病季节为6～8月份，7月为高峰。由于残缘璃眼蜱是一种圈舍蜱，雌虫在圈舍范围内产卵，幼蜱和若蜱也都在圈舍条件下进行变态发育，因此，本病也在圈舍饲养的条件下发生，不发生于无圈舍的荒漠草原。

各种年龄的奶牛都有易感染性，但以1～ 3岁的牛发病率最高，初生犊牛和成牛也不断发病。本地土生土长的奶牛发病轻，多为带虫牛；但从外地引进的奶牛，一到发病季节几乎无一幸免，而且发病严重，死亡率高。带虫牛在机体抵抗力降低的情况下也可突然发病。

【临床症状】 本病的潜伏期为14～20天，多呈急性过程。病初，病牛精神不振，食欲不佳，眼结膜潮红，体温升高到40.5～41.7℃，呈稽留热型。体表淋巴结肿大，尤以肩前淋巴结和膝上淋巴结明显，或因贫血和黄疸而呈暗红色，有疼痛感。心跳加快，每分可达80～120次，呼吸加速。于病牛体温升高后不久，即可在外周血液的红细胞中检出虫体，而且随着疾病的延长而增多；穿刺淋巴结做涂片，可在个别淋巴细胞内检出石榴体（图3–8–6）。继之，病牛的精神明显委顿，可视黏膜贫血而黄染，常伴发出血斑点（图3–8–7），鼻镜干，鼻孔流出清白鼻液。食欲大减或废绝，反刍停止，先便秘后腹泻，或二者交替，粪中带血丝。尿液淡黄或深黄，量少而频，但无血尿。四肢肌肉颤抖，运动无力，行走摇摆或步态蹒跚，起立困难。体表淋巴结显著肿大，为正常的2～5倍（图3–8–8）。产奶量明显减少或完全停止。试验室检查，红细胞明显减少，每立方毫米为200万～300万，血红蛋白降至20%～30%，血沉加快，红细胞大小不均，其内常可检出虫体。病情恶化时，病牛的食欲完全废绝。卧地不起，结膜苍白（图3–8–9）、黄染，在眼睑和尾部皮肤较薄的部位出现粟粒至扁豆大的深红色出血斑点，最后病牛常因极度衰竭而死亡。

【病理特征】 死于本病的牛多消瘦、贫血，在皮下、肌间、肌膜、浆膜、消化道黏膜和各实质脏器等处可见瘀斑、瘀点和黄染（图3–8–10）。本病主要受侵器官为淋巴结、脾脏、肝脏、胃肠和肺脏等。

淋巴结的病变十分明显。体表及内脏的淋巴结均明显肿大，切面散在分布着大小不一的暗红色病灶，呈出血性坏死性淋巴结炎的景象。镜检可见由泰勒虫引起的不同阶段的结节性病变，在巨噬细胞和淋巴细胞的胞浆内可见圆形、椭圆形或肾形的泰勒虫的裂殖体，即石榴体。受侵的细胞因而肿大，胞核被挤向一侧；随着虫体的增大，胞核最后可消失，形成病原聚集灶（图3–8–11）。脾脏体积增大，严重者可达正常的2～4倍；被膜紧张，见散在出血斑点，边缘钝圆；切面隆起呈紫红色，脾髓质软而富有血液，呈急性炎性脾肿。镜检见脾髓内含血量增多，其中散在大小不一的出血性坏死病灶，灶内有时在残留的巨噬细胞和淋巴细胞内可以见到石榴体。肝脏肿大，表面和切面可见实质中有灰白色和暗红色2种颜色的病灶散在分布，大小自针尖大至高粱米大不等，通常为灰白色病灶，体积较小。镜检见灰白色病灶为细胞增生性结节，主要由窦状隙内皮细胞分裂增殖而形成的细胞集团；暗红色病灶是细胞性结节继发细胞坏死、充血、出血和渗出的结果。皱胃黏膜可见数量较多的灰白色结节和小溃疡灶，大肠黏膜水肿和出血（图3–8–12）。肺脏呈现小灶性肺炎。眼观在肺表面和切面上散在粟粒大的暗红色病灶，支气管内有大量泡沫（图3–8–13）。镜检，炎灶部见肺泡间隔因水肿和细胞浸润而增宽，其中巨噬细胞增多，有的胞浆内见石榴体，肺泡腔内有浆液和纤维素渗出，肺泡壁上皮细胞脱落和出血。

此外，肾脏、骨髓、肾上腺、睾丸和卵巢中有时也可见到泰勒虫性结节不同时期的病变。

【诊断要点】 根据流行病学的特点、典型的临床症状与病理特征，即可做出初步诊断。如采取耳尖血液或穿刺体表淋巴结涂片，姬姆萨氏液染色后镜检，若在红细胞内发现泰勒虫或在淋巴细胞内发现石榴体，即可确诊。

【治疗方法】 牛泰勒虫病的基本治疗原则是：早发现、早治疗，在杀虫的同时配合对症治疗。目前治疗本病还缺乏特效药物，但合理使用以下药物也有较好的疗效。

1.硫酸喹啉脲　本药对牛泰勒虫有较强的杀灭作用，一般用药后6～12小时出现药效，24小时左右体温下降，继之，血液中虫体减少并逐渐消失。剂量：每100千克体重1.5～2.0毫升；用法：用5%硫酸喹啉脲注射液做皮下可肌肉注射，如有代谢或循环系统疾病时可将总药量分2次注射，间隔4小时注射1次。注意：本药具有使牛兴奋不安、流涎、出汗、肌肉震颤、腹痛等副作用，一般持续30分钟到2小时后自然消失；若症状过强，可注射硫酸阿托品来减轻症状。

2.贝尼尔　本药对牛泰勒虫也有较好的疗效，临床实践证明，使用时必须加大量，否则效果不佳或无效。剂量：每千克体重7～10毫克；用法：用灭菌蒸馏水配成7%溶液，分点在臀部或颈部做深层肌肉注射。每日1次，连用3～4次。必要时可按每千克体重5毫克的剂量，配成1%溶液缓慢静脉注射，每日1次，连用2次。

此外，还可用阿卡普林、锥黄素等药物进行治疗，并用强心剂、输血疗法等进行对症治疗。

【预防措施】 预防本病的关键在于消灭蜱，一般应根据当地蜱活动的基本规律，制定严格的灭蜱措施。

1.积极灭蜱　根据残缘璃眼蜱的生活习性，一般在9～10月份牛体上的蜱全部落地爬入墙缝准备产卵，此时可在泥土中喷洒5%敌百虫，并将离地面1米高的洞穴堵死，这样即可把幼蜱杀死在洞穴中。在每年的4月份，大批若蜱从牛体落地准备蜕化为成蜱，此时再用药泥封墙缝或洞穴，可将饥饿的成蜱杀死在洞内。对牛体上的蜱，可用1%～2%敌百虫溶液等在5～7月份杀成虫；10～12月份杀幼蜱。

2.疫苗接种　在疫区，接种牛泰勒虫病裂殖体胶冻细胞苗，接种后20天产生免疫力，免疫期在82天以上。但此苗对瑟氏泰勒虫病无保护作用。

3.药物预防　在发病季节，可应用贝尼尔，每千克体重3毫克，配成7%的溶液深部肌肉注射，每隔20天1次，对瑟氏泰勒虫病有较好的预防效果。

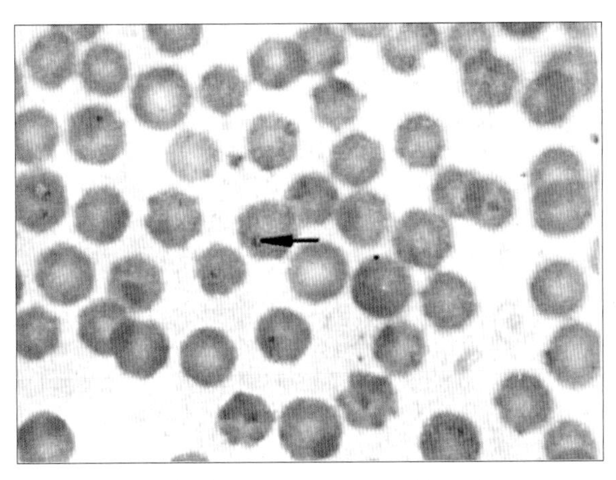

图3-8-1　寄生于红细胞内的环形泰勒虫（箭头），呈环形、椭圆形、逗点形

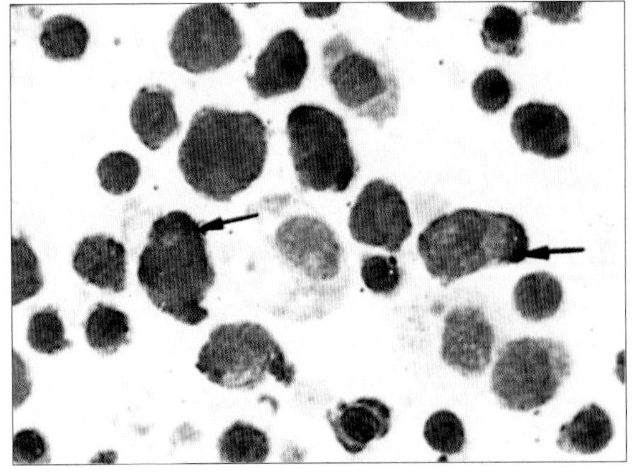

图3-8-2　位于淋巴细胞内的泰勒虫裂殖体（箭头），即石榴体

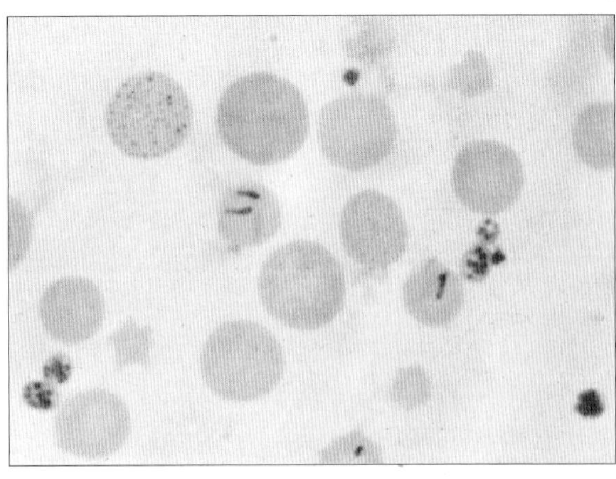

图3-8-3　红细胞因瑟氏泰勒虫寄生而染色变淡，大小不等，其内的虫体呈杆状

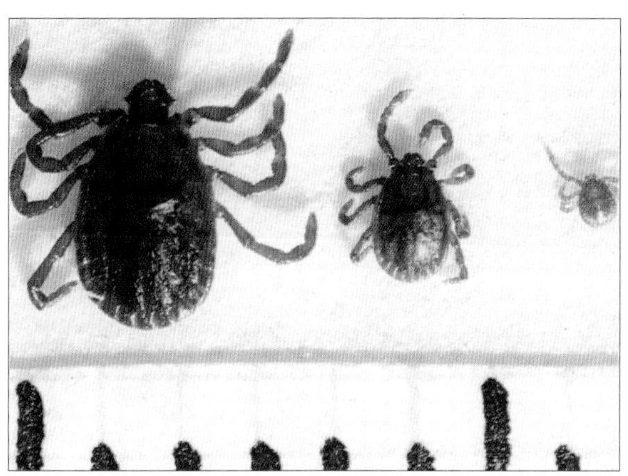

图 3-8-4 传播本病的蜱，左为成蜱，中为若蜱，右为幼蜱

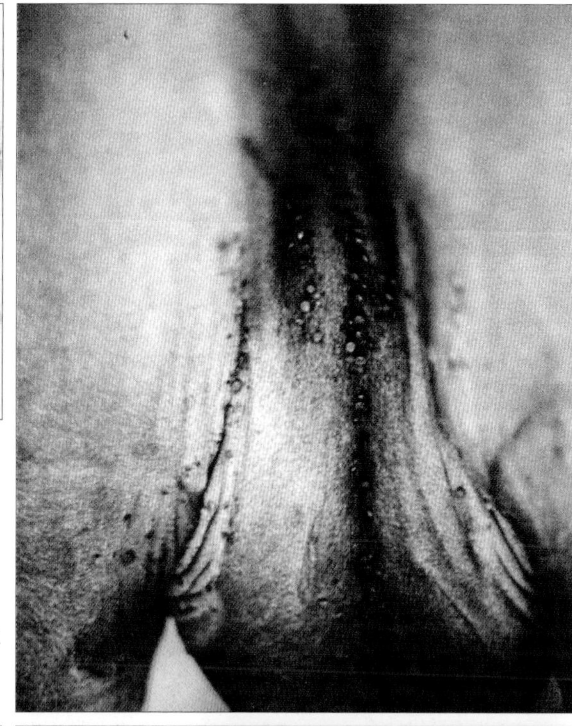

图3-8-5 放牧牛后肢内侧及腹部有蜱寄生

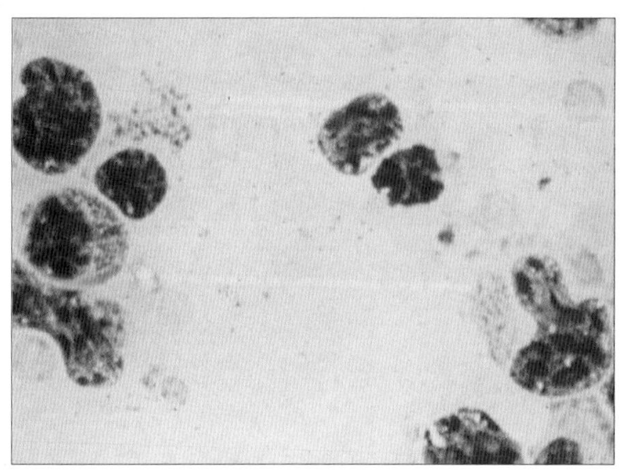

图 3-8-6 淋巴结内的石榴体

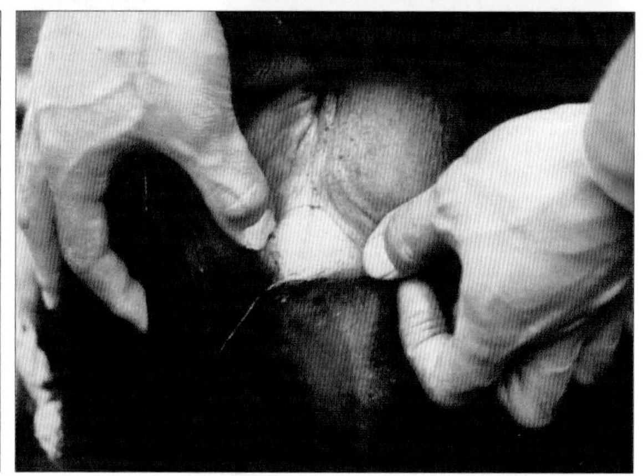

图 3-8-7 阴唇黏膜因贫血和黄疸而呈淡黄白色

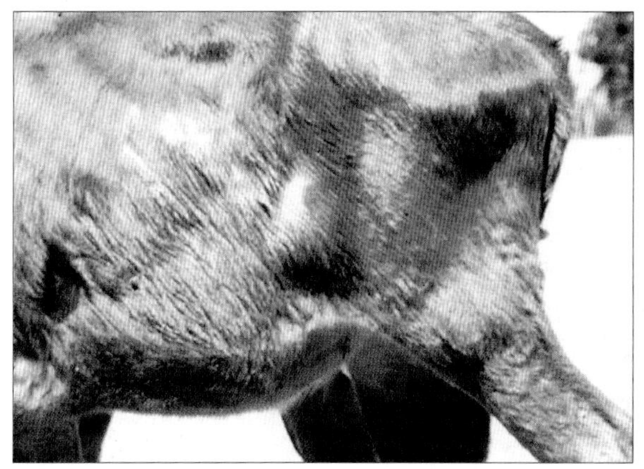

图 3-8-8 病牛体表淋巴结肿大

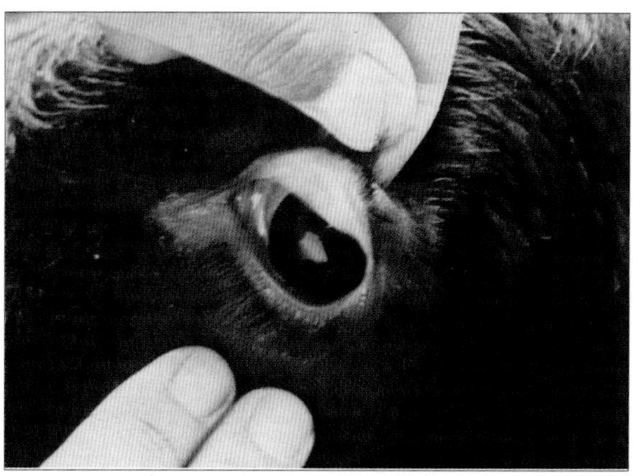

图 3-8-9 病牛的眼结膜贫血而呈苍白色

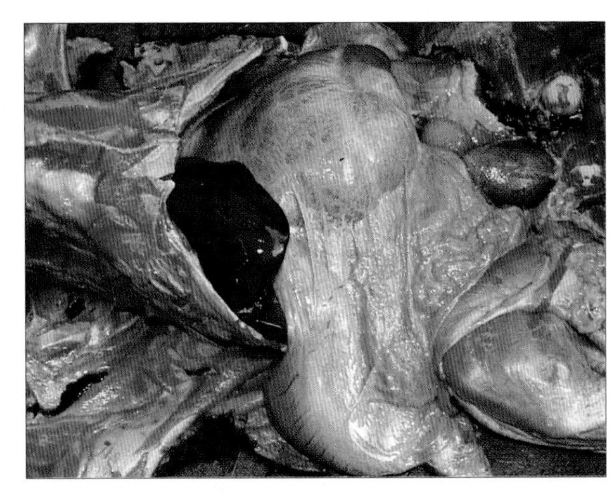
图 3-8-10　全身各器官明显黄染

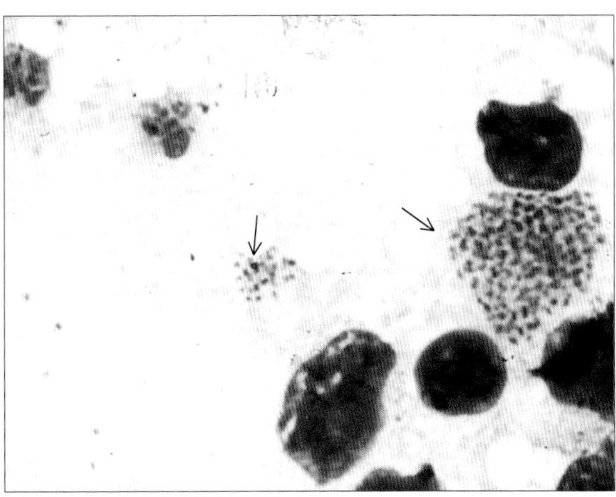
图 3-8-11　淋巴结内的病原聚集灶

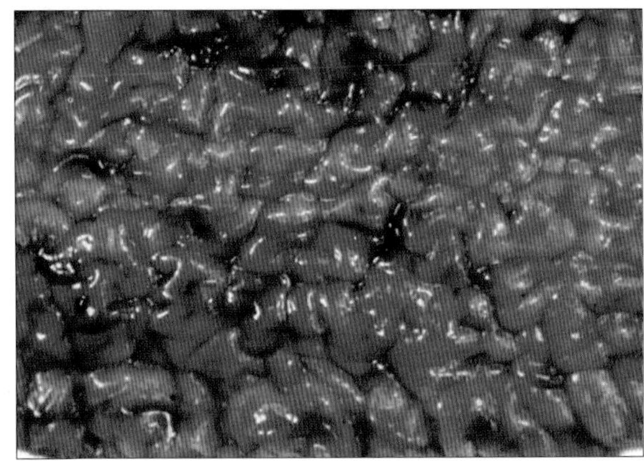
图 3-8-12　牛的大肠出血和浮肿

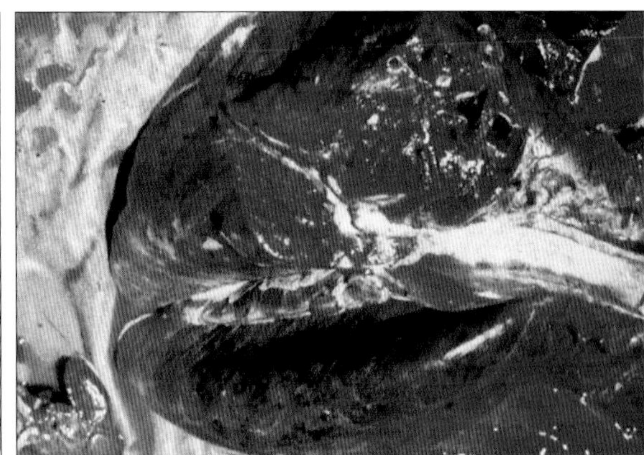
图 3-8-13　肺脏膨大有出血斑，支气管内有大量泡沫

九、胃线虫病

（Stomach nematodiasis）

胃线虫病也叫胃虫病，主要是由毛圆科的线虫所引起的一种消化道寄生虫病。毛圆科线虫的种类很多，如血矛线虫属的线虫、奥斯特属的线虫、马歇尔属的线虫和古柏属的线虫等，但它们在形态、生态、所致疾病的流行、病理变化和防治等方面均有许多共同点。临床上均以消瘦、贫血、水肿、下痢等症状为主症。这些线虫既可单独感染，也可混合感染，其中牛以血矛线虫病（捻转胃虫病）常见多发，故以此为主将牛胃肠线虫病的特点简介如下。

【病原特性】 本病的主要病原体为血矛线虫属的捻转血矛线虫（*Haemonchus contortus*），或称捻转胃虫。该虫体呈毛发状，因吸血而新鲜虫体呈淡红色（图 3-9-1），表皮上有横纹和纵嵴，颈乳突明显，头端尖细，口囊较小，内有一个称为背矛的角质齿。雄虫较小，长约 15～19 毫米，交合刺不等长，末端有小钩。雌虫较大，长约 27～30 毫米，其特点是白色的生殖器官绕行于红色含血的肠道周围，形成了红白线条相间的外观，故称其为捻转血矛线虫或捻转胃虫。雌虫的阴门位于体后半部，有一个明显的瓣状阴门盖。虫卵光滑，稍带黄色。卵壳薄，由 2 层构成，外层为几丁质，内层为卵黄膜。卵壳内几乎为胚细胞所充满，但两端常有空隙，胚细胞约为16～32个，卵黄膜和胚细胞之间为液体（图3-9-2）。

此外，奥斯特属的线虫俗称棕色胃虫，虫体中等大，长约10～12毫米，主要寄生于皱胃和小肠；马歇尔线虫属的线虫比捻转胃虫小些，主要寄生于皱胃；古柏属线虫新鲜时呈淡红或淡黄色，少量寄生于皱胃，大量寄生于小肠和胰脏，其头端呈圆形，较粗，角皮膨大，有横纹，其余部分在角皮上有14～16个纵嵴。

【生活简史】 捻转胃虫主要寄生于牛的皱胃，偶见于小肠。游离于皱胃的成龄雌虫和雄虫交配后，雌虫开始产卵。据报道，捻转胃虫的产卵量很大，一条雌虫每天可排卵5 000～10 000个。虫卵随粪便排出体外，在适宜温度及湿度下7天左右发育为感染性幼虫，即第三期幼虫。感染性的幼虫带有鞘膜，被牛摄食后，在瘤胃内脱鞘，随胃内容物进入皱胃，在隐窝内开始摄食。一般在感染36小时后，形成第4期幼虫，并返回黏膜表面，吸着于黏膜上皮。感染后第12天，全部虫体进入第5期，虫体的内部器官也得到良好的发育。感染后第18天，雄虫长达12～15毫米，雌虫长达约17毫米，卵巢已环绕肠管盘旋，子宫内充满虫卵。此时，虫体已发育成熟，即成虫。成虫游离于胃内而出现致病作用。一般于感染后25～35天，雌虫的产卵量达最高峰，成虫的寿命一般不超过1年。

【流行特点】 本病的感染来源为病牛和带虫牛，传播的主要途径是消化道，各种年龄的牛均可感染，但以放牧的奶牛和犊牛的感染性更大些。一般认为，主要受外界温度和湿度的影响，当气温在20℃左右，气候潮湿，虫卵很快即孵化出幼虫；而过热和过冷均不利于虫卵的发育。因此，本病每年可有2次感染的高潮，第1次是5～6月间；另1次为8～10月间。

【临床症状】 牛感染后，由于体质强弱和感染程度不同而呈现不同症状。严重感染时，表现食欲不振，泌乳停止，全身被毛粗乱，消瘦（图3-9-3），高度贫血，可视黏膜苍白，颌下、胸腹下水肿，下痢（图3-9-4），粪便带血，有时便秘与下痢交替出现。慢性感染的症状一般不太明显，病牛的体温一般正常，呼吸脉搏频数，心音减弱，发育缓慢，泌乳量减少。

本病的病程一般为2～3个月，也有达4个月或更长一些时间的病例。

【病理特征】 主要病变是虫体寄生在胃黏膜，造成机械性损伤和代谢产物刺激而发生充血，胃黏液分泌增多，黏膜散在红点和覆盖多量黄色黏液，或见胃黏膜糜烂和溃疡（图3-9-5）。虫体以头钻入黏膜内吸取营养物质，体游离胃腔中，其周围黏膜红肿（图3-9-6）。胃壁可见虫体包囊或充满红色液体的空腔，陈旧的病变见胃黏膜显著增生，胃壁肥厚，甚至形成许多颗粒（图3-9-7）或瘤样结节。组织学检查，可见胃黏膜脱落，胃腺上皮组织坏死，内见虫体片断，周围以淋巴细胞、巨噬细胞和嗜酸性白细胞浸润为主的炎性反应，有的见结缔组织增生形成包囊壁结构。

据报道，皱胃内有2 000千条虫体寄生时，每天吸血量可达30毫升（尚未计算虫体离开后流失的血液），由此引起病牛出现明显的贫血症状。贫血的特点是：最初以再生变化为主，血液中出现大小不均的红细胞，呈多染性，有Jolly氏体，有带斑点的嗜碱性细胞；继之出现退行性变化，即红细胞染色变淡，形态异常，脆性增加。贫血所致的循环失调和营养障碍，还可引起肝脏中心静脉周围的肝细胞变性和坏死。

【诊断要点】 一般根据本病在当地的流行情况、病牛主要的临床症状、病理剖检变化及胃肠发现毛发状线虫即可做出诊断。实验室检查可用饱和盐水浮集法检查粪便中的虫卵。但捻转线虫的卵不易与其他圆线虫的卵相互区别，一般仅供参考，必要时可培养检查第3期幼虫。

【治疗方法】 治疗捻转胃虫的药物与治疗毛圆科其他线虫的药物完全相同，主要有酚噻嗪、左噻咪唑和苯硫咪唑等。

1.酚噻嗪　又名为硫化二苯胺，是应用了几十年的老药，但由于其效果好，毒性小，至今不失为一种较好的驱胃虫药，可用于各种毛圆科的线虫所致的胃虫病。本药内服后吸收缓慢，主要随粪便排出，但也可随胆汁、乳汁和尿液排出。当用药剂量较大乳汁变为淡粉红色时，此种乳汁禁止食用。剂量：每千克体重0.2～0.4克，但最高剂量不得超过60～70克；用法：用稀面糊配制成1%～10%悬浮液，灌服。注意：使用本药时不要沾到人的皮肤上，以免引起皮肤发痒或疼痛。

2.左噻咪唑　本药是噻咪唑的左旋异构体，但驱虫效果和安全指数均比噻咪唑提高了2～3倍，对胃肠道数十种线虫均有良好的驱出作用。其特点是用量小，疗效高，毒性低，副作用轻微和短暂。剂量：每千克体重8毫克；用法：使用途径较多，既可溶水灌服，也可混料喂服或饮水服用，还可配制成5%注射液皮下或肌肉注射。

3.苯硫咪唑　对各种胃肠线虫的成虫及幼虫均有很好的疗效。其特点是毒性低，安全范围大，驱虫作用快。剂量：每千克体重5毫克；用法：配制成混悬液灌服或用面调成丸剂投服。

【预防措施】 预防本病的主要措施是坚持定期驱虫和加强管理。

1.坚持定期驱虫　每年春秋两季进行定期驱虫，即在开始放牧前1次，放牧结束后进入舍饲前再进行1次。

2.加强饲养管理　实施放牧的奶牛，要进行科学安排，分区轮牧，适时转移牧场，进行轮牧，借以减少感染机会。放牧时，应避免低凹潮湿的牧地，不要在清晨、傍晚或雨后放牧，因为此时的幼虫活动最频繁。饮水要清洁，禁饮低洼地区的积水或死水，应饮用干净的流水或井水。

3.加强粪便管理　将奶牛，特别是病牛排出的粪便集中堆积在适当的地点进行发酵(生物热)处理，消灭随粪便排出的虫卵及幼虫。粪便经发酵后才能再利用。

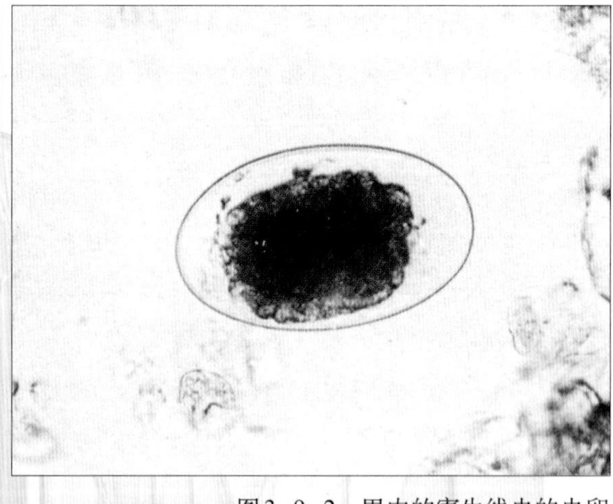

图3-9-2　胃内的寄生线虫的虫卵

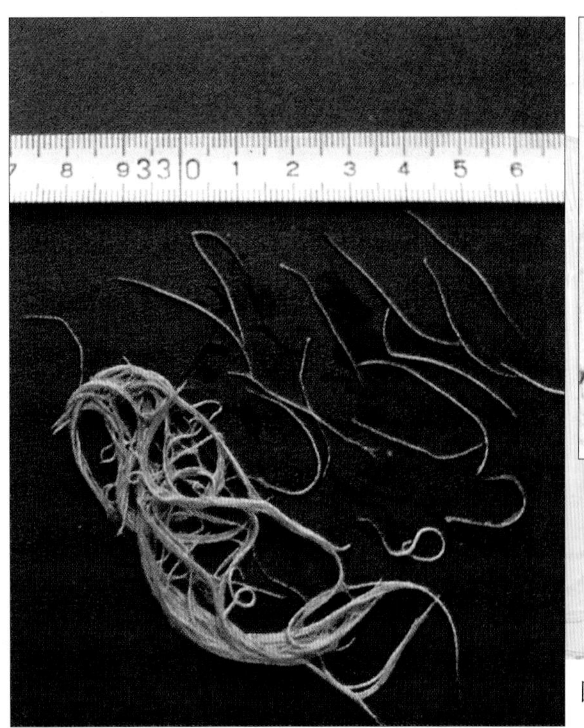

图3-9-1　捻转胃虫的成虫

图3-9-3　患寄生性胃炎的病牛消瘦、贫血

图3-9-4　慢性病例的病牛体重减轻，不断下痢

图3-9-5　寄生线虫引起皱胃的充血、糜烂和轻度溃疡

图3-9-6　瓣胃与皱胃中有红色的捻转胃虫寄生

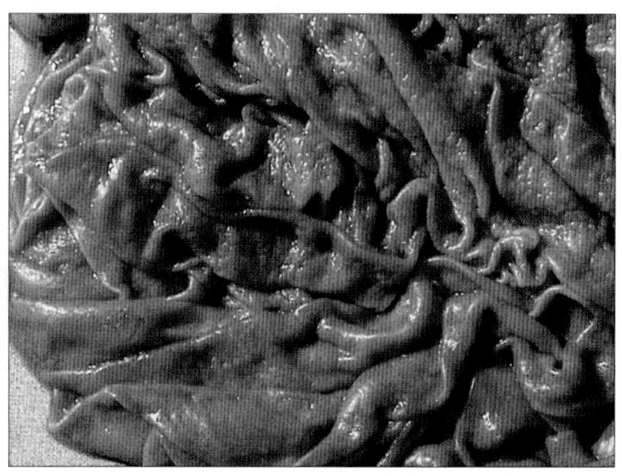

图3-9-7　胃黏膜面有直径1～2毫米的小结节

十、牛副丝虫病

(Parafilariasis in bovine)

牛副丝虫病是由牛副丝虫所引起的一种皮肤寄生虫病。本病的特点是在夏季于牛的皮下形成结节，结节多于短时间内出现，并迅速破裂出血而自愈。这种出血现象好似夏季淌出的汗水，故本病也有血汗症之称。本病广泛流行于世界各地，我国山东、江苏，湖南、湖北、四川、福建和广西各省（自治区）均有发病的报道。

【病原特性】 本病的病原体为丝虫科的牛副丝虫（*Parafilaria bovicola*）。牛副丝虫为丝状白色线虫（图3-10-1），其雄虫长约2～3厘米，尾部短，尾端钝圆，交合刺不等长。雌虫长4～5厘米，尾端钝圆（图3-10-2），阴门开口于距头端70微米处，子宫内常见含幼虫的虫卵（图3-10-3），肛门靠近尾端。虫体表面布满横纹，前部体表的横纹转化为角质嵴，只在最后形成2列小的圆形结节。牛副丝虫的虫卵含有幼虫（图3-10-4），长约45～55微米，宽约23～33微米，孵出的幼虫长约215～230微米，最大宽度10微米。

【生活简史】 本虫的生活史目前尚未完全搞清。一般认为，寄生于皮下和肌间结缔组织的雌虫，从寄生部位移行到皮下的过程中，常破坏小血管，从而形成出血性小结（图3-10-5）。当结节出现后，成虫以其头部破坏结节，并常在结节的顶端形成一个小孔，随之产卵，后者可随血液流至牛体的被毛上（图3-10-6）。在外界适宜的温度和湿度条件下，卵迅速孵化成幼虫。此幼虫长约220～250微米，宽10～15微米，无感染性。此后的发育需以蝇类为中间宿主。当蝇虫在牛体表叮咬吸血时，常可将附着于被毛上的幼虫食入体内。实验证明，在中间宿主体内，当气温为20～35℃、相对湿度为11%～70%时，约经10～15天，无感染性的幼虫在蝇体内发育为有感染性幼虫，后者随着蝇虫对牛体的叮咬而感染牛。

【流行特点】 本病的主要传染来源是病牛和带虫牛，传播的主要媒介是蝇类，多发生于4岁以上的成年牛，犊牛很少见有此病。由于本病的传播者是蝇类，故本病具有明显的季节性，一般自每年的4月份开始，7～8月份达高潮，以后渐减，冬季消失。

【临床症状】 牛副丝虫多在牛体的背部、肋腹部，有时在颈部、肩部和腰部形成直径约为6～20毫米的半圆形结节（图3-10-7）。结节常突然出现，周围肿胀，质地较软。结节是由于小血管破裂，流出的血液在皮下聚积所形成的。数小时后，雌虫在结节顶部形成一个小的孔道并产卵，卵随结节中的血液自小孔流出，结节随之消失（图3-10-8）。血液沿被毛淌流，形成一条凝结的血污（图3-10-9）。此种情况可反复出现多次。如果寄生虫的数目较多，可在牛的体表同时形成许多出血性结节，并有多条凝结的血污（图3-10-10）。有时切开结节，从中可检出虫体（图3-10-11）。在少数情况下，虫体在结节内死亡，因结节感染而化脓，并由此进一步发展为皮下脓肿和皮肤坏死。

在温暖的季节，这种结节发生一个阶段以后，可间隔3～4周，又再次出现，直到天气变冷时为止。

【诊断要点】 根据结节发生的季节性，突然出现的出血性结节和体表有凝结的血污，一般即可初步诊断，但确诊常需检出虫卵和幼虫。方法是：在病牛的体表触摸到较大的出血性结节后，用针刺破后挤压，将压出的血液滴在载玻片上，加蒸馏水溶血后，在显微镜下寻找幼虫或虫卵。

如在镜下检查到虫卵或孵出的幼虫，即可确诊。

本病的诊断应注意与牛皮蝇蚴所形成的结节相区别，后者的结节在皮下的持续时间甚久，一般不流血，常可从结节的小孔内挤出牛皮蝇蚴。

【治疗方法】 治疗本病的常用方法是：用1%酒石酸锑钾溶液100毫升，一次性静脉注射。注意：奶牛对本药较为敏感，用药量过大时可引起中毒而致死。6%硫代苹果酸锂锑溶液30毫升，肌肉注射，间隔48小时重复1次，共注射5次为1疗程。锑波芬钾，皮下注射50毫升，4日后重复注射，连用3次为1疗程。

【预防措施】 预防本病的着重点在于防避吸血蝇类的叮咬和消灭吸血昆虫。每年的夏秋季节是吸血昆虫和蝇类活动最频繁的季节，也是最易感染皮肤寄生虫季节。因此，必须搞好环境卫生，注意牛舍的通风和保持干燥，并注意消灭蝇虫。环境和牛体的驱蝇和灭蝇可用5% 滴滴涕等进行喷洒消毒。

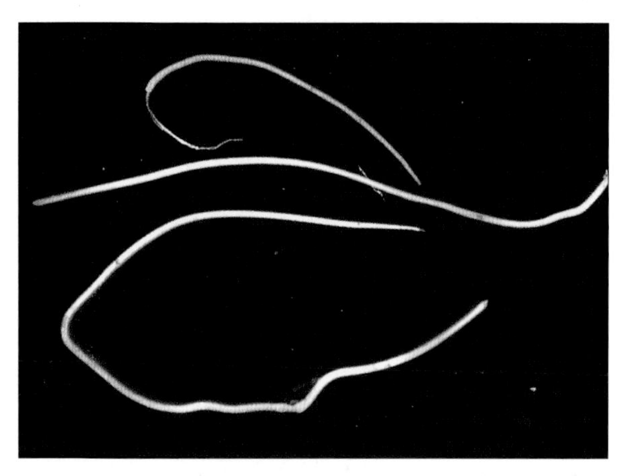

图 3-10-1　牛副丝虫的成虫

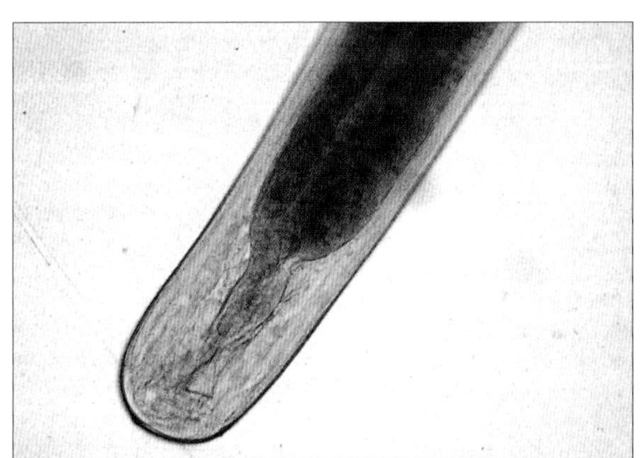

图 3-10-2　牛副丝虫雌虫的尾部

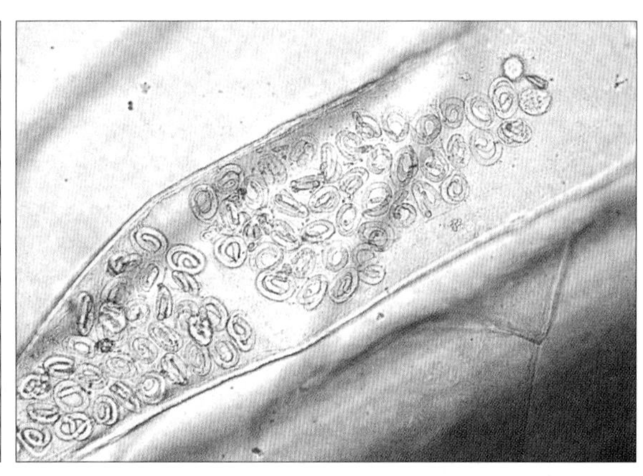

图 3-10-3　子宫内含有幼虫的虫卵

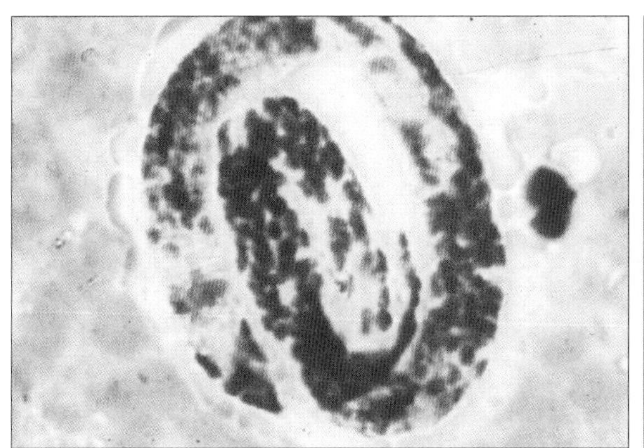

图3-10-4　从结节流出的血液中检出含有幼虫的虫卵

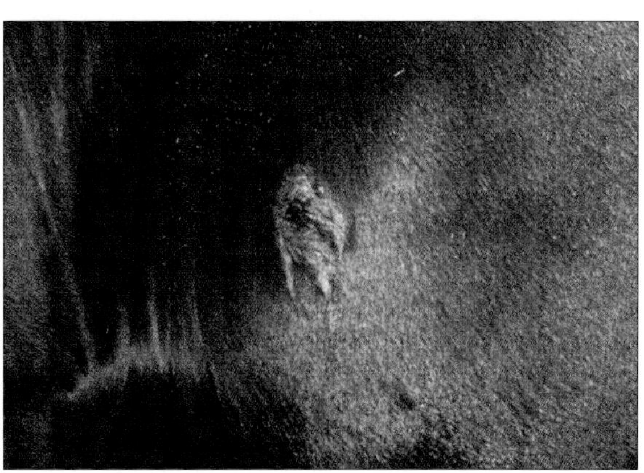

图 3-10-5　雌虫在皮下形成的出血性小结节

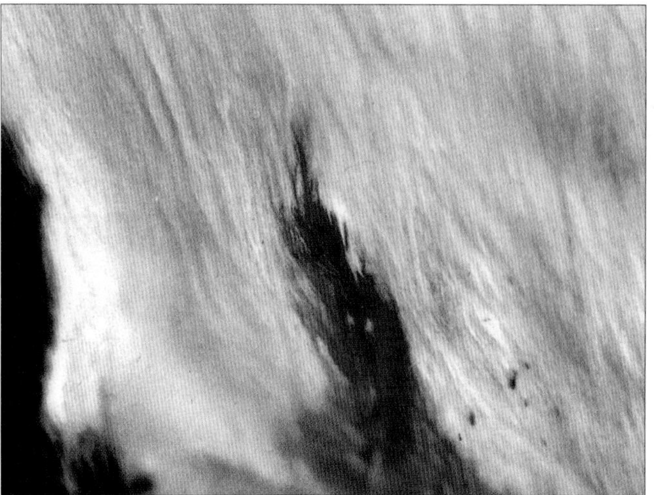

图3-10-6　肩甲部皮肤出血

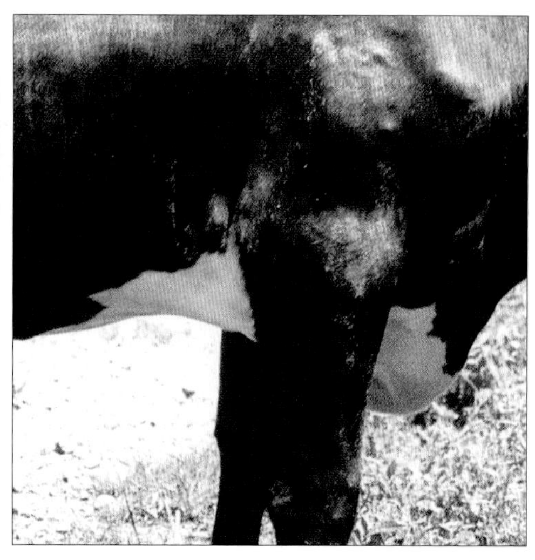

图3-10-7　病牛肩部的副丝虫结节和出血

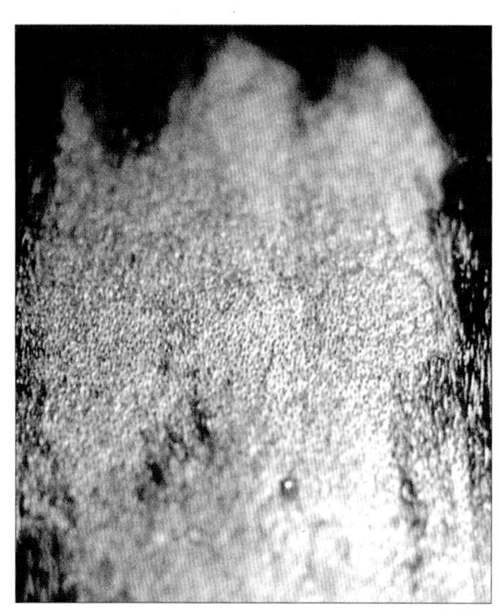

图3-10-8　出血后皮肤上的小结节随之消失

图3-10-9　寄生于皮下的雌虫穿透皮肤排卵，卵随流出的血液排出

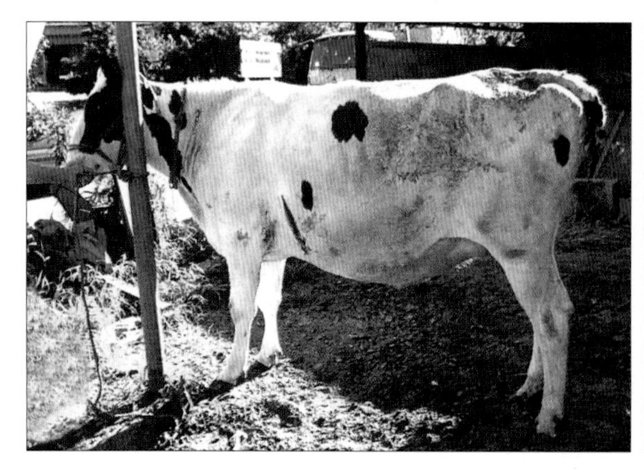

图3-10-10　感染副丝后皮肤出血，并见条状凝结的血污

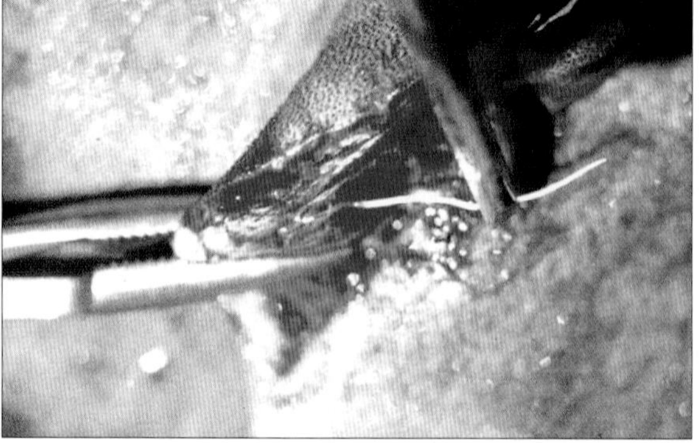

图3-10-11　切开结节，从中可检出牛副丝虫

十一、贝诺孢子虫病

（Besnoitiosis）

贝诺孢子虫病又称为球孢子虫病（Globidiosis），是由贝氏贝诺孢子虫所致的牛、马、鹿和骆驼等动物的一种慢性寄生性原虫病。本病对牛的感染力最强，是我国东北、河北和内蒙古地区牛的一种常见多发病。其病理特征是皮肤过度增生肥厚而发生慢性皮肤炎；临床上以脱毛、皮肤增厚、粗糙、皲裂为特点，故又有“厚皮病”之称。

患本病的牛死亡率虽然不高（一般不超过10%），但由于病牛的产奶量降低，皮张不能利用，肉品质量低劣，同时患病母牛常发生流产，所以本病对养牛业的危害极大。

【病原特性】 本病的病原体为真球虫目、肉孢子虫科、弓形虫亚科中的贝氏贝诺孢子虫（*Besnoitia besnoiti*）。该虫的包囊寄生于病畜的皮肤、皮下结缔组织筋膜、浆膜、呼吸道黏膜及巩膜等部位，一般散在、成团或呈串珠状排列，呈灰白色，圆形细砂粒样，肉眼刚能辨认。包囊无中隔，直径约100～500微米，囊壁分内外2层，即较厚且呈均质嗜酸性着染的外层和较薄而含许多扁平巨核的内层（图3-11-1）。包囊中含有大量的缓殖子，或称囊殖子（cystozoite）。缓殖子呈香蕉状、新月形或梨形，大小为8.4纳米×1.9纳米，形态特点是一端尖，另一端圆，核偏中央，构造与弓形虫相似。在急性病例的血液涂片中有时可见到形态、构造与慢殖子相似的速殖子（或称内殖子，其大小为5.9纳米×2.3纳米）。

【生活简史】 贝氏贝诺孢子虫的生活史虽然尚未完全搞清，但据研究，其终宿主为猫，天然中间宿主为牛和羚羊等动物。

当牛等天然中间宿主吞食了猫排到外界环境中并已发育成具有感染性的卵囊后，子孢子便从卵囊中逸出，经胃肠道黏膜而进入血液循环。到达血液中的虫体存在于血浆或侵入单核细胞，并随血流而进入体表淋巴结、皮下水肿液、肺、肝、脾和睾丸等组织。之后，在血管内皮细胞，尤其是真皮、皮下组织、筋膜和上呼吸道黏膜等部位的血管内皮以二分法或内双芽法增殖，产生大量的速殖子。速殖子由破坏的细胞逸出后，再侵入邻近或较远处细胞继续产生速殖子。随着虫体的产生、死亡和组织细胞的不断破坏，逐渐刺激机体产生相应的抗体，使机体抵抗力得到提高，于是发生机化反应，将速殖子包裹而形成包囊，此时速殖子便从组织中消失。但包囊中的速殖子变成了发育较缓的缓殖子。当猫采食了中间宿主体内的包囊后，其中的缓殖子在小肠黏膜上皮细胞和固有层中变为裂殖体，进行裂体增殖和配子生殖，形成卵囊随粪便排出。之后，卵囊在外界进行孢子化，形成含有2个孢子囊、每个孢子囊又有4个子孢子的感染性卵囊。

【流行特点】 本病的主要传染来源虽然是病猫、带虫猫、病牛和带虫牛，但其特征性的病变多发生于天然的中间宿主牛体内；主要的传播途径是消化道，但近年来的研究表明，某些节肢动物或消毒不彻底的器械有可能传播本病。如有的学者用包囊内的缓殖子经皮下接种健康牛，经8～10天潜伏期后，产生1～2天的热反应，在40～50天时便在巩膜上发现包囊；将病牛早期的血液通过静脉途径接种于健康牛，也可使之发病；还有的学者从刚吸食病牛血液后的虻体内检出虫体，揭示吸血昆虫有传播本病的可能。各种年龄的牛均有易感性，但青年牛最易感染发病。

本病的流行有一定的季节性，春末开始发病，夏季发病率最高，秋季逐渐减少，冬季少发。在自然条件下吸血昆虫可能是本病传播的媒介。

【临床症状】 本病的潜伏期一般为6～10天，发病率一般为1%～20%左右，死亡率约为10%。

病初，病牛体温可升高到40℃以上，呈稽留热型，可持续3～5天。此时，病牛精神不振，呼吸、脉搏增数，反刍缓慢或停止，畏光，常躲在阴暗处，产奶量明显降低。特征性的症状是：被毛失去光泽，腹下、四肢、有时甚至全身发生水肿，步伐僵硬；眼结膜潮红，流泪，角膜浑浊，巩膜充血，其上布满白色隆起的虫体包囊；鼻黏膜鲜红，有鼻漏，初为浆液性，后变浓稠，或带有血液呈脓样，在鼻黏膜面上仔细检查时可发现虫体包囊；咽喉受侵害时发生咳嗽；肩前和股前淋巴结肿大。怀孕母牛反应严重时常引起流产。

继之，病牛乏力无神，饮、食欲明显降低，泌乳停止。约经10天后，逐渐出现本病的示病症状，即病牛的皮肤显著增厚，失去弹性，被毛开始脱落，有龟裂，流出浆液性血样液体。随着病程的延长，病变部的被毛大都脱落，皮肤上出现一层厚痂，有如象皮和患疥癣病的样子（图3-11-2）。有的病牛在肘、颈和肩部发生硬痂。当病情恶化时，病牛长期躺卧不起，与地面接触的皮肤发生坏死，从而导致死亡。

【病理特征】 病尸营养不良或极度消瘦。病初见病牛的一肢或数肢及胸垂部皮肤发生不同程度的浮肿，严重时胸腹下也见明显浮肿。病变部的皮肤缺乏弹性，脱毛，蓄积多量灰白色皮屑，外观似螨病。严重的病例，皮脂溢出，皮肤干燥、粗糙、肥厚，被毛稀疏，表面常附有厚层皮垢，并常见皮肤皲裂或由于搔痒摩擦所致的皮肤破损和生成小的溃烂。仔细检查时，常在头部、四肢、背部、腰部、臀部、股部和阴囊等皮下结缔组织、筋膜及肌间结缔组织中，见有大量呈灰白色、圆形的贝氏贝诺孢子虫的包囊。重症病例，还可在后肢的跟腱、韧带、趾深屈肌腱、趾浅屈肌腱、腓肠肌腱、外侧伸肌腱等部位也见多量包囊形成，与腱膜相连接的肌组织亦有少量包囊。此外，病牛的舌、软腭、咽喉部、气管、肺实质、胃肠道黏膜以及大网膜等处均可发现贝氏贝诺孢子虫的包囊。

镜检，由于各种组织的结构不同，其病变特点也有差别。皮肤的表皮过度角化，被覆上皮明显增生、肥厚，在真皮乳头层和皮下结缔组织内有大量包囊寄生（图3-11-3），真皮下的结缔组织显著增生，并见多量淋巴细胞和嗜酸性白细胞浸润；骨骼肌纤维间可见单个存在或数个聚集在一起的包囊（图3-11-4），肌组织常呈慢性肌炎的变化；肺脏的包囊多位于肺泡壁上，向肺泡腔内突出（图3-11-5）；皮下结缔组织中的动、静脉壁内的包囊多位于血管中膜的肌层，但也有寄生于内膜的（图3-11-6）；在淋巴结，特别是咽部和腹股沟淋巴结的被膜及小梁内，常见少量的包囊寄生。会厌部黏膜下结缔组织内及管泡状腺的间质中均有少量包囊寄生。

【诊断要点】 根据本病的特异性临床症状一般即可做出初步诊断。如切取一小块病变部的皮肤或刮取皮肤深部组织压片进行病原检查；或病牛发热时做血液涂片检查新月形和香蕉形速殖子；或死后剖检时，在气管黏膜、真皮和皮下等处检出大量假孢囊时，即可确诊。对轻症病牛，可详细检查眼巩膜上是否有针尖大小灰白色的包囊，并将牛头固定好，用眼科剪取出小结节，压片镜检，如为包囊，即可确诊。

【治疗方法】 本病目前尚无有效的治疗药物，但有人报道用1%锑制剂有一定的疗效；氢化可的松对急性病有缓解作用。

【预防措施】 本病的终宿主是猫，病猫排出的卵囊污染饲料和饮水，牛摄入后感染发病。因此，奶牛场禁止养猫或猫的出入，这对于预防本病具有重要意义。有的牛场为了防鼠害而养猫时，一定要拴养或笼养，其排泄物必须经无害化处理，不得污染饲料和饮水，也不能用废弃的病牛肉喂猫。最好用药物对猫进行定期驱虫。另外，加强环境卫生，消灭吸血昆虫，防止本病在牛场内的水平传播。

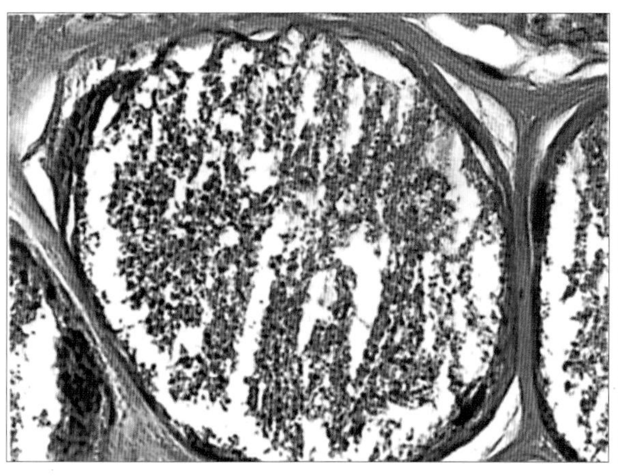

图 3-11-1　包囊呈圆形，囊壁外层厚，内层薄，囊腔充满新月形慢殖子

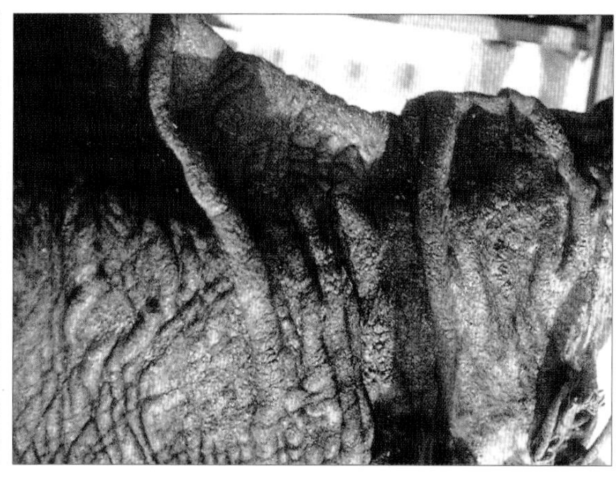

图 3-11-2　感染的皮肤明显肥厚、脱毛和干燥，呈象皮样

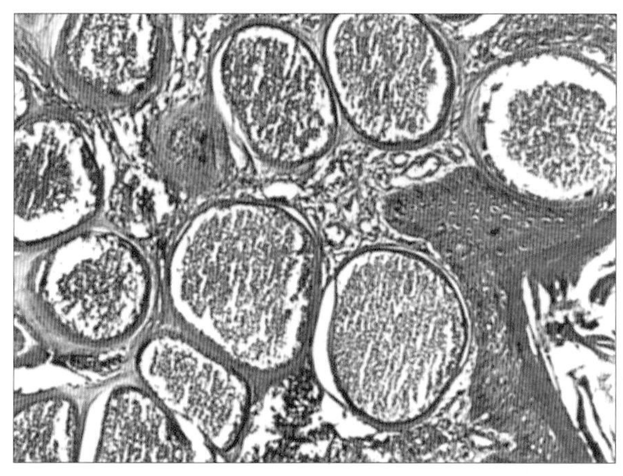

图 3-11-3　皮肤内寄生的贝诺孢子虫包囊，囊腔内充满慢殖子

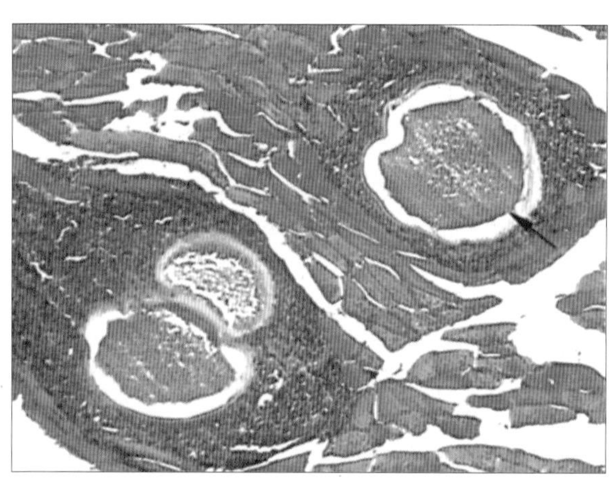

图 3-11-4　骨骼肌中死亡的贝诺孢子虫包囊（箭头），周围有大量淋巴细胞浸润

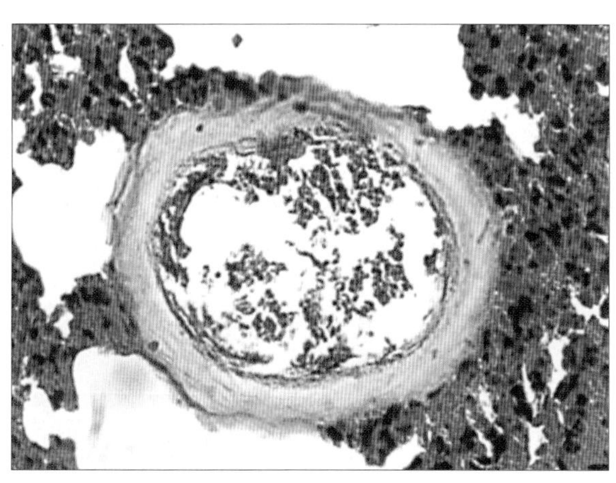

图 3-11-5　肺泡隔中的贝诺孢子虫包囊，囊壁厚，囊腔内为慢殖子

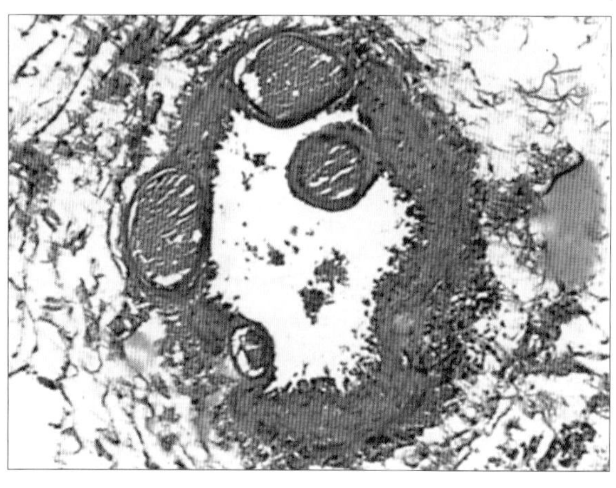

图 3-11-6　在真皮的小动脉内皮下及肌层内有贝诺孢子虫包囊寄生

十二、牛皮蝇蛆病

（Warble fly）

牛皮蝇蛆病俗称“牛跳虫”或“牛翁眼”，是由皮蝇幼虫寄生于牛的皮下组织而引起的一种慢性寄生虫病。本病广泛流行于我国的西北、东北和内蒙古，其他各省的牛只也时有发生。由于皮蝇幼虫的寄生，故使病牛消瘦、产奶量明显下降、皮革质量降低、肉的品质不良，给国民经济造成较大的损失。

【病原特性】 本病的病原体为狂蝇科、皮蝇属的牛皮蝇（*Hypoderma bovis*）和纹皮蝇（*H. lineatum*）的幼虫。皮蝇的成虫不致病，外形似蜜蜂，全身被有绒毛，口器退化不能采食，也不叮咬牛。

1.牛皮蝇　成蝇体长约15毫米（图3-12-1），卵呈淡黄色，长圆形，表面带有光泽（图3-12-2），后端有长柄附着于牛毛上，大小约为0.75～0.29毫米，一根牛毛上只粘附一个蝇卵。卵孵出幼虫后，在牛体内经2次蜕变而成为对牛体有明显致病作用的幼虫，即第3期幼虫。此时的虫体粗壮，前后端钝圆，长26～28毫米，棕褐色，背面较平，腹面稍隆起，有许多疣状带刺结节，虫体后端有2个后气孔，气门板呈漏斗状。

2.纹皮蝇　成虫长约13毫米，卵与牛皮蝇的相似，一根牛毛上可粘附数个至20个成排的蝇卵。其第3期幼虫体长可达26毫米，最后1节的腹面无刺，气门板浅平。

【生活简史】 牛皮蝇与纹皮蝇的生活史基本相似，均属完全变态。成蝇多在夏季晴朗炎热无风的白天出现，飞翔交配，并落在牛的被毛上产卵。牛皮蝇产卵于牛的四肢上部、腹部、乳房和体侧的被毛上；纹皮蝇产卵于球节、前胸、颈下等处的被毛上。虫卵经4～7天孵出第1期幼虫，呈黄白色半透明，长约0.5毫米，身体分节，密生小刺，前端有口钩，后端有1对黑色圆点状的后气孔。幼虫经毛囊钻入皮内，在体内深部组织中移行蜕化。牛皮蝇幼虫经外周神经外膜移行到椎管硬膜外的脂肪组织中，在此停留约5个月；纹皮蝇幼虫钻入皮下后沿结缔组织走向胸、腹腔，然后到达咽、食管、瘤胃周围的结缔组织中，在食管黏膜下停留5个月。此后，这2种幼虫从椎管或食管黏膜钻出，移行到背部皮下成为第2期蚴。此时，皮肤面出现瘤状隆起（图3-12-3），随后隆起处出现直径约0.1～0.2毫米的小孔，幼虫及其后气孔朝向那里（图3-12-4）。在此，第2期幼虫蜕变为第3期幼虫。随着幼虫体积的增大，小孔的直径也显著增大（图3-12-5）。皮蝇幼虫在皮下停留2～3个月后，随后由皮孔爬出（图3-12-6），落地后钻入松土内，3～4天后成蛹（图3-12-7），蛹期1～2个月羽化成蝇。幼虫在牛体寄生10～11个月，整个发育过程约为1年。

【流行特点】 本病的主要传染源是病牛，传播的主要途径是皮肤，各种年龄的奶牛均可感染。本病的感染主要发生在夏季成蝇飞翔的季节。在同一地区，纹皮蝇一般出现的时间比牛皮蝇要早些，纹皮蝇一般出现在每年的4～6月间；而牛皮蝇则出现在每年的6～8月间。

另外，本病偶有感染人的报道。人的感染可能是由雌蝇产卵于人的毛发或衣服上孵出幼虫；或牛体上的幼虫粘附于人皮肤上，然后钻入皮内造成的。幼虫在人体内移行和发育，可引起疼痛和抽搐等症状，寄生的部位多为肩部、腋部、阴囊、甚至眼球内。

【临床症状】 皮蝇的成虫虽然不叮咬奶牛，但当雌蝇产卵时，可引起奶牛不安、喷鼻、蹴踢、恐惧和奔跑。由于恐惧，病牛吃草和饮水不得安宁，日久病牛消瘦，产奶量明显减少。特别是当牛皮蝇产卵时，因其常突然冲击牛体，奶牛可因惊恐而狂奔，从而导致跌伤、流产或死亡。

当幼虫钻进皮肤和皮下组织并移行时，引起奶牛瘙痒、疼痛和不安。幼虫移行到背部皮下，局部发生小硬结（图3–12–8）。随着病程延长，幼虫的发育、生长，结节也不断增大，局部并有脱毛现象（图3–12–9）。病情严重时，病牛的全身可见大小不等的结节（图3–12–10），或出现蜂窝织炎。当幼虫发育至第2～3期时，在肿大的结节上可发现排虫的孔道（图3–12–11），用手术切开的方法或用镊子即可从孔道中取出正在发育中的幼虫（图3–12–12）。当虫体发育成熟后，常从孔道中爬出（图3–12–13），此时，排虫后的孔道可有皮肤穿孔、血液流出，如有化脓菌感染则流出脓汁，甚至可形成瘘管，经常有脓液和浆液流出。当成熟的幼虫脱落后，瘘管可逐渐愈合而形成瘢痕。病牛长期受侵扰而消瘦、贫血、泌乳量下降，犊牛生长缓慢。另外，有时皮蝇幼虫钻入大脑，则可引起神经症状，如病牛肌肉震颤，麻痹，运动障碍，突然倒地或晕厥等。

【病理特征】 皮蝇幼虫钻入皮肤时，引起皮肤损伤和局部炎症并刺激神经末梢导致皮肤瘙痒。当幼虫移行至食道的浆膜与肌层之间时，可引起食道壁炎症而表现有浆液渗出、出血和有嗜中性与嗜酸性白细胞浸润，有时在内脏表面和脊髓管内找到虫体。第3期幼虫寄生皮下时，于皮肤表面形成结节状隆起，局部脱毛，触摸坚硬。切开皮肤，见皮肤水肿增厚，皮下出血、浆液性炎和幼虫结节（图3–12–14），切开结节，其内有不同发育阶段的幼虫（图3–12–15）。后期虫体局部形成脓肿，虫体周围形成结缔组织包囊。脓肿破溃可形成瘘管，向体表排出浆液或脓汁。至幼虫钻出皮肤落地成蛹后，局部皮肤可缓慢再生或经结缔组织增生而愈合。

【诊断要点】 幼虫出现于病牛的背部皮下时很易诊断。最初在牛背部两侧皮下可以摸到许多长圆形硬结（皮蝇疖）；再经1个月左右可出现瘤样隆起（图3–12–16），在隆起的皮肤上有小孔，小孔的周围堆积着脓痂，从小孔中可挤出幼虫。据此即可确诊。

【治疗方法】 治疗本病的药物较多，兹将常用药物及使用方法简介如下。

1.倍硫磷　本药为一种高效、低毒、广谱、速效、具有接触内吸性有机磷杀虫剂，挥发性小，残效期长，是杀牛皮蝇的特效药。剂量：每千克体重5毫克；用法：臀部肌肉注射。用药时机以11～12月份为好，对一二期幼虫杀虫率为95%以上，注射2次，可达100%。涂擦时，用倍硫磷原液在颈侧皮肤直接涂擦，可用油漆刷子在患部反复涂擦，使药液和皮肤充分接触。涂擦面积，成年牛为15厘米×35厘米，犊牛为10厘米×20厘米。剂量为每100千克体重用药0.5毫升。

2.蝇毒磷　本药对牛皮蝇具有显著的内吸效果，是作用于皮下效果较好的杀虫剂。用药后牛体保留药效期限与药物浓度约为6天。剂量：每千克体重2毫克；用法：混入适量饲料内服，每日1次，连服6天。用此药也可对牛背进行泼淋。方法是：按病牛每千克体重17～20毫克剂量称取16%蝇毒磷乳油或25%蝇毒磷可湿性粉剂，投入300毫升水中，混均匀后，泼淋于牛背。

3.敌百虫　本药对牛皮蝇也有较好的疗效，而且用药方便，主要外用灭虫。使用本药可有局部涂擦和全背涂擦2种方法。局部涂擦主要用于成熟的结节。方法是：涂擦前，应剪毛露出穿孔处；用温水（20℃）将6克敌百虫配成2%溶液，在牛背穿孔处涂擦。一般从3月中旬至5月底，每隔30天处理1次，共处理2～3次。全背涂擦主要用于结节较多且小的病牛。方法是：用2%敌百虫溶液300毫升，在牛背部涂擦2～3分钟，经24小时后，大部分幼虫即被杀死，5～6天后皮肤上的结节明显变小。一般涂擦1次，杀虫可达90%～95%，1个月后，再进行1次涂擦。

4.乐果　本药对二三期幼虫有良好的杀灭作用，用药时间应在2～3月份为好。方法是：用酒精配成50%的溶液，剂量：成年牛4～5毫升，育成年牛2～3毫升，犊牛1～2毫升，肌肉注射。

【预防措施】 预防本病一是要驱蝇防扰，更重要的是消灭寄生于牛体的幼虫。

1.驱蝇防扰　在本病流行的季节，每年4～8月份，在纹皮蝇和牛皮蝇飞翔的季节，每隔半个月向牛体喷洒1次1%敌百虫溶液，防止皮蝇在牛的被毛上产卵和杀死卵孵出的幼虫，同时，也可有效地防止成虫在牛体产卵时对牛的危害。

2.消灭幼虫　经常检查牛背，发现皮下有幼虫的结节时，即可用手工法灭虫，也可用药物杀虫。手工法灭虫主要用于牛数量不多的情况下。其方法是：当幼虫成熟末期，牛皮肤上的皮孔增大，可以看到幼虫的后端。这时可用手指压迫皮孔周围，把幼虫从结节中挤出，并将挤出的幼虫杀死。伤口涂以碘酊。由于幼虫成熟的时间不同，所以每隔10天左右需重复操作，直到皮下没有结节。

药物防治常采用倍硫磷泼浴法。剂量：每千克体重用倍硫磷10～20毫克；方法：将药配制成2%溶液，自牛的肩后至尾根部沿脊背向后泼浴于皮肤上。此法适用于各种年龄的奶牛，对孕牛亦无不良影响。但选用此法，最好在牛皮蝇蛆的幼虫正在体内移行而尚未损害皮肤的阶段。注意：奶牛应在挤奶后立即进行，以免影响下次挤奶时间；用药后距下次的挤奶时间应间隔6小时以上。

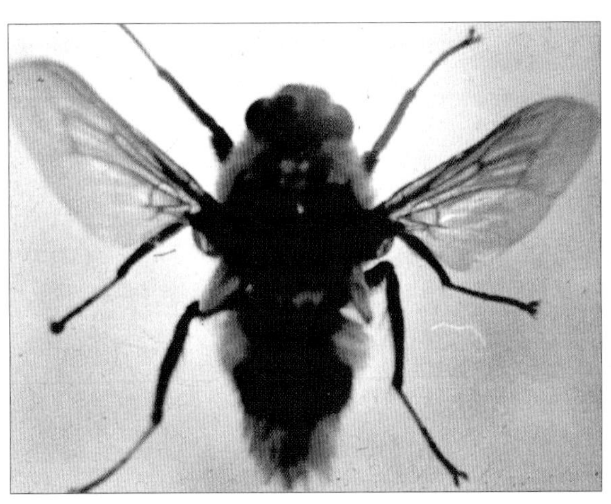

图3-12-1　牛皮蝇的成虫

图3-12-2　成虫的后部排出大量虫卵

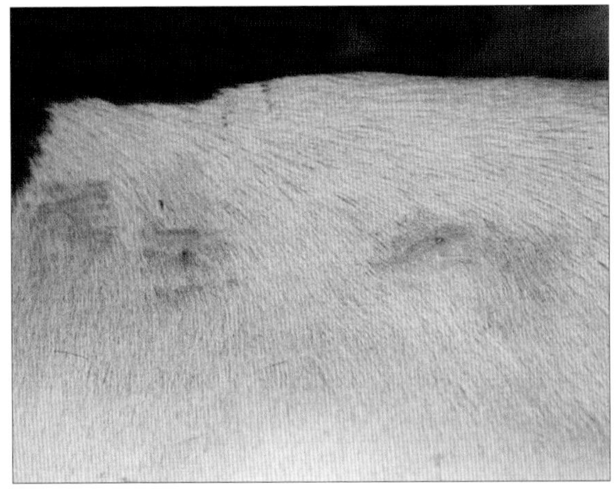

图3-12-3　病牛背部皮肤形成的结节

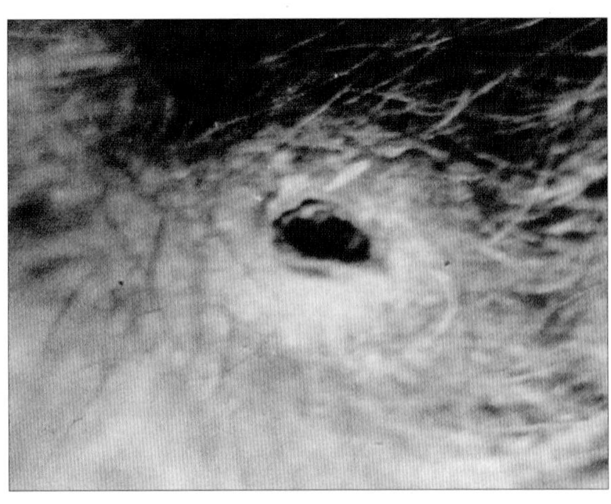

图3-12-4　牛皮蝇幼虫寄生引起的带有小孔的皮肤结节

图 3-12-5　皮肤结节内的幼虫增大，小孔直径也随之增大

图 3-12-6　幼虫在牛皮肤内寄生 2～3 个月后，成熟而脱出，落地成蛹

图 3-12-7　牛皮蝇的不同时期的蛹，刚脱出呈黑色，以后逐渐发育而变淡

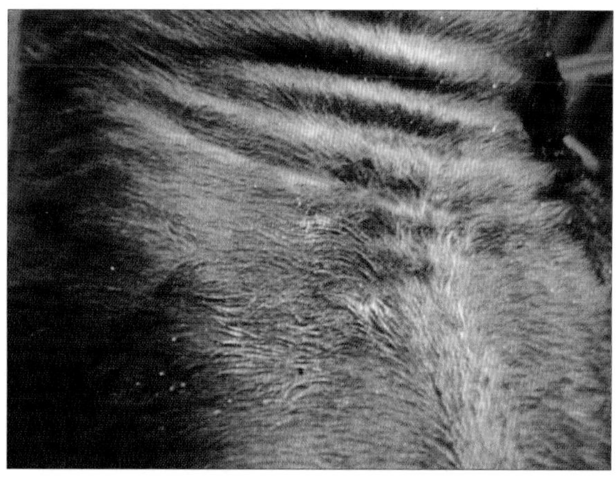

图 3-12-8　牛背腰部皮下有圆形结节，顶端有孔流出少量脓性渗出物

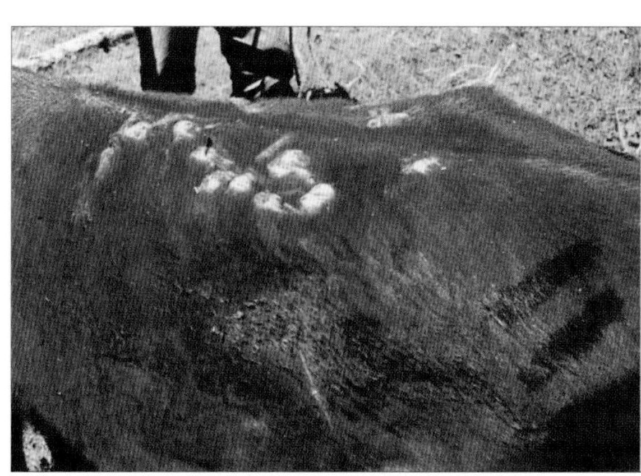

图 3-12-9　腰背的皮肤脱毛和肿大的结节

图 3-12-10　病牛的肩部和腹侧有大量硬性结节

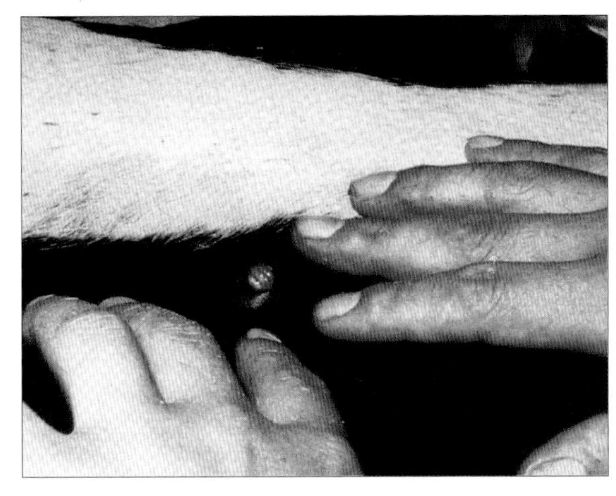
图 3–12–11　用手挤压结节可检出排虫的孔道

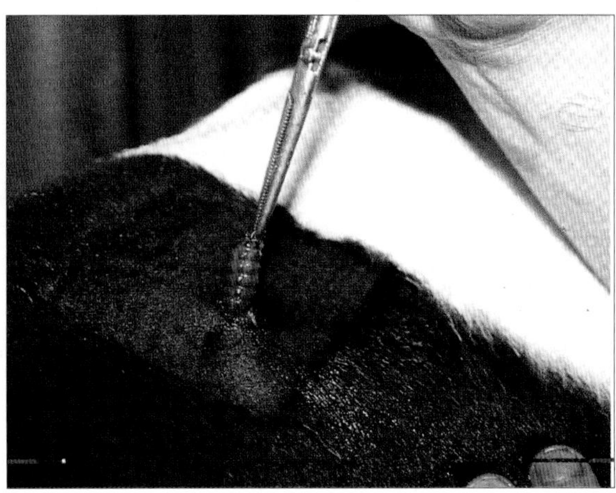
图 3–12–12　从皮肤结节中手术取出的幼虫

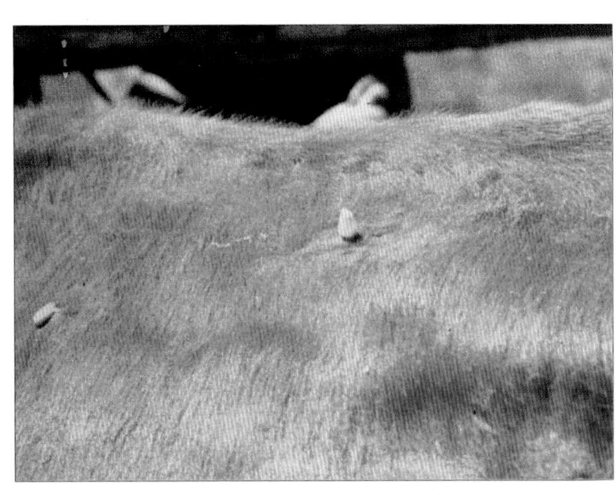
图 3–12–13　从皮肤结节中爬出的幼虫

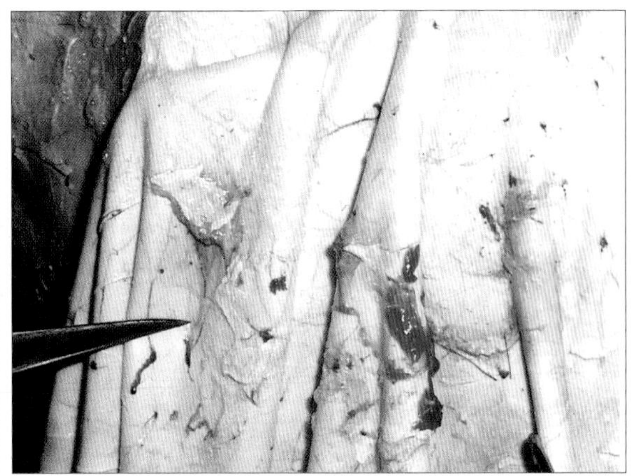
图 3–12–14　剥皮后皮下组织见到的幼虫结节

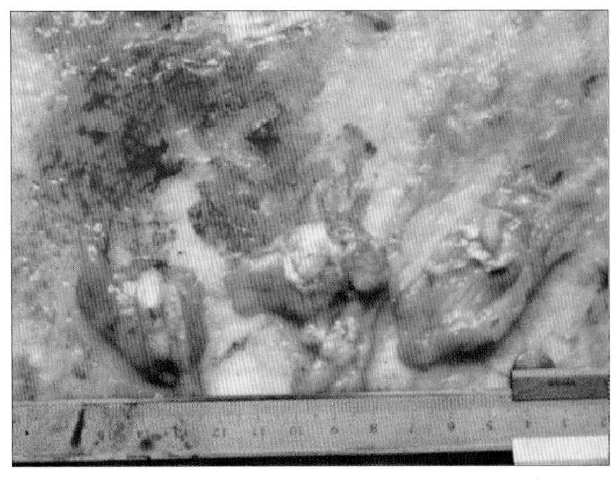
图 3–12–15　切开皮下结节见有 2～3 厘米长的幼虫

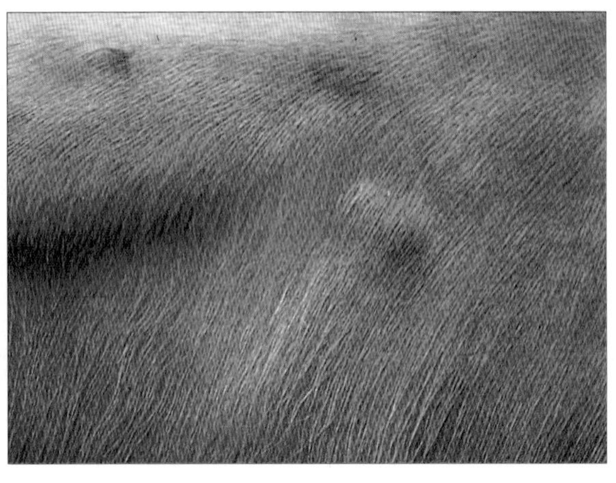
图 3–12–16　幼虫在皮肤内寄生形成的结节

十三、疥 螨 病

（Sarcoptidosis）

疥螨病又称疥癣，俗称癞病，由疥螨寄生于牛皮肤所引起的一种慢性皮肤病。临床上以剧痒、湿疹性皮炎、脱毛和具有高度传染性为特征。疥螨广泛分布于世界各地，常寄生于牛的皮肤柔软而又少毛的部位，也可寄生于人的皮肤。

【病原特性】 本病的病原体主要为疥螨科、疥螨属的牛疥螨（*Sarcoptes scabiei* var. *bovis*）。疥螨的种类虽然很多，差不多每一种动物都有其固有的疥螨寄生，但各种疥螨形态相似，故多数学者认为寄生于不同动物的疥螨是一种疥螨的不同变种。

牛疥螨为一种小型螨，体呈圆形，大小约为0.2～0.5毫米，呈浅黄色，体表有许多刺。虫体背面隆起，腹面扁平。疥螨的躯体可分为界限不清的背胸部（有第1对和第2对足）和背腹部（有第3对和第4对足）。体背面有细横纹、锥突、圆锥形鳞片和刚毛。在躯体腹面4对足中，前后2对足之间的距离远，但它们较长，超出了虫体的边缘，每对足的末端有2个爪和1个具有短柄的吸盘；后2对足小，除有爪外，在雌虫的末端只有长刚毛，而雄虫的第4对足末端上还有吸盘。虫卵呈椭圆形，大小约为150微米×100微米。

【生活简史】 牛疥螨的发育过程包括虫卵、幼虫、若虫和成虫4个阶段，全部发育过程都在牛体上进行。

疥螨主要侵害皮温较高并较固定和表皮菲薄的部位。当虫体附着于动物皮肤后，利用其口器切开表皮钻入皮肤，挖凿隧道，其深度可达皮肤的乳头层，长可达5～15毫米。在隧道中每隔相当距离即有小孔与外界相通，以通空气和作为幼虫出入的孔道。虫体以宿主表皮深层的上皮细胞和组织液为营养。成虫在隧道内交配后，雄虫死亡，雌虫在其中产卵和孵育幼虫。每个雌虫一生可产生40～50个卵。卵孵化为幼虫，后者又爬到皮肤表面，在毛间的皮肤上开凿小穴，在里面蜕变为若虫；若虫也钻入皮肤，形成狭而浅的穴道，并在里面蜕变为成虫。

牛疥螨从卵孵育出幼虫后，经脱皮变为若虫直至发育至性成熟的成虫的整个周期约需2～3周；一般正在产卵的雌虫寄生于皮肤深层，而幼虫和雄虫寄生于皮肤表层。

【流行特点】 本病的主要传染源是病牛和带螨动物；传播的主要途径是接触感染，如健康奶牛通过接触病牛，或有疥螨的牛舍及用具等而感染；饲养人员的衣服和手等也可以成为疥螨的搬运工具，而引起传播；各种年龄的奶牛均可感染，但以犊牛的易感性最高，发病后症状也重剧。本病多发于秋冬季节，尤其是阴雨天气，此时阳光不足，皮肤表面湿度大，适合螨虫的发育和繁殖。

【临床症状】 牛的疥螨多在头、颈部发生不规则丘疹样病变（图3-13-1），病牛剧痒，使劲磨蹭患部，使患部落屑、脱毛（图3-13-2），皮肤增厚而失去弹性，并形成厚厚的皱褶（图3-13-3）。鳞屑、污物、被毛和渗出物粘结在一起，形成痂垢（图3-13-4）。病变逐渐扩大，严重时可蔓延至全身（图3-13-5）。后躯的病变不仅常见，而且较重，有的病牛臀部及尾根部脱毛，形成大片的厚皮性鳞屑性病变（图3-13-6）；有的则在尾下的皱襞处形成脱毛性病灶或有痂垢形成（图3-13-7）；有的则在会阴部形成红肿的化脓性病灶（图3-13-8）。最后，病牛多因高度营养障碍而日渐消瘦，终因恶病质而死亡。

【病理特征】 由于大量虫体在皮肤寄生和挖凿隧道，对宿主皮肤有巨大机械刺激作用，加上虫体不断分泌和排泄有毒的分泌物和排泄物刺激神经末梢，致使动物产生剧痒和造成皮肤发生炎症。其特征是皮肤因充血和渗出而形成小结节，随后因瘙痒摩擦引起结缔组织增生，皮肤增厚、干燥，有许多鳞片附着（图3-13-9）；或造成继发感染而形成脓疱，脓疱破溃、内容物干涸形成痂皮。在多数情况下，宿主患部皮肤的汗腺、毛囊和毛细血管遭受破坏，并因有化脓菌的感染而使患部积有脓液，皮肤角质层因受渗出物浸润和虫体穿行而发生剥离，或形成大面积结痂。

【诊断要点】 本病的诊断，主要是检查虫体，常用的方法有以下3种：

1.直接检查法　将刮刀的刀刃蘸上液状石蜡油或50%的甘油水，在患部与健部交界处刮取皮屑，用力刮到出现血迹，将刮下的皮屑置于载玻片上，滴加1滴10%苛性钠液，在低倍镜下寻查虫体。

2.温热检查法　将刮取的病料置于热水中（45～60℃）20分钟，然后放于平盘内，在显微镜下寻查虫体。

3.集虫法　取病料适量，加10%苛性钠液或苛性钾液，加热煮沸，待病料基本溶解后静置，弃上清液，取沉渣镜检。

通过上述方法，如在显微镜下发现虫体，即可确诊。

【治疗方法】 用于治疗本病的药物较多，如滴滴涕、蝇毒磷、敌百虫、倍硫磷、松焦油和硫磺等，有时将其中的2种以上的药物配伍成合剂使用，效果更好。治疗方法有局部涂擦和药浴疗法。前者适于病牛少、气温低时应用；而后者适于大群发病、温暖季节进行。

1.涂药疗法　局部需剪毛清洗后反复涂药，以求彻底治愈。注意：如用涂药方法治疗，须根据病变部的面积，确定是否分区涂药，通常一次涂药的范围，不得超过体表面积的1/3。常用的涂擦合剂有：

（1）敌百虫－来苏儿溶液　来苏儿5份，溶于温水100份中，再加入敌百虫5份即成，涂擦患部。

（2）松焦油擦剂　取松焦油1份，硫磺华1份，软肥皂2份，96%酒精2份，按顺序混合均匀，即可用于皮肤的涂擦。

2.药浴疗法　可采用水泥药浴池，但较少使用；奶牛常使用喷洒药浴。常用的药浴药物有：0.05%辛硫磷，或0.05%蝇毒磷，或0.03%～0.05%胺丙畏乳油水溶液。用药后要防止牛舔食，以免中毒。

皮肤经治疗后，在脱毛部有痂皮形成（图3-13-10），痂皮脱落后则逐渐痊愈。

【预防措施】 牛舍要宽敞，干燥，透光，通风良好，经常清扫，定期消毒。经常注意牛群中有无瘙痒、掉毛现象，一旦发现病牛，及时隔离治疗。治愈的病牛应继续观察20天，如未再发，再一次用杀虫药处理后方可合群。从外地引入奶牛时，应隔离观察，确认无螨病后再并入牛群。每年夏季应对奶牛进行药浴或喷浴，是预防螨病的主要措施。饲养管理人员，要时刻注意消毒，防止通过手、衣服和用具散布病原。

图3-13-1　病牛的头部、颈部和躯干有大片的丘疹样病变

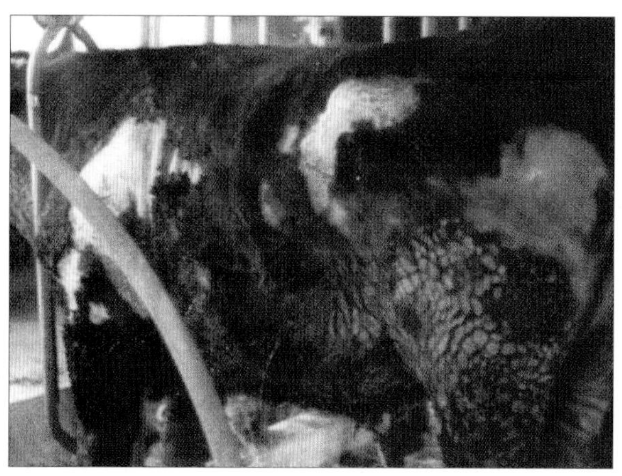

图 3-13-2 左侧有大片的脱毛斑

图 3-13-3 病变部皮肤脱毛和肥厚

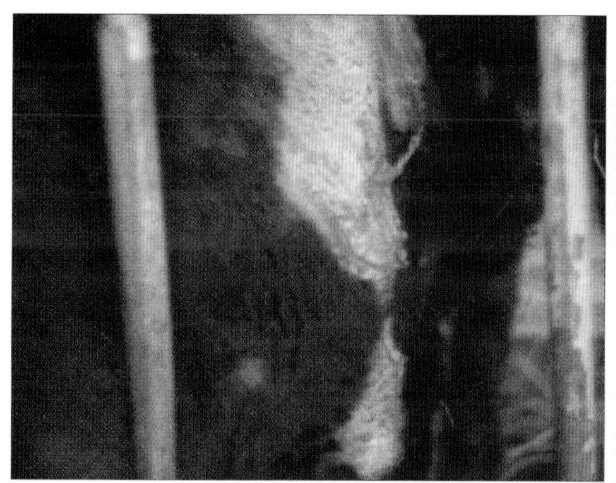

图 3-13-4 皮肤充血、渗出，形成湿疹

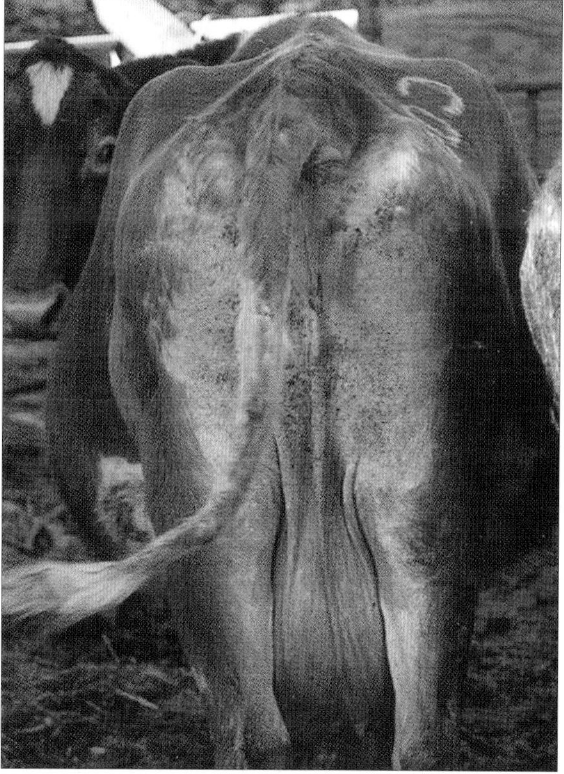

图 3-13-5 鳞皮性疥癣从肩部开始扩展到全身，瘙痒明显

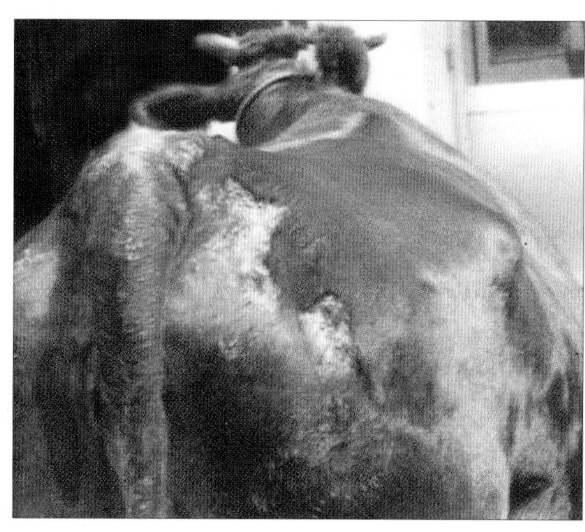

图 3-13-6 尾根部、臀部局限性脱毛，并有鳞屑和结痂

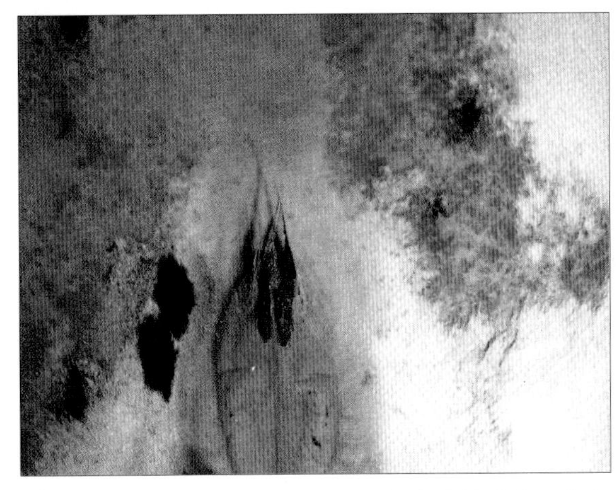

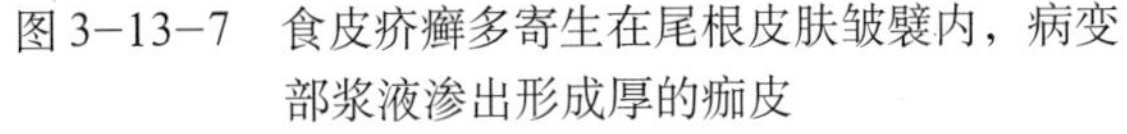

图 3-13-7　食皮疥癣多寄生在尾根皮肤皱襞内，病变部浆液渗出形成厚的痂皮

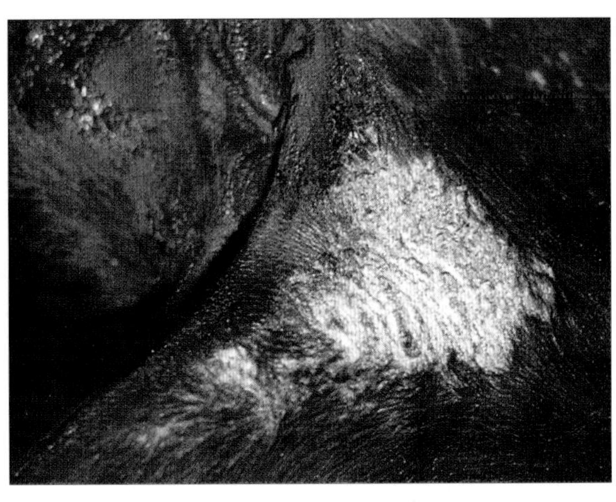

图 3-13-8　病变发展可在会阴部形成红肿的化脓性病灶

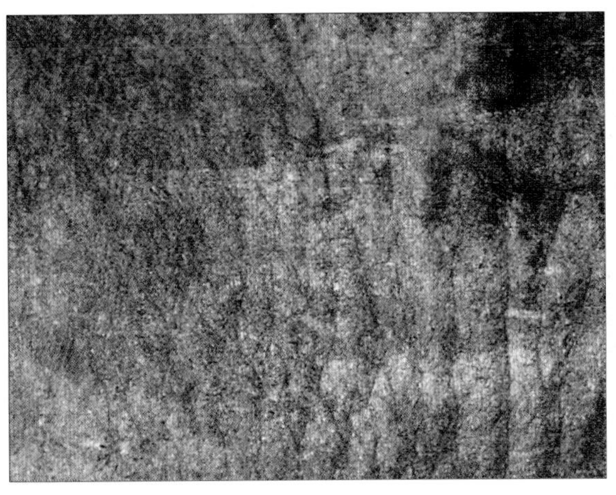

图 3-13-9　肥厚的皮肤干燥，有许多鳞片

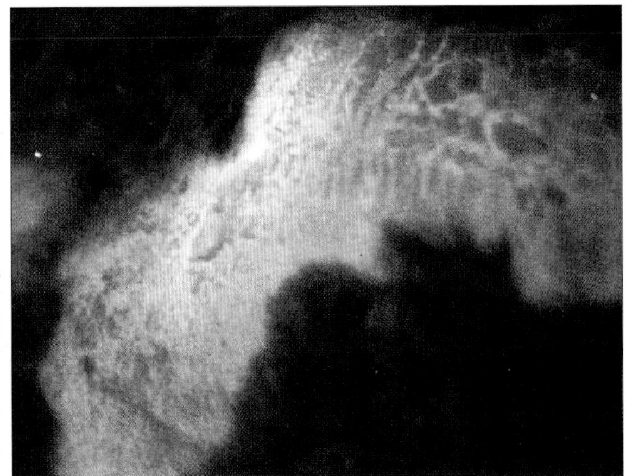

图 3-13-10　皮肤性湿疹经治疗后形成的痂皮

十四、蠕形螨病

（Demodectic mange）

蠕形螨病又称毛囊虫病或脂螨病，是由牛蠕形螨寄生于毛囊或皮脂腺而引起的一种皮肤病；临床上以瘙痒轻、皮肤增厚脱屑、毛囊炎、疮疖和痈肿为特点。本病广泛发生于世界各地；我国东北、西北和内蒙古较为流行，而南方各省地也有发生。奶牛发生本病后，不仅产奶量明显减少，而且牛皮的利用率也降低，由此造成很大的经济损失。

【病原特性】 本病的病原体为蠕形螨科、蠕形螨属的牛蠕形螨（*Demodex bovis*）。牛蠕形螨的虫体细长，呈半透明蠕虫样，长约0.17～0.44毫米，宽约0.045～0.065毫米。虫体可分头部（颚体）、胸部（足体）和腹部（末体）3个部分。头部多呈不规则四边形，由1对针状的螯肢、1对分3节的须肢及1个向外延伸呈膜状构造的口下板组成，形成短喙状的刺吸式口器。胸部有4对短粗的足，各足基节与虫体腹壁相连，不能活动，其他各节可伸缩活动，跗节上有1对锚状叉形爪。腹部细长，表面有环形皮纹。雄虫的雄茎自胸部的背面突出；雌虫的阴门则在腹面。虫卵呈梭形，长约0.07～0.09毫米。

【生活简史】 牛蠕形螨的发育过程主要包括卵、三足幼虫、四足若虫和成虫4个分阶段，全部发育、繁衍过程均在牛体上进行。雌虫于毛囊内产卵后，孵化出3对足的幼虫，幼虫蜕化变为4对足若虫，后者再蜕化变为成虫。虫体多半先在毛囊的浅层寄生，而后钻入毛囊底部，在皮脂腺内寄生较少（图3-14-1）。

【流行特点】 本病的传染来源主要是病牛和带虫动物。传播的基本途径是接触传染，即健康牛与病牛接触，或与被病牛污染的饲槽、用具、牛舍和运动场接触。各种年龄的牛均可发生，但以犊牛最敏感，而且发病后症状较重剧。当牛体的抵抗力强时，虽然有时可感染牛蠕形螨，但不发病，当皮肤受损或抵抗力下降时，虫体遇到损伤或发炎的皮肤（螨虫侵入的好条件，并有足够的营养物质供给）时，即大量繁殖，并易引起发病。本病一年四季均可发生，但以潮湿多雨的夏、秋季多发。

【临床症状】 蠕形螨病多发生于嫩细皮肤的毛囊、皮脂腺或皮下结缔组织中。一般先发生于眼周围，头部；而后逐渐向颈部、肩部、背部或臀部等其他部位蔓延（图3-14-2）。病初，病变部痛痒轻微，或没有痛痒，仅出现大小不等的结节和如同砂粒样大小孤立的脓疱，即粉刺（图3-14-3）。继之，皮肤增厚，凹凸不平，形成皱褶，呈灰白色，有较多鳞屑，患部脱毛，表面有粟粒大至高粱米粒大的化脓性结节，即痤疮（图3-14-4），有的互相融合而增大，形成豌豆大小的疖，内含灰白色干酪样物或脓样液，其中存有不同发育期的虫体（图3-14-5）。当结节破溃和皮肤损伤而流出的淋巴液、浆液、坏死的组织等干涸成为痂皮。病情严重时，由于皮肤的抵抗力降低，常伴发葡萄球菌等化脓菌的感染，病变向深层发展或扩散时则能形成痈肿，此时可见到核桃大或鸡蛋大的化脓性病灶。

【病理特征】 蠕形螨的病理变化主要是皮炎，化脓性急性皮脂腺——毛囊炎，感染严重时可形成痈肿。

蠕形螨在毛囊或皮脂腺内以针状口器吸取宿主细胞内含物为营养。由于虫体机械刺激和排泄物的化学刺激，引起毛囊或皮脂腺发生炎症反应，并引起毛囊和皮脂腺呈袋状扩张，甚至发生细胞增生肥大，导致毛干脱落。由于虫体在毛囊内繁殖和进出毛囊而致囊口或腺口扩大，故易继发感染化脓性细菌引发化脓性毛囊炎和皮脂腺炎。眼观毛囊和皮脂腺口首先呈结节状隆起或呈丘状红肿，继之形成脓疱。镜检见毛囊或皮脂腺周围有多量淋巴细胞和单核细胞浸润，囊腔内有嗜中性白细胞积聚和蠕形螨虫体。

【诊断要点】 本病的诊断多是切破皮肤上的结节或脓疱，取其内容物做成涂片，在低倍镜下检查，如发现牛蠕形螨就可确诊。

【治疗方法】 治疗牛蠕形螨病可选用以下的药物：

1.杀虫脒　本药为一种新型低毒，取代六六六的优良杀虫剂，对螨虫的卵及幼虫均有杀灭作用。杀虫脒对牛的毒性很低，偶尔出现呼吸加快、肌肉震颤等毒副症状，但很快即逐渐消失。本药有25%、50%水剂，50%乳剂和20%粉剂型，使用时可配制成0.2%水溶液，进行局部洗擦或喷洒，隔天1次，连用2次。

2.除虫菊　本药为一种杀虫效力很强的植物杀虫剂，具有接触杀虫作用，主要是通过破坏螨虫的神经系统而使之麻痹死亡。但本药的持续时间较短，如果用量不足，作用消失后，螨虫仍能存活。因此，本药最好能与杀虫作用强而持久的滴滴涕配合使用。两药可以取长补短，提高疗效。治疗时，先将病变部的粗毛及结痂等异物除去，洗清，然后将25%除虫菊粉撒在病变部，反复擦涂，使药物弥散到皮内。如果皮肤干燥，也可用3%乳剂进行涂擦或喷洒。

3.滴滴涕　本药为一种接触毒性杀虫药，虽然一般不引起奶牛中毒，但具有一定的蓄积作用，能随乳汁分泌出来，影响乳的品质。本药的使用方法主要有2种：一是用1%乳剂涂擦或喷洒牛体；二是用5%～6%粉剂撒布于病灶。注意：用本药涂擦或撒布时面积不宜过大。

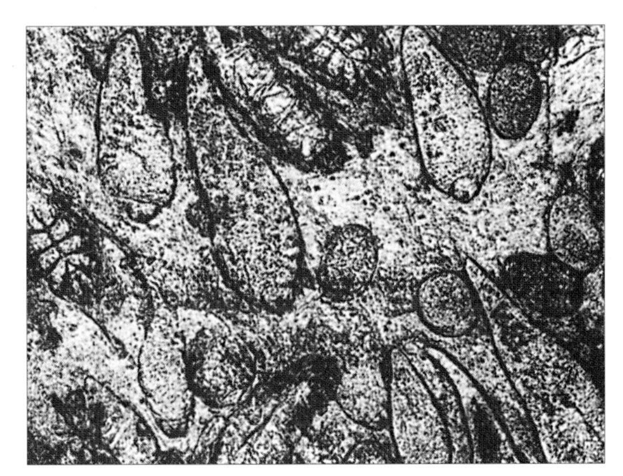
图3-14-1　毛囊中有大量成虫、幼虫和若虫

4.安息香酸甲苯合剂　取安息香酸甲苯33毫升，软肥皂16克，95%酒精51毫升，充分混合，涂擦患病部位。间隔1小时后，再涂擦1次。

蠕形螨除寄生于皮肤和皮下结缔组织外，还可能寄生于其他组织，故治疗过程中，特别是伴发感染时，必须兼用局部疗法与全身疗法相结合，需辅以青霉素等抗菌疗法。

【预防措施】发现奶牛患病后，首先应进行隔离，并及时治疗。对被病牛污染的场所和用具等，可用3%～5%滴滴涕消毒。搞好牛舍周围的环境卫生，注意通风，保持干燥；注意奶牛体表的卫生，不要让粪便、泥土等污染皮肤。

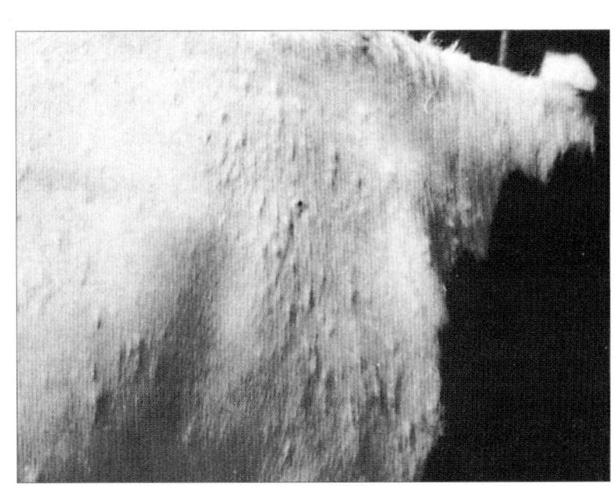
图3-14-2　病牛全身密发结节，特别是肩部和颈部

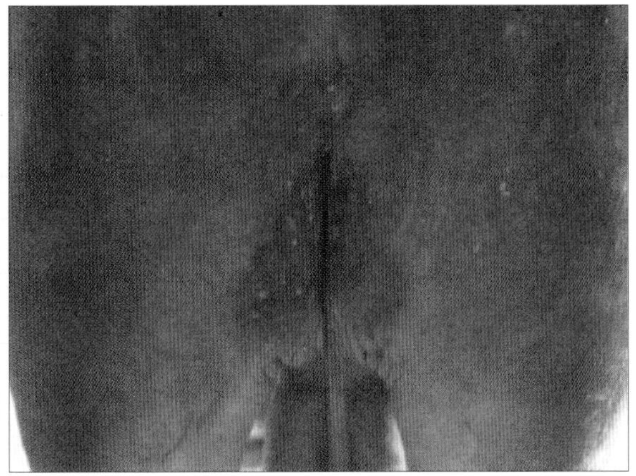
图3-14-3　病牛的股部有大量的结节，呈粉刺状

图3-14-4　白毛部有许多小结节，其中含有虫体和灰白色坏死物，呈痤疮状

图3-14-5　在颈部融合的结节内含有不同发育阶段的虫体（箭头所示）

第四章

奶牛常见的内科病

一、口　　炎

（Stomatitis）

口炎是口腔黏膜炎症的总称。口炎分类很复杂，一般按病理变化可分为卡他性口炎、纤维素性口炎、纤维素性坏死性口炎和化脓性口炎；按发病原因可分为机械性口炎、物理性口炎、化学性口炎和生物性口炎等；按有无传染性可分为传染性口炎和非传染性口炎；按发病的先后顺序又可分为原发性口炎和继发性口炎。

奶牛的口炎在临床上通常采用最后一种分类。一般而言，原发性口炎多是单纯性的局部疾病；继发性口炎常是全身性疾病的口腔病征。

【发病病因】 原发性口炎多起因于粗糙的草料、异物、化学物质的损伤，如吃食大麦芒、茅草、枯硬蒿秆、腐蚀性药物(芳香氨酯、水合氯醛、强酸强碱、汞、碘化物等)，粗鲁地应用开口器、胃导管，口颊蓄留腐败的反刍物，消化不良(瘤胃积食、胃肠卡他等)，齿病和咽炎等也可损伤口黏膜而引发口炎。

继发性口炎多见于传染病，作为这些疾病的一个症状而出现。如蜂窝织炎性口炎，是黏膜下层深部的创伤感染；坏死性口炎又称犊白喉，是坏死杆菌感染的结果；舌部损伤而感染放线杆菌者，称为“木舌病”；小疱性口炎由病毒引起，是口蹄疫、小疱性或水泡性口炎的并发症；溃疡性口炎多见于牛病毒性腹泻－黏膜病、牛瘟、丘疹性口炎和恶性卡他热等疾病；霉菌性口炎曾发现由白霉感染，与饲草发霉有关系，类似小疱性口炎。

【临床症状】 患原发性口炎的病牛采食和咀嚼障碍，不愿吃食，特别是过热、过冷或粗硬的饲草或饲料。口腔黏膜发红、增温、肿胀（主要是黏膜下疏松组织水肿）、疼痛（图4−1−1）。水肿严重时，黏膜上皮变为暗灰色，缺乏光泽，腺体分泌增强，病牛大量流涎（图4−1−2）。当病牛的口腔发生烫伤或化学药口烧伤时，常形成水泡性口炎，小水泡可融合成大水泡，因病牛咀嚼摩擦水泡易于破裂，之后形成糜烂和溃疡（图4−1−3），使局部易于继发感染，如化脓、坏死等，使病情复杂化。另外，强酸或强碱类所造成的口腔黏膜坏死，其色泽很不一致，常达咽部黏膜的深层，坏死组织脱落后则残留糜烂或溃疡。当病牛发生糜烂性口炎（黏膜上皮的浅表性坏死）时，病变范围的大小和形状不等。糜烂面若处于清洁的环境中，则多易于迅速愈合。否则会继发感染，发展到固有层形成溃疡性口炎（图4−1−4）。溃疡面常覆盖有灰绿色或浅灰黄色粥状坏死痂，溃疡边缘隆起。这种溃疡可发生在唇、口角、颊部和舌黏膜，若炎症波及齿槽时，牙齿可松动脱落。当犊牛换齿时，可因齿列不整（图4−1−5）、采食障碍而引起卡他性口炎。

患继发性口炎的病牛，不但口腔病变严重，而且伴有明显的发热、贫血和消瘦等全身性症状

(图4–1–6)。

【诊断要点】 原发性口炎的病变一般集中在口腔，不伴明显的全身症状，多不具有传染性。继发性口炎的全身性症状多明显，病牛不但有口炎的变化，而且伴有其他的症状，由病原微生物引起者，常见明显的传染性，而且口腔病变较重。

【治疗方法】 治疗口炎的要点是先给病牛柔软饲料和清洁冷水，改善饲养方法，再针对口腔的病变程度对症施治。一般轻度炎症如卡他性口炎，可用1%食盐水、0.1%雷佛奴尔、0.1%高锰酸钾、2%～3%硼酸等弱消毒液冲洗口腔；有糜烂及溃疡者，可用0.5%强蛋白银、2%明矾等消毒收敛剂溶液冲洗口腔，溃疡面涂布碘酊甘油、龙胆紫或1%磺胺甘油混悬液；有全身症状者，可应用抗生素及磺胺类药等抗菌消炎。

对于继发性口炎，在对口腔进行治疗的同时，应着力于治疗原发性疾病，并注意对病牛实施隔离。

【预防措施】 原发性口炎多与饲养管理有关，要注意齿病、舌伤、器械损伤、化学损伤、饲料和饲草质量，必要时对饲料和饲草应予以适当处理加工。继发性口炎多属于传染病的并发症，要注意饲养管理、消毒隔离工作，借以杜绝传染病的发生。

图4–1–1　病牛的口腔黏膜红肿、热痛

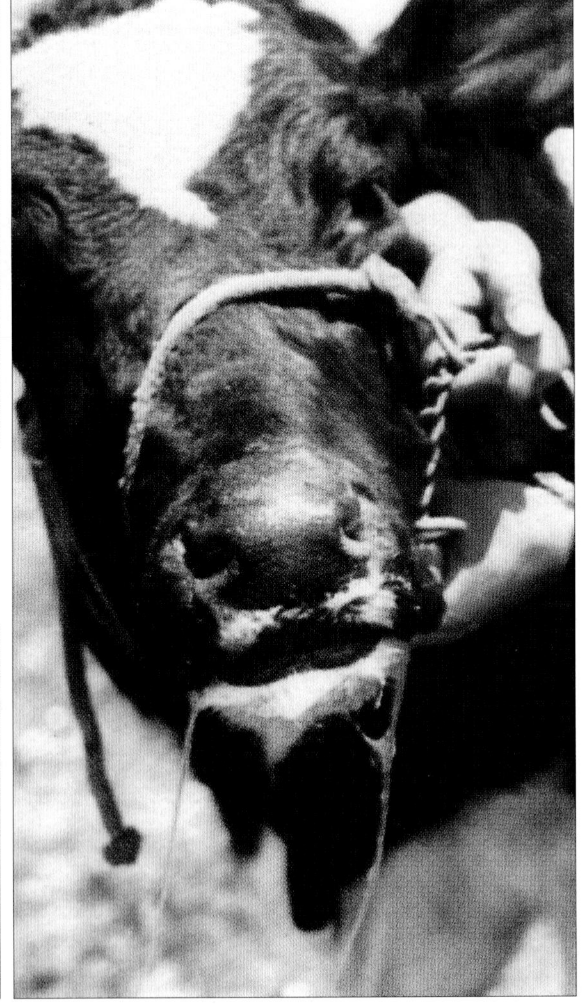

图4–1–2　病牛口流大量泡沫样涎液

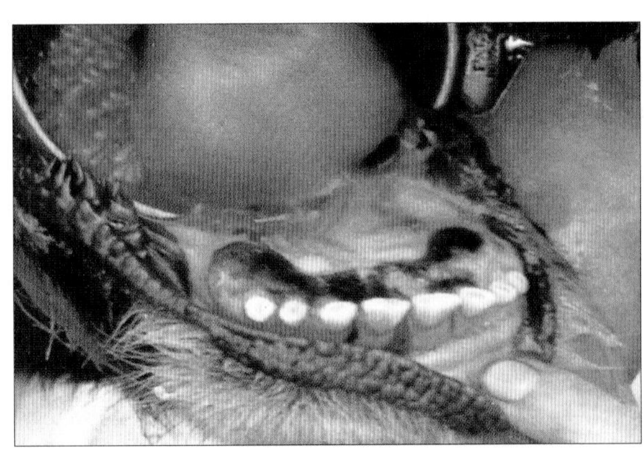

图4–1–3　口腔发生糜烂和溃疡

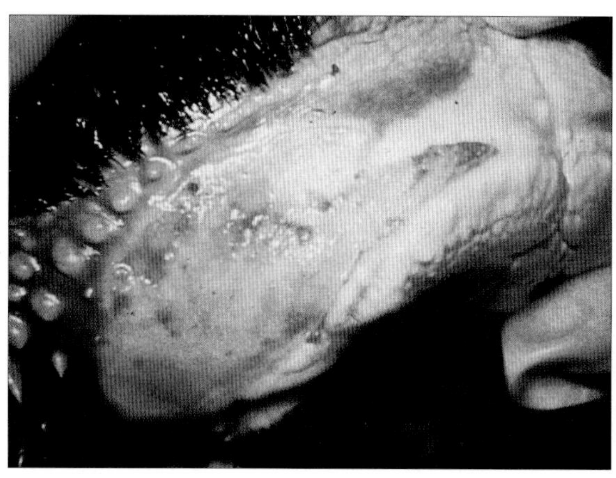

图 4-1-4　水泡聚集，破裂后形成糜烂和溃疡

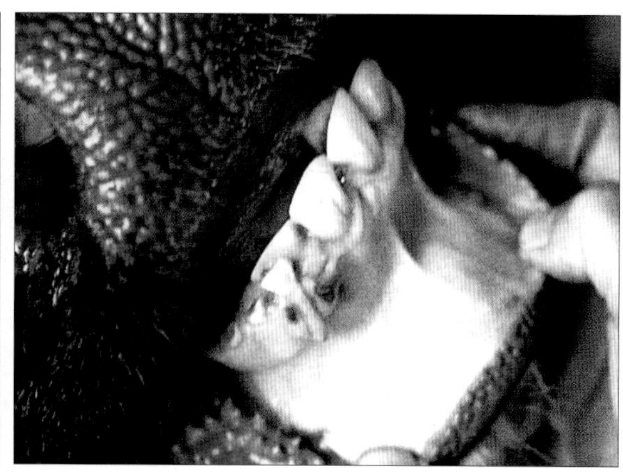

图 4-1-5　换齿性卡他性口炎

图4-1-6　继发卡他性口炎的病牛因采食障碍和发热而消瘦

二、食管阻塞

（Oesophageal obstruction）

食管阻塞又称食道梗阻，俗称草噎，是食管内腔突然被食物团块或异物所阻塞；临床上以吞咽障碍，流涎，反流并发瘤胃臌胀等为特征。本病多发生于奶牛，按其病程可分为完全性阻塞和不完全性阻塞；按其部位可分为咽部食道阻塞、颈部食道阻塞和胸部食道阻塞。

【发病原因】 本病发生的主要原因是由于病牛吞食过大的块状饲料，如萝卜、甘蓝头、马铃薯、甘薯块、玉米棒、带刺的植物球、未打碎或未浸软的豆饼块等所致；也可因饲料内混入砖、石、金属异物、玻璃片等异物也可引起；特别是病牛因饥饿贪食、采食过急、偷食或饲喂过于干燥和粗糙的饲料时，更易发病。

另外，本病也可继发于某些疾病，如牙齿缺损、食道麻痹、食道狭窄、食道炎症、食道憩室和脑部肿瘤等疾病。

【临床症状】 病牛在饲喂前一切正常，在采食的过程中突然停止吃食，头颈伸直，摇头晃脑，惊恐不安（图 4-2-1），不断咀嚼，口腔和鼻腔大量流涎。食道和颈部肌肉发生痉挛性收缩，并伴有吞咽或哽噎动作，发生强迫性短咳（图4-2-2）。几番吞咽或试以饮水后，随着一阵阵颈项挛缩和咳嗽发作，从鼻或口腔流出人量混有草渣或食糜的鼻液或唾液（图4 2 3）。

当食管完全阻塞时，病牛采食、饮水后立即从口腔和鼻腔漏出或不久又反流出来，地上的饮水器中可见大量泡沫样唾液（图4-2-4）。由于食管不通，嗳气停止，所以既可见到流涎，又能见到瘤胃臌胀及呼吸困难。若食管发生不完全阻塞，或是由不规则形的饼块、块根植物或某些异物阻塞时，病牛则能部分地咽下唾液及流质饲料，也能部分地嗳气。

阻塞的部位不同，临床上也有不同的表现。当颈部食管阻塞时，可在左侧颈部外方摸到硬的梗塞物（图4-2-5）；如为胸部食管阻塞，常在阻塞部位的上方食管积满唾液，触压能感到波动。用胃导管插入检查时，当到达阻塞部位就有受阻感；若强行进管时，病牛则表现出疼痛不安的症状，若阻塞物被捅入瘤胃，则流涎立即消失，病牛也变安静。值得注意的是，有些带刺的植物球，当牛采食时，它在食道肌肉的主动扩张和收缩过程中而进入瘤胃，但当病牛倒嚼时，从瘤胃进入食道后则导致阻塞。这种阻塞常不易被诊断。剖检时可见到带刺的植物球，植物球刺伤食道黏膜而引起阻塞。这种阻塞的上部食道通常没有明显的病变，而下部食道则常见化脓性炎性反应（图4-2-6）。

应该强调指出：当阻塞物为金属或玻璃片时，常能引起食道局部的炎症，甚至造成食道穿孔或周围组织的蜂窝织炎，在进行食道探查前应弄清病性，切忌盲从。

本病一般无明显的全身症状，但随着病期延长有时可出现眼窝下陷、皮肤弹性下降等全身性脱水症状；如继发严重的瘤胃臌胀，则出现呼吸困难、黏膜发绀和心跳加速等症状；如食道发炎严重时，还可能有发热症状。

【诊断要点】 根据本病特殊的临床症状、颈部阻塞物的观察和用胃管探诊等手段，一般即可确诊。诊断本病时应注意与咽炎、瘤胃臌胀、流涎性疾病(口炎、舌伤、齿病、肉毒梭菌毒素中毒、狂犬病、破伤风等)和其他食管疾病(食管痉挛、食管扩张等)相互区别。

【治疗方法】 本病的治疗目的是将阻塞物取出或送入瘤胃内；治疗的要点是润滑管腔，缓解痉挛和清除阻塞物；常用的治疗方法是首先用水合氯醛等镇痛解痉药灌肠，并用1%～2%普鲁卡因溶液混以适量石蜡油或植物油灌入食道，然后再依据阻塞部位和阻塞物性状选用下列方法进行处置。

1. *左侧施压法* 当发现奶牛发生食道阻塞时，应立即停止饲喂，可试用缰绳从左侧颈部穿过两前肢间，并将缰绳的末端缠绕在右后肢系部，适当收紧缰绳，使病牛的头向左侧后下方弯曲，接着把缰绳拴系在右后肢系部，反复牵引病牛做上下坡运动，如此，阻塞物即可自动地移送到瘤胃。

2. *开口取出法* 主要用于咽后或上部食道的阻塞。例如，当阻塞物在咽或咽后不远的食道，可以装着开口器，在固定确实的情况下，用手或长臂钳子伸入咽部把阻塞物取出。若阻塞物在颈部食管，且为坚硬圆滑的块根饲料时，可用胃管灌入少量食用油或液状石蜡作润滑剂，接着沿左侧食管向上挤压阻塞物，待挤压到咽头附近，再从口腔内取出。在开口取出阻塞物的过程中，如果病牛反应强烈不易进行时，可配合局部或全身麻醉。

3. *送入瘤胃法* 当胸部食道阻塞时，可先肌肉注射盐酸氯丙嗪（每千克体重1～2毫克）后，用较粗硬的胃管插入食道直达阻塞部，灌入少量液状石蜡，然后给胃管体外的一端连接打气筒或泵式灌肠器，借助于打入的空气和水的压力，迫使食道暂时扩张，令阻塞物不断后送，直至送入瘤胃。此时的操作需注意，不应使空气和水的压力过大过猛，以防止发生食道破裂。

若阻塞物为圆滑或干硬的饼块，阻塞的部位在食道下端，特别是接近贲门部时，可用胃管灌入250～500毫升曲酒或黄酒，将食团冲散，然后用食道探子缓缓送入瘤胃。

在送入阻塞物的处理过程中，若发现病牛的食管痉挛，可用5%普鲁卡因溶液20～50毫升灌入食道，使之松弛。当食道完全阻塞而发生严重的瘤胃臌胀，影响呼吸和心脏的活动时，应首先施行瘤胃穿刺术放气。

4. *手术取出法* 阻塞物过大，经上述处理无效，或当食道阻塞的异物为金属、玻璃或锐利的物品时，不宜强行拉取、按摩或推送，以防止食管破裂。此时，常需利用食管切开术来取出异物。

【预防措施】 牛的生理特点决定了其吃草料时，咀嚼不细，常常误将混在草料中的块根、饲料块或粗硬的异物吞入，由此而导致食道阻塞。因此，为了防止本病的发生，饲喂牛的块根饲料应切小，饼块类精料宜浸软弄碎，干草类的饲料应仔细挑选从中去除小砖块、硬土块、玻璃片、铁丝等异物。同时，冬春季节要给奶牛补充适量的矿物质，防止其发生异食而吞入异物。

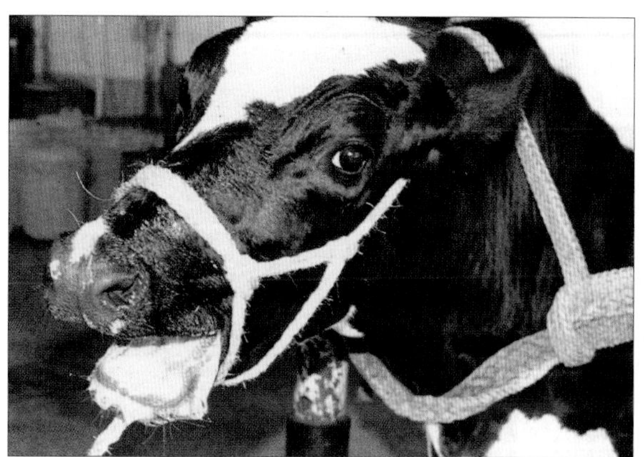

图4-2-1 病牛头颈伸直，反复咳嗽，惊恐不安

图4-2-2 病牛口流涎，出现强迫性短咳的症状

图4-2-3 病牛口流大量泡沫样涎液

图4-2-4 病牛饮水后，从鼻孔流出大量泡沫样液体

图4-2-5　病牛食道的下2/3处梗塞，颈胸部肿胀，咽下困难

图4-2-6　带刺的植物球引起食道入胃端的阻塞

三、瘤胃积食

（Impaction of rumen）

瘤胃积食又称瘤胃食滞、瘤胃阻塞，是由于瘤胃充满多量饲料，超过正常容积而引起的。临床上以食欲废绝，反刍停止，胃体积过大而腹痛，瘤胃正常的运动机能紊乱，脱水和酸中毒为特征。本病是奶牛的常见多发病，发病率约占前胃疾病的2%～18%，多发生于早春至晚秋季节，病情严重时可导致死亡。

【发病原因】 瘤胃积食可分为原发性和继发性2种。

原发性瘤胃积食的主要原因是过食，如贪食过量的适口性好的青草、苜蓿、红花草、甘薯、胡萝卜等饲料，特别是饥饿后大量采食或偷食以及突然变换饲料，采食过量干硬易膨胀的精料，如豌豆、豆饼和大麦等；饲料品质低劣，不易消化，在瘤胃内浸软，不能及时后送，加重了瘤胃的负担，如过食含大量豆角皮、麦秸、稻秆，特别是半干枯而坚韧的甘薯藤、花生藤、黄豆秸等粗劣饲料，既不利于反刍又不利于消化，从而导致积食。另外，饮水不足、饲料缺钙或钙磷比例不平衡以及奶牛的运动不足，均可促进本病的发生。

继发性瘤胃积食主要是由于其他疾病所致，常继发于前胃弛缓、瓣胃阻塞、创伤性网胃炎、皱胃阻塞、变位、扭转等疾病过程中。

【临床症状】 轻度和中度积食时，病牛的体温、脉搏和呼吸等没有明显变化，主要全身性表现为：病牛精神不安，目光凝视，拱背站立，表现出腹疼症状。食欲、反刍减少或停止，嗳气减少，流涎而不舐鼻。奶牛的泌乳量减少。特征性症状是病牛的腹围增大，左腹部隆起，中下部增大，背腰拱起（图4-3-1），不时努责，不断排出少量软稀的粪便，后期排粪减少或停止。病牛头向后躯左顾右盼，后肢踢腹，磨齿，摇尾，呻吟，站立不安，有明显的疼痛感，时欲卧下，卧地时通常取右侧横卧，短暂卧下后又马上起立。

腹壁外或直肠内触诊时，瘤胃内容物多呈捏粉样或坚实呈砂袋样（这与积食的饲料类型有关），伴发瘤胃臌胀时则有弹性感，病牛有疼痛反应。个别病例瘤胃内容物黏硬或坚硬如石，压不留痕。腹部膨胀，瘤胃背囊有一层气体，穿刺时可排出少量气体和带有腐败酸臭气味混杂泡沫的液体。听诊时瘤胃蠕动音减弱或微弱，严重时完全停止。叩诊时可闻及浊音，如伴发瘤胃臌胀，则可听到鼓音。

严重的积食，特别是伴发瘤胃臌胀时，病牛还出现呼吸困难、心跳加快、第二心音减弱、黏膜发绀、体表静脉淤血等症状。此时，奶牛完全停止产乳。有的病牛卧地不起或步态蹒跚，张口呼吸，呼出的气味酸臭（中毒性瘤胃炎）。有的病牛迅速衰弱，脱水，运步无力，臀部摇晃，四肢颤抖，有时卧地不起。发生酸中毒时可呈现昏迷症状，视觉反应迟钝或消失，呼吸加深，皮温不整，特别是末梢部位发凉或体温降低。这是病情危重的症状。

继发性胃积食常伴发瘤胃臌胀，病牛的食欲时好时坏，进行性消瘦。

【病理特征】 死于本病的牛，外观左腹部明显膨大，触之有坚硬或面团感。剖检，特征性的病变是瘤胃过度膨满（图4-3-2），扩张，切开后有大量泥状食物流出（图4-3-3），或有硬固的食物留于瘤胃内。倒去胃内容物，见瘤胃黏膜呈暗黑色，大量脱落而被覆于硬固的食物表面（图4-3-4）。

【诊断要点】 一般根据病牛有过食的生活史，且出现典型的瘤胃积食症状（腹围膨大、呼吸困难、可视黏膜发绀和腹痛等），听诊瘤胃蠕动音减弱或停止，触诊瘤胃内充满食物，即可确诊。

【类症鉴别】 诊断本病时应与以下疾病相互区别。

1.前胃弛缓　病牛的食欲和反刍减退，瘤胃内容物呈粥状，不断嗳气，排出酸臭的气体，间歇性瘤胃膨胀。

2.急性胃臌气　病牛的病情发展急剧，肚腹膨胀，瘤胃壁紧张而有弹性，叩诊可闻及鼓音。常伴有明显的血液循环障碍，呼吸困难。

3.创伤性网胃炎　病牛的精神沉郁，头颈伸展，不愿运动；站立时，病牛喜前高后低姿势，运动时愿走上坡路，走下坡路时步幅变小，非常小心，有明显的疼痛反应。本病常伴发周期性瘤胃臌气。

4.皱胃阻塞　本病的特点是瘤胃积液，下腹部膨隆，右下腹部皱胃区触诊时，可感知有黏硬的内容物，病牛有疼痛反应。

【治疗方法】 治疗本病的基本原则是：增强瘤胃神经的兴奋性，促进瘤胃内食物后送和防止机体脱水及酸中毒。

治疗瘤胃积食时，首先令病牛绝食，给予大量饮水，同时在肷部由轻到重（用力要适当，均匀）地按摩瘤胃，每次20分钟，每天2～3次。也可在病牛的口腔横衔木棒，反射地引起瘤胃蠕动，促进反刍和嗳气。也可用酵母粉500～1 000克，1日2次分服，具有良好的消食化积作用。

药物治疗的主要原则是泻下、促进瘤胃蠕动和止酵，防止酸中毒；必要时可结合强心补液等措施。泻下、止酵和促进瘤胃蠕动的药物可选用：一是硫酸钠400～600克，稀盐酸30毫升，马钱子酊20毫升，加水4 000～6 000毫升，用胃管一次灌服，必要时可隔日再灌服1次。二是液状石蜡500～1 000毫升，硫酸镁400～500克，来苏儿15～20毫升，加水4 000～6 000毫升，用胃管一次灌服。对过食谷物的病例，宜用植物油1 000～3 000毫升、陈皮酊50～100毫升一次灌服，之后灌服适量温水。投服泻药后，再给予促进瘤胃兴奋的药物，如毛果芸香碱0.05～0.2克，或新斯的明0.01～0.02克皮下注射，借以兴奋前胃神经，促进胃内容物运化。但怀孕母牛与患心脏功能不全的病牛忌用神经兴奋药。

此外，按病因疗法通常用10%氯化钠溶液100～200毫升静脉注射；或先用1%食盐水洗涤瘤胃，再用促反刍液，即10%氯化钙溶液100毫升，10%氯化钠溶液100毫升或20%安钠咖注射液10～20毫升，静脉注射，借以改善中枢神经系统调节功能，增强心脏活动，加强胃肠蠕动和促进反刍。

对出现酸中毒症状的病牛，可先用碳酸氢钠30～50克内服，每日2次，再用5%碳酸氢钠溶液，每次300～500毫升，或11%乳酸钠溶液200～300毫升，静脉注射，借以缓解酸中毒。过食豆类或豆科植物的病例，当呼吸急促、全身抽搐时，为防止碱中毒，宜用复方氯化钠注射液，静脉注射，同时内服稀盐酸20～40毫升或食醋250毫升。

对严重积食的病例，在用药物治疗无效的情况下，应及时进行瘤胃切开手术，取出其中的内容物，同时应对网胃中金属异物进行探测与摘除。

【预防措施】 要建立良好的饲养管理制度，防止奶牛过食。要定时饲喂，防止奶牛贪食；不能突然更换饲料，防止奶牛对新饲料不适应而引起消化机能紊乱；不宜单纯饲喂如病因中所列的那些饲草，这类饲草须与其他饲草混合(所谓“花草”)，或事先给予加工调制。另外，还要给奶牛充足的饮水和充分的运动。

图4–3–1 病牛瘤胃运动废绝，腹部膨大，背腰拱起

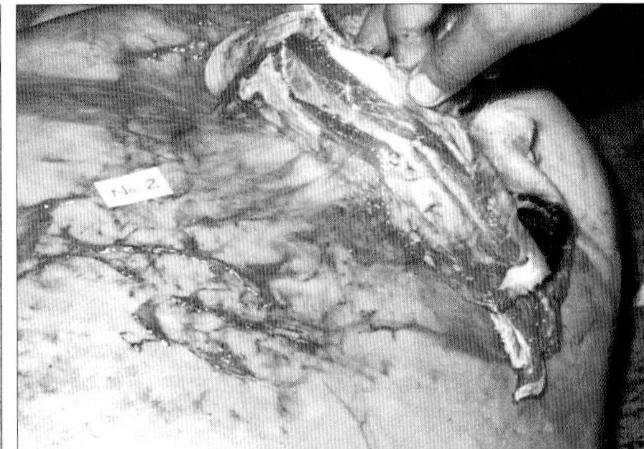

图4–3–2 膨大扩张的瘤胃

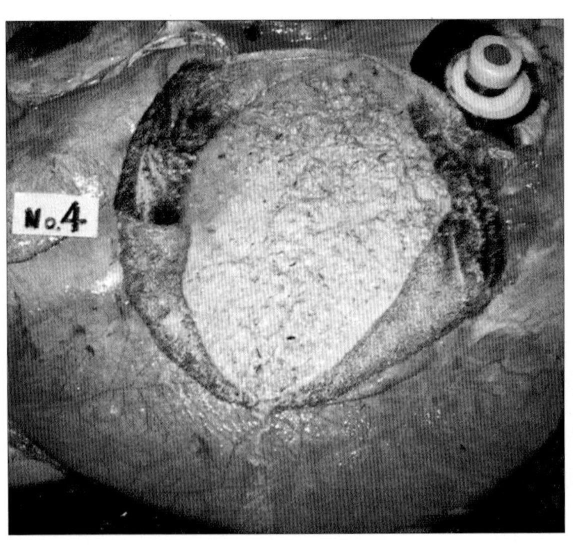

图4–3–3 切开积食的瘤胃，内容物呈泥状，胃黏膜呈黑褐色

图4–3–4 瘤胃黏膜呈暗黑色，容易剥离

四、瘤胃臌气

(Ruminal tympany)

瘤胃臌气又称瘤胃膨胀，是由于胃内饲料急性过度发酵，产生大量气体而使瘤胃体积迅速扩张的一种疾病；临床上以瘤胃过度膨胀、嗳气受阻、呼吸困难及黏膜发绀为特征。

【发病原因】 引起本病的原因有原发性和继发性2种。

1.原发性原因　主要由于采食大量容易发酵的饲料；吃入品质不良的青贮料，腐败、变质的饲草，冷冻的马铃薯、萝卜、甘薯等块状类饲料，过食带霜露雨水的牧草等，都能在短时间内迅速发酵，在瘤胃中产生大量气体。特别是通过一冬舍饲干草的奶牛，在开春后开始饲喂大量肥嫩多汁的青草时最危险。如果给奶牛饲喂了大量新鲜的豆科牧草如豌豆藤、苜蓿、花生叶、三叶草等，由于这些鲜草中含有丰富的皂角甙、果胶等，可产生一种所谓泡沫性臌气，治疗比较困难。若奶牛误食某些麻痹瘤胃的毒草，如乌头、毒芹和毛茛等，常可引起中毒性瘤胃臌气。另外，饲料或饲喂制度的突然改变也易诱发本病。

2.继发性原因　继发于某些疾病之后，是该疾病的一种临床症状。瘤胃臌气常继发于食管阻塞、麻痹或痉挛，瓣胃弛缓和阻塞，皱胃阻塞、溃疡和扭转，创伤性网胃炎，瘤胃与腹膜粘连(由于瘤胃反复穿刺、腹壁创伤等)，慢性腹膜炎，网胃与膈肌粘连，奶牛纵隔淋巴结肿大(结核病)等。

【临床症状】 本病一般呈急性发作，奶牛于采食时或采食后不久随即发生。病牛拱背呆立，反刍停止，站立不安，惊恐；出汗，脉搏、呼吸加快；结膜充血，角膜周边血管扩张，但体温一般正常。病初，病牛频频嗳气，随后，嗳气完全停止，表现出回视腹部、摇尾踢腹、起卧不安等腹痛症状。继之，腹围逐渐地或迅速地增大，以左肷窝部最明显，有时左肷部的突起可超过脊背以上（图4-4-1）。病牛先频频努责，可排出少量稀软的粪便，后则排便停止。触诊时，腹壁紧张而有弹性；叩诊时，可闻及高亢的鼓音；听诊时，可听到瘤胃蠕动音初期强，以后转弱，最终完全消失，偶尔可闻及金属音。泡沫性膨气时，病牛常有泡沫状唾液从口腔逆流出或喷出。瘤胃穿刺时只能断断续续地排出少量气体，同时瘤胃液随着胃壁收缩向上涌出，放气困难。

瘤胃臌气严重时，病牛呼吸困难，黏膜发绀，静脉和毛细血管淤血怒张，脉搏细弱无力，心音亢进，第二心音微弱，心跳疾速（每分钟可达120次以上），惊恐不安，眼球突出，全身出冷汗。病牛最后多站立不稳，皮温不整，常突然倒地抽搐而死亡。

慢性瘤胃臌气多是继发症状，瘤胃臌气多呈进行性或周期性发生。病情弛张，时而消胀，时而胀大，奶牛常于采食或饮水后发生短期的轻度或中度的气体性臌气，瘤胃收缩力正常或减弱。本病发展缓慢，病程可达几周，甚至拖延数月，往往发生间歇性便秘和腹泻。随着病程的延续，病牛逐渐消瘦、衰弱（图4-4-2），奶牛的泌乳量显著减少或完全停止。此时，须注意原发性疾病的检查，如食道麻痹、瓣胃弛缓、创伤性网胃炎和结核病等。

【诊断要点】 对于原发性瘤胃臌气，一般可根据病牛采食的品质，发病较快及特殊的临床症状，如腹围膨大，肷部变平或突出，叩诊可闻及鼓音和血液循环障碍，呼吸困难等表现即可确诊。继发性瘤胃臌气发生得较慢，多呈间歇性、反复发生，通常伴有食管麻痹或创伤性网胃炎等疾病。

【治疗方法】 治疗本病的基本原则是：诱发排气，制止发酵和促进内容物排出。

1.诱发排气　诱发瘤胃内气体排出的常用方法是瘤胃按摩，即用拳头强力按摩瘤胃，每次进行10～20分钟，同时将病牛站在前高后低的斜坡地上，以便气体排出。也有在病牛口内衔一根短的木棍，木棍两端拴好细绳，结扎在角根后固定；或用一束稻草或麦秸，通过牛口，结扎在下颌上，以便牛口张开，舌头不断地运动而利于嗳气。

但对急性病例或有窒息危险时，必须进行急救治疗，常用套管针瘤胃穿刺放气（图4-4-3）。瘤胃穿刺的套管针应固定在腹壁上较长时间，缓慢放气，待气体放完时再拔出。如果没有套管针，也可插入胃导管放气（图4-4-4）。如果瘤胃内气体过多时，放气应是间歇性的，不能过快放气，以免引起脑贫血而导致更为严重的后果。

2.制止发酵　制止瘤胃内容物发酵主要是有针对性地选用一些防腐发酵的药物。这些药物既可内服，也可于穿刺放气后，将之直接注入瘤胃。

常用的制酵药有：来苏儿、克辽林（10～25毫升）、鱼石脂10～15克（溶于50～100毫升酒精）、松节油20～30毫升，以上药物各溶于300～500毫升温水中内服。也有灌服氧化镁50～100克的水溶液，或镁乳(8%的氢氧化镁混悬液)，或新鲜澄清的石灰水1 000～3 000毫升，取得了较好的疗效。

此外，民间常用烟叶150克，加食用油300克，混合后一次灌服。或用臭椿皮或叶捣碎投服。或萝卜籽300克、大蒜头120克，捣烂加麻油150克，同调灌服。有的用熟石灰120克、豆油300克灌服，也能收到较为理想的疗效。

对泡沫性臌气，即由于病牛突然采食大量青嫩豆科牧草，瘤胃内发酵产生的小气泡常附在饲料草渣的表现，而不能上浮到瘤胃上部融合成大的气体层，从而形成泡沫性瘤胃臌气。此种臌气即便是用套管针放气效果也不佳。此时应投服聚合甲基硅油和松节油等，促使小气泡脱离其所附着的草渣，上浮并融合于瘤胃上部，再行放气的效果就更好。如果已插入套管针放气，则在拔出前可经套管针筒注入松节油-鱼石脂-酒精合剂(“制酵膏”)100～200毫升，有利于泡沫性臌气的消除。很多兽医主张对泡沫性嗳气应用豆油(或花生油)200～300毫升，混水后充分振摇投服。

3.促进内容物排出　促进瘤胃内容物迅速排出的常用药物有2类：一是泻剂，二是瘤胃神经兴奋剂。常用的泻剂有硫酸镁（钠）、液状石蜡和人工盐等。兴奋瘤胃神经的药物，常用陈皮酊、龙胆酊、稀盐酸、姜酊、辣椒酊等。此外，拟胆碱药如毛果芸香碱、新斯的明等也有加强前胃蠕动的作用，但由于这些药的作用是多方面的，因此，对重症病例、体弱病牛应慎用。

4.对症治疗　对心力衰竭、呼吸困难的重危病牛，在进行输液的同时，应配合强心剂和呼吸兴奋剂等药物进行抢救。

对继发性瘤胃臌气，除采取上述治疗措施外，还应积极诊治原发性疾病。

【预防措施】　制定合理的饲养管理制度是预防本病的关键。饲养管理人员应加强责任心，了解本病发生的基本知识，避免在有露水或霜雪的牧草地放牧；防止短时间内过多给奶牛饲喂大量的青嫩牧草，尤其是豆科牧草，如紫花苜蓿、青豌豆以及薯类、甜菜等。禁止饲喂发霉变质的饲料，即便是轻度发霉的饲料也不能饲喂。若将奶牛从舍饲转变为放牧饲养时要有一个适应性过度阶段。

图4-4-1　病牛的左肷部膨满、隆突

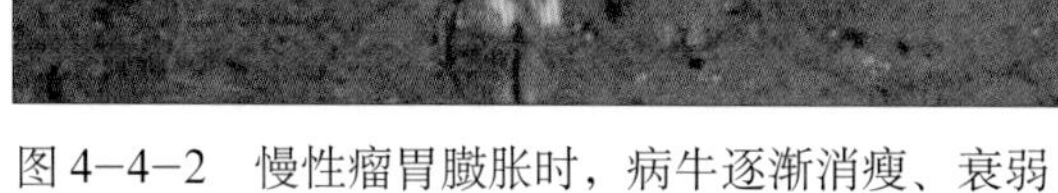

图4-4-2　慢性瘤胃臌胀时，病牛逐渐消瘦、衰弱

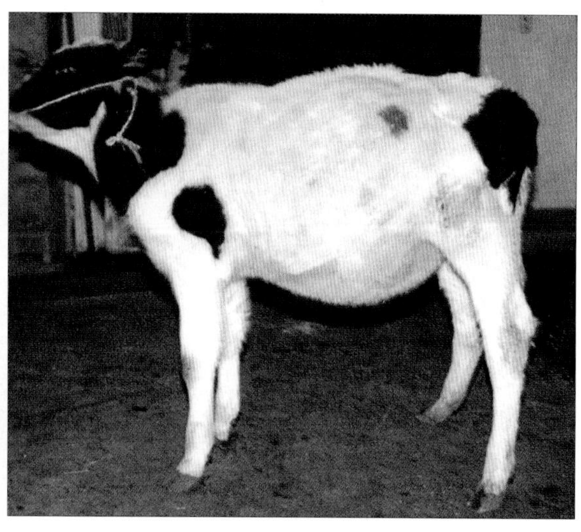

图4-4-3　从左肷部刺入套管针而放气

图4-4-4　由胃导管从膨胀的瘤胃中将气体和食物导出

五、创伤性网胃腹膜炎

（Traumatic reticuloperitonitis）

创伤性网胃腹膜炎俗称“铁器病”，是由于金属或尖锐异物混在饲料中被奶牛吃入后而引起的创伤性网胃-腹膜炎。异物向前方由网胃刺伤横膈膜时，称为创伤性网胃-膈膜炎；若再向前刺入心包时，则叫创伤性心包炎；其他比较少见的是刺伤肺脏、肝脏和脾脏，引起相应器官的炎症。临床上病牛以胸壁疼痛、消化不良、间歇性臌气，以及白细胞升高等为特征。

【发病原因】 本病的发生与饲料本身质量没有关系，而是由于饲料中混有金属异物所致。牛采食时很少挑剔，用舌头卷裹起大量草料入口，而且不经仔细咀嚼就吞咽下去。因此，异物很容易随饲料吞入胃内而引起本病。

吞入的金属异物是引起本病的主要原因。金属异物最常见的是铁丝、铁钉，有时是发针、编织针和缝针等。金属异物混入饲料中的途径是多种多样的，在精饲料中，糠饼常混有铁钉、螺丝等金属异物；在饲草中，城市郊区、工厂区内割的草中也常混有这类金属异物，特别是捆扎干草用的或由摊晒场地混入干草中的铁丝，未能仔细取出，在铡草过程中被切断成两寸左右两头尖锐的铁丝，成为最危险、最常见的致病因素。另外，附近工厂仓库等散落的金属异物；牛舍场地堆放的废铁及女饲养员的发夹、做活用的编织针和缝针等，均可成为本病发生的原因。

当金属异物随同饲料吃入后并坠入网胃，由于网胃收缩运动，腹压增高(例如母牛妊娠后期，分娩时的努责，奔跑，跳跃，过食之后，瘤胃臌气等)，致使金属异物刺入网胃壁或造成胃壁穿孔，并发局部性或弥漫性腹膜炎。另外，当病牛营养不良、矿物质不足或不平衡，维生素A、维生素D缺乏时，引起消化机能紊乱，可促进本病的发生。

【临床症状】 当金属性异物游离存在网胃时，通常不出现症状，有时可引起慢性前胃弛缓，表现出间歇性发作的创伤性消化不良。当异物刺伤、穿透胃壁引起胃炎时，一般依据细菌的致病力、刺伤的严重程度、个体的敏感性以及瘤胃积存饲料的数量不同，其症状的严重程度也有很大的差别。

一般情况下，病初，病牛采食、反刍、泌乳量均正常，但当网胃一经发生穿孔，吃食就突然减少，反刍少而不自然，泌乳量骤然大幅度下降。病牛精神沉郁，头颈平伸，呆立呻吟，步态迟缓，不愿走动。此时，在饲养管理方面又找不出非常的原因，这往往是发生本病的提示。

不同姿势的运动障碍是诊断本病的重要症状。病牛多取站立姿势，不愿轻易地移动位置，有时勉强躺卧，但躺卧时动作十分小心，先用后肢屈曲坐地，然后前肢轻轻跪地，慢慢地躺卧。一经躺卧后再也不愿站立，如欲强迫站立，病牛先用前肢爬起，形成所谓的“马起卧式”。站立后，背腰拱起，全身肌肉，尤其是前躯肌肉紧张，肘肌震颤，肘头外展（图4–5–1）。少数病例还有踢腹、四肢集聚于腹下等腹痛症状。胸壁叩诊，病牛常躲避；剑状软骨区触诊，有明显的疼痛反应。当牛群由牛舍驱入运动场时，病牛总是迟迟走出，而当牛群驱回牛舍时，病牛又总是最后走进。在一般情况下，病牛行走缓慢，不敢大步或快步行走。欲牵到斜坡地上行走，上坡时似乎比较轻快，但在下坡时则小心翼翼。遇沟渠、障碍物等，则踌躇不前，亦不敢做急转弯或跳跃等动作。观察呼吸常见有屏气现象。观察反刍，常见低头伸颈，食团逆呕，进入口腔极勉强而不自然。排粪时病牛拱腰举尾，不敢努责。

当尖锐金属异物穿透网胃前壁、膈肌直至心包腔或心肌时，可引起创伤性网胃－心包炎。此时病牛心搏亢进，心音高朗，心动过速，呼吸浅表，心区触痛，心包摩擦音或心包胸膜摩擦音等心肺刺激症状。继之，心搏和脉搏细弱，或不感于手，心音模糊，心浊音区明显，并开始出现颈静脉膨隆增粗如索状，胸前的垂皮浮肿等心功能不全体征（图4–5–2）。用X线进行胸部检查时，常能发现刺入心包的铁钉等异物（图4–5–3）。

本病的全身性症状主要是体温升高，多数病牛可升高1～2℃，呈稽留热（体温变化，一般仅在穿孔后1～3天内表现明显，而随着时间的延长，变化多不明显）。脉搏增数（80～100次/分），呼吸浅表，多呈胸式呼吸。口腔流涎，不舐鼻，反刍次数锐减。常继发前胃弛缓、瘤胃积食和轻度臌气等症状。粪便干而量少，呈暗黑色，表面覆盖黏液，有时发现潜血。腹腔穿刺时有浑浊的炎性渗出液。随着病程的延长，病牛明显消瘦，严重脱水，眼球塌陷，结膜黄染（图4–5–4），皮肤干燥，弹性减退，捏起的皱襞不易恢复（图4–5–5）。

本病的血像变化较为明显，血液检查，白细胞总数增加，常在每立方毫米10 000以上，有的可高达14 000，其中嗜中性细胞可增高至45%～70%，而淋巴细胞则下降至30%～45%。奶牛若病情严重时，淋巴细胞与嗜中性细胞比率倒置，即原先正常时为1.7∶1.0，病时则反转为

1.0∶1.7，伴有显著的淋巴细胞变性及嗜中性细胞核左移现象。

另外，当金属异物取道各种不同方向转移并损伤肺脏、肝脏、脾脏和膈肌等器官时，则出现相应器官的症状和病变。当金属异物刺入肺脏，可导致创伤性肺炎，呈现支气管罗音，呼出的气体有腐败臭味；刺入脾脏，则导致败血症、高热及多发性化脓性关节炎；刺入肝脏，能导致消瘦，贫血、黄疸、慢性臌气；刺入胸壁的侧方或下方，则导致胸壁外部脓肿形成，或由于膈肌破裂，导致膈疝，呈现间歇性臌气，心脏移位，心音位置转移，呼吸困难。

值得指出，这些并发症的出现，使得原发性网胃创伤的疼痛症状往往一过即逝，而为另一些更为严重的病症所取代。

【病理特征】 病理剖检，常见网胃内存有或多或少的金属异物，如铁钉、针或铁丝（图4-5-6）等，有的刺进网眼皱襞，或刺入胃壁中，局部有出血或炎性反应。当网胃壁有浅表性损伤时，可以迅速愈合，留下白色的疤痕（图4-5-7）；损伤重时可留下较大的疤痕或硬结。若刺穿胃壁而使深层组织损伤时，则可导致局部化脓或脓肿形成（图4-5-8）。当瘘管形成时，可见周围结缔组织增生，形成脓腔或干酪腔，其中包埋有铁钉或铁丝等异物（图4-5-9）。当胃壁穿孔，可形成局限性或弥漫性腹膜炎，腹腔有少量或大量纤维蛋白，致使部分或全部腹腔内器官相互粘连（图4-5-10）。慢性病例常见网胃与邻近器官形成瘘管（图4-5-11）。

创伤性网胃炎常常继发创伤性心包炎和心肌炎，早期多呈浆液纤维素性心包炎，但因伴有细菌随同异物侵入心包，所以很快就转变为浆液纤维素性化脓性心包炎。眼观，心包增厚，扩张而紧张。心包腔中蓄积多量污秽的纤维素性化脓性渗出物（图4-5-12），其中混杂气泡，放出恶臭。心外膜被覆厚层污浊的纤维素性化脓性渗出物，形成绒毛心（图4-5-13）。剥离渗出物后，心外膜浑浊粗糙，充血并有出血斑点，有时在心尖、心脏左侧或右缘可发现尖锐的异物或创伤（图4-5-14），严重时可见到贯穿心脏的铁丝（图4-5-15）。此外，创伤性网胃-心包炎，常引起网胃与膈及心包粘连，并在异物穿刺的经路上由于肉芽组织增生面形成化脓性瘘管（图4-5-16）。

【诊断要点】 根据病史和临床症状，即病牛在饲养管理无改变的情况下突然发病，并出现急性前胃弛缓、瘤胃积食甚至伴发轻度臌气，同时具有特殊的腹痛的表现，如运动时小心缓慢，愿走上坡路，下坡时步态拘谨，有明显的疼痛反应；肘部肌肉紧张，肘头外展；网胃和膈肌区敏感试验阳性等，即可做出初诊断。

对网胃和网胃膈肌区施行敏感试验的方法有：将鬐甲部皮肤捏紧向上提举，或捏压鬐甲部；在剑状软骨部网胃区用拳头向上顶压或用扛抬压；沿膈肌至剑状软骨部进行重力叩诊；投服前胃兴奋剂或注射交感神经兴奋药，若患创伤性网胃-腹膜炎时，病牛的病情加重。

值得注意：诊断本病时应注意到一些特殊变化，例如，有些病例可在发病之后1～3天而突然自行好转；也有些病例在自行好转若干天后又突然复发；有些病例一经发病就持续恶化下去直至死亡；也有些病例未见恶化即转入创伤性心包炎，出现心包摩擦音或拍水音，下颌和胸前水肿及颈静脉明显怒张等症状。

【治疗方法】 治疗本病通常采用2种方法，即保守疗法和手术疗法。

1.*保守疗法* 又称“站台疗法”，通常用于发病的初期，是在早期确诊的基础上应用的。其方法是：令病牛绝食数天，保证饮水；垫高病牛前躯所站立的床位；内服缓泻剂如液状石蜡等，促使前胃的内容物向后移动排出；伴发瘤胃臌气时可同时投服止酵剂；应用抗生素或磺胺类药物消除炎症；必要时可注射葡萄糖、维生素等营养药物；疼痛剧烈时可酌情应用镇静、止痛药如安乃近、安溴合剂等。据报道，大部分初发性病例如此治疗均可恢复。

2.手术疗法　主要用于病程较长，确断较迟，已发生腹膜炎或与其他器官发生粘连的病例。手术的方法是：施行瘤胃切开术，用手经瘤胃从网胃中取出异物。

由于这种网胃性腹膜炎严重影响全身状况，并且其病理变化是不可逆的，手术的成功与失败不决定于手术的本身，纵使手术成功地取除金属异物并获得创伤的第1期愈合，但这种病牛在以后还将严重地影响泌乳能力，同时在手术后必然还需特殊护理及一个较长阶段的使用抗生素及补液疗法，这在经济上也是一种较大的花费。因此，对发病较长的奶牛，一般做淘汰处理，而无须再进行手术。

【预防措施】 预防本病必须采取经常性的综合措施，减少金属异物被牛采食的机会。

1.拣拾异物　经常清除牛场周围环境中的金属异物；兽医注射针头、缝针、发针、别针等如果在牛房内遗失，务须全力以赴地找到；奶牛场内最好设置若干金属废品收集箱，发动群众，随时清除所碰到的废铜烂铁。

2.搜寻异物　饲料加工过程中，注意防止金属异物的混入；要警惕从矿区收割的饲草和油饼糠糟的饲料，有条件时，最好应用电磁吸引器剔除饲料中混存的金属异物；粉料及谷类饲料可进行筛滤，饲草宜轧短，并在饲喂前最好通过电磁筛去铁器异物。

3.定期普查　对奶牛群定期用金属控测仪进行普查，每年应进行1～2次，做到初发病，早诊断，及时治疗；也可借助金属异物吸取器将存在网胃的铁器吸引出来。

图4-5-1　病牛精神不振、脱水，背腰拱起，前躯肌肉紧张，肘头外展

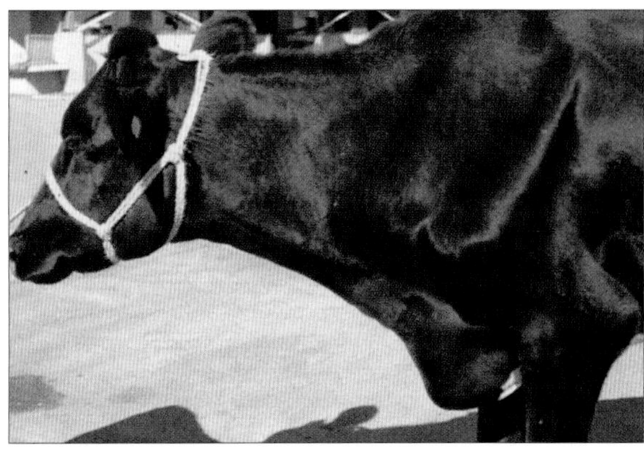

图4-5-2　病牛的胸垂浮肿，颈静脉明显怒张

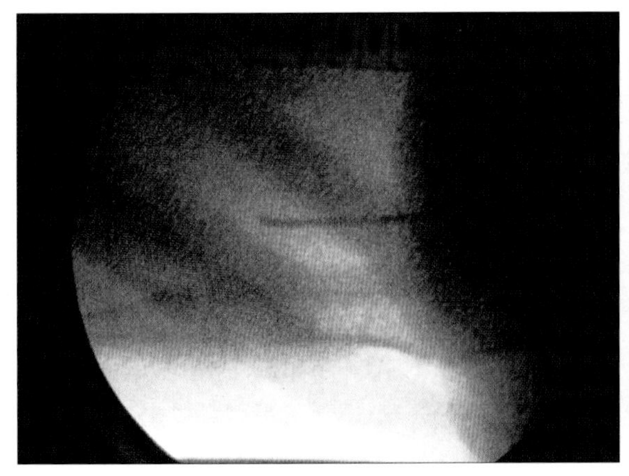

图4-5-3　胸部X线透视，发现刺入心脏的铁钉

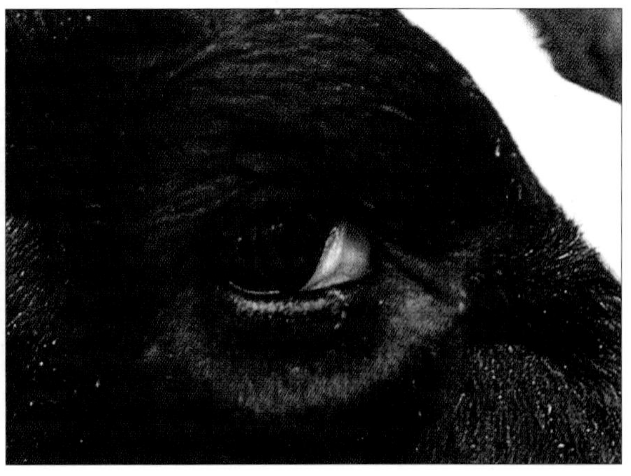

图4-5-4　病牛严重脱水，眼球塌陷

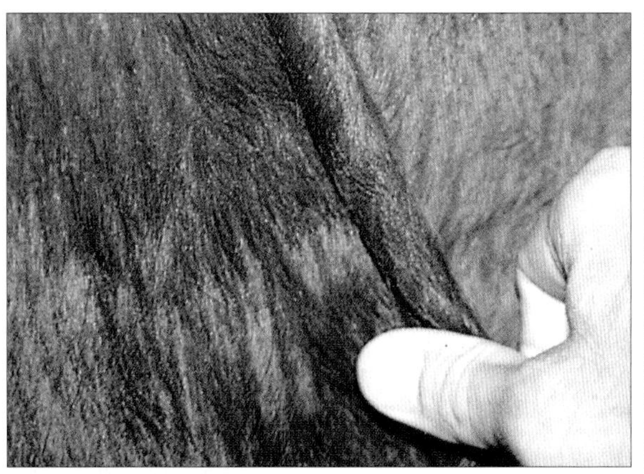

图4-5-5　病牛皮肤干燥，捏起的皱襞不易恢复

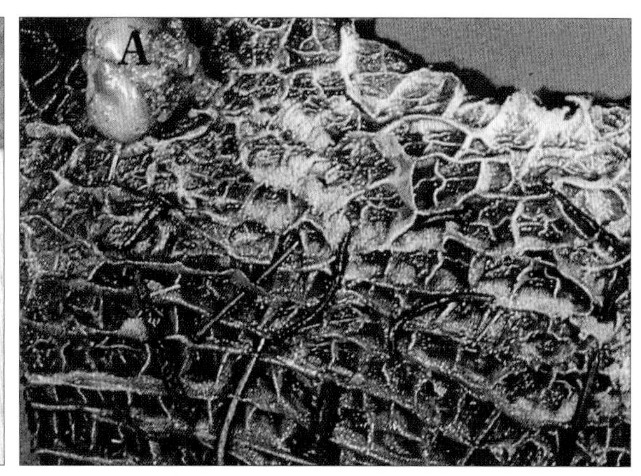

图4-5-6　网胃内有许多刺伤胃壁的铁钉或铁丝，A为一纤维瘤

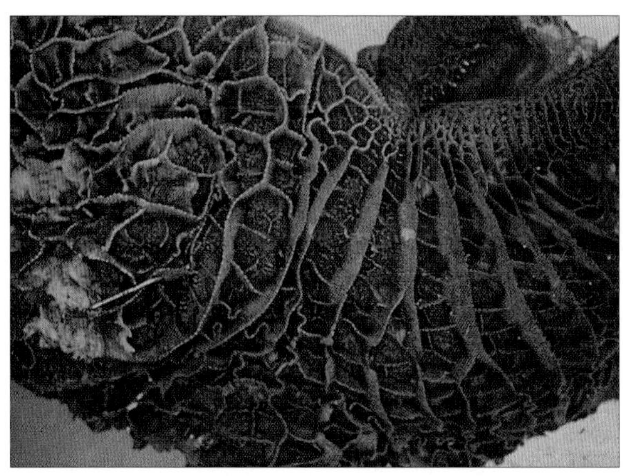

图4-5-7　左方为钉子刺入所引起的肉芽组织增生

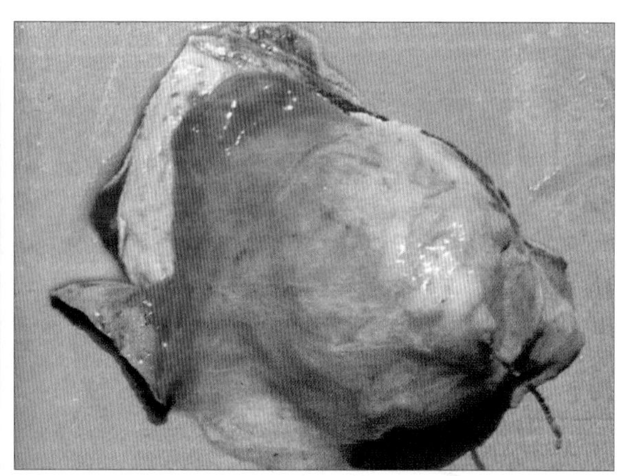

图4-5-8　瘤胃与横膈膜粘连有脓肿形成，右下侧可发现刺入的铁丝

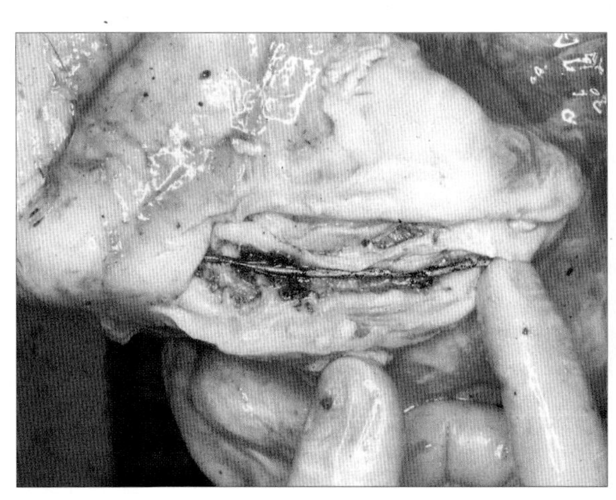

图4-5-9　第2胃和横膈膜之间形成瘘管，其中有金属片段

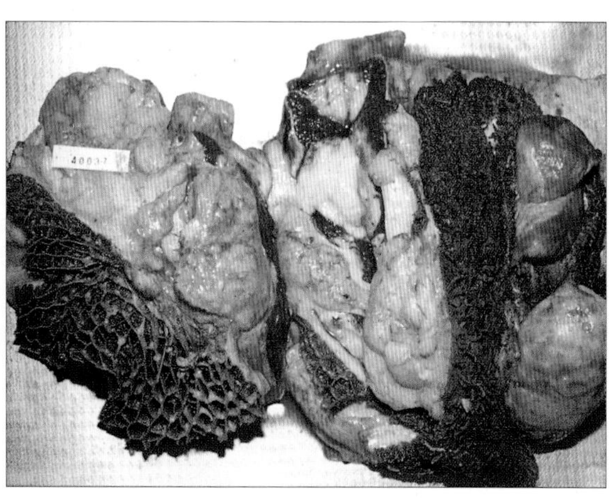

图4-5-10　网胃因异物刺入而发生化脓性增生，网胃与腹膜、脾脏和肝脏发生粘连

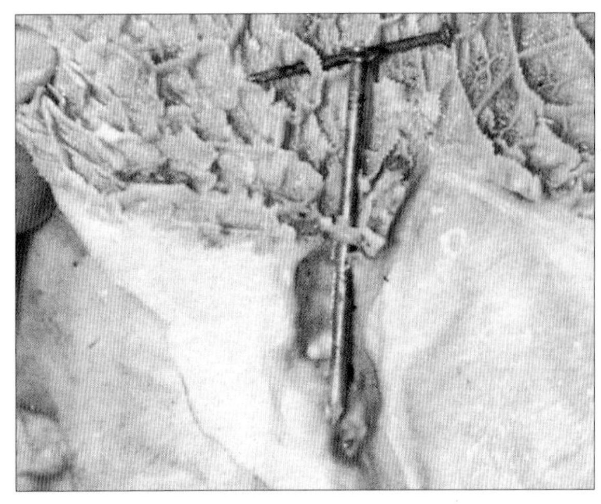

图 4-5-11　铁钉刺出瘤胃，造成横隔与瘤胃粘连和瘘管形成

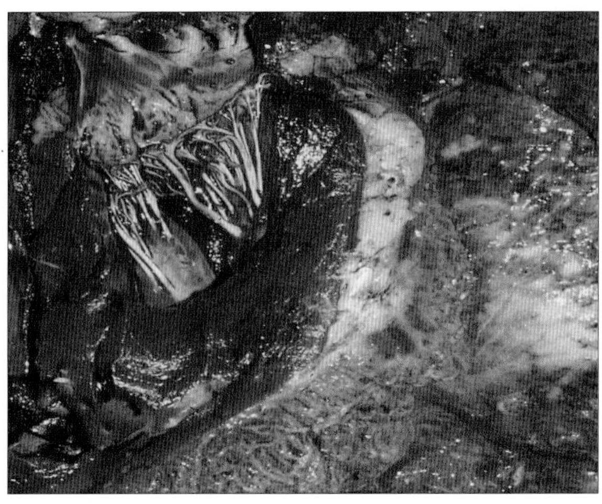

图 4-5-12　心外膜有大量绒毛，心包囊内充满淡红色心包液

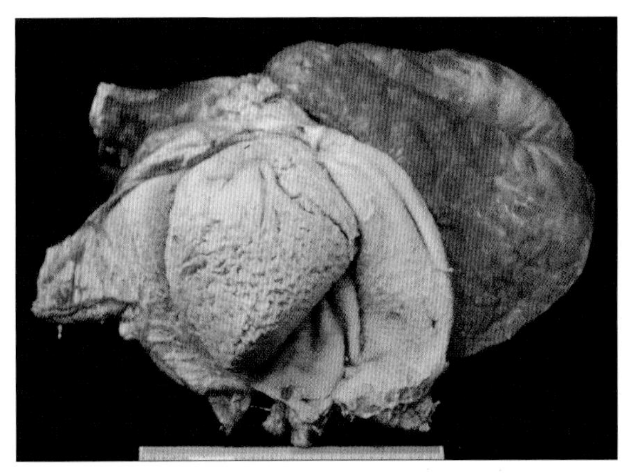

图 4-5-13　切开心，心外膜上附有厚层纤维素性化脓性渗出物，形成绒毛心

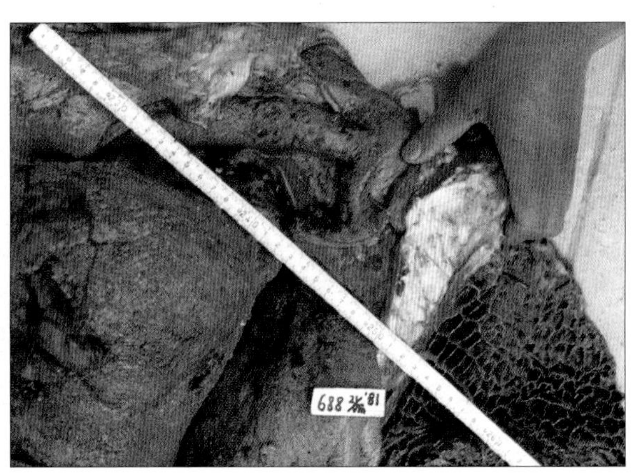

图 4-5-14　从网胃通过横隔而刺入心脏的铁针，左心后部有一创口

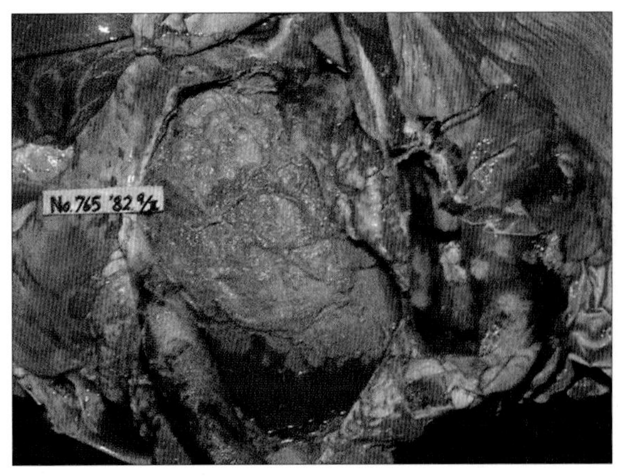

图 4-5-15　心外膜有大量纤维素被覆，心脏发现贯通性铁针

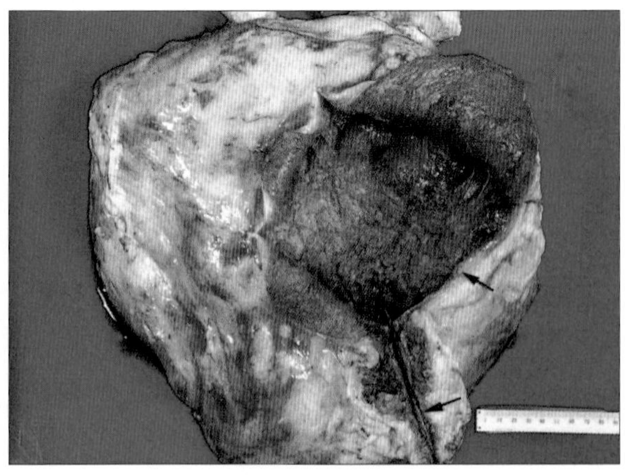

图 4-5-16　心包粘连，与心肌有一化脓性瘘管

六、腹膜炎

(Peritonitis)

腹膜炎是指腹腔的壁层和脏层（包括腹腔若干器官的被膜）的炎症，多为一种继发症或后遗症。其临床特点是腹部的敏感性增高，腹壁紧张，疼痛明显，运动障碍，腹腔积液。奶牛发生腹膜炎后病程较长，多呈慢性经过。

【发病原因】 原发性腹膜炎的病因包括腹壁创伤，透创、手术感染（创伤性腹膜炎），腹腔和盆腔脏器穿孔或破裂（穿孔性腹膜炎），寄生虫病（腹腔丝虫病）等。

继发性腹膜炎多发生于以下2种情况：一是邻近器官病变的蔓延，多见于腹腔、骨盆腔脏器炎症的扩散、菌血症或脓毒败血症的转移，以一种并发症的形成而存在。奶牛的腹膜炎多继发于创伤性网胃炎或膀胱破裂；难产、胎衣滞留、子宫炎或子宫周围炎；穿孔性皱胃溃疡或创伤；肠变位和肠阻塞、肝脓肿等；各种穿刺术后感染(如瘤胃、瓣胃、皱胃、膀胱穿刺等)。二是血源性感染，常继发于全身性传染病，如炭疽、犊牛败血症和结核病等；寄生虫病，如肝片吸虫病和弓形虫病等；腹部外科手术后的感染等。

【临床症状】 病牛的精神沉郁，体温多升到40℃以上，食欲减退，反刍减少或停止，乳量骤降。腹痛，腹壁紧张，腹围增大，伴发轻度的瘤胃胀气，胃肠蠕动减弱，粪便干小、量少。运步小心，步幅短小，拱背缩腹，回视腹部，四肢前后伸开或聚集于腹下，腹部吊起，呆立一处或呈拖行步态（尤其是在子宫性腹膜炎时）。变换体位时，颜面扰苦，发出呻吟，表现出不同程度的腹痛。

弥漫性腹膜炎时，病牛不愿移动，有时腹泻，腹部紧张性增高，呈胸式浅表呼吸。触诊腹壁，肌肉紧张、敏感，病牛常发出疼痛性呻吟。由于腹部疼痛，有采食障碍、多出汗等，从而引起脱水，常见病牛的精神不振，目光呆滞，眼球塌陷（图4−6−1）。局灶腹膜炎时，只有在准确的炎症部位上叩诊才有疼痛反应。

腹腔穿刺时，可抽出浑浊的炎性渗出物，渗出物的比重高于1.016，蛋白含量多在3%以上，细胞成分和比例也发生改变。血液学检查，白细胞数高达每立方毫米15 000以上，嗜中性白细胞比值明显偏高，且核型左移。

【病理特征】 剖检因腹膜炎而死亡的病牛，常可根据腹膜炎发生的部位和蔓延的程度而确定其发生的原因。如因创伤性网胃炎而引起的腹膜炎，常见网胃与横膈膜、脾脏、肝脏和肠管等粘连（图4−6−2）；或瘤胃及空肠和大网膜上被覆大量化脓性渗出物（图4−6−3）；病严重时，整个腹腔被纤维素性机化物覆盖，使腹腔器官发生粘连（图4−6−4）；瘤胃发生透创时，常引起慢性败血性腹膜炎，此时见胃肠黏膜粘连，表面有厚层黄白色的炎性渗出性机化物（图4−6−5）；因膀胱破裂引起的腹膜炎则见盆腔脏器及胃肠表面有大量的炎性薄膜（图4−6−6）。

【诊断要点】 一般根据本病的特殊病史和临床症状，尤其是泛发性腹膜炎时容易做出诊断，但对局灶性腹膜炎则须在观察症状和局部触诊的基础上进行鉴别诊断，如由于创伤性网胃炎引起者，除见体温、脉搏及呼吸变化外，还可有拱背、不愿移动位置、明显厌食等症状。由于肝脓肿引起者，应注意右腹壁肝区叩诊的反应，并须排除坏死杆菌病或其他疾病。由于皱胃变位或阻塞所致者，应注意粪便呈软灰色及腹壁深部的触诊反应。如怀疑皱胃穿孔，应注意松馏油样粪便及一定程度的贫血症状。

【治疗方法】 治疗本病的基本原则是抗菌消炎、纠正水盐代谢紊乱和积极治疗原发病。

腹膜炎常因多种病原菌混合感染所致，所以治疗时以广谱抗生素或多种抗生素联合使用的效果较好。抗菌消炎主要应用大剂量抗生素（如卡那霉素、庆大霉素、红霉素、青霉素和链霉素等），四环素和磺胺类药物做静脉、肌肉或腹腔注射；腹部疼痛明显时也可用0.25%普鲁卡因溶液150～200毫升做两侧肾脂肪囊内封闭，或用0.5%～1%盐酸普鲁卡因80～120毫升做胸膜外腹部交感神经干封闭或阻断。为制止渗出，可静脉注射10%氯化钙150～200毫升，每日1次，连用3～5天。

为纠正水电解质与酸碱平衡失调，可用5%葡萄糖生理盐水或复方氯化钠溶液（每千克体重20～40毫升），静脉注射，每日2次。对出现心律不齐，全身无力及肠弛缓等缺钾症状的病牛，可在糖盐水内加适量10%氯化钾溶液，静脉注射（氯化钾的总量应根据缺钾的程度来确定）。

与此同时，还应配合营养疗法，如静脉注射葡萄糖和维生素等；并进行对症疗法，如强心、利尿和缓泻通便等。腹腔渗出液蓄积过多而明显障碍呼吸和循环功能时，可进行腹腔穿刺引流。如遇有出现内毒素休克危象的病例，应视情况按中毒性休克进行抢救。

在饲养管理方面，应令病牛安静休息，不应过多地强迫其运动，饲喂易消化、营养丰富的饲料，严防受寒等。

【预防措施】 由于本病大多数属于继并发症或后遗症，因此，针对上述种种病因，以预防原发病为主。

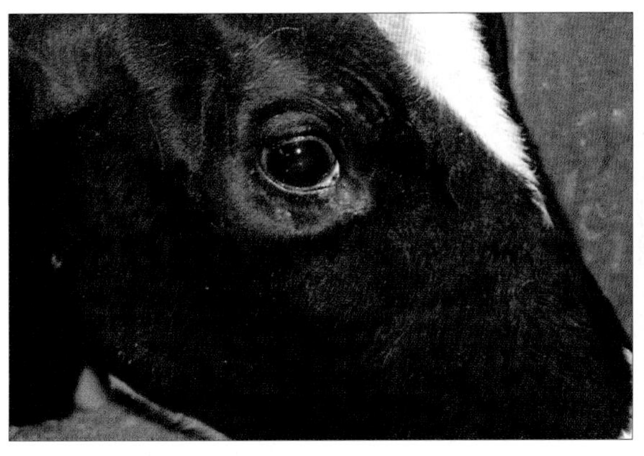

图4-6-1　分娩时子宫破裂引起的腹膜炎，病牛眼无神，脱水而眼球塌陷

图4-6-2　创伤性胃炎引起的腹膜炎，网胃与横隔等粘连

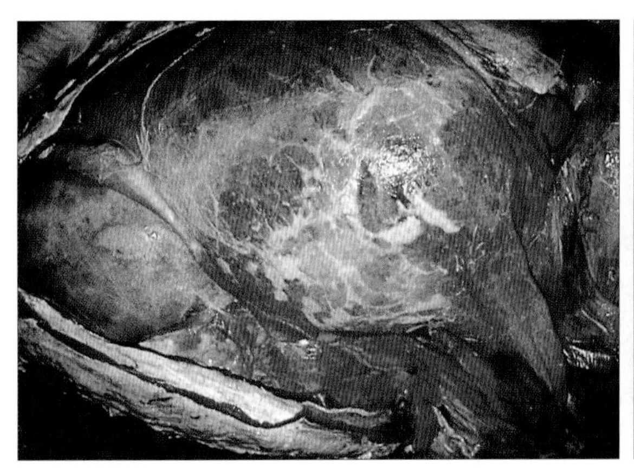

图4-6-3　腹膜和内脏（瘤胃、空肠和大网膜）被覆纤维素性化脓性渗出物

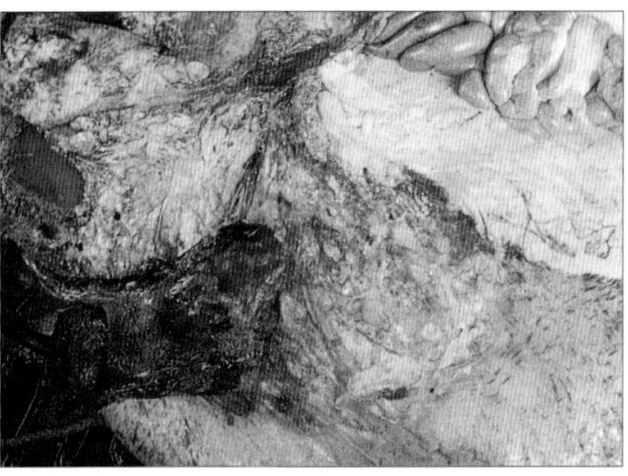

图4-6-4　创伤性胃炎引起的腹膜炎，瘤胃与脾脏和小肠等内脏粘连

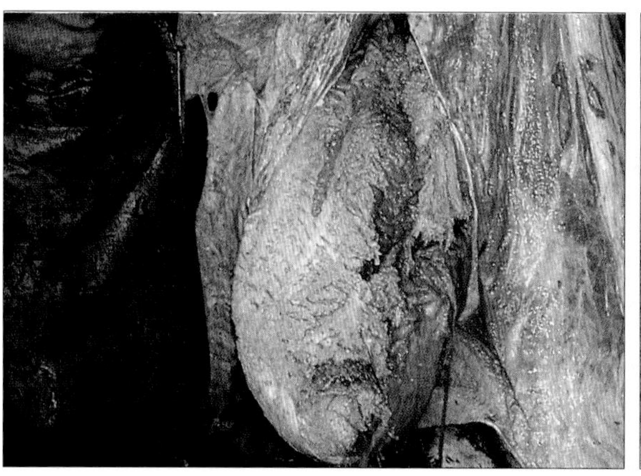

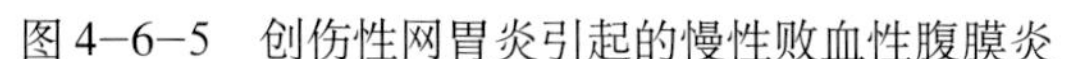
图4-6-5　创伤性网胃炎引起的慢性败血性腹膜炎

图4-6-6　膀胱破裂引起的腹膜炎，大网膜上附有大量的炎性产物

七、皱胃左方变位

（Left displaced abomasum）

皱胃左方变位是指皱胃由腹中线偏右的正常位置经瘤胃腹囊与腹腔底壁间潜在的空隙移位至并嵌留于腹腔左侧壁与瘤胃之间，是奶牛最常见的一种皱胃变位。

本病自1950年由Begg氏报道以来，临床病例报道逐年增多，但几乎只发生于奶牛，尤其是体格大而产奶量高的奶牛、4～6岁的中年奶牛和冬季舍饲期间的奶牛。大多数病例见于泌乳的早期，约80%的确诊病牛被发现于产后泌乳的头1个月之内。

【发病原因】 据认为，胃壁平滑肌弛缓是皱胃发生膨胀和变位的病理学基础，因此，皱胃左方变位的基本病因乃是各种可致皱胃弛缓的因素。常见的病因主要有以下几种：

1.优质谷类饲料　常见的玉米和玉米青贮是主要的病因学因素。因为优质谷类饲料可加快瘤胃食糜的后送速度，使进入皱胃内的挥发性脂肪酸浓度剧增而抑制胃壁平滑肌的运动和幽门的开放，结果食物滞留并产生CO_2、CH_4和N_2等气体，引起皱胃弛缓、膨胀和变位。

2.疾病因素　一些疾病，如胎衣不下、子宫内膜炎、乳房炎、创伤性网胃-腹膜炎（反射性皱胃弛缓）、低钙血症（液递性皱胃弛缓）、皱胃深层溃疡（肌源性皱胃弛缓）以及迷走神经性消化不良（神经性皱胃弛缓）等，均容易引起皱胃左方变位。实验证明，代谢性碱中毒也可引起皱胃弛缓而使排空速度减慢。据观察，奶牛体内的酸碱平衡有季节性变化，高产奶牛从夏季后开始向偏碱的方向改变，冬季精料舍饲期碱性最强，春季开始放牧后，又向偏酸的方面转变。

3.机械因素　奶牛的妊娠子宫随着胎儿的逐渐增大而沉坠，机械性地将瘤胃向上抬高及向前推移，使瘤胃腹囊与腹腔底壁间出现潜在的空隙，皱胃沿此空隙向左方移位，分娩后瘤胃又复下沉，致使移位的皱胃嵌留于瘤胃和左腹壁之间。值得指出，机械性因素只是皱胃左方变位发生的一个条件，而其发生的前提、根本原因或病理学基础还在于各种原因引起的皱胃弛缓、积气和膨胀。

当妊娠期间由于膨大子宫从腹底将瘤胃抬高，并使皱胃向前向腹腔左侧推移到瘤胃左方，而当分娩时，由于子宫娩出胎儿，重力突然解除，瘤胃乃突然下沉，将游离的皱胃推挤到瘤胃的左方，同时又因皱胃含有大量气体，进一步向上方移动，最后使皱胃卡在瘤胃与左侧腹壁之间。但大多数病例并无妊娠，这可能与过食精饲料导致皱胃弛缓有关。母牛高产、败血性乳房炎和子宫炎、消化不良、生产瘫痪、酮病等也可导致皱胃弛缓。公牛交配时或母牛发情时爬跨其他母牛，使皱胃位置暂时抬高而随后下降可为一种诱因。

【临床症状】 病牛通常在分娩后数日或1～2 周，虽然体温、脉搏和呼吸多在正常范围内，但食欲减损并偏食，不愿吃精料或干草，反刍减少、延迟、无力或停止，泌乳量急剧减少或逐渐下降。由于能量代谢处于负平衡，病牛的体重迅速减轻，形体明显消瘦，并出现继发性酮病，呼出气带烂苹果味，尿液检查有酮体。

本病的特征性症状主要见于消化系统。瘤胃运动减弱、短促以至绝止，排粪迟滞或腹泻，有的便秘与腹泻交替。粪便呈油泥状、浆糊样，潜血检查多为阳性。病情严重时则排出黏液性血便（图 4–7–1）。一般情况下病牛没有腹痛症状，但当瘤胃强烈收缩时则表现呻吟、踏步、踢腹等轻微的腹痛不安；皱胃显著膨胀的急性病例，则腹痛明显（图 4–7–2），并发瘤胃膨胀。

病程较长的病牛，视诊腹围显著缩小，两侧肷窝部塌陷，右侧腹壁膨隆度变小而显得比较平坦，左侧肋弓部后下方、左肷窝的前下方出现限局性凸起（图 4–7–3），有时凸起部由肋弓后方向上延伸几乎到达肷窝顶部，该部触诊有气囊样感觉，叩诊发出鼓音。听诊左侧腹壁，可于第9～12 肋弓下缘、肩—膝水平线上下听到皱胃音（最好听取 15 分钟或更长时间，且与瘤胃发生蠕动的时间不一致），其音性为带金属音调的流水音或滴落音（玎玲音），出现频度时多时少。用手掌用力推动玎玲音明显处，可感知限局性的拍水音。用听叩诊结合的方法，即用手指或叩诊锤叩击肋骨，同进在附近的腹壁上听诊，常能在皱胃嵌留的部位听到一种类似叩击金属管所发出的共鸣音——钢管音。钢管音的区域局限，一般出现于左侧肋弓的前后，向前可达第 9、10 肋骨部，向下抵肩关节—膝关节水平线，呈卵圆形或不正形，大小和形状随皱胃所含气液的多少以及飘移的位置而发生改变。

在钢管音区域的直下部做试验性穿刺，常可获得褐色带酸臭气味的浑浊液体，pH2.0～4.0，无纤毛虫。直肠检查，可发现瘤胃比正常更靠近腹正中线，触诊右侧腹肋部有空虚感。病程数周，瘤胃体积显著缩小的，可能于瘤胃和左腹壁之间摸到膨胀的皱胃或感有圈套的空隙（可容一拳）。血液检验可证实低氯血症、碱储偏高、血液浓缩等代谢性碱中毒和脱水指征的轻度改变。

另外，慢性持续性皱胃变位时，临床症状较轻，皱胃逐渐膨满，在左肷部有较明显的突起（图 4–7–4）。

【诊断要点】 在临床上遇到分娩或流产后显现消化不良、轻度腹痛、酮病综合症的病牛，以前胃弛缓或酮病常规治疗无效或复发的除注意创伤性网胃腹膜炎外，即应考虑本病。然后反复认真地检查腹部，尤其是左腹部，并依据以下 4 项示病体征确立诊断。

（1）注意左肋弓部后上方的限局性膨隆，触之如气囊，叩之发鼓音。

（2）肋弓部后下方冲击式触诊可感到有拍水音。

（3）在 9～12 肋间、肩关节水平线上下，运用听叩诊结合法寻找钢管音，并确定钢管音的区域，圈定其形状和范围。

（4）在圈定的区域内长时间听诊，获取玎玲声。

在上述腹部示病体征不齐全时，可辅以直肠检查和超声诊断（显示液平面）进行确诊。

【治疗方法】 治疗本病常用的方法有3种：即保守疗法、滚转复位法和手术整复法。

1.保守疗法 即通过静脉注射钙制剂、皮下注射新斯的明等拟副交感神经药和投服盐类泻剂，以增强胃肠的运动性，消除皱胃弛缓，促进皱胃气液的排空和复位。

2.滚转复位法 其实施方法是：饥饿病牛数日并限制饮水，尽量使瘤胃变小；将牛的四蹄缚紧（图4－7－5），令病牛左侧横卧，再转成仰卧；再以背为轴心，先向左滚转45度，回到正中，然后向右滚转45度，再回到正中，如此以90度的摆幅左右摇晃3～5分钟（图4－7－6）；突然停止，恢复左侧横卧姿势，转成俯卧（图4－7－7），最后站立。经过仰卧状态下的左右反复摇晃，瘤胃内容物向背部下沉，对腹底壁潜在空隙的压力减轻，含大量气体的变位皱胃随着摇晃上升到腹底空隙处，并逐渐移向右侧面而复位。据报道，应用此法可使70%的病牛康复（图4－7－8）。

以上2种方法虽然容易实施，但对皱胃发生粘连的病例则无效，且容易复发。

3.手术整复法 据文献报道，皱胃左侧变位手术整复固定共有4种方法：即左髂部切口（图4－7－9）、右髂部切口（图4－7－10）、两侧髂部同时切口及腹正中旁线切口。但这4种方法各有利弊。此介绍一种操作简易、效果确实、花费较少的手术方法。

令病牛站立保定，腰旁神经干传导麻醉，配合切口局部直线浸润麻醉。术部选择在左侧腰椎横突下方30厘米、季肋后6～8厘米处。手术的方法是：术部剃毛消毒后，做一长15～20厘米的垂直切口，打开腹腔。此时，可在切口处直视变位充气的皱胃。接着用带有长胶管的针头穿刺皱胃，并用注射器或吸引器抽吸皱胃内积滞的气体和部分液体，术者同时注意检查皱胃同周围的器官有无粘连，如有粘连即行分离。然后，术者牵引皱胃寻找大网膜并将其引至切口处，用长约1米的肠线，一端在皱胃大弯的大网膜附着部做一个褥式缝合并打结，剪去余端；另一端带有缝合针放在腹壁切口外备用。随后，术者实施复位，将皱胃沿左腹壁推送到瘤胃下方的右侧腹底正常位置处。复位准确无误后，术者右手掌心握着带肠线的缝合针，紧贴左腹壁伸向右腹底部，令助手在右腹壁下指示皱胃的正常体表投影位置，术者按助手所指示部位将缝针向外穿透腹壁，由助手将缝针刺入旁开1～2厘米处的皮下，并再穿出皮肤，引出缝合肠线，并将其与入针处留线在皮外的肠线打结固定，并剪去余线。最后，向腹腔内注入青、链霉素溶液，按常规方法闭合腹腔。术后第5天可剪断固定在腹壁的肠线，7～9天后拆除皮肤切口处的缝线。

应该强调指出：术前应禁食12～24小时，防止逆呕和瘤胃胀气。

【预防措施】 根据病因，预防皱胃弛缓，并改善分娩前后及发情时的饲养管理。

图4－7－1 病牛排出黏液性血便

图4－7－2 病牛疼痛而背腰拱起，头颈伸展

图 4-7-3　皱胃左侧变位，左侧最后肋骨部膨起

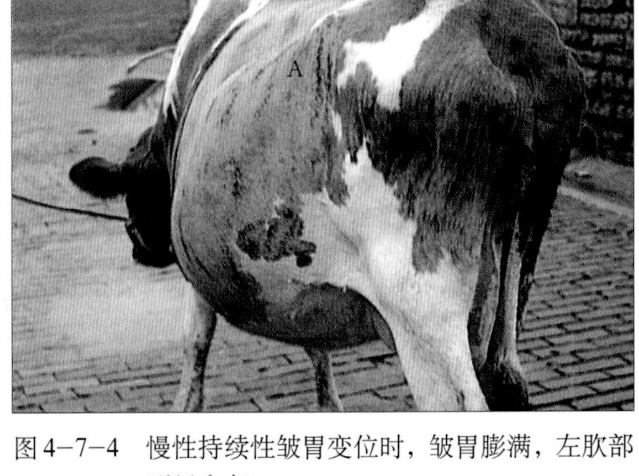

图 4-7-4　慢性持续性皱胃变位时，皱胃膨满，左肷部明显突起

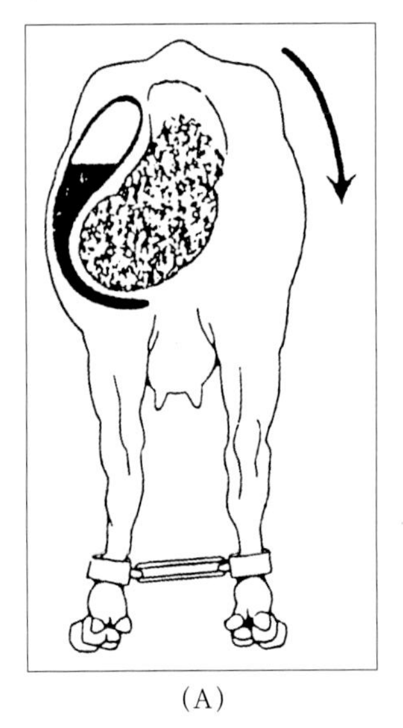

(A)

图 4-7-5　滚转法治疗皱胃左侧变位：A.胃左侧变位的状态

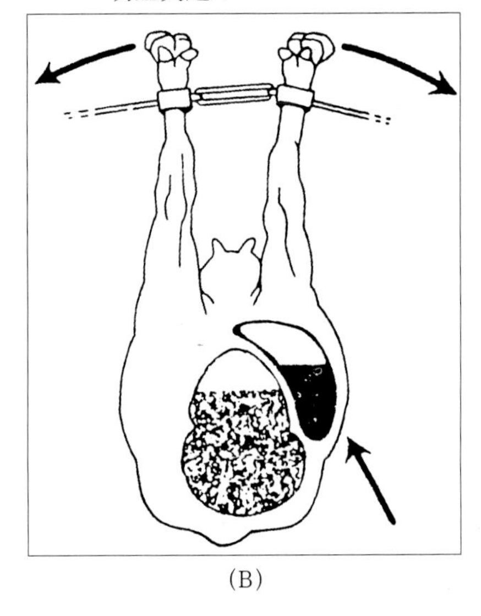

(B)

图 4-7-6　B.将病牛四肢缚紧，右侧放倒，四肢向上，左右摆动数次

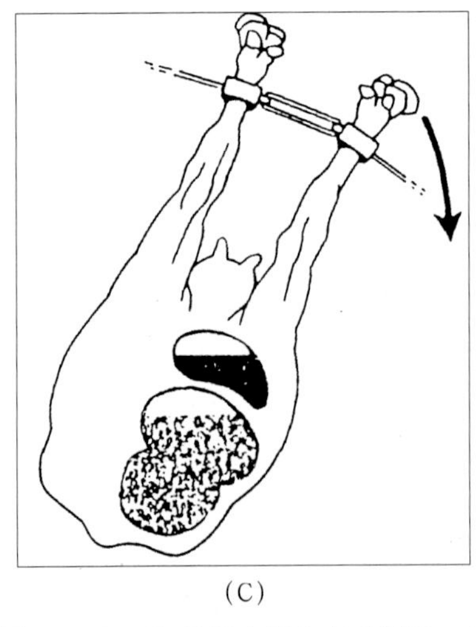

(C)

图 4-7-7　C.最后令病牛左侧倒地，放松绳索，小心帮助病牛站立

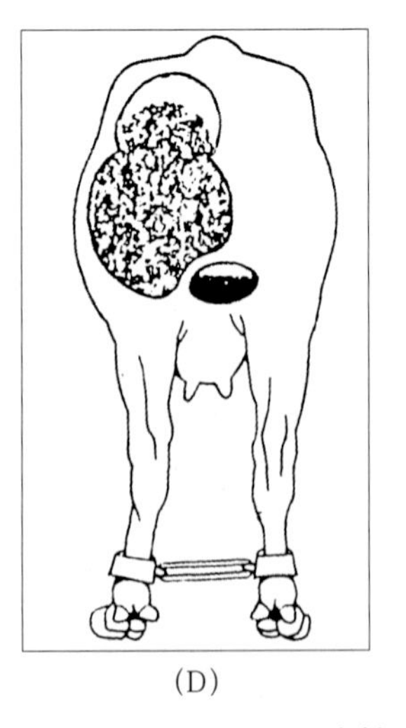

(D)

图 4-7-8　D.当病牛起立后，通常皱胃可复位

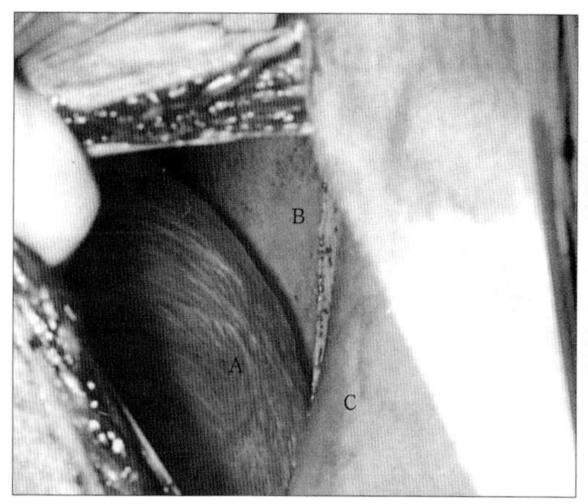

图4-7-9　皱胃左方变位，从左肷部切开即可见到皱胃（A）和脾脏（B），C为瘤胃壁

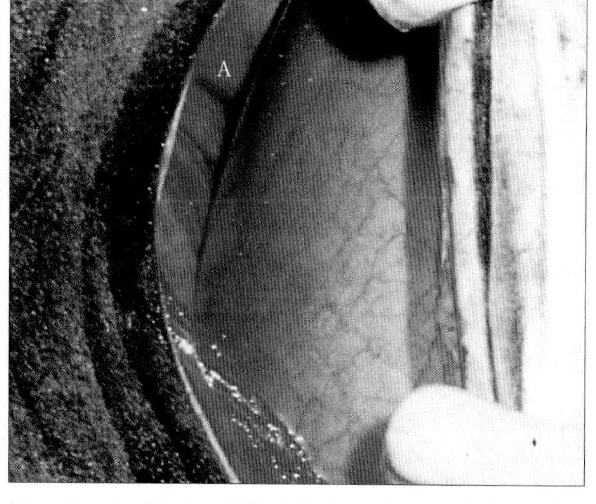

图4-7-10　切开右肷部见扩张的皱胃，A为十二指肠下行部

八、皱胃溃疡

（Abomasal ulcer）

皱胃溃疡又称皱胃溃疡，是指皱胃黏膜局部变性坏死或自体消化所形成的深层缺损，为奶牛常见的一种皱胃疾病。

【发病原因】 原发性胃溃疡一般起因于饲养管理不良，如饲料粗硬、霉败变质、饲养条件突变等所引起的消化不良，妊娠、分娩、挤奶等引起的应激性反应等。饲喂精饲料过多，同时又喂较多的青贮料，导致胃酸分泌和饲料产酸过多。在奶牛，分娩和早期大量泌乳，可引起严重的代谢扰乱，血液中皮质类固醇水平增高，并刺激胃的分泌，以致胃的分泌增高，而高蛋白质精料，就可能通过这种机制引起更多的胃酸分泌。皱胃食糜的酸度增高，对皱胃的慢性刺激，以致发生溃疡。

继发性皱胃溃疡通常见于皱胃炎、皱胃变位、黏膜病、恶性卡他热、口蹄疫、牛瘟和病毒性传染病以及血矛线虫等寄生虫病等。通常是在胃黏膜出血、糜烂和变性坏死的基础上发生的。

【临床症状】 由于皱胃溃疡的数量、范围和深度不同，所引起的临床症状也有很大的差别，一般可将之分为4种类型。

1.糜烂及溃疡型　胃黏膜有多处糜烂或浅表性溃疡，出血轻微或不出血。病牛常无明显的全身性症状，留心观察时才能看到粪便中带一些松馏油样物质，有时只见一次，有时间断几天或几星期才见一次。临床表现与消化不良相似，有时病牛可因皱胃疼痛而背腰拱起，呈现前倾姿势（图4-8-1），生前诊断较难。这型溃疡的预后良好，可自行愈合。

2.出血性溃疡及贫血型　此型溃疡最为常见。临床上病牛突然厌食，轻度腹痛，不安，烦躁，衰弱，心动过速，每分钟可达90～100次，脉弱可呈不感脉，心脏出现贫血性杂音，产奶量急剧下降。特征性的症状是排柏油样粪便，后肢常被黑褐色稀便污染（图4-8-2），直肠检查时，此类粪便沾满整个手臂；可视黏膜苍白，贫血；皮温不整或发冷。

3.溃疡穿孔及局限性腹膜炎型　此时临床表现酷似创伤性网胃－腹膜炎。病牛的主要表现为不规则发热，厌食，前胃弛缓反复发作或膨胀（图4–8–3）以及隐微的腹痛、呻吟，不愿走动，运步拘谨等腹膜炎症状。

4.溃疡穿孔及弥漫性腹膜炎型　此型比较少见，临床的主要表现为发热，全身肌肉震颤和出汗，脱水，眼球塌陷，从口中吐出瘤胃内容物（图4–8–4）。呼吸促迫，心动过速，结膜发绀，脉搏细数以至不感于手，肢体末端绝冷，站立不动或卧地不起。腹腔穿刺可获得污秽浑浊的褐绿色带血的腹腔液。病牛常因败血症而于发病后24～48小时之内死亡。

【病理特征】 皱胃溃疡可导致穿孔性腹膜炎而致病牛发生突然死亡。剖检见病变主要存在于皱胃，常见的病变是皱胃黏膜呈弥漫性淤血、水肿，并有较大范围的出血和糜烂（图4–8–5），病情严重时，胃黏膜弥漫性出血，在出血的基础上发生溃疡（图4–8–6）。溃疡面较大时常伴发出血，其表面可见黑褐色的血凝块（图4–8–7）。陈旧的病变，见胃黏膜有修复性增生并有疤痕形成（图4–8–8）。严重的胃溃疡可引起胃壁穿孔（图4–8–9），继而引起腹膜炎，胃肠表面有大量的炎性渗出物（图4–8–10），病牛多因急性腹膜炎而突然死亡。

【诊断要点】 一型溃疡易与消化不良相互混淆，诊断时须注意对病牛粪便的连续性观察；二型溃疡出血严重，依据病牛排出的柏油样粪便和明显的出血性体征即可确诊；三型溃疡易与创伤性网胃–腹膜炎相混，两者的区别在于腹壁触痛点不同：皱胃穿孔的压痛点在剑状软骨的右侧，而网胃炎的压痛点在剑状软骨的左侧；四型溃疡呈急性穿孔性弥漫性腹膜炎，临床症状重剧，易于确诊。

【治疗方法】 治疗本病的基本原则是：镇静止痛、抗酸制酵和消炎止血。

对病情较轻的一型和二型病牛，应保持安静，改善饲养管理，给予富含维生素、蛋白质的易消化饲料，如青干草、麸皮、大麦、胡萝卜等，避免刺激和兴奋，减少应激反应。为减轻疼痛和反射性刺激，防止溃疡的发展，应镇静止痛，用安溴注射液100毫升，静脉注射，或用2.5%盐酸氯丙嗪溶液10～20毫升，肌肉注射。为中和胃酸，防止黏膜继续受侵，宜用硅酸镁或氧化镁等抗酸剂，使胃内容物的pH升高，胃蛋白酶活性降低。其用法为：硅酸镁100克，一次投服，连用3～5日；氧化镁，每450千克体重日服500～800克，连用2～4日。为减少胃酸的分泌，可用甲腈咪胍、呋喃硝胺等药物。其用法：甲腈咪胍每千克体重8～16毫克，每日3次投服，可明显地减少胃酸分泌。

对出血严重的二型，应着重制止出血，可应用安络血25毫克，肌肉注射；止血敏5～10克，1天3次，每次1克肌肉注射或和葡萄糖生理盐水静脉注射；1%刚果红溶液100毫升，静脉注射；亦可用氯化钙溶液或葡萄糖钙溶液加维生素C，静脉注射。有必要时，可进行输血疗法，3 000毫升全血或血浆，静脉注射。这既能补充血容量，又可有效地制止出血，救治效果良好。

对三型病牛，应用各种抗生素进行抗感染治疗并限制活动，以免炎症扩散；对早期胃穿孔、病情较轻的良种牛，可实施手术治疗。对四型病牛，即使开腹施行胃修补手术，亦难免死于内毒素性休克。因此，一般不予治疗，而实施淘汰。

【预防措施】 加强饲养管理，不能将发霉变质的饲料掺杂饲喂奶牛，对一些较粗硬而不易消化的饲草，要进行加工软化后再饲喂；任何情况下都不要给奶牛饲喂过多的精饲料，注意青贮饲料的饲喂比例，这是防止原发性胃溃疡发生的主要措施。对继发性胃溃疡，主要是及时去除原发性的致病因素。

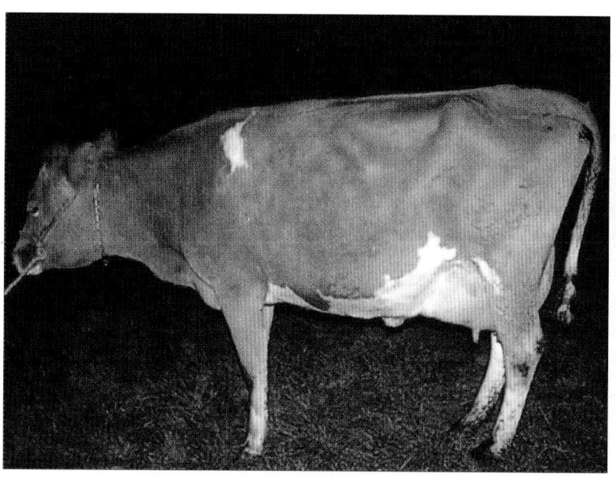

图4-8-1　病牛沉郁，因皱胃疼痛而背腰拱起，呈现前倾姿势

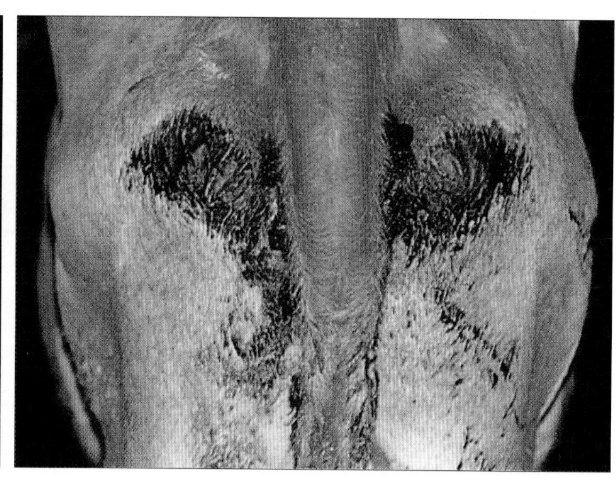

图4-8-2　病牛排出多量黑褐色稀便而污染臀部

图4-8-3　病牛因胃液和气体的蓄积而引起胃膨胀

图4-8-4　病牛极度沉郁，眼球塌陷，从口中吐出瘤胃内容物

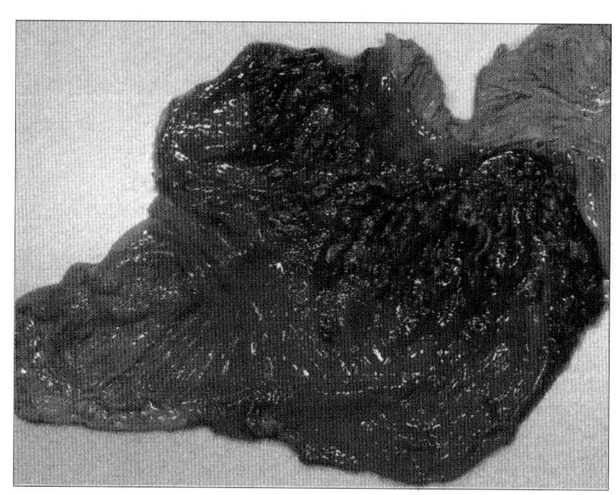

图4-8-5　皱胃黏膜淤血、水肿，溃疡部出血

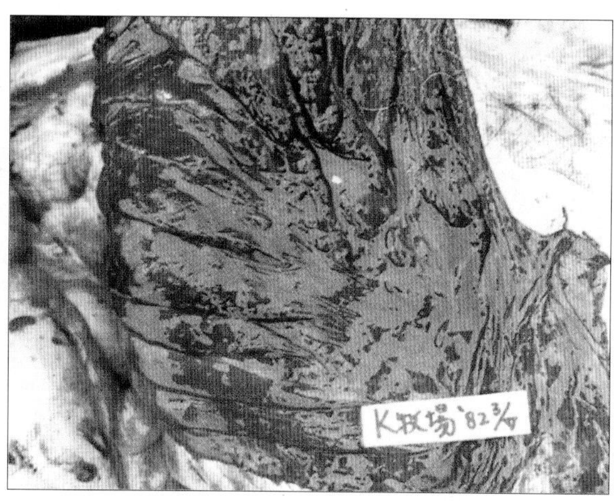

图4-8-6　皱胃黏膜的弥漫性出血和溃疡形成

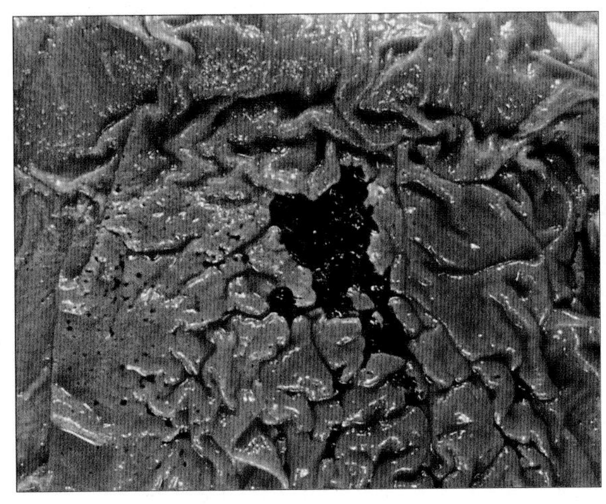

图4-8-7　皱胃黏膜发生溃疡，其面上有黑褐色血凝块

图4-8-8　陈旧性胃溃疡，黏膜因疤痕收缩而形成皱襞

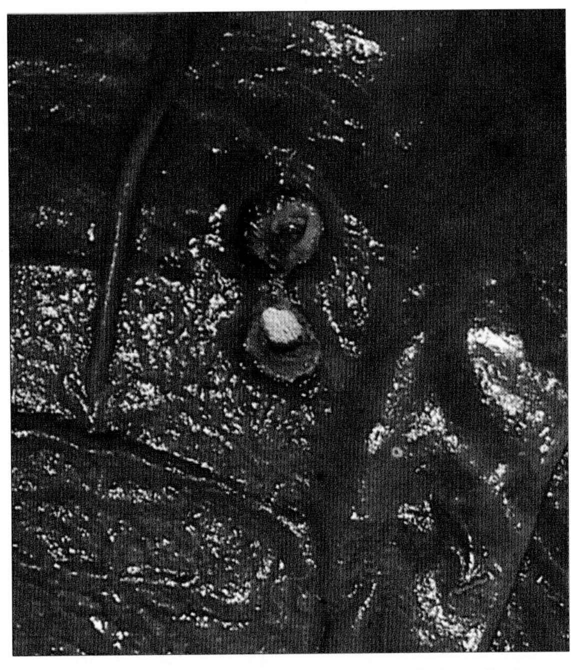

图4-8-9　病牛死后发现皱胃有溃疡并发生了穿孔

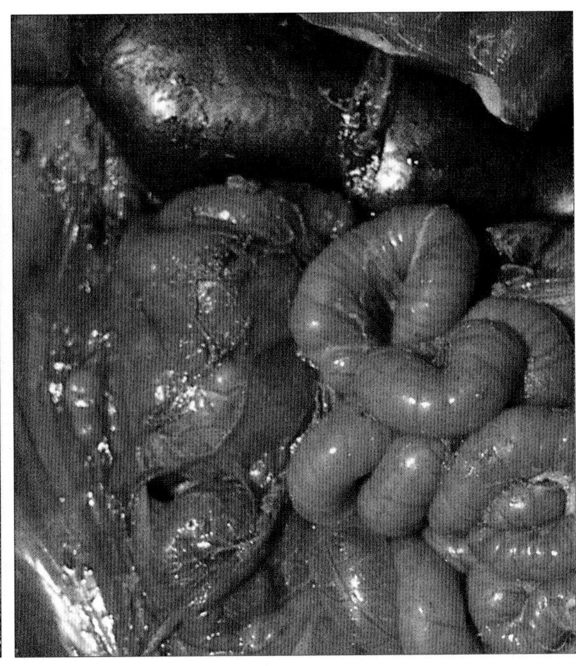

图4-8-10　发生腹膜炎时，胃肠表面有大量的炎性渗出物

九、支气管肺炎

（Bronchopneumonia）

支气管肺炎又称小叶性肺炎和卡他性肺炎，是指炎症始于细支气管与肺泡连接部的肺炎，多是支气管炎的蔓延和发展。病原因子的入侵途径以气源性为主，通常侵犯肺的前下部。病理剖检见许多小叶不规则地受侵犯，外观呈斑驳状或杂色状，故称之为小叶性肺炎；镜检见肺泡与细支气管的管腔中有大量的炎性细胞及脱落的上皮，故又有卡他性肺炎之称。临床上以出现弛张热，呼吸次数增多，叩诊有散在的局灶性浊音区和听诊有捻发音为特征。

【发病原因】 本病多由支气管炎发展而来，病因有原发性与继发性2种。

1.*原发性病因* 常见的病因是寒冷、维生素缺乏及衰弱等使病牛呼吸道防御能力降低，呼吸道的常在菌（如肺炎球菌、巴氏杆菌、链球菌、葡萄球菌、大肠杆菌、绿脓杆菌等）或外源性非特异性病原菌乘虚而入，呈现致病作用，并累及支气管所属的肺泡。另外，机械性和化学性刺激，如吸入粉碎的饲料、尘埃、霉孢子、氯、氮、二氧化硫等刺激性气体及火灾时的闷热空气；投药以及吞咽障碍时异物进入气管，均可引起支气管肺炎。

2.*继发性病因* 本病还可继发于许多奶牛的传染病，如牛传染性支气管炎、牛结核、口蹄疫和恶性卡他热等。

【临床症状】 病初呈现急性支气管炎的症状，如咳嗽，鼻和支气管分泌物增多等，但全身症状较重剧，常见病牛精神沉郁，食欲减退或废绝，结膜潮红，流出少量浆液性分泌物，并伴发轻度的结膜炎（图4–9–1）。结膜发绀，呈暗红褐色（图4–9–2）。体温升高，可达40～41℃，脉搏增数，每分钟达80～100次。呼吸浅表，喜站立不动，头颈伸直，鼻翼扇动，呼吸加快或张口呼吸（图4–9–3），每分钟可达20～40次，频发弱咳，且不断加重，通常由干性痛咳而转变为湿性痛咳，流出黏液性或黏液脓性鼻液。

支气管肺炎并发感染时，常可形成化脓性支气管肺炎。此时，病牛的鼻孔有黄白色脓样鼻液流出（图4–9–4）；病程延长而转为慢性时，病牛则消瘦，被毛粗乱易出汗而潮湿（图4–9–5），并因呼吸困难而头颈伸直，口流白色泡沫（图4–9–6）。犊牛多因继发巴氏杆菌而从鼻孔中流出黏液脓性分泌物（图4–9–7）。

胸部听诊，病灶部肺泡呼吸音减弱，可听到捻发音；融合性肺炎区可听到干、湿性罗音和支气管肺泡（混合性）呼吸音，其他部位肺泡呼吸音增强。叩诊时，浅表的病灶部可听到一个或数个小浊音区，通常在前下三角区内；融合性肺炎时，则出现大片浊音区；深部病灶，叩不出浊音，但有时可闻及浊鼓音。X线检查，肺纹理增强，显现大小不等的灶状阴影，似云雾状，有的融成一片（融合性肺炎）。血液检查，嗜中性白细胞增多，核型左移。

【诊断要点】 本病依据临床症状进行诊断并不难，但在确诊时应排除牛细支气管炎、出血性败血病、肺气肿和牛肺疫等病。患细支气管炎的病牛，呼吸极度困难，呼气呈冲击状，因继发肺气肿而叩诊呈现过清音。原发性牛出血性败血症，来势凶猛，几天内能传播若干牛，有败血症症状。多数肺气肿的病牛，其体温无明显升高，肺部有明显的爆裂音而缺乏支气管罗音及捻发音。牛肺疫呈急性者不多见，有明显胸痛及肺部广泛浊音区，胸腔穿刺发现纤维蛋白性胸膜炎。此外，细菌学和血清学检查有助于鉴别诊断。

【治疗方法】 治疗本病的基本原则是：抗菌消炎和祛痰止咳。

1.*抗菌消炎* 临床上常用的抗生素为青霉素、链霉素及广谱抗生素，常用的磺胺类制剂为磺胺二甲基嘧啶和磺胺甲基嘧啶。在条件允许时，最好在治疗前取鼻液做细菌对抗生素的敏感试验，以便对症治疗，如肺炎双球菌、链球菌对青霉素较敏感；金黄色葡萄球菌对青霉素、红霉素和苯甲异恶唑霉素敏感；肺炎杆菌对链霉素、卡那霉素、氯霉素、土霉素和磺胺类药物敏感；绿脓杆菌对庆大霉素和多黏菌素敏感，治疗时，应首选相应的药物。对多杀性巴氏杆菌临床上常用氯霉素，按每千克体重10毫克，肌肉注射，疗效很好；大肠杆菌引起的，应用新霉素，每日每千克体重4毫克，肌肉注射，每天1次；对病情较重可用四环素1～2克，溶于葡萄糖生理盐水或5%葡萄糖注射液中静脉注射，每日2次。实践证明，应用抗生素和普鲁卡因气管内注射效果良好，即青霉素200万～400万国际单位，链霉素1～2克，1～2普鲁卡因液40～60毫升，气管内注入，每天1次，一般注射2～4次即可治愈。

2.祛痰止咳 病牛痛咳，痰液不多时可选用镇痛止咳剂，如复方樟脑酊30～50毫升，内服，每日2～3次；或磷酸可待因0.2～2克内服，每日1～2次；或水合氯醛8～10克，常水500毫升，加入适量淀粉浆内服，每日1次，连用3天。当痰液黏稠时，可内服溶解性祛痰剂，如人工盐20～30克，茴香末50～100克，制成舔剂，一次内服；或碳酸氢钠15～30克，远志酊30～40毫升，温水500毫升，一次内服；或氯化铵15克，杏仁水35毫升，远志酊30毫升，温水500毫升，一次内服。

【预防措施】 牛舍保持干燥、温暖及通风良好，避免过劳。若有传染病可疑，应立即隔离消毒，继续观察和治疗。

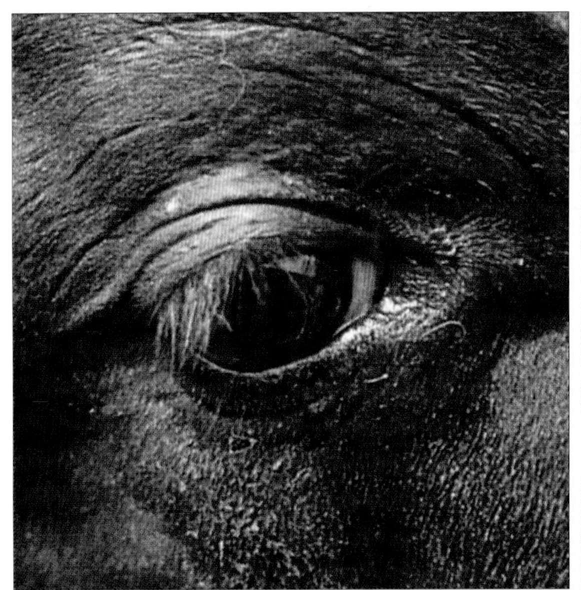

图4-9-1 病牛流出浆液性分泌物，并伴发轻度的结膜炎

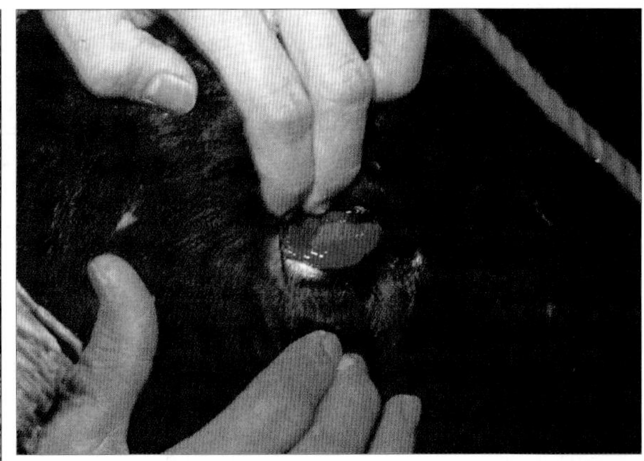

图4-9-2 病牛眼结膜发绀

图4-9-3 患严重肺炎的病牛，极度呼吸困难，呈张口呼吸状

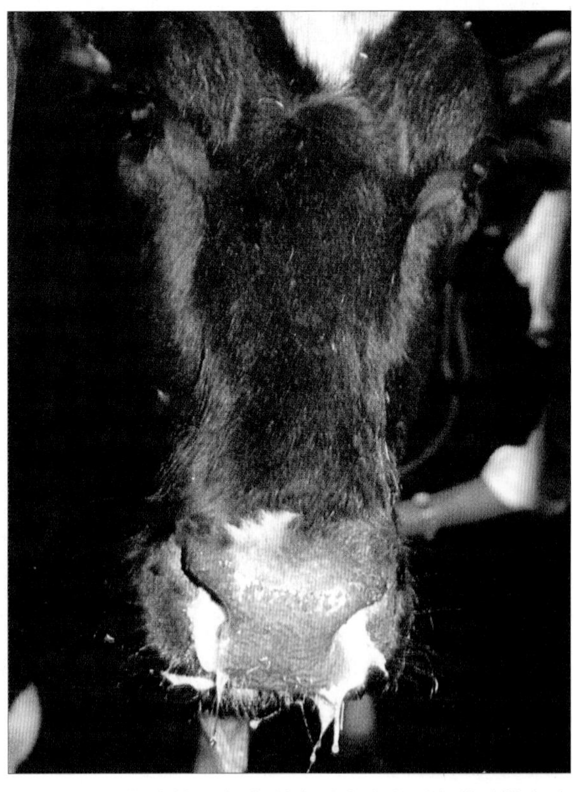

图4-9-4 化脓性肺炎时，从鼻孔中流出恶臭的脓性鼻液

图4-9-5 病犊消瘦、出汗，被毛湿润、粗乱

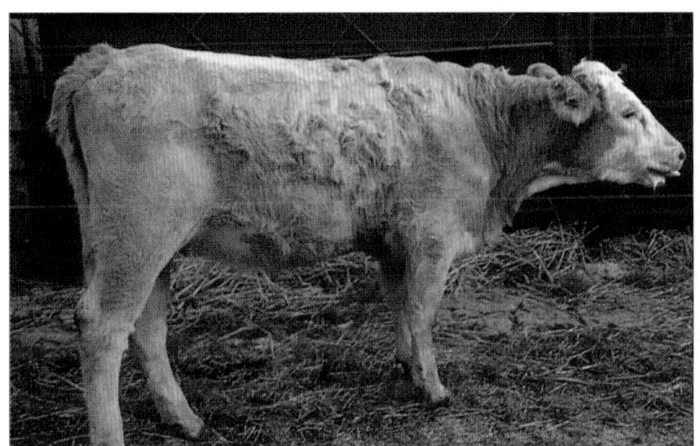

图4-9-6 慢性化脓性肺炎病牛消瘦，重度呼吸困难而头颈伸直，口有白沫

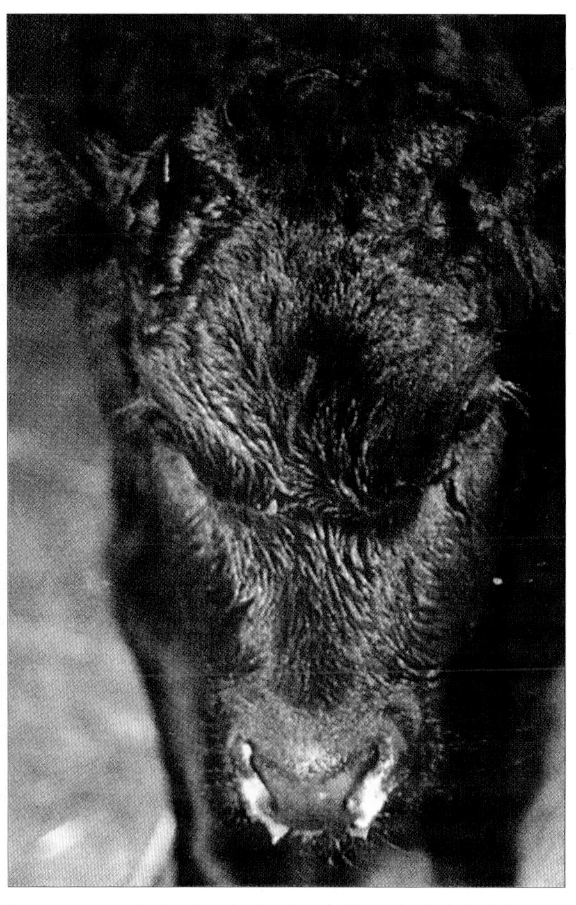

图4-9-7 继发巴氏杆菌后，病犊两鼻孔流出黏液脓性分泌物

十、尿 石 症

(Urolithiasis)

尿石症又称尿结石，是指在尿中溶解的盐类物质析出结晶，形成的矿物性凝结物；尿结石刺激尿路黏膜并造成尿路阻塞时，叫做尿结石症。

切开结石，可发现结石一般由2部分构成，即中央有核心物质，又称为基质，它多为黏液、凝血块、脱落的上皮细胞、坏死组织块、微生物凝集物、纤维蛋白或砂石颗粒等；外周为盐类结晶，也叫做实体，如碳酸盐、磷酸盐、硅酸盐、草酸盐和尿酸盐以及胶体物，如黏蛋白、核酸和黏多糖等。结石的盐类结晶约占97%～98%，胶体物质约占2%～3%。

【发病原因】 尿石形成的确切机理还未完全搞清，一般认为在尿道有炎症或异物存在的情况下，形成基质，由此影响了尿道的正常水盐代谢，盐类析出和沉积，形成结石。因此，尿石的发生可能与下列因素有关。

1.饲料因素 某些地区的土壤、饲料、饮水中含有过量矿物质，病牛食入后尿中的矿物浓度增高，易于引起析出。特别是饲喂病牛大量棉籽、大麻籽、不良干草(由于维生素A缺乏)易引起肾上皮细胞萎缩、变性及脱落，矿物质结晶就以此为核心凝结成结石，特别在饮水不足或长期饮用硬水(易使尿浓缩)及含石灰质过多时发生。

2.尿pH变化　尿液的pH改变，可影响一些盐类的溶解度。如尿潴留，其中尿素分解生成氨，使尿液变为碱性，形成碳酸钙、磷酸钙、磷酸铵镁等尿石；酸性尿易促进尿酸盐和尿石硅酸铝结晶的形成；尿中柠檬酸盐含量下降，易发生钙盐沉淀，形成尿石。

3.代谢因素　维生素A缺乏可使中枢神经调节盐类形成的功能发生紊乱，尿路上皮细胞角化脱落，促进尿石形成；食入过多的精料或雌激素分泌过多时，尿中黏蛋白、黏多糖的含量增加，有利于尿石的形成。

【临床症状】 病牛精神沉郁，姿势异常，运步时出现高抬腿动作，小心前进，不愿快步行走或奔跑；站立时拱背缩腹，拉弓伸腰，表现各种假性腹痛症状，如呻吟、磨牙、踢腹和起卧等。

本病的示病症状是排尿障碍。病牛排尿量减少，排尿困难，频频做排尿姿势，叉腿、拱背、缩腹、举尾、努责、嘶叫，线状或点滴状排出混有脓汁、血凝块的红色尿液，尿液的始末红色尤显。病牛会阴部的阴毛上常见灰白色或乳白色尿酸盐结晶（图4-10-1），严重的或持续时间较长者，则在阴毛上见有颗粒状白色小结石（图4-10-2）。公牛患病时常因阴茎S弯曲部的尿道破裂，致使病牛下腹部充满尿液而明显浮肿（图4-10-3），尿液长时间在皮下贮积，使皮肤的血液循环障碍，组织贫血和缺氧，继而发生坏死（图4-10-4）。严重的尿道阻塞，全然无尿液排出，发生尿液潴留，尿道阻塞后又产生腹痛。当结石靠近会阴部时，切开后可见扩张的尿道被结石堵塞（图4-10-5）。

直肠检查，发现膀胱胀得很大，压迫也难排尿。膀胱颈口及尿道阻塞时，导尿管探诊受阻，可感知尿石的存在。注入含青霉素的液体50～100毫升，不能通过。用长针头通过直肠壁或在腹下耻骨前缘进行穿刺，才见到大量尿液连续排出。会阴部尿道结石有时可以摸到，而肾盂、输尿管及膀胱的结石造影检查，可确定尿石的阻塞部位。

如果膀胱破裂，病牛的排尿姿势停止，痛苦表现消失，而腹部下侧迅速膨大（图4-10-6），冲击式触诊有拍水音，腹腔穿刺有大量液体流出，呈淡黄色或红色，有尿臭味，并常混有砂粒样物质。经直肠向骨盆腔触诊，辨别不出膀胱形态，而只感觉到在腹腔尿液中浮动的小肠和肠系膜。为了确诊是否破裂，这时可肌肉注射红色百浪多息，半小时后做腹腔穿刺，若见到流出大量带有尿味的(须加热)红色液体，可证实膀胱破裂。

【病理特征】 奶牛的尿石症以尿道和膀胱的结石最常见，而输尿管和肾盂的较少。剖检常见膀胱黏膜充血、淤血或弥漫性、点状出血，黏膜面上附有大小不等的结石（图4-10-7）。膀胱中的结石多呈圆形或不整圆形，而肾盂部的结石多呈菱角形（图4-10-8）。当膀胱继发感染时，则见膀胱黏膜上有化脓性纤维素性假膜，其中混有大小不一的结石（图4-10-9）；当膀胱中的结石过多时，其体积常常很小，就像膀胱中充填了大量砂粒（图4-10-10）。严重的膀胱结石，可使肾脏生成的尿液排入膀胱的阻力增大，结果导致肾脏变性，输尿管变粗，膀胱黏膜发生弥漫性出血（图4-10-11）。尿道的结石数量较少，但体积较大，用手触摸和切开尿道常能检出结石阻塞的部位（图4-10-12）。当尿道的结石过大而使尿道完全阻塞时，可见病牛的膀胱极度膨胀，其内充满尿液（图4-10-13）；当膀胱因过度膨胀而破裂后，常继发急性腹膜炎，此时见腹腔脏器表面粘连，附有大量的炎性渗出物（图4-10-14）。

【诊断要点】 通常根据病牛频频做排尿姿势，但仅有少量尿液排出，或完全无尿排出；直肠检查，可触及明显膨满的膀胱等特异性临床症状进行确诊。

【治疗方法】 治疗本病行之有效的方法并不多，一般只能根据病牛的具体情况而选择相应的治疗方法。治疗本病常用的方法有扩张尿道，促进排石。多用的尿道肌肉松弛剂为2.5%氯丙嗪溶液，10～20毫升，肌肉注射，连用3～5天。结石小时可选用水冲洗法，即用尿导管插入尿道或膀胱，注入大量清洁的中性液体，反复冲洗，借以带出粉末状或砂粒状的结石。对用保守疗法不能治愈的大结石，必要时需进行手术取石。

据报道，令病牛饮用磁化水也有排石的功效。饮水通过磁化器后，pH升高，溶解能力增强，不仅能预防尿石的形成，而且可使尿石疏松破碎而排出。使用的方法是：将水磁化后放入食槽中，经过1小时，让病牛自由饮用。

【预防措施】 在地方性尿石形成地区，对牛的饲料、饮水和尿石，应查清其成分，找出尿石形成的原因，合理调配饲料，使饲料中的钙磷比例保持在1.2∶1或1.5∶1的水平，并注意维生素A的供给，保证足够的饮水和适量的食盐。

据报道马铃薯、甜菜根、萝卜等饲料可产生硅酸盐结石；麸皮、玉米等饲料可产生磷酸盐结石。缺碘的高山地区及饮用硬水的石灰岩地区都易发生尿石症。长期大量饲喂棉籽饼也易发生。这些问题都须引起注意。在饲料中补充食盐（第1天占精饲料的1%，第2天占2%，第3天占3%，第4天占4%，然后再逐日递减至1%）或氯化铵（每天30～40克），都可预防尿石症。在棉籽饼中加少量丙酮后，发病率也会降低。

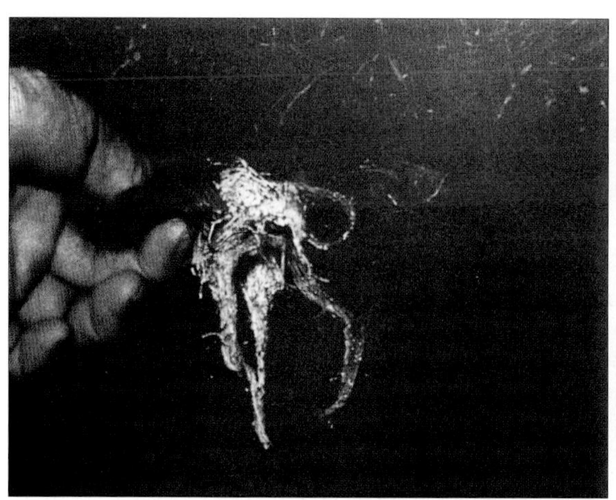

图4-10-1 阴部周围的阴毛上附有大量灰白色尿酸盐结晶

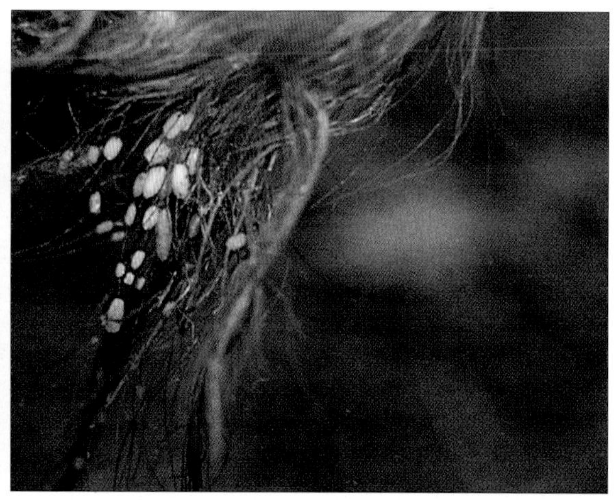

图4-10-2 阴毛上附着许多颗粒状白色小结石

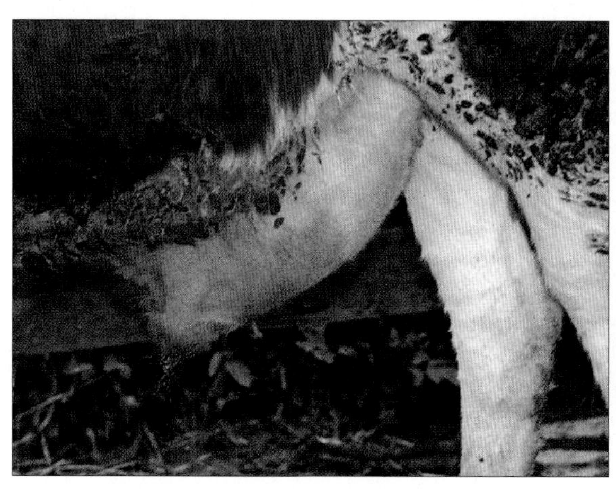

图4-10-3 腹部充满尿液而明显肿胀，这是由于S状曲部尿道破裂的结果

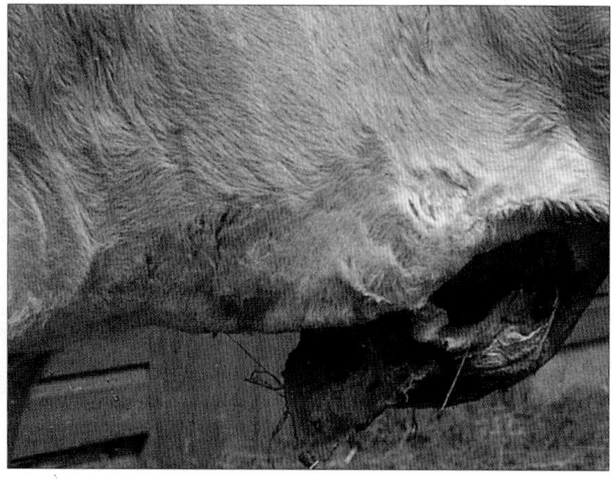

图4-10-4 皮下呈重度肿胀，阴部覆盖的皮肤发生贫血性坏死

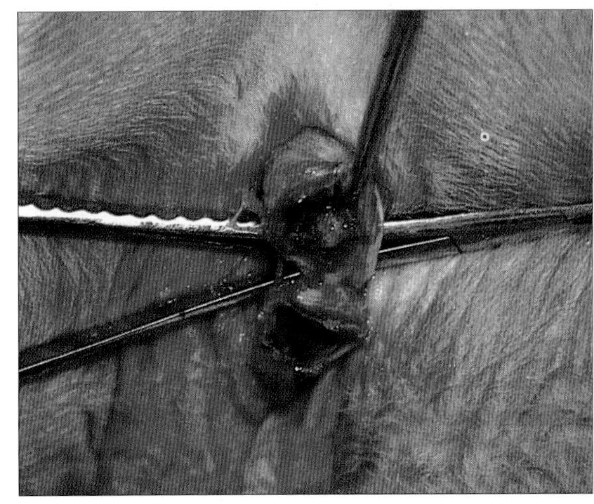

图 4-10-5　切开病变的会阴部，见尿道扩张，尿道远端被结石阻塞

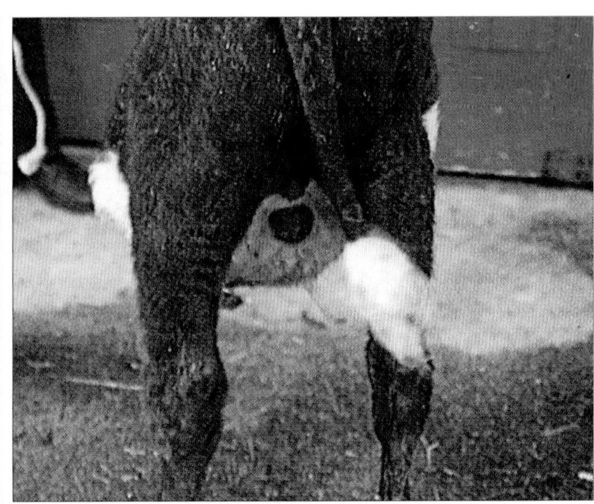

图 4-10-6　病牛因膀胱破裂，尿在腹腔内潴积而引起腹部膨满

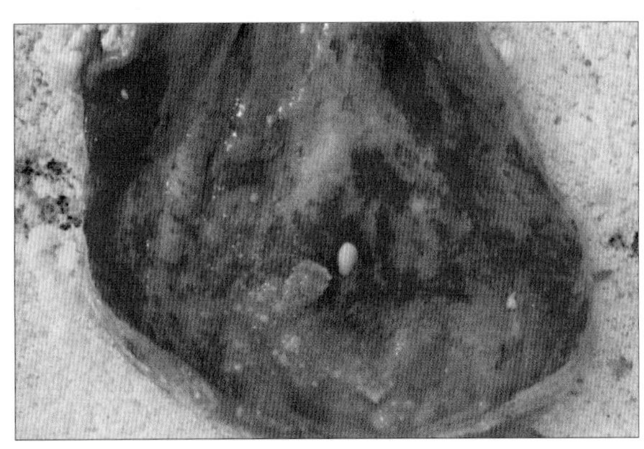

图4-10-7　膀胱内有大量结石，黏膜弥漫性出血

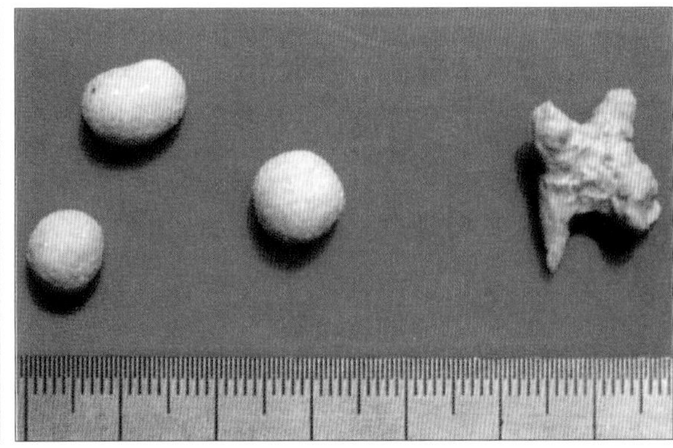

图 4-10-8　左为膀胱结石，右为肾盂部结石

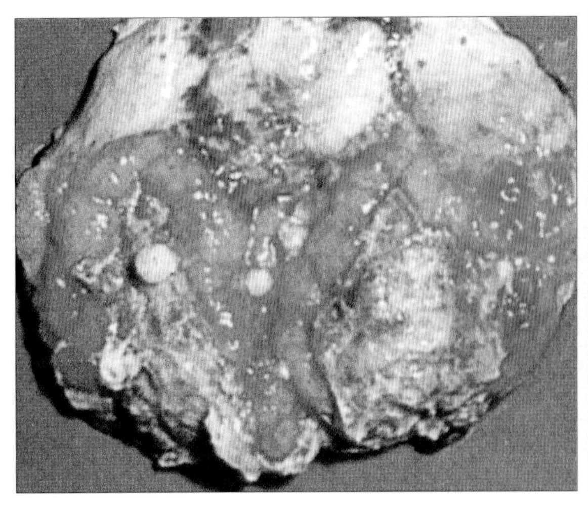

图 4-10-9　膀胱黏膜有出血和化脓性病变，其中混有大小不一的结石

图 4-10-10　膀胱内检出的砂粒样的结石

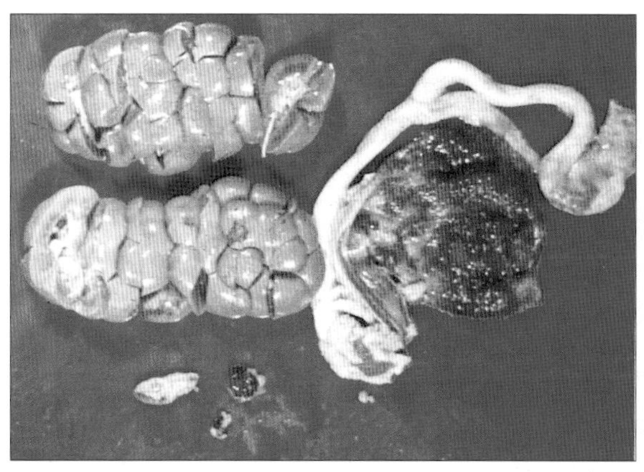

图4-10-11 结石引起膀胱黏膜出血，输尿管变粗，肾脏变性

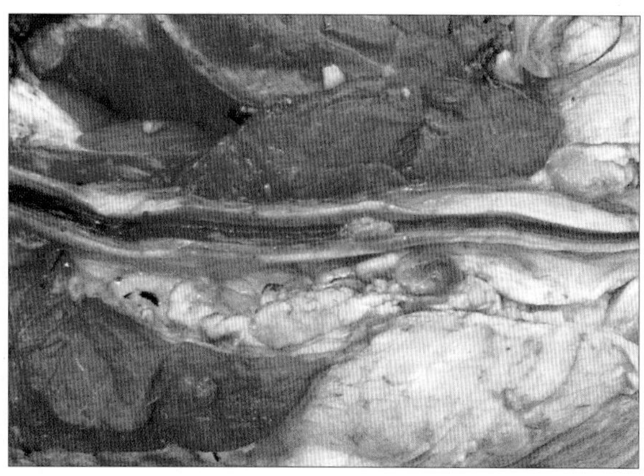

图 4-10-12 切开尿道，其管腔中有结石

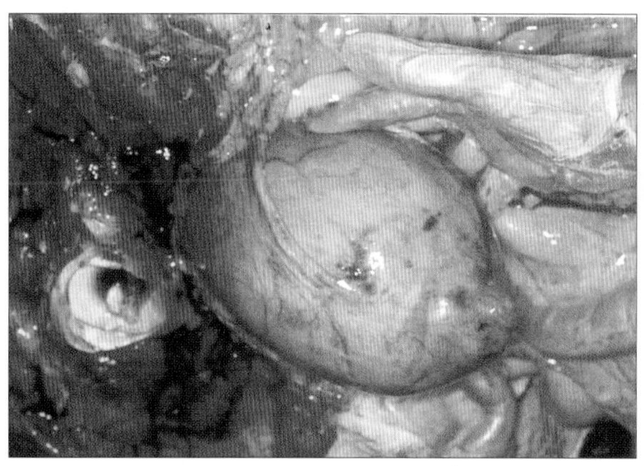

图4-10-13 病牛患尿道结石而排尿困难，膀胱膨满

图 4-10-14 膀胱破裂，尿液流入腹腔而引起腹膜炎

十一、慢性心力衰竭

（Chronic heart failure）

慢性心力衰竭又叫充血性心力衰竭，是指以心肌收缩力减退、心泵代偿功能衰竭、体循环和/或肺循环淤血为特征的一种慢性循环衰竭综合征。奶牛发生本病多为一种继发症。

【发病原因】 原发性慢性心力衰竭多起因于生活在空气不良缺氧的环境下，过度泌乳、挤乳和饮水长期不足等，使心肌的贮备力过度消耗，心腔中长期积血，心肌过度牵张，以致收缩力逐渐减弱和衰竭。

继发性慢性心力衰竭多伴发于障碍血液回流的疾病，如心包积液、心包炎，尤其是纤维素性心包炎和创伤性心包炎；降低心肌收缩力的疾病，如心肌变性、慢性心肌炎等；增加心脏容量负荷或血流负荷的疾病，如房室瓣闭锁不全、室间隔缺损和主动脉狭窄等。但更多见于一些急性传染病(口蹄疫、炭疽、恶性卡他热、出血性败血病等)、血液原虫病(梨形虫病、无浆体病、锥虫病等)、心脏病(化脓性心包炎、心肌炎、心瓣膜病)、肺脏病(急性肺炎、肺气肿等)、肾脏病(尤其化脓性肾盂肾炎)和某些中毒的后期，也可继发于热射病。在奶牛，当生产瘫痪、酮病、腐蹄病、脓毒性子宫炎和乳房炎的极期而出现酸中毒症或脓毒症时，亦常发生充血性心力衰竭。

【临床症状】本病发展缓慢，病程较长，可长达数月至数年。病牛长时间表现出精神沉郁，食欲减退，不愿运动，易于疲劳和出汗。脉搏增数而细弱，病初，病牛在静息状态下呼吸和脉搏无明显改变，稍事运动则呼吸急促，脉搏加快，呼吸和脉搏数的恢复比正常时缓慢得多；继之，即使在静息状态下亦显现呼吸和脉搏加快。

叩诊，可发现心脏的浊音区扩大；听诊，两心音尤其是主动脉第2心音减弱，肺动脉第2心音高朗，左房室二尖瓣口和／或右心室三尖瓣口可听到收缩期心内杂音。

除上述一般表现外，本病所致的特殊症状与体征，还与心功能障碍的主发部位有关。左心衰竭时，肺循环淤血，则病牛呼吸困难（心源性喘息），结膜发绀，湿性咳嗽，听诊有湿性和干性罗音，叩诊，肺脏的前下部常可听到半浊音或浊音区；右心衰竭时，体循环静脉系统淤血，颈静脉膨隆（图4–11–1），颈静脉搏动明显，甚至出现阳性静脉搏动（图4–11–2）。由于静脉回流受阻，大量组织液贮积，于是在四肢末端或组织疏松部出现浮肿，一般见下颌、胸前（图4–11–3）、腹下和四肢末端（图4–11–4）出现无热无痛的捏粉样肿胀。病情严重时颌下、胸前和四肢均出现捏粉样肿胀（图4–11–5），触之发凉，指压留痕。病牛驻立时从前面观察，可见两前肢间隙消失（图4–11–6）。脑淤血则呈现意识障碍，反应迟钝，甚至眩晕，跌倒、步态蹒跚等神经症状；肾淤血时尿少色浓比重高，因肾小管变性而出现蛋白尿，尿沉渣检查可检出尿路上皮细胞、红细胞、脓细胞和各种管型，病情严重时，尿中常混有血块或脓块，并有恶臭的气味；肝淤血、胃肠淤血时，可出现消化障碍，排粪迟滞或腹泻，甚至出现黄疸和腹腔积液等症状；有的病牛，其阴道有黏稠的脓性分泌物，黏膜发红或糜烂。

【病理特征】本病以右心衰竭引起的全身性淤血和水肿最为多见。剖检，皮下组织明显水肿，呈胶冻样，切开后有大量水肿液流出（图4–11–7），颈部和胸部的皮下、肌间也有大量水肿液，肌肉变性而呈灰白色鱼肉样（图4–11–8）。胸腔内有多量淡黄色或淡红色积液（图4–11–9）。打开心包，心包腔内有大量淡黄色或黄褐色心包液（图4–11–10），心外膜血管扩张，呈蓝紫色，淋巴管扩张呈乳白色。将心脏取出后，右心室明显扩张，使心脏呈圆锥形（图4–11–11）。从冠状沟横断心脏，见右心室明显增大，心壁菲薄（图4–11–12）。内脏器官，如肝脏、肾脏、脾脏及胃肠等均明显淤血，其中以肝脏最为明显，呈暗紫色（图4–11–13），切面有多量血液流出，并因脂肪变性的肝细胞索与淤血的窦状隙相嵌，形成槟榔样花纹（图4–11–14）。左右心脏同时衰竭时，又称为全心衰竭。此时心尖变钝圆，心外膜的淋巴管明显扩张呈灰白色线条状（图4–11–15），除见右心衰竭的全身性淤血、水肿性变化外，肺脏变化明显，切面见肺间质显著增宽，呈灰白色条带状，肺小叶淤血而呈暗红色（图4–11–16）。

【诊断要点】慢性心力衰竭主要依据全身的血液循环障碍和各器官功能活动降低来进行初诊的；重症或后期的慢性心力衰竭可根据上述典型的临床症状确诊；左心、右心、全心衰竭时，亦可按静脉淤滞的范围在肺循环和／或体循环方面而加以区分。

【治病方法】治疗本病的基本原则是减轻心脏负荷，改善心脏功能。洋地黄制剂能使心泵的功能明显改善，循环淤血得以缓解，心率减慢，尿量增加。因此，它是治疗本病常被选用的药物。经常应用洋地黄毒甙给奶牛进行肌肉注射，全效量一般每千克体重每日为0.028毫克，或用狄高辛静脉注射，全效量每千克体重每日为0.008毫克。将全效量分为3剂，每隔8小时注射1次，第2日开始将维持量（全效量的1/8或1/5）分2次注射。根据具体的病情可持续用药1～2周。

另有报道，本病的早期，配合青霉素治疗有较好效果，如治疗无效，可改用卡那霉素(每天2次，每次3～5克，肌肉注射)。尽量不用磺胺类药物，因为它可在肾脏析出结晶，加重全身的循环障碍，但可应用呋喃坦啶(口服或肌肉注射)。

对于继发性慢性心力衰竭的病牛，在进行对症治疗的同时，一定要查明原发性疾病，并有针对性地进行治疗。应该强调指出：凡是各种器质性心脏病、心包病、肾病等继发的慢性心力衰竭，尤其是慢性肺气肿所致的肺心症，一般均无治疗价值，一经确诊，即应淘汰。

【预防措施】 注意对母牛的助产卫生及导尿时的消毒工作。天气寒冷时，须注意对奶牛的保温。被病牛尿污染的牛床、垫草及其他物质，都应烧毁，以免造成接触性传播。

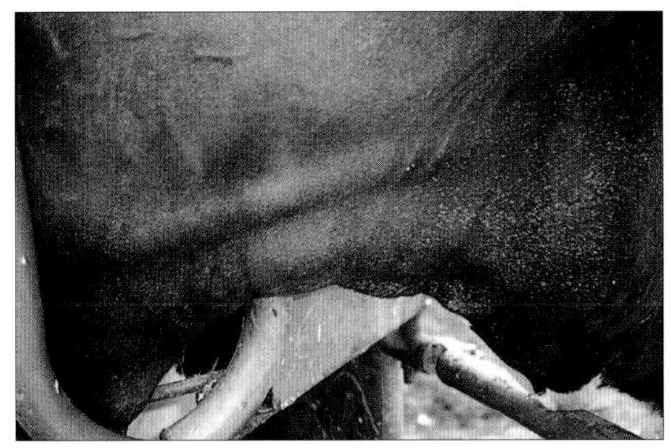

图 4-11-1　淤血性心功能不全的颈静脉明显怒张

图 4-11-2　静脉回流障碍引起阳性静脉搏动

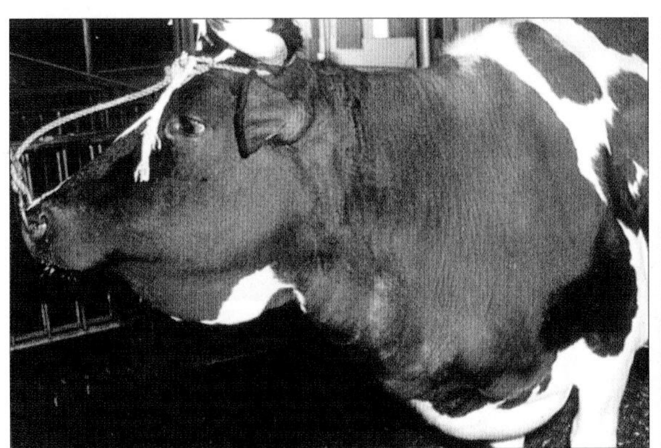

图4-11-3　病牛的下颌部、颈部和胸垂部高度浮肿，触之发凉

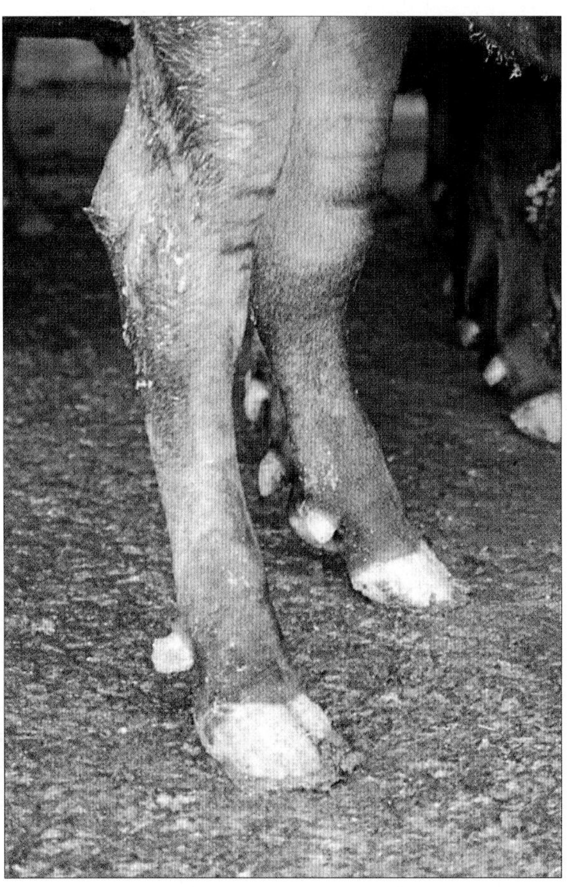

图 4-11-4　病牛的四肢下部、腕关节和跗关节明显浮肿变粗

图 4-11-5　病牛的下颌、胸垂和腹下部明显浮肿

图 4-11-6　病牛的胸垂严重浮肿，两前肢间隙消失

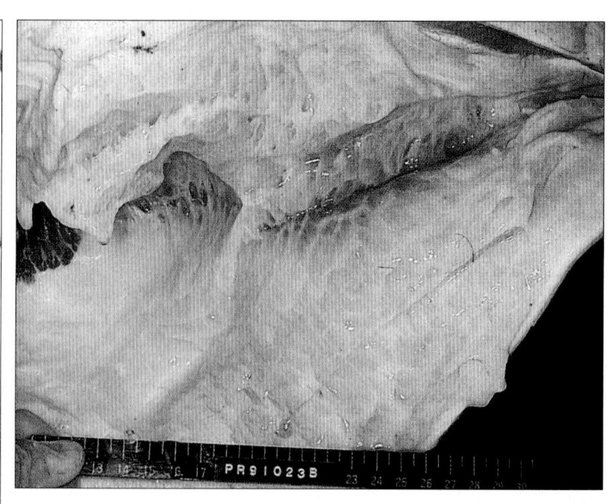

图 4-11-7　皮下组织明显水肿，有大量淡黄色的水肿液流出

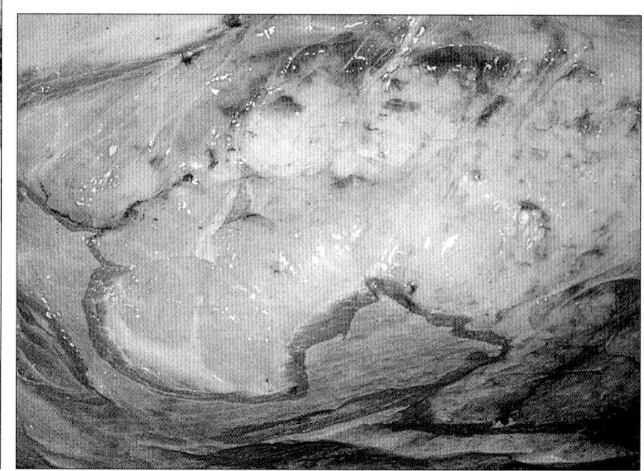

图 4-11-8　胸部肌肉高度水肿、变性而呈鱼肉样

图 4-11-9　右侧胸腔中有大量胸水

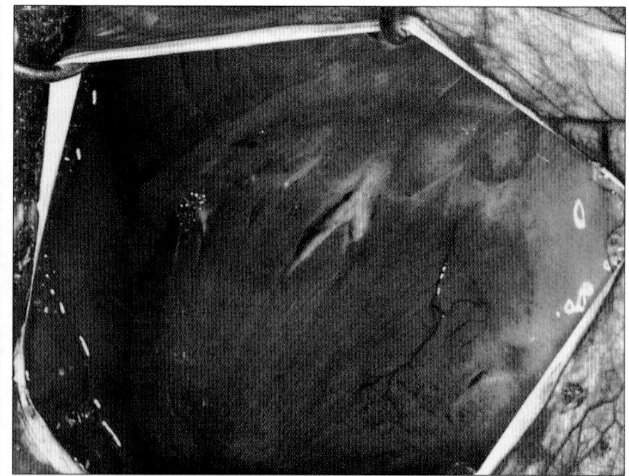

图 4-11-10　心包膨满，充满大量黄褐色心包液

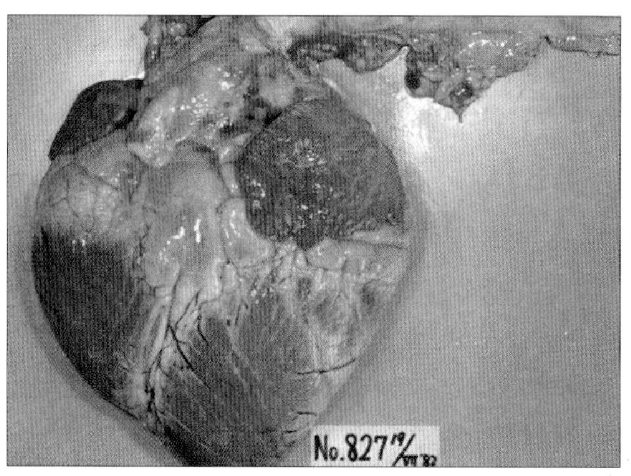

图 4-11-11　右心室扩张，心脏变成圆锥形

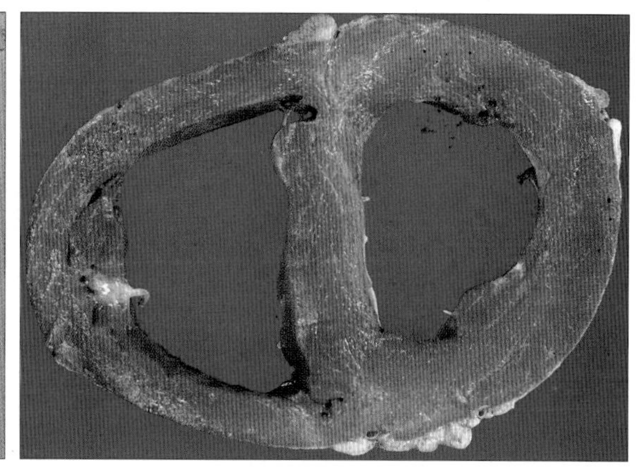

图 4-11-12　从冠状沟横断心脏，右心室增大，心壁菲薄

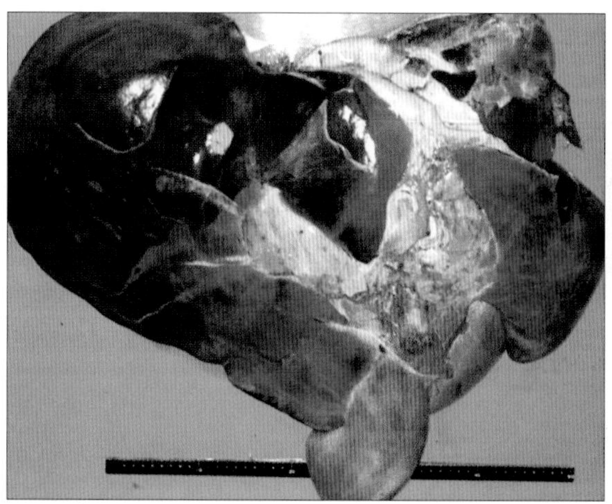

图 4-11-13　肝脏高度淤血、肿大，呈暗紫色

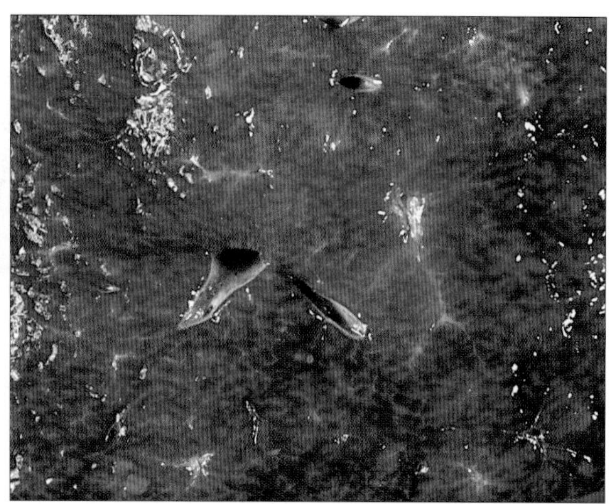

图 4-11-14　肝淤血与变性形成槟榔样花纹

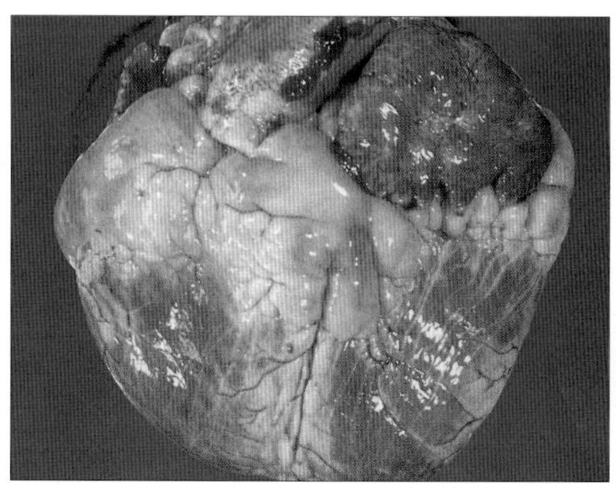

图 4-11-15　左右心室扩张，心尖钝圆呈球状

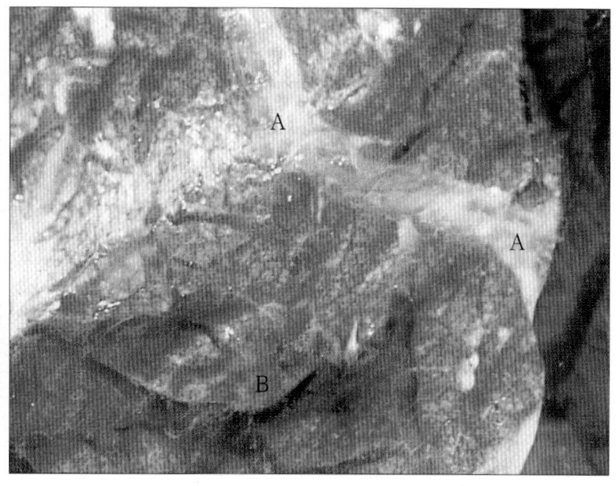

图 4-11-16　肺脏淤血，切面见肺间质水肿增宽（A），肺小叶淤血呈暗红色

十二、急性心内膜炎

（Acute endocarditis）

急性心内膜炎是心内膜及其瓣膜的急性炎症的总称，主要包括溃疡性心内膜炎和疣性心内膜炎；按发生部位可分为壁性心内膜炎和瓣膜性心内膜炎；按病因可分为细菌性心内膜炎和风湿性心内膜炎；按病程可分为急性心内膜炎和亚急性心内膜炎。在临床上以亚急性心内膜炎居多。

【发病原因】 急性心内膜炎按发生原因的不同也有原发性与继发性之分，奶牛的原发性心内膜炎很少发生，主要见于严重的全身性风湿病以及心包炎、心肌炎等邻近组织的蔓延。继发性心内膜炎常由细菌引起，最常见于脓毒败血症和慢性菌血症的化脓性坏死性疾病，如子宫内膜炎、乳房炎、创伤性网胃炎、蹄叶炎、坏死杆菌病、脓肿和腐蹄病等。继发性急性心内膜炎的细菌有：脑膜炎球菌、葡萄球菌、链球菌、化脓杆菌、巴氏杆菌、大肠杆菌和结核杆菌等。引起牛急性心内膜炎最常见的细菌是化脓性棒状杆菌、α型溶血性链球菌，其次为气肿疽梭菌、丝状霉形体、葡萄球菌和结核杆菌；主要侵害的部位是右房室瓣，其次是左房室瓣或双侧房室瓣。

病原菌主要经血流直接粘着于损伤或未损伤的瓣膜表面，或通过瓣膜基部的毛细血管而感染，激发心内膜尤其是瓣膜部的炎症。这种炎症变化或是引起心内膜的增生，形成疣性心内膜炎；或是导致心内膜坏死、脱落而形成溃疡性心内膜炎。

【临床症状】 奶牛的急性心内膜炎多是一种继发性疾病，通常发生于其他疾病的经过之中。其临床症状多与原发病和转移病灶的部位有关。有时在病牛的体表可发现明显的脓肿或化脓灶（图4–12–1），病牛死后，剖检心脏可发现典型的化脓性心内膜炎（图4–12–2）。一般情况下，病牛的全身症状明显，精神沉郁，食欲废绝，泌乳停止，高热稽留或呈弛张热，衰弱无力，常站立不动，不敢运动。

本病的特征性症状主要在心脏和血液循环系统。触诊，心搏动强盛以至亢进，病情严重者可发现胸壁甚至躯干发生震动；轻微运动或兴奋，心搏亢进更明显，常出现阵发性心动过速等心律失常。听诊，将听诊器放在牛的右房室瓣口，长时间听诊可闻及易变性心内杂音（图4–12–3），心内杂音的音性和时性，有时在第1心音之后，有时在第2心音之后，有时在第1和第2心音之间延续。病情严重的病牛，心脏的功能障碍更加明显，常出现血液循环紊乱，可视黏膜发绀，静脉极度扩张，颈静脉搏动明显；肺水肿引起呼吸困难；胸前、腹下和乳房部皮下发生浮肿（图4–12–4）。

奶牛的溃疡性心内膜炎还常因栓子脱落而栓塞一些组织和器官，并形成转移性脓肿，如皮肤和可视黏膜的栓塞性血管炎可引起出血斑点；栓塞性关节炎和肌炎可引起关节强直、渗出增多、疼痛和肌痛；脑血管的栓塞可引起晕厥、抽搐、癫痫和一些相应的神经症状；肠血管栓塞可引起腹痛和腹泻等；肾血管栓塞可引起背腰疼痛；心血管栓塞可引起心肌梗死、急性心力衰竭和猝死等。

临床血液学检测，病牛的血中白细胞总数增高，特别是嗜中性白细胞增多，核型左移；末梢血液经细菌学染色或培养，可检出细菌或培养出细菌。

【病理特征】 奶牛的心内膜炎以疣性心内膜炎较为常见，以三尖瓣最多发。剖检，早期见心瓣膜内皮细胞肿胀，内膜粗糙，表面有大小不等的红褐色赘生物（图4–12–5），随着病情的发展，赘生物增多、变大，心瓣膜肥厚而闭锁不全（图4–12–6）。严重时，心瓣膜有范椰菜样或肿瘤样的赘生物，常从其中可检出链球菌（图4–12–7）。溃疡性心内膜炎多是在化脓菌的作用下引起的，检查时可见心内膜上皮脓解、脱落，以致形成溃疡和增生，有时化脓菌被增生的肉芽组织反复包裹而形成化脓性赘生物，切开赘生物，可见其内含大量化脓性渗出物（图4–12–8）。偶见一头因化脓性关节炎而死亡的奶牛，在其心内膜乳头肌部检出转移性脓肿（图4–12–9）。

【诊断要点】 细菌性心内膜炎的诊断，主要依据3个方面：一是起源于化脓性疾病；二是有反复发作或稽留热、弛张热或中高热，心搏亢进，心动过速，心脏杂音明显，多种组织和器官有淤血变化或栓塞发生等临床表现；三是血检时有白细胞增多、嗜中性白细胞增多且核型左移等炎性血像。

【治疗方法】 治疗本病的基本原则是：抗菌消炎，抗凝防塞。

1. 抗菌消炎 在血液培养未取得阳性结果或无条件做药敏试验的情况下，一般常选用广谱抗生素，同时配伍磺胺制剂和磺胺增效剂效果较好。常用的配伍方法有：普鲁卡因青霉素每千克体重1万～2万国际单位，临用时加适量注射用水配成混悬液肌肉注射，每日一次；同时内服新诺明，每千克体重初次的剂量0.1克，维持量0.07克，每日2次，连用5～7天。也可用苯唑青霉素钠，每千克体重15～20毫克用注射用水溶解后肌肉注射，每天2次；同时内服磺胺二甲嘧啶，每千克体重初次量0.4克，维持量0.2克，连用1周。注意在应用磺胺剂时最好同时内服等量的碳酸氢钠，以促进磺胺类药物从肾脏排除。硫酸庆大霉素，每千克体重1.5～2毫克，肌肉注射，每日1次，连用3～5天（注意：本药对听神经和肾脏有损伤作用，不宜用药量过大或时间过长）；同时内服磺胺对甲氧嘧啶，每千克体重初次量0.4克，维持量0.2克，每日1次。

2. 抗凝防塞 为了防止栓塞和血栓形成，可适当选用一些抗凝血和促纤溶的药物配合治疗，防止栓塞性合并症的发生，如将6～9克依地酸二钠，加入500毫升5%葡萄糖溶液中缓慢静脉注射，隔3天1次，连用3次。注意：本药用量过大时可使血钙降低，从而影响心脏的功能。

【预防措施】 心内膜炎的发生主要由变态反应性病因和化脓性细菌引起的，前者如风湿病、链球菌病和结核病等，后者如葡萄球菌病、脑膜炎球菌等。因此，预防本病的主要措施是加强饲养管理，提高奶牛的抵抗力，防风除湿，增加适当的运动。对化脓性或引起组织破坏的疾病，应及时治疗，防止转移性化脓灶或机体发生变态反应，而导致心内膜炎。

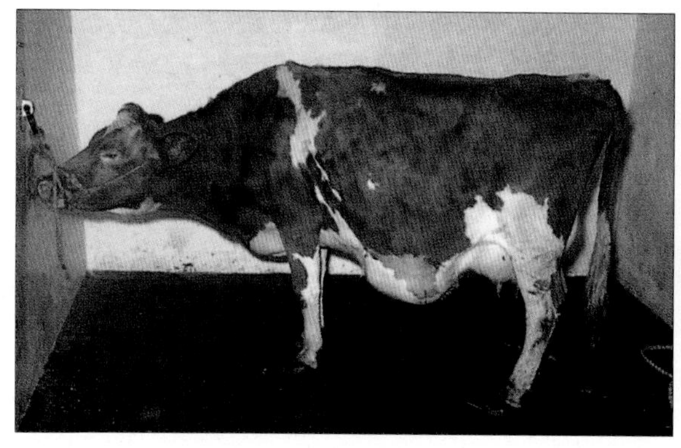

图4–12–1 病牛的左侧乳静脉处有一大脓肿，因重度的瓣膜性心内膜炎而死亡

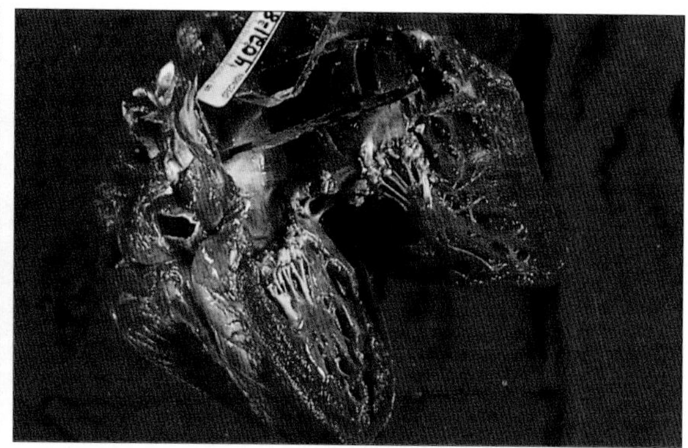

图4–12–2 心瓣膜处有花椰菜样增生，多由溶血性链球菌所致

图4-12-3　病牛消瘦，脉搏120次左右，听诊有心内杂音

图4-12-4　颈静脉怒张，颌下及胸垂部浮肿

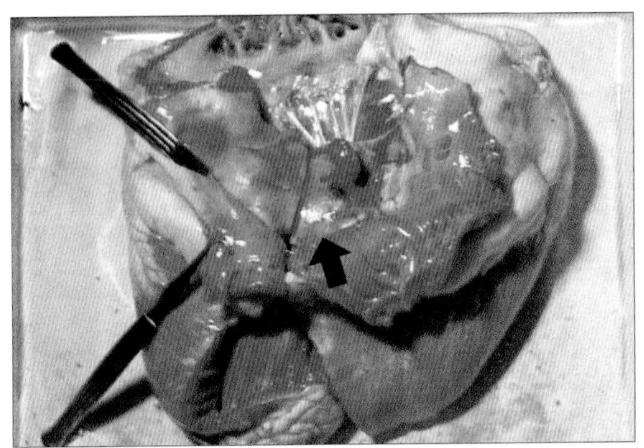

图4-12-5　右心三尖瓣有较大的赘生物，房室孔闭锁不全

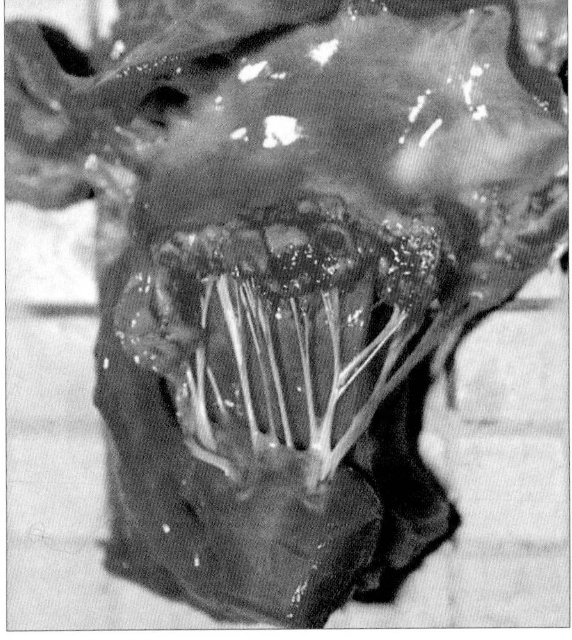

图4-12-6　三尖瓣发生息肉样赘生物，瓣膜增厚

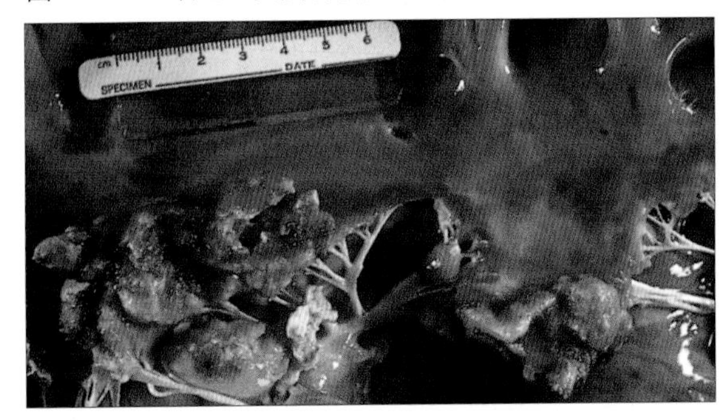

图4-12-7　病变部呈黄红色，从瓣膜的增生物中分离出链球菌

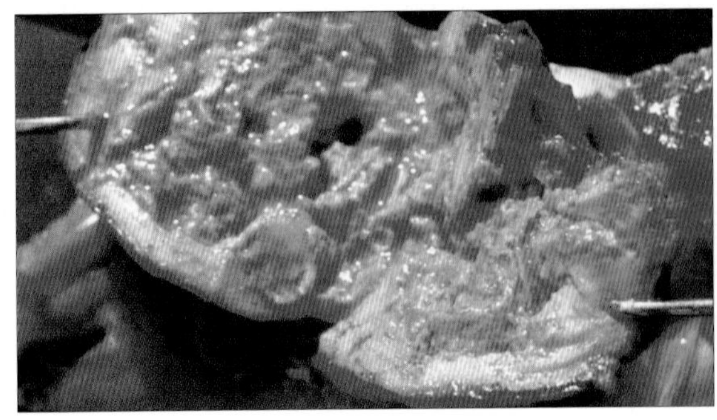

图4-12-8　化脓性赘生物的切面，含大量化脓性渗出物

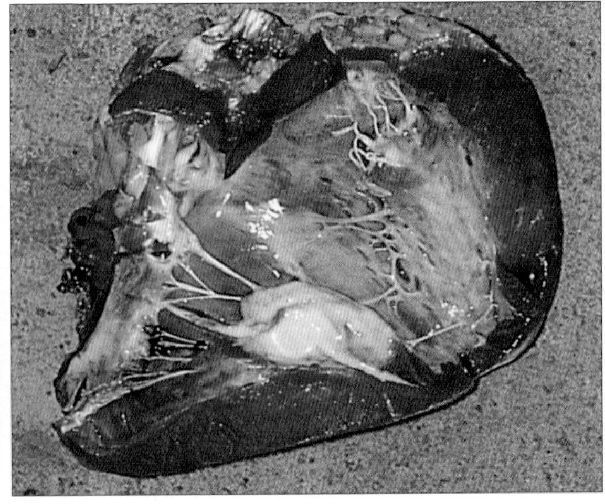

图4-12-9　化脓性关节炎病牛的心乳头肌部见转移性脓肿

十三、奶牛酮病

(Ketosis in dairy cows)

奶牛酮病又叫酮血病、酮尿病，是一种以碳水化合物和挥发性脂肪酸代谢紊乱为基础的代谢病，主要发生于奶牛，尤其是高产奶牛更为多发。临床上病牛出现以兴奋、昏睡、血酮增高、血糖降低、体重迅速下降、泌乳减少或无乳为特征的症状。

本病按临床症状的有无可分为出现明显症状的临床酮病和无明显症状的亚临床酮病；按病因可分为日粮营养充足但不平衡，糖分和能量不能满足高产泌乳需要而发生的自发性酮病和日粮营养缺乏，体内糖原贮备不足，不能维持正常泌乳需要而发生的营养性酮病。

【发病原因】 本病的发生主要是由于奶牛摄入碳水化合物不足或营养不平衡，导致生糖物质缺乏或吸收减少所致。已知，奶牛摄入的各类型碳水化合物饲料，主要是通过瘤胃发酵产生乙酸、丙酸和丁酸等挥发性脂肪酸，通过糖原异生的途径来生成葡萄糖。泌乳母牛机体内的葡萄糖，主要合成乳糖。据报道，一头仅产奶27升的奶牛，通过泌乳丧失乳糖约122克。可见泌乳期的奶牛需要大量的葡萄糖。一般而言，奶牛泌乳的高峰期在产犊后4～6周，而奶牛的采食高峰则在产犊后8～10周。因此，奶牛产犊后的8周左右，机体多处于缺糖期，很易发生酮病。据调查，高产奶牛在早期泌乳阶段约有1/4～1/3呈现亚临床酮病，血酮水平超过10 毫克/分升，产奶量下降几千克，且易罹患传染病和生殖系统疾病；如果持续遭受一些营养或代谢方面的影响，就可发展为临床酮病。

另外，在泌乳的头2个月，一些能使奶牛食欲下降的疾病如子宫炎、乳房炎、创伤性网胃炎、皱胃变位、生产瘫痪、胎衣不下等，都可引起继发性酮病。据报道，继发性酮病约占酮病总数的30%～40%。

【流行特点】 酮病通常发生于产犊后几天至几星期，主要发生在产犊后至泌乳高峰的一段时间内，即正值母牛对葡萄糖的需要量增高而处于能量负平衡状态的期间。临床酮病的发病率在各个牛群之间不一样，低者约为1%～2%，高者可达15%～20%。其中，约10%发生于产后1周以内，70%以上发生于1个月以内，但几乎全部都发生在产后6周以内。发病率较高的牛群，一般都是那些饲养很差或产奶量很高的牛群。随着奶牛产奶量普遍提高，亚临床酮病的发病率比临床酮病高出10倍以上。

除泌乳量外，奶牛品种、年龄、胎次以及饲养管理等对本病的发生均有一定的影响。

【发病机理】 酮病发生的中心环节就在于乳腺利用的葡萄糖值超过肝脏产生的葡萄糖值，导致低糖血症。酮病时代谢紊乱主要表现为肝糖原耗竭所致的低糖血症和酮血症。奶牛体内糖原异生物质主要有丙酸、生糖氨基酸、甘油和乳酸，而糖类和生糖氨基酸是草酰乙酸的来源。当病牛厌食或不食时，由胃肠道吸收而直接合成的那些糖原异生物质供给减少或中断，组织中的生糖物质草酰乙酸浓度也变得很低，致使乙酰COA不能与草酰乙酸缩合成枸橼酸而进入三羧酸循环，于是乙酰COA积聚，并通过乙酰COA硫解酶催化缩合为乙酰乙酰COA而转变为酮体，使血中酮体浓度升高。由于三羧酸循环的代谢产物和生糖氨基酸生成的中间代谢产物的浓度降低而伴发低糖血症，并引起肝糖原浓度下降。据研究，高产奶牛在泌乳期乳腺摄取的葡萄糖值，可占进入血液中葡萄糖的80%或更高。因此，高产奶牛最易发生酮病。

【临床症状】 本病通常在产后2～3周发病，病牛的主要表现是神经症状、消化障碍、散放酮味、泌乳锐减和消瘦。

病牛的行为异常，最先呈现机敏和不安，眼球震颤，流涎，不断舐拭，咬肌痉挛，出现异常咀嚼运动（图4-13-1），肩部和腹肋部肌肉抽动。精神淡漠，先有听觉过敏，背腰部皮肤敏感等表现，继之，对刺激(如尖锐的叫唤声、针头的刺痛等)无反应。有些病例可围绕牛栏，以共济失调的步伐盲目徘徊，或不顾障碍物向任何方向猛力冲击。后期转为抑制，步态不稳，后肢轻瘫，不能站立，卧地不起（图4-13-2），有时头曲于颈侧而呈昏睡状态（图4-13-3）。

消化障碍表现为顽固性前胃弛缓，反刍减少，瘤胃蠕动音减弱或消失，食欲减退，往往偏食，对某些饲料(通常是精饲料)一吃而光，而对其他饲料表现拒食。但有的病例厌食精料，仅吃少量干草或其他粗饲料，或饮食欲废绝。病牛常发生异嗜，吃污秽不洁的垫草等。粪便干硬或发生腹泻，粪便恶臭。

病牛呼出的气体、排出的尿液、分泌的汗液和挤出的乳汁中均可闻到不同程度的酮味(如同烂苹果味或氯仿、丙酮味)。

病牛的产奶量急剧下降。乳房往往肿胀，浅表静脉明显扩张。全身被毛粗糙、杂乱、无光泽，往往伴同采食、饮水减少而呈现皮肤紧裹及弹性丧失。高产母牛只要持续几天采食减少，就迅速消瘦（图4-13-4）。

临床病理学检查，血液、尿液及乳汁中酮体增多，血糖降低。其中，血酮和血糖的变化最有检测意义。患原发性酮病的母牛，其血糖浓度从正常时的每升500毫克降至每升200～400毫克，血酮浓度从正常的每升100毫克以下升高到每升100～1 000毫克；患继发性酮病的母牛，其血糖浓度通常在每升400毫克以上或高于正常，血酮浓度则低于每升500毫克。酮尿的变动较大，乳中酮体水平很少变动，由正常的每升30毫克增高到每升400毫克。

【病理特征】 本病的特征性病变是肝脏的脂肪变性。轻度变性时与颗粒变性相似，仅见肝脏肿大，色泽变淡，浑浊，质地变脆等病变；病重时则肝脏明显肿大，边缘变钝，比重变轻，切一小块肝脏放入固定液中呈漂浮状（图4-13-5）。色泽变化最为明显，可呈黄色或黄褐色，表面光滑，触之有油腻感，切面结构模糊（图4-13-6）。镜检，肝细胞质中有大小不等的脂滴，用苏丹Ⅲ染色时，脂肪变性的肝细胞被染成红色（图4-13-7）。肝脂肪变性以肝小叶中心性脂肪变性最明显，中央静脉周围的肝细胞，其胞质中的脂滴常融合在一起，形成大脂滴，胞核受挤压而偏左，经脂溶剂处理后，形成大量气球样空泡（图4-13-8）。

【诊断要点】 一般根据母牛高产(高于牛群的年均产奶量)、产后时间(多发生在产后4～6周)、食欲减少、偏食和发生异嗜、产奶量降低、放散特殊气味（烂苹果味）以及神经过敏等症状，可建立初步诊断。临床病理学检查时，血酮浓度升高、血糖浓度下降或注射葡萄糖立即见效，可以确诊。

对亚临床酮病，主要依靠血酮定量测定来诊断。凡血酮浓度超过10毫克／分升即可确定为病牛。

【治疗方法】 首先应加强护理，调整饲料，减喂油饼类等富含脂肪的精料，增喂甜菜、胡萝卜、干草等富含糖和维生素的饲料，并适当增加运动。

本病的基本治疗原则是补糖、生糖和对症治疗。

1.**补糖**　这是提供葡萄糖最快的途径，一般可用25%～50%葡萄糖液300～500毫升，静脉注射，每天2次；如同时肌肉注射胰岛素100～200国际单位，则效果更好。

2.**生糖**　即补充生糖物质，常用丙酸钠120～200克，混饲喂给或口服，连用7～10天；丙二醇100～120毫升，口服，连用2天；或用甘油240毫升，口服，连用数天。也可口服乳酸钠或乳酸钙450克，每天1次，连用2天；或口服乳酸铵200克，每天1次，连用5天。也可用促进糖原异生的物，应用氢化可的松0.5～1克，或醋酸可的松0.5～1.5克，或地塞米松10～30毫克，或氢化泼尼松50～150毫克，或促肾上腺皮质激素1克，肌肉注射。

3.对症治疗　具有酸中毒症状的应立即缓解酸中毒，通常可静脉注射5%碳酸氢钠液500～1 000毫升，或口服碳酸氢钠50～100克，每天1～2次。对兴奋不安的病牛，可静脉注射5%水合氯醛乙醇注射液200～300毫升，或口服水合氯醛15～30克。食欲不佳、瘤胃蠕动缓慢者，可酌用健胃药或兴奋瘤胃蠕动的药物。

【预防措施】 加强饲养管理，注意饲料组合，不可偏喂单一饲料。妊娠后期和产犊以后，应减少饲喂精料，增喂优质青干草、甜菜、胡萝卜等含糖和维生素丰富的饲料。适当增加运动，及时治疗前胃疾病。

另外，也可以用药物进行预防，如高产奶牛产犊后可口服丙酸钠120克，每天2次，连续10天；或丙二醇350毫升，每天1次，连续10天。

图4-13-1　神经型酮血症，病牛流涎，咬肌痉挛，有异常咀嚼运动

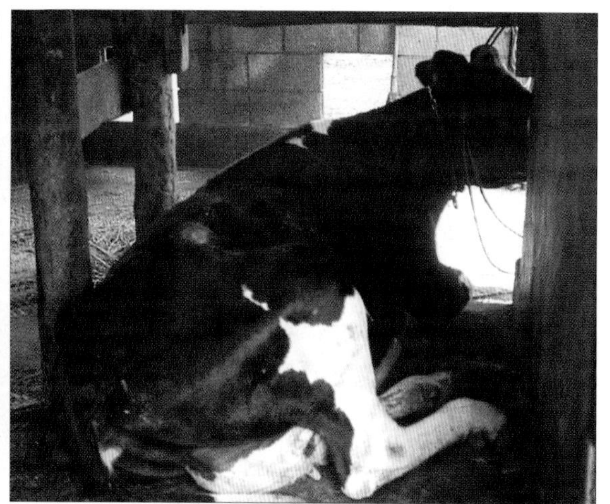

图4-13-2　病牛后肢轻瘫，不能站立

图4-13-3　伴发肝脏严重脂肪变性的奶牛呈昏睡状

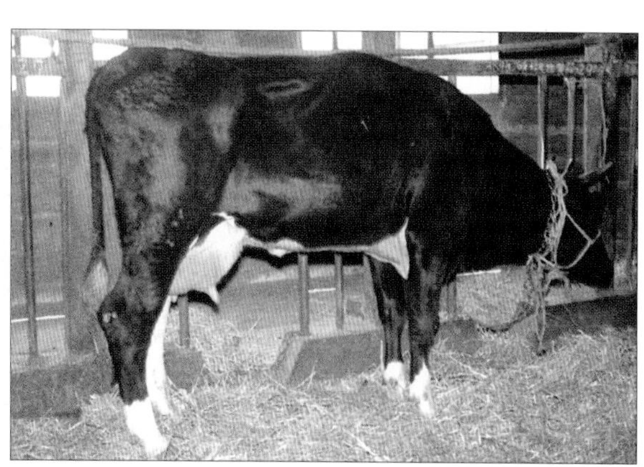

图4-13-4　病牛腹部蜷缩，明显消瘦

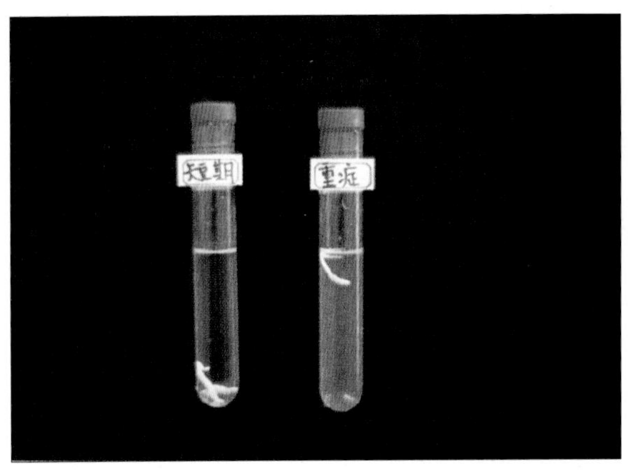

图4-13-5　切一小块变性的肝组织放入固定液中，病变严重的肝组织（右）则呈悬浮状

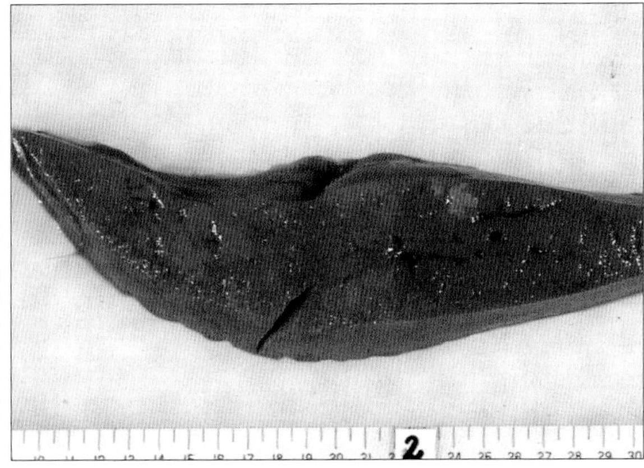

图4-13-6　肝脏严重脂肪变性而呈黄褐色，有油腻感，切面结构模糊

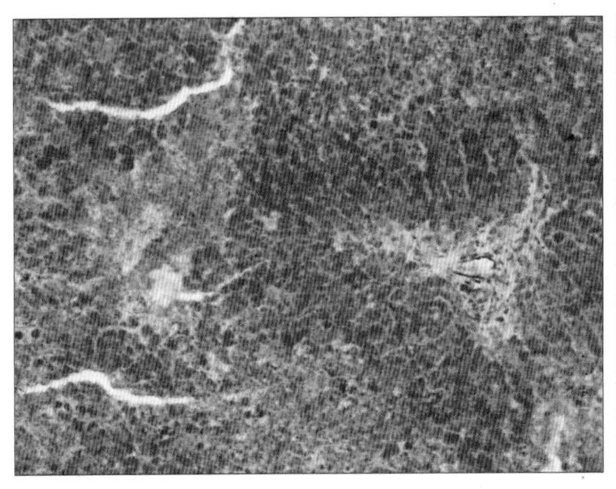

图4-13-7　用苏旦Ⅲ染色时脂肪变性的肝细胞呈红色

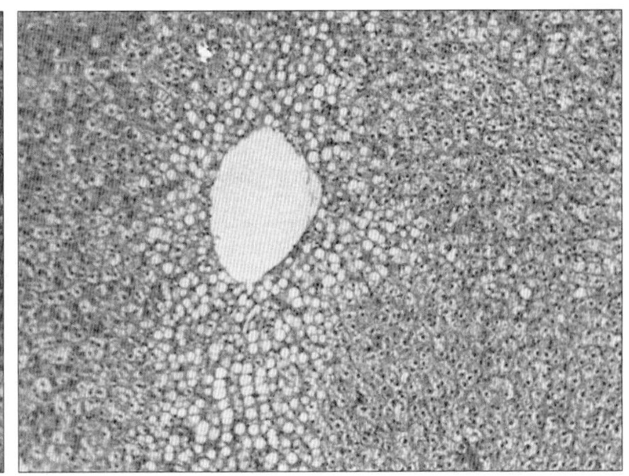

图4-13-8　肝组织明显的脂肪变性，切片上有大量空泡

十四、硒缺乏症

（Selenium deficiency）

硒缺乏症又称白肌病、营养性肌萎缩症等，是以硒缺乏造成的骨骼肌和心肌变质性病变为基本特征的一种营养代谢病。本病可发生于各种年龄的牛，但临床上以犊牛的症状最明显，主要表现为生长缓慢、营养性肌萎缩和心肌病；成年奶牛多表现为生殖障碍。

本病虽然在世界范围发生，但在一个地区则呈局部性流行。调查研究表明，病区与低硒地带密切相关。据发病情况的调查，我国由东北斜向西南走向的狭窄地带，包括黑龙江、吉林、辽宁、内蒙古、河北、山东、山西、陕西、甘肃、河南、四川以及贵州、云南等10多个省（自治区），普遍缺硒。

【发病原因】 本病是低硒地带的常发病，贫硒土壤所生长的植物，其含硒量也低。因此，土壤、饲草料中硒含量过少，是引起本病的主要原因，如土壤中硒含量在每千克0.5毫克以下，饲草料中硒含量低于每千克干物质0.1毫克，均可使牛群发病。另外，当土壤中硫化物含量过多（多因施用含硫肥料所致）或摄取的饲草料含硫酸盐量过大时，由于硒与硫两者呈拮抗作用，势必要降低牛群对所吃进的饲草料中硒的吸收和利用率，导致继发性硒缺乏症。

此外，饲料中维生素E的含量及其他抗氧化物质以及脂肪酸尤其不饱和脂肪酸的含量也是重要的影响因素或条件。

值得指出：由于原粮和饲料的商品性流通与调运，可造成非自然病区牛群大批发病。

【临床症状】 犊牛突然发病，精神萎靡不振，生长发育缓慢，消瘦，被毛粗刚，无光泽。心跳加快，每分钟达100～140次，心音微弱，节律不齐。呼吸加快，每分钟70～80次，呼吸浅表，以腹式呼吸为主，咳嗽，流有黏液性鼻漏，肺泡音粗厉。本病的特征性症状为白肌病症候群。病牛运步缓慢，步态强拘，站立困难，四肢肌肉颤抖，颈、肩、背和臀部肌肉变硬、肿胀。被迫躺卧地上，四肢侧伸，头抬不起来。舌和咽喉肌肉变性，使犊牛吸吮或采食动作发生困难。磨牙，胃肠的平滑肌受损，病牛消化紊乱，伴有顽固性腹泻。腰背部的肌肉变性坏死，严重时病牛可出现“翼状肩甲骨”的特征性症状（图4-14-1）。病牛一般多在1～2周内死于心力衰竭。

成年奶牛繁殖性能降低，胎衣不下或死胎，如继发异物性肺炎或重剧性胃肠炎时，其死亡率可高达15%～30%。

【病理特征】 剖检的特征性病变是骨骼肌和心肌明显的坏死与钙化。骨骼肌受损最严重的部位为运动量较大的背部、腿部和肩部肌肉，但其他的一些肌肉也可受损，病变为两侧对称性。患病肌肉退色，呈煮肉样或鱼肉样外观，或存有不规则的浑浊、黄色到乳白色的病灶。受损最严重的肌肉，常具有一种黄白色条带形的外貌，有时出现出血的条纹和局部水肿。心脏近似球形，心室扩张，心肌壁变薄，通常左心室比右心室严重，表现心脏扩张，心外膜和心内膜下肌层有灰白色坏死斑点、条纹或片状的病灶（图4-14-2）。乳头肌的坏死、钙化部位呈奶油白色。

组织学检查，骨骼肌纤维的病变是不均匀的肿胀、均质化和崩解。部分肌纤维变细、坏死和变性的肌纤维钙化也很常见，在变性、坏死的肌纤维被清除的同时，常伴有结缔组织增生与肌纤维的再生。心肌病灶可侵犯整个肌层或部分肌束。心肌的基本变化是肌纤维的变性、坏死、钙化、结缔组织增生及肌纤维再生等变化。

【诊断要点】 依据基本症状群，结合特征性病理变化，参考病史及流行病学特点，可以确诊。对犊牛不明原因的群发性、顽固性、反复发作的腹泻；成龄奶牛的繁殖障碍，应给以特殊注意，进行补硒治疗性诊断。临床诊断不明确的情况下，可通过对病牛血液及某些组织的含硒量或谷胱甘肽过氧化物酶活性测定，土壤、原粮或饲料含硒量测定，进行综合诊断。

【治疗方法】 补充硒和维生素E是治疗本病的基本方法。通常用0.1%亚硒酸钠溶液肌肉注射，剂量：成年奶牛，15～20毫升；犊牛，5 毫升。根据病情，间隔1～3天重复注射1～3次。于补硒的同时配合补给适量维生素E，疗效更好，剂量：每千克体重3毫克；用法：皮下注射，连用3～5日。

【预防措施】 在低硒地带饲养的奶牛或饲用由低硒的地区运入的原粮或饲料时，必须普遍补硒。补硒的办法：定期肌肉注射亚硒酸钠注射液，或经口投服硒盐或硒添加剂，或饲喂富硒土地上生长的饲草料，或将适量硒添加于饲粮、饲料、饮水中喂饮；对饲用植物做植株叶面喷洒，以提高植株及籽实的含硒量；低硒土壤施用硒肥；在牧区，可应用硒金属颗粒，硒金属颗粒由铁粉9克与元素硒1克压制而成，投入瘤胃中缓释而补硒。试验证明，牛投给1粒，可保证6～12个月的硒营养需要。

对妊娠母牛，可在分娩前1～2个月，应用亚硒酸钠，按每千克体重0.1～0.2毫克和每日维生素E 750～1 000毫克的量，混合后添加在饲草料中饲喂；或在妊娠母牛分娩前，每隔2周，皮下注射亚硒酸钠注射液（硒含量50～60毫克）和维生素E注射液（剂量为100～200毫克）。刚出生的犊牛，可用亚硒酸钠注射液（剂量为3～5毫克）和维生素E注射液（剂量为50～150毫克），混合后皮下注射，间隔2周后再注射1次。

图4-14-1　病牛由于背部肌肉变性、坏死而呈现出特异性的“翼状肩甲骨”

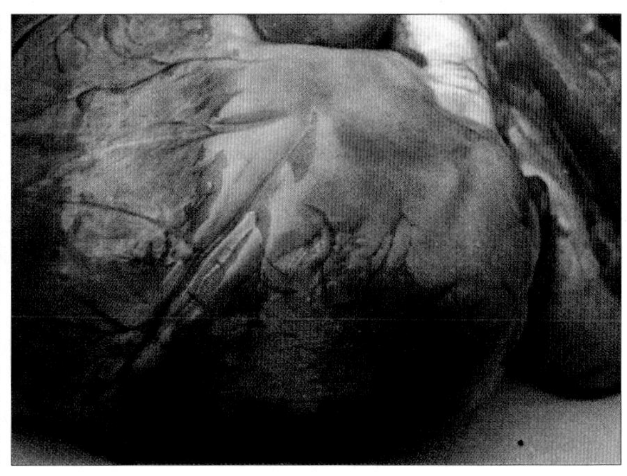

图4-14-2　心脏明显扩张，心外膜下见多量灰白色变性坏死灶

十五、铜缺乏症

（Copper deficiency）

铜缺乏症又称犊牛消瘦病，或特称晃腰病（swayback），是由于饲草和饮水中铜含量过少，或钼含量过多所引起的一种代谢病。本病主要发生于奶牛等反刍动物，临床上以被毛退色、下痢、贫血、运动障碍、骨质异常和繁殖性能降低等为主征。我国宁夏、吉林等省（自治区）已相继报道有牛、羊、鹿的铜缺乏症发生，应予重视。

【发病原因】 引起铜缺乏的原因有原发性与继发性之分。

1.原发性缺铜　即单纯性铜缺乏症，是由于长期饲喂在低铜土壤上生长的饲草、饲料，采食或饲喂了铜含量过低的饲草所引起的。常见的含铜量低的土壤有：缺乏有机质和高度风化的砂土，沼泽地带的泥炭土和腐殖土等。一般认为，1千克干草料中铜含量少于3毫克，则呈现出铜缺乏的症状；含3～5毫克时，则导致亚临床铜缺乏症。

2.继发性缺铜　是指土壤和日粮中含有充足的铜，动物体对铜的吸收障碍所引起的。对铜吸收有明显影响的是饲料中含钼、硫、铅、镉和锰等铜的拮抗元素过多。如采食在天然高钼土壤上生长的植物（或牧草），或工矿钼污染所致的钼中毒常引起缺铜；饲料中不论是蛋氨酸、胱氨酸，还是硫酸钠、硫酸铵等含硫物质过多，经过瘤胃微生物作用均可转化为硫化物，形成一种难以溶解的铜硫钼酸盐的复合物，降低铜的利用。实验证明，当日粮中硫的含量达每千克1克时，约50%的铜不能被机体利用。

【临床症状】 病牛食欲减退，异嗜，生长发育缓慢，尤其犊牛更为明显。被毛退色是本病的特征性表现。被毛稀疏，弹性差，粗糙，缺乏光泽（图4－15－1），常由深变淡，黑毛变为棕色（图4－15－2）、灰白色，红毛变为暗褐色；眼周围被毛因退色或脱毛，而变为白色或无毛，状似戴白框眼睛，故有“铜眼镜”之称（图4－15－3）。运动障碍以病犊表现得明显。病牛两后肢呈八字形站立，行走时跗关节屈曲困难，后肢僵硬，蹄尖拖地，后躯摇摆，极易摔倒，急行或转弯时，更加明显。病情严重时后肢麻痹，卧地不起。另外，骨及关节变化也较明显，表现为骨骼弯曲，关节肿大（图4－15－4），触之敏感，行走时出现跛行，四肢易发生骨折。X线检查，常见长骨的骨端肿大，密度降低，呈不规则状（图4－15－5）。长期缺铜，还可引起小细胞低色素性贫血。

成龄奶牛发生铜缺乏症时，除泌乳量明显降低外，还出现性周期延迟，或不发情，或一时性不怀孕，早产等繁殖机能障碍等症状。妊娠母牛所产出的犊牛多表现跛行，步样强拘，甚至行走时两腿相碰，关节肿大、变形，骨皮质变薄，骨质脆弱易发生骨折。重型病牛心肌萎缩和纤维化，往往发生急性心力衰竭，即使在轻微运动过后也易发病，有的在24小时内突然发病死亡（猝死症）。

【诊断要点】 一般根据本病的临床症状，如被毛退色，运动障碍等及特殊的病理学变化，如有髓神经纤维的髓鞘脱失等即可确诊。对症状不典型或成龄奶牛可通过试验室检测来确定。一般认为测定血浆铜蓝蛋白活性，可为早期诊断提供重要依据。这是因为其活性下降早于症状出现之故。测定肝铜和血铜有也助于诊断，肝铜（干重）含量低于20毫克/千克，血铜含量低于每毫升0.7微克时，可诊断为铜缺乏症。

【治疗方法】 补铜是治疗本病的根本措施，除非神经系统和心肌已发生严重损害，一般都能完全康复。常用的治疗药物是硫酸铜，成年牛每日2克或每周4克；犊牛每日1克或每周2克，经口投服；或将硫酸铜按1%的比例加入食盐内，混入配合料中饲喂；还可用硫酸铜0.8克，溶解于1 000毫升生理盐水中，成年牛剂量为250毫升，一次静脉注射，其有效期可维持数月。

【预防措施】 当奶牛场有本病发生时，应对当地饲草料、水源和土壤中铜含量进行检测，并制定对策措施，如对铜缺乏的土地，可施用含铜肥料，每公顷草场上施用5～7千克硫酸铜，能使生长的牧草中含铜量达到奶牛机体生理需要水平，并能维持几年。

对舍饲奶牛群，还可用甘氨酸铜制剂，剂量：成年牛200～400毫克，犊牛100～200毫克，一次皮下注射，其保护期可持续半年左右。据报道，给成年牛经口投服硫酸铜3克，每周1次，效果也好。

图4－15－1　病犊精神不振，被毛退色，缺乏光泽

图4－15－2　犊牛缺铜而黑毛变为棕色（前），但成牛变化较轻（后）

图4-15-3　病犊被毛退色，眼周脱毛呈现“铜眼镜”

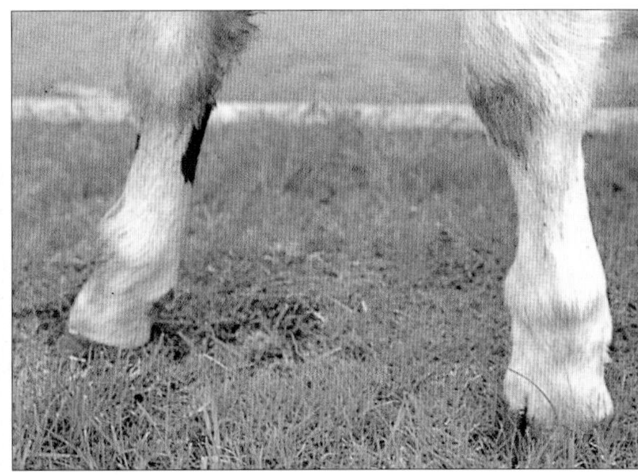
图4-15-4　与健康牛相比，病牛的球关节明显肿大

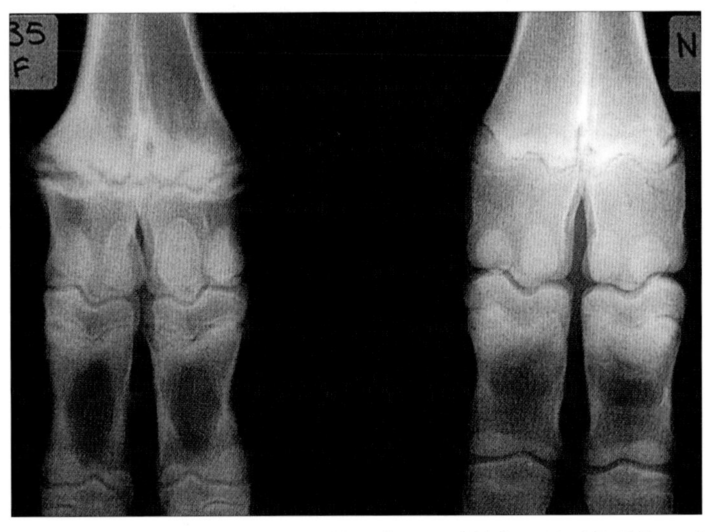

图4-15-5　X线检查，病牛的第3掌骨下端肿大，呈不规则状，以左侧明显

十六、维生素B_1缺乏症

(Vitamin B_1 deficiency)

维生素B_1缺乏症又称硫胺缺乏症或大脑皮质坏死症(Cerebrocortical necrosis)，是由于硫胺素不足或缺乏所引起的一种营养缺乏症，临床上以神经症状为特征。

维生素B_1的分子结构上含有硫和氨基，故称之为硫胺素。它广泛分布于饲料中，酵母中最为丰富，整谷粒中也很丰富，但主要存在于胚芽和种子外皮中，故米糠、麦麸等粗饲料中的硫胺素含量比精料中更多。新鲜牧草中也富含硫胺素，而贮存的干草比新鲜干草含量少，但在干燥环境中保存时硫胺素不会损失。奶牛的瘤胃内还能在细菌的作用下合成硫胺素。因此，在正常饲养条件下奶牛是不会发生本病的。犊牛的瘤胃功能尚不健全，主要通过乳汁获取硫胺素，而牛奶中含量不多，经巴氏灭菌法消毒30分钟，可使其中的25%硫胺素遭到破坏。由此可见，犊牛易患本病，尤其是人工饲料的犊牛。

【发病原因】 引起本病的原因很多，但奶牛最常见的原因是饲养不当。通常认为，成龄奶牛的瘤胃能合成硫胺素，不能引起缺乏症，但近年来一些奶牛场为了提高奶牛的产奶量，而给奶牛饲喂的精料过多，粗饲料过少，或饲喂低纤维高糖饲料，或蛋白质饲料严重短缺，结果使瘤胃内微生物区系紊乱，导致硫胺素合成障碍，甚至完全不能合成。这样，既妨碍了硫胺素的吸收，又影响了硫胺素在体内的转换，从而引起本病。

另外，引起本病的常见原因还有：机体的需要量增加，如高产的泌乳奶牛和妊娠奶牛；肠吸收不良，如奶牛患传染病和肠炎等疾病；瘤胃合成的硫胺素被硫胺酶分解，如奶牛大量采食含有硫胺酶的异叶猩猩木等植物：或瘤胃内有大量硫胺素拮抗物而影响硫胺素的吸收，如蕨类植物含有硫胺拮抗物，抗球虫药丙嘧吡啶的化学结构与硫胺素相似，能竞争性拮抗硫胺素的吸收等。

【发病机理】 硫胺素的主要功能是参与体内糖代谢过程，为脑、神经和肌肉的活动提供充足的能量。硫胺素在肝、肾组织中接受三磷酸腺苷提供的磷酸，缩合成焦磷酸硫胺(Thiamine pyrophosphate，简称TPP)，其作为α－酮酸氧化脱羧酶系中的辅酶，参与糖代谢中的α－酮酸（如丙酮酸和α－酮戊二酸）的氧化脱羧反应，于不同的环节对转酮酶、丙酮酸氧化酶和α－酮戊二酸氧化酶等3种起辅助作用。其中最重要的作用是辅助丙酮酸氧化酶，将丙酮酸脱羧生成乙酰辅酶A，进入三羧酸循环进行糖的有氧氧化。因此，硫胺素缺乏时，体内TPP不足，丙酮酸的氧化脱羧作用随之发生障碍，糖的氧化受阻，结果引起丙酮酸和乳酸堆积。生理情况下，神经组织和肌肉的能量来源主要靠糖氧化供应，所以，硫胺素缺乏时，常能引起大脑皮质变性、坏死、多发性神经炎和肌肉变性等病变，导致病牛感觉和运动障碍，早现共济失调和肌肉软弱无力等症状。

此外，TPP对乙酰胆碱酯酶有抑制作用，并能促进乙酰胆碱的合成。故TPP缺乏时，乙酰胆碱合成减少，分解加快，导致病牛的胃肠里蠕动弛缓和消化酶分泌减少，并由于糖代谢障碍而胃肠功能降低引起消化不良和厌食等症状。

【临床症状】 病初，病牛的体温、脉搏和呼吸没有明显的变化，仅见突然精神沉郁，食欲不佳或短时间性废绝，瘤胃蠕动音减弱，次数减少，消化不良，发生程度不等的腹泻（图4-16-1）。病牛感觉过敏，肌肉抽搐，耳抽搐，也有的发生眼和鼻镜抽搐。偶见心动徐缓和心律不齐变化。继之，病牛突然出现姿势异常（图4-16-2），步态强拘，不愿走动。运动时，步态蹒跚，运动失调（图4-16-3），无目的地进行转圈运动或徘徊。有的病牛平衡失调，并出现似倒非倒或似卧非卧的症状（图4-16-4）；还有的病牛则运动不协调，卧地或倒地后难以起立（图4-16-5），或出现中度的角弓反张症状，眼向内上方斜视（图4-16-6），或出现皮层性失明，病牛两眼紧闭，常将头抵于栅栏而呆立（图4-16-7）。在出现运动障碍24～28小时后，可见脑脊液压力增高和视神经乳头性水肿，这是脑坏死引起组织水肿的指征。后期，病牛极度沉郁，昏睡而卧地不起。此时，病牛的死亡率几乎达100%。

【病理特征】 死于本病的奶牛，其特征性的病变化是脑皮质软化，出现弥漫性大脑水肿。切面可检出对称性出血和坏死灶（图4-16-8）。病理组织学变化主要为大脑皮质的神经细胞呈局灶性或弥漫性急性肿胀、变性、坏死，偶尔在小脑、丘脑外侧膝状体、基底神经核和中脑核等组织中检出神经细胞变性与坏死变化。

【诊断要点】 主要根据病牛眼球震颤，突然失明，头颈肌肉震颤，头抵物体，运动失调和角弓反张等神经症状，并结合对饲养管理等调查而建立初步诊断。试验检测可发现血液中白细胞总数和嗜中性白细胞增多；血糖、血液中丙酮酸及乳酸含量增高，血清中GOG、GTP和CPK活性增强。如病牛死后，剖检时可检出大脑皮质有变性、坏死性变化，即可确诊。

【治疗方法】 维生素B_1是治疗本病的特效药物，使用时既可静脉注射，也可皮下或肌肉注射。为了尽快使病牛得到好转，对病轻者可按每千克体重2～4毫克，重症按每千克体重4～8毫克，按半量每日2次静脉注射。一般于注射后4～6小时，病牛的症状明显好转。如果同时按每千克体重0.1～0.2毫克的量，肌肉注射地塞米松，则效果更为理想。

另外，亦可皮下或肌肉注射硫胺素，每日2次，每次200毫克。为了防止消化道中的硫胺素酶或硫胺素拮抗物质继续起作用，应至少持续用药3～5日。发病24小时以上的严重病例，其失明多无康复的希望。

【预防措施】 预防本病的主要措施是加强饲养管理，增喂粗饲料，增加富含维生素B_1的饲料，如青贮饲料、糠麸类饲料等；对易引起本病的瘤胃病、肠炎等疾病进行积极的治疗。当同群奶牛中有本病发生时，在对病牛进行治疗的同时，其他奶牛应给予富含硫胺素的粗饲料进行预防，5日后再适度增加高能量饲料。

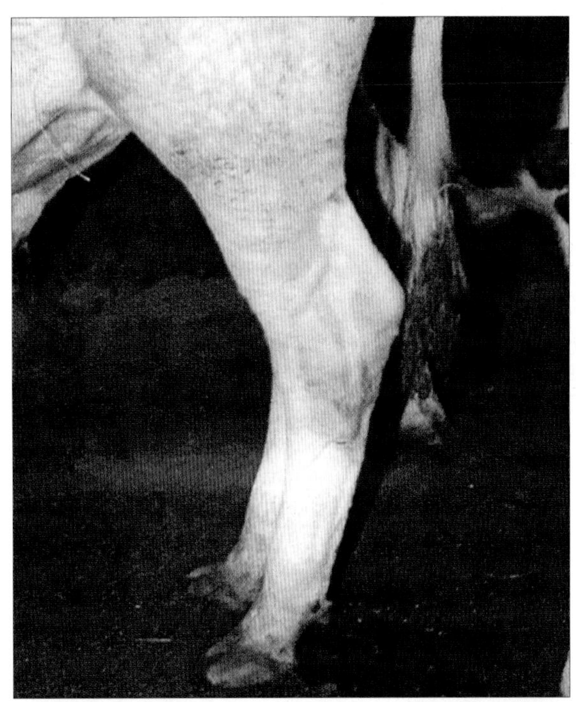

图4-16-1 出现神经症状的12～24小时前发生下痢

图4-16-2 病牛的颈部肌肉紧张，头部高举

图4-16-3 病牛步态蹒跚，不能协调行走

图4-16-4 病牛平衡失调，呈现似倒非倒姿势

图 4-16-5　病牛平衡失调卧地后难以起立

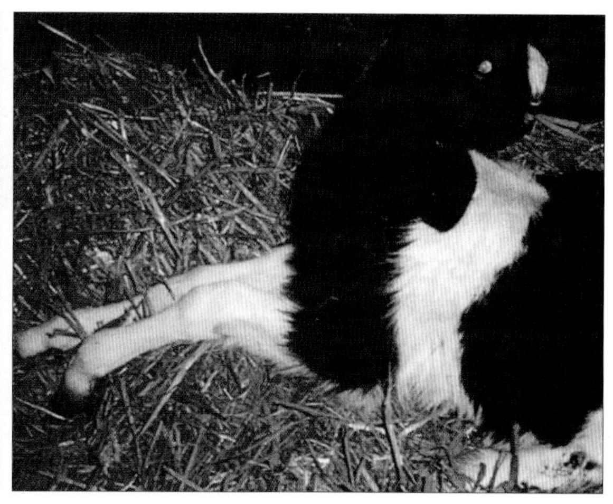

图 4-16-6　病犊角弓反张，瞬膜外露，前肢强直性伸展

图 4-16-7　病牛出现皮层性失明，两眼紧闭，将头抵于栅栏

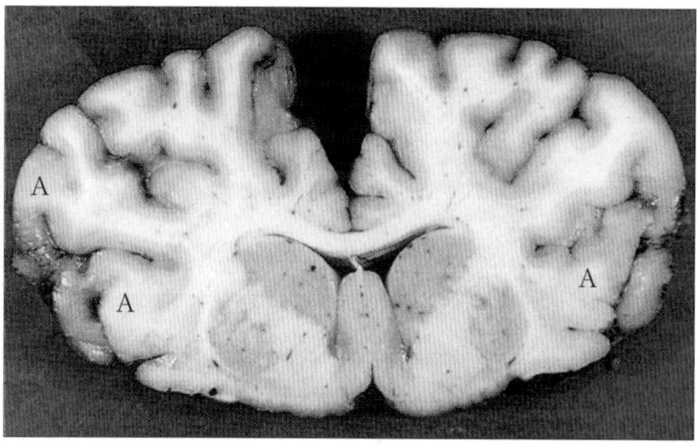

图 4-16-8　大脑灰质与白质部常有对称性出血和坏死灶（A）

十七、维生素 A 缺乏症

（Vitamin A deficiency）

维生素A缺乏症是由于维生素A及其前体物——胡萝卜素长期摄入不足或吸收障碍所引起的一种慢性营养缺乏病。临床上以嗜睡、消瘦、贫血、夜盲、干眼病、角膜角化、生长缓慢、运动失调和繁殖机能障碍等为特征。各种动物均可发生，但以妊娠和泌乳奶牛多发。

【发病原因】 引起本病的原因很多，一般可将之归纳为原发性和继发性 2 种。

1.原发性原因　主要是指饲料中维生素 A 及其前体物质不足所致。常见的情况：一是饲料品质低劣，本身缺乏维生素 A 及其前体物质，如稿秆、劣质干草、米糠、麸皮、玉米以外的谷物以及棉籽饼、亚麻籽饼、甜菜渣等。二是饲料加工、贮存不当而使维生素 A 及其前体物质被破坏，如自然干燥或雨天收割的青草，经日光长时间照射或植物内酶的作用，所含胡萝卜素可损失 50% 以上。配合饲料存放时间过长，其中不饱和脂肪酸氧化酸败产生的过氧化物能破坏包括维生素 A 在内的脂溶性及水溶性维生素的活性。三是饲喂不足，如有的奶牛场只重视泌乳母牛而忽视青年牛群，将青绿饲料特别是鲜嫩的青绿饲料，喂给产奶牛群而不喂给青年牛群，导致青年牛群中多有发病。

2.继发性原因　主要是指机体需求量增大和疾病所致。机体需求增大常见于妊娠母牛和高产奶牛的泌乳高峰期，如不及时补充维生素A及其前体物质就容易引起发病。消化道疾病等常引起消化吸收机能紊乱，影响胡萝卜素及维生素A等吸收而致病。

【发病机理】 维生素A是机体许多组织的重要成分，缺乏时就可导致这些组织结构发生改变，从而引起疾病。如维生素A的衍生物视黄醛和视蛋白是构成视网膜杆状细胞中视紫红质的主要成分，具有感受弱光的作用。当维生素A缺乏时，视黄醛不足，视紫红质减少，暗视觉障碍，而发生夜盲。维生素A具有促进黏蛋白合成的作用。黏蛋白可黏合和保护细胞，维持上皮结构的完整性。故维生素A缺乏时，上皮角化过度，尤以眼、呼吸道、消化道、泌尿生殖道的上皮组织为甚，使上皮屏障机能减退，从而易发感染。维生素A参与类固醇合成，缺乏时，肾上腺、性腺中类固醇合成减少，故可引起母畜不孕、流产、胎儿畸形、死产及产后胎盘停滞。在犊牛的骨骼发育阶段，维生素A参与骨骼改建，并有促进骨骼生长的作用。故当其缺乏时，靠外侧面的颅骨成骨作用并不停止，而靠内侧面的颅骨由于破骨细胞活性下降，颅骨生长的平衡遭到破坏，于是引起头骨变形，以致压迫脑和脊髓，出现特异的神经症状。

【临床症状】 病牛精神萎靡不振，食欲减退，异嗜，消瘦，贫血，被毛粗刚、逆立、无光泽，皮屑增多，生长发育缓慢。母牛泌乳性能大大降低。干眼病和夜盲是维生素A缺乏症的特征性症状。病牛的眼角膜干燥和流泪，瞳孔散大（图4−17−1），眼球突出，角膜浑浊（图4−17−2）、肥厚和损伤，且易继发角膜炎，对光反射减弱乃至消失。眼底检查时可发现视网膜有变性变化，脉络膜上有斑点形成（图4−17−3）。患夜盲症时病牛多呆立不动，令其运动则无方向的小心移动，或以头抵碰于障碍物(墙壁、饲槽等)不动。繁殖障碍也是本病的特征之一，由于生殖器官黏膜角质化，使母牛受胎率降低，发生卵巢囊肿、胎衣不下；妊娠母牛多在后期发生流产、死胎或出生后数日内死亡，并多出现先天性畸形。

犊牛患病时不仅易发生干眼病，而且多出现神经症状和发育障碍。病犊呈癫痫样发作（图4−17−4），全身肌肉震颤或抽搐时，触摸表现为感觉过敏；进而可发生强直性惊厥，角弓反张，步态蹒跚，共济失调，晕厥等。病犊的骨骼发育受阻，出现骨化不全性骨质疏松、软化，骨骼变形。当病牛的胃肠机能受累，消化吸收障碍时，常发生营养不良性浮肿。浮肿多发生于病牛的胸前部和前肢（图4−17−5），病情增重时，则见病牛的眼角膜浑浊，胸前部及前肢明显浮肿（图4−17−6）。

此外，奶牛患本病时由于机体抵抗力降低，故易继发乳房炎、子宫内膜炎、膀胱炎、支气管炎或支气管肺炎、胃肠炎和皮肤真菌病等。

【诊断要点】 根据长期缺乏青绿饲料的生活史、特殊的临床表现、维生素A治疗有效等，即可建立初步诊断。

通过临床病理学检测，发现血液及肝脏中的维生素A或胡萝卜素明显低于正常时，即可确诊。如每100毫升血浆中维生素A含量为5微克（生理值为10微克以上），每100毫升血浆中胡萝卜素含量为9微克（生理值为150微克）；在肝脏活组织中，维生素A含量为3微克／克（生理值为50～300微克／克），犊牛肝脏活组织中维生素A含量为0.3微克／克（生理值为10～50微克／克）。

【治疗方法】 当奶牛场发生本病后，应立即调整饲料，停止劣质草料的饲喂，而应供给富含维生素A或胡萝卜素的新鲜青草、胡萝卜等多汁饲料、优质干草和维生素A强化饲料等，使机体获得足够的维生素A，从而阻止病情的发展。

对已出现临床症状的牛应从速用维生素A制剂进行治疗。内服鱼肝油，剂量：50～100毫升，连服7～10天；肌肉注射维生素A（可按正常量的10～20倍），剂量：5万～10万国际单位，每天注射1次，连用5～10天。治疗犊牛时，使用维生素AD注射液效果较好，剂量：5～10毫升；用法：肌肉注射，每天1次，连用7日为1疗程。

【预防措施】 预防本病的关键：一是要做好全年饲草料的贮备工作，备足富含维生素A和胡萝卜素的饲草料，如苜蓿、优质干草和多汁饲料胡萝卜等。青饲料要及时收割，迅速干燥，以保

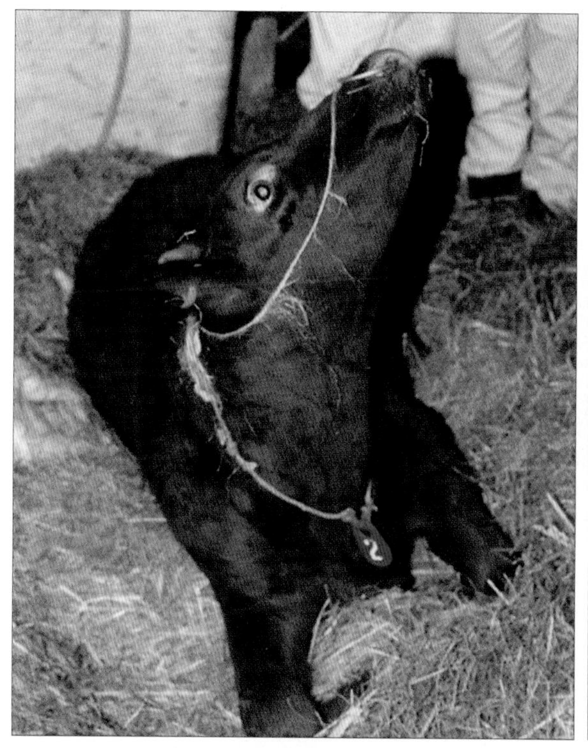

图4-17-1　病牛突然出现神经症状，瞳孔散大

图4-17-2　病牛的眼球突出，角膜浑浊

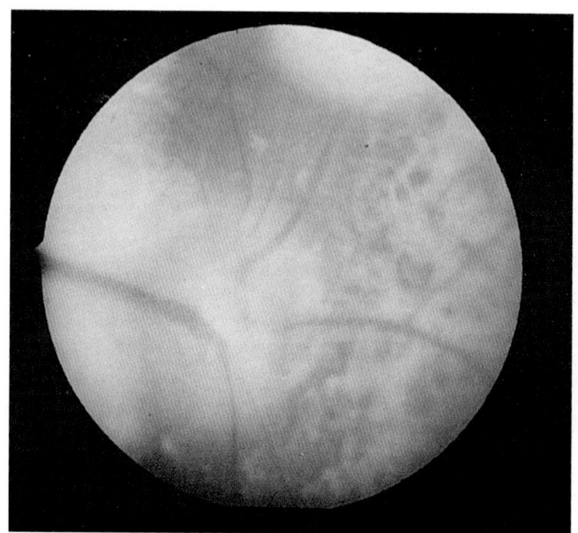

图4-17-3　眼底检查，视网膜上有变性变化，脉络膜上有斑点形成

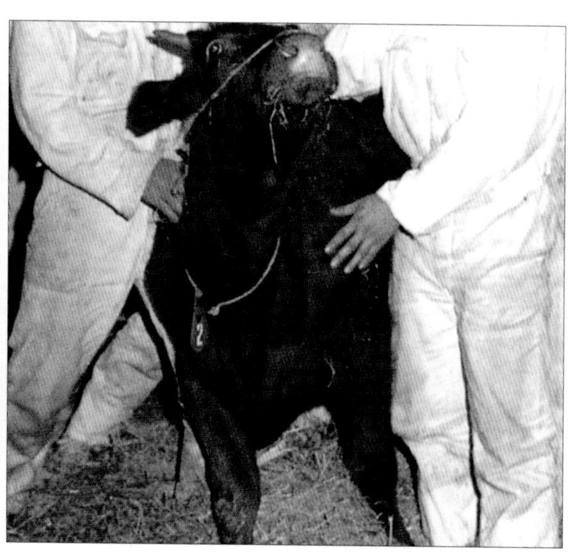

图4-17-4　病牛狂躁不安，呈癫痫样发作

持青绿色。谷物饲料贮藏时间不宜过长，配合饲料要及时喂用，不要存放。二是及时补充维生素A及其前体物质，如冬季胡萝卜素奇缺时，务必补饲维生素A添加剂或鱼肝油制剂。三是加强犊牛和育成牛群的饲养，对初生犊牛及时供应初乳，保证足够的喂乳量和哺乳期，不要过早断奶。在饲喂代乳品时，要保证质量和足够的维生素A含量。四是加强对妊娠母牛的管理，妊娠母畜须在分娩前40～50天肌肉注射维生素A，每千克体重3 000～6 000 国际单位，每隔50～60天1次。

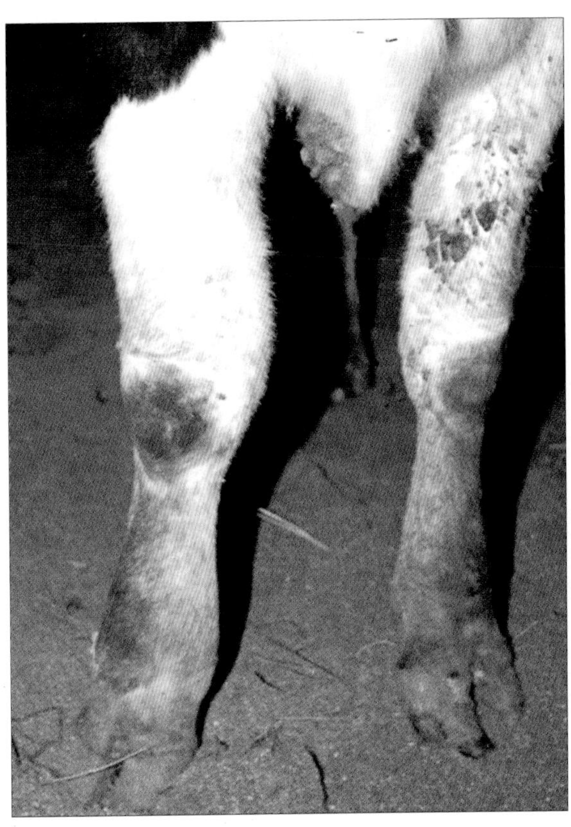

图4-17-5　病牛的胸前、左前肢明显浮肿

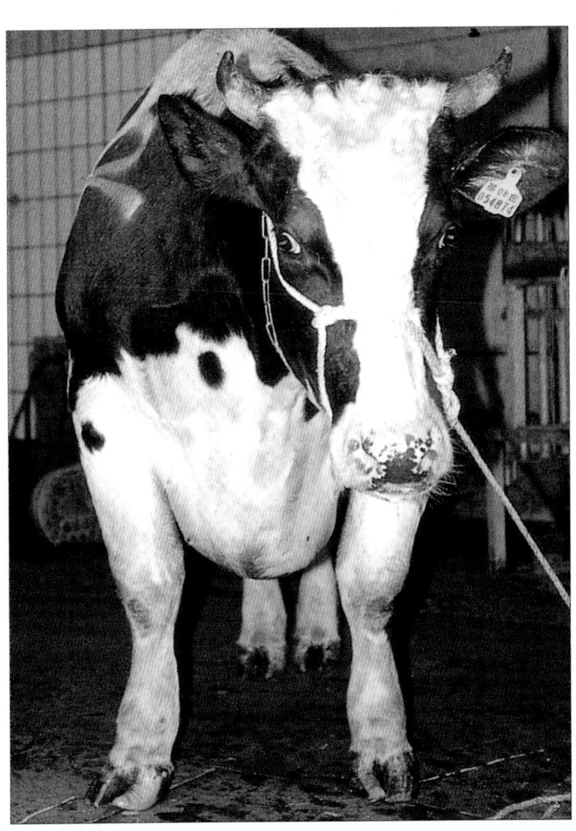

图4-17-6　眼球轻度突出，胸前部及前肢浮肿

第五章

奶牛常见的产科病

一、阴道脱出

(Prolapse of vagina)

阴道脱出是指阴道壁松弛而发生套叠并突出于阴户外的病症。一般按照脱出程度的不同，而在临床上将之分为部分脱出和完全脱出2种。阴道脱出较多地发生于妊娠中、后期，但也有产后发生的，多见于老龄奶牛。

【发病原因】 导致阴道脱出的病因很多，但主要有以下2方面的原因：

1.阴道壁及周围组织松弛　固定生殖器官的子宫韧带和会阴部结缔组织的松弛是引起阴道脱出的常见病因。而组织松弛多是由于难产和不恰当的助产、阴道损伤、子宫脱出或扭转而引起；也可由奶牛运动不足、饲料中矿物质缺乏、老龄经产、体质衰弱、怀孕后期雌激素日渐增多等因素而导致。

2.腹腔内压过高　引起腹腔内压过高的原因有：胎儿过大，胎水过多，双胎，产前截瘫或骨软症等卧地不起；长期处在向后倾斜度过大的床栏里使腹腔脏器向后压迫，瘤胃慢性臌气，以及分娩阵缩产后努责过强等。

由此可见，阴道壁及周围组织的松弛是本病发生的主因，而腹内压过高是本病发生的诱因，二者相互配合而导致本病的发生。

【临床症状】 根据其病变特点不同可分为部分阴道脱出和全部阴道脱出2种。

1.部分阴道脱出　是指一部分阴道壁翻转脱出阴门之外的病症。阴道部分脱出之初，体积较小，仅在病牛卧地时，于阴门中或阴部外见有粉红色鹅蛋样到皮球大不等的半球形瘤状物，站立时又缩回。久之，脱出部分逐渐增到拳头大，颜色由粉红色变为暗红色（图5-1-1)，病牛必须站立较久时方能回缩。若时间更长则完全不能缩回，脱出部分出现水肿、干燥、粘着粪便和草屑，最后可进一步发展为全部阴道脱出。

部分阴道脱出时，由于病情较轻，故病牛多无明显的全身性症状。有的奶牛于每次怀孕后期均发生部分阴道脱出，可将之称为习惯性阴道脱出。

2.全部阴道脱出　是指全部阴道壁翻转脱出阴门之外的病症，多由部分阴道脱出发展而来，但也有在剧烈阵缩、努责或臌气后直接发生的。阴道完全脱出的初期，在站立时间较长时，尚能缓慢地缩回，但在反复脱出后，自行缩回困难，病牛有不安、拱背、常做排尿状姿势。继之，可见到整个阴道似球状物全部翻出于阴门之外，约有排球样大（图5-1-2)。末端可看到子宫颈和黏稠的黏液塞。如果阴道前庭也被翻出，则尿道外口往往被压在脱出的阴道底部，尿液可以排出，但不顺畅。脱出阴道的黏膜，初呈鲜红色（图5-1-3)，以后由于静脉淤血，尾根的磨损而变成紫绀色，浆液渗出，水肿而呈肉冻样，表面湿润，发亮（图5-1-4）。进而可因水分的蒸发和粪便、垫草等污物的污染，黏膜干燥、发炎、糜烂和坏死，常伴发渗出性出血。此时，病牛常表现不安，频频拱背努责；严重时继发直肠脱出、膀胱脱出或流产。

全部阴道脱出的后期，特别是伴发感染时，病牛常有精神不振、发热、食欲不佳和白细胞增数等全身性症状。

另外，全部阴道脱出常常继发子宫脱出。此时，脱出的内容物明显增多，黏膜常明显淤血、水肿，黏液增多（图5-1-5），特别是伴发难产的病牛，可因阴道壁松弛在腹内压增高的情况下，于阴道脱出的同时而伴发子宫脱出（图5-1-6）；严重时，可见子宫全部脱出，黏膜表面布满肿大的肉阜（图5-1-7）；有的病牛不能站立（图5-1-8），如不及时治疗，病牛常因休克而死亡。

【诊断要点】 诊断轻度的部分阴道脱出需要仔细观察。一般当病牛站立时不易发现，而病牛躺卧时常可在阴门开口处见有大小不等的球状黏膜向外突出。此时，结合病因即可初步确诊。当病牛的阴道壁松弛，脱出黏膜部分多且不易回缩时，即便病牛站立时也易发现而确诊。

【治疗方法】 可根据病情的不同发展阶段而采取不同的治疗措施。

病情较轻时，病牛起立后能自行回缩者，只要防止脱出的部分不再继续增大、损伤和发炎即可。为此，当病牛起立阴道复位后，应令其有较长时间的站立，适当增加运动量，减少病牛爬卧的时间。当病牛休息时，应将其系于前低后高的地方，并把牛尾用绷带系于牛体的一侧，以防尾根摩擦脱出的阴道黏膜，有必要时可辅以栅状阴门托或绳网结以保定阴门。此时，若能辅以电针疗法，效果更好。其方法是：选取后海穴（肛门和尾根之间正中凹陷处），与荐椎平行刺入20厘米（6寸）；再选治脱穴(阴唇中点旁2厘米处，左右各有1个穴位)，并向前下方刺入10厘米（3寸），第1次电针2小时，以后每天电针1小时，连续5～7天，一般多可治愈。还可在阴门两侧深部注射70%酒精各20～40毫升，刺激周围组织发炎、肿胀，提高阴门周围组织的张力，借以压迫阴门，防止阴道再次脱出。

病情较重或阴道继续脱出时，应及时手术整复、固定和防止再脱。整复的方法是：将牛尾用绷带包扎系于体一侧，先用具有收敛、脱水的消毒药液，如2%明矾、1%食盐水、0.1%高锰酸钾或0.1%雷佛奴尔溶液清洗脱出部分及阴门周围；再除去阴道黏膜的坏死组织，缝合较大的伤口；充血肿胀严重者可用冷敷法消肿，水肿剧烈者可用热敷挤揉，或针刺使水肿液流出，也可用硫酸盐脱水，使水肿的组织消肿。之后给脱出的阴道涂布碘甘油、龙胆紫、磺胺乳剂、抗生素油剂或呋喃西林粉等抗菌消炎药，并进行整复。整复时，如果病牛强烈努责，则不能强行整复，可用2%～5%普鲁卡因溶液进行尾椎麻醉，待病牛安静且不用力努责时方可进行整复。整复的手法是：用消毒的纱布将脱出的已经手术处理的子宫托起，趁病牛不努责时向阴道内推送，全部送入阴门后，取出纱布，再在手臂上涂以消毒的润滑剂，手握成拳头将阴道顶回原位，并在阴道内停留片刻，待脱出部的温度恢复，趁病牛不努责时将手抽出，并向阴道内注入消炎药剂，借以抑制炎症，减轻努责。

阴道整复后应立即固定，以防再脱。固定的方法很多，如加栅状阴门托、绳网结、阴门锁等，但常采用的固定方法是阴门缝合法，如钮扣缝合、圆枕缝合、双内翻缝合、袋口缝合等。其中以双重袋口缝合较为牢固，即使病牛强烈努责，也不易将阴门撕裂。

双重袋口缝合的方法是：用双股粗丝线，在阴门下联合一侧距阴门裂2～3厘米入针（入针要深些），围绕阴门转圈缝合1周（通过阴门下联合时应注意避开阴蒂），缝好后抽紧缝线，使阴门口紧缩，以能通过1～2指而不影响排尿为度，并在阴门下联合一侧打活结，以便随时调节缝线的松紧度。在一般情况下，缝合1圈即可，若病牛努责强烈时，为防止阴门撕裂或断线，可在第1圈缝合的外侧1～2厘米处，做第2圈袋口缝合，活结打在阴门下联合的另一侧。缝合后应注意针眼的消毒，阴门肿胀时可用消毒液温敷；如有全身性反应，则须进行全身性对症治疗。

在缝合固定期间，应注意分娩预兆，当分娩即将来临时，要及时拆除缝线。

对顽固性的病例，不得已时可采用坐骨小孔缝合固定法：牛的坐骨小孔经直肠或阴道向侧下壁触摸，即可摸到硬币大的小孔。在坐骨小孔投影的臀部进行剃毛消毒，皮下注射5～10毫升0.5%普鲁卡因进行局部麻醉。之后，用直尖外科刀刺穿皮肤，将双股或四股粗缝线一端缚一粗的圆枕或大衣钮扣后，一手带入阴道，另一手将带有嵌线口的长柄直针（避开阴道侧壁的大血管或骨盆腔神经及直肠），于皮肤切口朝向坐骨小孔方向刺入，直至穿透阴道，将缝线嵌入缝针缺口内，拔出缝针，缝线即被导出臀部皮肤切口，在外面同样嵌一圆枕或大衣钮扣，结扎缝线(如无长柄针，可用一长直针从阴道内向臀部方向刺入，通过坐骨小孔，穿出臀部皮肤孔)。另一侧按相同方法进行。经该处理后，阴道壁和骨盆侧壁的韧带和肌肉可以牢固地固定在一起。

【预防措施】 改善饲养管理，少喂容积过大的粗饲料，多喂一些容易消化的饲料，特别应注意补充钙、磷等矿物质。适度增加病牛的运动，借以调整机体的状态，增强体质。改造前高后低斜度过大的牛舍地面，用以减轻腹腔内压增高对阴道的张力的影响。要注意观察和发现一些增高腹腔内压的疾病，如慢性瘤胃臌胀、肠便秘和下痢等，并及时予以治疗，防止其继发阴道脱出。

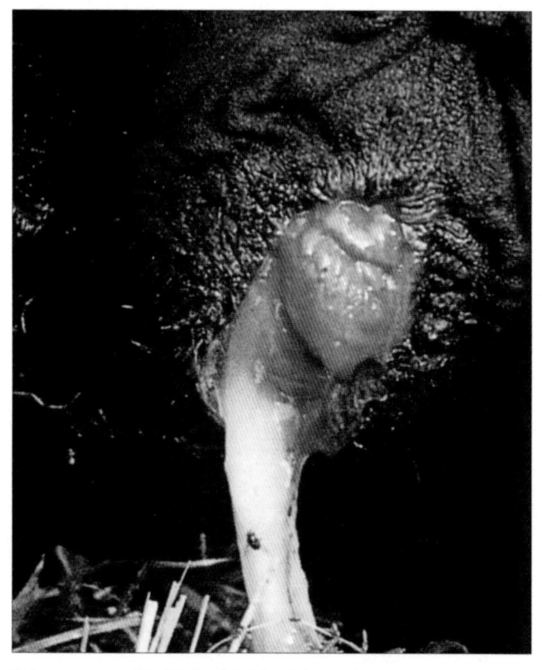

图5-1-1　阴道壁脱出物增大，淤血而呈暗红色

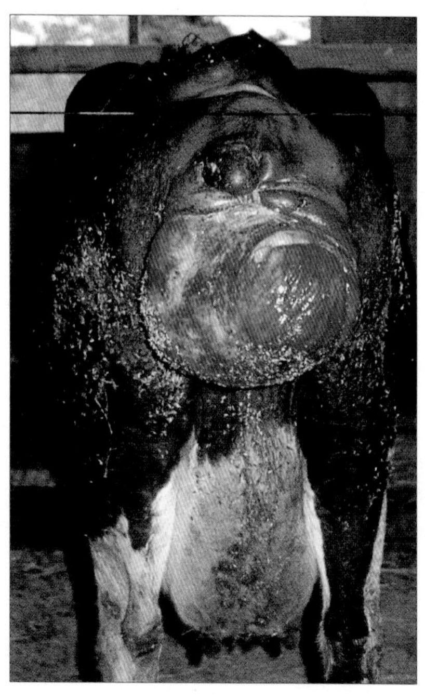

图5-1-2　阴道脱，阴道全部脱出并发生扭转

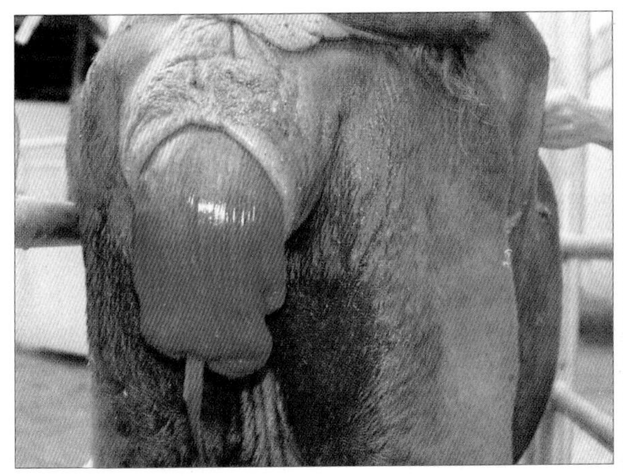

图 5-1-3　脱出的子宫部新鲜，轻度充血，呈鲜红色

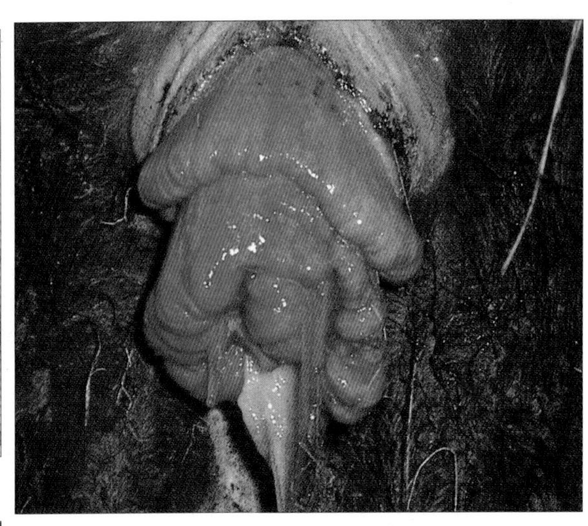

图 5-1-5　全阴道脱出继发子宫颈脱出，子宫颈浮肿

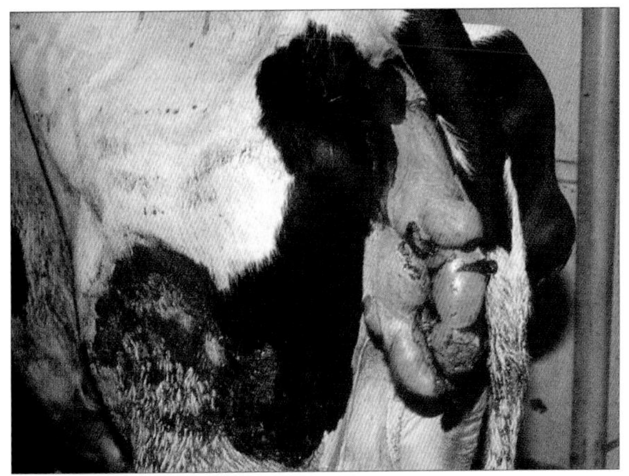

图 5-1-4　全阴道脱出，黏膜淤血、水肿，表面湿润

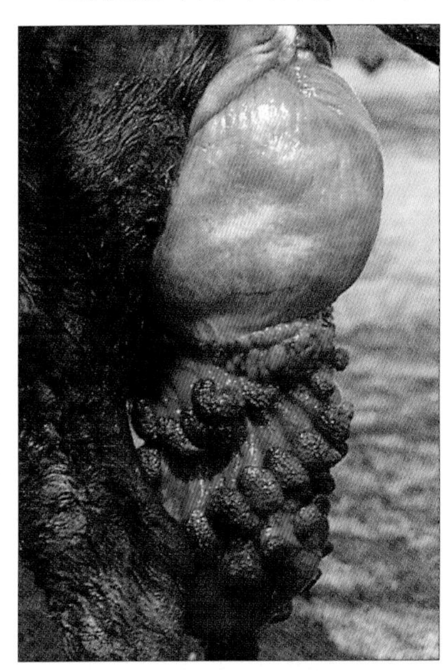

图 5-1-7　阴道、子宫颈和子宫完全脱出，大量肉阜外露

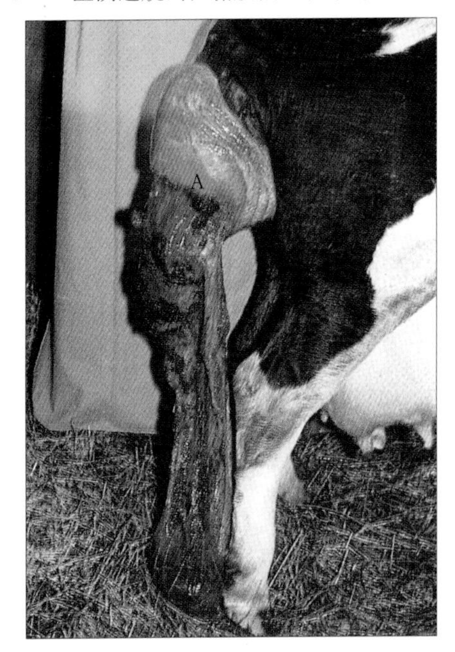

图 5-1-6　难产伴发阴道脱出，严重时子宫颈（A）及子宫也从阴道脱出

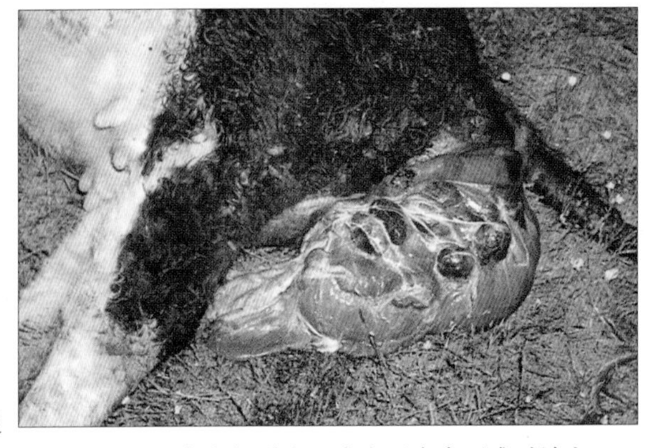

图 5-1-8　子宫全部脱出，病牛因疼痛而难以站立

二、胎衣不下

(Retained placenta)

母牛产出胎儿后一般经4～8小时自行排出胎衣，如经12小时以上胎衣还未全部排出者，通常称为胎衣不下，也常叫做胎衣滞留或胎衣停滞。胎衣不下是母牛产后的一种常见病，常发生于舍饲条件下的奶牛。

【发病原因】 导致母牛发生胎衣不下，除由于其胎盘的特殊构造而较其他家畜多发之外，主要还有两方面的原因：

1.子宫收缩无力　产后子宫收缩无力是胎衣不下最常见的原因。正常母牛分娩后，由于子宫具有较强的收缩力，使宫腔变小，绒毛膜的皱襞增大，血管受压迫、血液供应减少而使腺窝的紧张度减轻，同时由于胎儿胎盘的血液循环停止，也使绒毛的膨胀压力降低，因此，使胎儿胎盘和母体胎盘之间失去了联系，以致分离而排出。然而，若子宫收缩乏力(子宫弛缓)，则上述过程即告减弱或停止，导致胎儿胎盘与母体胎盘部分地或完全地不能分离，从而发生滞留。另外，妊娠后期母牛运动不足、营养不良(特别是饲料中缺少钙盐及其他矿物质)，或其他疾病等因素造成的体质虚弱，以及胎膜积水、胎水过多、双胎、子宫损伤、难产或过早的助产等，均可引起子宫收缩乏力。

2.胎儿胎盘与母体胎盘粘连　母子胎盘粘连主要是在致病因素的作用下，胎膜和子宫内膜受感染发炎所致。这种情况常见于患布氏杆菌病的母牛，不仅发生于流产，而且也多见于正常分娩。另外，毛滴虫、胎儿弯曲菌或其他微生物感染均可引起子宫炎和胎盘炎，使母子胎盘发生炎性粘连。

【临床症状】 根据滞留于子宫内胎衣的多少，胎衣有无悬垂于阴门外，临床上将之分为部分胎衣不下和全部胎衣不下2种。

1.全部胎衣不下　奶牛全部胎衣不下者较为多见，或仅见有少部分土红色的胎衣垂于阴门外；有时严重子宫弛缓的病例，全部胎衣滞留在子宫内，在阴门外口仅能看到脐带脉管的断端。病初，病牛没有全身性症状，1～2天后胎衣腐败分解，由阴门流出污秽红色混有胎衣碎片的恶臭液体，病牛可能伴发急性子宫炎（图5-2-1）。

2.部分胎衣不下　常见者有2种情况：一是可以看到脐带断端和相当一部分胎膜垂出于阴门外，胎膜表面有大小不同的突起的暗红色的胎儿胎盘（图5-2-2）。如果经过时间较长垂出于阴门外的胎衣很容易被污染，以致腐败、分解，发出恶臭，并可较快地向阴门内另一部分胎衣蔓延。二是因一部分被排出后即断离，而另一部分仍滞留在宫腔内，从外表不易看出，只有进行产道检查时才能发现。由于外露的胎衣已经断脱，存在于子宫内的部分胎衣不易为外界污染，所以分解较慢，要经过4～5天后才有分解的胎衣、子叶排出。

部分胎衣不下时，常由于组织的腐败分解与细菌的感染和大量毒素产生，经子宫吸收进入血液循环到全身各部，从而呈现败血性子宫炎的症状。病牛体温升高、精神呆滞、食欲减退或废绝、泌乳减少或停止。实践证明，奶牛因胎衣不下继发败血症死亡者较少，严重时常因继发顽固性子宫炎而导致不孕。

【诊断要点】 胎衣不下虽然容易诊断，但也易造成误诊。例如在夜间或野外分娩的母牛，由于胎衣排出后，有时会被遗失或掩没，从而误诊为胎衣不下，故须通过子宫触诊。分娩超过3天者，由于子宫颈闭锁，不仅不能触诊，亦不能剥离及灌注。因此，对完全滞留于子宫内的病例，视其已排出胎衣的完整性、产科的记录及产道检查综合判断。

【治疗方法】 奶牛产后胎衣不下时必须及时治疗，以防败血症的发生。治疗胎衣不下的方法很多，但一般可将之归纳为3种，即手术剥离法、药物剥离法和自然剥离法。

1.手术剥离法　是指利用手指强制性地使紧密相嵌的母子胎盘分离而脱出的方法。手术剥离时以既不使胎儿胎盘有任何残留，又不使母体胎盘有任何损伤为原则。手术剥离的时机选择：应根据季节、气温条件及患牛全身状况，在产后18～36小时进行。过早的剥离是一种硬性剥离，一般会招致病牛强烈的努责，且因母子胎盘结合紧密、剥离困难而导致出血的发生；过晚剥离则由于胎衣分解，胎儿胎盘的绒毛腐烂而断离在母体胎盘小窦中，甚至个别胎儿胎盘容易残留，附着在母体胎盘上，常能继发子宫内膜炎；亦可由于宫颈业已收缩，以致手臂无法进入宫内，从而丧失剥离的时机。实践中也常因胎盘未能及时取出，发生腐败而导致败血病而死亡（图5-2-3）。

手术剥离的术式是：令病牛站立保定，尾巴用绷带包裹并系于体侧。病牛的阴门、会阴和尾根周围及术者的手臂必须洗净消毒。然后，术者以左（或右）手握住阴门外的胎衣，捻转拧成绳索状，右手伸入子宫(遇到病牛努责时，手应暂停前进)，由近及远逐个逐圈地分离母子胎盘（图5-2-4）。剥离的手法是：进入子宫的手，沿子宫壁或胎膜摸到子叶基部，然后向胎盘滑动，以无名指、小指和掌心挟住胎儿胎盘周围的绒毛膜，约成一束，然后以拇指帮助固定子叶，以食、中两指剥离开母子胎盘相互结合的周缘，剥离半周以上后，食、中两指缠绕该胎盘周围的绒毛膜以扭转胎儿胎盘，使绒毛从小窦中拔出与母体胎盘分离；亦可用食指和中指挟住胎盘周围绒毛膜成一束，以拇指剥离开母子胎盘相互结合的周缘，剥离半周后，手向手背侧翻转以扭转绒毛膜，使绒毛从小窦内拔出，而与母体胎盘分离。当母子胎盘结合不牢固或胎盘甚小时，则胎盘周缘可不经剥离而轻轻扭脱。当手摸不到子宫角尖端的胎盘时，可用左手按病牛努责的节奏轻轻牵拉胎衣，同时右手掌向上后方托举子宫，借以促使子宫角的反射收缩而上升，直到剥完全部胎盘，最后将胎衣完整牵出。

胎衣剥离后，应再进行全面检查（图5-2-5），以免遗漏胎衣。最后，子宫内用收敛性或抗菌性消毒药液，如0.1%高锰酸钾、2%～3%明矾液、0.2%雷佛奴尔或0.1%呋喃西林冲洗子宫(天冷时药液应加温)，并放入金霉素、土霉素等抗生素预防感染。术后经过与转归良好时，不需要再进行其他治疗。如剥离不彻底或其他原因而继发子宫炎或败血症，应做相应治疗。

手术剥离应注意：消毒必须严格，手臂避免反复从产道出入，以减少感染机会。操作必须细致，防止损伤子宫黏膜，切忌用力拉脱子叶，以免造成大量出血。子宫角尖端的胎盘如确实无法剥离，宁可任其残留，而不可粗暴拉扯，以免造成严重损伤。

2.药物剥离法　是指注射药物促进子宫收缩而排出胎盘的方法，多用于大部分胎衣已在体外，并且病牛的体况良好，子宫仍有较好收缩力的场合。此时可及时注射垂体后叶素80～100国际单位，促进子宫收缩，借以排出胎衣；也可静脉注射5%～10%盐水来促进子宫收缩；子宫内注入10%高渗盐水可促进胎盘绒毛收缩，容易剥离；注射雌激素不仅可促进子宫收缩，而且具有防止子宫颈闭锁的作用。有时，用手术不易剥离时，也可在子宫内放入抗生素，以防胎衣腐败和感染，等待胎盘分解变性自行脱落或容易剥离时再进行手术治疗。

3.自然剥离法　是指母子胎盘靠其缓慢的自溶或借灌注酶制剂加速其分解脱离，并辅以防腐消毒药或抗菌药物防止感染的方法，主要适宜于母子胎盘粘连紧密或胎膜脆弱的病例，多见于传染性流产的母牛。一般经5～8天，胎衣能自行脱落排出。

应用此法，在灌注药液前，应将悬于阴门外胎衣剪去，以免污染。必要时可再灌注入一次药液，也可给益母草、生当归等药物，促进子宫收缩，加速胎衣的排出。胎衣排出后，再行1～2次药液灌注，以防止子宫炎的发生。

实践证明，产后给中草药全当归煎汁、益母草煎汁和红糖水等，对于增强母牛体质，促进子宫收缩，对预防和辅助治疗胎衣滞留均有一定的作用。

【预防措施】 预防胎衣不下，产前主要是加强饲养管理，增强妊娠奶牛的体质；产后应促进子宫收缩，及时排出胎衣。

1. *产前预防* 加强饲养管理，增加妊娠奶牛的运动和光照，注意钙、磷和维生素D的补充以增强体质，是预防胎衣不下的重要环节。调整配种和产犊季节，避免在低气压、潮湿与暑热季节分娩。这不仅能更有效地发挥奶牛的生产性能，而且也能减少胎衣不下等疾病的发生。

2. *产后预防* 在母牛生产时，可收集羊水（因其中含有垂体后叶激素的成分）给分娩的母牛灌服后具有促进子宫收缩的作用。母牛产后，人工按摩乳房或令犊牛尽快吮吸乳头，借以刺激乳腺部的神经末梢，反射地引进垂体后叶激素大量分泌，借以增加子宫收缩力，促进排出胎衣。对经产母牛或发生过胎衣不下的母牛，产后应注意观察，如出现胎衣不下的征兆时，在产后6～10小时内立即肌肉注射200国际单位脑垂体后叶激素；或取脑垂体后叶激素70～100国际单位加入10%葡萄糖酸钙注射液500毫升或等渗葡萄糖氯化钠注射液500毫升内缓慢静脉滴注。若用药时间过晚，则达不到理想的疗效。

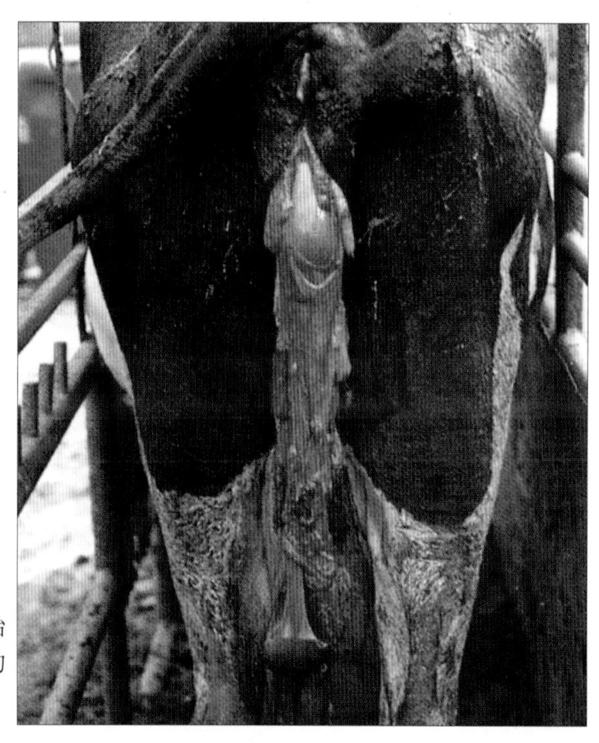

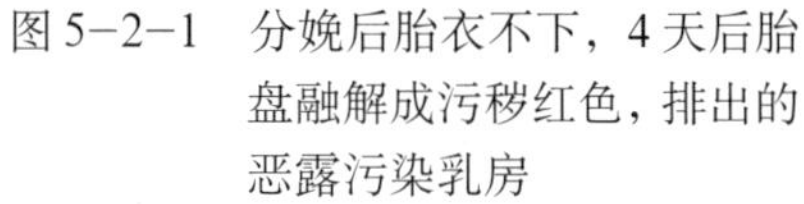

图5-2-1 分娩后胎衣不下，4天后胎盘融解成污秽红色，排出的恶露污染乳房

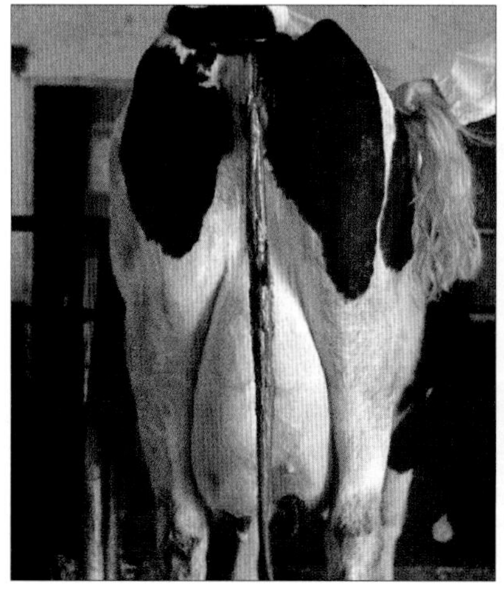

图5-2-2 分娩2天胎盘没排出，部分胎膜垂出于阴门

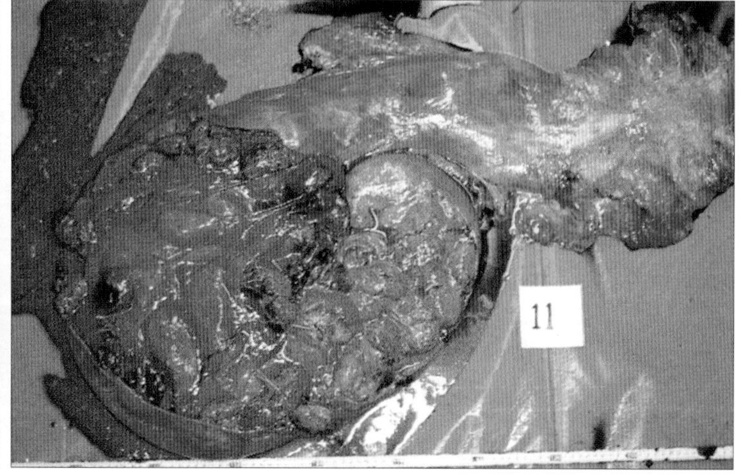

图5-2-3 没有及时治疗的病牛，常因子宫感染腐败菌而死亡

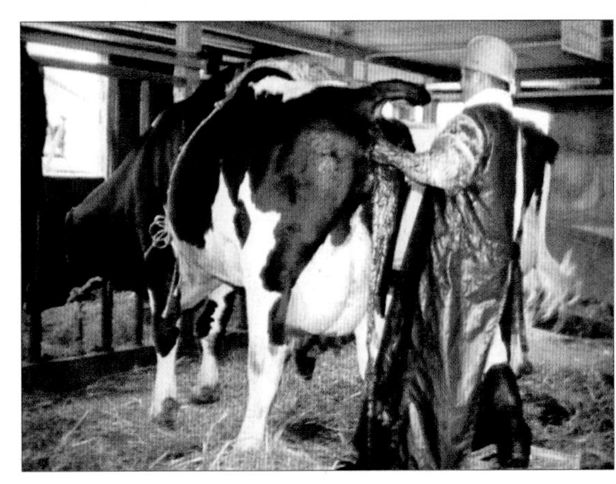

图 5-2-4　用手剥去停滞的胎盘

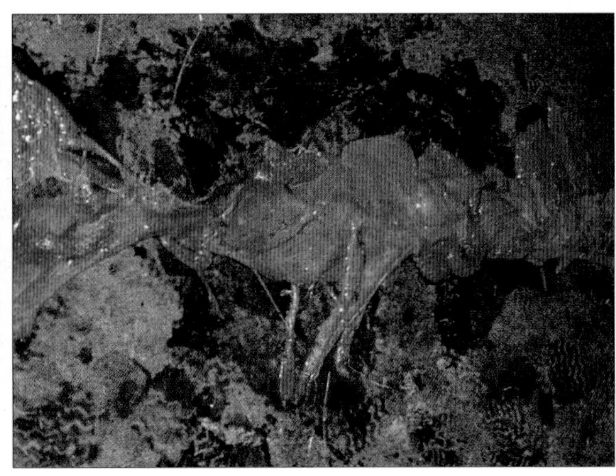

图 5-2-5　取出的胎盘应检查是否完整

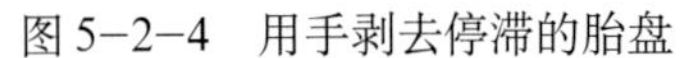

三、子宫内膜炎

(Endometritis)

子宫内膜炎是奶牛的一种较常见疾病，是由于分娩过程中或产后期间微生物侵入子宫，引起子宫内膜的急性炎症过程。根据炎症性质的不同可将之分为脓性卡他性子宫内膜炎和纤维素性坏死性子宫内膜炎2种。按病程经过不同又可分为急性子宫内膜炎与慢性子宫内膜炎2种，临诊上常见的慢性子宫内膜炎多是由急性子宫内膜炎未及时治疗或未彻底治愈转变而来。

【发病原因】 本病发生的主要原因是病原微生物的入侵，多在生产的过程中产道创伤、难产、胎衣不下、子宫脱出之后发生。当病牛曾患布氏杆菌病、胎儿弯杆菌病、毛滴虫病等侵害生殖道的传染性或寄生虫病时，子宫内膜本来就有炎症，再加之产后抵抗力降低及子宫黏膜损伤，为病原微生物的增殖创造了条件，结果导致急性炎症的发生。另外，配种时人工授精器械和生殖器官消毒不严，也易引起感染。

【临床症状】 当病牛患卡他性或脓性卡他性子宫内膜炎时，全身症状多不显著，有的表现为体温略微升高，食欲不振，产奶量下降。病牛常有拱背努责表现，或因疼痛反而后肢叉开，背腰拱起，尾部紧闭（图 5-3-1），卧地时从阴门流出黏液性或黏液脓性分泌物（图 5-3-2）。

患纤维素性坏死性子宫内膜炎的牛，有明显的全身性反应。病牛精神沉郁，体温升高，食欲大减，反刍减弱或停止，产奶量明显下降，从阴门流出污秽不洁、含有恶臭的分泌物，其中常含有纤维蛋白凝块或坏死的组织块（图 5-3-3），阴门周围及尾根上也常附着这样的分泌物。有的病牛因毒素吸收而出现下痢或腹泻，导致机体脱水，眼球塌陷，结膜潮红或发绀（图 5-3-4）。

直肠检查时，可感知子宫比正常同期产后的大而肥厚，收缩反应弱或无收缩性。一般为一侧或两侧子宫角变粗大，子宫壁和子宫颈增厚，对触诊的反应减弱；当子宫内含有多量渗出物时，可有波动感；发生纤维素性坏死性子宫内膜炎的触诊，则有明显的疼痛反应。

阴道检查时，可见子宫颈阴道部潮红、肿胀，阴道外口微开张，有时见不同性质的分泌物从外口流出。

【病理特征】 一般根据炎性渗出物的性质不同而将之分为急性子宫内膜炎、慢性子宫内膜炎和化脓性子宫内膜炎3种。

1.急性子宫内膜炎 最常见，多由奶牛产后下行性感染而引起，常以卡他性炎症为特点。剖检，通常从子宫的外形看不到明显的异常，但当切开子宫后，可见子宫腔内积有浑浊、数量不等、黏稠而呈灰白色，或混有血液而呈红褐色的渗出物（图5-3-5）。子宫内膜出血和水肿，呈弥漫性或局灶性潮红肿胀，其中有散在性出血点和出血斑。有时由于内膜上皮细胞变性、坏死，坏死组织与渗出的纤维素凝结在一起，在内膜形成一层假膜，此为纤维素性子宫内膜炎。如果假膜与内膜深层组织较牢固粘着，当强行剥离时常遗留锯齿状边缘的溃疡，此即为纤维素性坏死性子宫内膜炎。炎症如果发生于一侧子宫角，则病侧子宫角膨大，两侧子宫角的大小不对称。两侧发炎时，常有程度不同的肿大（图5-3-6）。镜检，卡他性子宫内膜炎时子宫腺体中杯状细胞增多，固有层中有以嗜中性白细胞为主的炎性细胞浸润（图5-3-7）。

2.慢性子宫内膜炎 原发的很少，多由急性炎症转变而来。其病理变化的特点是子宫内膜结缔组织增生，浆细胞浸润，腺腔堵塞而引起囊肿形成，息肉样增生，内膜上皮化生为鳞状上皮等。病初，子宫壁肥厚而黏膜上覆有灰白色黏液（图5-3-8），后期，子宫壁萎缩而变薄。此外，奶牛发生慢性子宫内膜炎时，坏死的内膜组织常发生钙盐沉着，从而形成硬固的灰白色斑点。

3.化脓性子宫内膜炎 是由化脓菌感染而引起的。剖检，由于子宫腔内蓄积大量脓液（子宫积脓），使子宫腔扩张，子宫体积增大，故触之有波动感。子宫腔内脓液的颜色，依化脓菌的种类不同而有差异，可呈黄绿色和褐红色等。脓液有时稀薄如水，有时浑浊浓稠或呈干酪样。子宫内膜表面粗糙、污秽、无光泽，内膜上多被覆一层卡他性脓性分泌物（图5-3-9），或坏死组织碎屑，并可见到糜烂或溃疡灶。子宫壁的厚度往往与脓液蓄积的量有关。大量脓液充满子宫腔时，子宫扩张，壁变薄（图5-3-10），仅有少量脓液时，子宫壁一般正常或稍见肥厚。镜检，子宫黏膜上皮脱落、坏死，固有层中毛细血管扩张充血，大量嗜中性白细胞呈局灶性或弥漫性浸润，并见局部组织坏死（图5-3-11）。

【诊断要点】 急性和化脓性子宫内膜炎多发生于产后，可根据临床症状、阴道中排出的分泌物性状做出初诊。必要时可进行阴道检查，一般可见宫颈闭锁不全，有不同性状的炎性分泌物流出；直肠检查，通常可感知子宫角变粗，子宫壁增厚，弹性变弱，收缩反应也微弱。慢性子宫内膜炎时，发病时间较长，病牛躺卧时从阴门中经常排出脓性分泌物，排出物常污染尾根及阴门周围，阴门黏膜有轻度的炎性反应。

【治疗方法】 治疗本病的基本原则是消灭子宫内的病原微生物，消除炎症和促进子宫功能恢复。

急性炎症的早期，当子宫内分泌物少时，可向子宫内注入抗生素、磺胺类药、呋喃西林或鱼石脂溶液等。此时一般只做局部处理通常即能收到较好的效果。当子宫内蓄积多量黏液性脓性渗出物时，可用温生理盐水、1%～2%苏打水或2%～3%明矾水等冲洗子宫，待子宫内的分泌物清洗干净后，可向子宫内注入抗生素，如0.5%金霉素200毫升或0.2%雷佛奴尔溶液200毫升等，借以达到抗菌、消炎的目的。值得指出，对纤维素性坏死性子宫内膜炎的治疗时禁止冲洗，否则易使病原扩散，加速败血性炎性产物的吸收，造成败血症或子宫穿孔的不良后果。此时，在应用抗生素的同时，可根据情况适量使用烯雌酚，使子宫收缩，促进子宫腔内渗出物的清除排出。对急性病例的治疗，当其炎性分泌物多时应每天进行1次，直至分泌物比较清洁而量少时，可2～3天进行1次。当病牛伴有全身症状时，需进行补液、补糖、补盐，并全身应用磺胺类药或抗生素。

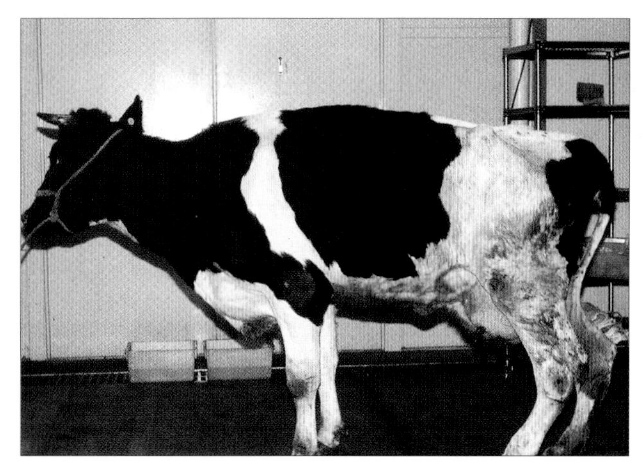

图 5-3-1　病牛两后肢叉开，尾部紧闭，有疼痛反应

慢性病例的治疗效果较差，有人认为应用0.1%复方碘溶液或1%～2%碳酸氢钠溶液有较好的效果。产后时间长、子宫颈口收缩而渗出物不多的病牛，可给催情剂，也可趁发情期由子宫颈注入上述药液或长效青霉素。

【预防措施】临产和产后期，对阴门及阴门周围须做细致消毒。产牛床及产牛舍亦须做经常清洗消毒。配种时人工授精器械和生殖器官均须严密消毒。合理的助产和及时的治疗胎衣不下也能大大减少子宫内膜炎的发生。

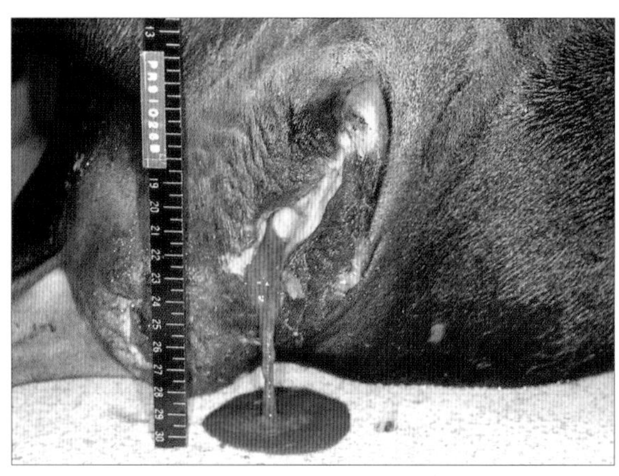

图 5-3-2　病牛排出污红色脓性分泌物

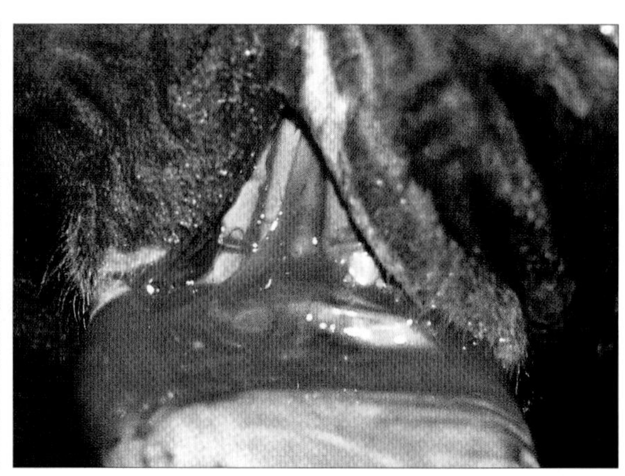

图5-3-3　病牛从子宫内排出恶臭的含纤维蛋白凝块的分泌物

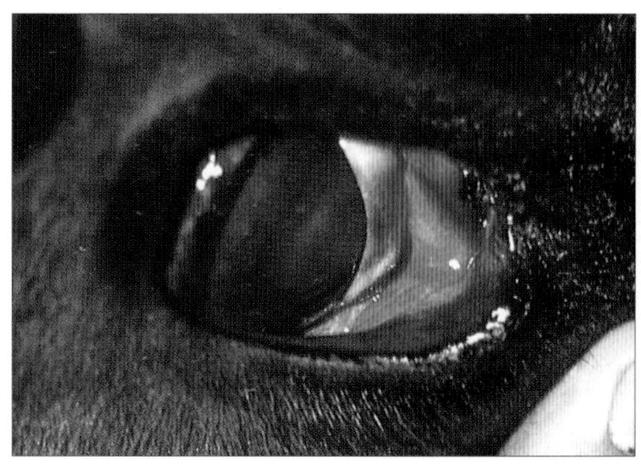

图 5-3-4　病牛下痢、横卧于地，眼结膜充血，眼球塌陷

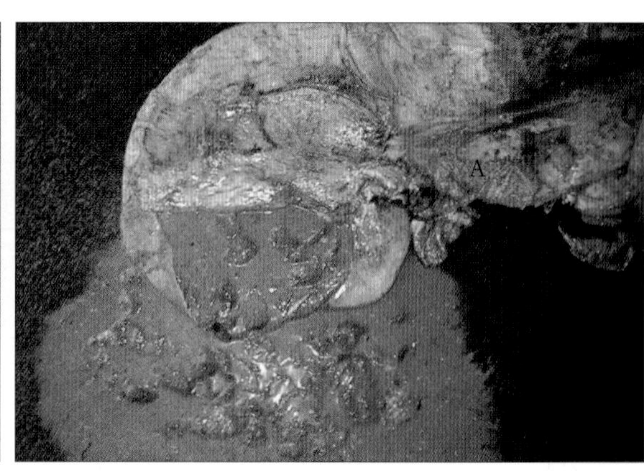

图 5-3-5　切开子宫，其内有多量红褐色渗出物和坏死的组织

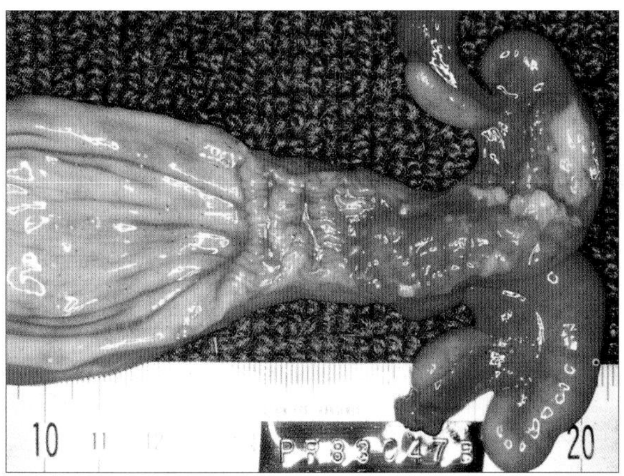

图 5-3-6　两侧子宫内膜发炎，均有不同程度肿大

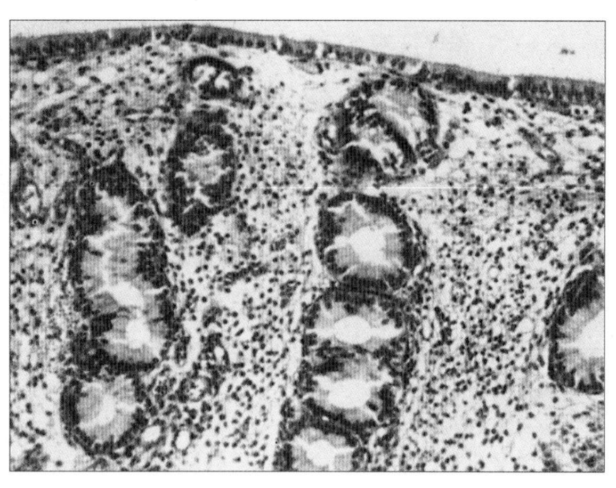

图 5-3-7　卡他性子宫内膜炎，子宫腺体中杯状细胞增多，固有层中有炎性细胞浸润

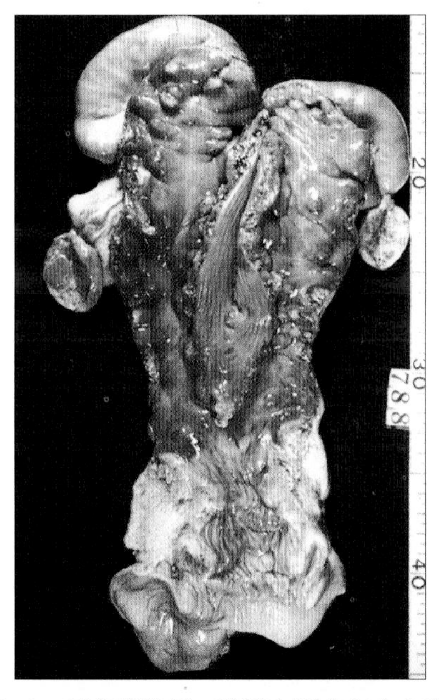

图 5-3-8　子宫壁肥厚，黏膜上覆有灰白色黏液

图 5-3-9　化脓性子宫内膜炎，子宫内有多量脓性分泌物

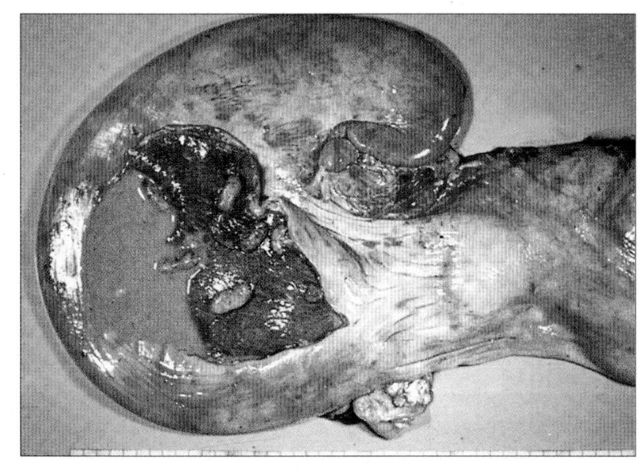

图 5-3-10　分娩后的子宫蓄脓，子宫肿大，内含大量脓性渗出物

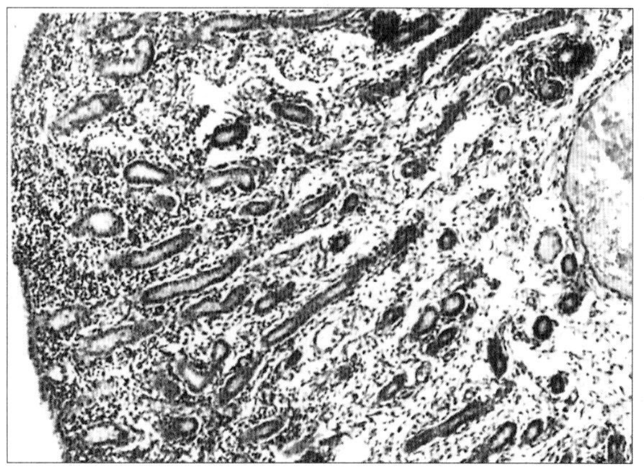

图 5-3-11　急性化脓性子宫内膜炎，子宫黏膜的血管充血，黏膜浅层有大量嗜中性白细胞浸润

四、生产瘫痪

（Parturient paresis）

生产瘫痪又称乳热症或产后瘫痪，是奶牛产后突然发生的一种严重的代谢障碍性疾病。本病通常是分娩后48、72小时以内发生，偶尔也有在分娩过程中或分娩前数小时发生者，但产后数周或怀孕后发病者极少见。临床上以倒地不起，知觉、意识丧失，四肢麻痹为特征，严重时可引起全身性瘫痪。

本病主要发生于5～9岁（3～6胎）的高产奶牛，发病率约占奶牛的3%～7%，在极个别奶牛群中可超过60%，而新泽西奶牛更容易发生，一般约占疾病的30%。

【发病原因】 导致本病发生的直接原因是分娩前后血钙浓度突然降低。健康奶牛每100毫升血液中的血钙为8.6～11.1毫克，平均为10毫克，而病牛的则下降到3～7毫克。

病牛急性低钙血症的发病原因近年来认为主要与以下3种因素有关：

一是大量钙盐进入初乳，超过了能从肠道吸收和能由骨骼中补充钙的数量。奶牛产后，只要泌乳一开始，血钙就突然随血流大量涌入乳房并随乳汁而排出，高产奶牛的泌乳量大，所以丢失的钙也多。这是产后奶牛血钙浓度下降的主要原因。

二是奶牛在分娩过程中大脑皮质层过度兴奋，产后转入抑制状态；再加之分娩后奶牛腹腔内压突然降低，大量血液进入腹腔脏器和乳房，导致脑部贫血，促使抑制程度进一步加深。大脑皮质的兴奋性降低，直接影响了其对血钙浓度的调节机能，因而动用骨骼中钙贮备的能力迅速降低，由此可引起低钙血症；而血钙降低又进一步影响神经系统的兴奋性，加深抑制程度，这样两者互相影响，形成恶性循环，使血钙急剧下降，病情不断恶化。

三是怀孕后期胎儿发育较快，需要消耗很多钙，特别是当妊娠期不注意调整饲料时，摄入高钙、高蛋白的高产奶牛，甲状旁腺调节机能减退，骨骼沉积钙的能力减弱，钙的贮备量明显减少；此外，由于胎儿迅速增大，胎水增多，占据腹腔大部分空间，影响胃肠道的消化机能，钙的吸收量减少；再加之临近分娩时雌激素水平增高，也影响食欲和消化，使消化道吸收的钙量减少。由于上述各种原因，使奶牛骨骼中贮备的钙量在临产时大为减少，即使甲状旁腺机能所受影响不大，虽能从骨骼中动用一些钙进入血液，但不能在短时间内补偿钙的大量丢失，故导致低钙血症的发生。

另外，有人认为，本病的发生与甲状旁腺素分泌不足有直接的关系。病牛在血钙浓度过低时，甲状旁腺激素分泌下降，肾脏中1，25-二羟钙化醇合成降低，破骨细胞活动降低，骨细胞溶解和脱钙作用也降低，所以不能充分动员骨钙进入血液。甲状旁腺机能受抑制是由于分娩前几周饲喂高钙饲料造成降钙素分泌增加所致。一旦泌乳开始，血钙急剧下降，甲状旁腺激素分泌机能的抑制则迟迟不能恢复。

【临床症状】 本病按临床的表现不同可分为典型性生产瘫痪和非典型性生产瘫痪2种。

1.*典型性生产瘫痪* 即重症型，虽然发病较少，但一旦发生，则病情急剧，如不及时治疗，病牛可在几个小时内死亡。病初，病牛行走及站立不稳，步态大小不均及共济失调；有的病牛虽能站立，但行走困难（图5-4-1）。继之，卧地不起，或企图起立，但起立越来越困难，终于四肢伸展，瘫痪在地而爬不起来（图5-4-2）；有的病牛则呈现出典型的产后瘫痪的卧姿，即四肢屈曲于躯干下，头颈前伸或垂于地，不久即弯向胸侧，即便人为地将头拉直，若放手后其头又弯向胸侧（图5–4–3）。随着病程的发展，病牛的意识发生障碍，有的病牛目光呆滞（图5–4–4）；而有的则头弯向腹部而嘴噌于地面（图5–4–5）。

病牛的体温有时下降到35～36℃，全身发凉。意识、反射消失或减弱，目光迟疑及凝视，瞳孔正常或扩张，对光线反射迟钝，嗜睡（图5–4–6），对痛觉反应越来越低，颈部痉挛而四肢弛缓，肛门反射消失。心音减弱，心率增快，每分钟可快达80～120次。鼻镜干燥，呼吸深慢，舌及咽喉麻痹，因唾液积聚呼吸略带有罗音，舌多垂于口角外。胃、肠蠕动音明显减弱或无蠕动音，胃、肠易发生臌胀。

2.非典型性生产瘫痪　即轻症型，较多发生，一般在分娩前或后较长时间才发病的多属于此型。病初，病牛不安，表情忧虑，吃食、排尿及排粪停止，易受刺激引起应激，头和四肢震颤。当陌生人接近时，病牛马上张口伸舌，摇头晃耳。这是生产瘫痪的最早病征之一。此型的瘫痪症状不像重症者那样明显，病牛有时尚能勉强站立，体温不低于37℃，精神沉郁，反射迟钝。轻型生产瘫痪的唯一特殊表现是病牛伏卧时头颈姿势不自然，由头至鬐甲的连线呈S状弯曲（图5–4–7）。

另外，本病有时与酮病、低镁血症、低钾血症、脓毒性乳房炎和子宫炎等疾病并发。

【诊断要点】　一般根据病牛的年龄、胎次、发病时期和特有的卧地姿势，即可做出诊断，有必要时，须进行血清学检查。

血清学中钙、磷、镁和血糖含量等均为重要的参考指标。生产瘫痪病牛的每100毫升血液中血钙可降低为3.9～6.9毫克，血磷降低为1.0～2.7毫克（低磷酸盐血症），血镁含量正常或稍升高(2.7～3.4毫克)，血糖升高(80～90毫克，曾发现重症者可高达161毫克，但可随血钙浓度的增高而下降)。由于病牛的血钙含量降低，所以常伴发血液凝固不良变化（图5–4–8）。

【治疗方法】　治疗本病常用的方法有药物疗法和乳房送风疗法2种。

1.药物疗法　常用的药物为葡萄糖酸钙，主要是通过静脉注射来迅速提高血钙浓度，使病牛的临床症状得以快速好转。方法是：用20%～30%葡萄糖酸钙溶液，每次500～1 000毫升，缓缓地静脉注射(至少需10～20分钟)，效果良好，有些轻症病牛在注射未完时即可站立。葡萄糖酸钙注射后的反应形式是特征性的：脉搏变慢而强，肌肉震颤只是暂时性的，鼻镜有汗，排出软粪，并可排尿，母牛企图站起来。如果效果不佳，可间隔6～12小时再注射1次，但最多不能超过3次。在注射钙制剂时，特别要注意病牛心脏活动变化，如果心跳不规则或变快，就应停止注射，直至心跳频率和节律恢复正常时再注射。

然而，在用钙剂治疗过程中可能遇到这种情况：补钙后，病牛虽已变得机敏活泼，但仍不能站立。这表明病牛可能伴有严重的低磷酸盐血症。有人通过实践证明，用20%磷酸二氢钠300～500毫升，或3%次磷酸钙溶液1 000毫升（用蒸馏水或10%葡萄糖溶液配制）静脉注射，有良好效果。用钙剂治疗后，病牛的肌力虽然逐渐恢复，但仍不能站立和运动，此时，应令其站立保定，配合治疗（图5–4–9）。

2.乳房送风疗法　此法简便易行，疗效确实可靠，常作为生产瘫痪的特异疗法而使用，也可与补钙疗法结合而应用。应用本法的基本原理是：乳房内打入空气后可刺激乳腺内的神经末梢，传至大脑提高大脑皮质的兴奋性，消除其抑制状态；同时还因乳房内压力增高，压迫血管，流向乳房内的血液减少，抑制了泌乳，因而维持了血钙的浓度。

乳房送风时最好用送风器送风；如果没有送风器，也可用打气筒或大注射器代替，但应在送风前给乳导管中注入抗生素以防感染，或先注入1%碘化钾溶液，然后再行打气。使用送风器时应先消毒，并在送风器的金属筒内放入适量的干燥消毒药棉，以便过滤空气而防止感染。

给乳房送风的方法是：先给乳导管及乳头消毒，然后把送风器前端的导乳管插入乳头中进行送风。先加压给前下面的乳区送风，4个乳区都打满空气，以使乳房膨满，乳腺基部边缘隆起，与腹壁间界限明显。乳房皮肤紧张，以手指弹击时呈鼓音状为度。注意：送风量非常重要，量少时起不到作用，过量又可能使乳腺的腺泡造成损伤而引起间质性气肿的发生，影响泌乳量。送风完毕后，取出乳导管，用手轻轻捻揉乳头，防止空气外溢。若乳头括约肌松弛，可用绷带轻轻扎住。

【预防措施】 本病的发生常与高产母牛后期妊娠阶段饲喂高钙、低磷和低维生素D_2或D_3有密切关系。据此建议，防治高产母牛生产瘫痪，钙、磷比例应以1∶1～3最理想，每100千克体重每天摄入钙量不超过6～8克为宜。限制钙的吃入及给予维生素D（产前5～7天，每天2 000～3 000国际单位）；可减少生产瘫痪的发病率，同时也应提高日粮中的磷含量。

美国营养研究会(NRC)推荐应用1，25－二羟胆钙化醇口服或注射以预防生产瘫痪，效果超过90%。

图5－4－1　病牛站立不稳，行走困难

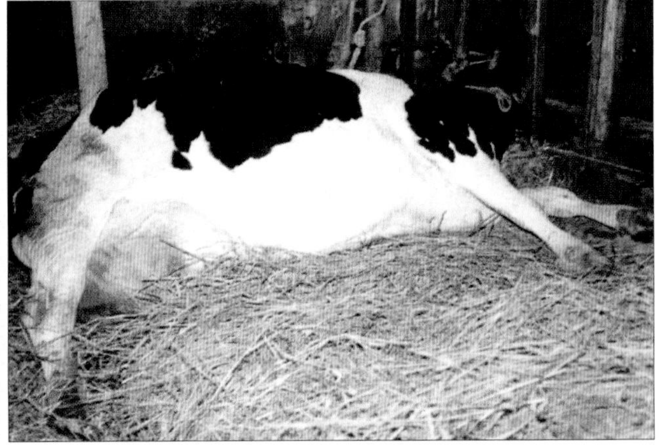

图5－4－2　病牛四肢伸展，瘫痪在地

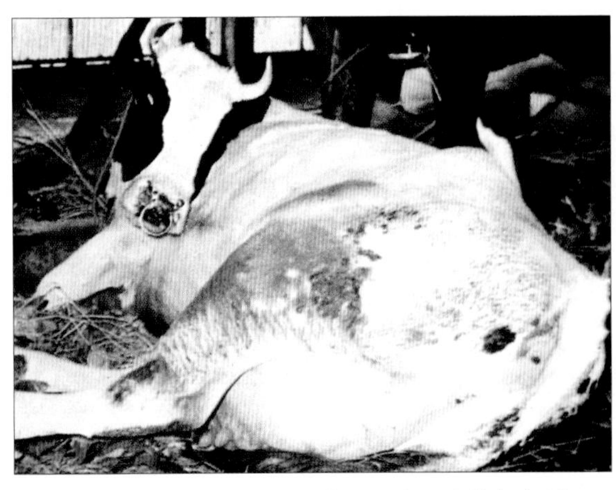

图5－4－3　病牛四肢屈曲，站立困难，头背向腹侧

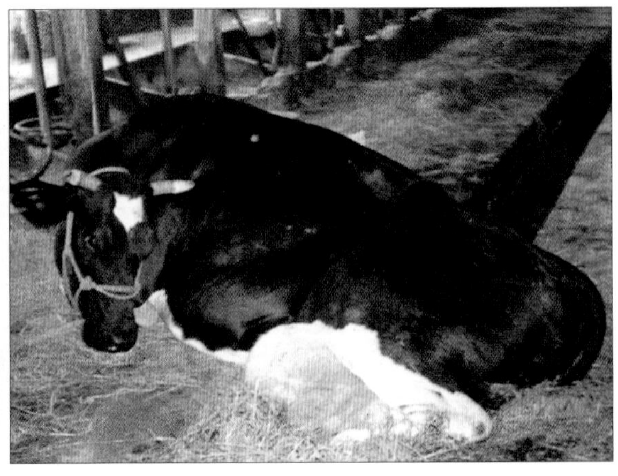

图5－4－4　病牛意识障碍，目光呆滞，头弯向腹侧

图 5-4-5　病牛弯头观腹，嘴噌于地，呈无意识状

图 5-4-6　病牛反射迟钝，陷入昏睡状

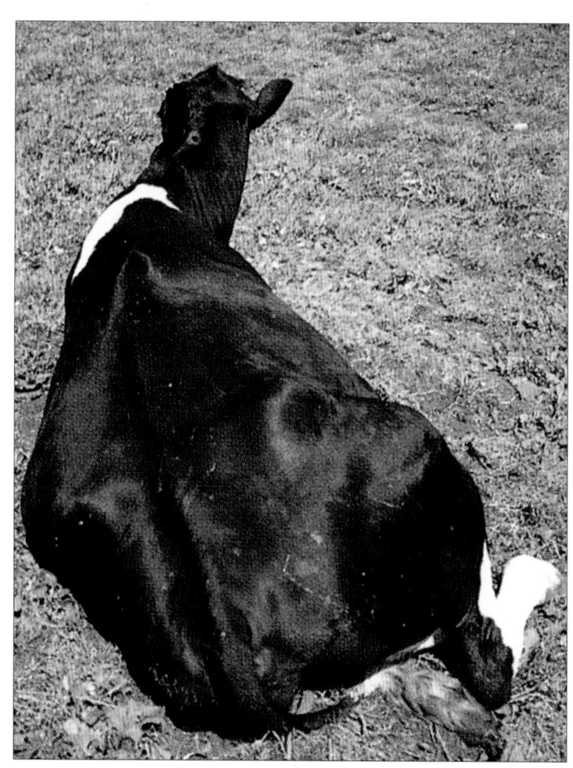
图 5-4-7　病牛卧地不起，头至鬐甲连线呈 S 形屈曲

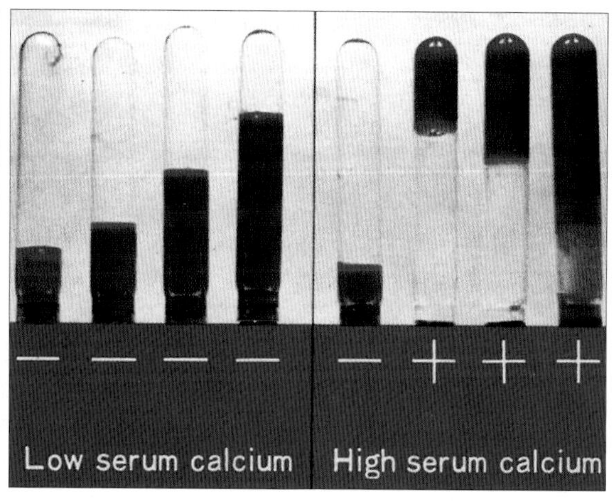

图 5-4-8　血钙检测，右为健康牛（血液凝固），左为病牛（血凝不全）

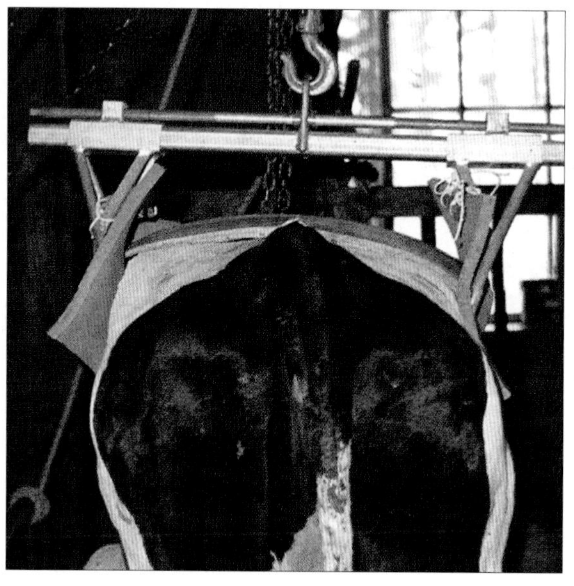
图 5-4-9　给病牛补钙后，应站立保定，防止摔伤

五、乳房炎

（Mastitis）

乳房炎是最常发生于奶牛的一种乳腺疾病。病牛约占产奶牛的20%～60%，有的地方或牛群甚至超过80%，给养牛业带来严重的经济损失。

乳房炎有隐性型和临床型之分，其中隐性乳房炎的流行甚广，是临床型乳房炎的15～40倍。患牛不仅产乳量下降4%～10%，而且乳汁的品质也明显下降，乳糖、乳脂和乳钙减少，乳蛋白变性，乳汁内钠、氯离子的含量增多。同时，隐性乳房炎是临床型乳房炎发生的基础，其发病率是健康奶牛的2～3倍。因此，奶牛的乳房炎给养牛业造成的经济损失难以估量。

【发病原因】 虽然各种机械的、物理的、化学的和生物学等多种因素均可引起乳房炎，但最常见的病因是革兰氏阳性菌，其中最常见的是无乳链球菌、金黄色葡萄球菌（图5–5–1）、乳房炎链球菌和化脓性放线菌（图5–5–2）。某些革兰氏阴性菌（如大肠杆菌、布氏杆菌、产气荚膜杆菌等）也可引起乳房炎。这类乳房炎的发生虽然并不多见，但常呈急性发作，甚至引起乳房坏疽，预后多不良。另外，病毒、真菌和霉形体等多种微生物也能引起乳房炎。病原微生物主要是通过乳头管进入乳房的；而擦洗乳房的用具和水，挤奶者的手，消毒不严的挤奶杯以及吸吮乳头残奶的蝇类，往往是传播本病的媒介。

饲养管理不当，奶牛场环境卫生不良，牛舍及运动场潮湿、泥泞，粪尿和污水蓄积；挤奶时未严格执行操作规程，挤奶时过度挤压乳头，挤奶器不合适，或抽吸时间过长，或挤奶员的操作技术不熟练以及乳头和乳房有外伤等，均可引起乳房炎。

另外，某些毒素的吸收，如饲料中毒、胃肠炎、胎衣不下、子宫内膜炎、牛结核、布氏杆菌病等，由于毒素的吸收或病原菌的转移，均可引起乳房炎。据报道，有时在应用激素治疗生殖系统疾病时扰乱机体激素平衡而诱发乳房炎。

【临床症状】 乳房炎的分类法较复杂，有人将之分为隐性感染、隐性型、亚临床型和临床型4种；也有人将之分为急性型和慢性型2种，但一般将之分为隐性型和临床型2种。

1.隐性型　又称非临床型或潜在型乳腺炎，其特征是病牛除泌乳量减少外，没有明显的临床症状；虽然病牛的乳汁没有肉眼可见的变化，但乳汁的理化性质，细菌学检查则发生明显的变化。病牛乳的pH一般在7以上，呈碱性反应，乳汁内含有细小的凝块、絮状物和纤维，氯化钠含量增到0.14%以上，细菌数和电解质增加。患隐性乳房炎的奶牛数量最多，约占产奶奶牛的50%左右。由于其没有明显的临床症状，故常被忽视。

2.临床型　本型的发病率不高，一般只占乳房炎病牛的1%～25%，但症状明显。临床型乳房炎有急性、化脓性和慢性之分。

（1）急性乳房炎　炎症初期多为浆液性乳房炎，病牛全身症状较轻，仅见精神不振、食欲减退，体温升高。患病分房肿胀，局部增温，触之坚实，有疼痛反应（图5–5–3），产奶量降低，当炎症波及腺泡时，乳汁稀薄如水，内含絮状物（图5–5–4）。继之，发展为卡他性乳房炎，触诊乳房时可感到乳头基部有鸽蛋大富有弹性的结节，深层可触到坚硬的病灶。病分房产乳量急剧减少，乳汁呈水样稀薄，其中含有絮片状或块状凝乳（图5–5–5）。有时输乳管被凝乳块堵塞，可触摸到柔软而有波动的结节。当发展为纤维性乳房炎时，病牛的全身病状明显，体温升高可达40～41℃，眼结膜潮红、黄染（图5–5–6），脉搏增数，精神沉郁，食欲减退或废绝，反刍停止。患病乳房发红、温热和疼痛明显，病牛常背腰拱起，借以缓解疼痛（图5-5-7），或患侧肢出现跛行。泌乳明显减少或停止，挤奶时仅能挤出数滴乳清或混杂有纤维素脓样黏稠的乳汁，其中常含有血液。

（2）化脓性乳房炎　常见有化脓性卡他性乳房炎、乳房脓肿和乳房蜂窝织炎3种变化。患化脓性卡他性乳房炎时，病牛体温高达40℃以上，病分房有红、肿、热、痛等表现，乳区几乎无乳汁，或仅挤出含块状浓稠的乳汁（图5-5-8），或见有少量灰白、污秽不洁的脓样乳汁（图5-5-9），或呈脓样、黏液样，有的则较稀薄而混有血液呈淡红色或茶褐色（图5-5-10），乳房脓肿可位于乳房的浅表或深部，数量从1个到数个不等。脓肿数量少时，一般体积较大，位于浅表时明显突出（图5-5-11）。触之有热、痛、坚硬或波动感。患乳房蜂窝织炎时，病牛全身症状加剧，高热稽留，脉搏增数，乳房部皮肤及乳房实质弥漫性肿大，剧烈疼痛，运动障碍，出现明显跛行症状甚至难以站立（图5-5-12）。另外，化脓性乳房炎常易继发性坏疽性乳房炎，此时，乳房肿大，触之发凉，乳房部的皮肤及乳头呈暗红色并出现坏疽轮（图5-5-13），或呈紫红色（图5-5-14）甚至黑褐色（图5-5-15）。病程较长时，发生坏疽的部分可从乳房组织腐离而脱落（图5-5-16）。病牛的全身症状重剧，如不及时治疗，常导致病牛死亡。

（3）慢性乳房炎　患区乳房组织弹性减低，僵硬，泌乳量减少，挤奶时乳汁有不同程度的发黄和变稠，常含有凝乳块或絮状物，全身症状较轻，但少数病牛也会出现体温升高或食欲减退，甚至乳房肿大等症状。慢性病例发展的结果是乳房萎缩（图5-5-17），成为“瞎乳头”。

【病变特征】 乳房炎的分类比较复杂，一般根据临床症状与病变特点不同，而将之分为急性乳房炎、化脓性乳房炎和慢性乳房炎3种。

1.急性乳房炎　为奶牛最常发生的一种乳房炎，多发生于泌乳的初期。剖检，发炎的乳房肿大、坚硬，用刀易于切开。浆液性炎时，患部皮肤紧张，色红，切面湿润有光泽，发炎的乳腺小叶呈灰黄色，小叶间质及病变部皮下结缔组织见炎性水肿和血管扩张充血。若为卡他性炎时，则见切面比较湿润，有黄白色乳凝块（图5-5-18），因乳腺小叶肿大而呈淡黄绿色颗粒状，按压时有浑浊的脓性乳汁从切口流出（图5-5-19）。出血性炎时患部皮肤充血，且常见红斑，切面平坦呈暗红色，按压时自切口流出淡红色或血样稀薄液体，其中常混有絮状血凝块，输乳管和乳池的黏膜常见出血点。纤维素性炎时，发炎的乳腺硬实，切面干燥，呈白色或黄白色，并常见出血灶（图5-5-20），在乳池内和输乳管内有灰白色脓液，如黏膜发生糜烂或溃疡时，则为化脓性炎的表现。

2.化脓性乳房炎　多并发或继发于卡他性乳房炎，多是化脓性棒状杆菌感染的结果。剖检，病变在1个乳叶上或数个乳叶上相继发生时，该部乳腺轻度肿胀，但不变硬，切开后，乳池内及输乳管内充满黄白色或黄绿色脓性乳汁，稀薄或黏稠不等（图5-5-21）。进而，乳房组织化脓坏死，在实质内形成大小不等的脓肿灶（图5-5-22）。大脓肿多集中在乳管，其壁为增生的肉芽组织，并衬有增生和化生的鳞状上皮。形成瘘管时，脓汁可由皮肤或乳管的穿孔排出。化脓性乳房炎有时表现为皮下和间质的弥漫性化脓性炎，即乳房的蜂窝织炎，炎症过程可由间质波及乳房实质，使大范围的乳房组织发炎而坏死。此外，在急性炎症的发展过程中，乳房血管因血栓形成而发生梗死。梗死部和周围组织之间有明显的分界线，在此基础上可继发坏疽性炎。此时，病变部变凉、变紫而无感觉，皮下有明显的水肿。若病灶为湿性坏疽，则从乳管中排出浑浊、红色并带恶臭气味的渗出物。乳房组织呈紫红色，质地较硬（图5-5-23），切面见皮肤水肿增厚，充血呈紫红色（图5-5-24）。

3.慢性乳房炎　多由急性转移而来，常发生于后侧乳叶。剖检，乳房实质萎缩而坚实，切面呈白色或灰白色，间质的炎性充血及水肿逐渐消失，乳池及输乳管显著扩张，管腔内充满由剥脱的上皮、炎性细胞及乳汁凝结而形成的栓子或绿色黏稠脓样渗出物，黏膜上皮因增生而呈结节状、条纹状或息肉状肥厚。镜检见实质中结缔组织增生，腺泡缩小，并逐渐萎缩和消失（图5－5－25）。最后，由于结缔组织中的胶原纤维收缩，导致病变部乳腺显著缩小、硬化。

【诊断要点】 临床型乳房炎有明显的症状，通过直接的视诊、触诊和乳汁的感官变化检查，一般即可确诊；而隐性型乳房炎则需借助细菌学或理化检验才能发现。兹将诊断隐性型乳房炎常用的氢氧化钠凝乳试验简介如下。此法简便，准确率高，但不适用于初乳期和泌乳末期的检验。

1.试剂 4%氢氧化钠溶液。

2.方法 把玻片放在黑色背景物上，用洁净干燥滴管取被检鲜乳，滴5滴于玻片上，再加2滴试剂，立即用火柴棒将其混合并扩展成直径2.5厘米的圆形（可事先在黑色背景上画好边长2.5厘米的小方格为标准），并继续迅速搅拌混合20～25秒，观察结果。

3.判定标准 根据乳汁凝集的变化不同，一般将之分为5级。

（1）阴性（－） 乳汁无变化，不出现凝乳现象。

（2）疑是（±） 乳汁中出现细小颗粒。

（3）弱阳性（＋） 乳汁中出现稍大的乳凝块，乳汁呈透明状。

（4）中度阳性（＋＋） 乳汁中有大乳凝块，搅动时出现丝状凝结物，乳汁略呈水样透明。

（5）强阳性（＋＋＋） 乳汁中有粗大的乳凝块，有时全部凝成大块，液体完全透明。

【治疗方法】 以局部治疗为主，全身治疗为辅。

1.局部治疗 基本原则是抗菌消炎，防止病变扩散。局部治疗通常是向乳房内注入抗生素、磺胺或呋喃类药物。其方法是：注射前应充分按摩乳房，增加挤奶次数，以充分排除变质的乳汁、病原体及其毒素，但禁止用力按压，特别是症状急剧、伴发出血或坏死性乳房炎者则不能按摩。注射用器械，如乳导管、注射器等都必须进行严格的消毒，乳头管口也须用碘酊或酒精棉擦拭消毒。之后，每个患病乳区，在挤奶后可用蒸馏水50～100毫升青霉素50万国际单位及链霉素200毫克稀释经乳导管注入。注入后用手捏乳头向乳房冲撞数次，使药物扩散，每天1～2次。治疗有效时，应连续用药3天，必要时可延长用药1～2日。如无效或效果不明显时，则应改换药物。如有条件时，则可通过药敏试验来选择用药。

2.全身治疗 对全身症状明显的病牛，在进行局部治疗的同时，可肌肉或静脉注射抗生素或磺胺类药物。对重症病牛或伴发食欲明显减退的病牛则需进行营养补给，可用葡萄糖生理盐水1 000～1 500毫升，25%葡萄糖500毫升，维生素C和维生素B各适量，静脉注射，每日2次；为了防止酸中毒，可用5%碳酸氢钠500毫升，一次静脉注射。

【预防措施】 乳房炎是对奶牛危害最大的疾病之一，因此，在日常工作中必须坚持实行一系列预防措施，控制和消灭病原，防止疾病扩散。

1.加强卫生管理 环境和牛体卫生的好坏，与乳房炎的发生有密切的关系。牛舍、牛床应保持清洁，并定期消毒，防止细菌感染；运动场要干燥，粪便要及时清理，防止病原体对牛体的侵袭；在多雨泥泞和蚊蝇滋生的季节尤其要注意环境卫生，消灭蚊蝇。

2.加强挤奶卫生 挤奶前，各乳区先用40～50℃清洁温水进行认真的热敷和按摩乳房，促使下乳充盈；或用0.01氯制剂，或0.005%～0.01%碘溶液清洁和按摩乳房，半分钟后用消毒毛巾擦干，然后开始挤奶。挤奶时，挤奶员两手和挤奶器等必须清洁。目前，有的奶牛场采用2次药浴，1次纸巾擦干的方法，即先用药液浸泡乳头，然后用纸巾擦干，再上机挤奶，此法在生产实践中收到较满意的效果。在一个奶牛场，如有乳房炎病牛时，则挤奶的顺序应为先挤健康牛，其次为疑是牛，最后挤病牛。挤出的病牛乳要妥善消毒处理，禁止任意泼洒。

加强挤奶器具的消毒，特别是挤奶杯内鞘消毒不严，易造成乳房炎的传播。因此，每次使用完毕，立即用微温清水冲洗除去附着在内鞘上的蛋白质，再用85℃的热水浸洗，进一步洗掉乳脂并达到消毒目的。挤奶后，用塑料杯或搪瓷杯盛少量4%～5%亚氯酸钠溶液或0.3%～0.5%洗必泰，将每个乳头浸蘸0.5分钟，以便杀灭乳头管口及其附近的细菌。

3.注意挤奶方式　手工挤奶时，挤奶的姿势要正确，挤奶量要均匀，并轻柔地尽量挤净乳房中的乳汁。挤奶的手法应采取拳握式，避免用2～3个手指捋乳头，以防损伤乳头皮肤和乳池黏膜，造成感染机会。机器挤奶的效果远高于手工挤奶，但若机器性能不良，如负压过大、频率不稳、使用不合理、消毒不严格，则容易引起乳房炎。负压过大、频率过高都会造成乳池黏膜的损伤，乳头黏膜外翻和乳头皮肤损伤，增加感染的机会。过早安装挤奶杯或过晚摘下挤奶杯，都会出现无乳空挤现象，而导致乳池黏膜及乳头皮肤损伤。

4.注意疾病监控　在奶牛的整个泌乳期及泌乳前后都须密切注视乳房炎的发生。在停乳后期与分娩前，特别在乳房表现明显膨胀时，应减少多汁饲料及精料的给予量；分娩后乳房膨胀过剧时，除减少多汁饲料及精料的给予量外，还要酌情增加挤奶1～2次，同时控制饮水与增加放牧量。对已发现有乳房炎症的母牛，除及时采取加强热敷按摩和其他医疗措施外，并根据具体情况，隔离乳房炎患牛，最好使用专用的挤奶器具，以防疾病的传播。正确地实施奶牛停乳，在停乳后要注意乳房的充盈及收缩情况，当发现异常时，应立即进行检查处理。目前，在一些奶牛场，于泌乳的末期，每头牛的所有乳区都注入适量抗生素，借以预防乳房炎。对产奶量低、并不断从乳中排出病原菌的慢性乳房炎病牛，应坚决淘汰，防止造成奶牛场的持续性污染。

另外，还要严防某些传染病、胃肠病等疾病或饲料中毒等引起的乳房炎。

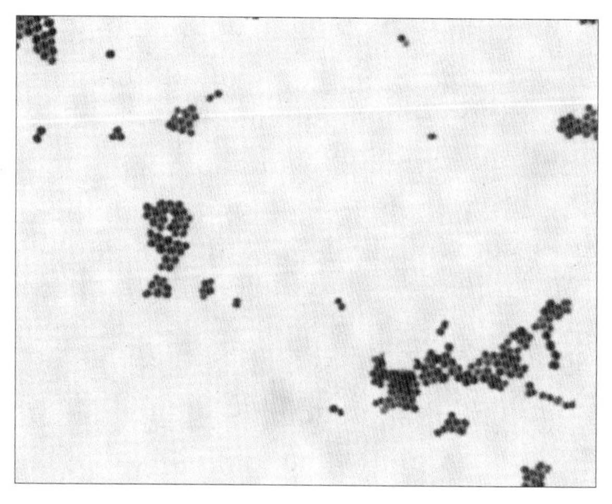

图5-5-1　金黄色葡萄球菌菌体

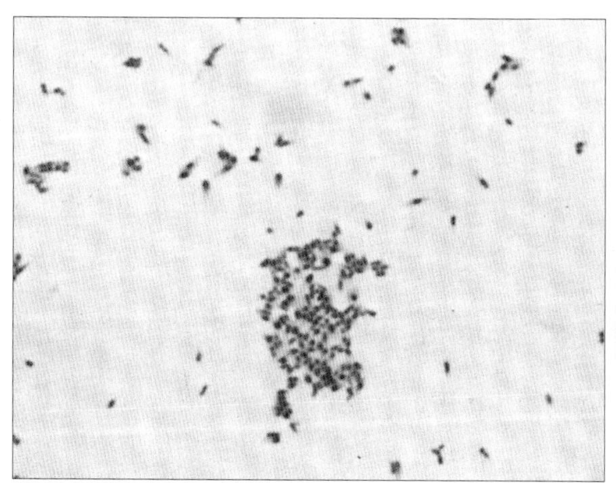

图5-5-2　化脓性放线菌菌体

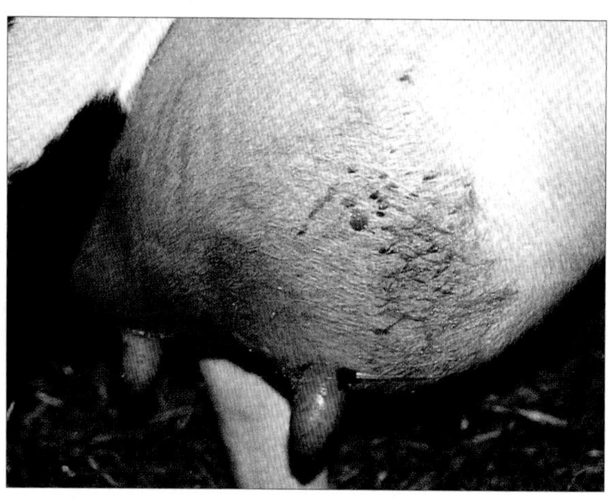

图5-5-3　乳房肿胀，充血、淤血而呈暗红色，触之坚实，有疼痛反应

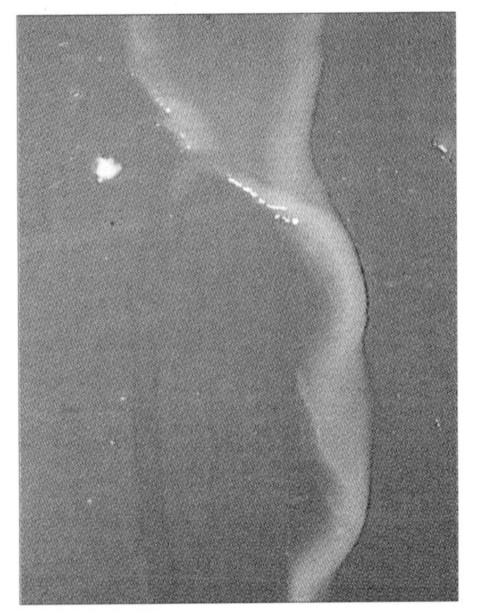
图 5–5–4　乳汁稀薄如水，内含絮状物

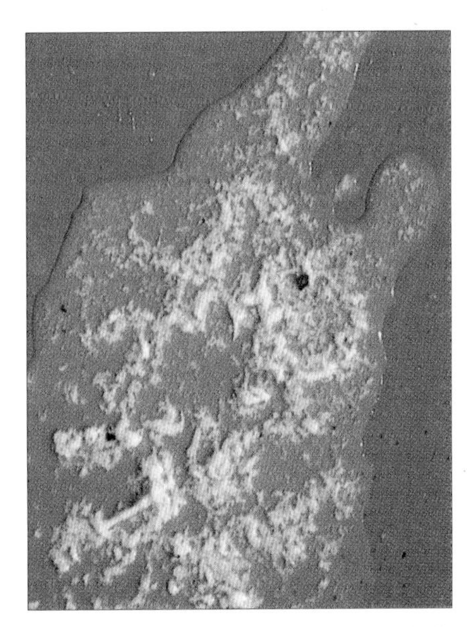
图 5–5–5　乳汁稀薄，内含大量凝乳块

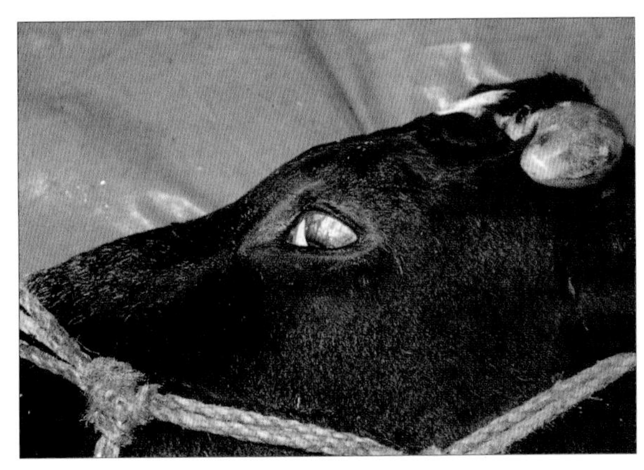
图 5–5–6　病牛由于代谢性中毒，眼结膜充血而黄染

图 5–5–7　病牛乳房明显肿胀，疼痛而腰背拱起

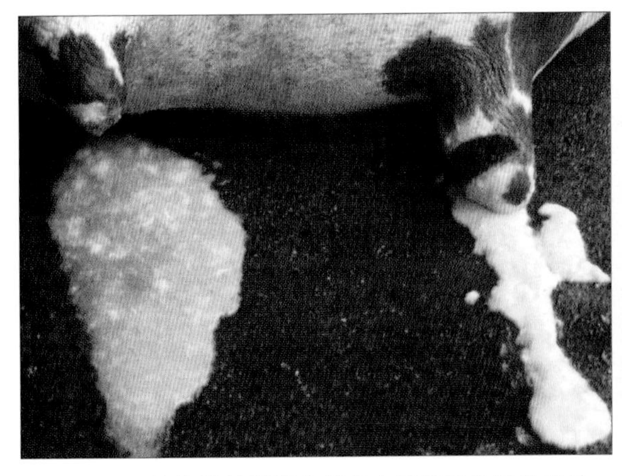
图 5–5–8　从化脓的乳腺中挤出少量黄绿色脓性乳汁

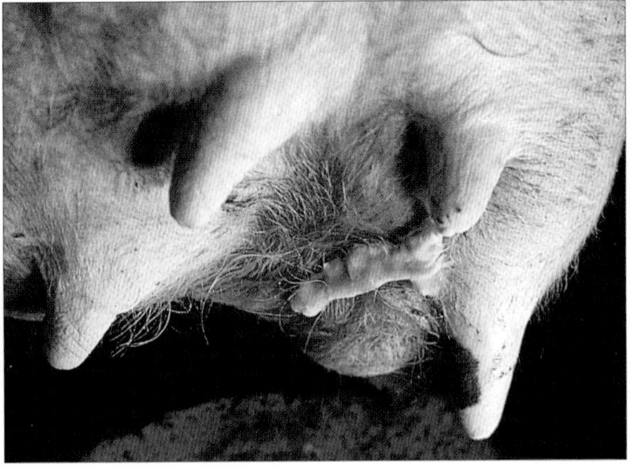
图 5–5–9　乳房明显肿胀，从乳头中挤出少量污移的脓样乳汁

图 5-5-10　病情严重时可挤出淡红色或茶褐色乳汁

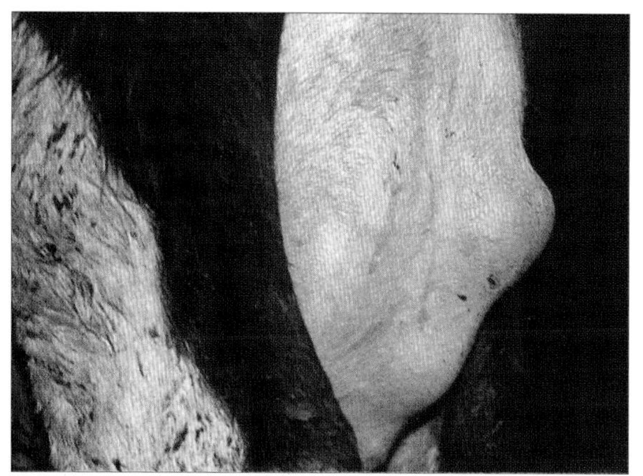

图 5-5-11　乳房右分房有 2 个、左分房有 1 个硬性结节，此为慢性葡萄球菌性脓肿

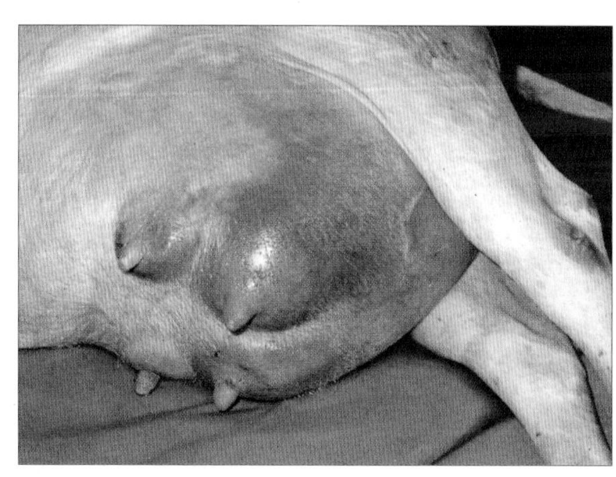

图 5-5-12　病牛不能站立，乳房极度肿大，呈黑红色

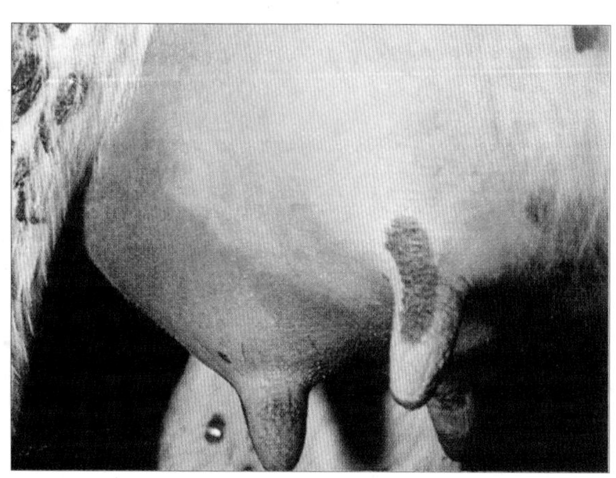

图 5-5-13　乳房发热，患病分房有暗红色坏疽轮

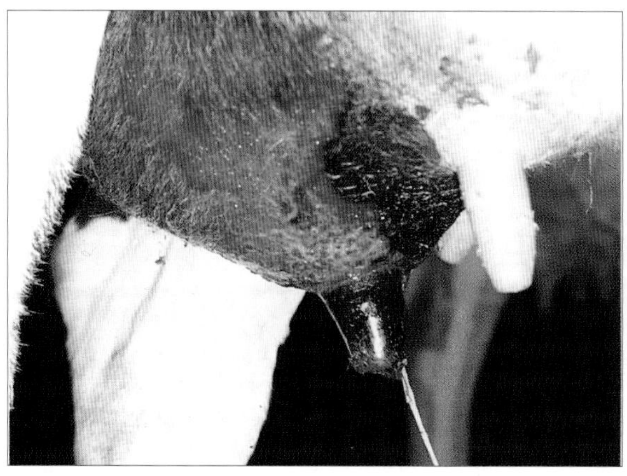

图 5-5-14　坏疽性乳房炎，右侧乳房呈紫红色，明显肿胀

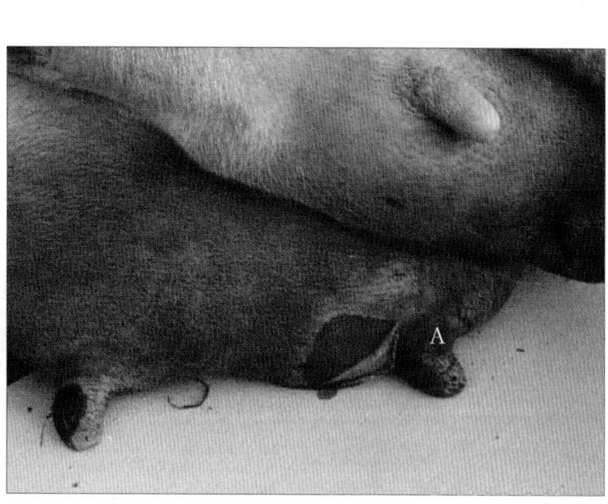

图 5-5-15　坏疽性乳房炎，全部乳房浮肿，呈黑褐色，触之发凉，以右后分房为重（A）

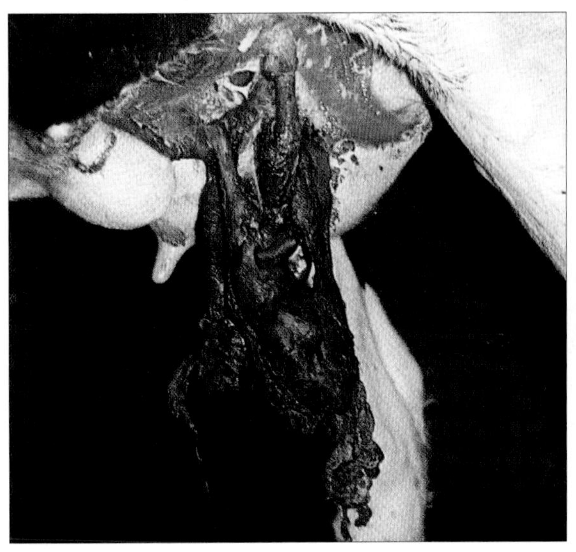

图 5-5-16　坏疽性乳房炎的皮肤及坏死的乳房于 1～2 个月后脱落

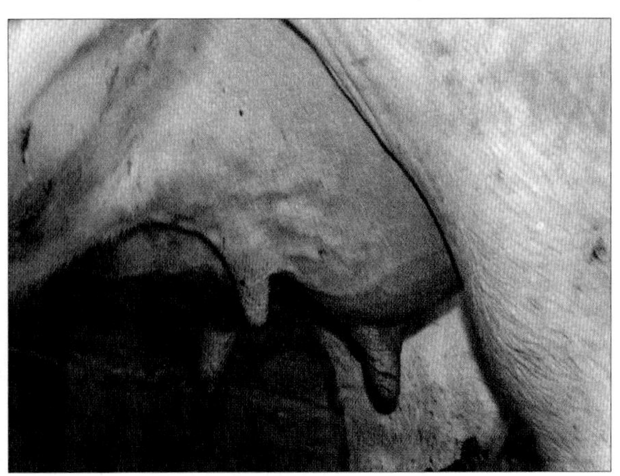

图 5-5-17　慢性乳房炎导致瞎乳头的形成，左前分房明显小于后分房，发生萎缩

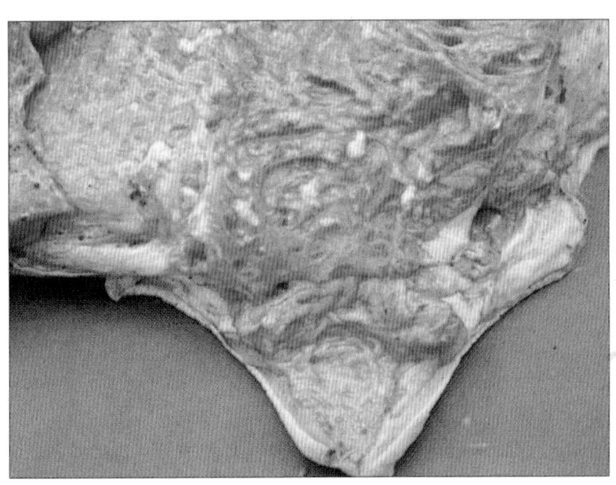

图 5-5-18　急性乳房炎，切面见变质的黄白色乳凝块流出

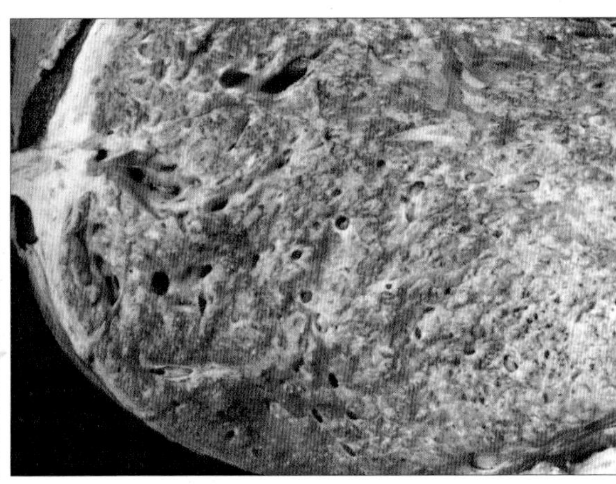

图 5-5-19　急性乳房炎，乳房红肿，切面有淡黄绿色脓性乳汁

图 5-5-20　乳腺切面干燥，有出血性病灶及乳凝块

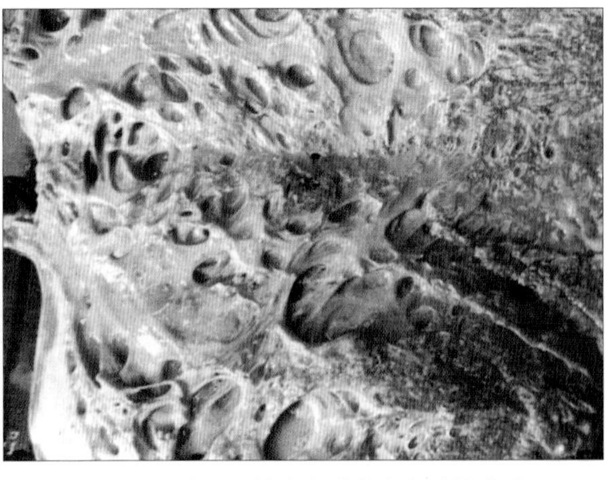

图 5-5-21　乳池及乳管中充满黄白色脓性乳汁

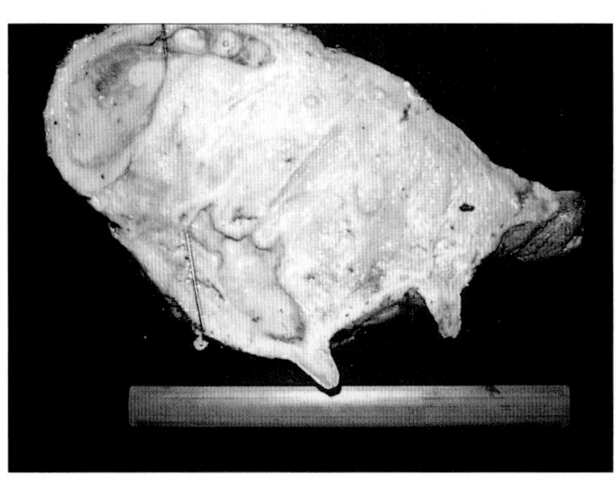

图 5-5-22 右侧乳房的切面有大小不等的脓肿灶

图 5-5-23 坏疽性乳房炎，乳房显著肿大，呈紫红色，触之发冷并有硬结

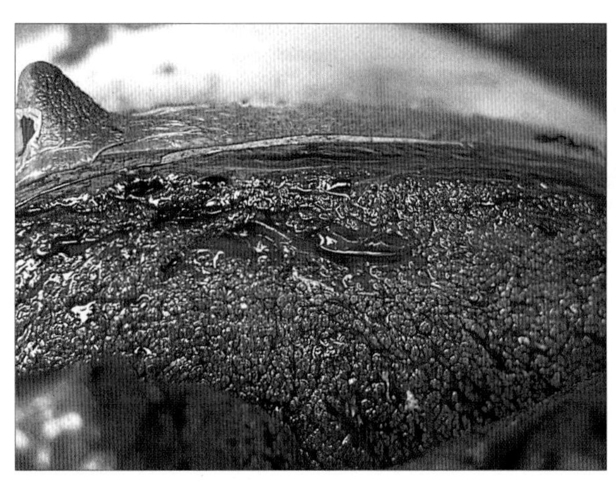

图 5-5-24 坏疽性乳房炎，乳房皮肤水肿，实质呈紫红色

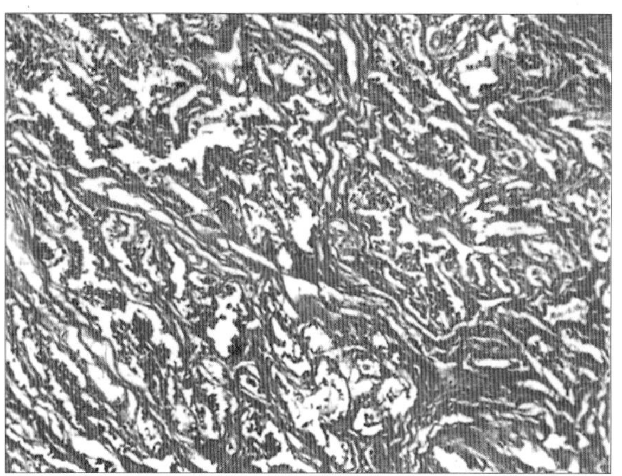

图 5-5-25 慢性乳腺炎，腺泡间结缔组织增生，腺泡缩小，并逐渐萎缩和消失

六、乳房水肿

（Edema of mast）

乳房水肿又称乳房浮肿，是由于乳房、后躯静脉循环障碍和乳房淋巴循环障碍所致的乳房肿胀。其主要临床表现为乳房无热、无痛，触之皮温下降，压之有凹陷。

【发病原因】 乳房水肿多由于妊娠后期供应子宫的大量血液流向乳房，或初期(特别是高产母牛)乳房静脉血压增高，而淋巴回流受阻所致；此时，若雌激素分泌过多、妊娠时间过长或胎儿过大者均可促进本病的发生。

另外，奶牛的干奶期饲养不当，精料饲喂过多，且日粮中含有较多的食盐；运动场过小，牛群饲养密度过大，奶牛产前运动明显不足时，也易诱发本病。

【临床症状】 本病多发生于高产奶牛，一般无明显的全身症状。病牛照常泌乳，乳汁也无明显变化，仅见腹部皮下和乳房皮下呈浸润性肿胀，有时波及乳头（图 5-6-1）。典型的乳房水肿多是4个乳区全部受累（图5-6-2），但也有半侧或1个乳区发病的。病变通常从乳头基部和乳池的周围开始，迅速波及整个乳房。乳房的皮肤紧张、增厚、有光泽；触诊无热，无痛，多留有指印痕（图5-6-3）；肿胀的乳头变得短而粗（图5-6-4），可使挤奶发生困难；有时肿胀可蔓延到会阴部及后腹下部，或伴发乳房中隔水肿，病牛的运动发生障碍。

除乳房局部的病变外，部分病牛还有全身性反应，即从分娩前就出现食欲下降，到分娩7天左右看到乳房肿胀，并急剧下垂，病牛两后肢叉开站立（图5-6-5），运动困难，不愿走动。

乳房水肿对奶牛的危害并不很大，一般在分娩后的1～2周内自行痊愈，或配合适当的治疗与饲养改善，恢复更快；少数病例可因治疗不及时而病情加重，继发乳房皮肤坏死或乳房炎；在寒冷的冬季，若保温不良，常易发生冻伤，皮肤呈暗紫红色，且易伴发坏疽。长时间的乳房水肿，可引起结缔组织增生，使病变部皮肤肥厚，失去弹性，部分乳腺萎缩而实质中出现硬结，产奶量明显减少。

【诊断要点】 一般根据病牛多为高产奶牛，临床多无明显的全身症状（有继发病变者除外），仅见乳房肿胀，触之无热无痛，温度较低，且手压有指印的特点，即可确诊。必要时可穿刺乳房，从中流出红黄色浆液样水肿液（图5-6-6）。

【鉴别诊断】 引起乳房肿胀常见的疾病除乳房水肿外，还有乳房炎和乳房血肿等，在诊断时须注意鉴别。

1.*乳房炎* 本病为乳房实质的炎性反应，常伴有明显的全身性病状，如病牛精神沉郁，食欲减退、发热等。乳房肿胀，充血发红，触之有温热感，有明显的疼痛反应，运动障碍明显。乳汁变化明显，泌乳量明显减少，乳汁中有絮状物、凝块或黏液脓性分泌物。

2.*乳房血肿* 多发生于乳房的局部，并有明显的损伤性病史。触摸出血部位时有温热感，病牛有疼痛反应；病变的皮肤呈暗红色或紫红色，指压不退色；挤奶时可见乳汁呈不同程度的红色或内含有血凝块。

【治疗方法】 治疗乳房水肿通常需在加强和改善饲养管理的同时，应用适当的药物或手术方法，如不改善饲养管理难以取得良好的疗效。

1.*改善饲养管理* 病牛在分娩的后期若发现乳房有轻度水肿时，为了改善乳房的血液循环，促进水肿液的消散和吸收，从分娩几日后就要开始让母牛适当运动，与此同时适当减少精料及多汁饲料，供应充足的优质干草，控制饮水量，增加挤奶次数。每次挤奶时要用温水（50～60℃）热敷，反复按摩乳房，每次按摩时间不少于20～30分钟，挤奶时要尽量将乳腺中所有乳汁挤净。

2.*药物治疗* 利尿脱水剂对治疗本病具有较好的疗效，一般在分娩后48小时后开始用药。常用的药物有：速尿500毫克，肌肉注射，每日1次；乙酰唑胺1克，肌肉注射，每日1次；也可用双氢克尿塞等药物。初次用药时，可配合激素疗法，消肿效果更好，如氯地孕酮1克，一次内服，连服3日；或三氯甲噻嗪200毫克，地塞米松5毫克，一次内服。值得指出：给予利尿剂后，病牛有时出现全身性脱水症状。因此，利尿剂不能使用过量，如发现有脱水表现时，应及时补充适量的等渗液。

另外，在进行利尿脱水的同时，给乳房涂布一些刺激性药物，促进血液循环，消肿效果更好。局部常用的药物有樟脑软膏、松节油、碘软膏、20%～50%酒精鱼石脂软膏等。使用方法是用温水将乳房洗净后，选上述药物之中的一种，均匀地涂布于乳房，每天1次，连用3天。

3.*手术疗法* 如果乳房水肿过重，用药物治疗效果不明显时，也可用穿刺疗法进行治疗。其方法是：选择水肿明显的低位处，避开皮肤的血管，给皮肤消毒后，用静脉注射针头在水肿部穿刺2～3个针，让水肿液从孔中自然流出，必要时可进行引流。对伴发乳房中隔水肿的病牛，也可进行穿刺或切开以排出水肿液（图5-6-7）。引流时可用浸透0.1%雷佛奴尔或呋喃西林的纱布条塞入切口中。为了防止细菌感染，要注意伤口的消毒处理，同时肌肉注射青霉素200万国际单位，每日2次，连用3～5天。

【预防措施】 加强干乳期奶牛的饲养管理，严格控制精饲料与钠盐的用量，保证有充足的优良干草；牛群的密度不能过大，牛舍的通风卫生条件应好，运动场要干燥，保证奶牛能得到充分的运动。分娩前后1个月尽量减少精饲料，适当增加运动量。高产母牛每天增加挤奶次数，挤奶动作要轻柔，防止引起乳房的损伤。

图5-6-1　病牛分娩前乳房前有广泛的水肿

图5-6-2　病牛的乳房明显浮肿

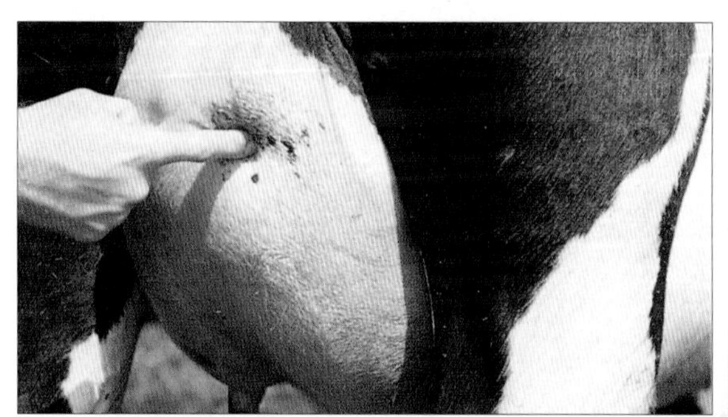

图5-6-3　浮肿的乳房部用手按压出现凹陷

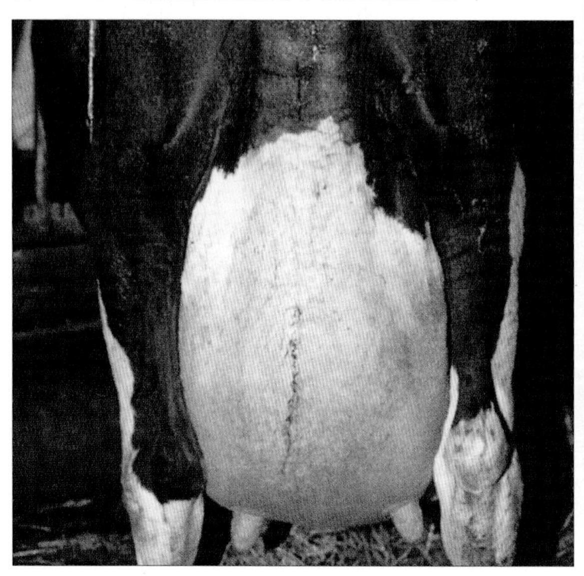

图5-6-5　病牛的乳房明显浮肿，站立时两后肢叉开

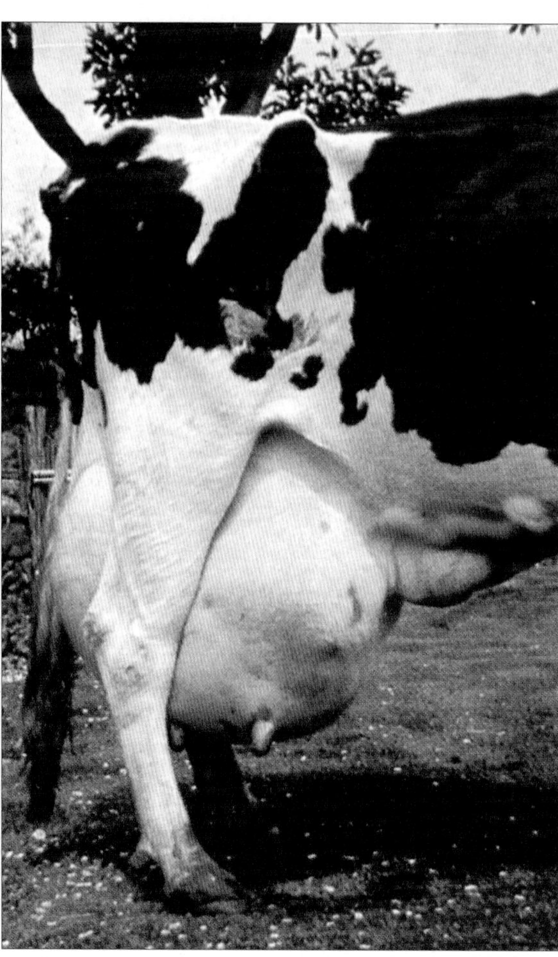

图5-6-4　病牛的乳房肿胀下垂，乳头短缩

图 5-6-6　从浮肿的乳房穿刺而流出的浆液

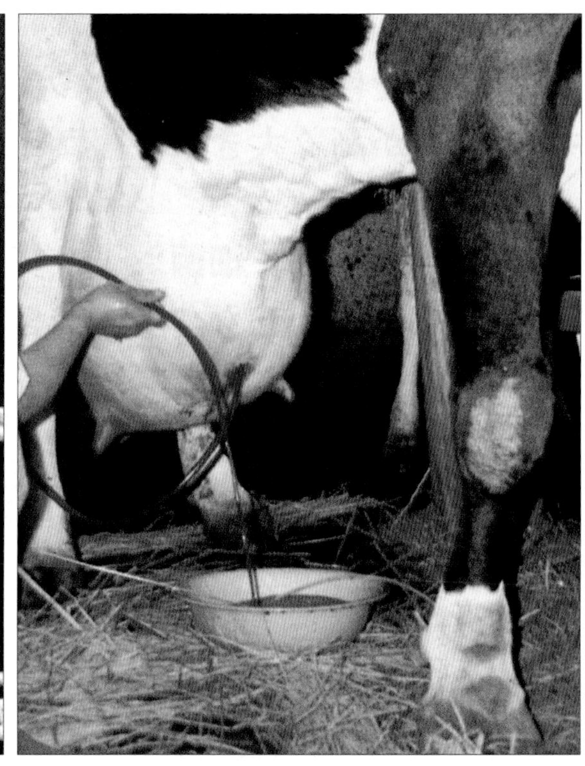

图 5-6-7　用导管从乳房中排出的水肿液

七、“母牛倒地不起”综合征

（“Downer cow ” syndrome）

“母牛倒地不起”综合征是奶牛分娩前或分娩后发生的一种以“倒地不起”为特征的临床综合征；或是指生产瘫痪经过24小时和2次钙剂治疗后还不能站立的继发性综合症。本病最常发生于产犊后2～3天的高产母牛。其病因比较复杂，大多数是生产瘫痪的一种外伤性或代谢性并发症。据调查，多数（66.4%）病牛与生产瘫痪同时发生，其中有代谢性并发症的约占病牛总数的7%～25%。病理学上以腿部肌肉和神经损伤、肌肉缺血性坏死、心肌炎、肝脂肪浸润和变性为特点。

【发病原因】 本病多是在生产瘫痪基础上发生的。病牛虽然用钙制剂治疗后，高度抑制和昏迷等生产瘫痪的特异性症状消失，但却引起四肢肌肉及神经的损伤，而不能站立。四肢肌肉的损伤多见于耻骨肌、内收肌、臀中肌、大腿内侧肌肉、髋关节周围组织和闭孔肌等。有人统计，在倒地不起的母牛中，四肢神经受损的约占25%或更高。四肢最易受损伤的神经主要有坐骨神经、闭锁神经、桡神经和腓神经。

本病的原发性病因可能与包括低钙血症在内的低镁血症、低磷酸盐血症和低钾血症有关，近年来已引起人们的重视。

【发病机理】 高产母牛分娩阶段的内环境代谢过程极不稳定，不仅可发生以急性低钙血症为特征的生产瘫痪，而且时常伴有低磷酸盐血症、轻度低镁血症和低钾血症。因此，常因生产瘫痪诊疗延误而不全治愈，或因存在代谢性并发症而遗留倒地不起综合症。倒地不起超过6～12小时，就可能造成血液供给受阻而导致后肢有关肌肉、神经的外伤性损伤，使病情复杂化。据认为，倒卧在水泥地面上的体大母牛，由于不能自动翻转，短时间内就可使坐骨区肌肉(如股薄肌、耻骨肌、内收肌等)发生坏死，大腿内侧肌肉、髋关节周围组织和闭孔肌亦可发生严重损伤。体重越大，侧卧时间越长，体重越偏压在某边腿上，就造成某侧腿肌缺血性坏死。也有的是因胎儿过大而使母牛发生难产，以致造成骨盆周围组织的外伤性损伤及骨盆组织、阴户发生广泛性水肿。肌肉损伤可从母牛血清谷－草转氨酶活性上加以确诊。后肢肌肉损伤常伴有坐骨神经和闭孔神经的压迫性损伤；躺卧不起的母牛四肢浅层神经（桡、腓神经）很容易造成压迫性损伤，而引起麻痹。

部分病牛由于血清中离子平衡障碍而发生(约10%)急性局灶性心肌炎。长期轻度的低镁血症也是倒地不起的一种原因，呈强直性抽搐和感觉过敏。某些母牛精神很好，也很机敏，就是肌肉无力，因此在地上爬来爬去，始终站不起来，很可能是由于伴有低钾血症所致。

【临床症状】 病牛一般都有生产瘫痪病史，大多经过2次钙剂治疗仍不能站立，但病牛精神尚可，有较好的饮食欲，体温正常，呼吸和心率亦少有变化。

本病的特征性症状是：病牛不能起立，前肢跪地（图5－7－1），后肢半屈曲于腹下，病牛的球关节呈屈曲状，不论卧地（图5－7－2）、还是站立均可发现，运步时弯曲的球关节均不敢负重(图5－7－3)。有的病牛由于病情严重而呈“青蛙腿”姿势，匍匐“爬行”。病情较轻时，有的病牛可经人抬举后躯、提举尾根或用臀部吊带进行帮助而站立，但病牛总是不想站立，或站立不稳，或不敢用四肢负重，似乎四肢非常疼痛或麻木。有些病牛两后肢向前伸直，蹄尖可抵达前方的肘关节（如纠正这种姿势后，又会自动地恢复），呈犬坐姿势（图5－7－4）。这可能与牛难产时腰部和骨盆腔损伤有关。有些病牛，常喜侧身躺卧，头弯向后方，人工给予纠正，很快即恢复原状；严重病例，一旦侧卧，就出现感觉过敏和四肢强直及搐搦。此外，还有一种所谓“非机敏性倒地不起母牛”，不吃不喝，可能伴有脑部损伤。当病牛的坐骨神经受损时，病牛可出现伴有跗关节曲屈的进行性重度后躯麻痹症状（图5－7－5）；有的病牛可因难产而发生坐骨神经麻痹伴发髋关节脱臼呈现劈叉姿势（图5－7－6）；也有的病牛可因腰椎病在妊娠过程中加重，使后躯的脊神经受到压迫，病牛的背腰拱起，后肢肌肉进行性萎缩（图5－7－7），X线检查发现病牛的腰椎骨腹侧部骨赘增生，椎骨变形（图5－7－8）。

病牛在倒地不起的过程中可并发大肠杆菌性乳房炎、褥疮性溃疡（图5－7－9）、臀部吊带引起的骨关节周围创伤，因此大多数病牛常被迫淘汰。少数病牛在病后2～3天发生急性心肌炎，在反复搬移牛体或再度注射钙剂时可突然引起死亡。

【诊断要点】 一般根据用钙制剂治疗后，病牛的生产瘫痪症状已基本消失但还不能站立及特殊的临床表现即可初诊。然后用腹带将病牛吊起，对其后肢骨骼、肌肉、神经进行系统检查（包括直肠检查及X线检查），并进行血清病理学检测来确诊。

【治疗方法】 治疗本病应根据可疑病因，采用相应疗法。一般凡血钙浓度不低于2.25毫摩尔/升，且无精神高度抑制、昏迷等症状，就不应再注射钙剂；凡呈现心动过速和心律不齐的，亦不应注射钙剂。

考虑低磷酸盐、低镁、低钾血症时，可根据临床的特殊症状来进行判断。一般而言，病牛侧身躺卧，头后弯，感觉过敏，四肢强直和搐搦，多为低镁血症（血镁浓度在0.4毫摩尔/升左右）所致；精神、食欲尚佳，单纯钙疗无效，多为低磷酸盐血症（血磷浓度在0.97 毫摩尔/升以下）所引起；反应机敏，但四肢肌无力，前肢跪地“爬行”，多与低钾血症（血钾浓度在3.5毫摩尔/升以下）有关；机体伴有肌肉坏死时，血清谷－草转氨酶（1 000国际单位以上）和肌酸磷酸激酶(500国际单位以上）水平升高。

因此，治疗时如怀疑低镁血症，静脉注射25%葡萄糖酸镁溶液400毫升；怀疑低磷酸盐血症，皮下或静脉注射20%磷酸二氢钠溶液300毫升；怀疑低钾血症，则以10%氯化钾溶液80～150毫升，加入2 000～3 000毫升葡萄糖生理盐水中静脉滴注。以上治疗每天1次，必要时重复1～2次。

另外，还应加强管理，如肌肉按摩，加厚垫草，地面防滑；对完全卧地不起的病牛每天应翻身几次，或试用吊带扶持站立，防止继发褥疮和感染。

【预防措施】 妊娠母牛接近预产期时，应注意饲料的调配，一般应减少钙剂和精料的量，而适当增加粗饲料和一些富含蛋白及维生素的易消化吸收的青饲料。对高产母牛应及时安排好宽敞舒适的产房，地面不宜太光滑，铺有清洁而厚软的垫草。母牛在分娩后至少48小时才被允许离开产房。若过早离开，万一发生瘫痪就易引发本病。

另外，对生产瘫痪的病牛应尽快诊断和及时治疗，避免继发该综合征。

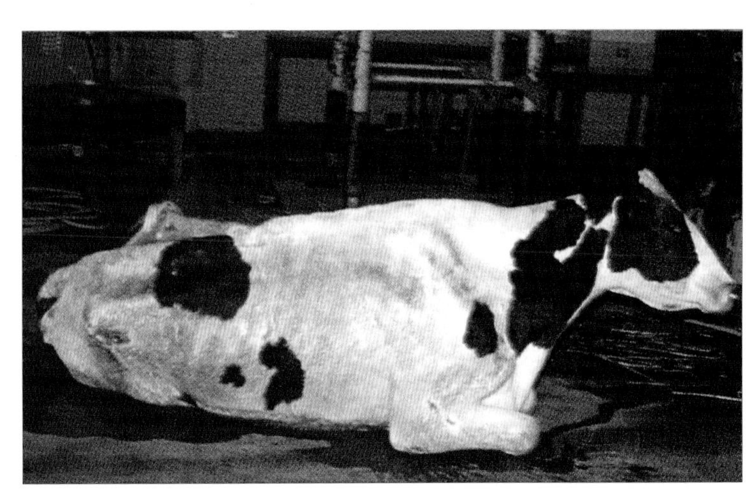

图5-7-1　病牛前肢跪地，不能站立

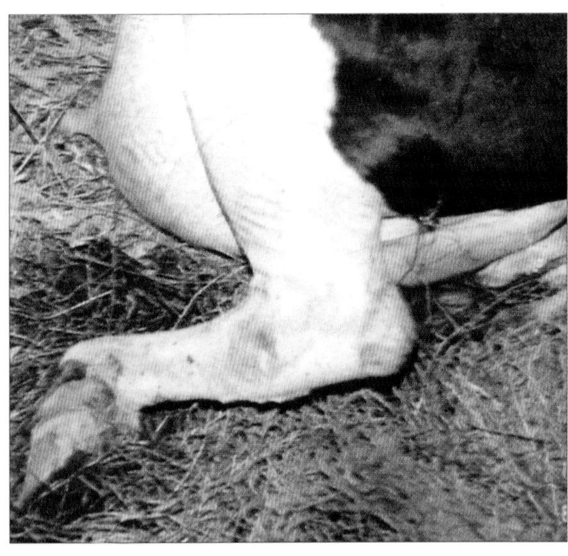

图5-7-2　后肢球关节呈屈曲状

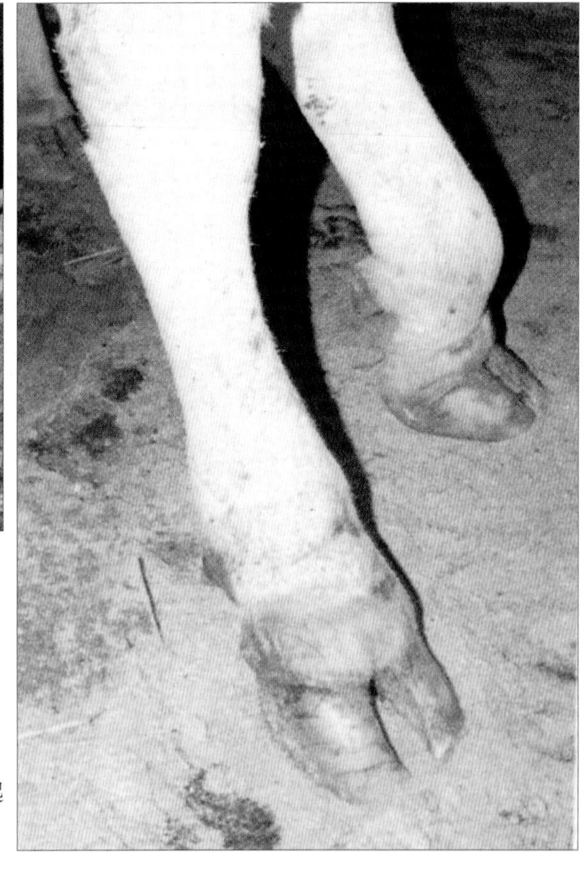

图5-7-3　球关节弯曲，起立后不能负重

图5-7-4　病牛难产后因腰部和骨盆腔损伤而突然呈现犬坐姿势，3周后恢复

图5-7-5　伴发球节屈曲的进行性重度后躯麻痹，本病由脊椎淋巴瘤引起

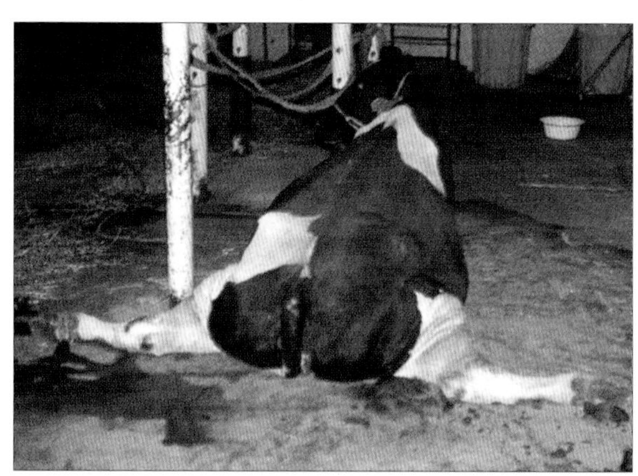

图5-7-6　髋关节脱臼而引起的倒地不起，呈劈叉姿势

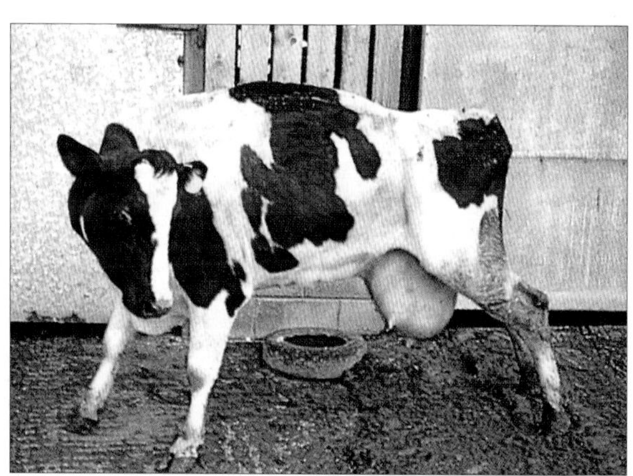

图5-7-7　病牛因腰椎病而发生运动障碍，后躯肌肉萎缩，胸腰椎突出

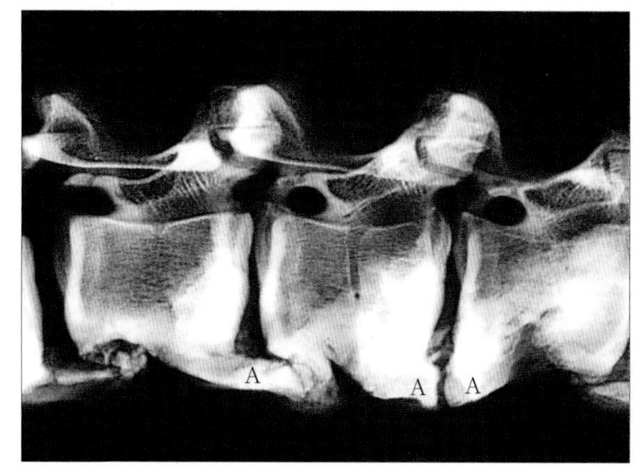

图5-7-8　X线检查，腹侧的骨质增生（A），呈现腰部变形性骨关节病

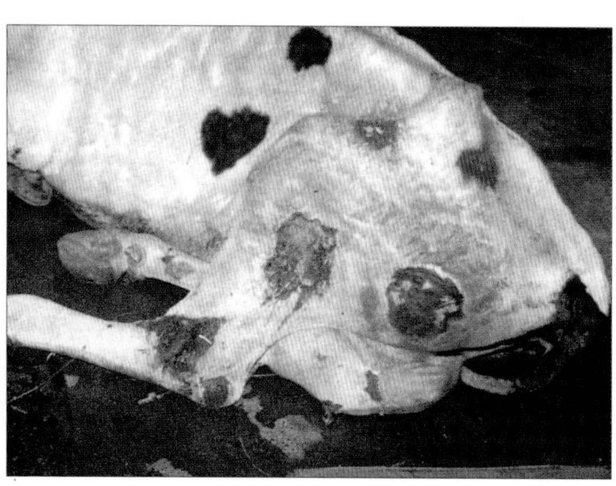

图5-7-9　病牛长期躺卧而形成大片的褥疮

八、卵巢囊肿

（Cystic ovaries）

卵巢囊肿是指由变性和萎缩而未破裂的卵泡或黄体蓄积大量液体性分泌物而形成的肿大，从而引起母牛持续不孕。前者称为卵泡囊肿，后者称为黄体囊肿。本病可发生于各种年龄的牛，但以高产奶牛多发，通常见于第2～5个泌乳期、产后1～4个月的奶牛。

【发病原因】 本病发生的确切原因尚不完全清楚，但一般认为它是一种内分泌功能失调、促黄体素分泌不足等引起的多腺性疾病。特别是于母牛排卵前血中雌激素浓度过高，从而干扰正常的黄体生成素的释放，导致卵巢囊肿。如长期给奶牛饲喂红三叶、豌豆青贮料等含雌激素量高的饲料时，可使牛群中卵巢囊肿的发病率增高。据报道，曾在以色列奶牛群中流行的雌激素样综合征，就是饲喂大量干苜蓿草所致。

另外，实践证明，舍饲奶牛的运动不足，以精料为主，特别是糟粕饼渣较多，酸度较高，营养充足的条件下也易发生本病。

【临床症状】 卵巢囊肿包括卵泡囊肿和黄体囊肿，两者的临床所见不尽相同。

1.*卵泡囊肿* 其特点是：发情不正常，发情周期变短，而发情期延长，或者出现持续而强烈的发情现象，成为慕雄狂。病牛多肥胖，毛质粗硬而有光泽，因为荐坐韧带松弛，使尾椎骨呈隆起状（图5-8-1），俗称“拔节”，少数病例在爬跨其他牛时，因骨盆韧带松弛，而造成髋关节脱臼和骨盆骨折。整个外生殖器官轻度水肿和弛缓，阴唇增大、松弛、水肿，外阴部凸出呈馒头形，触诊时有面团感（图5-8-2）。病牛卧倒时阴户开张，经常伴有啪啪的排气声，阴道经常流出黏稠而透明或半透明的分泌物，比正常发情母牛的分泌量少而不呈牵丝状。少数病牛阴道外翻(俗称“小翻花”)，由于阴门开张，易于沾污感染，很多病牛并发颗粒性阴道炎和子宫炎。

病情严重时，病牛极度不安，食欲减退，频繁排粪排尿，性情粗野，好角斗，经常发出如公牛的叫声（典型的慕雄狂）。反应敏感，牛舍内外一有动静就两耳竖起，眼结膜充血、湿润。在运动场上，经常追逐或爬跨其奶母牛（尤其是发情母牛）扰乱奶牛群休息。与此同时，它也愿意接受其他奶牛对它爬跨。这一同性性交行为是病情恶化的表现，特称公牛化（buller）。直肠检查，骨盆韧带明显松弛，子宫颈尤其外口增大，子宫亦增大，子宫壁增厚、松软，有的体积缩小，质地松软；卵巢增大，在卵巢上有1个或2个以上的大囊肿，略带波动。

2.*黄体囊肿* 其特点是病牛不发情。一般而言，黄体囊肿多于卵泡囊肿，其发病率产后60天内为75%～87%，80～150天为26.4%。病牛长时间看不到发情，几个月或更长时间。有些奶牛出现不明显的发情，往往检查不出而被疏漏。直肠检查时，卵巢体积增大，可摸到带有波动的囊肿。为了鉴别诊断，可间隔一定时间进行复查，如超过一个发情期以上没有变化，病牛仍不发情，可以确诊。

卵巢囊肿对产奶量有明显的影响。通常黄体囊肿的病牛的产奶量比卵泡囊肿的高，长期的卵巢囊肿病牛产奶量虽然高，但这种奶的品质不良，常有苦味和咸味。

【病理特征】 卵巢囊肿可呈单侧性（图5-8-3）、也可呈双侧性（图5-8-4），还可见两侧为性质不同的卵巢囊肿，如一侧为卵巢血肿，另一侧为黄体囊肿（图5-8-5）。常见的是卵巢上有

1个较大的囊肿卵泡，表面光滑，直径最大者可达4厘米以上。囊肿卵泡的外膜厚薄不等，膜薄的卵泡触诊，如盛水的塑料袋，有波动感（图5-8-6）。有的卵巢上同时存在着几个大小不等的囊肿卵泡，而无黄体，也无黄体组织，甚至无囊肿黄体存在；而有的病牛可见到黄体囊肿或黄体化囊肿，但无卵泡囊肿；还有的卵巢囊肿体积较大，呈多囊性，切面见有数个囊壁光滑的囊泡（图5-8-7）。

【诊断要点】 卵巢囊肿的最后确诊，须通过直肠检查。尤其对某些外表症状很不明显的母牛，必须由直肠检查才能发现卵巢病变。

卵泡囊肿的标准是卵泡直径大于2.5 厘米，不排卵，在卵巢上持续存在至少10天，表现为频繁的持续的发情（慕雄狂）或根本不发情。黄体囊肿亦是不排卵的卵泡，直径超过2.5 厘米，卵泡黄体化，持续存在较长时间，通常不发情。

【治疗方法】 近年来多采用激素疗法治疗囊肿，效果良好；若药物治疗无效时，可采用机械性破囊法和人工假妊娠法。

1.*促黄体激素* 连续应用人绒毛膜促性腺激素（HCG）或黄体生成素（LH）能刺激黄体组织生长发育，使卵泡囊肿和卵泡黄体化。应用剂量：HCG静脉注射5 000国际单位，肌肉注射1万国际单位；LH肌肉注射100～200国际单位。用药后应注意观察病牛的外表症状（如爬跨、拔节等）变化。一般在用药后1～3天，外表症状逐渐消失，7天进行直肠检查，两侧卵巢上的囊肿卵泡可被吸收或破裂。只要发现病牛外表症状或生殖道病变有所好转，即应观察20天以上（一个性周期）而不要急于注射过多的激素，否则会引起相反的效果，产生持久黄体。

2.*抑发情激素* 使用孕酮或其他制剂治疗牛卵巢囊肿，旨在阻止发情行为。应用剂量：孕酮油溶液50～100 毫克，皮下注射，14天为1个疗程，注射结束后几天内，约有60%的牛开始正常发情，50%的牛于45天接受配种。缓释孕酮750～1 500毫克，肌肉注射后，36～72小时内慕雄狂症状消失。

3.*调节发情激素* 应用促性腺激素释放素来对发情周期进行调节，常用的有黄体生成素释放素(LH-RH)或促性腺激素释放素(Gn-RH)。无论卵泡囊肿或黄体囊肿，病牛一次肌肉注射垂体促黄体素200～400国际单位，一般3～6天后囊肿症状消失，形成黄体，15～30天恢复正常发情周期；或每次肌肉注射促性腺激素释放素400～600微克，每天1次，可连用1～4次（但总量不得超过3 000微克），一般在用药后15～30天内，囊肿逐渐消失而恢复正常发情排卵。

4.*机械破囊法* 通过直肠用手将卵巢固定，另外从阴道里用装有细橡皮管的针头在阴道穹隆部穿过阴道壁刺破肿大的囊泡，用注射器抽出囊液后，再注入小剂量2 000～4 000国际单位的绒毛膜促性腺激素。

5.*人工假妊娠法* 将特制的橡皮气球或子宫环，从阴道里直接送到病牛子宫里，造成人为的假妊娠，促使卵巢变化产生黄体。一般经过10天以后再行直肠检查，如果囊肿变小或产生黄体，证明治疗有效，应继续再放10天以巩固疗效。

【预防措施】 加强饲养管理是预防本病的关键环节。成龄奶牛的饲料不可单一，尤其不能多喂含雌激素多的饲料；也不能喂过多的精料，使卵泡在偏酸性的环境中发育。同时要注意让奶牛有足够的运动量，运动不足，过于肥胖，有助于本病的发生。

图5-8-1　患卵泡囊肿的病牛，荐坐韧带松弛，尾根隆起，俗称“拔节”

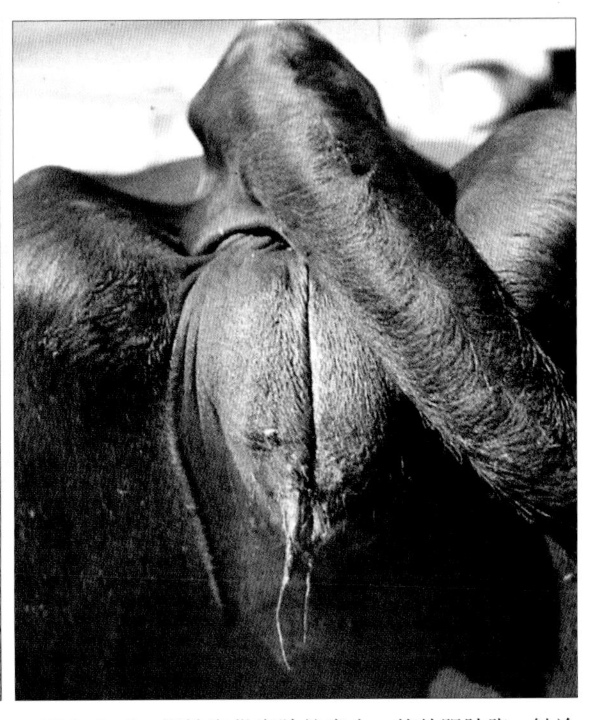

图5-8-2　慢性卵巢囊肿的病牛，其外阴肿胀，触诊时有面团感

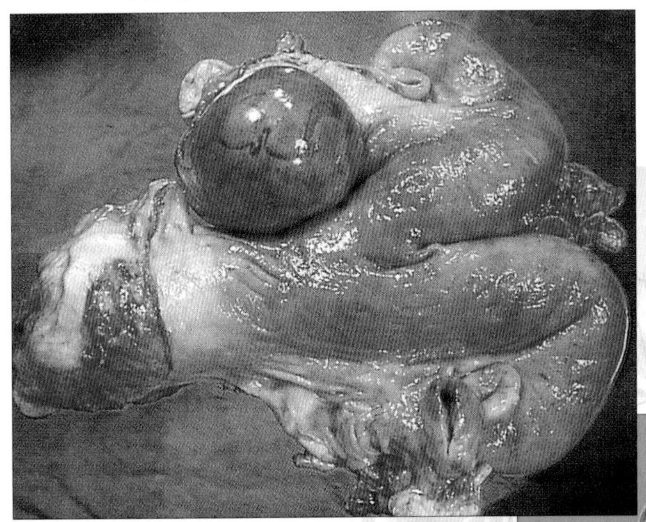

图5-8-3　左侧有一个乒乓球大圆形的卵巢囊肿，右侧有一个小的切面检查为黄体囊肿

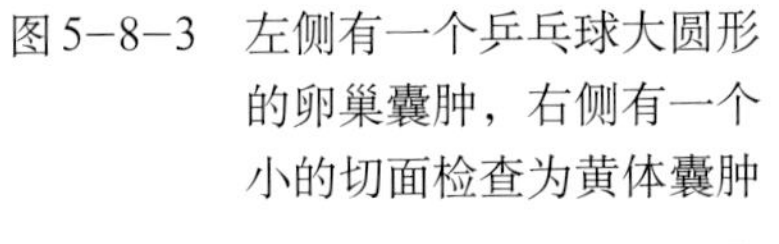

图5-8-4　两侧均发生血肿，有乒乓球大小

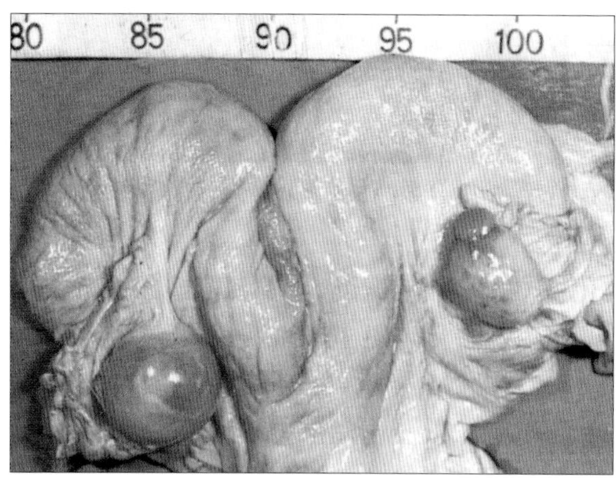

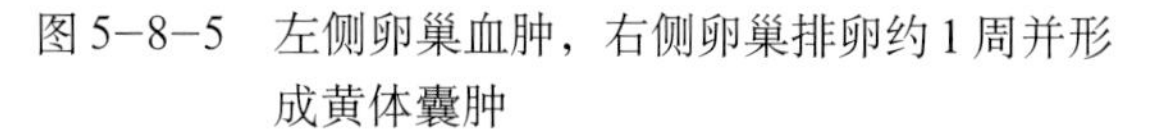
图 5-8-5　左侧卵巢血肿，右侧卵巢排卵约 1 周并形成黄体囊肿

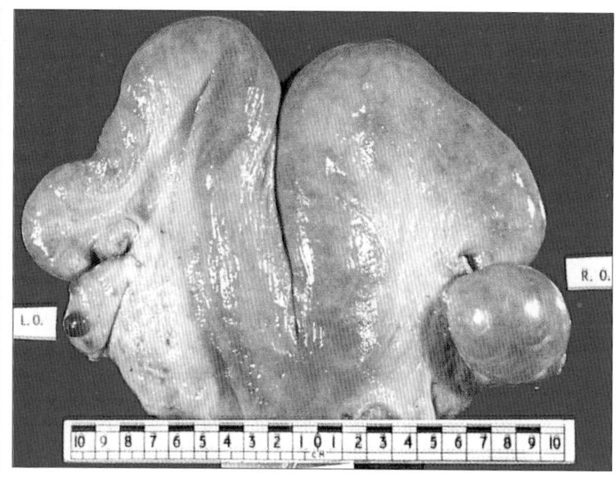

图 5-8-6　右侧有 1 个壁薄的卵泡囊肿，触之有波动感

图 5-8-7　2 个多泡性囊肿，切面见有数个囊泡

奶牛常见的外科病

一、关节脱位

(Dislocation of join)

关节脱位是指关节在外力的作用下发生的位置异常。奶牛常见的关节脱位有髋关节、膝关节(膝盖骨移位)和肩关节等。

【发病原因】 主要是因关节受到强烈外力的直接(跌倒、打击、冲撞、蹴踢等)或间接(滑走、蹬空、扭转、剧伸等)作用，超过生理范围的屈曲、伸展、外转、内转等所引起。其次，某些传染病、代谢病或关节发育不良等，也可诱发本病。

【临床症状】 不论任何关节，脱位后均有以下主要症状：

1.关节变形　脱位关节的骨端发生移位，使关节正常轮廓发生改变，原来隆起的部位形成凹陷，无隆起处却变得突出。肌肉丰满部位的关节(如髋关节)深在或大面积肿胀时，关节变形常不明显。

2.异常固定　关节头与关节窝脱离后，由于被周围软组织，特别是未断裂韧带、肌肉和筋腱的牵张，两骨端固定于异常位置，而不能自由屈曲或伸展。被动运动几乎不能复位或即使暂时复位，去掉外力又呈异常固定状态。注意：脱位骨折时，多无异常固定症状。

3.肢势改变　一般而言，脱位关节的下方多发生肢势改变，呈现内收、外展、屈曲和伸展状态。与此同时，患肢还出现延长或缩短现象，通常在关节不全脱位时患肢延长，全脱位时患肢变短。髋关节脱位时，若股骨头转到髋臼的前方，患肢缩短；当股骨头转位于坐骨外支下方，则患肢延长。

4.功能障碍　通常于受伤后立即出现，由于疼痛和骨端移位，患肢运动功能明显障碍或完全丧失。

如为复杂脱位，除呈现上述症状外，还可出现创伤、血肿、神经损伤和骨折等症状。

【诊断要点】 脱位关节浅在，异常固定症状典型时诊断容易。诊断不清时，可借助X线检查。髋关节脱位后，有时股骨头脱入闭孔内，此时，直肠检查有重要价值。不同部位的关节脱位后，诊断要点不同，此将几种常见的关节脱位的诊断方法简介如下。

1.髋关节脱位　俗称脱胯，是奶牛常见的一种脱位。这与牛的髋臼窝较浅，股骨头弯曲半径较小，且关节韧带不发达有关。奶牛髋关节多发生前方及上方脱位。前方脱位是指股骨头脱出于关节窝的前方，大转子明显向前突出。病牛站立时患肢缩短，股骨几乎呈垂直状态，患肢外转，蹄尖向外而飞节向内(图6-1-1)。运步时患肢拖拉前进。被动运动使患肢外展困难，内收容易，有时可听到骨的撞击声。上方脱位是指股骨头脱出于关节窝的上方，大转子明显向前上方突出。

站立时脱臼侧臀部明显升高（图6-1-2），患肢明显缩短，呈内收或伸展肢势，患肢外旋，蹄尖向前外方，飞节较健侧高数厘米。运步时患肢拖曳前进，并向外划弧。被动运动，患肢外展受限，内收容易。

2.膝盖骨脱位　依据膝盖骨脱位的方向不同，可将之分为向上、向外及向内脱位，通常以上方和外方脱位较多发。上方脱位是指膝盖骨位于股骨内侧滑车嵴的顶端，被膝内直韧带的张力固定，不能自行复位，使膝关节固定成伸展状态，而不能屈曲。站立时，病牛患肢强拘，向后方伸张（图6-1-3），运步时，以蹄尖着地，拖拉前进。触诊时，可发现膝盖骨向上方转位，而膝直韧带过度紧张。如脱位的膝盖骨能自然复位，并反复发作，则称习惯性上方脱位。外方脱位是因股膝内侧韧带被牵张或断裂，使膝盖骨固定于膝关节外上方所致。病牛站立时，膝关节和跗关节均屈曲，患肢一般稍前伸；运步中，在患肢着地负重时，除髋关节外，所有关节均高度屈曲，呈典型的支跛（图6-1-4）。触诊时，可发现膝盖骨向外方转位，在其正常位置处出现凹陷，同时膝直韧带向外倾斜。

3.肩关节脱位　病牛站立时患肢伸向前方，以蹄尖着地；运步时患肢前进困难，肩关节不能屈伸，呈混合跛行；触诊肩关节部出现异常凹陷，空隙比正常时大。全脱位时，患肢短缩，臂骨头突出于关节的前方或外方，关节活动时疼痛剧烈。

4.系关节脱位　患肢不能支撑体重或出现中、重度支跛；骨端显而易见，系部下方异常固定于内侧或外侧。两侧韧带全断裂时，关节活动性增大。

5.椎骨脱位　不全脱位居多，全脱位少见。胸、背、腰椎脱位，后躯向脱位一侧倾斜，左右不对称，后躯摇摆，运步缓慢，局部有压痛点。伴有脊髓损伤时，则出现截瘫、大小便失禁、不能站立。颈椎不全脱位，头颈偏于健侧。下颌关节脱位，下颌下垂，口腔开张，不能随意闭合，不能咀嚼，流涎，下颌关节部出现凹陷。

【治疗方法】 治疗关节脱位的基本原则是：早期整复，确实固定。

1.整复　应尽量早期复位，时间延误会给整复带来困难（陈旧性脱位几乎不能整复）。整复前，要预先判断关节囊损伤的位置和程度，以便确定整复时用力的方向。除习惯性脱位外，均应全身麻醉或传导麻醉，以便操作。整复的基本手法是：先牵引后复位，即先将脱位的远侧骨端向远侧拉开，然后配合按压等手法，以瞬间作用力将脱位的骨端还原，达到解剖学复位。整复正确时，则关节变形及异常症状消失，自动运动和被动运动多可完全恢复。整复时，应根据不同关节生理特点，采用不同的手法进行整复。

髋关节上外方脱位的整复比较困难，可试用健侧卧保定，全身麻醉，助手用绳向前及向下牵引患肢，用木杠置于股内侧向上抬举，术者用力从前方向后按压大转子进行复位。

膝盖骨上方脱位的整复，可使患牛后退，趁膝关节伸展时，使其自行复位。无效时，可在患肢系部缚以长绳，再绕于颈基部，向前上方牵引患肢使膝关节伸展，同时术者用力向下方推压脱位的膝盖骨，使其复位。顽固性病例，可行患肢的膝内直韧带切断术。整复膝盖骨外方脱位时，术者从前外方向前方推压膝盖骨即可复位。复位后，通常于局部热敷或涂擦消炎药剂，全身用消炎、镇痛药物，配合牵遛运动，数天内可逐渐恢复。

肩关节脱位，在整复前应向患关节囊内注射2%盐酸普鲁卡因溶液20毫升进行局部麻醉，10分钟后进行整复。将牛放倒，患肢在上，将前、后健肢并拢捆缚，使患肢呈游离状。用2.5～3米长的木杠沿患肢纵轴放平，木杠下端固定在腕关节下端，即前臂部上面，使患肢略斜向后上方，1人用木槌捶打木杠上端，先轻后重，捶打5～6次即可整复。

2.固定　有些病例整复后，关节即可恢复正常功能。但有的病例整复后，还有再次发生脱位的可能，因此，应及时加以固定。一般来说，肢的中、下部关节，颈部椎间关节等，可装石膏绷带或夹板绷带，装着3～4周，损伤的关节囊即可修复。下颌关节复位后，给予易消化、易咀嚼的饲料，或给流食，饲喂后用三角巾装着头部绷带，以托住下颌，防止复发。患部不便于固定的部位，如髋关节，可采用安静休养，令病牛自由活动的方法，期待局部损伤的修复。也可于患部皮下注射5%氯化钠液、自家血，或皮肤涂擦刺激剂，如芥子泥、红色碘化汞软膏（1∶5）或行皮肤烧烙疗法等，诱发局部炎症，起到固定作用。

【预防措施】 奶牛舍的地面或运动场不能光滑，防止奶牛滑倒而致关节脱位；奶牛群的饲养密度不能过大，防止奶牛群拥挤、蹴踢、角斗或趴跨等引起关节脱位；禁止突然驱赶奶牛群，防止奶牛因惊吓而剧烈运动引起关节脱位。

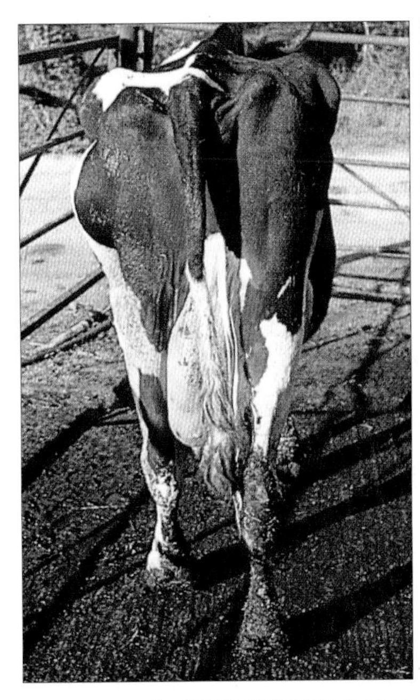

图6-1-1 左后肢股关节脱臼出现的异常姿势

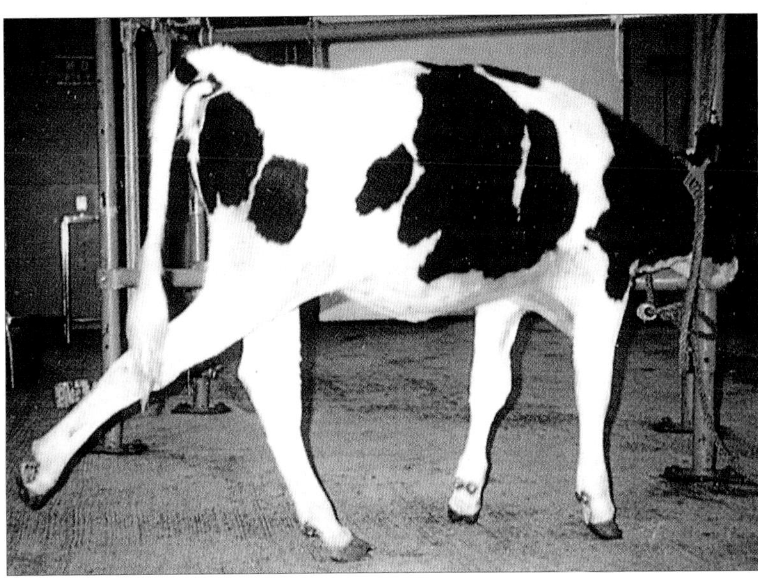

图6-1-3 病牛的膝盖骨上方脱臼，使病肢呈伸展状态

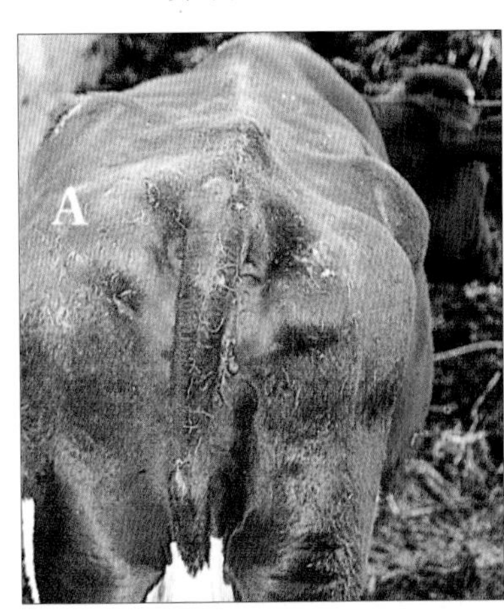

图6-1-2 左股骨头向前上方脱位，左臀部肌肉因股骨大转子背侧移位而突出（A）

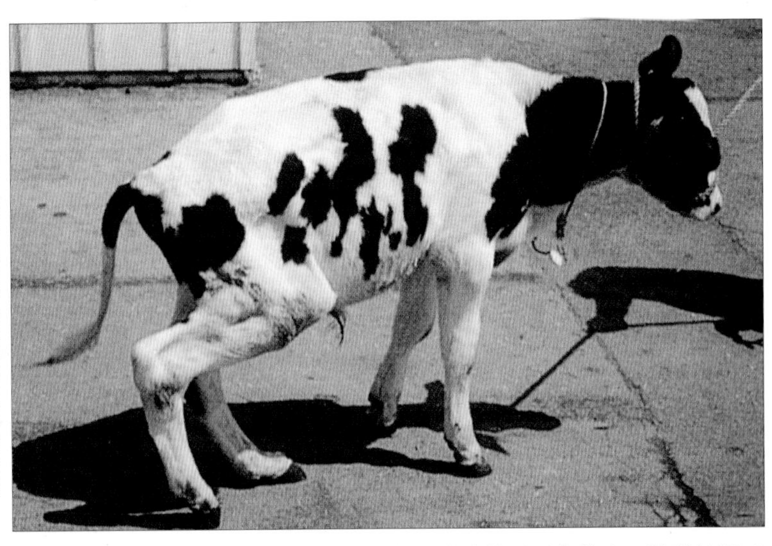

图6-1-4 膝盖骨侧方脱臼，使膝关节和跗关节呈屈曲状态，易引起股四头肌萎缩

二、腱 断 裂

(Rupture of tendon)

腱断裂是指肌腱在外力或锐器作用下所发生的断裂或撕裂。本病在奶牛群中虽然不多，但时有发生。腱断裂的分类较复杂，一般按局部皮肤完整性有无破坏，而分为开放性腱断裂及非开放性腱断裂；按腱断裂的程度，可分为腱部分断裂（少数腱束断裂）、不全断裂（多数腱束断裂）和完全断裂；按腱断裂发生的部位，可分为腱鞘内腱断裂和腱鞘外腱断裂等。

【发病原因】 腱断裂常发生于剧烈运动，在不平道路或运动场上速步行驶，在急速运动中突然停止及急转弯，奶牛互相争斗或趴跨，保定时过度骚扰等情况下。腱素质不良，包括腱纤维营养状态不佳、腱炎、腱鞘炎、蹄冠蜂窝织炎及骨软症、佝偻病、维生素缺乏症等。另外，锐利的切割类物体，如锹铲、耙齿、草叉、铁丝线、玻璃片和铁片等常能引起开放性腱断裂。

【临床症状】 腱断裂后最明显的症状是跛行，病牛负重困难或根本不能负重。患腱弛缓，断裂处形成缺损、疼痛、增温。但经过一定时间后，腱内溢血，充满血块及炎性渗出，而使断裂部位肿胀（图6–2–1），因而常摸不到缺损。腱不全断裂时，断裂的腱纤维缩回而出现缺损，在患部结缔组织及腱膜内出现出血性浸润，或腱内溢血，继而因断端发炎而体积增大，局部增温、肿胀、疼痛。开放性腱断裂并发感染时，则患腱及其周围组织出现化脓性炎症。腱的骨附着部离断时，常伴发程度不同的骨折。特殊情况下可见到前耻骨肌腱断裂（Rupture of prepubic tendon），临床上见病牛的乳房下垂，站立时后肢前后叉开，腹腔脏器后移而显得后腹膨大（图6–2–2），运动时病牛疼痛明显，非常小心。

【诊断要点】 不同部位的腱断裂会表现出不同的临床症状，诊断时应掌握其特点。

1.屈腱断裂　屈腱中，指（趾）深屈肌腱断裂最常见，浅屈肌腱断裂次之，系韧带断裂较为少见，3条屈肌腱同时断裂者更少见。指（趾）深屈肌腱全断裂，突然出现支跛。病牛驻立时不敢用患肢负重，多以蹄尖轻轻着地；运步负重的瞬间以蹄踵支驻，蹄尖部稍上翘（图6–2–3），出现严重支跛。腱断裂发生在蹄骨腱附着部或蹄关节附近时，可见到蹄关节活动范围增大，深屈肌腱变弛缓。指（趾）深屈肌腱蹄骨附着部不全断裂，运步开始出现轻度支跛。钳压蹄及深屈肌腱时，常无疼痛反应，仅于系凹部有轻度热感和压痛。如为慢性经过时，腱的不全断裂部有结缔组织增生，呈结节状或隆起状肥厚，腱常挛缩而发生腱性关节挛缩。剖检时，纵断蹄关节，常可发现腱断裂的原因及部位（图6–2–4）。

指（趾）浅屈肌腱全断裂，病牛突然出现支跛，免负体重，驻立时以蹄尖着地负重，球节显著下沉，系部接近水平状态，蹄尖上翘，以蹄踵着地。指（趾）浅屈肌腱不全断裂同其腱炎的鉴别也比较困难。一般情况下，前者的跛行症状较后者更为显著，几乎不能负重。

系韧带全断裂单独发病者比较少见。病牛突然出现支跛，患肢负重时球节显著下沉，蹄尖一般不向上翘。患肢蹄负面可完全着地。提举患肢触诊系韧带的两个分支时，常能感知腱的断裂部。

3条屈肌腱同时发生全断裂时，患肢完全不能负重或几乎以球关节着地。

2.腓肠肌断裂　奶牛的腓肠肌撕裂或断裂较多见，这与奶牛后躯较重、运动不灵活有关。常见的病况是腓肠肌从其附着部不全撕裂。此时，病牛的跟腱虽没有损伤，但病牛驻立时跗关节下沉不能负重（图6–2–5），腓肠肌明显伸长，松弛，跟腱上方看不见肌幅

（图 6-2-6）。

3.跟腱断裂　跟腱断裂常发生在跟骨头的腱附着部及其附近，有时跟骨头的一部分同跟腱一并断裂。跟腱断裂后最明显的症状是高度支跛，跗关节明显屈曲，不能负重（图 6-2-7）；膝关节伸展，患侧臀部下沉，患肢呈弛缓状态。两侧跟腱断时，病牛不能站立，常见跗关节着地，呈半蹲坐状，两前肢后移位于腹下负重（图 6-2-8）。病变部明显肿胀，疼痛剧烈。触诊可摸到断裂的缺损部，向前上方举肢使跗关节屈曲时，跟腱无抵抗，伸展时有明显的疼痛反应；伴有跟骨头一部分骨折时，在局部能听到骨的摩擦音。开放性跟腱断裂，局部有创口。腱鞘内腱断裂，见有滑液流出。

4.伸肌腱断裂　指（趾）伸肌腱断裂，立即发生指关节伸展不充分或肢不能提举的特殊跛行。病牛驻立时，机能障碍常不明显，但病肢减负体重（图 6-2-9）。腱断裂之初，在患部皮下能摸到断裂端。当腱从蹄骨的冠状突离断时，患肢呈现混合跛行，触诊断裂部有疼痛性肿胀。蹄骨的伸肌突与腱一起断裂时，则能听到骨擦音。

【治疗方法】　本病的基本治疗原则是：及时手术，确实固定，防止感染。

当病牛发生腱断裂后，最好立即将其在柱栏内吊起，尽量避免运动，以免造成更为严重的损伤（如骨折等）。对腱完全断裂的病牛要尽早施行缝合手术。缝合前应用肌肉松弛剂或行全身中度麻醉，使肌肉及断腱弛缓，以利于断腱的整复及缝合。缝线可用粗缝合线(18号)、麻线、银线、合金线及碳纤维等拉力强而不易吸收的材料。其中以碳纤维最好，因它可诱发腱的再生，是目前较为理想的缝合材料。缝合方法最常用的有创内腱缝合法和皮外腱缝合法。注意：创内腱缝合时，要用圆针进行。无论做任何一种腱缝合，都要求在严格无菌条件下进行，缝合后要撒布青霉素粉，最后要缝合皮肤创口。

手术完成后，为了使腱断端接近，防止拉断缝合线或撕裂缝合腱的断端，一般要在患肢外面包扎石膏绷带加以固定。对不完全断裂的腱也可装着石膏绷带固定进行保守疗法。

防止感染是手术成败的关键，为此应用抗生素、磺胺类药物等预防或治疗局部及全身性感染。另外，对伴有骨软症、佝偻病、腱营养不良、维生素缺乏症及腱炎的病牛，还应同时治疗原发病。

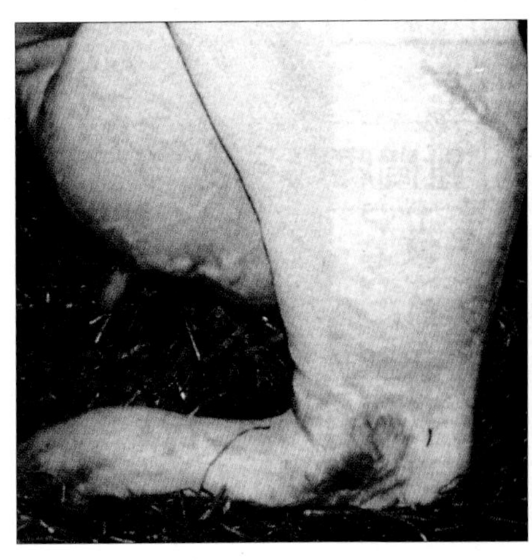

图6-2-1　跟腱断裂后，跗关节屈曲，关节部肌肉肿胀、疼痛

图6-2-2　乳房下垂，前部的皮肤和肌肉囊内含有腹腔脏器，腹部膨大

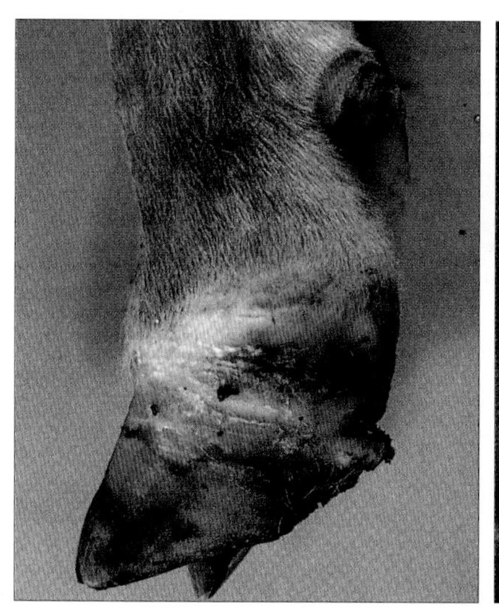

图 6-2-3　蹄踵部的化脓导致指深屈肌腱断裂，蹄踵肿胀，蹄尖上翘，不能负重

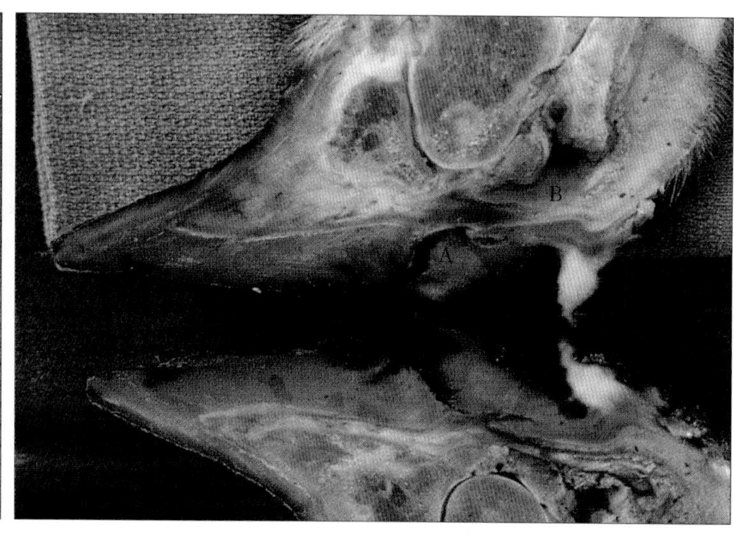

图 6-2-4　病蹄的纵断面，蹄底角质穿孔化脓（A），指深屈肌腱断裂部（B）

图 6-2-5　右后肢腓肠肌断裂，跗关节下沉，蹄点前伸

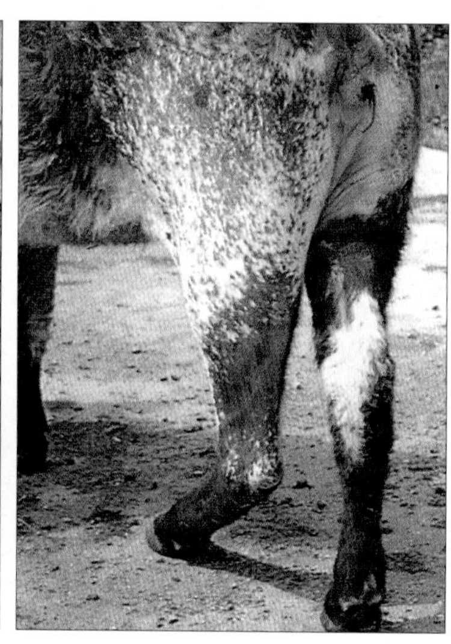

图6-2-6　病牛的腓肠肌伸长，跗关节下沉，不能负重

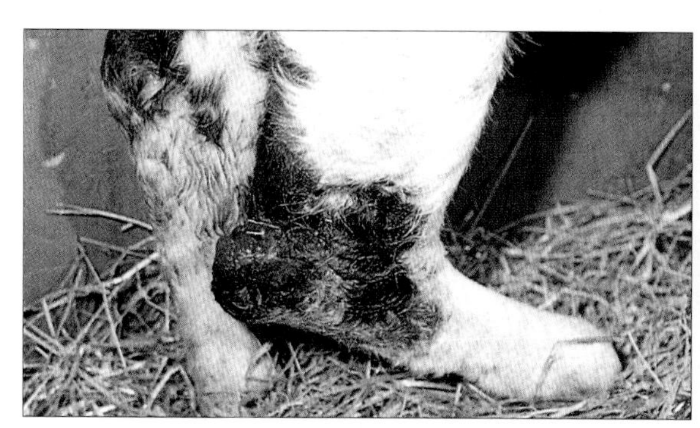

图 6-2-7　外伤引起的跟腱断裂，病牛跗关节屈曲，完全不能负重

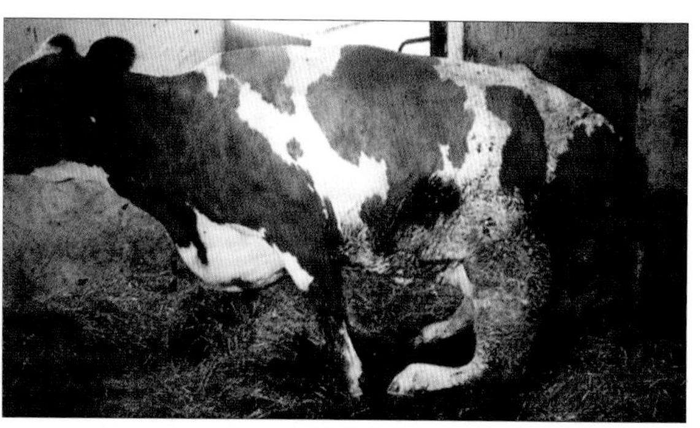

图 6-2-8　病牛两后肢跟腱断裂不能站立，跗关节着地，两前肢移于腹下负重

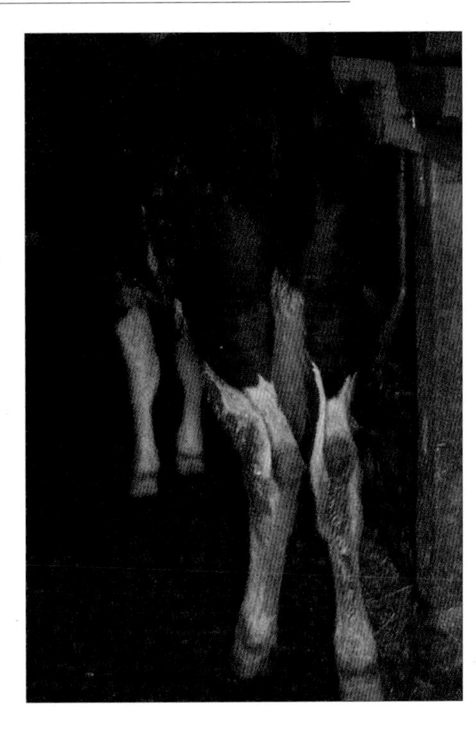

图6-2-9 右趾伸肌腱断裂，病牛驻立时减负体重

【预防措施】 奶牛的厩舍及运动场的地面应平整，不得有坑凹或洞穴；固定饲槽和栅栏处不得有坚硬的铁丝头或尖锐的铁器等；牛场周围尽量避免能引起奶牛惊恐的一切因素（如尖叫声，突如其来的猫、犬等动物）。加强饲养管理，对患有骨软症、佝偻病和腱等病的奶牛应及时治疗，防止诱发本病。

三、腕前黏液囊炎

（Carpal bursitis）

腕前黏液囊炎又称腕部水瘤（Carpal hygroma），是指腕部皮下黏液囊的炎症。临床上以急性炎症性病变居多，其特点是腕关节背侧面出现局限性波动性肿胀，温热、疼痛，但患肢的机能障碍不明显。本病常见于牛，特别是奶牛多发。

【发病原因】 本病的发生主要是由于腕关节背侧表面长期而又持续地遭受机械性损伤，如奶牛饲养在水泥地面或其他硬地面上，厩床缺少垫草，奶牛卧倒或起立时腕关节背侧与地面的反复摩擦或反复遭到挫伤；食槽位置不合适，腕关节背侧经常碰撞饲槽。其次是周围组织炎症的蔓延及病原微生物的转移、侵入，如长期爬卧的病牛、患布氏杆菌病和结核病等疾病时也易患腕前黏液囊炎。

【临床症状】 腕前黏液囊炎的临床表现随着炎症的不同发展阶段而出现不同的症状。

急性浆液性黏液囊炎时，腕关节背侧出现局限性波动性肿胀，温热，疼痛，肿胀呈圆形或卵圆形，皮肤能够移动（图6-3-1）。患肢机能障碍不显著。当炎症转为浆液性纤维素性时，触诊肿胀部有捏粉样感；随着渗出液的增多，肿胀明显，囊壁紧张，渗出物大量积聚，腕前部出现如皮球或足球大的隆起，具有明显的波动感（图6-3-2），触诊肿胀处能听到捻发音；病牛疼痛，不愿运动，强迫运动时出现跛行。穿刺肿胀的黏液囊，从中流出淡黄色稍显浑浊的滑液，其中常含有纤维素性絮状物或凝块等。当继发感染时，可形成化脓性腕前黏液囊炎，并出现弥漫性疼痛性波动性肿胀。此时，常伴有发热、精神不振、食欲减退、泌乳锐减等全身性症状。

当发展为慢性浆液性黏液囊炎时，囊壁因结缔组织增生而肥厚，肿胀变得硬固。患部皮肤上的被毛脱落，皮下组织肥厚，呈灰白色；有时皮肤胼胝化，上皮角化，呈鳞片状。

【诊断要点】 病变主要出现于腕关节前面的皮下，有波动性肿胀，多呈球形突出，而腕关节则无肿胀等变化；触诊时虽有疼痛反应，但病牛运动时跛行不明显，全身症状较轻。

【治疗方法】 本病的治疗原则是制止渗出，促进渗出物吸收。常用的方法有以下2种。

1.*保守疗法* 在急性炎症的初期，渗出物较少时，常采用碎冰块或冰醋等冷敷疗法，并装着绷带压迫，制止炎性渗出。对慢性炎症可涂擦四三一合剂，或用温热疗法和皮肤上涂擦发泡剂，借以刺激血管扩张，促进渗出物的吸收。如果黏液囊内的渗出物过多而难以吸收时，常用注射器抽出炎性渗出物，向囊内注入强的松龙或氢化可的松，也可注入青霉素或应用2%盐酸普鲁卡因溶液实施黏液囊内封闭，并于腕关节处装压迫绷带。

2.*手术疗法* 保守疗法无效时，可施行黏液囊切开术。常用术前准备方法是：于术前5～7日，在肿胀的黏液囊的上方剪毛消毒后，用大口径注射针，排出渗出液；然后向黏液囊内注入5%～10%碘酊20～100毫升，或5%硫酸钠液100～150毫升，或10%硝酸液，或75%酒精，或5%～10%福尔马林液；约经8～10天，当黏液囊壁坏死、增厚、变硬后，即可进行摘除手术。手术的操作方法是：手术区一般选在黏液囊的基部，局部剃毛、充分消毒后，做浸润麻醉。在基部切开皮肤，然后剥离皮下组织，注意不要损伤囊壁，完整地将坏死的黏液囊摘除，皮肤行结节缝合，并做几排圆枕缝合，最后用绷带加以固定。

术后，应将病牛饲养于土质地面并铺上较厚的褥草，限制活动，以防感染，大约在3周内即可治愈。

【预防措施】 奶牛的厩舍最好是土质地面，这样可减少本病的发生。但现在大多数奶牛饲养场，为了有利于清除粪便，多为质地较硬的水泥地面。因此，为了防止本病的发生，最好在牛躺卧的前部铺以厚的草垫或垫料，借以减轻腕关节与硬质地面的撞击和摩擦。调整好饲槽的高度，防止饲槽对腕关节的机械性损伤。另外，还有积极治疗其他疾病，以防继发性黏液囊炎的发生。

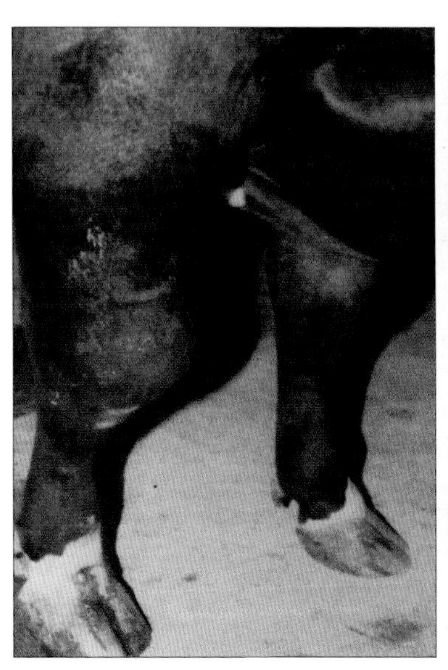

图6-3-1 右前肢腕关节皮下黏液囊明显肿胀

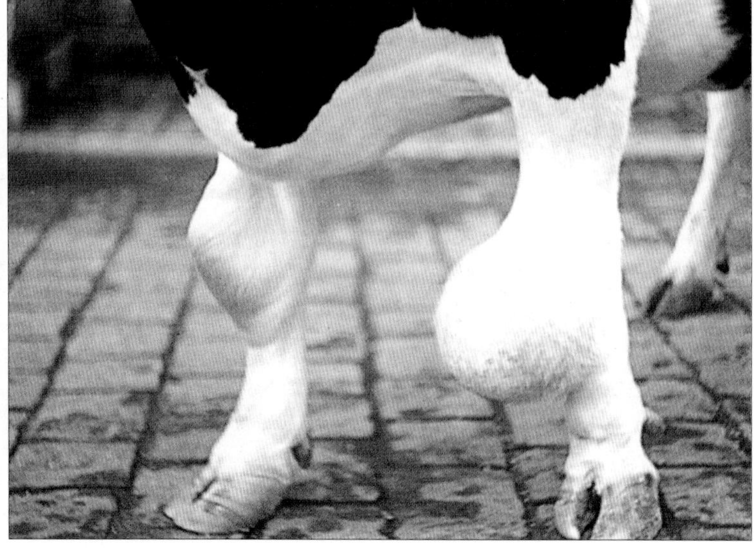

图6-3-2 两前肢腕部黏液囊肿大，有波动感，运动时出现跛行

四、关节滑膜炎

（Arthrosynovitis）

关节滑膜炎又称关节炎，是指关节滑膜层的渗出性炎症。其特征是滑膜充血、肿胀，有明显渗出，关节腔内蓄积多量浆液性或浆液纤维素性渗出物。当慢性浆液性关节炎时，关节囊内有大量浆液性渗出物积聚，常称之为关节积水。本病多发生于奶牛的跗关节、膝关节和腕关节。

【发病原因】 原发性原因主要为机械性损伤、感染、肢势不正、关节发育不良等。多发生于关节扭伤、挫伤之后；长期卧于砖地、水泥地面的运动场上，突然于硬地上滑倒、跌跤、冲撞、蹴踢等；关节创伤(刺创、切创、砍创、火器伤)、开放性关节内骨折、关节周围组织化脓性炎症的蔓延等。继发性关节滑膜炎常见于某些传染病（布氏杆菌病、大肠杆菌病、衣原体病、牛副伤寒、传染性胸膜肺炎、乳房炎、牛产后感染等）的经过中，多为病原菌经血液循环侵入关节滑膜囊而引起。

【临床症状】 关节滑膜发生炎症后，常有一些共同的基本病变，一般根据炎症的性质和临床的症状不同，而将之分为以下3种：

1.急性关节滑膜炎　此型常无明显的全身症状。其特点是关节腔内蓄积有多量浆液或浆液纤维素性渗出物，关节囊紧张、膨胀、向外突出，触诊有热、有痛、有波动感。被动运动患关节炎时病牛疼痛明显。穿刺关节囊，流出较浑浊的带微黄色容易凝固的液体。站立时，患病关节屈曲，减负体重（图6−4−1）。两个肢体同时发病时，则不断交互负重。运动时呈轻度或中度支跛，或呈混合跛行。

2.慢性关节滑膜炎　多由急性转变而来，也有的开始即取慢性经过。其特点是关节囊内蓄积较多浆液性渗出物，关节囊膨大。机能障碍和全身反应均较轻微。由于关节的骨及软骨发生损伤，关节周围的组织增生，故关节轮廓改变，肿大而触之较硬。有的病例，关节囊内蓄积大量液体，触诊时有明显波动感，但无热、无痛。穿刺关节囊，流出稀薄、无色或微带黄色、不易凝固的关节液，因此又称关节积水。慢性关节炎常可导致变形性关节炎，大关节的变形性关节炎常引起奶牛的废弃。剖检变形性关节炎，主要病变为关节囊增厚，关节软骨糜烂和软骨骨化（图6−4−2）；也有的还伴发关节韧带受损和骨质增生（图6−4−3）。

3.化脓性关节滑膜炎　局部症状、机能障碍和全身反应均明显。其特点是病牛体温升高，精神沉郁，饮食欲不佳，泌乳量锐减，运步时呈现中度或重度混合跛行，甚至三肢跳跃。关节明显肿胀（图6−4−4），有热有痛，关节囊部紧张，触之有波动感。穿刺关节囊，流出脓性分泌物。感染波及关节周围软组织、软骨、骨组织时，则病情加剧（图6−4−5），甚至引起脓毒败血症而导致死亡。奶牛蹄关节的化脓性炎症较多见，由于受蹄匣的限制，虽然化脓性肿胀不甚明显，但临床上的症状重剧，支跛明显。剖检见关节囊内有化脓性渗出物，附着于骨的肌腱也受累及（图6−4−6)，矢状面可见化脓性关节炎常波及周围组织，特别是蹄冠部出现明显的化脓性肿胀(图6−4−7)。

【诊断要点】 一般根据发病原因、关节滑膜渗出物性质和局部炎症表现，即可确诊。关节囊穿刺是确定炎症性质的有效方法。穿刺检查时，穿刺点一定要选择在关节盲囊部，防止误刺入腱鞘或黏液囊内。所以，正确掌握各关节的穿刺点是诊断本病的基础。

常用的关节囊穿刺点：肩关节于冈下肌腱前方的凹陷处穿刺；肘关节于臂骨下端外侧韧带结节中央之后方3～4厘米或于其前方2～2.5 厘米处穿刺；桡腕关节于桡骨下端外后缘，腕桡侧屈肌之前缘，副腕骨上方的凹陷处穿刺；球关节于掌(跖)骨下端后面，系韧带与籽骨上缘形成的凹陷处穿刺；股膝关节于膝中直韧带与内直韧带或外直韧带之间的凹陷处穿刺；胫距关节于胫骨内踝之前下方的凹陷处穿刺。

不同部位的关节发生炎症后，有其特殊的表现，牛以膝关节、跗关节和腕关节多见，故将之诊断要点简介如下：

1.膝关节炎　急性病例的关节外形粗大，关节囊的前方肿胀明显，于3条膝直韧带之间触压波动最明显。站立时患肢呈屈曲状态，以蹄尖着地支负体重。运步时呈中度混跛或支跛，常可闻及摩擦音。慢性病例的关节肿大、变形，靠近关节边缘的骨膜增生而形成骨赘，触之坚硬（图6-4-8）。剖检见关节滑膜面充血，并有绒毛增生，关节软骨硬化，出血和溃疡（图6-4-9）。

2.跗关节炎　关节的外形改变，关节液增多，在关节前内面和跟腱内外侧出现3个椭圆形凸出的柔软而有波动的肿胀，交互压迫可感知其中的液体互相流动（图6-4-10）。注意：犊牛患大肠杆菌病和副伤寒时，跗关节炎常为其主要症状之一。

3.腕关节炎　牛的腕关节分为3部分，以桡腕关节活动范围大，较易患病。其特点是在副腕骨上方、桡骨与腕外屈肌之间出现圆形或椭圆形肿胀。患肢负重时肿胀膨满而有弹性，患肢弛缓时则肿胀柔软而有波动。站立时，腕关节屈曲，蹄尖着地（图6-4-11）。运步时呈混合跛行。化脓性腕关节炎的症状重剧，有时因化脓性皮炎或压迫而引起腕部皮肤坏死，导致骨骼外露（图6-4-12）。剖检见化脓性渗出物不仅可向周围组织扩散，而且可沿腱鞘扩散（图6-4-13）。

【治疗方法】 本病的治疗原则是，制止渗出，控制感染，排除积液。

1.急性关节滑膜炎　初期用冷却疗法，消除炎症；装压迫绷带，制止渗出。如患部用2%普鲁卡因液做环状注射，外涂布安得利斯（复方醋酸铅散），外加压迫绷带。当炎性渗出物较多时，应促其吸收，可行温热疗法或装湿性绷带，如饱和盐水湿绷带或饱和硫酸镁溶液湿绷带、樟脑酒精绷带、鱼石脂酒精绷带或醋酸鱼石脂绷带等，1天更换1次。或在患部涂布用酒精或樟脑酒精调制的淀粉和栀子粉，1天或隔天1次。如果渗出多时，可应用10%氯化钙液静脉注射。为缓解疼痛，可用10%水杨酸钠液、安乃近和安痛定等，也可采用普鲁卡因青霉素液关节腔内封闭注射。当关节囊内渗出物过多时，可在无菌操作下，抽出关节液，再向内注入1%普鲁卡因青霉素液10～20毫升，或用醋酸强的松龙15～50毫克、氢化泼尼松10毫克。肌肉注射青霉素80万国际单位，借以防止感染。隔4～7日再注射1次，每次注射后均应装着压迫绷带。

2.慢性关节滑膜炎　关节部热敷、石蜡疗法、装压迫酒精鱼石脂绷带，配合磺胺疗法或抗生素疗法；或穿刺放出关节积液，然后注入1%普鲁卡因青霉素液，内加醋酸氢化可的松液2～3毫升；或局部涂擦樟脑酒精等刺激性药物，烧烙疗法及火针疗法，诱发成急性炎症后，再按急性炎症治疗。

3.化脓性关节滑膜炎　先抽出蓄积的脓汁，用5%碳酸氢钠液或0.1%新洁尔灭液、0.1%高锰酸钾液、生理盐水等反复洗涤关节腔，直至药液透明为止，再向关节腔内注入1%普鲁卡因青霉素（40万～80万国际单位）液30～50毫升，每天1次。如有创口，可用关节穿刺的针头，注入药液冲洗关节腔，以防直接经创口冲洗而加重感染，保持创口引流畅通，切忌向关节腔内填塞引流物。如感染蔓延至关节周围，应及时切开脓肿，对蜂窝织炎肿胀部的切口要大一些，以利局部减压，切忌伤及韧带及关节囊。在进行局部处理的同时，一定注意全身性的抗菌消炎，常可用磺胺类药物、抗生素（四环素、金霉素）静脉注射。

【预防措施】 平时应加强奶牛的管理，提供好的饲养环境，尽量减少各种不良因素对关节的损伤，保证牛体健康。对已发生感染性疾病的病牛，应加强治疗，以防止病原菌侵入与转移至关节而继发关节炎。

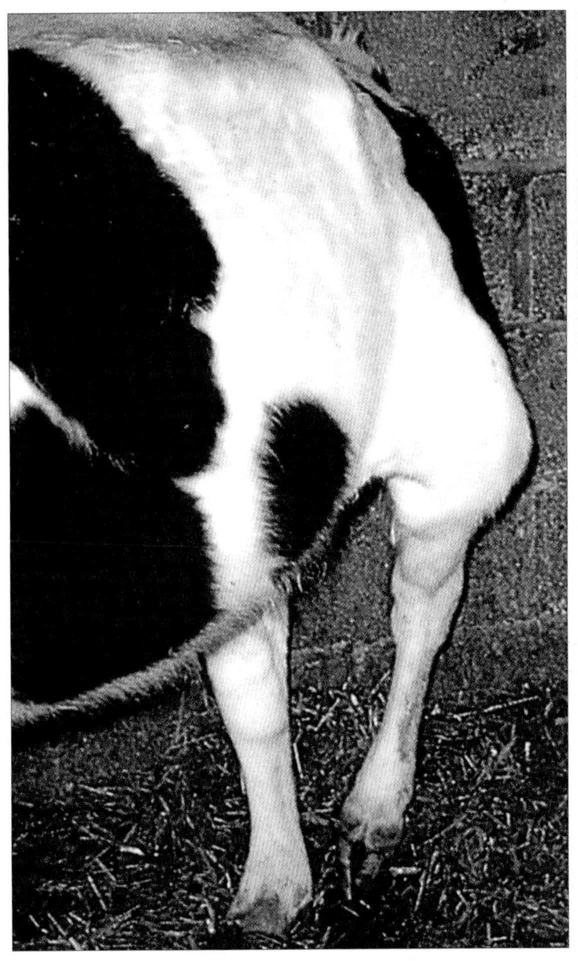

图6-4-1 病牛前肢不能负重，肘关节肿胀，内含多量炎性渗出物

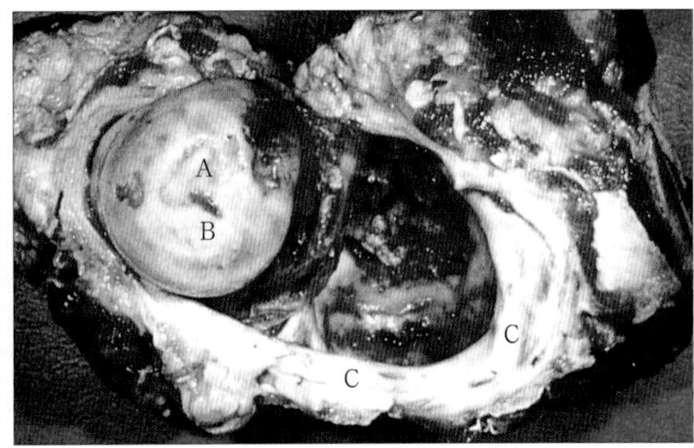

图6-4-2 髋关节的变形性关节炎，关节软骨广泛性糜烂（A），软骨骨化（B），关节囊肥厚（C）

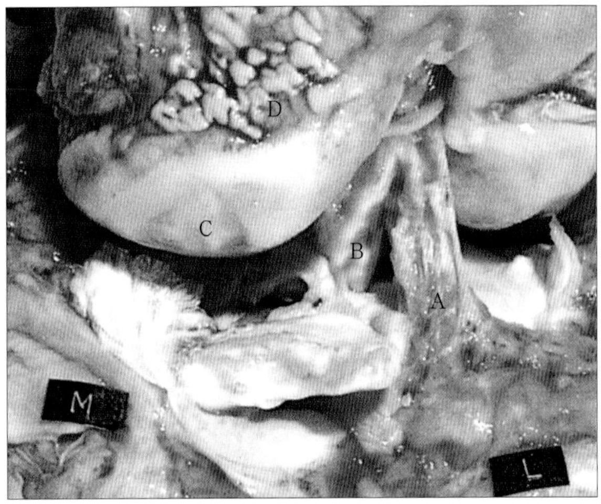

图6-4-3 膝关节变形性关节炎，切开见后十字韧带无损（B），前十字韧带受伤（A），胫骨端糜烂（C），胫骨上缘骨质增生（D）

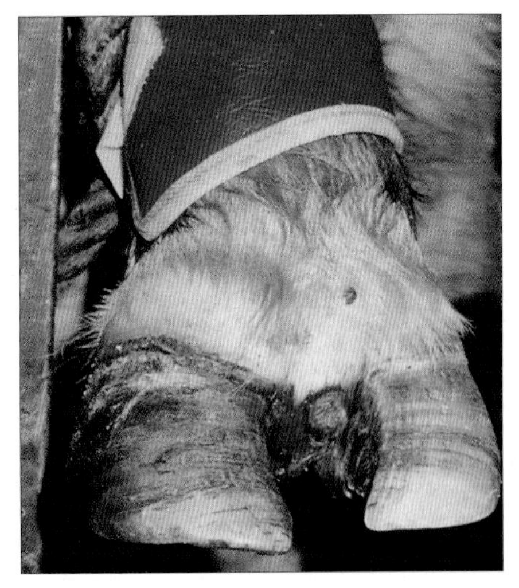

图6-4-4 化脓性蹄关节炎，患肢左侧蹄肿胀、发炎，蹄冠部角质分离，从关节中排出脓汁

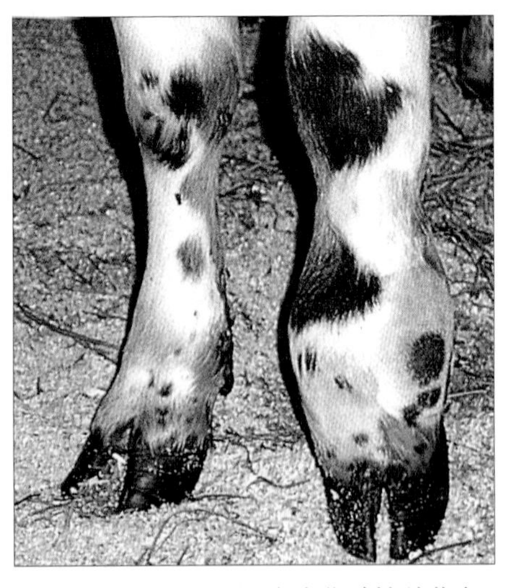

图6-4-5 球节损伤，发生化脓性关节炎，关节部明显肿大

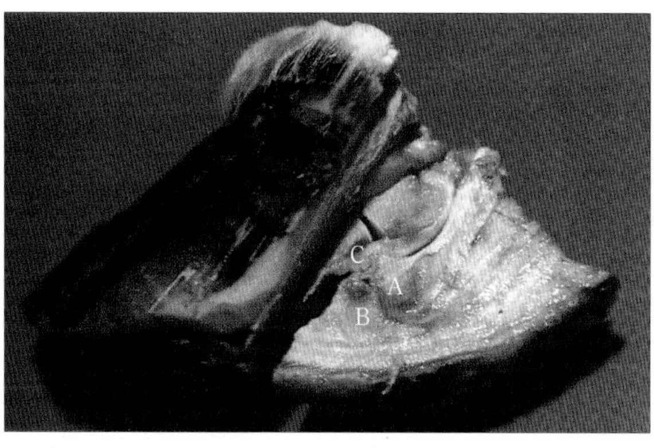

图6-4-6　蹄的纵断面，化脓感染的舟骨、深屈腱（B）、蹄关节（C）和蹄球枕（A）

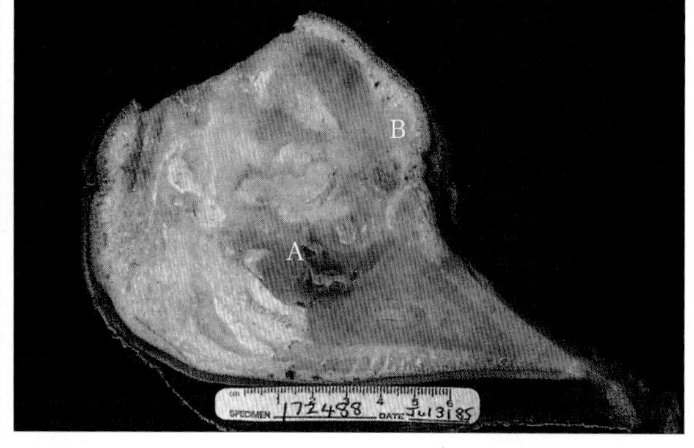

图6-4-7　断蹄后的矢状断面，舟骨坏死的远心关节发生重度化脓，蹄冠部（B）肿胀

图6-4-8　慢性感染性膝关节炎，病牛消瘦，膝关节明显肿大、变形，触之坚硬

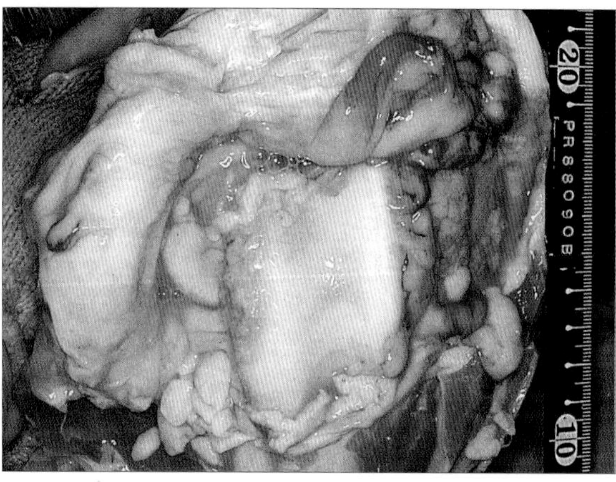

图6-4-9　膝关节炎，关节滑膜面充血并有绒毛状增生，关节软骨出血和溃疡

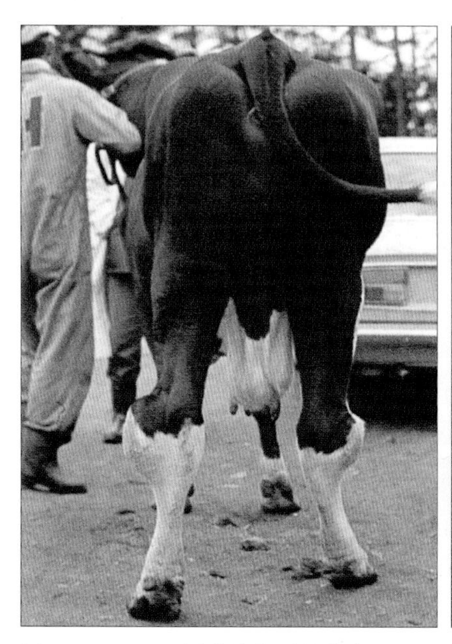

图6-4-10　两侧跗关节明显肿大

图6-4-11　腕关节发炎而肿大，站立时病牛关节屈曲，蹄尖着地

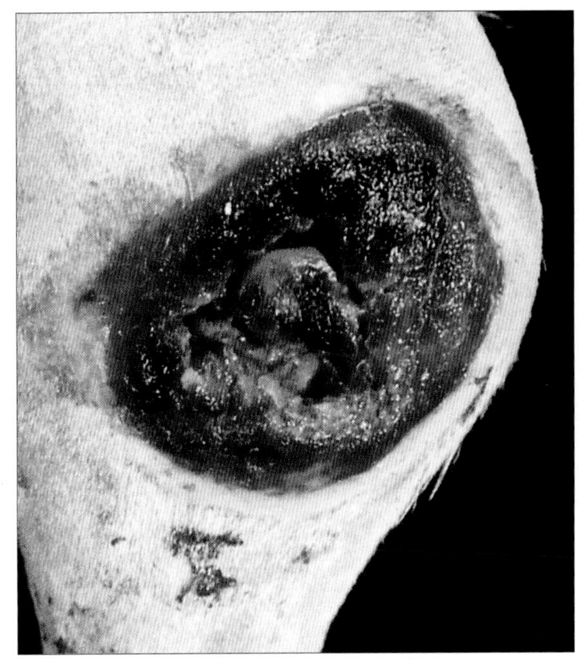

图6-4-12　化脓性腕关节炎，腕部皮肤压迫性坏死，掌骨头显露

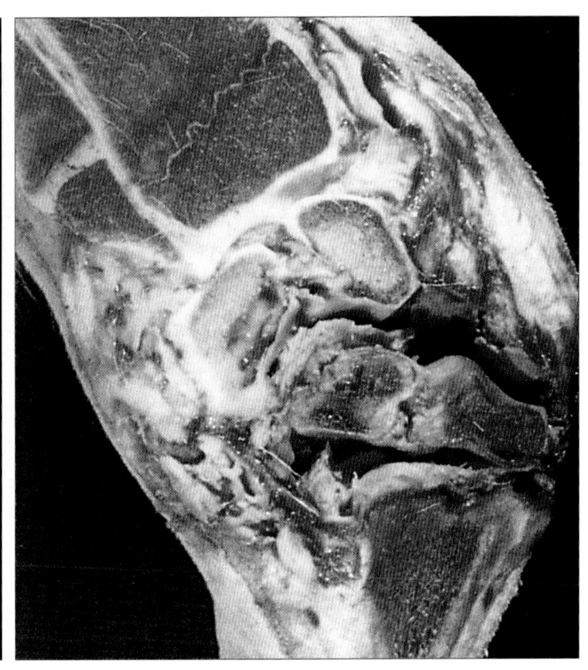

图6-4-13　腕关节的矢状面，组织大量破坏，感染沿腱鞘扩散

五、骨　　折

（Fractures）

骨折是指骨骼发生裂隙或断离的病变。它常伴有周围组织不同程度的损伤，是一种严重的外科病。凡伴有皮肤破裂，骨折端露在创外，叫开放性骨折，而虽然骨骼断离但皮肤未穿破，则叫闭合性骨折；骨骼发生了裂隙，但骨片并不断离，称之为不全骨折。

【发病原因】 引起骨折的原因很多，常见的有外伤性骨折和病理性骨折。外伤性骨折，即由外力作用所引起的骨折，如跌打、冲撞、摔倒、牵拉、挤压、角斗和蹴踢等。此外，肌肉超强收缩可引起肌腱附着点的撕裂骨折，如背最长肌强收缩引起的脊椎骨折。病理性骨折，即由疾病继发所引起的骨折，常发生于奶牛，如佝偻病、骨软病、骨髓炎，高产奶牛妊娠后期或产后泌乳期等导致骨骼成分和硬度变化时，受到较轻的外力就可发生骨折。

【临床症状】 骨骼有大小之分，骨折有程度不同，但常见的骨折、引起严重反应的骨折多为大骨骼，一般具有以下主要症状。

1.*剧烈疼痛*　自动或被动运动时，整复或摇动断端时疼痛加剧，病牛嗥叫，不安、抗拒和躲避，软组织和神经组织损伤越严重，疼痛越剧烈。有时全身发抖，肘后和股内侧出汗，甚至发生休克。骨裂时，沿骨裂线触诊时有明显压痛反应。蹄骨骨折时，虽然病牛的外表症状不明显，但疼痛剧烈，病蹄明显减负体重（图6-5-1），X线检查可发现骨折的部位和特点（图6-5-2）。

2.*局部肿胀*　多在骨折后立即出现，最初是由出血所引起血肿；大约12小时后则是由炎症反应所引起的渗出性肿胀。骨折后在10天内肿胀发展明显，如不发生感染约10天后逐渐减轻。

3.局部变形　全骨折时外部变形明显，骨折两端因受肌肉牵引，从而发生重叠、嵌入、离开或斜向侧方移位等，病牛的肢体常出现缩短、伸长、成角及旋转等变化（图6-5-3）。

4.断骨摩擦　断离的两骨端在病牛运动或被动检查时常相互碰撞和摩擦，并发出一种异常的音响，通常称之为骨摩擦音。但也因局部肿胀或断端有软组织嵌入而不发声音的病例。

5.异常活动　全骨折时，关节以外的其他部位常出现新的异常活动，尤其是四肢下端，可以任意晃动。

6.功能障碍　尤以四肢骨折时明显，病牛不能站立或卧地，出现高度跛行，一般呈重度或中等度跛行，或患肢悬垂，三肢跳跃前进，或用蹄尖着地前进。病牛的椎骨骨折后则出现特异性的强迫姿势（图6-5-4）。

开放性骨折除具有上述症状外，骨折部的软组织还有创伤，骨折断端露出创口外（图6-5-5）。开放性骨折易被细菌感染而使病情加重（图6-5-6）。

【诊断要点】 一般而言，大骨骼的全骨折容易诊断，而撕裂性骨折和骨裂比较难以诊断。此时常需根据病因及触诊来进行确诊。另外，不同部位的骨骼发生骨折时，常有其特殊的表现。兹将奶牛常见的几种骨折的诊断要点简介如下。

1.臂骨骨折　骨折多发生于在骨干，以螺旋形骨折为多见。病牛站立时病肢不能负重，肩关节下沉，病肢变长；运步时呈现重度支跛，或三肢跳跃前进；卧后不愿再站起。臂部肿胀开始不明显，随后肿胀逐渐加重，并可延至前臂部。触诊时，肩关节虽然不动，但病肢向外侧牵拉的幅度变大。

2.桡骨骨折　常为骨干部斜形或螺旋形的骨折。不全骨折时，呈中等度或重度跛行，病牛站立时患肢呈半屈曲状态，用蹄尖着地。全骨折时，断端常重叠移位，呈重度跛行，病牛运步时常呈三肢跳跃，骨摩擦音及异常运动明显。关节内骨折时，关节呈异常的活动。

3.尺骨骨折　全骨折时，骨折片常被臂三头肌牵至上方，肘部下降，前臂部向下前方倾斜，掌部仍呈垂直位置。患部疼痛、凹陷及肿胀。不全骨折时呈现支跛，而关节内骨折则呈现重度跛行。

4.掌(跖)骨骨折　发病率较高。全骨折时，病牛勉强站立，病肢不敢负重（图6-5-7），下端可任意晃动；运步时，呈现重度支跛或三肢跳跃；被动活动时有骨摩擦音，移位明显。因该部软组织较少，骨断端容易和皮肤接触，往往变为开放性骨折。不全骨折时，病牛运步时常呈三肢跳跃或以蹄尖着地，触诊骨折线的经络有疼痛反应。

5.股骨骨折　以斜形骨折、股骨头骨折为多见，有的同时伴发髋关节脱臼(脱膀)。病牛呈高度跛行，股部不能屈曲，病肢明显缩短，运动时大腿出现异常活动，有剧痛及骨摩擦音。驻立时，病肢不敢负重，跗关节开张，以蹄尖着地（图6-5-8）。成年奶牛由于体重较大，患肢常呈现内收或外展等非特异性姿势（图6-5-9）；粉碎性骨折时，病牛躺卧在地，不能站立（图6-5-10）。骨折若发生于股骨头，症状与髋关节脱位相似，但可听到骨摩擦音，同时患肢有较大的可动性。此时，直肠检查摸闭孔内有无异常的硬物（股骨头）常能帮助确诊。

6.胫骨骨折　全骨折时，患肢不敢负重，病牛运步时出现重度跛行，或呈三肢跳跃前进。患部肿胀、疼痛，骨摩擦音及异常活动都很明显。

7.盆骨骨折　髋结节骨折，两侧髋结节不对称，患侧塌陷（图6-5-11），骨折片向前下方移位，运步时，多呈现混合跛行。坐骨结节骨折时，两侧臀端不对称，患侧肿胀疼痛明显，运步时呈现运跛姿势。耻骨骨折时，患肢内收，跛行较轻，下腹壁、乳房或阴囊部肿胀，直肠检查能发现骨折部，可以帮助确诊。

【治疗方法】 治疗骨折的基本原则是：紧急救护、正确复位、合理固定和适当运动。

1.紧急救护　奶牛发生骨折后，为防止骨折断端活动和发生严重的并发症，应在原地应急处置。首先防治休克和止血，施以适当的安定和麻醉措施，使病畜稳定。开放性骨折出血时，在伤口上方用绷带、布条、绳子等结扎止血；患部可涂布碘酊，创内撒布碘仿磺胺粉，用绷带、布片、绳索、树枝、木板等简易材料，对骨折部临时包扎固定，尽快将病牛送到就近的兽医院进行治疗。

2.正确复位　一般做侧卧保定，全身或局部麻醉，使病畜处于无痛、肌肉松弛状态情况下进行整复。骨折整复主要包括牵引与对合，使骨折部恢复正常解剖位置，指(肢)轴复正。整复四肢骨折时，在骨折下部拴绳，助手沿肢轴向远侧牵引，使移位的骨折部伸直，然后施以适当的推压使之复位。为避免整复后的骨折再次错位，牵引患肢的助手，应一直牵引保定到固定绷带装完为止。臂骨和股骨等骨折时，由于被覆有丰富的肌肉，有时整复好后，经过强烈挣扎又造成移位，整复比较困难。因此，应用2%普鲁卡因10～30毫升注入血肿内或用传导麻醉后，再行整复。开放性骨折的整复，则应进行与固定方法相适应的处理。根据骨折部位、种类，决定是否需要内固定及其方法的选用。如需内固定，应先处理软组织伤口，恢复骨骼的解剖位置，以最小限度损伤血管、神经、肌肉、骨膜为原则，严密防止术中的再感染。

3.合理固定　骨折断端从整复到骨性愈合期间，必须始终保持固定不动，只有牢固的固定，才能促进愈合，防止骨片移位、角度形成等病理性愈合。固定方法有外固定与内固定之分，奶牛常用外固定。外固定常用夹板绷带、石膏绷带、玻璃纤维绷带、支架绷带、金属活动架夹等。其中以夹板绷带和石膏绷带最常用。使用夹板绷带时，先将局部皮肤消毒后敷上接骨药，外用纱布绷带包扎好再装上小夹板，在骨折部位尤其要注意压力均匀，松紧合适。小夹板的好处在于可以随时调整松紧度。石膏绷带多用于四肢下部和中部的固定，具有良好的固定作用（图6-5-12）。支架绷带等具有强大的外固定，多用于四肢上部的骨折和粉碎性骨折（图6-5-13），使用时应在上口皮肤处覆盖厚层棉花，防止其对局部组织的摩擦挤压。内固定用于开放性骨折或皮下骨折整复不能时的长骨骨折，通过无菌手术切开患部软组织暴露骨端，做复位与固定。固定材料用金属接骨板、骨螺钉、髓内针、金属丝等。

兹将两种常用的接骨方剂简介如下：

(1) 接骨方剂一　黄蜡30克、没药15克、乳香15克、血竭9克。先将黄蜡融化，摊于布或纱布上，垫上油纸，再将研为细末的乳香、没药、血竭均匀地撒上，趁黄蜡尚未凝固时敷在病处，外用一层绷带打紧。

(2) 接骨方剂二　白芨膏：白芨120～240克，乳香、没药各30～60克，均研细粉，醋0.5～1千克。醋先加温，然后加入白芨粉熬成糊状，再加乳香和没药趁热涂至骨折部位，包括每端皮肤各5～7厘米处，外用绷带包扎以后每日浇温醋3～4次。

局部整复固定后，应根据病情应用镇痛、消炎药。对开放性骨折，可应用抗生素或磺胺制剂，并应注射破伤风抗毒素或破伤风类毒素，以防止破伤风的发生。为了加速骨折愈合，应补充钙制剂，如定期静脉注射10%氯化钙液100～150毫升，或5%葡萄糖酸钙液200～300毫升，或每天向饲料内拌以适量南京石粉、碳酸钙等药物。

4.适当锻炼　主要指病肢功能的恢复与锻炼。一般在治疗3～4周后就应令奶牛做一些运动，并逐渐增加活动量，借以改善血液循环，增强代谢，加速修复及功能的恢复，防止肌肉萎缩和关节僵直。

【预防措施】 骨折主要是由于意外事故所造成。因此，平时必须加强管理，特别是对于高产奶牛的妊娠后期及泌乳高峰中的饲养管理；对有骨代谢紊乱素质的母牛，应定期补充钙剂，适当加强运动，以提高骨的抗损伤能力。

图6−5−1　蹄骨骨折多见于蹄内侧，病牛前肢交叉，以外侧蹄负重

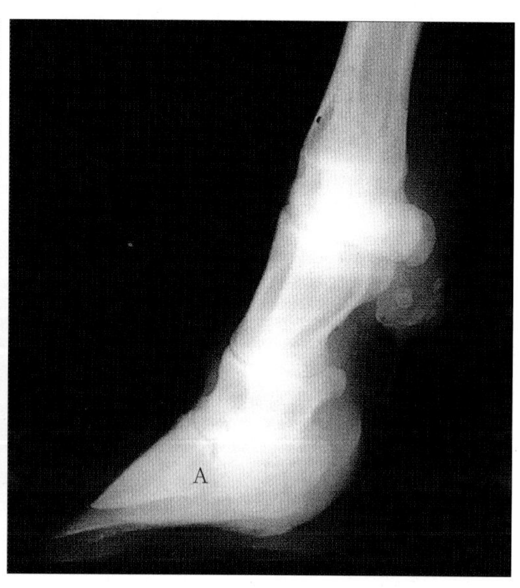

图6−5−2　X线检查，远端指关节垂直，蹄骨有骨片分离

图6−5−3　掌骨骨折，呈现明显的屈曲状

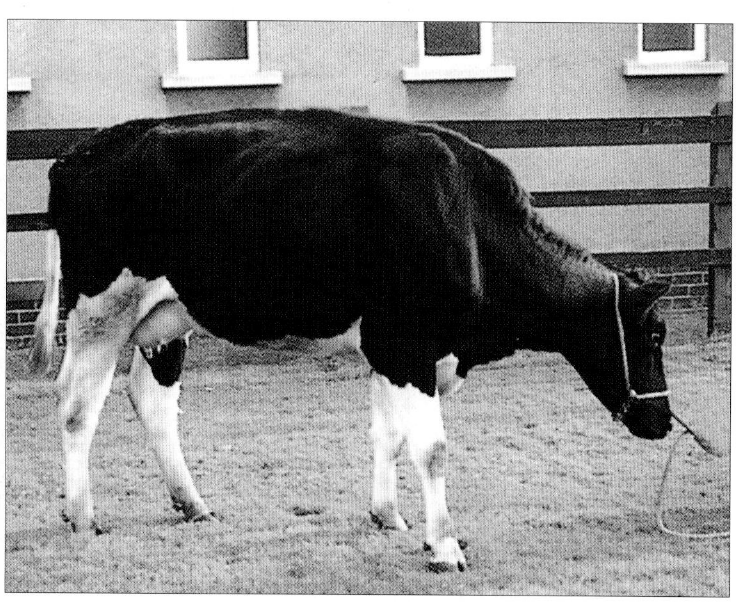

图6−5−4　病牛的第5和6颈椎骨骨折，头不能抬举，胸部颈椎明显突出

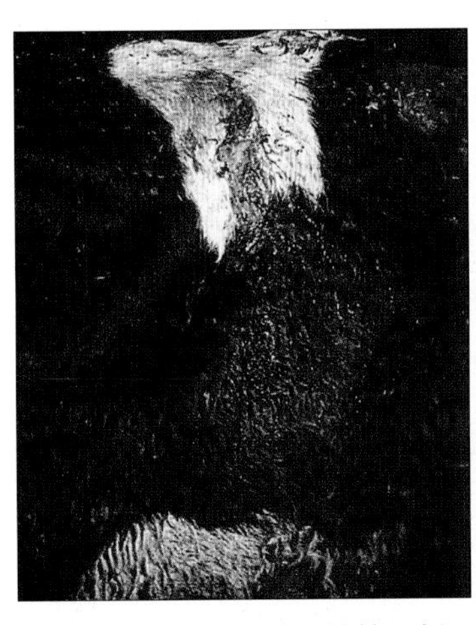

图6-5-5　右翼骨的开放性骨折，骨形标志消失

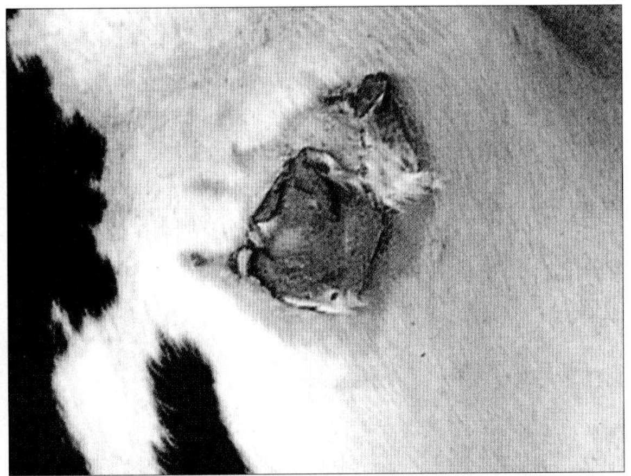

图6-5-6　翼骨骨折继发感染，引起皮肤坏疽和结痂形成

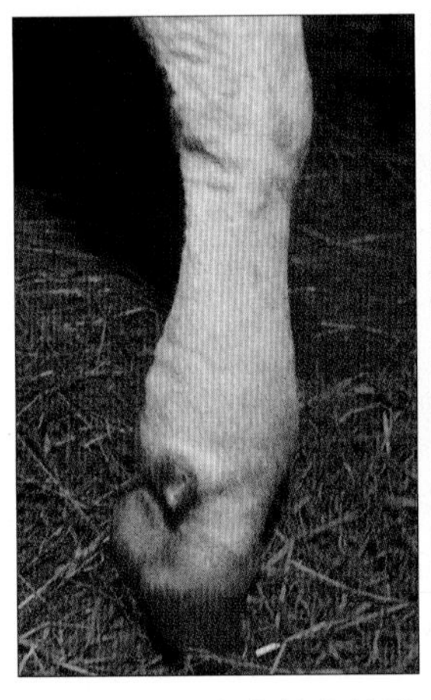

图6-5-7　病牛的右前肢掌骨完全断裂，不能负重

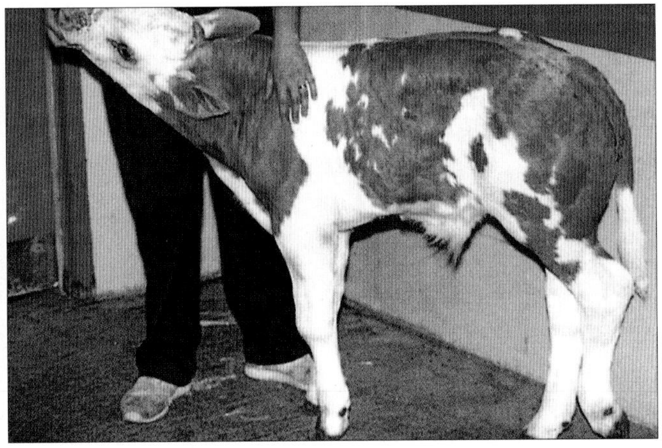

图6-5-8　病犊左后肢股骨骨折，软组织肿胀，站立时不能负重，并伴有股神经麻痹症状

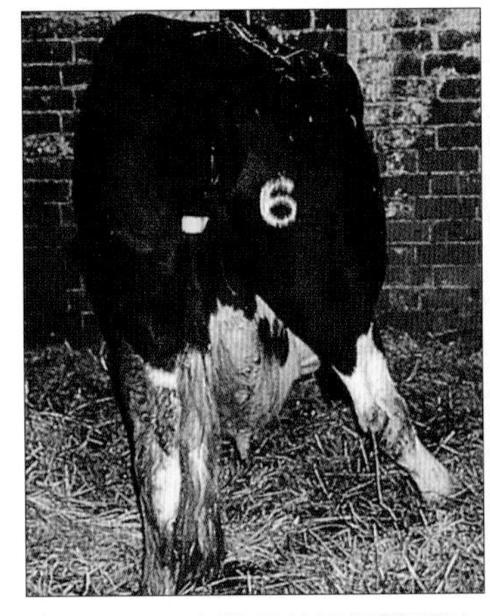

图6-5-9　右腿股骨骨折部明显肿胀，患肢伸向前外侧

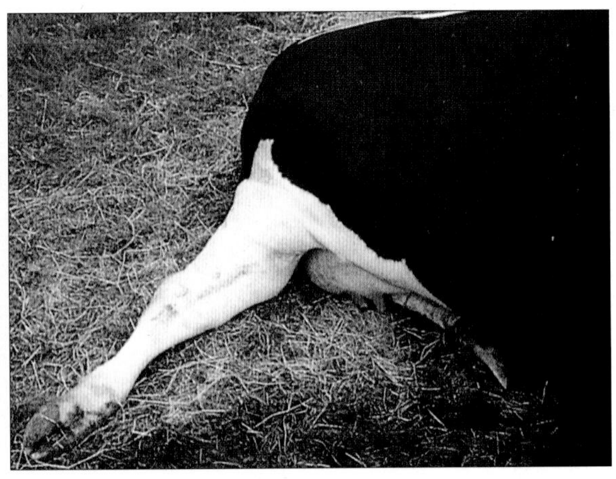

图6-5-10　右腿股骨骨折，软组织出血肿胀，病牛疼痛，不能站立（起立不能）

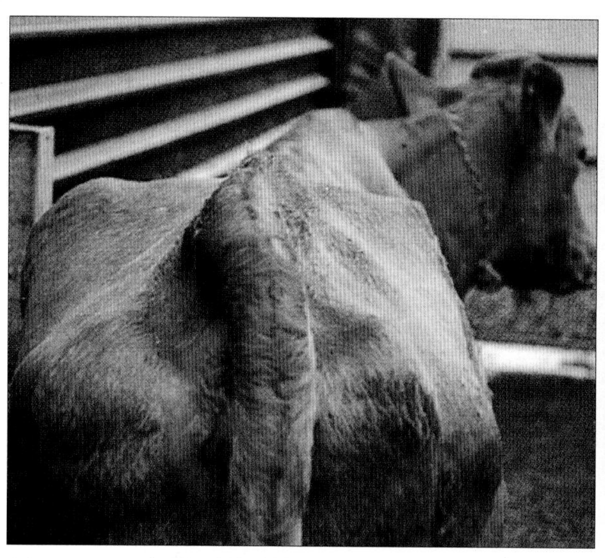

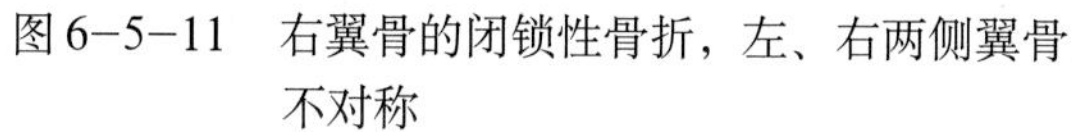
图6-5-11　右翼骨的闭锁性骨折，左、右两侧翼骨不对称

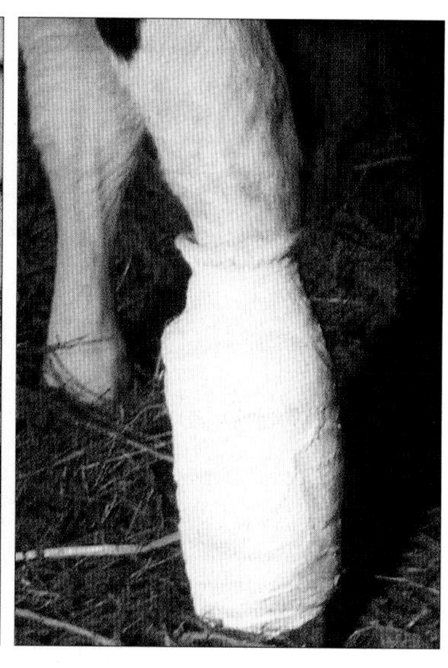

图6-5-12　用石膏绷带予以固定

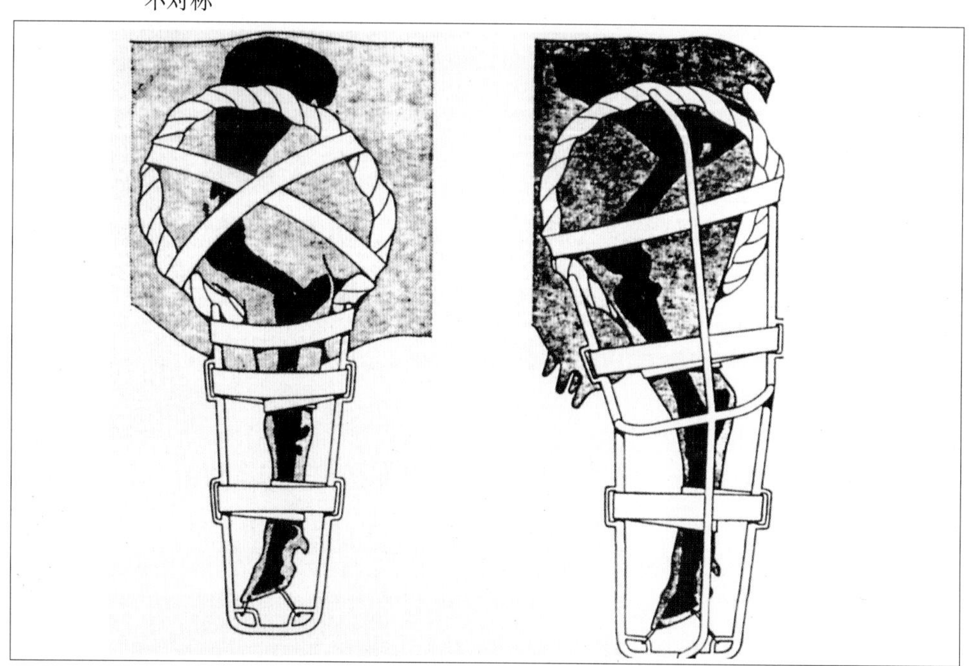

图6-5-13　前、后肢粉碎性骨折的常用的固定方法

六、裂　　蹄

（Sand crack）

裂蹄是指奶牛蹄匣角质层裂开的病变。饲养在潮湿环境下的奶牛时有发生。

【发病原因】 奶牛常见的病因是厩舍卫生条件差，蹄部长期受粪尿浸蚀，角质软化、脆弱。其次是营养代谢障碍，影响蹄角质生长。

【临床症状】 根据裂蹄条纹的走向不同，可将裂蹄分为横裂和纵裂2种。

1.*蹄壁横裂* 即蹄壁裂缝沿蹄匣呈水平方向。轻者，蹄壁表面出现深沟裂隙，没有跛行。经过几个月，蹄壁裂隙向深处伸延，当达感觉层时，病牛运动时出现疼痛反应。当蹄球部角质分离，裂缝常有沙砾和石头嵌入时，可引起蹄球肿胀和感染，继而发生蹄球部慢性坏死性真皮炎。奶牛患慢性蹄叶炎时，由于蹄角质缺乏营养发生代谢障碍，生长不良，蹄外侧壁可向轴侧倾斜，故可导致蹄踵横裂，而形成二重蹄（图6–6–1）。当横裂的蹄角质生长缓慢或停止时，则可导致蹄壳呈脱落状（图6–6–2）。

2.*蹄壁纵裂* 即蹄壁裂缝沿角细管方向裂开。蹄冠裂，裂隙较小，易被泥土粪便遮盖，病变处不明显。当龟裂严重时，常见蹄冠部出血和肿胀，疼痛明显（图6–6–3）。当蹄冠真皮被感染时，局部红肿，指压疼痛，出现跛行。如果损伤部位于指（趾）外伸肌突附近，则易于引起蹄关节感染，关节背侧囊肿胀，变薄，破溃。蹄壁裂，如果不发生全层裂，没有跛行（图6–6–4）。运动时，裂缝边缘活动，如有小的异物沿裂缝进入深部，压迫感觉层，即引起疼痛而出现跛行。全层裂，裂隙较深，其游离端易于断裂（图6–6–5）。病变处易于感染，裂隙有少许出血，甚至有污秽脓汁，引起剧痛，呈现重度支跛。

【诊断要点】 一般根据病牛的临床表现（跛行）和蹄部的病变，即可确诊，但要确定病因时还须进行蹄角质成分的分析。

【治疗方法】 如果奶牛的蹄角质较长，剪除裂断游离角质，清除裂隙异物。注意：在剪除游离角质前，应先湿敷软化角质，必要时可进行指（趾）神经麻醉，以便于操作。裂口深处涂布碘酊，包扎防水绷带。

蹄角质较短时，可先行温水浴蹄，当蹄角质泡软后，用锥或钻在蹄裂部表面造孔，穿入适当粗细的金属线，然后扳回两端闭合裂缝。也可用环氧树脂、聚酰胺黏合剂和914快速黏合剂等对裂隙进行黏合。

蹄冠部纵裂，可感染而伤及蹄关节，此时，应尽早切开蹄冠真皮脓肿。做三角形切开，三角形基部应位于蹄冠与皮肤结合处，三角形尖部应伸向蹄壁的远端，这样有利于排出脓液。

蹄部处理后，应将病牛饲养在干燥、卫生的厩舍内；对有感染的病例可用磺胺类药物和抗生素类药物进行肌肉或静脉注射。

【预防措施】 注意奶牛场的环境卫生，特别是牛舍及运动场应保持干燥，不能让奶牛长期生活在潮湿、泥泞的环境中。注意饲养管理，使奶牛能够采食到维生素和矿物质多的全价饲料，防止营养性裂蹄病的发生。

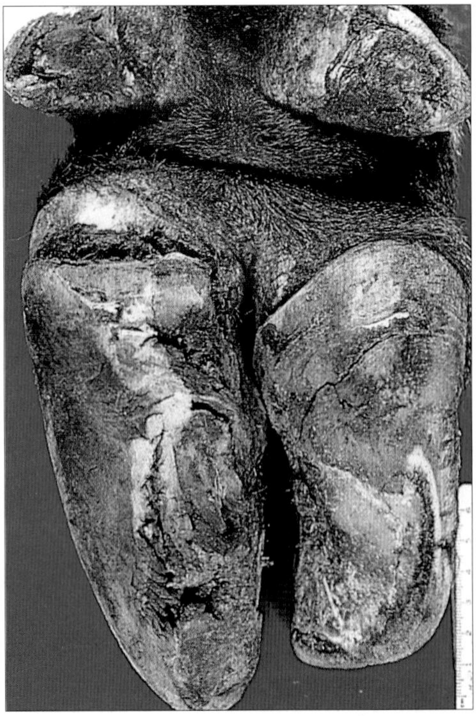

图6–6–1 蹄角质生长不良，蹄外侧壁向轴侧倾斜，蹄踵横裂，形成二重蹄

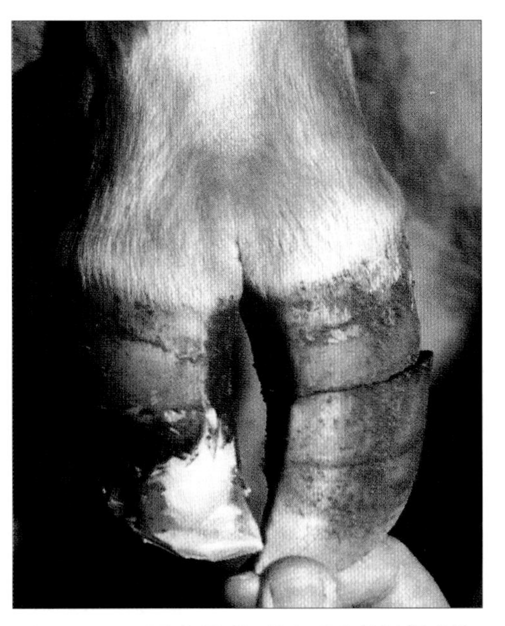

图6-6-2 两蹄指横裂，蹄角质生长缓慢或停止，导致蹄壳呈脱落状

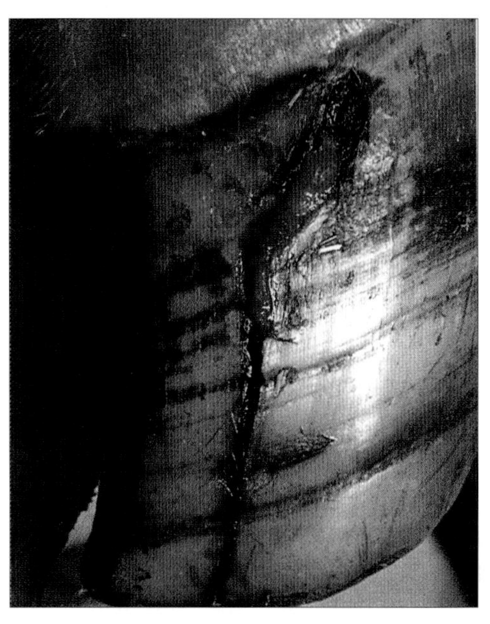

图6-6-3 蹄指龟裂伴发出血和肉芽组织增生

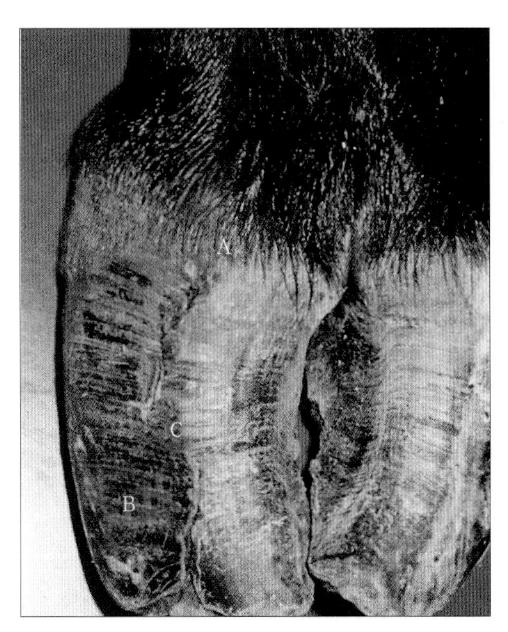

图6-6-4 左蹄指有一大的纵裂，起始于蹄冠（A），斜向蹄角质外侧（C），垂向蹄端（B），但未全层裂

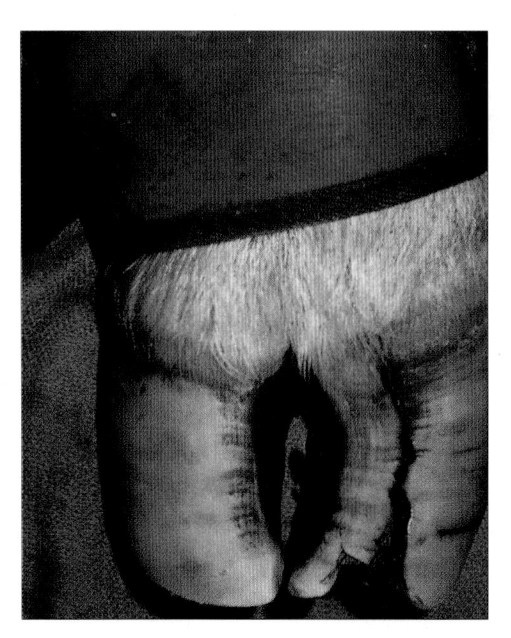

图6-6-5 右蹄指龟裂，较深，游离端被折断

七、蹄叶炎

(Laminitis)

蹄叶炎又名蹄壁真皮炎，是蹄真皮与角小叶的弥漫性、非化脓性的渗出性炎症。其主要特点是蹄角质软弱、疼痛和有不同程度的跛行。本病多发生于高产奶牛、青年母牛和生产胎次较少的母牛。一般为散发，但也有群发现象。本病发病突然，症状明显，疼痛剧烈，如治疗不及时，往往转为慢性，甚至发展为芜蹄。

【发病原因】 本病的原因至今尚未完全搞清，但一般认为它可由原发性病因和继发性病因所引起。

1.原发性病因　多与饲养管理不良有关。例如，为追求产奶量而片面增加精饲料的喂量，长期喂高碳水化合物饲料和多蛋白质饲料，易引起消化机能紊乱而导致蹄叶炎的发生；粗饲料不足，品质低劣，母牛粗饲料进食量减少，致使瘤胃的消化机能紊乱，胃肠道异常分解产物的吸收而引起蹄叶炎；奶牛分娩时，后肢水肿，使蹄真皮抵抗力降低，蹄形不整，又未及时修整，致使其长期不合理负重等，均可成为蹄叶炎发生的原因。

2.继发性病因　多由其他疾病继发引起的。据报道，当奶牛患有疝痛、瘤胃酸中毒、肠炎、产后胎衣滞留、母牛肥胖综合征、霉败饲料中毒、乳房水肿、严重的乳房炎、子宫内膜炎和酮病等时，容易发生蹄叶炎。

【发病机理】 本病发生的确切机理虽不完全清楚，但通常认为指（趾）部微循环血液动力学改变在本病的发生上起着重要作用。急性期，虽然指（趾）部总血流量增加，但由于动静脉吻合支发生短路，使毛细血管灌流不足，引起功能性局部缺血，从而导致软小叶的缺血性坏死。疾病后期(慢性期)，真皮层毛细血管的回流受到影响，微循环淤滞，大量血浆成分渗出，积聚于真皮小叶与角小叶之间，压迫神经末梢分布密集的真皮层，引起持续性剧烈疼痛。蹄尖壁真皮炎时，病畜为缓解疼痛，蹄踵着地负重，指（趾）深屈肌腱高度紧张，蹄骨逐渐向后垂直变位。蹄骨尖对蹄底真皮层的强力压迫，使蹄角质细胞代谢发生紊乱，蹄角质变性，出现不规则的蹄轮，最终形成芜蹄。

此外，在蹄叶炎的发生、发展过程中，血液的凝血参数有明显改变，而对实验性饲喂碳水化合物饲料过多所致蹄叶炎的动物，用肝素进行治疗可使跛行的发生率大为减少，这些均说明血管内凝血可能在本病的发生上起作用。

【临床症状】 根据临床表现不同，蹄叶炎有急性和慢性之分。

1.急性蹄叶炎　多发生于后肢，特别是外侧趾。病牛体温升高达40～41℃，呼吸每分钟40次以上，心动亢进，脉搏每分钟100次以上，食欲减退，全身易出汗，肌肉震颤，产奶量明显减少。蹄冠部肿胀，关节周围水肿，蹄壁叩诊有疼痛，还可见病指(趾)做划桨运动。单前蹄发病时，病牛站立时常将患肢悬起，以蹄尖轻轻着地，后肢前伸，头抬起而将重心落在后肢（图6–7–1）。两蹄发病时，则前肢交叉负重。或两前肢叉开前移，后肢位于腹下，担负体重（图6–7–2）；或出现独特的强迫姿势，前肢向前，后肢负重（图6–7–3）。病情严重时，病牛难以站立而以腕关节着地休息或负重（图6–7–4）。两后蹄发病时，病牛头部下低，两前肢后踏，两后肢稍向前伸，不愿走动（图6–7–5）；行走时步态强拘，腹壁紧缩；四蹄发病时，四肢频频交替负重，为避免疼痛，病牛经常改变姿势，拱背站立（图6–7–6）。病牛喜在软地上行走，对硬地躲避，喜卧，卧地后四肢伸直呈侧卧姿势。

2.慢性蹄叶炎 病牛的全身症状轻微，但患蹄干燥，变形明显，角质伸长（图6-7-7），形成典型的"拖鞋蹄"（图6-7-8），即背侧缘与地面形成小的角度，蹄扁阔而变长。临床检查见患指(趾)前缘弯曲，趾尖翘起（图6-7-9）；蹄轮向后下方延伸，蹄踵高而蹄冠部倾斜度变小，蹄壁延长，系部和球节下沉。

X线检查 蹄骨变位、下沉，与蹄尖壁间隙加大；蹄壁角质面凹凸不平；蹄骨骨质疏松，骨端吸收消失（图6-7-10）；系部和球节下沉；角质内物质消失及蹄小叶广泛性纤维化。蹄的纵剖面，可见蹄角质变长，蹄骨变形和软化，蹄底角质出血（图6-7-11）；有的则见蹄底真皮肥厚、出血，特别是蹄尖角质的小叶角质明显（图6-7-12）。

【诊断要点】 根据病牛的饲养管理情况及特殊的临床表现，在排除蹄骨骨折、多发性关节炎、腐蹄病、骨软症、维生素A缺乏症等疾病后，即可确诊。

【治疗方法】 治疗本病的基本原则是：消除病因、改善血循、制止渗出和保护蹄角质。治疗前应首先减少或停喂谷类饲料，增加青草和易消化的粗饲料。

治疗急性蹄叶炎时，病初，为改善蹄部的血液循环，减少渗出，头2～3天进行冷蹄浴(利用自然水源、溪边、小河)，或用收敛剂冷浴、冷敷。为促使有毒物质排除，成年牛可静脉泻血1 000～2 000毫升。放血后可静脉注射5%～7%碳酸氢钠注射液500～1 000毫升、5%～10%葡萄糖注射液500～1 000毫升。也可用10%水杨酸钠注射液100毫升、20%葡萄糖酸钙注射液500毫升，分别静脉注射。为了缓解疼痛，可用1%普鲁卡因20～30毫升行指(趾)神经封闭；也可用0.25%普鲁卡因1 000毫升，静脉注射封闭。为了制止渗出，可用10%氯化钙溶液100～150毫升，10%维生素C溶液10～20毫升，分别静脉注射。另外，经胃管投服液状石蜡油轻泻，有利于毒素排除，对饲养不当所致的蹄叶炎有效。

治疗慢性蹄叶炎时，为促进渗出物的吸收，在病后4天可用蹄部温敷、温蹄浴，每次1～2小时，每天2次，连用5天。还可应用碳酸氢钠疗法、自家血液疗法。为了保护蹄角质，应合理修蹄，促进蹄形和蹄机能的恢复。

【预防措施】 加强饲养管理，按奶牛的营养需要，严格控制精饲料喂量，保证充足的优质干草饲喂量。避免饲料的急剧变化，奶牛产后增加谷类精料要适度。为防止瘤胃内酸度增高，日粮中可加入0.8%氧化镁或1.5%碳酸氢钠（按干物质计）与饲料混合饲喂。加强蹄保健，定期修蹄，减少和缓解蹄变形，使蹄负重合理，防止病情加重。

另外，加强对乳房炎、胎衣不下、子宫炎、酮病等的治疗，减少继发性蹄叶炎的发生。

图6-7-1 患蹄叶炎时，病牛前肢悬起，后肢前伸，重心落在后肢

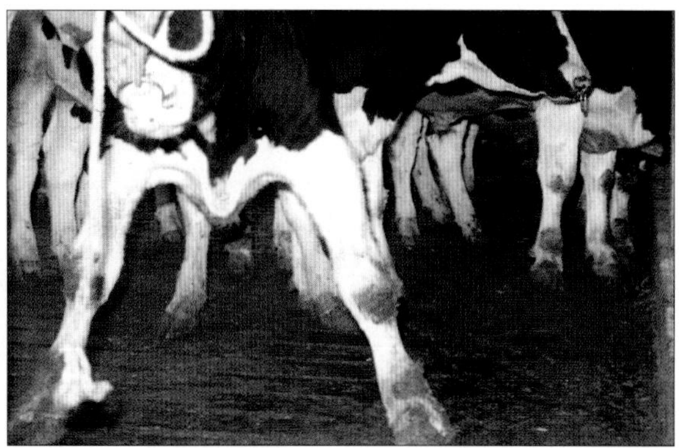

图6-7-2 病牛前肢叉开，减负体重

图6-7-3　独特的强迫姿势，前肢向前，后肢负重

图6-7-4　重剧病例，病牛以腕关节着地进行休息

图6-7-5　病牛前肢后踏，两后肢稍向前伸，负重，背腰拱起，头前伸，不愿走动

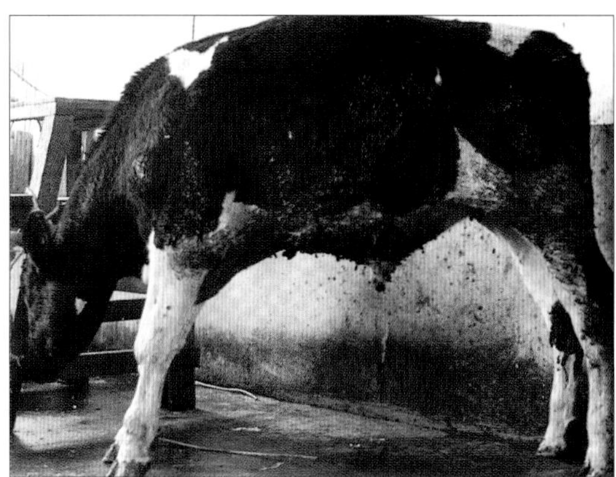

图6-7-6　病牛站立时腰背拱起，不时改变姿势

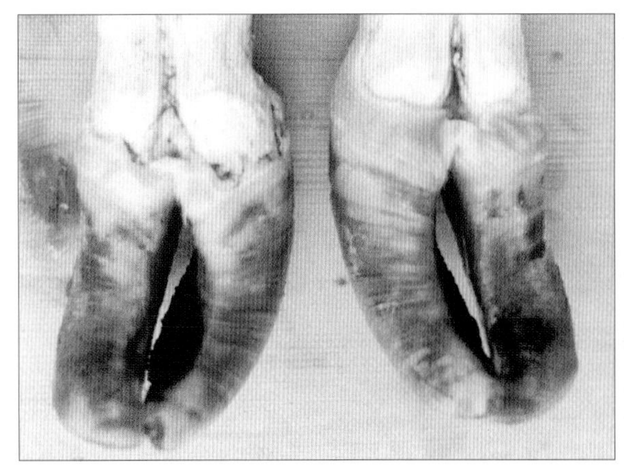

图6-7-7　蹄角质干燥变形，伸长

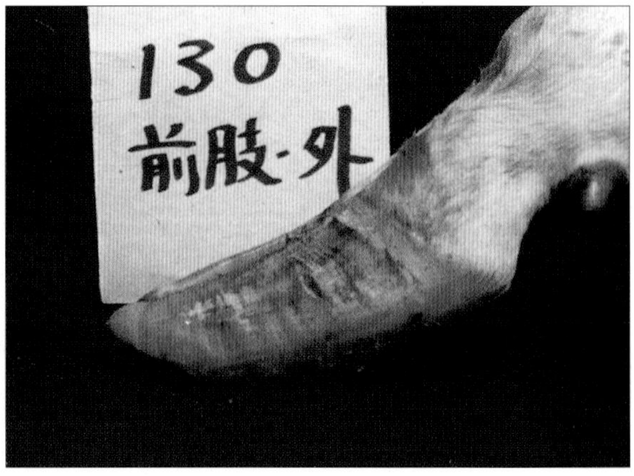

图6-7-8　病牛的外蹄匣变形，呈拖鞋状

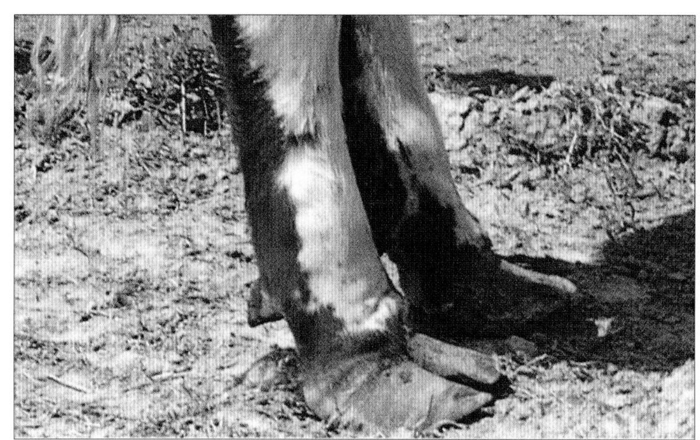

图6-7-9　两前蹄过长，蹄踵下沉，蹄尖翘起，蹄壁呈水平状

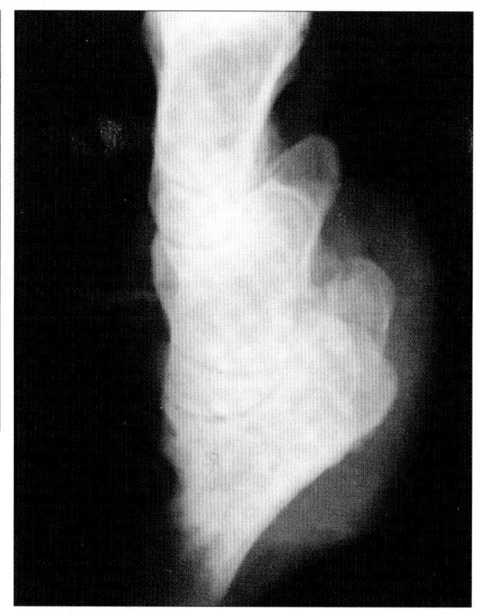

图6-7-10　前肢第3趾骨变形，蹄尖部密度降低，骨质疏松

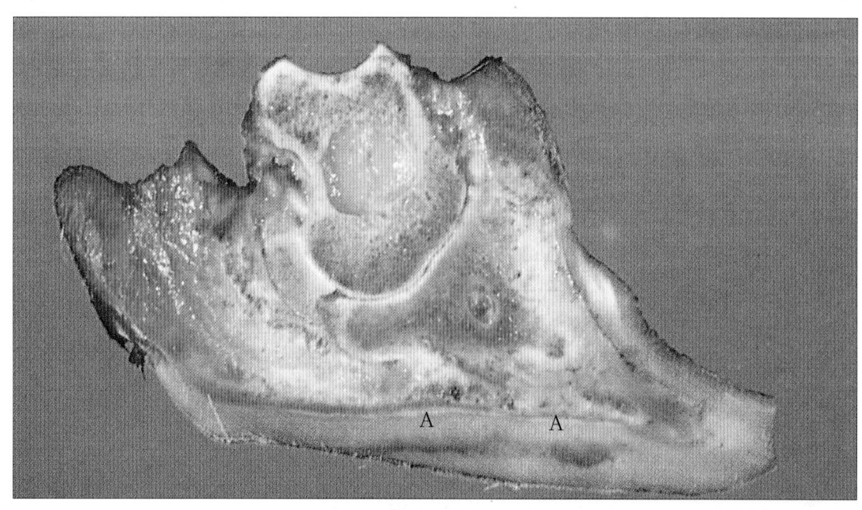

图6-7-11　后期，蹄骨下蹄底角质有出血线（A）

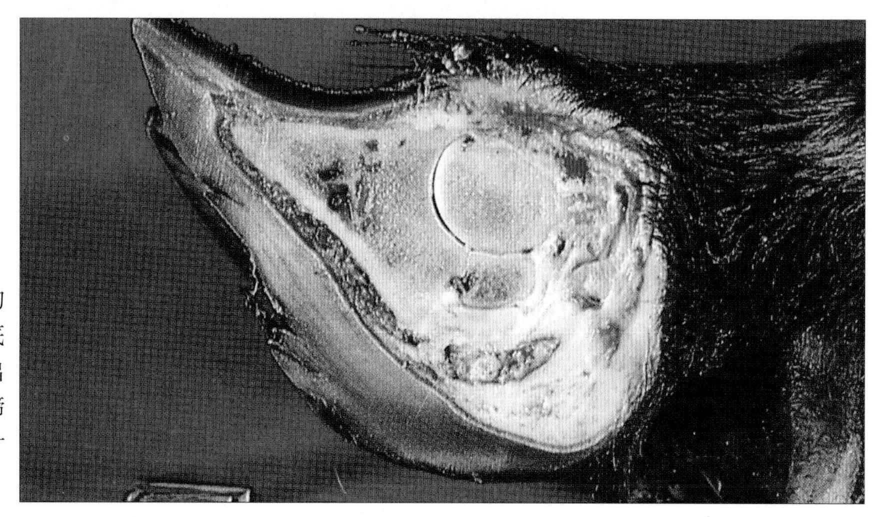

图6-7-12　慢性蹄叶炎的纵断面，蹄底真皮肥厚、出血，特别是蹄尖角质的小叶部明显

八、腐蹄病

（Foot rot）

腐蹄病又称传染性蹄皮炎、指（趾）间蜂窝织炎等，是趾间皮肤及其深部组织的慢性化脓性炎症。本病以蹄角质层分解腐败化脓，从蹄底或蹄壁流出恶臭黑色黏稠分泌物为特征，常伴蹄冠、系部和球节的炎症，呈现不同程度的跛行。

本病可发生于各类型的奶牛，发病率较高，占跛行蹄病的40%～60%；炎热潮湿季节比冬春干旱季节发病多；后肢发病多于前肢；成年且高产的奶牛易发。

【发病原因】 引起本病的原因很多，一般认为饲养管理不当，日粮不平衡。如精料过多，粗饲料不足，钙、磷不足或比例不当，使蹄角质疏松，抗病能力降低；再加之如牛舍阴暗潮湿，运动场泥泞，粪便不及时清除，使蹄长期被粪、尿、泥水浸渍而软化。因而易受坏死杆菌、结节状拟杆菌、化脓性棒状杆菌、产黑色素拟杆菌、葡萄球菌和链球菌等细菌的感染。另外，运动场地面不平，内有炉渣、石子、瓦砾、玻璃碎片、冰土、冰粪块，以及铁丝、铁钉等异物，均可刺伤蹄部软组织而导致腐蹄病的发生。

【临床症状】 病初，病牛精神沉郁，食欲减退，频频提举病肢，或频频地用患蹄敲打地面；站立时患蹄不全着地，且不愿站立；行走有痛感、甚至出现支跛。检查时有的蹄底角质比较完整，看不出有炎症，但叩击或用手按压时奶牛出现痛感；有的蹄底或蹄壁有小创口，当用刀切削扩创后，在蹄底的小孔或大洞中即有污黑臭水流出，趾间也常可找到溃疡面，其上覆盖有恶臭坏死物（图6-8-1）。

当病情恶化时，病牛体温升高至40～41℃，食欲大减，明显消瘦，跛行加重，喜卧地而不愿站立，皮毛粗乱，产奶量急剧下降。检查见指（趾）间皮肤红、肿、敏感；蹄冠呈红色、暗紫色、肿胀、疼痛；或破溃形成化脓性结痂（图6-8-2）。当深部组织、腱、指（趾）间韧带、冠关节及蹄关节受到感染时，形成坏死组织的脓肿或瘘管，向外流出呈微黄、灰白色具有恶臭的脓汁（图6-8-3）。更严重的是蹄壳腐烂变形或脱落，甚至继发败血症。

慢性病例，病牛的全身症状较轻，病程较长，可由数月到1年，奶牛多半是长期消瘦，衰弱，奶量减少。其特点是：坏死逐渐发展，可达蹄的深部组织，包括蹄关节，第2、3指（趾）骨、腱和韧带；趾间、蹄球与蹄冠缘处常有瘘管，并延伸到蹄内，跛行虽然较轻，但不能消失。

【诊断要点】 本病的初期症状易与蹄叶炎易混淆，需仔细检查，特别应注意蹄底或蹄壁有无化脓创或坏死组织；当蹄部有化脓性瘘管形成，并有恶臭的化脓性渗出物排出时，就可确诊。

【治疗方法】 治疗本病的基本原则是：修蹄除坏，抗菌消炎。

1.修蹄除坏　将病牛在柱栏内确实保定后，仔细检查，如蹄底软组织有腐烂时，应先除去患部的污物，刮除腐烂物质，用0.1%高锰酸钾溶液或3%氢氧化钠溶液清洗患部，再用酒精棉球擦干，注入少量5%～10%碘酊。清洗后，可填塞松馏油、松硫合剂（松馏油9份、硫磺1份）或松鱼合剂（松馏油5份、鱼肝油1份），或撒布高锰酸钾粉，或用浸透10%福尔马林溶液的纱布填塞。以上药物初期2～3天换药1次，以后按病情可延至3～5天换药1次。如有蹄底瘘时，应手术扩创，使之排液充分，再用3%来苏儿溶液或3%硫酸铜溶液进行温蹄浴（30～60分钟）。然后用酒精棉球擦干，再行药物治疗。如坏死组织中有赘生者，可用硝酸银棒或10%硫酸铜溶液腐蚀后，用生理盐水清洗，涂以5%～10%碘酊或填塞松馏油纱布，或烧烙后缠以蹄绷带。严重赘生肉芽，应手术切除，并涂以福尔马林原液。与此同时，还应装蹄绷带后，将病牛置于干燥圈舍内饲喂。

2.抗菌消炎　当病牛体温升高、全身症状严重时，可应用磺胺类药物和抗生素治疗，如磺胺二甲基嘧啶，按每千克体重0.12克，一次静脉注射；或磺胺嘧啶，按千克体重50～70毫克，静脉或肌肉注射，每日2次，连注3日。金霉素或四环素按每千克体重0.1克，一次静脉注射。

与此同时，还应根据具体情况进行全身治疗，如用5%葡萄糖生理盐水1 000～1 500毫升、5%碳酸氢钠注射液500～800毫升、25%葡萄糖注射液500毫升、维生素C 5克，1次静脉注射，每天1～2次，连用3～5天。

【预防措施】 腐蹄病的发病率比较高，常造成很大的经济损失，应引起高度重视。首先应重视蹄病的发生，经常检修蹄壳。加强饲养管理，减少蹄部的损伤。搞好环境卫生消毒，创造干净、干燥的环境条件，保护牛蹄健康。运动场平整，及时清除异物和粪便。在厩舍门口可放干的防腐剂或药液，如2%～4%硫酸铜溶液，硫磺石灰（1∶15）药液；潮解的石灰或5份硫酸铜和100份石灰相混，让牛从中经过。在发病率高的牛场，应用收敛剂定期蹄浴（如10%硫酸铜液），以减少发病率。

据报道，在饲料中添加二氢碘化乙二胺和尿素或硫酸锌饲喂奶牛，对腐蹄病有良好的预防作用。

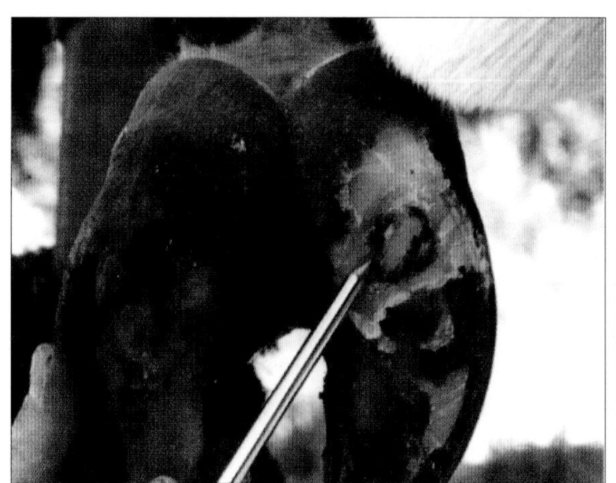

图6-8-1　蹄底腐烂，用修蹄刀削蹄底后，见到灰黄色的腐败灶

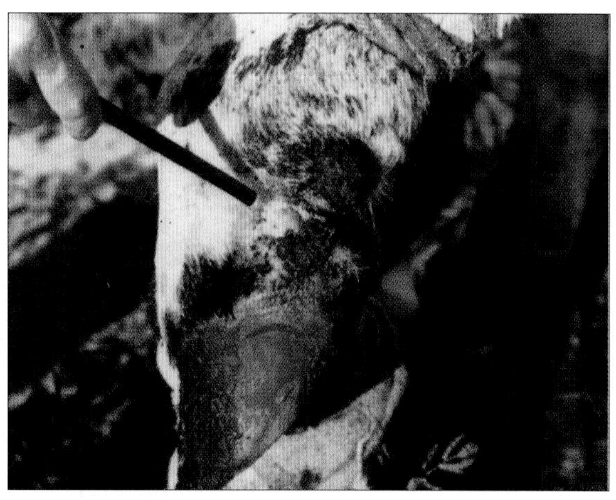

图6-8-2　蹄冠部红肿、疼痛，有化脓性结痂

图6-8-3　蹄球肿胀，流出黄白色伴发恶臭气味的脓汁

九、指（趾）间赘生

（Interdigital excrescence）

指（趾）间赘生又称指（趾）间增殖性皮炎、指（趾）间皮肤增殖、指（趾）间瘤、指（趾）间结节、指（趾）间赘生物、指（趾）间纤维瘤等，为指（趾）间皮肤和皮下组织的慢性增殖性疾病。各品种的奶牛都可发生，但以荷兰牛和海福特牛多发，黑白花奶牛发生也很普遍，2～4胎的奶牛多发，后蹄比前蹄多发。

【发病原因】 引起本病的确切原因尚不十分清楚，但根据病理学对增生物组织学观察，真皮和表皮都同时增厚，组织增生变化到一定程度就停止，故认为组织的过度增生与遗传有关。另外，某些变形蹄、蹄向外过度开张引起指(趾)间皮肤紧张和剧伸，圈舍阴暗潮湿，运动场污秽、泥泞，粪便不及时清除也能促进本病的发生。本病还可继发于微量元素锌、镁、钼的缺乏或比例失调等；严重的腐蹄病，由于腐烂分解产物长期反复刺激，可使真皮乳头层由渗出性炎症演变为增生性炎症。

【临床症状】 初期，指（趾）间隙背侧穹隆部皮肤发红、肿胀、脱毛，有一小的舌状突起（图6–9–1），有时可见到破溃面，呈轻度跛行。指（趾）间穹窿部皮肤进一步增殖时，形成舌状突起（图6–9–2），并随病程的发展不断增大增厚。在指（趾）间隙前端的皮肤，有时增殖成“草莓”样突起。随病程发展，增生物不断增大，有些病例组织增生完全填满趾间隙，甚至达到地面，压迫蹄部而使两指（趾）分开，病牛的跛行增重。由于指(趾)间有增殖物，可造成指（趾）间隙扩大或发生变形蹄。有的病牛，其趾间后部的皮肤增生，呈花椰菜状（图6–9–3），病牛疼痛，不能负重。手术切除增生的舌状突起时，则露出真皮，两趾间的间隙增大（图6–9–4）。

当指（趾）间的增生物因受压而坏死（图6–9–5），或受外力损伤，表面破溃，经坏死杆菌、霉菌等感染后，可见破溃面上有渗出物流出，具恶臭味，或成干痂覆盖于破溃面。此时，病牛体温升高，精神不振，食欲减退，跛行明显，泌乳量明显降低。有的形成疣样乳头状增生，由于真皮暴露，当受到挤压及外力作用时，疼痛异常，跛行更加严重。

【诊断要点】 根据指（趾）间的增生性变化一般不难做出诊断，但确诊时须与腐蹄病相区别。本病一般仅发生在局部，肿胀范围较小，深部组织未见坏死，一般无化脓性瘘管形成，有时可见化脓性窦道，常并发趾间疣状增生或形成纤维瘤样肿块。

【治疗方法】 治疗本病的基本原则是：制止赘生，清除赘生物。治疗的基本方法是对病变较轻者用药物，而病变较重者则需手术切除。

1.药物治疗 用0.1%高锰酸钾液或2%来苏儿溶液彻底清洗患蹄，增生部可撒布硫酸铜粉、高锰酸钾粉、或涂以10%～20%浓碘酊，或涂以鸦胆子泥、鸦胆子油，缠以压迫绷带。最好将鸦胆子泥抹于纱布上，贴敷于患处，缠以压迫绷带，每隔1天换药1次。换药时，如仍有坏死组织，可用锐匙刮掉。待创面干燥而出现薄痂时即停止使用鸦胆子药物，改用生肌类药物，如冰硼合剂、硫磺合剂、水碘合剂（水杨酸25克，碘仿5克，氧化锌30克，冰片10克，滑石粉30，混合成粉状）撒布创面包扎后，再缠以压迫绷带，直到增生物消除。

2.手术切除 赘生物较大时，须用手术切除。其方法是：

将奶牛横卧或在柱栏内保定，术部彻底清洗、消毒，局部（掌、跖部）用2%～3%普鲁卡因麻醉。助手用绳套或徒手将两指（趾）分开，充分暴露增生物，术者用钳夹住增生物，沿其基部切开皮及皮下组织，从赘生物的根部将之切除，并刮除部分健康组织，尽量做到完全、彻底，否则容易复发。在切除病变后，创内撒布抗生素，创缘用丝线做2～3针结节缝合，外涂以松馏油，用绷带包扎，隔3～4日更换绷带1次，2周后拆除绷带。手术后，为了使两蹄指能够合拢，可在两蹄尖角质钻洞，用金属丝将两个蹄指（趾）固定在一起，绷带包扎，外装防水蹄套。

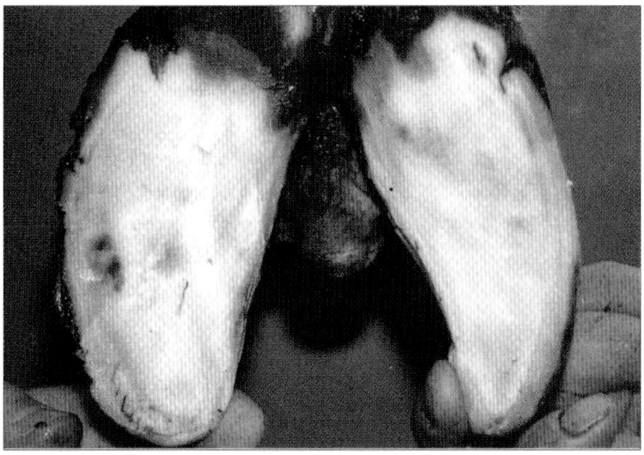

图6-9-1 趾间邻接角质壁皮肤增生，形成小舌状突起，左侧蹄底有挫伤和出血灶

【预防措施】 加强饲养管理，牛舍、运动场粪便及时清除，污水及时排除，使之清洁、干燥，保持牛蹄干燥和清洁，以减少感染机会。日粮营养要平衡，充分注意锌、镁、钼的含量与比例，防止不足或缺乏。坚持采取蹄保健措施，定期修蹄和蹄药浴（如10%硫酸铜液等），防止或减少蹄变形。

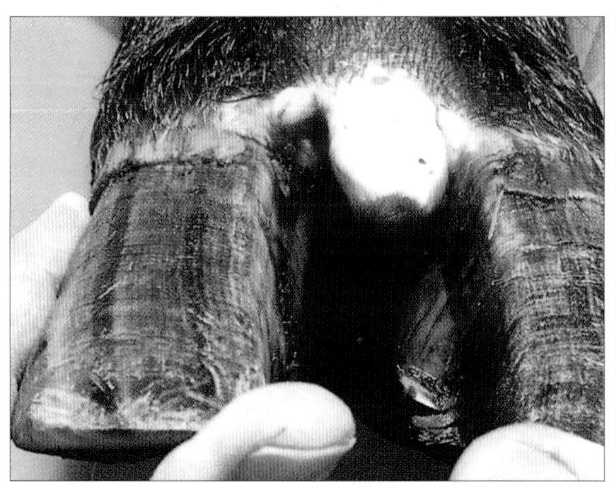

图6-9-2 部分病例的增生仅见于趾间的上部，形成明显的舌状突起

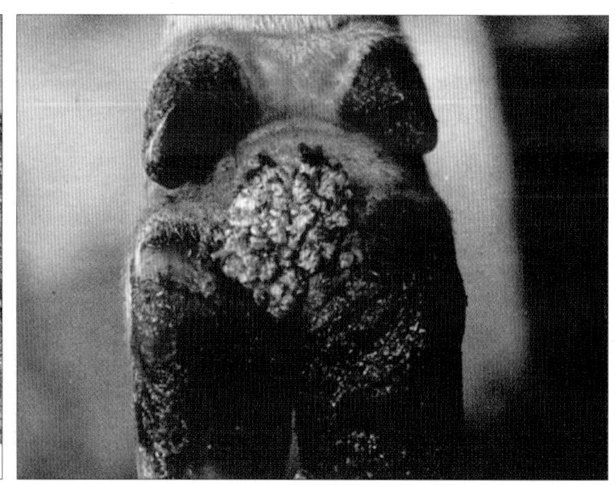

图6-9-3 趾间后部的皮肤增生，呈花椰菜状

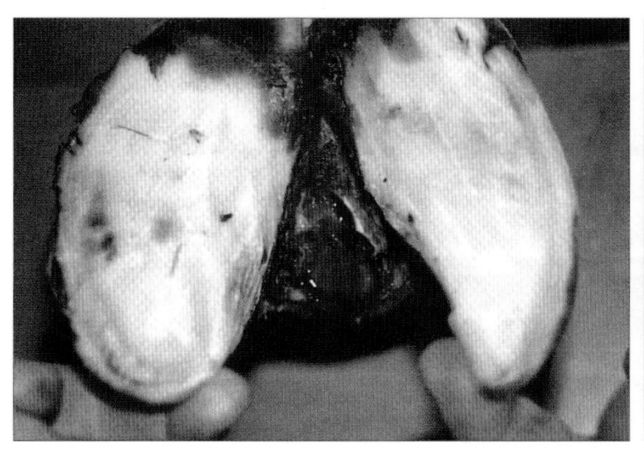

图6-9-4 切除增生物，露出真皮，趾间的间隙增大

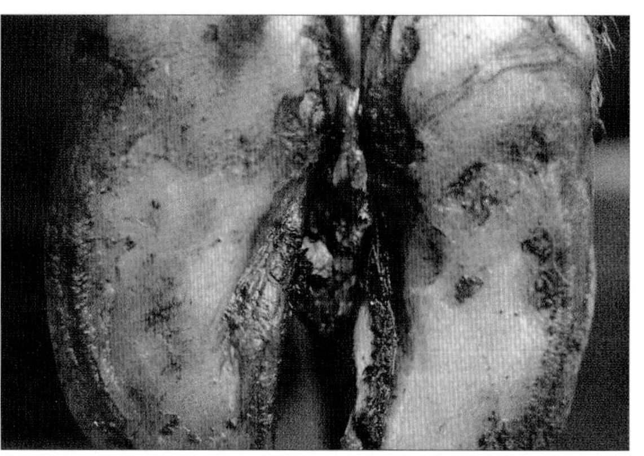

图6-9-5 病牛运动时，增生的皮肤受趾间的挟挤而发生坏死

十、蹄糜烂

(Erosion ungulae)

蹄糜烂是指蹄底和球负面角质的糜烂；常因深部组织继发感染，临床上出现跛行。本病以奶牛多发，后蹄多于前蹄，阴雨潮湿的季节比干燥季节发病多，内侧指和外侧趾比外侧指和内侧趾多发，老龄牛比青年牛多发，浅颜色的蹄角质比有色素的蹄角质容易发病，患慢性蹄叶炎和变形蹄的奶牛易继发本病。据统计，本病占奶牛蹄病总发生率的7%。

【发病原因】 牛舍阴暗潮湿，运动场泥泞，粪便未及时清除，致使圈舍、运动场内污物堆积。牛蹄长期受污水、粪尿浸渍，角质变软，细菌感染等，易导致本病的发生。另外，管理不当，未定期进行修蹄，蹄形不正，延蹄和芜蹄，蹄底负重不均，或牛患热性病等均能诱发本病。

【临床症状】 本病发展很慢，除非继发角质深层组织感染，一般不会引起跛行。

病初，病牛站立时患蹄减负体重，球关节以下屈曲；有的患牛踢腹，患蹄打地，借以消除蹄部的钝痛与不适。检查蹄底或削蹄时，可在球部或蹄底出现小的深色潜洞，有时许多小洞可连合到一起形成大洞或沟，表面角质疏松、碎裂、糜烂、化脓（图6−10−1）。蹄底常形成小管道，管道内充满污灰色、污黑色或黑色液体，具腐臭难闻气味（图6−10−2）。有时，蹄底、蹄踵或球部出现小的黑色小洞，许多小洞可融合为一个大洞或沟（图6−10−3）。

角质糜烂后，炎症可向深部组织蔓延，引起不同的并发症。当炎症蔓延到蹄冠、蹄踵（图6−10−4）和球节时，病牛全身症状严重，体温升高，食欲减退，产乳量下降，消瘦。典型的症状是关节肿胀，皮肤增厚，失去弹性，疼痛明显。化脓后，关节破溃，流出乳酪样脓汁。病牛喜卧不站或卧地不起，强迫运动呈明显的支跛或“三脚跳”。

【诊断要点】 本病在进行蹄底检查时才能发现，蹄底有小洞或沟，从黑色小洞内流出黑色腐臭脓汁，即可确诊。在诊断本病时应与蹄底溃疡、白线病、蹄底刺伤、蹄底挫伤等病做以鉴别。

1.蹄底溃疡　跛行时间长而严重；蹄部检查见蹄底与蹄球结合部的角质呈红色、黄色，角质变软，疼痛明显。因角质溃疡，真皮暴露，或有花椰菜样的肉芽组织增生。

2.白线病　指蹄白线处软角质裂开或糜烂，蹄壁角质与蹄底角质分离，泥沙、粪土、石子嵌入，真皮发生化脓。蹄壁增温、疼痛，白线色变深，宽度增大，内嵌异物。

3.蹄底刺伤　由尖锐锋利物体直接刺伤蹄真皮组织所致。突然发生疼痛，跛行明显。检查蹄部，可发现异物存在。蹄部肿胀，蹄抖动，减负体重。

4.蹄底挫伤　由于运动场内地面不平，砖头、石块等钝性物对蹄底挤压，引起蹄真皮损伤。蹄部检查或修蹄时，见蹄角质有黄色、红色、褐色血斑，经过削蹄治疗，血斑痕迹可慢慢消除。

【治疗方法】 治疗单纯性蹄糜烂时，先将患蹄清理干净，修理平正，去除糜烂角质，直到将黑色腐臭脓汁放出；再用10%硫酸铜溶液彻底洗净创口，创内涂10%碘酊，填塞松馏油棉球，或创内撒布硫酸铜粉、高锰酸钾粉，装蹄绷带。在进行局部治疗的同时，应将病牛饲养于干燥、清洁的环境，保持蹄部干燥，促进蹄角质硬度的恢复。

当病牛伴有全身症状时，应抗菌、消炎。用10%磺胺噻唑钠注射液100～200毫升，一次静脉注射；或磺胺二甲基嘧啶，剂量为每千克体重0.12克，1次静脉注射，每日1次，连注3～5日。金霉素或四环素，按每千克体重0.01克，静脉注射。

【预防措施】 加强饲养管理，注意环境卫生，牛舍及运动场应没有污水和泥泞，及时清除运动场内的石块、异物、粪便，减少蹄外伤和细菌感染。定期修蹄，早日发现糜烂的角质，及时填补，防止深部组织感染和蹄部变形。高发病率的奶牛群，应用4%硫酸铜溶液浴蹄，5～7日1次，长期坚持，借以杀灭蹄部微生物和促使蹄角质变硬。

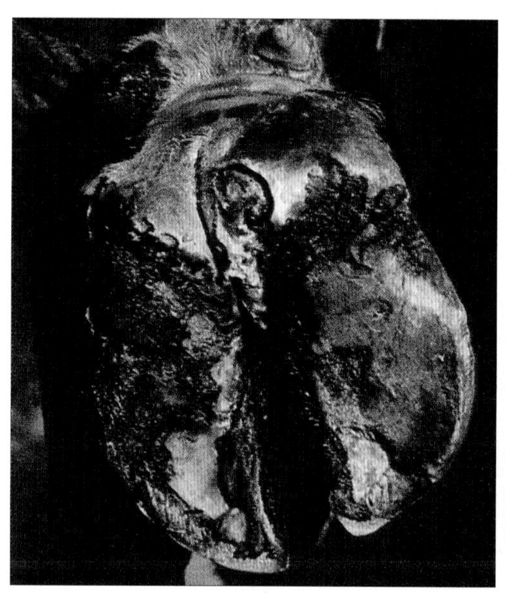

图6-10-1　重度的趾间腐烂，累及蹄冠而发生化脓

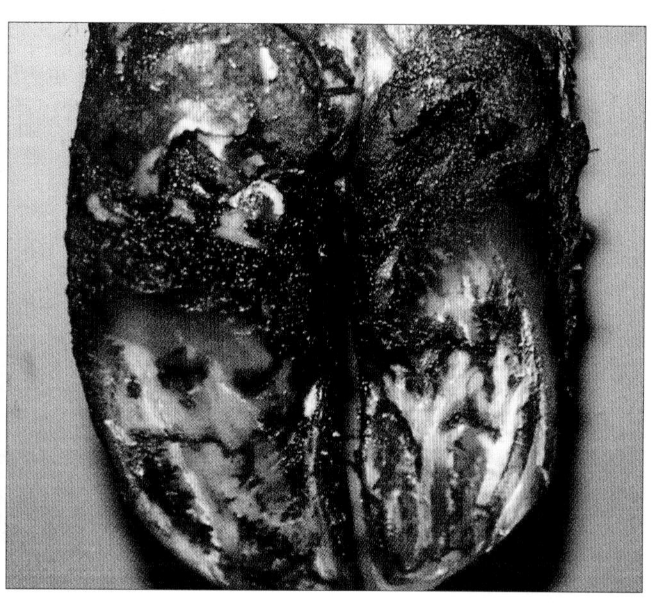

图6-10-2　两侧蹄踵均有较重的病变，右蹄踵角质糜烂，常有充满污黑色液体的小管道

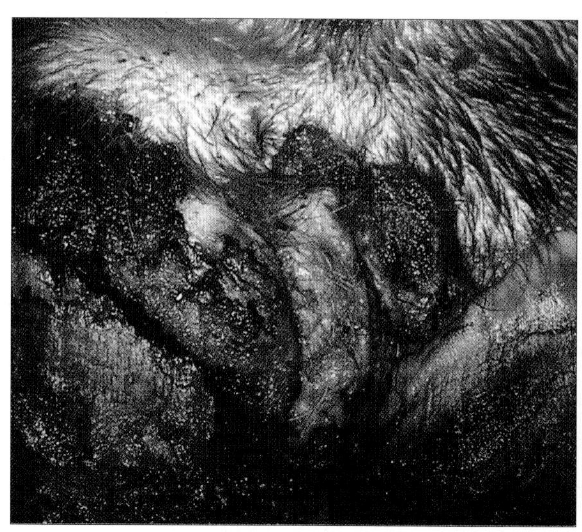

图6-10-3　蹄角质粗糙，有黑色小洞，左蹄踵有深的龟裂

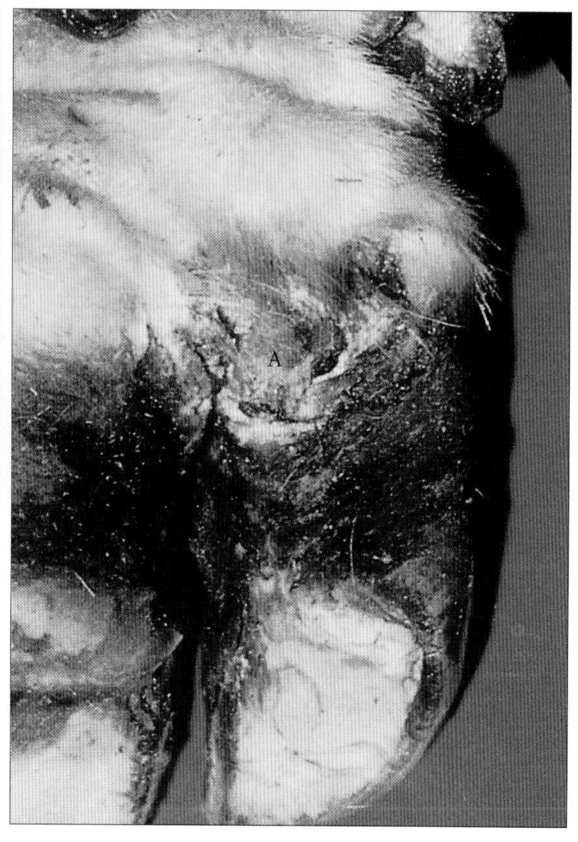

图6-10-4　右蹄踵的蹄角质接合部发生趾皮炎（A），两蹄踵部糜烂

十一、指（趾）间皮炎

（Interdigital dermatitis）

指（趾）间皮炎是没有扩延到皮下组织的指（趾）间皮肤的急性或慢性炎症。本病一般不伴发坏死感染，可发生于各种牛，其中以奶牛多发。临床上虽然四肢均可发病，但以后肢比较多发，且病变较明显。一般为单个散发，但荷兰和比利时曾报道可同时发生很多头。

【发病原因】 一般认为，引起本病的主要原因是牛舍和运动场内潮湿、泥泞、粪尿积聚、卫生情况差、粪尿污物等粘在蹄上没有及时清除。因此，舍饲的奶牛很容易发生本病。但据报道，澳大利亚、英国、瑞典和美国等都在牛指（趾）间隙和相邻的球部浅在性皮炎曾分离出结节状拟杆菌。保加利亚曾报道，结节状拟杆菌和密螺旋体引起母牛暴发趾间皮炎。目前，结节状拟杆菌（*Bacteroides nodosus*）为本病的病原微生物已被一些学者接受。

【临床症状】 病初，病牛常因患蹄不舒服而不时地划动或轻击地面，运步时不自然，或有轻度跛行，指（趾）间病变不易发现。一般需用水清洗后，仔细检查才能发现皮肤的溃烂（图6－11－1）。病变通常起源于靠近蹄球的指（趾）间，该部皮肤充血、潮红、轻微肿胀，放出特殊恶臭气味，并见糜烂和溃疡（图6－11－2）；触诊敏感，有疼痛反应。有的病例在发现时，病变部的角质与皮肤已分离，在分离的角质和真皮之间有泥土、粪便和褥草，这时可有明显跛行。若炎症蔓延到系部，则变为增生性皮炎（图6－11－3）。蹄踵部的蹄冠缘下面有暗道形成，使蹄表皮形成大块的腐蚀区（图6－11－4），随着病变发展，蹄的角质组织亦可形成隐藏的空洞。若感染化脓时，皮肤出现糜烂或溃疡（图6－11－5），进而引起皮肤坏死，病牛的跛行明显。如取慢性经过时，皮肤出现增殖性反应，表皮增厚或呈花椰菜状（图6－11－6）。

患本病的奶牛也可能同时存在乳房或其他部位的湿疹。

【诊断要点】 本病一般起源于近蹄球的指（趾）间，主要位于浅表的蹄角质与皮肤，通常不累及深层组织，临床上的跛行症状较轻微。

本病与腐蹄病易混淆，诊断时须注意鉴别。其区别点是：本病病变保持局限化，且不发生腐蹄病样的肿胀；不像腐蹄病那样发展到蹄的深部组织；可继发指（趾）间增殖，且二者常同时存在。

【治疗方法】 治疗本病的基本原则是：削蹄除腐，防腐消炎。

治疗时，对患部应彻底清洗，修除有暗道的蹄冠缘与浮起的角质，扩开角质，削除潜洞，清除病变部的坏死组织及异物；然后在患部涂布收敛剂和防腐剂，借以杀菌消炎，促进蹄角质坚固。常用的药物包括福尔马林、硫酸铜、磺胺粉、偶氮染剂、土霉素粉和各种酊剂（碘酊、结晶紫酒精）等；也可涂布5%龙胆紫溶液、氧化锌软膏、水杨酸氧化锌软膏等，或碘仿磺胺（1∶5）粉、碘仿鞣酸粉等，用药后需装蹄绷带，2～3天换药1次，连用2～3周。

与此同时，护理十分重要，应把病牛放入干燥的牛舍和运动场内饲养，促进蹄部病损的痊愈。

【预防措施】 强饲养管理，注意环境卫生，特别是保持牛舍和运动场干燥，无积水与泥泞，粪便及时清除，保持奶牛蹄部干燥和清洁。对有较多奶牛发生本病的牛群，应定期采用收敛剂（如10%硫酸铜液等）和防腐消毒药（5%甲醛溶液）进行蹄浴。如此能取得良好的预防效果。

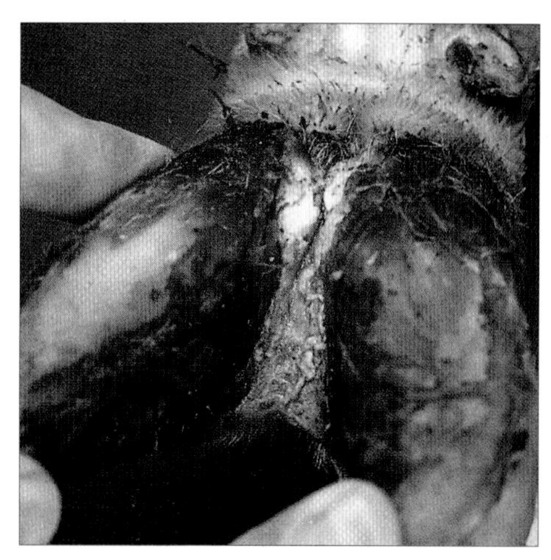

图 6-11-1　趾间皮炎主要为表层的湿性炎症，仔细检查时才能发现

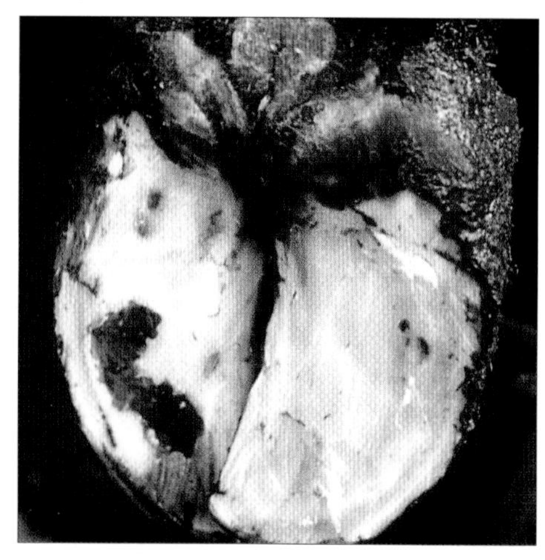

图 6-11-2　洗去表层的坏死组织片，发现直径1~2厘米圆形糜烂和溃疡

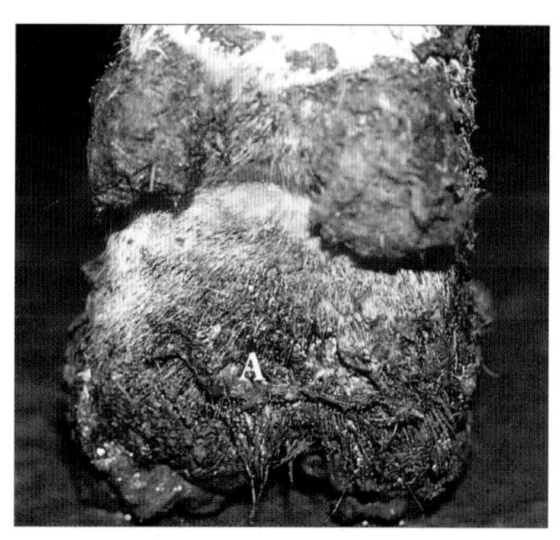

图 6-11-3　典型的病变位于蹄球附近的皮肤，有浆液性渗出物和增生性皮炎变化

图 6-11-4　蹄背部的溃疡较常见，蹄缘角质也发炎，病牛的跛行较重

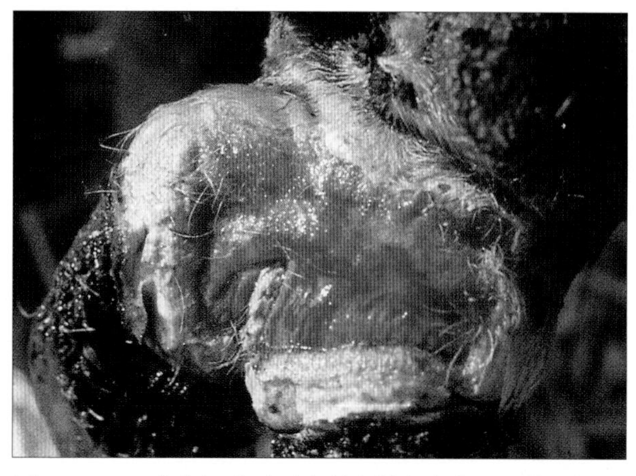

图 6-11-5　病变加重时可出现糜烂和溃疡，且范围扩大

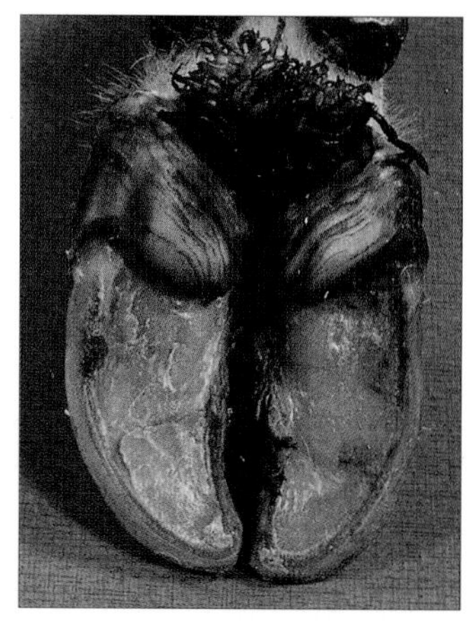

图 6-11-6　慢性增生时，见表皮肥厚或呈花椰菜状

十二、四肢神经麻痹

（Paralysis of nerve in limbs）

四肢神经麻痹是指支配四肢的外周神经受损后引起四肢的运动障碍。这种运动障碍是以四肢肌肉和肌腱的收缩能力减退或丧失为基础的。奶牛的四肢神经麻痹比较多见，尤其是闭孔神经麻痹于奶牛分娩后最易发生。这可能是由于分娩时胎儿过大压迫神经，或助产时强力牵引，引起神经损伤所致。

【发病原因】 四肢神经的损伤在奶牛经常发生，一般根据损伤的性状不同而分为2种，一是开放性损伤，即随四肢软组织(肌肉、腱、韧带)和硬组织（骨骼和关节）的开放性损伤，经常破坏神经干，引起部分或全部截断，致使所属部位的机能紊乱与破坏，发生程度不同的神经麻痹。二是非开放性损伤，即并发于组织的钝性非开放性损伤，引起神经干的震荡、挫伤、压迫、牵张和断裂等，从而引起神经的麻痹。这些损伤常见的有跌倒、在硬地上或破旧失修的手术台上的粗暴侧卧保定、打击、蹴踢等引起神经的挫伤；不合理的石膏绷带和夹板绷带，四肢长时间紧扎止血带，骨病过程中增殖骨胼胝及外生骨赘，骨折片及枪弹等引起的压迫；火器创，即枪弹、弹片等暴力穿过软组织时，分布在该部的神经受到强烈的震荡等。另外，注射部位选择不当或注射的药量过大，有时也可累及四肢神经而引起麻痹。

一般而言，神经的不全损伤和一时性的功能障碍是可复性的麻痹；而神经干的完全断裂则是不可复性的麻痹。

【临床症状】 神经麻痹最常见的症状有3个。

1.运动机能障碍　四肢神经受损后，常因损伤运动神经纤维使运动神经陷于麻痹状态，受其支配的肌、腱的运动机能减弱或丧失，表现肌、腱弛缓无力，丧失固定肢体和自动伸缩的能力（图6-12-1）。患肢出现关节的过度伸展、屈曲或偏斜，或表现特异的跛行症状。有的病牛可因尾骨骨折，骨折部肿胀、疼痛，神经麻痹，排便时尾不能提举（图6-12-2）。

2.感觉机能障碍　四肢神经多属混合神经，伤后程度不同地出现感觉机能障碍，特别是富有感觉纤维的感觉神经陷于麻痹时，感觉减弱或丧失，如针刺皮肤时疼痛反应减弱或消失，腱反射减退等。尾神经麻痹后不仅引起尾根偏斜、运动机能障碍，而且出现感觉机能障碍（图6-12-3）。

3.肌肉萎缩　四肢神经麻痹时，不可避免地要伤及该神经的植物性神经纤维，引起血液循环障碍，营养失调，再加之患肢由于神经麻痹运动不足，因而病后经过一定时间，受其支配的肌肉则出现萎缩，如肌肉凹陷、体积变小等。

【诊断要点】 一般根据四肢的异常站立及运动姿势，肌肉及肌腱的张力减退，感觉减弱或丧失即可初步确诊。但四肢各部位神经麻痹后所表现的症状有很大的差异，此将奶牛常见的几种神经麻痹的诊断简介如下。

1.桡神经麻痹　常见的有全麻痹和不全麻痹2种。桡神经全麻痹的病牛，站立时肩关节过度伸展，肘关节下沉，腕关节形成钝角，此时掌部向后倾斜，球节呈掌屈状态，以蹄尖壁着地（图6-12-4）。运动时前伸困难，蹄尖曳地前进，前方短步，但后退运动比较容易。不全麻痹的病牛，站立时患肢基本能负重。运动时肘关节伸展不充分，患肢向前伸出缓慢，在患肢负重瞬间，肩关节震颤，患肢常磋跌（打前失）。

2.坐骨神经麻痹　有全麻痹和不全麻痹之分。全麻痹的病牛，站立时患肢膝关节稍屈曲。运动时肌肉震颤，以蹄尖着地前进。坐骨神经不全麻痹时，关节不能主动伸展，变为被动屈曲，趾关节随之屈曲。站立时，跗、球、冠关节屈曲，或放于稍前方略能负重。运动时，各关节过度屈曲，蹄高抬，而后以痉挛样运动向下迅速着地。患肢股后、胫后部肌肉弛缓，迅速萎缩。病情严重的病牛，往往不能站立，患肢下部呈屈曲状态（图6-12-5）。

3.股神经麻痹　病牛站立时，以蹄尖轻轻着地，膝盖骨不能固定，膝关节明显下降，膝关节以下各关节呈半屈曲状态，同侧前肢肘关节也出现假性下降（图6-12-6）。运动时，患肢提起困难，呈外转肢势，落地负重时，膝关节和跗关节突然屈曲。如两侧发病，既不能站立也不能运动。

4.闭孔神经麻痹　一侧闭孔神经麻痹时，可见患肢外展（图6-12-7），运步时，即使是慢步，也可见步态僵硬，小心翼翼地运步。两侧闭孔神经麻痹时，病畜不能站立，力图挣扎站立时，呈现两后肢向后叉开（图6-12-8），呈现犬坐或蛙坐姿势（图6-12-9）。

5.腓神经麻痹　神经全麻痹的病牛，站立时，跗关节表现高度伸展状态，以系骨及蹄的背侧面着地。运动时，以蹄前壁接地前行。神经不全麻痹时，上述症状比较轻。站立时无明显变化或有时出现球节掌屈。运动时，有时出现轻度的蹄尖壁触地现象，特别是在转弯或患肢踏着不确实时，容易出现球节掌屈。

【治疗方法】 治疗本病的基本原则是：兴奋神经和防止再损伤。

1.兴奋神经　为了促进机能恢复，提高神经的兴奋性、增强肌肉的张力和促进血液循环，可进行按摩疗法，病初，每天2次，每次15～20分钟。按摩后局部涂擦刺激剂。为了预防肌肉萎缩，可试用低频脉冲电疗、感应电疗、红外线照射和针灸疗法等对受损的局部肌肉进行治疗。为兴奋骨骼肌可肌肉内注射氢溴酸加兰他敏（galanthaminihy drobromidi）注射液，每日每千克体重0.05～0.1毫克。此外，可在应用兴奋剂注射后，每天用0.9%盐水溶液150～300毫升分数点注入患部肌肉内，保持肌肉内有足够的持续性刺激。另外，也可肌肉注射复合维生素B_1，维生素B_2；肌肉或静脉注射地塞米松。

2.防止再损伤　为了防止再损伤使病情加重，故对全麻痹的病牛应令其安静休养，有时还须打石膏绷带固定患肢。对较轻的不全麻痹的病牛，在进行兴奋神经治疗的同时，可令其做适当的运动，但速度不能过快，防止病牛跌倒。

此外，有条件时对截断的神经可实施接合手术，以便减轻麻痹的程度。

【预防措施】 奶牛四肢神经的麻痹多由机械性损伤所引起。因此，对奶牛的保定、捆绑、打绷带或助产等，都应注意保护神经；加强管理，防止奶牛跌倒、相互蹴踢、挫伤和打击等外力的作用；对四肢的骨折和创伤等的处置时尽量保护神经，防止麻痹的发生。

图6-12-1　臂神经丛受损，病牛的肘关节下沉，丧失固定前肢和正常运动的能力

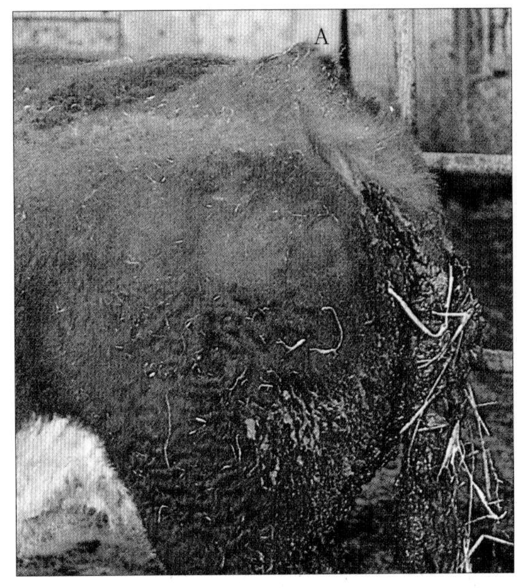

图6-12-2　尾骨骨折而尾神经麻痹，排便时尾不能上举，骨折部肿胀（A）

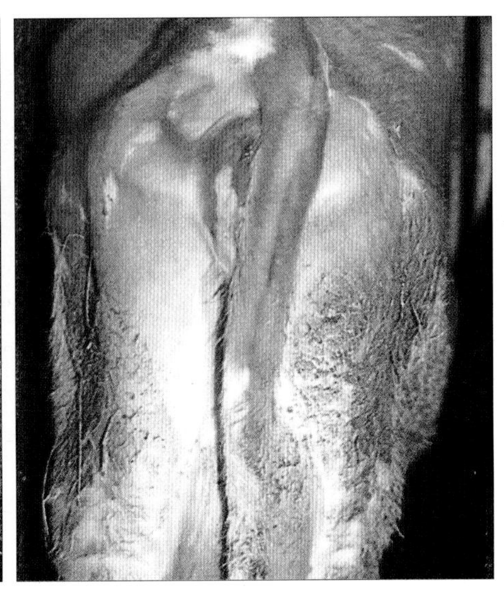

图6-12-3　病牛的尾神经麻痹引起尾根偏斜

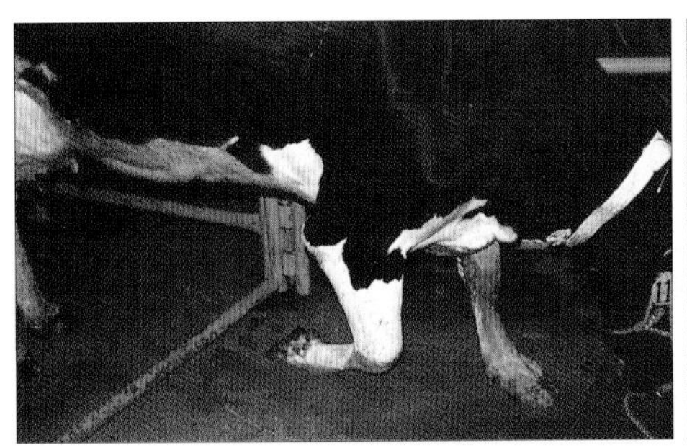

图6-12-4　桡神经麻痹，病牛的肘关节弛缓下沉，腕关节和球关节屈曲不能负重

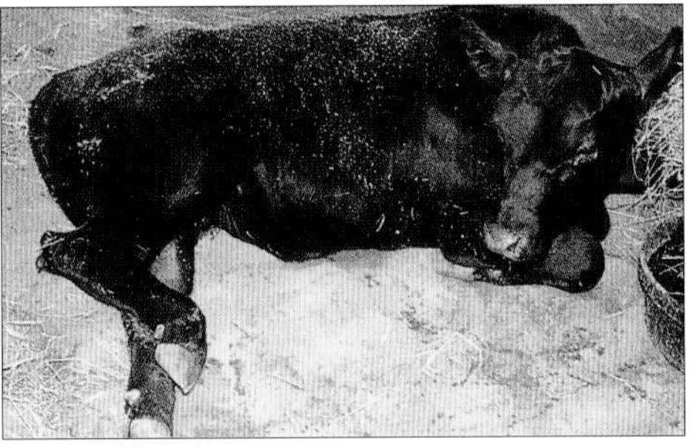

图6-12-5　右后肢坐骨神经麻痹，病牛不能站立，左后肢屈曲而横卧

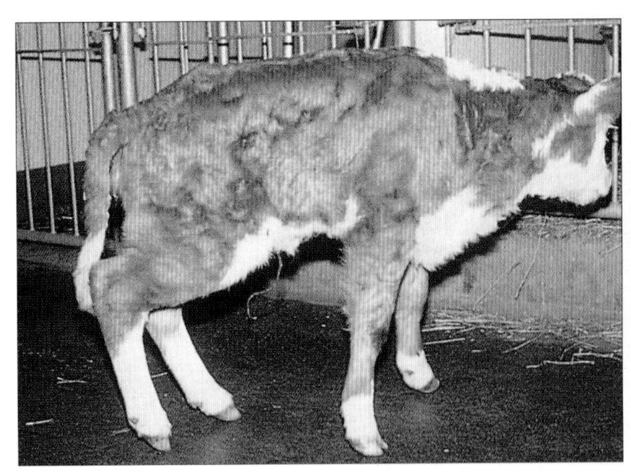

图6-12-6　股腓神经麻痹，股四头肌运动障碍，膝关节下沉，跗关节屈曲不能负重

图6-12-7　病牛患闭孔神经不全麻痹，运步时右后肢向外旋转

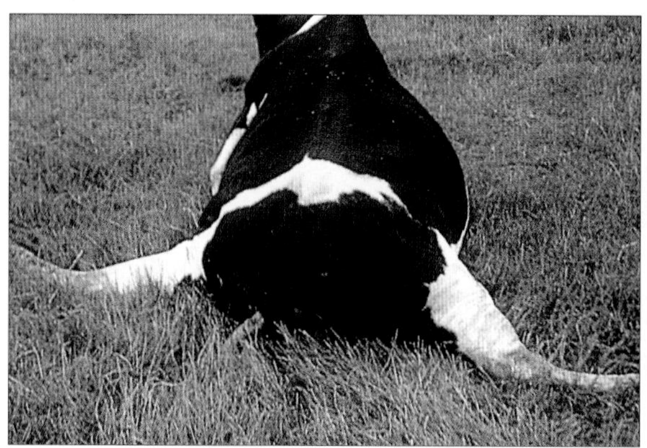

图6-12-8　（闭孔）坐骨神经麻痹伴发股骨骨折时两后肢呈劈叉姿势

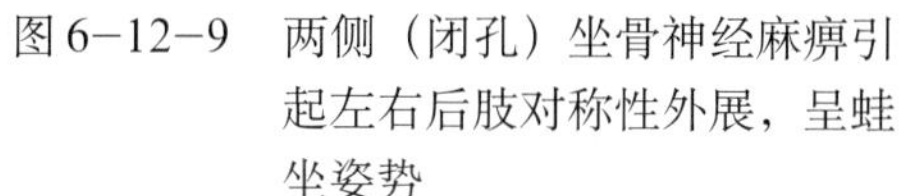

图6-12-9　两侧（闭孔）坐骨神经麻痹引起左右后肢对称性外展，呈蛙坐姿势

十三、直 肠 脱

(Rectal prolapse)

直肠脱是指直肠的一部分或大部分由肛门向外翻转脱出的一种疾病。如果仅直肠末端黏膜脱出，称为脱肛。本病可发生于任何年龄的牛，但以奶牛常见多发。

【发病原因】 直肠脱的主要原因是腹腔及盆腔内压过大和肛门括约肌弛缓；其次是长期便秘、腹泻，分娩努责，直肠炎，阴道炎和母牛阴道脱出等。常见的诱因是瘤胃臌胀，盆腔和腹腔内脂肪过多，妊娠，直肠活动性过大，给奶牛经直肠灌刺激性药物，久卧不起和长时间剧烈的咳嗽等。

【临床症状】 根据病变的轻重不同有脱肛和直肠脱之分。

1.脱肛　病变较轻，是直肠末端的部分黏膜当病牛卧地或排便时因腹内压增高而引起。临床的主要表现为脱出的直肠末端黏膜呈暗红色，半球状，表面有轮状皱缩（图6-13-1），中央有肠道的开口。初期，随着腹腔内压的减轻，脱出的肠黏膜常能自行缩回，如果能除去使肠黏膜脱出的病因后就能自愈。后期，随着脱出的黏膜发炎，再加之肛门受直肠静脉的压迫，使该处静脉压增高，进而引起肛周及直肠黏膜水肿，体积增大，则不易回复原位（图6-13-2）。病情加重时，即使病牛站立，其肛门部的黏膜也呈球状或球状突出，并因血液循环障碍而呈暗红色水肿状（图6-13-3）。如发生损伤，可引起感染或坏死。

2.直肠脱　常继发于脱肛之后，但也有原发性的。一般是在脱肛之后，随着病情的发展和病畜的频频努责，又增加了直肠黏膜脱出的长度。此时，脱出物为直肠壁，由圆球形的脱出物变为圆筒状下垂而粗大的脱出物。脱出物由肛门垂下并向下弯曲，往往发生损伤、坏死，甚至由于直肠壁破裂而引起小结肠脱出。此时黏膜水肿也更加严重，甚至发生损伤、黏膜出血、坏死和糜烂（图6-13-4）。直肠脱出往往伴发小结肠套叠，此时表现为圆柱状肿胀物向上弯曲，手指可沿直肠脱出物和肛之间插入。

直肠脱出的病牛长期有里急后重的表现，频频努责，并出现厌食、精神不振和发热等全身性症状。

【诊断要点】 本病较易诊断，一般根据病牛有腹内压或盆腔内压增高的表现，当病牛卧地时可发现部分直肠黏膜外露并有明显的突出物即可确诊。但病初的脱肛需仔细观察才能发现，因为病牛站立时大多没有明显的变化。

【治疗方法】 一般根据不同的病情可参照下述方法及时进行治疗。

1.整复脱出　整复的目的是使脱出的黏膜或直肠恢复到原来的状态。整复应及早进行，若造成腹内压增大的原因能及时排除，早期的整复将会收到满意的结果。

整复的方法是：对新发生不易恢复的脱肛，应用高渗盐溶液，或0.1%高锰酸钾溶液，或2%明矾水，将脱出的直肠黏膜洗净，热敷后缓慢地将其还纳于肛门内。对直肠脱，由于直肠壁已部分脱出，不容易还纳时，可先进行荐尾硬膜外腔麻醉，再用0.25%高锰酸钾溶液清洗和消毒脱出的直肠，并剪去严重水肿的黏膜和坏死的黏膜组织，然后用医用润滑油润滑黏膜，用手掌托起在病牛不努责的情况下缓慢还纳。

2.固定肛门　此法是在整复的基础上加以应用，目的是人为地提高肛门周围组织的张力，防止直肠黏膜的再次脱出。常用的固定肛门的方法有2种，一是注射酒精法，二是袋口缝合法。

（1）注射酒精法　即在直肠周围注射酒精，其目的是利用酒精的刺激作用，使直肠周围的结缔组织增生，从而固定直肠。实施方法是：在肛门的上方和左右两侧、肛门括约肌的外周上，将长针头刺入，沿直肠外侧深入10～15厘米，在该处注射95%酒精10毫升和2%的普鲁卡因4毫升混合液。通常情况下只注射3点，即肛门上方和肛门的两侧。注射时可将手指伸入直肠内借以指引针刺的方向，防止针尖刺入直肠内。

（2）袋口缝合法　是利用缝线将肛门口缩小，从而阻止直肠黏膜和肠壁的脱出。其方法是：用韧性较强的缝线，在距肛门口约1厘米处，在肛门的左侧或右侧环绕肛周进行连续性缝合，使肛门部分封闭，但要留出二指宽的排粪口，并于肛门的左侧或右侧打结。经7～10天后病牛不再努责，肛门周围组织的张力提高后即可拆除缝线。应用本疗法时，须特别注意护理，如果病牛排粪困难，应每隔3～6小时用温肥皂水灌肠，然后用手指将直肠中的积粪取出，之后灌入油脂，使黏膜滑润，有助于排粪。

3.手术切除　此法适用于上述方法无效；或脱出的直肠过多，整复有困难；或脱出的直肠发生坏死、穿孔或有套叠而不能复位的病例。常用的手术方法是：先行荐尾硬膜外腔麻醉，或先经后海穴注射3%普鲁卡因液30～50毫升。然后清洗、消毒脱出的肠管，并分辨健康肠管与病变肠管的界线。接着用消毒的两根长封闭针头，在靠近肛门处的健康肠管上相互垂直成十字刺入，以固定肠管。这样的固定可以防止切除脱出的直肠后，断端回复到直肠内无法缝合，同时，固定好的直肠缝合操作更加方便。固定确实后，在距离固定针2厘米处切除坏死的肠管，并充分止血。之后，先结节缝合外圈直肠的浆膜肌层和内圈直肠的浆膜肌层，接着再结节缝合外圈直肠黏膜和内圈直肠黏膜。缝合完毕，用0.1%高锰酸钾液或0.1%新洁尔灭液冲洗、消毒，并用医用润滑油润滑直肠，除去固定针，还纳直肠于肛门内。

手术后，肌肉注射抗生素以控制感染，并根据病情采取镇痛、消炎、缓泻等对症疗法。同时应将病牛置于清洁干燥的圈舍内，喂以柔软饲草，防止病牛卧地。

【预防措施】 腹内压增高和肛门括约肌松弛是引起本病的最主要原因。奶牛常在瘤胃膨胀和妊娠时易发生腹内压增高。因此，应尽量减少给奶牛易发酵的饲料，合理地搭配日粮；妊娠后期的奶牛可增加饲喂的次数，减少饲喂的量，借以减轻腹内压。肛门括约肌的松弛常与持续性腹泻或分娩时引起神经的长时间受压或损伤等有关，多是一种继发性的病变，因此，要做好原发性病变的处理和预防。

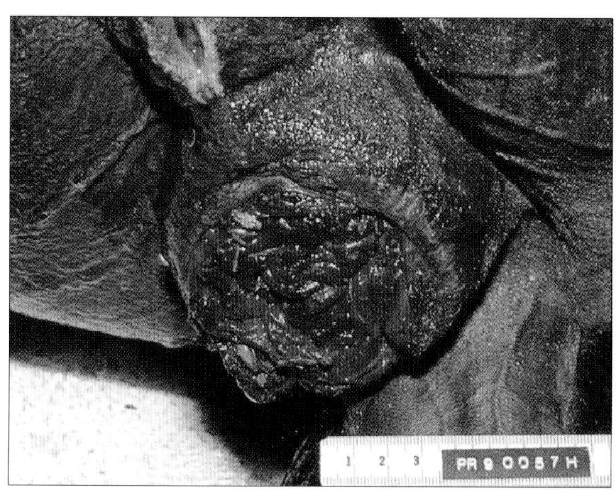

图 6-13-1　直肠黏膜外翻，淤血呈暗红色

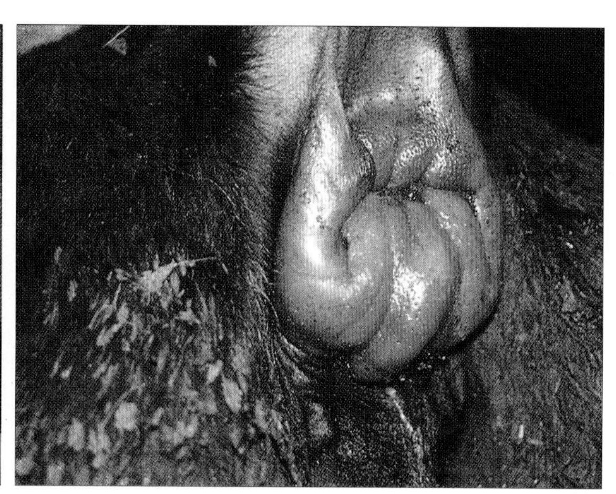

图 6-13-2　直肠黏膜突出，引起肛周水肿

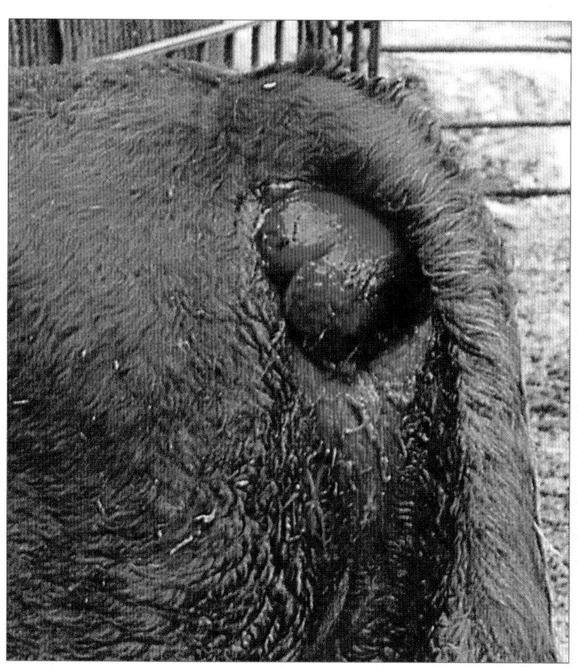

图 6-13-3　24 小时内脱出的直肠，黏膜淤血，呈暗红色伴发水肿

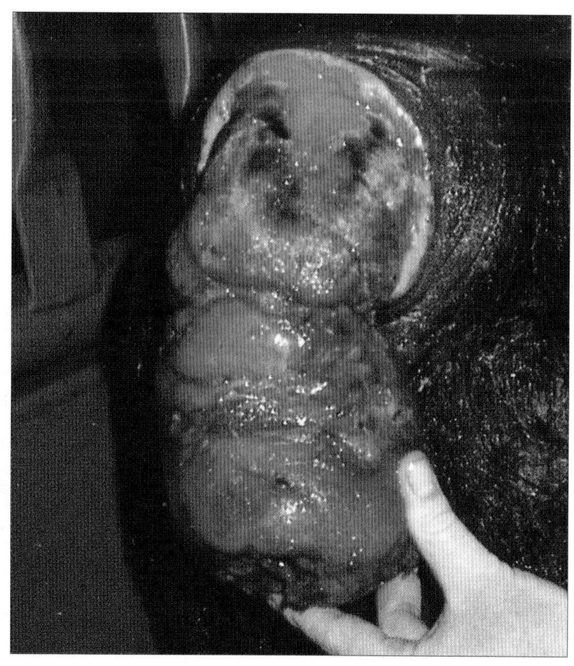

图 6-13-4　脱出 7 天的直肠，黏膜淤血、水肿，并有局灶性出血、坏死和糜烂

第七章

奶牛常见的中毒病

一、亚硝酸盐中毒

（Nitrite poisoning）

亚硝酸盐中毒是指富含硝酸盐的饲料在饲喂前的调制中或采食后在瘤胃内产生大量亚硝酸盐，吸收入血产生高铁血红蛋白血症，导致组织急剧缺氧而引起的中毒。其主要的临床特点是：病牛突然发病，可视黏膜发绀，呼吸困难，神经紊乱等。本病多发生于猪和牛；病程短促，多在饱食后突然发生，病情严重时常可导致动物迅速窒息死亡。

【发病原因】 当牛采食一定数量的硝酸盐或亚硝酸盐时，就能引起中毒。一般而言，亚硝酸盐是饲料中的硝酸盐在硝酸盐还原菌的作用下经还原作用而生成的。因此，亚硝酸盐的产生，主要取决于饲料中硝酸盐的含量和硝酸盐还原菌的活力。

饲料中硝酸盐的含量，因植物种类而异。试验证明，富含硝酸盐的饲料有甜菜、萝卜、马铃薯等块茎类；白菜、油菜等叶菜类；各种牧草、野菜、作物的秧苗和稿秆(特别是燕麦秆)等。硝酸盐还原菌广泛分布于自然界，并大量存在于牛的瘤胃内。存在于外界的硝酸盐还原菌，需要一定的温度（最适温度为20～40℃）和湿度才能充分发挥作用。当白菜、油菜、甜菜、野菜等青绿饲料或块茎饲料，经日晒雨淋或堆垛存放而腐烂发热时，以及用温水浸泡、文火焖煮或靠灶坑余烬、锅釜残热而持久加盖保温时，往往会使硝酸盐还原菌活跃，产生大量亚硝酸盐，当牛采食了这些饲料时，就易发生中毒。瘤胃内的硝酸盐还原菌将硝酸盐还原为亚硝酸盐，最适pH为6.3～7.0左右；当日粮中糖类饲料少时，瘤胃内酸碱度在pH7左右，硝酸盐还原为亚硝酸盐的过程活跃，容易造成亚硝酸盐的蓄积；当日粮中糖类饲料多时，瘤胃内的pH低下，硝酸盐还原为亚硝酸盐的过程受到抑制。因此，每当喂给奶牛大量富含硝酸盐的饲料时，如果日粮中糖类饲料不足，往往会发生亚硝酸盐中毒。

饮用硝酸盐含量过高的水，也是造成亚硝酸盐中毒的原因。业已证明，含硝酸钾200～500毫克/千克的饮水即可引起奶牛的中毒，而施氮肥过量的田水、深井水以及厩舍、厕所、垃圾堆附近的地面水，含硝酸盐很浓，常达1 700～3 000毫克/千克，有的甚至高达8 000～10 000毫克/千克，极易造成中毒。实验证明，牛亚硝酸盐最小致死量为每千克体重88～110毫克，硝酸钾最小致死量则为每千克体重0.6克。各种饲料的硝酸钾安全极限是其干物质的1.5%，饮水的硝酸钾安全极限为200毫克/千克。

【发病机理】 亚硝酸盐属氧化剂毒物，吸收入血后可使血红蛋白中的二价铁（Fe^{2+}）脱去电子而被氧化为三价铁（Fe^{3+}），从而使正常的低铁血红蛋白变为高铁血红蛋白（Hb = Fe～OH），其三价铁同羟基结合得牢固，流经肺泡时不能氧合，流经组织时不能氧离，丧失了血红蛋白正常的携氧功能。健康动物的高铁血红蛋白只占血红蛋白总量的0.7%～10%。少量亚硝酸盐进入血液，生成较多的高铁血红蛋白，通过机体的多种还原机制而自行解毒，临床上无中毒的表现；但若进入的亚硝酸盐过多，当高铁血红蛋白达到30%～50%时，即导致贫血样缺氧，造成全身各组织特别是脑组织的急性损害，加上亚硝酸盐的扩血管作用，伴以外周循环衰竭，使组织缺氧愈益深重，而出现呼吸困难，神经机能紊乱；当高铁血红蛋白达到80%～90%时，则奶牛的病情危重，常于短时间内致死。

【临床症状】 奶牛通常在采食后5小时左右突然发病。病牛高度呼吸困难、张口喘气，皮肤及可视黏膜发绀，特别是阴道黏膜表现敏感，当有20%血红蛋白变性时，色泽呈淡红色（图7-1-1）；当有60%血红蛋白变性时，可视黏膜呈灰蓝色（图7-1-2）。血液呈巧克力色，脉搏细速；衰弱无力，步态蹒跚，肌肉震颤或出现阵发性痉挛，全身抽搐，甚至角弓反张；多伴有明显的流涎、呕吐、腹痛、腹泻等硝酸盐对消化道的刺激症状。一般情况下整个病程可延续12～24小时，病牛通常在没有挣扎中死亡。其特点是群发性，摄食多的青壮年奶牛多死亡（图7-1-3），病尸的肛门和阴门黏膜明显发绀（图7-1-4）。

【诊断要点】 通常依据对饲料的调查，临床症状及胃内容物的检验即可确诊。

当病牛具有可视黏膜发绀，呼吸高度困难、流涎、呕吐、腹痛、腹泻和肌肉震颤或出现阵发性痉挛等临床症状，以及起病的突然性、发生的群体性、与饲料调制失误的相关性，即可做出初步诊断，并火速组织抢救，通过特效解毒药美蓝进行治疗，验证诊断。必要时，可在现场作变性血红蛋白检查和亚硝酸盐简易检验。

亚硝酸盐简易检验法：取残余饲料的液汁1滴，滴在滤纸上，加10%联苯胺液1～2滴，再加10%醋酸液1～2滴，滤纸变为棕色，即为阳性反应（图7-1-5）。

变性血红蛋白检查法：取血液少许于小试管内振荡，棕褐色血液不发生红转的，大体就是变性血红蛋白。为进一步确证，可滴加1%氰化钾(钠)液1～3滴，血色即转为鲜红色（图7-1-6）。

【治疗方法】 治病本病的常用药物有美蓝、甲苯胺蓝和抗坏血酸等，其中小剂量美蓝是亚硝酸盐中毒的特效解毒药。

美蓝的用量为每千克体重4～8毫克，使用方法是配制成1%美蓝液(取美蓝1g，溶于10毫升酒精中，再加灭菌生理盐水90 毫升)一次静脉注射。

甲苯胺蓝还原变性血红蛋白的速度比用美蓝的快37%，亦有明显的治疗作用。其使用剂量为每千克体重5毫克，一般配成5%溶液，静脉注射、肌肉注射或腹腔注射。

大剂量抗坏血酸，作为还原剂用于亚硝酸盐中毒，疗效也很确实，而且取材方便，只是奏效速度不及美蓝快。其使用剂量为3～5克，配成5%溶液，肌肉或静脉注射。

在使用特效药物进行治疗的同时，还应采取有效的对症治疗措施。为了减轻胃肠道的刺激症状，可内服石蜡油或黏浆剂；为了提高血糖的浓度和减少亚硝酸盐的形成可静注10%葡萄糖并配合使用维生素C；心力衰竭的病牛，要采取强心措施；处于休克状态时，应立即给予兴奋剂。

【预防措施】 注意改善青绿饲料的堆放和蒸煮办法。青绿饲料，不论生熟，摊开敞放，是预防亚硝酸盐中毒的有效措施。青绿饲料一经发酵变烂，就应废弃不用。接近收割的青绿饲料不应施用硝酸盐等化肥，以免增高其中的硝酸盐或亚硝酸盐的含量。另外，还应保管好硝酸盐和亚硝酸盐等药品，防止这些药物的误用。化肥应妥善保管，化肥袋及喷雾器不可随地抛置。化工厂废水须有严格的监测管理制度。

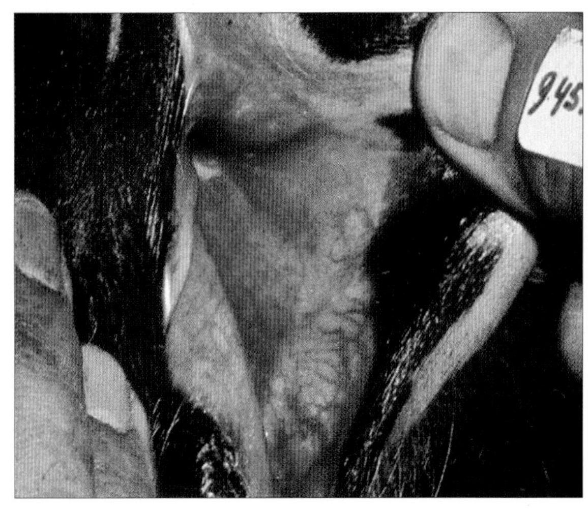

图 7−1−1　阴道黏膜的表现最明显，当20%血红蛋白变性时，阴道黏膜呈淡红色

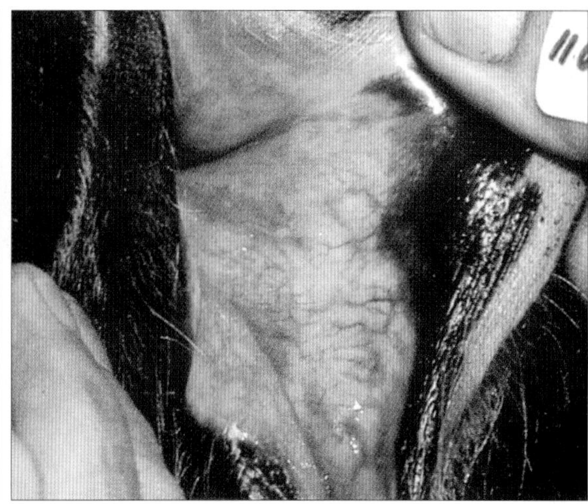

图 7−1−2　当60%血红蛋白变性时，阴道黏膜呈灰蓝色

图 7−1−3　群发性亚硝酸盐中毒

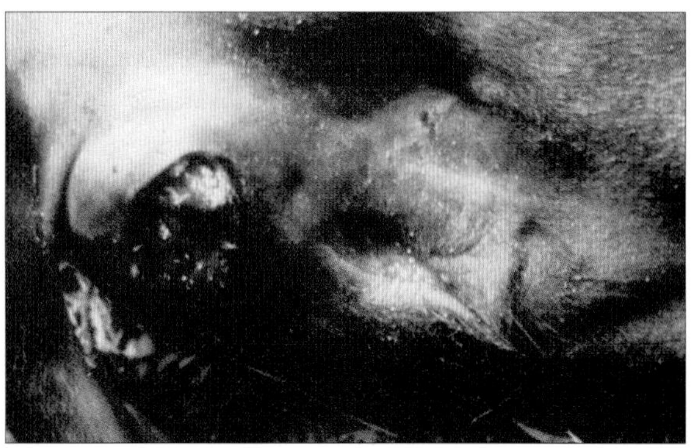

图 7−1−4　肛门和阴门的黏膜明显发绀

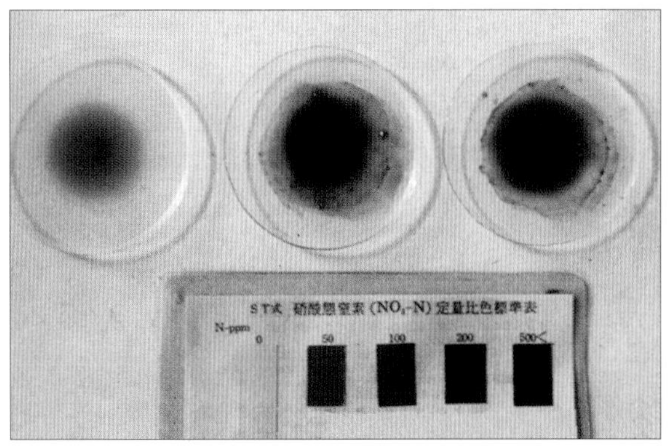

图 7−1−5　检测饲料中的亚硝酸盐，左为阴性，中和右为阳性

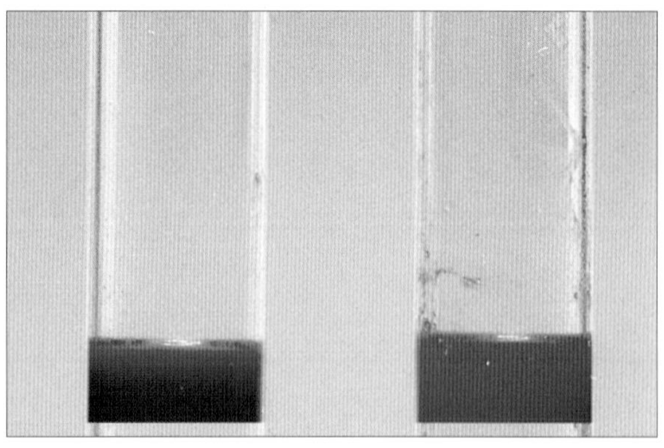

图 7−1−6　左为正常对照，右为亚硝酸盐中毒的血液变化

二、蕨中毒

（Bracken poisoning）

蕨中毒是指奶牛在短期内大量采食蕨类植物发生的一种急性致死性中毒症；以严重的骨髓损害和出血性素质为特征。病牛表现高热、贫血、嗜中性白细胞减少，血小板减少、血液凝固性降低，全身泛发性出血等危急症状。发病率和死亡率可以很高，易造成较大的经济损失。本病广泛发生于世界各地，主要见于在富蕨牧地上的放牧的奶牛群，饥饿状态下放牧或突然更换牧地可能会导致本病的大暴发。我国曾有在四川及湖南等山区牧场暴发大群奶牛蕨中毒的报道。

不同年龄及品种的奶牛、肉牛、役牛及水牛均可患本病，但犊牛更为敏感。牛急性蕨中毒时常有明显的全身性出血、血汗及骨髓损伤，故本病又有牛出血病、血汗症、血珠病以及泛骨髓痨等别名和俗称。当牛少量长期采食蕨之后，可导致以间歇性血尿为特征的慢性中毒，特称牛地方性血尿症。

【发病原因】 对动物具有毒性的蕨类植物主要有2种，即在世界上广泛分布的和在亚洲部分地区分布的毛叶蕨。毛叶蕨主要分布在温热带地区，在我国的分布也很广泛，如贵州、四川、云南、陕西、湖南、湖北、广东、广西、西藏及台湾等省（自治区）均有分布。

蕨中毒一般在春夏两季采食蕨叶数周至数月后于夏末秋初暴发。春天，蕨在其地下茎上发芽，而且发芽比其他野生植物早，因而成为春季放牧时牛采食的主要植物，牛吃了很容易发生中毒。

蕨中毒主要与毒性因子有关。蕨的全株都有毒性，甚至干燥后也不能去除。已知蕨中含有许多毒性因子，如氰甙配糖体、硫胺素酶、再生障碍性贫血因子、血尿因子及致癌物质等。在这些因子中，再生障碍性贫血因子可引起牛再生障碍性贫血；血尿因子和致癌物质可引起牛的鼻、喉、肠、膀胱出血，发生血尿(牛地方性血尿症)和膀胱癌等。

【发病机理】 大量研究表明，蕨中毒主要引起再生障碍性贫血和出血性素质。日本学者吉冈丰(1973)根据实验指出：蕨毒素可导致牛的骨髓及肝脏的机能障碍，并因之而出现血凝不全，红细胞、粒细胞、血小板减少及出血。血小板减少及肝机能障碍使凝血因子Ⅱ、Ⅶ、Ⅴ及X的减少均可造成凝血系统异常；而血钙的减少、血中肝素样物质的增多也是血凝不全的原因。全身出血性变化则是由于血凝障碍及血管损害等诸因素综合作用的结果。严重的骨髓损伤、出血及重要脏器的退行性变无疑是使病情恶化并最终死亡的直接原因。

另外，Evans（1968，1987）研究了实验性蕨中毒犊牛的细胞与体液变化，认为牛蕨中毒还能引起全身性炎症反应。如肥大细胞明显增多，血管外淋巴细胞、浆细胞、单核细胞、嗜酸性粒细胞及具有大量周边核的多核巨细胞等也有不同程度的增加。另外可见血纤维蛋白原及血清黏蛋白水平异常以及胃肠道隐窝上皮细胞的损伤等。应用人工合成的氢化皮质类甾醇可以成功地治疗牛的急性蕨中毒，似乎也证实了本病的炎症性质。蕨中毒病牛的高热，则可能是损伤细胞产生的内生性致热原刺激下丘脑体温调节中枢而引起的。

【临床症状】 本病一般在奶牛采食蕨类植物几周或停食后的一段时间内才出现典型的症状。病初，病牛精神沉郁，食欲减损，消瘦虚弱；继之，茫然呆立，步态踉跄，后躯摇摆，直至卧地难起。病情急剧恶化时，体温突然升高，达40～42℃，个别达43℃，食欲大减或废绝，瘤胃蠕动减弱或消失。病牛大量流涎，明显腹痛，频频努责，排出少量稀软带血的糊状粪便，甚至排出血凝块。怀孕母牛后期常有异常胎动及流产；泌乳母牛排血性乳汁；有的病牛排出暗红色或葡萄酒样的血尿（图7−2−1），且排尿困难。病牛常因血尿而出现贫血和营养不良（图7−2−2）。

出血为本病重要的临床体征。病牛的眼结膜贫血黄染，常见大小不等的出血点（图7−2−3），严重时见眼前房出血，整个眼睛呈暗红色（图7−2−4）。阴道黏膜也有斑点状出血并黄染（图7−2−5）；病情较重时，可见外阴中央部的黏膜有带状出血（图7−2−6）。少数病例可出现鼻出血（图7−2−7）及口、眼、耳的出血及血汗；皮肤斑点状出血也可十分显著，尤其是在被毛稀疏的耳壳、会阴、股内侧和四肢系部；昆虫叮咬部以及皮肤穿刺或注射后针孔长时间（可达40小时以上）流血不止；在撞击或梳刮牛体时也可能造成皮下血肿。

犊牛对蕨中毒的敏感性较高，短期内采食大量蕨叶时，起病突然，病势猛烈，多以死亡告终。病初高热，腹痛，出血严重，血小板剧减者病程短；鼻孔和嘴边有大量黏液性分泌物，喉部水肿，引起呼吸困难和“喘鸣声”，一般在1周左右死亡，最短的可在出现症状后2日死亡。病程长的可达数周至数月。

血液学的变化具有再生障碍性贫血的特征，表现为巨核细胞、成红细胞和成髓细胞受损，血小板减少和白细胞减少（白细胞分类显示粒细胞极度减少，淋巴细胞相对增多）。毛细血管脆性增高，流血时间延长，凝血块收缩不良等。

【病理特征】 根据病牛的临床表现及蕨中毒的病理形态学变化不同而有急性蕨中毒与慢性蕨中毒之分。

1.*急性蕨中毒* 以全身泛发性出血和骨髓损伤为特征。剖检见全身皮肤、皮下组织、黏膜、浆膜（图7−2−8）、肌肉、脂肪及实质器官均有明显的出血性变化。胸水、腹水或心包液可因混有红细胞而呈淡红色。全身多处的疏松结缔组织及脂肪组织可见胶样水肿。皮肤的出血以耳壳、会阴部、头颈部、股内侧及四肢系部最为明显。膀胱黏膜常可见斑点状出血（图7−2−9），消化道及呼吸道黏膜除出血外，尚可见糜烂、溃疡及水肿。肌肉组织内出现大小不等的出血斑块，有的形成大血肿。以臀部、肩胛部及肋间肌最为明显。心脏的出血常较严重，左心内膜尤为明显，犹如溅血样密布（图7−2−10）。四肢长骨黄骨髓胶样化，其内散在出血斑点。股骨、肋骨头及胸骨柄的红骨髓为黄骨髓取代，呈淡红色（图7−2−11）。

此外，还见肝、心、肾等实质器官有不同程度变性、坏死，尤以肝脏较为明显。

2.*慢性蕨中毒* 以膀胱的出血性、炎性变化和肿瘤形成为特点。剖检见多数病例有膀胱肿瘤存在（图7−2−12）。肿瘤的大小、形态、色彩、质地和数量各异，主要取决于它们的组织类型、恶性程度及生长方式。奶牛蕨中毒引起的膀胱瘤中有时可见到单纯性血管瘤（图7−2−13），在临床上也可用内视镜检查出（图7−2−14），但复合性肿瘤最为多见，且绝大部分为上皮性肿瘤与间叶性肿瘤同时存在。在这些肿瘤中大多数为恶性肿瘤，所以肿瘤的出血、坏死，浸润性生长，直接蔓延及转移明显。肿瘤的迅速生长和对血管的侵蚀常导致肿瘤组织的出血和坏死（图7−2−15）。肿瘤在向膀胱腔中生长的同时还向膀胱壁中浸润，使膀胱壁固有结构破坏和增厚。与此同时，还可向周围器官表面蔓延扩展，常能造成输尿管开口处的不完全或完全阻塞，从而引起肾盂肾炎、肾盂积水或肾脏萎缩。

【诊断要点】 一般根据有采食蕨类植物的调查，以及典型的临床、血液与病理学变化，不难诊断。通常在蕨中毒的发热及其他临床体征出现之前，病牛的血液学改变已相当显著。因此，在本病流行区流行季节对高危牛群定期进行血液学检查，及时剔出那些虽未充分表现临床症状但已中毒的轻症病牛或亚临床病牛，采取早期治疗，常能收到良好效果。

【治疗方法】 目前尚无特效解毒药，只能采用综合性对症疗法，其中输血或输液、刺激骨髓再生和拮抗血液中的肝素是首先应解决的问题。

1．输血或输液　视牛的体重可一次输注新鲜全血500～2 000毫升，或输注富含血小板血浆，每周1次，早期效果良好。

2．应用骨髓刺激剂　对蕨中毒病牛早期采用骨髓刺激剂鲨肝醇，可促使血细胞新生。其使用方法是：鲨肝醇1克，橄榄油10毫升，溶解后一次皮下注射，每天1次，连续5天；或取鲨肝醇2克，吐温80（或吐温20）50克，生理盐水100毫升，煮沸后冷却，每天静脉注射20～50毫升，连续数日。

3．应用肝素拮抗剂　蕨中毒的病牛，其循环血液中肝素样物质增多，可考虑采用肝素拮抗剂。配合输血，用1%硫酸鱼精蛋白10毫升静脉注射；或者用甲苯胺蓝250毫克，溶于生理盐水250毫升中静脉注射。

此外，在治疗过程中，还可根据具体情况采用抗纤维蛋白溶酶制剂、维生素制剂、止血剂、保肝剂、营养剂、强心利尿剂及胃肠调整剂等进行对症治疗。

【预防措施】 目前预防本病的得力措施是加强饲养管理和进行牧地改良。

1.加强饲养管理　其目的是尽可能避免到蕨茂密的牧地上放牧，特别是禾本科牧草尚未大量萌发而蕨类植物已茂盛生长的春季。适时地调整牛群的放牧路线、区域及缩短放牧时间，可减少牛接触蕨类植物的机会。另外，还应注意剔除刈割饲草及垫草中混入的蕨类植物。

2．进行牧地改良　进行牧地改良的目的是控制蕨类植物的生长。由于蕨的生命力异常顽强，目前尚无有效的生物学控制法。因此，深耕并清除翻犁出来的蕨根状茎，或适时地刈割蕨的地上部分，能有效地减少蕨的密度。据报道，黄草灵是一种吸收移行型多年生杂草除草剂，为一种比较理想的化学除蕨剂。其安全性、稳定性较好。当在蕨叶面上喷洒黄草灵后，很快可使蕨株枯死，并可有效控制达2年之久。本药使用的最佳时间是当大多数蕨叶已展开但仍较为柔嫩时。

图7-2-1　病牛的尿液如血液样呈暗红色

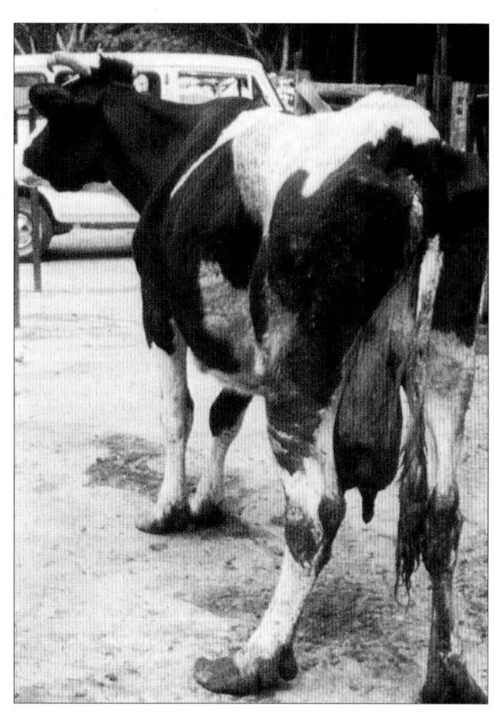

图7-2-2　不断排血尿引起病牛贫血、营养不良，乳量锐减

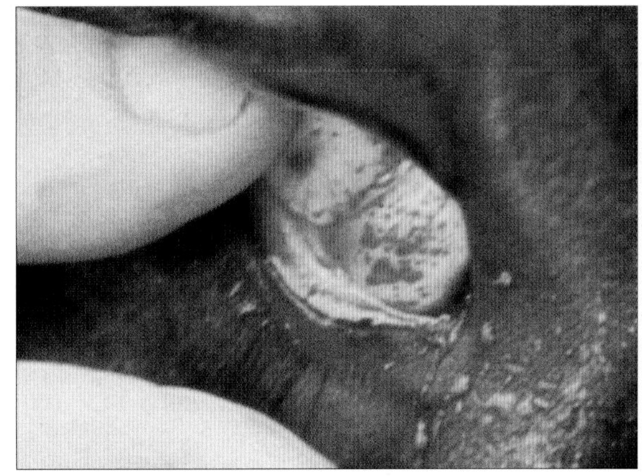

图 7-2-3　眼结膜有大小不等的出血点

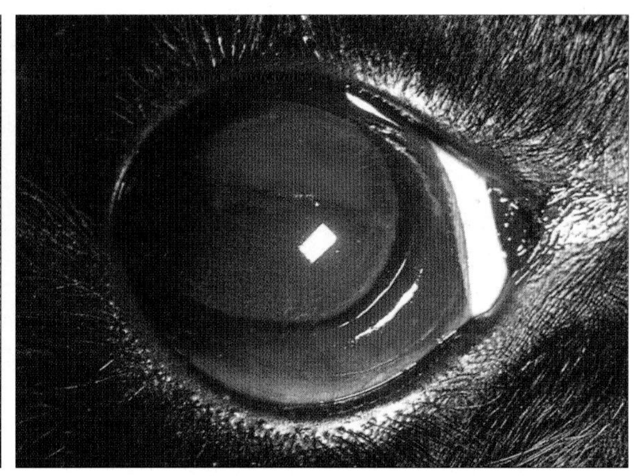

图 7-2-4　眼前房出血，整个眼睛呈暗红色

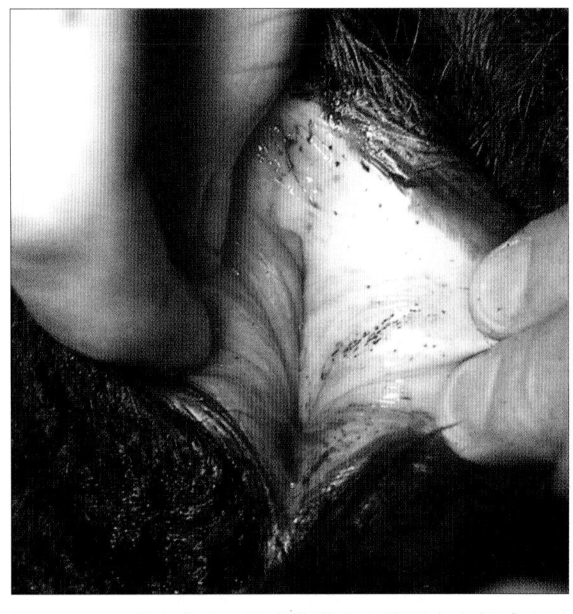

图 7-2-5　病牛贫血，阴道黏膜苍白并因血小板减少而引起斑点状出血

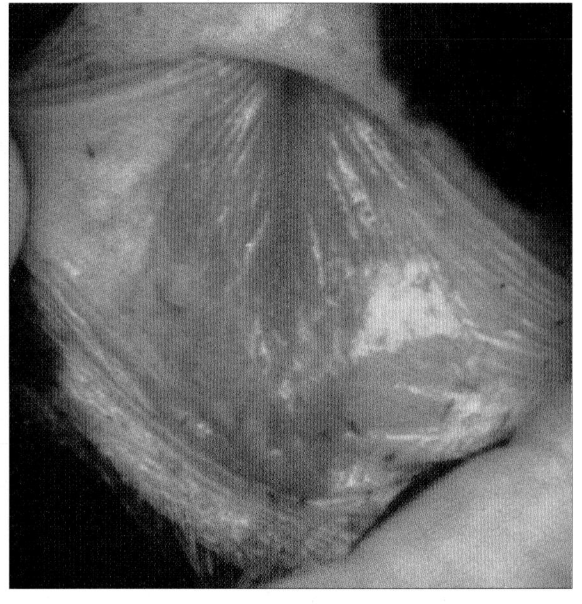

图 7-2-6　外阴中央部的黏膜有带状出血

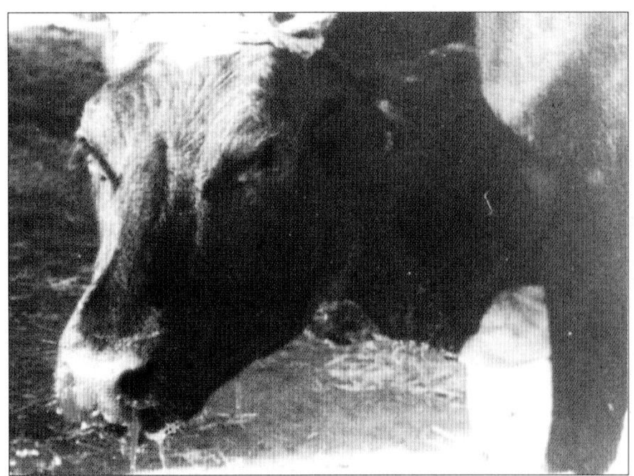

图 7-2-7　鼻出血，血液凝固不全

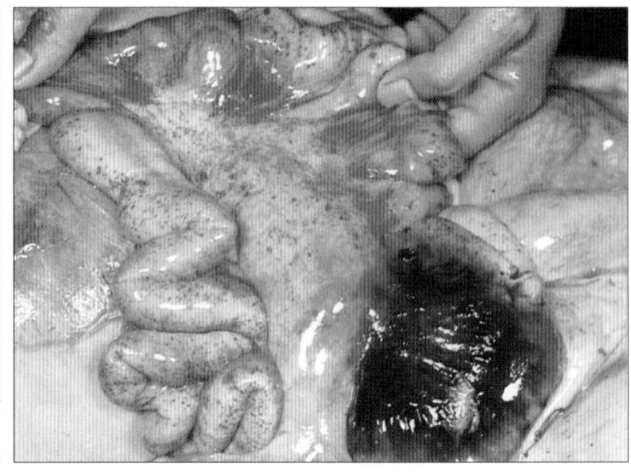

图 7-2-8　肠浆膜及肠系膜明显出血

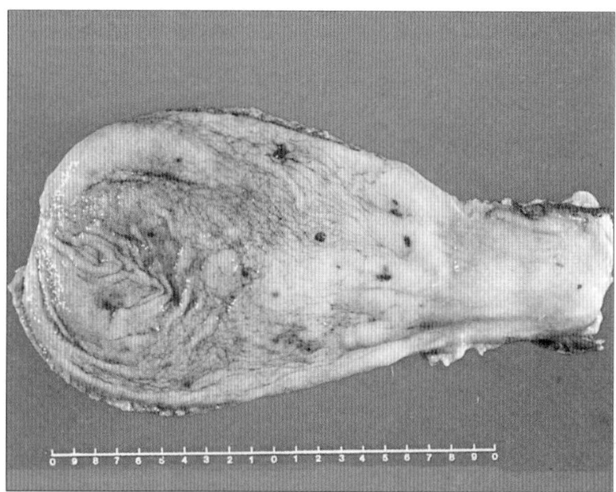

图 7-2-9　膀胱黏膜出血

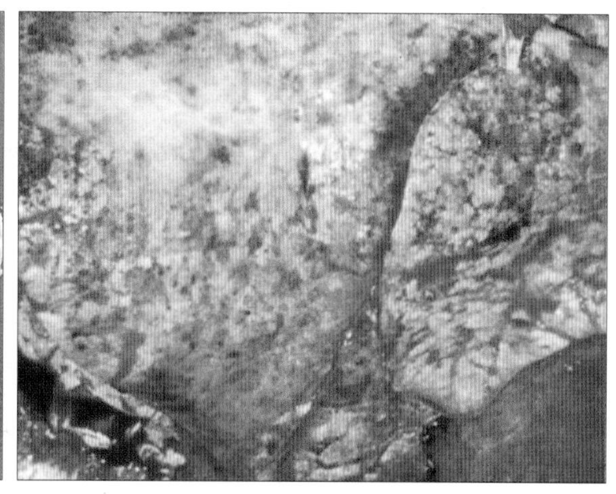

图 7-2-10　肺浆膜、心包膜和肠浆膜都有严重的出血斑点

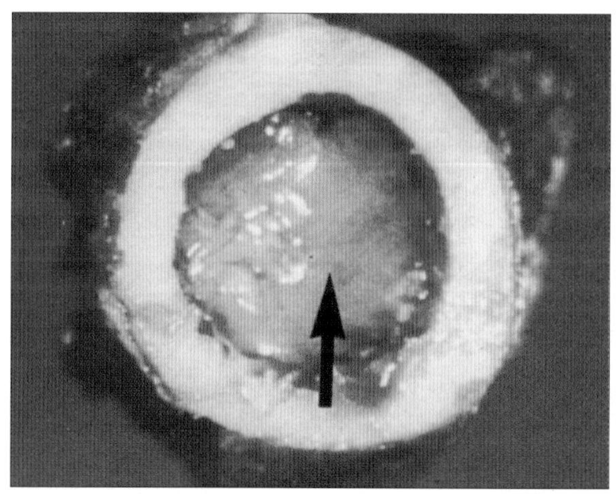

图 7-2-11　中毒犊牛的股骨横断面，骨髓（箭头）呈淡红色，变软，不能造血

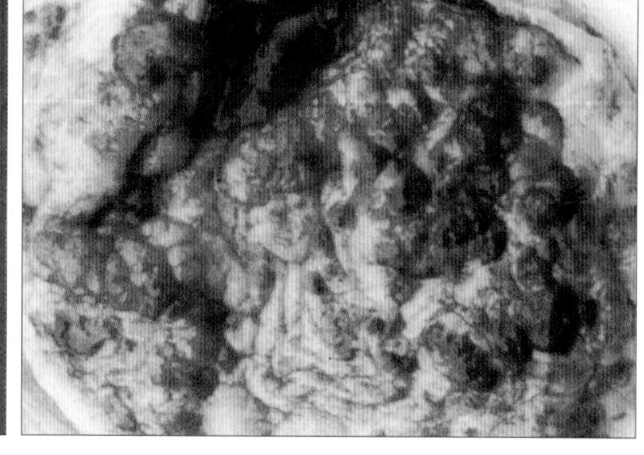

图 7-2-12　膀胱壁肥厚，黏膜面有出血的肿瘤性赘生物

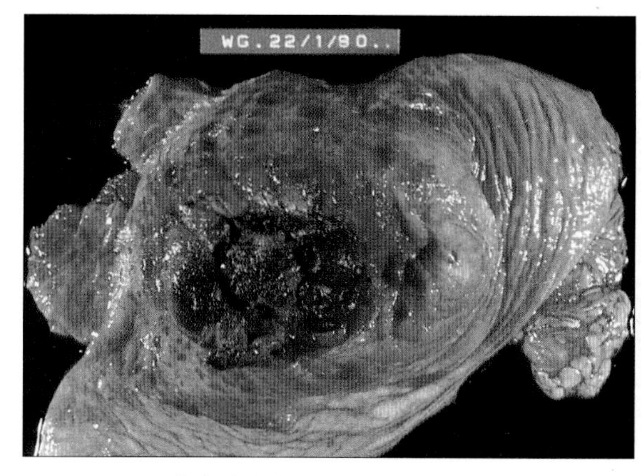

图 7-2-13　膀胱壁上生长的血管瘤

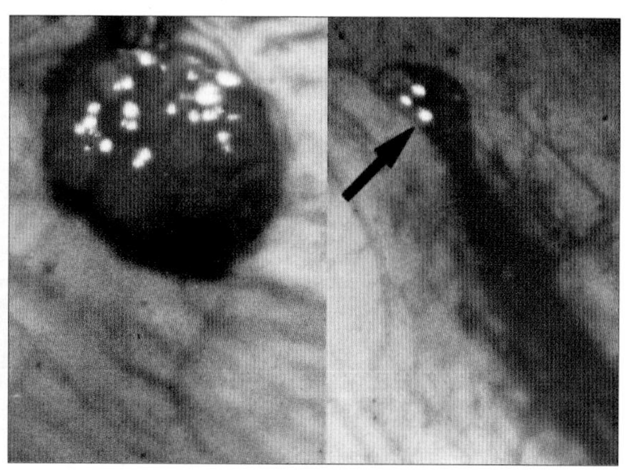

图 7-2-14　内视镜检查，左为红褐色血管瘤，右为血管瘤破裂后的出血

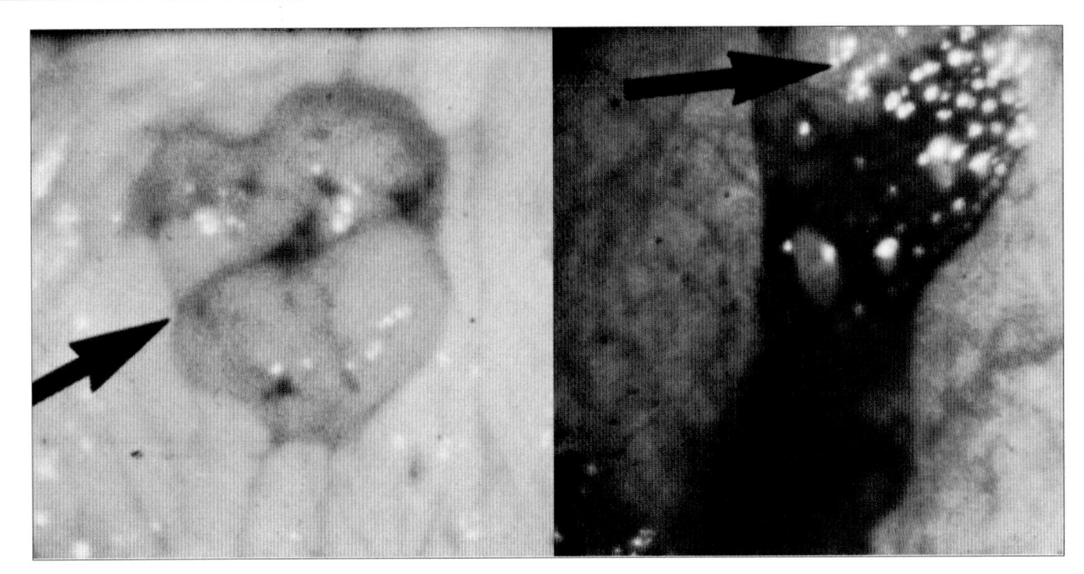

图 7-2-15　内视镜检查，左为黏膜上皮癌，右为伴发出血的乳头状癌

三、栎树中毒

（Oak poisoning）

栎树中毒又称栎树叶中毒（Oak leaf poisoning）、青杠叶中毒或橡树叶中毒，是栎林区春季常见病之一；多发生于每年“清明”前后到“立夏”左右，因奶牛啃食栎树的幼芽、嫩叶和新枝，或于深秋季节因采食散落于牧地上的栎树籽实所引起。本病常发生于奶牛、黄牛和水牛等动物；按疾病的经过有急性和慢性之分，以前胃弛缓、排粪迟滞及随后的出血性下痢等消化机能障碍和皮下水肿、浆膜腔积液及中毒性肾病为特征。

据报道，本病发生在世界许多国家，如美国、前苏联、英国、日本、德国、瑞典等国。我国自1958年贵州省首报牛吃栎树叶中毒以来，河南、陕西、四川、湖北、内蒙古、山东、山西、吉林、辽宁、北京市郊、河北、甘肃、宁夏等省（自治区、直辖市）相继有奶牛、黄牛和水牛栎树中毒的报道。

【发病原因】 栎树又名橡树或青杠树，广泛分布于世界各地，约有350种，其中，我国约有140余种，主要生长于云南、贵州、四川、陕西、甘肃、江西、湖南、湖北、江苏、安徽、河南、山东等省的丘陵地区。常引起家畜中毒的栎树有抱栎、白栎、槲树、槲栎、麻栎和沙地矮栎等，其茎、叶和籽实均含有毒物质。

牛栎树叶中毒主要发生于我国农牧交错地带的栎林区。此类林区牧场上多有因砍伐过度而萌发的丛生栎林，放牧的奶牛和耕牛常因大量采食栎叶而发病。据报道，牛采食栎叶的量超过日粮的50%即可中毒，超过75%则会致死。有的因采集栎树叶饲喂或垫圈后被牛采食而引起中毒。旱、涝灾害等可造成饲草、饲料欠缺之后，翌年春季又干旱少雨而牧草萌发推迟的年份，常出现大批中毒死亡。

栎树叶中毒多发生于春季，而其橡子中毒则发生于秋季。在我国栎树叶中毒多发生于3月下旬至5月下旬。秦巴山区多发生于4月10日至5月5日之间。这是因为春季栎属植物萌芽早、生长快，覆盖面大，在草场植被中占优势，且对耕牛有一定的适口性，加之冬春补饲不足，富含蛋白质的饲料缺乏，常出现奶牛和耕牛的“撵青”现象，当奶牛连续5～9天大量采食栎树时，即可发生中毒。

【发病机理】 栎树的有毒成分是栎鞣酸（Oak tannin），存在于栎树的芽、蕾、花、叶、枝条和种实（橡子）中。栎叶所含的鞣酸称为栎叶鞣酸；种实所含鞣酸叫做橡子鞣酸。它们多属肾脏毒。

随栎树进入体内的各种有毒物质，首先在牛的胃肠内进行生物降解，产生多种低分子毒性更大的酚类化合物，可直接损害胃肠道黏膜引起出血性炎症，并通过胃肠黏膜吸收进入血液和全身器官组织，从而呈现毒性作用。当吸收入血液的有毒物质经肾脏排泄时可导致以肾小管上皮细胞变性、坏死为特征的肾病，最后因肾功能衰竭继发尿毒症而死亡。

由此可见，在栎树中毒过程中起毒性作用的是栎叶鞣酸的代谢产物，而不是栎叶鞣酸本身。牛栎树叶中毒的实质是酚类化合物中毒。

【临床症状】 发病较轻时，病牛的精神不振，被毛竖立，食欲减少，厌食青草，喜食干草，瘤胃蠕动减弱，频频努责，排粪量少，粪便呈柿饼状，干硬、色黑，表面有大量黏液或纤维素性黏稠物及褐色血丝。肩部、股部及臀部肌肉震颤，甚至全身颤抖。排尿量减少，尿色黄而浑浊。体温多无明显变化。

随着病情的发展，病牛的精神沉郁，食欲减少或废绝，反刍停止，瘤胃蠕动减弱、无力，时有腹痛的表现，便秘或排出呈算盘珠或香肠样粪便，被有大量黄红相间的黏稠物。有的病例排黑色恶臭糊状粪便，粘附于肛门周围及尾部。心跳稍增数，有的心音亢进或节律失常。鼻镜少汗或干燥以至龟裂，鼻孔周围粘附分泌物，舌不舐鼻。尿量明显减少，后期尿闭。全身性水肿明显可见，在阴筒(公牛)、肛门周围、腹下、股后侧、前胸、肉垂等处出现水肿，触诊呈面团状，指压留痕。病牛的体温逐渐下降，终因肾功能衰竭而死亡。

尿液检查时，可见尿液淡黄色或微黄白色，有多量沉渣；pH 波动在5.5～7.0，尿蛋白阳性；尿沉渣中有肾上皮细胞、白细胞及管型等。

【病理特征】 本病的主要病理变化是全身性水肿、肾病、出血性胃肠炎及各器官的浆膜与黏膜出血。眼观尸僵完全，血液凝固良好，鼻镜龟裂。颌下、垂皮、前胸、腹下、包皮、臀、股、会阴、阴唇等部一处至数处皮下水肿，体表有球状、半圆形、不规则或成片的肿胀区。其皮下疏松结缔组织呈胶冻状，自切面流出大量无色或微黄色澄清的液体。浆膜水肿，以腹腔和骨盆腔浆膜最为明显。胸腹腔蓄积大量液体，肺萎陷而沉浮于胸水中。

本病的特征性病变发生于肾脏。眼观，肾周围脂肪组织呈浆液性萎缩和出血（图7-3-1）。肾肿大，苍白色、浑浊，切面见皮质与髓质境界不清楚。在其表面和切面上散布点状出血，皮质的切面有灰黄色浑浊的坏死条纹。肾脏的组织病变具有证病意义。其特点是：肾小囊扩张，蓄积浆液或血液，肾小球毛细血管被挤压而贫血；有的则见球囊壁层上皮细胞增生，甚至形成上皮新月；或肾小球萎缩而发生纤维化。肾小管，尤其是近曲小管上皮细胞广泛发生凝固性坏死，胞核溶解或碎裂成颗粒状，胞浆嗜染伊红呈均质状，管腔内充满蛋白质团块，多量絮状蛋白质、透明滴状物和透明管型与细胞管型，并常因其中混有胆红素或血红蛋白而呈棕褐色或红色。间质中结缔组织明显增生伴有较多的淋巴细胞、浆细胞、巨噬细胞和嗜中性白细胞浸润。

消化道也常有明显的病变。口腔黏膜和舌根处常见糜烂与溃疡。食道黏膜常见充血、淤血，散发点状出血，严重时可发生弥漫性出血，食道黏膜呈暗红色（图7-3-2）。瘤胃、网胃多无异常。瓣胃内容物干燥硬结，黏膜偶见大小不等的溃疡。皱胃黏膜肿胀、充血、出血、水肿或溃疡。小肠和大肠黏膜肿胀、充血、出血与水肿，尤以直肠壁水肿最为明显，可厚达2～3厘米。肠内容物混有黏液和血液，呈暗红色乃至咖啡色稀粥样；后段肠管含有黑色干粪块，被覆混有血液的厚层黏液及淡黄色凝卵样的纤维素性渗出物。

肝脏多变性、肿大，色泽变淡，或有淤血和出血。胆囊肿大达正常2～3倍或以上，形如鹅蛋大乃至婴儿头大，胆囊壁充血、水肿，胆汁呈暗绿色。镜检，肝细胞变性，有的肝小叶可见小的凝固性坏死灶或肝细胞溶崩灶，肝小叶中央带和中间带出血，周边带严重脂肪变性等中毒性肝营养不良变化。有时在肝小叶与间质内见嗜中性白细胞、淋巴细胞和巨噬细胞浸润，而呈中毒性肝炎变化。

【诊断要点】 一般根据病牛有可能采食栎树或饲喂栎树叶的生活史；发病有一定的季节性和地区性，秦岭、巴山山区在4月中旬至5月上旬；临床检查体温正常，食欲稍减，粪便干燥、色暗黑并带有较多的黏液及少量血丝；尿蛋白阳性，尿沉渣中肾上皮细胞、白细胞及管型等即可初步确诊。

【治疗方法】 立即停止在栎林放牧，禁止用栎树叶饲喂牛群，改喂青草或青干草；治疗的基本原则是解毒、排毒和对症治疗。

1.*解毒和排毒* 解毒常用的药物为硫代硫酸钠，一般每头牛每次8～15克，配成5%～10%溶液，一次静脉注射，每天1次，连续2～3天。为了防止毒物的吸收，病初还可灌服适量生豆浆水，或灌服菜油250～500毫升，鸡蛋清10～20个。排毒主要靠碱化尿液，当尿液的pH在6.5以下时，应静脉注射5%碳酸氢钠注射液500毫升，借以碱化尿液，促进毒物排泄。

2.*对症疗法* 主要是强心和补液。心力衰竭者，应用强心甙，或用20%安钠咖注射液，静脉或肌肉注射，兼有强心利尿作用。补液常用5%糖盐水1 000毫升、林格氏1 000毫升、10%葡萄糖液500毫升、20%安钠咖液20毫升，一次静脉注射。

此外，为了促进胃肠道内容物排泄，可用1%～3%食盐水1～3升瓣胃内注入；为了防止胃肠道内的残留毒物的继续吸收，可用1%高锰酸钾溶液2～4升灌服；为了防止大量腹水继发感染和缓解腹部的疼痛，可用青霉素320万国际单位、普鲁卡因1克 、生理盐水500毫升，注入腹腔，进行腹膜封闭。

【预防措施】 栎叶中毒的发生，具有一定的区域性和季节性。其区域性取决于栎属植物的自然分布。掌握栎属植物的水平分布和垂直分布规律，对认识该病的地理分布，制定预防对策极为重要。一般而言，预防本病最根本的措施是恢复栎林区自然生态平衡，改造栎林牧地的结构，改变山区养牛单一放牧的习惯，建立新的饲养管理制度，贮足越冬渡春的青干草，提高放牧牛的体质。

实践证明，如果发病季节不在栎树林放牧，不采集栎叶喂牛，不采用栎叶垫圈，就能防止本病的发生。但在蕨类植物较多的地区，很难做到这一点。因此，可通过日粮控制法和高锰酸钾水饮用法来控制本病。

1.*日粮控制法* 据报道，牛采食栎叶占日粮的50%以上即发生中毒，75%以上即发生死亡。为此，应控制栎叶在日粮中的比例。在发病季节，采取上半日舍饲、下半日放牧的办法，控制栎树叶采食量不超过日粮的40%，或者缩短放牧时间，每日归牧后进行补饲或加喂夜草，补加的草量应不少于日粮的一半。

2.*高锰酸钾水饮用法* 试验证明，高锰酸钾能对栎鞣酸及其降解的低分子酚类化合物进行氧化解毒。因此，在发病季节，每日下午归牧后灌服或饮用1次高锰酸钾水。其方法是将2～3克高锰酸钾粉溶解在4 000毫升清洁凉水中，一次胃管灌服或令牛饮用。

图7-3-1 肾脏肿大，淤血呈暗红色，表面和切面布满出血点

图7-3-2 食道黏膜弥漫性出血，呈暗红色

四、麦角中毒

(Ergot poisoning)

麦角中毒是由于奶牛采食或饲喂大量麦角菌寄生的麦类和禾本科饲草料而引起的中毒性疾病。临床上以中枢神经机能紊乱及末端组织坏死为特征；病理学上以非化脓性脑炎、平滑肌挛缩、毛细血管内皮损伤和血栓形成为特点。

【发病原因】 本病是由于奶牛采食被麦角菌污染的禾本科草类，或混有麦角的麦类谷物及其糠麸而引起的。麦角菌（*Claviceps purpurea*）是真子囊菌亚纲麦角菌属霉菌，由菌丝发生，并逐渐形成黑紫色瘤状物（菌核），稍弯曲，长约1～2厘米，粗约3毫米，内部近白色。因其多寄生于麦类植物且形状像动物的角而故名。本菌多寄生在大麦、黑麦、燕麦和小麦等麦类的子穗，以及黑麦草、鸭茅、绒毛草等禾本科草类的子房内，产生大量有毒成分，当奶牛食入后，即可引起中毒。

另外，临床上使用麦角生物碱类药物过量，也能引起急性中毒。

【发病机理】 麦角含生物碱有12种之多，有毒成分为有旋光性的同质异构生物碱，主要是麦角胺（ergotamine）、麦角毒碱（ergotoxine）和麦角新碱（ergonovine）。其中，前2种毒性较强，不溶于水，能使血管收缩；后1种毒性较弱，易溶于水，能使子宫收缩。此外，菌核还含有大量胺和其他含氮化合物，其中的乙酰胆碱、组织胺、酪胺等具生理活性。麦角生物碱可干扰脑神经递质功能而显中枢神经兴奋效应；吸收前，对胃肠道黏膜有较强的刺激作用，可致发胃肠炎；吸收后，可使中枢神经兴奋，子宫和血管平滑肌收缩，血压升高，心跳减慢。慢性麦角中毒，常引起末端组织坏死，这是血管平滑肌挛缩，微血管内皮变性，血流停滞，血栓形成，组织缺血的结果。

【临床症状】 本病按病程可分为急性和慢性中毒2种。

1.急性中毒 以中枢神经系统兴奋型为主，主要表现神经机能紊乱。病牛呈现无规则的阵发性惊厥，肌颤，步态蹒跚，运动失调，站立不稳。惊厥的间期，病牛的心动徐缓，节律不齐，呈现精神委顿、嗜眠等抑制状态。有的出现瞳孔散大，失明，皮肤感觉减退。有的病例则发生流涎、呕吐、腹痛和腹泻等胃肠炎症状。病情严重时，其惊厥发作除局限于一肢或躯体的其他部分外，也有全身性惊厥——癫痫发作，随后呈暂时性麻痹或昏迷。妊娠母畜可发生阵缩、流产，甚至子宫和直肠脱。

2.慢性中毒　较为常见，以肢体末端坏疽型为特点。病牛的四肢尤其是后肢的系关节僵直，肢端、耳尖、尾尖等肢体末端部，病初发红、肿胀，有温热感；继而变冷，感觉消失，病变部变为黑紫色，皮肤干燥；最后变成干性坏疽（图7-4-1）。有的病牛，在蹄部和口周围出现环状坏死病变，表面似口蹄疫症状（但口的损伤不扩展到口腔）。随着病情的发展，炎性反应的加重，其坏死病变处与健康组织分离而脱落（图7-4-2）。

【诊断要点】 根据病牛有采食麦角病史和临床症状，并排除冻伤、牛霉稻草中毒及坏死杆菌病等类症之后，可做出初步诊断。最后诊断，还需要在可疑饲料中检验麦角，并进行人工发病复制试验。

【治疗方法】 本病目前尚无特效治疗药物，一般仅能采取对症治疗。其方法是：立即停止饲喂可疑饲草和饲料，同时应用0.2%～0.4%高锰酸钾液或1%鞣酸液灌服或洗胃，使之排除瘤胃内有毒的饲草料。必要时还可用硫酸镁400～500克、碳酸氢钠100～120克，常水适量溶解后灌服，随后大量饮水。对末端的干性坏疽病灶，用0.5%高锰酸钾液洗涤，然后涂擦磺胺软膏，防止继发性感染。对有惊厥发作的病牛，可用氯丙嗪、水合氯醛等镇静药；子宫阵缩，可注射阿托品注射液。

【预防措施】 禁止用被麦角菌污染（即使污染较轻）的饲料和饲草饲喂奶牛；凡可疑有被麦角菌污染的地区或牧场，以及收获的谷物、麦类饲草料，在放牧或饲喂前必须严格检查，不得在这类牧场上放牧牛群。

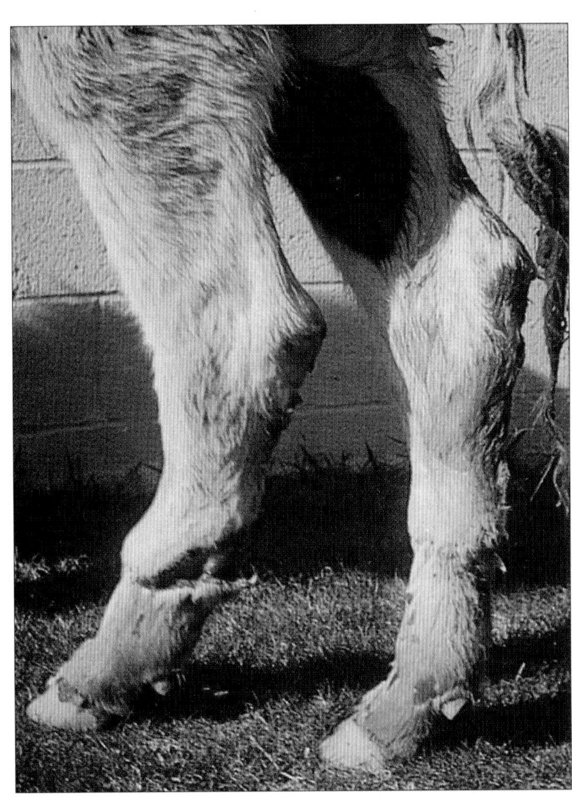

图7-4-1　病牛的肢端和尾端受损，左后肢皮肤的坏疽从跖骨上脱落，右肢也有明显的坏疽

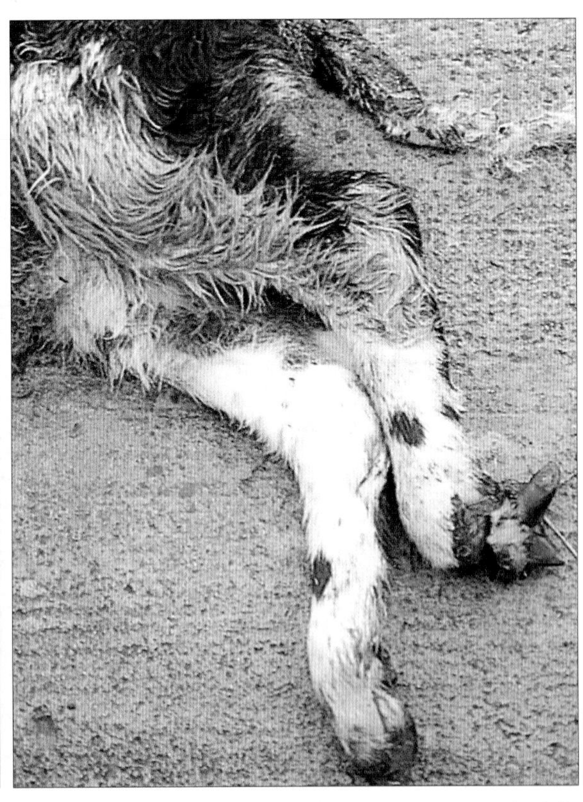

图7-4-2　左肢的系部几乎脱落，尾部的后1/3也脱落

五、霉稻草中毒

(Mo1dy straw poisoning in cattle)

牛霉稻草中毒又称牛烂脚病(sore foot disease of cattle)、牛烂蹄坏尾病(foot rot and tail decay in cattle)、牛蹄腿肿烂病和牛真菌中毒性蹄壳脱落病等，是由于牛采食发霉稻草所致发生的一种真菌毒素中毒病；以耳尖、尾端干性坏疽，蹄腿肿胀、溃烂，以至蹄匣和趾(指)骨腐脱为主要病变和临床特征。本病可发生于奶牛、黄牛和水牛，但以水牛发病最为常见。

本病发生于世界许多国家，我国最先大批暴发于陕西省的汉中地区、贵州省的遵义地区、安徽省的皖西地区和河南省的南阳地区，此后，四川、云南、福建、广东、广西、湖南、湖北、浙江等南方各省水稻产区的耕牛和奶牛亦有发生的报道。

【发病原因】 本病主要是由于奶牛长期食入被某些镰刀菌属真菌污染而发霉、腐烂的稻草引起的；是一种系某些产毒镰刀菌所致的真菌毒素中毒病(mycotoxicosis)。实验证明，某些镰刀菌属的真菌如三线镰刀菌、拟枝孢镰刀菌和梨孢镰刀菌等均可产生有毒的代谢产物丁烯酸内酯(butenolide)，后者可引起牛的烂蹄坏尾病。

本病在流行病学上有明显的地区性和季节性特点。在我国可遍及南方各省水稻产区的奶牛、耕牛，尤其水牛。一般在10月中旬开始发生，11～12月份达发病高峰期，次年初春病势渐减，4月份放牧后即自行平息，发病率可高达85%以上，病死率通常在25%左右，但多数致残，轻症可望康复。

【发病机理】 本病可能主要是丁烯酸内酯以及单端孢霉烯族化合物等毒素成分作用于外周血管，使末梢血管发生痉挛性收缩，以致管腔狭窄，管壁增厚，血流减慢而形成血栓，从而引起耳尖、尾梢和肢端的水肿、出血、变性和坏死，随后继发感染而出现坏疽。

【临床症状】 本病的病程长，可达月余甚至数月。病牛精神委顿，拱背站立，被毛粗乱，皮肤干燥，个别出现鼻黏膜烂斑，但体温、脉搏、呼吸等全身症状轻微或不明显。

本病的特征性症状出现于耳、尾、肢端等末梢部。病初，病牛发生轻度跛行，站立时频频提举四肢尤其后肢，行走时步态僵硬，蹄冠部肿胀、温热、疼痛，系凹部皮肤有横行裂隙。继之，肿胀蔓延可向上扩散至腕关节或跗关节，跛行加重。随后，肿胀部皮肤变凉，表面渗出黄白色或黄红色液体，并破溃、出血、化脓和坏死。有些病牛在薄皮部，如乳房部皮肤发炎，皮肤剥脱形成湿疹样病变（图7–5–1)；还有的病牛，其白色毛部位的皮肤出现炎性反应而脱落（图7–5–2)。严重的则蹄匣或趾（指）关节脱落。少数病例，肿胀可蔓延至股部或肩部，肿胀消退后，皮肤硬结，如龟板样。有些病牛肢端在肿胀消退后发生干性坏疽（图 7–5–3)，跗（腕）关节以下的皮肤形成明显的环形分界线，坏死部远端皮肤紧箍于骨骼上。多数病牛伴发耳尖和尾梢部坏死，患部干硬，终至脱落。

【诊断要点】 依据奶牛有长期采食霉稻草的生活史；耳、尾、蹄等末梢部干性坏疽的特征性临床表现等，即可建立初步诊断。确诊时最好进行霉稻草及其粗毒素复归发病试验和致病性镰刀菌及其毒素的检定等。

在鉴别诊断上，应注意区别可造成耳、尾、蹄坏死的类症，如麦角中毒、慢性硒中毒、伊氏锥虫病和坏死杆菌病等。

【治疗方法】 病牛应立即停喂霉稻草，并及时尽早进行对症治疗。病初，为促进末梢血液循环，可对患部进行热敷、按摩或灌服白胡椒酒(白酒200～300毫升，白胡椒20～30克，一次灌服)。肿胀部破烂而继发感染时，可施行外科处理，辅以磺胺——抗生素疗法。病牛体弱时可进行输液并适当应用强心剂，借以促进全身的血液循环。

本病的治愈率较低，病轻时经及时治疗和外科处理尚可临床恢复；病情较重的则应淘汰。

【预防措施】 主要是在收稻的季节要收好、晒好和贮好稻草。发霉和霉烂的稻草一律不许喂牛，特别是被雨水浸湿过的和草堆底层与地面接触的发霉变质的稻草。必要时，可用10%纯石灰水浸泡霉稻草3天后捞出，清水冲洗，晒干再喂。

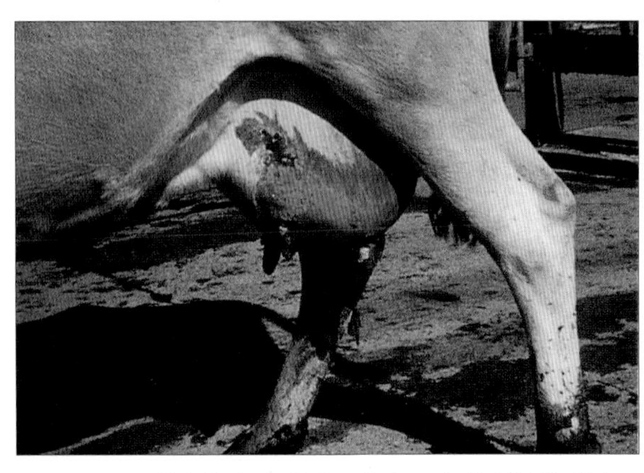

图7-5-1 乳房部皮肤脱毛、充血，出现明显的湿疹

图7-5-2 白色部位的皮肤腐离、脱皮（A），后肢的皮肤肥厚有皱襞（B）

图7-5-3 病犊的颈、胸和腹侧的皮肤脱毛、出血，四肢末端皮肤干燥呈黑褐色

六、铅中毒

(Lead poisoning)

铅中毒(lead poisoning)是由于动物摄入或体内蓄积铅过多所引起的一种矿物质或重金属中毒病；以流涎、腹泻、腹痛等胃肠炎症状，兴奋躁狂、感觉过敏、肌肉震颤、痉挛、麻痹等神经症状(铅脑病)为特征。本病可发生于各种动物，但以牛、绵羊和马多见。

急性铅中毒剂量，每千克体重犊牛为400～600毫克、成龄牛为600～800毫克、山羊为400毫克。慢性铅中毒的日摄入铅量，每千克体重牛为6～7毫克，绵羊须超过4～5毫克、猪为33～66毫克，历时14周才能引起死亡。

【发病原因】 急性铅中毒，多是在短时间内摄食了大量铅的结果。如黑龙江省某奶牛场的牛舍用具、天棚等用红丹防锈漆（四氧化三铅）加汽油（含四乙基铅）喷涂后未干即迁入牛群，3天后104头奶牛均不同程度地发生铅中毒，其中急性铅中毒奶牛死亡10头。此外，动物舔食废蓄电池、含铅软膏（醋酸铅）、含铅颜料、机油、润滑油或吞吃铅块、漆布等，都可导致急性铅中毒。慢性铅中毒，则多是长期在被铅污染的草地上放牧，铅在体内逐渐蓄积的结果。例如，云南某铅锌矿，因铅尘（氧化铅）污染牧草，而使在该草地放牧的牛羊发生慢性铅中毒。内蒙古白银地区，由于误饮冶炼厂排出的含铅废水，使牛和绵羊中毒而死亡。据资料报道，冶炼厂烟尘污染的牧草，含铅量可达325毫克/千克；公路旁的牧草，因汽车排出的含铅废气也可造成环境污染，在交通繁忙公路旁的牧草含铅量可达390毫克/千克，而车辆运行不多的公路旁的牧草，含铅量则为10毫克/千克。

目前，随着铅矿的开采、冶炼工业、油漆涂料工业、蓄电池工业以及陶瓷配釉工业等含铅工业的发展，由于环境污染不断增重，人类和动物铅中毒有日益增多趋势，甚至可能成为地方性流行，从而应引起人们的关注。据报道，牛急性铅中毒量的剂量：犊牛为每千克体重400～600毫克，成牛为每千克体重600～800毫克；慢性铅中毒每日摄取量为每千克体重6～7毫克，连续4周。铅的毒性决定于该化合物的溶解度和铅尘颗粒的大小，易溶解者毒性较大，颗粒细者容易被吸收。一般来说，其毒性顺序为：氧化铅＞金属铅＞硫酸铅＞碳酸铅。

【发病机理】 铅化合物虽可通过消化道、呼吸道和皮肤进入机体，但动物主要是经消化道吸收。进入消化道的铅大多形成不溶性铅复合物，随粪便排出，仅1%～2%由小肠吸收，经门静脉到达肝脏，部分随胆汁经粪便排出，部分进入血液，除经肾脏、乳腺排出的外，血液中的铅多半与磷酸根结合成磷酸氢铅、甘油磷酸化物和蛋白质复合物，或呈铅离子参与循环，分布于全身，其中大多数以不溶解的正磷酸铅形式贮于骨组织内，仅少量在肝、脾、肺、肾等器官存留。铅尘经呼吸道吸入肺泡后，在弱酸性（H_2CO_3）环境下溶解，借助弥散作用或被吞噬细胞吞噬而进入血液，其吸收程度远较消化道为高。无机铅除皮肤因人为的创伤外，一般难以透入健康皮肤。但有机铅，如四乙铅则可穿透皮肤进入体内。

铅是一种具有蓄积性与多亲嗜性毒物，可作用于全身各个器官，主要损害神经、胃肠、造血、心血管和肾脏等器官。由于铅中毒时常引起中毒性脑病和外周神经炎，故病牛呈现流涎、失明、步态蹒跚、关节强拘以及后躯麻痹等神经症状。急性与慢性铅中毒时，腹痛是常见的症状之一。这可能与肠壁平滑肌痉挛性收缩有关。众所周知，铅在消化道中只有小部分被吸收，大部分形成不溶解性铅复合物，除刺激胃肠黏膜引起不同程度的炎症外，还可作用于肠壁平滑肌导致其痉挛性收缩而诱发腹痛与腹泻。还有人证实，铅中毒时肠肌的痉挛性收缩与肠壁的碱性磷酸酶和三磷酸腺苷酶的活性受铅抑制而干扰正常代谢有关。铅对造血器官的损害主要是抑制血红素的生成，并有溶血作用而引起溶血。铅能抑制血红素合成所需的2种酶，即δ－氨基乙酰丙酸脱水酶和铁螯合酶。抑制前者，使卟胆原生成障碍，卟啉代谢受阻；抑制后者，使血红素生成障碍，原卟啉9Ⅲ不能与Fe^{2+}螯合，从而导致铁利用障碍性贫血。铅对红细胞膜及其酶有直接作用，可使红细胞的脆性增加，寿命缩短，故易发生溶血。由于贫血，从而引起骨髓幼红细胞的代偿性增生，表现为嗜碱性点彩（Basophilic stippling）红细胞（图7－6－1）和网织红细胞增多等。铅在组织中常定位于血管内皮细胞的胞浆中，损害血管引起血管壁玻璃样变，这与铅中毒时水肿的发生有关。

铅从肾脏排泄时可引起中毒性肾病和膜性肾小球炎，故患畜呈现少尿和蛋白尿等症状。

此外，铅可通过胎盘屏障，实验性铅中毒母牛，所生犊牛的骨、肾、肝铅水平升高。铅还可损害机体的免疫系统，使抗体产生明显下降。

【临床症状】 牛铅中毒有急性和亚急性2种病程类型。前者多见于犊牛，后者多见于成年牛。

1.急性铅中毒　以铅脑病为主要症状。病牛兴奋以至躁狂，头抵障碍物，冲向围栏，试图爬墙；甚而攻击人畜。视觉障碍以至失明，对触摸和声音等感觉过敏。肌肉震颤，头面部小肌肉尤为突出，轧齿空嚼（咀嚼肌阵挛），口吐白沫，频频眨眼（眼睑肌阵挛）和摆耳（耳肌阵挛），眼球震颤（眼肌阵挛）。步态僵硬、蹒跚，间歇发作强直性阵挛性惊厥。后期，病牛四肢肌肉松弛，不能站立，但颈背部的肌肉仍然处于痉挛状态（图7-6-2）。本病的病程一般为12～36小时。

2.亚急性铅中毒　上述铅脑病的症状较轻，而胃肠炎症状较明显。病牛精神大多极端沉郁，长时间呆立，不食不饮，前胃弛缓，腹痛，先便秘而后腹泻，排恶臭的稀粪。有些病例，还见有皮肤脓疱性疹，流产，不孕及口黏膜溃烂，关节僵硬，病程3～5日。

临床病理学检验所见，主要包括小细胞低色素型贫血的各项指征：循环血中网织红细胞增多，出现嗜碱性点彩红细胞，骨髓内铁粒幼细胞（Hemosiderocyte）增多，红细胞系增生活跃。血液中δ－氨基乙酰丙酸脱水酶活性降低，尿液中δ－氨基乙酰丙酸含量升高。

【病理特征】 死于铅中毒的病例，眼观，被毛粗乱，尾部被毛多被稀粪污染。可视黏膜苍白，皮下组织湿润，骨骼肌色淡。切齿与臼齿齿龈处有时可见明显的黑色铅线。这是由于牙垢产生的硫化氢与体内吸收的铅进行作用所形成的硫化铅所致。皱胃和小肠黏膜呈不同程度的出血性卡他性炎。肝脏暗黄红色，边缘稍钝，质地柔软、脆弱，切面红黄色，含血量较多。胆囊胀大，内贮多量黄绿色胆汁。肝脏的表面和切面多呈黑色。肾脏呈不同程度的肿胀，质地柔软、脆弱，呈黄褐色。切面隆突，边外翻，皮质部黄褐色，髓放线明显，境界层暗红色或不清晰。肺脏黄红色，稍膨满，肺实质散发肺泡气肿灶。肺淋巴结呈灰黑色，切面较湿润，细颗粒状。心外膜呈黄红色，心肌较柔软，心腔稍扩张，内贮少量血凝块，心内膜偶见点状出血。脑脊液增量，软脑膜充血，脑回变平，脑沟稍增宽。股骨纵断面在邻近骺端处见红骨髓呈不规则的块状增生。在胸骨的骨髓内不仅可见有较多的原红细胞和早幼红细胞（图7-6-3），而且还可见到大量中幼红细胞和晚幼红细胞（图7-6-4）。

【诊断要点】 根据有长期接触铅或一时摄入大量铅的病史，临床表现以消化和运动障碍为特征的症状，以及特征性病理变化，可以做出初步诊断。必要时还可采取被毛、血液、胃肠内容物、肝脏和肾脏送检含铅量，以作为确诊依据。

在鉴别诊断上，应注意区分显现脑症状的各种类症，如脑炎、脑软化、维生素A缺乏症、低镁血性搐搦以及汞中毒、砷中毒等。

【治疗方法】 病牛必须停止饲喂含有铅的饲料或脱离被铅污染的环境，然后实施救治。

急性铅中毒，常来不及救治而迅速死亡。若发现较早时，可采取催吐、洗胃（用1%硫酸镁或硫酸钠液）、导泻（硫酸镁或硫酸钠）等急救措施，以促进毒物的排除，并用特效解毒药——乙烯二胺四乙酸二钠钙实施驱铅疗法。

亚急性或慢性铅中毒可使用特效解毒药实施驱铅疗法。乙烯二胺四乙酸二钠钙，即依地酸二钠钙或维尔烯酸钙，剂量为每千克体重110毫克，配成12.5%溶液或溶于5%葡萄糖盐水100～500毫升，静脉注射，每日2次，连用4天为1个疗程。停药数日后依据病情可再用。

另外，在进行特异性用药的同时，还需对症治疗，如适量灌服硫酸镁等盐类缓泻剂借以清除肠道中残留的铅化合物；对有神经症状而兴奋不安的病牛可用一些镇静剂；对伴有腹痛而影响病牛采食和休息时可用一些解痉剂；心功能不良时可用强心剂；对消化不良的病牛还应大量补充葡萄糖和糖盐水，既可供给机体能量和解毒，又能补充电解质防止脱水；为了防止继发性感染，还可选用抗生素。

【预防措施】 防止动物接触铅涂料，对涂有或盛过油漆的废容器，不要随意乱抛。防止奶牛在生产铅的厂矿附近饮水，严禁在铅尘污染的厂矿区域周围及公路两旁放牧。

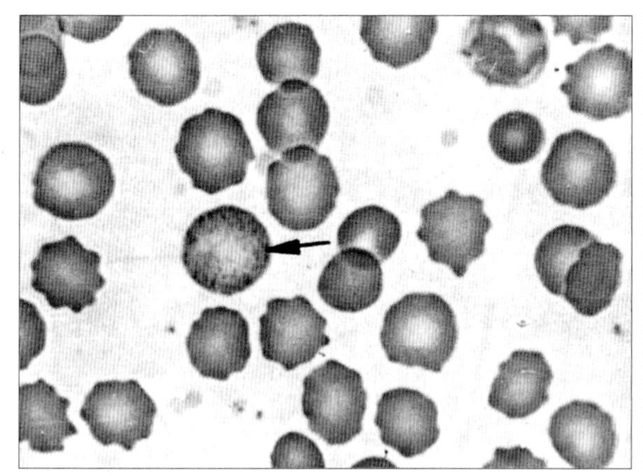

图 7–6–1　红细胞的胞浆中有大量嗜碱性颗粒

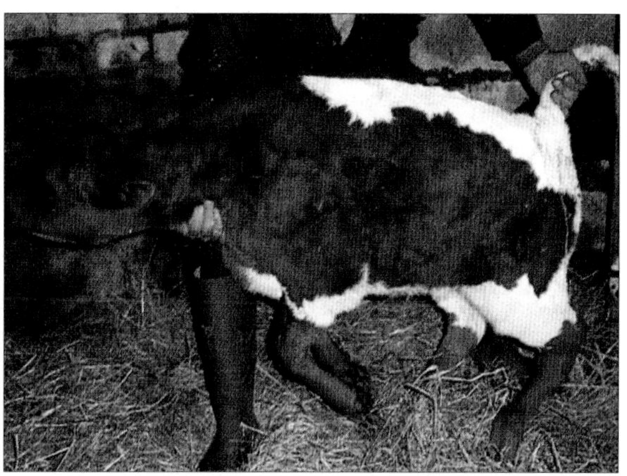

图 7–6–2　犊牛出现严重的中枢神经症状，不能站立，头颈部强直

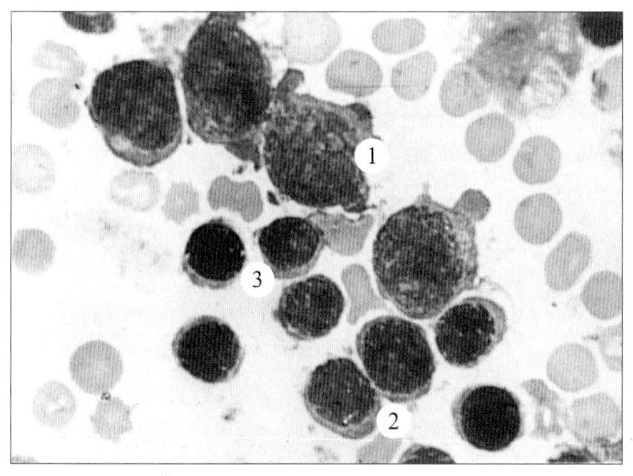

图7–6–3　胸骨的红骨髓中检出的原红细胞（1）、早幼（2）和中幼红细胞（3）

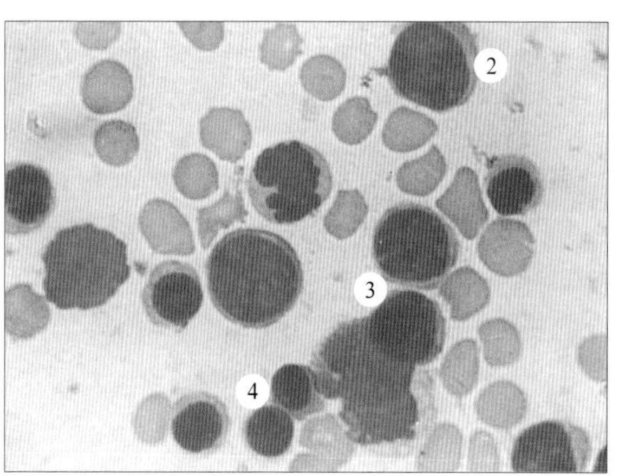

图 7–6–4　胸骨的红骨髓中有大量早幼（2）、中幼（3）和晚幼红细胞（4）

七、钼中毒

（Molybdenum poisoning）

钼中毒是由于牛采食高钼饲料所引起的继发性低铜症，故又称继发性或条件性铜缺乏。临床上以持续性腹泻和被毛退色为特征，故又有腹泻病、泥炭痢和红皮白毛症等之称。在自然条件下，

该病仅发生于反刍动物，牛比羊易感，水牛的易感性高于奶牛和黄牛。

本病在世界许多国家均有发生，如美国、加拿大、瑞典、新西兰和日本均有报道。我国赣南大余县，曾因（1962年）受尾砂水污染发生牛的“红皮白毛症”，水牛的发病率在95%以上，死亡率约为33%；奶牛和黄牛的发病率约为50%，死亡率约为10%。

【发病原因】 钼中毒主要是由于奶牛采食了含钼浓度过高的饲料和饮水所致。据报道，牧草含钼量低于3毫克/千克是安全的，如高达3～10毫克/千克，则可引起动物钼中毒。我国江西某钨矿周围种植的稻草，含钼量为17.5～186毫克/千克不等，稻草叶内含钼最多的达730毫克/千克，奶牛采食这种稻草1千克即可引起中毒。家畜钼中毒也可因铝合金厂、合金钢厂及使用钼的炼油厂等排放含钼的烟尘污染牧草，而使长期在该地区放牧的奶牛、黄牛和水牛发生钼中毒。据报道，在这些工厂四周的牧草含钼量可高达14～231毫克/千克之多（干重）。

饲料中钼含量过高除环境污染外，还与许多因素有关，如与天然高钼土壤有关，即一般为腐殖土和泥炭土，其所生长的饲料含钼很高，被牛采食后常可发生中毒；与土壤的性质有关，一般而言，酸性土壤不利于植物对钼的吸收，碱性土壤则有利于植物吸收钼，土壤中高磷、高氮和富于有机质，也有利于植物吸收钼；与季节影响有关，据调查研究证实，高钼地区的植物含钼量可随季节而异，冬季含量少，4月份开始升高，在温暖多雨的季节，植物生长最旺盛，对钼有较高的富集能力，至7～10月含量最高，牧草经霜冻后含钼量下降，12月以后含量最少。因此，本病多在7～10月间暴发流行。

另外，饲料中铜钼的比例不当，对本病也有很大的影响。一般认为，饲料内铜与钼之比最好是6～10∶1，如铜钼之比小于2∶1，即铜含量不足钼的2倍，就会引起钼中毒。通常有利于植物从土壤中吸收钼的因子，大多不利于铜的吸收。因此，高钼饲料的铜含量常较低。奶牛每天摄钼量达15～90毫克，就可妨碍铜的利用，120～150毫克就可引起中毒。

【发病机理】 奶牛的钼中毒主要是由于钼干扰机体内的铜代谢所致，其发生机制尚未完全明了。目前认为，瘤胃中形成的硫钼酸盐在疾病的发生上比较重要。研究证明，饲料中的硫氨基酸在瘤胃中被消化时，可释放出S^{2-}，与氢相遇形成H_2S，再与来自饲料的钼酸盐相遇，形成硫钼酸盐的混合物。其中三硫钼酸盐是主要的致病成分。它在消化道中除与铜及蛋白形成复合物外，还能封闭胃肠中吸收铜的部位，使铜难于吸收，过多的铜结合到不易消化的木质素上，降低了铜的生物学效应。大部分铜钼均由粪中排出，并导致病牛腹泻。

三硫钼酸盐吸收后，部分与蛋白结合形成硫钼酸盐蛋白，并与铜形成复合物。这种复合物中的铜不溶于三氯醋酸，不能为机体所利用，并能沉积在肝肾组织，使组织中的铜不易被利用。硫钼酸盐进入肝细胞浆内，先使咪噻宁上的铜分离，形成小分子化合物，然后进入血液和胆汁。再由肝细胞中有形成分上脱离的铜进入肝细胞浆中，填补咪噻宁与铜结合部位的空间。如此周而复始，终于使肝铜贮备耗竭。此外，三硫钼酸盐还可促使铜经胆汁和肾脏，分别排入粪尿中，引起机体缺铜。因此钼中毒往往与铜盐缺乏相联系发生，并出现一系列缺铜症状，如贫血、被毛退色以及骨组织疏松（表现骨穿刺阳性，骨密质变薄，肌松质的骨小梁疏松，股骨哈佛氏管扩张，骨质的密度降低等。铜是细胞色素氧化酶等的组成成分，对生物氧化起着重要作用。由此可见，组织中的氧化不全是本病发生的基础。

【临床症状】 在牛进入牧草含钼量高的牧场后，一般在8～10天内（夏季牧草中钼及可溶性蛋白含量高，食后1～3天）即发病。起初，病牛持续性腹泻，粪便由糊状，变成粥样或水样，混有气泡。以后消瘦，被毛干燥逆立，产奶量明显下降。腹泻后约30天左右，黑色被毛就变成灰白，黄色被毛变成棕色（图7—7—1），用硫酸铜治疗60天后，病牛的症状逐渐消失（图7—7—2）。毛退色通常先发生于眼周围，外观似戴了白框眼镜（图7—7—3），用硫酸铜治疗60天后，眼周被毛的色泽恢复（图7—7—4）。白毛散在于各部，有时成丛。在一根毛上，可发现无色带与有色带交互存在。白色带的长度与缺铜时间相对应。这是由于缺铜时多酚氧化酶活性低下，酪氨酸经多巴转变为黑色素的过程受阻之故。在被毛发生退色的前后，皮肤开始呈斑状发红。多从头部开始，逐渐蔓延至躯干，严重时波及全身。发红的皮肤常有轻度水肿，指压退色。停喂含钼的饮水和饲料或口服硫酸铜后，皮肤发红即逐渐消退，不留任何痕迹。

病牛日渐消瘦，下痢，贫血（图7—7—5），用硫酸铜治疗60天后，病牛下痢停止，营养和毛色逐渐恢复（图7—7—6）。除营养不良因素外，还与缺铜时血浆铜蓝蛋白活性下降，影响铁的转运和利用，不能供应正常红细胞的需要，妨碍正常红细胞的生长，导致红细胞减少和血红蛋白下降有关。有的动物出现运动异常，包括肢背僵硬，起立困难，不愿走动（类似蹄叶炎的症状），但蹄部正常，食欲仍然良好。缺铜时，一些含铜酶如赖氨酸氧化酶和单胺氧化酶等生成减少，使胶原代谢发生障碍，致使骨质疏松变薄。

本病的病程可持续数月至数年。如不脱离污染区，病牛终因腹泻、衰竭而死亡。

【病理特征】 自然钼中毒的动物，剖检通常缺乏特征性肉眼可见病变或组织学病变，亦无明显的肠炎变化，仅呈现消瘦，腹泻，贫血，头、颈、痛腰部被毛脱落；偶见皮肤出现斑状发红，该部皮下轻度水肿。病程缓慢的病例常伴有骨骼疏松症，幼畜则发育迟缓，骨质如佝偻病样。实验性超高钼状态下，钼作用的主要靶器官是心脏、肝脏和骨骼。投钼在500毫克/千克以上，以中毒性肝病和心脏肥大为特征。投以250毫克/千克钼并加喂硫酸盐，则主要呈现心脏扩张和骨质疏松病。后者表现臂骨、股骨变粗，弯曲加大，骨膜显著增厚，容易剥离；骨表面粗糙，呈蜂窝状，针刺可入；骨皮质增厚，在骨干部皮质外侧形成厚层管套型骨干或偏心型骨干，其与骨密质分界明显。骨盆骨与肩胛骨极易被锯断。骨关节面轻度溃烂。骨髓呈胶冻样。镜检，骨密质哈佛氏管扩张，骨松质的骨小梁疏松，新生骨为粗纤维骨，由多数新生的骨小梁构成，向四周呈辐射状排列。骨小梁主要由排列紊乱的胶原纤维构成，伴有不同程度的钙盐沉着。

【诊断要点】 根据病牛采食高钼饲料的病史，或在本病流行区，根据持续性腹泻，消瘦贫血，被毛退色，皮肤发红，跛行伴发代谢性骨病等临床症状，以及夏季呈暴发流行，冬季症状减轻，脱离污染区自行痊愈等发病规律，可做出初步诊断。采用硫酸铜治疗，若有良效，即可确诊。

【治疗方法】 目前认为，硫酸铜是钼中毒的有效解毒药物。当奶牛因钼中毒而发生腹泻时，可按每千克体重用硫酸铜2.5克，溶于水中内服，每天1次，连用3次，腹泻即停止。发病地区的奶牛，按上述剂量，每周内服硫酸铜1～2次，可完全防止本病的发生。

【预防措施】 杜绝毒源，防止污染，改良土壤为预防本病的根本措施。施用硫肥或铜肥可降低植物对钼的吸收，提高植物的铜含量。根据土壤性质及微量元素含量，合理施用。定期脱离高钼环境(轮牧)，高钼饲草晒干后再利用也有一定效果。

另外，使用硫酸铜进行预防，也有较好的效果。一般每吨饲料中加硫酸铜1千克，或每1 000毫升水中加硫酸铜0.02克。可在食盐中加入适量的铜做成铜盐，当饲料含钼量低于5毫克/千克时，在食盐中加入1%硫酸铜；当钼含量更高时应加入2%乃至5%的硫酸铜，对钼中毒均能有效地控制。用硫酸铜配成一定浓度的溶液，喷洒于干草上，让牛自由采食，效果亦好。使用甘氨酸铜注射液皮内注射，犊牛用量为60毫克，成年牛120毫克，可3～4个月内有效地防止钼中毒。本药一般每季注射1次，即有预防作用。

图 7-7-1　病牛消瘦、下痢，四肢僵硬，集于腹下

图 7-7-2　用硫酸铜治疗 60 天后，病牛的症状逐渐消失

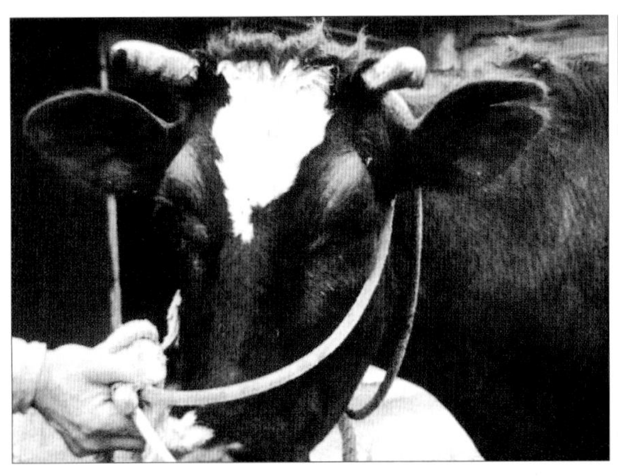
图 7-7-3　病牛的眼周被毛退色，呈眼镜状

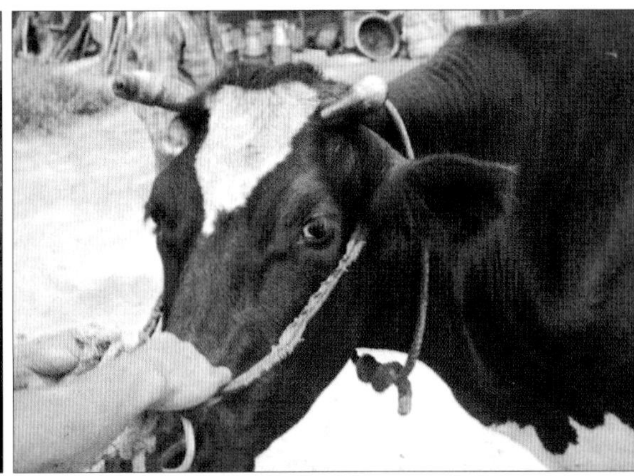
图 7-7-4　给予硫酸铜 60 天后，眼周的被毛色泽恢复

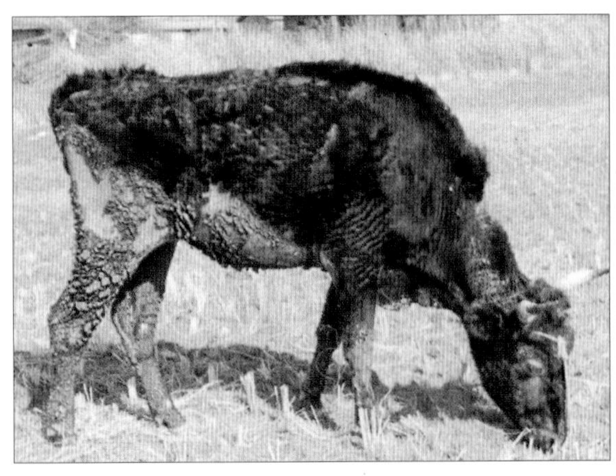
图 7-7-5　病牛被毛脱色、消瘦，下痢

图 7-7-6　用硫酸铜治疗 60 天后，病牛下痢停止，营养状态和毛色逐渐恢复

八、铜中毒

(Copper poisoning)

动物因一次摄入大剂量铜化合物，或长期食入含过量铜的饲料或饮水，引起铜在体内过多蓄积，临床表现为腹痛、腹泻、肝机能异常和溶血危象，称为铜中毒。

铜中毒按起始原因，分为原发性铜中毒和继发性铜中毒。前者是因摄入过量铜所致，即急性铜中毒；后者是因食入某些植物，引起肝内铜蓄积增多，肝损伤，从而诱发溶血危象，并产生慢性铜中毒。

【发病原因】 铜中毒，多因奶牛一时摄入过量或较长时间不断少量摄入铜而引起的。急性原发性铜中毒，通常见于内服大量的可溶性铜盐；采食了含铜的杀真菌喷雾剂(如硫酸铜、石油酸铜、三氯酚铜等)污染的植物或舔食含铜粉剂或误饮含铜浸液（如药浴液、浸蹄液）；含铜饲料添加剂搅拌不均匀，一时采食过多时。慢性原发性铜中毒，通常见于长期在高铜地区放牧或长期采食铜矿和炼铜厂附近的牧草或饮水；长期饲喂含铜高的饲料添加剂等。

继发性铜中毒，常因长期采食隐蔽三叶草、欧洲天芥菜、千里光和蓝蓟等植物，可增加肝脏对铜的亲和力，使肝细胞受损导致铜在肝脏蓄积而引起慢性中毒。

奶牛铜中毒，虽与摄入铜量的多少直接相关，但与草料内钼与硫的含量亦有关系。有人证实，铜与钼在消化道内能形成复合物，复合物中的铜则失去生物学作用。虽能被吸收，但不能在肝脏蓄积，而随胆汁和尿液排出。当食物中硫酸盐含量增多时，胆汁和尿液中的排铜量亦增多。所以饲料中含有钼和硫时，即使摄入较多的铜也不发生铜中毒。另外，某些地区土壤和饲料中含钼量很低，这有利于铜在体内的蓄积，促使铜中毒的发展。

奶牛对铜的敏感性也较高，其中犊牛和青年奶牛最敏感，一次每千克体重食入20～110毫克就能发生急性中毒；成龄奶牛和耕牛一次每千克体重食入220～880毫克，则能导致急性死亡。

【发病机理】 铜是机体必需的微量元素之一。奶牛摄入的铜盐主要在小肠和大肠吸收(但只有5%～10%被吸收，而90%以上则随粪便排出)，进入血液的铜即与血浆中的蛋白质或氨基酸结合被运送至机体各部和红细胞中。其中肝脏是贮存铜的主要场所，肝脏从血液中吸收的铜通常被结合到肝细胞的线粒体、胞核和胞浆中。这些铜或贮存于肝细胞内，或释放出来与蛋白质结合形成血浆铜蓝蛋白、红细胞铜蛋白以及构成细胞中许多含铜酶的成分，如酪氨酸酶、赖氨酰氧化酶、巯基氧化酶、尿酸氧化酶、胺氧化酶、细胞色素C氧化酶等，在体内发挥作用。

铜中毒所致的发病机理虽然尚未完全明了，但已知铜盐具有凝固蛋白质和腐蚀作用，因此摄入过多时可刺激胃肠黏膜导致出血性坏死性胃肠炎；肝脏从血液中吸收的铜如超过其贮存限度，则可抑制多种酶的活性而导致肝细胞变性、坏死并使肝脏排铜功能障碍，以致铜贮存更多；肝脏释放大量铜入血流，随即进入红细胞中。一方面，红细胞内的铜浓度因而不断升高，则可降低红细胞中谷胱甘肽（GSH）的浓度，使红细胞脆性增加而发生血管内溶血；另一方面，红细胞内铜浓度升高可改变红细胞性质而成为自身免疫原，并产生相应的自身抗体，在补体的作用下发生抗原抗体反应，而导致血管内溶血。溶血时，肾铜浓度升高和肾小管被血红蛋白阻塞，可使肾单位坏死，结果导致肾功能衰竭和血红蛋白尿乃至发展为尿毒症；铜中毒时中枢神经系统的损害，主要是由于血液中的尿素和氨浓度升高所引起。

【临床症状】 急性铜中毒时，病牛厌食，口黏膜有绿色烂斑，并见腹痛，腹泻表现，频频排出稀水样粪便，有时排淡红色或褐红色尿液。

慢性铜中毒时，初期常无明显的临床症状，仅见精神不振，食欲不佳，可视黏膜轻度黄染，泌乳量不断下降；临床病理学检测时可发现谷草转氨酶（SGOT）、精氨酸酶（ARG）、山梨醇脱氢酶（SDH）活性呈短暂性升高。后期，当红细胞发生异常，并出现溶血危象时，病牛的精神极度沉郁，可视黏膜明显黄染，泌乳停止，饮欲增加，烦躁不安，呼吸困难，卧地不起，血液呈酱油色。临床病理学检测，血红蛋白浓度降低，红细胞形态异常并出现较多Heinz小体，血浆铜浓度急剧升高，可为正常的3倍左右。

【病理特征】 剖检，以慢性铜中毒的表现最为明显。慢性铜中毒，可分为2个明显的时期，即无症状的肝铜蓄积期（或称为溶血前期）和溶血危象期。前者可持续数周至数月，而溶血危象期则以突然出现重度溶血、血红蛋白尿和黄疸为特征，该期一般为2～4天。

溶血危象期的特征性病变为：肝脏肿大，质地脆弱，表面和切面呈黄褐色，被膜散发点状出血（图7-8-1）。胆囊肿胀，内含浓稠深绿色胆汁。镜检，肝脏最突出的病变表现以中央静脉为中心的广泛性坏死，星状细胞肿胀、增生，汇管区和小叶间结缔组织呈不同程度和增生，并有较多的含铁血黄素和胆汁色素沉着。肾脏肿大，呈独特的青铜色，被膜散在点状出血，质地柔软、脆弱（图7-8-2）。膀胱蓄积咖啡色尿液。镜检，肾小管上皮细胞变性、坏死，管腔内充满血红蛋白分解的颗粒物、亚铁血红素或管型。

另外，心外膜散在点状出血，心肌实质变性。肺脏淤血，轻度水肿伴发肺泡气肿。脾脏肿大、柔软，切面富有血液，呈深棕色至黑色，结构模糊。大脑软膜充血，偶见小的软化灶。

【诊断要点】 急性铜中毒，一般根据临床病史，腹痛、腹泻等临床症状，病理变化和血液、肝、肾的含铜量测定，可以做出诊断。慢性铜中毒，初期主要依据肝、肾、血浆铜浓度及酶活性测定而定。当肝铜浓度>500毫克/千克，肾铜浓度>80～100毫克/千克（干重），血浆铜浓度（正常值为0.7～1.2毫克/千克）大幅度升高时，为溶血危象先兆。后期出现溶血时，则根据血红蛋白尿及红细胞内有较多的Heinz小体等变化，以及SGOT、ARG、SDH活性稳步上升，血清胆红素浓度增加等试验室检测来确诊。

【治疗方法】 铜中毒的治疗原则是，立即中止含铜量高的饲料供给，迅速使血浆中游离铜与白蛋白结合，促进铜排出体外。

目前认为，钼制剂是铜中毒的拮抗剂，对急性铜中毒可用三硫钼酸钠进行治疗。剂量按每千克0.5毫克，稀释成100～200毫升溶液，缓慢静脉注射，3小时后视病情可追加等剂量钼。四硫钼酸钠亦有同等效果，含钼剂量与三硫钼酸钠同。硫钼酸钠不仅可激活白蛋白上铜结合簇，使铜与白蛋白形成铜钼白蛋白复合物，而且可以将肝内与金属硫蛋白结合的铜游离，通过胆汁向肠道排出。对亚临床中毒、慢性铜中毒及经用硫钼酸钠抢救脱险的病畜，可在日粮中补充100 毫克钼酸铵、0.2%的硫磺粉，拌匀饲喂，连续数周，直至粪便中铜含量接近正常水平后停止。

【预防措施】 对于地方性铜中毒须从改良土壤着手，铜盐驱虫及使用喷雾剂时，须严格控制药液的浓度和剂量，用铜喷雾剂的牧草不能作为饲草。在高铜草地放牧的牛，可在精料中补充5～7毫克／千克的钼；50毫克／千克的锌及0.2%的硫，常可有效地预防铜中毒。

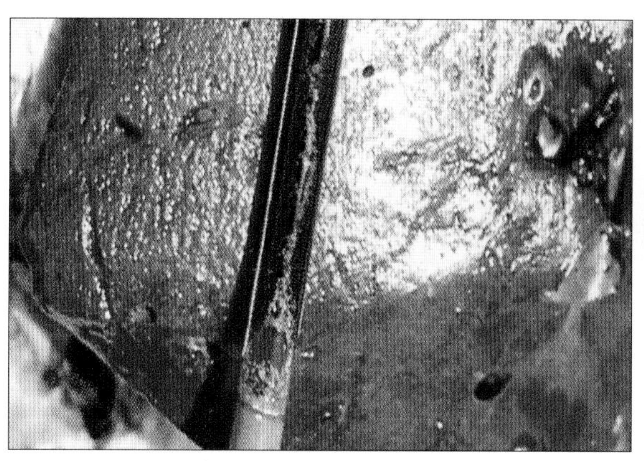

图7-8-1　肝脏肿大、脆弱，呈黄褐色

图7-8-2　肾脏肿大、脆弱，呈独特的青铜色

九、氟中毒

(F1uorine poisoning)

氟中毒是长期连续摄入超过安全限量的无机氟化物引起的一种中毒病，常呈地方性群发。氟中毒有急性和慢性2种。急性氟中毒多因短时间摄入多量可溶性氟化物或吸入大量含氟气体所引起，以重剧的胃肠炎、神经肌肉应激性增高、血液凝固性降低以及病程短急为特征。慢性氟中毒又称为氟病(fluorosis)，是土壤高氟区和工业污染所致的一种地方病，是因长期摄食少量而超过安全极限的氟化物所造成，以发育缓慢或停滞，因钙代谢障碍所致氟斑牙(或釉斑牙)和门、臼齿过度磨损、骨质疏松及骨疣生成为特征。

氟中毒虽然可发生于各种家畜，但以牛，特别是奶牛和犊牛最为敏感。 据调查，我国除台湾省外，目前有根据确认者已达25省、自治区、直辖市，或以上，给农牧业生产造成莫大的经济损失。

【发病原因】 奶牛的急性中毒不常见，多属于一种偶然事故，如氟乙酰胺、氟乙酸钠等有机氟农药均有剧毒，通常用于防治农林害虫和草原灭鼠，若被家畜误食即可引起急性氟中毒。例如，上海某奶牛场一次因饲喂了喷洒过氟乙酰胺的萝卜条而使27头奶牛发生急性氟中毒，死亡20头。有些木材防腐剂含有大量氟化物，在修建木桥、铁路(枕木防腐)或设置畜圈栅栏时涂布含氟防腐剂，因其略带咸味，奶牛喜爱舔食，也往往可引起急性氟中毒。火山爆发时喷出的气体(含氢氟酸)、粉尘和岩浆含有大量氟化物，可引起致死性急性氟中毒。

慢性氟中毒危害很大，病因涉及大自然中的工业污染和地质地理高氟结构。过剩氟化物来源于工业对环境的污染，如在磷肥厂、炼钢厂、陶瓷厂、炼铝厂等邻近地，排放污染物中就含有四氟化硅、氟化氢、氟硅酸等废气和烟尘，有很高的毒性，能为植物叶片吸收，加以植物叶片能粘附含氟降尘，故工业区氟污染区的高氟牧草，是奶牛的主要毒源。奶牛饮用含氟废水或被降尘污染的地表死水，也可发生氟病。二是氟磷酸岩分布的某些盆地、盐碱地、氟石和磷灰石矿区出现人畜“地方性骨氟症”。 土壤中的氟，只有水溶性氟才能溶解在水中被人、畜饮入，或被植物吸收后再转入人、畜体内发挥生物学作用。三是奶牛日粮中长期补充未经脱氟的矿物质添加剂，如过磷酸钙、天然磷灰石等，可引起慢性氟化物中毒。

【发病机理】 氟虽是动物机体不可缺少的微量元素之一，但通常需要量很少。氟元素缺乏时易患龋齿；摄入过多则可引起急、慢性中毒。

氟中毒的发病机理尚未充分阐明。一般认为，当摄入大量氟化钠、四氟化硅、氟硅酸钠等可溶性无机氟而发生急性中毒时，在胃酸的作用下即形成氢氟酸，可强烈地刺激胃肠黏膜而引起急性出血性胃肠炎。大量氟被吸收后迅速与血浆中的Ca^{2+}结合形成氟化钙，血钙即因之而降低，从而使具有生理活性作用的钙离子急剧减少，结果导致神经肌肉的应激性增高，血液凝固性降低，一旦外伤可发生出血不止的危征。有机氟农药，包括氟乙酸钠和氟乙酰胺等，其剧毒作用在于能抑制顺乌头酸酶，使柠檬酸不能转变为异柠檬酸而堆积于组织中，以致三羧酸循环中断，糖代谢则发生障碍，能量供应不足。由于心肌和中枢神经系统等生命器官首先受到损害，因此，动物多于短时间内死亡。氟化物还能与体内的许多含有金属的酶结合而抑制活性，如酸性磷酸酶、ATP酶、琥珀酸脱氢酶、细胞色素C氧化酶、过氧化酶及接触酶等都可受其影响。

慢性氟中毒时，摄入的少量氟化物进入消化道后部分与食物中的钙盐结合形成不溶解的氟化钙而阻止钙的吸收，被吸收入血液的氟除与血钙结合外，还与磷酸盐结合而沉积于牙齿和骨骼中。且以骨膜表面沉积最多，在整个生命期间都发生氟的沉积。因而，骨的损害可发生于生命的任何阶段。氟在牙齿中的沉积过去认为仅见于形成牙齿的阶段，但最近的研究证实，不论奶牛、黄牛或水牛，在犊牛期、育成期和成年期均有氟斑牙的出现。当吸收氟的水平更高，超过牙齿和骨骼的贮存能力时，则血液和尿液中氟的水平升高。因此，在骨骼损害发生的同时，肝、肾、心肌和肾上腺等组织、器官也将出现中毒性变化。骨质软化、疏松、氟斑牙以及牙齿过度磨损等骨和牙齿的损害是由于机体过多地从骨组织中动员钙和磷进入血液的结果。此外，沉积于骨膜表面的氟还能刺激成骨细胞引起骨膜增生，并干扰骨基质的正常矿物化，因此病牛表现出骨膜粗糙和骨疣形成。氟还能抑制骨髓的造血功能而引起贫血。

饲喂或放牧在排氟工厂附近的畜群，除由消化道摄入氟外，还可通过呼吸和皮肤接触氟而导致呼吸道黏膜发炎和接触性皮肤炎、角膜炎和结膜炎。

【临床症状】 本病一般呈慢性经过，常呈地方性群发，当地出生的牛发病率最高，且随年龄的增长而加重。病牛常因牙齿和骨骼的病变而出现一系列的综合征。

病犊生长发育不良，乳牙一般无明显变化，但严重者釉质粗糙无光泽，积有黄色易剥落的牙垢，齿缘变钝，齿质过早裸露。成龄奶牛异嗜，泌奶量少，恒门齿唇面釉质粗糙无光泽，变为晦暗、粉白色、浑浊如白垩状。如果病变严重，牙齿的牙釉质则可全部变成白垩状。牙斑是牙齿上出现的一种黄色、棕色或黑色的线条状、斑点状或斑块状的斑纹（图7−9−1），是由于牙釉层内有沉着所造成，称为氟斑牙(或釉斑牙)。牙齿过度磨损是由于牙釉质与牙本质异常软化所致。病牛的门齿大多松动，齿列不齐，高度磨损。臼齿磨损呈波状齿，特别是第1、2、3对前臼齿严重磨平或脱落。病变牙齿缩短，在慢性病例可能磨损至和牙根相平的程度（图7−9−2）。有些病例的臼齿脱落，有的发生齿槽骨膜炎。由于牙齿受损，病畜咀嚼发生障碍，出现齿间蓄草或吐草团的现象，病畜日渐消瘦，最终衰竭而死亡。

病牛喜卧，出现跛行。下颌支肥厚，常有骨赘，有些病例面骨也肿大。肋骨上可出现局部硬肿。管骨变粗，常有骨赘（图7−9−3）；腕关节或跗关节硬肿，甚至愈着，患肢僵硬，蹄尖磨损，有的蹄匣变形，重症起立困难。有的病例可见盆骨和腰椎变形。易发生骨折。当病牛骨氟高于4 000毫克/千克时，X线检查可见骨密度增大，骨外膜呈羽状增厚，骨密质增厚，骨髓腔变窄。奶牛尾骨变形，最后1～4尾椎密度降低或被吸收，个别奶牛可见陈旧性尾椎骨折。

在工业性氟污染区，由于氟化物溶解在露水和弥散在空气中，放牧牛家畜体表接触露水的部位可发生皮炎，接触严重污染的空气可发生结膜炎、角膜炎和支气管炎等。怀孕奶牛由于营养代谢障碍和贫血而易发生流产。

【病理特征】 急性氟中毒，主要病变在胃肠和实质器官。整个胃肠黏膜潮红、肿胀，密布斑点状出血，黏膜上皮细胞变性、坏死及脱落，黏膜固有层和黏膜下层充血、水肿及出血，呈明显的出血性坏死性炎变化。心脏扩张，心肌实质变性，伴发轻重不同的出血。肝脏肿大，呈土黄色，肝细胞颗粒变性与脂肪变性和坏死。肾脏肿大，实质变性与坏死，伴发出血。腹腔蓄积多量黄红色液体。

慢性氟中毒最为特征性病变是在牙齿、骨骼和肝、肾、心等实质器官。其中，牙齿的病变与临床所见基本相同。

慢性氟中毒的骨营养不良是一种全身性的骨骼病变，以四肢的远端骨(跖骨、掌骨)、颌骨、肋骨以及尾椎骨的病变最经常而严重。骨骼的变化决定于摄入氟的剂量、时间的长短、氟盐的种类以及动物的年龄。典型慢性氟中毒骨骼的肉眼变化表现为肿胀、疏松和变形，骨膜充血、增厚和粗糙不平，骨外观无光泽而呈污白色的白垩状，骨重量减轻，质地脆弱、容易折断，常见局限性或播散性骨疣形成等（图7−9−4）。头骨在鼻梁两侧肿胀、膨大。下颌骨表现肿大，边缘增厚，常见赘生的外生性骨疣。严重的上颌骨亦肿胀、浮起，骨质变软，致使头面变形。尾椎骨形状变为不整，大小不一，尤其最后几个尾椎骨（最后～4个）甚至软化吸收而仅留痕迹。由于尾椎骨变形，故尾呈弯曲、扭转或呈S状。四肢各关节肿胀，关节囊增厚、变硬，关节液增量，关节面有不同程度的缺损。病势严重的病例常见关节囊愈着，并有大小不一、形态不整的骨疣增生，致使关节僵硬、明显变形。此种变化以腕关节、跗关节、膝关节最为常见。肋骨体部增宽或呈扁平状肿胀，在与肋软骨连接处常见大小不等的骨疣形成。掌骨与跖骨亦常有骨疣形成或发生骨折。

慢性氟中毒时其他器官的主要病变是：心肌色泽变淡，质地柔软、脆弱。镜检见心肌纤维颗粒变性乃至坏死、溶崩，肌束间的小血管充血，轻度水肿。肺脏轻度淤血、水肿和出血并伴发支气管炎和支气管周围炎。肝脏轻度肿胀，呈黄褐色，质地柔软、脆弱，切面稍隆突，小叶境界不明显，含血量较多。镜检见肝小叶中心部的肝细胞变性，并显示凝固性坏死。肾脏轻度肿胀，呈黄褐色，柔软、脆弱皮髓质界限不清。镜检，近曲与远曲小管上皮细胞呈现明显的颗粒变性与坏死并脱落。有的管腔扩张，潴留蛋白尿液。在髓袢小管的上皮细胞内见有粉末状或颗粒状结晶物沉积，该物质有的中心部分色淡而透明，有的则呈黑色球状，可能为氟化物。胃肠黏膜轻度潮红、肿胀，被覆少量黏液，显示轻度卡他性炎变化。

【诊断要点】 根据可能造成高氟的饲养环境，各种动物同时患病的发生情况，牙齿与骨骼等特征性病变以及生长缓慢的病程，不难做出慢性氟中毒的诊断。必要时可采取饲料、饮水、病畜血液、尿液及骨骼(尾骨或肋骨)测定氟含量。其中骨氟是目前诊断氟病重要的指标，生前可取一小段肋骨作为检样。

【治疗方法】 首先要停止摄入高氟牧草或饮水；移至安全区放牧是最经济的有效方法，并给予富含维生素的饲料及矿物质添加剂，然后可对症治疗。

对因牙齿不整而影响咀嚼的病牛，应对不整的、过长的或有缺损的牙齿进行修整，以便有利于病牛的摄食。对骨质疏松而出现跛行或关节病的病牛，可静脉注射葡萄糖酸钙，借以提高血钙的浓度，防止骨质继续脱钙。对发生眼结膜炎和角膜炎的病牛，可用3%硼酸水冲洗并温敷。对发生皮炎的病牛，在用龙胆紫或碘酊涂布的同时，为了防止化脓性皮炎的发生，还可使用抗生素等。

【预防措施】 本病的预防非常重要，因为目前尚无特效的治疗药物。预防本病的主要措施是：

大型奶牛场的建立要远离氟污染区；奶牛饲料中含氟量不应超过干日粮的100毫克/千克，饮水中不应超过0.2毫克/千克。

工业氟污染区应将排氟量控制在安全限量以下，但在一时难以消除污染的地区，为了减轻污染造成的损失，查清污染程度及范围，划分出禁止放牧区和危险区。一般而言，当每千克牧草含氟量（平均）超过70毫克，即为高氟区，应禁止放牧；超过40毫克时，即为危险区，只允许成年牛作短期放牧。在条件有限的情况下，也可采用低氟区与危险区轮牧，并在精粮中补充足够的钙，借以减轻氟对机体的影响。

自然高氟区，关键措施是改饮低氟水。最好从安全区引入低氟水或打深井，使用深井水（但要注意防止浅层高氟水流入深层水中）。在缺乏改水条件的地区，可用活性氧化铝、明矾或熟石灰除氟，降低饮水含氟量。

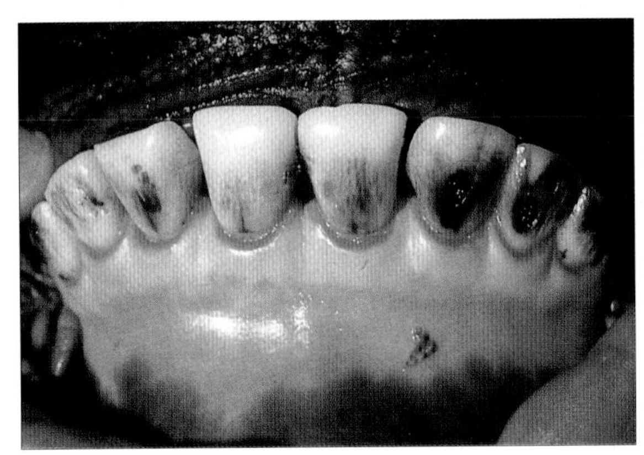

图7–9–1　氟中毒引起犊牛发生乳齿黑斑

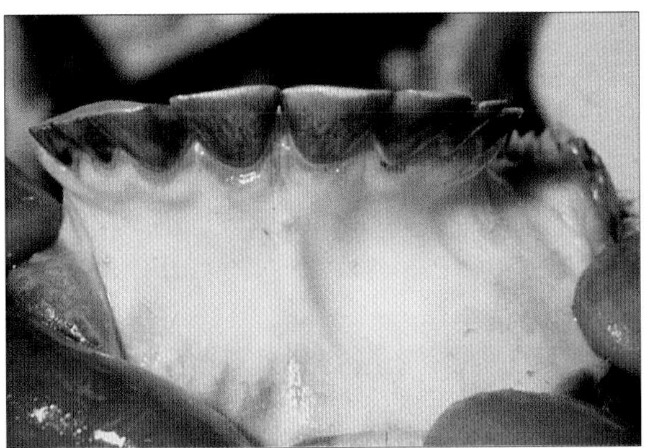

图7–9–2　氟中毒导致病牛牙齿变黑，牙齿严重磨损

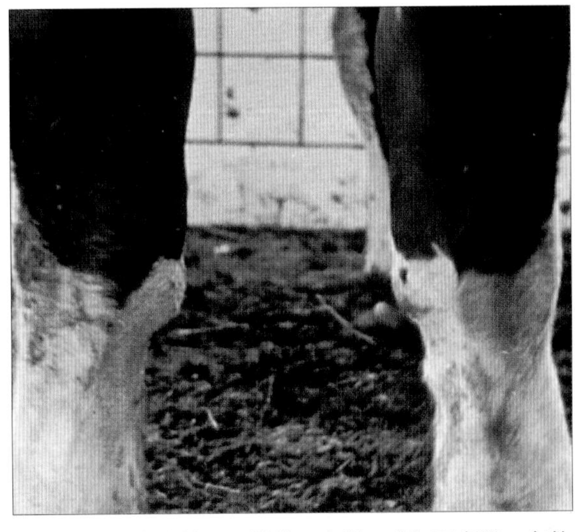

图7–9–3　病牛的跖骨肿胀、变粗，感知不光滑，有数个结节

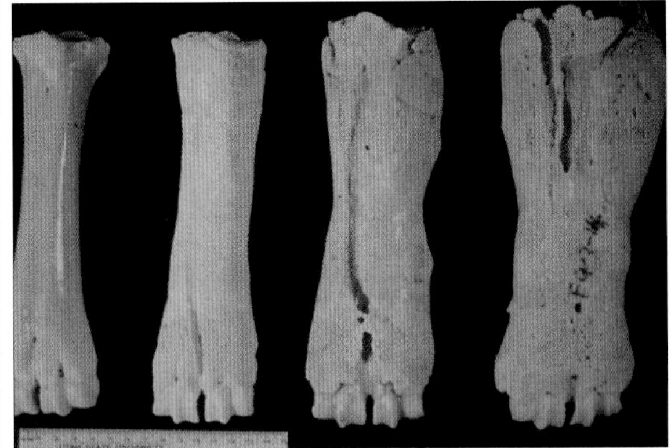

图7–9–4　病牛的掌骨疏松、变粗，关节面周围的骨质增生（左为正常掌骨）

第八章

奶牛常见的其他传染病

一、牛传染性胸膜肺炎

（Pleuropneumonia contagious bovine）

牛传染性胸膜肺炎又称牛肺疫，是牛的一种接触性传染病，大部分病牛呈亚急性或慢性经过，主要侵害肺脏和胸膜，表现为急性纤维素性胸膜肺炎的临床症状和病理变化。本病曾在许多国家的牛群中流行，造成巨大的经济损失。本病目前在非洲、拉丁美洲和亚洲的一些国家还有发生；而我国由于成功地研制出有效的牛肺疫弱毒苗，结合严格的综合性防制措施，基本控制了本病。

【病原特性】 本病的病原体为支原体属、支原体科的丝状支原体丝状亚种（*Mycoplasma mycoides* subsp. *mycoides*)，是一种细小多形性微生物，镜下最常见的为球状颗粒，或染色不均的丝状、螺旋状、分枝状或环状。用姬姆萨染色较好，革兰氏染色效果较差。扫描电镜下的菌体多呈球状、球杆状或长丝状（图 8−1−1)。病菌在病牛肺组织、胸腔渗出液、胸部淋巴结及气管分泌物中含量最多。

支原体对外环境的抵抗力不强，特别是对温热的抵抗力较弱。一般在干燥的环境中，尤其是在阳光的直射下几小时就失去活力；加热 56℃持续 30 分钟即可死亡；而煮沸则立即死亡。本菌对寒冷有一定的抵抗力，如在冰冻的肺组织及淋巴结中能保持其毒力达 1 年以上；培养物冻干可保持毒力数年。

丝状支原体对化学药品的抵抗力不强，常用的消毒药如 0.1% 升汞、2% 石炭酸、3% 来苏儿、5% 漂白粉和 10% 新鲜石灰乳等，均可在几分钟内将之杀灭。

【流行特点】 本病在自然情况下可感染各种牛，但奶牛、牦牛、黄牛和犏牛的易感性更高，水牛和野牛的易感性较低。一般以牛的品种、生活方式及个体抵抗力不同而发病从 60%～70% 不等，死亡率约为 30%～50%。本病的传染来源主要是病牛和带菌牛。据报道，病牛康复 15 个月后还可感染健康牛。病菌主要存在于病牛的肺组织和气管的分泌物中，从呼吸道随飞沫排出体外，也可由尿及乳汁排出，在产犊时还可由子宫的渗出物中排出。自然感染的主要传播途径是呼吸道，当病牛与健康奶牛接触时，通过空气飞沫或污染的尘埃而传染。另外，健康奶牛也可通过被病牛污染的饲料、饮水等而经消化道感染。

本病在新疫区发生时多呈地方流行性或流行性，发病急，死亡率高；而在常发地区一般为慢性或隐性感染，流行性较缓和，时断时续地出现新病例，终年不断。虽然奶牛的年龄、性别、季节和气候等因素对易感性无明显影响，但饲养管理不良、牛舍条件差、通风不良、奶牛群过大而拥挤、舍内潮湿阴冷等可促进本病的发生，寒冷的冬季发病也较其他季节多。

【临床症状】 本病的潜伏期一般为2～4周，短者仅有1周，长者可达3～4个月。病初症状不明显，仅在清晨冷空气或冷饮刺激或运动时发出短而干的咳嗽，继之，咳嗽的次数逐渐增多，体温不断升高，继则食欲减退，反刍迟缓。随病程发展，症状逐渐明显。按其经过不同分急性和慢性2型。

1.急性型　多发生于流行初期，体温升高40～42℃，呈稽留热。咳嗽次数增多，呈湿性、疼痛性短咳，咳声低沉，弱而无力，常从鼻孔中流出浆液性或脓性鼻液。病牛呼吸加快而困难，多呈腹式呼吸，往往每次呼气时发出呻吟声；呼吸时头颈伸直，前肢开张（图8–1–2），吸气长，呼气短。用手按压肋间时病牛有痛感。由于伴发胸膜炎而胸部疼痛，故病牛不愿走动和卧地，多小心地站立不动。

胸部听诊时，可闻及肺泡音减弱或消失，常能听到罗音和支气管呼吸音，甚至胸膜摩擦音。胸部叩诊时，可于一侧或两侧肺脏听到浊音、鼓音、过清音等不同音响；如有胸水时，还能叩出水平浊音的边界。

本病后期，当肺脏的病变严重时，常明显影响心脏的功能，使得心音衰弱，心跳加快，脉搏细数，每分钟可达80～120次。有时因胸腔积液，只能听到微弱的心音或甚至听不到。胸前和颈部肉垂水肿，可视黏膜蓝紫。消化机能障碍，反刍迟缓或停止，常有慢性瘤胃膨胀变化，腹泻与便秘交替发生。病牛的尿量减少而比重增加；泌乳明显减少或完全停止。当病牛全身情况进一步恶化时，常表现为迅速消瘦、衰弱、眼球塌陷、伏卧伸颈，多于1周左右因窒息和心力衰竭而死亡，但大部分病牛的病程可达2～4周以上。

2.慢性型　病程较长，病情发展缓慢，多由急性病例转变而来，但也有一开始就取慢性经过的。病牛体温正常或仅升高0.5～1℃，常发生干性短咳，精神不振，食欲减少或时好时坏，反刍迟缓，泌乳量明显减少，行动缓慢，逐渐消瘦，被毛粗乱，肋骨显露。有的病牛因营养不良常于胸、腹及颈部皮下发生水肿。

慢性病牛的肺部叩诊及听诊变化均不明显。在饲养较好的条件下，慢性病牛可逐渐恢复，但有些临床康复而在肺内留有“坏死块”的慢性病例，则可长期带菌，成为本病最危险的传染来源。

【病理特征】 本病的特征性病变主要见于肺脏和胸膜。一般按其发生、发展过程的病变特点不同而将之分为前驱期、临床明显期和结局期。

1.前驱期　主要表现为多发性支气管肺炎，即由病原体引起的细支气管或呼吸性细支气管及其所属肺组织的炎症。病变通常发生于通气良好的肺膈叶和中间叶的胸膜下，其大小一般不超过一个肺小叶，呈红褐色或灰白色，质地坚实。镜检，病灶中可因炎性水肿和淋巴管炎而使肺间质明显增宽，病变的细支气管腔和肺泡腔中有大量浆液、炎性细胞、脱落的肺泡上皮和少量纤维蛋白。

2.临床明显期　主要表现为纤维素性肺炎和浆液–纤维素性胸膜炎。这是本病的证病性病变。此期的肺实质、肺间质及胸膜的变化，均具有特殊的证病意义。

（1）肺实质的病变　病变多位于膈叶和中间叶，且常以右侧肺叶明显。眼观，发炎的肺叶高度肿大，重量增加，质地变硬，在同一肺脏的切面上可见到典型的纤维素性肺炎不同时期的变化。充血水肿期表现为病变部肿大，呈深红色，切面流出大量带有泡沫的渗出液，镜检肺泡中有大量浆液和炎性细胞（图8–1–3）；红色肝变期的色泽暗红，重量和硬度明显增加，间质增宽，质度如肝（图8–1–4），镜检肺泡中有大量红细胞和纤维蛋白（图8–1–5）；灰色肝变期的病灶呈灰白色，质地坚实，切面干燥，有纤维蛋白收缩而形成的细颗粒，镜下见肺泡腔中有大量嗜中性白细胞和纤维蛋白（图8-1-6）。这些不同时期病变的同时存在，使肺脏出现典型的大理石花纹（图8-1-7）。

(2) 肺间质的病变　主要表现为间质的炎性水肿和坏死。肺切面上常见间质明显增宽，在增宽的间质内有椭圆形、圆形淋巴栓塞的淋巴管断面，使间质形成宽阔多孔的灰白色条索，故肺炎区的小叶界线非常明显。镜检，肺间质极度增宽，其中小淋巴管扩张，被纤维素凝块所栓塞（图8-1-8）。这也成为牛肺疫的特征性病变之一。

(3) 肺胸膜的病变　肺胸病变是在肺炎的基础上病原体取道于淋巴途径播散发展起来的继发性病变，主要表现为浆液性纤维素性胸膜炎。打开胸腔后可看到大量淡黄透明或浑浊含有纤维蛋白凝块的胸水，以致胸腔积液（图8-1-9），多的可达1万～2万毫升。胸膜和肺脏表面充血、肿胀，被覆厚层呈膜状的灰黄色纤维素，肺胸膜粗糙，失去固有光泽（图8-1-10）。病程稍长者，渗出的纤维蛋白被增生肉芽组织机化，常致使肺脏与胸腔和心包粘连（图8-1-11）。在胸腔发生炎症的同时，纵隔和心包也呈现出浆液性炎症，心包液增多，并因混有纤维素而浑浊，心外有纤维素附着，久之则因肉芽组织增生而形成绒毛心。

3.结局期　本期以坏死块的形成和机化为特点。坏死块的形成是一种在肺炎的基础上发生贫血性梗死的结果。坏死区域一般较大，包括几个肺小叶或大半个肺叶。如坏死过程出现已久，则形成黄色凝固性坏死块（图8-1-12）。牛肺疫的坏死块有它的特殊性，即它仍保留肺组织各期病变原来的状态，但其纹理模糊，色泽晦暗，外围通常可见增生的结缔组织包囊。在包囊与坏死组织之间常有脓性渗出物，故当切开包囊时，坏死块已与包囊处于分离状态（图8-1-13）。有的坏死块接近大支气管，当其发生脓性溶解并破坏支气管壁后，其中脓性溶解液化的组织从破坏的支气管排出体外，于是在肺脏变形成了脓腔或肺空洞。有时大量结缔组织增生，使病变的肺组织或肺空洞完全机化而发生瘢痕化或形成瘢痕疙瘩。

【诊断要点】　本病在流行初期，单靠临床症状不易诊断。因此，应先做调查，了解当地有无此病的发生，最近是否从疫区购入奶牛，检疫情况如何；再结合牛群中有较多的奶牛出现高热和胸膜肺炎的症状，即可做出初步诊断。

为了确诊，应进行病理解剖、实验室检查或血清学检查。病理剖检的主要病变是纤维素性胸膜肺炎，肺实质有不同时期的肝变，并呈典型的大理石样外观；胸腔常有大量浑浊含有蛋白凝块的胸水，胸膜粗糙，有大量纤维蛋白附着和增生，常与肺脏发生不同程度的粘连。实验室检查时，可将无菌采取的肺组织或胸腔渗出液，接种在血清琼脂平皿上培养3～5天，可发现小而圆、透明的丝状支原体的特征性菌落。另外，奶牛感染本病后，血液中可出现抗体，因此可利用血清学反应进行诊断，其中补体结合试验是实际中应用最为广泛的血清学试验，特别是对慢性和隐性感染的奶牛，具有一定的实用价值。

应该指出：应用补体结合反应对已被消灭或无病地区进行检疫时，可能有1%～2%的非特异反应；接种本病疫苗的牛群有部分可出现阳性或疑似反应（一般持续3个月左右）。因此，常需用凝集反应试验、间接血凝试验和玻片凝集试验等作为辅助诊断。

【类症鉴别】　本病与牛巴氏杆菌病所致的肺炎极易混淆，应注意鉴别，两者的主要区别如下：

1.大理石样外观　本病由于肺脏常有充血水肿、红色肝变、灰白色肝变等各期病变，故其切面呈明显的大理石样外观。而胸型巴氏杆菌病由于病程短促，肺炎多以充血水肿和红色肝变为主，故多色性大理石样外观不明显。

2.肺间质变化　本病的肺间质由于大量淋巴栓形成，水肿和淋巴淤滞明显，所以间质增宽和多孔状的变化非常明显，并常因间质发生坏死和机化，故呈灰白色条索状及小岛状外观，而胸型牛巴氏杆菌病则无此病变。

3.坏死块形成　本病的肺脏常有坏死块的形成，且坏死块中还保持原组织多色性和间质多孔性的结构特点，有完整的包囊，且坏死块在包囊内多呈游离状态存在，而胸型牛巴氏杆菌无此特点。

4.镜检特点　牛患本病时，肺脏组织学检查常能发现血管周围、小叶边缘和呼吸性细支气管周围机化灶的形成，而胸型牛巴氏杆菌病则无类似的病理变化。

【治疗方法】 丝状支原体对青霉素和磺胺类药物有一定的抵抗力，故在治疗本病时不能使用。治疗本病常用的药物是新砷凡纳明（914），其用法是：奶牛和黄牛3～4克（按每100千克体重用药1克的标准计算），将药物溶于5%葡萄糖生理盐水100～500毫升中，一次静脉注射；5～7天按相同剂量再注射1～2次，但一般不超过3次。

此后，人们用土霉素、四环素和链霉素进行治疗，也取得了较好的疗效。土霉素或四环素的用药方法是：按每千克体重5～10克的药量，肌肉或静脉注射，每天1次，连用5～7天。用链霉素治疗的方法是：按每千克体重25～40毫克药量，注射用水稀释后肌肉注射，每天1次，连用3～5天；据报道，有人用链霉素3克肌肉注射治疗，连用5天，使临床症状明显缓解甚至消失。

此外，可结合病情配合强心、祛痰、利尿、健胃等药物作辅助治疗。

【预防措施】 从未发生过本病的地区，首先应尽量不从牛肺疫流行地区购买奶牛，要防止从疫区购进隐性带菌牛（这种奶牛外表貌似健康，易被忽视）。如必须引起时，则应严格检疫，必须进行补体结合试验检疫，补反阴性时，注射牛肺疫兔化（或绵羊化）弱毒苗3周后才能运输，运回后再隔离观察一定时间，确无任何不良表现方可混群。

经验表明：在疫区普遍开展预防注射，再配合其他防疫措施，是控制和消灭本病的有效方法。在疫区或受威胁区，每年定期普遍注射牛肺疫弱毒苗，连续注射2～3年。非疫区可不注射。我国研制的牛肺疫兔化弱毒苗和牛肺疫绵羊化弱毒苗免疫效果良好，曾在各地广泛使用。

在牛肺疫暴发地区，除了迅速封锁疫区、隔离或扑杀病牛外，其他奶牛应普遍注射菌苗，用具与牛舍等要彻底消毒，待最后一头病牛处理后3个月内再无病牛出现才可解除封锁。但康复后的奶牛仍可能长期带菌，成为传染源，因此，疫区的奶牛仍不可向非疫区出售。另外，根据疫区的实际情况，如果奶牛群较小，扑杀病牛和与之接触过的隐性感染奶牛是消灭本病的一种行之有效的方法。

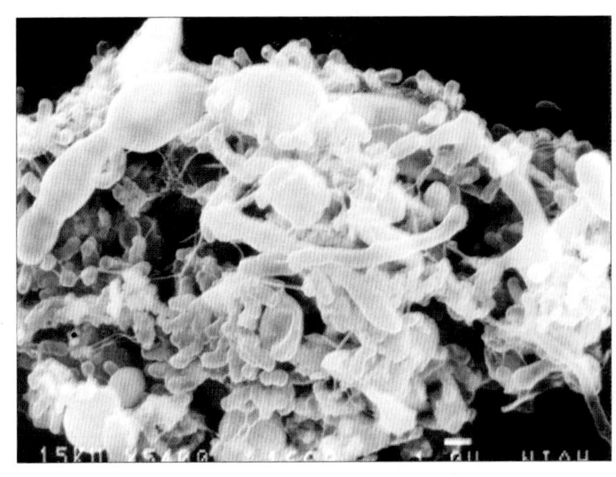

图8-1-1　扫描电镜观察到的球杆状或长丝状的菌体，棒＝1微米

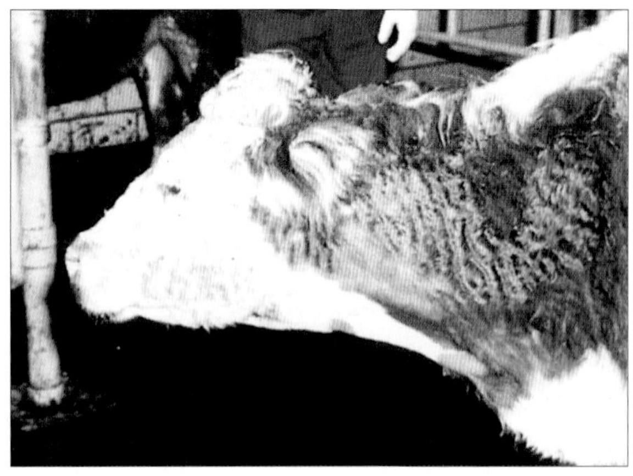

图8-1-2　病牛头颈伸直进行呼吸

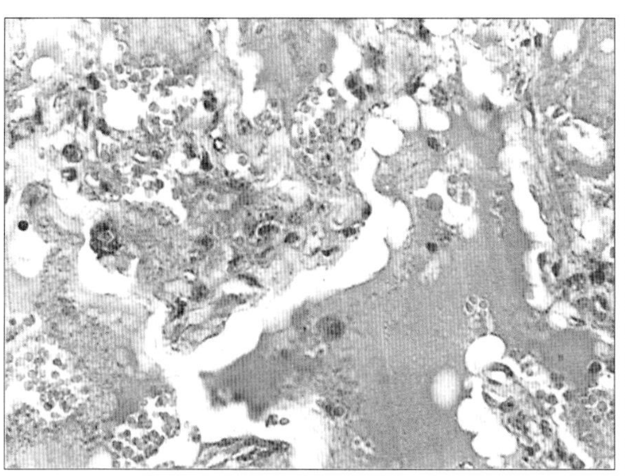

图8-1-3　肺泡壁毛细血管强度扩张充血，肺泡内充满含有炎性细胞的浆液

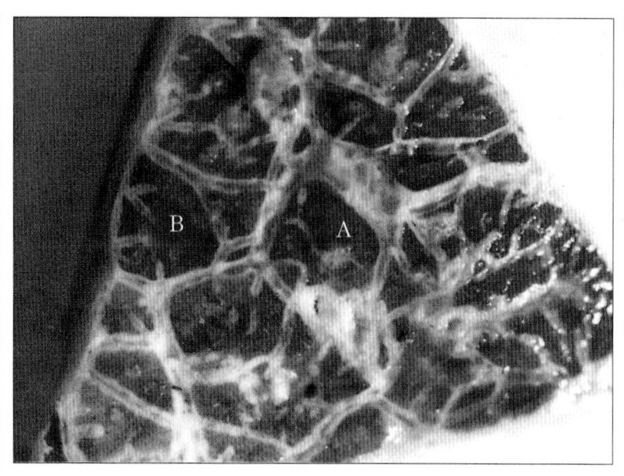

图8-1-4　肺间质水肿增宽（A），纤维素性渗出和肝变（B）

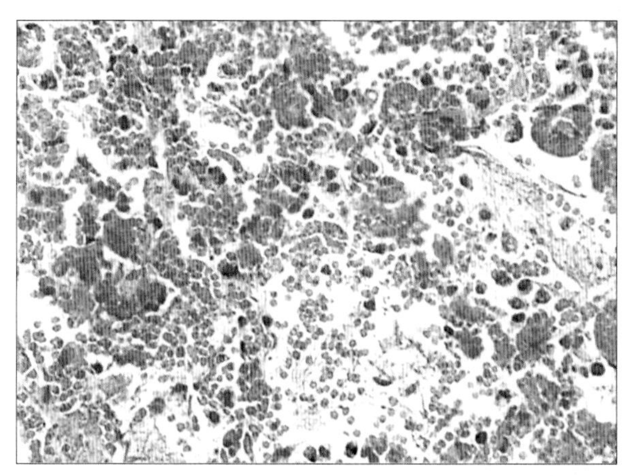

图8-1-5　肺泡壁毛细血管扩张，肺泡腔内充满纤维蛋白和红细胞

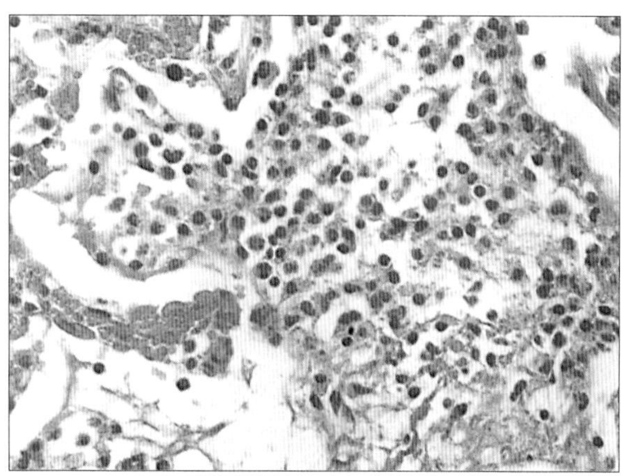

图8-1-6　肺泡内充满大量纤维蛋白和嗜中性白细胞

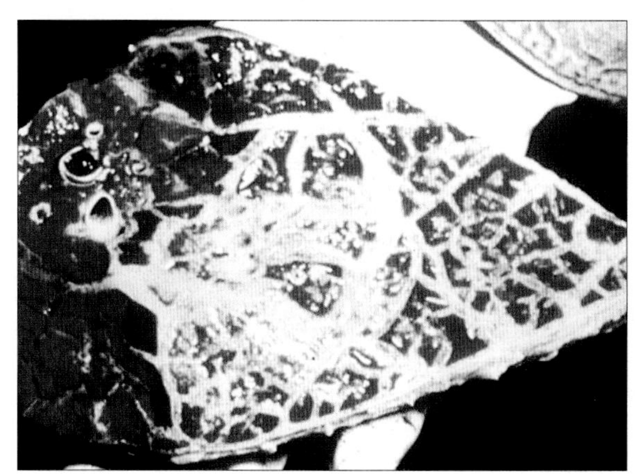

图8-1-7　间质增宽呈现大理石花纹

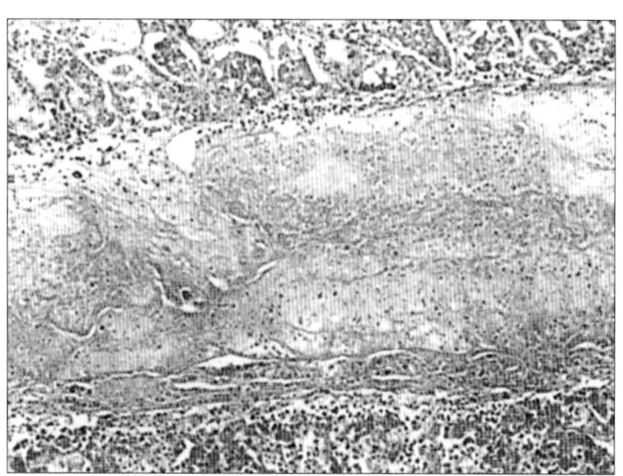

图8-1-8　小叶间的淋巴管扩张，被纤维素凝块所栓塞

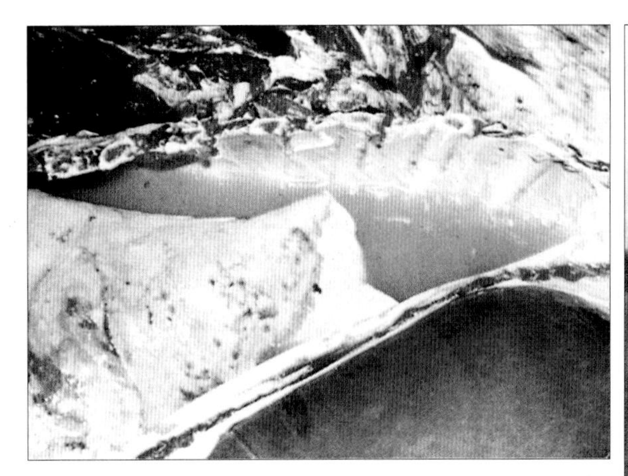

图 8-1-9　胸腔内积有黄褐色的胸水

图 8-1-10　胸腔积水，肺表面有大量纤维素性渗出物附着

图 8-1-11　重度的浆液性纤维素性肋胸膜炎，肺脏与胸腔和心包粘连

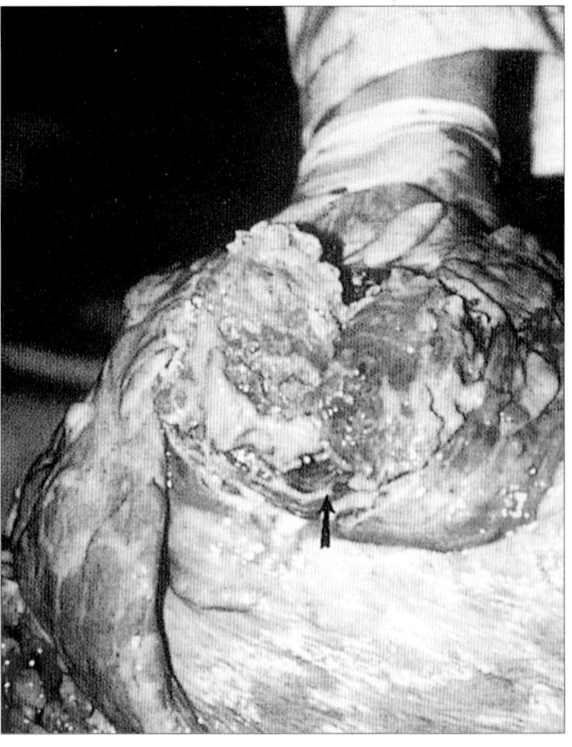

图 8-1-12　肺组织中的凝固性坏死块

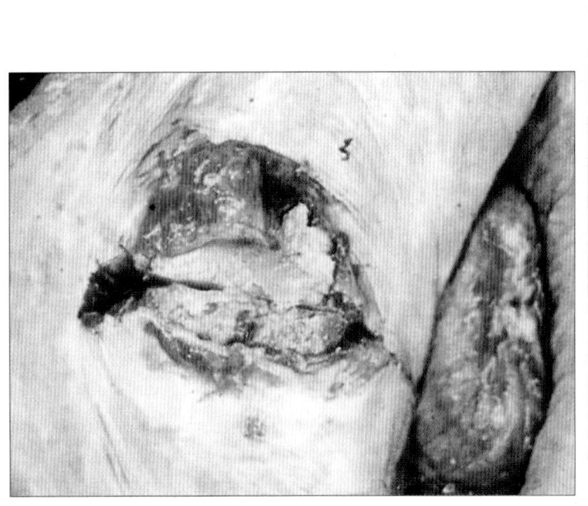

图 8-1-13　纤维素性肺炎中的坏死块形成，坏死块与包囊呈分离状

二、钩端螺旋体病

（Leptospirosis）

钩端螺旋体病（简称钩体病）是一种重要而复杂的人畜共患病和自然疫源性传染病。奶牛的带苗率和发病率均较高。临床上以短期发热、黄疸、血红蛋白尿、出血性素质、流产以及皮肤、黏膜坏死和水肿等为特点。

本病在世界各地流行，热带、亚热带地区多发；主要流行的血清型为波摩那型和哈勒焦型，其次为流感伤寒型、黄疸出血型、犬型、澳洲型、七日热型等。近年来发现哈勒焦型与波摩那型钩体是牛的适应株，也是牛钩体病暴发的常见病原。我国许多省（自治区）都有本病的发生和流行，其中以长江流域及其以南各省（自治区）发病最多。现已从牛群中分离出9种以上的血清型钩体，波摩那型钩体最为多见。

【病原特性】 本病的病原体为钩端螺旋体属中的“似问号钩端螺旋体”（*Leptospira interrogans*）。钩端螺旋体为革兰氏阴性菌，长6～20微米，宽0.1微米。在暗视野或相差显微镜下，钩端螺旋体呈细长的丝状、圆柱形，螺纹细密而规则，菌体两端弯曲成钩状（图8-2-1），通常呈C或S形弯曲，运动活泼并沿其长轴旋转。在干燥的涂片或固定液中呈多形结构，难以辨认。电镜观察，钩体的基本结构由外鞘、胞浆圆柱体、轴丝组成。外鞘具有外膜与荚膜的混合特征，胞浆圆柱体包裹着一层细胞膜和由肽糖构成的细胞壁，细胞壁内有相当于内毒素的物质存在，圆柱体横断面含有核物质、胞浆以及限制性细胞膜。在靠近圆柱体的两端镶嵌着2根轴丝，沿长轴方向延伸到圆柱体中部，游离端互不重叠。轴丝是一个单纯的结构，钩体正是借助于轴丝表现出特殊的运动方式。

钩体专性厌氧，最宜生长温度为29～30℃；最适pH为7.0～7.6，超出此范围以外，对酸和碱性环境都很敏感，故在水呈酸性或过碱的地区，其危害大受限制。钩体的致病力与其毒性作用有密切相关，目前已证实的毒素主要有溶血性外毒素（神经鞘髓磷脂酶C）、细胞致病作用因子、细胞毒性因子以及内毒素。

钩端螺旋体的抵抗力较弱，对干燥、冰冻、加热（50℃ 10分钟）、胆盐、消毒剂、腐败或酸性环境敏感，一般常用消毒剂的常用浓度均易将之杀死。本菌能在潮湿、温暖的中性或稍偏碱性环境中生存。

【流行特点】 钩端螺旋体的动物宿主非常广泛，几乎所有温血动物都可感染。因此，病牛和所有带菌动物均是本病的传染来源。据报道，病牛可经多种途径（尿、乳汁、唾液、精液、阴道分泌物、胎盘等）向体外排出钩体，其中主要是从尿液中排出大量病原（每毫升尿液中可含1亿条钩体），严重污染周围环境如水源、土壤、饲料、圈舍、用具等；而且排出的病原体可在水田、池塘、沼泽及淤泥中可以生存数月或更长，这在本病的传播上具有重要意义。本病主要传播途径是皮肤、黏膜和消化道，但也可通过交配、人工授精和在菌血症期间通过吸血虫如蜱、虻、蝇等传播。奶牛和黄牛对本病均敏感，一般成年牛的感染大多数呈隐性、亚急性或慢性感染，而犊牛的感染多为急性暴发，死亡率高。

本病有明显的流行季节，每年以7～10月为流行的高峰期，其他月份常仅为个别散发。饲养管理与本病的发生和流行有密切关系，饥饿、饲养不合理或其他疾病使机体衰弱时，原为隐性感染的奶牛表现出临诊症状，甚至死亡。管理不善，畜舍、运动场的粪尿、污水不及时清理，常常是造成本病暴发的重要因素。

【临床症状】 本病的潜伏期一般为2～20天。成年奶牛感染多为隐性感染，一般根据奶牛发病后的表现不同，而将奶牛钩体病分为3种类型，即急性型、亚急性型和慢性型。

1.急性型 多见于犊牛，通常呈流行性或散在性发生，潜伏期为2～10天。临床特征为突然发热，体温高达40℃以上，呼吸和心跳加快，病牛精神沉郁、厌食，结膜发黄，排出蛋白尿，尿液呈暗红色或葡萄酒色（图8-2-2），皮肤与黏膜溃疡。有的病牛出现呼吸困难、腹泻、结膜炎以及脑膜炎。后期表现为嗜睡与尿毒症，红细胞骤降至每立方毫米100万～300万，常于1天内窒息而死。病程3～5天，多以死亡为转归。

2.亚急性型 常见于哺乳母牛与其他成年牛，病程持续2周以上，多呈散在发生，死亡率低。特征为发病缓慢，有一过性发热、排出血红蛋白尿、黄疸、结膜炎。试验室检查，从发病前10天的血清及尿液的变化中可发现：开始时病情较重，红细胞破坏多，血清及尿液中血红蛋白的浓度高，血清及尿液呈暗红色或紫红色，随之减轻（图8-2-3）；发病6天后血检时可发现，红细胞形态不整，大小不一，大量红细胞破坏，并出现有核红细胞，血中嗜中性白细胞数量增多（图8-2-4）。奶牛乳汁分泌减少、变质，乳汁内含有凝乳块与血液，如同初乳。病牛的皮肤常发生大片坏死，有的病例出现干性坏疽与腐离。还有的病例鼻镜干裂，齿龈、唇内和舌面等处发生溃疡、坏死。全身组织轻度黄染。病牛多经2个月后逐渐好转，但往往需再经2个月乳量才能恢复正常。

3.慢性钩体病 主要见于怀孕母牛，以发生流产、死产（图8-2-5）、新生弱犊死亡、胎盘滞留以及不育症为特点，可能无其他症状。病牛消瘦，周期性发热黄疸和血红蛋白尿，时而消失，时而出现，病牛显著贫血消瘦，亦有不呈现任何症状而仅流产者，怀孕母牛流产通常发生于妊娠6个月以上，康复较慢。

【病理特征】 与临床表现相一致，也可分为3种类型。

1.急性型 死于急性钩体病的牛呈败血症性变化，以黄疸、出血、严重贫血为特征。尸僵不全或缺乏。唇、齿龈、舌面、鼻镜、耳颈部、腋下、外生殖器的黏膜或皮肤出现局灶性坏死与溃疡。可视黏膜、皮下组织以及浆膜明显黄染。皮下、肌间、胸腹下、肾周组织发生弥漫性胶样水肿与散在性点状出血。胸腔、腹腔以及心包腔内有过量的黄色或含胆红素性液体。肾脏肿大至正常的3～4倍，质地柔软，被膜易剥离，肾表面光滑，有不均匀的充血与点状出血（图8-2-6）。在溶血临界期，肾脏颜色变暗，随着色素进入肾脏后，呈出血性外观。切面上肾皮质与髓质界限不清，一般无眼观坏死性病变。膀胱膨胀，充满血性、浑浊的尿液（图8-2-7）。其他器官多呈变性变化。病理组织学检查无明显特异性。

2.亚急性型 病理特征为皮肤有灶状坏死，肝脏、肾脏出现明显的散在性或弥漫性灰黄色病灶（图8-2-8）。乳房与乳房上淋巴结肿大、变硬。病理组织学检查，病变皮肤的表皮层角化过度，坏死可累及真皮下，真皮内淋巴细胞浸润与毛细血管内血栓形成。肝细胞严重缺血与坏死，坏死面积可达肝小叶的1/3～2/3，汇管区与小叶间质有大量单核细胞浸润，毛细胆管中有大量胆汁性栓塞形成（图8-2-9）。肾小球囊壁上皮细胞增生，肾小管上皮细胞变性、坏死、脱落，管腔内有相当数量的管型。肾小球囊周围的肾小管间、血管周围有大量巨噬细胞、淋巴细胞、浆细胞浸润。

3.慢性型 尸体消瘦，极度贫血，缺乏黄疸，肾脏变化具有特征。肾皮质或肾表面出现灰白色、半透明、大小不一的病灶，有的病灶呈灰黄色，表面略低于周围正常组织，切面坚硬、柔韧，髓质内也有类似的病变。镜检，肾皮质、髓质的间质内有淋巴细胞、巨噬细胞占优势的炎性细胞浸润。肾小球透明变性，有的肾小球基底膜增厚、皱缩或纤维化。肾曲小管内有嗜伊红碎屑。肾直小管扩张，有管型形成（图8-2-10）。镀银染色时，肾曲小管、肾小球囊内仍能发现钩体（图8-2-11）。

流产胎儿，胎膜经常发生自溶与水肿。胎儿皮下水肿，胸腔、腹腔内有大量的浆液性血性液体，肾脏出现白色斑点。流产母牛子宫腔可见有坏死碎屑，绒毛尿囊膜腐烂、排出不全，肉阜表面粗糙、不规则，切面坚实。肉阜镜检有大量嗜中性白细胞、淋巴细胞以及巨噬细胞浸润。

【诊断要点】 根据症状和剖检病变（尽管乳汁变色或有血液，但乳房不肿胀，乳房实质无变化），一般可做出初步诊断。但确诊须进一步做实验室检验。实验室检验包括病原检查（采取可疑病畜的抗凝血液、尿和肝、肾组织或流产胎儿胸腔液体、肾和肺组织进行直接镜检、动物接种和分离培养）和血清学检查（主要是采取可疑病畜血清与已知钩端螺旋体培养物进行凝集溶解试验，滴定度1∶100认为有诊断意义）。必要时做组织镀银染色或病原学检查。

此外，本病应与血孢子虫病、产后血红蛋白尿、细菌性血红蛋白尿以及其他病原所致的黄疸、血红蛋白尿、流产等区别诊断。

【治疗方法】 钩端螺旋体对青霉素、链霉素、四环素或土霉素较敏感，是常被选用的治疗药物。另外还应采用对症疗法。

急性、亚急性病例的治疗，可静脉注射四环素；应用青霉素和链霉素治疗时必须大剂量才有疗效。实践证明，由于急性和亚急性病牛的肝功能遭到破坏和出血性病变严重，在病牛治疗的同时结合对症疗法是非常必要的，其中葡萄糖、维生素C静脉注射及强心利尿剂的应用对提高治愈率具有重要作用。

【预防措施】 预防本病，平时应做好灭鼠工作，消除带菌排菌的各种动物（传染源）；不从疫区引进奶牛，必须引进时应实施隔离检疫；加强动物管理，保护水源不受污染；注意环境卫生，经常消毒和清理污水、垃圾；发病率较高的地区要用多价疫苗定期进行预防接种，提高奶牛的特异性抵抗力。据报道，适量四环素加入饲料中连续喂饲，可以有效地预防奶牛的钩端螺旋体感染。

当奶牛群发现本病时，应及时隔离病牛，积极治疗；严防病牛尿液污染饮水和饲料，对污染场所和用具及时用1%石炭酸或0.1%升汞或0.5%福尔马林消毒，并清除和清理被污染的死水、污水、淤泥等；及时用钩端螺旋体病多价苗（人用多价疫苗也可应用）进行紧急预防接种。如能采取果断的防疫措施，多数能在2周内控制疫情。

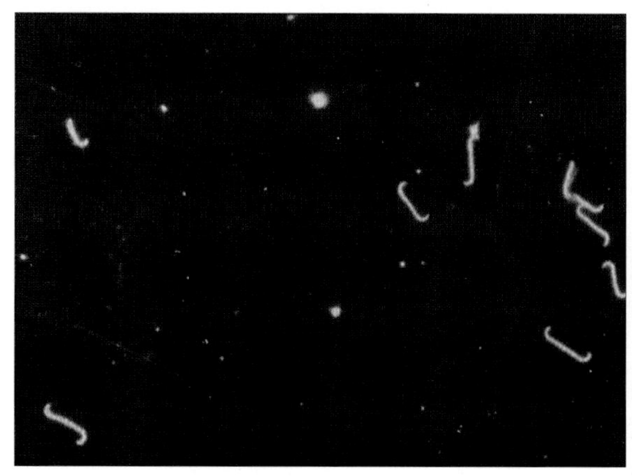
图8-2-1　似问号钩端螺旋体

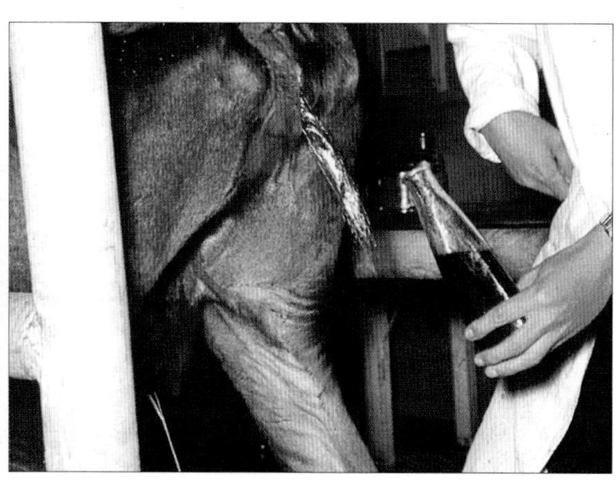
图8-2-2　病牛排出暗红色尿液

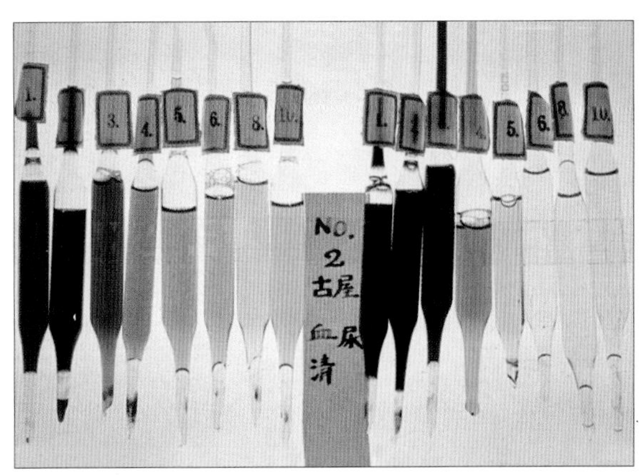

图 8-2-3　发病 10 天间的血清（左）与尿液的变化

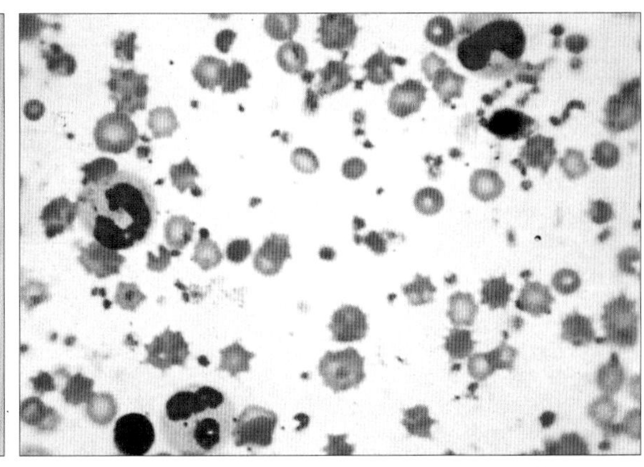

图 8-2-4　发病 6 天后，大量红细胞破坏，并出现有核红细胞，嗜中性白细胞增多

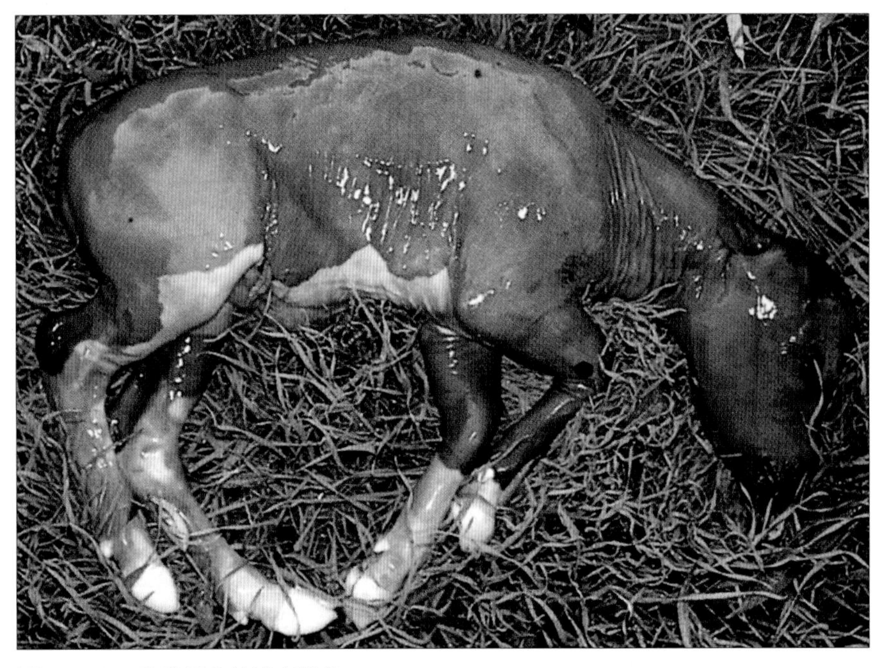

图 8-2-5　患病母牛的流产胎儿

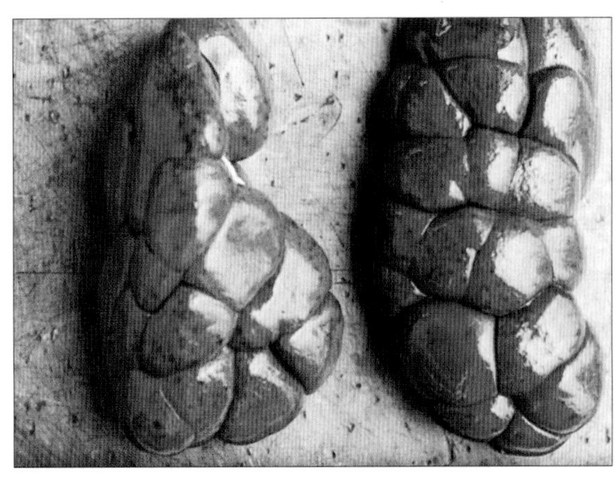

图 8-2-6　肾脏肿大，表面散在形状不整的出血斑

图 8-2-7　膀胱中有多量红褐色的尿液

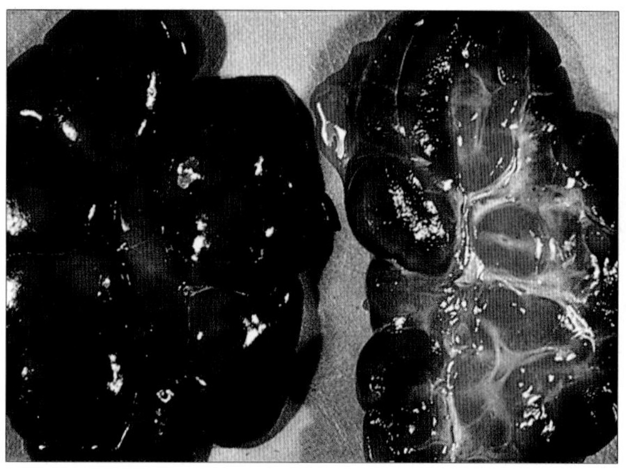

图 8-2-8　肾肿大呈暗红色，被膜下有多量灰黄色病灶

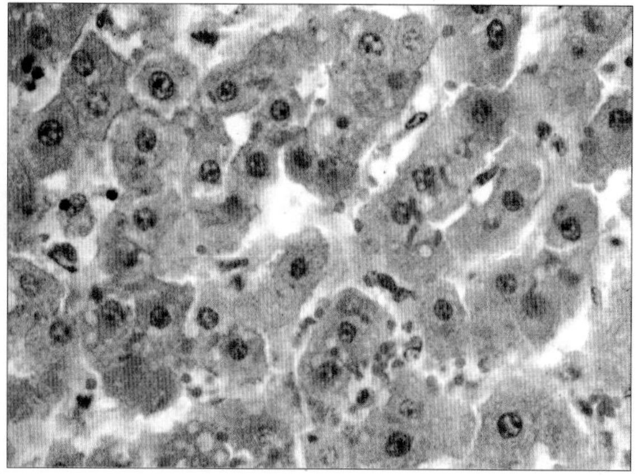

图 8-2-9　毛细胆管中胆汁性栓塞形成

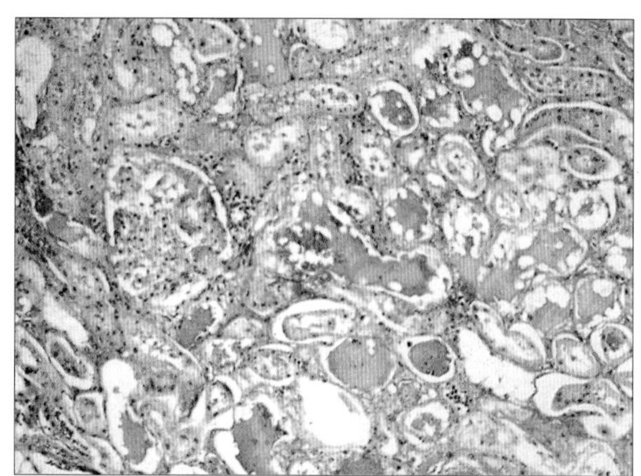

图 8-2-10　肾小管中有大量血红蛋白管型形成

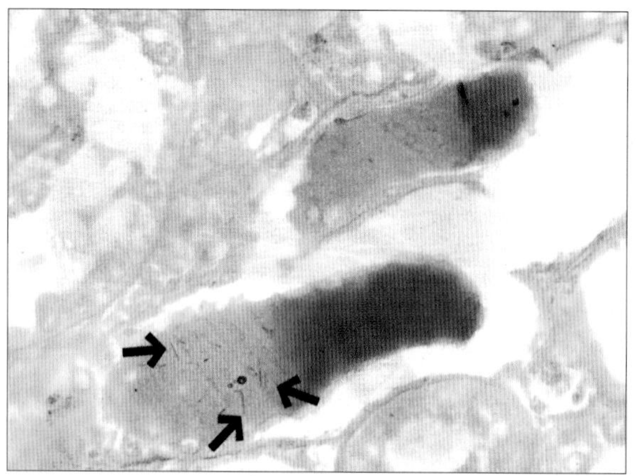

图 8-2-11　在肾小管的血红蛋白管型中检出病原体

三、皮肤真菌病

（Dermatomycosis）

皮肤真菌病俗称钱癣、脱毛癣、秃毛癣或匐行疹等，是由多种皮肤真菌引起的人和动物的一种真菌性皮肤传染病。病原菌主要侵害动物的被毛、皮肤、指（趾）甲、爪、蹄等角化组织。临床上以脱毛、脱屑、渗出、痂块及痒感等为主要症状。

本病在世界上分布广泛，我国已有15个省（自治区、直辖市）报道发生了此病，且近年来发病有上升趋势。由于本病也可由动物传染给人，使人感染发病，因此，对公共卫生也具有重要意义。

【病原特性】 本病的病原体主要为半知菌门、毛癣菌属（*Trichophyton*）及小孢霉菌属（*Microsporum*）中的一些丝状菌（Dermatophytes）。这些真菌均能形成有隔菌丝，并产生大小分生孢子。小孢子菌属的真菌所产生的小分生孢子，密集成群包围着毛干，形成毛外型。培养在葡萄糖蛋白胨琼脂培养基上生长呈梭形大分生孢子，两端尖、多隔、厚壁、壁粗糙有麻点或细刺，大小不等（图 8–3–1）。在紫外线下发绿色强荧光。本属真菌只侵害毛发和皮肤。毛癣菌属的真菌，其菌丝或小分生孢子分毛内型或毛外型。菌丝平行分布在毛内或毛外为其特点（图 8–3–2）。培养的大分生孢子类似雪茄烟形，壁薄而光滑。在紫外线下无荧光或很弱。本属菌可侵害皮肤、毛发和蹄角质。

皮肤真菌对外界具有极强的抵抗力，耐干燥，100℃干热1小时方可致死。但对湿热抵抗力不太强。对一般消毒药耐受性很强，1%醋酸需1小时，1%氢氧化钠数小时，2%福尔马林半小时才能将之灭活；对一般抗生素及磺胺类药均不敏感，但对制霉菌素和灰黄霉素等较敏感。

【流行特点】 奶牛和其他品种的牛是本病最易感的动物，其次是马、犬、猫和猪、羊等。患病奶牛、隐性带菌者及污染土壤构成了传播本病的主要来源。健康奶牛和患病奶牛的直接接触是重要传播方式；人和奶牛的接触可相互传播；昆虫也可传播本病。温暖、潮湿、阴暗、拥挤不洁的厩舍以及日粮中缺乏维生素都能促进本病发生和传播。

本病秋冬季节多发，有时在夏季也暴发。一般无年龄、性别差异，但幼龄动物通常易感。这主要与其免疫系统未发育成熟有关。肾上腺皮质机能亢进或甲状腺机能减退以及免疫抑制的动物易发本病。

【临床症状】 真菌孢子污染损伤的皮肤后，在表皮角质层内发芽，长出菌丝，蔓延深入毛囊。由于霉菌产生的角质蛋白酶能溶解和消化角蛋白，而进入毛根，并随毛向外生长，受害毛发长出毛囊后很易折断，使毛发大量脱落形成无毛斑。由于菌丝在表皮角质中大量增殖，使表皮很快发生角质化和引起炎症，结果皮肤粗糙、脱屑、渗出（图 8–3–3）和结痂（图 8–3–4）。

病变常出现于奶牛的头部，如眼周（图 8–3–5）、口角和面部（图 8–3–6）、颈部（图 8–3–7）、股臀部（图 8–3–8）和肛门等处。病初，在病变的皮肤上出现小结节癣斑，其上有些癣屑，继之，逐渐扩大呈隆起的圆斑，形成灰白色石棉状厚皮病（图 8–3–9），或瘤块，瘤表面残留少数无光泽的断毛。癣瘤小者如铜钱（又称钱癣），大者如核桃或更大，严重者，在牛体全身融合成大片或弥散性癣斑（图 8–3–10）。也有的病例，开始皮肤发生红斑，继而发生小结节和小水泡，干燥后形成小痂块。

本病的病程较长，在发病早期和晚期都有剧痒和触痛，病牛不安、摩擦、减食、消瘦、泌乳明显减少或停止；病情严重时病牛发生贫血以致死亡。

【病理特征】 眼观病变与临床所见基本相同，主要为斑状秃毛癣，即在皮肤上形成圆形癣斑，其上有石棉板样的鳞屑，病灶融合可形成不规则形状（图 8–3–11）；轮状秃毛癣，即当癣斑中部开始生毛，但周边部分脱毛仍在继续进行，从而形成轮状癣斑；水泡性和结痂性秃毛癣，即病变部发生丘疹、水泡与结痂；毛囊和毛囊周围炎，即在秃斑处同时发生毛囊化脓性炎。病理组织学检查，表皮角化层普遍增厚，棘细胞层明显增生而呈棘皮病，真皮下充血和淋巴细胞浸润。在毛根的纵切面上常能发现皮肤真菌的菌丝和孢子（图 8–3–12）。毛囊受累而破坏时可检出大量真菌的孢子（图 8–3–13），真皮的毛细血管扩张、充血，发生真皮炎。如果病变轻时，用特殊染色方法（Gridley 和 PAS 染色）常在病变处的毛囊及周围组织中检出真菌菌丝和孢子。

【诊断要点】 一般根据典型的临床症状，病变部皮肤有境界明显的癣斑，其上带有残毛或裸秃，常被以鳞屑结痂或皮肤皲裂和变硬；有的发生丘疹、水泡和表皮糜烂；多有不同程度的痒觉等即可确诊。必要时可刮取少量病变组织，置于载玻片上，加一滴 20% 氢氧化钾溶液，轻轻摇动载玻片并盖上盖片，在火焰上微微加热 3～5 分钟（使透明），镜检时可检出各种孢子和菌丝（图 8–3–14）。

在鉴别诊断上应注意与皮肤疥癣（螨病）相鉴别。皮肤疥癣通常呈现剧烈的痒觉，皮肤上没有特征性的圆形癣斑，且多发于冬季和秋末春初。采取病变部的痂皮屑，镜检可发现螨虫。

【治疗方法】 治疗本病时，一般先对病变局部剪毛，然后用肥皂水或3%来苏儿洗去鳞屑或痂皮，涂上10%浓碘酊或10%水杨酸酒精或油膏，每2天1次，直至痊愈．也可直接用以下复方药物进行治疗。

1．石炭酸15.0份，碘酊25.0份，水合氯醛10.0份，混合外用，每日1次，共用3次，之后即用水洗掉，涂以氧化锌软膏。

2．水杨酸6.0份，苯甲酸11.0份，石炭酸2.0份，敌百虫5.0份，凡士林100.0份，混合外用，每天1次，直到痊愈。

3．水杨酸50.0份，鱼石脂50.0份，硫磺400.0份，凡士林600.0份，混合制成软膏，用时先将痂皮清除，再以肥皂水洗净，然后每隔3天涂药1次，一般4次可愈。

4．硫酸铜粉25.0份，凡士林75.0份，混合制成软膏，外用，隔5天1次，一般2次即可收到明显的效果。

【预防措施】 平时应加强饲养管理，牛舍经常保持干燥和通风，并要搞好栏圈及牛体的皮肤卫生。牛场发现本病后，应对奶牛群进行全群检疫，隔离病牛，及时治疗。被病牛污染的畜舍、用具可用5%克辽林或3%福尔马林或2%氢氧化钠溶液消毒。饲养及管理人员应加强防护，以免传染本病。

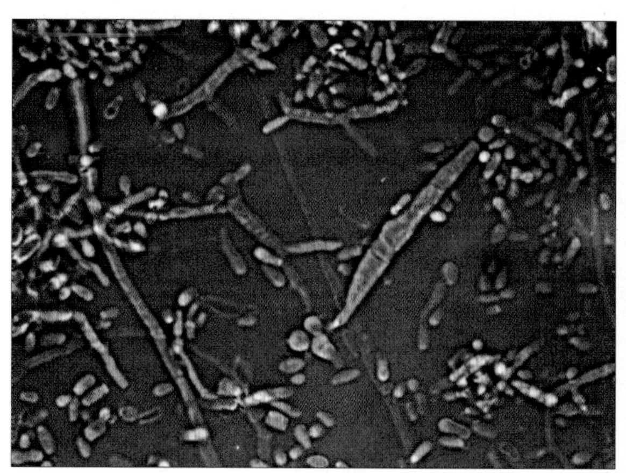

图8-3-1　用培养基培养的病原菌

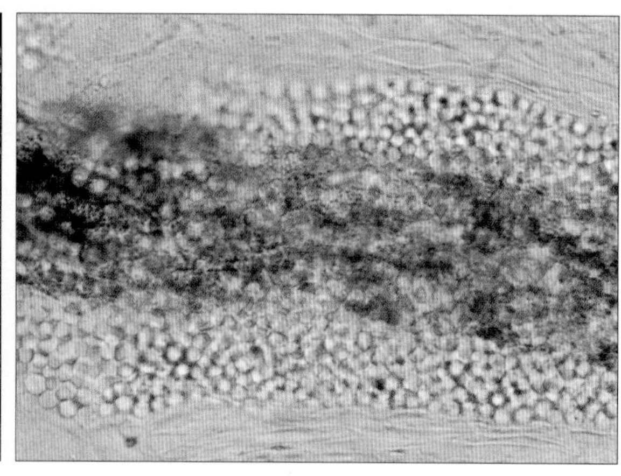

图8-3-2　用脱落的被毛制作标本检出带分节孢子病菌

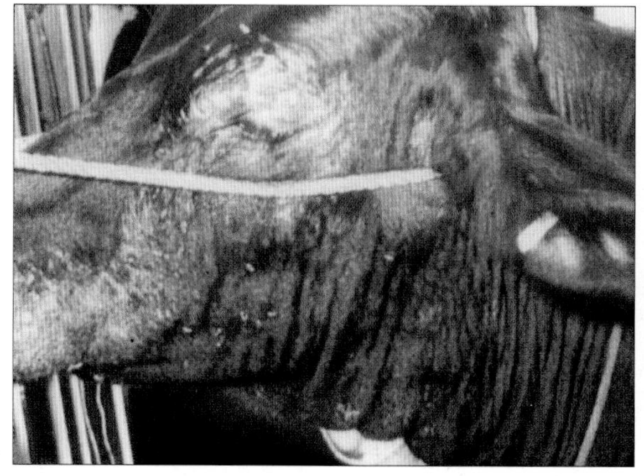

图8-3-3　眼周严重脱毛并有炎性渗出物

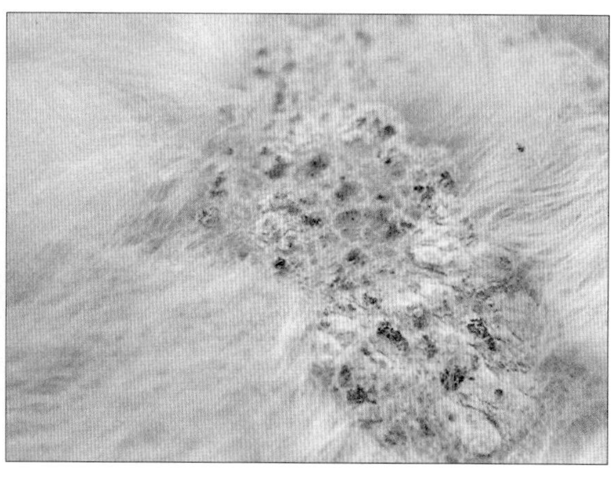

图8-3-4　病变融合扩大，表面覆有痂皮

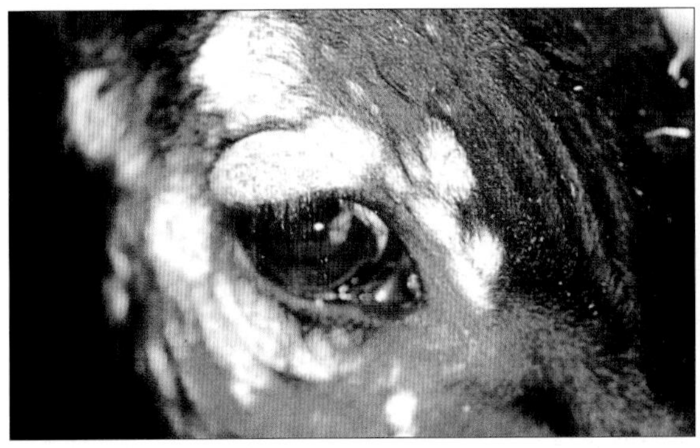

图 8-3-5 眼周的局限性脱毛与结痂的形成

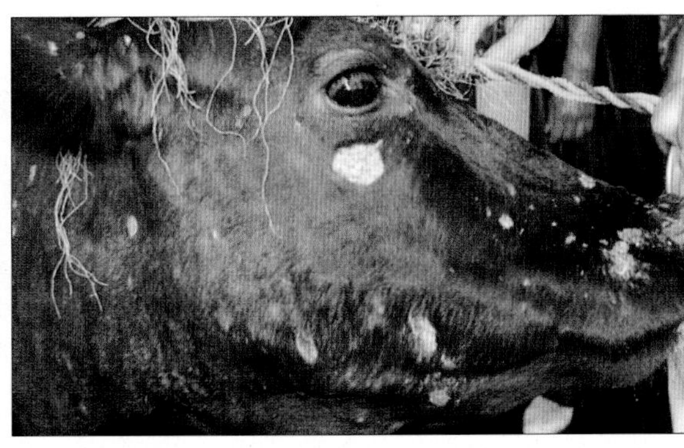

图8-3-6 病牛的头颈部有大小不一的灰白色圆形病变

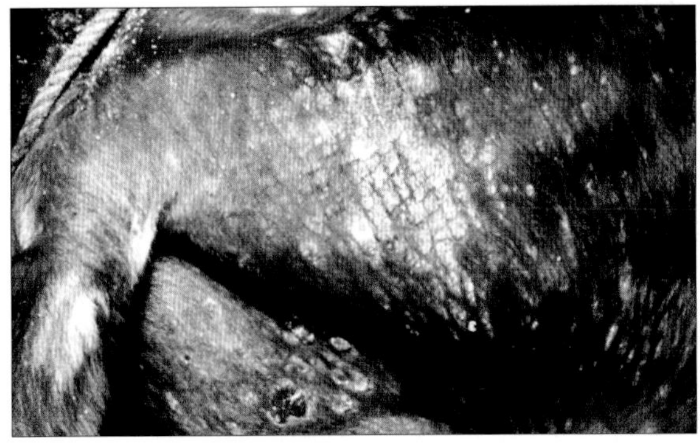

图 8-3-7 病牛颈部有多量大小不一的病灶

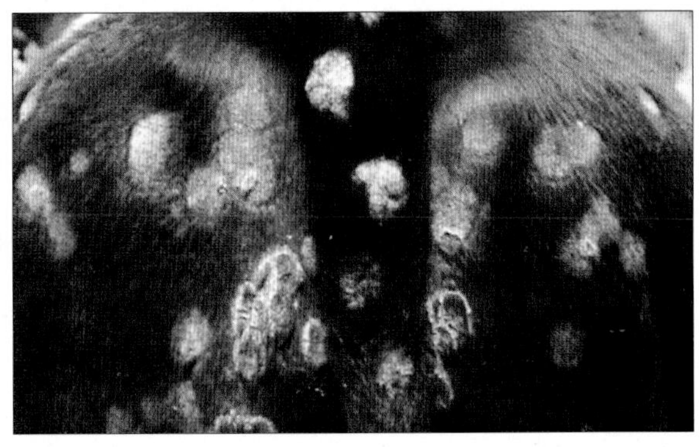

图 8-3-8 病牛股臀部有硬币状的结痂形成

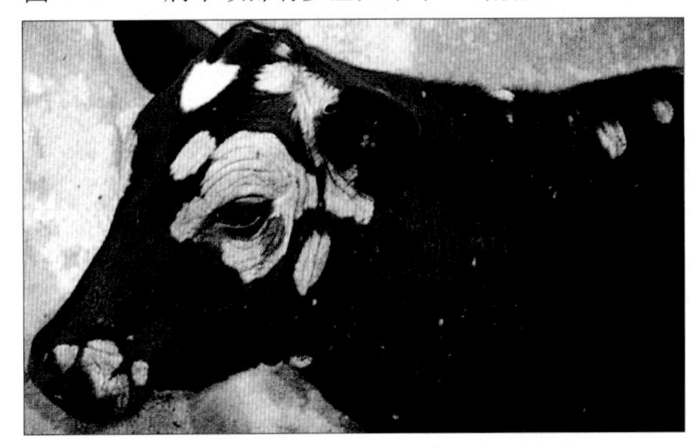

图8-3-9 头颈部的病变处皮肤肥厚，被毛脱落呈灰白色

图 8-3-10 病牛全身散在有圆形脱毛病灶

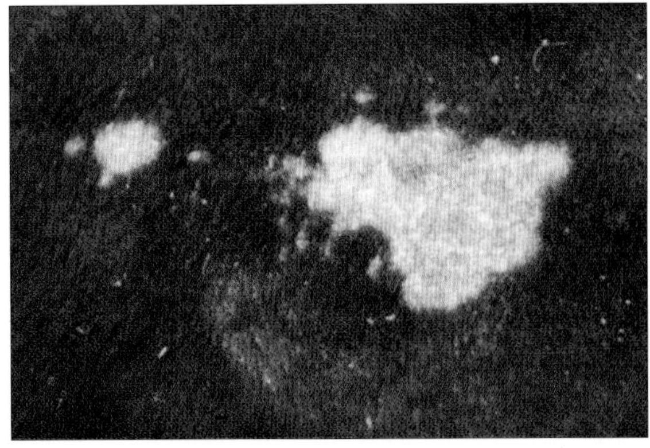

图 8-3-11 圆形病灶融合而形成大病灶

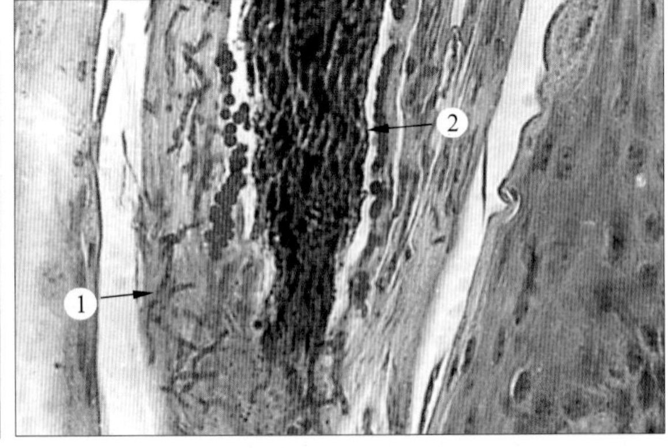

图 8-3-12 皮肤毛根的纵切面，显示皮霉菌的菌丝（1）和孢子（2）

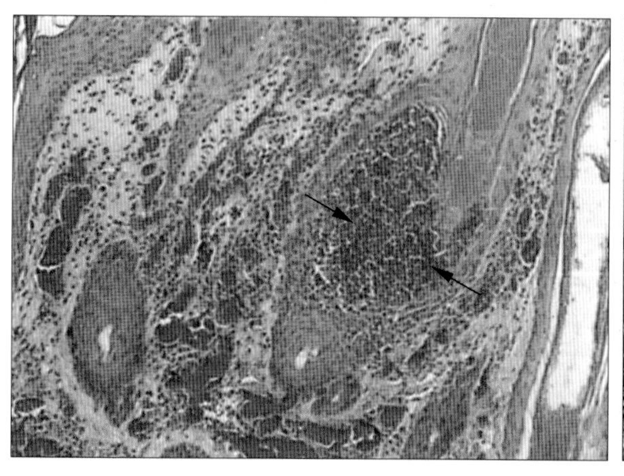

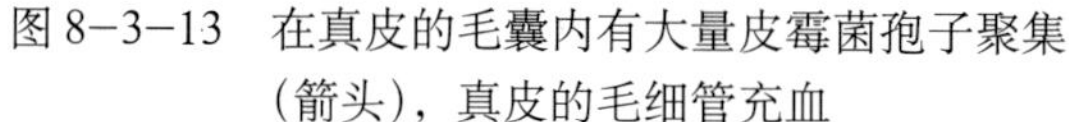
图 8-3-13　在真皮的毛囊内有大量皮霉菌孢子聚集（箭头），真皮的毛细管充血

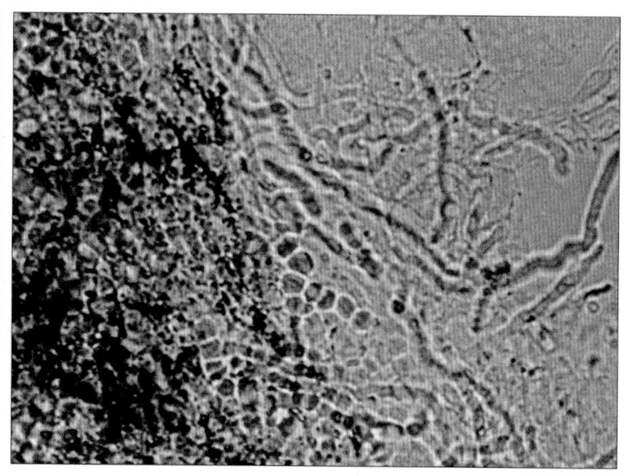
图 8-3-14　从皮痂中检出的菌体

四、无浆体病

（Anaplasmosis）

无浆体病是牛等反刍动物的一种蜱媒传染病，以发热、贫血、衰弱和黄疸为主要特征。本病广泛分布于世界热带和亚热带地区，我国也有发生的报道。

【病原特性】 本病的病原体为立克次体目、无浆体科、无浆体属的无浆体（Anaplasma）。以前曾将其分类为原生动物，称为边虫。无浆体几乎没有细胞浆，呈致密的、均匀的圆形或卵圆形结构，大小为0.3～1.0纳米。已知，对牛有致病作用的无浆体主要有2种：即边缘无浆体边缘亚种和边缘无浆体中央亚种。在红细胞里，边缘亚种多位于边缘（图 8-4-1），而中央亚种则常位于中央（图 8-4-2）。用姬姆萨染色呈紫红色。1个红细胞中常含1个，也有含2～3个的。电子显微镜观察，无浆体是由一层限界膜与红细胞胞浆相隔的包含物，每个包含物包有1～8个亚单位，也叫初始体（为实际的寄生体）。每个初始体直径为0.2～0.4纳米，呈细颗粒状，其外包有双层膜。初始体是以使胞膜内陷和形成空泡的方式进入红细胞的，在空泡中以二分裂法繁殖并形成1个包含物。这个过程反复发生，从而大量破坏红细胞而使动物发生贫血。

无浆体对常用消毒药抵抗力不强；对广谱抗生素均敏感。

【流行特点】 本病的传染来源主要是病牛和带菌牛，除牛以外，羊亦可感染发病，鹿可能是本菌的储主。本病主要通过吸血昆虫叮咬经皮肤传播，其中，蜱为主要传播媒介。因此，本病多发生于有蜱滋生的地区，并常与一些传媒寄生虫，如巴贝斯原虫和泰勒原虫等混合感染。消毒不彻底的手术、注射器、针头等也可以机械性传播本病；还有经胎盘和眼结膜感染的报道。本病可发生于不同年龄的牛，但犊牛具有天然抵抗力或有部分被动免疫力，故易感性较低。

本病多发于夏秋季节，南方于4～9月份多发，北方在7月份以后多发。

【临床症状】 本病的潜伏期一般为17～45天。中央亚种的病原性弱，引起的症状轻，有时出现贫血、衰弱和黄疸，一般没有死亡。边缘亚种病原性强，引起症状重。

急性病例，病牛体温突然升高达40～42℃，精神不振，呼吸困难，脉搏增数，泌乳减少。唇、鼻镜干燥，食欲减退，反刍减少，常伴有顽固性的前胃弛缓。贫血，黄疸，可视黏膜苍白而黄染（图 8-4-3）。虽可见腹泻，但便秘更为常见，粪便呈暗黑色，外覆有大量血液和黏液。尿频，尿液清亮，无血红蛋白尿。患病后10～12天病牛的体重可减少7%，有的病牛还可出现肌肉震颤和发情抑制，妊娠奶牛可发生流产。血液检查可发现感染无浆体的红细胞。病情严重时，病牛经数天或1～2周死亡，病死率高。

慢性病例，病牛呈渐进性消瘦、黄疸、贫血，可视黏膜苍白（图8–4–4），衰弱，红细胞数和血红素均显著减少。死亡率较低，一般在5%以下。

【病理特征】 死后剖检主要呈贫血和黄疸变化。病牛消瘦，可视黏膜苍白，切开后见皮下黄染，脊柱两侧有黄色胶样浸润（图8–4–5），血液稀薄；体腔内有少量渗出液，颈部、胸下与腋下的皮下轻度水肿。脾肿大3～4倍，质脆弱，色如果酱；心内膜下和其他浆膜可见大量出血斑点；肺可因过度换气而发生气肿。肝脏明显肿胀，呈淡黄或土黄色，质脆易碎（图8–4–6），胆囊扩张，充满胆汁（图8–4–7）。皱胃、大肠和小肠有卡他性或卡化性出血性炎性变化。骨髓增生呈红色。

【诊断要点】 根据本病发生的季节、特殊的临床症状、剖检变化和血片检查即可做出临床诊断。病牛体表发现有蜱寄生；具有发热、贫血和黄疸等症状；尿液清亮但常常起泡沫，对本病的诊断具有重要意义。在发热期采集红细胞制作血片，用瑞氏法或姬姆萨氏法染色，在一些红细胞中可发现单个或多个呈球形或卵圆形紫红色无浆体（图8–4–8），红细胞的侵袭率超过0.5%，即可确诊。对隐性感染牛，可采其血清，用补体结合试验、毛细管凝集试验、琼脂扩散试验和酶联免疫吸附试验检查。

在诊断本病时，应注意与钩端螺旋体病和牛梨形虫病等具有高热、贫血、黄疸等症状的疾病相区别。

【治疗方法】 据报道，四环素、金霉素和土霉素等药物对本病有较好的治疗效果，而青霉素或链霉素则无效。临床实践表明，土霉素对本病的疗效较高。剂量：每千克体重12毫克；用法：肌肉注射，每天1次，连用12～14天为1个疗程。

另外，也可肌肉注射盐酸氯喹，每天250～500毫克，连用5天。对贫血严重的病牛，可实施输血疗法，每天1次，连续4～6天，输血时应缓慢，以防止休克。对机体消瘦、抵抗力低的病牛还应输葡萄糖、维生素C等营养物质进行对症治疗。

【预防措施】 防治本病的关键是灭蜱。经常用杀虫药消灭奶牛体表寄生的蜱。保持圈舍及周围环境的卫生，常做灭蜱处理，以防经饲草和用具将蜱带入圈舍。引进奶牛时也应及时用药物进行灭蜱处理。

发现病牛，应立即隔离，及时应用较大剂量的土霉素等药物进行治疗；并加强护理，供给足够的饮水和易消化的饲料；摘除病牛体表寄生的蜱，并每天喷药驱杀吸血昆虫。

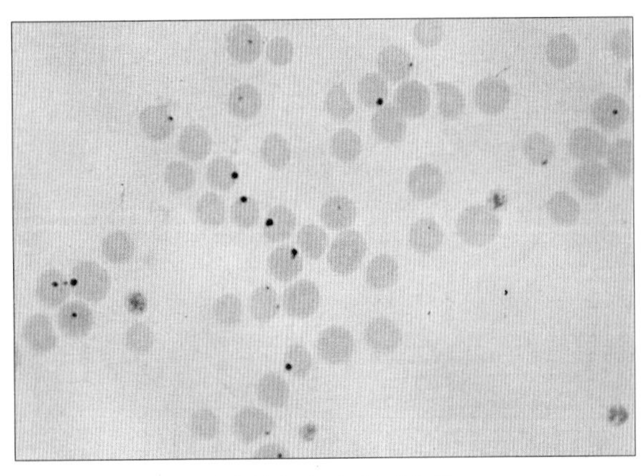

图8–4–1　红细胞边缘部寄生的无浆体

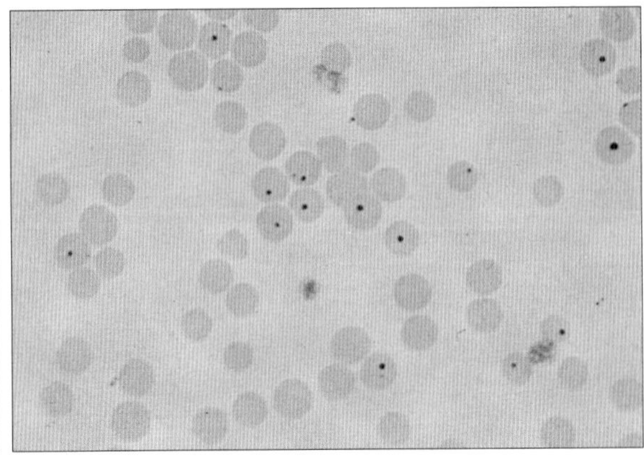

图8–4–2　红细胞中心部寄生的无浆体

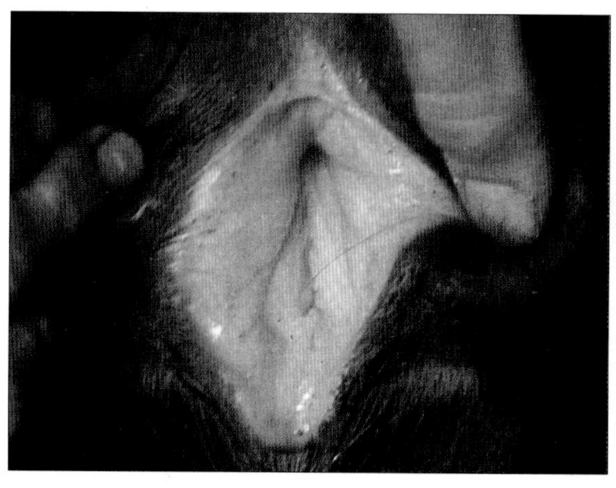

图 8-4-3　病牛持续性食欲不振，阴道黏膜贫血黄染

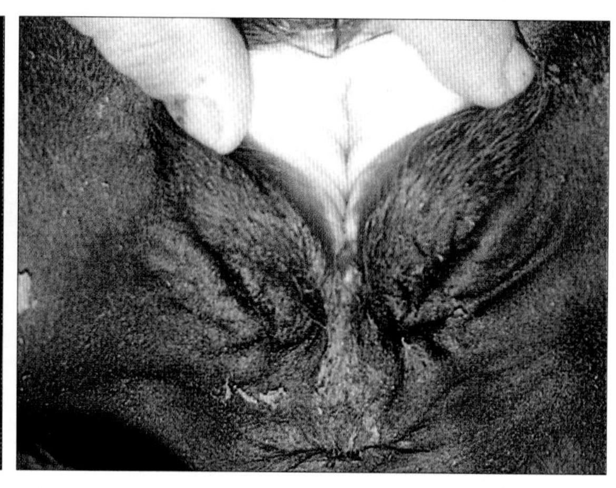

图 8-4-4　后期贫血严重，阴道黏膜呈苍白色

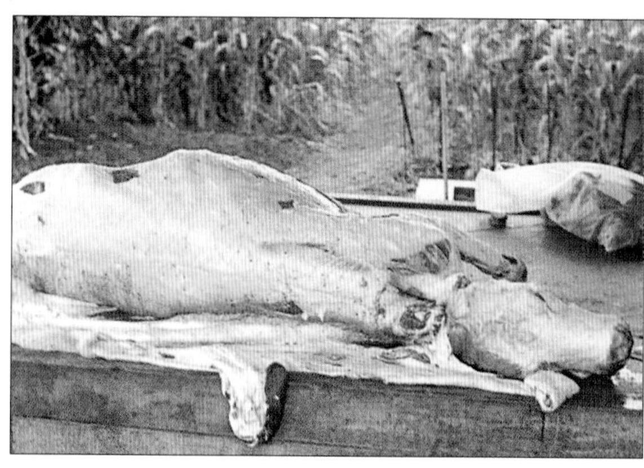

图 8-4-5　尸体贫血，苍白，皮下黄染，脊柱两侧有黄色胶样浸润

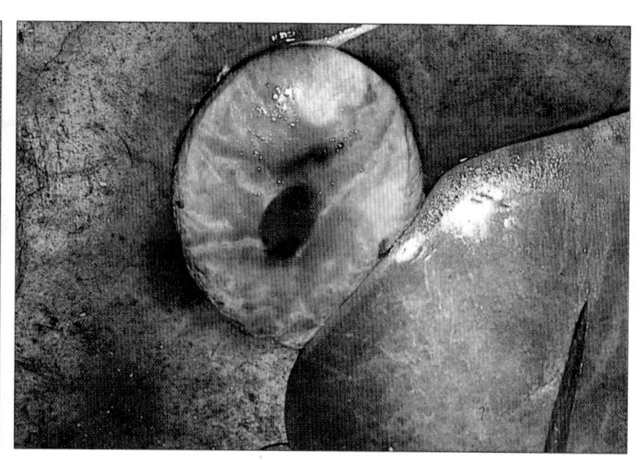

图 8-4-6　肝脏肥大，扩张的胆囊中有黏稠的胆汁

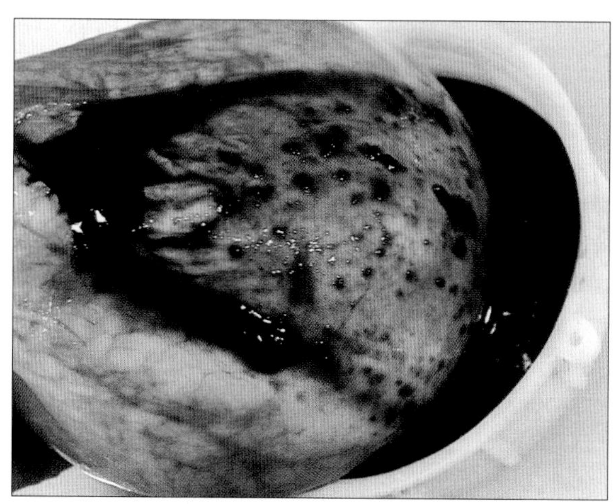

图 8-4-7　病牛的胆囊明显肿胀、膨满

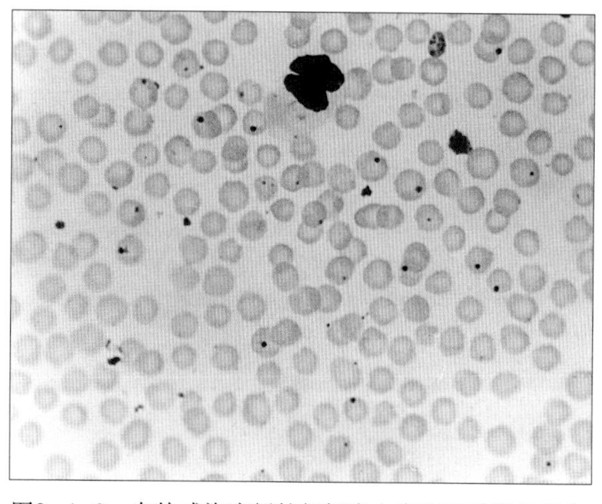

图8-4-8　自然感染病例的红细胞中有多量无浆体寄生

附　录

附录一

奶牛血细胞及其成分的正常值

血细胞及其成分	单　位	犊　牛	成　牛	检测方法
红细胞总数	万／毫米^3	660 ± 23.9	612.8 ± 9.2	试管稀释法
白细胞总数	个／毫米^3	8 257 ± 112.3	7 002 ± 265	试管稀释法
血红蛋白	克%	8.7 ± 0.7	9.4 ± 0.1	沙利氏法
红细胞压积	V%	36 ± 2.1	38.9 ± 0.4	定量测定法
嗜中性白细胞	%	44.1 ± 4	28.8	常规法
嗜酸性白细胞	%	—	4.0 ± 0.8	常规法
淋巴细胞	%	58.9 ± 3.9	60.7 ± 1.6	常规法
血小板	万／毫米^3	—	28 ± 18	常规法

附录二

奶牛血液生化成分的正常值

生化成分	单　位	犊　牛	成　牛	检测方法
二氧化碳结合力	V%	407 ± 83	506 ± 9.3	酚红滴定法
血　糖	毫克／升	995 ± 149	652 ± 30.2	福林－吴氏法
钙	毫克／升	76 ± 11	85 ± 2.6	邻甲酚酞络合法
磷	毫克／升	54 ± 8	61 ± 5.3	磷铜蓝比位法
钾	毫摩尔／升	74 ± 13	73 ± 11.2	四苯硼钠法
钠	毫摩尔／升	1 440 ± 282	3 290 ± 27	醋酸铀镁法
氯	毫摩尔／升	1 014 ± 46	3 550 ± 56	硝酸汞滴定法
尿素氮	毫克／升	116 ± 4	93	二乙酰－肟显色法
乳　酸	毫克／升	—	158	Barker 与 Summerson 法
游离脂肪酸	微摩尔%	—	1 845	一次提取比色法

附录三

鲜奶的质量评定标准

鲜奶样品	特级奶的标准	一级奶的标准	二级奶的标准
颜　色	呈乳白色或稍带微黄色的均质胶状液体	呈乳白色或稍带微黄色的均质胶状液体	呈乳白色或稍带微黄色的均质胶状液体
气　味	具有新鲜牛奶固有的香味、有微弱的甜味，无酸味、无臭味、无苦味及其他异味	具有新鲜牛奶固有的香味、微弱的甘甜味，无酸味、无臭味、无苦味和其他异味	具有新鲜牛奶固有的香味、微甘甜味，无酸味、无臭味、无苦味和其他异常味道

（续）

鲜奶样品	特级奶的标准	一级奶的标准	二级奶的标准
异物检查	无凝块、无任何异物（如草屑、粪土、砂粒、昆虫、牛毛和金属等）	无凝块、无任何异物（如草屑、粪土、砂粒、昆虫、牛毛和金属等）	无凝块、无任何异物（如草屑、粪土、砂粒、昆虫、牛毛和金属等）
酒精试验	阴性	阴性	阴性
酸　度	18°T以下	19°T以下	20°T以下
比　重	≥1.030	≥1.029	≥1.028
脂肪（%）	≥3.20	≥3.00	≥2.80
全奶固体（%）	≥11.70	≥11.20	≥10.80
细菌总数（个／毫升）	≤50万	≤100万	≤200万
煮沸试验	无凝固	无凝固	无凝固
汞（毫克／千克）	≤0.01	≤0.01	≤0.01

附录四

常用于奶牛的疫苗及使用方法

疾　病	疫　苗	使用方法与剂量	保存方法	免疫期限
炭　疽	无荚膜炭疽芽孢苗	注射部位：颈部皮下；剂量：1岁以下犊牛0.5毫升，1岁以上者1毫升	2～8℃，有效期为2年	1年
	Ⅱ号炭疽芽孢苗	注射部位：颈部皮下；剂量：1毫升	2～15℃，有效期为2年	1年
气肿疽	气肿疽甲醛菌苗	注射部位：颈部皮下；剂量：5毫升	2～15℃，有效期为2年	6个月～1年
	气肿疽明矾菌苗	注射部位：颈部皮下；剂量：5毫升	2～8℃，有效期为2年	1年
牛肺疫	牛肺疫兔化弱毒苗（氢氧化铝弱毒菌苗）	注射部位：肌肉；剂量：20%冻干苗作1∶50稀释，6～12月龄牛0.5毫升，成年牛1毫升	0～4℃，有效期为1年	1年
	牛肺疫兔化藏系绵羊化弱毒冻干菌苗	注射部位：肌肉；剂量：先用20%铝胶生理盐水作1∶100稀释，2岁以下牛1毫升，成年牛2毫升	−15℃，有效期为2年；0～4℃，有效期为1年	1年
布氏杆菌病	布氏杆菌羊型5号弱毒冻干苗	注射部位：皮下或肌肉；剂量：每头牛250亿个活菌，	0～8℃，有效期为1年	1年
	布氏杆菌猪型2号弱毒苗	使用方法：口服；剂量：每头牛500亿个活菌	0～8℃，有效期为1年	暂定2年
口蹄疫	口蹄疫弱毒疫苗	注射部位：皮下或肌肉；剂量：1岁以下不注射，1～2岁1毫升，2岁以上2毫升	−12～−18℃，有效期为8个月；2～6℃，有效期为5个月	4～6个月

（续）

疾 病	疫 苗	使用方法与剂量	保存方法	免疫期限
口蹄疫	牛羊口蹄疫O型活疫苗	注射部位：皮下或肌肉；剂量：1岁以下不注射，1～2岁1毫升，2岁以上2毫升	−15℃，有效期为1年；2～6℃，有效期为5个月	4～6个月
狂犬病	兽用狂犬病弱毒细胞冻干苗	注射部位：肌肉；剂量：用生理盐水或灭菌蒸馏水，每瓶稀释6毫升，每牛注射3毫升	−15℃，有效期为10个月；0～4℃，有效期为5个月	1年
	狂犬病灭活疫苗	注射部位：肌肉；剂量：每头牛25～50毫升	2～6℃，有效期为6个月	6个月
伪狂犬病	伪狂犬病弱毒冻干苗	注射部位：肌肉；剂量：先在疫苗瓶中注入3.5毫升中性磷酸盐缓冲液使之恢复原量，再做1∶20稀释，2～4月龄犊牛第1次注射1毫升，断奶后再注射2毫升，5～12月龄犊牛注射2毫升，12月龄以上者注射3毫升	−20℃，有效期为18个月；0～9℃，有效期为9个月	1年
	牛羊伪狂犬病疫苗	注射部位：皮下；剂量：犊牛8毫升，成年牛10毫升	2～15℃，有效期为2年	1年
巴氏杆菌病	牛出血性败血症氢氧化铝菌苗	注射部位：皮下或肌肉；剂量：体重100千克以下5毫升／头，100～200千克10毫升／头，200千克以上20毫升／头	2～15℃，1年	9个月
牛瘟	牛瘟兔化弱毒疫苗	注射部位：皮下或肌肉；剂量：用生理盐水做1∶10稀释，每头牛1毫升	−15℃，有效期为10个月；0～8℃，有效期为5个月	1年
牛副伤寒	牛副伤寒疫苗	注射部位：肌肉，剂量：1岁以下牛1～2毫升，1岁以上牛第1次注射2毫升，10天后再同剂量注射1次	2～8℃，有效期为1年	6个月

附录五

使用疫苗的注意事项

给奶牛使用疫苗时要注意以下几点：

1.怀孕后期的奶牛、有明显的临床症状或有疾病表现的奶牛、体表有较严重外伤的奶牛，除非紧急预防注射外，一般暂不注射疫苗。

2.使用疫苗前应检查其时效期，过期的疫苗不能使用；或发现霉变、瓶塞松动、疫苗液渗出、颜色不正常、混有杂质、异物和振摇不碎的沉渣、絮状物以及瓶签缺失者，均不能使用。

3.稀释或吸取疫苗时，切忌拔开瓶塞，应先用碘酊棉球消毒瓶塞，然后将消毒过的针头插入并固定在瓶塞上，将稀释液注入或吸取疫苗后，拔出针头，再用浸有消毒药夜的纱布或棉球盖好针孔，防止细菌污染。一般而言，开瓶后的疫苗必须当天用完，剩余而过夜的疫苗不能再用。

4.稀释冻干的疫苗时，应严格按照瓶签的说明和所要求的稀释液进行稀释。在进行稀释过程中，当向瓶内加入稀释液而没有感觉到向瓶里吸气时，则说明此瓶疫苗已失去真空，应做废弃处理，不得再使用。

5.使用疫苗的用量及方法，应严格按说明书和瓶签上的各项规定执行，不得随便更改疫苗的用量和使用方法。喷雾用的疫苗，一定要在有效的空间中达到足够的数量；注射用疫苗，一定要做到注射部消毒彻底、注射准确、苗量充足。

6.对奶牛注射疫苗后，应观察1～7天，重点检查奶牛的精神状态、饮食欲、粪便的色泽和状态，以及体温、脉搏和呼吸等。对有反应的奶牛应记录登记和加强观察，反应较严重时应进行对症治疗。

附录六

常用于奶牛及牛场的防腐消毒药

药品名称	剂型和规格	作 用 和 用 途	注 意 事 项
碘 酊 （碘酒）	酊剂：5%， 配制：碘化钾2.5克溶于少量水中，加碘5克，搅拌使其溶解，再加75%乙醇使成100毫升	碘能氧化细菌原浆蛋白质，并能与蛋白的氨基酸结合而使蛋白变性，外用有较强的杀菌作用，能杀死病原微生物及芽孢、霉菌和病毒 5%浓度：用于注射部位及外科手术部位涂擦消毒	置遮光的玻璃瓶内密封30℃下保存 本品不可与甲紫溶液、汞溴红（红药水）等溶液混合使用
新洁尔灭	胶状体或溶液剂1%、5%、10%；500毫升／瓶、1 000毫升／瓶	阳离子表面活性消毒剂，对许多非芽孢型的致病菌和霉菌等有强大的杀菌作用 0.1%浓度：手和皮肤的消毒、外科器械用具的消毒(浸泡30分钟；0.5%亚硝酸钠液防金属生锈)，擦拭器械设备 0.001%～0.02%浓度：用于冲洗黏膜及深部感染伤口	1.使用时不能接触肥皂、合成洗涤剂及盐类 2.不宜用于眼科器械消毒 3.使用1～2周后须重新配
酒精（乙醇）	溶液剂，70%或75%的浓度作用最强	可使菌体蛋白质变性，可溶解类脂质。浸泡棉球，用以消毒皮肤及涂擦外伤	1.易燃烧、易挥发 2.不能杀死芽孢型细菌
石炭酸 （苯酚）	结晶体500克／瓶	能使细菌蛋白质高度变性，具有消毒防腐作用，其作用不受有机物影响 3%～5%水溶液：用以喷洒，揩拭牛舍、家具，浸泡衣服、外科器械及皮革制品 0.5%～1%水溶液：可制止细菌的繁殖	1. 成品为结晶体，将药瓶置温水中溶解后再配 2.不用于消毒粪、脓血、痰等含蛋白质多的东西 3.对芽孢菌和病毒无效 4. 有腐蚀性，不宜冲洗皮肤及黏膜 5.本品忌与碘、溴、高锰酸钾、过氧化氢等配伍应用

（续）

药品名称	剂型和规格	作用和用途	注意事项
消毒净	粉状 10克／瓶	与新洁尔灭相似，但抗菌作用强，对组织刺激性小，不损坏器械 0.1%溶液消毒手和皮肤(浸泡5～10分钟)；0.1%溶液作术野消毒；0.05%～0.1%溶液，浸泡金属器械(至少30分钟，并加入0.5%亚硝酸钠以防锈)	与新洁尔灭相似，忌与肥皂等共同使用
煤酚皂溶液（来苏儿）	溶液剂，煤酚的肥皂溶液 500毫升／瓶含酚47%～53%	作用同石炭酸，但毒性比石炭酸低 1%～2%水溶液：消毒手臂、创面、器械(浸泡半小时）及驱除体表虱、蚤和疥螨 5%水溶液：消毒牛舍、手术场地污物、护理用具、马车挽具等	1.刺激性小，不损伤物品 2.不用于炭疽杆菌的消毒 3.用于含大量蛋白质的分泌物或排泄物消毒时，效果不够好
煤焦油皂溶液（臭药水，克辽林）	溶液剂 500毫升／瓶、1 000毫升／瓶，含酚9%～11%	作用同石炭酸相似 3%～5%水溶液：牛舍、场地和用具的消毒	1.可用于消毒多种病原菌，但对芽孢菌及病毒的作用微弱 2.用于含大量蛋白质的分泌物或排泄物消毒时，效果不够好
氢氧化钠（苛性钠、烧碱、火碱）	白色块、棒或薄片状 500克／瓶，含94%的氢氧化钠，粗制品叫烧碱	能引起蛋白质膨胀和溶解，对病毒和一般细菌的杀灭力强，高浓度还可以杀灭芽孢，对组织有强大的腐蚀作用 0.1%～0.5%溶液：用于手和牛体消毒（洗手或喷雾） 2%～4%热水溶液：用于口蹄疫、牛瘟等病毒性疾病的牛舍、饲槽、车船、场地等消毒；饲槽消毒后应用清水冲洗干净后再使用 10%～30%溶液：芽孢菌污染物消毒（喷洒、浸泡）	1.密封保存，防止潮解 2.对皮肤、衣服及金属器械的腐蚀作用强，切勿沾渍 3.使用热溶液，消毒效果好 4.消毒牛舍时，应将牛赶出，消毒后隔半天，打开门窗通风，并用水冲洗饲槽后，才可让牛进圈 5.大批消毒时，用粗制氢氧化钠（烧碱）较为经济
草木灰	配制：草木灰30份加水100份，在不断搅拌下煮沸1小时，沉淀后用上清液	一种碱性溶液，含氢氧化钠、氧化钾、碳酸钾和碳酸钠等，杀菌力较强 10%～30%热溶液：用以牛舍、场地、车船、用具和排泄物等（喷洒、洗刷）	1.用时加热至50～70℃消毒效果最好。对炭疽、梭菌等芽孢菌无消毒作用 2.草木灰应该用新烧制的，溶液也应现配现用
环氧乙烷（氧化乙烯）	低温条件下为液体，超过10.8℃时则变为气体。常用1份环氧乙烷和9份二氧化碳的混合物贮于高压钢瓶中备用	能杀死各种类型细菌、芽孢、霉菌和病毒，穿透力比甲醛强，不易损坏 消毒物品常用密闭条件下蒸汽消毒皮、毛、医疗器械、实验仪器、橡胶、塑料制品、防护用具等(0.8～1.8千克／米^2)	1.遇明火易燃，易爆炸 2.对人、畜有一定毒性，应避免接触其液体和将气体吸入 3.对某些葡萄球菌杀菌较弱，还可使链霉素失效，对某些生物制品有一定损害作用

（续）

药品名称	剂型和规格	作用和用途	注意事项
石灰乳（氢氧化钙溶液）	配制：生石灰(必须是新烧制的，一般为块状，将1千克生石灰缓慢加入5～10千克水中，搅匀即成10%～20%的石灰乳	能改变溶媒的酸碱度，夺取微生物细胞的水分，并与蛋白质形成蛋白化合物 10%～20%的石灰乳：用于喷洒牛舍墙壁、天棚、畜栏、地面及车船。对肠道传染病的细菌有较强的消毒作用。如加1%烧碱效果更好	生石灰放干燥处保存，现用现配，如加烧碱消毒后要冲洗；放置数天的熟石灰因吸收二氧化碳而失去消毒作用，所以要用新石灰配制
漂白粉（含氯石灰）	粉末：含有效氯不得低于25% 配制方法： 乳状液(配成10%～20%浓度)：取漂白粉100～200克，加少量水搅拌成糊状，再加水至1 000毫升。 澄清液：将上述乳状液加盖，在阴暗处静置后，取其上清液，加水稀释成所需浓度(如需0.5%浓度，则取10%的澄清液500毫升加水至10升，搅拌均匀即得)	用水溶解后，放出有效氯和新生氧，呈现杀菌和灭病毒作用，高浓度溶液对芽孢也有作用 0.5%溶液：器具及饲槽等表面消毒 用井水或河水作为饮用水时，可按每立方米6～10克的量，用1%～2%澄清液加入消毒 10%～20%溶液：用于细菌、病毒污染的牛舍、场地、车船等消毒（喷撒）；用于芽孢消毒时最好消毒5次，每次间隔1小时 粉末：粪尿、脓汁及液体物质的消毒	1.粉末应装于密闭容器中，保存于阴暗、干燥、通风处，不可与易燃或爆炸性物质放在一起 2.用时现配，久放失效 3.不能用于金属制品及有色棉织品的消毒 4.喷洒消毒时，应戴上口罩和防护眼镜
汞（二氯化汞，氯化高汞）	块状、针状结晶或结晶性粉末 500克／瓶	汞离子与微生物的蛋白质结合形成不溶性蛋白汞，因而有杀菌作用 0.1%～0.2%水溶液：可杀灭细菌及其芽孢。消毒玻璃器皿，非金属器械。常用以消毒发生过炭疽病的牛舍或污染场地。溶液中加少量食盐、氯化铵或枸橼酸能增强其杀菌作用	1.对人、畜有剧毒，慎重应用和严密保管 2.不能用以消毒金属器械、油漆过的物品，以及含蛋白质的脓、血、粪便等 3.溶液见日光能分解，宜避光保存
双氧水（过氧化氢溶液）	溶液剂 500毫升／瓶，含过氧化氢2.5%～3.5%	氧化剂，对各种繁殖型微生物有杀灭作用，但不能杀死芽孢及结核杆菌 3%溶液：用于清洗化脓性疮口，冲洗深部脓肿	1.用后立即将瓶盖盖紧，以防失效 2.新鲜创口不能使用 3.遇高锰酸钾、碱等则失效

（续）

药品名称	剂型和规格	作 用 和 用 途	注 意 事 项
利凡诺 （雷佛奴尔）	粉末 大包装	对革兰氏阳性菌及少数阴性菌有抑菌作用 0.1%～0.2%溶液：外用于黏膜炎症、子宫炎、阴道炎、膀胱炎等；1%软膏涂布化脓性创伤	密封保存，溶液宜现配现用。溶液见光分解形成毒性物质 忌与碘制剂配合应用
高锰酸钾 （过锰酸钾，灰锰氧）	结晶体 瓶装或大包装	强氧化剂。就杀菌力来说，5%高锰酸钾相当于3%的双氧水。 0.05%～0.1%溶液：多用于洗涤口炎、咽炎、阴道炎、子宫炎及深部化脓疮。亦可用于饮水消毒。有机物中毒时可用0.01%～0.02%溶液洗胃。对毒蛇所咬伤口立即用1%溶液冲洗可破坏蛇毒，使中毒得以避免或减轻	不能和酒精、甘油、糖、鞣酸等有机物或易被氧化物质合并使用，否则易发生爆炸
龙胆紫溶液 （紫药水，甲紫溶液）	溶液剂 250毫升／瓶、500毫升／瓶、含1%龙胆紫及少量乙醇的水溶液	对革兰氏阳性菌(如葡萄球菌)的杀菌力较强，对表皮癣菌、念珠菌也有抑制作用 1%溶液：常用于溃烂性创伤、溃疡、口膜炎、褥疮和化脓性皮炎等创面消毒	密封，避光保存
氯　胺 （氯亚明）	粉末 含有效氯11%以上	同漂白粉 4%～5%溶液可杀死微生物芽孢型，增加氯化铵和硫酸铵可促进消毒作用。多用于污染的器具和牛舍的消毒（喷洒）	不腐蚀物质，也不能使带色的棉织品退色。刺激较小，受有机物影响小，杀菌力较小，但作用时间较长
氨溶液 （氨　水）	溶液剂 500毫升／瓶、450毫升／瓶，含氨9.5%～10.5%	溶液呈碱性反应，能皂化脂肪和杀灭细菌 0.5%溶液：外科手术前洗手消毒(浸泡3～5分钟) 5%溶液：消毒污物、牛舍和场地等	1.药瓶密封，在30℃下保存 2.有消毒作用，但刺激性较大
福尔马林 （甲醛溶液）	溶液剂 500毫升／瓶，普通含40%(不低于36%)	杀菌力强大，对芽孢、霉菌和病毒都有杀灭作用 5%～10%溶液：喷洒消毒牛舍、用具、排泄物、金属、橡胶物品等。常用蒸气消毒牛舍、实验室等(每立方米用甲醛25毫升，高锰酸钾25克，水12.5毫升，密闭消毒12～24小时后彻底通风或用浓氨水2～5毫升／米^{3}解除甲醛的刺激性)	1.密封、贮藏于室温较稳定的地方，不低于9℃下保存 2.对皮肤、眼、鼻黏膜刺激性极大 3.蒸气消毒使表皮变脆，并在物品表面凝成一薄层聚合甲醛

（续）

药品名称	剂型和规格	作 用 和 用 途	注 意 事 项
石 碱 （碳酸钠、苏打）	粉状 大包装	4%热溶液：用于牛舍、饲槽、车船、用具等喷洒、涮洗；浸泡衣服；外科器械消毒时在水中加1%本品可促进粘附在器械表面的污染物溶解，使灭菌更完全，且防止器械生锈	对皮肤有腐蚀作用，牛舍消毒后数小时用清水冲洗，才能放入牛
过氧乙酸 （过醋酸）	溶液剂：20%、40% 配制：4份冰醋酸加1份过氧化氢（30%），再按总体积加1%硫酸，以玻璃棒搅匀，在室温中放置48～72小时，可生成30%～40%的过氧乙酸	强氧化剂，抗菌谱广，作用强，能杀死细菌、真菌、芽孢及病毒，在低温下仍有杀菌作用 0.2%溶液：消毒严重污染的地区和物品(指耐腐蚀的玻璃、塑料、陶瓷等制品和纺织品) 0.5%溶液喷洒：消毒牛舍、食槽、车船等 5%溶液：消毒密封的实验室、无菌室、仓库、加工车间等，按2.5毫升/米^{2}喷雾	1. 高浓度加热(70℃以上）能引起爆炸。性不稳定，须密闭避光，贮放在低温(3～4℃)处，有效期半年 2. 本品稀释后不能久贮，1%溶液只能保存几天，应现用现配 3. 能腐蚀多种金属，对有色棉织品有漂白作用 4. 蒸气有刺激性，消毒房舍时，人、牛不应留在室内；消毒人员应戴防护眼镜、手套和口罩
液态氯	液态 贮存于钢瓶内，按一定速度加入水中使氯达到所需的有效浓度	配成需要的含氯水溶液，主要用于污水消毒、饮水消毒、牛舍消毒和土壤等的消毒	贮于钢瓶内的液态氯，0～15℃时易溶于水
洗必泰	粉剂 5.0克/瓶，5毫克×1 000片	作用比新洁尔灭强，并不受血清、血液等有机物影响，其酊剂效力与碘酊相等 0.1%溶液：用于外科器械、外科敷料及胶手套的消毒（浸泡5～10分钟）	
乳 酸	液体，市售品含85%～90%乳酸	杀菌性能是由于不电离的分子或阴离子部分的作用。对伤寒杆菌、大肠杆菌、葡萄球菌和链球菌均具有杀灭作用。其蒸气与喷雾溶液有高度的杀菌杀病毒作用 每100米^{3}12毫升：用于污染的牛舍、仓库消毒（闭门窗30分钟）	

[主要参考文献]

[1] 刘宝岩，邱震东编著．动物病理组织学彩色图谱．长春：吉林科学技术出版社，1990
[2] 李德雪，林茂勇，张乐萃主编．动物比较组织学．台北市：艺轩图书出版社，2004
[3] 李毓义，杨宜林主编．动物普通病学．长春：吉林科学技术出版社，1994
[4] 王建华主编．家畜内科学．第三版．北京：中国农业出版社，2006
[5] 史志诚主编．动物毒物学．北京：中国农业出版社，2001
[6] 计伦编著．牛羊病诊治与验方集粹．北京：中国农业科学技术出版社，2004
[7] 蔡宝祥主编．家畜传染病学．第四版．北京：中国农业出版社，2001
[8] 殷震主编．动物病理学．第二版．北京：科学出版社，1997
[9] 陆承平主编．兽医微生物学．第三版．北京：中国农业出版社，2001
[10] 李普霖主编．动物病理学．长春：吉林科学技术出版社，1994
[11] 潘耀谦，苏维萍主编．动物卫生病理学．太原：山西科学技术出版社，1994
[12] 潘耀谦，简子健，陈创夫主编．畜禽病理学．长春：吉林科学技术出版社，1996
[13] 陈怀涛，许乐仁主编．兽医病理学．北京：中国农业出版社，2005
[14] 孔繁瑶主编．家畜寄生虫学．北京：中国农业出版社，2001
[15] 蒋金书．动物原虫学．北京：中国农业大学出版社，2000
[16] 陈杖榴主编．兽医药理学．第二版．北京：中国农业出版社，2002
[17] 赵兴绪主编．兽医产科学．第三版．北京：中国农业出版社，2006
[18] 王宏斌主编．家畜产科学．第四版．北京：中国农业出版社，2005
[19] 段得贤主编．家畜内科学．北京：中国农业出版社，2001
[20] 农林水产省畜産局.家畜疾病カラーアトラス.增補版．東京：信陽堂印刷株式会社，平成6年
[21] 清水悠紀臣，鹿江雅光.伝染病学．東京：株式会社メディカルサイエンス社，1997
[22] 其田三夫，河田啓一郎.写真で見ゐ乳牛の病気100.Dairyman 臨時增刊号．東京：デーリィマン社，1986
[23] 平詔亨，藤崎幸藏，安藤義路.家畜臨床寄生虫アトラス．東京：株式会社チクサン出版社，1995
[24] 見上彪，丸山務.獣医感染症カラーアトラス．東京：文永堂出版株式会社，1999
[25] Jones TC，Hunt RD，and King NW．Veterinary Pathology．Sixth edition．Philadelphia：Lippincott Williams & Wilkins，1997
[26] Blowey RW，Weaver AD． A Color Atlas of Disease and Disorders of Cattle．England：Chikusan Publishing Co.，Ltd.，1994